烟气脱硫脱硝工艺手册

周晓猛　主编　　徐宝东　主审

化学工业出版社
·北京·

本书汇总了有关锅炉烟气脱硫脱硝方面的标准规范、工艺流程、设计计算及设备选型等资料。内容包括烟气脱硫技术，湿法脱硫工艺，脱硫工艺设计，脱硫工艺计算，脱硫仪表及设备，烟气脱硝技术，管路材料与器材，设备管道布置等。

本书可供电力、化工、石化、冶金、轻工等行业从事脱硫脱硝设计的工程技术人员使用，也可供相关院校师生参考。

图书在版编目（CIP）数据

烟气脱硫脱硝工艺手册/周晓猛主编．—北京：化学工业出版社，2016.3（2022.6重印）

ISBN 978-7-122-26171-7

Ⅰ．①烟…　Ⅱ．①周…　Ⅲ．①烟气脱硫-技术手册②烟气-脱硝-技术手册　Ⅳ．①X701-62

中国版本图书馆CIP数据核字（2016）第018172号

责任编辑：左晨燕　　装帧设计：韩　飞

责任校对：宋　夏

出版发行：化学工业出版社（北京市东城区青年湖南街13号　邮政编码100011）

印　　装：北京虎彩文化传播有限公司

787mm×1092mm　1/16　印张36　字数920千字　2022年6月北京第1版第5次印刷

购书咨询：010-64518888　　售后服务：010-64518899

网　　址：http://www.cip.com.cn

凡购买本书，如有缺损质量问题，本社销售中心负责调换。

定　　价：198.00元

编 委 会

前言

《烟气脱硫脱硝工艺手册》是脱硫脱硝设计人员的实用工具书。本书体现脱硫脱硝行业的技术发展，包括设计规范和标准的更新，具有实用性强的特点，着重考虑使用者的方便，以及按化工的习惯对设备选型进行计算。广大编写人员本着科学严谨、不断进步的精神，完成了相关的编写任务，希望对广大设计人员能有所帮助。

《烟气脱硫脱硝工艺手册》由周晓猛主编，徐宝东主审，脱硫部分主要由张谦编写，脱硝部分由孙佳利编写，附录由李仁贵编写。参与本书编写和给予支持的还有李淑华、程治方、李思凡、张志超、杨晓燕、邹鸿岷、窦一文、杨会娥、毕永军、伍明、杜涵雯、赵燕、王亚慧、孙佳利、孟连江、刘荣甫、尹晔东、李发军、李薇、刘旭辉、林永利、印文雅、关宇、杨成宇、吕文昱、徐振海、张德生、吕凤翔、闫振利、刘明、刘新、宋向东、蔺向阳、刘训稳、张效峰、宋炯亮、韩亚军、朱硕、张苹利、卢大勇、谭茜、熊列、薛瑞、白新生、袁峥嵘、陈登云、杨卫东、张慧、项裕桥等，在此表示感谢！

编者于 2015 年 10 月 16 日

目录

1 烟气脱硫技术

1.1 污染与控制

1.1.1 燃料的污染

大气是人类赖以生存的最基本的环境要素，它不仅通过自身运动进行热量、动量和水资源分布的调节过程，给人类创造了一个适宜的生活环境，并且阻挡过量的紫外线照射地球表面，有效地保护人类和地球上的生物。但是，随着人类生产活动和社会活动的增加，特别是自工业革命以来，由于大量燃料的燃烧、工业废气和汽车尾气的排放，使大气环境质量日趋恶化。在各类大气污染物中，最重要的是燃煤引起的污染。燃煤二氧化硫和氮氧化物污染控制是目前我国大气污染控制领域最紧迫的任务。

大气污染引起的环境问题主要是全球变暖、臭氧层破坏和酸雨。其中酸雨（或称之为酸沉降）是人为和天然排放的 SO_x（SO_2 和 SO_3）和 NO_x（NO 和 NO_2）所引起的。天然源一般是全球分布的，而人为排放的 SO_x 和 NO_x 都具有地区性分布的特征。联合国环境规划署（UNEP）的最新估算指出，天然硫排放量占全球硫排放总量的 50%。但局部地区人为排放量占该地区总排放量的 90%以上，而天然源排放量仅占 4%，其余的 6%来自其他地区。因此，控制人为 SO_x 和 NO_x 排放非常重要。

煤作为我国的主要一次能源，在电站锅炉、工业锅炉、各种相关工业领域的动力设备以及部分城市居民和广大农村居民的日常生活等的能源消耗中占有很大的比例。特别是近年来随着我国经济的发展，对电的需求大幅度地增加，极大地增加了煤的消耗。由于大量煤在燃烧过程中释放出 CO_2、SO_2、NO_x、粉尘等污染物而带来严重的环境问题，也促进了煤的洁净燃烧技术的研究与发展。

1.1.2 污染的排放

1.1.2.1 污染的来源

煤、石油、天然气等石化燃料的燃烧会产生二氧化硫（SO_2）、氮氧化物（NO_x）和颗粒物等污染物的排放，其中煤燃烧产生的污染最为严重，属不清洁能源，而石油、天然气等经过前处理（如脱硫），燃烧产生的污染较轻，属于清洁能源。目前世界各国的能源结构中煤的比例已下降到22.4%，低于天然气的25.5%。随着工业和经济的发展，我国原煤产量由1949年的3200万吨增长至1998年的12.95亿吨，原油产量由12万吨增长至16100万吨，天然气产量由700万立方米增长至233.3亿立方米。能源生产的年平均增长率高达9%。在一次能源消费量及构成中，虽然原煤占能源消费总量的比例与20世纪50～60年代相比，有较大幅度的下降，但至今仍高达70%左右，并且近期内不会有根本性变化。煤为主的能源结构，意味着能源系统的整体效率低下，大量建立在气、液燃料基础上的先进的能源转换和终端利用技术不能适用于煤。煤生产和消费系统既给我国造成了巨大的运输压力，又带来了严重的污染。

1.1.2.2 燃煤 SO_2 的排放

煤是一种低品位的化石能源，我国的原煤中灰分、硫分含量较高，大部分煤的灰分在25%～28%之间，硫分含量变化范围较大，从0.1%至10%不等。1995年我国商品煤的平均含硫量为1.13%。煤中的硫根据其存在形态，可分为有机硫、无机硫两大类。有机硫是指与煤的有机结构相结合的硫，如硫醇类化合物（R-SH）、硫醚（R-S-R）、二硫醚酸（R-S-S-R）、噻吩类杂环硫化物和硫醌化合物等。无机硫是以无机物形态存在的硫，通常以晶粒状态夹杂在煤中，如硫铁矿硫和硫酸盐硫，其中以黄铁矿硫（FeS_2）为主，还有少量的白铁矿（FeS_2）、砷黄铁矿（FeAsS）、黄铜矿（$CuFeS_2$）、石膏（$CaSO_4 \cdot 2H_2O$）、绿矾（$FeSO_4 \cdot 7H_2O$）、方铅矿（PbS）、闪锌矿（ZnS）等。此外，有些煤中还有少量的单质状态存在的单质硫。

根据能否在空气中燃烧，煤中硫又可分为可燃硫和不可燃硫。有机硫（S_o）、硫铁矿硫（S_p）和单质硫（S_{ei}）都能在空气中燃烧，属可燃硫。在煤燃烧过程中不可燃硫残留在煤灰中，所以又称固定硫，硫酸盐硫（S_s）就属于固定硫。煤中各种形态硫的总和称为全硫（S_t），即 $S_t = S_s + S_p + S_{ei} + S_o$。可燃烧硫及其化合物在高温下与氧发生反应生成 SO_2，其反应可用如下方程式表示：

$$S + O_2 \longrightarrow SO_2$$

$$3FeS_2 + 8O_2 \longrightarrow Fe_3O_4 + 6SO_2$$

在空气过剩系数 $\alpha = 1.15$ 时，燃用含硫量为1%～4%的煤，标态下烟气中 SO_2 含量约3143～10000mg/m^3。一般燃煤烟气中 SO_3 的浓度相当低，即使在贫燃料状态下，生成的 SO_3 也只占 SO_2 生成量的百分之几，但它却是决定烟气露点高低的最重要因素。研究表明，当烟气中的 SO_3 占0.005%时，可使烟气露点提高到150℃以上。在富燃料状态下，除生成 SO_2 外，还会生成一些其他硫的化合物，如一氧化硫（SO）及其二聚物［$(SO)_2$］，还有少量的一氧化二硫（S_2O），但由于它们的化学反应能力强，所以在各种氧化反应中仅以中间体形式出现。

我国 SO_2 排放量与煤消耗量有密切关系，1983～1991年两者的相关系数达到0.96。随着燃煤量的增加，燃煤排放的 SO_2 也不断增长，已超过欧洲和美国，近几年排放量虽有下降，但仍居世界第一位。表1-1为我国近几年的 SO_2 排放量。

表1-1 我国近年的 SO_2 排放量

年份	1989	1990	1991	1992	1993	1994	1995	1996	1997	1998
排放量/万吨	1564	1495	1622	1685	1795	1825	1396	1397	2346	2090
年份	1999	2000	2001	2002	2003	2004	2005	2006	2007	2008
排放量/万吨	1857	1995	1948	1927	2159	2255	2549	2589	2468	2321

有研究表明，按照我国目前的能源政策，2010 年一次性能源供应结构中煤仍将分别占 68.3%和 63.1%。若不采取有效的削减措施，2020 年我国 SO_2 排放量将达到 3500 万吨。我国的耗煤大户主要是火电厂，其次是工业锅炉和取暖炉。因此，削减和控制燃煤特别是火电厂燃煤 SO_2 污染，是我国能源和环境保护部门面临的严峻挑战。

1.1.2.3 燃煤 NO_x 的排放

人为排放 NO_x 的 90%以上来源于煤、石油、天然气等石化燃料的燃烧过程，其中 NO 约占 90%，其余为 NO_2。燃烧过程生成的 NO_x 主要有燃料 NO_x、热力 NO_x、快速 NO_x，后两者与燃烧状态有关。我国燃煤电厂在 1989 年 NO_x 的排放量约为 130 万吨，2000 年排放量为 290 万吨，再加上其他燃煤排放及机动车排放的 NO_x 估计 2000 年我国的 NO_x 排放量为 1170 万吨。

1.1.3 控制的策略

在国际公约方面，早在 1979 年 30 多个国家以及欧盟签署了长距离跨越国界大气污染物公约，并于 1983 年生效。根据该协议，1985 年 21 个国家承诺 1980～1993 年期间，至少削减 30%的 SO_2；1994 年经 26 个国家签署，达成了第二次硫化物议定书，对每个国家设定限值，到 2000 年欧洲在 1980 年的水平上，可削减 45%的 SO_2，到 2010 年削减 51%；1999 年在瑞典哥德堡 20 个国家签署了缓解酸化、富营养化和地面臭氧议定书，对四种主要污染物制定了 2010 年国家排放限值，据此，欧洲国家在 1990 年水平上可削减 63%的 SO_2、40%的 NO_x 及挥发性有机化合物（VOC）、17%的氨（NH_3）。

为控制大气污染，我国 20 世纪 70 年代就开始制定有关环境空气质量标准和大气污染物排放标准，到目前已建立了较为完善的国家大气污染物排放标准体系。在该体系中，按照综合性排放标准与行业标准不交叉执行的原则，如锅炉执行 GB 13271—2014《锅炉大气污染物排放标准》、火电厂执行 GB 13223—2011《火电厂大气污染物排放标准》、炼焦炉执行 GB 16171—2012《炼焦化学工业污染物排放标准》等，其他还未有专门标准的污染源排放大气污染物均执行 GB 16297—2012《大气污染物综合排放标准》。

1.2 洁净煤化工技术

1.2.1 煤化工原理

煤炭转化是指用化学方法将煤炭转化为气体或液体燃料、化工原料或产品，主要包括煤炭气化和煤炭液化。作为实现煤炭高效洁净利用的一种途径，煤炭转化不仅广泛用于获取工业燃料、民用燃料和化工原料，也是诸如煤气化联合循环发电、第二代增压流化床联合循环发电（即增压流化床气化-流化床燃烧循环联合发电）以及燃料电池等先进电力生产系统的基础。在煤炭转化过程中，煤中大部分硫将以 H_2S、CS_2 和 COS 等形式进入煤气。为了满足日趋严格的大气污染物排放标准，并保护燃用或使用煤炭转化产物的设备，需要进行煤气脱硫。与烟气脱硫相比，煤气脱硫对象是气量小、含硫化合物浓度高的煤气，因而达到同样处理效果时，煤气脱硫更加经济，且易于回收有价值的硫分。

1.2.2 煤气化技术

煤的气化是指用水蒸气、氧气或空气作氧化剂，在高温下与煤发生化学反应，生成

H_2、CO 和 CH_4 等可燃混合气体，称作煤气。煤气可用作城市民用燃料、工业燃料气（工业炉窑、冶金、玻璃等工业的加热炉煤气）、化工原料（制取合成氨、合成甲醇及合成液体燃料的原料气），以及用于煤气化循环发电等。由于除去了煤中的灰分与硫化物，煤气是一种清洁燃料。

根据煤气化的发展过程，煤气化技术可分为三代：第一代煤气化炉型有固体排渣鲁奇(Lurgi) 加压移动床，温克勒（Winkler）常压流化床等；第二代气化技术的炉型有德士古(Texaco) 熔渣气流床，液态排渣鲁奇炉、西屋干排灰流化床等；第三代气化技术包括催化气化和闪燃氢化热解法等。煤气化过程中，硫主要以 H_2S 的形式进入煤气。大型煤气厂一般先用湿法脱除大部分 H_2S，再用干法脱净其余部分。煤气湿法脱除 H_2S 的主要方法见表 1-2。

表 1-2　煤气湿法脱硫（H_2S）

脱硫法名称	脱　硫　剂	主 要 反 应
氧化铁法	$Fe(OH)_3$	$Fe_2O_3(H_2O)_x+3H_2S \longrightarrow Fe_2S_3(H_2O)_x+3H_2O$
碳酸钠法	Na_2CO_3	$Na_2CO_3+H_2S \longrightarrow NaHCO_3+NaHS$
砷碱法	砷酸盐	$(NH_4)_4As_2S_5O_2+H_2S \longrightarrow (NH_4)_4As_2S_6O+H_2O$
ADA 法	Na_2CO_3	$Na_2CO_3+H_2S \longrightarrow NaHCO_3+NaHS$
栲胶法	Na_2CO_3	$Na_2CO_3+H_2S \longrightarrow NaHCO_3+NaHS$
氨水法	NH_3	用含有对苯二酚[$C_6H_4(OH)_2$]的氨水洗涤煤气，被吸收的 H_2S 进入氧化塔，在 $C_6H_4(OH)_2$ 催化下发生反应：$2H_2S+O_2 \longrightarrow 2S+2H_2O$

干法常用氧化铁脱除 H_2S，主要反应为：

$$Fe_2O_3 \cdot 3H_2O+3H_2S \longrightarrow Fe_2S_3+6H_2O$$

我国已成功掌握了年产 8 万吨合成氨的德士古炉设计、制造及运行技术；我国引进鲁奇气化炉技术，成功地完成了产气量 $160\times10^4 m^3/h$ 的依兰煤气工程和产气量 $54\times10^4 m^3/h$ 的兰州煤气工程。但是，我国使用较多的煤气化技术是固定床和二段空气气化炉等。

1.2.3 煤液化技术

煤液化是将固体煤在适宜的反应条件下，转化为洁净的液体燃料和化工原料的过程。煤和石油都以碳和氢为主要元素成分，不同之处在于煤中氢元素含量只有石油的一半左右，相对分子质量大约是石油的十倍或更高。如褐煤含氢量为 5%～6%，而石油的氢含量高达10%～14%。所以，从理论上讲，旨在使煤转化为液态的人造石油的煤炭液化只需改变煤中氢元素的含量，即往煤中加氢使煤中的碳氢比（11～15）降低到接近石油的碳氢比（6～8)，使原煤中含氢少的高分子固体物转化为含氢多的液、气态化合物。实际上，由于实现提高煤中含氢量的过程不同，从而产生出不同的煤炭液化工艺，大体分为直接液化、间接液化和由直接液化派生出的煤油共炼三种。但煤液化成本较高，使其应用受到限制，发展缓慢。

1.2.4 水煤浆技术

水煤浆（coal water mixture，简称 CWM）是 20 世纪 70 年代发展起来的一种新型煤基流体洁净燃料。它是由煤、水和化学添加剂等经过一定的加工而制成的一种流体燃料。其外观像油，流动性好，储存稳定，运输方便，能用泵输送，雾化燃烧稳定。既保留了煤的燃烧特性，又具备了类似重油的液态燃烧应用特点，可在工业锅炉、电厂锅炉和工业窑炉上作代油或代气燃料。另外，德士古气化炉亦可用水煤浆做原料造气生产合成氨。

水煤浆是由煤浆燃料派生演变来的，世界上关注煤浆燃料已有数十年的历史了。煤浆燃料是以细的煤粉同水或其他液体状化合物调制而成的，能用作燃烧的燃料。主要有煤油混合物（COM）、煤甲醇混合物（CMM）、煤水混合物（CWM）和煤油水混合物（COWM）等。煤水混合物即水煤浆作为燃料，从发展的种类和用途上又可分为多种，见表 1-3。

表 1-3 水煤浆的种类和用途

水煤浆种类	水煤浆特征	使用方式	用途
中浓度水煤浆	50%煤、50%水	管道输送	终端经脱水供燃煤锅炉
高浓度水煤浆	70%煤、29%水、1%添加剂	泵送、雾化	直接锅炉燃料
超细、超低灰煤浆	煤粒度$<10\mu m$、灰分$<1\%$、浓度 50%	替代油燃料	内燃机直接燃用
中、高灰煤泥浆	煤灰分 25%～50%、浓度 50%～65%	泵送炉内	供燃煤锅炉
超纯煤浆	煤浆灰分很低	直接燃料	供燃油锅炉、燃气锅炉
原煤煤浆	原煤就地、炉前制浆	直接燃料	燃煤锅炉、工业炉窑
固硫型水煤浆	煤浆中加入固硫剂	泵送炉内	可提高固硫率 10%～20%
环保型水煤浆	55%煤、45%黑液、1%添加剂	泵送、雾化	脱硫效率显著

水煤浆在加工制备过程中可以达到部分脱灰甚至深度脱灰，也可以脱除部分硫，这为在燃烧过程中实现低污排放提供了有利条件。水煤浆的燃烧温度一般比燃煤粉的温度低 100～200℃，有利于降低 NO_x 的生成量和提高固硫率；采用雾化燃烧方式有利于燃烧器和炉内配风的合理布置和调节，使细粒的煤粉燃烧完全，降低烟尘的排放量等。因此，燃用水煤浆在改善大气环境方面有着巨大的潜力。

一般来说，原煤通过洗涤过程可脱除约 10%～30%的硫，这与其直接燃烧相比，SO_2 排放量已明显减少。另一方面，由于水煤浆以液态方式输送，这给加入石灰石粉和石灰与煤浆均匀混合并进行脱硫创造了条件。美国 Carbogel 公司发展的一种煤浆加石灰石粉技术的试验结果显示，SO_2 的排放明显减少，SO_x 脱除率约 50%，如果再加上水煤浆制备过程中的硫分降低，总脱硫率可达 50%～75%，效果十分可观。该技术为干法脱硫，使用方便。此外，Toqan 对水煤浆燃烧火焰中加入钙的脱硫进行了研究，实验结果表明活性较高的醋酸钙［$Ca(C_2H_3O_2)_2$］比氢氧化钙具有更高的脱硫效率，当 Ca/S 比为 2 时，醋酸钙的脱硫效率可以达到 80%，而相应的氢氧化钙只有 50%的脱硫率。

1.3 燃煤的脱硫技术

1.3.1 燃烧前脱硫技术

1.3.1.1 物理脱硫技术

物理选煤主要利用清洁煤、灰分、黄铁矿的密度不同，以去除部分灰分和黄铁矿硫，但不能除去煤中的有机硫。在物理选煤技术中，应用最广泛的是跳汰选煤，其次是重介质选煤和浮选。

（1）跳汰选煤

跳汰分选是各种密度、粒度和形状的物料在不断变化的流体作用下的运动过程。跳汰机的种类繁多，用处各有不同。按产生脉动水流的动力源的不同，可分为活塞跳汰机、无活塞跳汰机和隔膜跳汰机。无活塞跳汰机中的水流的脉动是利用压缩空气来推动的。在无活塞跳汰机中，按压缩空气进出的风阀类型分，有立式风阀跳汰机和卧式风阀跳汰机；按风室的布置方式分，有侧鼓式与筛下空气室跳汰机。按筛板是否移动又分为定筛跳汰机和机筛跳汰机。按入选粒度不同可分为块煤跳汰（粒度＞13mm）、末煤跳汰（粒度＜13）、混合跳汰（＜50mm 或 100mm 的混煤）及泥煤跳汰机（＜0.5mm 或 1.0mm 的煤泥）等。按跳汰机在流程中的位置不同，可分为主选机和再洗机。按分选产品的数目又可分为一段跳汰机、两段跳汰机和三段跳汰机。按排矸方式不同，可分为顺排矸和逆排矸跳汰机。目前工业上用得最多的是侧鼓卧式风阀跳汰机和筛下空气室跳汰机，它们均属于定筛跳汰机。

（2）重介质选煤

重介质选煤的基本原理是阿基米德原理，即浸没在液体中的颗粒所受到的浮力等于颗粒所排开的同体积的液体的重量。因此，如果颗粒的密度大于悬浮液密度，则颗粒将下沉；小于时颗粒上浮；等于时颗粒处于悬浮状态。当颗粒在悬浮液中运动时，除受到重力和浮力作用外，还将受到悬浮液体的阻力作用。对最初相对悬浮液作加速运动的颗粒，最终将以其末速度相对悬浮运动。颗粒越大，相对末速度越大、分选速度越快、分选效率越高。可见重介质选煤是严格按密度分选的，颗粒粒度和形状只影响分选的速度，这也就是重介质选煤之所以是所有重力选煤方法中效率最高的原因。重液由于价格昂贵，回收复杂、困难，在工业上没有应用。目前国内外普遍采用磁铁矿粉与水配置的悬浮液作为选煤的分选介质。

（3）浮选选煤

浮选是在气-液-固三相界面的分选过程，它包括在水中的矿粒黏附到气泡上，然后上浮到煤浆液面并被收入泡沫产品的过程。矿粒能否黏附到气泡上取决于水对该矿粒的润湿性。当水对矿粒表面只有很少的润湿性，该表面称为疏水表面，这时气泡就能黏附到该表面上。反之，润湿性强的表面，称为亲水表面，气泡就难以甚至不能黏附在其上面。煤对水有较强的润湿性，具有天然的可浮性，而煤中的灰分和黄铁矿的润湿性和可浮性较弱，通过浮选设备把精煤选出。浮选主要用于处理粒径小于 0.5mm 的煤粉。浮选原煤的性质和工艺因素对浮选的结果都产生重要的影响。其中最重要的是煤的变质程度或氧化程度、粒度组成、密度组成、矿浆浓度、药剂浓度、浮选机充气搅拌的影响。

（4）强磁分离法

在 20 世纪 70 年代发达国家开始研究高梯度强磁分离法。煤中所含的有机物硫为逆磁性，而大部分无机硫为顺磁性。干法强磁分离脱硫以空气为载流体，使煤粉均匀分散于空气中，然后使其通过高梯度强磁分离区。在那里顺磁性黄铁矿等被聚磁基质捕获，其他有机物通过分离区后成为精煤产品。湿法强磁分离脱硫是以水（油、甲醇）等作为载流体，基本方法与干法分选相同。由于湿法脱硫具有流程简单，脱硫效果好等优点，因而多采用以水煤浆为原料的工艺。

（5）微波辐射法

当微波能照射煤时，煤中黄铁矿中的硫最容易吸收微波，有机硫次之，煤基质基本上不吸收。煤微波脱硫的原理是煤和浸提剂组成的试样在微波电磁场作用下，产生极化效应，从而削弱煤中硫原子和其他原子之间的化学亲和力，促进煤中硫与浸提剂发生化学反应生成可溶性硫化物，通过洗涤从煤中除去。

1.3.1.2 化学脱硫技术

煤炭化学脱硫方法可分为物理化学脱硫方法和纯化学脱硫方法。物理化学脱硫即浮选，化学脱硫方法又包括碱法脱硫、气体脱硫、热解与氢化法脱硫等。碱法脱硫是在煤中加入 KOH、NaOH 或 $Ca(OH)_2$ 和苛性碱，在一定反应温度下使煤中的硫生成含硫化合物。该法具有一定的腐蚀性，但在合适的条件下可脱去全部的黄铁矿硫和70%的有机硫。气体脱硫是在高温下，用能与煤中黄铁矿或有机硫反应的气体处理煤，生成挥发性含硫气体，从而脱去煤中的硫，脱硫率可达86%。热解和氢化脱硫是采用炭化、酸浸提和氢化脱硫三个步骤，将硫转化为硫化钙，进而转化为可溶的硫氢化钙，分离后达到脱硫目的。

氧化法脱硫是在酸性或氢氧化铵存在条件下，将硫化合物在含氧溶液中氧化成易于脱除的硫和硫酸盐，从而使硫与煤分离。在酸性溶液中只能脱除黄铁矿硫，脱除率达90%，在碱性溶液中还可脱掉30%～40%的有机硫。煤的化学法脱硫可获得超低灰低硫分煤，但由于化学选矿法工艺要求苛刻，流程复杂，投资和操作费用昂贵，而且发生化学反应后对煤质有一定的影响，在一定程度上限制了它的推广和应用。

1.3.1.3 生物脱硫技术

能脱除无机硫的微生物是一类以铁和硫为能源的自氧菌，存在繁殖缓慢的缺点，在连续脱硫系统中微生物的供给能力，便成为制约煤炭脱硫能力的重要因素。因此，开发研究的重点是微生物的培养，培养出性能优良且能快速繁殖的菌种，同时要注重适宜于有机硫脱除的微生物的基础研究。

浸出脱除法去除无机硫周期较长，一般需数周时间，不适宜连续处理系统应用。但是对于船舶运输或贮煤场等煤炭贮存期较长的场合，宜采用堆积浸出法脱硫。另外，使用高硫煤部门亦适宜建贮煤场并采用此技术脱硫。随着能脱除有机硫的微生物的进一步开发，亦能拓宽浸出法脱硫的应用范围。

表面氧化法采用物理浮选原理，脱硫速度快，在各类微生物脱硫方法中最适于大量煤脱硫处理。该法可以与水煤浆（CWM）技术组合应用，可同时脱硫脱灰。

国外学者对煤炭微生物脱硫技术进行了大量的基础性和应用性开发研究，国内学者进行了实验室规模的研究。主要是脱硫微生物的改良，尤其在探明有机硫脱除机理的基础上，培育出能脱除有机硫的优良菌种，进一步提高微生物脱硫效率，并考虑二次产物的妥善处置。微生物脱硫技术是一种投资少、能耗低、污染少的好方法，对于减少燃煤 SO_2 的产生量、拓宽煤炭的应用范围具有重要意义。

1.3.2 燃烧中脱硫技术

1.3.2.1 技术原理

在煤燃烧过程中加入石灰石或白云石粉作脱硫剂，$CaCO_3$、$MgCO_3$ 受热分解生成 CaO、MgO，与烟气中 SO_2 反应生成硫酸盐，随灰分排出。石灰石粉在氧化性气氛中的脱硫反应原理为：

$$CaCO_3 \longrightarrow CaO + CO_2 \uparrow$$

$$2CaO + 2SO_2 + O_2 \longrightarrow 2CaSO_4$$

在我国，采用煤燃烧过程脱硫的技术主要有两种：一是型煤固硫；二是循环流化床燃烧脱硫技术。

1.3.2.2 型煤固硫技术

将不同的原料经筛分后按一定的比例配煤，粉碎后同经过预处理的黏结剂和固硫剂混合，经机械设备挤压成型并干燥，即可得到具有一定强度和形状的成品工业固硫型煤。型煤用固硫剂，按化学形态可分为钙系、钠系及其他三大类。固硫剂选择的基本原则是：①来源广泛，价格低廉；②碱性较强，对 SO_2 具有较高的吸收能力；③热化学稳定性好；④固硫剂与 SO_2 反应生成硫酸盐的热稳定性好，在炉膛温度下不会发生热分解反应；⑤不产生臭味和刺激性有毒的二次污染物；⑥加入固硫剂的量，一般不会影响工业炉窑对型煤发热量的要求。常用的固硫剂见表 1-4。

表 1-4　工业固硫型煤常用固硫剂

固硫剂分类		固硫剂分子式
钙系	金属氧化物	CaO、MgO
	氢氧化物	$Ca(OH)_2$、$Mg(OH)_2$
	盐类	$CaCO_3$、$MgCO_3$
钠系	氢氧化物	$NaOH$、KOH
	盐类	Na_2CO_3、K_2CO_3
其他	金属氧化物	MnO_2、Fe_2O_3、SiO_2、Al_2O_3

石灰石粉、大理石粉、电石渣等是制造工业固硫型煤较好的固硫剂。固硫剂的加入量视煤炭含硫量的高低而定，如石灰石粉加入量一般为 2%～3%。应用废液作黏结剂和固硫剂，资源丰富，既可降低成本，又可减少污染。如碱性纸浆黑液既可作黏结剂，也有一定的固硫作用，其固硫成分为 Na_2CO_3 和 $NaOH$。此外，电石渣［$Ca(OH)_2$ 和 CaO］、硫矿渣（Fe_2O_3 和 SiO_2）、盐泥、糖泥、钙渣、烟道灰等，也可作为工业固硫型煤的黏结剂和固硫剂。

石灰石的主要成分是碳酸钙（$CaCO_3$），大理石的主要成分是方解石和白云石（$CaCO_3$ 和 $MgCO_3$），它们均含有大量的 $CaCO_3$，属于钙系脱硫剂。在型煤高温燃烧时，其中的固硫剂被煅烧分解为 CaO 和 MgO，烟气中 SO_2 即被 CaO 和 MgO 吸收，生成 $CaSO_3$ 和 $MgSO_3$。由于炉膛内有足够的氧气，一小部分生成的 $CaSO_3$ 和 $MgSO_3$ 会进一步氧化生成 $CaSO_4$ 和 $MgSO_4$。反应温度、钙硫比以及原煤的粒度等是影响固硫效率的主要因素。在锅炉炉膛温度下，烟气脱硫主要生成 $CaSO_4$ 和 $MgSO_4$。一般情况下钙系固硫剂的固硫效率随钙硫比的增加而增加，并且电石渣是制作工业固硫型煤较好的固硫剂。

工业固硫型煤具有反应活性高，燃烧性能好，固灰及固硫能力比原煤好的特点。由于型煤经过破碎和成型的过程，每吨煤成本增加 25 元左右；添加黏结剂和固硫剂后，每吨煤增加 11 元左右。但每吨型煤较原煤可节约煤炭 170kg，按每吨煤 260 元计，就可节省 44.20 元。从经济效益分析，型煤生产成本不会增加或增加不多，如果考虑把用作黏结剂和固硫剂的废渣废液治理的投资补贴到型煤加工中，则型煤成本还可降低 10%以上，每吨煤的生产成本为 284.40 元。

客观上型煤着火有所滞后，对某些炉型的锅炉出力有一定影响，操作使用不当还会造成断火熄炉。同时燃烧温度高，提高固硫率有难度，为此我国作出相应规定：对含硫 0.9%以下的原煤，可不必采用固硫措施，对含硫 1%～3%的原煤，相应的脱硫率要求为 30%～50%。现在使用固硫添加剂的型煤亦能满足这一要求。

1.3.2.3　循环流化床燃烧脱硫技术

流化床技术首先作为一种化工处理技术于 20 世纪 20 年代由德国人发明，将流化床技术应用于煤的燃烧的研究始于 20 世纪 60 年代。由于流化床燃烧技术具有煤种适应性宽、易于

实现炉内脱硫和低 NO_x 排放等优点而受到国内外研究单位和生产厂家的高度重视，并能在能源和环境等诸方面显示鲜明的发展优势。如今流化床燃烧作为更清洁、更高效的煤炭利用技术之一，正受到世界各国的普遍关注。

循环流化床锅炉（CFBC）见图 1-1，是指利用高温除尘器使飞出的物料又返回炉膛内循环利用的流化燃烧方式。由于它能使飞扬的物料循环回到燃烧室中，因此所采用的流化速度比常规流化床要高，对燃烧粒度、吸附剂粒度的要求也比常规流化床要低。在多物料循环流化床中形成了两种截然不同的床层，底部是由大颗粒物料形成的密相层，上部是由细物料组成的气流床，因此称为多物料循环流化床。当飞扬的物料逸出气流床后便被一个高效初级旋风分离器从烟气中分离出来，并使其流进外置式换热器中，有一部分物料从换热器中再回到燃烧室中，而大部分飞扬的物料溢流至外置式换热器的换热段，被冷却后再循环至燃烧室中。

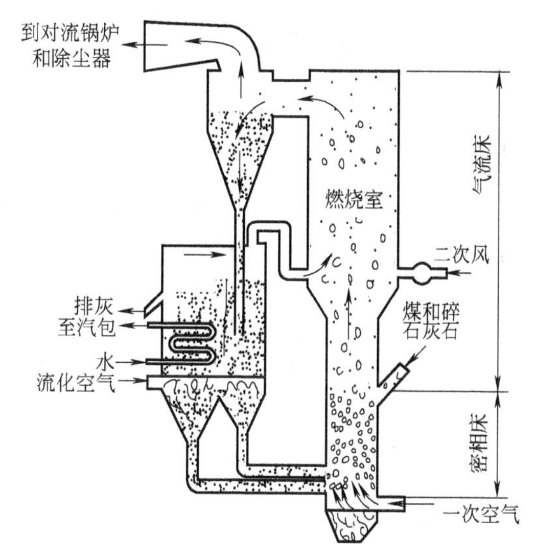

图 1-1　循环流化床锅炉

在多物料循环流化床中将石灰石等廉价的原料与煤粉碎成同样的细度，与煤在炉中同时燃烧，在 800～900℃时，石灰石受热分解出 CO_2，形成多孔的 CaO 与 SO_2 反应生成硫酸盐，达到脱硫的目的。影响脱硫效率的主要因素有 Ca/S、燃烧温度、运行压力、床深和气体流速、脱硫剂颗粒尺寸及其微孔性质脱硫剂的种类等。通常情况下，当流化速率一定时，脱硫率随 Ca/S 摩尔比增加而增加；当 Ca/S 一定时，脱硫率随流化速度降低而升高。

一般地要达到 90%的脱硫率，常压循环流化床和增压流化床的 Ca/S 分别为 1.8～2.5 和 1.5～2.0。750℃以下，石灰石的分解困难，1000℃以上生成的硫酸盐又将分解，因此 Ca/S 一定时，床层温度以 800～850℃为宜。为控制床温，一般在床层内布置一部分管束（内部通水），它既是吸热强度很大的受热面，保证炉内温度适当，不致烧熔炉渣而影响正常运行，又可使 NO_x 生成量和灰分中钠、钾的挥发量大为减少。目前使用的脱硫剂主要为石灰石和白云石，石灰石更为普遍。特别是常压运行时，小的脱硫剂颗粒尺寸、大的颗粒比表面积和孔隙率等物理因素有利于脱硫反应，而流化床运行压力对石灰石的煅烧和微孔性质有较大影响。循环流化床具有以下几方面的特点：

① 不仅可以燃用各种类型的煤，而且可以燃烧木材和固体废弃物，还可以实现与液体燃料的混合燃烧；

② 由于流化速度较高，使燃料在系统内不断循环，实现均匀稳定的燃烧；

③ 由于采用循环燃烧的方式，燃料在炉内停留时间较长，使燃烧效率高达 99%以上，锅炉效率可达 90%以上；

④ 燃烧温度较低，NO_x 生成量少；

⑤ 由于石灰石在流化床内反应时间长，使用少量的石灰石（钙硫比小于 1.5）即可使脱硫效率达 90%；

⑥ 燃料制备和给煤系统简单，操作灵活。

国内外经验均显示，循环流化床燃烧是一项极为实用的技术，既能解决 SO_2 和 NO_x 的污染问题，又能燃用高灰、高硫和低热值煤。目前，循环流化床锅炉的发展方向是大型化，以满足电网的需要。由于循环流化床锅炉比传统的燃烧锅炉和常规流化床锅炉有较大的优越性，因此越来越受到重视，可望成为重要的煤洁净燃烧技术。

1.4 烟气的脱硫技术

1.4.1 烟气脱硫方法

天然气、焦炉煤气、石油化工及煤化工中遇到的脱硫一般脱出的是 H_2S，而烟气脱硫脱出的是 SO_2。我国的能源构成以煤炭为主，其消费量占一次能源总消费量的70%左右，这种局面在今后相当长的时间内不会改变。火电厂以煤作为主要燃料进行发电，煤直接燃烧释放出大量 SO_2，造成大气环境污染，且随着装机容量的递增，SO_2 的排放量也在不断增加。加强环境保护工作是我国实施可持续发展战略的重要保证。所以，加大火电厂 SO_2 的控制力度就显得非常紧迫和必要。SO_2 的控制途径有三个：燃烧前脱硫、燃烧中脱硫、燃烧后脱硫（即烟气脱硫 FGD），目前烟气脱硫被认为是控制 SO_2 最行之有效的途径。烟气脱硫主要为湿法和干法/半干法。

燃煤后烟气脱硫（缩写 FGD）是目前世界上唯一大规模商业化应用的脱硫技术。世界各国研究开发的烟气脱硫技术达二百多种，但商业应用的不超过二十种。按脱硫产物是否回收，烟气脱硫可分为抛弃法和回收法，前者是将 SO_2 转化为固体残渣抛弃掉，后者则是将烟气中 SO_2 转化为硫酸、硫黄、液体 SO_2、化肥等有用物质回收。回收法投资大，经济效益低，甚至无利可图或亏损。抛弃法投资和运行费用较低，但存在残渣污染和处理问题，硫资源也未得到回收利用。

按脱硫过程是否加水和脱硫产物的干湿形态，烟气脱硫又可分为湿法、半干法和干法三类工艺。湿法脱硫技术成熟，效率高，Ca/S 低，运行可靠，操作简单，但脱硫产物的处理比较麻烦，烟温降低不利于扩散，传统湿法的工艺较复杂，占地面积和投资较大；干法、半干法的脱硫产物为干粉状，处理容易，工艺较简单，投资一般低于传统湿法，但用石灰（石灰石）作脱硫剂的干法、半干法的 Ca/S 高，脱硫效率和脱硫剂的利用率低。

湿法脱硫技术包括石灰石/石灰抛弃法、石灰石/石膏法、双碱法、氧化镁法、韦尔曼-洛德法、氨法、海水脱硫法等，干式、半干式烟气脱硫技术包括旋转喷雾干燥法、炉内喷钙尾部增湿活化法、循环流化床脱硫技术、荷电干式喷射脱硫法、电子束照射法、脉冲电晕等离子体法等。

1.4.2 湿法烟气脱硫

所谓湿法烟气脱硫，特点是脱硫系统位于烟道的末端、除尘器之后，脱硫过程的反应温度低于露点，所以脱硫后的烟气需要再加热才能排出。由于是气液反应，其脱硫反应速度快、效率高、脱硫剂利用率高，如用石灰做脱硫剂时，当 Ca/S=1 时，即可达到90%的脱硫率，适合大型燃煤电站的烟气脱硫。但是，湿法烟气脱硫存在废水处理问题，初投资大，运行费用也较高。

1.4.2.1 石灰石/石灰抛弃法

以石灰石或石灰的浆液作脱硫剂，在吸收塔内对 SO_2 烟气喷淋洗涤，使烟气中的 SO_2

反应生成 $CaSO_3$ 和 $CaSO_4$，这个反应关键是 Ca^{2+} 的形成。石灰石系统 Ca^{2+} 的产生与 H^+ 的浓度和 $CaCO_3$ 的存在有关；而在石灰系统中，Ca^{2+} 的生产与 CaO 的存在有关。石灰石系统的最佳操作 pH 值为 5.8～6.2，而石灰系统的最佳 pH 值约为 8（美国国家环保署）。

石灰石/石灰抛弃法的主要装置由脱硫剂的制备装置、吸收塔和脱硫后废弃物处理装置组成，其关键性的设备是吸收塔。对于石灰石/石灰抛弃法，结垢与堵塞是最大问题，主要原因在于溶液或浆液中的水分蒸发而使固体沉积，氢氧化钙或碳酸钙沉积或结晶析出，反应产物亚硫酸钙或硫酸钙的结晶析出等。所以吸收洗涤塔应具有持液量大、气液间相对速度高、气液接触面大、内部构件少、阻力小等特点。洗涤塔主要有固定填充式、转盘式、湍流塔、文丘里洗涤塔和道尔型洗涤塔等，它们各有优缺点，脱硫效率高的往往操作的可靠性差。脱硫后固体废弃物的处理也是石灰石/石灰抛弃法的一个很大的问题，目前主要有回填法和不渗透地存储法，都需要占用很大的土地面积。

1.4.2.2 石灰石/石膏法

该技术与抛弃法的区别在于向吸收塔的浆液中鼓入空气，强制使 $CaSO_3$ 都氧化为 $CaSO_4$（石膏），脱硫的副产品为石膏。同时鼓入空气产生了更为均匀的浆液，易于达到90%的脱硫率，并且易于控制结垢与堵塞。由于石灰石价格便宜，并易于运输与保存，因而自 20 世纪 80 年代以来石灰石已经成为石膏法的主要脱硫剂。当今国内外选择火电厂烟气脱硫设备时，石灰石/石膏强制氧化系统成为优先选择的湿法烟气脱硫工艺。

石灰石/石膏法的主要优点是：适用的煤种范围广、脱硫效率高（有的装置 Ca/S＝1 时，脱硫效率大于 90%）、吸收剂利用率高（可大于 90%）、设备运转率高（可达 90%以上）、工作的可靠性高（目前最成熟的烟气脱硫工艺）、脱硫剂石灰石来源丰富且廉价。但是石灰石/石膏法的缺点也是比较明显的：初期投资费用太高、运行费用高、占地面积大、系统管理操作复杂、磨损腐蚀现象较为严重、副产物石膏很难处理（由于销路问题只能堆放）、废水较难处理。

采用石灰石/石膏法的烟气脱硫工艺在我国应用较广泛，比较典型的是重庆珞璜电厂。该厂 2×360MW 机组 1990 年引进日本三菱公司的两套石灰石/石膏法 FGD 系统，1993 年全部建成投运。其脱硫工艺主要技术参数为：脱硫效率大于 95%，进口烟气 SO_2 浓度（标况）10010mg/m^3，石灰石年消耗量约 130kt，副产品石膏纯度不低于 90%，年产量约 400kt，目前只有少量出售，大部分堆放在灰场。

石灰石/石膏脱硫工艺是一套非常完善的系统，它包括烟气换热系统、吸收塔脱硫系统、脱硫剂浆液制备系统、石膏脱水系统和废水处理系统。系统非常完善和相对复杂也是湿法脱硫工艺一次性投资相对较高的原因，上述脱硫系统的五个大的分系统，只有吸收塔脱硫系统和脱硫剂浆液制备系统是脱硫必不可少的；而烟气换热系统、石膏脱水系统和废水处理系统则可根据各个工程的具体情况简化或取消。国外也有类似的实践，对于不需要回收石膏副产品的电厂，石膏脱水系统和废水处理系统可以不设，直接将石膏浆液打入堆储场地。湿法脱硫工艺简化能使其投资不同程度地降低。根据初步测算，湿法脱硫工艺简化以后，投资最大幅度可降低 50%左右，绝对投资可降至简易脱硫工艺的水平，并可进一步提高湿法脱硫工艺的综合经济效益。

液柱喷射烟气脱硫除尘集成技术是清华大学独立开发的烟气湿法脱硫新技术，是清华大学煤的清洁燃烧国家重点实验室十几年科研成果的结晶。该技术具有如下特点：脱硫效率高；初投资成本低；运行费用低；系统阻力低；脱硫产物为石膏，易于处理；脱硫剂适应性好；燃煤含硫量适应性好。

液柱喷射烟气脱硫除尘集成系统主要由脱硫反应塔、脱硫剂制备系统、脱硫剂产物处理系统、控制系统和烟道系统组成，其中液柱喷射脱硫反应塔（也可以利用水膜除尘器改造）是核心装置。烟气从脱硫反应塔的下部切向进入，在反应塔内上升的过程中与脱硫剂循环液相接触，烟气中 SO_2 与脱硫剂发生反应将 SO_2 除去，纯净烟气从反应塔顶部排出。脱硫剂循环液由布置在脱硫反应塔下部的喷嘴向上喷射，在上部散开落下，在这喷上落下的过程中，形成高效率的气液接触而促进了烟气中的 SO_2 的去除，同时进一步提高除尘效率。

液柱喷射烟气脱硫装置的费用大约占电厂总投资的 6%。其所能达到的技术经济指标是：脱硫率达 85%以上，脱硫剂的利用率 90%以上，除尘效率达 95%以上；运行成本低，脱硫成本约 0.45 元/kg SO_2。脱硫产物主要是 $CaSO_4$，可以用作建筑材料和盐碱地的改造。目前已用于沈阳化肥总厂三台 10t/h 锅炉的脱硫，三台 10t/h 锅炉共用一个脱硫塔，其烟气量（标况）为 $4\times10^4 m^3/h$，煤含硫量为 1.7%。

1.4.2.3 双碱法

双碱法脱硫工艺是为了克服石灰石/石灰法容易结垢的缺点，并进一步提高脱硫效率而发展起来的。它先用碱金属盐类如钠盐的水溶液吸收 SO_2，然后在另一个石灰反应器中用石灰或石灰石将吸收了 SO_2 的吸收液再生，再生的吸收液返回吸收塔再用。而 SO_2 还是以亚硫酸钙和石膏的形式沉淀出来。由于其固体的产生过程不是发生在吸收塔中的，所以避免了石灰石/石灰法的结垢问题。

1.4.2.4 氧化镁法

金属氧化物如 MgO、MnO_2 和 ZnO 等都有吸收 SO_2 的能力，可利用其浆液或水溶液作为脱硫剂洗涤烟气脱硫。吸收了 SO_2 的亚硫酸盐和亚硫酸在一定温度下分解产生 SO_2 气体，可以用于制造硫酸，而分解形成的金属氧化物得到了再生，可循环使用。我国氧化镁资源丰富，可考虑此法要求必须对烟气进行预先的除尘和除氯，而且该过程中会有 8%的 MgO 流失，造成二次污染。

氧化镁法是用氧化镁的浆液［$Mg(OH)_2$］吸收烟气中 SO_2，得到含结晶水的亚硫酸镁和硫酸镁的固体吸收产物，经脱水、干燥和煅烧还原后，再生出氧化镁循环脱硫，同时副产高浓度 SO_2 气体。该技术在美国有大规模工业装置运行，我国未见应用的实例。

1.4.2.5 韦尔曼-洛德法（Wellman-Lord 法）

利用亚硫酸钠溶液的吸收和再生循环过程将烟气中的 SO_2 脱除，又称为亚钠循环法。实际用于含硫量为 1%～3.5%的煤时，可达到 97%以上的脱硫效率。整个系统烟气阻力损失为 4～7kPa，系统可靠，可用率 95%以上，该法适合于高硫煤，以尽可能地回收硫的副产品。

Wellman-Lord 法是美国 Davy-Mckee 公司 20 世纪 60 年代末开发的亚硫酸钠循环吸收流程。该技术目前在美国、日本、欧洲已经建成 31 套大型工业化装置，该工艺方法主要用 NaCl 电解生成的 NaOH 来吸收烟气中二氧化硫，产生 $NaHSO_3$ 和 Na_2SO_4，通过不同的回收装置回收液态二氧化硫、硫酸或单质硫。其主要工艺方法如下。

烟气经过文丘里洗涤器进行预处理，除去 70%～80%的飞灰和 90%～95%的氯化物，预处理的烟气通入三段式填料塔，逆向与亚硫酸钠和补充的氢氧化钠溶液充分接触，除去 90%以上的二氧化硫，生成亚硫酸氢钠，溶液逐段回流得以增浓。净化后的烟气经过加热后由 121.9m 的烟囱排空。洗涤生成的亚硫酸氢钠进入再生系统——强制循环蒸发器，被加热生成亚硫酸钠，释放出二氧化硫气体，电解氯化钠所生成的氢氧化钠与再生的亚硫酸钠一起送入三段式填料塔重新吸收二氧化硫。而回收的二氧化硫可以用 98%的浓硫酸干燥，经 V_2O_5 触煤氧化生成 SO_3，用浓硫酸吸收并稀释至 93%的工业硫酸。其剩余的二氧化硫返回吸收塔。根据市场需求还可以将一部分二氧化硫与天然气或丙烷反应生成 H_2S 气体，再与另一部分二氧化硫送入 CLAUS 装置生产单质硫，也可将单质硫焚烧生产液态二氧化硫和纯净浓硫酸。值得注意的是三段式填料塔在二氧化硫吸收过程中，由于烟气中氧的存在使部分亚硫酸氢钠中有硫酸钠生成，经蒸发器结晶分离出的产品可供造纸业使用，另外由氯化钠电解得到的副产品氯气可供化工企业使用。该工艺方法中氯化钠溶液的电解工艺目前已经非常成熟，同时该方法能够得到多种副产品。

1.4.2.6 氨法

氨法原理是采用氨水作为脱硫吸收剂，与进入吸收塔的烟气接触混合，烟气中 SO_2 与氨水反应，生成亚硫酸铵，经与鼓入的强制氧化空气进行氧化反应，生成硫酸铵溶液，经结晶、离心脱水、干燥后即制得硫酸铵。氨法也是一种技术成熟的脱硫工艺，具有以下主要技术特点：

① 副产品硫酸铵的销路和价格是氨法工艺应用的先决条件，这是由于氨法所采用的吸收剂氨水价格远比石灰石高，其吸收剂费用很高，如果副产品无销路或销售价格低，不能抵消大部分吸收剂费用，则不能应用氨法工艺；

② 由于氨水与 SO_2 反应速率要比石灰石（或石灰）与 SO_2 反应速率大得多，同时氨法不需吸收剂再循环系统，因而系统要比石灰右-石膏法简单，其投资费用比石灰石-石膏法低得多；

③ 在工艺中不存在石灰石作为脱硫剂时的结垢和堵塞现象；

④ 氨水来源也是选择此工艺的必要条件；

⑤ 氨法工艺无废水排放，除化肥硫酸铵外也无废渣排放；

⑥ 由于只采用 NH_3 一种吸收剂，只要增加一套脱硝装置的情况下就能高效地控制 SO_2 和 NO_x 的排放。

1.4.2.7 海水脱硫法

海水具有一定的天然碱度和水化学特性，可用于燃煤含硫量不高并以海水作为循环冷却水的海边电厂。海水脱硫法的原理是用海水作为脱硫剂，在吸收塔内对烟气进行逆向喷淋洗涤，烟气中的 SO_2 被海水吸收成为溶解态 SO_2，溶解态的 SO_2 在洗涤液中发生水解和氧化作用，洗涤液被引入曝气池，提高 pH 值抑制 SO_2 的溢出，鼓入空气使曝气池中的水溶性 SO_2 被氧化成为 SO_4^{2-}。

海水脱硫的主要特点：①工艺简单，无需脱硫剂的制备，系统可靠，可用率高；②脱硫效率高，可达 90%以上；③不需要添加脱硫剂，也无废水废料，易于管理；④与其他湿法工艺相比，投资低，运行费用也低；⑤只能用于海边电厂，且只能适用于燃煤含硫量小于 1.5%的中低硫煤。

1.4.3 半干法烟气脱硫

半干法是利用烟气显热蒸发石灰浆液中的水分，同时在干燥过程中，石灰与烟气中的 SO_2 反应生成亚硫酸钙等，并使最终产物为干粉状。若将袋式除尘器配合使用，能提高

10%～15%的脱硫效率。脱硫废渣一般抛弃处理，但德国将此渣成功地用于建材生产，使该法前景更加乐观。半干法中应用最广的是旋转喷雾干燥法（SDA），它是美国JOY公司和丹麦NIRO公司联合开发的新工艺，自1978年在北美安装了第一套工业装置以来，发展迅速，已有十多个国家采用，其世界脱硫市场占有率已超过10%，大多用于中低硫煤的中小容量机组上。目前已开发了用于高硫煤的流程。SDA法的关键设备是高速旋转雾化器，它能将石灰浆液雾化成细小雾滴与烟气进行传热和反应，其转速可达15000～20000r/min。转速与雾化效果及脱硫效率成正比。喷雾干燥法的脱硫率达70%～95%。

烟气循环流化床烟气脱硫技术（CFB-FGD）是20世纪80年代德国鲁奇（Lurgi）公司开发的一种新的脱硫工艺，它以循环流化床原理为基础，通过吸收剂的多次再循环，延长了吸收剂与烟气的接触时间，大大提高了吸收剂的利用率和脱硫效率，能在较低的钙硫比（Ca/S=1.1～1.2）下，接近或达到湿法工艺的脱硫效率。目前，国外最大单塔处理能力可达$120\times10^4 m^3/h$烟气量。德国的Wulff公司在Lurgi的技术基础上，开发了回流式循环流化床烟气脱硫技术。

增湿灰循环脱硫技术（NID）是ABB公司开发的新技术，它借鉴了喷雾干燥法的原理，又克服了此种工艺使用制浆系统和喷浆而产生的种种弊端（如粘壁、结垢等），使开发出的NID技术既有干法简单、价廉的优点，又有湿法的高效率。该技术是将消石灰粉与除尘器收集的循环灰在混合增湿器内混合，并加水增湿至5%的含水量，然后导入烟道反应器内进行脱硫反应。含5%水分的循环灰有较好的流动性，省去了复杂的制浆系统，克服了喷雾过程的粘壁问题。浙江菲达公司向ABB公司购置了该项技术，设计煤的含硫0.96%，用电石渣作脱硫剂，Ca/S=1.3，设计脱硫效率80%。

1.4.3.1 旋转喷雾干燥法（SDA法）

旋转喷雾干燥法是美国JOY公司和丹麦NIRO公司联合研制出的工艺。这种脱硫工艺相比湿法烟气脱硫工艺而言，具有设备简单、投资和运行费用低、占地面积小等特点，而且具有75%～90%的烟气脱硫率。过去SDA法只适合中、低硫煤，现在已研制出适合高硫煤的流程。因此，这种脱硫工艺在我国是有应用前景的。

旋转喷雾烟气脱硫是利用喷雾干燥的原理，将吸收剂浆液雾化喷入吸收塔。在吸收塔内，吸收剂与烟气中的二氧化硫发生化学反应的同时，吸收烟气中的热量使吸收剂中水分蒸发干燥，完成脱硫反应后的废渣以干态排出。为了把它与炉内喷钙脱硫相区别，又把这种脱硫工艺称作半干法脱硫。旋转喷雾烟气反应过程包含有四个步骤，即：吸收剂制备；吸收剂浆液雾化；雾粒和烟气混合，吸收二氧化硫并被干燥；废渣排出。旋转喷雾烟气脱硫工艺一般用生石灰（主要成分是CaO）作吸收剂。生石灰经熟化变成具有较好反应能力的主要成分是$Ca(OH)_2$的熟石灰浆液。熟石灰浆液经装在吸收塔顶部高达15000～20000r/min的高速旋转雾化器喷射成均匀的雾滴，其雾粒直径可小于100μm。这些具有很大比表面积的分散微粒一经与烟气接触，便发生强烈的热交换和化学反应，迅速地将大部分水分蒸发，形成含水量少的固体灰渣。如果吸收剂颗粒没有完全干燥，则在吸收塔之后的烟道和除尘器中仍可继续发生吸收二氧化硫的化学反应。

旋转喷雾干燥法系统相对简单、投资低、运行费用也不高，而且运行相当可靠，不会产生结垢和堵塞，只要控制好干燥吸收器的出口烟气温度，对于设备的腐蚀性也不高。由于其干式运行，最终产物易于处理，但脱硫效率略低于湿法。山东黄岛电厂引进了此套装置，运行良好。

1.4.3.2 炉内喷钙尾部增湿活化法（LIFAC法与LIMB）

LIFAC法由芬兰IVO公司和TAMPELLA公司联合开发，是在炉内喷钙的基础上发展起来的。传统炉内喷钙工艺的脱硫效率仅为20%～30%，而LIFAC法在空气预热器和除尘器间加装一个活化反应器，并喷水增湿促进脱硫反应，使最终的脱硫效率达到70%～75%。LIFAC法比较适合中、低硫煤，其投资及运行费用具有明显优势，较具竞争力。另外由于活化器的安装对机组的运行影响不大，比较适合中小容量机组和老电厂的改造。

LIMB法与LIFAC法实质相同，只是加上多级燃烧器以控制NO_x的排放。由于采用分级送风燃烧，使局部温度降低，不但减少NO_x的生成，而且使钙基脱硫剂避免受炉内高温烟气的影响，减少了脱硫剂表面的“死烧”，增加了反应表面积，提高了脱硫效率。

LIFAC和LIMB法虽然具有投资与运行费用较低的优势，但其脱硫效率比湿法低。南京下关电厂国产12.5万千瓦机组应用此项技术，脱硫效率为75%。

1.4.4 干法烟气脱硫

所谓干法烟气脱硫，是指脱硫的最终产物是干态的。主要有喷雾干燥法（也称半干法）、炉内喷钙尾部增湿活化（也称半干法）、循环流化床法、荷电干式喷射脱硫法（CSDI法）、电子束照射法（EBA）、脉冲电晕法（PPCP）以及活性炭吸附法等。

1.4.4.1 循环流化床脱硫技术

德国鲁奇公司在20世纪70年代开发了循环流化床脱硫技术。原理是在循环流化床中加入脱硫剂石灰石以达到脱硫的目的，由于流化床具有传质和传热的特性，所以在有效吸收SO_2的同时还能除掉HCl和HF等有害气体。利用循环床的优点是可通过喷水将床温控制在最佳反应温度下，通过物料的循环使脱硫剂的停留时间增加，大大提高钙利用率和反应器的脱硫效率。用此法可处理高硫煤，在Ca/S为1～1.5时，能达到90%～97%的脱硫效率。

循环床的主要优点是：①与湿法相比，结构简单，造价低，约为湿法投资的50%；②在使用$Ca(OH)_2$作脱硫剂时有很高的钙利用率和脱硫效率，特别适合于高硫煤；③运行可靠，由于采用干式运行，产生的最终固态产物易于处理。

值得注意的是，对于旋转喷雾干燥法、循环流化床法和炉内喷钙尾部增湿活化法，都可以利用飞灰来提高钙利用率和脱硫效率。研究认为飞灰中含有较大量的金属氧化物，对脱硫反应有较强的催化作用。

干式循环流化床烟气脱硫技术是清华大学的独立开发的专利技术，它是在锅炉尾部利用循环流化床技术进行烟气脱硫。以石灰浆作为脱硫剂，锅炉烟气从循环流化床底部进入反应塔，在反应塔内与石灰浆进行脱硫反应，除去烟气中的SO_2气体，然后烟气携带部分脱硫剂颗粒（大部分脱硫剂颗粒在反应塔内循环）进入旋风分离器，进行气固分离。经脱硫后的纯净烟气从分离器顶部出去，经除尘装置后排入大气。脱硫剂颗粒由分离器下来后经料腿返回反应塔再次参加反应，反应完全的脱硫剂颗粒从反应塔底部排走。具有如下特点：

① 主要以锅炉飞灰作循环物料，反应器内固体颗粒浓度均匀，固体内循环强烈，气固混合，接触良好，气固间传热、传质十分理想；

② 向反应器内喷入消石灰浆液，由于大量固体颗粒的存在，使浆液得以附着在固体颗粒表面，造成气液两相间极大的反应表面积；

③ 固体物料被反应器外的高效旋风分离器收集，再回送至反应器，使脱硫剂反复循环，在反应器内的停留时间延长，从而提高脱硫剂的利用率，降低运行成本；

④ 通过向反应器内喷水，使烟气温度降至接近水蒸气分压下的饱和温度，提高脱硫效率；

⑤ 干态脱硫副产物容易处理；

⑥ 反应器不易腐蚀、磨损，技术简单，节省投资；

⑦ 反应系统中的粉煤灰对脱硫反应有催化作用。

干式循环流化床烟气脱硫技术是一种高效率的烟气脱硫技术。当燃煤含硫量为2%，钙硫比为1时，脱硫率可达85%以上。在钙硫比适当增加的情况下，脱硫率将达90%以上。它的初投资少，运行费用低，脱硫成本约0.52元/kg SO_2。干式循环流化床烟气脱硫技术的适用范围很广，适用于各种规模的烟气量，从35t/h的锅炉到300MW的锅炉都能适用，而且对煤的适应性很好，高、中、低硫煤都能适用。该技术还非常适用于老厂的改造。

1.4.4.2 荷电干式喷射脱硫法（CDSI法）

此法是美国ALANCO环境公司开发研制的专利技术。第一套装置在美国亚利桑那州运行。其技术核心是吸收剂以高速通过高压静电电晕充电区，得到强大的静电荷（负电荷）后，被喷射到烟气流中，扩散形成均匀的悬浊状态。吸收剂粒子表面充分暴露，增加了与 SO_2 反应的机会。同时由于粒子表现的电晕增强了其活性，缩短了反应所需的停留时间，有效提高了脱硫效率，当Ca/S=1.5时，脱硫效率为60%～70%。CDSI法的投资及占地仅为传统湿法的10%～27%。

1.4.4.3 电子束照射法（EBA法）

经过20多年的研究开发，已从小试、中试和工业示范逐步走向工业化。其原理为在烟气进入反应器之前先加入氨气，然后在反应器中用电子加速器产生的电子束照烟气，使水蒸气与氧等分子激发产生氧化能力强的自由基，这些自由基使烟气中的 SO_2 和 NO_x 很快氧化，产生硫酸与硝酸，再和氨气反应形成硫酸铵和硝酸铵化肥。由于烟气温度高于露点，不需再热。

电子束照射法是一种干法处理过程，不产生废水废渣；能同时脱硫脱硝，并可达到90%以上的脱硫率和80%以上的脱硝率；系统简单，操作方便，过程易于控制；对于不同含硫量的烟气和烟气量的变化有较好的适应性和负荷跟踪性；副产品硫铵和硝铵混合物可用作化肥；脱硫成本低于常规方法。

日本荏原公司与四川电力部门合作，于1997年在成都热电厂建成示范装置。实际运行中，燃煤含硫量在0.8%～3.5%之间变化时，脱硫效率在80%以上，脱硝效率在20%左右。设备可靠安全，其副产品硫铵销路良好。

1.4.4.4 脉冲电晕等离子体法（PPCP法）

此法是1986年日本专家增田闪一在EBA法的基础上提出的。由于它省去昂贵的电子束加速器，避免了电子枪寿命短和X射线屏蔽等问题，因此该技术一经提出，各国专家便竞相开展研究工作。目前日本、意大利、荷兰、美国都在积极开展研究，已建成14000m^3/h的试验装置，能耗12～15W·h/m^3。我国许多高等院校及科研单位也纷纷加入研究行列，进行了小试研究，取得了能耗4W·h/m^3 的国际领先研究成果，但规模仅为12m^3/h，尚需扩大。

PPCP 法是靠脉冲高压电源在普通反应器中形成等离子体，产生高能电子（5～20eV），由于它只提高电子温度，而不是提高离子温度，能量效率比 EBA 高二倍。PPCP 法设备简单、操作简便、投资是 EBA 法的 60%，因此成为国际上干法脱硫脱硝的研究前沿。

干法烟气脱硫是反应在无液相介入的完全干燥的状态下进行的，反应产物也为干粉状，不存在腐蚀、结露等问题。

1.4.5 烟气脱硫选择

表 1-5 列出了几种工艺成熟、应用较广的烟气脱硫方法，并进行了经济性能比较。

表 1-5 几种烟气脱硫方法经济性能比较

采用工艺	湿式石灰石-石膏法	喷雾干燥法	LIFAC 法	CDSI 法
适用煤种含硫量/%	>1.5	1～3	<2	<2
Ca/S	1.1	1.5	2.0	1.5
钙的利用率/%	>90	40～45	35～40	4～45
脱硫成效/%	>90	80～85	70～75	60～70
投资占电厂比例/%	13～19	8～12	3～5	2～4
脱硫费用/(元/t)	900～1250	750～1050	600～900	600～800
设备占地面积	大	中	小	极小
灰渣状态	湿	干	干	干
烟气再热	需	不需	不需	不需

表 1-6 列出了我国引进的 FGD 装置的情况。

表 1-6 我国引进的 FGD 装置

引进单位	采用工艺	规模	脱硫剂	效率/%	专利商
胜利油田化工厂	氨-硫铵法	2100000m^3/h	NH_3	90	日本东洋公司
南京钢铁厂	碱式硫酸铝法	51800m^3/h	$Al_2(SO_4)_3$ $Al(OH)_3$	95	日本同和公司
沈阳黎明发动机公司	喷雾干燥法	50000m^3/h	石灰	85	丹麦 NIRO 公司
重庆珞璜电厂	湿式石灰石-石膏法	1087000m^3/h	石灰石浆	95	日本三菱公司
山东德州电厂	荷电干吸收剂喷射法	75t/h	$Ca(OH)_2$	65	美国 ALANCO 公司
重庆长寿化工厂	JBR 喷气沸腾法	61000m^3/h	石灰石	70	日本千代田公司
山东潍坊化工厂	简易石灰石膏法	100000m^3/h	消石灰浆	70	日本三菱公司
太原发电厂	小型高速平流式	600000m^3/h	石灰石	80	日本日立公司
广西南宁化工厂	简易石灰石石膏法	50000m^3/h	$Ca(OH)_2$	70	日本川崎公司
南京下关电厂	炉内喷钙增湿活化法	795000m^3/h	石灰石	75	芬兰 IVO 公司
成都热电厂	电子束法	300000m^3/h	NH_3	80	日本荏原制作所
上海四方锅炉厂	角管锅炉-喷钙	35t/h	石灰石		丹麦
淄博矿务局岭子煤矿	IHI-FW 循环流化床锅炉	30t/h	石灰石	90	日本石川岛播磨公司

无论何种脱硫工艺，其环境效益是明显的，但经济效益是亏损的。许多脱硫方法都能获得较高的脱硫效益，但脱硫效率的高低并不是评价脱硫方法优劣的唯一标准，除了看脱硫效率外，还要看该方法的综合技术经济情况。总的来说，要从以下几个方面进行考虑：①脱硫

效率首先要满足环保要求；②选择技术成熟，运行可靠的工艺；③选择投资省，运行费用低的工艺；④要考虑废料的处置和二次污染问题；⑤吸收剂要有稳定的来源，并且质优价廉，这是一个非常重要的影响因素，相对而言，我国石灰石资源比较丰富，纯度高，分布广；⑥副产品处置要有场地，综合利用要有市场；⑦燃用煤种的含硫量也是影响脱硫技术选择的重要因素，必须根据燃煤含硫量来选择恰当的脱硫方法。

湿法脱硫工艺

2.1 湿法脱硫技术

2.1.1 脱硫剂的选择

烟气脱硫（flue gas desulfurization，简称 FGD）是世界上唯一大规模商业化应用的脱硫方法，是控制酸雨和二氧化硫污染最为有效和主要的技术手段。目前，世界各国对烟气脱硫都非常重视，已开发了数十种行之有效的 FGD 技术，但是，其基本原理都是以一种碱性物质作为 SO_2 的吸收剂，即脱硫剂。吸收剂的性能从根本上决定了 SO_2 吸收操作的效率，因而对吸收剂的性能有一定的要求。一般情况下，吸收剂可按下列原则进行选择。

① 吸收能力高。要求对 SO_2 具有较高的吸收能力，以提高吸收速率，减少吸收剂的用量，减少设备体积和降低能耗。

② 选择性能好。要求对 SO_2 吸收具有良好的选择性能，对其他组分不吸收或吸收能力很低，确保对 SO_2 具有较高的吸收能力。

③ 挥发性低，无毒，不易燃烧，化学稳定性好，凝固点低，不发泡，易再生，黏度小，比热容小。

④ 不腐蚀或腐蚀性小，以减少设备投资及维护费用。

⑤ 来源丰富，容易得到，价格便宜。

⑥ 便于处理及操作时不易产生二次污染。

完全满足上述要求的吸收剂是很难选择到的，只能根据实际情况，权衡多方面的因素有所侧重地选择。石灰（CaO）、氢氧化钙［$Ca(OH)_2$］、碳酸钙（$CaCO_3$）是烟气脱硫较为理想的吸收剂，因而在国内外烟气脱硫中获得最广泛的应用。一些常用吸收剂的性能见表 2-1。

表 2-1　烟气脱硫常用吸收剂的性能

名　称	相对分子质量	性　能
氧化钙 CaO	56.10	石灰的主要成分，白色立方晶体或粉末，露置空气中渐渐吸收二氧化碳而形成碳酸钙，相对密度 3.35，熔点 2580℃，沸点 2850℃，易溶于酸，难溶于水，但能与水化合成氢氧化钙
氢氧化钙 $Ca(OH)_2$	74.10	白色粉末，相对密度 2.24，在 580℃时失水，吸湿性很强，放置在空气中能逐渐吸收 CO_2 而成碳酸钙，几乎不溶于水，具有中强碱性，对皮肤、织物等有腐蚀作用

续表

名　称	相对分子质量	性　能
碳酸钙 $CaCO_3$	100.09	白色晶体或粉末，相对密度 2.70～2.95，溶于酸而放出二氧化碳，极难溶于水，在以 CO_2 饱和的水中溶解而成碳酸氢钙，加热至 825℃左右分解为 CaO 和 CO_2
碳酸钠 Na_2CO_3	105.99	无水碳酸钠是白色粉末或细粒固体，相对密度 2.532，熔点 851℃，易溶于水，水溶液呈强碱性不溶于乙醇、乙醚，吸湿性强，在空气中吸收水分和二氧化碳而成碳酸氢钠
氢氧化钠 NaOH	40	无色透明晶体，相对密度 2.130，熔点 318.4℃，沸点 1390℃，固碱吸湿性很强，易溶于水，并能溶于乙醇和甘油，对皮肤、织物、纸张等有强腐蚀性。易从空气中吸收 CO_2 而逐渐变成碳酸钠，必须储存在密闭的容器中
氢氧化钾 KOH	56.11	白色半透明晶体，有片状、块状、条状和粒状，相对密度 2.044，熔点 360℃，沸点 1320℃，极易从空气中吸收水分和二氧化碳生成碳酸钾，溶于水时强烈放热，易溶于乙醇，也溶于乙醚
氨 NH_3	17.03	密度为 0.771g/L，相对密度 0.5971，熔点 −77.74℃，沸点 −33.42℃，溶解热 1352kcal/mol（$1kcal/mol=4.18\times10^3J/mol$），蒸发热 5581kcal/mol，常温下加压即可液化成无色液体，也可固化成雪状的固体，能溶于水、乙醇和乙醚
氢氧化铵 NH_4OH	35.05	相对密度小于 1，最浓的氨水含氮 35.28%，相对密度 0.88，氨易从氨水中挥发
碳酸氢铵 NH_4HCO_3	79.06	白色单斜或斜方晶体，相对密度 1.573，含硫时呈青灰色，吸湿性及挥发性强，热稳定性差，受热（35℃以上）或接触空气时，易分解成氨、二氧化碳和水，不溶于乙醇，能溶于水
氧化锌 ZnO	81.38	白色六角晶体或粉末，相对密度 5.606，熔点 2800℃，沸点 3600℃，溶于酸和铵盐，不溶于水和乙醇，能逐渐从空气中吸收水和二氧化碳
氧化铜 CuO	79.55	黑色，相对密度 6.4（立方晶体）或 6.45（三斜晶体），在 1026℃时分解，不溶于水和乙醇，溶于稀酸、氰化钾溶液和碳酸铵溶液

2.1.2　湿法种类划分

按脱硫剂的种类划分，FGD 技术可分为以下几种方法：①以 $CaCO_3$（石灰石）为基础的钙法；②以 MgO 为基础的镁法；③以 Na_2SO_3 为基础的钠法；④以 NH_3 为基础的氨法；⑤以有机碱为基础的有机碱法。

世界上普遍使用的商业化技术是钙法，所占比例在 90%以上。工业上利用废碱液吸收燃煤工业锅炉烟气中的 SO_2，利用锅炉冲渣水和湿法除尘循环水在除尘的同时吸收 SO_2 等已有成功的范例。从资源综合利用、以废治废、避免和减轻二次水污染角度出发选择吸收剂，具有更重要的意义。

在电力行业，尤其在脱硫技术领域，还有两种分类方法。一种方法是根据吸收剂及脱硫产物在脱硫过程中的干湿状态将脱硫技术分为湿法、干法和半干（半湿）法。湿法 FGD 技术是用含有吸收剂的溶液或浆液，在湿状态下脱硫和处理脱硫产物。该法具有脱硫反应速度快、设备简单、脱硫效率高等优点，但普遍存在腐蚀严重、运行维护费用高及易造成二次污染等问题。干法 FGD 技术的脱硫吸收和产物处理均在干状态下进行。该法具有无污水废酸排出，设备腐蚀程度较轻，烟气在净化过程中无明显温降、净化后烟温高、利于烟囱排气扩散等优点，但存在脱硫效率低，反应速度较慢、设备庞大等问题。干法烟气脱硫技术由于能较好地回避湿法烟气脱硫技术存在的腐蚀和二次污染等问题，近年来得到了迅速的发展和应用。半干法 FGD 技术兼有干法与湿法的一些特点，指脱硫剂在干燥状态下脱硫、在湿状态下再生（如水洗活性炭再生流程），或者在湿状态下脱硫、在干状态下处理脱硫产物（如喷雾干燥法）的烟气脱硫技术。特别是在湿状态下脱硫、在干状态下处理脱硫产物的半干法，以其既有湿法脱硫反应速度快、脱硫效率高的优点，又有干法无污水废酸排出，脱硫后产物易于处理的优势而受到人们广泛的关注。另一种分类方法是以脱硫产物的用途为根据，分为抛弃法和回收法。

烟气脱硫装置相对占有率最大的国家是日本。日本的燃煤锅炉和燃油锅炉基本上都装有烟气脱硫装置。众所周知，日本的煤资源和石油资源都很匮乏，也没有石膏资源，而其石灰石资源极为丰富。因此，FGD的石膏产品在日本可得到广泛应用，这便是钙法在日本得到广泛应用的原因。此外，日本技术商还向其他发达国家的火电厂锅炉提供了许多烟气脱硫装置。

在我国氨法具有很好的发展前景。我国是一个粮食大国，也是一个化肥生产大国。氮肥以合成氨计，我国的需求量达到33Mt/a，其中近45%是由小型氮肥厂生产的，而且这些小氮肥厂的分布很广，每个县基本上都有。因此，每个电厂周围100km内，都能找到可以提供合成氨的氮肥厂，SO_2 吸收剂的供应很丰富。更有意义的是，氨法的副产品本身是化肥，具有很好的应用价值。

2.2 石灰石/石灰-石膏脱硫法

2.2.1 技术方法

2.2.1.1 方法概述

为贯彻执行《中华人民共和国环境保护法》、《中华人民共和国大气污染防治法》、《建设项目环境保护管理条例》和《火电厂大气污染物排放标准》，规范火电厂烟气脱硫工程建设，控制火电厂二氧化硫排放，改善环境质量，保障人体健康，促进火电厂可持续发展和烟气脱硫行业技术进步，制定HJ/T 179—2005《火电厂烟气脱硫工程技术规范（石灰石/石灰-石膏法》。

规范适用于新建、扩建和改建容量为400t/h（机组容量为100MW）及以上燃煤、燃气、燃油火电厂锅炉或供热锅炉同期建设或已建锅炉加装的石灰石/石灰-石膏法烟气脱硫工程的规划、设计、评审、采购、施工及安装、调试、验收和运行管理。对于400t/h以下锅炉，当几台锅炉烟气合并处理，或其他工业炉窑，采用石灰石/石灰-石膏湿法脱硫技术时参照执行。

由于石灰石-石膏法市场占有率已经达到85%以上，而其反应原理基本相同，为此总结了一些通用的规律和准则，基本适用于目前市场上常用的石灰石-石膏法烟气脱硫技术，包括喷淋塔等。

2.2.1.2 系统构成

典型的石灰石/石灰-石膏湿法烟气脱硫工艺流程如图2-1所示。

2.2.2 反应原理

2.2.2.1 吸收原理

吸收液通过喷嘴雾化喷入吸收塔，分散成细小的液滴并覆盖吸收塔的整个断面。这些液

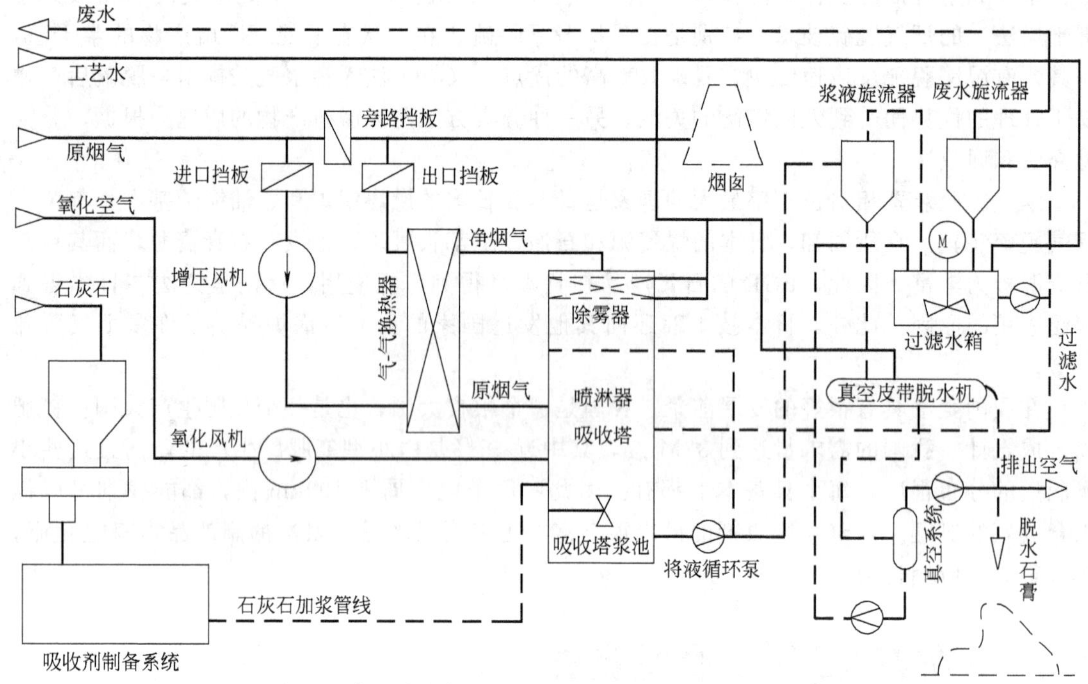

图 2-1　典型的石灰石/石灰-石膏湿法烟气脱硫工艺流程

滴中的 $Ca(OH)_2$、$CaSO_3$ 与塔内烟气逆流接触，发生传质与吸收反应，烟气中的 SO_2、SO_3 及 HCl、HF 被吸收，与 $Ca(OH)_2$、$CaSO_3$ 转化成 $CaSO_3$、$Ca(HSO_3)_2$、$CaSO_4$。SO_2 吸收的产物 $CaSO_3$、$Ca(HSO_3)_2$、$CaSO_4$ 浆液进入循环池，在循环池中进行强制氧化和中和反应并形成石膏。

为了维持吸收液恒定的 pH 值在 5.5～6.5 之间运行，并减少石灰石消耗量，石灰石（调浆浓度一般在 15%～20%）被连续加入吸收塔，同时吸收塔内的吸收剂浆液被搅拌机、氧化空气和吸收塔循环泵不停地搅动（初运时要加入石膏晶种），以加快石灰石在浆液中的均布和溶解。

2.2.2.2　吸收反应

烟气与喷嘴喷出的循环浆液在吸收塔内有效接触，循环浆液吸收大部分 SO_2，反应如下：

$$SO_2(g)+H_2O \longrightarrow SO_2(l)+H_2O(\text{传质})$$

$$SO_2+H_2O \longrightarrow H_2SO_3(\text{溶解})$$

$$SO_2+H_2O \longrightarrow H^+ +HSO_3^-(\text{电离})$$

$$H_2SO_3 \rightleftharpoons H^+ +HSO_3^-(\text{电离})$$

吸收反应是传质和吸收的过程，水吸收 SO_2 属于中等溶解度的气体组分的吸收，根据双膜理论，传质速率受气相传质阻力和液相传质阻力的控制。强化吸收反应的措施包括：

① 采用逆流传质，增加吸收区平均传质推动力；

② 增加气相与液相的流速，改变气膜和液膜的界面强化传质；

③ 加快已溶解 SO_2 的电离和氧化，当亚硫酸被氧化以后，它的浓度就会降低，会促进 SO_2 的吸收；

④ 提高 pH 值，减少电离的逆向过程，增加液相吸收推动力；

⑤ 在总的吸收系数一定的情况下，增加气液接触面积，延长接触时间，如增大液气比，减小液滴粒径，调整喷淋层间距等；

⑥ 保持均匀的流场分布和喷淋密度，提高气液接触的有效性。

2.2.2.3 中和反应

吸收剂浆液保持一定的 pH 值（5.5～6.5），在吸收塔内发生中和反应，中和后的浆液在吸收塔内再循环，中和反应如下：

$$Ca(OH)_2 \longrightarrow Ca^{2+} + 2OH^-$$

$$Ca^{2+} + HSO_3^- + (1/2)H_2O \longrightarrow CaSO_3 \cdot (1/2)H_2O + H^+$$

$$CaSO_3 + H_2O + SO_2(l) \longrightarrow Ca(HSO_3)_2$$

$$Ca(HSO_3)_2 + Ca(OH)_2 \longrightarrow 2CaSO_3 \cdot H_2O$$

$$Ca^{2+} + CO_3^{2-} + 2H^+ + SO_4^{2-} + H_2O \longrightarrow CaSO_4 \cdot 2H_2O + CO_2\uparrow$$

$$2H^+ + CO_3^{2-} \longrightarrow H_2O + CO_2\uparrow$$

中和反应本身并不困难，中和反应伴随着石灰石的溶解、中和及结晶。由于石灰石较为难溶，因此如何增加石灰石的溶解度和反应生成的石膏尽快结晶，以降低石膏过饱和度是关键。强化中和反应的措施：①提高石灰石的活性，选用纯度高的石灰石，减少杂质；②细化石灰石粒径，提高溶解速率；③降低 pH 值，增加石灰石溶解度，提高石灰石的利用率；④增加石灰石在浆池中的停留时间；⑤增加石膏浆液的固体浓度，增加结晶附着面，控制石膏的相对饱和度；⑥提高氧气在浆液中的溶解度，减少 CO_2 在液相中的溶解，强化中和反应。

2.2.2.4 氧化反应

部分 HSO_3^- 在吸收塔喷淋区被烟气中的氧所氧化，其他的 HSO_3^- 在反应池中被氧化空气完全氧化，反应如下：

$$HSO_3^- + 1/2O_2 \longrightarrow HSO_4^-$$

$$HSO_4^- \rightleftharpoons H^+ + SO_4^{2-}$$

$$2CaSO_3 \cdot (1/2)H_2O + 3H_2O + O_2 \longrightarrow 2CaSO_4 \cdot 2H_2O$$

氧化反应是液相连续，气相离散。氧在水中的溶解度比较小，根据双膜理论，传质速率受液膜传质阻力的控制。强化氧化反应的措施包括：

① 增加氧化空气的过量系数，增加氧浓度；

② 改善氧气的分布均匀性，减小气泡平均粒径，增加气液接触面积。

2.2.2.5 其他副反应

烟气中的其他污染物如 SO_3、Cl^-、F^- 和灰尘都被循环浆液吸收和捕集。SO_3、HCl 和 HF 与悬浮液中的石灰石按以下反应式发生反应：

$$SO_3 + H_2O \longrightarrow 2H^+ + SO_4^{2-}$$

$$CaCO_3 + 2HCl \longrightarrow CaCl_2 + CO_2\uparrow + H_2O$$

$$CaCO_3 + 2HF \longrightarrow CaF_2 + CO_2\uparrow + H_2O$$

脱硫反应是一个比较复杂的反应过程，其中有些副反应有利于反应的进程，有些会阻碍反应的发生，下列反应在设计中应予以重视。

(1) 与 Mg 的反应

浆池中的 Mg 元素，主要来自于石灰石中的杂质，当石灰石中可溶性 Mg 含量较高时（以 $MgCO_3$ 形式存在），由于 $MgCO_3$ 活性高于 $CaCO_3$ 会优先参与反应，对反应的进行是有利的，但过多时会导致浆液中生成大量的可溶性的 $MgSO_3$，使得溶液里 SO_3^{2-} 浓度增加，导致 SO_2 吸收反应推动力的减小，而导致 SO_2 吸收的恶化。另一方面浆液中的 SO_4^{2-} 增加，会抑制氧化反应的进行，需要增加氧化空气量。因此喷淋塔一般会控制 Mg^{2+} 的浓度，当高于 5000mg/L 时需要排出废水，此时控制准则不再是 Cl^- 小于 20000mg/L。

(2) 与 Al 的反应

Al 主要来源于烟气中的飞灰，可溶解的 Al 在 F^- 浓度达到一定条件下，会形成氟化铝络合物（胶状絮凝物），包裹在石灰石颗粒表面，形成石灰石溶解闭塞，严重时会导致反应恶化的事故。

(3) 与 Cl 的反应

在一个封闭系统或接近封闭系统的状态下，FGD 工艺会把吸收液从烟气中吸收溶解的氯化物增加到非常高的浓度。这些溶解的氯化物会产生高浓度的溶解钙（主要是氯化钙），溶解钙会妨碍石灰石中碳酸钙的反应，控制 Cl^- 的浓度在 12000～20000mg/L 是保证反应正常进行的重要因素。

2.2.2.6 结晶及结垢

钙法的结垢堵塞在于 $CaSO_3\cdot 1/2H_2O$、$CaSO_4\cdot 2H_2O$ 的饱和结晶，只要及时排除 $CaSO_3\cdot 1/2H_2O$、$CaSO_4\cdot 2H_2O$，保持 $CaSO_3\cdot 1/2H_2O$、$CaSO_4\cdot 2H_2O$ 在循环液中不饱和，同时保持 $Ca(HSO_3)_2$、$CaSO_3$ 为循环吸收液的主流物质，控制好 $Ca(HSO_3)_2$、$CaSO_3$ 的比例，即可避免循环系统结垢堵塞。

2.2.3 系统描述

2.2.3.1 FGD 系统构成

锅炉烟气经进口挡板门进入脱硫增压风机，通过烟气换热器后进入吸收塔，洗涤脱硫后的烟气经除雾器除去带出的小液滴，再通过烟气换热器从烟囱排放。脱硫副产物经过旋流器、真空皮带脱水机脱水成为脱水石膏。石灰石/石灰-石膏法烟气脱硫装置应由下列系统组成：①吸收剂浆液制备系统；②烟气系统；③吸收及氧化系统；④副产物处理系统；⑤废水处理系统；⑥自控和在线监测系统；⑦其他系统。

新建脱硫装置的烟气设计参数宜采用锅炉最大连续工况（BMCR）、燃用设计燃料时的烟气参数，校核值宜采用锅炉经济运行工况（ECR）、燃用最大含硫量燃料时的烟气参数。已建电厂加装烟气脱硫装置时，其设计工况和校核工况宜根据脱硫装置入口处实测烟气参数确定，并充分考虑燃料的变化趋势。烟气脱硫装置的脱硫效率一般应不小于 95%，主体设备设计使用寿命不低于 30 年，装置的可用率应保证在 95%以上。

2.2.3.2 吸收液制备系统

(1) 吸收剂的选择

用于脱硫的石灰石中 $CaCO_3$ 的含量宜高于 90%；对于燃烧中低含硫量燃料煤质的锅炉，细度应保证 250 目 90%过筛率；当燃烧中高含硫量煤质时，细度宜保证 325 目 90%过筛率。采用生石灰粉作为吸收剂，生石灰的纯度应高于 85%。对采用石灰石作为吸收剂的系统，可采用下列制备方案：

① 由市场直接购买粒度符合要求的粉状成品，加水搅拌制成石灰石浆液；

② 由市场购买一定粒度要求的块状石灰石，经石灰石湿式球磨机磨制成石灰石浆液；

③ 由市场购买块状石灰石，经石灰石干式磨机磨制成石灰石粉，加水搅拌制成石灰石

浆液。

（2）吸收剂的制备

吸收剂浆液制备系统可按两套或多套装置合用设置，但一般应不少于两套；当电厂只有一台机组时可只设一套。当两台机组合用一套时，宜设置两台石灰石湿式球磨机及石灰石浆液旋流分离器。制备系统的出力应按设计工况下消耗量的150%选择，且不小于100%校核工况下的消耗量。

当厂内设置破碎装置时，宜采用不大于100mm的石灰石块；当厂内不设置破碎装置时，宜采用不大于20mm的石灰石块。石灰石仓的容量应不小于设计工况下3d的石灰石耗量。

湿式球磨机浆液制备系统的浆液箱容量，宜不小于设计工况下6～10h的消耗量；干式磨机浆液制备系统的浆液箱容量，宜不小于设计工况下2～4h的消耗量。

每座吸收塔应设置两台（一用一备）石灰石浆液泵，浆液管道上的阀门宜选用蝶阀，尽量少采用调节阀。阀门的通流直径宜与管道一致。浆液管道上应有排空和停运自动冲洗的措施。

（3）浆液制备过程

由汽车运来的石灰石卸至石灰石浆液制备区域的地坑，通过斗提机送入石灰石储仓，石灰石储仓出口由皮带称重给料机送入石灰石湿式磨机，研磨后的石灰石进入磨机浆液循环箱，经磨机浆液循环泵送入石灰石旋流器，合格的石灰石浆液自旋流器溢流口流入石灰石浆液箱，不合格的从旋流器底流出再送入磨机入口再次研磨。系统设置一个石灰石浆液箱，由石灰石浆液泵经过浆液输送管送入吸收塔。输送管上分支出再循环管回到石灰石浆液箱，以防止浆液在管道内沉淀。

脱硫所需要的石灰石浆液量由锅炉负荷、烟气的 SO_2 浓度和Ca/S来联合控制；而需要制备的浆液量由浆液箱的液位来控制，浆液的浓度由密度计控制旋流器个数实现。

2.2.3.3 烟气系统

（1）脱硫增压风机

脱硫增压风机宜装设在脱硫装置进口处，其参数应按下列要求考虑。

① 吸收塔的脱硫增压风机宜选用静叶可调轴流式风机，当机组容量为300MW及以下容量时，也可采用高效离心风机。当风机进口烟气含尘量能满足要求时，可采用动叶可调轴流式风机。

② 当机组容量为300MW及以下时，宜设置一台脱硫增压风机，不设备用。对于800～1000MW机组，宜设置两台动叶可调轴流式风机。对于600～700MW机组，也可设置两台增压风机；当设置一台增压风机时应采用动叶可调轴流式风机。

③ 增压风机的风量应为锅炉满负荷工况下的烟气量的110%，另加不低于10℃的温度裕量；增压风机的压头应为脱硫装置在锅炉满负荷工况下并考虑10℃温度裕量下阻力的120%。

（2）烟气换热器

烟气系统宜装设烟气换热器，脱硫后烟气温度一般应达到80℃以上排放。烟气换热器下部烟道应装设疏水系统。可以选择管式换热器或回转式换热器，当原烟气侧设置降温换热器有困难时，也可采用在净烟气侧装设蒸汽换热器。

（3）挡板门

烟气脱硫装置宜设置旁路烟道。旁路挡板门的开启时间应能满足脱硫装置故障不引起锅炉跳闸的要求。烟道挡板宜采用带密封风的挡板，旁路挡板门也可采用压差控制不设密封风的单挡板门。

(4) 工作过程

从锅炉来的热烟气经增压风机增压后，进入烟气换热器（GGH）降温侧冷却后进入吸收塔，向上流动穿过喷淋层，在此烟气被冷却到饱和温度，烟气中的 SO_2 被石灰石浆液吸收。除去 SO_x 及其他污染物的烟气经 GGH 加热至 80℃以上，通过烟囱排放。

近年来国外著名公司在大型烟气脱硫工程中采用空塔，空塔技术含量较高，对喷淋雾化和气流分布要求高，其关键技术是塔内烟气分布均匀，喷雾吸收断面压力相等，烟气均匀通过喷雾吸收段以提高脱硫效率。

GGH 是利用热烟气所带的热量，加热吸收塔出来的冷的净烟气。设计条件下没有补充热源时，可将净烟气的温度提高到 80℃以上。GGH 正常运行时，清洗系统每天需使用蒸汽吹灰三次；系统还配有一套在线高压水洗装置，约一个月使用一次。自动吹灰系统可保证 GGH 的受热面不受堵塞，保持净烟气的出口温度。

烟道上设有挡板系统，包括一台 FGD 进口原烟气挡板，一台 FGD 出口净烟气挡板和一台旁路烟气挡板。在正常运行时，FGD 进口/出口挡板开启，旁路挡板关闭。在故障情况下，开启烟气旁路挡板门，关闭 FGD 进口/出口挡板，烟气通过旁路烟道绕过 FGD 系统直接排到烟囱。在 BMCR 工况下，烟道内任意位置的烟气流速不大于 15m/s。

2.2.3.4 吸收氧化系统

(1) 脱硫吸收塔

脱硫装置设计温度采用锅炉设计煤种 BMCR 工况下，从主机烟道进入脱硫装置接口处的运行烟气温度。新建机组同期建设的运行温度，一般为锅炉额定工况下，脱硫装置进口处运行烟气温度加 50℃。300MW 以上机组宜一炉一塔，200MW 以下机组宜两炉一塔。

吸收塔宜采用钢结构，内壁采用衬胶或衬树脂鳞片或衬高镍合金板。塔外应设置供检修维护的平台和扶梯，设计荷载不应小于 $4000N/m^2$，平台宽度不小于 1.2m，塔内不应设置固定式的检修平台。塔内与喷嘴相连的浆液管道应考虑检修维护措施，应考虑不小于 $500N/m^2$ 的检修荷载。

(2) 烟气除雾器

吸收塔应装设除雾器，除雾器出口的雾滴浓度应不大于 $75mg/m^3$（标态）。除雾器应考虑检修维护措施，支撑梁的设计荷载应不小于 $1000N/m^2$。除雾器应设置水冲洗装置。

(3) 循环浆液泵

循环浆液泵入口应装设滤网等防止固体物吸入的措施。当采用喷淋吸收塔时，吸收塔浆液循环泵宜按单元制设置；按照单元制设置时，应设仓库备用泵叶轮一套；按照母管制设置时，宜现场安装一台备用泵。

(4) 氧化风机

氧化风机宜采用罗茨风机，也可采用离心风机。当氧化风机计算容量小于 $6000m^3/h$ 时，每座吸收塔应设置 2 台全容量或 3 台半容量的氧化风机；或每两座吸收塔设置 3 台全容量的氧化风机。当氧化风机计算容量大于 $6000m^3/h$ 时，宜配 3 台氧化风机。

(5) 事故浆池

脱硫装置应设置一套事故浆池或事故浆液箱，容量宜不小于一座吸收塔最低运行液位时的浆池容量。当设有石膏浆液抛弃系统时，事故浆池的容量也可按照不小于 $500m^3$ 设置。

所有储存悬浮浆液的箱罐应有防腐措施并装设搅拌装置。

(6) 工作过程

烟气由进气口（入口段为耐腐蚀、耐高温合金）进入吸收塔的吸收区，在上升（流速为

3.2～4m/s）过程中与石灰石浆液逆流接触，烟气中所含的污染气体因此被清洗入浆液，与浆液中的悬浮石灰石微粒发生化学反应而被脱除，处理后的净烟气经过除雾器除去水滴后进入烟道。

吸收塔内配有喷淋层，吸收了 SO_2 的循环浆液落入反应池。反应池装有搅拌装置，氧化风机将氧化空气鼓入反应池，氧化空气被搅拌分散为细小的气泡并均布于浆液中。部分 HSO_3^- 在喷淋区被氧化，其余部分的 HSO_3^- 在反应池中被氧化空气完全氧化。

吸收剂（石灰石）浆液被引入吸收塔内循环，使吸收液保持一定的 pH 值。排放泵连续地把吸收浆液送到石膏脱水系统，通过控制排出浆液流量，维持循环浆液浓度（质量分数）在 8%～25%。

吸收塔入口烟道侧板和底板装有工艺水冲洗系统，冲洗自动周期进行。冲洗的目的是为了避免石膏浆液带入烟道后干燥黏结。在入口烟道装有事故冷却系统，事故冷却水由工艺水泵提供。

2.2.3.5 副产物处理系统

（1）设计原则

石膏脱水系统可按两套或多套装置合用设置，但石膏脱水系统应不少于两套。当电厂只有一台机组时，可只设一套石膏脱水系统，并相应增大石膏浆液箱容量。

每套石膏脱水系统宜设置两台石膏脱水机，单台设备出力按设计工况下石膏产量的75%选择，且不小于50%校核工况下的石膏产量。脱水后的石膏的存储容量不小于12～24h，石膏仓应考虑一定的防腐措施和防堵措施。

（2）工作过程

机组所产生的质量分数为25%的石膏浆液，由排放泵送至石膏浆液旋流器，浓缩到约55%的旋流器底流浆液自流到真空皮带脱水机。旋流器的溢流自流到废水旋流器给料箱，通过废水旋流器底流部分进入滤液箱，溢流部分到废水箱进入废水处理系统。

石膏旋流器底流浆液由真空皮带脱水机，脱水到含90%固形物和10%水分，脱水石膏经冲洗降低其中的 Cl^- 浓度。滤液进入滤液箱，脱水后的石膏经由石膏输送皮带送入石膏库房堆放。

工业水作为密封水供给真空泵，然后收集到滤布冲洗水箱用于冲洗滤布；滤布冲洗水被收集到滤饼冲洗水箱，用于石膏滤饼的冲洗；冲洗水和滤液等由滤液泵输送到石灰石浆液制备系统和吸收塔。

2.2.3.6 废水处理系统

（1）处理要求

脱硫废水的水质与脱硫工艺、烟气成分、灰及吸附剂等多种因素有关。脱硫废水的主要超标项目为悬浮物、pH 值、汞、铜、铅、镍、锌、砷、氟、钙、镁、铝、铁以及氯根、硫酸根、亚硫酸根、碳酸根等。废水处理系统进水水质示例见表 2-2。

表 2-2 废水处理系统进水水质示例

序号	项　目	单位	指　标	备　注
1	pH 值		4.0～6.0	
2	COD	mg/L	≤100	
3	悬浮物	mg/L	≤12000	
4	SO_4^{2-}	mg/L	≤1800	
5	Fe	mg/L	≤35	取决于飞灰分析
6	F	mg/L	≤50	

续表

序号	项　目	单位	指　标	备　注
7	Mg(设计)	mg/L	≤7500	1900～41500
8	Ca	mg/L	≤2000	
9	Cl	mg/L	≤19000	
10	Cd	mg/L	≤2.0	
11	Al	mg/L	10	
12	NH_4^+	mg/L	≤20	取决于FGD入口
13	温度	℃	48	

经过处理的水质应达到《污水综合排放标准》(GB 8978—1996)中第二类污染物最高允许排放浓度中的一级标准。主要的控制数据见表2-3。

表2-3　水质控制

序号	项目	单位	指　标	序号	项目	单位	指　标
1	悬浮物	mg/L	≤70	8	总锌	mg/L	≤2.0
2	pH值		6.0～9.0	9	总镉	mg/L	≤0.1
3	COD	mg/L	≤100	10	总铬	mg/L	≤1.5
4	BOD	mg/L	≤25	11	六价铬	mg/L	≤0.5
5	硫化物	mg/L	≤1.0	12	总砷	mg/L	≤0.5
6	氟化物	mg/L	≤10	13	总铅	mg/L	≤1.0
7	总铜	mg/L	≤0.5				

(2) 设计原则

脱硫废水排放处理系统可以单独设置，也可经预处理去除重金属、氯离子等后排入电厂废水处理系统，但不得直接混入电厂废水稀释排放。脱硫废水中的重金属、悬浮物和氯离子可采用中和、化学沉淀、混凝、离子交换等工艺去除。对废水含盐量有特殊要求的，应采取降低含盐量的工艺措施。

脱硫废水处理系统包括以下三个子系统：废水处理系统、化学加药系统和污泥脱水系统。

(3) 废水处理系统

处理工艺流程如下：

脱硫废水→中和箱(加入石灰乳)→沉降箱(加入$FeClSO_4$和有机硫)→絮凝箱(加入助凝剂)→澄清池→清水pH调整箱→达标排放

上述工艺流程反应机理为：

首先，脱硫废水流入中和箱，在中和箱加入石灰乳，水中的氟离子变成不溶解的氟化钙沉淀，使废水中大部分重金属离子以微溶氢氧化物的形式析出；随后，废水流入沉降箱中，在沉降箱中加入$FeClSO_4$和有机硫使分散于水中的重金属形成微细絮凝体；然后，微细絮凝体在缓慢和平滑的混合作用下在絮凝箱中形成稍大的絮凝体，在絮凝箱出口加入助凝剂，助凝剂与絮凝体形成更大的絮凝体；继而在澄清池中絮凝体和水分离，絮凝体在重力浓缩作用下形成浓缩污泥，澄清池出水(清水)流入清水箱内加酸调节pH值到6～9后排至后续的除氯处理系统。

(4) 化学加药系统

加药系统包括石灰乳加药系统、$FeClSO_4$加药系统、助凝剂加药系统、有机硫化物加药系统、盐酸加药系统等。

石灰乳加药系统包括：石灰粉由自卸密封罐车装入石灰粉仓，在石灰粉仓下设有旋转锁气器，通过螺旋给料机输送至石灰乳制备箱制成20%的$Ca(OH)_2$浓液，再在计量箱内调制成5%的$Ca(OH)_2$溶液，经石灰乳计量泵加入中和箱。

$FeClSO_4$加药系统包括：搅拌制备箱、计量箱和隔膜计量泵，以及管道、阀门组合成单元成套装置。

助凝剂加药系统包括：助凝剂制备箱和助凝剂计量箱，经过助凝剂隔膜计量泵加入絮凝箱，以及管道、阀门组合成单元成套装置。

有机硫化物加药系统包括：有机硫制备箱、计量箱和隔膜计量泵加入沉降箱，以及管道、阀门组合成单元成套装置。

盐酸加药系统包括：盐酸计量箱和加药隔膜计量泵以及管道、阀门组合成单元成套装置。

（5）污泥脱水系统

污泥处理系统流程如下：

浓缩污泥──→污泥池──→压滤机──→滤饼──→堆场
　　　　　　　　　　　　↓
　　　　　　　　　　　滤液──→滤液平衡箱──→中和槽

澄清池底的浓缩污泥部分作为接触污泥，经污泥回流泵送到中和箱参与反应，部分污泥由污泥输送泵送到污泥脱水装置，污泥脱水装置由板框式压滤机和滤液平衡箱组成，污泥经压滤机脱水制成泥饼外运，滤液收集在滤液平衡箱内，由泵送往沉降阶段的中和槽内。

2.2.3.7 相关技术系统

（1）供水系统

从供水系统引接至脱硫岛的水源进入岛内工艺水箱，主要用于石灰石浆液制备用水、烟气换热器的冲洗水、除雾器冲洗水、真空泵密封水及所有浆液输送设备、输送管路、储存箱的冲洗水。工艺水使用后排至吸收塔排水坑回收利用。

（2）排放系统

脱硫岛内设置一个事故浆液箱，满足吸收塔检修和浆液排空的要求，并作为吸收塔重新启动时的石膏晶种。事故浆液箱设浆液返回泵，停运时需要进行冲洗，其冲洗水就近收集在集水坑内。

（3）压缩空气系统

脱硫岛仪表用气和杂用气由岛内设置的压缩空气系统提供，压力为0.85MPa左右，最低压力不应低于0.6MPa，仪用稳压罐和杂用储气罐应分开设置。

（4）自动控制系统

主要通过测定pH值，反馈控制浆液输入量，以保证SO_2排放稳定达标；制浆控制送粉量及给水量，保证浆液浓度稳定。

脱硫系统采用PLC或DCS控制系统，对烟气的压力、温度、流量、pH值等主要运行、控制参数进行测量和实施监控，并对各主要设备运行状态、供水系统流程进行监控，把各个数据采集至操作站和控制室，确保整个工艺流程安全稳定运行，当设备和流程出现问题时，能进行故障报警，PLC或DCS系统能顺序控制，连锁保护，烟气负荷波动时能自动调节，确保除尘脱硫效果，使运行维护人员减至最少，自动产生当班运行日志，并记录储存历史数据，保证脱硫完全稳定，运行费用最低，达到最佳经济效益。

(5) 防雷接地系统

系统内的电气设备和建筑物的防雷保护，按第二类防雷建筑物的防雷措施设计和施工。避雷针集中接地装置接地电阻不大于4Ω。系统内设独立的闭合接地网，其接地电阻为2Ω，且该接地网至少有4处与电厂的主接地网可靠连接。

(6) 节能技术措施

工艺系统设计和设备选择上，认真贯彻国家产业政策和行业设计规范，严格执行节约能源的相关规定，在优选方案的过程中，把节约能源列为重要指标，加强计量提高自控及管理水平。节约能源的措施考虑如下：①循环水泵采用高效水泵，以减少能耗；②工业废水循环使用，将废水排污量减到最少；③选择性能良好的保温材料，降低能耗；④合理布置设备，减少输送距离，减少能耗。

(7) 采暖通风系统

石灰石制备间、石膏脱水机房、废水处理间、GGH设备间宜采用自然进风、机械排风。石灰石制备间、GGH设备间和废水处理间按换气次数不少于每小时10次计算；石膏脱水机房按换气次数不少于每小时15次计算，通风系统的设备、管道及附件均应防腐。

脱硫岛内冬季室内采暖温度：石膏脱水机房、石灰石卸料间地下、GGH设备间按16℃设计，石灰石破碎间、输送皮带机房、球磨机房、石灰石卸料间地上、真空泵房、石灰石制备间、GGH支架间按10℃设计。脱硫控制室及电子设备间应设置空气调节装置，按下列参数设计：①夏季温度(26±1)℃，相对湿度(60±10)%；②冬季温度(20±1)℃，相对湿度(60±10)%。

(8) 其他要求

脱硫建、构筑物抗震设防类别按丙类考虑，地震作用和抗震措施均应符合本地区抗震设防烈度的要求。

脱硫岛消防水源宜由电厂主消防管网供给，消防水系统的设置应覆盖所有室外、室内建构筑物和相关设备。在脱硫岛区域内，主要包括电子设备间、控制室、除尘器层、电缆夹层、电力设备附近等处，按照GBJ 140规定配置一定数量的移动式灭火器。

烟气排放连续监测系统(CEMS)用于环保部门监测，其监测点应设置在烟囱上或烟囱入口。检测项目一般包括SO_2浓度(mg/m^3)、SO_2实测(mg/m^3)、SO_2折算(mg/m^3)、烟尘实测(mg/m^3)、烟尘折算(mg/m^3)、NO_x实测(mg/m^3)、NO_x折算(mg/m^3)、烟温(℃)、流速(m/s)、氧气(%)、静压(Pa)、标态烟气量(m^3/h)、热态烟气量(m^3/h)、站房温度(℃)、蒸汽流量(t/h)、湿度(%)，至少包括烟尘、SO_2、NO_x、温度、O_2、流量。

2.2.4 技术进展

2.2.4.1 技术特点

石灰石/石灰-石膏湿法烟气脱硫工艺完全成熟，运行安全可靠，可用率在90%以上，能耗低。但基建投资大，约占电厂总投资的11%～20%，吸收剂原料消耗大，运行费用高。随着国产化程度的提高，其投资在逐渐下降。主要优点是其吸收剂资源丰富，成本低廉，其废渣可抛弃，也可作为石膏回收。对高硫煤，脱硫效率可达90%以上；对低硫煤，脱硫效率可达95%以上。重庆珞璜电厂原煤含硫量3%～5%，系统脱硫效率保证在95%以上。山西太原第一热电厂采用日本日立BABCOCK公司总包提供的高速水平流简易湿式石灰石烟气脱硫装置，保证在燃煤全硫2.12%的情况下，脱硫效率80%以上。

传统的工艺有其潜在的缺陷，主要表现为设备的积垢、堵塞、腐蚀和磨损。重庆珞璜电厂、太原第一热电厂的脱硫设备投运后均不同程度地存在此问题。为解决设备和投资问题，世界上各FGD设备生产商如日本千代田、日立、美国巴威、ABB等公司一直致力于研究各种不同的更先进的方法，从而开发出第二代、第三代产品。

2.2.4.2 两段循环技术

优化双循环湿式洗涤技术最先是美国Research-Cottrel（RC）公司于20世纪60年代开发的，自70年代以来应用于美国的各种电站上，80年代该技术得到了进一步发展。优化双循环湿式洗涤法是一种单塔两段流程，塔内分为两段，即吸收塔上段和吸收塔下段。烟气与塔内不同pH值的吸收溶液接触，达到脱硫的目的。

吸收塔上下两段分别由循环泵循环，称作上循环和下循环。石灰石浆液一般单独引入上循环，但也可以同时引入上下两个循环。在吸收塔下段，当烟气切向或垂直方向进入塔内时，烟气与下循环液接触，被冷却到饱和温度。下循环浆液的一部分由上循环液补充，因此含有未反应的石灰石。在下循环操作时有如下要点：

① 在循环液pH=4～5操作时，有利于浆液中亚硫酸钙及石膏的生成，也有利于提高石灰石的利用率；

② 在冷却循环中，烟气中的HCl和HF被除去，因此在吸收塔的不同部位可采用不同的防腐材质，从而节省投资；

③ 吸收液中形成的亚硫酸钙是非常有效的缓冲液，其pH值不随烟气中SO_2浓度的波动而变化；

④ 在下循环塔段引入空气，氧化溶解的亚硫酸钙，形成最终产物石膏。

2.2.4.3 合金托盘技术

美国B&W公司为保证空塔的脱硫效果，在吸收塔上部装了托盘，在托盘上开孔，孔径30mm，开孔率30%～50%，喷雾托盘结构形式如图2-2所示。

图2-2 喷雾托盘结构形式

吸收塔循环泵将石灰石浆液打到托盘上面的喷嘴，将浆液喷到托盘上，烟气由托盘下均匀通过托盘孔时，与石灰石浆液接触传质，吸收SO_2。该公司在做500MW机组设计中，将采用托盘和不用托盘进行了比较。其设计参数为：FGD入口SO_2浓度1.8×10^{-3}（体积分数）；脱硫率90%；吸收剂为石灰石。比较结果见表2-4。

表2-4 采用托盘与不采用托盘设计参数的比较

项　目	采用托盘	不用托盘	备　注
化学计量比	1.1	1.1	
液气比(L/G)/(L/m^3)	14.5	20.0	标准状态下
压降/Pa	1240	870	
泵功率/kW	2760	3750	
风机功率/kW	6860	6580	
总功率/kW	9620	10330	

由于采用了托盘，使得烟气均匀分布，气液接触面积大，在保证脱硫率的情况下液气比可降低27%，总能量节约710kW。

2.2.4.4 其他技术方法

德国SHU公司在吸收剂浆液中添加少量甲酸（HCOOH），控制其pH≤5，使吸收剂的可溶性增加几个数量级，吸收过程中的中间反应物为水溶性的亚硫酸氢钙[$Ca(HSO_3)_2$]，从而避免硫酸钙过饱和析出，同时也加强了对SO_2的吸收作用。该工艺的吸收剂利用率实际上为100%，它具有较好的调节与负荷适应性能。可在低液气比（L/G=1.03～1.05）条件下吸收SO_2；在保证脱硫率90%的条件下，比普通的烟气脱硫工艺节省20%～25%的水，从而降低能耗。脱硫后的废渣具有良好的沉淀性、过滤性及结构性。

日本川崎重工开发的镁-石膏工艺，是采用含MgO的石灰/石灰石水溶液，或在石灰/石灰石水溶液中加入MgO来作为吸收剂，吸收过程中产生亚硫酸镁（$MgSO_3$），其溶解度为$CaSO_3$的630倍，相应减少钙离子，防止石膏过饱和，减少和避免结垢和堵塞。

还有其他方法，如加入乙二酸或二元酸缓冲剂、苯甲酸、结垢防止剂等，目的均是为防止结垢、堵塞等现象的发生。

2.3 海水脱硫法

2.3.1 技术方法

2.3.1.1 方法概述

随着我国对火力发电厂SO_x排放的控制越加严格，采用各种烟气脱硫装置越来越普遍，为了统一和规范火力发电厂烟气脱硫装置的设计和建设标准，贯彻“安全可靠、经济适用、符合国情”的基本方针，做到有章可循，结合近几年来火力发电厂烟气脱硫装置的设计和建设过程中遇到的工程实际问题和经验总结，编制DL/T 5196—2004《火力发电厂烟气脱硫设计技术规程》。

此规程适用于安装400t/h及以上锅炉的新、扩建电厂同期建设的烟气脱硫装置和已建电厂加装的烟气脱硫装置。安装400t/h以下锅炉的电厂烟气脱硫装置设计可以参照执行。

燃用含硫量<1%煤的海滨电厂，在海域环境影响评价取得国家有关部门审查通过，并经全面技术经济比较合理后，可以采用海水法脱硫工艺；脱硫率宜保证在90%以上。脱硫装置的可用率应保证在95%以上。海水脱硫的曝气池应靠近排水方向，并宜与循环水排水沟位置相结合，曝气池排水应与循环水排水汇合后集中排放。

海水脱硫是以天然海水作为吸收剂，脱除烟气中SO_2的湿法脱硫技术。是近年发展起来的新型烟气脱硫工艺，因其无需其他任何添加剂，不产生任何废弃物，脱硫效率高，运行费用低，在一些国家和地区得到了广泛的重视。我国海岸线很长，沿海地区工业发达，火电厂较多，污染也较严重，因此利用海水烟气脱硫将具有十分重要的现实意义。

海水脱硫技术由美国加州伯克利大学Bromley L.A教授于20世纪60年代最先提出，70年代挪威ABB环境公司开发了Flakt-Hydro海水脱硫工艺后，海水脱硫就开始被广泛应用，如1988年印度Tata电厂125MW燃煤机组、1995年西班牙Gran Canaria燃油电厂（2×80MW）等相继采用了海水脱硫。

国内海水脱硫工程主要以挪威的ABB公司的技术为主。1996年深圳西部电厂先后建成了6套300MW海水脱硫工程，目前运行的各项性能指标均达到设计值；福建后石华阳电厂已建成4套600 MW的海水脱硫装置，并于1999～2003年陆续投入运行。

海水脱硫最初主要应用于铝冶炼厂和炼油厂，20世纪80年代末以来，在燃煤、燃油电厂的应用有较快发展，近年来投入运行的海水脱硫装置，多数是在燃煤、燃油电厂。海水脱硫工艺具有以下优点：

① 以海水作为吸收剂，节约淡水资源，建设和运行费用较低；

② 被吸收的 SO_2 转化成海水的组成部分——硫酸盐，不存在废弃物处理问题；

③ 脱硫效率高，一般可达90%以上，不存在结垢堵塞的问题；

④ 采用海水冷却的发电厂，可将凝汽器下游循环水引入脱硫装置，无需专门取水，建设投资大大降低。

2.3.1.2 系统构成

典型的海水湿法烟气脱硫工艺流程如图2-3所示。

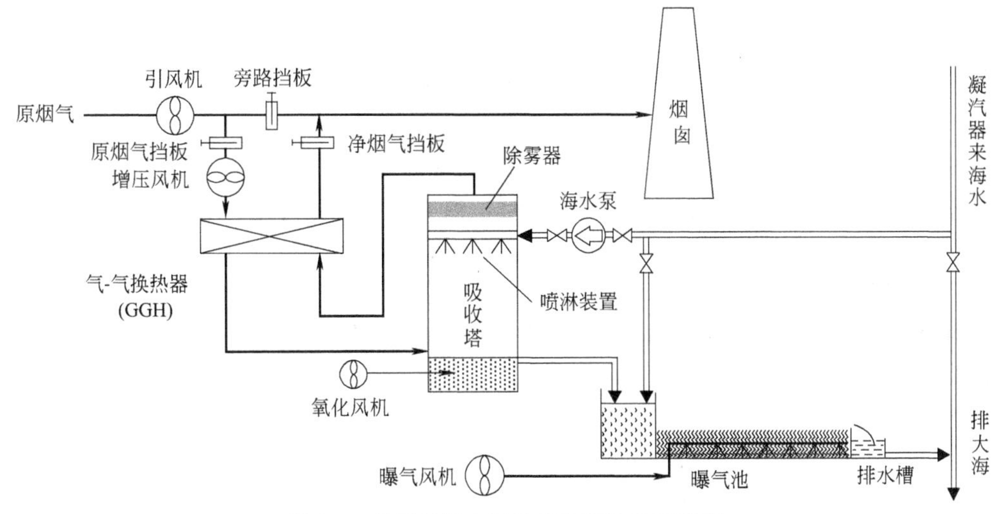

图2-3 典型的海水湿法烟气脱硫工艺流程

2.3.2 反应原理

2.3.2.1 吸收原理

对于沿海区域电厂，利用自然优势进行海水脱硫，具有广泛的发展和应用前景。海水脱硫是近几十年来发展成熟的新技术，其工艺流程简单，高效环保，经济性、可靠性显著，在燃用低硫煤沿海城市具有良好的应用前景。海水烟气脱硫属于湿法脱硫，天然海水中含有大量的可溶性盐类，其主要成分是氯化物和硫酸盐。海水中还溶存着相当数量的 HCO_3^-、CO_3^{2-}、$H_2BO_3^-$ 及 $H_2PO_4^-$、SiO_3^- 等弱酸阴离子，主要为 HCO_3^-，它们都是氢离子的接受体。这些氢离子接受体的浓度总和在海洋学上称为“碱度”，海水的碱度约为2mmol/L，其中的 HCO_3^- 的浓度约为1.8mmol/L，pH值一般在8.0～8.2的范围内。因此，纯海水具有天然的酸碱缓冲能力及吸收酸性气体的能力。

由于地壳岩石侵蚀冲刷，海水不断与海底和沿岸的碱性沉淀物接触，并不断将可溶性石灰石送入大海，天然海水呈弱碱性，海水中含有2.3%～3.5%的盐分，碳酸盐约占海水中盐分的0.34%。海水湿法脱硫是利用海水的天然弱碱性吸收 SO_2 的一种工艺。海水天然碱度是指水中含有能接受氢离子物质的量，如氢氧根、碳酸盐、重碳酸盐、磷酸盐、磷酸氢盐、硅酸盐、硅酸氢盐、亚硫酸盐、腐殖酸盐和铵盐等，是水中常见的碱性物质，都能和酸起反应。依靠海水中能和氢离子发生反应的物质（天然碱度），使脱硫海水的 pH 值得以恢复，从而既达到烟气脱硫的目的，又能满足海水排放的要求。

海水通过喷嘴雾化喷入吸收塔，分散成细小的液滴并覆盖吸收塔的整个断面。这些液滴中的弱碱与塔内烟气中的 SO_2 逆流接触，发生传质与吸收反应生成亚硫酸盐进入循环池，在循环池中通入大量的空气进行强制氧化，使其中的亚硫酸盐与空气中的氧气反应生成无害的硫酸盐，而硫酸盐是海水的天然成分，对海水无污染作用。

2.3.2.2 吸收反应

烟气与喷嘴喷出的海水在吸收塔内有效接触，海水吸收大部分 SO_2 气体生成 H_2SO_3，H_2SO_3 因为不稳定将分解成 H^+ 与 HSO_3^-，H_2SO_3 水解生成大量氢离子，使海水的 pH 下降；同时 HSO_3^- 亦不稳定继续分解成 H^+ 与 SO_3^{2-}，反应如下：

$$SO_2(g)+H_2O \longrightarrow SO_2(l)+H_2O\text{(传质)}$$
$$SO_2+H_2O \longrightarrow H_2SO_3\text{(溶解)}$$
$$SO_2+H_2O \longrightarrow H^+ +HSO_3^-\text{(电离)}$$
$$H_2SO_3 \rightleftharpoons H^+ +HSO_3^-\text{(电离)}$$
$$HSO_3^- \rightleftharpoons H^+ +SO_3^{2-}\text{(电离)}$$

吸收反应是传质和吸收的过程，水吸收 SO_2 属于中等溶解度的气体组分的吸收，根据双膜理论，传质速率受气相传质阻力和液相传质阻力的控制，强化吸收反应的措施包括：

① 采用逆流传质，增加吸收区平均传质推动力；

② 增加气相与液相的流速，改变气膜和液膜的界面强化传质；

③ 加快已溶解 SO_2 的电离和氧化，当亚硫酸被氧化以后，它的浓度就会降低，会促进 SO_2 的吸收；

④ 提高 pH 值，减少电离的逆向过程，增加液相吸收推动力；

⑤ 在总的吸收系数一定的情况下，增加气液接触面积，延长接触时间，如增大液气比，减小液滴粒径，调整喷淋层间距等；

⑥ 保持均匀的流场分布和喷淋密度，提高气液接触的有效性。

2.3.2.3 中和反应

海水 pH 值约在 7.3～8.6 之间，天然碱度约为 2.0～2.9mg/L。海水中大量的 CO_3^{2-} 和 HCO_3^- 是控制海水 pH 值的主要因素，因而该体系具有较大的抗 pH 值变化的缓冲能力。海水吸收后 SO_2 呈酸性，加入大量新鲜海水，天然碱性海水与脱硫后酸性海水混合，H^+ 与碳酸盐根离子发生中和反应，pH 值提高，实现脱硫全过程。中和反应方程式如下：

$$H^+ +CO_3^{2-} \longrightarrow HCO_3^-$$
$$2H^+ +CO_3^{2-} \longrightarrow H_2CO_3$$
$$2H^+ +CO_3^{2-} \longrightarrow H_2O+CO_2\uparrow$$
$$H^+ +HCO_3^- \longrightarrow H_2O+CO_2\uparrow$$

中和反应本身并不困难，强化的措施包括减少 CO_2 的溶解等办法。

2.3.2.4 氧化反应

部分 HSO_3^- 在吸收塔喷淋区被烟气中的氧所氧化，其他的 HSO_3^- 在反应池中被氧化，HSO_3^- 与水中的溶解氧发生氧化反应生成 HSO_4^-，此间脱硫后的海水 H^+ 浓度增加，酸性增强，pH 值约为 3 左右，其化学反应方程式如下：

$$HSO_3^- + 1/2O_2 \longrightarrow HSO_4^-$$

$$SO_3^{2-} + 1/2O_2 \longrightarrow SO_4^{2-}$$

$$HSO_4^- \rightleftharpoons H^+ + SO_4^{2-}$$

嵩屿电厂的海水湿法烟气脱硫采用两阶段氧化，即反应产生的亚硫酸根离子在吸收塔下部的海水池和曝气池中，被鼓入的空气氧化成稳定的硫酸根。海水吸收 SO_2 的最终产物是硫酸盐，硫酸盐是海水中的成分之一，是海洋环境中不可缺少的物质。氧化反应是液相连续，气相离散。氧在水中的溶解度比较小，强化氧化反应的措施包括：①增加氧化空气的过量系数，增加氧浓度；②改善氧气的分布均匀性，减小气泡平均粒径，增加气液接触面积。

2.3.2.5 其他副反应

海水中 Cl^- 和 Fe^{2+}、Mn^{2+} 的痕量金属离子对吸收 SO_2 的影响，主要表现在 S(Ⅳ) 氧化为 S(Ⅵ) 的过程中的催化作用，从而促进海水对 SO_2 的吸收。这些因素对脱硫的影响程度顺序为：海水天然碱性＞Cl^- 和 Fe^{2+}、Mn^{2+} 的催化作用＞离子强度。海水脱硫主要利用海水天然碱度的特点，决定了该工艺不适用于高含硫烟气的处理，为了增加海水对 SO_2 的脱除量，可以添加少量碱性物质（如石灰）提高海水碱度。

烟气中的其他污染物如 SO_3、Cl、F 和尘都被海水吸收和捕集，SO_3、HCl 和 HF 与海水中的钙按以下方程式发生反应：

$$SO_3 + H_2O \longrightarrow 2H^+ + SO_4^{2-}$$

$$Ca^{2+} + 2HCl \rightleftharpoons CaCl_2 + 2H^+$$

$$Ca^{2+} + 2HF \rightleftharpoons CaF_2 + 2H^+$$

海水脱硫是一种湿式抛弃法工艺，适用于沿海且燃用中、低硫煤的电厂，尤其是淡水资源和石灰石资源比较缺乏的情况下其优点更为突出，由于该工艺只需要天然海水和空气，不需要添加任何化学物质，所以海水脱硫具有工艺简单、占地少、投资省、运行可靠、系统无磨损、堵塞和结垢的特点。

2.3.3 系统描述

2.3.3.1 系统构成

新建脱硫装置的烟气设计参数宜采用锅炉最大连续工况（BMCR）、燃用设计燃料时的烟气参数，校核值宜采用锅炉经济运行工况（ECR）、燃用最大含硫量燃料时的烟气参数。已建电厂加装烟气脱硫装置时，其设计工况和校核工况宜根据脱硫装置入口处实测烟气参数确定，并充分考虑燃料的变化趋势。烟气脱硫装置的脱硫效率一般应不小于 95%，主体设备设计使用寿命不低于 30 年，装置的可用率应保证在 95%以上。

锅炉烟气经进口挡板门进入脱硫增压风机，通过烟气换热器后进入吸收塔，洗涤脱硫后的烟气经除雾器除去带出的小液滴，再通过烟气换热器从烟囱排放。

烟气海水脱硫工艺系统主要由烟气系统、吸收系统、海水供应系统、海水恢复系统等组成。一般来说 SO_2 吸收系统能力较大，FGD 的脱硫效率主要受海水恢复系统中 SO_3^{2-} 转化为 SO_4^{2-} 的能力和 pH 值恢复能力的限制。

2.3.3.2 烟气系统

(1) 脱硫增压风机

在脱硫岛的烟气系统中，总烟气阻力约为 3200Pa，所以设有增压风机，每台锅炉设 1

台增压风机。增压风机配2台冷却风机，一用一备。

脱硫增压风机宜装设在脱硫装置进口处，其参数应按下列要求考虑。

① 吸收塔的脱硫增压风机宜选用静叶可调轴流式风机，当机组容量为300MW及以下容量时，也可采用高效离心风机。当风机进口烟气含尘量能满足要求时，可采用动叶可调轴流式风机。

② 当机组容量为300MW及以下时，宜设置一台脱硫增压风机，不设备用。对于800～1000MW机组，宜设置两台动叶可调轴流式风机。对于600～700MW机组，也可设置两台增压风机；当设置一台增压风机时应采用动叶可调轴流式风机。

③ 增压风机的风量应为锅炉满负荷工况下的烟气量的110%，另加不低于10℃的温度裕量；增压风机的压头应为脱硫装置在锅炉满负荷工况下并考虑10℃温度裕量下阻力的120%。

(2) 烟气换热器

烟气系统宜装设烟气换热器，脱硫后烟气温度一般应达到80℃以上排放。烟气换热器下部烟道应装设疏水系统。可以选择管式换热器或回转式换热器，当原烟气侧设置降温换热器有困难时，也可采用在净烟气侧装设蒸汽换热器。

烟气换热器（GGH）可以冷却进入吸收塔的烟气，保护吸收塔的填料，并减少吸收塔内水的蒸发；同时提高进入烟囱的烟气温度，使烟温大于70℃，防止烟囱中低温结露腐蚀的发生，并增加烟气的抬升高度；并且烟气温度越低吸收率越高，所以烟气进入吸收塔前必须降温，一般降至80℃左右。嵩屿电厂海水FGD装设了回转蓄热式GGH，GGH配有吹灰器和高压水清洗装置，用于运行中GGH换热元件的清污。GGH还配有低泄漏风机及密封风机，以降低烟气泄漏及原烟气与净烟气的互窜。

(3) 挡板门

烟气脱硫装置宜设置旁路烟道。旁路挡板门的开启时间应能满足脱硫装置故障不引起锅炉跳闸的要求。烟道挡板宜采用带密封风的挡板，旁路挡板门也可采用压差控制不设密封风的单挡板门。

(4) 工作过程

从锅炉来的热烟气经增压风机增压后，进入烟气换热器（GGH）降温侧冷却后进入吸收塔，自下而上流经喷淋层，在此烟气被冷却到饱和温度，烟气中的SO_2被海水吸收。除去SO_x及其他污染物的烟气由除雾器除去雾滴，经GGH加热至80℃以上，通过出口挡板门经烟囱排放。

与脱硫系统相关的挡板共有3个，包括一台FGD进口原烟气挡板，一台FGD出口净烟气挡板和一台旁路烟气挡板。在正常运行时，FGD进口/出口挡板开启，旁路挡板关闭。在故障情况下，开启烟气旁路挡板门，关闭FGD进口/出口挡板，烟气通过旁路烟道绕过FGD系统直接排到烟囱。烟气挡板为双百叶密封分步可调挡板，采用电动执行机构，并带位置发送器，同时设有快开功能，全关到全开的时间不大于25s。烟气挡板门都配有独立的密封空气系统，以防止烟气泄漏，具有100%的气密性。

脱硫岛烟道全部采用内支撑钢板制作，烟道的膨胀补偿器采用非金属补偿节，以补偿烟道的热膨胀和吸收转动机械传递的振动波。烟道的防腐设计为碳钢加内衬为2mm的鳞片树脂。在BMCR工况下，烟道内任意位置的烟气流速不大于15m/s。

2.3.3.3 吸收系统

(1) 脱硫吸收塔

脱硫装置设计温度采用锅炉设计煤种 BMCR 工况下，从主机烟道进入脱硫装置接口处的运行烟气温度。新建机组同期建设的运行温度，一般为锅炉额定工况下，脱硫装置进口处运行烟气温度加 50℃。300MW 以上机组宜一炉一塔，200MW 以下机组宜两炉一塔。

吸收塔宜采用钢结构，内壁采用衬胶或衬树脂鳞片或衬高镍合金板。塔外应设置供检修维护的平台和扶梯，设计荷载不应小于 4000N/m^2，平台宽度不小于 1.2m，塔内不应设置固定式的检修平台。塔内与喷嘴相连的浆液管道应考虑检修维护措施，应考虑不小于 500N/m^2 的检修荷载。

吸收塔是烟气与海水进行气-液质量传递与交换，并进行初步化学反应的场所。嵩屿电厂使用的脱硫吸收塔为无填料的钢结构喷淋空塔。塔高 30.5m，直径 12m，塔体采用碳钢制作，内壁防腐层为玻璃鳞片树脂。吸收塔内部有海水喷淋层、除雾器、氧化装置等（见图 2-4）。

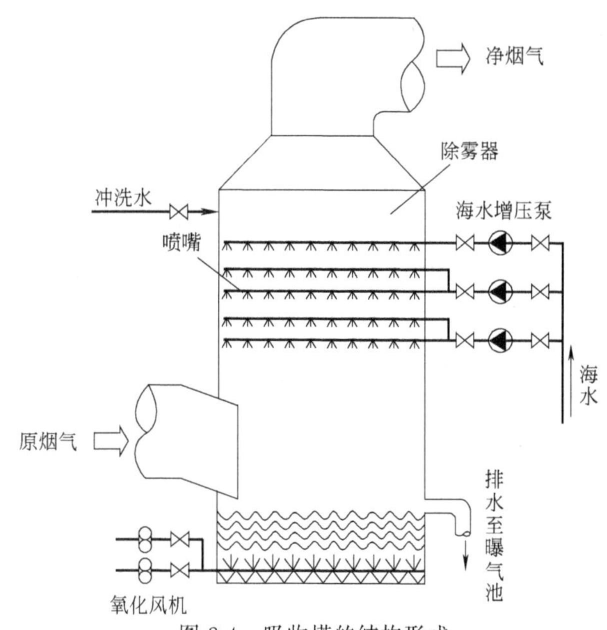

图 2-4　吸收塔的结构形式

在吸收塔内以大量海水喷淋洗涤进入塔内的烟气，溶解吸收烟气中的 SO_2 等酸性物质。SO_2 以溶解态 SO_2 和 SO_3^{2-} 的形态存在于洗涤后的海水中。净化后的烟气经除雾器除去雾滴、GGH 加热后排放。海水在吸收塔内的水力停留时间约为 2.5min。洗涤烟气后的海水收集在塔底部，依靠重力排入海水恢复系统。

（2）海水喷淋层

吸收塔设 5 个喷淋层，每个喷淋层布置 44 个空心锥形碳化硅喷嘴，5 个喷淋层的喷嘴错开布置。喷嘴的作用是将海水在吸收塔中雾化成颗粒细小、均匀分布的液滴，从而增强烟气与海水的传质效果。

（3）烟气除雾器

吸收塔应装设除雾器，除雾器出口的雾滴浓度应不大于 75mg/m^3（标态）。除雾器应考虑检修维护措施，支撑梁的设计荷载应不小于 1000N/m^2。除雾器应设置水冲洗装置。

经海水洗涤后的烟气湿度较大，水汽凝结会造成烟羽呈白色，即所谓“白烟”问题。白烟的长度随环境温度、相对湿度以及烟气温度等参数而变，可从数十米到数百米。德国规定在烟囱出口处不得低于72℃，否则采用冷却塔排放。日本为防止烟囱冒白烟，要求把烟气加热到80～110℃。

嵩屿电厂在吸收塔上部设置除雾器。除雾器包括粗除雾器和细除雾器两级组成，除雾器结构形式为“人”字形（又称为屋脊形），属折流板式结构，上部装有清洗装置。除雾器及其清洗水装置采用聚丙烯（PP），材料的操作温度为80℃。除雾器的结构（图2-5）是利用烟气折向通过曲折的挡板，流向多次发生偏转，烟气携带的液滴由于惯性作用撞击在挡板上被捕集下来。

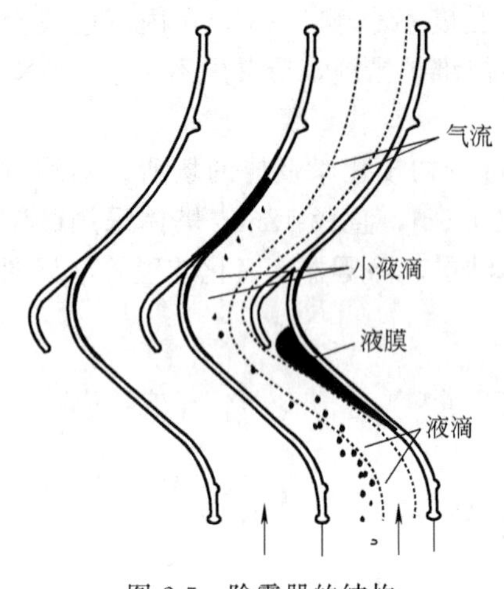

图2-5 除雾器的结构

(4) 海水喷淋泵

海水喷淋泵入口应装设滤网等防止固体物吸入的措施。当采用喷淋吸收塔时，喷淋泵宜按单元制设置；按照单元制设置时，应设仓库备用泵叶轮一套；按照母管制设置时，宜现场安装一台备用泵。

嵩屿电厂的海水增压泵布置在曝气池附近，每座吸收塔设3台泵，它们将约1/3的凝汽器排放海水提升输送到吸收塔内，供5层喷淋层洗涤烟气。3台海水增压泵均为单级双吸离心式水泵，叶轮和轴的材质是含钼奥氏体不锈钢，泵壳内壁涂有美国Belzona公司的陶瓷-不锈钢金属表面防腐层。

(5) 氧化风机

氧化风机宜采用罗茨风机，也可采用离心风机。当氧化风机计算容量小于6000m^3/h时，每座吸收塔应设置2台全容量或3台半容量的氧化风机；或每两座吸收塔设置3台全容量的氧化风机。当氧化风机计算容量大于6000m^3/h时，宜配3台氧化风机。

嵩屿电厂的曝气风机为单级离心式风机，流量为40000m^3/h、压力36kPa，电机功率630kW。每个曝气池设有3台曝气风机，根据海水恢复的具体情况投入2台或3台，曝气风机布置在储风室的正上方。

2.3.3.4 海水系统

(1) 系统组成

包括海水供应系统和海水恢复系统。张小可、李忠华等人研究认为：脱硫海水稀释倍数通常为3～5，海水曝气时间宜大于10min。

脱硫用海水取自凝汽器出口的虹吸井，约1/6的海水进入吸水池，经升压泵送至吸收塔内洗涤烟气，吸收塔排出的海水自流进入曝气池，在此与直接排入曝气池的海水汇流并充分混合，处理后的合格海水经机组排水沟入海。

海水恢复系统的主体构筑物是曝气池，来自吸收塔的酸性海水与凝汽器排出的偏碱性海水在曝气池中充分混合，同时通过曝气系统向池中鼓入适量空气，使海水中溶解氧逐渐达到饱和，将易分解的亚硫酸盐氧化成稳定的硫酸盐，同时海水中的碳酸盐与吸收塔排出的氢离子反应释放出CO_2，使海水的pH值升高到6.5以上，达到排放标准后排入海中。

嵩屿电厂排放海域为白海豚保护区，对排放水质要求高，在海水恢复系统的设计中采用2.6m的深度曝气、40000m^3/h的大气量曝气及5.1min的长时间曝气，使得海水水质的恢复较为彻底。

(2) 泵吸入池

泵吸入池为海水增压泵提供稳定压力的海水，海水泵池的水源为凝汽器排放的海水，泵吸池中扣除被海水增压泵抽送至吸收塔的水量后，其余约 2/3 水量通过溢流方式进入下游的混合池。

（3）预曝气池

吸收塔的下部设有预曝气池，其高为 5m，直径 12m。作用是把吸收塔中洗涤烟气生成的部分 SO_3^{2-} 氧化成 SO_4^{2-}，以减轻后续曝气处理的负担。氧化风机为罗茨风机，一用一备。

（4）混合池

混合池的作用是接纳吸收塔中洗涤烟气后经初步氧化的酸性海水，并与泵吸入池溢流过来的新鲜海水混合。有效容积为 $862m^3$，水力停留时间为 1.19min。

（5）曝气池

曝气池是海水水质恢复系统中的核心构筑物和关键工艺环节。通过鼓风机的鼓气和吹脱作用，曝气工艺全面氧化了海水中亚硫酸盐等还原性物质，驱除海水中的 CO_2，提高海水的 pH 值，并增加了水中的溶解氧，达到海水水质恢复的目的。

曝气池设 3 条曝气水管，曝气水道的尺寸为 88.7m×5.3m×2.6m（$L\times W\times H$），海水在曝气池中停留约 5.1min。曝气管采用母管-支管制形式，布置在曝气池的底部，材质均为 GRP。

（6）海水旁路

海水旁路的作用是当海水泵吸入池、混合池或曝气池需要停止运行时，将所有循环水直接引入大海。

2.3.3.5 环境影响

（1）影响因素

海水脱硫技术成熟可靠，工艺流程简单，但由于海水作为吸收剂又将排回海洋，必然会对海洋环境产生一定影响。从工艺流程可知洗涤下来的烟尘及烟尘中的重金属，排入大海后引起海水悬浮物（SS）、重金属和汞增加；脱硫生成的亚硫酸根离子在曝气阶段不完全氧化，排入大海继续氧化消耗海水中的氧（COD）；脱硫排水未能恢复到原海水的 pH 值。对海水的影响主要体现在：①SO_4^{2-} 含量；②pH 值；③COD；④悬浮物（SS）；⑤重金属含量；⑥温度（T）；⑦溶解氧（DO）。

（2）SO_4^{2-} 含量

SO_3^{2-} 在自然界海水中浓度极低，取水池中 SO_3^{2-} 的浓度仅为 0.015mg/L，但在吸收塔出口中平均浓度高达 130mg/L。在曝气池出口处降至 0.011mg/L，表明在曝气池中亚硫酸盐已转化为硫酸盐。由于 H_2SO_3 是弱酸，只要控制 pH 值大于 5.0 即可防止 SO_2 逸出，进入曝气池前 SO_3^{2-} 已在密闭的环境中氧化，此时海水的 pH 值也已达 5.0～6.0 以上，所以在曝气过程中不会产生 SO_2 的逸出。

烟气中的二氧化硫被海水吸收后，最终以硫酸盐的形式进入海水。取水池中海水 SO_4^{2-} 浓度为 1620mg/L，曝气池出口 SO_4^{2-} 浓度为 1930mg/L。表明 SO_3^{2-} 在海水中的铁、锰、铜等元素的催化作用下，被溶解氧氧化为 SO_4^{2-}。

（3）pH 值

海水的 pH 正常变动范围在 8.02～8.25 之间，由于利用海水的碱性脱硫，所以排水的 pH 值会有较大的下降，造成排水口附近的水质超标。但由于自然界对 pH 的变化有很大的缓冲作用，计算表明离开排水口 50m 后，海水的 pH 值就恢复到正常值。因此 pH 对海域环境的影响范围是有限的。

海水正常的pH值在7.5左右，吸收塔出口的pH值约为3.1，酸性海水在进入曝气池前先与虹吸井中的剩余海水混合，混合后的pH值为5～6，再经过曝气处理pH值达到7.26。由于海水具有很强的酸碱缓冲能力，离开排放口较短的距离后，pH值迅速恢复到正常水平，不会对附近海域造成明显影响。

(4) COD增量

COD取决于曝气过程中亚硫酸根的氧化率，氧化率的大小和鼓入的空气量及接触时间有关。一般排水COD占海水的本底值的比重较大，曝气氧化不充分将会引局部海域水质类别变化。设计上氧化率可以达到90%以上。

海水脱硫后残余亚硫酸根表征的COD_{Mn}的浓度增量较大，由取水池的0.91mg/L增加到10.13mg/L，这主要是残留SO_3^{2-}造成的，因为SO_3^{2-}具有较强的还原性，表现为化学耗氧量。脱硫海水在曝气池经过混合、氧化，COD_{Mn}浓度降为2.93mg/L，较取水池增加了2.02mg/L，满足第二类海水标准的要求。

(5) 悬浮物

悬浮物来源于烟气中的烟尘，首先悬浮物的增量与除尘效率关系密切，当除尘效率不小于99%时，悬浮物增量远小于10mg/L，可以符合一、二类海水水质的要求；其次吸收塔对烟尘的洗脱率与吸收塔的结构（填料式、液柱式或喷淋式）和液气比等有关。

由于烟气经过电除尘后，进入吸收塔的烟尘在10μm以下，洗脱率要比湿法除尘的效率低。按照设计值进入吸收塔的飞灰浓度190mg/m^3（标态），假定全部被洗涤到海水中，那么曝气池出口排水中SS浓度增加值为4.8mg/L，满足人为增量小于10mg/L的第一类海水标准要求。

(6) 重金属

重金属量取决于除尘器的除尘效率和燃煤中的含量。煤种不同烟尘中的各种重金属元素的含量变化较大，但它们在烟尘中均为微量元素，而且烟尘通过除尘器以后，99%以上的重金属（Hg除外）被除尘器捕集，所以排入大海的重金属量是微小的。

燃煤中的重金属燃烧后残留在烟尘中，大部分被静电除尘器除去，少部分通过吸收塔被洗涤到海水中。海水吸收二氧化硫后呈酸性，洗脱的烟尘中的重金属易于溶出，认为烟尘中的重金属全部溶出，因此根据烟尘浓度和烟尘中重金属质量百分比，即可计算出脱硫排水的重金属浓度。

洗涤烟气后脱硫海水的重金属浓度增加，经过混合稀释和曝气氧化后，曝气池出口的浓度有所下降，满足第三类海水标准的要求。但吸收塔出口海水中的Hg、Pb、Zn等重金属含量明显高于取水池，反映出脱硫海水水质已受到重金属的影响。

(7) 汞浓度

在重金属中汞是易气化的物质，不同产地的煤其汞含量差别很大，我国煤中汞的含量在0.02～1.59mg/kg的范围内。嵩屿电厂燃用的晋北煤汞含量为0.072～0.078mg/kg。入炉煤中的汞在炉膛内高温燃烧，随炉底渣排出的汞量极微，几乎全部气化为单质汞。单质汞随烟气排出炉膛后，随着烟温的降低，其部分转化为气相二价汞，部分被飞灰吸附为颗粒汞。研究统计得出湿法脱硫能脱除烟气中的汞约35%。

在吸收塔脱汞率35%的情况下，当煤的汞含量为0.075mg/kg时，排水的汞浓度增量为0.0771μg/L，远大于海水本底浓度值，超一类但满足二类海水水质标准。当煤的汞含量大于0.486mg/kg时，排水水质将超出四类海水水质标准（0.5μg/L），因此燃煤中的汞含量应引起重视。

（8）温升

深圳西部电厂冷却水平均取水温度为27.5℃，凝汽器出口的海水温度比取水温度增加8.5℃，采用海水脱硫工艺后排水温度提高约0.8℃，脱硫系统的温升满足第一类海水标准的要求。

（9）运行情况

数据显示海水里微量金属浓度增加，但所有重金属含量仍远低于我国污水排放标准和二级海水品质的标准。除了石墨和铜以外，其他值都能达到一级海水品质标准。对比见表2-5。

表2-5 海水脱硫微量元素对比　　单位：mg/L

元素	吸收后浓度	混流后浓度	二级海水标准	污水排放标准
砷	0.026	0.012	0.1	0.5
钡	0.082	0.038	0.1	1.0
石墨	0.0003	0.0001	0.01	0.1
镉	0.013	0.006	0.5	1.5
铬	0.026	0.012	0.1	0.5
钴	0.058	0.027	未限制	2.0
铁	0.042	0.020	未限制	1.0
铜	0.00013	0.00006	0.001	0.05
镁	0.018	0.009	1.0	2.0
镍	未检测	未检测	0.02	未限制
汞				0.005
锌				0.7
锡				0.1

对已运行装置海域水质检测结果来看，硫酸根的增加量一般为海水本底值的3%，残余亚硫酸根表征的COD_{Mn}增加量≤2.5mg/L（一般小于1.5%），DO≥4.5mg/L，SS<5mg/L。pH值决定于当地海水的碱度、脱硫系统取用海水量、燃煤（油）含硫量、系统脱硫效率、曝气强度以及曝气时间等因素，重金属增加量与燃煤（油）重金属含量和除尘效率密切相关。监测结果表明，曝气池出口排水中各项监测指标均满足《海水水质标准》GB 3097—1997中的第三类标准要求，其中温升、Cu、Cd、Zn、Ni、Cr、As等项目满足第一类海水标准的要求。对海洋环境和生态影响的研究结果表明，该技术对海水水质和区域海洋生态环境影响不明显。

2.3.3.6 相关系统

包括自动控制系统、防雷接地系统、采暖通风系统等。其他要求：烟气排放连续监测系统（CEMS）用于环保部门监测，其监测点应设置在烟囱上或烟囱入口。检测项目至少包括烟尘、SO_2、NO_x、温度、O_2、流量。

2.3.4 技术进展

2.3.4.1 技术特点

自然界海水呈碱性，pH为7.8～8.3，每克海水碱度约为2.2～2.7mg当量，一般含盐分3.5%，其中碳酸盐占0.34%，硫酸盐占10.8%，氯化物占88.5%，其他盐分占0.36%。海水对酸性气体如SO_2具有很大的中和吸收能力，SO_2被海水吸收后，最终产物为可溶性硫酸盐，而这些硫酸盐已经是海水的主要成分之一。基于上述论点开发了不同的海水脱硫技术，海水脱硫工艺按是否添加其他化学物质作吸收剂分为两类：不添加任何化学物质用纯海水作为吸收液的工艺和在海水中添加吸收剂的脱硫工艺。

2.3.4.2 用纯海水的脱硫工艺

此工艺以挪威 ABB 公司开发的 Flakt-Hydro 工艺为代表。该工艺的基本原理是海水以直流的方式吸收烟气里的 SO_2，因海水具备天然的碱度，对于像 SO_2 这样的酸性气体的吸收呈现出极大缓冲能力，可吸收相对大量的 SO_2。从吸收塔流出的酸性吸收液依靠重力流入水质恢复系统，在这里提供氧气和稀释海水，将 SO_2 氧化成无害的硫酸盐，并使水质恢复系统排水水质（pH 值等）恢复原有水平。

烟气与海水接触后，二氧化硫气体被海水吸收，生成亚硫酸根离子与氢离子，洗涤液 pH 值随之降低；同时在海水的洗涤过程中，海水中的碳酸氢根离子与氢离子发生反应，生成水和二氧化碳，从而阻止或缓和洗涤液 pH 值的继续下降，有利于海水对二氧化硫的吸收。洗涤后的海水为酸性，需经处理达标后排放大海，其中亚硫酸根离子需氧化为硫酸根离子。

2.3.4.3 添加吸收剂的脱硫工艺

在海水中添加一定量的石灰，以调节吸收液的碱度，以美国 Bechtel 公司为代表。该工艺利用海水中的镁吸收 SO_2 活性高的特点，加入石灰浆使海水中的镁呈 $Mg(OH)_2$ 形式，$Mg(OH)_2$ 快速有效地吸收烟气中的 SO_2，生成的 $MgSO_3$ 被氧化成 $MgSO_4$，并与钙反应后生成 $CaSO_4$，经循环冷却水稀释溶解后排海。

Bechtel 工艺的化学反应机理如下：一般海水中大约含镁 1300mg/L，以 $MgCl_2$ 和 $MgSO_4$ 为主要存在形式。约为冷却水总量 2% 的海水进入吸收塔，其余海水用于溶解脱硫生成的石膏晶体。在洗涤系统中加入石灰或石灰与石膏的混合物，提高脱硫所需的碱度。海水中可溶性镁与加入的碱反应再生为吸收剂 $Mg(OH)_2$，它可迅速吸收烟气中的 SO_2。其工艺流程如图 2-6 所示，它主要由预冷却器、吸收系统、再循环系统、电气及仪表控制系统组成。

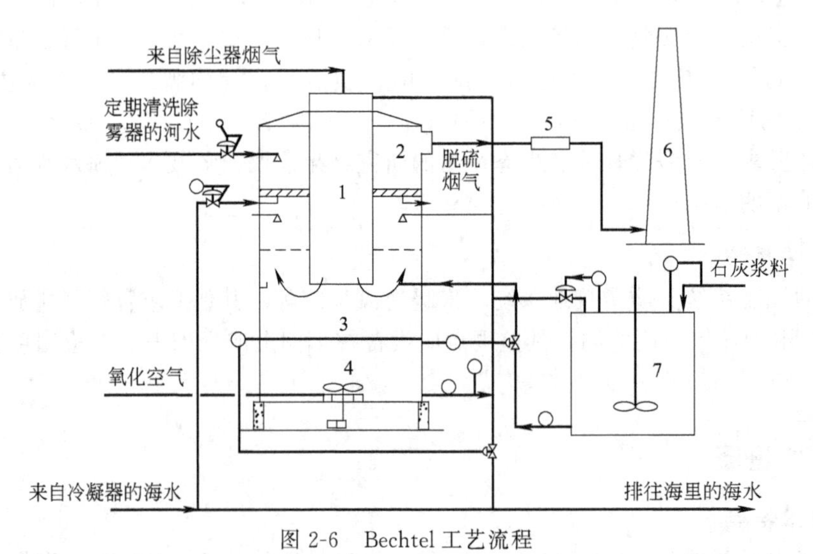

图 2-6 Bechtel 工艺流程

1—预冷区；2—除雾器；3—SO_2 吸收塔；4—循环槽；5—再热器；6—烟囱；7—再生器

在吸收塔中，再循环浆液中的 $Mg(OH)_2$ 和可溶性的 $MgSO_4$ 吸收烟气中的 SO_2。托盘保证了烟气和吸收浆液之间良好的接触，获得 $>95\%$ 的脱硫效率。同时发生一定的氧化反应，浆液中 $MgSO_3$ 和 $Mg(HSO_3)_2$被烟气中的 O_2 氧化成 $MgSO_4$。因吸收和氧化反应均生成易溶解的产物，故在吸收塔内无结垢的倾向。

再循环槽设在吸收塔底段，内装搅拌器。预冷却器流下的酸性浆液和来自托盘及喷入的碱性浆液在槽内中和。同时鼓入空气，将 $MgSO_3$ 和 $Mg(HSO_3)_2$ 完全氧化成可溶的 $MgSO_4$。搅拌器将大气泡打碎成小气泡，加速氧化反应。再循环槽内保持 pH 值为 5～6，使 $Mg(OH)_2$ 完全溶解。

2.4 氨水脱硫法

2.4.1 技术方法

2.4.1.1 方法概述

在液氨的来源以及副产物硫铵的销售途径充分落实的前提下，经过全面技术经济认为合理时，并经国家有关部门技术鉴定后，可以采用电子束法或氨水洗涤法脱硫工艺。脱硫率宜保证在 90%以上。脱硫装置的可用率应保证在 95%以上。

烟气脱硫装置的设计工况宜采用锅炉 BMCR、燃用设计煤种下的烟气条件，校核工况采用锅炉 ECR、燃用校核煤种下的烟气条件。已建电厂加装烟气脱硫装置时，宜根据实测烟气参数确定烟气脱硫装置的设计工况和校核工况，并充分考虑煤源变化趋势。脱硫装置入口的烟气设计参数均应采用脱硫装置与主机组烟道接口处的数据。

烟气脱硫装置的容量采用上述工况下的烟气量，不考虑容量裕量。由于主体工程设计煤种中收到基硫分一般为平均值，烟气脱硫装置的入口 SO_2 浓度（设计值和校核值）应经调研，考虑燃煤实际采购情况和煤质变化趋势，选取其变化范围中的较高值。

2.4.1.2 工艺特点

氨法脱硫技术是采用氨（NH_3）作为吸收剂除去烟气中的 SO_2 的工艺。由于氨的价格较高，故而氨法必然是回收法。氨法脱硫工艺具有很多特点，氨是一种良好的碱性吸收剂，而且氨吸收烟气中 SO_2 是气-液或气-气反应，反应速度快，反应完全，因而吸收剂能得到充分利用，脱硫效率高。另外，其脱硫副产品（比如硫酸铵等）可制造化肥，副产品的销售收入能大幅度降低运行成本。

氨法脱硫技术的工艺过程一般分成三大步骤：脱硫吸收、中间产品处理、副产品生产。根据过程和副产物的不同，氨法又可分为原始 Walther 氨法、氨-硫酸铵法、氨-亚硫酸铵、氨-磷铵肥法、氨-酸法等，并由此衍生出了几十种不同形式的脱硫工艺，其中，氨-硫酸铵法是典型的氨法脱硫工艺。

2.4.1.3 系统构成

典型的氨水湿法烟气脱硫工艺流程如图 2-7 所示。

2.4.2 反应原理

2.4.2.1 吸收原理

氨法原理是采用氨水作为脱硫吸收剂，与进入吸收塔的烟气接触混合，烟气中 SO_2 与氨水反应生成亚硫酸铵，经空气进行强制氧化反应生成硫酸铵溶液，经结晶、离心脱水、干燥后即制得硫酸铵化肥，氨法也是一种技术成熟的脱硫工艺。

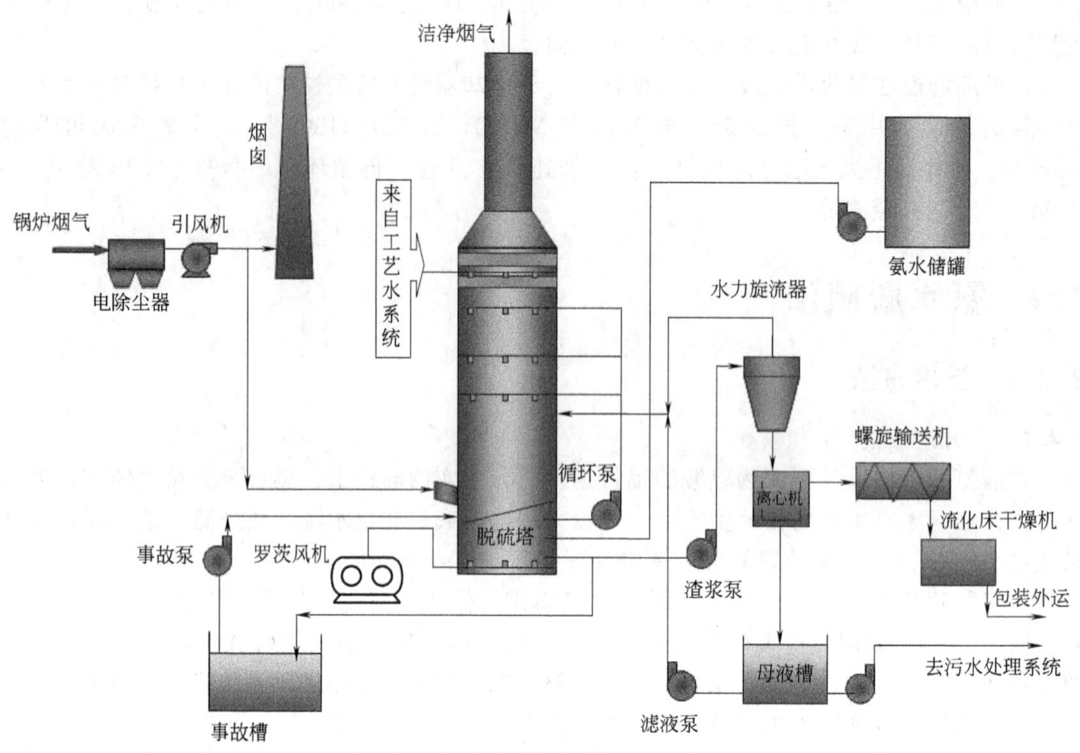

图 2-7 氨水湿法烟气脱硫工艺流程

2.4.2.2 吸收反应

烟气与喷嘴喷出的循环液在吸收塔内有效接触，循环液吸收大部分 SO_2，反应如下：

$$SO_2(g)+H_2O \longrightarrow SO_2(l)+H_2O(\text{传质})$$

$$SO_2+H_2O \longrightarrow H_2SO_3(\text{溶解})$$

$$SO_2+H_2O \longrightarrow H^+ + HSO_3^-(\text{电离})$$

$$H_2SO_3 \rightleftharpoons H^+ + HSO_3^-(\text{电离})$$

2.4.2.3 中和反应

本工艺采用20%的氨水作为脱硫吸收剂，氨易溶于水。形成的溶液对 SO_2 有很好的吸收效果，以下是吸收塔内发生的中和反应，中和后的吸收液在吸收塔内再循环，中和反应如下：

$$NH_3+H_2O \longrightarrow NH_4OH \rightarrow NH_4^+ + OH^-$$

$$(NH_4)_2SO_3+SO_2(l)+H_2O \longrightarrow 2NH_4HSO_3$$

$$NH_4HSO_3+NH_4OH \longrightarrow (NH_4)_2SO_3+H_2O$$

$$NH_4OH+SO_2 \longrightarrow NH_4HSO_3$$

$$NH_4^+ + HSO_3^- \longrightarrow NH_4HSO_3$$

$$2H^+ + CO_3^{2-} \longrightarrow H_2O+CO_2\uparrow$$

脱硫反应的核心设备是脱硫塔（浓缩结晶塔），是热烟气和产生硫酸铵的中间设备。烟气中的 SO_2 在脱硫塔中被除去，脱硫塔中的 pH 值控制在 5.0～5.9 的 35%左右的硫酸铵/亚硫酸盐溶液，与 SO_2 反应生成亚硫酸氢铵/硫酸氢盐，再与加入到循环吸收液中的氨水发生中和。

2.4.2.4 氧化反应

部分 HSO_3^- 在吸收塔喷淋区被烟气中的氧所氧化，其他的 HSO_3^- 在反应池中被氧化空气完全氧化，反应如下：

$$HSO_3^- + 1/2O_2 \longrightarrow HSO_4^-$$

$$HSO_4^- \rightleftharpoons H^+ + SO_4^{2-}$$

$$NH_4HSO_3 + 1/2O_2 \longrightarrow NH_4HSO_4$$

$$(NH_4)_2SO_3 + 1/2O_2 \longrightarrow (NH_4)_2SO_4$$

氧化反应是液相连续，气相离散。氧在水中的溶解度比较小，强化氧化反应的措施包括：

① 增加氧化空气的过量系数，增加氧浓度；

② 改善氧气的分布均匀性，减小气泡平均粒径，增加气液接触面积。

2.4.2.5 其他反应

烟气中的其他污染物如 SO_3、HCl、HF 和尘都被循环浆液吸收和捕集。SO_3、HCl 和 HF 与悬浮液中的石灰石按以下反应式发生反应：

$$SO_3 + H_2O \longrightarrow 2H^+ + SO_4^{2-}$$

$$CaCO_3 + 2HCl \rightleftharpoons CaCl_2 + CO_2\uparrow + H_2O$$

$$CaCO_3 + 2HF \rightleftharpoons CaF_2 + CO_2\uparrow + H_2O$$

脱硫反应是一个比较复杂的反应过程，其中有些副反应有利于反应的进程，有些会阻碍反应的发生，应当在设计中予以重视。

2.4.2.6 结晶过程

在浓缩结晶塔中硫铵溶液饱和后，使硫铵从溶液中以结晶形状沉淀出来，汽化热由烟气的残余热量提供。在浓缩结晶塔中的铵盐要么以离子形式溶于溶液中，要么以结晶形状沉淀出来。省去了后续硫酸铵溶液的蒸发结晶工序。

2.4.3 系统描述

2.4.3.1 FGD 系统构成

锅炉烟气经进口挡板门进入脱硫增压风机，通过烟气换热器后进入吸收塔，洗涤脱硫后的烟气经除雾器除去带出的小液滴，再通过烟气换热器从烟囱排放。脱硫副产物经过旋流器、离心机脱水成为脱水硫酸铵。氨法烟气脱硫装置应由下列系统组成：①氨水系统；②烟气系统；③吸收系统；④氧化系统；⑤硫铵系统；⑥废水处理系统；⑦在线监测及其他系统。

烟气脱硫装置应能在锅炉最低稳燃负荷工况和 BMCR 工况之间的任何负荷持续安全运行。烟气脱硫装置的负荷变化速度应与锅炉负荷变化率相适应。

新建脱硫装置的烟气设计参数宜采用锅炉最大连续工况（BMCR）、燃用设计燃料时的烟气参数，校核值宜采用锅炉经济运行工况（ECR）、燃用最大含硫量燃料时的烟气参数。已建电厂加装烟气脱硫装置时，其设计工况和校核工况宜根据脱硫装置入口处实测烟气参数确定，并充分考虑燃料的变化趋势。烟气脱硫装置的脱硫效率一般应不小于 95%，主体设备设计使用寿命不低于 30 年，装置的可用率应保证在 95%以上。

2.4.3.2 氨水系统

吸收液制备系统可按两套或多套装置合用设置，但一般应不少于两套；当电厂只有一台机组时可只设一套。制备系统的出力应按设计工况下消耗量的150%选择，且不小于100%校核工况下的消耗量。

吸收液（氨水）制备系统的功能是存储系统所需的液氨，制备和存储浓度20%的氨水，将定量的氨水输送到吸收塔。脱硫所需要的氨水量由锅炉负荷、烟气的 SO_2 浓度和 NH_4^+/S 来联合控制；而需要制备的氨水量由氨水罐的液位来控制，氨水的浓度由密度计控制。

氨罐区应布置在通风条件良好、厂区边缘安全地带。防火设计应满足GB 50160的要求。氨水系统通常称为氨站，氨站内设置液氨储罐，可以容纳一周左右的液氨。液氨卸车、倒罐采用氨压缩机，为了防止液氨进入氨压缩机，从储罐到氨压缩机的水平气氨管道应向储罐留有适当斜度。采用氨水合成器将液氨和软化水混合制成氨水，氨水储罐内能够容纳不小于设计工况下2～4h的消耗量。

2.4.3.3 烟气系统

（1）脱硫增压风机

脱硫增压风机宜装设在脱硫装置进口处，其参数应按下列要求考虑。

① 大容量吸收塔的脱硫增压风机宜选用静叶可调轴流式风机或高效离心风机。当风机进口烟气含尘量能满足风机要求，可采用动叶可调轴流式风机。

② 300MW及以下机组每座吸收塔，宜设置一台脱硫增压风机，不设备用。对600～900MW机组，也可设置两台增压风机。

③ 增压风机的风量应为锅炉满负荷工况下的烟气量的110%，另加不低于10℃的温度裕量；增压风机的压头应为脱硫装置在锅炉满负荷工况下并考虑10℃温度裕量下阻力的120%。

由于在烟气中有一定的固体颗粒物含量，因而特别注意对风机叶轮的设计，以避免叶轮磨损并考虑由此引起的不平衡振动。风机和叶轮的结构设计能便于检修和更换，外壳与磨损件能易于拆除，在风机和驱动电动机的上方设有检修起吊设施。风机第一临界速度高于额定转速30%，在全部运行条件下风机轴承的最大允许振动速度均方根小于4.6mm/s。风机具有良好的调节性能，在正常工况下用入口调节门调节流量时，叶片由最小开度到对应满负荷最大开度的动作时间不超过60s，相应配套的执行机构也符合要求。风量调节装置灵活可靠，在任何工况下均能正常运行，调节重复性能好。

驱动电动机满足户外露天布置的要求，各项性能指标均不受室外气候变化的影响。风机产生的噪声满足技术规范的要求。风机的外壳采取保温隔声措施，所有旋转件周围设有人员安全防护罩。风机保护层和保温层采用可拆卸结构，以便设备检查和维修；风机吸入箱和扩散段恰当位置装有检查门。

（2）烟气换热器

烟气系统宜装设烟气换热器，脱硫后烟气温度一般应达到80℃以上排放。烟气换热器下部烟道应装设疏水系统。可以选择管式换热器或回转式换热器，当原烟气侧设置降温换热器有困难时，也可采用在净烟气侧装设蒸汽换热器。

烟气换热器满足环保要求，且烟囱和烟道有完善的防腐和排水措施，也可不设烟气换热器。利用原烟气的热量对净烟气进行加热，换热器的使用寿命不低于20年。烟气换热器的受热面应考虑防腐、防磨、防堵塞、防沾污等措施，与净烟气接触的壳体也应考虑防腐。烟气换热器前的原烟道可不采取防腐措施。烟气换热器和吸收塔进口之间的烟道，以及吸收塔出口和烟气换热器之间的烟道，应采用鳞片树脂或衬胶防腐。

（3）挡板门

烟气脱硫装置宜设置旁路烟道。旁路挡板门的开启时间应能满足脱硫装置故障不引起锅炉跳闸的要求。烟道挡板宜采用带密封风的挡板，旁路挡板门也可采用压差控制不设密封风的单挡板门。

挡板部件按可能发生的最大正压和负压值来设计，在最大的压差下能够操作。挡板和驱动装置能承受所有运行条件下周围介质的腐蚀。温度超过160℃时，烟气脱硫装置走旁路。挡板配有远程控制和就地人工操作的电动执行器，并提供挡板位置指示器，配有指示全开或全闭的限位开关，开度信号将用于增压风机和锅炉的连锁。挡板主轴水平布置，执行器配备两个方向的转动开关、事故手轮和维修用的机械连锁。

烟道挡板框架的安装是螺栓法兰连接，并且紧密地焊在烟道上。所有挡板从烟道内侧和外侧都容易接近，在每个挡板和其驱动装置附近设置平台，以便检修与维护挡板所有部件。

(4) 膨胀节

膨胀节用于运行和事故条件下，补偿烟道热膨胀引起的位移，烟道上膨胀节设置保温。膨胀节采用非金属制作并提供保护板，以防止灰尘沉积在膨胀节波节处。膨胀节由多层材料组成，能承受烟气高温不会造成损害和泄漏，能承受可能发生的最大设计正压和负压，排水配件由FRP或镍基合金材料制作。烟道上的膨胀节采用螺栓法兰连接，其布置位置能确保膨胀节可以更换。膨胀节框架与烟道按现场焊接设计，框架内外密封焊在烟道上。邻近挡板的膨胀节留有充分的距离，以防止与挡板的动作部件互相干扰。

(5) 工作过程

从锅炉来的热烟气经增压风机增压后，进入烟气换热器（GGH）降温侧冷却后进入吸收塔，向上流动穿过喷淋层，在此烟气被冷却到饱和温度，烟气中的SO_2被循环液吸收。除去SO_x及其他污染物的烟气经GGH加热至80℃以上，通过烟囱排放。

GGH是利用热烟气所带的热量，加热吸收塔出来的冷的净烟气；设计条件下没有补充热源时，可将净烟气的温度提高到80℃以上。GGH正常运行时，清洗系统每天需使用蒸汽吹灰三次；系统还配有一套在线高压水洗装置，约一个月使用一次。自动吹灰系统可保证GGH的受热面不受堵塞，保持净烟气的出口温度。

烟道上设有挡板系统，包括一台FGD进口原烟气挡板，一台FGD出口净烟气挡板和一台旁路烟气挡板。在正常运行时，FGD进口/出口挡板开启，旁路挡板关闭。在故障情况下，开启烟气旁路挡板门，关闭FGD进口/出口挡板，烟气通过旁路烟道绕过FGD系统直接排到烟囱。在BMCR工况下，烟道内任意位置的烟气流速不大于15m/s。

2.4.3.4 吸收系统

(1) 脱硫吸收塔

脱硫装置设计温度采用锅炉设计煤种BMCR工况下，从主机烟道进入脱硫装置接口处的运行烟气温度。新建机组同期建设的运行温度，一般为锅炉额定工况下，脱硫装置进口处运行烟气温度加50℃。300MW以上机组宜一炉一塔，200MW以下机组宜两炉一塔。

吸收塔宜采用钢结构，内壁采用衬胶或衬树脂鳞片或衬高镍合金板。塔外应设置供检修维护的平台和扶梯，设计荷载不应小于4000N/m^2，平台宽度不小于1.2m，塔内不应设置固定式的检修平台。塔内与喷嘴相连的浆液管道应考虑检修维护措施，应考虑不小于500N/m^{2}的检修荷载。

脱硫塔为喷淋塔结构，为了达到设计煤种下SO_2的脱除率，塔内设置了四层喷淋层。脱硫塔内的浆液由泵送至喷嘴系统，经过喷嘴喷出与烟气接触，在重力作用下落入浆池，浆液池中设置扰动泵来避免浆液沉淀，通过鼓空气完成亚硫酸铵的氧化。氧化区域合理设计，氧化空气喷嘴和分配管布置合理。浆液与烟气中的 SO_2 发生化学反应实现吸收。系统中吸收液氯离子浓度最大不超过 40g/L，一个喷淋层装 20 个喷嘴，夹带的浆液将在除雾器中收集。

脱硫塔外壳是现场制造，选用的材料为碳钢，内衬鳞片树脂，能适合脱硫工艺的化学特性，并能承受烟气中灰尘和脱硫固体物的磨损。塔外壳厚度考虑足够的腐蚀余度，包括内外部构件能满足 30 年的使用要求。所有内部的支撑不会堆积污物、污泥或结垢，并易于清洁所有表面，脱硫塔内液体和烟气流分布均匀。脱硫塔配有足够数量的人孔门和观察孔，人孔门和观察孔附近设有平台，人孔门尺寸为 *DN*800。

(2) 喷雾系统

脱硫塔内部浆液喷雾系统由分配管网和喷嘴组成，喷雾系统的设计能均匀分布要求的喷雾流量。浆液分布在母管内，并把浆液均匀分配给连接喷嘴的支管。浆液喷淋系统采用 FRP 材料，喷嘴的设计和材料能避免快速磨损、结垢和堵塞，并便于检查和维修。喷雾系统能够以最小的气液阻力，将液体均匀地分布到脱硫塔断面上。

(3) 除雾器

吸收塔应装设除雾器，除雾器出口的雾滴浓度应不大于 $75mg/m^3$（标态）。除雾器应考虑检修维护措施，支撑梁的设计荷载应不小于 $1000N/m^2$。除雾器应设置水冲洗装置。

除雾器安装在净烟气出口处，用以分离烟气夹带的雾滴。除雾器采用阻燃聚丙烯材料 (PP)，能承受高速水流，特别是人工冲洗时高速水流的冲刷。冲洗系统包括喷嘴、外部和内部管道、除雾器冲洗水泵和控制阀，冲洗水系统能全面冲洗除雾器，避免除雾器堵塞。除雾器清洗水管由 PP 管制作，冲洗用水由工艺水泵提供。除雾器以单个组件进行安装，单个组件不超过两人即可进行搬运，并能通过塔体除雾段的人孔门。

(4) 浆液循环泵

浆液循环泵入口应装设滤网等防止固体物吸入的措施。当采用喷淋吸收塔时，吸收塔浆液循环泵宜按单元制设置。按照单元制设置时，应设仓库备用泵叶轮一套；按照母管制设置时，宜现场安装一台备用泵。

浆液循环泵将喷淋塔浆池内的吸收液，循环送至喷嘴或填料的液体分布器，浆液循环泵可以在控制室进行自动开启和关闭。浆液循环泵及驱动电机能适应户外露天布置的要求，适应于硫铵浆液中 60g/L 的氯离子浓度。

(5) 事故浆池

脱硫装置应设置一套事故浆池或事故浆液箱，容量宜不小于一座吸收塔最低运行液位时的浆池容量。所有储存悬浮浆液的箱罐应有防腐措施并装设搅拌装置。

吸收塔在停运检修和/或修理期间，用来储存吸收塔浆液池中的浆液。需要排空时由吸收塔排出泵，将吸收塔的硫铵浆液输送至事故浆液箱。需要返回时由浆液返回泵将事故浆液箱中的浆液送回吸收塔，并作为吸收塔重新启动时的硫铵晶种。

(6) 工作过程

吸收系统的功能是对烟气进行洗涤，脱除烟气中的 SO_2，同时去除部分粉尘，浓缩吸收 SO_2 生成的硫酸铵。烟气从吸收塔中部进入，均匀分布在塔内，流速下降到 4m/s 以下。烟气的入口段为耐腐蚀、耐高温合金材料，进口处设工艺水喷淋降温装置，使烟气温度降到 60℃左右，这是氨吸收二氧化硫反应的最佳温度。进入吸收区的烟气，在上升过程中与吸收液逆流接触，烟气中的二氧化硫被吸收液中的氨水和亚硫酸氨吸收脱除。

吸收塔底部为浆池，用来容纳硫酸铵浆液，氧化生成的亚硫酸铵，氨水也被注入浆池中。浆池的容积足够保证能够完成亚硫酸铵的氧化和氨水的中和反应，确保进入泵的硫酸铵浆液成分稳定。在喷淋的过程中，烟气进一步饱和增湿，处理后的净烟气经过除雾器，除去大部分游离水由塔顶烟囱排出。吸收塔上部布置二级内置式除雾器，整个系统压降≤1200Pa，同时设置进口烟气超温、粉尘含量过高连锁系统，以保证脱硫系统的正常运行。

吸收塔入口的布置是精心设计的，以保持朝向吸收塔有足够的向下倾斜坡度，从而保证烟气的停留时间和均匀分布，避免烟气的旋流及壁面效应。循环系统采用单元制设计，通过喷淋层保证吸收塔内200%的吸收液覆盖率。烟道侧板和底板装有工艺水冲洗系统，冲洗自动周期进行。冲洗的目的是为了避免浆液带入烟道后干燥黏结。在入口烟道装有事故冷却系统，事故冷却水由工艺水泵提供。

2.4.3.5 氧化系统

(1) 氧化风机

氧化风机宜采用罗茨风机，也可采用离心风机。当氧化风机计算容量小于6000m^3/h时，每座吸收塔应设置2台全容量或3台半容量的氧化风机；或每两座吸收塔设置3台全容量的氧化风机。当氧化风机计算容量大于6000m^3/h时，宜配3台氧化风机。

(2) 浆液扰动

浆液扰动系统能防止浆液沉淀结块，通过扰动系统使浆液池中的固体颗粒保持悬浮状态，其设计和布置考虑氧化空气的最佳分布和浆液的充分氧化。

浆液扰动系统可以采用浆液扰动泵或浆液搅拌器。

(3) 工作过程

氧化空气系统的功能是把吸收所得亚硫酸铵转化成为硫酸铵，由氧化风机和氧化喷枪组成。氧化空气入塔前设有喷水降温系统，使氧化空气达到饱和状态，可有效防止氧化喷枪口的结垢。在塔底通过氧化风机，把过量的空气鼓入脱硫塔内，把吸收液中的亚硫酸铵氧化成硫酸铵，直至有晶体析出。排放泵连续地把吸收液送到硫铵系统，通过控制排出浆液流量，维持循环浆液浓度（质量分数）在8%～25%。

烟气进入吸收塔在上升过程中，与吸收液逆流接触脱除SO_2气体。吸收了SO_2的吸收液落入反应池，反应池通过搅拌或扰动泵，使浆液池中的固体颗粒保持悬浮状态。氧化风机将氧化空气鼓入反应池，氧化空气被分散为细小的气泡并均布于浆液中。部分HSO_3^-在喷淋区被氧化，其余部分的HSO_3^-在反应池中被氧化空气完全氧化。

通过上层工艺水的喷淋，有效控制烟气中氨气的逃逸，同时塔内液位保持平衡。氨水通过塔底扰动泵加入塔中，通过扰动泵的扰动作用，使氨水在吸收液中混合均匀。氨水加入量由烟囱在线分析仪（锅炉负荷和烟气的SO_2浓度）和塔底pH值（NH_4^+/S）控制。

2.4.3.6 硫铵系统

(1) 设计原则

硫铵系统可按两套或多套装置合用设置，但硫铵脱水系统应不少于两套。当电厂只有一台机组时，可只设一套硫铵脱水系统，并相应增大硫铵浆液箱容量。每套硫铵脱水系统宜设置两台硫铵脱水机，单台设备出力按设计工况下硫铵产量的75%选择，且不小于50%校核工况下的硫铵产量。

电子束法脱硫及氨水洗涤法脱硫，应根据市场条件和厂内场地条件设置适当的硫酸铵包装及存放场地。

(2) 水力旋流器

采用由多个旋流子组成的水力旋流器。

(3) 离心机

采用卧式刮刀卸料离心机。

(4) 螺旋输送机

采用不锈钢制造，变频电机驱动。

(5) 流化床干燥机

包括热风机、冷风机、干燥器本体、除尘器、排风机及相连的管道等。

(6) 自动包装机

包括称量、包装、送袋、吹扫等工序，自动称量后包装。

(7) 工作过程

硫铵系统的功能是把硫酸铵结晶从浆液中分离出来。当吸收液中约有5%的固体时，吸收液开始取出回收，先经硫铵排出泵进入回收系统中的旋流器。带有结晶的过饱和硫酸铵溶液，经过旋流浓缩到含固量30%的过饱和液，溢流的饱和溶液返回脱硫塔。含固量30%的过饱和液经过离心机进一步浓缩，母液通过母液槽被母液泵输送回吸收塔。离心分离得到含水率不大于10%的硫铵粉末，通过螺旋输送机被传送到流化床式干燥机，经热风干燥得到含水率小于1%的硫铵，包装后储存在硫铵库中用于综合利用。

硫铵系统停机后，需清洗所有的管道、阀门、泵等过流部分，防止硫铵结晶堵塞，方便下次开机。振动流化床干燥机的热源来自锅炉烟气，冷却风来自空气。干燥后的冷风和热风混合后经引风机进入脱硫塔，为了减少湿烟气对系统的腐蚀，要求湿烟气温度≥70℃。

也有在脱硫塔前设置浓缩结晶塔工艺的。在浓缩结晶塔内喷入来自脱硫塔生成的硫铵溶液，使硫铵溶液浓缩饱和结晶，待循环液的晶浆含固量约2%时，用浆液排出泵将浆液送入一级旋流器提浓（含固量5%～10%），再送入二级旋流器进一步提浓（含固量约30%），然后送入离心机进行分离，母液返回浓缩结晶塔。设置浓缩结晶塔时，吸收液利用热烟气的热量蒸发水分和生成硫铵，使硫铵溶液浓度达到约20%（还含有少量氯化铵），然后用浆液输送泵将硫铵溶液送入浓缩结晶塔。如不设置浓缩结晶塔，可将脱硫塔中的硫铵溶液浓缩到约35%，然后送往硫铵后处理工序，进行蒸发结晶和离心分离。

2.4.3.7 废水处理系统

(1) 设计原则

脱硫废水处理工艺系统应根据废水水质、回用或排放水质要求、设备和药品供应条件等选择，宜采用中和沉淀、混凝澄清等去除水中重金属和悬浮物措施以及pH调整措施，当脱硫废水COD超标时还应有降低COD的措施，并应同时满足DL/T 5046的相关要求。废水箱应装设搅拌装置。

废水处理系统的加药和污泥脱水等辅助设备可视工程情况与电厂工业废水处理系统合用。脱硫废水处理系统的设备、管道及阀门等应根据接触介质情况选择防腐材质。处理后排放的废水水质应满足GB 8978和建厂所在地区的有关污水排放标准。

脱硫废水排放处理系统可以单独设置，也可经预处理去除重金属、氯离子等后排入电厂废水处理系统，但不得直接混入电厂废水稀释排放。脱硫废水中的重金属、悬浮物和氯离子可采用中和、化学沉淀、混凝、离子交换等工艺去除。对废水含盐量有特殊要求的，应采取降低含盐量的工艺措施。

(2) 处理要求

脱硫废水的水质与脱硫工艺、烟气成分、灰及吸附剂等多种因素有关。脱硫废水的主要超标项目为悬浮物、pH 值、汞、铜、铅、镍、锌、砷、氟、钙、镁、铝、铁以及氯根、硫酸根、亚硫酸根、碳酸根等。

经过处理的水质应达到《国家污水综合排放标准》（GB 8978—1996）中第二类污染物最高允许排放浓度中的一级标准。

(3) 处理工艺

脱硫废水处理系统包括以下三个子系统：废水处理系统、化学加药系统和污泥脱水系统。

2.4.3.8 相关技术系统

(1) 自动控制系统

主要通过测定 pH 值，反馈控制氨水的输入量，以保证 SO_2 排放稳定达标；气路系统的参数测量及安全运行控制。脱硫系统的正常运行以 CRT 和键盘为监控手段，通过脱硫控制系统在控制室内能做到：

① 在机组正常运行工况下，对脱硫装置的运行参数和设备的运行状况进行有效的监视和控制，并能够根据锅炉运行工况自动维持 SO_x 等污染物的排放总量及排放浓度在正常范围内，满足环保排放要求；

② 机组出现异常或脱硫工艺系统出现异常工况，能按预定的程序进行自动调整，使脱硫系统状态与相应的事故应急处理要求相适应；

③ 出现危及机组运行或脱硫工艺系统运行时，能自动进行系统的连锁保护，停止相应的设备甚至整套脱硫装置；

④ 在少量巡检人员的配合下，完成脱硫系统的启动与退出控制。

(2) 节能技术措施

工艺系统设计和设备选择上，认真贯彻国家产业政策和行业设计规范，严格执行节约能源的相关规定，在优选方案的过程中，把节约能源列为重要指标，加强计量提高自控及管理水平。

(3) 阀门要求

① 调节阀及远方操作的阀门采用电动执行机构。

② 下列条件下工作的阀门装设电动驱动装置：a. 按工艺系统的控制要求，需频繁操作或远程操作时；b. 阀门装设在手动不能实现的位置，或必须在两个以上的地方操作时；c. 扭转力矩太大，或开关阀门时间较长时。

③ 布置在户外的阀门，其电动执行机构能适应户外露天布置的要求。

④ 除工艺水系统外，所有阀门不采用灰铸铁制作。

⑤ 在真空状态下工作的阀门，采用平行双密封的真空隔膜阀。

⑥ 重要的和浆液浓度高的调节阀和减压阀均设置旁路阀门。

⑦ 浆液管道的阀门其阀板为合金钢，阀体为衬胶阀体。

⑧ 阀门的布置便于操作和维护，阀门的阀杆尽量垂直布置。

⑨ 电动执行器，包括驱动电机、齿轮、限位开关、位置指示器等。

⑩ 所有电动执行机构，在满负荷的非平衡压力下，能顺利开关阀门。

⑪ 对于闸阀开关速度为 300mm/min，对于球阀速度为 100mm/min。

⑫ 电动执行器室外环境温度为 40℃，电机全密封，380V，3 相，50Hz。

⑬ 电动执行器室内环境温度为 45℃，电机线圈配有防潮措施。

⑭ 所有阀门能在不超过相应平台 1.5m 高处进行操作。

⑮ 安装在室外的全部阀门宜集中布置，并设有防雨防冻设施。

⑯ 对于直径在 400mm 范围内的手轮，最大允许启动力为 300N；而对于更大直径的手轮为 600N。

⑰ 从手轮面看：所有阀门以顺时针方向旋转关闭手轮，每个手轮面上清楚标有“开”和“关”记号，并以箭头指示各个术语代表的旋转方向。

⑱ 塑料或胶木阀门手轮仅允许用在隔膜阀上。

⑲ 全部电动阀门装配有手轮，以便在满负荷的非平衡压力下进行紧急手动操作。

⑳ 使用的材料符合相应的标准，而且与管道材料和运行温度的要求一致。

㉑ 高压管道系统的闸阀和截止阀装备自密封帽。

㉒ 在用金属密封元件时，阀座和密封件之间必须有硬度差别，密封件的硬度值更高。

㉓ 易集结水的地方提供排水孔，尽可能不使用易腐蚀材料；如果采用易腐蚀材料，则进行涂层使材料免遭腐蚀。

㉔ 除非阀门功能有另外要求，阀体内部横断面与连接管的公称通径保持一致，在每个阀体上标记公称直径、公称压力和指示流动方向的箭头。

2.4.4 技术评价

2.4.4.1 氨法脱硫

氨法 FGD 工艺是采用 NH_3 做吸收剂除去烟气中的 SO_2 的工艺，它是一个非常古老的方法。关于用 NH_3 作为废气 SO_2 的脱硫剂的研究，可以追溯到 20 世纪 30 年代。在我国 20 世纪 60 年代，硫酸行业界就开始了这种方法的研究，在 70 年代初，四川省银山磷肥厂建成了一套氨法脱除 40kt/a 硫铁矿制酸装置尾气 SO_2 的装置，使尾气中 SO_2 排放低于 $100mL/m^3$。我国上海硫酸厂及上海吴泾化工厂等相继将近 100 套硫铁矿制酸装置都建设了氨法尾气脱硫装置，直到现在仍旧采用此法进行尾气处理。因此，在我国，氨法是具有很坚实的技术基础的，这主要与硫酸生产技术路线有关。发达国家的硫酸生产装置规模大，主要采用两转两吸工艺，而且多为硫黄制酸，尾气 SO_2 浓度很低，易于达到排放标准。在 90 年代以前，我国的硫酸装置 85%以上是硫铁矿制酸，包括地处上海的硫酸厂都如此，而且单套装置的规模小，两转两吸的装置改造费用高，容易采用氨法。

在燃煤烟气脱硫领域，氨法的发展却是相当缓慢的，我国和发达国家都是如此，主要是技术经济方面的原因。进入 90 年代后，随着技术的进步和对氨法脱硫观念的转变，氨法脱硫技术的应用呈逐步上升的趋势。氨法脱硫工艺具有很多别的工艺所没有的特点，氨是一种良好的碱性吸收剂，从吸收化学机理上分析，SO_2 的吸收是酸碱中和反应，吸收剂碱性越强，越有利于吸收，氨的碱性强于钙基吸收剂；而且从吸收物理机理上分析，钙基吸收剂吸收 SO_2 是一种气固反应，反应速率慢，反应不完全，吸收剂利用率低，需要大量的设备和能耗进行磨细、雾化、循环等以提高吸收剂利用率，往往设备庞大，系统复杂，能耗高；而氨吸收烟气中的 SO_2 是气液反应，反应速率快，反应完全，吸收剂利用率高，可以做到很高的脱硫效率，同时相对钙基脱硫工艺来说系统简单，设备体积小，能耗低。脱硫副产品硫酸铵在某些特定地区是一种农用肥料，副产品的销售收入能降低一部分因吸收剂价格高造成的成本。

从上面分析可以看出，就吸收 SO_2 而言，氨是一种比任何钙基吸收剂都理想的脱硫吸收剂，但氨的价格相对于低廉的石灰石等吸收剂来说太高了，高运行成本是影响氨法脱硫工艺得到广泛应用的最大因素。而且氨法脱硫工艺在开发初期也遇到了较多的问题，如成本高、腐蚀、净化后尾气中的气溶胶问题等。随着合成氨工业的不断发展以及厂家对氨法脱硫工艺自身的不断完善和改进，进入90年代后，氨法脱硫工艺渐渐得到了应用。由于氨法脱硫工艺自身的一些特点，对于我国的一些地区具有一定的吸引力。

2.4.4.2 技术特点

由技术流程可知，整个脱硫系统的脱硫原料是氨和水，脱硫产品是固体硫铵，过程不产生新的废气、废水和废渣。既回收了硫资源，又不产生二次污染。其主要技术特点如下：

① 单塔设计，有效降低成本，节约空间；

② 空塔喷淋，降低系统压降，节约电能；

③ 大循环量，增大液气比来弥补因浓度上升，脱硫率下降的缺陷，保证脱硫效率；

④ 烟气喷淋降温技术，使烟气温度尽快达到氨法脱硫的最佳温度，增加脱硫效率，从而尽量降低塔本身的高度；

⑤ 烟气直排工艺，彻底解决了原烟囱腐蚀的问题，降低了烟气加热的设备投资，运行成本和维修成本；

⑥ 改进搅拌方式，降低成本，增强氨法脱硫技术的市场竞争力；

⑦ 硫酸铵回收系统采用新工艺，根本上解决了传统硫酸铵回收；

⑧ 干燥过程中同样有效利用烟气热源，降低能耗，并对利用过的烟气进行回收；

⑨ 整个过程中不产生废水废气废渣，无二次污染；

⑩ 工艺与石灰石-石膏法类似，但副产品是以硫酸铵的形式出现的，而硫酸铵是重要的化肥产品，它的工艺符合循环经济的原则；

⑪ 氨法脱硫不结垢，不堵塞喷嘴，且耗水量较石灰石-石膏法小得多；

⑫ 氨法脱硫的同时，还可脱一部分氮和汞，在需要脱氮时，工艺流程稍加改动，便可脱硫脱氮同步进行；

⑬ 氨法脱硫效率高，可达98%的脱硫率，相对延长设备使用寿命。

2.4.4.3 氨法和双碱法比较

(1) 吸收剂的来源

氨法脱硫的吸收剂是合成氨（NH_3）。我国的合成氨厂数量众多，分布广泛，但是液氨或氨水属危险化学品，投资和管理成本高。

双碱法脱硫的吸收剂是石灰和少量的纯碱。石灰价廉易得，纯碱市场上常见，而且都是固态，易于储存和运输，性能也稳定，不会造成其他的污染。

(2) 脱硫效率

氨是一种良好的碱性吸收剂，而且氨吸收烟气中 SO_2 是气-液或气-气反应，反应速度快、反应完全、吸收剂利用率高，脱硫效率可达90%以上。

双碱法脱硫技术中，塔内是钠碱（Na_2CO_3-NaOH）吸收 SO_2，反应速度快，而且双碱法脱硫一般配备的是旋流板塔，能使气-液接触充分，吸收剂利用率高，效率可稳定在90%以上。

(3) 产物处理

氨法脱硫的产物是化肥，使脱硫吸收剂氨（NH_3）来自于化肥工业，又回归到化肥工业，不论对环境，还是对国民经济都起到积极的作用。

双碱法脱硫的脱硫产物为亚硫酸钙或硫酸钙（氧化后），钙盐不具有污染性，将其直接抛弃也不会产生二次污染。

(4) 运行费用

在脱硫系统运行时，影响运行费用高低的主要因素是脱硫吸收剂的费用，另外还有电费、水费、人工费用等。当采用氨法脱硫时，其运行费用将数倍于双碱法脱硫，且远高于排污收费（600元/吨），所以氨法脱硫必须采用回收方式，用回收产物综合利用产生的经济效益去弥补运行成本。

(5) 综合比较

对氨法和双碱法脱硫从工艺原理、设备配置、操作运行管理要求等方面进行综合的比较见表2-6。

表 2-6　氨法和双碱法比较

脱硫工艺	氨　法	双　碱　法
吸收剂	氨水	纯碱+石灰
吸收剂吸收能力	强	强
吸收方式	气-液/气-气	气-液
反应速率	快	快
反应程度	完全	完全
吸收剂利用率	高	高
吸收剂价格	高	中
吸收剂存储运输	运输、储存有严格要求	运输方便，储存要求防潮
脱硫效率/%	≥90	≥90
脱硫原理	氨水吸收 SO_2	塔内钠碱吸收 SO_2，塔外石灰再生
吸收设备	喷淋塔	旋流板塔
除尘功能	好	好
配套系统	氨水配制系统、氨水存储系统和硫酸铵结晶系统	脱硫剂配制系统、再生循环系统和脱硫废渣处理系统
影响效率的因素	吸收液的pH值，吸收液的浓度，液气比	吸收液的pH值，液气比
工艺复杂程度	复杂	简单
脱硫副产品	$(NH_4)_2SO_3$ 和 $(NH_4)_2SO_4$ 作化肥	抛弃或回收
占地面积	大	适中
运行费用	中	低
二次污染	有（气溶胶污染、氨气与 SO_2 的挥发）	无

2.4.4.4　硫酸铵的用途及市场

(1) 硫酸铵的用途

中国从1909年即开始使用硫铵作肥料，首先由英国人引进，当时农民不识而不肯用，他们就在夜间偷洒在农田里，过些天农作物生长茂盛，中国农民才接受它，称之为“肥田粉”。1937年南京永利公司硫酸铵厂年产5万吨。1942年全国硫铵产量达22.6万吨。由此可见，硫铵是中国使用历史最长、最早的一种氮肥，迄今中国硫铵年产量有60万～70万吨，其中50万～60万吨用做化肥。

硫铵中含有24%的硫元素，硫是继氮、磷、钾之后的第四种植物需要的营养元素，硫在植物体内的主要作用包括同氨基酸合成蛋白质、形成绿叶素、提高作物营养价值等。国内外已有试验表明，在缺硫地区（在中国约有30%的耕地缺硫）硫对水稻、玉米、小麦、甘蔗、油菜、花生等农作物及经济作物有明显的增产作用。

硫酸铵可作为肥料单独使用，当前中国更多的是以硫铵为原料生产的复混肥。关于中国农村出现的土地板结问题，实际上是长期使用单一化肥，对农作物急功近利进行催生催长造成的后果。如果做成复混肥使用，就可避免这一弊病。

(2) 硫酸铵的市场前景

目前国内的硫铵只能从化学产品生产过程和焦炉气中回收。中国北方的盐碱地面积很大，具有微酸性的铵氮肥可以改善土质。今后中国将大力推进多元、高浓度复合肥，而硫铵是一种效果很好的配合肥料，尤其它具有很好的黏结性，成粒率高，更受复合肥厂青睐。

目前中国化肥年总需量约4000万吨，复合肥的比重将达到35%左右。目前亚洲地区需进口量近300万吨左右，其中马来西亚约80万吨，泰国约70万吨以及菲律宾等国每年均需进口。2003年对硫酸铵市场价格进行了调查，其价格（出厂价）趋势如图2-8所示。

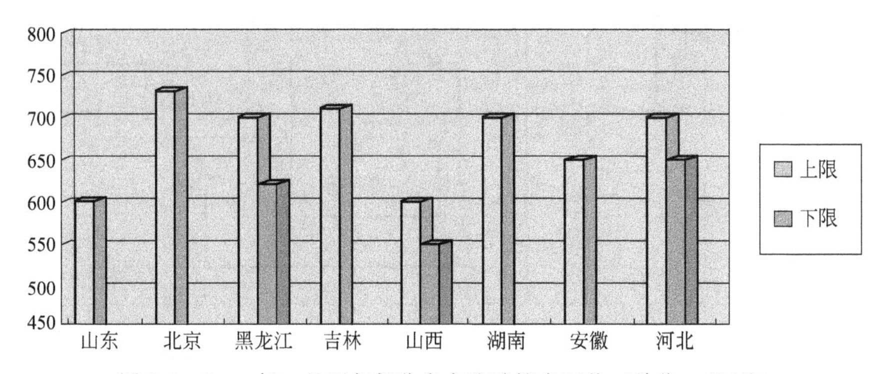

图2-8　2003年9月下旬部分省市硫酸铵出厂价（单位：元/吨）

2.5 双碱法脱硫

2.5.1 技术方法

2.5.1.1 方法概述

为贯彻执行《中华人民共和国环境保护法》、《中华人民共和国大气污染防治法》、《建设项目环境保护管理条例》和《火电厂大气污染物排放标准》，规范火电厂烟气脱硫工程建设，控制火电厂二氧化硫排放，改善环境质量，保障人体健康，促进火电厂可持续发展和烟气脱硫行业技术进步，制定相应技术规范。HJ/T 178—2005《火电厂烟气脱硫工程技术规范　烟气循环流化床法》适用于新建、扩建和改建容量为65～1025t/h（机组容量为15～300MW）燃煤、燃气、燃油火电厂锅炉或供热锅炉采用烟气循环流化床法工艺烟气脱硫工程。HJ/T 179—2005《火电厂烟气脱硫工程技术规范　石灰石/石灰-石膏法》适用于新建、扩建和改建容量为400t/h（机组容量为100MW）及以上燃煤、燃气、燃油火电厂锅炉或供热锅炉同期建设或已建锅炉加装的石灰石/石灰-石膏法烟气脱硫工程的规划、设计、评审、采购、施工及安装、调试、验收和运行管理。

湿式脱硫是化学法脱硫，烟气中含有的SO_2与碱性循环液相互接触混合发生化学反应。使烟气中的SO_2与碱性物质进行中和反应，生成亚硫酸盐或少量硫酸盐，这样SO_2就从烟气中脱出，达到脱硫使烟气得到净化的目的。常用的碱性物质有：石灰（氧化钙，消化后为氢氧化钙）、氨水（氢氧化铵）、氢氧化钠及锅炉炉渣中渣水、工厂中的碱性废水等。

双碱法包括钠钙双碱法、碱性硫酸铝法等，最常用的是钠钙双碱法，它采用钠碱吸收 SO_2，吸收液再用石灰进行再生，生成亚硫酸钙和硫酸钙等沉淀物，再生后的溶液返回吸收器循环使用。

2.5.1.2　系统构成

典型的双碱法烟气脱硫工艺流程如图 2-9 所示。

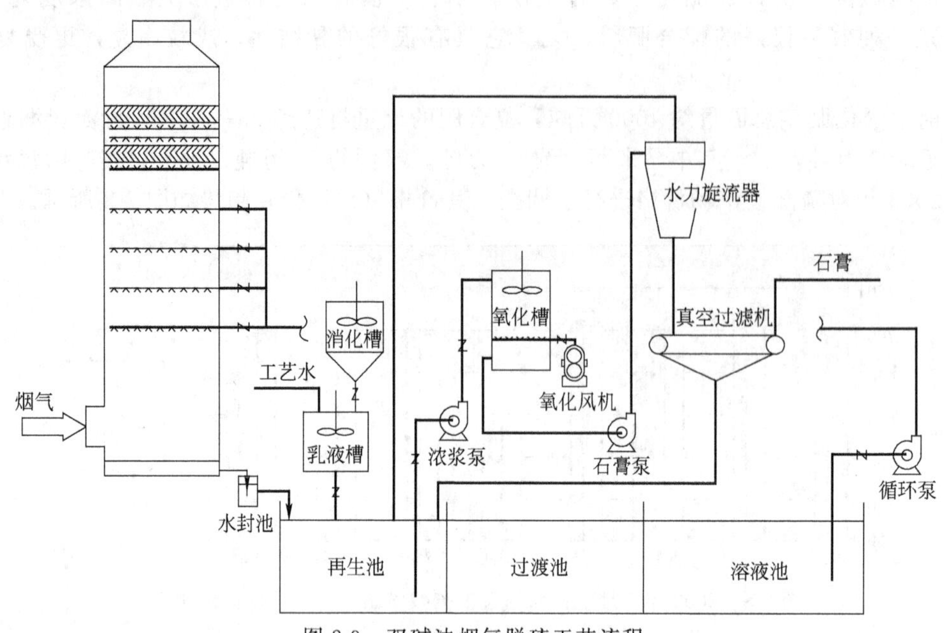

图 2-9　双碱法烟气脱硫工艺流程

2.5.2　反应原理

2.5.2.1　脱硫原理

双碱法是由美国通用汽车公司开发的一种方法，在美国也是一种主要的烟气脱硫技术。鉴于石灰/石灰石湿式洗涤法的整个工艺过程都采用浆状物料，操作不当洗涤系统容易出现结垢、堵塞。采用双碱法就易避免结垢、堵塞。双碱法在流程中先用碱性吸收液（如 NH_4^+、Na^+、K^+ 等的盐类溶液）进行烟气脱硫，然后用石灰乳再生吸收液，生成碱性吸收液及 $CaSO_4$。由于采用液相吸收，而亚硫酸氢盐通常比亚硫酸盐更易溶解，从而可避免石灰湿式洗涤法所经常碰到的结垢问题。

双碱法通常是钠碱（Na_2CO_3-NaOH）/钙碱［$Ca(OH)_2$］脱硫法，是一种湿式碱液吸收法脱硫技术，是吸收了亚硫酸钠法和石灰-亚硫酸钙法的优点，其基本思想是以钠碱启动系统，塔内钠碱吸收 SO_2 减少结垢和堵塞，塔外利用了钙碱脱硫剂价廉的优点，塔外加钙碱（石灰水）来补充 OH^- 同时固定硫，使得钠离子循环吸收利用，脱硫过程起作用的是 NaOH，启动后实际消耗的是石灰，理论上不消耗钠碱，只是在清渣时会带出一些，因而实际运行还需要补充少量碱液。

实践证明：吸收液 pH 值、L/G 和 Na^+ 浓度越高，脱硫率越大；进气 SO_2 的浓度越高，脱硫率越低。适宜工艺参数为：pH＝7～12（最好 7～8）、L/G＝2～3、［Na^+］≈0.10～0.35mol/L；钠碱的损失量与实际的脱硫量密切相关，与操作条件（L/G 等）无关。

2.5.2.2 吸收反应

烟气与喷嘴喷出的循环钠碱液在吸收塔内有效接触，循环钠碱液吸收大部分 SO_2，反应如下：

$$SO_2(g)+H_2O \longrightarrow SO_2(l)+H_2O\text{(传质)}$$

$$SO_2+H_2O \longrightarrow H_2SO_3\text{(溶解)}$$

$$SO_2+H_2O \longrightarrow H^+ + HSO_3^-\text{(电离)}$$

$$H_2SO_3 \rightleftharpoons H^+ + HSO_3^-\text{(电离)}$$

$$Na_2CO_3+SO_2 \longrightarrow Na_2SO_3+CO_2 \tag{2-1}$$

$$Na_2SO_3+SO_2+H_2O \longrightarrow 2NaHSO_3 \tag{2-2}$$

$$2NaOH+SO_2 \longrightarrow Na_2SO_3+H_2O \tag{2-3}$$

$$2Na_2SO_3+O_2 \longrightarrow 2Na_2SO_4 \tag{2-4}$$

式(2-1) 是启动阶段纯碱溶液吸收 SO_2 的反应方程；在 SO_2 过剩时，式(2-2) 是运行过程的主要反应式；吸收液中尚有部分的 NaOH，因此吸收过程中还生成亚硫酸钠，在碱过剩、再生液 pH 较高时主要发生式(2-3) 的反应。烟气中含有 O_2，将与吸收液中的少量 Na_2SO_3 发生氧化反应 (2-4)，生成 Na_2SO_4；硫酸盐的积累会影响洗涤效率，必须将其自系统中不断地引出。从热力学角度分析，反应 (2-2) 和反应 (2-3) 都属于酸碱反应，反应速度非常快，并且进行彻底，因此只要淋洗充分、均匀，就会有较高的脱硫率。

2.5.2.3 再生反应

吸收液流到再生池中，用生石灰对吸收剂进行再生，再生池中所发生的反应如下：

$$Ca(OH)_2 \longrightarrow Ca^{2+}+2OH^-$$

$$Ca^{2+}+HSO_3^-+(1/2)H_2O \longrightarrow CaSO_3\cdot(1/2)H_2O+H^+$$

$$CaSO_3+H_2O+SO_2(l) \longrightarrow Ca(HSO_3)_2$$

$$Ca(HSO_3)_2+Ca(OH)_2 \longrightarrow 2CaSO_3\cdot H_2O$$

$$2\ NaHSO_3+Ca(OH)_2 \longrightarrow Na_2SO_3+CaSO_3\cdot 1/2H_2O+3/2H_2O \tag{2-5}$$

$$Na_2SO_3+Ca(OH)_2+1/2H_2O \longrightarrow 2NaOH+CaSO_3\cdot 1/2H_2O \tag{2-6}$$

NaOH 吸收 SO_2 形成 Na_2SO_3 和 $NaHSO_3$，与补充的石灰水反应，生成难溶的物质 $CaSO_3\cdot 1/2H_2O$，使硫以难溶盐的形式被固定下来；同时形成新的 NaOH，来补充循环吸收所需要的碱。

式(2-5) 是再生反应的主要反应式，再生后的浆液经钙盐沉淀后，Na_2SO_3 清液送回吸收塔循环使用；式(2-6) 是再生液高 pH 值时的再生反应。半水亚硫酸钙的溶解度为 3.3×10^{-4}mol/L (18℃)，而 $Ca(OH)_2$ 的溶解度为 1.8×10^{-2}mol/L (20℃)，前者大大低于后者，因此反应能够进行到底，并且能使反应 $Ca(OH)_2$ (s)$\rightleftharpoons$$Ca(OH)_2$ (l) 不断向右进行，使石灰乳不断溶解。由于氧气的存在，再生池中也将发生一定程度的氧化反应：

$$2Na_2SO_3+O_2 \longrightarrow 2Na_2SO_4$$

在再生过程中 Na_2SO_4 发生下列反应脱除硫酸盐：

$$Na_2SO_4+Ca(OH)_2+2H_2O \longrightarrow 2NaOH+CaSO_4\cdot 2H_2O$$

在石灰浆液 [$Ca(OH)_2$ 达到过饱和状态] 中，$NaHSO_3$ 很快跟 $Ca(OH)_2$ 反应从而释放 Na^+，随后生成的 SO_3^{2-} 继续跟 $Ca(OH)_2$ 反应，反应生成的亚硫酸钙以半水化合物的形式 ($CaSO_3\cdot 1/2H_2O$) 慢慢沉淀下来，从而使 Na^+ 得到再生，吸收液恢复对 SO_2 的吸收能力，进入塔内循环使用。因此如何增加石灰石的溶解度和反应生成的石膏尽快结晶，以降低石膏过饱和度是关键。强化再生反应的措施：①提高石灰的活性，选用纯度高的石灰，减少

杂质；②细化石灰粒径，提高溶解速率；③降低 pH 值，增加石灰溶解度，提高石灰的利用率；④增加石灰在浆池中的停留时间；⑤增加石膏浆液的固体浓度，增加结晶附着面，控制石膏的相对饱和度；⑥提高氧气在浆液中的溶解度，减少 CO_2 在液相中的溶解，强化再生反应。

2.5.2.4 氧化反应

部分 HSO_3^- 在吸收塔喷淋区被烟气中的氧所氧化，其他的 HSO_3^- 在反应池中被氧化空气完全氧化，反应如下：

$$HSO_3^- + 1/2O_2 \longrightarrow HSO_4^-$$

$$HSO_4^- \rightleftharpoons H^+ + SO_4^{2-}$$

$$2Na_2SO_3 + O_2 \longrightarrow 2Na_2SO_4$$

将再生过程生成的亚硫酸钙 $2CaSO_3 \cdot (1/2)H_2O$ 氧化，可制成石膏 $CaSO_4 \cdot 2H_2O$，反应式如下：

$$2CaSO_3 \cdot (1/2)H_2O + H_2O + O_2 \longrightarrow 2CaSO_4 \cdot 2H_2O$$

氧化反应是液相连续，气相离散。氧在水中的溶解度比较小，强化氧化反应的措施包括：①增加氧化空气的过量系数，增加氧浓度；②改善氧气的分布均匀性，减小气泡平均粒径，增加气液接触面积。

2.5.2.5 其他反应

烟气中的其他污染物如 SO_3、HCl、HF 和尘都被循环浆液吸收和捕集。SO_3、HCl 和 HF 与悬浮液中的石灰石按以下反应式发生反应：

$$SO_3 + H_2O \longrightarrow 2H^+ + SO_4^{2-}$$

$$Ca(OH)_2 + 2HCl \rightleftharpoons CaCl_2 + 2H_2O$$

$$Ca(OH)_2 + 2HF \rightleftharpoons CaF_2 + 2H_2O$$

脱硫反应是一个比较复杂的反应过程，其中有些副反应有利于反应的进程，有些会阻碍反应的发生。在一个封闭系统或接近封闭系统的状态下，FGD 工艺会把吸收液从烟气中吸收溶解的氯化物增加到非常高的浓度。这些溶解的氯化物会产生高浓度的溶解钙（主要是氯化钙），控制 Cl^- 的浓度在 12000～20000mg/L 是保证反应正常进行的重要因素。

钙法的结垢堵塞在于 $CaSO_3 \cdot 1/2H_2O$、$CaSO_4 \cdot 2H_2O$ 的饱和结晶，只要及时排除 $CaSO_3 \cdot 1/2H_2O$、$CaSO_4 \cdot 2H_2O$，保持 $CaSO_3 \cdot 1/2H_2O$、$CaSO_4 \cdot 2H_2O$ 不饱和，控制好 $Ca(HSO_3)_2$、$CaSO_3$ 的比例，即可避免循环系统结垢堵塞。

在烟气淋洗过程中，可能还有下列副反应发生：

$$2SO_2 + O_2 \longrightarrow 2SO_3$$

$$SO_3 + 2NaOH \longrightarrow Na_2SO_4 + H_2O$$

$$2Na_2SO_3 + O_2 \longrightarrow 2Na_2SO_4$$

$$Na_2SO_4 + Ca(OH)_2 + 2H_2O \longrightarrow 2CaSO_4 \cdot 2H_2O + 2NaOH$$

$$CO_2 + 2NaOH \longrightarrow Na_2CO_3 + H_2O$$

$$Na_2CO_3 + SO_2 \longrightarrow Na_2SO_3 + CO_2$$

$$Na_2CO_3 + Ca(OH)_2 \longrightarrow CaCO_3 + 2NaOH$$

以上副反应不论存在程度如何，都不会影响 SO_2 以难溶盐形式被固定，也不会影响 NaOH 的循环使用，即不影响烟气的脱硫率。

脱硫过程的副产物是抛弃还是回收的关键是副产物会否造成二次污染，还有副产物的价格和销路。日本多采用回收法，而美国、德国则多采用抛弃法。半水亚硫酸钙的溶解度很低，在实验室中可用 Na_2SO_3 与 $CaSO_4$ 通过复分解反应制得（即 $SO_3^{2-}+CaSO_4 \longrightarrow CaSO_3+SO_4^{2-}$ 只能正向进行）。我国的酸雨主要是硫酸型，因此不存在半水亚硫酸钙遇酸雨重新放出 SO_2 产生二次污染的可能性。亚硫酸钙销路不广，再加上中小型锅炉的脱硫副产物量不大，因此钠碱石灰法脱硫工艺的副产物按抛弃法处理。

2.5.3 系统描述

2.5.3.1 FGD 系统构成

锅炉烟气经进口挡板门进入脱硫增压风机，通过烟气换热器后进入吸收塔，洗涤脱硫后的烟气经除雾器除去带出的小液滴，再通过烟气换热器从烟囱排放。脱硫副产物经过旋流器、真空皮带脱水机脱水成为脱水石膏。烟气脱硫装置应由下列系统组成：吸收剂制备系统、烟气系统、吸收系统、再生系统、氧化系统、副产物处理系统、自控和在线监测系统等。

新建脱硫装置的烟气设计参数宜采用锅炉最大连续工况（BMCR）、燃用设计燃料时的烟气参数，校核值宜采用锅炉经济运行工况（ECR）、燃用最大含硫量燃料时的烟气参数。已建电厂加装烟气脱硫装置时，其设计工况和校核工况宜根据脱硫装置入口处实测烟气参数确定，并充分考虑燃料的变化趋势。烟气脱硫装置的脱硫效率一般应不小于 95%，主体设备设计使用寿命不低于 30 年，装置的可用率应保证在 95%以上。

2.5.3.2 吸收剂制备系统

（1）吸收剂的选择

① NaOH 做脱硫剂　NaOH 水溶性好，可以配制成任意浓度的脱硫液，保证脱硫化学反应，其中 NaOH 过量能促使反应进行完全，保证脱硫效率。由于 NaOH 价格较高而造成运行费用高，进入农田可破坏土壤结构，造成土地板结，使农作物减产。燃烧 1 万吨含硫 1.5%的煤，脱硫效率按 80%计，需消耗 NaOH 固体 150t，产生的硫酸钠将有 266t。在实际中由于运行费用高很少使用。

② 氨水做脱硫剂　氨水与烟气中的 SO_2 很容易发生化学反应生成亚硫酸铵，采用氨水脱硫效率高，操作方便。由于氨水在与烟气混合接触中，除与 SO_2 发生反应外，还能与 CO_2 发生反应生成碳酸氢铵，在高温烟气的作用下，易挥发的碳酸氢铵可随烟气排放，并放出氨气对空气造成污染。为保证化学反应趋于完全，一般情况要控制氨过量，否则脱硫效率会降低，因为有过量的氨水，就会有易挥发的氨气脱出随烟气排放，造成二次污染，在实际中也很少应用。

③ 石灰做脱硫剂　石灰用水化浆变成石灰乳，静置情况下经水消化的氢氧化钙很快就会沉淀，上清液含氢氧化钙浓度很低。脱硫过程是 SO_2 和氢氧化钙的反应，反应生成的亚硫酸钙、硫酸钙及碳酸钙均难溶于水，形成沉淀物容易从脱硫循环液中分离出去。但由于氢氧化钙难溶于水，用石灰乳脱硫给操作带来不便，如果不设搅拌器就不能形成石灰乳，只是氢氧化钙含量很小的清水在循环，造成脱硫剂缺量而脱硫效率低。

④ 双碱做脱硫剂　双碱法脱硫是指采用 NaOH 和石灰（氢氧化钙，采用生石灰粉作为吸收剂，生石灰的纯度应高于 85%）两种碱性物质做脱硫剂的脱硫方法。双碱法脱硫只有一个循环池，NaOH、石灰与除尘脱硫过程中捕集下来的烟灰同在循环池内混合，在清除循环池内的灰渣时，烟灰、反应生成物亚硫酸钙、硫酸钙及石灰渣和未完全反应的石灰同时被清除。

(2) 吸收剂的制备

吸收剂制备系统可按两套或多套装置合用设置，但一般应不少于两套；当电厂只有一台机组时可只设一套。制备系统的出力应按设计工况下消耗量的150%选择，且不小于100%校核工况下的消耗量。

制备系统的浆液箱容量，宜不小于设计工况下2～10h的消耗量。浆液泵一用一备，浆液管道上的阀门宜选用蝶阀，尽量少采用调节阀。阀门的通流直径宜与管道一致。浆液管道上应有排空和停运自动冲洗的措施。

脱硫所需要的浆液量由锅炉负荷、烟气的SO_2浓度和Ca/S来联合控制；而需要制备的浆液量由浆液箱的液位来控制，浆液的浓度由密度计控制。

2.5.3.3 烟气系统

(1) 脱硫增压风机

脱硫增压风机宜装设在脱硫装置进口处，其参数应按下列要求考虑。

① 吸收塔的脱硫增压风机宜选用静叶可调轴流式风机，当机组容量为300MW及以下容量时，也可采用高效离心风机。当风机进口烟气含尘量能满足要求时，可采用动叶可调轴流式风机。

② 当机组容量为300MW及以下时，宜设置一台脱硫增压风机，不设备用。对于800～1000MW机组，宜设置两台动叶可调轴流式风机。对于600～700MW机组，也可设置两台增压风机；当设置一台增压风机时应采用动叶可调轴流式风机。

③ 增压风机的风量应为锅炉满负荷工况下的烟气量的110%，另加不低于10℃的温度裕量；增压风机的压头应为脱硫装置在锅炉满负荷工况下并考虑10℃温度裕量下阻力的120%。

(2) 烟气换热器

烟气系统宜装设烟气换热器，脱硫后烟气温度一般应达到80℃以上排放。烟气换热器下部烟道应装设疏水系统。可以选择管式换热器或回转式换热器，当原烟气侧设置降温换热器有困难时，也可采用在净烟气侧装设蒸汽换热器。

(3) 挡板门

烟气脱硫装置宜设置旁路烟道。旁路挡板门的开启时间，应能满足脱硫装置故障，不引起锅炉跳闸的要求。烟道挡板宜采用带密封风的挡板，旁路挡板门也可采用压差控制，不设密封风的单挡板门。

(4) 工作过程

从锅炉来的热烟气经增压风机增压后，进入烟气换热器（GGH）降温侧冷却后进入吸收塔，向上流动穿过喷淋层，在此烟气被冷却到饱和温度，烟气中的SO_2被碱液吸收。除去SO_x及其他污染物的烟气经GGH加热至80℃以上，通过烟囱排放。

GGH是利用热烟气所带的热量，加热吸收塔出来的冷的净烟气；设计条件下没有补充热源时，可将净烟气的温度提高到80℃以上。GGH正常运行时，清洗系统每天需使用蒸汽吹灰三次；系统还配有一套在线高压水洗装置，约一个月使用一次。自动吹灰系统可保证GGH的受热面不受堵塞，保持净烟气的出口温度。

烟道上设有挡板系统，包括一台FGD进口原烟气挡板，一台FGD出口净烟气挡板和一台旁路烟气挡板。在正常运行时，FGD进口/出口挡板开启，旁路挡板关闭。在故障情况下，开启烟气旁路挡板门，关闭FGD进口/出口挡板，烟气通过旁路烟道绕过FGD系统直接排到烟囱。在BMCR工况下，烟道内任意位置的烟气流速不大于15m/s。

2.5.3.4 吸收系统

(1) 脱硫吸收塔

脱硫装置设计温度采用锅炉设计煤种 BMCR 工况下，从主机烟道进入脱硫装置接口处的运行烟气温度。新建机组同期建设的运行温度，一般为锅炉额定工况下，脱硫装置进口处运行烟气温度加 50℃。300MW 以上机组宜一炉一塔，200MW 以下机组宜两炉一塔。

吸收塔宜采用钢结构，内壁采用衬胶或衬树脂鳞片或衬高镍合金板。塔外应设置供检修维护的平台和扶梯，设计荷载不应小于 4000N/m^2，平台宽度不小于 1.2m，塔内不应设置固定式的检修平台。塔内与喷嘴相连的浆液管道应考虑检修维护措施，应考虑不小于 500N/m^2 的检修荷载。

(2) 烟气除雾器

吸收塔应装设除雾器，除雾器出口的雾滴浓度应不大于 75mg/m^3（标态）。除雾器应考虑检修维护措施，支撑梁的设计荷载应不小于 1000N/m^2。除雾器应设置水冲洗装置。

(3) 循环液泵

循环液泵入口应装设滤网等防止固体物吸入的措施。当采用喷淋吸收塔时，吸收塔浆液循环泵宜按单元制设置；按照单元制设置时，应设仓库备用泵叶轮一套；按照母管制设置时，宜现场安装一台备用泵。

(4) 工作过程

烟气由进气口（入口段为耐腐蚀、耐高温合金）进入吸收塔的吸收区，在上升（流速为 3.2～4m/s）过程中与碱液逆流接触，烟气中所含的污染气体因此被清洗入循环液，发生化学反应而被脱除，处理后的净烟气经过除雾器除去水滴后进入烟道。

吸收液被引入吸收塔内循环，使吸收液保持一定的 pH 值。排放泵连续地把吸收浆液送到再生系统，通过控制排出液流量，维持循环液浓度（质量分数）在 8%～25%。

2.5.3.5 再生/氧化系统

(1) 循环池

所有储存悬浮浆液的箱罐应有防腐措施并装设搅拌装置。

(2) 氧化风机

氧化风机宜采用罗茨风机，也可采用离心风机。当氧化风机计算容量小于 6000m^3/h 时，每座吸收塔应设置 2 台全容量或 3 台半容量的氧化风机；或每两座吸收塔设置 3 台全容量的氧化风机。当氧化风机计算容量大于 6000m^3/h 时，宜配 3 台氧化风机。

2.5.3.6 相关技术系统

(1) 副产物处理系统

石膏脱水系统可按两套或多套装置合用设置，但石膏脱水系统应不少于两套。当电厂只有一台机组时，可只设一套石膏脱水系统，并相应增大石膏浆液箱容量。

每套石膏脱水系统宜设置两台石膏脱水机，单台设备出力按设计工况下石膏产量的 75%选择，且不小于 50%校核工况下的石膏产量。脱水后的石膏的存储容量不小于 12～24h，石膏仓应考虑一定的防腐措施和防堵措施。

机组所产生的 25%浓度（质量分数）的石膏浆液，由石膏排放泵送至石膏浆液旋流器，浓缩到约 55%的旋流器底流浆液自流到真空皮带脱水机。脱水到含 90%固形物和 10%水分，脱水石膏经冲洗降低其中的 Cl^- 浓度。滤液进入滤液箱，脱水后的石膏经由石膏输送皮带送入石膏库房堆放。

（2）废水处理系统

脱硫废水排放处理系统可以单独设置，也可经预处理去除重金属、氯离子等后排入电厂废水处理系统，但不得直接混入电厂废水稀释排放。脱硫废水中的重金属、悬浮物和氯离子可采用中和、化学沉淀、混凝、离子交换等工艺去除。对废水含盐量有特殊要求的，应采取降低含盐量的工艺措施。

（3）压缩空气系统

脱硫岛仪表用气和杂用气由压缩空气系统提供，压力为0.85MPa左右，最低压力不应低于0.6MPa，仪用稳压罐和杂用储气罐应分开设置。

（4）自动控制系统

主要通过测定pH值，反馈控制碱液的补充量，以保证SO_2排放稳定达标；制浆控制送粉量及给水量，保证浆液浓度稳定。

脱硫系统采用PLC控制系统，对烟气的成分、压力、温度、流量、pH值等主要运行、控制参数，进行测量和实施监控，各主要设备运行状态、供水系统流程进行监控，把各个数据采集至操作站和控制室，确保整个工艺流程安全稳定运行，当设备和流程出现问题时，能进行故障报警，PLC系统能顺序控制，连锁保护，烟气负荷波动时能自动调节，确保除尘脱硫效果，使运行维护人员减至最少，自动产生当班运行日志，并记录储存历史数据，保证脱硫完全稳定，运行费用最低，达到最佳经济效益。

2.5.4 技术评价

2.5.4.1 脱硫方法比较（表2-7）

表2-7 应用较广的脱硫方法比较

名　称	类别	概要及主要化学反应	优　点	缺　点
石灰石-石膏法	湿式	向烟气中喷淋石灰石粉与水混合的浆液 $CaCO_3+SO_2+0.5H_2O \longrightarrow CaSO_3 \cdot 1/2H_2O+CO_2$	脱硫剂廉价	石灰石需磨成200～300目粉末
喷淋干燥法	半干法	向烟气中喷淋消石灰浆与水 $Ca(OH)_2+SO_2 \longrightarrow 2CaSO_3 \cdot 1/2H_2O+H_2O$	设备简单，建设费用低	脱硫率仅70%左右，且要灰浆喷淋技术
亚硫酸钠法	湿法	用烧碱或纯碱作脱硫剂，副产品为亚硫酸钠 $NaOH+SO_2 \longrightarrow Na_2SO_3+H_2O$	流程短，脱硫率高	脱硫剂耗量大，副产品不好销
石灰-亚硫酸钙法	湿法	用石灰水作脱硫剂，副产品为半水亚硫酸钙 $Ca(OH)_2+SO_2 \longrightarrow 2CaSO_3 \cdot 1/2H_2O+H_2O$	脱硫剂廉价	易结垢，受固液反应限制脱硫率不高
钠碱双碱法	湿法	吸收过程同亚硫酸钠法，但吸收液需间断排出，用石灰石或石灰再生 Na_2SO_3（或$NaHSO_3$）$+Ca(OH)_2 \longrightarrow$ $CaSO_3 \cdot 1/2H_2O+NaOH$	脱硫率较高，不结垢	流程较长，钠碱消耗高
流化床锅炉炉内脱硫法	干法	石灰石与煤同时加，燃烧与脱硫同时进行 $CaCO_3 \longrightarrow CaO+CO_2$ $CaO+SO_2+O_2 \longrightarrow CaSO_4$	设备简单，脱硫剂廉价	石灰石需粉碎，且利用率低，只适用于流化床

2.5.4.2 双碱法的优势

（1）旋流喷淋塔

锅炉烟气治理，不仅要脱硫，而且要除尘。大型锅炉往往将脱硫和除尘分开进行，这有利于综合利用，充分回收烟气中的有用成分。如果中小型锅炉再将脱硫和除尘分开进行，必然增加投资和运行费用，因此中小型锅炉将脱硫和除尘结合在一起考虑。

钠碱石灰法脱硫工艺所采用的主要设备是旋流喷淋塔，它的气水混合机理包括物理碰撞、润湿、重力沉降和水浴等。而普通的水膜除尘技术、冲击式除尘技术等，都只是采用了其中一种或两种机理，尘粒与水滴的接触程度不够，除尘效率较低。旋流喷淋塔综合水膜除尘塔等设备的优点，内设旋流叶片，使气流旋转，增加了尘粒与水滴的碰撞，除尘及脱硫效率大大提高，且避免了普通水膜除尘器因壁面粗糙气水短路，而使除尘及脱硫效率降低的问题。

钠碱石灰法脱硫工艺中，只需在脱硫塔中增加出灰装置，即可同时实现脱硫和除尘，并且粉煤灰和亚硫酸钙也可以一起沉淀和过滤。

(2) 布气托盘塔

双碱法主要工艺是在清水池一次性加入氢氧化钠溶剂，制成氢氧化钠脱硫循环液，用泵打入脱硫除尘塔进行脱硫。三种生成物均溶于水，在脱硫过程中，烟气夹杂的烟道灰同时被循环液湿润，而捕集进入循环液，从脱硫除尘塔排出的循环液，变为稀灰浆流入循环池，烟道灰经沉淀定期清除，上清液与投加的石灰进行反应，置换出的氢氧化钠溶解在循环液中，同时生成难溶解的亚硫酸钙、硫酸钙和碳酸钙等可通过沉淀清除。

脱硫过程中烟气进入塔内，先进入伞型烟气均布器，使烟气降温和尘粒凝聚，烟气经过变速和改变方向，经过水膜层使二氧化硫、炭黑等被液膜吸附，起到初步除尘脱硫效果。初处理后的烟气到达第一层托盘塔，把烟气分成许多小烟柱，利用烟气的动能给液体表面张力做功的原理，使烟气穿过200～250mm的泡沫层达到传质的目的。烟气再经过四级喷淋层，喷淋层主要原理是双膜理论，SO_2从气相主体穿过气膜向气液交界面传递，SO_2在液膜表面溶解，最后SO_2从气液交界面穿过液膜向液相主体传递并发生化学反应。最后烟气经过二级托盘层得到更彻底的净化，再经过塔外除雾器使净化后的烟气排向烟囱。

(3) 双碱法的优势

① 以钠碱作为吸收剂，系统不会产生沉淀物。

② 吸收剂的再生和脱硫渣的沉淀发生在吸收塔以外，这样避免了塔的堵塞和磨损，提高了运行的可靠性，降低了操作费用。

③ 钠基吸收液吸收SO_2速度快，可选用较小的液气比，达到较高的脱硫率。

④ 对脱硫除尘一体化技术而言，可提高石灰的利用率。

2.6 氧化镁脱硫

2.6.1 技术方法

2.6.1.1 方法概述

HJ/T 179—2005《火电厂烟气脱硫工程技术规范　石灰石/石灰-石膏法》适用于新建、扩建和改建容量为400t/h（机组容量为100MW）及以上燃煤、燃气、燃油火电厂锅炉或供热锅炉同期建设或已建锅炉加装的石灰石/石灰-石膏法烟气脱硫工程的规划、设计、评审、采购、施工及安装、调试、验收和运行管理。对于400t/h以下锅炉，当几台锅炉烟气合并处理，或其他工业炉窑，采用石灰石/石灰-石膏湿法脱硫技术时参照执行。

由于氧化镁法与石灰石-石膏法同属于湿法工艺，工艺设计原则基本一致，除石膏系统外可参照HJ/T 179—2005执行。

对石灰石膏系统，液气比一般都在10～15L/m^3以上，而氧化镁在3～5L/m^3以下。由于镁法脱硫的反应产物是亚硫酸镁和硫酸镁，具有综合利用价值。可以进行强制氧化全部生成硫酸镁，然后再经过浓缩、提纯生成七水硫酸镁；也可以直接煅烧生成二氧化硫气体来制硫酸。我国是一个硫资源相对缺乏的国家，硫黄的年进口量超过500万吨，折合二氧化硫750万吨。硫酸镁在食品、化工、医药、农业等很多方面应用都比较广，市场需求量也比较大。镁法脱硫充分利用了现有资源，推动了循环经济的发展。

2.6.1.2 资源情况

脱硫工程采用湿式钙法工艺，这主要是因为钙资源丰富价廉，湿式钙法脱硫效率高，运行工艺相对成熟。但钙法工艺有其弱点，就是脱硫副产物难以处理，脱硫石膏在中国缺乏市场。

氧化镁脱硫是比较有希望的脱硫工艺。中国是一个富镁资源大国。如果用氧化镁工艺脱硫，伴随的副产品硫酸镁、活性氢氧化镁等，有着广阔而灵活的市场。从运行技术上看，镁法、氨法、钠法不堵塞，钙法易结垢堵塞，因此应优先选用镁法、氨法和钠法。双碱法可减缓结垢和堵塞，但废弃物的难题不好解决。

氧化镁脱硫工艺主要作为抛弃法，在运行成本上也不比钙法高，因为脱除1t二氧化硫，需要1.8～2.2t的碳酸钙粉（价格约150元/t），而用氧化镁（价格约400元/t）只需约0.8t，实际脱硫的费用是差不多的，更何况氧化镁脱硫效率更高、不结垢、不堵塞，综合运行费用会更低。

我国氧化镁资源丰富，菱镁矿是我国的优势矿产，其储量和出口量均列世界前列。辽宁营口、山东莱州、河北邢台、山西、河南和甘肃等地都有丰富的菱镁矿，1995年全国产量145万吨。菱镁矿矿区储量统计见表2-8。

表2-8 菱镁矿矿区储量统计表　　单位：万吨

地区	已利用矿区				可利用矿区		
	矿区数	保有储量	已建规模	可建规模	矿区数	保有储量	可建规模
全国	18	25770.3	724.5	477	5	27909.0	200
河北	2	1421.6	16.0	13	0	0.0	
辽宁	10	232776.1	666.5	430	2	24384.2	180
山东	3	15294.4	42.0	34	0	0.0	
安徽	0	0.0			1	332.9	
四川	1	192.9			0	0.0	
甘肃	2	3085.3			0	0.0	
青海	0	0.0			1	81.9	
新疆	0	0.0			1	3110.0	20

菱镁矿主要成分为碳酸镁，经过高温煅烧分解即得到氧化镁。

2.6.1.3 系统构成

典型的氧化镁法烟气脱硫工艺流程如图2-10所示。

2.6.1.4 后续系统

（1）制硫酸工艺

对于氧化镁来说，在吸收塔内与二氧化硫反应后变成亚硫酸镁，部分被烟气中的氧气氧化变成硫酸镁。混合浆液通过脱水和干燥工序除去固体的表面水分和结晶水，干燥后的亚硫酸镁和硫酸镁经再生工序，对其焙烧使其分解得到氧化镁，同时析出二氧化硫。焙烧的温度

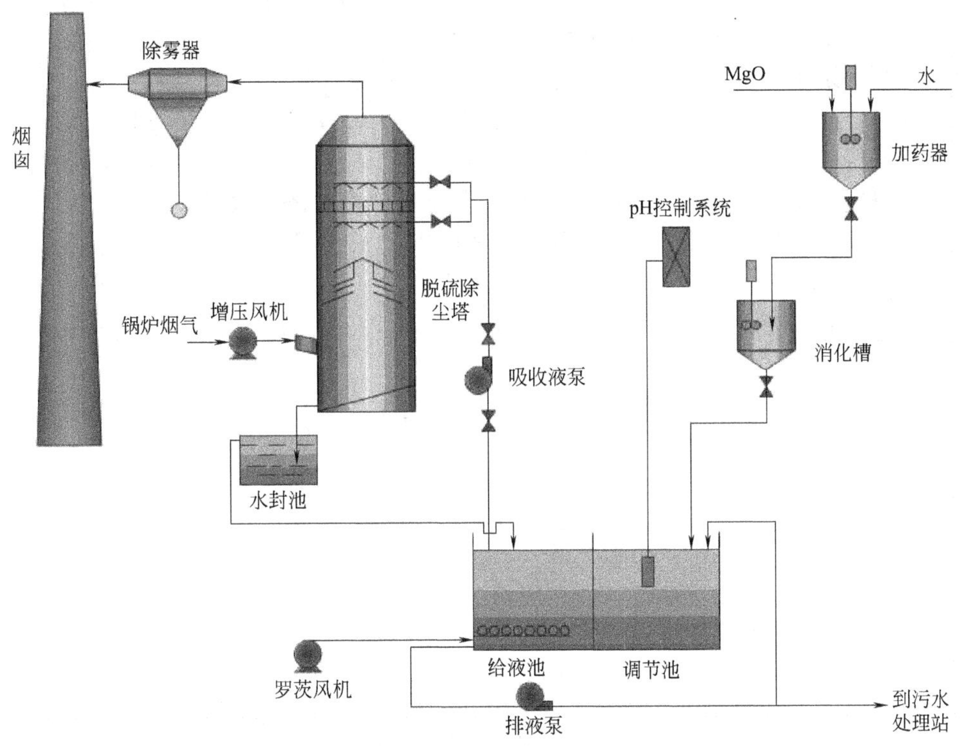

图 2-10 典型的氧化镁法烟气脱硫工艺流程

对氧化镁的性质影响很大，适合氧化镁再生的焙烧温度为 660～870℃。当温度超过 1200℃时，氧化镁就会被烧结，不能再作为脱硫剂使用。焙烧炉排气中的二氧化硫浓度为 10%～16%，经除尘后可以用于制造硫酸，再生后的氧化镁重新循环用于脱硫。

(2) 制七水硫酸镁工艺

在脱硫塔内二氧化硫和氢氧化镁反应，生成的亚硫酸镁进入吸收塔底浆液池，由鼓风机往浆液池强制送风氧化成硫酸镁。含硫酸镁的浆液连续循环用于脱硫过程，当硫酸镁达到一定浓度后由泵打入集液池，接着送至硫酸镁脱杂系统，硫酸镁溶液经浓缩结晶出七水硫酸镁。

2.6.2 反应原理

2.6.2.1 吸收原理

氧化镁的脱硫机理与氧化钙的脱硫机理相似，都是碱性氧化物与水反应生成氢氧化物，再与二氧化硫溶于水生成的亚硫酸溶液进行酸碱中和反应，氧化镁反应生成的亚硫酸镁和硫酸镁，再经过回收 SO_2 后进行重复利用，或者将其强制氧化转化成硫酸盐，制成七水硫酸镁副产物。

吸收液通过喷嘴雾化喷入吸收塔，分散成细小的液滴并覆盖吸收塔的整个断面。这些液滴中的 $Mg(OH)_2$、$MgSO_3$ 与塔内烟气逆流接触，发生传质与吸收反应，烟气中的 SO_2、SO_3 及 HCl、HF 被吸收，与 $Mg(OH)_2$、$MgSO_3$ 转化成 $MgSO_3$、$Mg(HSO_3)_2$、$MgSO_4$。SO_2 吸收的产物 $MgSO_3$、$Mg(HSO_3)_2$、$MgSO_4$ 浆液进入循环池，在循环池中进行强制氧化和中和反应。

为了维持吸收液恒定的pH值在6～7之间，并减少氧化镁的消耗量，氧化镁（调浆浓度一般在15%～20%）被连续加入吸收塔，同时吸收塔内的吸收剂浆液被搅拌机、氧化空气和吸收塔循环泵不停地搅动，以加快氧化镁在浆液中的均布和溶解。吸收SO_2的吸收液，经沉淀和液固分离后进入循环，通过pH值自控系统加MgO乳液，保证pH值为6～7循环使用。沉淀池底的烟尘和少量镁盐结晶，经过抓斗定期清理外运。定期或连续排放部分循环液，以稳定溶液中$MgSO_4$含量。$MgSO_4$常温下在水中饱和溶解度达40%左右，考虑到浓度对脱硫率的影响，吸收液中$MgSO_4$含量控制在20%左右。

2.6.2.2 吸收反应

烟气与喷嘴喷出的循环浆液在吸收塔内有效接触，循环浆液吸收大部分SO_2，反应如下：

$$SO_2(g)+H_2O \longrightarrow SO_2(l)+H_2O\text{(传质)}$$
$$SO_2+H_2O \longrightarrow H_2SO_3\text{(溶解)}$$
$$SO_2+H_2O \longrightarrow H^+ + HSO_3^-\text{(电离)}$$
$$H_2SO_3 \rightleftharpoons H^+ + HSO_3^-\text{(电离)}$$

2.6.2.3 中和反应

吸收剂浆液保持一定的pH值（6～7），在吸收塔内发生中和反应，中和后的浆液在吸收塔内再循环，中和反应如下：

$$MgO+SO_2+3H_2O \longrightarrow MgSO_3 \cdot 3H_2O\text{(反应温度}\geqslant 40℃\text{)}$$
$$MgO+SO_2+6H_2O \longrightarrow MgSO_3 \cdot 6H_2O\text{(反应温度}< 40℃\text{)}$$
$$MgO+SO_3+7H_2O \longrightarrow MgSO_4 \cdot 7H_2O\text{(烟气中含有}SO_3\text{)}$$
$$Mg(OH)_2 \longrightarrow Mg^{2+}+2OH^-$$
$$Mg(OH)_2+SO_2 \longrightarrow MgSO_3+H_2O$$
$$Mg(OH)_2+SO_3 \longrightarrow MgSO_4+H_2O$$
$$MgSO_3+H_2O+SO_2(l) \longrightarrow Mg(HSO_3)_2$$
$$Mg(HSO_3)_2+MgO+5H_2O \longrightarrow 2MgSO_3 \cdot 3H_2O$$
$$2H^+ + CO_3^{2-} \longrightarrow H_2O+CO_2\uparrow$$

中和反应本身并不困难，如何增加氧化镁的溶解度，强化中和反应的进程，其措施如下：

① 提高氧化镁的活性，选用纯度高的氧化镁，减少杂质；

② 细化氧化镁粒径，提高溶解速率；

③ 降低pH值，增加氧化镁溶解度，提高氧化镁的利用率；

④ 增加氧化镁在浆池中的停留时间；

⑤ 提高氧气在浆液中的溶解度，减少CO_2在液相中的溶解，强化中和反应。

2.6.2.4 氧化反应

吸收液中的主要成分是$MgSO_3$、$Mg(HSO_3)_2$和$MgSO_4$，部分HSO_3^-在吸收塔喷淋区被烟气中的氧所氧化，其他的HSO_3^-在反应池中被氧化空气完全氧化，反应如下：

$$HSO_3^- + 1/2O_2 \longrightarrow HSO_4^-$$
$$HSO_4^- \rightleftharpoons H^+ + SO_4^{2-}$$
$$MgSO_3+1/2O_2 \longrightarrow MgSO_4$$
$$MgSO_3+(1/2)O_2+7H_2O \longrightarrow MgSO_4 \cdot 7H_2O$$
$$Mg(HSO_3)_2+O_2 \longrightarrow MgSO_4+SO_2+H_2O$$

$$Mg(HSO_3)_2+O_2+6H_2O \longrightarrow MgSO_4 \cdot 7H_2O$$

氧化反应是液相连续，气相离散。氧在水中的溶解度比较小，根据双膜理论，传质速率受液膜传质阻力的控制。强化氧化反应的措施包括：

① 增加氧化空气的过量系数，增加氧浓度；

② 改善氧气的分布均匀性，减小气泡平均粒径，增加气液接触面积。

2.6.2.5 其他反应

烟气中的其他污染物如 SO_3、HCl、HF 和尘都被循环浆液吸收和捕集。SO_3、HCl 和 HF 与悬浮液中的氧化镁按以下反应式发生反应：

$$MgO+H_2O \longrightarrow Mg(OH)_2$$

$$SO_3+H_2O \longrightarrow 2H^+ + SO_4^{2-}$$

$$Mg(OH)_2+2HCl \rightleftharpoons MgCl_2+2H_2O$$

$$Mg(OH)_2+2HF \rightleftharpoons MgF_2+2H_2O$$

2.6.2.6 影响因素

(1) pH 值影响

吸收浆液最终形成 MgO-SO_2-SO_3-H_2O 的四元体系，它随着各组分含量的变化生成 $MgSO_3$、$Mg(HSO_3)_2$、$MgSO_4$ 和 $Mg(OH)_2$ 等化合物。当 MgO 含量比较高，并且 pH＞6.5 时，形成 $MgSO_3$-$Mg(OH)_2$-$MgSO_4$-H_2O 体系；当 SO_2 含量比较高，并且 pH 值＜6.5 时，形成 $MgSO_3$-$Mg(HSO_3)_2$-$MgSO_4$-H_2O 体系；当 pH 值高时，浆液的吸收能力相应增大。

(2) SO_2 平衡分压

吸收浆液面上的 SO_2 平衡分压是衡量吸收能力的指标，对镁含量相同的吸收液，SO_2 平衡分压越低，吸收 SO_2 越有利，对 SO_2 的化学容量也越大。影响系统 SO_2 平衡分压的因素有：溶液的温度、$MgSO_4$ 含量、SO_2 含量及 SO_2/Mg 的摩尔比等。

① 温度的影响　根据蒸气压（Antoine）方程，温度与平衡分压的关系如下：

$$\ln p_v = A - B/(t+C)$$

式中　A、B、C——常数；

p_v——蒸汽压，kPa；

t——温度，K。

依据方程随着温度升高，液面上 SO_2 平衡分压升高很快。

② $MgSO_4$ 的影响　$MgSO_4$ 含量的影响是很显著的，$MgSO_4$ 含量增加则 SO_2 平衡分压明显升高，实测数据见表 2-9。

表 2-9　$MgSO_4$ 含量与 SO_2 平衡分压实测数据表

$MgSO_4$ 含量/(g/L)	SO_2 含量/(g/L)	SO_2/Mg 摩尔比	吸收温度/℃	p_{SO_2}/Pa
50	18.5	1.60	40	8.67
80	20	1.50	40	10.53
100	19	1.54	40	13.60
120	20	1.51	40	14.67

③ SO_2 含量及 SO_2/Mg 的影响　溶液中的 SO_2 是以 $MgSO_3$ 和 $Mg(HSO_3)_2$ 的形态存在，而 SO_2/Mg 的摩尔比是随溶液中 $MgSO_3$ 和 $Mg(HSO_3)_2$ 比例变化的；如果溶液中仅存在 $MgSO_3$，则 SO_2/Mg 的摩尔比为 1；如果仅存在 $Mg(HSO_3)_2$，则 SO_2/Mg 的摩尔比为

2。通常溶液中共存有 $MgSO_3$ 和 $Mg(HSO_3)_2$，所以 SO_2/Mg 的摩尔比介于 1～2 之间。由于液面上的 SO_2 平衡分压随着 SO_2/Mg 比值增大而升高；为保证高的 SO_2 脱除率，循环吸收液以高 pH 值、低温和低 SO_2/Mg 比值为宜。

（3）与 Al 的反应

Al 主要来源于烟气中的飞灰，可溶解的 Al 在 F^- 浓度达到一定条件下，会形成氟化铝络合物（胶状絮凝物），严重时会导致反应恶化的事故。

（4）与 Cl 的反应

在接近封闭的系统中，FGD 工艺会把吸收液从烟气中吸收溶解的氯化物富集到非常高的浓度，这些溶解的氯化物会对系统不利，控制 Cl^- 的浓度在 12000～20000mg/L 是很重要的因素。

2.6.2.7 系统控制

氢氧化镁溶解性差，硫酸镁或亚硫酸镁溶解性好，因此氢氧化镁法脱硫中亚硫酸镁是脱硫反应的主体，其溶解度曲线如图 2-11 所示。

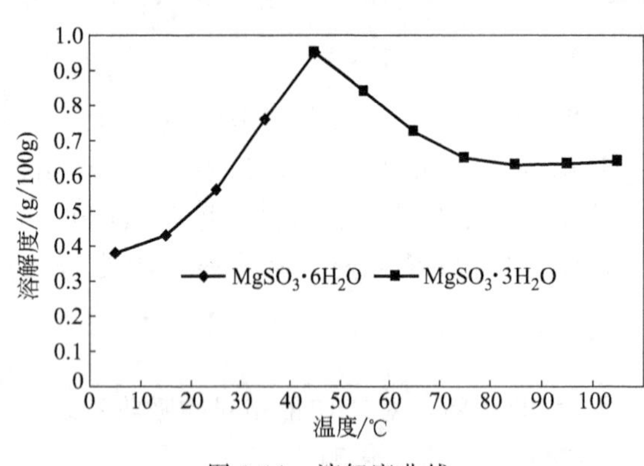

图 2-11　溶解度曲线

超过了饱和溶解度会由于结晶物生成造成管路堵塞。如果浆状氢氧化镁不影响脱硫装置的脱硫效率，为了得到高脱硫率而又不担心管道堵塞，条件是恰当控制吸收液的 pH 值、镁盐总浓度及亚硫酸盐总浓度，并且系统需要具备一定的氧化性，以使吸收液中亚硫酸镁的含量稳定。

吸收液中 $MgSO_3$ 能形成两种结晶化合物，即 $MgSO_3 \cdot 3H_2O$ 和 $MgSO_3 \cdot 6H_2O$。由于 $MgSO_3 \cdot 3H_2O$ 结晶粒度很细，凝聚性差不易沉淀除去，故操作中控制产生 $MgSO_3 \cdot 6H_2O$ 结晶为宜。通常随温度升高和 pH 值升高，易导致 $MgSO_3 \cdot 3H_2O$ 结晶量增多，循环吸收液 pH 宜选定在 6.5 左右，操作温度宜控制在 40℃左右。

吸收液与 SO_2 烟气接触 pH 值就降低，减低的程度取决于 $MgSO_3/SO_2$ 的比，也取决于吸收液中 $MgSO_3$ 浓度及循环液量，为了得到高的脱硫率，在脱硫塔的全范围内保持过剩的 $MgSO_3$ 是必要的，同时为了保证吸收液组成的稳定和状态，要补给相当于吸收了 SO_2 量的 $Mg(OH)_2$。吸收液达到一定盐浓度后，引出部分作为排放水。排放水有残存的亚硫酸盐和煤灰等悬浮物，需要经地沟沉淀氧化方可排放。

若需进一步提高脱硫效率，可在清水池内加入少量 NaOH，由于氢氧化镁的溶解度较低，因此要控制 NaOH 的加入量，使其循环液 pH 值不高于 8.4，否则致使氢氧化镁沉淀而造成浪费。

整个脱硫反应主要的产物是 $MgSO_3$，而 $MgSO_3$ 又是脱硫反应的主要吸收剂。通常 $MgSO_3$ 在有足够 O_2 存在时，会发生氧化反应生成 $MgSO_4$，$MgSO_4$ 在反应中不起作用。在吸收液中 $MgSO_4$ 达到一定浓度会结晶析出，与 $MgSO_3 \cdot 6H_2O$ 结晶一起排放，或干燥后热分解再生成 MgO 循环使用。

SO_2 传质阻力主要是气膜传质阻力，提高气速可以有效提高总传质速率；对于 $MgSO_3$ 的氧化，由于 O_2 的传质阻力主要在液膜，与 SO_2 吸收恰恰相反，增强 SO_2 的气膜传质系数，会限制亚硫酸镁的氧化。

2.6.3 系统描述

2.6.3.1 FGD 系统构成

锅炉烟气经进口挡板门进入脱硫增压风机，通过烟气换热器后进入吸收塔，洗涤脱硫后的烟气经除雾器除去带出的小液滴，再通过烟气换热器从烟囱排放。烟气脱硫装置应由下列系统组成：①吸收剂浆液制备系统；②烟气系统；③吸收及氧化系统；④副产物处理系统；⑤废水处理系统；⑥自控和在线监测系统；⑦其他系统。

新建脱硫装置的烟气设计参数宜采用锅炉最大连续工况（BMCR）、燃用设计燃料时的烟气参数，校核值宜采用锅炉经济运行工况（ECR）、燃用最大含硫量燃料时的烟气参数。已建电厂加装烟气脱硫装置时，其设计工况和校核工况宜根据脱硫装置入口处实测烟气参数确定，并充分考虑燃料的变化趋势。烟气脱硫装置的脱硫效率一般应不小于95%，主体设备设计使用寿命不低于30年，装置的可用率应保证在95%以上。

2.6.3.2 吸收剂浆液制备系统

(1) 吸收剂的选择

用于脱硫的吸收剂中 MgO 的含量宜高于85%；对于燃烧中低含硫量燃料煤质的锅炉，细度应保证250目90%过筛率；当燃烧中高含硫量煤质时，细度宜保证325目90%过筛率。

(2) 吸收剂的制备

吸收剂浆液制备系统可按两套或多套装置合用设置，但一般应不少于两套；当电厂只有一台机组时可只设一套。制备系统的出力应按设计工况下消耗量的150%选择，且不小于100%校核工况下的消耗量。

每座吸收塔应设置两台（一用一备）浆液泵，浆液管道上的阀门宜选用蝶阀，尽量少采用调节阀。阀门的通流直径宜与管道一致。浆液管道上应有排空和停运自动冲洗的措施。

(3) 浆液制备过程

外购氧化镁粒径如果符合要求，不需粉碎可以直接进入消化装置，制成浓度在15%～25%的浆液，然后通过浆液输送泵送至吸收塔内完成脱硫。

为了维持吸收液的 pH 值恒定在6～7之间，通过 pH 值自控系统加入 MgO 乳液；为减少氧化镁的消耗量，氧化镁被连续加入吸收塔，脱硫所需要的氧化镁浆液量由锅炉负荷、烟气的 SO_2 浓度和 Mg/S 来联合控制；需要制备的浆液量由浆液箱的液位来控制，浆液的浓度由密度计控制实现。浆液输送管上分支出再循环管回到氧化镁浆液箱，以防止浆液在管道内沉淀。$MgSO_4$ 常温下在水中饱和溶解度达40%左右，考虑到浓度对脱硫率的影响，吸收液中 $MgSO_4$ 含量控制在20%左右。

2.6.3.3 烟气系统

(1) 脱硫增压风机

脱硫增压风机宜装设在脱硫装置进口处，其参数应按下列要求考虑。

① 吸收塔的脱硫增压风机宜选用静叶可调轴流式风机，当机组容量为300MW及以下容量时，也可采用高效离心风机。当风机进口烟气含尘量能满足要求时，可采用动叶可调轴流式风机。

② 当机组容量为300MW及以下时，宜设置一台脱硫增压风机，不备用。对于800～1000MW机组，宜设置两台动叶可调轴流式风机。对于600～700MW机组，也可设置两台增压风机；当设置一台增压风机时应采用动叶可调轴流式风机。

③ 增压风机的风量应为锅炉满负荷工况下的烟气量的110%，另加不低于10℃的温度裕量；增压风机的压头应为脱硫装置在锅炉满负荷工况下并考虑10℃温度裕量下阻力的120%。

（2）烟气换热器

烟气系统宜装设烟气换热器，脱硫后烟气温度一般应达到80℃以上排放。烟气换热器下部烟道应装设疏水系统。可以选择管式换热器或回转式换热器，当原烟气侧设置降温换热器有困难时，也可采用在净烟气侧装设蒸汽换热器。

（3）挡板门

烟气脱硫装置宜设置旁路烟道。旁路挡板门的开启时间应能满足脱硫装置故障不引起锅炉跳闸的要求。烟道挡板宜采用带密封风的挡板，旁路挡板门也可采用压差控制不设密封风的单挡板门。

（4）工作过程

从锅炉来的热烟气经增压风机增压后，进入烟气换热器（GGH）降温侧冷却后进入吸收塔，向上流动穿过喷淋层，在此烟气被冷却到饱和温度，烟气中的SO_2被氧化镁浆液吸收。除去SO_x及其他污染物的烟气经GGH加热至80℃以上，通过烟囱排放。

GGH是利用热烟气所带的热量，加热吸收塔出来的冷的净烟气；设计条件下没有补充热源时，可将净烟气的温度提高到80℃以上。GGH正常运行时，清洗系统每天需使用蒸汽吹灰三次；系统还配有一套在线高压水洗装置，约一个月使用一次。自动吹灰系统可保证GGH的受热面不受堵塞，保持净烟气的出口温度。

烟道上设有挡板系统，包括一台FGD进口原烟气挡板，一台FGD出口净烟气挡板和一台旁路烟气挡板。在正常运行时，FGD进口/出口挡板开启，旁路挡板关闭。在故障情况下，开启烟气旁路挡板门，关闭FGD进口/出口挡板，烟气通过旁路烟道绕过FGD系统直接排到烟囱。在BMCR工况下，烟道内任意位置的烟气流速不大于15m/s。

2.6.3.4 吸收氧化系统

（1）脱硫吸收塔

脱硫装置设计温度采用锅炉设计煤种BMCR工况下，从主机烟道进入脱硫装置接口处的运行烟气温度。新建机组同期建设的运行温度，一般为锅炉额定工况下，脱硫装置进口处运行烟气温度加50℃。300MW以上机组宜一炉一塔，200MW以下机组宜两炉一塔。

吸收塔宜采用钢结构，内壁采用衬胶或衬树脂鳞片或衬高镍合金板。塔外应设置供检修维护的平台和扶梯，设计荷载不应小于4000N/m^2，平台宽度不小于1.2m，塔内不应设置固定式的检修平台。塔内与喷嘴相连的浆液管道应考虑检修维护措施，应考虑不小于500N/m^{2}的检修荷载。

（2）烟气除雾器

吸收塔应装设除雾器，除雾器出口的雾滴浓度应不大于75mg/m^3（标态）。除雾器应考虑检修维护措施，支撑梁的设计荷载应不小于1000N/m^2。除雾器应设置水冲洗装置。

（3）循环浆液泵

循环浆液泵入口应装设滤网等防止固体物吸入的措施。当采用喷淋吸收塔时，吸收塔浆液循环泵宜按单元制设置；按照单元制设置时，应设仓库备用泵叶轮一套；按照母管制设置时，宜现场安装一台备用泵。

（4）氧化风机

氧化风机宜采用罗茨风机，也可采用离心风机。当氧化风机计算容量小于 $6000m^3/h$ 时，每座吸收塔应设置 2 台全容量或 3 台半容量的氧化风机；或每两座吸收塔设置 3 台全容量的氧化风机。当氧化风机计算容量大于 $6000m^3/h$ 时，宜配 3 台氧化风机。

(5) 事故浆池

脱硫装置应设置一套事故浆池或事故浆液箱，容量宜不小于一座吸收塔最低运行液位时的浆池容量。当设有浆液抛弃系统时，事故浆池的容量也可按照不小于 $500m^3$ 设置。

所有储存悬浮浆液的箱罐应有防腐措施并装设搅拌装置。

(6) 工作过程

喷淋塔液气比高，水消耗量大；筛板塔阻力较大，防堵性能差；填料塔防堵性能差，易结垢、黏结、堵塞，阻力也较大；湍球塔气液接触面积虽然较大，但易结垢堵塞，阻力较大。相比之下旋流板塔具有负荷高、压降低、不易堵、弹性好等优点，适用于快速吸收过程，且具有很高的脱硫效率。因此，选用旋流板脱硫吸收塔。

烟气由进气口（入口段为耐腐蚀、耐高温合金）进入吸收塔的吸收区，在上升（流速为 3.2～4m/s）过程中与氧化镁浆液逆流接触，烟气中所含的污染气体因此被清洗入浆液，与浆液中的悬浮氧化镁微粒发生化学反应而被脱除，处理后的净烟气经过除雾器除去水滴后进入烟道。

吸收塔内配有喷淋层，吸收了 SO_2 的循环浆液落入反应池。反应池装有搅拌装置，氧化风机将氧化空气鼓入反应池，氧化空气被搅拌分散为细小的气泡并均布于浆液中。部分 HSO_3^- 在喷淋区被氧化，其余部分的 HSO_3^- 在反应池中被氧化空气完全氧化。强制氧化曝气装置将脱硫产物 $MgSO_3$ 转化 $MgSO_4$，系统的主要设备是氧化风机和曝气装置，为了保证充分进行氧化反应，为了减少废渣量，需提高氧化曝气的转化率，设计氧利用率为 30%。

吸收剂（氧化镁）浆液被引入吸收塔内循环，使吸收液保持一定的 pH 值。浆液在塔内循环浓度达到一定程度，通过浆液输出泵排到浆液处理系统，通过控制排出浆液流量，维持循环浆液浓度（质量分数）在 8%～25%。

吸收塔入口烟道侧板和底板装有工艺水冲洗系统，冲洗自动周期进行。冲洗的目的是为了避免氧化镁浆液带入烟道后干燥黏结。在入口烟道装有事故冷却系统，事故冷却水由工艺水泵提供。

2.6.3.5 副产物处理系统

氧化镁法烟气脱硫产物为亚硫酸镁，副反应为其中部分亚硫酸镁氧化为硫酸镁。根据脱硫产物处理方法可分为再生法和抛弃法两类。两种方法脱硫部分工艺相同，脱硫塔操作温度一般控制在 50℃左右，循环吸收液 pH 值宜选定在 6.5 左右。

再生法工艺流程采用 MgO 浆液进行脱硫，使用离心机从部分循环吸收液中分离脱硫产物，过滤液返回吸收系统。为了抑制吸收系统亚硫酸镁氧化，可添加阻氧剂，较常用的阻氧剂为对苯二胺。

从吸收塔内出来的浆液主要是亚硫酸镁和硫酸镁溶液，对氧化镁再生时首先应该将溶液提纯，然后进行浓缩结晶，亚硫酸镁和硫酸镁结晶先送转鼓干燥器进行干燥脱水，温度控制在分解温度 480℃以下，脱水温度 120℃以上。再通过回转窑加焦炭和煤，高温还原其中的硫酸镁，煅烧温度控制在 900～1000℃左右，温度过高将生成方镁石结晶，其活性低，脱硫效率低。煅烧生成氧化镁制浆后循环使用，产生含二氧化硫 13%～16%的富气可直接用于生产硫酸或硫黄。热耗为 11556kJ/kg MgO，系统需补充 10%～20%的 MgO 损耗。

在脱硫塔内二氧化硫和氢氧化镁反应，生成的亚硫酸镁进入吸收塔底浆液池，由鼓风机往浆液池强制送风，亚硫酸镁可经过曝气氧化为硫酸镁，由于硫酸镁溶解度较大，可采用抛弃法直接排放。为减少固渣处理量，简化工艺流程，降低工程投资，采用氧化镁抛弃法烟气脱硫工艺较合适。

含硫酸镁的浆液连续循环使用于脱硫过程，当硫酸镁浓度达到一定条件后由泵打入集液池，接着送至硫酸镁脱杂系统，提纯后的硫酸镁溶液需要进行浓缩，将溶液制成高浓度的浓溶液，然后再将硫酸镁溶液经浓缩结晶出七水硫酸镁。

2.6.3.6 废水处理系统

脱硫废水排放处理系统可以单独设置，也可经预处理去除重金属、氯离子等后排入电厂废水处理系统，但不得直接混入电厂废水稀释排放。脱硫废水中的重金属、悬浮物和氯离子可采用中和、化学沉淀、混凝、离子交换等工艺去除。对废水含盐量有特殊要求的，应采取降低含盐量的工艺措施。

脱硫废水处理系统包括以下三个子系统：废水处理系统、化学加药系统和污泥脱水系统。

2.6.3.7 自动控制系统

主要通过测定 pH 值，反馈控制氧化镁浆液输入量，以保证 SO_2 排放稳定达标。自动控制系统安装在锅炉控制室，运行过程中控制室内可以操作，尽可能为锅炉运行人员创造较好的操作环境，为整个脱硫过程提供稳定可靠的监督控制与管理。

脱硫系统采用 PLC 或 DCS 控制系统，对烟气的压力、温度、流量、pH 值等主要运行、控制参数进行测量和实施监控，并对各主要设备运行状态、供水系统流程进行监控，把各个数据采集至操作站和控制室，确保整个工艺流程安全稳定运行。

现场控制站主要完成现场工艺数据采集、数据处理和控制输出。上位监控站通过与现场控制站之间的数据通信，完成人机对话功能，实现操作控制、数据管理，与现场控制站通过实时控制冗余网络互联，完成实时数据交换，实现工艺数据的采集，实时控制，工艺流程的动态监测，各个过程量的趋势记录，并可挂接局域网。此系统的优点是：

① 某一控制回路发生故障，可立即将该回路改为手动操作，不影响其他回路的控制，分散了故障风险，系统可靠性高；

② 整个脱硫系统的运行参数进行自动连续监测，并可在上位机的系统流程图中显示，在实现分散控制、集中管理的同时提高了通信速率；

③ 脱硫控制系统自控程度高，不仅可以完全满足整个脱硫系统的安全运行和控制，对整个脱硫系统进行实时监控，并且能在故障发生时及时报警，保证整个脱硫系统的高可靠性；

④ 系统集成简化，维护简便，使用成本和维护成本低。

2.6.4 氢氧化镁脱硫

氧化镁法脱硫率较高（一般在90%以上），且无论是 $MgSO_3$ 还是 $MgSO_4$，都有很大的溶解度，因此也就不存在如石灰/石灰石系统常见的结垢问题，终产物采用再生手段，既节约了吸收剂又省去了废物处理的麻烦，因此这种方法在美国还是颇受青睐的。

氢氧化镁法就是以氢氧化镁为碱性吸收剂除去 SO_2，并以空气氧化生成无害的硫酸镁水溶液排放的技术，工艺流程如图 2-12 所示。

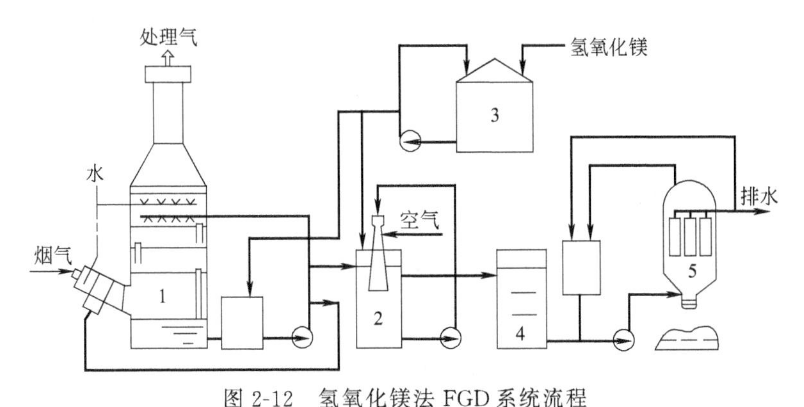

图 2-12 氢氧化镁法 FGD 系统流程

1—脱硫塔；2—氧化塔；3—氢氧化镁储槽；4—原液槽；5—过滤机

2.7 钠碱法脱硫

2.7.1 技术方法

2.7.1.1 方法概述

随着我国对火力发电厂 SO_x 排放的控制越加严格，采用各种烟气脱硫装置越来越普遍，为了统一和规范火力发电厂烟气脱硫装置的设计和建设标准，贯彻“安全可靠、经济适用、符合国情”的基本方针，做到有章可循，结合近几年来火力发电厂烟气脱硫装置的设计和建设过程中遇到的工程实际问题和经验总结，编制 DL/T 5196—2004《火力发电厂烟气脱硫设计技术规程》。

本规程适用于安装 400t/h 及以上锅炉的新、扩建电厂同期建设的烟气脱硫装置和已建电厂加装的烟气脱硫装置。安装 400t/h 以下锅炉的电厂烟气脱硫装置设计可以参照执行。

2.7.1.2 系统构成

典型的钠碱湿法烟气脱硫工艺流程如图 2-13 所示。

2.7.2 反应原理

2.7.2.1 吸收原理

吸收液通过喷嘴雾化喷入吸收塔，分散成细小的液滴并覆盖吸收塔的整个断面。这些液滴中的碱液与塔内烟气逆流接触，发生传质与吸收反应，烟气中的 SO_2、SO_3 及 HCl、HF 被吸收进入循环池，在循环池中进行强制氧化和中和反应。

碱液处理含硫烟气，由于烟气中还含有大量的 CO_2，用 NaOH 溶液洗涤气体时，首先发生的 CO_2 与 NaOH 的反应，导致了吸收液 pH 的降低，且脱硫效率很低。随时间的延长，pH 降至 7.6 以下时，发生吸收 SO_2 的反应。随主要吸收剂 Na_2SO_3 的不断生成，SO_2 的脱除效率也不断升高。当吸收液中的 Na_2SO_3 全部转变成 $NaHSO_3$ 时，吸收反应将不再发生，此时 pH 值降至 4.4。但随 SO_2 通入 pH 值仍继续下降，此时 pH 值的下降原因仅仅是由于 SO_2 在溶液中进行了物理溶解所致。因此，吸收液有效吸收 SO_2 的 pH 范围为 4.4～7.6。在实际用吸收液进行处理时，吸收液的 pH 值应控制在此范围内。

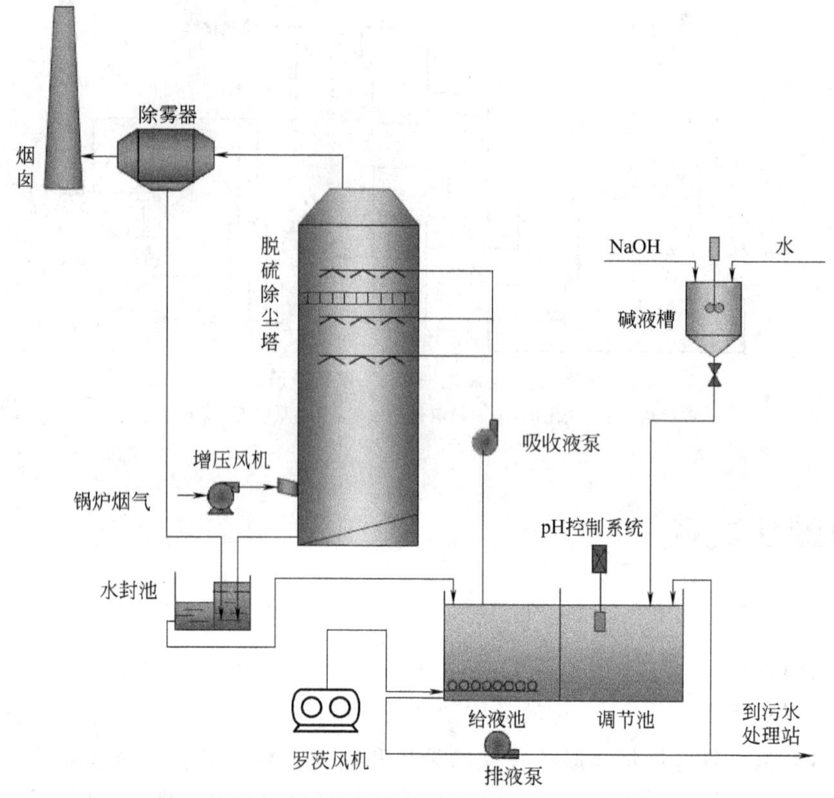

图 2-13　钠碱湿法烟气脱硫工艺流程

2.7.2.2　吸收反应

烟气与喷嘴喷出的循环碱液在吸收塔内有效接触，循环碱液吸收大部分 SO_2，反应如下：

$$SO_2(g)+H_2O \longrightarrow SO_2(l)+H_2O(\text{传质})$$

$$SO_2+H_2O \longrightarrow H_2SO_3(\text{溶解})$$

$$SO_2+H_2O \longrightarrow H^+ + HSO_3^-(\text{电离})$$

$$H_2SO_3 \rightleftharpoons H^+ + HSO_3^-(\text{电离})$$

2.7.2.3　中和反应

吸收剂碱液保持一定的 pH 值，在吸收塔内发生中和反应，中和后的碱液在吸收塔内再循环，中和反应如下：

$$NaOH \longrightarrow Na^+ + OH^-$$

$$2NaOH+H_2SO_3 \longrightarrow Na_2SO_3+2H_2O$$

$$Na_2SO_3+SO_2(l)+H_2O \longrightarrow 2NaHSO_3$$

$$NaOH+NaHSO_3 \longrightarrow Na_2SO_3+H_2O$$

$$Na^+ + HSO_3^- \longrightarrow NaHSO_3$$

$$2Na^+ + CO_3^{2-} \longrightarrow Na_2CO_3$$

$$2H^+ + CO_3^{2-} \longrightarrow H_2O+CO_2\uparrow$$

中和反应本身并不困难，吸收开始时主要生成 Na_2SO_3，而 Na_2SO_3 具有脱硫能力，能继续从气体中吸收 SO_2 转变成 $NaHSO_3$ 时，吸收反应将不再发生，因为 $NaHSO_3$ 不再具有

吸收 SO_2 的能力，而实际的吸收剂为 Na_2SO_3。

2.7.2.4 氧化反应

部分 HSO_3^- 在吸收塔喷淋区被烟气中的氧所氧化，其他的 HSO_3^- 在反应池中被氧化空气完全氧化，反应如下：

$$HSO_3^- + 1/2O_2 \longrightarrow HSO_4^-$$

$$HSO_4^- \rightleftharpoons H^+ + SO_4^{2-}$$

2.7.2.5 其他副反应

烟气中的其他污染物如 SO_3、HCl、HF 和尘都被循环浆液吸收和捕集。SO_3、HCl 和 HF 与悬浮液中的石灰石按以下反应式发生反应：

$$SO_3 + H_2O \longrightarrow 2H^+ + SO_4^{2-}$$

$$Na^+ + HCl \rightleftharpoons NaCl$$

$$Na^+ + HF \rightleftharpoons NaF$$

脱硫反应是一个比较复杂的反应过程，其中有些副反应有利于反应的进程，有些会阻碍反应的发生，在设计中予以重视。

Al 主要来源于烟气中的飞灰，可溶解的 Al 在 F^- 浓度达到一定条件下，会形成氟化铝络合物（胶状絮凝物）。

在一个接近封闭的系统状态下，FGD 工艺会把吸收液从烟气中吸收溶解的氯化物增加到非常高的浓度，控制氯离子的浓度在 12000～20000mg/L 是保证反应正常进行的重要因素。

2.7.3 系统描述

2.7.3.1 FGD 系统构成

锅炉烟气经进口挡板门进入脱硫增压风机，通过烟气换热器后进入吸收塔，洗涤脱硫后的烟气经除雾器除去带出的小液滴，再通过烟气换热器从烟囱排放。钠碱湿法烟气脱硫装置应由下列系统组成：①吸收碱液制备系统；②烟气系统；③吸收及氧化系统；④废水处理系统；⑤自控和在线监测系统；⑥其他系统。

新建脱硫装置的烟气设计参数宜采用锅炉最大连续工况（BMCR）、燃用设计燃料时的烟气参数，校核值宜采用锅炉经济运行工况（ECR）、燃用最大含硫量燃料时的烟气参数。已建电厂加装烟气脱硫装置时，其设计工况和校核工况宜根据脱硫装置入口处实测烟气参数确定，并充分考虑燃料的变化趋势。烟气脱硫装置的脱硫效率一般应不小于 95%，主体设备设计使用寿命不低于 30 年，装置的可用率应保证在 95%以上。

2.7.3.2 吸收碱液制备系统

制备系统的出力应按设计工况下消耗量的 150%选择，且不小于 100%校核工况下的消耗量。

由汽车运来的固体碱或液体碱经配制系统，配制到合适的浓度由碱液泵送入吸收塔。脱硫所需要的碱液量由锅炉负荷、烟气的 SO_2 浓度和 Na/S 来联合控制；而需要制备的碱液量由碱液箱的液位来控制，浆液的浓度由密度计控制。

2.7.3.3 烟气系统

（1）脱硫增压风机

脱硫增压风机宜装设在脱硫装置进口处，其参数应按下列要求考虑。

① 吸收塔的脱硫增压风机宜选用静叶可调轴流式风机，当机组容量为300MW及以下容量时，也可采用高效离心风机。当风机进口烟气含尘量能满足要求时，可采用动叶可调轴流式风机。

② 当机组容量为300MW及以下时，宜设置一台脱硫增压风机，不设备用。对于800～1000MW机组，宜设置两台动叶可调轴流式风机。对于600～700MW机组，也可设置两台增压风机；当设置一台增压风机时应采用动叶可调轴流式风机。

③ 增压风机的风量应为锅炉满负荷工况下的烟气量的110%，另加不低于10℃的温度裕量；增压风机的压头应为脱硫装置在锅炉满负荷工况下并考虑10℃温度裕量下阻力的120%。

（2）烟气换热器

烟气系统宜装设烟气换热器，脱硫后烟气温度一般应达到80℃以上排放。烟气换热器下部烟道应装设疏水系统。可以选择管式换热器或回转式换热器，当原烟气侧设置降温换热器有困难时，也可采用在净烟气侧装设蒸汽换热器。

（3）挡板门

烟气脱硫装置宜设置旁路烟道。旁路挡板门的开启时间，应能满足脱硫装置故障，不引起锅炉跳闸的要求。烟道挡板宜采用带密封风的挡板，旁路挡板门也可采用压差控制不设密封风的单挡板门。

（4）工作过程

从锅炉来的热烟气经增压风机增压后，进入烟气换热器（GGH）降温侧冷却后进入吸收塔，向上流动穿过喷淋层，在此烟气被冷却到饱和温度，烟气中的SO_2被碱液吸收。除去SO_x及其他污染物的烟气经GGH加热至80℃以上，通过烟囱排放。

GGH是利用热烟气所带的热量，加热吸收塔出来的冷的净烟气；设计条件下没有补充热源时，可将净烟气的温度提高到80℃以上。GGH正常运行时，清洗系统每天需使用蒸汽吹灰三次；系统还配有一套在线高压水洗装置，约一个月使用一次。自动吹灰系统可保证GGH的受热面不受堵塞，保持净烟气的出口温度。

烟道上设有挡板系统，包括一台FGD进口原烟气挡板，一台FGD出口净烟气挡板和一台旁路烟气挡板。在正常运行时，FGD进口/出口挡板开启，旁路挡板关闭。在故障情况下，开启烟气旁路挡板门，关闭FGD进口/出口挡板，烟气通过旁路烟道绕过FGD系统直接排到烟囱。在BMCR工况下，烟道内任意位置的烟气流速不大于15m/s。

2.7.3.4 吸收氧化系统

（1）脱硫吸收塔

脱硫装置设计温度采用锅炉设计煤种BMCR工况下，从主机烟道进入脱硫装置接口处的运行烟气温度。新建机组同期建设的运行温度，一般为锅炉额定工况下，脱硫装置进口处运行烟气温度加50℃。300MW以上机组宜一炉一塔，200MW以下机组宜两炉一塔。

吸收塔宜采用钢结构，内壁采用衬胶或衬树脂鳞片或衬高镍合金板。塔外应设置供检修维护的平台和扶梯，设计荷载不应小于4000N/m^2，平台宽度不小于1.2m，塔内不应设置固定式的检修平台。塔内与喷嘴相连的浆液管道应考虑检修维护措施，应考虑不小于500N/m^{2}的检修荷载。

（2）烟气除雾器

吸收塔应装设除雾器，除雾器出口的雾滴浓度应不大于 75mg/m^3（标态）。除雾器应考虑检修维护措施，支撑梁的设计荷载应不小于 1000N/m^2。除雾器应设置水冲洗装置。

（3）循环碱液泵

循环碱液泵入口应装设滤网等防止固体物吸入的措施。当采用喷淋吸收塔时，吸收塔碱液循环泵宜按单元制设置；按照单元制设置时，应设仓库备用泵叶轮一套；按照母管制设置时，宜现场安装一台备用泵。

（4）氧化风机

氧化风机宜采用罗茨风机，也可采用离心风机。当氧化风机计算容量小于 6000m^3/h 时，每座吸收塔应设置 2 台全容量或 3 台半容量的氧化风机；或每两座吸收塔设置 3 台全容量的氧化风机。当氧化风机计算容量大于 6000m^3/h 时，宜配 3 台氧化风机。

（5）事故浆池

脱硫装置应设置一套事故碱池或事故碱液箱，容量宜不小于一座吸收塔最低运行液位时的碱池容量。

（6）工作过程

烟气由进气口（入口段为耐腐蚀、耐高温合金）进入吸收塔的吸收区，在上升（流速为 3.2～4m/s）过程中与碱液逆流接触，烟气中所含的污染气体因此被清洗入碱液，与碱液发生化学反应而被脱除，处理后的净烟气经过除雾器除去水滴后进入烟道。

吸收塔内配有喷淋层，吸收了 SO_2 的循环碱液落入反应池。反应池装有搅拌，氧化风机将氧化空气鼓入反应池，氧化空气被搅拌分散为细小的气泡并均布于浆液中。部分 HSO_3^- 在喷淋区被氧化，其余部分的 HSO_3^- 在反应池中被氧化空气完全氧化。

吸收碱液被引入吸收塔内循环，使吸收液保持一定的 pH 值。在入口烟道装有事故冷却系统，事故冷却水由工艺水泵提供。

2.7.3.5 相关技术系统

（1）供水系统

从电厂供水系统引接至脱硫岛的水源进入岛内工艺水箱，通过泵提供脱硫岛和工艺水的需要。主要用于碱液制备用水、烟气换热器的冲洗水、除雾器冲洗水及所有碱液输送设备、输送管路、储存箱的冲洗水。冷却水使用后排至吸收塔排水坑回收利用。

（2）排放系统

脱硫岛内设置一个事故碱液箱，满足吸收塔检修和碱液排空的要求。事故碱液箱设返回泵，停运时需要进行冲洗，其冲洗水就近收集在集水坑内。

（3）压缩空气系统

脱硫岛仪表用气和杂用气由岛内设置的压缩空气系统提供，压力为 0.85MPa 左右，最低压力不应低于 0.6MPa，仪用稳压罐和杂用储气罐应分开设置。

（4）自动控制系统

脱硫系统采用 PLC 或 DCS 控制系统，对烟气的压力、温度、流量、pH 值等主要运行、控制参数，进行测量和实施监控，各主要设备运行状态、供水系统流程进行监控，把各个数据采集至操作站和控制室，确保整个工艺流程安全稳定运行，当设备和流程出现问题时，能进行故障报警，PLC 或 DCS 系统能顺序控制，连锁保护，烟气负荷波动时能自动调节，确保除尘脱硫效果，使运行维护人员减至最少，自动产生当班运行日志，并记录储存历史数据，保证脱硫完全稳定，运行费用最低，达到最佳经济效益。

2.7.4 W-L 工艺介绍

钠碱法用碱液（NaOH 或 Na_2CO_3）吸收了 SO_2 后，不用石灰（石灰石）再生，而是直接将吸收液处理成副产品。吸收液钠碱液有循环使用和不循环使用两种。循环钠碱法典型的工艺是韦尔曼-洛德法（Wellman-Lord，W-L）。

该法采用的 NaOH 或 Na_2CO_3 只作开始时的吸收剂，在低温下吸收 SO_2 后生成 Na_2SO_3。在循环过程中起吸收作用的主要是 Na_2SO_3，它吸收 SO_2 后生成 $NaHSO_3$（主要）和 $Na_2S_2O_5$（次要）。将含 Na_2SO_3、$NaHSO_3$ 的吸收液进行加热再生，得到的亚硫酸钠结晶经固液分离，并用水溶解后返回吸收系统。因此 W-L 法分为吸收和解吸两个工序。

由于 $NaHSO_3$ 不稳定，受热即可分解，因此 $NaHSO_3$ 清液被送至再生器（结晶器）中，加热到约 96℃使其分解，释放出 SO_2 生成 Na_2SO_3：

$$NaHSO_3 \longrightarrow Na_2SO_3 + SO_2 + H_2O$$

所产生的 SO_2 气体被送入下一工段进行处理。亚硫酸钠则结晶析出，再经溶解后送回吸收塔循环使用。

亚硫酸钠-亚硫酸氢钠系统独特的性质，有可能使加热再生时热能耗量较大的情况得以改善。这是因为在亚硫酸钠-亚硫酸氢钠系统中，Na_2SO_3 要比 $NaHSO_3$ 的溶解度小得多，若进入脱吸系统的溶液中 $NaHSO_3$ 的浓度比较高，当其 $NaHSO_3$ 转化为 Na_2SO_3 时，则有可能使 Na_2SO_3 在再生器内结晶出来，结果使溶液组成保持在较稳定的水平上，不至于出现液面上 SO_2 分压的下降，从而可以降低热能耗量和保证较高的脱吸效率，因此，W-L 法脱吸系统采用蒸发结晶工艺，使再生的亚硫酸钠从溶液中结晶出来。

脱吸过程是在强制循环蒸发结晶系统中进行的。为防止系统结垢和提高热交换器的效率，采用轴流泵作大流量循环。为了有效利用热能，采用双效蒸发系统。经过蒸发器浓缩的含亚硫酸钠结晶的溶液送至离心机，将 Na_2SO_3 结晶分离出来。返回蒸发结晶系统，Na_2SO_3 结晶用水溶解后送入吸收系统。

由于氧化副反应而生成的 Na_2SO_4 的增加，会使吸收液面上 SO_2 平衡分压升高，从而降低吸收率。因此当 Na_2SO_4 的浓度达到 5%时，必须排出一部分母液，同时补充部分新鲜碱液。为降低碱耗，应尽力减少氧化，这是降低操作费用的关键之一。可用石灰法、冷冻法除去排出母液中的 Na_2SO_4。

废水处理主要是向废水中加石灰以调节废水的 pH 值，使其中硫酸根沉淀下来，同时将废水中的铵离子转变成 NH_3 再加以利用。处理后的废水可以作为锅炉的冲灰水。

该工艺的特点如下：

① 系统设备较多，投资比一般的石灰石/石膏工艺要高，运行费用也较高，但该工艺在处理废渣上技术合理，能够回收元素硫、液体 SO_2 或浓硫酸，是回收工艺中较成熟的一种；

② 由于回收的副产品有一定的市场，当回收产品价格合适时，该工艺仍有一定的经济效益；

③ 工艺系统采用全封闭回路运行，吸收剂 Na_2SO_3 溶液可循环使用，故化学试剂消耗少；

④ 由于用 Na_2SO_3 溶液作吸收液，故吸收塔内不会产生结垢、堵塞问题；但吸收塔中有 Na_2SO_4 存在，故需要一个冲洗系统来除掉它；

⑤ 本工艺是目前能大规模处理烟气的一种回收工艺，适于处理高硫煤，脱硫率可达 80%以上。

2.8 其他脱硫法

2.8.1 柠檬酸钠法

柠檬酸钠法是20世纪80年代开发的一种脱硫方法，1984年在常州实现了工业化。一般认为用水溶液吸收SO_2，吸收量取决于水溶液的pH值，pH值增大吸收作用增强。但SO_2溶解后会形成亚硫酸氢根离子HSO_3^-，降低了溶液pH值，限制了对SO_2的吸收。由于作吸收剂的柠檬酸钠溶液是柠檬酸钠和柠檬酸形成的缓冲溶液，因此能抑制pH值的降低，可吸收更多的SO_2。其吸收反应过程可用下列溶解和离解平衡式表示：

$$SO_2(g)+H_2O \longrightarrow SO_2(l)+H_2O$$

$$SO_2(l)+H_2O \longrightarrow H^+ +HSO_3^-$$

$$H^+ +C_i^{3-} \longrightarrow HC_i^{2-}$$

$$H^+ +HC_i^{2-} \longrightarrow HC_i^-$$

$$H^+ +H_2C_i^- \longrightarrow H_3C_i$$

式中，C_i表示柠檬酸根。工艺流程如图2-14所示。含SO_2的烟气从吸收塔下部进入，与从塔顶进入的柠檬酸钠溶液逆流接触，烟气中的SO_2被柠檬酸钠溶液吸收，脱除SO_2的烟气从塔顶经烟囱排空，吸收了SO_2的柠檬酸钠溶液由吸收塔底部排出，经加热器加热后进入解吸塔脱除SO_2，解吸出来的SO_2气体经脱水、干燥后压缩成液体SO_2进入储罐，从解吸塔底部出来的柠檬酸钠溶液冷却后返回吸收塔重复使用。

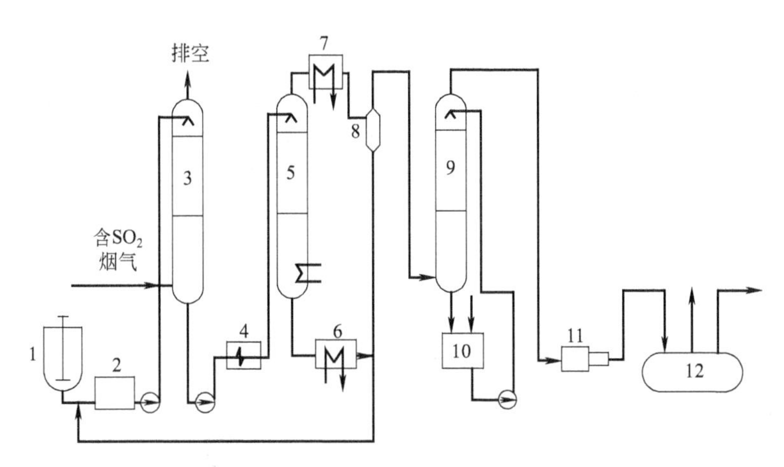

图2-14 柠檬酸钠法脱硫工艺

1—柠檬酸钠溶液配置槽；2—柠檬酸钠溶液储罐；3—吸收塔；4—加热器；5—解吸塔；6,7—冷却器；8—气水分离器；9—干燥塔；10—H_2SO_4储罐；11—压缩机；12—液体SO_2储罐

柠檬酸钠法具有工艺和设备简单、占地面积小、操作方便、运转费用低、污染少等特点，比较适合于化工等行业的综合开发利用，在其他行业则要考虑解决硫酸的再利用问题。

2.8.2 碱性硫酸铝法

碱性硫酸铝法是采用碱性硫酸铝为吸收剂，吸收SO_2后的吸收液经氧化后，用石灰石中和再生，再生后的碱性硫酸铝，在吸收中循环使用的一种脱硫工艺。1980 年我国建立了工业处理装置，处理气量为 52000m^3/h（标态）。碱性硫酸铝的脱硫过程如下。

① 吸收反应为：

$$Al_2(SO_4)_3 \cdot Al_2O_3 + 3SO_2 \longrightarrow Al_2(SO_4)_3 \cdot Al_2(SO_3)_3$$

② 用空气进行氧化，其氧化反应为：

$$Al_2(SO_4)_3 \cdot Al_2(SO_3)_3 + 1.5O_2 \longrightarrow 2Al_2(SO_4)_3$$

③ 用石灰石粉将吸收液再生，其中和反应为：

$$2Al_2(SO_4)_3 + 3CaCO_3 + 6H_2O \longrightarrow Al_2(SO_4)_3 \cdot Al_2O_3 + 3CaSO_4 \cdot 2H_2O + 3CO_2\uparrow$$

碱性硫酸铝水溶液可用工业液体矾（含 Al_2O_3 8%）或粉末硫酸铝 [$Al_2(SO_4)_3 \cdot (16\sim18)H_2O$] 溶于水中，然后添加石灰或石灰石粉末中和，沉淀出石膏，以除去一部分硫酸根，即得所需碱度的碱性硫酸铝。碱性硫酸铝能吸收 SO_2 的有效成分为 Al_2O_3，其可用 $(1-x)Al_2(SO_4)_3 \cdot xAl_2O_3$ 来表示，其中 x 表示碱度值：$x=0$ 即纯 $Al_2(SO_4)_3$，$x=1$ 即纯 $Al(OH)_3$。

吸收 SO_2 的碱性硫酸铝在氧化塔中用空气进行氧化，氧化速度快，停留时间仅需几分钟，反应是在气液两相中进行，因此与空气量（为理论量的 2 倍）、气液接触表面积以及氧的吸收率有关。在烟气脱硫中，除硫酸尾气外，烟气中含有水分，脱硫过程中水分不能平衡。为此需要将循环液排出一部分进行更新，排出的液量相当于循环液量的 5%，为了回收排出液中的铝，将排出液中和至碱度 100%，铝便完全析出而可进行回收。其反应如下：

$$2Al_2(SO_4)_3 + 6CaCO_3 \longrightarrow 2Al_2O_3 + 6CaSO_4 + 6CO_2\uparrow$$

碱性硫酸铝-石膏法工艺流程图如图 2-15 所示。烟气经过滤除尘后从吸收塔下部进入，在塔内经吸收剂洗涤除沫后放空。吸收后的溶液送至氧化塔用空气进行氧化，氧化后的吸收液大部分返回吸收塔，从循环吸收液中引出一部分去中和。其中一部分先除去镁离子以保持镁离子浓度在一定水平之下。其余部分在 1 号、2 号槽中和至要求的碱度，然后送至增稠器，上层清液返回吸收塔，底流经分离机分离后得石膏产品。

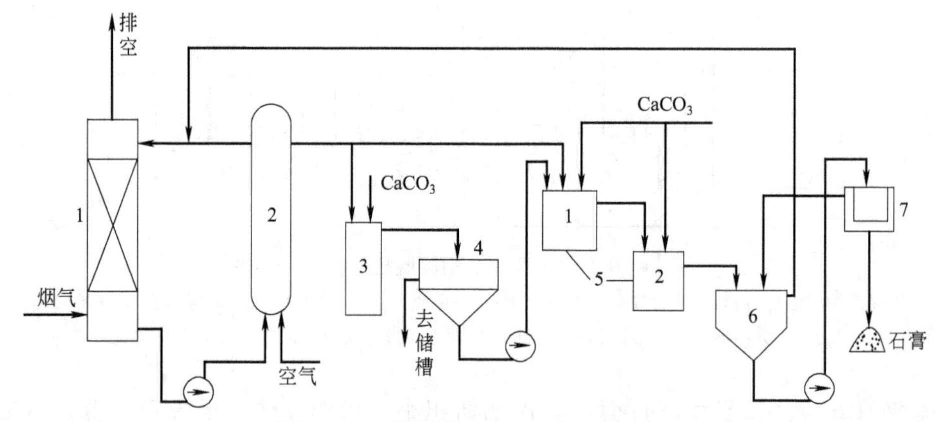

图 2-15 碱性硫酸铝-石膏法工艺流程

1—吸收塔；2—氧化塔；3—除镁中和槽；4—沉淀槽；5—中和槽；6—增稠器；7—离心机

工艺操作条件：

① 吸收操作　控制吸收液的含铝量在 15～22g/L，碱度在 10%～20%的范围内波动，当烟气中的二氧化硫浓度波动大时，碱度可以高一些，吸收塔中液气比在增湿段取 3，吸收

段取 10；

② 氧化催化剂　氧化时用的催化剂是 Mn^{2+}，一般用 0.2～0.4g/L 的 $MnSO_4$ 即可，但实际生产中锰离子的浓度随着时间而降低，故需要经常补充，其含量在 1～2g/L 为宜；

③ 中和后吸收剂的碱度　中和后吸收剂的碱度约为 35%，比中和前约高 15%，分别通过碱度计自动调节；

④ 氧化塔　氧化塔为空塔，塔底装有特殊设计的装置，气液同时经此进入塔内，空气变成细小的气泡分散于溶液中。

碱性硫酸铝法的优点是处理效率高，液气比较小，氧化塔的空气利用率高，设备材料较易解决。

2.8.3 氧化锌法

除了碱性溶液对 SO_2 有吸收能力外，一些金属的氧化物，如 ZnO、MnO_2、CuO 等都对 SO_2 有吸收能力。氧化锌法是用氧化锌料浆吸收烟气中 SO_2 的方法，它特别适合锌冶炼企业的烟气脱硫。因为该法可将脱硫工艺与原有冶炼工艺紧密结合起来，从而解决了吸收剂的来源和吸收产物的处理问题。从锌精矿沸腾焙烧炉排出，并从旋风除尘器中收回的氧化锌烟尘作为吸收剂。氧化锌烟尘的化学成分和粒径分布见表 2-10。

表 2-10　旋风除尘器氧化锌烟尘的性质

化学组成/%				粒径分布/%			
总锌	ZnO 中 Zn	总硫	硫酸盐中硫	>150 目	>250 目	>325 目	<325 目
64.1	55.2	1.59	1.16	3.0	26.2	29.0	41.8

吸收剂制成浆液来吸收锌冶炼烟气制酸系统尾气中 SO_2，会发生如下化学反应：

$$ZnO + SO_2 + 2.5H_2O \longrightarrow ZnSO_3 \cdot 2.5H_2O$$

$$ZnO + 2SO_2 + H_2O \longrightarrow Zn(HSO_3)_2$$

$$ZnSO_3 + SO_2 + H_2O \longrightarrow Zn(HSO_3)_2$$

$$Zn(HSO_3)_2 + ZnO + 1.5H_2O \longrightarrow 2ZnSO_3 \cdot 2.5H_2O$$

吸收液经过滤后得到亚硫酸锌渣，可送往锌精矿沸腾炉进行热再生：

$$ZnSO_3 \cdot 2.5H_2O \longrightarrow ZnO + SO_2 + 2.5H_2O$$

分解产生的高浓度 SO_2 气体与锌精矿焙烧烟气混合，可提高焙烧烟气 SO_2 浓度，并送往制酸系统制取硫酸；过滤后的亚硫酸锌渣也可用硫酸分解，副产高浓度的 SO_2 气体和硫酸锌。氧化锌法的吸收、过滤工艺流程如图 2-16 所示。

由于采用料浆吸收，要求吸收器能防止结垢。当吸收浆液 pH 值降为 4.5～5.0 时，送入过滤器过滤。为避免循环吸收液中锌离子浓度的不断增加，要引出一部分滤液送往锌电解车间生产电解锌。另外要求过滤后的滤渣含水量尽可能低（小于 20%～30%）。否则，若滤渣含水量过高，送入沸腾焙烧炉进行热再生时会使炉温下降较多，而影响锌的冶炼，导致锌烧渣的品质下降。

1980 年我国湖南水口山矿务局曾建成一套氧化锌法工业脱硫装置，用于处理硫酸尾气中的 SO_2。2000 年 10 月，湖南某冶炼厂进行了用该厂锌浸出渣挥发窑产出的氧化锌烟灰，脱除该挥发窑烟气中 SO_2 的研究，并于 2001 年投入运行。

2.8.4 氧化锰法

采用氧化锰浆液吸收，也可以脱除烟气中的 SO_2，氧化锰可以从低品质锰矿中获得。

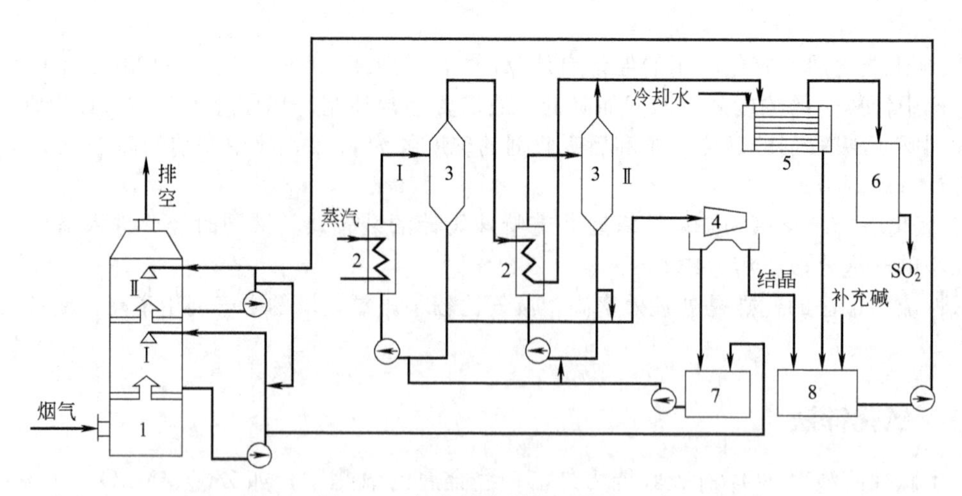

图 2-16　氧化锌法脱硫工艺流程

1—吸收塔；2—换热器；3—蒸发器；4—结晶分离器；5—冷却器；6—脱水器；7—母液槽；8—吸收液槽

国内某铝厂利用本地区丰富的、无使用价值的低品质软锰矿为原料，净化炼铜尾气中的 SO_2，可得副产品电解锰。软锰矿的主要成分为 MnO_2，MnO_2 浆液吸收 SO_2 的反应较易进行，实际反应过程比较复杂，反应的结果生成硫酸锰和连二硫酸锰（MnS_2O_6），总反应式如下：

$$2MnO_2+3SO_2 \longrightarrow MnSO_4+MnS_2O_6$$

连二硫酸锰不稳定，长期放置或加热易分解成 $MnSO_4$，并放出 SO_2，反应式如下：

$$MnS_2O_6 \longrightarrow MnSO_4+SO_2$$

分解率随 $S_2O_6^{2-}$ 的浓度及酸度的增大而增大。连二硫酸锰在 SO_2 存在下，能直接与 MnO_2 反应生成 $MnSO_4$，反应式如下：

$$MnS_2O_6+MnO_2 \longrightarrow MnSO_4$$

SO_2 只起诱导作用，不参与反应。如无 SO_2 存在，这一反应便不能进行。以软锰矿浆液洗涤吸收烟气中的 SO_2，并制得金属锰的工艺流程如图 2-17 所示。

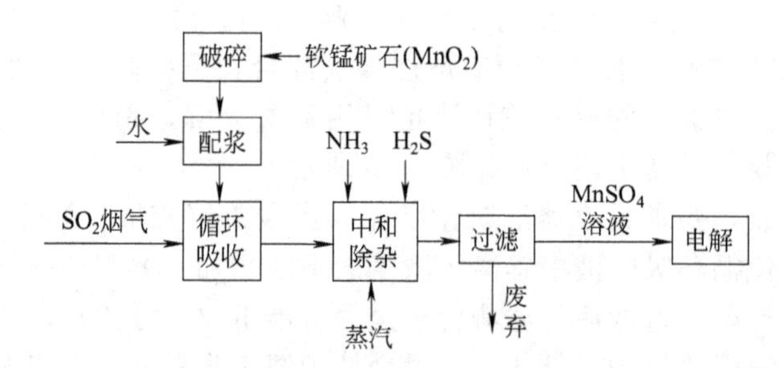

图 2-17　氧化锰法工艺流程

吸收 SO_2 的 MnO_2 浆液的浓度为 20%（质量分数），pH 值为 4～5。吸收 SO_2 后浆液 pH 值为 1～2，加 15%氨水沉淀出 Fe^{2+}、Cu^{2+}，再通入硫化氢除去 Co、Ni 等金属。净化液经电解后，阳极上生成金属锰，24h 后取出极板，干燥后刮下金属锰即为所制产品，阳极产生的稀硫酸加氨水后，变成含锰的硫酸铵，可作为肥料出售。

由于反应生成的连二硫酸锰有腐蚀性，所用设备应考虑防腐问题。此外，MnS_2O_6 的存在对电解不利。生产经验认为，只要将吸收料浆中的含锰量控制在 40～50g/L，即使

MnS_2O_6 含量达 100g/L，仍可顺利进行电解。

2.8.5 硫化碱法

利用硫化碱作为吸收剂吸收二氧化硫工业烟气，其流程为吸收-结晶-分离-再循环，无废水和废渣等二次污染物产生，同时可以得到产品。该工艺既可以达到环保要求又有产品产出，产品价值比常规脱硫方法高，是一种在技术和经济上可行的脱硫方法。

该工艺已经在佛山 50t/h 燃煤锅炉上试验成功，处理含尘量为 $400mg/m^3$ 以下的工业烟气。系统除硫效率达到 91%以上，副产品五水硫代硫酸钠（$Na_2S_2O_3 \cdot 5H_2O$）达到工业二级标准（纯度为 98%），产率为 80%左右，不低于 75%的处理效果。

（1）脱硫机理

在常温下，工业硫化碱的水溶液会发生强烈的水解：

$$Na_2S + H_2O \longrightarrow NaOH + NaHS$$

水解产物和烟气中的 SO_2 和 O_2 在添加剂的作用下会有如下的反应：

$$2NaHS + 2SO_2 \longrightarrow 2S + Na_2S_2O_3 + H_2O$$

$$2NaOH + SO_2 \longrightarrow NaSO_3 + H_2O$$

$$Na_2SO_3 + S \longrightarrow Na_2S_2O_3$$

$$2NaHS + 2O_2 \longrightarrow Na_2S_2O_3 + H_2O$$

以上五个反应式相加就是反应方程：

$$2Na_2S + 2SO_2 + O_2 \longrightarrow 2Na_2S_2O_3$$

此反应就是硫化碱脱硫主要反应，副产品就是 $Na_2S_2O_3$。

在吸收作用过程中，随着 pH 值的不同，将会有一系列副反应发生，pH 值较高时，吸收液有大量的多硫化物（Na_xS_y）生成，并随之释放出大量的气体。

$$Na_2S_y + SO_2(g) + H_2O \longrightarrow Na_2S_2O_3 + (y-2)S + H_2S(g)$$

而 pH 值较低时生成的硫代硫酸钠可分解成亚硫酸钠和元素硫：

$$Na_2S_2O_3 \longrightarrow NaSO_3 + S$$

同时烟气中氧气在各种粉尘氧化物的催化及较高温度作用下均会使反应过程复杂化：

$$Na_2S_2O_3 + O_2(g) \longrightarrow NaSO_3 + SO_2(g)$$

（2）工艺流程

如图 2-18 所示。

① 锅炉烟气经原有（或新增）干式除尘器（静电除尘器或袋式除尘器）除尘后，从引风机出口由管道引入填料塔，与塔顶喷入的 Na_2S 吸收液充分接触吸收，脱硫后烟气经塔顶除雾装置除雾后直接排入大气。

② 吸收液经碱液循环泵，一部分与计量泵送入的 Na_2S 溶液混合，调节适当的 pH 值后再进入吸收填料塔与烟气接触脱硫；pH 值由 pH 计测定并且控制计量泵流量。

③ 另一部分吸收液经沉淀池除去灰尘等杂质，再经过滤后进入真空浓缩蒸发器，在蒸发浓缩过程中加入适当的硫黄粉，使溶液中的 Na_2SO_3、SO_2 转化为 $Na_2S_2O_3$，使 $Na_2S_2O_3$ 转化率提高。

④ 溶液浓缩后进入脱色槽用活性炭脱色，脱色后浓缩液经板框压滤机过滤，除去活性炭后进入结晶槽结晶，结晶过程用工业水冷却结晶。

⑤ 结晶后含有 $Na_2S_2O_3 \cdot 5H_2O$ 的晶体和残余母液进入离心机进行分离，结晶物经过干燥器干燥后进入分级筛分出不同粒度的海波（$Na_2S_2O_3 \cdot 5H_2O$）产品，离心机出来的母

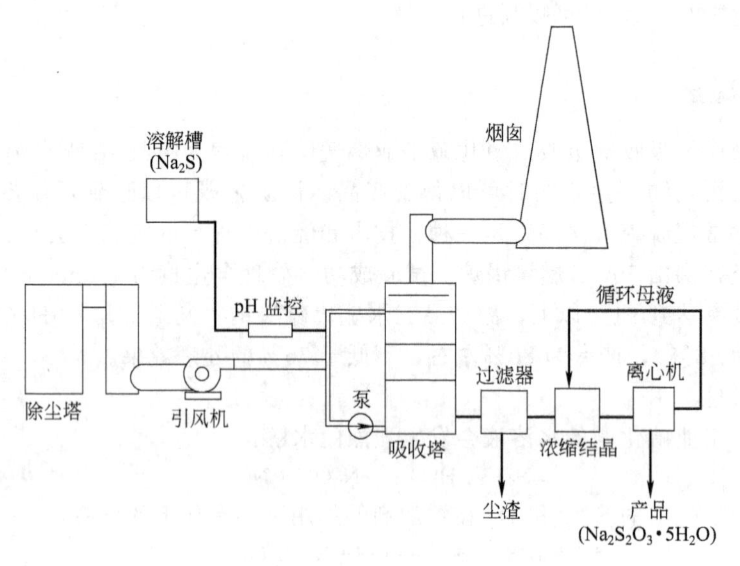

图 2-18 硫化碱法的工艺流程

液一部分返回结晶槽继续结晶，一部分返回中和槽作为吸收液循环使用。

(3) 技术优点

① 整个脱除 SO_2 和生产 $Na_2S_2O_3 \cdot 5H_2O$ 晶体的过程为闭路系统，其流程为吸收-蒸发浓缩-结晶-分离-干燥-产品，溶液再循环，无废水和废渣等二次污染物产生，同时还得到产品 $Na_2S_2O_3 \cdot 5H_2O$。

② 吸收效率高，由于硫化钠是一种易溶的强碱弱酸盐，它具有很强的碱性，对二氧化硫的吸收效果很好。

③ 副产品价格高。从经济角度来看，每 1t 工业硫化钠（含硫化钠约 60%左右）可以生产 1.62t 的纯度高达 98%以上的 $Na_2S_2O_3 \cdot 5H_2O$，按目前的市场价格，消耗工业硫化钠可获纯利 300 元/t 左右。

④ 流程简单，一次性投资少，运行费用低。

2.8.6 可溶性钙盐脱硫技术

2.8.6.1 背景技术

烟气脱硫技术分为干法、半干法和湿法脱硫技术。干法和半干法烟气脱硫技术的脱硫产物为干粉状，处理容易，工艺较简单，投资一般低于传统湿法脱硫技术。使用石灰（石灰石）作脱硫剂的干法、半干法钙硫比（Ca/S）高，脱硫效率和脱硫剂的利用率低。脱硫技术包括旋转喷雾干燥法、炉内喷钙尾部增湿活化法、循环流化床脱硫技术、荷电干式喷射脱硫法、电子束照射法、脉冲电晕等离子体法等，湿法脱硫技术包括石灰石/石灰抛弃法、石灰石/石膏法、双碱法、氧化镁法、韦尔曼-洛德法、氨法、海水脱硫法等，湿法脱硫技术是化学法脱硫，烟气中含有的 SO_2 与碱性脱硫循环液相互接触混合发生化学反应。使烟气中的 SO_2 与碱性物质进行中和反应，生成亚硫酸盐或少量硫酸盐，这样 SO_2 就从烟气中脱出，达到脱硫使烟气得到净化的目的，常用的碱性物质主要是石灰（氧化钙，消化后为氢氧化钙）。

随着技术的进步，出现了不同的湿法烟气脱硫技术，目前流行的是石灰石/石灰-石膏法

(HJ/T 179—2005)，也包括以 MgO 为基础的镁法、以 Na_2SO_3 为基础的钠法、以 NH_3 为基础的氨法、以有机碱为基础的有机碱法。还包括双碱法，双碱法包括钠钙双碱法、碱性硫酸铝法等。最常用的是钠钙双碱法，它采用钠碱吸收 SO_2，吸收液再用石灰进行再生，生成亚硫酸钙和硫酸钙等沉淀物，再生后的溶液返回吸收器循环使用。但是石灰石/石灰-石膏法是石灰石/石灰与吸收了 SO_2 的脱硫循环液反应，这里脱硫循环液是以亚硫酸氢钙/亚硫酸钙为主的浆液，该反应存在反应进行不彻底，无法实现完全分离等问题。再者氧化过程如果进行彻底，产物为硫酸钙状态，则失去吸收 SO_2 进行脱硫的能力；氧化过程如果进行不彻底，产物为部分氧化成为硫酸钙，部分亚硫酸钙未氧化状态，则具有吸收 SO_2 进行脱硫的能力，但是最终产物石膏（含结晶水的硫酸钙）中含有亚硫酸钙，处于不稳定状态，遇热或长期光照会再次放出 SO_2 污染环境。氧化镁法产物是亚硫酸镁和硫酸镁，存在废水处理问题。

石灰石/石灰-石膏法起脱硫作用的是亚硫酸钙，其化学反应原理如下：

$$SO_2+H_2O \longrightarrow H_2SO_3\text{（溶解）} \rightleftharpoons H^+ + HSO_3^-\text{（电离）}$$

$$CaSO_3+SO_2+H_2O \longrightarrow 2Ca(HSO_3)_2$$

$$Ca(HSO_3)_2+CaCO_3 \longrightarrow 2CaSO_3+CO_2+H_2O$$

双碱法起脱硫作用的是氢氧化钠，其化学反应原理如下：

$$SO_2+H_2O \longrightarrow H_2SO_3\text{（溶解）} \rightleftharpoons H^+ + HSO_3^-\text{（电离）}$$

$$2NaOH+SO_2 \longrightarrow Na_2SO_3+H_2O$$

$$Na_2SO_3+SO_2+H_2O \longrightarrow 2NaHSO_3$$

$$Ca(OH)_2 \longrightarrow Ca_2^+ + 2OH^-$$

$$NaHSO_3+Ca(OH)_2 \longrightarrow NaOH+CaSO_3+H_2O$$

$$Na_2SO_3+Ca(OH)_2 \longrightarrow 2NaOH+CaSO_3$$

2.8.6.2 技术方法

可溶性钙盐的烟气脱硫方法是不同于石灰石/石灰-石膏法，也不同于双碱法的一种新型脱硫的方法。其采用氯化钙、甲酸钙、乙酸钙或丁酸钙等可溶性钙盐作为脱硫剂，与烟气中 SO_2 反应，实现脱出烟气中 SO_2 的目的。

本方法的目的在于结合目前流行的脱硫技术方法，通过改变脱硫剂提供一种更加环保的脱硫技术。按照这一技术方法，可溶性钙盐与烟气中 SO_2 反应产生亚硫酸钙，并释放出相应的酸，释放出的酸（包括新的补充酸）与石灰石或石灰反应又成为可溶性钙盐循环使用。脱硫循环液中可溶性钙盐的含量为 5%～40%，反应温度为 30～90℃。可溶性钙盐在脱硫循环液中的最佳含量为 10%～30%，最佳反应温度为 40～80℃。该方法的优点在于可溶性钙盐与烟气中 SO_2 反应产生亚硫酸钙是固体沉淀，该固体沉淀可以被氧化空气彻底氧化成为硫酸钙固体，不残留亚硫酸钙，最后经过旋流器和脱水皮带分离得到固体石膏，该石膏不含有不稳定的亚硫酸钙，遇热或长期光照也不会放出 SO_2 再次污染环境。反应释放出的酸与石灰石或石灰反应又成为可溶性钙盐循环使用，没有废水的排放，环保效果更好。

2.8.6.3 工艺流程说明

可溶性钙盐脱硫技术工艺流程见图 2-19。

新的补充酸、回收的酸与石灰石或石灰在再生池 5 反应生成可溶性钙盐，经过渡池 6 稳定浓度后进入到循环池 7，在循环池 7 用循环泵 8 输送到脱硫塔 1 顶喷淋，与含有 SO_2 的烟气接触，吸收 SO_2 生成亚硫酸钙和相应的酸。脱出 SO_2 的净烟气经过烟囱高空排放，生成

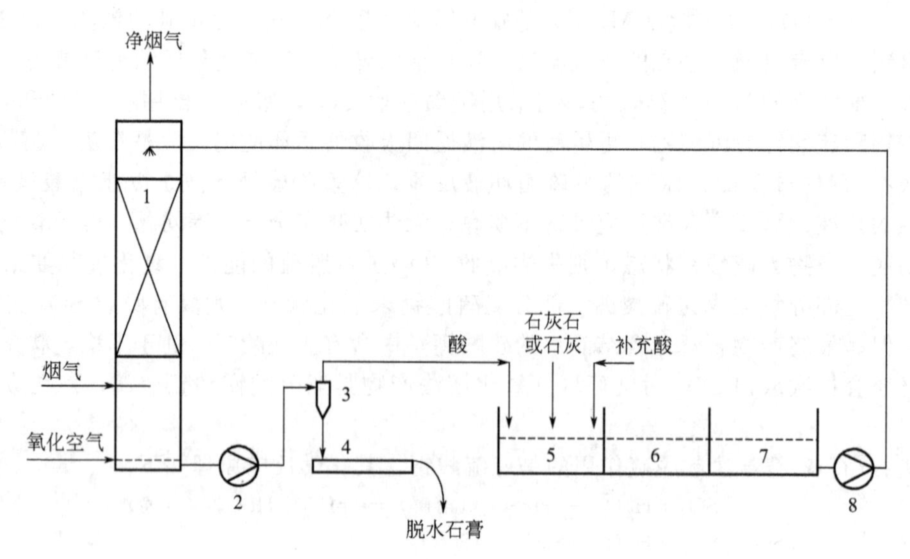

图 2-19 可溶性钙盐脱硫技术工艺流程

1—脱硫塔；2—浆液泵；3—旋流器；4—脱水皮带；5—再生池；6—过渡池；7—循环池；8—循环泵

的亚硫酸钙浆液在脱硫塔 1 底部与送入的氧化空气进行氧化反应，彻底氧化产生的石膏经过浆液泵 2，送入旋流器 3 和脱水皮带 4 产生脱水石膏，旋流器 3 上部排出的相应的酸进入再生池 5，与补充的酸一起和石灰石或石灰在再生池 5 反应成为可溶性钙盐，通过控制补充酸的多少实现可溶性钙盐浓度的稳定。

2.8.6.4 具体实施方式

下面结合具体实施例对本技术方法作进一步的详细说明。

【实施例 1】 这里以氯化钙作为可溶性钙盐为例介绍脱硫过程

这里的补充酸采用盐酸（HCl），盐酸（HCl）与石灰石（$CaCO_3$）或石灰（CaO）在再生池反应产生可溶性钙盐（氯化钙）。20℃时氯化钙（$CaCl_2 \cdot 6H_2O$）浓度可以达到 42%，60℃时氯化钙（$CaCl_2 \cdot 2H_2O$）浓度可以达到 57%，80℃时氯化钙（$CaCl_2 \cdot 2H_2O$）浓度可以达到 61%，在循环池用循环泵输送到脱硫塔顶喷淋，与含有二氧化硫（SO_2）的烟气接触，吸收二氧化硫生成亚硫酸钙和盐酸（HCl）。脱出二氧化硫的净烟气经过烟囱高空排放，生成亚硫酸钙浆液在脱硫塔底部，与送入的氧化空气进行氧化反应，彻底氧化产生的石膏经过浆液泵，送入旋流器和脱水皮带产生脱水石膏，旋流器上部排出的稀盐酸（HCl）被排入再生池，与补充的新盐酸（HCl）一起和石灰石或石灰反应又成为可溶性钙盐（氯化钙），通过控制补充酸的多少实现可溶性钙盐（$CaCl_2$）浓度稳定。

本实验采用 30%盐酸（HCl）与石灰石（$CaCO_3$）反应，控制过渡池中氯化钙循环浓度为 40%，脱硫反应温度为 80℃，净化后的烟气中二氧化硫（SO_2）的浓度满足排放标准要求；如果控制脱硫反应温度为 90℃，排放烟气中水分含量超标。具体的反应方程式如下：

$$CaCO_3 + 2HCl \longrightarrow CaCl_2 + CO_2 \uparrow + H_2O$$

$$SO_2 + H_2O + CaCl_2 \longrightarrow 2CaSO_3 \downarrow + 2HCl$$

$$2CaSO_3 + H_2O + O_2 \longrightarrow 2CaSO_4 \cdot 2H_2O$$

【实施例 2】 这里以甲酸钙作为可溶性钙盐为例介绍脱硫过程

这里的补充酸采用甲酸（CH_2O_2），甲酸与石灰石（$CaCO_3$）或石灰（CaO）在再生池反应产生可溶性钙盐（甲酸钙）。甲酸钙（$C_2H_2CaO_4$）浓度可以达到14%，在循环池用循环泵输送到脱硫塔顶喷淋，与含有二氧化硫（SO_2）的烟气接触，吸收二氧化硫生成亚硫酸钙和甲酸（CH_2O_2）。脱出二氧化硫的净烟气经过烟囱高空排放，生成亚硫酸钙浆液在脱硫塔底部，与送入的氧化空气进行氧化反应，彻底氧化产生的石膏经过浆液泵，送入旋流器和脱水皮带产生脱水石膏，旋流器上部排出的甲酸（CH_2O_2）被排入再生池，与补充的新甲酸（CH_2O_2）一起和石灰石（$CaCO_3$）或石灰（CaO）反应又成为可溶性钙盐（甲酸钙），通过控制补充酸的多少实现可溶性钙盐（$C_2H_2CaO_4$）浓度稳定。

本实验采用85%甲酸与石灰石（$CaCO_3$）反应，控制过渡池中甲酸钙循环浓度为10%，脱硫反应温度为80℃，净化后的烟气中二氧化硫（SO_2）的浓度满足排放标准要求。具体的反应方程式如下：

$$CaCO_3 + 2CH_2O_2 \longrightarrow C_2H_2CaO_4 + CO_2\uparrow + H_2O$$

$$SO_2 + H_2O + C_2H_2CaO_4 \longrightarrow 2CaSO_3\downarrow + 2CH_2O_2$$

$$2CaSO_3 + H_2O + O_2 \longrightarrow 2CaSO_4 \cdot 2H_2O$$

【实施例3】 这里以乙酸钙作为可溶性钙盐为例介绍脱硫过程

这里的补充酸采用乙酸（$C_2H_4O_2$），乙酸与石灰石（$CaCO_3$）或石灰（CaO）在再生池反应产生可溶性钙盐（乙酸钙）。乙酸钙［$(CH_3COO)_2Ca \cdot H_2O$］浓度可以达到25%，在循环池用循环泵输送到脱硫塔顶喷淋，与含有二氧化硫（SO_2）的烟气接触，吸收二氧化硫生成亚硫酸钙和乙酸（$C_2H_4O_2$）。脱出二氧化硫的净烟气经过烟囱高空排放，生成亚硫酸钙浆液在脱硫塔底部，与送入的氧化空气进行氧化反应，彻底氧化产生的石膏经过浆液泵，送入旋流器和脱水皮带产生脱水石膏，旋流器上部排出的乙酸（$C_2H_4O_2$）被排入再生池，与补充的新乙酸（$C_2H_4O_2$）一起和石灰石（$CaCO_3$）或石灰（CaO）反应又成为可溶性钙盐（乙酸钙），通过控制补充酸的多少实现可溶性钙盐［$(CH_3COO)_2Ca \cdot H_2O$］浓度稳定。

本实验采用98%乙酸与石灰石（$CaCO_3$）反应，控制过渡池中乙酸钙循环浓度为20%，脱硫反应温度为60℃，净化后的烟气中二氧化硫（SO_2）的浓度满足排放标准要求。具体的反应方程式如下：

$$CaCO_3 + 2C_2H_4O_2 \longrightarrow (CH_3COO)2Ca \cdot H_2O + CO_2\uparrow + H_2O$$

$$SO_2 + H_2O + (CH_3COO)2Ca \cdot H_2O \longrightarrow 2CaSO_3\downarrow + 2C_2H_4O_2$$

$$2CaSO_3 + H_2O + O_2 \longrightarrow 2CaSO_4 \cdot 2H_2O$$

【实施例4】 这里以丁酸钙作为可溶性钙盐为例介绍脱硫过程

这里的补充酸采用丁酸（$C_4H_8O_2$），丁酸与石灰石（$CaCO_3$）或石灰（CaO）在再生池反应产生可溶性钙盐（丁酸钙）。丁酸钙（$C_8H_{14}CaO_4$），在循环池用循环泵输送到脱硫塔顶喷淋，与含有二氧化硫（SO_2）的烟气接触，吸收二氧化硫生成亚硫酸钙和丁酸（$C_4H_8O_2$）。脱出二氧化硫的净烟气经过烟囱高空排放，生成亚硫酸钙浆液在脱硫塔底部，与送入的氧化空气进行氧化反应，彻底氧化产生的石膏经过浆液泵，送入旋流器和脱水皮带产生脱水石膏，旋流器上部排出的丁酸（$C_4H_8O_2$）被排入再生池，与补充的新丁酸（$C_4H_8O_2$）一起和石灰石（$CaCO_3$）或石灰（CaO）反应又成为可溶性钙盐（丁酸钙），通过控制补充酸的多少实现可溶性钙盐$C_8H_{14}CaO_4$浓度稳定。

本实验采用95%丁酸与石灰石反应，脱硫反应温度为40℃，净化后的烟气中二氧化硫（SO_2）的浓度满足排放标准要求。具体的反应方程式如下：

$$CaCO_3 + 2C_4H_8O_2 \longrightarrow C_8H_{14}CaO_4 + CO_2\uparrow + H_2O$$

$$SO_2 + H_2O + C_8H_{14}CaO_4 \longrightarrow 2CaSO_3 \downarrow + 2C_4H_8O_2$$

$$2CaSO_3 + H_2O + O_2 \longrightarrow 2CaSO_4 \cdot 2H_2O$$

2.8.6.5 相关物质性质

用于脱硫剂使用的酸包括但不限于表 2-11 中所列种类。

表 2-11 用于脱硫剂使用的酸

体系(酸/钙)	酸的性能	钙盐的性能
盐酸/氯化钙	分子式:HCl 相对分子质量:36.46 含量:36% 外观与性状:无色或微黄色发烟液体,有刺鼻的酸味 熔点:−114.8℃(纯) 沸点:108.6℃(20%) 相对密度(水=1):1.20 蒸气相对密度(空气=1):1.26 饱和蒸气压:30.66kPa(21℃) 溶解性:与水混溶,溶于碱液	分子式:$CaCl_2$ 相对分子质量:110.99 含量:95% 外观与性状:白色粉末,块状,片状 熔点:782℃ 沸点:1600℃ 相对密度(水=1):2.152 溶解性:溶于水
甲酸/甲酸钙	分子式:CH_2O_2 相对分子质量:46.03 熔点:8.2℃ 沸点:100.8℃ 相对密度(水=1):1.23 蒸气相对密度(空气=1):1.59 饱和蒸气压:5.33kPa(24℃) 主要成分:一级≥90.0%;二级≥85.0% 燃烧热:254.4kJ/mol 临界温度:306.8℃ 临界压力:8.63MPa 闪点:68.9℃(O.C) 引燃温度:410℃ 爆炸上限(体积分数):57% 爆炸下限(体积分数):18% 溶解性:与水混溶,不溶于烃类,可混溶于醇	分子式: $C_2H_2CaO_4$ 相对分子质量:130.11 熔点:300℃ 密度:2.02g/cm^3 水中溶解度:16.1g/100mL(0℃): 16.6g/100mL(20℃); 17.1g/100mL(40℃); 17.5g/100mL(60℃); 17.9g/100mL(80℃); 18.4g/100mL(100℃) 化学性质:白色结晶或结晶性粉末。1mol/L 水溶液 pH 值为 6.0~7.5。400℃时分解。易溶于水 生产方法: (1)石灰乳和 CO 在加压、加热下反应而得 (2)甲酸与石化乳中和制取
乙酸/乙酸钙	分子式:$C_2H_4O_2$ 相对分子质量:60.05 主要成分:一级≥99.0%;二级≥98.0% 外观与性状:无色透明液体,有刺激性酸臭 熔点:16.7℃ 沸点:118.1℃ 相对密度(水=1):1.05 蒸气相对密度(空气=1):2.07 饱和蒸气压:1.52kPa(20℃) 临界温度:321.6℃ 临界压力:5.78MPa 闪点:39℃ 引燃温度:463℃ 爆炸上限(体积分数):17.0% 爆炸下限(体积分数):4.0% 溶解性:溶于水、醚、甘油,不溶于二硫化碳	化学式:$(CH_3COO)_2Ca \cdot H_2O$ 相对分子质量:176.2 水中溶解度:37.4g/100mL(0℃); 36g/100mL(10℃); 34.7g/100mL(20℃) 33.8g/100mL(30℃); 33.2g/100mL(40℃); 32.7g/100mL(60℃); 33.5g/100mL(80℃); 31.1g/100mL(90℃); 29.7g/100mL(100℃) 俗名醋石,别名乙酸钙。白色针状晶体或结晶性粉末,微有乙酸气味。溶于水,微溶于乙醇。加热时醋酸钙分解为碳酸钙和丙酮。跟硫酸等反应生成醋酸。用于制丙酮、醋酸及印染业。工业上用木醋液反应,蒸干滤液,再经重结晶制得醋酸钙。用纯醋酸跟纯碳酸钙反应可制得纯醋酸钙

续表

体系(酸/钙)	酸的性能	钙盐的性能
丁酸/丁酸钙	分子式:$C_4H_8O_2$ 相对分子质量:88.11 主要成分:含量≥95.0%。 外观与性状:无色液体,有腐臭的酸味 熔点:-7.9℃ 沸点:163.5℃ 相对密度(水=1):0.96 蒸气相对密度(空气=1):3.04 饱和蒸气压:0.10kPa(25℃) 临界温度:355℃ 临界压力:5.27MPa 闪点:71.7℃ 引燃温度:452℃ 爆炸上限(体积分数):10.0% 爆炸下限(体积分数):2.0% 溶解性:与水混溶,可混溶于乙醇、乙醚	分子式:$C_8H_{14}CaO_4$ 相对分子质量:214.27 丁酸室温下为无色油状液体,-8℃凝固,164℃沸腾。可溶于水、乙醇和乙醚,其水溶液中加入氯化钙会沉淀出丁酸。丁酸被重铬酸钾和硫酸氧化得到二氧化碳和乙酸,被碱性高锰酸钾氧化则得到二氧化碳。丁酸钙[$Ca(C_4H_7O_2)_2 \cdot H_2O$]的溶解度随温度升高而降低 丁酸的结构异构体为异丁酸、2-甲基丙酸

3 脱硫工艺设计

3.1 脱硫工艺

3.1.1 工艺流程

3.1.1.1 石膏湿法脱硫

典型的石灰石/石灰-石膏湿法烟气脱硫工艺流程如图 3-1 所示。

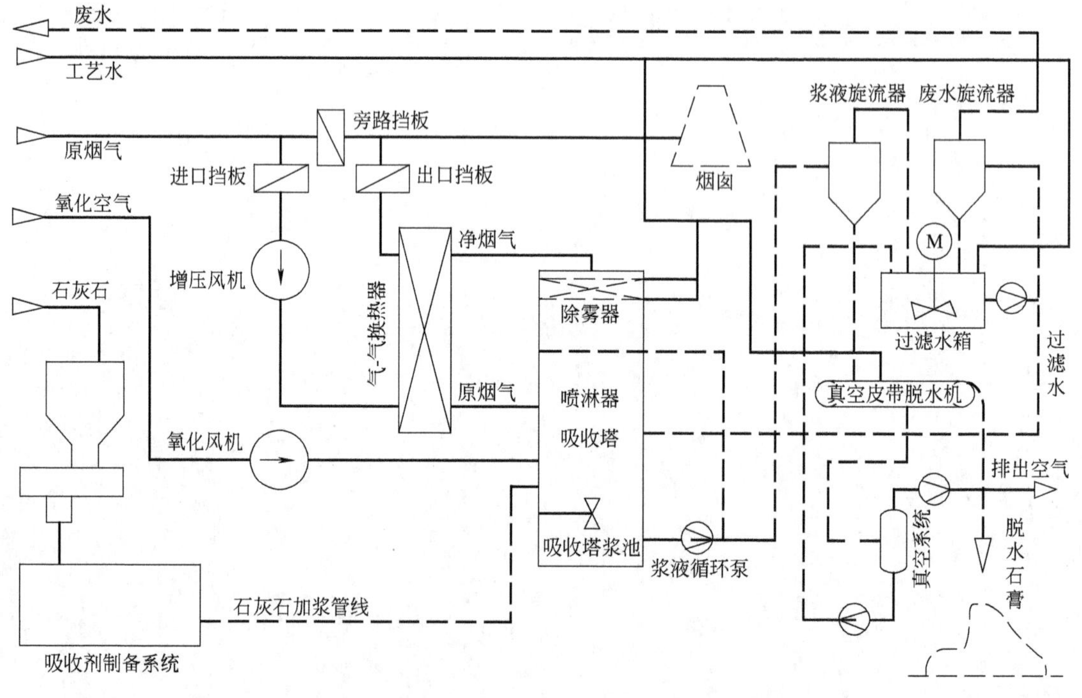

图 3-1 典型石灰石/石灰-石膏法脱硫工艺流程

3.1.1.2 氨水湿法脱硫

典型的氨水湿法烟气脱硫工艺流程如图 3-2 所示。

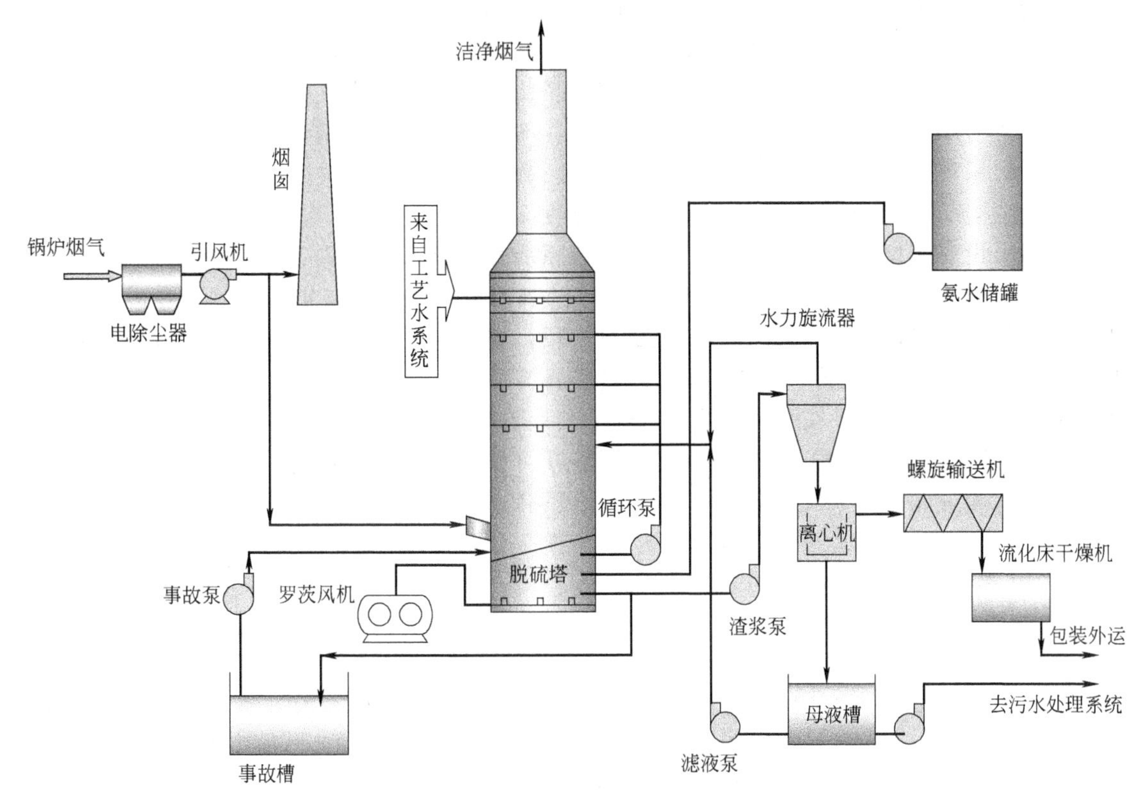

图 3-2 典型氨水湿法烟气脱硫工艺流程

3.1.2 系统描述（氨法）

3.1.2.1 系统构成

锅炉烟气经进口挡板门进入脱硫增压风机，通过烟气换热器后进入吸收塔，洗涤脱硫后的烟气经除雾器除去带出的小液滴，再通过烟囱排放。脱硫副产物经过旋流器、离心机脱水成为脱水硫酸铵。

烟气脱硫装置应能在锅炉最低稳燃负荷工况和 BMCR 工况之间的任何负荷持续安全运行。烟气脱硫装置的负荷变化速度应与锅炉负荷变化率相适应。

新建脱硫装置的烟气设计参数宜采用锅炉最大连续工况（BMCR）、燃用设计燃料时的烟气参数，校核值宜采用锅炉经济运行工况（ECR）、燃用最大含硫量燃料时的烟气参数。已建电厂加装烟气脱硫装置时，其设计工况和校核工况宜根据脱硫装置入口处实测烟气参数确定，并充分考虑燃料的变化趋势。烟气脱硫装置的脱硫效率一般应不小于 95%，主体设备设计使用寿命不低于 30 年，装置的可用率应保证在 95%以上。

3.1.2.2 氨水系统

吸收液制备系统可按两套或多套装置合用设置，但一般应不少于两套；当电厂只有一台机组时可只设一套。制备系统的出力应按设计工况下消耗量的 150%选择，且不小于 100%校核工况下的消耗量。

3.1.2.3 烟气系统

从锅炉来的热烟气经增压风机增压后，进入烟气换热器（GGH）降温侧冷却后进入吸收塔，向上流动穿过喷淋层，在此烟气被冷却到饱和温度，烟气中的 SO_2 被循环液吸收。除去 SO_x 及其他污染物的烟气经 GGH 加热至 80℃以上，通过烟囱排放。

GGH 是利用热烟气所带的热量，加热吸收塔出来的冷的净烟气；设计条件下没有补充热源时，可将净烟气的温度提高到 80℃以上。GGH 正常运行时，清洗系统每天需使用蒸汽吹灰三次；系统还配有一套在线高压水洗装置，约一个月使用一次。自动吹灰系统可保证 GGH 的受热面不受堵塞，保持净烟气的出口温度。

烟道上设有挡板系统，包括一台 FGD 进口原烟气挡板，一台 FGD 出口净烟气挡板和一台旁路烟气挡板。在正常运行时，FGD 进口/出口挡板开启，旁路挡板关闭。在故障情况下，开启烟气旁路挡板门，关闭 FGD 进出口挡板，烟气通过旁路烟道绕过 FGD 系统直接排到烟囱。在 BMCR 工况下，烟道内任意位置的烟气流速不大于 15m/s。

脱硫增压风机宜装设在脱硫装置进口处，其参数应按下列要求考虑。

① 大容量吸收塔的脱硫增压风机宜选用静叶可调轴流式风机或高效离心风机。当风机进口烟气含尘量能满足风机要求，可采用动叶可调轴流式风机。

② 300MW 及以下机组每座吸收塔，宜设置一台脱硫增压风机，不设备用。对 600～900MW 机组，也可设置两台增压风机。

③ 增压风机的风量应为锅炉满负荷工况下的烟气量的 110%，另加不低于 10℃的温度裕量；增压风机的压头应为脱硫装置在锅炉满负荷工况下并考虑 10℃温度裕量下阻力的 120%。

烟气系统宜装设烟气换热器，脱硫后烟气温度一般应达到 80℃以上排放。烟气换热器下部烟道应装设疏水系统。可以选择管式换热器或回转式换热器，当原烟气侧设置降温换热器有困难时，也可采用在净烟气侧装设蒸汽换热器。

烟气脱硫装置宜设置旁路烟道。旁路挡板门的开启时间应能满足脱硫装置故障不引起锅炉跳闸的要求。烟道挡板宜采用带密封风的挡板，旁路挡板门也可采用压差控制不设密封风的单挡板门。

3.1.2.4 吸收系统

吸收系统的功能是对烟气进行洗涤，脱除烟气中的 SO_2，同时去除部分粉尘，浓缩吸收 SO_2 生成的硫酸铵。烟气从吸收塔中部进入，均匀分布在塔内，流速下降到 4m/s 以下。烟气的入口段为耐腐蚀、耐高温合金材料，进口处设工艺水喷淋降温装置，使烟气温度降到 60℃左右，这是氨吸收二氧化硫反应的最佳温度。进入吸收区的烟气，在上升过程中与吸收液逆流接触，烟气中的二氧化硫被吸收液中的氨水和亚硫酸铵吸收脱除。

吸收塔底部为浆池，用来容纳硫酸铵浆液，氧化生成的亚硫酸铵、氨水也被注入浆池中。浆池的容积足够保证能够完成亚硫酸铵的氧化和氨水的中和反应，确保进入泵的硫酸铵浆液成分稳定。在喷淋的过程中，烟气进一步饱和增湿，处理后的净烟气经过除雾器，除去大部分游离水由塔顶烟囱排出。吸收塔上部布置二级内置式除雾器，整个系统压降≤1200Pa，同时设置进口烟气超温、粉尘含量过高连锁系统，以保证脱硫系统的正常运行。

吸收塔入口的布置是精心设计的，以保持朝向吸收塔有足够的向下倾斜坡度，从而保证烟气的停留时间和均匀分布，避免烟气的旋流及壁面效应。循环系统采用单元制设计，通过喷淋层保证吸收塔内 200%的吸收液覆盖率。烟道侧板和底板装有工艺水冲洗系统，冲洗自动周期进行。冲洗的目的是为了避免浆液带入烟道后干燥黏结。在入口烟道装有事故冷却系统，事故冷却水由工艺水泵提供。

脱硫装置设计温度采用锅炉设计煤种 BMCR 工况下，从主机烟道进入脱硫装置接口处的运行烟气温度。新建机组同期建设的运行温度，一般为锅炉额定工况下，脱硫装置进口处运行烟气温度加50℃。300MW以上机组宜一炉一塔，200MW以下机组宜两炉一塔。

吸收塔宜采用钢结构，内壁采用衬胶或衬树脂鳞片或衬高镍合金板。塔外应设置供检修维护的平台和扶梯，设计荷载不应小于4000N/m^2，平台宽度不小于1.2m，塔内不应设置固定式的检修平台。塔内与喷嘴相连的浆液管道应考虑检修维护措施，应考虑不小于500N/m^2的检修荷载。

吸收塔应装设除雾器，除雾器出口的雾滴浓度应不大于75mg/m^3（标态）。除雾器应考虑检修维护措施，支撑梁的设计荷载应不小于1000N/m^2。除雾器应设置水冲洗装置。

浆液循环泵入口应装设滤网等防止固体物吸入的措施。当采用喷淋吸收塔时，吸收塔浆液循环泵宜按单元制设置；按照单元制设置时，应设仓库备用泵叶轮一套；按照母管制设置时，宜现场安装一台备用泵。

脱硫装置应设置一套事故浆池或事故浆液箱，容量宜不小于一座吸收塔最低运行液位时的浆池容量。所有储存悬浮浆液的箱罐应有防腐措施并装设搅拌装置。

3.1.2.5 氧化系统

氧化空气系统的功能是把吸收所得亚硫酸铵转化成为硫酸铵，由氧化风机和氧化喷枪组成。氧化空气入塔前设有喷水降温系统，使氧化空气达到饱和状态，可有效防止氧化喷枪口的结垢。在塔底通过氧化风机，把过量的空气鼓入脱硫塔内，把吸收液中的亚硫酸铵氧化成硫酸铵，直至有晶体析出。排放泵连续地把吸收液送到硫铵系统，通过控制排出浆液流量，维持循环浆液浓度（质量分数）在8%～25%。

烟气进入吸收塔在上升过程中，与吸收液逆流接触脱除SO_2气体。吸收了SO_2的吸收液落入反应池，反应池通过搅拌或扰动泵，使浆液池中的固体颗粒保持悬浮状态。氧化风机将氧化空气鼓入反应池，氧化空气被分散为细小的气泡并均布于浆液中。部分HSO_3^-在喷淋区被氧化，其余部分的HSO_3^-在反应池中被氧化空气完全氧化。

氧化风机宜采用罗茨风机，也可采用离心风机。当氧化风机计算容量小于6000m^3/h时，每座吸收塔应设置2台全容量或3台半容量的氧化风机；或每两座吸收塔设置3台全容量的氧化风机。当氧化风机计算容量大于6000m^3/h时，宜配3台氧化风机。

3.1.2.6 硫铵系统

硫铵系统的功能是把硫酸铵结晶从浆液中分离出来。当吸收液中约有5%的固体时，吸收液开始取出回收，先经硫铵排出泵进入回收系统中的旋流器。带有结晶的过饱和硫酸铵溶液，经过旋流浓缩到含固量30%的过饱和液，溢流的饱和溶液返回脱硫塔。含固量30%的过饱和液经过离心机进一步浓缩，母液通过母液槽被母液泵输送回吸收塔。离心分离得到含水率不大于10%的硫铵粉末，通过螺旋输送机被传送到床式干燥机，经热风干燥得到含水率小于1%的硫铵，包装后储存在硫铵库中用于综合利用。

如不设置浓缩结晶塔，可将脱硫塔中的硫铵溶液浓缩到约35%，然后送往硫铵后处理工序，进行蒸发结晶和离心分离。

吸收液利用热烟气的热量蒸发水分和生成硫铵，使硫铵溶液浓度达到约20%（还含有少量氯化铵），然后用浆液输送泵将硫铵溶液送入浓缩结晶塔。

在脱硫塔前设置浓缩结晶塔，喷入来自脱硫塔生成的硫铵溶液，使硫铵溶液浓缩饱和结晶，待循环液的晶浆含固量约2%时，用浆液排出泵将浆液送入一级旋流器提浓（含固量5%～10%），再送入二级旋流器进一步提浓（含固量约30%），然后送入离心机进行分离，母液返回浓缩结晶塔。

硫铵系统可按两套或多套装置合用设置，但硫铵脱水系统应不少于两套。当电厂只有一台机组时，可只设一套硫铵脱水系统，并相应增大硫铵浆液箱容量。每套硫铵脱水系统宜设置两台硫铵脱水机，单台设备出力按设计工况下硫铵产量的75%选择，且不小于50%校核工况下的硫铵产量。

3.2 设计条件

3.2.1 煤质分析（表3-1）

表3-1 煤质分析示例

项目	符号	单位	设计煤种
燃煤消耗量	100%BMCR	t/h	
燃料的热值 Q_D^Y		MJ/kg	21.42
哈氏可磨系数	HGI		
工业分析			
全水分	M_{ar}	%	7.10
收到基水分 W^Y	M_t	%	3.16
收到基灰分 A^Y	A_{ar}	%	23.35
挥发分	V_{daf}	%	23.71
元素分析			
收到基碳 C^Y	C_{ar}	%	58.83
收到基氢 H^Y	H_{ar}	%	3.50
收到基氧 O^Y	O_{ar}	%	4.38
收到基氮 N^Y	N_{ar}	%	0.99
收到基硫分 S^Y	S_{ar}	%	1.85
煤中硫酸盐硫	$S_{s,ar}$		
煤中硫化铁硫	$S_{p,ar}$		
煤中有机硫	$S_{o,ar}$		
煤中可燃硫	$S_{c,ar}$		
煤中氟	F_{ar}		
煤中氯	Cl_{ar}		
煤灰成分			
煤灰中二氧化硅	SiO_2		
煤灰中三氧化二铝	Al_2O_3		
煤灰中三氧化二铁	Fe_2O_3		
煤灰中氧化钙	CaO		
煤灰中氧化镁	MgO		
煤灰中氧化钠	Na_2O		
煤灰中氧化钾	K_2O		
煤灰中二氧化钛	TiO_2		
煤灰中三氧化硫	SO_3		
煤灰中二氧化锰	MnO_2		

(1) 煤质分析确认注意事项

① 需采用设计煤质计算物料平衡，进行设备选型（按规程要求取裕量）；

② 再用校核煤种核定设备选型（不取裕量），两者取较大的设备选型；

③ 设计煤种与校核煤种含硫量差别过大（1.5 倍以上），应当以校核煤种不取裕量作为设备选型依据。

（2）烟气数据确认注意事项

① 烟气设计资料常常会以不同的基准重复出现多次，如干基/湿基、标态/实际态等，开始计算前一定要统一基准。常用折算公式如下：

$$烟气量(干)=烟气量(湿)\times(1-烟气含水量)$$

$$实际态烟气量=标态烟气量\times气压修正系数\times温度修正系数$$

$$SO_2浓度(mg/m^3)=SO_2浓度(mg/m^3)\times 2.857$$

② 用燃煤的 S_{ar} 含量复核烟气中 SO_2 浓度，注意要乘以 SO_2 转化率，规程要求为 0.85%～0.9%（推荐按 0.9%）；

③ 烟气资料中常常没有 HCl 和 HF，但 HCl 资料非常重要，它决定了废水系统的出力，因此尽可能落实，或按照 HCl≤50mg/L 考虑；

④ FGD 虽然有一定的除尘能力（除尘效率约 75%～90%），但不能替代除尘器，因此要求飞灰不大于 200mg/m^3（标态）。

3.2.2 设备参数（表 3-2）

表 3-2 设备参数示例

序号	名　　称	数据	备注
1	锅炉类型	煤粉炉	烟囱高度 200m
2	锅炉年运行时间	7000h/a	脱硫 6500h/a
3	锅炉蒸发量	(130+150)t/h	2×25MW
4	锅炉烟气量	2×280000m^3/h	湿基 100%BMCR
5	锅炉耗煤量	38888kg/h	(18055+20833)kg/h
6	燃煤含灰量	23.35%	
7	燃煤含硫量	1.85%	按 2%考虑
8	锅炉出口烟气温度	150℃	
9	烟尘排放初始浓度	88mg/m^3	按 100mg/m^3 考虑
10	SO_2 排放初始浓度(标态)	4000mg/m^3	干基
11	脱硫工艺	氨-硫铵湿法	
12	净化后烟尘排放浓度	50mg/m^3	
13	净化后 SO_2 排放浓度	400mg/m^3	
14	出口温度	≥80℃	
15	除雾器出口含水量	≤75mg/m^3(标态)	干基
16	引风机型号	Y4-73-12No18D	
17	风量	159000m^3/h	
18	全压	2814Pa	
19	除尘器数量	2×1	三电场静电除尘器
20	除尘效率	99.9%	
21	工艺水消耗量	≤25t/h	
22	吸收剂	液氨	含量为 99.9%
23	副产品	硫酸铵	含水量 ≤1.5%
24	脱水系统	离心脱水机	
25	电力消耗	≤725kW·h/h	2×25MW
26	脱硫效率	≥95%	
27	系统可用率	≥96%	

3.2.3 氨吸收剂（示例）

对不同地区，三种氨源可灵活选择，见表3-3。

表3-3 三种氨源

名称	液氨	氨水	碳铵
分子式	NH_3	$NH_3 \cdot H_2O$	NH_4HCO_3
NH_3 含量/%	99.5	20～25	21.5
N含量/%	82	18	17.5
原料单价	2100元/吨	320元/吨	400元/吨
单位N价格	25.6元/吨	18元/吨	22.8元/吨
储运	压力罐车运输 压力储罐保存	普通罐车运输 普通储罐保存	普通车运输 仓库保存

3.2.4 副产硫铵（示例）

火电厂氨法脱硫生产的副产品硫铵需要满足表3-4的要求。

表3-4 硫铵指标

序号	项目	指　　标
1	外观	白色或灰白色粒状或粉末状,无可见机械杂质
2	总氮含量	≥18.0%
3	水分	≥1.5%
4	游离酸	≥2.0%

按照GB 535—1995《硫酸铵》的规定，硫铵品质和等级的划分见表3-5。

表3-5 硫铵品质和等级　　单位：%

序号	项目	优等品	一等品	合格品	备注
1	外观	白色结晶,无可见机械杂质	无可见机械杂质	无可见机械杂质	
2	氮(N)含量	≥21.0	≥21.0	≥20.5	以干基计
3	水分	≤0.20	≤0.30	≤1.00	
4	游离酸含量	≤0.03	≤0.05	≤0.20	H_2SO_4
5	铁(Fe)含量	≤0.007			
6	砷(Ag)含量	≤0.00005			
7	重金属含量	≤0.005			以Pb计
8	水不溶物含量	≤0.01			

3.2.5 基础数据

① 标准中1μmol/mol二氧化硫相当于2.86mg/m³二氧化硫质量浓度。

② 标准中氮氧化物的质量浓度以二氧化氮计，按1μmol/mol氮氧化物相当于2.05mg/m³，将体积浓度换算成质量浓度。

3.2.5.1 锅炉大气污染物排放标准（GB 13271—2001）[1]

① 2000年12月31日前建成使用的锅炉执行Ⅰ时段标准；

[1] 当时执行的标准，现在执行排放标准GB 13271—2014。

② 2001 年 1 月 1 日起建成使用的锅炉执行Ⅱ时段标准；

锅炉烟尘最高允许排放浓度和烟气黑度限值，按表 3-6 的时段规定执行。

表 3-6 锅炉烟尘最高允许排放浓度和烟尘黑度限值

锅炉类别	适用区域	烟尘排放浓度/(mg/m^3)		烟气黑度（林格曼）
		Ⅰ时段	Ⅱ时段	
自然通风燃煤锅炉<0.7MW(1t/h)	一类区	100	80	1 级
	二、三类区	150	120	
其他燃煤锅炉	一类区	100	80	1 级
	二类区	250	200	
	三类区	350	250	
轻柴油/煤油锅炉	一类区	80	80	1 级
	二、三类区	100	100	
其他燃料油锅炉	一类区	100	80①	1 级
	二、三类区	200	150	
燃气锅炉	全部区域	50	50	1 级

① 一类区禁止新建以重油、渣油为燃料的锅炉。

锅炉二氧化硫和氮氧化物最高允许排放浓度，按表 3-7 的时段规定执行。

表 3-7 锅炉二氧化硫和氮氧化物最高允许排放浓度

锅炉类别	SO_2 排放浓度/(mg/m^3)		NO_x 排放浓度/(mg/m^3)	
	Ⅰ 时段	Ⅱ 时段	Ⅰ 时段	Ⅱ 时段
燃煤锅炉	1200	900	—	—
轻柴油/煤油锅炉	700	500	—	400
其他燃料油锅炉	1200	900①	—	400
燃气锅炉	100	100	—	400

① 一类区禁止新建以重油、渣油为燃料的锅炉。

燃煤锅炉烟尘初始排放浓度和烟气黑度限值，根据锅炉销售出厂时间，按表 3-8 的时段规定执行。

表 3-8 燃煤锅炉烟尘初始排放浓度和烟气黑度限值

锅炉类别		燃煤收到基灰分	初始排放浓度/(mg/m^3)		烟气黑度（林格曼）
			Ⅰ时段	Ⅱ时段	
层燃锅炉	自然通风锅炉<0.7MW(1t/h)	—	150	120	1 级
	其他锅炉≤2.8MW(4t/h)	A_{ar}≤25%	1800	1600	1 级
		A_{ar}>25%	2000	1800	
	其他锅炉≥2.8MW(4t/h)	A_{ar}≤25%	2000	1800	1 级
		A_{ar}>25%	2200	2000	
沸腾锅炉	循环流化床锅炉	—	15000	15000	1 级
	其他沸腾锅炉	—	20000	18000	
抛煤机锅炉		—	5000	5000	1 级

每个新建锅炉房只能设一根烟囱，烟囱高度应根据锅炉房装机总容量，按表 3-9 规定执行。

表 3-9 燃煤、燃油（轻柴油/煤油除外）锅炉房烟囱最低允许高度

锅炉房装机总容量	MW	<0.7	0.7～1.4	1.4～2.8	2.8～7	7～14	14～28
	t/h	<1	1～2	2～4	4～10	10～20	20～40
烟囱最低允许高度	m	20	25	30	35	40	45

注：锅炉房装机总容量大于 28MW（40t/h）时，其烟囱高度应按批准的环境影响报告书要求确定，但不得低于 45m。新建锅炉房烟囱周围半径 200m 距离内有建筑物，其烟囱应高出最高建筑物 3m 以上。

3.2.5.2 火电厂大气污染物排放标准（GB 13223—2011）（表 3-10、表 3-11）

表 3-10 火力发电锅炉及燃气轮机组大气污染物排放浓度限值

单位：mg/m^3（烟气黑度除外）

序号	燃料和热能转化设施类型	污染物项目	适用条件	限值	污染物排放监控位置
1	燃煤锅炉	烟尘	全部	30	烟囱或烟道
		二氧化硫	新建锅炉	100 200①	
			现有锅炉	200 400①	
		氮氧化物（以 NO_2 计）	全部	100 200②	
		汞及其化合物	全部	0.03	
2	以油为燃料的锅炉或燃气轮机组	烟尘	全部	30	
		二氧化硫	新建锅炉及燃气轮机组	100	
			现有锅炉及燃气轮机组	200	
		氮氧化物（以 NO_2 计）	新建燃油锅炉	100	
			现有燃油锅炉	200	
			燃气轮机组	120	
3	以气体为燃料的锅炉或燃气轮机组	烟尘	天然气锅炉及燃气轮机组	5	
			其他气体燃料锅炉及燃气轮机组	10	
		二氧化硫	天然气锅炉及燃气轮机组	35	
			其他气体燃料锅炉及燃气轮机组	100	
		氮氧化物（以 NO_2 计）	天然气锅炉	100	
			其他气体燃料锅炉	200	
			天然气燃气轮机组	50	
			其他气体燃料燃气轮机组	120	
4	燃煤锅炉，以油、气体为燃料的锅炉或燃气轮机组	烟气黑度（林格曼黑度）/级	全部	1	烟囱排放口

① 位于广西壮族自治区、重庆市、四川省和贵州省的火力发电锅炉执行该限值。

② 采用 W 型火焰炉膛的火力发电锅炉，现有循环流化床火力发电锅炉，以及 2003 年 12 月 31 日前建成投产或通过建设项目环境影响报告书审批的火力发电锅炉执行该限值。

表 3-11 大气污染物特别排放限值 单位：mg/m^3（烟气黑度除外）

序号	燃料和热能转化设施类型	污染物项目	适用条件	限值	污染物排放监控位置
1	燃煤锅炉	烟尘	全部	20	烟囱或烟道
		二氧化硫	全部	50	
		氮氧化物（以 NO_2 计）	全部	100	
		汞及其化合物	全部	0.03	
2	以油为燃料的锅炉或燃气轮机组	烟尘	全部	20	
		二氧化硫	全部	50	
		氮氧化物（以 NO_2 计）	燃油锅炉	100	
			燃气轮机组	120	
3	以气体为燃料的锅炉或燃气轮机组	烟尘	全部	5	
		二氧化硫	全部	35	
		氮氧化物（以 NO_2 计）	燃气锅炉	100	
			燃气轮机组	50	
4	燃煤锅炉，以油、气体为燃料的锅炉或燃气轮机组	烟气黑度（林格曼黑度）/级	全部	1	烟囱排放口

3.3 工艺计算

3.3.1 烟气数据

3.3.1.1 燃料参数（表 3-12）

表 3-12 燃料参数

项目	符号	相对分子质量	成分/%	质量/(kg/h)	备注
燃料的热值 Q_D^Y				21.42	MJ/kg
收到基碳分 C^Y	C_{ar}	12	58.83	22877.81	
收到基氢分 H^Y	H_{ar}	1	3.50	1361.08	
收到基氧分 O^Y	O_{ar}	16	4.38	1703.29	
收到基氮分 N^Y	N_{ar}	14	0.99	384.99	
收到基硫分 S^Y	S_{ar}	32	2.00	777.76	1.85→2.00
收到基水分 W^Y	M_t	18	6.95	2702.72	7.10→6.95
收到基灰分 A^Y	A_{ar}	?	23.35	9080.35	
挥发分	V_{daf}	?	23.71		
合计	Σ	%	100.0	38888.00	

3.3.1.2 烟气参数（表 3-13）

表 3-13 烟气参数

序号	项目	体积(标态)/(m^3/h)	组成/%	备注
1	二氧化碳	42705.25	12.15	
2	二氧化氮	615.98	0.18	
3	二氧化硫	544.43	0.15	
4	氧气总量	20118.16	5.73	
5	氮气含量	264889.16	75.39	
6	水汽总量	22474.26	6.40	考虑空气带入水
7	湿基合计Σ	351347.24	100.00	
8	灰分总量	9080.35kg/h		
9	实际空气量	335302.73		指干空气

3.3.1.3 烟气数据

进行计算时所有空气和气体体积计算的单位要换算到标准状态［即以 0℃和标准大气压(0.1013MPa) 状态］。因此 1kmol 气体在标准状态下的体积是 22.4m^3。有关烟气相对分子质量、烟气密度、二氧化硫浓度计算见表 3-14。

表 3-14 烟气数据

序号	项目	体积(标态)/(m^3/h)	摩尔流量/(kmol/h)	相对分子质量	质量流量/(kg/h)
1	二氧化碳	42705.25	1906.48	44	83885.31
2	二氧化氮	615.98	27.50	46	1264.96
3	二氧化硫	544.43	24.30	64	1555.51
4	氧气总量	20118.16	898.13	32	28740.23
5	氮气含量	264889.16	11825.41	28	331111.45

续表

序号	项目	体积(标态)/(m^3/h)	摩尔流量/(kmol/h)	相对分子质量	质量流量/(kg/h)
6	水汽总量	22474.26	1003.32	18	18059.67
7	干基合计Σ	328872.98	14681.83		446557.46
8	湿基合计Σ	351347.24	15685.14		464617.14
9	灰分总量	9080.35kg/h			

干烟气相对分子质量：$\overline{M}_y=\sum n_i M_i=446557.46/14681.83=30.41$

干烟气密度：$\rho_y=446557.46/328872.98=30.41/22.4=1.358kg/m^3$

二氧化硫浓度：$1555.51/328872.98=0.004730kg/m^3=4730mg/m^3$

湿烟气相对分子质量：$\overline{M}_y=\sum n_i M_i=464617.14/15685.14=29.62$

湿烟气密度：$\rho_y=464617.14/351347.24=29.62/22.4=1.322kg/m^3$

二氧化硫浓度：$1555.51/351347.24=0.004427kg/m^3=4427mg/m^3$

3.3.2 吸收计算

3.3.2.1 脱硫除尘标准

采用GB 13223—2003《火电厂大气污染物排放标准》❶，Ⅲ时段标准：

SO_2浓度：$400mg/m^3$

烟尘浓度：$50mg/m^3$

林格曼黑度：≤1级

脱硫效率：$\eta\geqslant95\%$

SO_2 入口浓度：$4730mg/m^3$

SO_2 出口浓度：$4730\times(1-95\%)=236.5mg/m^3$

脱硫量：$(4730-236.5)mg/m^3\times328872.98m^3/h\times10^{-6}=1477.8kg/h$

年脱硫量：$1477.8kg/h\times6500h/a\times10^{-3}=9605.6t/a$

烟尘入口浓度：$100mg/m^3$

烟尘出口浓度：$\leqslant50mg/m^3$

除尘效率：$\eta\geqslant(100-50)/100=50\%$

除尘量：$(100-50)mg/m^3\times328872.98m^3/h\times10^{-6}=16.44kg/h$

3.3.2.2 吸收剂用量

工业气体吸收常用吸收剂见表3-15。

表3-15 工业气体常用吸收剂

溶质气体	吸收剂	
CO_2、H_2S	物理吸收	水、环丁砜、冷甲醇、碳酸丙烯酯
	化学吸收	一乙醇胺水溶液、二乙醇胺水溶液、三乙醇胺水溶液、催化热碳酸钾水溶液、甲基二乙醇胺水溶液、氨水、NaOH、KOH
	混合吸收	环丁砜-二异丙醇胺溶液
SO_2、COS	水、氨水、二甲基苯胺水溶液、石灰水、浓硫酸、亚硫酸盐水溶液、柠檬酸钠水溶液	
HCl、HF、HCN	水、NaOH水溶液	

❶ 当时执行的标准，现在执行排放标准GB 13223—2011。

续表

溶质气体	吸收剂
NH_3	水、稀硫酸水溶液
NO_2、NO_x	水、稀硝酸水溶液、Na_2CO_3 水溶液
Cl_2	水

根据 3.3.2.1 脱硫除尘标准计算，脱硫量为 1477.8kg/h，根据化学反应方程式：

SO_2 ＋ 2 NH_3 ＋ $H_2O \longrightarrow (NH_4)_2SO_3$

64.07　　34.06　　18.02　　116.13

1477.8　　?　　?　　?

NH_3的消耗量：(1477.8/64.07)×34.06＝785.61kg/h

H_2O 的消耗量：(1477.8/64.07)×18.02＝415.64kg/h

$(NH_4)_2SO_3$ 的生成量：(1477.8/64.07)×116.13＝2678.58kg/h

实际根据吸收剂的纯度（暂按 100%计）、氨硫比（NH_3/S＝2.05，Na/S＝2.05，Mg/S＝1.05）即可算出实际的 NH_3 的消耗量：785.61×2.05/2＝805.25kg/h。

脱硫剂按 20%计，补充量：805.25÷20%＝4026.25kg/h

3.3.2.3 物理吸收

（1）平衡关系

脱硫系统的操作温度 323K，操作压力为 101.3kPa，亨利系数 H 可用表 3-16 中的数据。

表 3-16 各种气体水溶液的亨利系数　　单位：10^6kPa・m^3/kmol

温度	10℃	20℃	30℃	40℃	50℃	60℃	70℃	80℃
N_2	50.8	61.1	70.3	79.2	85.9	90.9	94.6	95.6
空气	41.7	50.4	58.6	66.1	71.9	76.5	79.8	81.7
O_2	24.9	30.4	36.1	40.7	44.7	47.8	50.4	52.2
NO	16.5	20.1	23.5	26.8	29.6	31.8	33.2	34.0
N_2O	1.07	1.50	1.94					
CO_2	0.79	1.08	1.41	1.77	2.15	2.59		
氯气	0.297	0.402	0.502	0.600	0.677	0.731	0.745	0.730
H_2S	0.278	0.367	0.463	0.566	0.672	0.782	0.905	1.030
SO_2	0.0184	0.0266	0.0364	0.0495	0.0653	0.0839	0.1040	0.1280
HCl	0.0020	0.0021	0.0022	0.0023	0.0023	0.0023		
NH_3	0.0018	0.0021	0.0024					

由于 $m=H/(22.4\times101.3)=0.0653\times10^6/2269.12=28.8$，根据亨利定律，相平衡关系为：$y^*=28.8x$

（2）浓度计算

以稀溶液吸收烟气中的 SO_2 气体，入塔干烟气流量：

G＝328872.98m^3/h 即 14681.83 kmol/h

烟气中的 SO_2 气体的体积分数 0.15%（燃煤含硫按约 2.0%计，折合干烟气含量 4730mg/m^3），气相摩尔分数：

$$y_1=0.0015$$

烟气中的 SO_2 的含量 4730mg/m^3，脱硫效率 $\eta\geqslant95\%$，气相摩尔分数：

$$y_2=0.0015\times(1-95\%)=0.000075$$

进塔溶液（中性）控制 pH=7，液相摩尔分数：

$$x_2=10^{-7}\text{mol/L} \text{ 即} 10^{-7}/(1000/18)=1.80\times10^{-9}$$

出塔溶液中 SO_2 的饱和度为 75%，液相摩尔分数：

$$x_1=0.75x_1^*=0.75\times(0.0015/28.8)=3.91\times10^{-5}$$

（3）吸收计算

循环液对二氧化硫的溶解能力：

$$\Delta x=x_1-x_2=3.91\times10^{-5}-1.80\times10^{-9}=3.91\times10^{-5}\text{mol/L}$$
$$=39.1\times10^{-3}\text{mol/m}^3=2.50\text{g/m}^3$$

计算溶液循环量：

由物料衡算得：$L=G(y_1-y_2)/(x_1-x_2)$

$$=14681.83\times(0.0015-0.000075)/(3.91\times10^{-5}-1.80\times10^{-9})$$
$$=535079\text{kmol/h}=9631\text{t/h}$$

<计算结果不可接受，必须考虑化学吸收>

3.3.2.4 化学吸收

（1）吸收原理

根据上述计算，烟气中 SO_2 含量较低，物理吸收服从亨利定律，同时必须考虑酸碱中和的化学吸收。脱硫反应的主反应为循环液中的水对 SO_2 的溶解吸收，反应式为：

$$SO_2+H_2O \rightleftharpoons H^++HSO_3^-$$
$$CO_2+H_2O \rightleftharpoons H^++HCO_3^-$$
$$SO_2+HCO_3^- \rightleftharpoons HSO_3^-+CO_2$$

SO_2 在水中的溶解度可以通过加压和降温提高溶解度，由于烟气中 CO_2 含量较高，在与水的强烈掺混传质中生成碳酸盐，随即与 SO_2 发生置换反应，重新释放出 CO_2，所以水中也会溶解少量 CO_2，但总量有限。

（2）吸收能力

化学吸收是传质与化学反应同时进行的过程，当脱硫液中的 OH^- 浓度足够大时，发生快速不可逆化学反应，中和进入液相中的 SO_2，经过计算（1.0mol/L=1000.0mol/m³，即 64000.0g/m³），不同 pH 对 SO_2 的中和能力见表 3-17。

表 3-17 OH^- 对 SO_2 的中和能力

pH		7.5	8.0	8.5	9.0	9.5	10.0	10.5	11.0	11.5	12.0	12.5
$[OH^-]$	mol/L	$10^{-6.5}$	10^{-6}	$10^{-5.5}$	10^{-5}	$10^{-4.5}$	10^{-4}	$10^{-3.5}$	10^{-3}	$10^{-2.5}$	10^{-2}	$10^{-1.5}$
	g/m³	0.01	0.03	0.10	0.32	1.01	3.2	10.1	32	101	320	1012

（3）液气比例

SO_2 吸收量=溶解量+中和量；根据 3.3.2.3（3）溶解量为 2.50g/m³；根据 3.3.2.1 脱硫量为 1477.8kg/h。

通常 pH 大于 12 的脱硫循环液，吸收 SO_2 后 pH 可降到 7～8，甚至更低的 pH 值，脱硫过程的吸收量（含溶解量）、循环量（m³/h）和液气比（L/m³）见表 3-18。

表 3-18 脱硫过程各量关系

pH 值	溶解量/(g/m³)	中和量/(g/m³)	吸收量/(g/m³)	循环量/(m³/h)	液气比/(L/m³)
7.5	2.50	0.01	2.51	588765	1790
8.0	2.50	0.03	2.53	584111	1776

续表

pH值	溶解量/(g/m³)	中和量/(g/m³)	吸收量/(g/m³)	循环量/(m³/h)	液气比/(L/m³)
8.5	2.50	0.10	2.60	568385	1728
9.0	2.50	0.32	2.82	524043	1593
9.5	2.50	1.01	3.51	421026	1280
10.0	2.50	3.20	5.70	259263	788
10.5	2.50	10.1	12.6	117286	357
11.0	2.50	32.0	34.5	42835	130
11.5	2.50	101.0	103.5	14278	43
12.0	2.50	320.0	322.5	4582	14
12.5	2.50	1012.0	1014.5	1457	4

3.3.2.5 喷淋水耗

湿烟气量（标准状态 $T=273\text{K}$，$p=101.325\text{kPa}$）为 351347.24m³/h，其中水汽总量 22474.26m³/h，干烟气量 328872.98m³/h，进口的温度 150℃。

工作的温度 50℃，饱和蒸气压 $p_v=12335\text{Pa}$，工况条件饱和湿气水量：

$$328872.98\times12335/(101325-12335)=45585.44\text{m}^3/\text{h}$$

需要补充喷淋用水：45585.44－22474.26＝23111.2m³/h＝1031.75kmol/h，即 18595.12kg/h

水的汽化潜热按 $\lambda=540\text{kcal/kg}$ 计算，喷淋水需要的汽化热：

$$540\text{kcal/kg}\times18595.12\text{kg/h}=10.04\times10^6\text{kcal/h}$$

烟气进口温度 150℃，喷淋后温度 50℃，烟气比热容取 $c_p=1.38\text{kJ/(m}^3\cdot℃)$，湿烟气流量 351347.24m³/h，可以释放显热：

$$Q=1.38\times351347.24\times(150-50)=48.486\times10^6\text{KJ/h 即}11.58\times10^6\text{kcal/h}$$

<热量基本平衡>

实际工况条件湿含量（$\rho_y=1.322\text{kg/m}^3$）：

$$(45585.44\times18/22.4)/(464617.14+18595.12)=7.58\%<8.00\%$$

<湿含量符合要求>

3.3.2.6 氧化空气

$$2SO_2 \quad + \quad O_2 \rightleftharpoons 2SO_3$$

128.14　　22.4m³/h

1477.8kg/h　　?

理论氧气流量为：22.4×(1477.8/128.14)＝258.33m³/h＝4.31m³/min

根据经验烟气中含氧量为 5%以上，在喷淋区的氧化率为 50%～60%，在浆液池中氧化空气利用率 25%～30%，因此理论空气流量的系数为 0.5/(0.21×0.3)≈8；根据浆液溶解盐的多少确定安全系数 $K=1.5\sim2.0$，实际空气流量的系数为 12～16。

实际空气流量为：[4.31×0.5/(0.3×0.21)]×(1.5～2.0)m³/min≈60m³/min

3.3.3 塔径计算

3.3.3.1 直径计算

湿烟气量（标准状态 $T=273\text{K}$，$p=101.325\text{kPa}$）为 351347.24m³/h，进口的温度 150℃，其中进口水汽总量 22474.26m³/h，干烟气量 328872.98m³/h；出口的温度 50℃，出口水汽

总量45585.44m³/h。工况条件烟气流量：

进口流量 $351347.24\times423/273=544395\text{m}^3/\text{h}$

出口流量 $(328872.98+45585.44)\times(273+50)/273=443005\text{m}^3/\text{h}$

平均流量 $(544395+443005)/2=493700\text{m}^3/\text{h}$

吸收塔内烟气上升流速为3.2～4m/s，这里取塔内的流速为3.5m/s。

计算塔径：$[(493700/3600\div3.5)\div0.785]^{0.5}=7.06\text{m}$，取7.20m

塔径确定：$DN7200=40.69\text{m}^2$，烟气平均流量493700m³/h，实际速度核算如下：

$$493700\div3600\div40.69=3.37\text{m/s}$$

3.3.3.2 进口尺寸

在烟气进口流速不大于15m/s的原则下，进口尺寸确定为 $4800\times2300=11.04\text{m}^2$，进口烟气流量544395m³/h，速度核算如下：$544395\div3600\div11.04=13.70\text{m/s}$

3.3.3.3 烟囱计算

出口工况条件烟气流量为443005m³/h，在BMCR工况下，烟道内任意位置的烟气流速不大于15m/s，计算烟囱直径如下：

$$(443005/3600\div15\div0.785)^{0.5}=3.23\text{m}，取3.60\text{m}$$

烟囱直径取3.60m，流速为12.10m/s。

3.3.4 塔高计算

3.3.4.1 计算示例

拟用填料塔以清水吸收空气中的 SO_2 气体，入塔混合气流速 $G=0.02\text{kmol}/(\text{m}^2\cdot\text{s})$，其中含体积分数3%的 SO_2，要求回收率98%。操作压力为101.3kPa，温度293K，相平衡关系为 $y^*=34.9x$，若气相总体积传质系数 $k_Ga=0.056\text{kmol}/(\text{m}^3\cdot\text{s})$，出塔水溶液中 SO_2 的饱和度为75%，求所需水量及填料层高度。

解：该吸收过程可视为低浓度气体吸收。

首先，计算水量。

$$y_1=0.03, y_2=0.03\times(1-0.98)=0.0006$$

$$x_1=0.75x_1^*=0.75\times(0.03/34.9)=0.000645, x_2=0.0(\text{清水})$$

由物料衡算得：$L=G(y_1-y_2)/(x_1-x_2)$

$=0.02\times(0.03-0.0006)/(0.000645-0)=0.912\text{kmol}/(\text{m}^2\cdot\text{s})$

然后计算填料层高度：$h_T=H_{OG}N_{OG}$

求取传质单元高度 $H_{OG}=G/(k_Ga)=0.02/0.056=0.357\text{m}$

求取传质单元数 $N_{OG}=(y_1-y_2)/\Delta y_m$，采用对数平均推动方法：

$$\Delta y_1=y_1-y_1^*=0.03-34.9\times0.000645=0.007489$$

$$\Delta y_2=y_2-y_2^*=0.0006-34.9\times0.0=0.0006$$

$$\Delta y_m=(\Delta y_1-\Delta y_2)/\ln(\Delta y_1/\Delta y_2)=0.00273$$

$$N_{OG}=(y_1-y_2)/\Delta y_m=(0.03-0.0006)/0.00273=10.76$$

3.3.4.2 传质单元高度

根据计算，塔径 $DN7200$，塔截面积40.69m²，干烟气流量 $G=14681.83\text{kmol/h}$。

折合 $G=14681.83\text{kmol/h}$ 即，$0.10023\text{kmol}/(\text{m}^2\cdot\text{s})$

常用传质设备的性能数据见表 3-19。

表 3-19 常用传质设备的性能数据

设备类型	$k_G \times 10^{-3}$	$k_L \times 10^{-4}$	a	$k_L a \times 10^2$	L
	$\frac{kmol}{m^2 \cdot s \cdot atm}$	m/s	m^2/m^3	s^{-1}	$\frac{m^3液体}{m^3(液+气)}$
逆流填充塔	0.03～2	0.4～2	10～350	0.04～7	0.02～0.25
并流填充塔	0.1～3	0.4～6	10～170	0.04～102	0.02～0.95
泡罩塔	0.5～2	1～5	100～400	1～20	0.1～0.95
筛板塔	0.5～6	1～20	100～200	1～40	0.1～0.95
鼓泡塔	0.5～2	1～4	50～60	0.5～24	0.6～0.98
喷洒塔	0.5～2	0.7～1.5	10～100	0.07～1.5	0.02～0.20
鼓泡搅拌槽		0.3～0.4	100～2000	0.3～80	0.20～0.95
文丘里	2～10	5～10	160～250	8～25	0.05～0.30

根据喷洒塔 $k_G=(0.5\sim2)\times10^{-3}$ kmol/(m² · s · atm)，$a=10\sim100m^2/m^3$，则气相总体积传质系数 $k_G a=(5\sim200)\times10^{-3}$ kmol/(m³ · s · atm)，计算时气相总体积传质系数取 $k_G a=(20\sim50)\times10^{-3}$ kmol/(m³ · s · atm)。

传质单元高度计算如下：

$$H_{OG}=G/(k_G aP)=0.10023/[(20\sim50)\times10^{-3}\times1.00]=2.005\sim5.012m$$

3.3.4.3 传质单元数

根据 3.3.2.3 物理吸收计算，结果如下：

相平衡关系 $y^*=28.8x$

气相摩尔分数 $y_1=0.0015$ $y_2=0.000075$

液相摩尔分数 $x_1=3.91\times10^{-5}$ $x_2=1.80\times10^{-9}$

传质单元数 $N_{OG}=(y_1-y_2)/\Delta y_m$，采用对数平均推动方法：

$\Delta y_1=y_1-y_1^*=0.0015-28.8\times3.91\times10^{-5}=0.000374$

$\Delta y_2=y_2-y_2^*=0.000075-28.8\times1.80\times10^{-9}=0.00007495$

$\Delta y_m=(\Delta y_1-\Delta y_2)/\ln(\Delta y_1/\Delta y_2)=0.000186$

$N_{OG}=(y_1-y_2)/\Delta y_m=(0.0015-0.000075)/0.000186=7.66$

3.3.4.4 吸收塔高度

$$h_T=H_{OG}N_{OG}=(2.005\sim5.012)\times7.66=15.36\sim38.39m$$

3.3.4.5 停留时间

停留时间计算按 3～4s 计算，烟气速度按 3.37m/s 计算，塔高计算如下：$h_T=3.37\times(3\sim4)=10.11\sim13.48m$

3.3.4.6 确定塔高

＜吸收段高度取约 16m＞

3.3.5 烟气计算

当烟气管道较长时，必须考虑烟气温度的降低，脱硫系统各主要设备的烟气流量应按照各点的温度计算。

3.3.5.1 在管道中的温度变化计算

$$\Delta t_1=\frac{qF}{Qc_V}$$

式中 Q——标准状态下烟气流量，m^3/h；

F——管道散热面积，m^2；

c_V——标准状态下烟气平均比热容，通常取 1.38 kJ/(m^3·℃)；

q——烟气管道单位面积散热损失，通常室内 $q=4187$kJ/(m^2·h)，室外 $q=5443$kJ/(m^2·h)。

3.3.5.2 在烟囱中的温度变化计算

$$\Delta t_2=\frac{HA}{\sqrt{D}}$$

式中 H——烟囱高度，m；

D——额定蒸发量之和，t/h；

A——温降系数。

每米高度烟囱的烟气温度降可参见表 3-20。

表 3-20 每米高度烟囱的烟气温度降

烟囱种类	烟气温度降/(℃/m)
无衬钢烟囱	$2/D^{0.5}$
有衬钢烟囱	$0.8/D^{0.5}$
砖烟囱(厚度<500mm)	$0.4/D^{0.5}$
砖烟囱(厚度>500mm)	$0.2/D^{0.5}$

3.3.5.3 烟囱出口烟气与环境温度差

$$\Delta T=T_s-T_a$$

式中 T_s——烟囱出口烟气温度，可用入口烟气温度按−5℃/100m 估算；

T_a——烟囱出口环境温度，可用近五年地面平均温度计算。

3.3.5.4 烟气热释放率的计算

$$Q_H=c_pV\Delta T$$

式中 c_p——烟气平均定压比热容，1.38kJ/(m^3·℃)；

V——排烟率，m^3/s，多台锅炉共用时为烟气总量的合计值。

3.3.5.5 烟囱出口环境风速的计算

$$U_S=U_{10}(H_S/10)^{0.15}$$

式中 U_S——烟气抬升计算风速，小于 2.0m/s 时取 2.0m/s；

U_{10}——地面 10m 高度处的平均风速，小于 1.3m/s 时取 1.3m/s；

H_S——烟囱的几何高度。

3.3.5.6 烟气抬升高度的计算

(1) 当 $Q_H\geqslant 21000$kJ/s，且 $\Delta T\geqslant 35$K 时：

城市/丘陵：$\Delta H=1.303Q_H^{1/3}H_S^{2/3}/U_S$

平原/农村：$\Delta H = 1.427Q_H^{1/3}H_S^{2/3}/U_S$

（2）当 21000kJ/s≥Q_H≥2100kJ/s，且 ΔT≥35K 时：

城市/丘陵：$\Delta H = 0.292Q_H^{3/5}H_S^{2/5}/U_S$

平原/农村：$\Delta H = 0.332Q_H^{3/5}H_S^{2/5}/U_S$

（3）当 Q_H<2100kJ/s，且 ΔT<35K 时：

$$\Delta H = 2(1.5V_S d + 0.010Q_H)/U_S$$

3.3.5.7 烟囱吸力的计算

假定烟囱下部为 1 截面，压力为 p_1；上部为 2 截面，压力为 p_2；内部烟气密度为 ρ_1，环境空气密度为 ρ_2，环境大气压力为 p_0，列方程如下：

$p_2 + \rho_1 Hg = p_1$　　　　$p_2 + \rho_2 Hg = p_0$ 联立相减得烟囱吸力：

$$\Delta p = p_0 - p_1 = (\rho_2 - \rho_1)Hg$$

由于标准态下烟气密度为 ρ，温度为 t，则 $\rho_1 = 273℃ \times \rho/(273℃ + t)$。而标准态下干空气密度 $\rho = 1.293\text{kg/m}^3$，设周围空气温度为 20℃，则 $\rho_2 = 1.293 \times 273/293 = 1.20$，烟囱吸力计算式如下：

$$\Delta p = [1.20 - 273\rho/(273 + t)]Hg$$

3.3.6 计算结果

根据计算结果，主要工艺技术参数见表 3-21。

表 3-21 主要工艺技术参数计算结果

序号	项目	参数	备注
01	锅炉蒸发量	(130+150)t/h	
02	设计燃料	煤	设计含硫约 2.00%
03	燃料用量	38888kg/h	(18055+20833)kg/h
04	干烟气量	328872.98m^3/h	两台合计
05-1	水汽总量(进口)	22474.26m^3/h	考虑空气带入水
05-2	水汽总量(排放)	45585.44m^3/h	50℃含湿量 7.58%<8.00%
06-1	二氧化硫(进口)	4730mg/m^3	544.43m^3/h
06-2	二氧化硫(排放)	≤236.5mg/m^3	
06-3	脱硫效率	η≥95%	脱硫量 1477.8kg/h
07-1	烟尘浓度(进口)	100mg/m^3	
07-2	烟尘浓度(排放)	≤50mg/m^3	
07-3	除尘效率	η≥50%	
08-1	烟气温度(进口)	180℃	
08-2	烟气温度(出口)	50℃	
09	液气比	14L/m^3	循环量 4582m^3/h
10	氨硫比 NH_3/S	2.05	消耗量 805.25kg/h
11	塔体直径	ϕ7200mm	
12	烟囱直径	ϕ3600mm	
13	脱硫除尘塔高度	约 16m	
14	烟囱顶端标高	约 80m	

3.4 设备选型

3.4.1 氨水系统

3.4.1.1 氨水储槽

实际吸收剂 NH_3 的消耗量 805.25kg/h，浓度按 20%计算，相对密度按 0.88 计算，单位时间补充量 805.25÷20%=4026.25kg/h，考虑使用 4h，装料系数 90%，存储量 4026.25×4÷90%=17894kg=17.9t，折合：

17894÷880=20.3m³，氨水储槽选 DN3000mm×3500mm，V=20m³

<实际两台切换使用>

3.4.1.2 氨水泵

氨水（20%）实际的消耗量：4026.25kg/h，考虑间歇使用，计算流量：

$$4026.25\times150\%\div880=6.86\text{m}^3/\text{h}$$

本项目采用氨水泵一用一备，实际采购参数见表 3-22。

表 3-22 氨水泵实际采购参数

项目	参数	项目	参数
泵型号	HGA32-160	输送介质	20%氨水
泵的形式	卧式、离心泵	介质温度	常温
安装地点	室外	溶液密度	880kg/m³
设计流量	10m³/h	电机功率	2.2kW
设计扬程	30mH_2O	Cl^-	≤10 ppm

3.4.1.3 氨水制备

液氨按一周考虑：805.25×24×7÷90%=150313kg=150t

液氨储槽选 DN3200mm×11300mm，V=100m³，两台切换使用。

液氨采用压缩机装卸，压缩机参数见表 3-23。

表 3-23 压缩机参数

<table>
<tr><th>项目</th><th>参数</th><th colspan="2">项目</th><th>参数</th></tr>
<tr><td>压缩机型号</td><td>ZW-1.1/16-24 型无油润滑氨气压缩机</td><td colspan="2">润滑温度</td><td>≤70℃</td></tr>
<tr><td>结构形式</td><td>立式、风冷、活塞式</td><td colspan="2">冷却方式</td><td>风冷</td></tr>
<tr><td>压缩介质</td><td>氨气</td><td colspan="2">压缩级数</td><td>一级</td></tr>
<tr><td>公称容积流量</td><td>1.1m³/min</td><td colspan="2">传动方式</td><td>皮带传动</td></tr>
<tr><td>吸气压力</td><td>1.6MPa</td><td colspan="2">安装方式</td><td>有基础、室外</td></tr>
<tr><td>排气压力</td><td>2.4MPa</td><td colspan="2">全机重量</td><td>约 630kg</td></tr>
<tr><td>吸气温度</td><td>≤40℃</td><td rowspan="4">电机主要参数</td><td>型号</td><td>$YB_2$180M-4</td></tr>
<tr><td>排气温度</td><td>≤110℃</td><td>名称</td><td>防爆三相异步电机</td></tr>
<tr><td>转速</td><td>850r/min</td><td>功率</td><td>18.5kW</td></tr>
<tr><td rowspan="2">润滑方式</td><td>飞溅润滑：曲轴、连杆、活塞销</td><td>电压</td><td>380V</td></tr>
<tr><td>无油润滑：汽缸、活塞</td><td colspan="2">噪声值</td><td>≤85dB(A)(距设备 1m 处)</td></tr>
</table>

氨水制备系统每小时生产 20%的氨水 5t，设备经济技术指标如下。

① 氨水浓度 20%（用户可控制，可不循环），正常生产时尾气排放达国标。

② 生产能力：每小时转化吸收1000kg液氨为20%以上浓度的氨水。

③ 水质要求：总硬度<0.03mmol/L，氯离子含量<30mg/L。

④ 设备见表3-24。

表3-24 设备表

序号	设备名称	规格型号	数量	备注
1	超级吸氨器	SXAQ-1000Ⅲa	1	
2	尾气吸收器	WX-03	1	
3	温密计	WM-02	1	
4	循环水冷却塔	BNG2-20,2.2kW	1	大温差
5	循环水泵	IHGB50-125(I)A 2.2kW $Q=22.3m^3/h$,$H=16m$	2	不锈钢,防爆
6	工艺水泵	IHGB32-160 1.5kW $Q=5m^3/h$,$H=32m$	2	不锈钢,防爆

3.4.2 烟气系统

3.4.2.1 脱硫增压风机（本项目不设增压风机）

增压风机的风量应为锅炉满负荷工况下的烟气量的110%，另加不低于10℃的温度裕量；增压风机的压头应为脱硫装置在锅炉满负荷工况下并考虑10℃温度裕量下阻力的120%。

3.4.2.2 烟气换热器（本项目不设烟气换热器）

烟气系统宜装设烟气换热器，脱硫后烟气温度一般应达到80℃以上排放。烟气换热器下部烟道应装设疏水系统。可以选择管式换热器或回转式换热器，当原烟气侧设置降温换热器有困难时，也可采用在净烟气侧装设蒸汽换热器。

3.4.2.3 挡板门（本项目不增加挡板门，仅加装电动执行机构）

烟气脱硫装置宜设置旁路烟道。旁路挡板门的开启时间应能满足脱硫装置故障不引起锅炉跳闸的要求。烟道挡板宜采用带密封风的挡板，旁路挡板门也可采用压差控制不设密封风的单挡板门。

3.4.2.4 膨胀节

膨胀节用于运行和事故条件下，补偿烟道热膨胀引起的位移，烟道上膨胀节设置保温。膨胀节采用非金属制作并提供保护板，以防止灰尘沉积在膨胀节波节处。膨胀节由多层材料组成，能承受烟气高温不会造成损害和泄漏，能承受可能发生的最大设计正压和负压，排水配件由FRP或镍基合金材料制作。烟道上的膨胀节采用螺栓法兰连接，其布置位置能确保膨胀节可以更换。膨胀节框架与烟道按现场焊接设计，框架内外密封焊在烟道上。邻近挡板的膨胀节留有充分的距离，以防止与挡板的动作部件互相干扰。

3.4.3 吸收系统

3.4.3.1 脱硫吸收塔［本项目采用碳钢（不保温）+玻璃鳞片树脂1.8mm内衬］

吸收塔宜采用钢结构，内壁采用衬胶或衬树脂鳞片或衬高镍合金板。塔外应设置供检修维护的平台和扶梯，设计荷载不应小于4000N/m²，平台宽度不小于1.2m，塔内不应设置固定式的检修平台。塔内与喷嘴相连的浆液管道应考虑检修维护措施，应考虑不小于 500N/m² 的检修荷载。

3.4.3.2 喷雾系统

脱硫塔内部浆液喷雾系统由分配管网和喷嘴组成，喷雾系统的设计能均匀分布要求的喷雾流量。浆液分布在母管内均匀，并把浆液均匀分配给连接喷嘴的支管。浆液喷淋系统采用 FRP 材料，喷嘴的设计和材料能避免快速磨损、结垢和堵塞，并便于检查和维修。喷雾系统能够以最小的气液阻力，将液体均匀地分布到脱硫塔断面上。

为了达到设计煤种下 SO_2 的脱除率，塔内设置了四层喷淋层，喷淋层间距 2.00m，分别设置在 15.5m、17.5m、19.5m、21.5m。脱硫塔内的浆液由泵送至喷嘴系统，系统中吸收液氯离子浓度最大不超过 40g/L，一个喷淋层装 26 个喷嘴，喷淋层采用 FRP 材料，喷嘴形式为空心锥，夹带的浆液将在除雾器中收集。喷淋层的布置如图 3-3 所示。

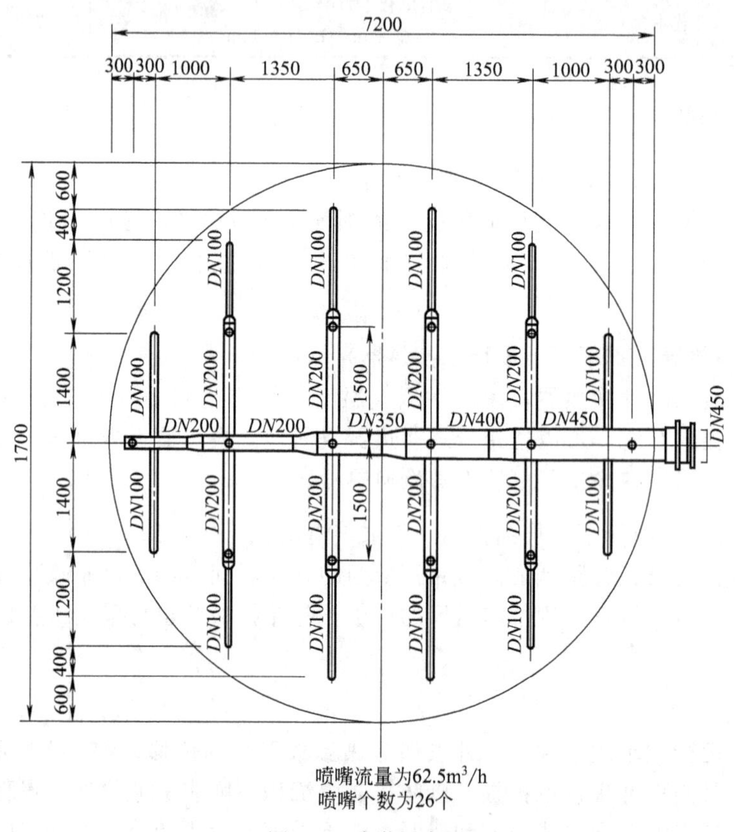

图 3-3 喷淋层布置

3.4.3.3 除雾器

吸收塔应装设除雾器，除雾器出口的雾滴浓度（标态）应不大于 75mg/m³。除雾器应考虑检修维护措施，支撑梁的设计荷载应不小于 1000N/m²。除雾器应设置水冲洗装置。

脱硫后的烟气通过除雾器来减少携带的水滴，两级除雾器采用传统的顶置式，布置在吸收塔顶部或塔的外部，除雾器采用聚丙烯材料，除雾器阻力 150～300Pa，采用工艺水冲洗，冲洗过程通过程序控制自动完成。

除雾器技术参数见表 3-25。

表 3-25 除雾器技术参数

序号	项目	单位	参数
1	塔除雾器(两层)	套	1
2	脱硫塔内径	m	7.2
3	脱硫塔塔顶烟气出口	m	EL30.000
4	除雾器(含喷淋层)布置区	m	EL23.000～27.000
5	烟气流量(湿基,标况)	m^3/h	37.45×10^4
6	烟气温度(正常/事故)	℃	(50～80)/120
7	空塔烟气流速	m/s	3.7～4.2
8	烟气流向		垂直气流
9	除雾器冲洗层数量	层	3(中间设 2 层喷淋)
10	每层喷淋量(上/中/下)	m^3/h	2.43/1.53/6.1
11	喷淋强度	$m^3/(m^2 \cdot h)$	2.43
12	除雾器标准单元组件尺寸	mm	2000×420×180
13	除雾器标准单元的叶片数量(上/下)		21/11
14	叶片间距(上/下)	mm	20/40
15	单层除雾器工作面积	m^2	40.6
16	去除效率(19μm 及以上液滴)	%	99.9
17	出口净烟气持液量(干基,标态)	mg/m^3	75
18	两层除雾器总压力降(烟气)	Pa	<200Pa
19	除雾器材质(叶片/边框)		改性 PP/改性 PP
20	喷淋管材质		PP-H
21	安装重量(除雾器 上/下)	kg/m^2	40/70
22	安装重量(喷淋管)	kg/m	2.5
23	冲洗水消耗量(最大/最小)	m^3/h	25/19
24	除雾器固定件、喷嘴连接件材质		改性 PP

除雾器冲洗喷嘴技术参数见表 3-26。

表 3-26 除雾器冲洗喷嘴技术参数

项目	单位	除雾器冲洗喷嘴		
		上层	中层	下层
数量	个	40	40	40
单只喷嘴设计流量	m^3/h	2.1	2.1	2.1
设计流量下喷嘴压损	bar	2	2	2
喷淋方式		实心锥	实心锥	实心锥
喷淋角度		120	120	120
连接方式		螺纹连接	螺纹连接	螺纹连接
连接尺寸	mm	M12	M12	M12
材质		改性 PP	改性 PP	改性 PP
自由通孔直径	mm			

注：$1bar=10^5Pa$。

冲洗喷嘴采用实心锥形式，喷角应为 120°，采用改性 PP 材料。喷嘴在设计中应具有良好的雾化状态并考虑防堵措施，要确保整个除雾器表面均能被冲洗到，喷嘴至少具有 180% 的重叠部位（平均）。

除雾器冲洗用水由 FGD 工艺水提供。除雾器冲洗水水量为 $10.06m^3/h$，水压为 2bar，第一级除雾器的冲洗频率为冲洗 46s，停 106s；二级除雾器冲洗频率为冲洗 23s，停 120s。

除雾器脱除液滴尺寸要求如下：

① 19μm 及以上液滴的去除效率达到 99.9%以上；

② 在所有工况下（直到达到 110%锅炉负荷）除雾器下游的自由残留水分不应该超过 $75mg/m^3$（标态）。

3.4.3.4 浆液循环泵

浆液循环泵入口应装设滤网等防止固体物吸入的措施。当采用喷淋吸收塔时，吸收塔浆液循环泵宜按单元制设置；按照单元制设置时，应设仓库备用泵叶轮一套；按照母管制设置时，宜现场安装一台备用泵。

循环量：$4582m^3/h \div 4 \times 120\% = 1375m^3/h$

实际采购参数见表 3-27。

表 3-27 浆液循环泵实际采购参数

项目	参数	项目	参数
泵型号	HGAP40-40	介质温度	60℃
泵的形式	卧式、离心泵	溶液密度	$1300kg/m^3$
安装地点	室外	电机功率	160/160/185/200kW
设计流量	$1625m^3/h$	固体质量分数	5%
设计扬程	$18/20/22/24mH_2O$	Cl^-	≤20000mg/L
输送介质	硫酸铵过饱和溶液		

3.4.3.5 事故浆池

脱硫装置应设置一套事故浆池或事故浆液箱，容量宜不小于一座吸收塔最低运行液位时的浆池容量。所有储存悬浮浆液的箱罐应有防腐措施并装设搅拌装置。

浆液循环的停留时间按 3～4min 计算，浆池直径 7.2m，浆池高取 6.5m，计算容积如下：$0.785 \times 7.2^2 \times 6.5 = 265m^3$

折算停留时间 $265m^3 \div 4751m^3/h = 0.056\ h = 3.35min$，符合要求。

事故浆池按 $265m^3$ 设计。

事故池排出泵：排出时间按 5～6h 计算，选 $Q = 50m^3/h$，$H = 35m$。

实际采购参数见表 3-28。

表 3-28 事故池排出泵实际采购参数

项目	参数	项目	参数
泵型号	HGKO80-2160	介质温度	≤60℃
泵的形式	卧式、离心泵	溶液密度	$1300kg/m^3$
安装地点	室外	电机功率	15kW
设计流量	$50m^3/h$	固体质量分数	≤7%
设计扬程	$35mH_2O$	Cl^-	≤20000mg/L
输送介质	硫酸铵过饱和溶液		

3.4.4 氧化系统

3.4.4.1 氧化风机

氧化风机宜采用罗茨风机，也可采用离心风机。当氧化风机计算容量小于 $6000m^3/h$

时，每座吸收塔应设置 2 台全容量或 3 台半容量的氧化风机；或每两座吸收塔设置 3 台全容量的氧化风机。当氧化风机计算容量大于 6000m^3/h 时，宜配 3 台氧化风机。

根据氧化空气计算，实际需要空气流量（标况）约为 60m^3/min，氧化风管插入深度按 5.0m 计算（风管出口高度按 2.0m，浆液高度按 7.0m），氧化风机选 $Q=30\text{m}^3/\text{min}$，$H=85\text{kPa}$。罗茨鼓风机技术参数见表 3-29。

表 3-29 罗茨鼓风机技术参数

序号	项 目	参 数	备 注
1	机型	三叶型低噪声罗茨风机	
2	设备型号	SR20LC	
3	输送气体	空气	
4	进气温度	常温	
5	出口温度	不高于 120℃	
6	流量	2×30m^3/min	
7	升压	85kPa	
8	设备安装高度	<4.0m	含配管
9	传动方式	直连	
10	叶轮形式	三叶渐开线式	
11	叶轮直径	300mm	
12	冷却方式(水冷)	10～15L/min	不小于 0.2MPa
13	风机转速	1480r/min	
14	电动机功率	75kW	
15	电机防护等级	室内 IP54	
16	电机绝缘等级	F	
17	噪声	≤85dB(A)	距隔声罩 1m 处
18	设备成套要求	进出口消声器,弹性接头,单向阀,配对法兰	

氧化空气系统的功能是把吸收所得亚硫酸铵转化成为硫酸铵，由氧化风机和氧化风管组成。氧化空气入塔前设有喷水降温到 80℃，使氧化空气达到饱和状态，可有效防止氧化喷枪口的结垢。

3.4.4.2 浆液扰动

浆液扰动系统能防止浆液沉淀结块，通过扰动系统使浆液池中的固体颗粒保持悬浮状态，其设计和布置考虑氧化空气的最佳分布和浆液的充分氧化。

浆液扰动系统可以采用浆液扰动泵或浆液搅拌器。

本项目采用扰动泵一用一备，扰动浆液入塔标高 1.500m，扰动浆液出塔标高 0.720m，选 $Q=200\text{m}^3/\text{h}$，$H=19\text{m}$。实际采购参数见表 3-30。

表 3-30 扰动泵实际采购参数

项目	参数	项目	参数
泵型号	HGKO150-250	介质温度	60℃
泵的形式	卧式、离心泵	溶液密度	1300kg/m^3
安装地点	室外	电机功率	22kW
设计流量	200m^3/h	固体质量分数	5%
设计扬程	19mH_2O	Cl^-	≤20000mg/L
输送介质	硫酸铵过饱和溶液		

3.4.4.3 硫酸铵排出泵

在塔底通过氧化风机，把过量的空气鼓入脱硫塔内，把吸收液中的亚硫酸铵氧化成硫酸铵，直至有晶体析出。排放泵连续地把吸收液送到硫铵系统，通过控制排出浆液流量，维持循环浆液质量分数在 8%～25%。

脱硫量 1477.8kg/h，折算硫酸铵 1477.8÷64.07×132.13=3047.6kg/h。

排出浆液浓度按约 5%计，相对密度按 1.15 计，折算体积流量：

$$3047.6 \div 5\% \div 1150 = 53.00\mathrm{m^3/h}$$

本项目采用硫酸铵排出泵一用一备，实际采购参数见表 3-31。

表 3-31 硫酸铵排出泵实际采购参数

项目	参数	项目	参数
泵型号	HGKO100-200	介质温度	60℃
泵的形式	卧式、离心泵	溶液密度	1150～1300kg/m³
安装地点	室外	电机功率	37kW
设计流量	115m³/h	固体质量分数	5%
设计扬程	55mH₂O	Cl⁻	≤20000mg/L
输送介质	硫酸铵过饱和溶液		

3.4.5 硫铵系统

3.4.5.1 设计原则

硫铵系统可按两套或多套装置合用设置，但硫铵脱水系统应不少于两套。当电厂只有一台机组时，可只设一套硫铵脱水系统，并相应增大硫铵浆液箱容量。每套硫铵脱水系统宜设置两台硫铵脱水机，单台设备出力按设计工况下硫铵产量的 75%选择，且不小于 50%校核工况下的硫铵产量。

电子束法脱硫及氨水洗涤法脱硫，应根据市场条件和厂内场地条件设置适当的硫酸铵包装及存放场地。

3.4.5.2 水力旋流器

硫酸铵产量 3047.6kg/h，间歇排放，排放能力为 5%的浆液 115m³/h。采用由多个旋流子组成的水力旋流器。作为硫酸铵浆液的第一级浓缩系统，在此阶段硫酸铵溶液被浓缩，固含量由 5%变为 35%后排出，进入离心机进行分离。

旋流器为环形布置，至少有 6mm 厚度的橡胶内衬。运行寿命应至少 30 年，磨损表面最低寿命 45000h。旋流器的性能达到表 3-32 要求。

表 3-32 旋流器性能要求

项目	参数	项目	参数
处理能力	≥115m³/h	压力调整范围	10%
底流的固含量	≥35%(约 16.43m³/h)	距设备 1m 处噪声	<85dB(A)
溢流的固含量	≤0.65%	橡胶衬里的保证期	45000h
旋流器的阻力	≤135kPa	FRP/PP/陶瓷保证期	45000h

硫酸铵水力旋流器主要参数见表 3-33。

表 3-33 硫酸铵水力旋流器技术参数

序号	项 目	说明
1	名称	硫酸铵浆液旋流器
2	数量	1台
3	型号	D8-10/7
4	安装尺寸(直径×高)	1560mm×2300mm
5	安装位置	室内
6	旋流器尺寸(直径×高)	100mm×1500mm
7	材质	聚亚氨酯
8	旋流器总数	6用1备(单台)
9	运行方式	连续运行
10	处理能力/(m^3/h)	115(最大124.2)
11	给料浆液浓度范围(质量分数)	5.0%
12	溢流浆液浓度范围(质量分数)	0.65%
13	底流浆液浓度范围(质量分数)	35%
14	浆液联箱(入口/溢流/底流)	CS衬胶
15	旋流子 VV100-8-1/A-B/16	聚亚氨酯
16	浆液管道	CS衬胶
17	排气管道	无
18	密封件	橡胶
19	总重量(包括辅机)/kg	955(干重)/1675(湿重)
20	运输条件	预组装

3.4.5.3 离心机

硫酸铵水力旋流器的底流约为16.43m^3/h（约35%），采用GK1250NA卧式刮刀卸料离心机一用一备。离心机的机座采用碳钢，密封圈采用合成胶，转鼓、进料管和澄清液出口以及与工艺介质接触的其他零件全部选用双相不锈钢2205（注：要求转鼓整体，包括底板、挡液板、筒体全部采用双相不锈钢2205），具体的运行条件见表3-34。

表 3-34 离心机运行条件

序号	项目	参数	备注
1	物料名称	硫酸铵过饱和浆液	
2	物理形态	液态	
3	粒度 d_p	0.01～0.1mm	
4	物料浓度	35%	
5	产品含水	≤5%	
6	单台产量	2145kg/h	干粉
7	单台处理量	7150kg/h	含固液体
8	给料温度	60℃	
9	排料温度	60℃	
10	蒸发潜热	573.3kcal/kg	
11	分解温度	≥260℃	
12	溶液密度	1300kg/m^3	
13	pH值	4～6	
14	Cl^-	20000mg/L	

采购设备参数见表3-35。

表 3-35 采购设备参数

项目	参数	项目	参数
转鼓直径	1250mm	主电机功率	55kW
转鼓容积	370L	装料限重	550kg
转鼓转速	1200r/min	分离因数	1007
转鼓挡液板内径	930mm	过滤面积	2.55m^2
油泵电机功率	4kW	液压系统压力	6.3MPa
整机质量	约 10000kg	转鼓材质	2205
外形尺寸	3240mm×3300mm×2500mm	转鼓高度	625mm

设备的供货范围见表 3-36。

表 3-36 设备供货范围

序号	设备名称	设备规格	单位	数量
1	卧式刮刀离心机	GK1250-N	台	2
2	主电机	Y250M-4B3	台	2
3	电控柜		只	2
4	液压系统		套	2
5	减振垫		套	2
6	地脚螺栓		套	2
7	润滑油	第一次加注的		

3.4.5.4 母液设备

根据硫酸铵产量（干粉）3047.6kg/h，可知母液量 3047.6÷0.35×0.65=5660kg/h。

设置母液罐 DN3500mm×3000mm，V=20m^3。

母液泵一用一备，实际采购参数见表 3-37。

表 3-37 母液泵实际采购参数

项目	参数	项目	参数
泵型号	HGKO80-2160	介质温度	≤50℃
泵的形式	卧式、离心泵	溶液密度	1300kg/m^3
安装地点	室外	电机功率	11kW
设计流量	80m^3/h	固体质量分数	≤2%
设计扬程	20mH_2O	Cl^-	≤20000mg/L
输送介质	硫酸铵过饱和溶液		

3.4.5.5 流化床干燥机（含螺旋输送机）

螺旋输送机采用不锈钢制造，变频电机驱动。

流化床干燥机采用 12×75L 振动流化床干燥机，包括热风机、冷风机、干燥器本体、除尘器、排风机及相连的管道等。性能及结构要求如下：

① 主机床面材质采用 SS316L，其余与物料接触部分喷涂防腐耐磨层，以经受含尘含酸气流的冲刷，保证使用寿命；

② 振动流化床筛板采用 3mm 厚，开孔率 3.5%～4%，孔径 3mm（直孔），筛板下面结构为扁铁加强；

③ 除尘器采用扩散式除尘，除尘器的除灰采用自动排料方式，排尘浓度<10mg/m^3；

④ 流化床整机壳体采用槽钢框架加强，本体保温层岩棉的厚度不小于 50mm，外防护采用镀锌板。

振动流化床干燥机的技术参数见表 3-38。

表 3-38 振动流化床干燥机技术参数

序号	项　目	参　数	备注
		物料参数	
1	物料名称	硫酸铵	
2	物理形态	粉粒状	
3	堆密度	800～960kg/m^3	
4	湿滤饼处理量	4530kg/h	
5	干粉产量	4290kg/h	
6	平均粒度	0.1mm	
7	干燥物料的初含水	＜5%	
8	产品终含水	≤0.3%	
9	给料温度	50℃	
10	排料温度	70℃	
11	蒸发潜热	573.3	
12	干燥温度	≤180℃	
13	物料分解温度	≥260℃	
14	干燥物料 pH 值	4～5	
		热工参数	
1	环境相对湿度	76%	
2	环境温度	26℃	
3	饱和气压	992.4mmHg	
4	总蒸发量(最小)	240kg/h	
5	单位蒸发量(最小)	27.8kg/(h·m^2)	
6	干燥热量	21×10^4kcal/h	
7	总热量	28.8×10^4kcal/h	
8	给风温度	140℃	
9	排风温度	≥70℃	
10	排风露点	60℃	
11	常温给风流量	24500m^3/h	
12	排风流量	28500m^3/h	
13	流化床面积	9m^2	
14	热效率 η	80%	
15	单位能耗	1000kcal/kg 水	
		技术参数	
1	整套设备占地面积	≤60m^2	
2	干燥机本体及配管高度	≤4.5m	
3	接触湿物料部分材质	采用 316L 不锈钢	
4	除尘器排尘浓度	＜10mg/m^3	
5	管道连接方式	法兰	管道配对法兰
6	排料方式	密封式自动排料	
7	保温	有/岩棉	
8	驱动功率/380V	约 62kW	
9	控制方式	就地/远程控制	
10	噪声	≤80dB	
11	设备起吊重量	7.5t	
12	运输条件	汽运	

详细的交货清单见表3-39。

表3-39 交货清单

序号	名称	规格型号	数量	重量	备注
1	振动流化床干燥器	ZLG12×75L	1台	4200kg	含2台振动电机
2	机脚		2件		
3	橡胶簧	ϕ108×130	24只		丁腈橡胶
4	送风机	5-47No. 8C	1台	1300kg	整体含22kW电机
5	冷风机	4-72No. 4A	1台	220kg	整体含5.5kW电机
6	引风机	4-72 No. 8C	1台	1500kg	整体含30kW电机
7	风道		1套		
8	螺旋输送机	ϕ300,L=6500mm	1台	650kg	整体含3kW电机及摆线针轮减速机
9	除尘器排料阀		2个		
10	地脚螺栓		1套		
11	旋风分离器	XLP/B-10.6	2台	2×450kg	整体材质304
12	软连接		1套		帆布
13	双金属温度计	SS-250,长250mm	2只		0～200℃

外购器件明细见表3-40。

表3-40 外购器件明细表

序号	名　　称	规格型号	数量	备注
1	振动电机	ZGS50-6,3.7kW	2台	河南新乡电机厂
2	橡胶簧	ϕ108×130(丁腈)	24只	靖江鸿泰橡塑公司
3	送风机(含电机)	5-47No8C 22kW	1台	
4	冷风机(含电机)	4-72-12No4A 5.5kW	1台	
5	引风机(含电机)	4-72-152No8C30kW	1台	
6	减速机(含电机)	BWD2-29,3kW	1台	
7	变频调速器	F1000-G,3kW	1台	烟台惠丰电子公司
8	电机	Y100L2-4	1台	

3.4.5.6 自动包装机

包括称量、包装、送袋、吹扫等工序，自动称量后包装。采购CJD50K-WL50K半自动包装机（含喂料机、封口机、缝包机），其结构性能如下：

① 半自动包装机计量准确，包装速度≤300袋/h（5袋/min），计量重量50kg/袋，计量误差小于±0.2%；

② 包装机料仓有效容积280L，使用预制塑料编织袋，人工套袋作业的半自动包装；

③ 料仓进料阀与料位开关连锁，可选阻旋式料位开关，料仓进料阀为304电动阀；

④ 布袋除尘器安装在平台顶部，处理风量360m^3/h，风机功率1.1kW，除尘风管壁厚为1.2mm；

⑤ 接触物料部件采用2mm优质不锈钢，压缩空气不低于0.4MPa普通气源，无须使用净化气源。

包装机的结构如图3-4所示。

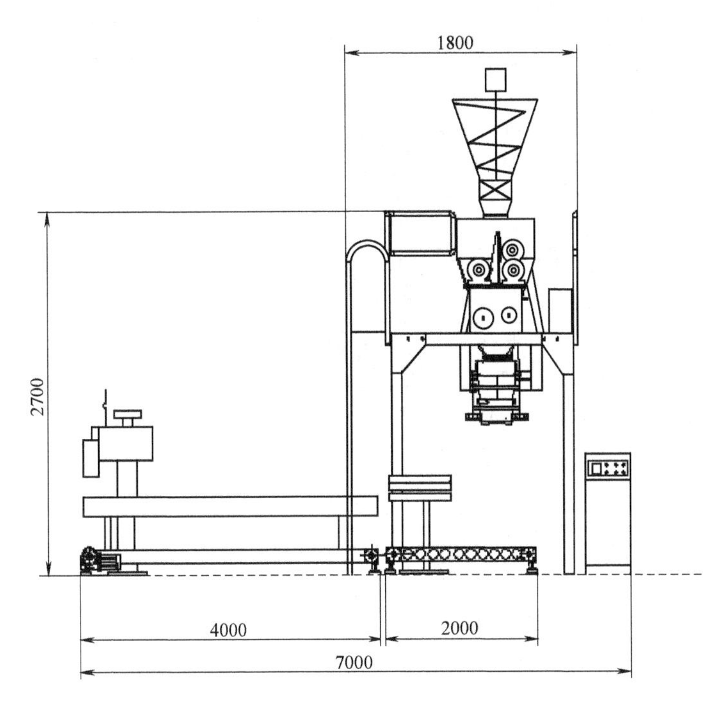

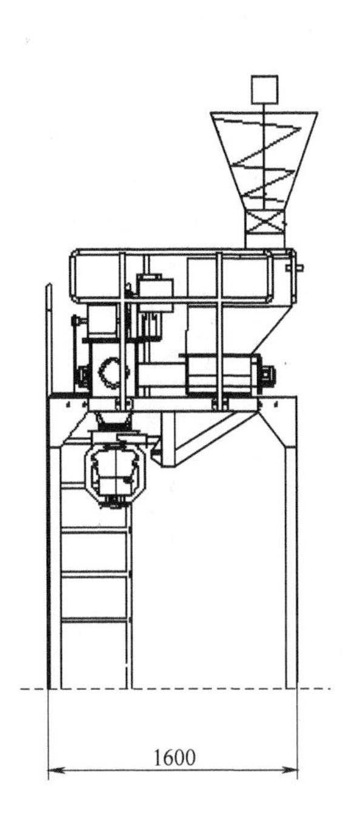

图 3-4 包装机结构

包装机的技术参数见表 3-41。

表 3-41 包装机技术参数

序号	项目	参数	备注
1	物料名称	硫酸铵	
2	物理形态	粉粒状	
3	粒度 d_p	平均 0.1mm	
4	堆密度	800～960kg/m^3	
5	物料含水	≤1%	
6	包装规格	50kg	
7	生产能力	3500kg/h	
8	包装温度	≤50℃	
9	环境温度	－20～＋50℃	
10	相对湿度	≤95%	
11	设备占地面积	12m^2	
12	本体及配管高度	≤4.5m	
13	管道连接方式	法兰	管道配对法兰
14	驱动功率(380V)	4kW	
15	噪声	≤75dB	
16	设备起吊重量	0.5t	

包装机的供货范围见表 3-42。

表 3-42 包装机供货范围

序号	主要组成单元	技术性能
1	CJD50K-WL50K 粉料包装秤 1 台	1. 计量规格：50kg 2. 称量速度：≤300 包/h 3. 称量精度：每袋≤±0.2% 4. 料仓 280L、双螺杆供料装置、出料口、夹袋机构均为 304 不锈钢
2	料位自动控制装置 1 套	不锈钢阻旋式料位开关
3	检修平台(含护栏扶梯)	铺防滑花纹板，碳钢喷漆
4	滚道输送机(不锈钢)	无动力辊，不锈钢，高度可调
5	热封口机 1 台	加热温度、加热时间可调
6	胶带输送机 1 台	1. 输送带 4mm×4m，耐磨耐腐蚀 2. 不锈钢结构，机械无级变速
7	光电感应式 自动缝包装置 1 套	光电感应动作，自动缝包、自动剪线
8	吸尘与回收装置 1 套	1. 不锈钢结构，带收集袋 2. 用支架安装在高台，含管道
9	电气控制柜 1 台	不锈钢，施耐德电器
10	主要配套件说明	1. 梅特乐-托力多传感器，型号 MT-200kg 2. 台湾 AirTac 汽缸、电磁阀 3. 电源：AC380V/50Hz 4. 耗 0.4MPa 常用气 1m³/h

3.4.6 相关系统

3.4.6.1 水量平衡

① 需要补充喷淋用水　45585.44－22474.26＝23111.2m^3/h＝1031.75kmol/h＝18595.12kg/h

② 排放水量　根据硫酸铵产量（干粉）3047.6kg/h，可知母液量 3047.6÷0.35×0.65＝5660kg/h。

离心机排出硫酸铵含水按约10%计，折算排放水量：

$$3047.6\div 90\%\times 10\%=338.62\text{kg/h}$$

③ 补充水量　18595.12＋338.62＝18933.74kg/h≈18.93t/h

④ 工艺水泵　工艺水泵一用一备，实际采购参数见表 3-43。

表 3-43 工艺水泵实际采购参数

项目	参数	项目	参数
泵型号	HGA50-200	介质温度	常温
泵的形式	卧式、离心泵	溶液密度	1000kg/m^3
安装地点	室外	电机功率	15kW
设计流量	50m^3/h	固体质量分数	0%
设计扬程	60mH_2O	Cl^-	≤150mg/L
输送介质	自来水		

⑤ 工艺水箱　设置工艺水箱 DN4000mm×3000mm，V＝30m^3。

⑥ 除雾器冲洗水量　除雾器冲洗上/中/下共三层，每层 40 个冲洗喷嘴（合计 120 个），单只喷嘴设计流量 2.1m^3/h；第一级除雾器的冲洗频率为冲洗 46s，停 106s，平均水量为 25.4m^3/h；二级除雾器冲洗频率为冲洗 23s，停 120s，平均水量为 13.5m^3/h；合计除雾器

冲洗水量为 10.06m³/h，水压为 2bar。

3.4.6.2 吸收区地坑泵

吸收区地坑泵共一台，实际采购参数见表 3-44。

表 3-44 吸收区地抗泵实际采购参数

项目	参数	项目	参数
泵型号	HGAS40-160	介质温度	常温
泵的形式	卧式、离心泵	溶液密度	约 1100kg/m³
安装地点	室外	电机功率	5.5kW
设计流量	20m³/h	固体质量分数	1%
设计扬程	30mH₂O	Cl⁻	≤20000mg/L
输送介质	硫酸铵过饱和溶液		

3.4.6.3 搅拌器

本项目采购搅拌器三种各一台，实际采购参数见表 3-45。

表 3-45 搅拌器参数

0	搅拌器名称	单位	地坑搅拌器	事故浆液搅拌器	母液槽搅拌器
			介质数据		
1	溶液成分		废液	硫酸铵浆液	硫酸铵浆液
2	溶液密度	kg/m³	约 1100	1300	1200
3	固含量(质量分数)	%	1.00	5.00	2.00
4	pH 值		约 6	4～6	4～6
5	Cl⁻	mg/L	20000	40000	40000
			箱罐数据		
6	直径	m	3.00×3.00	*DN*7750	*DN*3500
7	池体高度	m	3.00	7.12	3.00
8	最高液位	m	2.5	6.8	2.7
9	正常液位	m	2.5	6.5	2.5
10	最大容积	m³	27	339	28.8
11	底部/池盖形状		正方形平面	圆形平面	圆形平面
			搅拌器数据		
12	搅拌器作用		悬浮固体颗粒	悬浮固体颗粒	悬浮固体颗粒
13	安装位置		室外	室外	室内
14	环境温度/湿度	℃/%	(−20～40)/62	(−20～60)/62	(−20～60)/62
15	搅拌器型号		LC40-3/66	LC90-15/29	LC40-3/61
16	轴/叶片材料	6mm	45/丁基橡胶	Q235/丁基橡胶	45/丁基橡胶
17	驱动装置		电动机	电动机	电动机
18	电动机功率	kW	3	15	3
19	搅拌器轴	r/min	66	29	61
20	搅拌器轴径	mm	65	159	65
21	搅拌器轴长	mm	2500	6000	2700
22	桨叶类型		弧叶推进式桨	弧叶推进式桨	弧叶推进式桨
23	叶片数量		二叶片	二叶片	二叶片
24	叶片距底高度	mm	525	1150	575

续表

0	搅拌器名称	单位	地坑搅拌器	事故浆液搅拌器	母液槽搅拌器
搅拌器数据					
25	直径	mm	1200	2600	1250
26	运行方式		连续运行	连续运行	连续运行
27	静荷载	N	3555	15321	3666
28	动荷载	N	6781	30592	6890
29	包括电机重量	kg	370	1480	385

3.4.6.4 遗留问题

① 脱硫塔出口的净烟气中逃逸氨排放浓度≤15～20mg/m³（标态）。

② 脱硫装置连续运行的平均氨耗约 0.691t/t SO_2。

③ 废水处理　脱硫废水排放处理系统可以单独设置，也可经预处理去除重金属、氯离子等后排入电厂废水处理系统，但不得直接混入电厂废水稀释排放。脱硫废水中的重金属、悬浮物和氯离子可采用中和、化学沉淀、混凝、离子交换等工艺去除。对废水含盐量有特殊要求的，应采取降低含盐量的工艺措施。

④ 工艺水　工艺水补水水质要求不高，但不要采用高 Cl^- 的补水，否则会造成废水排放量的增加。新鲜水最好选用悬浮物较低，无腐蚀，含盐量低，水温不高的水源。

⑤ GGH 吹灰气源最好 0.8～1.0MPa，有 50～100℃过热度的过热蒸汽。

⑥ 应选用压缩空气的压力为 0.8～1.0MPa 的气源。

3.5 钙法设计

3.5.1 基础数据

3.5.1.1 煤质分析（表 3-46）

表 3-46　煤质分析示例

项目	符号	单位	设计煤种	校核煤种
燃煤消耗量	100%BMCR	t/h	134.89	134.89
燃料的热值 Q_D^Y		kJ/kg	21465	24668
哈氏可磨系数	HGI			
工业分析				
全水分	M_{ar}	%	7.0	8.0
收到基水分 W^Y	M_t	%	2.17	1.67
收到基灰分 A^Y	A_{ar}	%	27.03	20.0
挥发分	V_{daf}	%	9.0	7.0
元素分析				
收到基碳 C^Y	C_{ar}	%	59.95	65.71
收到基氢 H^Y	H_{ar}	%	2.25	2.36
收到基氧 O^Y	O_{ar}	%	0.57	0.9
收到基氮 N^Y	N_{ar}	%	0.94	0.74
收到基硫分 S^Y	S_{ar}	%	2.29	2.29
煤中硫酸盐硫	$S_{s,ar}$			

续表

项目	符号	单位	设计煤种	校核煤种
煤中硫化铁硫	$S_{p,ar}$			
煤中有机硫	$S_{o,ar}$			
煤中可燃硫	$S_{c,ar}$			
煤中氟	F_{ar}			
煤中氯	Cl_{ar}			
煤灰成分				
煤灰中二氧化硅	SiO_2			
煤灰中三氧化二铝	Al_2O_3			
煤灰中三氧化二铁	Fe_2O_3			
煤灰中氧化钙	CaO			
煤灰中氧化镁	MgO			
煤灰中氧化钠	Na_2O			
煤灰中氧化钾	K_2O			
煤灰中二氧化钛	TiO_2			
煤灰中三氧化硫	SO_3			
煤灰中二氧化锰	MnO_2			

煤质分析确认注意事项：①需采用设计煤质计算物料平衡，进行设备选型（按规程要求取裕量）；②再用校核煤种核定设备选型（不取裕量），两者取较大的设备选型；③设计煤种与校核煤种含硫量差别过大（1.5 倍以上），应当以校核煤种不取裕量作为设备选型依据。

3.5.1.2 烟气数据（表 3-47）

表 3-47 烟气数据示例

项目	单位	100%BMCR	35%BMCR
FGD 入口烟气流量(湿基,标况)	m^3/h	1256682	517256
FGD 入口烟气流量(干基,标况)	m^3/h	1193075	492172
FGD 入口烟气温度	℃	131	103
FGD 入口烟气压力	Pa	0	0
粉尘浓度(标况)	mg/m^3	180.5	164.6
SO_2 浓度(干基)	mg/m^3	1761	1652
SO_2 浓度(标况)	mg/m^3	2101	813
烟气含水量(体积分数,干基)	%	5.06	4.85
烟气含氧量(体积分数,干基)	%	7.46	8.29
CO_2(体积分数,干基)	%	12.29	11.53
N_2(体积分数,干基)	%	80.07	80.01
HCl(干基)	mg/m^3	25.2	23.0
HF(干基)	mg/m^3	11.2	10.2

3.5.1.3 设备参数（表 3-48）

表 3-48 设备参数示例

序号	名称	数据
1	锅炉类型	

续表

序号	名称	数据
2	锅炉年运行时间	5020h/a
3	锅炉蒸发量	35t/h
4	锅炉烟气量	110000m^3/h
5	锅炉耗煤量	6t/h
6	燃煤含灰量	33%
7	燃煤含硫量	0.6%
8	锅炉排气侧压力损失	
9	锅炉出口烟气温度	160℃
10	烟尘排放初始浓度	
11	SO_2 排放初始浓度(标况)	960mg/m^3
12	净化后烟尘排放浓度	50mg/m^3
13	净化后 SO_2 排放浓度	100mg/m^3
14	引风机型号	
15	风量	110000m^3/h
16	全压	9400Pa
17	电机功率	
18	除尘器数量	
19	除尘效率	

3.5.1.4 吸收剂——石灰石（示例）

石灰石的成分见表 3-49。

表 3-49 石灰石成分

序号	指标	单位	含量
1	CaO 质量分数	%	47.8～52.75
2	$MgCO_3$ 质量分数	%	1.45
3	Fe_2O_3 质量分数	%	0.22～5.75
4	Al_2O_3 质量分数	%	0.15～0.74
5	SiO_2 质量分数	%	0.13～2.35
6	粒径	mm	≤20
7	BWI	kW·h/t	9～11

吸收剂——石灰石的确认注意事项：①尽可能选用高品质石灰石，如石灰石的纯度小于 90%，应作活性分析；②石灰石中 CaO 和 $CaCO_3$ 的含量换算公式为 $CaCO_3$(%)＝CaO(%)×100/56；③石灰石中 MgO 不宜太高，S_{ar}≈1%时 MgO 含量最好≤2%；④在验看石灰石品质时，不得使用白云石作为吸收剂。

3.5.1.5 副产品——石膏（示例）

副产品——石膏的纯度 ≥90%，含水量 ≤10%，确认时注意事项：

① 不考虑副产品石膏综合利用时，可以不对纯度做要求，但对水分含量不能降低要求，因为石膏水分越大，黏附力越强，容易堵塞石膏输送系统；

② 石膏纯度与石灰石纯度及烟气飞灰含量有直接关系，如石膏纯度要求较高，烟气中飞灰含量一定要控制。

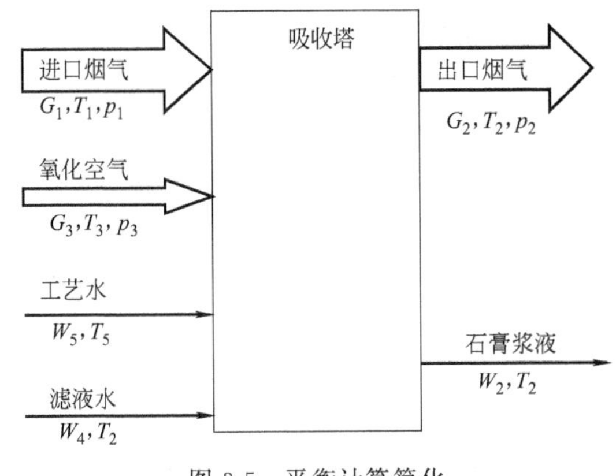

图 3-5 平衡计算简化

3.5.2 平衡计算

3.5.2.1 简化计算条件

以下条件在计算方法中被简化：

①假设吸收塔没有热损失；②假设烟气带入的粉尘为零；③假设工艺水和石灰石不含杂质；④假设原烟气和净烟气没有夹带物进出系统；⑤假设除雾器没有冲洗水；⑥假设泵没有密封水；⑦假设工艺系统是封闭的。

平衡计算简化如图 3-5 所示。

3.5.2.2 吸收塔出口烟气量 G_2

$$G_2=[G_1(1-m_{w1})p_2/(p_2-p_{w2})\times(1-m_{w2})+G_3(1-0.21/K)]\times p_2/(p_2-p_{w2})$$

式中 G_1——入口烟气流量；

m_{w1}——入口烟气含湿率；

m_{w2}——出口烟气含湿率；

K——$K\approx2\sim3$，根据浆液溶解盐的多少确定；

p_2——烟气压力；

p_{w2}——绝热饱和烟气的水蒸气分压。

3.5.2.3 氧化空气量的计算

根据经验烟气中含氧量为 6%以上，在喷淋区的氧化率为 50%～60%，在浆池中氧化空气利用率 25%～30%，因此理论需氧量为：

所需空气流量：$Q_{req}=(G_1q_1-G_2q_2)(1-0.6)\times0.5/(0.21\times0.3)$

实际空气流量：$G_3=Q_{req}K$　　$K=2.0\sim3$ 根据浆液溶解盐的多少确定

3.5.2.4 石灰石消耗量计算

石灰石消耗量：$W_1=100q_s\eta_s$

式中 q_s——入口 SO_2 流量；

η_s——脱硫效率。

3.5.2.5 石膏浆液量计算

石膏浆液量：$W_2=172q_s\eta_s/S_s$

式中 S_s——石膏浆液固含量。

3.5.2.6 脱水石膏量计算

脱水石膏量：$W_3=172q_s\eta_s/S_g$

式中 S_g——脱水石膏固含量（1－石膏含水量）。

3.5.2.7 滤液水量的计算

滤液水量：$W_4=W_2-W_3$

3.5.2.8 工艺水量的计算

蒸发水量：$W_{51}=18[G_4-G_1-G_3(1-0.21/K)]$

石膏表面水：$W_{52}=W_3(1-S_g)$

石膏结晶水：$W_{53}=36q_s\eta_s$

工艺水量：$W_5=W_{51}+W_{52}+W_{53}$

3.6 钠法设计

3.6.1 基础数据

3.6.1.1 燃料数据（表 3-50）

表 3-50 燃料数据

项目	符号	相对分子质量	含量/%	质量流量/(kg/h)	备注
燃料的热值 Q_D^Y				9700	kcal/kg
收到基碳分 C^Y	C_{ar}	12	81.55	2772.70	
收到基氢分 H^Y	H_{ar}	1	12.50	425.00	
收到基氧分 O^Y	O_{ar}	16	1.91	64.94	
收到基氮分 N^Y	N_{ar}	14	0.49	16.66	
收到基硫分 S^Y	S_{ar}	32	3.00	102.00	max3.5%
收到基水分 W^Y	M_t	18	0.50	17.00	min0.50%
收到基灰分 A^Y	A_{ar}		0.05	1.70	max0.15%
挥发分	V_{daf}				
合计	Σ	%	100.0	3400.0	max3660kg/h

注：180#重油，燃料油用量 3.4t/h=3400kg/h。

3.6.1.2 烟气数据

根据 GB 13223—2011《火电厂大气污染物排放标准》，燃油锅炉过量空气系数（燃料燃烧时，实际空气供给量与理论空气需要量之比值）按 $\alpha=1.2$ 进行计算；空气按 20℃，相对湿度 50%计算；烟气成分见表 3-51。

表 3-51 烟气数据

序号	项目	参数	备注
1	锅炉蒸发量	50t/h	最大 55t/h
2	设计燃料	180CST 高硫油	最高含硫 3.5%
3	燃油用量	3400.00kg/h	设计含硫 3.0%
4	烟气总量	46435.89m³/h	单台湿气量
4.1	二氧化碳(11.15%)	5175.71m³/h	
4.2	二氧化氮(0.06%)	26.66m³/h	
4.3	二氧化硫(0.15%)	71.40m³/h	折合 4396.6mg/m³
4.4	氧气总量(3.28%)	1521.66m³/h	
4.5	氮气含量(73.96%)	34346.09m³/h	
4.6	水汽总量(11.40%)	5294.37m³/h	考虑空气带入水
4.7	单台干烟气量	41141.52m³/h	
5	灰分总量	1.70kg/h	
6	烟尘浓度		
7	烟气温度	180℃	最高 250℃

注：1. 标准中 1μmol/mol 二氧化硫相当于 2.86mg/m³ 二氧化硫质量浓度。

2. 标准中氮氧化物的质量浓度以二氧化氮计，按 1μmol/mol 氮氧化物相当于 2.05mg/m³，将体积浓度换算成质量浓度。

3.6.2 吸收计算

3.6.2.1 脱硫标准

采用 GB 13223—2003《火电厂大气污染物排放标准》[1]，Ⅲ时段标准：

SO_2浓度 400mg/m^3，烟尘浓度 50mg/m^3，林格曼黑度≤1 级。

根据上海市地方标准《锅炉大气污染物排放标准》，确定如下：SO_2浓度 300mg/m^3，烟尘浓度 50mg/m^3，林格曼黑度≤1 级。

3.6.2.2 脱硫计算

SO_2 入口浓度 4396.6mg/m^3，SO_2 出口浓度≤300.00mg/m^3，脱硫效率 $\eta \geq (4396.6-300)/4396.6=93.2\%$，脱硫量为 $(4396.6-300)\text{mg/m}^3 \times 46435.89\text{m}^3/\text{h} \times 10^{-6}=190.23\text{kg/h}$，年脱硫量 $190.23\text{kg/h} \times 8000\text{h}=1521.8\text{kg}$。

3.6.2.3 吸收剂用量

脱硫量为 190.23kg/h，根据化学反应方程式：

SO_2 + $2NaOH \longrightarrow H_2O + Na_2SO_3$

64 80 18 126

190.23 ? ? ?

NaOH 的消耗量：$(190.23/64)\times 80=237.79\text{kg/h}$

H_2O 的生成量：$(190.23/64)\times 18=53.50\text{kg/h}$

Na_2SO_3 的生成量：$(190.23/64)\times 126=374.52\text{kg/h}$

实际根据吸收剂的纯度、钠硫比（Na/S=2.05，Mg/S=1.05）即可算出实际的 NaOH 的消耗量。上海某纸业公司采用废碱液，具体分析指标见表 3-52。

表 3-52 废碱液样品指标

主要成分	Ca^{2+}	Mg^{2+}	Na^+	SO_4^{2-}	Cl^-	pH	石油类	挥发酚	硫化物
浓度/(mg/L)	88.0	6.55	3180	1050	167.0	8±0.3	1.0	<0.1	<1

脱硫剂为废碱液时，废碱液的离子分析：

Ca^{2+}：88.0mg/L 即 $88.0\div 40\text{mmol/L}=2.200\times 10^{-6}\text{kmol/L}$

Mg^{2+}：6.55mg/L 即 $6.55\div 24\text{mmol/L}=0.273\times 10^{-6}\text{kmol/L}$

Na^+：3180mg/L 即 $3180\div 23\text{mmol/L}=138.261\times 10^{-6}\text{kmol/L}$

SO_4^{2-}：1050mg/L 即 $1050\div 96\text{mmol/L}=10.938\times 10^{-6}\text{kmol/L}$

Cl^-：167.0mg/L 即 $167.0\div 35.5\text{mmol/L}=4.704\times 10^{-6}\text{kmol/L}$

废碱液中有效 Na^+ 合计：

$(2Ca^{2+}+2Mg^{2+}+Na^+)-(2SO_4^{2-}+Cl^-)=116.63\times 10^{-6}\text{kmol/L}$ 即2682.42mg/L

折合循环液量：$237.79\text{kg/h}\div 2682.42\text{mg/L}=88.65\text{m}^3/\text{h}$

考虑含硫变化和余量，循环液量：$88.65\times 1.2\times(3.5/3.0)=124.11\text{m}^3/\text{h}$

液气比例：$124.11\times 10^3\div 41141.52=3.02\text{L/m}^3$

3.6.3 设备计算

3.6.3.1 除雾器

吸收塔应装设除雾器，除雾器出口的雾滴浓度应不大于 75mg/m^3（标态）。除雾器应考

[1] 当时执行的标准，现在执行排放标准 GB 13223—2011。

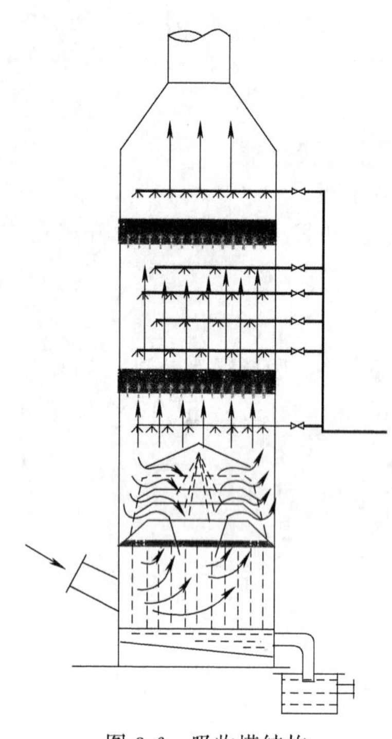

图 3-6　吸收塔结构

虑检修维护措施，支撑梁的设计荷载应不小于 1000N/m^2。除雾器应设置水冲洗装置。

脱硫后的烟气通过除雾器来减少携带的水滴，两级除雾器采用传统的顶置式，布置在吸收塔顶部或塔的外部，除雾器由聚丙烯材料制作，除雾器阻力 150～300Pa，采用工艺水冲洗，冲洗过程通过程序控制自动完成。

3.6.3.2　吸收塔

吸收塔宜采用钢结构，内壁采用衬胶或衬树脂鳞片或衬高镍合金板。塔外应设置供检修维护的平台和扶梯，设计荷载不应小于 4000N/m^2，平台宽度不小于 1.2m，塔内不应设置固定式的检修平台。塔内与喷嘴相连的浆液管道应考虑检修维护措施，应考虑不小于 500N/m^2 的检修荷载。吸收塔的结构如图 3-6 所示。

3.6.3.3　塔径计算

烟气量（标准状态，T=273K，p=101.325kPa）为 46435.89m^3/h，其中水汽总量 5294.37m^3/h，干烟气量 41141.52m^3/h，进口的温度 180℃。出口的温度 50℃，湿气水量 5702.7m^3/h。工况条件烟气流量：

进口流量46435.89×453/273=77053m^3/h

出口流量(41141.52+5702.7)×(273+50)/273=55424m^3/h

平均流量(77053+55424)/2=66238m^3/h

吸收塔内烟气上升流速为 3.2～4m/s，这里取塔内的流速为 3.6m/s。

计算塔径$[(66238/3600\div3.6)\div0.785]^{0.5}=2.55$m

取塔径 3.0m，空塔流速为 2.60m/s。

3.6.3.4　速度核算

(1) 烟气进口流速

进口尺寸确定 1400×1200=1.68m^2，进口烟气流量 77053m^3/h，速度核算如下：77053÷3600÷1.68=12.7m/s

(2) 分布出口流速

出口尺寸确定 $\phi(1500-63\times2)^2\times0.785=1.48m^2$，进口烟气流量 77053$m^3$/h，速度核算如下：

$$77053\div3600\div1.48=14.5\text{m/s}$$

(3) 分布伞口流速

分布伞如图 3-7 所示。

伞口一尺寸确定：$\phi1680\times3.14\times330=1.74m^2$；

伞口二尺寸确定：$\phi1766\times3.14\times330=1.83m^2$；

伞口三尺寸确定：$\phi1850\times3.14\times330=1.92m^2$；

伞口四尺寸确定：$\phi1940\times3.14\times330=2.01m^2$；

伞口面积合计 7.50m^2，进口烟气流量 77053m^3/h，速度核算如下：77053÷3600÷7.50=2.85m/s

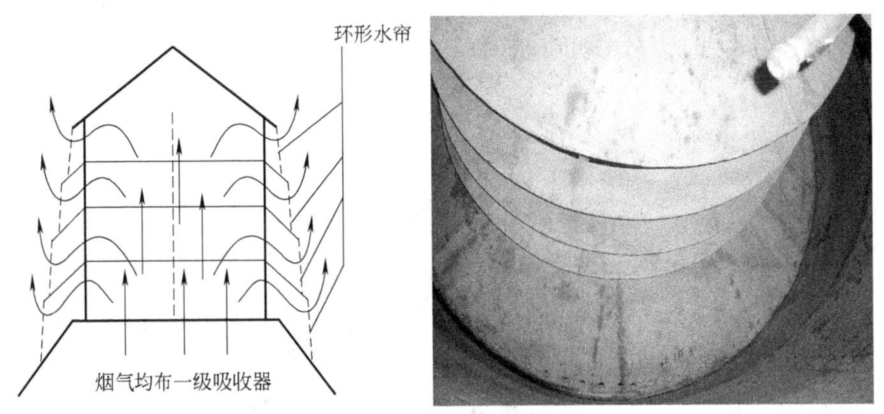

图 3-7 分布伞

(4) 分布降液流速

降液尺寸确定：$\phi 30^2 \times 0.785 \times 80 = 0.0565m^2$，循环液降液量 124.11$m^3/h$，速度核算如下：$124.11 \div 3600 \div 0.0565 = 0.61m/s$

(5) 塔板穿流速度

塔板穿流如图 3-8 所示。

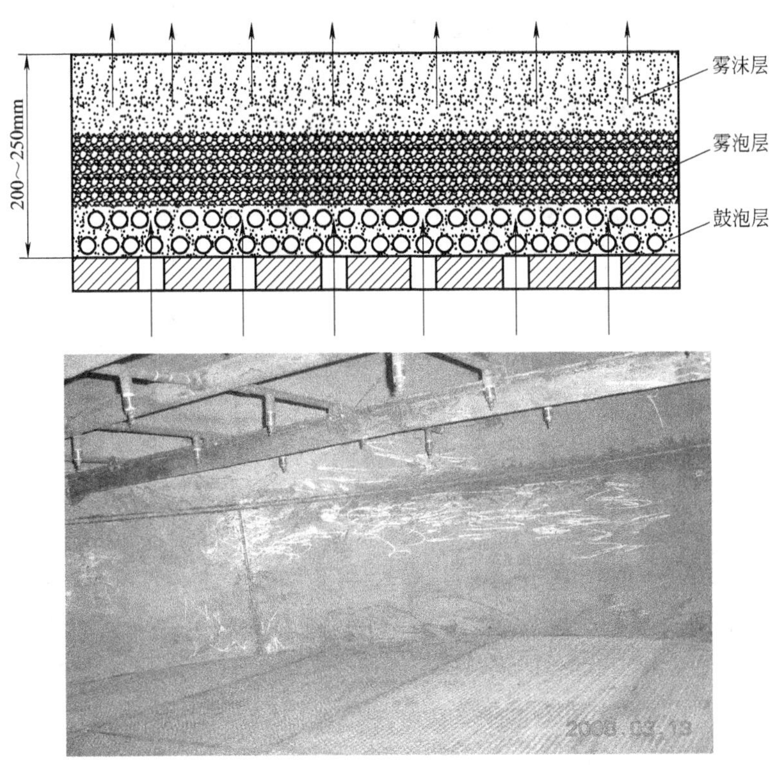

图 3-8 塔板穿流

塔板穿流面积：$\phi 2800^2 \times 0.785 = 6.1544m^2$；

塔板支承面积：$81 \times 2336 + 65 \times 2784 + 81 \times 2336 = 0.5594m^2$；

单孔分布面积：$16 \times 16 = 0.000256m^2$；

塔板分布孔数：$(6.1544 - 0.5594) \div 0.000256 = 21855$ 个孔

分布孔总面积：$\phi 10^2 \times 0.785 \times 21855 = 1.72m^2$

烟气出口流量 55424m^3/h，速度核算如下：55424÷3600÷1.72=8.95m/s

3.6.3.5 喷淋布置

喷嘴的结构如图 3-9 所示。

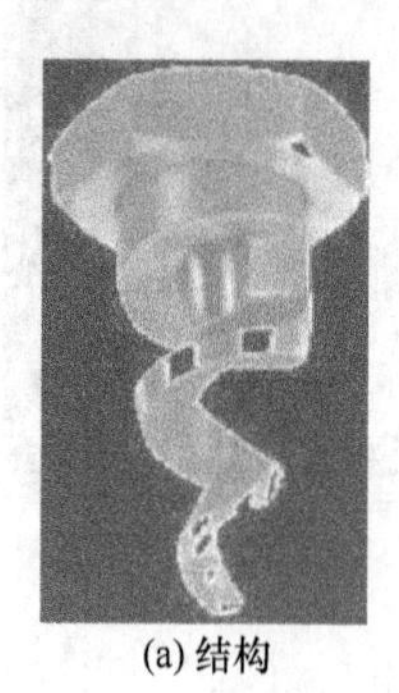

(a) 结构

(b) 实物

图 3-9 喷嘴

喷淋的情况如图 3-10 所示。

图 3-10 喷淋

喷淋单层采用 20 个（共六层）螺旋型实心锥喷嘴，1/2″外螺纹连接，喷雾角度>120°，喷雾压力 0.11MPa，单个喷嘴流量 26L/min，具体要求如下：

①工作环境为脱硫塔内部；②烟气温度 ≤250℃；③介质为脱硫液，含 Na^+、SO_4^{2-}、SO_3^{2-}、Cl^-、pH=6～10；④介质温度为 55℃；⑤介质密度为 1100kg/m^3；⑥含固率为 7%；⑦颗粒最大粒径为 2mm；⑧颗粒平均粒径为 300μm；⑨烟气含 SO_2≤4396.6mg/m^3；⑩烟气含尘≤750mg/m^3；⑪材质为 316L；⑫在一定压力下，喷嘴喷射角度偏差小于 5°，流量偏差小于 5L/min；⑬喷嘴符合相应运行介质的防腐、防堵和耐磨要求。

4 脱硫工艺计算

4.1 锅炉形式

4.1.1 锅炉的工作原理

锅炉是一种生产蒸汽的换热设备。它通过煤、石油或天然气等燃料的燃烧释放出化学能，并通过传热过程把能量传递给水，使水转变成蒸汽，蒸汽直接供给工业生产中所需的热能，或通过蒸汽动力机械转换为机械能，或通过汽轮发电机转换为电能。所以锅炉的中心任务是把燃料中的化学能最有效地转换为蒸汽的热能。因此，近代锅炉亦称做蒸汽发生器。

现在我们以一台锅炉为例来说明一下锅炉是如何组成和工作的。图 4-1 所示为一台中等容量和参数的锅炉。

这台锅炉所用的燃料是煤，首先将煤送进磨煤机（图中未示出）磨制成煤粉。两侧炉墙上装有燃烧器，煤粉由空气携带，通过燃烧器送入炉膛中燃烧。这台锅炉的蒸发受热面全部装在炉子内壁上，组成水冷壁，充分利用炉膛中高温烟气辐射传来的热量，使燃烧产物在进入以后的对流受热面时，可以达到必需的冷却，同时也起了保护炉墙的作用。在火焰中心处的烟气温度达到1500～1600℃，而在炉膛出口处降低到1000～1200℃。

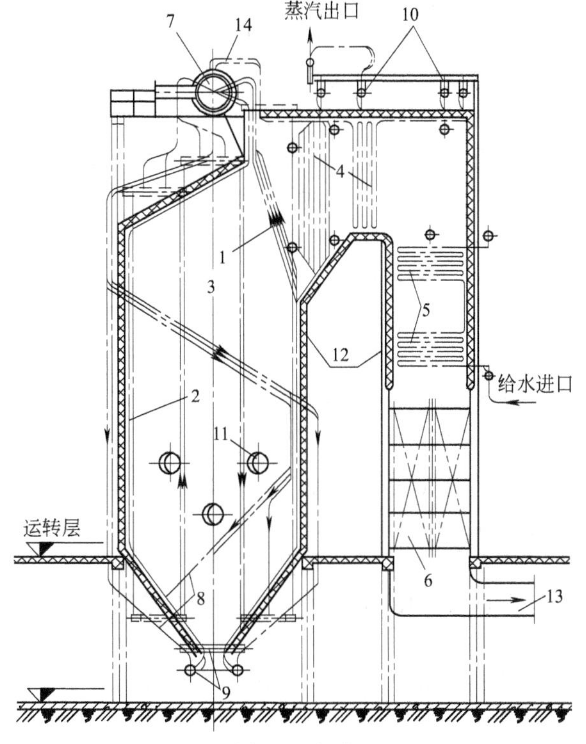

图 4-1　锅炉

1—凝渣管束；2—水冷壁；3—炉膛；4—过热器；5—省煤器；6—空气预热器；7—锅筒；8—下降管；9—水冷壁集箱；10—过热器中间集箱；11—燃烧器；12—炉墙；13—烟气出口；14—饱和蒸汽引出管

后墙水冷壁上部（在水平烟道前方）拉稀成数列凝渣管束。拉稀的作用是防止结渣，同时对其后方的过热器也起了保护的作用。水冷壁一般是由直径为50～76mm的管子所组成。这台锅炉的过热器是放在水平烟道中，位于凝渣管束的后方。过热器的作用是把从锅筒（汽包）出来的饱和蒸汽加热成过热蒸汽，目的是减少供热管道内的冷凝损失或提高电站的效率。

过热器一般是由直径为30～50mm的蛇形管所组成。烟气流过过热器以后，温度降低到500～600℃，然后转弯至尾部受热面。尾部受热面之一的省煤器位于尾部竖井的上方。省煤器的作用是使给水在进入锅筒之前，被预先加热到某一温度（低于饱和温度或达到饱和温度，甚至产生部分蒸汽）。省煤器也是由很多平行的蛇形管所组成，管子外径一般为25～38mm。另一尾部受热面，即空气预热器，它的作用是使空气在进入炉膛以前被加热到一定温度，以改善炉内燃烧过程、降低排烟温度、提高锅炉效率。空气预热器是由许多管子所组成，管径在30～51mm范围内。

这一台锅炉的工作情况简述如下：给水加热器使给水加热到150～175℃（中压锅炉）或215～240℃（高压锅炉），由给水管道将给水送至省煤器，在其中被加热到某一温度后，给水进入锅筒，然后沿下降管下行至水冲壁进口集箱。水在水冷壁内吸收炉膛内的辐射热，而形成汽水混合物上升回到锅筒中，经过汽水分出装置，蒸汽由锅筒上部离开，流往过热器中。在过热器内，饱和蒸汽继续吸热成为过热蒸汽，然后送往汽机中去。煤经过磨煤机被磨成一定细度的煤粉，由空气流携往燃烧器，燃烧器喷出的煤粉与空气一起混合燃烧，在炉膛中放出大量的热量。燃烧后的热烟气上升，流经凝渣管束、过热器、省煤器和空气预热器后，再经除尘装置清除其中的飞灰，最后才由风机送往烟囱排往大气。

以上所述的几个主要部分即炉膛、燃烧器、水冷壁、过热器、省煤器、空气预热器以及钢架炉墙等组成锅炉的主要部件，称为锅炉本体（或蒸汽发生器）。此外，锅炉还有重要的辅助装置：①磨煤装置，包括磨煤机、排粉机、粗粉及细粉分离器以及煤粉输送管道；②送风装置，包括送风机及风道，送风机将空气通过空气预热器送往炉子中；③引风装置，包括引风机及烟囱，将炉子中排出的烟气送往大气中；④给水装置，包括给水泵、给水管道及水处理设备；⑤燃料供应装置，将燃料由储煤场送到锅炉房，包括装卸和运输机械等；⑥除灰装置，从锅炉中除去灰渣并送出电厂；⑦除尘装置，除去锅炉烟气中的飞灰，改善环境卫生；⑧自动控制与仪表，包括热工测量仪表及自动控制设备。

锅炉除了和所有的动力机械产品一样，必须不断降低成本并提高效率和质量以外，由于锅炉本身的性能，它还具有以下的特点。

① 可靠性要求高　锅炉一旦事故停炉，将使电厂临时中断对外供电，影响甚广，其直接、间接损失远远超过锅炉本身的价值。

② 综合性强　锅炉、汽轮机、发电机同为电厂三大主机，锅炉要能适应燃料性质，使整个电厂得到安全经济的运行。此外，锅炉还和其他部门的发展有着十分密切的关系，如石油化工企业中的废热锅炉、蒸汽燃气联合动力装置中的压力燃烧锅炉及核反应堆工程中的蒸汽发生器等。

③ 金属耗量和体积大　以一台配300MW机组的电站锅炉为例，金属耗量达四千多吨，体积达二万多立方米。

④ 生产周期长　一台大容量锅炉从设计、制造、安装到投入运行，目前一般需时2～3年时间，今后即使采用设计新技术及制造安装新工艺，提高自动化水平，要想把上述全过程在更短时间内完成还是比较困难的。

⑤ 锅炉产品不能在制造厂内整装试运　除小容量工业锅炉外，不可能把锅炉在制造厂

内全部组装好并投入试运行，这给鉴定和提高产品质量带来不少困难。

4.1.2 锅炉的发展分类

4.1.2.1 锅炉的发展简况

锅炉技术的发展是与工业生产的需要和科学技术的进步紧密相关的。18 世纪下半叶，欧洲正处于产业革命前夕，1872 年英国的工人首先创造了锅炉来产生动力及生产用蒸汽。当时的锅炉属于圆筒形，锅炉的构造极为笨重简单，产生的蒸汽量有限，压力不高，燃烧方法简单，热效率低。后来，由于工业生产的发展，要求增大锅炉容量和提高蒸汽压力和温度，锅炉的形式和构造也相应地得到发展。从锅炉的发展史来看，锅炉形式的发展可归纳为两个方向。

一个方向是在圆筒形锅炉的基础上，在圆筒内部增加受热面积。开始是在一个大圆筒内增加了一个火筒，在火筒中燃烧燃料；以后是两个火筒；再后是从火筒发展到很多小直径的烟管，这时可在圆筒外燃烧燃料（纯烟管式）或仍在火筒中燃烧燃料（火筒-烟管式）。这些锅炉因为燃烧后的烟气在管中流过，所以统称为火管式锅炉。

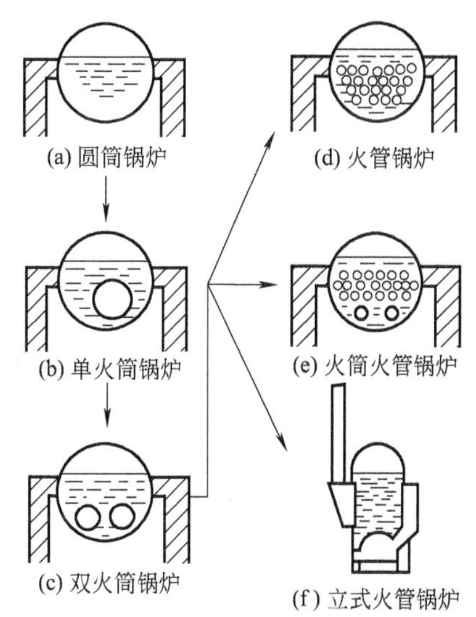

图 4-2 火管式锅炉发展

另一个方向是增加圆筒外部的受热面积，即增加水筒的数目，燃料在筒外燃烧。和火管式锅炉的发展相似，水筒的数目不断增加，发展成为很多小直径的水管。这些锅炉因为水在管中流过，所以统称为水管式锅炉。

锅炉开始时主要是沿着上述第一个方向，即增加圆筒内部受热而积的火管式锅炉发展的，火管式锅炉发展简况如图 4-2 所示。

火管式锅炉受热面少、容量小、工作压力低、金属耗量大、锅炉效率低。并且由于水容积大，如发生受热面金属损裂爆破等情况，易发生爆炸危险。因此这种形式的锅炉，显然不能适应后来单台容量加大，汽压、汽温日益增长的电站动力的要求，所以此种锅炉目前在电站中已不应用。但因它的构造（包括燃烧设备）较简单，水及蒸汽容积大，对负荷变动适应性较好，对水质的要求比水管式锅炉低，维修也较方便，故目前各国还有制造，多用于一些小型工业企业生产、交通运输及生活取暖用汽上。当然现时的火管式锅炉在具体结构、制造工艺、工作性能以及自动化程度等方面已不是一百多年前的原型所能比拟的了。

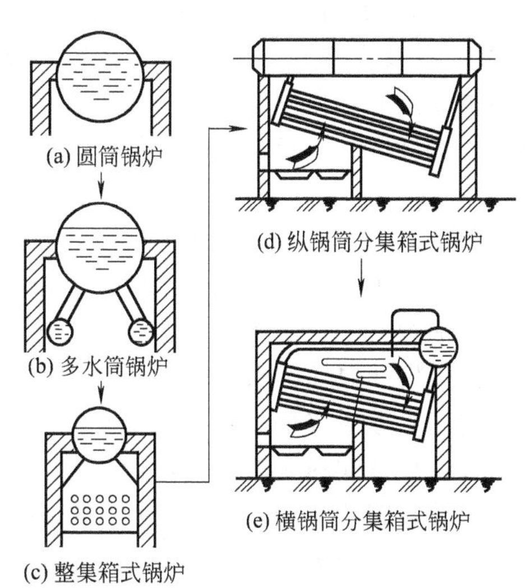

图 4-3 直水管式锅炉发展

火管式锅炉限制了锅炉蒸汽参数及容量的继续提高。19 世纪中叶，锅炉开始沿第二个方向，即水管式锅炉发展。水管式锅炉为继续提高锅炉容量和参数创造了条件，水管锅炉发展的初期为直水管形式，如图 4-3 所示。

直水管锅炉的特点是：汽水系统缺乏弹性，管子集箱等受热部件膨胀受限制时易损坏受压部件，沸腾管束倾斜度小，汽水循环不良，工作不可靠，集箱上手孔多，制造费时，金属耗量大，易发生泄漏，因此这种锅炉的工作压力仍不易提得很高，容量亦受限制，因此现时已经很少应用。但由于这种锅炉易于制造，易于清理水垢，故在国外中小容量锅炉中还有采用这种形式的。在20世纪初期，一些工业国家的蒸汽动力发电站向中参数发展，直水管锅炉就不能很好满足这个要求。于是出现了弯水管锅炉，它的发展简况如图4-4所示。

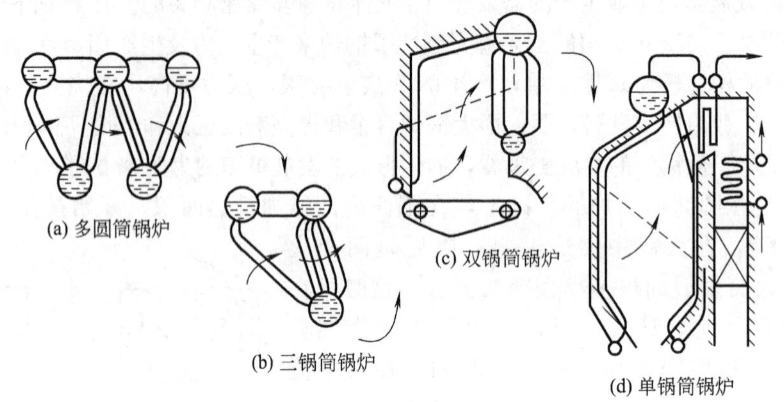

图4-4　弯水管式锅炉发展简况

此时，制造工艺及水处理技术水平也已能解决采用弯水管锅炉的困难。弯水管式锅炉开始时采用多锅筒式，以保证有足够多的受热面和较大的蓄水容积。因此，金属耗量大，优点并不显著。虽然如此，弯水管锅炉却是锅炉发展史上一大进步。

随着生产发展的需要，材料、制造工艺、水处理技术以及热工控制技术等方面的进步，锅炉技术水平也得到很快的提高。特别是水冷壁式锅炉的出现，过热器及省煤器的应用，以及锅筒内部分离元件的改进，可以减少锅筒的数目，节约金属，提高锅炉热效率，以及提高锅炉的容量和参数。到20世纪30年代，已广泛应用中参数（2～4MPa，385～450℃）中等容量（6000～25000kW）的水冷壁式弯水管锅炉，使锅炉走上了近代化的道路。随后，尤其是第二次世界大战以后，锅炉工业发展很快，40年代开始应用高参数大容量锅炉（如10MPa、≥510℃、50MW），50年代开始采用超高参数（如≥14MPa、540～570℃）大容量（100～200MW）锅炉，60年代开始采用配200～600MW汽轮发电机组的亚临界参数（17～18MPa、540～570℃）锅炉，目前最大的单台自然循环锅炉的容量已达850MW。

应该指出的是，水管锅炉的直水管和弯水管式锅炉，以及火管式锅炉都是自然循环锅炉，即蒸发部分的水循环是靠水汽的密度差产生的压头来保证的。在发展自然循环锅炉的同时，20世纪30年代，德国和前苏联开始应用直流锅炉（如图4-5所示），40年代美国又开始应用多次强制循环锅炉，如图4-6所示。

在直流锅炉中，给水由给水泵送入省煤器，经炉腔蒸发受热面、对流过渡区（近代直流锅炉已取消外置对流过渡区）及过热器，依次经过后送往汽轮机。各部分流动水阻力全由水泵来克服，在多次强制循环锅炉中，外表看来和自然循环锅炉类似，但实际上在蒸发受热面部分的下降管系统中，装有一台到几台循环泵，用以保证蒸发受热面的水循环。

这两种形式锅炉的发展是因为当时锅炉正处于要求向高参数大容量过渡的准备时期，自然循环锅炉遇到了几个主要困难，为此，各国先后提出过各种形式的锅炉。不过后来的实践表明，当时这些形式锅炉同样不能全部解决上述存在的困难，有的甚至远不及自然循环锅炉简单可靠。不过其中的直流锅炉和多次强制循环锅炉，虽也未能全部解决上述问题，甚至带来一些自然循环锅炉没有的困难，但也带来比自然循环锅炉优越的地方。因为它们是强制流

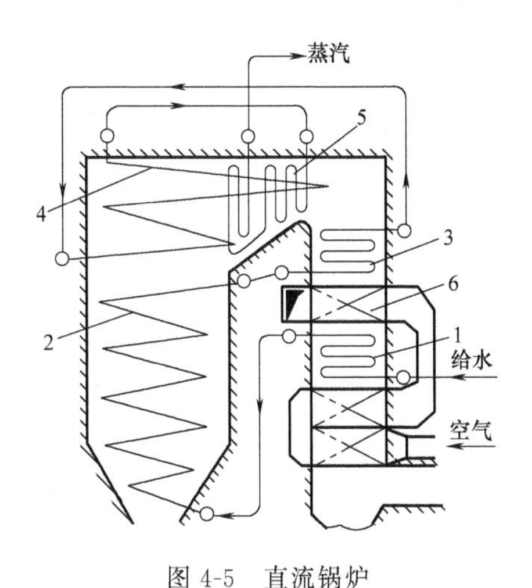

图 4-5 直流锅炉

1—省煤器；2—炉膛蒸发受热面（下辐射）；
3—过渡区；4—炉膛过热受热面（上辐射）；
5—对流过热器；6—空气预热器

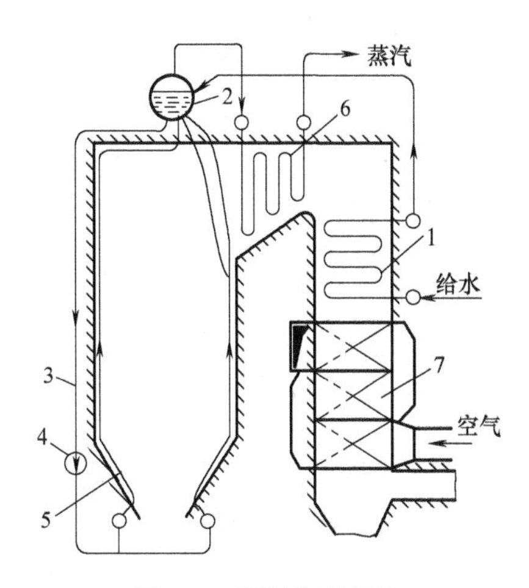

图 4-6 强制循环锅炉

1—省煤器；2—锅筒；3—下降管；
4—循环泵；5—炉膛蒸发受热面；
6—过热器；7—空气预热器

动或强制循环的，可以不用或缩小锅筒，采用小直径管子，较随意布置受热面。这些都使得锅炉具有金属耗量低、制造工艺简单，启停炉快等优点，压力越高越显出它们的优越性。现时，对一般超高压参数，自然循环锅炉占优势；对于亚临界压力，自然循环锅炉、强制循环锅炉和直流锅炉还难绝对分出优劣，应根据具体条件决定使用。目前最大的单台多次强制循环锅炉容量是 1000MW。在西欧还发展了低倍率强制循环锅炉，它与多次强制循环锅炉的不同点是取消了锅筒，循环倍率更小一些，最大的单台容量达 600MW。在超临界压力时，直流锅炉是唯一可以采用的一种形式，最大的单台容量达 1500MW，在直流锅炉与强制循环锅炉发展的基础上又出现了复合循环锅炉，它的最大单台容量是 1000MW。

从上面所述的锅炉发展简史可知，促使锅炉发展的主要因素是生产的发展和需要。锅炉的出现虽已近 200 年，但向现代化发展却是近 30 多年的事情。为了提高锅炉工作的经济性和可靠性，还应尽力提高锅炉的机械化和自动化水平。根据我国的能源、材料和技术发展的方向，在保证锅炉可靠地满足生产需要的前提下，设计制造各种新型锅炉。

4.1.2.2 锅炉的类型系列

锅炉按用途可分为工业锅炉、船舶锅炉和电站锅炉等，按蒸汽压力可分为低压锅炉、中压锅炉、高压锅炉、超高压锅炉、亚临界压力锅炉和超临界压力锅炉；按燃料可分为燃煤锅炉、燃油锅炉和燃气锅炉；按燃烧方式可分为火床炉、煤粉炉、沸腾炉等；按汽水流动的情况可分为自然循环锅炉、强制循环锅炉和直流锅炉。

为使锅炉产品规格能科学地排列，从而使制造及使用部门都有依据地进行设计、制造和配套使用，促进动力工业生产，提高产品质量，并使各种辅机，如风机、水泵、磨煤机等都能配套生产，必须规定锅炉的蒸汽参数系列。锅炉的蒸汽参数是指锅炉的容量、蒸汽压力、蒸汽温度和给水温度。锅炉的容量在工业锅炉中，国内目前是用额定蒸发量来表示，而在规定的出口压力、温度和保证的效率下，最大连续生产的蒸汽量，一般用吨/时（t/h）为单位，国际单位用千克/秒（kg/s）来表示。表 4-1 为我国锅炉的容量与参数系列。

表 4-1 我国锅炉的容量与参数系列

蒸汽压力 /MPa	蒸汽温度 /℃	给水温度 /℃	蒸发容量 /(t/h)	容量 /MW
0.5	饱和	20	0.05/0.1/0.2	
0.8	饱和	20	0.4/0.7/1.0/1.5/2.0/4.0	
1.3	饱和/250/300/350	20/60/105	1/2/4/6/10/20	
2.5	饱和/400	20/60/105	1/2/4/6/10/20	
3.9	450	150/170	35/65/75/130	6/12
10	510/540	215	220/410	50/100
14	540/555	240	400/670	125/200
17	540/570	260	1000	300

4.1.2.3 常见锅炉的形式

锅炉的形式按汽水流动的工作原理可以分为自然循环锅炉、强制循环锅炉和直流锅炉三种。

自然循环锅炉中，汽水主要靠水和蒸汽的密度差产生的压头而循环流动。锅炉的工作压力越低，密度差越大，循环越可靠。在高压、超高压锅炉中，只要适当地设计锅炉的循环回路，汽水循环是很可靠的，甚至在采用亚临界压力时，虽然锅筒中压力已达到 18.5MPa 左右，水和蒸汽密度差已比较小，只要很好地掌握炉内热负荷的分布规律，合理地设计循环回路，还是可以采用自然循环的形式。

强制循环锅炉主要是借循环系统中的循环泵使汽水循环流动，在可以采用自然循环锅炉的参数领域都可以采用强制循环。但由于它的循环不单是靠汽和水的密度差，因此在锅炉工作压力大于 18.5MPa，甚至 20MPa 时，仍可采用这种锅炉。

直流锅炉中的工质（水、汽水混合物和蒸汽）是由给水泵的压力而一次经过全部受热面，因此称为直流锅炉。它只有互相连接的受热面，没有锅筒。由于这种锅炉对给水品质和自动控制要求高，给水泵消耗功率较大，因此一般用于高压以上。当压力接近或超过临界压力时，由于汽水不容易或不可能用锅筒进行分离，只有采用直流锅炉。

4.1.3 自然循环锅炉

4.1.3.1 低压小容量锅炉

低压小容量锅炉一般用于工业，但也用于电站的低压锅炉，蒸发需要热量（汽化热）占 70%～92%。因此水冷壁与锅炉管束基本上都是蒸发受热面，有时只在尾部装有铸铁式省煤器以加热给水，同时降低排烟温度，提高锅炉效率。

（1）卧式水火管锅炉

卧式快装水火管锅炉是在总结了我国工业锅炉生产和改造经验后制造的一种锅炉。图 4-7 示出了这种锅炉的构造：容量为 4t/h，汽温 194℃，压力 1.3MPa，轻型链条炉排燃烧方式、装有省煤器。

这种形式锅炉的炉膛及后部燃烧室的两侧墙，都布置有鳞片管水冷壁，这可使炉壁温度降低，采用轻质绝热材料。在炉膛及燃烧室中为水冷壁辐射吸热方式，而在烟管中则为对流吸热方式。采用机械通风，烟管中烟气流速较高，传热较强，使受热面金属耗量降低。这种水火管结合的形式，吸取了两者优点，并使结构紧凑。

这种锅炉由于采用水管火管组合形式，对给水质量要求提高，与水管锅炉相同。目前一

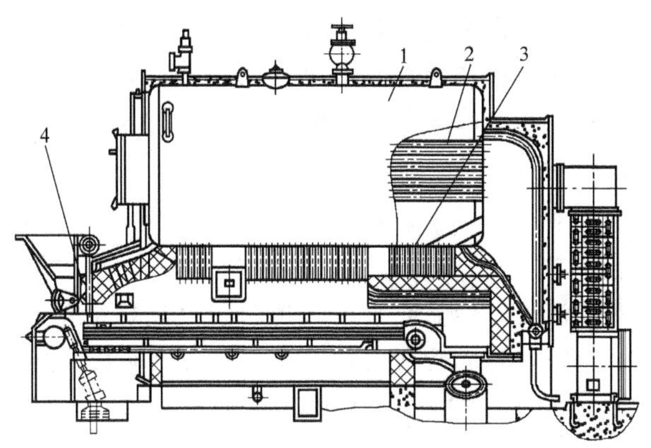

图 4-7　KZL 4-13-A 型水火管锅炉

1—锅筒；2—烟管；3—水冷壁；4—链条炉排

般小型工厂企业认为这种锅炉所需配套的水处理设备仍很庞大。此外，由于设计时对单位面积蒸发量估计偏高，因此蒸发量常达不到设计要求；由于锅筒的蒸汽空间较小，在高负荷时蒸汽带水较多。

（2）双锅筒水管锅炉

目前国内生产的容量为 10～20t/h 的工业锅炉，大多数为双锅筒水管锅炉，如图 4-8 所示。锅炉蒸发量力 20t/h，烧煤，汽温有 194℃（饱和温度）及 300℃ 两种，汽压力 1.3MPa，给水温度为 60～105℃，热空气温度为 150～160℃，炉排面积为 20.5m^2（烟煤）及 22.5m^2（无烟煤），锅炉效率为 75%（无烟煤）及 78%（烟煤）左右。水冷壁及对流锅

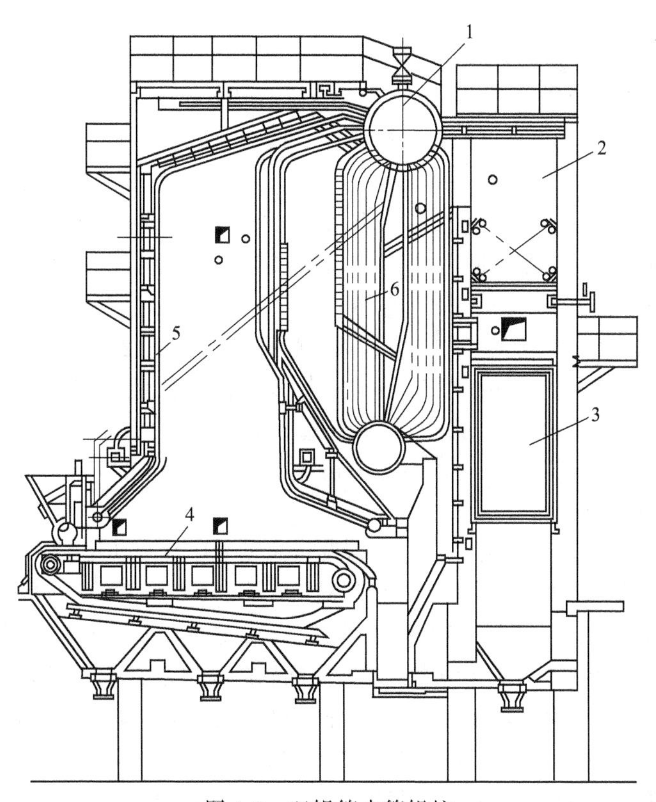

图 4-8　双锅筒水管锅炉

1—锅筒；2—省煤器；3—空气预热器；4—链条炉排；5—水冷壁；6—对流管束

炉管束均为 ϕ60mm×3mm 无缝钢管。如有过热器，则布置在第一管束之后。有铸铁（或钢管）省煤器和管式空气预热器。燃烧设备采用鳞片式链条炉排。锅炉管束、过热器和省煤器都装有蒸汽吹灰装置。锅炉炉顶及前墙采用轻型炉墙结构，两侧及后墙都是重型结构。

4.1.3.2 中压中容量锅炉

中压锅炉蒸汽压力为 3.9MPa，过热汽温为 450℃，容量由 6MW 到 25MW，这种锅炉如图 4-1 所示。锅炉采用“Π”型布置，单锅筒，固态排渣。

锅炉采用两侧墙布置旋流式燃烧器或采用四角布置直流燃烧器。炉膛截面近于正方形，有的在炉膛出口处的后水冷壁设计成折烟角，以改善烟气流动及冲刷情况。锅炉炉膛四周水冷壁由 20 号钢 ϕ60mm×3mm 管子组成，管子之间节距为 75mm。后墙水冷壁上部拉稀成凝渣管束，横向节距为 300mm，纵向节距为 250mm。

过热器布置成两级。饱和蒸汽从锅筒引出沿顶棚管进入逆顺流混合布置的第一级过热器，出来后经两侧减温器，然后通过第二级过热器两侧逆流段，经中间集箱轴向混合后，再经顺流的第二级过热器的中部热段，最后由出口集箱外出。过热器第一级由 ϕ38mm×3.5mm 的 20 号钢管组成，第二级两侧由 ϕ42mm×3.5mm 的 20 号钢管及中部由 ϕ42mm×3.5mm 的 20 号钢与 12CrMo 钢管组成。过热器除第一级高温烟气进口处因拉稀成错列外，其余都为顺列布置。

省煤器有单级布置和两级布置两种方式。省煤器受热面由 ϕ32mm×3mm 的 20 号钢管组成。给水进口温度为 150℃或 170℃。空气预热器亦有单级布置及两级布置两种方式，根据燃烧对热空气温度的要求而定。受热面由 ϕ40mm×4.5mm 的管子组成。

4.1.3.3 高压中容量锅炉

高压锅炉的蒸汽压力为 10MPa，过热汽温为 510～540℃，容量为 50MW（220t/h）的锅炉，给水温度为 215℃，过热汽温为 510℃。锅炉外形及受热面布置与图 4-1 相仿。过热汽温为 540℃的高压锅炉见图 4-9。这台锅炉按烟煤设计，排烟温度 120℃，锅炉效率为 92.8%。

锅炉采用“Π”型布置，锅筒中心标高 30.2m。锅炉采用煤粉燃烧固态排渣方式，炉膛宽度 9.536m，深度 6.656m。燃烧器采用直流式，两侧墙角式布置。炉膛后墙上部做成折烟角形式，以改善炉膛及对流烟道内的烟气流动工况。炉顶为水平式，布置了过热器的管子，便于组合制造与安装。

锅筒内径为 ϕ1600mm，壁厚为 90mm，圆筒部分长度为 12700mm。汽水分离装置用旋风分离器。分离器共 52 只，直径为 290mm。蒸汽从旋风分离器出来以后进入蒸汽清洗装置，锅筒顶部装有百叶窗和均汽孔板。水冷壁上升管直径为 ϕ60mm×5mm，管子节距 64mm。下降管及引出管均为 ϕ133mm×10mm 的管子。前后水冷壁各分四个独立回路，两侧水冷壁各分三个独立回路。

由于压力提高而使汽化吸热减少（约占总吸热量的 53%），以及由于过热汽温提高而使过热吸热增加（约占总吸热量的 27%），因而有必要也有可能将一部分过热受热面布置在炉膛上部，即炉顶管及面向炉膛的“屏”。这台锅炉的过热器由顶棚辐射过热器、低温对流过热器、屏式过热器和高温对流过热器等几部分组成。饱和蒸汽从锅筒出来以后即按此顺序流经过热器各个部分。其中在进屏以前经过第一级减温器，在进高温对流过热器热段以前经过第二级减温器。

过热器管子直径为 ϕ38mm，屏及高温对流过热器采用 ϕ38mm×4.5mm 的 12CrMoV 合金钢管，顶棚过热器与低温对流过热器用 ϕ38mm×4mm 的 20 号碳素钢管。尾部竖井中双级交叉布置省煤器和空气预热器。省煤器为双侧进水，全部采用 ϕ32mm×4mm 的管子，

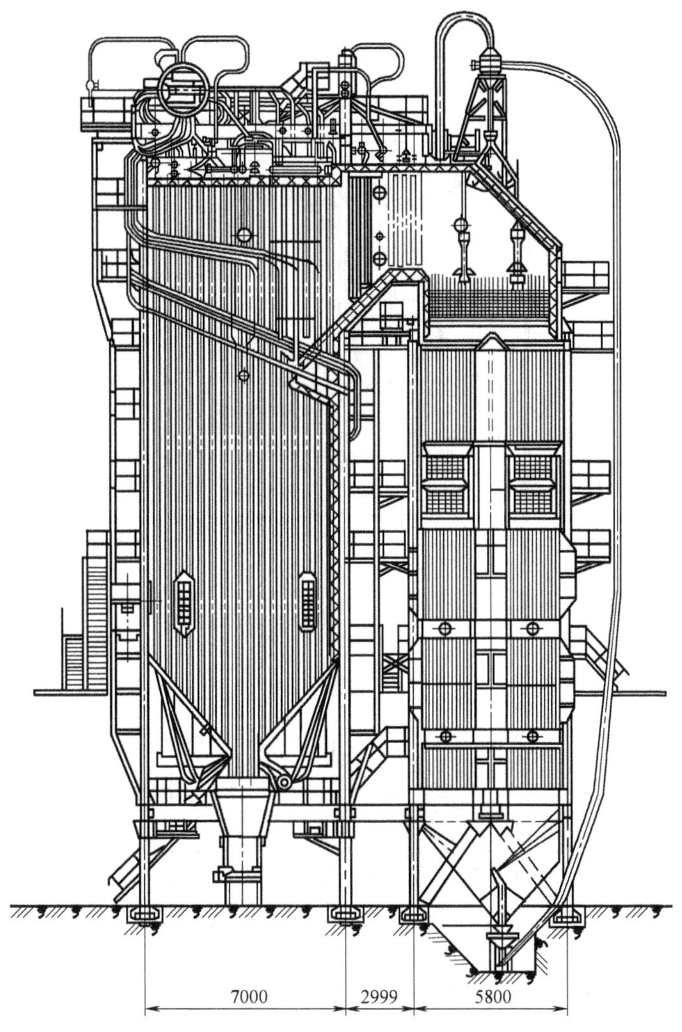

图 4-9 HG220/100-1 型高压锅炉

横向节距 75mm。第一级空气预热器共有 5 个回程，上面两段管箱高度各为 3400mm，最下一段管箱高度为 1700mm。第二级空气预热器为单回程，臂箱高度为 3400mm。对流过热器采用移动式蒸汽吹灰器，屏式过热器采用振动吹灰，尾部受热面采用钢珠除灰装置。

4.1.3.4 超高压大容量锅炉

超高压大容量锅炉用于大型电站，单台容量由 100MW（400t/h）到 200MW（670t/h），压力为 14MPa，过热汽温 540℃（或 555℃），再热汽温 540℃（或 555℃），给水温度 240℃。超高压带有中间再热的锅炉，由于汽化热所占比例进一步减少（约占总吸热量 40%），过热及再热所需热量增加，有必要把更多的过热器受热面放入炉膛中。除了在高压锅炉中已经采用的顶棚过热器及炉膛出口的屏式过热器外，还在炉膛上部前侧装设了前屏过热器，在水平烟道的后面和垂直烟井的上部布置了再热器。例如上海锅炉厂设计制造的配 125MW 发电机组的 SG400/140 型超高压锅炉，其结构如图 4-10 所示。

SG400/140 型锅炉的容量 125MW（400t/h），过热蒸汽压力 14MPa，过热汽温 555℃，再热蒸汽压力（进口/出口）为 2.45/2.33MPa，再热汽温（进口/出口）为 335/555℃，再

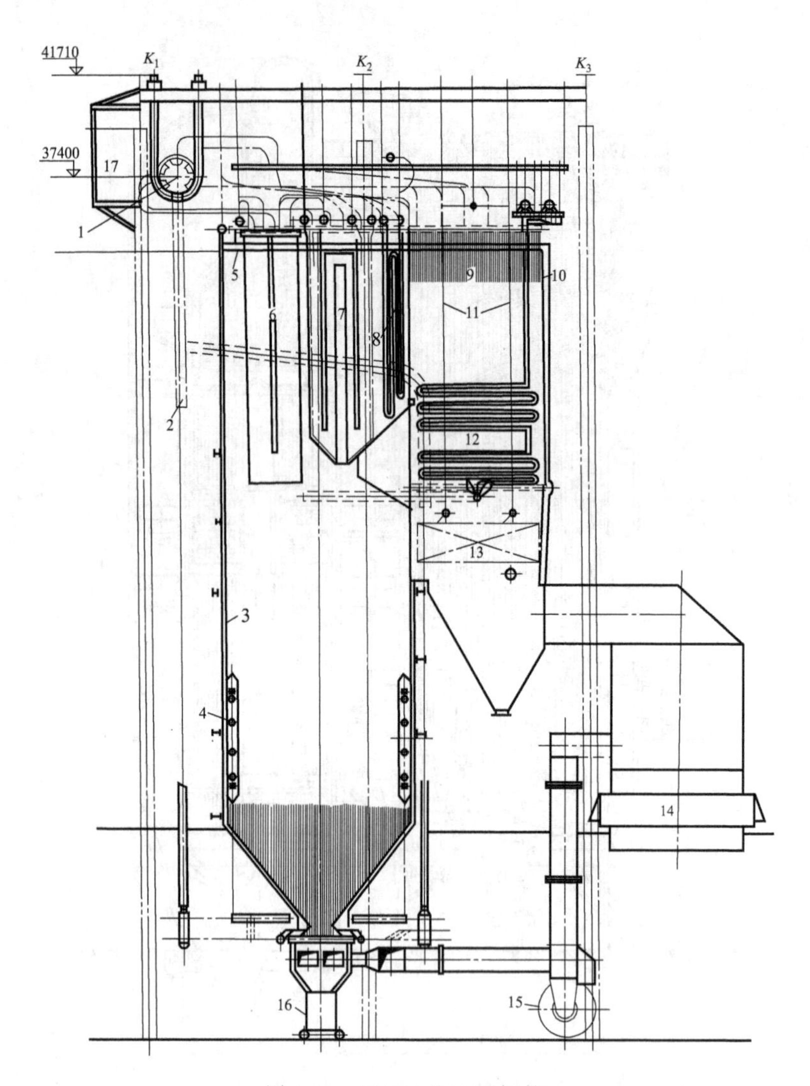

图 4-10　SG400/140 型锅炉

1—锅筒；2—下降管；3—水冷壁；4—燃烧器；5—炉顶过热器；6—前屏过热器；7—后屏过热器；8—对流过热器；9,10—包覆管；11—悬吊管；12—再热器；13—省煤器；14—空气预热器；15—再循环风机；16—出渣设备；17—司水小室

热蒸汽流量为 330t/h，给水温度 240℃。锅炉按露天布置和煤、油两用要求设计。锅炉采用“Π”型布置，但无中间夹廊，结构紧凑。燃用烟煤时，排烟温度取 107℃，热空气温度取 285℃，设计锅炉效率为 92.8%。

炉膛近似正方形，深 8.3m，宽 9.11m，锅筒中心标高 37.4m。采用四角布置煤粉燃烧器，共分四层。炉膛后墙上部组成折烟角，以改善烟气对屏式过热器的冲刷。炉膛四周由 ϕ60mm×6.5mm 的鳍片管焊制成膜式水冷壁，节距为 80.5mm。水冷壁共分成 14 个回路，前后墙各 4 个回路，两侧墙各 3 个回路，由四根大直径集中下降管供水。4 根下降管从锅筒引出后，在锅炉下部再由 44 根 ϕ133mm×12mm 的供水管送到水冷壁下集箱，汽水混合物亦由 44 根 ϕ133mm×12mm 的引出管接入锅筒。整个水冷壁靠上集箱由吊杆悬吊在炉顶横梁上，整个水冷系统可向下做自由膨胀。

锅筒内径为 1600mm，壁厚 75mm，筒体长 11886mm（包括封头全长 13638mm）。锅筒内部采用旋风分离器，还有平孔板式蒸汽清洗装置。给水由 12 根 ϕ108mm×10mm 管子引入锅筒底部下降管管口处。过热器系统由转弯烟道包覆管（先两侧，再后墙）、炉顶过热器、前屏过热器、后屏过热器和对流过热器组成，采用 ϕ38mm×4 管子。前屏过热器共 6 片，宽 2424mm，高 10m，每片屏由 14 根管子组成。后屏过热器共 14 片，宽 2373mm，高 9165mm，每片由 14 根绕两圈组成。前后屏各片管子均用 12Cr1MoV 材料，包覆管及炉顶过热器管子为 20A 材料。过热器的总阻力为 1.2MPa。

再热器布置在尾部烟道中，蛇形管垂直于前后墙，分上下两组。每排蛇形管由 5 根 ϕ42mm×3.5mm管子组成，共 98 排顺列逆流布置，s_1=90mm，s_2=60mm。再热器重量通过省煤器悬吊管悬吊在炉顶横梁上，再热器集箱布置在烟道内，用绝热层包覆，再热器阻力为 0.16MPa。一级喷水减温器布置在前后屏过热器之间，二级喷水减温器布置在后屏出口，再热器进口集箱上还装有事故喷水装置。

省煤器采用 ϕ25mm×3mm 的 20A 碳素钢管，交错逆流布置。s_1=80mm，s_2=30mm。蛇形管垂直前墙。省煤器重量吊在省煤器出口集箱，再用省煤器悬吊管吊在炉顶钢架上。悬吊管同时悬吊再热器，并引到炉顶集箱，由 12 根 ϕ108mm×10mm 的给水管引入锅筒。省煤器集箱亦用绝缘层包住并布置在烟道中。锅炉采用 2 台直径为 6700mm 回转式空气预热器，沿宽度方向并列布置，中心距 9m，传热元件采用钢丝网。每台预热器总高为 4700mm，外形尺寸为 8020mm×8020mm，重 60t。预热器吹灰在烟气侧用过热蒸汽，在空气侧用水。

4.1.4 直流锅炉

4.1.4.1 直流锅炉的形式

直汽锅炉蒸发受热面中工质的流动不是依靠自然循环那样的密度差来推动，而是全部依靠给水泵的压头来实现。给水在给水泵的压头作用下，顺序依次通过加热、蒸发、过热各个受热面，水被加热、蒸发、过热，最后蒸汽过热到所要求的温度。由于这些运动都是由水泵压头产生的，所以在直流锅炉的受热面中工质均为一次经过，没有循环的强制流动。

自从直流锅炉开始出现以来，它的形式与构造变化很多，主要反映在水冷壁和蒸发受热面的结构形式上，概括起来分三种类型，如图 4-11 所示。

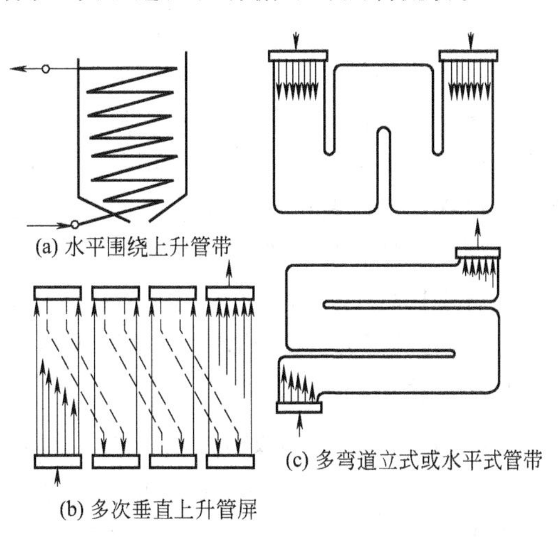

图 4-11 直流锅炉水冷壁基本形式

4.1.4.2 水平围绕上升管带型直流锅炉

图 4-11(a) 所示为水平围绕上升管带型。水冷壁由许多根平行的管子组成管带，然后呈水平或微倾斜地自下向上沿炉膛四周内壁盘旋上升。为了盘旋上升，至少有一个墙上的水冷壁是微倾斜布置。前苏联最早采用这种水冷壁，称兰姆辛型。国内 SG-220-100 型和 SG-400-140 型直流锅炉水冷壁都采用这种形式，它的主要优点是不用中间集箱，没有不受热的下降管道，因而可节约金属，便于滑压运行。由于相邻管带外侧两根管子间的壁温差较小，适宜于整焊膜式结构。这种形式的不足之处是安装组合率低，现场焊接工作量大，制造整焊膜式壁时，制造工艺要求较高。

4.1.4.3 多次垂直上升管屏型直流锅炉

图 4-11(b) 所示为多次垂直上升管屏型。水冷壁由若干个垂直管屏组成，每个管屏又由几十根并联的上升管及两端的集箱组成，每个管屏宽约 1.2～2m。各管屏之间用 2～3 根不受热的下降管连接，使它们串联起来。最早是德国本生型直流锅炉采用这种结构，它的优点是便于在制造厂做成组件，简化工地安装工作，简化支吊结构。它的缺点是由于有中间集箱和不受热的下降连接管道，金属耗用大，也不适应滑压运行的要求，由于相邻管屏外侧两根相邻管子间的管壁温差大，不适应膜式壁的要求。因此，为适应膜式壁的要求，现时往往只在炉膛下部做成 2～3 次串联管屏，以减少相邻管屏外侧两根相邻管子间的壁温差，而在炉膛上部则做成一次垂直上升管屏，这时因为已经是过热蒸汽，比容大，可保证足够的工质流速，同时炉膛上部的热负荷已较低。

4.1.4.4 多弯道立式或水平式管带型直流锅炉

图 4-11 (c) 所示为多弯道立式或水平式管带型。瑞士苏尔寿直流锅炉采用这种形式，它的优点是减少甚至不用中间集箱，节约金属耗量，并能适应复杂的炉膛形状。缺点是两集箱之间管子特别长，热偏差大，不利于管子的自由膨胀；管带每一弯道的两个行程之间的相邻管子内工质流向是相反的，因温差大，并且制造工艺较复杂，因之不适应膜式壁结构，立式多弯道管带的疏水也较困难。目前这种形式已很少采用。

4.1.4.5 直流锅炉的特点

近年来，由于广泛采用整焊膜式壁，对水冷壁形式提出了更高的要求。水平围绕上升管带型近年发展为螺旋上升式水冷壁，过去具有不同形式水冷壁的直流锅炉已逐渐消除了它们之间的差异。这种螺旋式水冷壁比一次垂直上升管屏易于保证水冷壁中的工质流速。对于大容量锅炉，炉膛下部辐射区做成螺旋式，而在上部辐射区则采用垂直上升管屏，这样便于采用悬吊式炉膛。同时由于炉膛上部热负荷已较低，两相邻垂直管屏的外侧管子的管壁温差已不致造成膜式壁的损坏。

美国在 20 世纪 60 年代后制造的直流锅炉主要采用垂直上升管屏，它是在上述多次垂直上升管屏直流锅炉的基础上发展而来的。一种为炉膛下部多次上升，上部为一次上升，另一种为炉膛全部一次上升管屏。由于锅炉容量增大，炉膛周界相对减小，炉膛水冷壁做成一次上升有可能保证管内工质流速足够大，管子直径也不必太小。垂直上升的相邻管屏之间不相串联，仅在上升过程中作两次混合。这种形式水冷壁可以做成组合件，金属耗量少，最宜于采用整焊膜式壁，便于全悬吊结构。但只有在大容量锅炉上才能采用。否则管内工质流速太低，或者为保证工质流速使管子直径太小，影响水冷壁刚度。国内 SG-935-170 型（935t/h，17MPa，570/570℃）和 SG-1000-170 型（1000t/h，17MPa，555/555℃）直流锅炉都是采用这种水冷壁形式。

4.1.4.6 直流锅炉的示例（水平围绕上升型）

上海锅炉厂制造的直流锅炉如图 4-12 所示。锅炉容量为 125MW（400t/h），过热蒸汽压力 14MPa，过热汽温 555℃，再热蒸汽压力（进口/出口）2.55/2.4MPa，再热汽温（进口/出口）335/355℃，再热蒸汽流量 330t/h，给水温度 240℃，锅炉效率 91%。

锅炉为水平围绕上升管带，Π 形布置。炉膛部分（即燃烧室）由下、中、上辐射区组成。上辐射区包括水平烟道两侧和转弯烟室，其出口已有 5～8℃ 的微过热。炉膛最上部吊挂着 6 片屏（前屏过热器），炉膛出口烟窗处布置 12 片屏（后屏过热器）。在水平烟道内布置了高温对流过热器和高温对流再热器。在后烟井上部，将后烟井一分为二，一侧布置低温对流过热器，另一侧布置低温对流再热器。省煤器布置在这两者之下，为单级布置。两台直径为6m的风罩回转式空气预热器，放在后烟井的最下部。

燃烧器采用直流式四角布置，固态排渣。除空气预热器和燃烧器外，锅炉的全部重量通过40根吊柱悬吊在炉顶上。炉膛宽度为10m，深度为9m，顶部标高为37.1m。炉膛用蒸汽吹灰，前屏、后屏、高温对流过热器和高温对流再热器皆为振动吹灰。

给水通过给水泵送入尾部省煤器，经省煤器悬吊管，汇集合至省煤器炉顶集箱（工质此处温度达278℃）。然后分两路引至下辐射区进口集箱，再均匀分配至下辐射区管带。下辐射区出口处工质为汽水混合物（工质干度 $X=57.5\%$）。工质再通过四根连接管引入分配器（混合器），以达到均匀混合的目的。以后在分配器下部由四根连接管引到中辐射区进口集箱，并均匀分配至中辐射区管带，继续吸热蒸发（出口汽水混合物干度 $X=89\%$）。工质从中辐射区出口流出后继续分两路进入上辐射区。上辐射区出口工质蒸发结束，并有5～8℃的过热度。

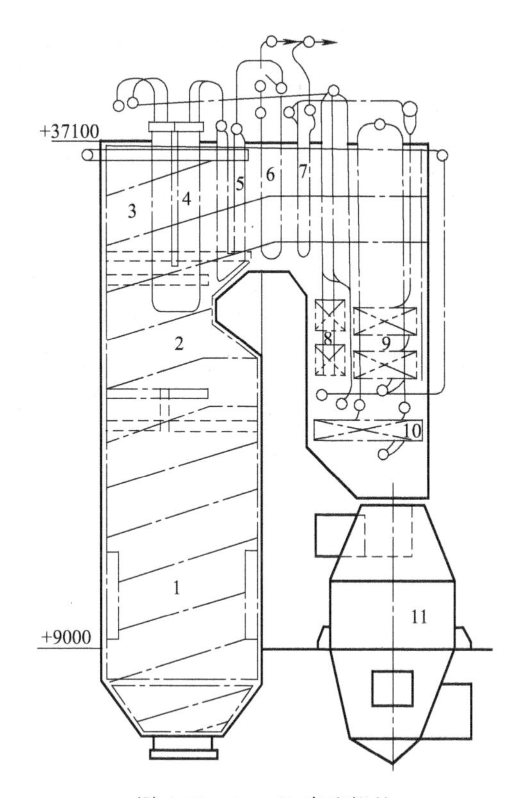

图4-12　400t/h直流锅炉

1—下辐射区；2—中辐射区；3—上辐射区；4—前屏过热器；5—后屏过热器；6—高温对流过热器；7—热段再热器；8—低温对流过热器；9—冷段再热器；10—省煤器；11—回转式空气预热器

工质由上辐射区出口引入炉顶过热器。在其中将工质温度加热到362℃左右，并引往低温对流过热器进口集箱，经过第一级喷水减温器，在低温对流过热器出口处工质温度为379℃。然后再引至第二级喷水减温器、前屏过热器，在其中工质温度升至418℃。经后屏过热器，在出口处工质温度为468℃，再往高温对流过热器中，高温对流过热器分冷段及热段。冷段逆流，出口工质温度为520℃，通过第三级喷水减温器及混合交叉后引入热段，热段为顺流，出口工质温度为555℃。

再热蒸汽系统包括汽机高压缸排汽进入布置在锅炉尾部的低温再热器，逆流布置。在其进口装设事故喷水装置，低温再热器进口工质温度为335℃，出口达475℃。在低温和高温再热器间的连接导管上装有微量喷水装置。高温再热器为顺流布置，出口工质温度为555℃。

4.1.5 强制循环锅炉

多次强制循环锅炉亦称辅助循环锅炉。它与自然循环锅炉的不同点是在下降管系统中加装了循环泵。这种循环泵的压头约为0.25～0.35MPa，使循环回路的运动压头从自然循环时的0.05～0.10MPa提高到0.30MPa左右。

炉膛蒸发受热面内工质流动主要靠强制循环，循环倍率 K 一般控制在3～5。这样既可使水冷壁受热面布置形式较自由，还可采用较小管径使水冷壁重量减轻，工质质量流速增加，使管壁温度及温度应力降低，增加了水冷壁的工作可靠性。

在这种锅炉中，由于循环倍率减小，管内流速高，下降管数目可减少。由于循环倍率小以及采用循环泵的压头来克服汽水分离元件的阻力，可以充分利用离心分离的效果，因而分离元件的直径可以减小。在保持同样分离效率的条件下，能提高单个旋风分离器的蒸汽负荷，因而锅筒直径可以缩小，长度亦可以减短。

由于在低负荷或启动时可以利用水的强制循环使各承压部件得到均匀加热，因此可以提高启动及升降负荷的速度。在亚临界压力范围内，自然循环锅炉要做到水循环可靠比较困难，直流锅炉在蒸发受热面中有传热恶化问题。而多次强制循环锅炉中使用循环泵可保证可靠循环，同时具有不太小的循环倍率以防止传热恶化的发生。

由于循环泵的采用，增加了设备费用以及锅炉的运行费用。循环泵压头虽然不高，但要长期在高压高温（250～330℃）下运行，需用特殊结构，相应地也会影响整台锅炉运行的可靠性。

美国是主要制造多次强制循环锅炉的国家。1942 年第一台投入运行，50 年代得到广泛的发展，结构上也作了很多改进。锅炉的蒸汽参数为：锅筒内压力 14～20MPa，过热蒸汽温度有 538/538℃、565/538℃、565/565℃三种。锅炉容量一般在 200MW 以上，最大的一台锅炉配 1000MW 机组。图 4-13 为 17MPa、540/540℃、1980t/h 配 600MW 机组的强制循环锅炉，循环倍率为 4，水冷壁管径 ϕ51mm×6mm，用四台循环泵，另有一台备用。循环

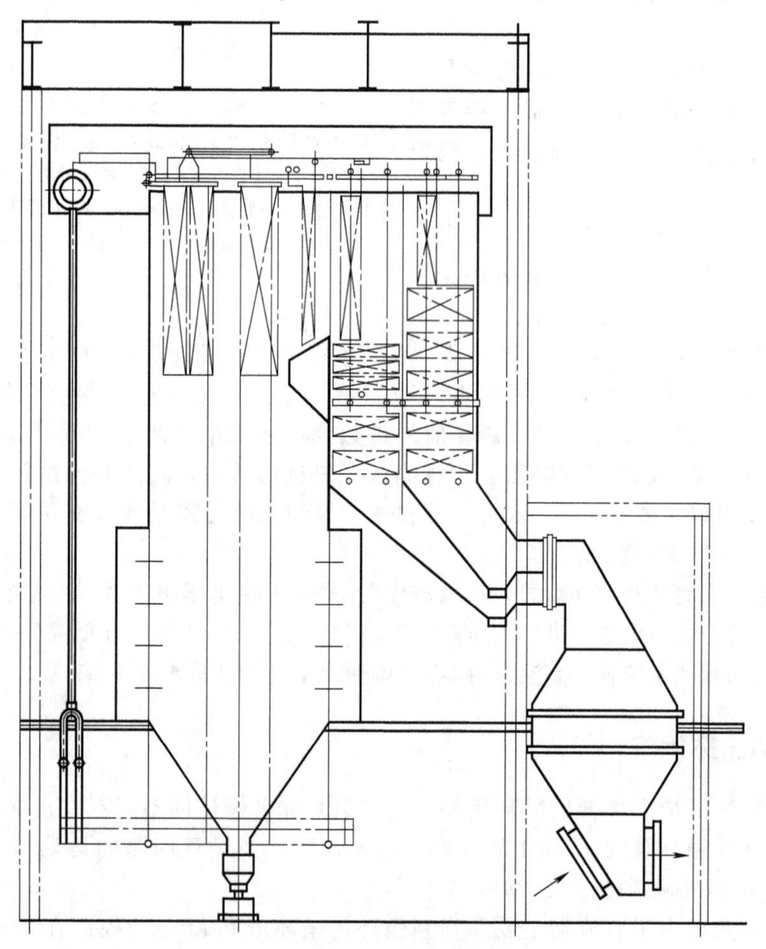

图 4-13　1980t/h 强制循环锅炉

泵的技术参数为：流量0.903m^3/s，压头0.28MPa，功率382kW（热态），648kW（冷态）。

这台锅炉的下降管系统中装有循环泵，使从锅筒来的工质强迫流经蒸发受热面。水冷壁出口的汽水混合物引入锅筒中进行汽水分离。分离出来的水与省煤器来的给水混合后，再经下降管系统由循环泵送入水冷壁中进行再循环。在水冷壁各回路进口装有节流圈，以调节各回路的流量，使水冷壁热负荷分布与流量相适应。这台锅炉的锅筒内径为1525mm，锅筒长27m。

4.2 燃料组成

4.2.1 燃料成分

锅炉燃料有煤、油页岩、石油制品和天然气等。我国以煤为最主要的锅炉燃料。各种燃料都是复杂的高分子烃类化合物。其主要成分是：碳（C）、氢（H）、氧（O）、氮（N）、硫（S）、灰分（A）及水分（W）。除灰分及水分之外，其他元素多以化合物状态存在。

① 碳（C） 是燃料中的主要可燃元素，一般占燃料成分的15%～90%。

② 氢（H） 氢是燃料中发热量最高的元素。但固体燃料中氢的含量不多，约4%～5%；液体燃料中稍多，约14%左右，天然气中含氢量最多。

③ 硫（S） 燃料中的硫常以三种形式存在——有机硫（S_{yj}）、硫化铁硫（S_{lt}）亦即黄铁矿硫、硫酸盐硫（S_{ly}）。前两种硫均能燃烧放出热量，称可燃硫或挥发硫，可写成S_r；硫酸盐硫不参加燃烧，是灰分的一部分；我国动力用煤的含硫量大部分小于1%～1.5%，但有些贫煤、无烟煤和劣质烟煤的含硫量在3%～5%之间，甚至有个别煤种高达8%～10%；但我国煤的硫酸盐硫很少，可以忽略不计。

④ 氧（O）、氮（N） 它们都是不可燃成分。由于氧与燃料中一部分氢和碳组成化合物，燃料发热量有所下降；燃料中的含氮量很少，约为0.5%～2.5%。特别应该注意的是氮和氧在高温形成氮氧化合物NO_x（NO及NO_2），这是一种有害物质。当NO_x与烃类化合物在一起受到太阳光紫外线照射时，会产生一种浅蓝色烟雾状的光化学氧化剂，当它在空气中的含量超过一定值后，对人体和植物都十分有害。

⑤ 灰分（A） 是燃料中不可燃的矿物杂质。气体燃料基本上不含灰分，固体燃料一般含5%～35%，而油页岩含灰分竟高达50%～60%。

⑥ 水分（W） 也是燃料中的不可燃成分。水分增加将降低燃烧室的温度，影响燃料的着火，延长燃烧过程，并大大增加烟气体积。

4.2.2 燃料分析

工业炉使用的燃料有固体燃料（煤）、液体燃料（油）、气体燃料三大类。由于石油化工工业中生产操作自控要求较高，故以应用液体燃料和气体燃料为多；对于缺少油、气资源及为节约燃料费用，也有部分燃煤的加热炉。燃料分析通常包括：

① 应用基 以包括全部水分和灰分的燃料作为100%的成分，亦即锅炉燃料的实际应用成分，又称收到基，符号ar；

② 分析基 以去掉外在水分的燃料作为100%的成分，亦即在实验室进行燃料分析时的分析试样成分，又称元素分析或空气干燥基，符号ad；

③ 干燥基 以去掉全部水分的燃料作为100%的成分，由于去掉水分的干燥基成分不受

水分的影响，这样可准确地表示出燃料的含灰量，符号 d；

④ 可燃基　以去掉水分和灰分的燃料作为100%的成分，又称干燥无灰基，符号 daf。

把应用基和分析基比较一下，可以看出煤中的水分被分成两部分：

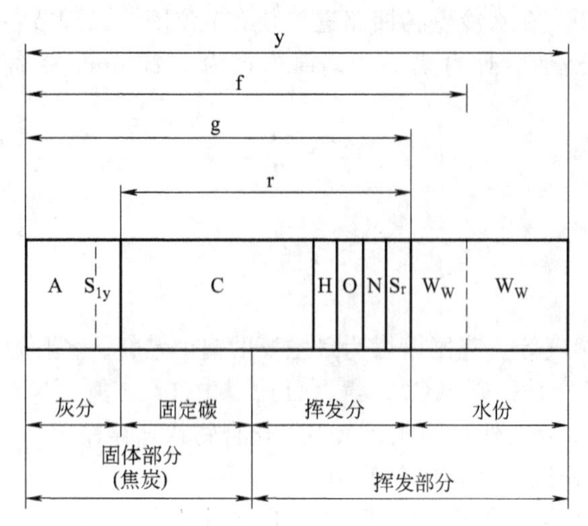

图 4-14　固体燃料成分及其组成的相互关系

① 分析水分（W_f）　空气风干状态下仍残留在煤中的水分，亦称内在水分（W_n）或固有水分，计算基础是分析基；

② 外在水分（W_w）　空气风干过程中逸走的水分，计算基础为应用基。

内在水分和外在水分的总和称全水分 W_q，计算基础是应用基。由于除去了易受外界影响而变化的水分及灰分，因此，燃料的可燃基成分能更正确地反映出燃料的实质，便于区别燃料的种类。固体燃料成分及其组成的相互关系如图 4-14 所示。

有关煤的分析和计算基础包括收到基、空气干燥基、干基和干燥无灰基，它们之间的换算见表 4-2。

表 4-2　煤的四种基换算

已知基	角标	欲求基			
		收到基（应用基 y）	空气干燥基（分析基 f）	干基（干燥基 g）	干燥无灰基（可燃基 r）
收到基	ar	1	$\frac{100-M_{ad}}{100-M_{ar}}$	$\frac{100}{100-M_{ar}}$	$\frac{100}{100-A_{ar}-M_{ar}}$
空气干燥基	ad	$\frac{100-M_{ar}}{100-M_{ad}}$	1	$\frac{100}{100-M_{ad}}$	$\frac{100}{100-A_{ad}-M_{ad}}$
干基	d	$\frac{100-M_{ar}}{100}$	$\frac{100-M_{ad}}{100}$	1	$\frac{100}{100-A_d}$
干燥无灰基	daf	$\frac{100-A_{ar}-M_{ar}}{100}$	$\frac{100-A_{ad}-M_{ad}}{100}$	$\frac{100-A_d}{100}$	1

4.2.3 固体燃料

煤的成分以元素分析有碳（C）、氢（H）、氧（O）、氮（N）、硫（S）五种元素。以工业分析或实用分析包括水分 M、灰分 A、挥发分 V 和固定碳 C。现将煤的成分以收到基、空气干燥基、干基和干燥无灰基为分析基础和计算基础。按照煤炭分类，国家标准煤包括无烟煤、烟煤和褐煤三大类，设计上应用的代表煤种见表 4-3。

表 4-3　工业锅炉设计用代表煤种

煤的类别		产地	V_{daf} /%	C_{ar} /%	H_{ar} /%	O_{ar} /%	N_{ar} /%	S_{ar} /%	A_{ar} /%	M_{ar} /%	Q_{ar} /(kJ/kg)
石煤和煤矸石	Ⅰ类	湖南株洲煤矸石	45.03	14.80	1.19	5.80	0.29	1.50	67.10	9.82	5033
	Ⅱ类	安徽淮北煤矸石	14.74	19.49	1.42	8.34	0.37	0.69	65.79	3.90	6950
	Ⅲ类	浙江安仁石煤	8.05	28.04	0.62	2.73	2.87	3.57	58.04	4.13	9307
褐煤		内蒙古扎赉诺尔	43.75	34.65	2.34	10.48	0.57	0.31	17.02	34.63	12288

续表

煤的类别		产地	V_{daf} /%	C_{ar} /%	H_{ar} /%	O_{ar} /%	N_{ar} /%	S_{ar} /%	A_{ar} /%	M_{ar} /%	Q_{ar} /(kJ/kg)
无烟煤	Ⅰ类	京西安家滩	6.18	54.70	0.78	2.23	0.28	0.89	33.12	8.00	18188
	Ⅱ类	福建天明山	2.84	74.15	1.19	0.59	0.14	0.15	13.98	9.80	25435
	Ⅲ类	山西阳泉三矿	7.85	65.65	2.64	3.19	0.99	0.51	19.02	8.00	24426
贫煤		四川芙蓉	13.25	55.19	2.38	1.51	0.74	2.51	28.67	9.00	20901
烟煤	Ⅰ类	吉林通化	21.91	38.46	2.16	4.65	0.52	0.61	43.10	10.50	13536
	Ⅱ类	山东良庄	38.90	46.53	3.96	6.11	0.86	1.94	32.48	9.00	17693
	Ⅲ类	安徽淮南	38.48	57.42	3.81	7.16	0.93	0.46	21.37	8.85	22211

煤的发热量有高位发热量 Q_{gw} 和低位发热量 Q_{dw} 两种。高位发热量 Q_{gw} 指 1kg 煤完全燃烧时放出的全部热量，包括烟气中蒸汽凝结时放出的热量。低位发热量 Q_{dw} 指 1kg 煤完全燃烧时放出的全部热量中扣除蒸汽的汽化潜热后所得的发热量。煤在锅炉中燃烧后，排烟一般还具有相当高的温度，烟气中的蒸汽不可能凝结下来，这样就带走了一部分汽化潜热，因而锅炉技术中通常采用低位发热量作为煤带进锅炉的热量的计算依据。

灰的熔融性与其成分及含量有关，灰的成分主要有 SiO_2、Al_2O_3，各种氧化铁（FeO、Fe_2O_3、Fe_3O_4）、CaO、MgO 及 K_2O、Na_2O 等。对于大多数煤的灰，其 SiO_2（弱酸性）的含量最多，因而呈酸性。这些成分的熔化温度各不相同，从 800℃起至 2800℃都有。碱金属的氧化物 K_2O、Na_2O 和铁的氧化物在比较低的温度下就熔融，还要汽化，氧化硅 SiO_2 和矾土 Al_2O_3 的熔融温度很高。

4.2.4 液体燃料

液体燃料分为重油、重柴油、轻柴油三类，工业炉上主要应用重油为燃料，少数要求高的场合用重柴油，轻柴油多用作化工原料而较少使用。此外石油化工企业自产重质油，例如减压渣油、常压重油、裂化残油等，常常当作加热炉的燃料，以减压渣油用得较多。液体燃料发热量高、杂质少、便于运输，操作中易实现自动控制，且可得到近似于气体燃料的火焰，燃烧热效应好，故被广泛用于石油化工行业的工业炉上。

锅炉的燃油是重油或渣油，它是原油在常压和一定温度下进行分馏，得到汽油、煤油和柴油等轻质油类后所剩下的残留物。常压重油再经过减压蒸馏，分馏出重柴油和各种蜡油后的剩余物又称减压重油。在我国供电厂用作燃料油的，多半是这种减压重油。

重油的成分变化不大，其含碳量为 81%～87%，含氢量为 11%～14%，硫、氧、氮三种元素的含量为 1%～2%，水分较低 $W^Y \leqslant 4\%$，灰分极少 $A^Y < 1\%$，低位发热量 $Q_{dw}^Y =$ 37700～44000kJ/kg，属高热值燃料。

有关重柴油的质量指标见表 4-4。

表 4-4　重柴油的质量指标

项　　目		10(RC3-10)	20(RC3-20)	30(RC3-30)
50℃运动黏度/(mm²/s)		13.5	20.5	36.2
残炭/%	≤	0.5	0.5	1.5
灰分/%	≤	0.04	0.06	0.08
硫含量/%	≤	0.5	0.5	1.5
机械杂质/%	≤	0.1	0.1	0.5
水分/%	≤	0.5	1.0	1.5
闭口闪点/℃	>	65	65	65
凝点/℃	≤	10	20	30
水溶性酸或碱		无	无	无

有关燃料油的质量指标见表4-5。

表4-5　燃料油的质量指标（SH/T 0356—1996）

项　目		1#	2#	4#轻	4#	5#轻	5#重	6#	7#
闭口闪点/℃	≥	38	38	38	55	55	55	60	—
开口闪点/℃	≥	—	—	—	—	—	—	—	130
水和沉淀物(体积分数)/%	≤	0.05	0.05	0.50	0.50	1.00	1.00	2.00	3.00
馏程/℃									
10%回收温度	≤	215	—	—	—	—	—	—	—
90%回收温度	≥	—	282	—	—	—	—	—	—
	≤	288	338	—	—	—	—	—	—
运动黏度/(mm^2/s)									
40℃	≥	1.3	1.9	1.9	5.5	—	—	—	—
	≤	2.1	3.4	5.5	24.0	—	—	—	—
100℃	≥	—	—	—	—	5.0	9.0	15	—
	≤	—	—	—	—	8.9	14.9	50.0	185
10%蒸余物残碳(质量分数)/%		≤0.15	≤0.35	—	—	—	—	—	—
灰分(质量分数)/%	≤	—	—	0.05	0.10	0.15	0.15	—	—
硫含量(质量分数)/%	≤	0.50	0.50	—	—	—	—	—	—
铜片腐蚀(50℃/3h)/级	≤	3	3	—	—	—	—	—	—
密度(20℃)/(kg/m^3)									
不小于		—	—	872	—	—	—	—	—
不大于		846	872	—	—	—	—	—	—
倾点/℃　不高于		−18	−6	−6	−6	—	—	—	—

有关常用燃料油的性质见表4-6。

表4-6　常用燃料油的性质

燃料油名称	组成(质量分数)/%					密度/(kg/m^3)	残碳/%	发热量/(kJ/kg)		理论空气量 $\alpha=1$		理论燃烧温度/℃
	C	H	S	O	N			高位	低位	kg/kg	m^3/kg	
大庆减压渣油	86.50	12.56	0.17		0.37	930.0		45130	42290	14.412	11.147	2018
胜利减压渣油	86.82	11.16	1.32		0.70	989.5	16.7	43600	41080	14.012	10.837	2021
大港减压渣油	86.69	12.70	0.29	0.07		949.6	10.4	45380	42510	14.489	11.205	2017
江汉减压渣油	85.74	11.24	3.00			983.8	15.02	43520	40980	13.989	10.819	2018
玉门减压渣油	88.17	11.58	0.25			961.0	11.72	44480	41860	14.269	11.036	2022
克拉玛依渣油	88.21	11.58	0.21			961.5		44480	41870	14.262	11.030	2023
大庆常压重油	87.57	12.26	0.17			916.2		45110	42340	14.431	11.161	2020
胜利常压重油	85.78	11.72	1.32			965.6	11.36	43960	41300	14.086	10.894	2018
大港常压重油	87.91	11.91	0.18			920.2	5.3	44800	42150	14.421	11.153	2017
江汉常压重油	84.83	12.17	3.00			921.8	4.54	44380	41630	14.206	10.987	2015
玉门常压重油	88.03	11.76	0.21			949.0		44650	41990	14.312	11.069	2021
克拉玛依重油	87.57	12.29	0.14			914.3		45150	42370	14.441	11.169	2020

不同牌号的燃料油其元素组分变化不大，平均含碳量为87%～88%，含氢量为10%～12%，氧、氮两种元素的含量为0.5%～1%。燃料中含有硫，会污染环境，并使烟气露点温度提高，易产生低温硫酸腐蚀，故作为燃料油质量标准不得大于3%。

有关上海燃料油质量标准与国产180CST燃料油质量标准对比见表4-7。

表 4-7 上海燃料油质量标准与国产 180CST 燃料油质量标准对比

项　　目	上海燃料油	国产燃料油
密度(15℃)/(kg/L)	不高于 0.985	不高于 0.98
运动黏度(50℃)/(cSt)	不高于 180	不高于 180
灰分(质量分数)/%	不高于 0.10	不高于 0.10
残碳(质量分数)/%	不高于 14	不高于 15
倾点/℃	不高于 24	不高于 24
水分(体积分数)/%	不高于 0.5	不高于 0.5
闪点/℃	不高于 66	不高于 66
含硫量(质量分数)/%	不高于 3.5	不高于 3.5
总机械杂质含量(质量分数)/%	不高于 0.1	不高于 0.1
含矾量/(mg/L)	不高于 150	不高于 150

4.2.5 气体燃料

气体燃料的燃烧完全且最易实现燃烧控制自动化，是加热炉最理想的燃料，气体燃料有天然气、高炉煤气、焦炉煤气、城市煤气、发生炉煤气、液化石油气以及石油化工厂自产的炼油厂燃料气和装置所产生的燃料气等。

部分天然气典型成分见表 4-8。

表 4-8 部分天然气典型成分（体积分数）　　单位：%

油气田名称	CH_4	C_2H_6	C_3H_8	iC_4H_{10}	nC_4H_{10}	iC_5H_{12}	nC_5H_{12}	C_6H_{14}	CO_2	H_2S	N_2	其他
大庆伴生气	79.75	1.90	7.50	5.62			—	—		—	—	3.31
大庆气井气	91.30	1.96	1.34	0.90			—	—	0.20	—	0.38	—
胜利伴生气	86.60	4.20	3.50	0.7	1.9	0.6	0.5	0.3	0.60	—	1.10	—
胜利气井气	90.70	2.60	2.80	0.6	0.1	0.5	0.5	0.2	1.30	—	0.70	1.1
大港油田	76.29	11.0	6.00	4.0	—	—	—	1.36			0.71	—
辽河油田	81.50	8.50	8.50	5.0	—	—	—	—	1.0	—	1.00	3.0
四川卧龙河气田	94.32	0.78	0.18		0.082		0.093	0.051	0.32	3.82	0.44	

部分液化石油气典型成分见表 4-9。

表 4-9 液化石油气成分（体积分数）　　单位：%

厂名及炼制工艺	CH_4	$C_2H_4+C_2H_6$	C_3H_8	C_3H_6	C_4H_{10}	C_4H_8	其他
大庆炼油厂热裂化		21.70	27.40	20.10		24.50	6.3
大庆炼油厂催化裂化		0.20	13.60	50.90		31.80	3.5
大庆炼油厂延迟焦化	9.50	24.00	24.10	17.90		20.80	3.7
锦西石油五厂催化裂化		0.50	8.60	22.50	26.30	38.60	余量
锦州石油六厂催化裂化		2.41	8.50	24.50	23.90	33.40	余量
北京东方红炼油厂催化裂化			10.60	31.20	19.04	25.95	余量
北京东方红炼油厂气体分馏			76.18	19.95	3.87		
北京胜利化工厂					94～100		

各种煤气一般组成、密度和发热量见表 4-10。

表 4-10　煤气一般组成、密度和发热量

煤气名称	干煤气组成的体积分数/%							密度/(kg/m³)		低位发热量/(kJ/kg)
	CO_2+H_2S	O_2	C_mH_n	CO	H_2	CH_4	N_2	煤气	烟气	
发生炉煤气(烟煤)	3～7	0.1～0.3	0.2～0.4	25～30	11～15	1.5～3	47～54	1.1～1.13	1.3～1.35	5020～6280
发生炉煤气(无烟煤)	3～7	0.1～0.3		24～30	11～15	0.5～0.7	47～54	1.13～1.15	1.34～1.36	5020～5230
富氧发生炉煤气	6～20	0.1～0.2	0.2～0.8	27～40	20～40	2.5～5	10～45			6280～7540
水煤气	10～20	0.1～0.2	0.5～1	22～32	42～50	6～9	2～5	0.7～0.74	1.26～1.3	10470～11720
半水煤气	5～7	0.1～0.2		35～40	47～52	0.3～0.6	2～6	0.7～0.71	1.28	8370～9210
焦炉煤气	2～5	0.3～1.2	1.6～3	4～25	50～60	18～30	2～13	0.45～0.55	1.21	14650～18840
天然气	0.1～6	0.1～0.4	0.5	0.1～4	0.1～2	98	1～5	0.7～0.8	1.24	33490～37680
高炉煤气	10～12			27～30	2.3～2.5	0.1～0.3	55～58			3730～4060

4.3　烟气计算

4.3.1　燃烧计算

燃料的燃烧计算是根据燃料中可燃组分的燃烧反应热之和求得其发热量，并由反应方程式获得燃烧所需空气量及燃烧产物（烟气）生成量，是炉子热力计算必需的基础数据。燃料的组分由燃料供应地获得，尚未确定燃料来源时，作为估算可以从燃料的代表数据表中查取。

可燃物质的燃烧反应式及发热量见表 4-11。

表 4-11　可燃物质的燃烧反应式及发热量

反应式	反应物状态	相对分子质量	燃烧热		
			kJ/kmol	kJ/kg	kJ/m³
$C+O_2 \longrightarrow CO_2$	固体	12+32=44	408841	34070	
$C+0.5O_2 \longrightarrow CO$	固体	12+16=28	125478	10457	
$CO+0.5O_2 \longrightarrow CO_2$	气体	28+16=44	283363	10120	12650
$S+O_2 \longrightarrow SO_2$	固体	32+32=64	296886	9278	
$H_2+0.5O_2 \longrightarrow H_2O$(液) $H_2+0.5O_2 \longrightarrow H_2O$(汽)	气体	2+16=18	286210 242039	143105 121020	12777 10805
H_2O(汽)$\longrightarrow H_2O$(液)	气体	18	44170	2454	1972
$H_2S+1.5O_2 \longrightarrow SO_2+H_2O$(液) $H_2S+1.5O_2 \longrightarrow SO_2+H_2O$(汽)	气体	34+48=64+18	563166 518995	16564 15265	25142 23169
$CH_4+2O_2 \longrightarrow CO_2+2H_2O$(液) $CH_4+2O_2 \longrightarrow CO_2+2H_2O$(汽)	气体	16+64=44+36	893882 805540	55868 50346	39904 35960
$C_2H_4+3O_2 \longrightarrow 2CO_2+2H_2O$(液) $C_2H_4+3O_2 \longrightarrow 2CO_2+2H_2O$(汽)	气体	28+96=88+36	1428117 1339776	51004 47849	63757 59813
$C_2H_6+4.5O_2 \longrightarrow 2CO_2+3H_2O$(液) $C_2H_6+4.5O_2 \longrightarrow 2CO_2+3H_2O$(汽)	气体	30+112=88+54	1558746 1426233	51958 47541	69585 63673
$C_3H_6+4.5O_2 \longrightarrow 3CO_2+3H_2O$(液) $C_3H_6+4.5O_2 \longrightarrow 3CO_2+3H_2O$(汽)	液体	42+144=132+54	2052369 1919857	48866 45711	
$C_3H_6+4.5O_2 \longrightarrow 3CO_2+3H_2O$(液) $C_3H_6+4.5O_2 \longrightarrow 3CO_2+3H_2O$(汽)	气体	42+144=132+54	2080002 1947490	49524 46369	92855 86939
$C_3H_8+5O_2 \longrightarrow 3CO_2+4H_2O$(液) $C_3H_8+5O_2 \longrightarrow 3CO_2+4H_2O$(汽)	气体	14+160=132+72	2203513 2026830	50080 46064	98369 90485

续表

反应式	反应物状态	相对分子质量	燃烧热		
			kJ/kmol	kJ/kg	kJ/m³
$C_4H_8+6O_2 \longrightarrow 4CO_2+4H_2O$(液) $C_4H_8+6O_2 \longrightarrow 4CO_2+4H_2O$(汽)	气体	56+192=176+72	2709697 2533014	48387 45232	120969 113383
$C_4H_{10}+6.5O_2 \longrightarrow 4CO_2+5H_2O$(液) $C_4H_{10}+6.5O_2 \longrightarrow 4CO_2+5H_2O$(汽)	气体	58+208=176+90	2861259 2640405	49332 45524	128070 117875
$C_5H_{10}+7.5O_2 \longrightarrow 5CO_2+5H_2O$(液) $C_5H_{10}+7.5O_2 \longrightarrow 5CO_2+5H_2O$(汽)	液体	70+240=220+90	3332693 3111839	47610 44455	
$C_5H_{10}+7.5O_2 \longrightarrow 5CO_2+5H_2O$(液) $C_5H_{10}+7.5O_2 \longrightarrow 5CO_2+5H_2O$(汽)	气体	70+240=220+90	3364512 3143659	48064 44909	150034 140375
$C_6H_6+7.5O_2 \longrightarrow 6CO_2+3H_2O$(液) $C_6H_6+7.5O_2 \longrightarrow 6CO_2+3H_2O$(汽)	液体	70+240=264+54	3279939 3147427	42051 40352	
$C_6H_6+7.5O_2 \longrightarrow 6CO_2+3H_2O$(液) $C_6H_6+7.5O_2 \longrightarrow 6CO_2+3H_2O$(汽)	气体	70+240=264+54	3295849 3163337	42254 40556	147296 141221
$C_{10}H_8+12O_2 \longrightarrow 10CO_2+4H_2O$(液) $C_{10}H_8+12O_2 \longrightarrow 10CO_2+4H_2O$(汽)	固体	128+384=440+72	5157300 4980617	40291 38911	
$Fe+0.5O_2 \longrightarrow FeO$	固体	56+16=72	269756	4817	
$2Fe+1.5O_2 \longrightarrow Fe_2O_3$	固体	112+48=160	824423	7361	
$3Fe+2O_2 \longrightarrow Fe_3O_4$	固体	168+64=232	1113521	6628	
$FeS_2+2.5O_2 \longrightarrow FeSO_2$	固体	120+80=72+128	191994	5767	

常用单一可燃气体的特性，包括所需燃烧空气量和烟气量见表 4-12。

表 4-12 常用单一可燃气体特性

气体名称	分子式	相对分子质量	密度/(kg/m³)	完全燃烧需要量/(m³/m³)			燃烧生成气组成/(m³/m³)				
				氧气	氮气	空气	CO_2	H_2O	N_2	湿气量	干气量
一氧化碳	CO	28.01	1.250	0.5	1.88	2.38	1.0	0.0	1.88		2.88
氢	H_2	2.02	0.090	0.5	1.88	2.38	0.0	1.0	1.88	2.88	1.88
甲烷	CH_4	16.04	0.716	2.0	7.52	9.52	1.0	2.0	7.52	10.52	8.52
乙烷	C_2H_6	30.07	1.342	3.5	13.16	16.66	2.0	3.0	13.16	18.16	15.16
丙烷	C_3H_8	44.09	1.968	5.0	18.80	23.80	3.0	4.0	18.80	25.80	21.80
丁烷	C_4H_{10}	58.12	2.595	6.5	24.44	30.94	4.0	5.0	21.44	33.44	28.44
戊烷	C_5H_{12}	72.15	3.221	8.0	30.08	38.08	5.0	6.0	30.08	41.08	35.08
乙烯	C_2H_4	28.05	1.252	3.0	11.28	14.28	2.0	2.0	11.28	15.28	13.28
丙烯	C_3H_6	42.08	1.879	4.5	16.92	21.42	3.0	3.0	16.92	22.92	19.92
丁烯	C_4H_8	57.10	2.549	6.0	22.56	28.56	4.0	4.0	22.56	30.56	26.56
戊烯	C_5H_{10}	70.13	3.131	7.5	28.20	35.70	5.0	5.0	28.20	38.20	33.20
硫化氢	H_2S	34.08	1.521	1.5	5.64	7.14	(1.0)	1.0	5.64	7.64	6.64

4.3.2 计算方法

4.3.2.1 计算基础

燃烧是燃料中的可燃元素成分 C、H、S 与空气中的氧，在适当条件下（温度及时间）所产生的一种强烈的化学反应。从理论上分析，燃料完全燃烧时所需要的理论空气量，可由燃料中各可燃元素成分在燃烧时所需空气量相加而成。在作空气量及烟气量的计算时，假定：

① 空气和烟气的所有组成成分，包括水蒸气都可以相当精确地作理想气体进行计算，因此每千摩尔气体在标准状态下的容积是 22.4m³。

② 所有空气和气体体积计算的单位都先换算到标况，即以0℃和标准大气压（0.1013MPa）状态下的立方米为单位。

在锅炉的实际运行中，由于现有的燃烧设备难以保证燃料和空气的彻底混合，为使燃料尽可能地完全燃烧，必须多提供一些空气，多提供的这部分空气量称过量空气量，亦即燃烧1kg燃料所需的实际空气量等于理论空气量加上过量空气量。而实际空气量与理论空气量的比值称过量空气系数（excess air coefficient），即：

$$\frac{V_k}{V_0}=\alpha \text{ 或 } \beta$$

式中　α——用于烟气量的计算；

β——用于空气量的计算。

根据GB 13223—2011《火电厂大气污染物排放标准》，α 取值如下：

① 燃煤锅炉按过量空气系数 $\alpha=1.4$ 计算；

② 燃油锅炉按过量空气系数 $\alpha=1.2$ 计算；

③ 燃气轮机组按过量空气系数 $\alpha=3.5$ 计算。

一般燃烧正常时，煤粉炉的 RO_2 为14%～16%，O_2 为2%～4%；重油炉的 RO_2 为14%～14.5%，O_2 为1%～3%；且不允许在烟气中有明显的CO存在。因为锅炉的烟气量很大，即使CO值只有0.5%，也将使锅炉效率下降2%～3%。因此运行时发现烟气中存在大量CO，则说明燃烧过程极不正常，这时应迅速检查烟气中 O_2 的含量，以便及时调节风量。

不同的烟囱高度对飞灰和 SO_2 的允许排放量见表4-13。

表4-13　不同烟囱高度的允许排放量

烟囱高度/m	30	45	60	80	100	120	150
飞灰/(kg/h)	82	170	310	650	1200	1700	2400
SO_2/(kg/h)	82	170	310	650	1200	1700	2400

电站锅炉烟囱高度推荐值见表4-14。

表4-14　电站锅炉烟囱高度推荐值

飞灰排放量/(t/h)	SO_2 排放量/(t/h)	烟囱高度/m	相当的电厂容量/MW
<0.5	<1.0	60～80	12～25
0.5～1	1～2	80～100	50
1～3	2～6	100～120	10～20
3～5	6～10	120～150	300
5～10	10～20	150～180	450～800
>10	>20	180～210	1000～1200

4.3.2.2　锅炉风量（表4-15）

表4-15　燃用Ⅱ/Ⅲ类烟煤层燃炉的鼓风机与引风机匹配指标

锅炉容量/MW(t/h)	鼓风机			引风机		
	风量/(m^3/h)	风压/Pa	电机功率/kW	风量/(m^3/h)	风压/Pa	电机功率/kW
2.8(4)	6000	508	2.2	10590	2225	10
4.2(6)	9100	1362	5.5	16050	2097	13
7.0(10)	14760	1352	7.5	25200	2097	22
14.0(20)	29520	1352	17	50400	2097	40
28.0(40)	59040	1352	30	100800	2097	75

4.3.3 燃油计算（上海市某造纸厂）

4.3.3.1 衡算基础（表 4-16）

表 4-16 衡算基础

项目	符号	相对分子质量	成分/%	质量/(kg/h)	备注
燃料的热值 Q_D^Y				9700	kcal/kg
收到基碳分 C^Y	C_{ar}	12	81.55	2772.70	
收到基氢分 H^Y	H_{ar}	1	12.50	425.00	
收到基氧分 O^Y	O_{ar}	16	1.91	64.94	
收到基氮分 N^Y	N_{ar}	14	0.49	16.66	
收到基硫分 S^Y	S_{ar}	32	3.00	102.00	max3.5%
收到基水分 W^Y	M_t	18	0.50	17.00	min0.50%
收到基灰分 A^Y	A_{ar}	?	0.05	1.70	max0.15%
挥发分	V_{daf}	?			
合计	Σ	%	100.00	3400.0	max3660kg/h

注：180＃重油，燃料油用量 3.4t/h=3400kg/h。

4.3.3.2 衡算过程

（1）碳的燃烧过程

$C + O_2 \longrightarrow CO_2$

12　22.4　22.4

2772.70　?　?

燃烧时所需要的 O_2 量：22.4×(2772.70/12)= 5175.71m^3/h

燃烧时所产生的 CO_2 量：22.4×(2772.70/12)=5175.71m^3/h

（2）氢的燃烧过程

$2H_2 + O_2 \longrightarrow 2H_2O$

4　22.4　44.8

425.00　?　?

燃烧时所需要的 O_2 量：22.4×(425.00/4)=2380.00m^3/h

燃烧时所产生的 H_2O 量：44.8×(425.00/4)=4760.00m^3/h

（3）氧的折算体积

燃烧时氧的折算 O_2 量：22.4×(64.94/32)=45.46m^3/h

（4）氮的氧化过程

$N + O_2 \longrightarrow NO_2$

14　22.4　22.4

16.66　?　?

燃烧时所需要的 O_2 量：22.4×(16.66/14)=26.66m^3/h

燃烧时所产生的 NO_2 量：22.4×(16.66/14)=26.66m^3/h

（5）硫的燃烧过程

$S + O_2 \longrightarrow SO_2$

32　22.4　22.4

102.00　?　?

燃烧时所需要的O_2量：22.4×(102.00/32)=71.40m^3/h

燃烧时所产生的SO_2量：22.4×(102.00/32)=71.40m^3/h

(6) 带进水的体积

燃料带进水的体积：22.4×(17.00/18)=21.16m^3/h

(7) 灰的衡算处理

灰分（1.70kg/h）燃烧过程直接进入烟气，计算时不考虑。

(8) 理论空气计算

根据（1）碳的燃烧过程，燃烧时所需要的O_2量：5175.71m^3/h

根据（2）氢的燃烧过程，燃烧时所需要的O_2量：2380.00m^3/h

根据（3）氧的折算体积，燃烧时氧的折算O_2量：−45.46m^3/h

根据（4）氮的氧化过程，燃烧时所需要的O_2量：26.66m^3/h

根据（5）硫的燃烧过程，燃烧时所需要的O_2量：71.40m^3/h

合计需要的O_2量：7608.31m^3/h

由于氧气占空气的21%，空气量：7608.31/0.21=36230.05m^3/h

由于氮气占空气的79%，氮气量：36230.05×0.79=28621.74m^3/h

(9) 衡算结果汇总（表4-17）

表4-17 衡算结果

序号	项 目	依据	体积/(m^3/h)
1	二氧化碳	(1)	5175.71
2	生成水分	(2)	4760.00
3	二氧化氮	(4)	26.66
4	二氧化硫	(5)	71.40
5	带进水分	(6)	21.16
6	收到灰分	(7)	1.70kg/h
7	理论空气量	(8)	36230.05

4.3.3.3 衡算结果

(1) 实际空气总量

以上4.3.3.2(8)计算的空气量都是指不含水蒸气的干空气。

根据GB 13223—2011《火电厂大气污染物排放标准》，燃油锅炉过量空气系数（燃料燃烧时，实际空气供给量与理论空气需要量之比值）按α=1.2进行计算，结果如下：

实际空气总量：36230.05×1.2=43476.06m^3/h

剩余氮气总量：36230.05×1.2×0.79=34346.09m^3/h

剩余氧气总量：36230.05×0.2×0.21=1521.66m^3/h

(2) 实际水汽总量

① 氢燃烧生成水汽：4760.00m^3/h

② 燃料带进的水汽：21.16m^3/h

③ 雾化蒸汽的水汽：0.00m^3/h

④ 空气带进的水汽：实际空气总量43476.06m^3/h，按20℃计算，水的蒸气分压查表4-18，p_v=2337Pa，相对湿度50%，折算水汽513.21m^3/h

表4-18 水的蒸气压

温度/℃	10	20	30	40	50	60	70	80
蒸气压/Pa	1227	2337	4242	7375	12335	19920	31162	47360

⑤ 合计的水汽：5294.37m^3/h

（3）烟气成分（表 4-19）

表 4-19 烟气成分

序号	项目	体积/(m^3/h)	组成/%	备注
1	二氧化碳	5175.71	11.15	
2	二氧化氮	26.66	0.06	
3	二氧化硫	71.40	0.15	
4	氧气总量	1521.66	3.28	
5	氮气含量	34346.09	73.96	
6	水汽总量	5294.37	11.40	考虑空气带入水
7	湿基合计Σ	46435.89	100.00	
8	灰分总量	1.70kg/h		
9	实际空气量	43476.06		指干空气

4.3.4 燃煤计算（山东东营某电厂）

4.3.4.1 设备参数（表 4-20）

表 4-20 设备参数

设备名称	参数名称	单位	数据
锅炉	形式		煤粉炉
	最大连续蒸发量(每台)	t/h	130/150
	台数	台	2
	锅炉排烟温度	℃	150
	锅炉实际耗煤量(每台)	t/h	—
除尘器	数量(每台炉)	个	1
	形式		三电场静电除尘器
	除尘效率	%	99
引风机	形式		离心式 Y4-73-12No.18D
	数量(每台)	个	2
	风量	m^3/h	159000
	风压	Pa	2814
烟囱	高度	M	120
	出口内径	m	—
	内部防腐材料		—
	入口烟气温度要求	℃	—

4.3.4.2 燃料参数（表 4-21）

表 4-21 燃料参数

项　目	符号	成分/%	备注
燃料的热值 Q_D^Y		21.42	MJ/kg
收到基碳分 C^Y	C_{ar}	58.83	
收到基氢分 H^Y	H_{ar}	3.50	
收到基氧分 O^Y	O_{ar}	4.38	
收到基氮分 N^Y	N_{ar}	0.99	

续表

项　　目	符号	成分/%	备注
收到基硫分 S^Y	S_{ar}	1.85	max2.0%
收到基水分 W^Y	M_t	7.10	
收到基灰分 A^Y	A_{ar}	23.35	
挥发分	V_{daf}	23.71	
合计	Σ	100.0	

4.3.4.3　燃料消耗

150t/h 锅炉日燃煤量 500t/24h＝20.833t/h＝20833kg/h

130t/h 锅炉燃煤量数据缺乏，参照 150t/h 锅炉数据如下：

130＋150t/h 锅炉燃煤消耗量20833×(150＋130)÷150kg/h＝38888kg/h

4.3.4.4　基础数据（表 4-22）

表 4-22　基础数据

项　　目	符号	相对分子质量	成分/%	质量/(kg/h)	备注
燃料的热值 Q_D^Y				21.42	MJ/kg
收到基碳分 C^Y	C_{ar}	12	58.83	22877.81	
收到基氢分 H^Y	H_{ar}	1	3.50	1361.08	
收到基氧分 O^Y	O_{ar}	16	4.38	1703.29	
收到基氮分 N^Y	N_{ar}	14	0.99	384.99	
收到基硫分 S^Y	S_{ar}	32	2.00	777.76	1.85→2.00
收到基水分 W^Y	M_t	18	6.95	2702.72	7.10→6.95
收到基灰分 A^Y	A_{ar}	?	23.35	9080.35	
挥发分	V_{daf}	?	23.71		
合计	Σ	%	100.0	38888.00	

4.3.4.5　衡算过程

（1）碳的燃烧过程

$C \quad + \quad O_2 \longrightarrow CO_2$

12　　　22.4　22.4

22877.81　?　　?

燃烧时所需要的 O_2 量：22.4×(22877.81/12)＝42705.25m^3/h

燃烧时所产生的 CO_2 量：22.4×(22877.81/12)＝42705.25m^3/h

（2）氢的燃烧过程

$2H_2 \quad + \quad O_2 \longrightarrow 2H_2O$

4　　　22.4　44.8

1361.08　?　　?

燃烧时所需要的 O_2 量：22.4×(1361.08/4)＝7622.05m^3/h

燃烧时所产生的 H_2O 量：44.8×(1361.08/4)＝15244.10m^3/h

（3）氧的折算体积

燃烧时氧的折算 O_2 量：22.4×(1703.29/32)＝1192.30m^3/h

（4）氮的氧化过程

$N \quad + \quad O_2 \longrightarrow NO_2$

14　　　　22.4　　22.4

384.99　　　?　　　?

燃烧时所需要的 O_2 量：22.4×(384.99/14)=615.98m^3/h

燃烧时所产生的 NO_2 量：22.4×(384.99/14)=615.98m^3/h

(5) 硫的燃烧过程

$S + O_2 \longrightarrow SO_2$

32　　　　22.4　　22.4

777.76　　　?　　　?

燃烧时所需要的 O_2 量：22.4×(777.76/32)=544.43m^3/h

燃烧时所产生的 SO_2 量：22.4×(777.76/32)=544.43m^3/h

(6) 带进水的体积

燃料带进水的体积：22.4×(2702.72/18)=3363.38m^3/h

(7) 灰的衡算处理

灰分(9080.35kg/h)燃烧过程直接进入烟气，计算时不考虑。

(8) 理论空气计算

根据(1)碳的燃烧过程，燃烧时所需要的 O_2 量：42705.25m^3/h

根据(2)氢的燃烧过程，燃烧时所需要的 O_2 量：7622.05m^3/h

根据(3)氧的折算体积，燃烧时氧的折算 O_2 量：-1192.30m^3/h

根据(4)氮的氧化过程，燃烧时所需要的 O_2 量：615.98m^3/h

根据(5)硫的燃烧过程，燃烧时所需要的 O_2 量：544.43m^3/h

合计需要的 O_2 量：50295.41m^3/h

由于氧气占空气的21%，空气量：50295.41/0.21=239501.95m^3/h

由于氮气占空气的79%，氮气量：239501.95×0.79=189206.54m^3/h

(9) 衡算结果汇总(表4-23)

表4-23　衡算结果

序号	项目	依据	体积/(m^3/h)
1	二氧化碳	(1)	42705.25
2	生成水分	(2)	15244.10
3	二氧化氮	(4)	615.98
4	二氧化硫	(5)	544.43
5	带进水分	(6)	3363.38
6	收到灰分	(7)	9080.35kg/h
7	理论空气量	(8)	239501.95

4.3.4.6　衡算结果

(1) 实际空气总量

以上4.3.4.5(8)计算的空气量都是指不含水蒸气的干空气。

根据GB 13223—2011《火电厂大气污染物排放标准》，燃煤锅炉过量空气系数(燃料燃烧时，实际空气供给量与理论空气需要量之比值)按 α=1.4进行计算，结果如下：

实际空气总量：239501.95×1.4=335302.73m^3/h

剩余氮气总量：239501.95×1.4×0.79=264889.16m^3/h

剩余氧气总量：239501.95×0.4×0.21=20118.16m^3/h

（2）实际水汽总量

① 氢燃烧生成水汽：15244.10m^3/h

② 燃料带进的水汽：3363.38m^3/h

③ 雾化蒸汽的水汽：0.00m^3/h

④ 空气带进的水汽：实际空气总量335302.73m^3/h，按20℃计算，水的蒸汽分压查表4-18p_v=2337Pa，相对湿度50%，折算水汽3866.78m^3/h

⑤ 合计的水汽：22474.26m^3/h

（3）烟气成分（表4-24）

表4-24　烟气成分

序号	项目	体积/(m^3/h)	组成/%	备注
1	二氧化碳	42705.25	12.15	
2	二氧化氮	615.98	0.18	
3	二氧化硫	544.43	0.15	
4	氧气总量	20118.16	5.73	
5	氮气含量	264889.16	75.39	
6	水汽总量	22474.26	6.40	考虑空气带入水
7	湿基合计Σ	351347.24	100.00	
8	灰分总量	9080.35kg/h		
9	实际空气量	335302.73		指干空气

4.4　管道阻力计算

4.4.1　设计管径

管径应根据流体的流量、性质、流速及管道允许的压力损失等确定。对于大直径、厚壁合金钢等管道直径的确定，应进行建设费用和运行费用方面的经济比较。除另有规定或采取有效措施外，容易堵塞的液体不宜采用小于*DN*25mm的管道。一般采用预定流速或预定管道压力降值（设定管道压力降控制值）来选择管道直径。

本方法适用于化工生产装置中的工艺和公用物料管道，不包括储运系统的长距离输送管道、非牛顿流体及固体粒子气流输送管道。管道内各种介质常用流速范围见表4-25，表中管道的材质除注明外，一律为碳钢管。

表4-25　常用流速的范围推荐值表

介　质	工作条件或管径范围	流速/(m/s)
饱和蒸汽	>*DN*200mm *DN*200mm～*DN*100mm <*DN*100mm	30～40 35～25 30～15
饱和蒸汽	p<1MPa p=1～4MPa p=4～12MPa	15～20 20～40 40～60
过热蒸汽	>*DN*200mm *DN*200mm～*DN*100mm <*DN*100mm	40～60 50～30 40～20

续表

介　质	工作条件或管径范围	流速/(m/s)
二次蒸汽	二次蒸汽要利用时 二次蒸汽不利用时	15～30 60
高压乏汽		80～100
乏汽	排气管:从受压容器排出 从无压容器排出	80 15～30
压缩气体	真空 $p \leqslant 0.3$MPa(表) $p=0.3 \sim 0.6$MPa(表) $p=0.6 \sim 1$MPa(表) $p=1 \sim 2$MPa(表) $p=2 \sim 3$MPa(表) $p=3 \sim 30$MPa(表)	5～10 8～12 20～10 15～10 12～8 8～3 3～0.5
氧气	$p=0 \sim 0.05$MPa(表) $p=0.05 \sim 0.6$MPa(表) $p=0.6 \sim 1$MPa(表) $p=2 \sim 3$MPa(表)	10～5 8～6 6～4 4～3
煤气	管道长 50～100m $p \leqslant 0.027$MPa $p \leqslant 0.27$MPa $p \leqslant 0.8$MPa	 3～0.75 12～8 12～3
半水煤气	$p=0.1 \sim 0.15$MPa(表)	10～15
天然气		30
烟道气	烟道内 管道内	3～6 3～4
石灰窑窑气		10～12
氮气	$p=5 \sim 10$MPa	2～5
氢氮混合气	$p=20 \sim 30$MPa	5～10
氨气	$p=$真空 $p<0.3$MPa(表) $p<0.6$MPa(表) $p<2$MPa(表)	15～25 8～15 10～20 3～8
乙烯气	$p=22 \sim 150$MPa(表)	5～6
乙炔气	$p<0.01$MPa(表) $p<0.15$MPa(表) $p<2.5$MPa(表)	3～4 4～8(最大) 最大 4
氮	气体 液体	10～25 1.5
氯仿	气体 液体	10 2
氯化氢	气体(钢衬胶管) 液体(橡胶管)	20 1.5
溴	气体(玻璃管) 液体(玻璃管)	10 1.2
氯化甲烷	气体 液体	20 2
氯乙烯 二氯乙烯 三氯乙烯		2
乙二醇		2
苯乙烯		2
二溴乙烯	玻璃管	1

续表

介　质	工作条件或管径范围	流速/(m/s)
水及黏度 相似的液体	p＝0.1～0.3MPa(表) p≤1MPa(表) p≤8MPa(表) p≤20～30MPa(表)	0.5～2 3～0.5 3～2 3.5～2
自来水	主管 p＝0.3MPa(表) 支管 p＝0.3MPa(表)	1.5～3.5 1.0～1.5
锅炉给水	p＞0.8MPa(表)	1.2～3.5
蒸汽冷凝水		0.5～1.5
冷凝水	自流	0.2～0.5
过热水		2
海水、微碱水	p＜0.6MPa(表)	1.5～2.5
油及黏度 较大的液体	黏度 0.05Pa·s DN25mm DN50mm DN100mm	 0.5～0.9 0.7～1.0 1.0～1.6
	黏度 0.1Pa·s DN25mm DN50mm DN100mm DN200mm	 0.3～0.6 0.5～0.7 0.7～1.0 1.2～1.6
	黏度 1Pa·s DN25mm DN50mm DN100mm DN200mm	 0.1～0.2 0.16～0.25 0.25～0.35 0.35～0.55
液氨	p＝真空 p≤0.6MPa(表) p≤2MPa(表)	0.05～0.3 0.8～0.3 1.5～0.8
氢氧化钠	浓度 0～30% 30%～50% 50%～73%	2 1.5 1.2
四氯化碳		2
硫酸	浓度 88%～93%(铅管) 93%～100%(铸铁管、钢管)	1.2 1.2
盐酸	(衬胶管)	1.5
氯化钠	带有固体 无固体	2～4.5 1.5
排出废水		0.4～0.8
泥状混合物	浓度 15% 25% 65%	2.5～3 3～4 2.5～3
气体	鼓风机吸入管 鼓风机排出管	10～15 15～20
	压缩机吸入管 压缩机排出管： p＜1MPa(表) p＝1～10MPa(表) p＞10MPa(表)	10～20 10～8 10～20 8～12
	往复式真空泵吸入管 往复式真空泵排出管	13～16 25～30
	油封式真空泵吸入管	10～13

续表

介质	工作条件或管径范围	流速/(m/s)
水及黏度相似的液体	往复泵吸入管 往复泵排出管	0.5～1.5 1～2
	离心泵吸入管(常温) 离心泵吸入管(70～110℃) 离心泵排出管 高压离心泵排出管	1.5～2 0.5～1.5 1.5～3 3～3.5
	齿轮泵吸入管 齿轮泵排出管	≤1 1～2

4.4.2 管道流体阻力

4.4.2.1 简单管路

凡是没有分支的管路称为简单管路。

(1) 管径不变的简单管路，流体通过整个管路的流量不变。

(2) 由不同管径的管段组成的简单管路，称为串联管路。

① 通过各管段的流量不变，对于不可压缩流体则有：

$$V_f = V_{f1} = V_{f2} = V_{f3} \cdots$$

② 整个管路的压力降等于各管段压力降之和，即

$$\Delta p = \Delta p_1 + \Delta p_2 + \Delta p_3 + \cdots$$

4.4.2.2 复杂管路

凡是有分支的管路，称为复杂管路。复杂管路可视为由若干简单管路组成。

(1) 并联管路：在主管某处分支，然后又汇合成为一根主管。

① 各支管压力降相等，即：

$$\Delta p = \Delta p_1 = \Delta p_2 = \Delta p_3 = \cdots$$

在计算压力降时，只计算其中一根管子即可。

② 各支管流量之和等于主管流量，即：

$$V_f = V_{f1} + V_{f2} + V_{f3} + \cdots$$

(2) 枝状管路：从主管某处分出支管或支管上再分出支管而不汇合成为一根主管。

① 主管流量等于各支管流量之和；

② 支管所需能量按耗能最大的支管计算；

③ 对较复杂的枝状管路，可在分支点处将其划分为若干简单管路，按一般的简单管路分别计算。

4.4.2.3 流体阻力的分类

阻力是指单位质量流体的机械能损失。产生机械能损失的根本原因是流体内部的黏性耗散。流体在直管中的流动因内摩擦（层流，$Re \leqslant 2000$）和流体中的涡旋（湍流，$Re > 2000$）导致的机械能损失称为直管阻力。流体通过各种管件因流道方向和截面的变化产生大量涡旋而导致的机械能损失称为局部阻力。流体在管道中的阻力是直管阻力和局部阻力之和。

有关管道压力降的计算可参考 HG/T 20570.7。

4.4.3 直管阻力计算

单位质量流体沿直管流动的机械能损失 h_f按式(4-1)、式(4-2) 计算。

$$h_f=\lambda\frac{L}{D}\times\frac{u^2}{2} \tag{4-1}$$

或

$$h_f=4f\frac{L}{D}\times\frac{u^2}{2} \tag{4-2}$$

式中 λ——摩擦因子，无量纲；

L——管长，m；

D——管道内径，mm；

u——流体平均流速，m/s；

f——范宁摩擦系数。

摩擦因子 λ 与管内流动介质的雷诺数 Re 和管壁相对粗糙度 ε/D 有关，其关系详见表 4-26和图 4-15。

表 4-26 摩擦因子 λ、雷诺数 Re 和相对粗糙度 ε/D 关系

流体流型		雷诺数 Re	管壁相对粗糙度 ε/D	摩擦因子 λ	公式来源
层流		$Re\leqslant2000$	无关	$\lambda-\frac{64}{Re}$ (5-3)	
湍流	水力光滑管区	$3\times10^4<Re<4\times10^6$	$\frac{\varepsilon}{D}<\frac{15}{Re}$	$\frac{1}{\sqrt{\lambda}}=2\lg(Re\sqrt{\lambda})-0.8$ (5-4)	Pranclt-Karman
	水力光滑管区	$3\times10^4<Re<4\times10^6$	$\frac{\varepsilon}{D}<\frac{15}{Re}$	$\lambda-\frac{0.3164}{Re^{0.25}}$ (5-5)	Blasius
	过渡区		$\frac{15}{Re}\leqslant\frac{\varepsilon}{D}\leqslant\frac{560}{Re}$	$\frac{1}{\sqrt{\lambda}}=1.74-2\lg\left(\frac{2\varepsilon}{D}-\frac{18.7}{Re\sqrt{\lambda}}\right)$ (5-6)	Colebrook
	阻力平方区	无关	$\frac{\varepsilon}{D}>\frac{560}{Re}$	$\frac{1}{\sqrt{\lambda}}=1.74-2\lg\left(\frac{2\varepsilon}{D}\right)$ (5-7)	Karman

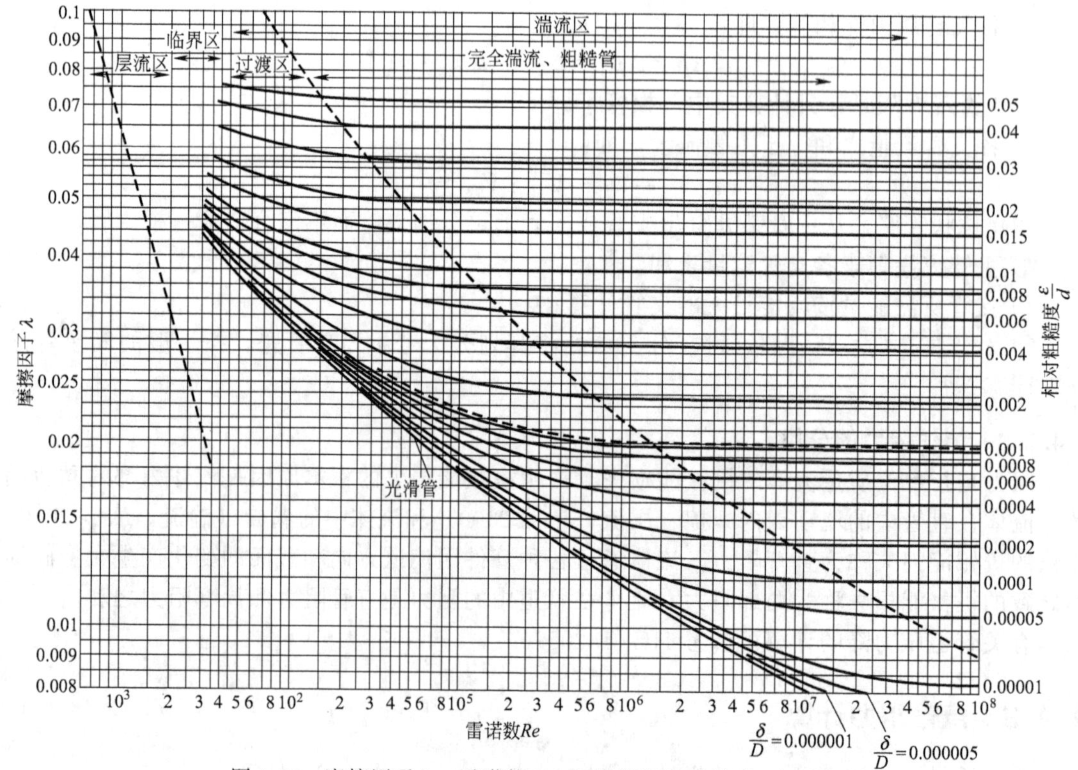

图 4-15 摩擦因子 λ、雷诺数 Re 和管壁相对粗糙度 ε/D 关系

雷诺数 Re 的定义为：

$$Re=\frac{Du\rho}{\mu} \tag{4-3}$$

式中 μ——介质黏度，Pa·s；

ρ——密度，kg/m³；

D——管道内径，m；

u——流体流速，m/s。

绝对粗糙度表示管子内壁突出部分的平均高度。根据流体对管材的腐蚀、结垢情况和材料使用年龄等因素选用合适的绝对粗糙度，部分工业管道的绝对粗糙度取值范围见表 4-27 和图 4-16。

表 4-27 部分工业管道的绝对粗糙度 ε

金属管道	绝对粗糙度 ε/mm	非金属管道	绝对粗糙度 ε/mm
新的无缝钢管	0.02～0.10	清洁的玻璃管	0.0015～0.01
中等腐蚀的无缝钢管	约 0.4	橡皮软管	0.01～0.03
钢管、铅管	0.01～0.05	木管(板刨得较好)	0.30
铝管	0.015～0.06	木管(板刨得较粗)	1.0
普通镀锌钢管	0.1～0.15	上釉陶器管	1.4
新的焊接钢管	0.04～0.10	石棉水泥管(新)	0.05～0.10
使用多年的煤气总管	约 0.5	石棉水泥管(中等状况)	约 0.60
新铸铁管	0.25～1.0	混凝土管(表面抹得较好)	0.3～0.8
使用过的水管(铸铁管)	约 1.4	水泥管(表面平整)	0.3～0.8

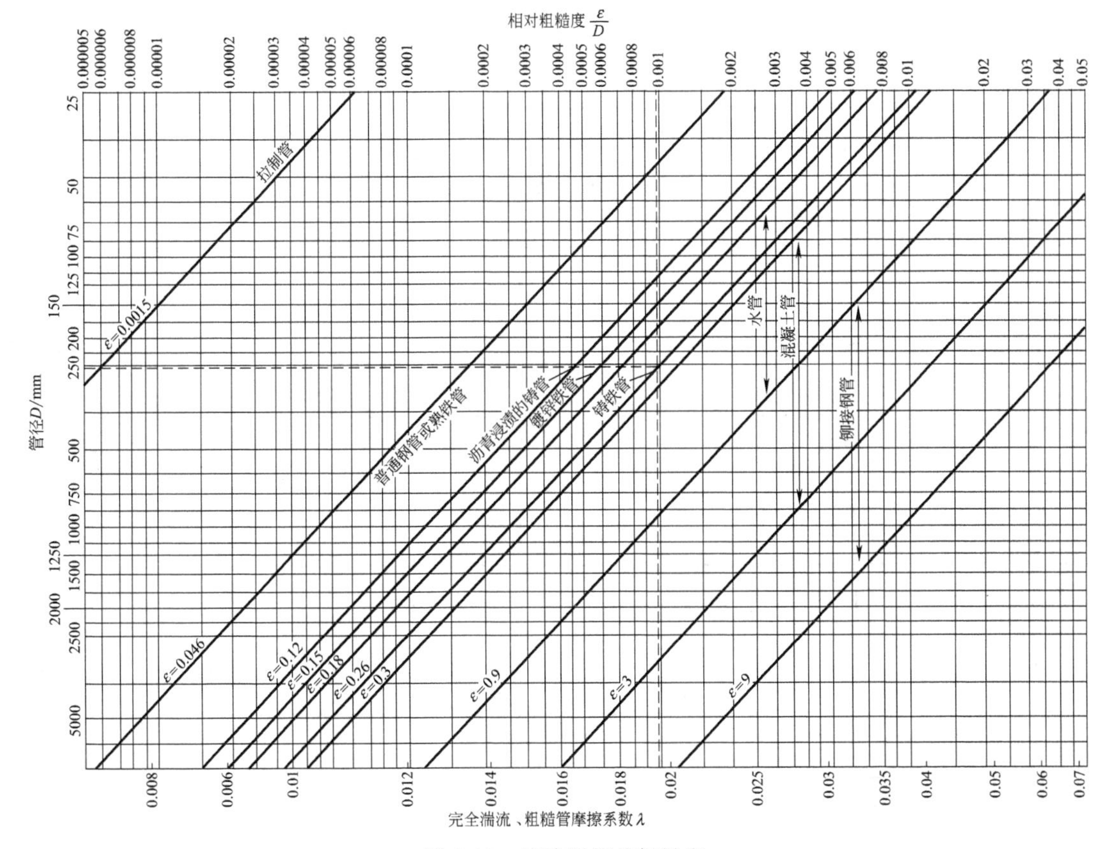

图 4-16 清洁新管的粗糙度

4.4.4 局部阻力计算

流体流经弯头、阀门等管件时，单位质量流体的机械能损失称为局部阻力。管道的局部阻力是各个管件的局部阻力之和，通常包括弯头、三通、渐扩管、渐缩管、阀门、设备接管口以孔板、流量测量仪表等部件。管件的局部阻力可用阻力系数法或当量长度法计算。即：

$$h_f = \sum K \frac{u^2}{2} \tag{4-4}$$

或

$$h_f = \lambda \frac{\sum L}{D} \times \frac{u^2}{2} \tag{4-5}$$

式中，$\sum K$ 和 $\sum L$ 分别为所有管件的阻力系数和当量长度之和。常用管件的阻力系数可参见表 4-28、表 4-29。

表 4-28　管道附件和阀门的局部阻力系数 K（层流）

管件和阀门名称	Re			
	1000	500	100	50
90°弯头(短曲率半径)	0.9	1.0	7.5	16
三通(直通)	0.4	0.5	2.5	
三通(支流)	1.5	1.8	4.9	9.3
闸阀	1.2	1.7	9.9	24
截止阀	11	12	20	30
旋塞阀	12	14	19	29
角型阀	8	8.5	11	19
旋启式止回阀	4	4.5	17	55

表 4-29　管道附件和阀门局部阻力系数 K（湍流）

名　称	简　图	阻力系数 K
由容器流入管道内(锐边)	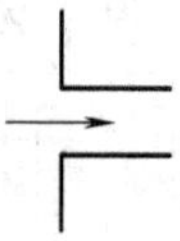	0.50
由容器流入管道内（小圆角）	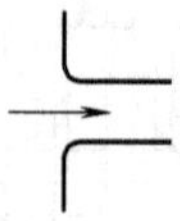	0.25
由容器流入管道内（圆角）	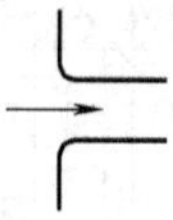	0.04
由容器流入管道	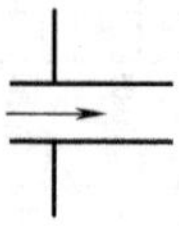	0.56

续表

<table>
<tr><th>名　称</th><th>简　　图</th><th>阻力系数 K</th></tr>
<tr><td>由管道流入容器</td><td></td><td>1.0</td></tr>
<tr><td>由容器流入管道</td><td>θ</td><td>$K=0.5+0.3\cos\theta+0.2\cos^2\theta$
<table>
<tr><td>$\theta/(°)$</td><td>10</td><td>20</td><td>30</td><td>40</td><td>45</td><td>50</td><td>60</td><td>70</td><td>80</td><td>90</td></tr>
<tr><td>K</td><td>0.989</td><td>0.959</td><td>0.910</td><td>0.847</td><td>0.812</td><td>0.775</td><td>0.700</td><td>0.626</td><td>0.558</td><td>0.500</td></tr>
</table></td></tr>
<tr><td>突然扩大</td><td>截面积A,流速U_A 截面积B,流速U_B</td><td>$K=(1-A/B)^2$
流速取 u_A
<table>
<tr><td>A/B</td><td>0</td><td>0.1</td><td>0.2</td><td>0.3</td><td>0.4</td><td>0.5</td><td>0.6</td><td>0.7</td><td>0.8</td><td>0.9</td><td>1.0</td></tr>
<tr><td>K_A</td><td>1.0</td><td>0.81</td><td>0.64</td><td>0.49</td><td>0.36</td><td>0.25</td><td>0.16</td><td>0.09</td><td>0.04</td><td>0.01</td><td>0</td></tr>
</table></td></tr>
<tr><td>突然缩小</td><td>截面积A,流速U_A 截面积B,流速U_B</td><td>$K=0.5(1-B/A)^2$
流速取 u_B
<table>
<tr><td>B/A</td><td>0</td><td>0.1</td><td>0.2</td><td>0.3</td><td>0.4</td><td>0.5</td><td>0.6</td><td>0.7</td><td>0.8</td><td>0.9</td><td>1.0</td></tr>
<tr><td>K_B</td><td>0.5</td><td>0.41</td><td>0.32</td><td>0.23</td><td>0.18</td><td>0.13</td><td>0.08</td><td>0.05</td><td>0.02</td><td>0.01</td><td>0</td></tr>
</table></td></tr>
<tr><td>渐扩管</td><td>d_A d_B</td><td>
<table>
<tr><td>d_B/d_A</td><td>1.1</td><td>1.2</td><td>1.3</td><td>1.4</td><td>1.5</td><td>1.6</td><td>1.7</td><td>1.8</td><td>1.9</td><td>2.0</td></tr>
<tr><td>K_A</td><td>0.05</td><td>0.10</td><td>0.15</td><td>0.20</td><td>0.24</td><td>0.27</td><td>0.31</td><td>0.34</td><td>0.36</td><td>0.38</td></tr>
<tr><td>K_B</td><td>0.07</td><td>0.21</td><td>0.43</td><td>0.78</td><td>1.22</td><td>—</td><td>—</td><td>—</td><td>—</td><td>—</td></tr>
</table></td></tr>
<tr><td>渐缩管</td><td>d_A d_B</td><td>
<table>
<tr><td>d_A/d_B</td><td>1.1</td><td>1.2</td><td>1.3</td><td>1.4</td><td>1.5</td><td>1.6</td><td>1.7</td><td>1.8</td><td>1.9</td><td>2.0</td></tr>
<tr><td>K_A</td><td>0.06</td><td>0.10</td><td>0.15</td><td>0.22</td><td>0.31</td><td>0.36</td><td>0.42</td><td>0.49</td><td>0.57</td><td>0.7</td></tr>
<tr><td>K_B</td><td>0.04</td><td>0.05</td><td>0.06</td><td>0.06</td><td>0.07</td><td>0.07</td><td>0.07</td><td>0.08</td><td>0.08</td><td>0.08</td></tr>
</table></td></tr>
<tr><td>45°标准弯头</td><td></td><td>0.35</td></tr>
<tr><td>90°标准弯头</td><td></td><td>0.75</td></tr>
<tr><td>180°回弯头</td><td></td><td>1.5</td></tr>
<tr><td>三通(直流)</td><td></td><td>
<table>
<tr><td>DN</td><td>20</td><td>25</td><td>40</td><td>50</td><td>80</td><td>100</td><td>150</td><td>200</td><td>250</td><td>300</td><td>350</td><td>400</td></tr>
<tr><td>K</td><td>0.48</td><td>0.45</td><td>0.40</td><td>0.38</td><td>0.35</td><td>0.33</td><td>0.30</td><td>0.28</td><td>0.27</td><td>0.26</td><td>0.25</td><td>0.25</td></tr>
</table></td></tr>
<tr><td>三通(支流)</td><td></td><td>
<table>
<tr><td>DN</td><td>20</td><td>25</td><td>40</td><td>50</td><td>80</td><td>100</td><td>150</td><td>200</td><td>250</td><td>300</td><td>350</td><td>400</td></tr>
<tr><td>K</td><td>1.44</td><td>1.35</td><td>1.21</td><td>1.14</td><td>1.04</td><td>0.98</td><td>0.89</td><td>0.84</td><td>0.81</td><td>0.78</td><td>0.76</td><td>0.74</td></tr>
</table></td></tr>
<tr><td>活管接</td><td></td><td>0.4</td></tr>
<tr><td>闸阀</td><td></td><td>
<table>
<tr><td>全开</td><td>3/4 开</td><td>1/2 开</td><td>1/4 开</td></tr>
<tr><td>0.17</td><td>0.9</td><td>4.5</td><td>24</td></tr>
</table></td></tr>
<tr><td>截止阀</td><td></td><td>
<table>
<tr><td>全开</td><td>1/2 开</td></tr>
<tr><td>6.4</td><td>9.5</td></tr>
</table></td></tr>
<tr><td>蝶阀</td><td>θ</td><td>
<table>
<tr><td>$\theta/(°)$</td><td>0</td><td>5</td><td>10</td><td>20</td><td>30</td><td>40</td><td>45</td><td>50</td><td>60</td><td>70</td><td>90</td></tr>
<tr><td>K</td><td>0.05</td><td>0.24</td><td>0.52</td><td>1.54</td><td>3.91</td><td>10.8</td><td>18.7</td><td>30.6</td><td>118</td><td>751</td><td>∞</td></tr>
</table></td></tr>
<tr><td>升降式止回阀</td><td></td><td>12</td></tr>
<tr><td>旋启式止回阀</td><td></td><td>2</td></tr>
<tr><td>底阀(带滤网)</td><td></td><td>
<table>
<tr><td>DN</td><td>40</td><td>50</td><td>75</td><td>100</td><td>150</td><td>200</td><td>300</td><td>500</td><td>750</td></tr>
<tr><td>K</td><td>12</td><td>10</td><td>8.5</td><td>7</td><td>6</td><td>5.2</td><td>3.7</td><td>2.5</td><td>1.6</td></tr>
</table></td></tr>
<tr><td>角阀(90°)</td><td></td><td>5</td></tr>
</table>

常用管件、阀门的当量长度见表 4-30。

表 4-30 管件、阀门当量长度（用于完全湍流 ε＝0.000045m，法兰连接）

管件、阀门		公称尺寸 DN																								
		25	50	80	100	150	200	250	300	350	400	450	500	600	750	900	1050	1200	1350	1500	1650	1800	2100	2400	2700	3000
标准 90°弯头		0.61	1.25	1.86	2.47	3.66	4.88	6.10	7.62	8.23	9.45	10.67	11.89	14.33	17.37	21.64	25.30	28.65	32.61	36.88	40.23	43.89	50.29	56.39	63.09	69.19
长半径 90°弯头		0.49	0.94	1.40	1.77	2.62	3.35	4.27	4.88	5.49	6.10	6.71	7.62	8.84	10.97	13.11	15.24	17.07	19.20	21.64	23.47	25.30	28.65	32.31	35.36	38.40
标准 45°弯头		0.26	0.61	0.85	1.13	1.77	2.41	3.05	3.66	3.96	4.88	5.49	6.10	7.32	9.45	11.28	13.72	15.54	17.68	20.42	22.25	24.38	28.35	32.31	36.58	40.23
直流三通		0.52	0.85	1.19	1.68	2.56	3.35	4.27	5.18	5.49	6.40	7.32	7.92	9.75	11.89	14.63	16.76	19.20	21.64	24.69	27.13	28.96	33.53	37.80	42.06	46.02
支流三通		1.58	3.05	4.57	6.10	9.14	12.19	15.24	18.29	20.12	23.16	26.21	29.26	35.36	44.50	53.64	62.79	71.93	81.08	90.22	99.36	108.51	126.80	144.78	163.07	181.36
180°回弯头	标准	1.04	2.10	3.05	4.27	6.40	8.53	10.67	12.80	14.02	16.15	18.29	20.42	24.69	31.09	35.66	44.20	49.99	57.00	64.01	70.41	77.11	88.70	100.58	112.17	122.22
	长半径	0.82	1.55	2.26	2.93	4.27	5.79	7.01	8.53	9.14	10.67	11.58	12.80	15.54	18.89	22.56	26.21	29.57	33.53	37.80	40.54	44.20	50.29	56.08	62.48	68.58
截止阀		10.67	21.34	32.00	41.15	60.96	82.30	103.63	121.92	137.16	160.02	179.83	199.64	243.84	289.56	362.71	425.20	484.63	—	—	—	—	—	—	—	—
闸阀		0.30	0.61	0.82	1.07	1.68	2.16	2.68	3.35	3.66	3.96	4.57	5.18	6.10	7.62	9.45	10.97	12.19	—	—	—	—	—	—	—	—
角阀		5.49	10.67	15.24	20.42	30.48	39.62	51.82	60.96	67.06	76.20	88.39	99.06	118.87	149.35	179.83	210.31	240.79	—	—	—	—	—	—	—	—
旋启式止回阀		3.66	7.01	10.67	13.72	20.73	27.43	34.44	41.15	45.42	52.43	59.13	66.14	79.86	100.28	121.01	141.43	162.15	—	—	—	—	—	—	—	—
	$K=0.04$ 圆角	0.05	0.11	0.18	0.25	0.43	0.58	0.76	0.94	1.07	1.28	1.46	1.65	2.10	2.74	3.35	4.27	4.88	5.79	6.71	7.32	8.23	9.75	11.28	12.80	14.33
	$K=0.23$ 小圆角	0.28	0.64	0.98	1.40	2.53	3.35	4.27	5.49	6.10	7.32	8.53	9.45	12.19	15.85	19.51	24.69	28.04	33.53	38.71	42.06	47.55	56.08	64.92	73.76	82.30
	$K=0.50$ 锐边	0.61	1.37	2.26	3.05	5.49	7.32	9.45	11.89	13.41	16.15	18.29	20.73	26.21	34.44	42.06	53.34	60.96	72.54	83.82	91.44	103.02	121.92	141.12	160.02	179.22
	$K=0.78$	0.94	2.13	3.66	4.88	8.23	11.28	14.94	18.29	20.73	24.99	28.65	32.00	41.15	53.34	65.53	83.21	95.10	112.78	130.76	142.65	160.63	190.20	220.07	249.63	279.50
	$K=1.0$	1.22	2.74	4.57	6.10	10.97	14.63	18.90	23.77	26.82	32.31	36.58	41.45	52.43	68.88	84.12	106.68	121.92	145.08	167.64	182.88	206.04	243.84	282.24	320.04	358.44
完全湍流流量边界	雷诺数	7×10^5	9×10^5	1×10^6	2×10^6	2.5×10^6	3×10^6	4×10^6	6×10^6	9×10^6	1×10^7	1×10^7	1×10^7	2×10^7	3×10^7	4×10^7	5×10^7	5×10^7	6×10^7	7×10^7	8×10^7	9×10^7	1×10^8	1×10^8	2×10^8	2×10^8
	范宁摩擦系数×100	0.560	0.475	0.435	0.410	0.370	0.350	0.335	0.320	0.315	0.305	0.300	0.295	0.280	0.270	0.260	0.250	0.245	0.238	0.229	0.225	0.222	0.219	0.215	0.212	0.210

注：对于两相流，所列数据值需乘以 2.0 后使用。

4.4.5 不可压缩单相流体阻力

4.4.5.1 不可压缩单相流体阻力计算

单相流管道的压力降计算的理论基础见表 4-31 所列公式，并假设流体是在绝热、不对外做功和等焓的条件下流动，不可压缩流体的密度保持常数不变。

表 4-31 单相流管道的压力降计算公式

名称	公式
连续性方程	$Q=\frac{\pi}{4}D^2u=$常数 (5-6)
机械能衡算式	$\Delta p=\Delta p_H+\Delta p_V+\Delta p_f$ (5-7) $=(Z_2-Z_1)\rho g+\frac{u_2^2-u_1^2}{2}\rho+(\lambda\frac{L}{D}+\sum K)\frac{u^2}{2}\rho$ 式中 Δp_H——静压力降，Pa Δp_V——加速度压力降，Pa Δp_t——阻力压力降，Pa Z_1、Z_2——管道起点、终点的标高，m u_2、u_1——管道起点、终点的流速，m/s u——流体平均流速，m/s
摩擦因子计算式	参见表 4-26

工程中，由于管材标准容许管径和壁厚有一定程度的偏差，以及管道、管件和阀门等所采用的阻力系数与实际情况也存在偏差，所以，通常对最后计算结果乘以 15%的安全系数。

4.4.5.2 简单管道的设计型计算（实例）

A 塔底部液相出料依靠 A、B 两塔的压差输送至 B 塔，流量 $12m^3/h$，流体密度 $616kg/m^3$，黏度 0.15cP，管道全长 55m，管道起点压力 350kPa、标高 2m，管道终点压力 150kPa、标高 18m，管道包含 9 个 90°标准弯头，2 个闸阀，2 个异径管，2 个直流三通，1 个调节阀。管道为无缝钢管。求管径和调节阀的许用压力降（见图 4-17）。

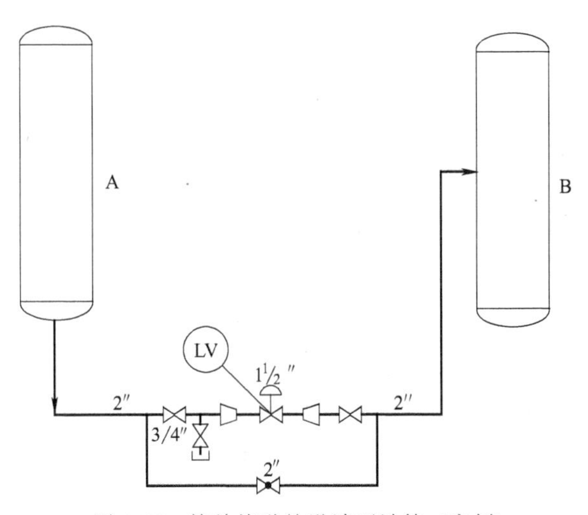

图 4-17 简单管道的设计型计算（实例）

解： 查常用流速表得：$u=0.5\sim3m/s$，取 $u=1.5m/s$

$$D=0.0188\left(\frac{Q}{u}\right)^{1/2}=0.0188\times\left(\frac{12}{1.5}\right)^{1/2}=0.053m$$

初估管径：DN50mm

流体流速：$u=\frac{Q}{\frac{\pi}{4}D^2}=\frac{12/3600}{\frac{\pi}{4}\times 0.05^2}=1.70\text{m/s}$

雷诺数：$Re=\frac{Du\rho}{\mu}=\frac{0.05\times 1.70\times 616}{0.15\times 10^{-4}}=349066$

相对粗糙度：$\frac{\varepsilon}{D}=\frac{0.10\times 10^{-3}}{0.05}=0.002$

根据表 4-26，求摩擦因子 λ

因为：$\frac{\varepsilon}{D}>\frac{560}{Re}=\frac{560}{349066}=0.0016$

$$\frac{1}{\sqrt{\lambda}}=1.74-2\lg\left(\frac{2\varepsilon}{D}\right)=1.74-2\lg(2\times 0.002)$$

$$\lambda=0.0234$$

根据表 4-29 求得局部阻力系数，见表 4-32。

表 4-32　局部阻力系数计算结果

名　　称	阻力系数	数　　量	阻力系数×数量
90°标准弯头	0.75	9	6.75
闸阀	0.17	2	0.34
异径管	0.55+0.17	1	0.72
直流三通	0.38	2	0.76
塔器出口(锐边)	0.5	1	0.5
塔器入口	1.0	1	1.0
ΣK			10.07

阻力压力降：

$$\Delta p_{\text{f}}=\left(\lambda\frac{L}{D}+\Sigma K\right)\frac{u^2}{2}\rho=\left(0.0234\times\frac{55}{0.05}-10.07\right)\times\frac{1.7^2}{2}\times 616=31875\text{Pa}=31.88\text{kPa}$$

静压力降：

$$\Delta p_{\text{H}}=(Z_2-Z_1)\rho g=(18-2)\times 616\times 9.81=96687\text{Pa}=96.69\text{kPa}$$

加速度压力降：

$$\Delta p_{\text{t}}=\frac{u_2^2-u_1^2}{2}\rho=\frac{1.7^2-0}{2}\times 616=890\text{Pa}=0.89\text{kPa}$$

$\Delta p=1.15\times(\Delta p_{\text{H}}+\Delta p_{\text{t}}+\Delta p_{\text{f}})=1.15\times(96.69+31.88+0.89)=148.88\text{kPa}$(式中1.15系安全系数)

调节阀的许用压力降为：$\Delta p_{\text{control valve}}=p_{(\text{起点})}-p_{(\text{终点})}-\Delta p=350-150-148.88=51.12\text{kPa}$

调节阀的许用压力降占整个管路压力降的比例为：

$$\frac{\Delta p_{\text{control valve}}}{\Delta p}=\frac{51.12}{200}=0.26$$

通常此比例值为 30%左右，所以可以接受初步估计管径为 DN50mm，调节阀的许用压力降 51.12kPa 的结果。

4.4.5.3　复杂管道的压力降计算（实例）

石脑油经预热后作为进料送入乙烯裂解炉，换热器的配管对称布置，并设一旁路管道。

换热器的压降 60kPa。流体的物性参数和配管的情况详见表 4-33。管道为无缝钢管。求整个管道的压降和旁通管路和管径。

表 4-33 乙烯裂解实例中流体的物性参数和配管的情况

管段	管径 DN/mm	流量 /(kg・h)	温度 /℃	密度 /(kg/m³)	黏度 /cP	管长 /m	阀门和管件
1-2	200	100642	15	708	0.496	80	5 个 90°标准弯头 1 个直流三通 1 个支流三通 1 个闸阀
2-3	200	50321	15	708	0.496	5	1 个 90°标准弯头 1 个闸阀
4-5	200	50321	60	666	0.313	5	1 个 90°标准弯头 1 个闸阀
5-6	200	100642	60	666	0.313	5	6 个 90°标准弯头 1 个直流三通 1 个支流三通 1 个闸阀
7-8	200	100642	15	708	0.496	15	3 个 90°标准弯头 2 个支流三通 1 个闸阀

注：管段情况参见图 4-18。

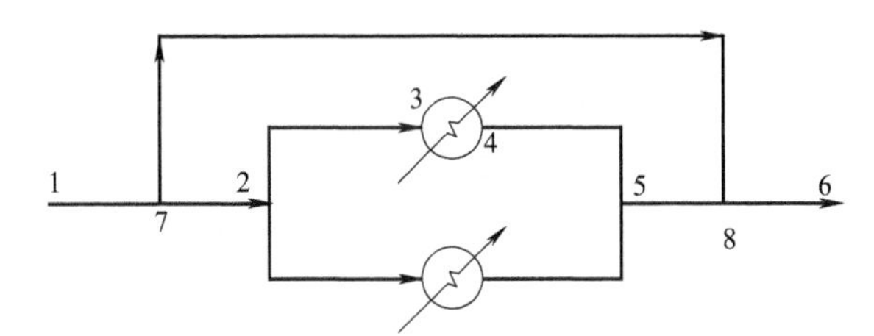

图 4-18 复杂管道的压力降计算（实例）

解：(1) 管道的总压力降

流体流速：$u=\dfrac{W}{\dfrac{\pi}{4}D^2\rho}=\dfrac{100642/3600}{\dfrac{\pi}{4}\times 0.2^2\times 708}=1.26\text{m/s}$

雷诺数：$Re=\dfrac{Du\rho}{\mu}=\dfrac{0.2\times 1.26\times 708}{0.496\times 10^{-3}}=359710$

相对粗糙度：$\dfrac{\varepsilon}{D}=\dfrac{0.10\times 10^{-3}}{0.2}=0.0005$

根据 5.2.2 中的表，求摩擦因子 λ：

$$\frac{560}{Re}=\frac{560}{359710}=0.0016$$

$$\frac{15}{Re}=\frac{15}{359710}=0.000042$$

由于$\dfrac{560}{Re}>\dfrac{\varepsilon}{D}>\dfrac{15}{Re}$，得：

$$\frac{1}{\sqrt{\lambda}}=1.74-2\lg\left(\frac{2\varepsilon}{D}-\frac{18.7}{Re\sqrt{\lambda}}\right)=1.74-2\lg\left(2\times0.0005-\frac{18.7}{359710\sqrt{\lambda}}\right)$$

试差求得摩擦因子 $\lambda=0.0180$，根据表 4-30，求得当量长度见表 4-34。

表 4-34　当量长度计算结果

名　　称	当量长度	数　　量	当量长度×数量
5 个 90°标准弯头	4.88	5	24.4
1 个直流三通	3.35	1	3.35
1 个支流三通	12.19	1	12.19
1 个闸阀	2.16	1	2.16
ΣL_e			42.1

阻力压力降：$\Delta p_t=\lambda\dfrac{L+L_e}{D}\times\dfrac{u^2}{2}\rho=0.0180\times\dfrac{80+42.10}{0.2}\times\dfrac{1.26^2}{2}\times708=6176\text{Pa}$

压力降：$\Delta p=1.15(\Delta p_H+\Delta p_t+\Delta p_f)=1.15\times(0+0+6176)=7102\text{kPa}$（式中1.15系安全系数）

按照上述步骤可求出所有管段的压力降，详见表 4-35。

表 4-35　压力降计算结果（一）

管段	流量 /(kg/h)	流速 u/(m/s)	雷诺数 Re	摩擦因子 λ	L_e/m	L/m	$(L+L_e)$ /m	Δp_f/Pa	Δp/Pa
1-2	100642	1.26	359001	0.0180	42.10	80	122.10	6176	7102
2-3	50321	0.63	179500	0.0190	7.04	5	12.04	161	185
4-5	50321	0.67	284448	0.0183	7.04	5	12.04	165	189
5-6	100642	1.34	568896	0.0176	16.98	30	76.98	4051	4658
小计								10553	12134

管道达到总压力降：$\Delta p_f=12134\text{Pa}$（不包括换热器的压力降）

(2) 确定旁通管路管径

选择不同的管径，按上述的方法求出相应管径的旁通管路压力降，详见表 4-36。

表 4-36　压力降计算结果（二）

管段	流量 /(kg/h)	管径 DN	流速 u/(m/s)	雷诺数 Re	摩擦因子 λ	L_e/m	L/m	$(L+L_e)$ /m	Δp_f/Pa	Δp/Pa
7-8	100642	200	1.26	359001	0.0180	41.18	15	56.18	2842	3268
7-8	100642	150	2.24	638221	0.0176	30.94	15	45.94	9520	10848
7-8	100642	100	5.03	1436003	0.0167	20.68	15	35.68	53344	61345

由于换热器的压力降为 60000Pa，旁通管道压力降必须小于 60000Pa，所以取旁通管径为 DN150mm。

4.4.6　可压缩型单相流体阻力

气体有较大的压缩性，其密度随压力的变化；随着压力的降低和体积膨胀，温度往往也随之降低，从而影响气相流体的黏度，最终造成压力降与管长不成正比的结果，根据能量恒等方程，有

$$g\mathrm{d}z-\mathrm{d}\frac{u^2}{2}+\frac{\mathrm{d}p}{\rho}+\lambda\frac{\mathrm{d}l}{D}\times\frac{u_2^2}{2}=0 \tag{4-8}$$

由于气体流体的密度通常很小，特别在水平管中，位能差和其他各项相比小得多，所以上式中的位能项 $g\mathrm{d}z$ 可以忽略不计。另外，摩擦因子 λ 是雷诺数 Re 和管壁相对粗糙度 ε/D 的函数，由于气体流体的雷诺数 Re 通常很大，已处于阻力平方区，摩擦因子 λ 与雷诺数 Re 无关，保持不变。如果气体流体的雷诺数 Re 不处于阻力平方区，由于：

$$Re=\frac{Du\rho}{\mu}=\frac{DG}{\mu} \tag{4-9}$$

式中，G 为质量流速，$\mathrm{kg/(m^2\cdot s)}$，沿管长保持不变。在等径管输送时，Re 只与气体的温度有关。对于等温或温度变化不太大的流动过程，λ 也可以看成是沿管长不变的常数。反之，则可以把管道分成若干段，在每个管段中可以认为 λ 是沿管长不变的常数。

把气体流速 $u=\frac{G}{\rho}$ 代入式 $gZ_1+\frac{u_1^2}{2}+\frac{p_1}{\rho}=gZ_2+\frac{u_2^2}{2}+\frac{p_2}{\rho}=$ 常数，积分得到：

$$G^2\ln\frac{p_1}{p_2}+\int_{p_1}^{p_2}\rho\mathrm{d}p+\lambda\frac{G^2}{2}\times\frac{L}{D}=0 \tag{4-10}$$

4.4.6.1 等温流动

对于等温流动，根据理想气体状态方程有：

$$\frac{p}{\rho}=\text{常数}$$

代入式 $gZ_1+\frac{u_1^2}{2}+\frac{p_1}{\rho}=gZ_2+\frac{u_2^2}{2}+\frac{p_2}{\rho}=$ 常数，得：

$$G^2\ln\frac{p_1}{p_2}+(p_2-p_1)\rho_m+\lambda\frac{G^2}{2}\times\frac{L}{D}=0 \tag{4-11}$$

式中 ρ_m——平均压强下气体的密度，$\mathrm{kg/m^3}$。

4.4.6.2 绝热流动

对于绝热流动，根据理想气体状态方程，有

$$\frac{p}{\rho^k}=\text{常数}$$

式中，k 为绝热指数，$k=\frac{c_p}{c_V}$（c_p 为定压比热容，c_V 为定容比热容）。常温常压下，单原子气体 $k=1.67$（如 He），双原子气体（如 CO）$k=1.40$，三原子气体（如 SO_2）$k=1.30$。

代入式 $gZ_1+\frac{u_1^2}{2}+\frac{p_1}{\rho}=gZ_2+\frac{u_2^2}{2}+\frac{p_2}{\rho}=$ 常数，得：

$$\frac{G^2}{k}\ln\frac{p_1}{p_2}+\frac{k}{k+1}p_1\rho_2\left[\left(\frac{p_2}{p_1}\right)^{\frac{k+1}{k}}-1\right]+\lambda\frac{G^2}{2}\times\frac{L}{D}=0 \tag{4-12}$$

4.4.6.3 临界流动

气体流速达到音速时，称为临界流动。可压缩流体在管道中可以达到的最大速度就是音速。流体流速达到音速后，即使下游压力进一步下降，管内的流速也不会增加，相应地，系统压力降也不会增加。所以，计算可压缩流体流动压力降时，应校核流速是否大于音速，当流速大于音速时，以音速作为计算压力降流速。对于设计型计算，应该避免管内流速大于音速的情况发生。气体的音速按下列公式计算：

等温流动
$$u=\sqrt{\frac{RT}{M}} \tag{4-13}$$

绝热流动
$$u=\sqrt{\frac{kRT}{M}} \tag{4-14}$$

式中 u——流体音速，m/s；

R——气体常数，$R=8.314\times10^3$J/(kmol·K)；

T——绝对温度，K；

M——气体相对分子质量，kg/kmol。

4.4.6.4 可压缩流体压力降的设计型计算（实例）

乙烯裂解炉进料系统中，气相LPG经过进料缓冲罐后经气相输料管送至乙烯裂解炉。流量66000kg/h，流体密度12.76kg/m³，黏度0.01cP，温度80℃，相对分子质量44.1，绝热指数$k=1.15$，管道全长300m，管道起点压力800kPa(a)，管道终点压力750kPa(a)，管道包含9个90°标准弯头，2个闸阀。管道为无缝钢管，管外加装保温层。求管径和压力降。

解：查常用流速表得，$u=10\sim15$m/s，取$u=15$m/s

$$D=0.0188\left(\frac{W}{u\rho}\right)^{\frac{1}{2}}=0.0188\times\left(\frac{66000}{15\times12.76}\right)^{\frac{1}{2}}=0.349\text{m}$$

(1) 初估管径为DN350mm。因为管外有保温层，可作为绝热流动考虑。绝热流动的气体音速为：

$$u=\sqrt{\frac{kRT}{M}}=\sqrt{\frac{1.15\times8.314\times(273+80)}{44.1\times10^3}}=277\text{m/s}$$

质量流速为：$G=\dfrac{66000}{\frac{\pi}{4}\times0.35^2\times3600}=190.6\text{kg/(m}^2\cdot\text{s)}$

流速：$u=\dfrac{G}{\rho}=\dfrac{190.6}{12.76}=14.96$m/s，小于气体音速，故可以应用流速$u=14.94$m/s作为计算基准。

雷诺数：$Re=\dfrac{DG}{\mu}=\dfrac{0.35\times190.6}{0.01\times10^{-3}}=6.671\times10^6$

相对粗糙度：$\dfrac{\varepsilon}{D}=\dfrac{0.10\times10^{-5}}{0.35}=2.857\times10^{-4}$

根据表4-26，求摩擦因子λ：

$$\frac{560}{Re}=\frac{560}{6.671\times10^8}=8.395\times10^{-8}$$

$$\frac{\varepsilon}{D}>\frac{560}{Re}$$

$$\frac{1}{\sqrt{\lambda}}=1.74-2\lg\left(\frac{2\varepsilon}{D}\right)=1.74-2\lg(2\times2.857\times10^{-4})$$

$$\lambda=0.0148$$

根据表4-30，求得管件当量长度见表4-37。

表 4-37 当量长度计算结果（一）

名 称	当量长度	数量	阻力系数×数量
90°标准弯头	8.23	9	71.07
闸阀	3.66	2	7.32
缓冲罐出口(锐边)	13.41	1	13.41
L_e			94.80

$$\frac{G^2}{k}\ln\frac{p_1}{p_2}+\frac{k}{k+1}p_1\rho_1\left[\left(\frac{p_1}{p_2}\right)^{\frac{k+1}{k}}-1\right]+\lambda\frac{G^2}{2}\times\frac{L}{D}$$

$$=\frac{190.6^2}{1.15}\times\ln\frac{800}{p_2}+\frac{1.15}{1.15-1}\times800\times10^3\times12.76\times\left[\left(\frac{p_2}{800}\right)^{\frac{1.15+1}{1.15}}-1\right]+0.0148\times\frac{190.6^2}{2}\times\frac{300-94.80}{0.35}=0$$

试差求得：$p_2=776\text{kPa}$

$$\Delta p=1.15\times(800-776)=27.6\text{kPa}\text{（式中1.15系安全系数）}$$

因 $\Delta p<(800-750)=50\text{kPa}$，有较大的余量，再假设管径为 $DN300\text{mm}$ 重新求 Δp。

(2) 重新假设管径为 $DN300\text{mm}$。

质量流速：$G=\dfrac{66000}{\dfrac{\pi}{4}\times0.30^2\times3600}=259.5\text{kg/(m}^2\cdot\text{s)}$

流速：$u=\dfrac{G}{\rho}=\dfrac{259.5}{12.76}=20.34\text{m/s}$，小于气体音速，可以应用流速 $u=20.34\text{m/s}$ 作为计算基准。

雷诺数：$Re=\dfrac{DG}{\mu}=\dfrac{0.30\times259.5}{0.01\times10^{-8}}=7.785\times10^5$

$$\frac{560}{Re}=\frac{560}{7.785\times10^6}=7.193\times10^{-3}$$

$$\frac{\varepsilon}{D}>\frac{560}{Re}$$

摩擦因子仍然为 $\lambda=0.0148$，根据表 4-30，求得管件当量长度见表 4-38。

表 4-38 当量长度计算结果（二）

名 称	当量长度	数 量	阻力系数×数量
90°标准弯头	7.62	9	68.58
闸阀	3.35	2	6.70
缓冲罐出口(锐边)	11.89	1	11.89
L_e			87.17

$$\frac{G^2}{k}\ln\frac{p_1}{p_2}+\frac{k}{k+1}p_1\rho_1\left[\left(\frac{p_1}{p_2}\right)^{\frac{k+1}{k}}-1\right]+\lambda\frac{G^2}{2}\times\frac{L}{D}$$

$$=\frac{259.5^2}{1.15}\times\ln\frac{800}{p_2}+\frac{1.15}{1.15-1}\times800\times10^3\times12.76\times\left[\left(\frac{p_2}{800}\right)^{\frac{1.15+1}{1.15}}-1\right]+0.0148\times\frac{259.5^2}{2}\times\frac{300+87.17}{0.30}=0$$

试差求得：$p_2=748\text{kPa}$

$$\Delta p=1.15\times(800-748)=59.8\text{kPa}\text{（式中 1.15 系安全系数）}$$

因 $\Delta p>(800-750)=50\text{kPa}$，$DN300$ 不可取。

(3) 结论：选择管径为 $DN350\text{mm}$，压降为 27.6kPa。

4.5 浆液管路设计（HG/T 20570.7）

4.5.1 浆液的流型及管径

浆液由液、固两相组成，属两相流范畴，其流型属非牛顿型流体；按固体颗粒在连续相中的分布情况，又可以分为均匀相浆液、混合型浆液和非均匀相浆液三种流型。确定浆液输送管道的尺寸，必须注意下列几点。

① 均匀相流动的浆液，要求固体颗粒均匀地分布在液相介质中，只要计算出浆液中固体颗粒的最大粒径（d_{mh}），将它与已知筛分数据进行比较，若全部固体颗粒小于 d_{mh}，则为均匀相浆液，否则为混合型浆液或非均匀相浆液。

② 为避免固体粒子在管道中沉降，要使浆液浓度、黏度和沉降速度处于合理的关系中。对于均匀相浆液的输送，必须确定浆液呈均匀相流动时的最低流速，且要获得高浓度、低黏度、低沉降速度。浆液流动要求有一个适宜流速，它不宜太快，否则管道摩擦压力加大；它亦不宜太慢，否则易堵塞管道。该适宜的最低流速数据由实验确定。为获得高浓度、低黏度、低沉降速度，可采用合适的添加剂。

③ 混合型浆液或非均匀相浆液的输送，应保证浆液流动充分呈湍流工况。

4.5.2 计算的依据及方法

4.5.2.1 提供下列数据

（1）实测数据

① 最低的浆液流体流速（U_{min}）；

② 固体筛分的质量百分数（X_{pi}）；

③ 固体筛分的密度（ρ_{pi}）；

④ 浆液流的表现黏度（μ_a）与剪切速率（τ）的相关数据或流变常数（η）和流变指数（n）。

（2）可计算数据

① 连续相（水）的物性数据：黏度（μ_L）、密度（ρ_L）；

② 固体的质量流量（W_S）或浆液的质量流量（W_{SL}）及浆液的浓度（C_{SL}）；

③ 连续相（水）的质量流量（W_L）；

④ 浆液的平均密度（ρ_{SL}）；

⑤ 固体的平均密度（ρ_S）。

4.5.2.2 计算浆液流体物性数据

（1）已知 ρ_S、ρ_L、W_S、W_L 计算 ρ_{SL}

$$\rho_{SL}=(W_S+W_L)/[(W_S/\rho_S)+(W_L/\rho_L)] \tag{4-15}$$

（2）已知 ρ_{SL}、ρ_L、W_{SL}、C_{SL} 计算 ρ_S

$$W_S=W_{SL}C_{SL} \tag{4-16}$$

$$W_L=W_{SL}-W_S \tag{4-17}$$

$$\rho_S=\rho_{SL}\rho_L W_S/(W_{SL}\rho_L-W_L\rho_{SL}) \tag{4-18}$$

（3）计算均匀相浆液的物性数据

$$\rho_{1S}=100/(\sum X_{pi}/\rho_S) \tag{4-19}$$

$$\rho_n=\rho_{hsL}=\rho_{SL} \tag{4-20}$$

（4）计算混合型浆液的物性数据

$$\rho_{1S}=\sum[W_S(X_{p1}/100)]/\sum[W_S(X_{p1}/100)/\rho_{pi}] \tag{4-21}$$

$$\rho_{2S}=\sum[W_S(X_{p2}/100)]/\sum[W_S(X_{p2}/100)/\rho_{pi}] \tag{4-22}$$

$$\rho_{hsL}=\rho_s=\frac{\sum[W_S(X_{p1}/100)]+W_L}{\sum[W_S(X_{p1}/100)/\rho_{pi}]+(W_L/\rho_L)} \tag{4-23}$$

$$X_{VS}=(W_S/\rho_s)/[(W_S/\rho_s)+(W_L/\rho_L)] \tag{4-24}$$

$$X_{vhes}=\sum[W_S(X_{p2}/100)/\rho_{pi}]/[(W_S/\rho_S)+(W_L/\rho_L)] \tag{4-25}$$

4.5.2.3 浆液流体流型的确定和计算均匀相浆液的最大粒径（d_{mh}）

根据流变量常数（η）、流变指数（n）［由试验测得浆液流的表观黏度（U_a）与剪切速率（r）的相关数据求得］计算 μ_a；由浆液流的有关参数（Y）、阻滞系数（C_h）（Y 与 C_h 的关联式由实验数据回归获得）计算 d_{mh}。

均匀相浆液的表观黏度（μ_a）由下式计算：

$$\gamma=8U_a/D \tag{4-26}$$

$$\mu_a=1000\eta\gamma^{n-1} \tag{4-27}$$

$$Y=12.6[\mu_a(\rho_{1S}-\rho_n)/\rho_a^2]^{\frac{1}{3}} \tag{4-28}$$

当 $Y>8.4$ 时：$C_h=18.9Y^{1.41}$ (4-29)

当 $8.4\geqslant Y>0.5$ 时：$C_h=21.11Y^{1.46}$ (4-30)

当 $0.5\geqslant Y>0.05$ 时：$C_h=18.12Y^{-0.963}$ (4-31)

当 $0.05\geqslant Y>0.016$ 时：$C_h=12.06Y^{0.824}$ (4-32)

当 $0.016\geqslant Y>0.00146$ 时：$C_h=0.4$ (4-33)

当 $Y\leqslant 0.00146$ 时：$C_h=0.1$ (4-34)

$$d_{mh}=1.65C_h\rho_a/(\rho_{1S}-\rho_a) \tag{4-35}$$

若固体颗粒粒度全小于 d_{mh}，为均匀相浆液，否则为混合型浆液或非均匀相浆液。

4.5.2.4 管径的确定

（1）输送均匀相浆液

由试验获得浆液最低流速（U_{min}），计算管径 D：

$$U_a=U_{min} \tag{4-36}$$

$$D=\sqrt{[(W_s/\rho_s)+(W_L/\rho_L)]/(3600\times 0.785U_a)} \tag{4-37}$$

$$Re=1000D\rho_aU_a/\mu_a \tag{4-38}$$

浆液流流型应控制在滞流的范围之内，故 Re 在 2300 以下。调整 D 到满足要求为止。

（2）输送混合型浆液或非均匀相浆液

由试验获得浆液最低流速 U_{min}，可计算允许流速 U_a；由浆液流的有关参数 x、非均匀相中固体颗粒的平均粒径 d_{wa}，可计算管径 D。x 与 $U_{min}/(gD)^{0.5}$ 的关联式由回归获得。

$$U_a=U_{min}+0.8 \tag{4-39}$$

$$U=[(W_S/\rho_a)+(W_L/\rho_L)]/(3600\times 0.785D^2) \tag{4-40}$$

$$x=100X_{vhes}F_d(\rho_{2s}-\rho_a)/\rho_a \tag{4-41}$$

$$d_{wa}=\sum(X_{p2}\sqrt{d_1d_2})/\sum X_{P2} \tag{4-42}$$

当 $d_{wa} \geqslant 368$ 时：$F_d = 1$ (4-43)

当 $d_{wa} < 368$ 时：$F_d = d_{wa}/368$ (4-44)

当 $0.006 < x \leqslant 2$ 时：$U_{min}/(gD)^{0.5} = \exp[1.053X^{0.149}]$ (4-45)

当 $2 < x \leqslant 70$ 时：$U_{min}/(gD)^{0.5} = \exp\{[(4.2718 \times 10^{-3} \ln x + 5.0264 \times 10^{-2}) \ln x + 4.7849 \times 10^{-2}] \ln x + 8.8996 \times 10^{-2}\}$ (4-46)

浆液流应控制在湍流的范围之内，目标函数 $|U_a - U| \leqslant \delta$。调整 D 到满足要求为止。

4.5.2.5 泵压差 Δp 的计算

管道中包括直管段、阀门、管件、控制阀、流量计孔板等。管道系统的压力降是各个部分的摩擦压力降、速度压力降和静压力降的总和。

(1) 通用数据的计算

由浆液流的有关参数 Z、非均匀相阻滞系数 C_{he}（Z 与 C_{he} 的关联式由回归获得），可计算非均匀相尺寸系数 C_{ra}、沉降流速 V_t。

$$Z = 0.000118 d_{wa} [\rho_s (\rho_{2S} - \rho_a)/\mu_a^2]^{\frac{1}{3}} \tag{4-47}$$

当 $Z > 5847$ 时：$C_{he} = 0.1$ (4-48)

当 $20 < Z \leqslant 5847$ 时：$C_{he} = 0.4$ (4-49)

当 $1.5 < Z \leqslant 20$ 时：$C_{he} = 10.979 Z^{-1.105}$ (4-50)

当 $0.15 < Z \leqslant 1.5$ 时：$C_{he} = 13.5 Z^{-1.61}$ (4-51)

$$V_t = 0.00361 \sqrt{d_{wa}(\rho_{2S} - \rho_a)/(\rho_a C_{he})} \tag{4-52}$$

$$C_{ra} = \sum (X_{P2} \sqrt{C_{he}}) / \sum X_{P2} \tag{4-53}$$

(2) 摩擦压力降 Δp_K 的计算

它由直管段、阀门、管件的摩擦压力降组成。流体流经阀门、管件的局部阻力计算包括阻力系数法和当量长度法，现推荐当量长度法。

① 均匀相浆液摩擦压力降 Δp_K 的计算

$$\Delta p_K = 0.03262 \times 10^{-6} \mu_S U_a (L + \sum L_e)/D^2 \tag{4-54}$$

② 混合型浆液或非均匀相浆液摩擦压力降 Δp_K 的计算

浆液中非均匀相固态的有效体积分率 ψ 为：

$$\psi = 0.5[1 - U/(V_t/\sin\alpha)] \pm \sqrt{0.25[1 - U/(V_t/\sin\alpha)]^2 + X_{vhes} U/(V_t/\sin\alpha)} \tag{4-55}$$

$$U_{hsL} = U + \psi V_t \sin\alpha \tag{4-56}$$

若 $X_{vhes} V_t \sin\alpha \ll U$，则：$\psi = X_{vhes}$，$U_{hsL} = U$ (4-57)

非垂直管道：

$$\Delta p_{K1} = (4F_n/D) \rho_a U_{hsL}^2 (L + \sum L_e)/(20000 g_c) \tag{4-58}$$

$$dd = \{U_{hsL}^2 \rho_a C_{ra} / [\cos\alpha \times 9.81 D (\rho_{2S} - \rho_a)]\}^{1.5} \tag{4-59}$$

$$\Delta p_K = \frac{0.11 \Delta p_{K1} [1 + (85\psi/dd)]}{(1 + 0.1\cos\alpha)} \tag{4-60}$$

垂直管道：

$$\Delta p_K = 0.11[(4F_n/D) \rho_a U_{hsL}^2 (L + \sum L_e)/(20000 g_c)] \tag{4-61}$$

(3) 速度压力降 Δp_V 的计算

由温度和截面积变化引起密度和速度的变化，它导致压力降的变化。

① 均匀相浆液速度压力降 Δp_V 的计算

$$\Delta p_V = 0.1\rho_a U_a^2/(20000g_c) \tag{4-62}$$

② 非均匀相浆液速度压力降 Δp_V 的计算

$$\Delta p_V = \frac{0.1[(1-X_{vhes})U_{hsL}^2 + (\rho_{2s}/\rho_a)(U_{hsL}-V_t\sin\alpha)^2 X_{vhes}]\rho_a}{20000g_c} \tag{4-63}$$

若 $V_t\sin\alpha \ll U_{hsL}$，则可用简化模型

$$\Delta p_V = 0.1\rho_a U_{hsL}^2/(20000g_c) \tag{4-64}$$

（4）静压力降 Δp_s 的计算

由于管道系统进（出）口标高变化而产生的压力降称静压力降。其值可为正值或负值。正值表示压力降低，负值表示压力升高。

① 均匀相浆液静压力降 Δp_s 的计算

$$\Delta p_s = 0.1[(Z_{s.d}\sin\alpha\rho_a/10000) \pm (H_{s.d}\rho_{SL}/10000)] \tag{4-65}$$

② 非均匀相浆液静压力降 Δp_s 的计算

$$\Delta p_s = 0.1\{Z_{s.d}\sin\alpha[1.1\psi(\rho_{2s}-\rho_a)/\rho_a+1](\rho_a/10000) \pm (H_{s.d}\rho_{SL}/10000)\} \tag{4-66}$$

（5）泵压差 Δp 的计算

$$\sum\Delta p_s = (\Delta p_K)_s + (\Delta p_V)_s + (\Delta p_s)_s \tag{4-67}$$

$$\sum\Delta p_d = (\Delta p_K)_d + (\Delta p_V)_d + (\Delta p_s)_d \tag{4-68}$$

$$\sum\Delta p = (p_{rd} - p_{rs}) + \sum\Delta p_s + \sum\Delta p_d \tag{4-69}$$

（6）摩擦系数 F_n 的计算（推荐采用牛顿型流体摩擦系数的计算方法）

① 在层流范围之内（$Re<2300$）

$$F_n = 16/Re \tag{4-70}$$

② 在过渡流范围之内 $2300<Re\leqslant 10000$

$$F_n = 0.0027[(10^6/Re) + 16000\varepsilon/D]^{0.22} \tag{4-71}$$

③ 在湍流范围之内 $Re>10000$

$$F_n = 0.0027(16000\varepsilon/D)^{0.22} \tag{4-72}$$

（7）当量长度 $\sum L_e$ 的计算

若只知阀门管件的局部阻力系数 K_n 的计算方法，可采用 L_e 与 K_n 的关系式求得 L_e。

$$L_e = K_n D/(4F_n) \tag{4-73}$$

4.5.3 计算的步骤及示例

4.5.3.1 确定流型和管径

（1）计算浆液流体物性数据。

（2）计算均匀相浆液的最大粒径 d_{mh} 及管径 D。

① 设浆液全为均匀相浆液，校核其最大粒径。

a. 计算均匀相固体的平均密度 ρ_{1s}、均匀相固体的体积分率 X_{vs}。

b. 计算管径 D。

c. 计算均匀相浆液的表观黏度 μ_a。

d. 计算均匀相浆液的允许流速 U_a。

e. 计算均匀相浆液的最大粒径 d_{mh}。

② 设浆液为混合型浆液或非均匀相浆液，校核其最大粒径。

a. 计算均匀相部分固体的平均密度 ρ_{1s} 及非均匀相浆液部分固体的平均密度 ρ_{2s}。

b. 计算均匀相浆液密度 ρ_a 及非均匀相浆液中固体的体积分率 X_{vhes}。

c. 计算非均匀相浆液中固体颗粒的平均粒径 d_{ws}。

d. 计算非均匀相浆液中允许最低流速 U_a 及实际流速 U。

4.5.3.2　计算吸入端、排出端总压力降 Δp_K、$\sum p_s$、$\sum p_d$ 及泵压差 Δp。

4.5.3.3　计算例题

已知如图 4-19 所示的泥浆系统和表 4-39、表 4-40 数据：固体流量 $W_S=122500$kg/h，液体流量 $W_L=40820$kg/h，固体平均密度 $\rho_S=2499$kg/m³，液体密度 $\rho_L=865$kg/m³，液体黏度 $\mu_L=0.2$mPa·s，泥浆黏度 $\mu_{SL}=3$mPa·s，温度 $t=26.7$℃，最大流速 $U=3.66$m/s，流变常数 $\eta=0.0773$，流变指数 $n=0.35$，泵排出端容器液面的压力为 0.17MPa，泵吸入端容器液面的压力为 0.1MPa。

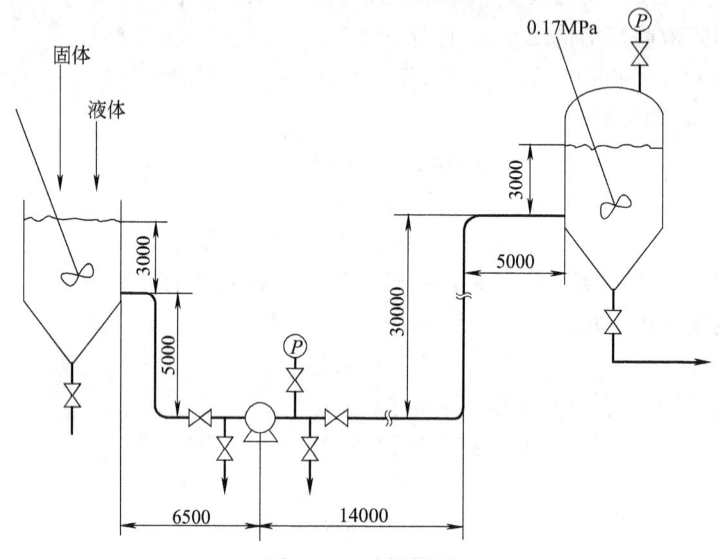

图 4-19　计算例图

表 4-39　固体筛分数据

网目	粒度(μ_n)	重量百分数/%	密度/(kg/m³)
−20～48	840～300	5	4806
−48～65	300～210	10	4005
−65～100	210～150	20	3204
−100～200	150～74	30	2403
−200～325	74～44	20	2403
−325	44	15	1602

表 4-40　压力降计算有关数据

部位	α	弯头数	三通数	闸阀数	钝边进口数	钝边出口数	管道长度/m
泵吸入端：							
水平管	0	1	1	1	1	0	6.5
下降管	−90	1	0	0	0	0	5
泵排出管：							
水平管	0	1	2	1	0	1	19
上升管	90	1	0	0	0	0	30

试求系统管径和泵压差。

解：（1）确定流型和管径

按 4.5.3.1 中计算步骤进行。先假设全为均匀相泥浆并校核其最大粒径，获结果：固体颗粒粒径非全小于最大粒径 d_{mh}，可见假设不妥（具体计算步骤省略）。然后假设最后三个筛分级在均匀相泥浆中，重复上述计算，获结果：该三个筛分级固体颗粒仍非全小于最大粒径 d_{mh}，可见假设仍不妥（具体计算步骤省略）。继续假设最后两个筛分级在均匀相泥浆中并校核其最大粒径。

按式(4-15)：

$$\begin{aligned}\rho_{SL}&=(W_S+W_L)/[(W_S/\rho_S)+(W_L/\rho_L)]\\&=(122500+40820)/[(122500/2499)+(40820/865)]=1698\text{kg/m}^3\end{aligned}$$

按式(4-21)：

$$\rho_{1S}=\frac{\sum[W_S(X_{p1}/100)]}{\sum[W_S(X_{p1}/100)/\rho_{pi}]}=\frac{122500\times(0.2+0.15)}{122500\times[(0.2/2403)+(0.15/1602)]}=1979\text{kg/m}^3$$

按式(4-22)：

$$\begin{aligned}\rho_{2S}&=\frac{\sum[W_S(X_{p2}/100)]}{\sum[W_S(X_{p2}/100)/\rho_{pi}]}\\&=\frac{122500\times(0.05+0.1+0.2+0.3)}{12250\times[(0.05/4806)+(0.1/4005)+(0.2/3204)+(0.3/2403)]}=2920\text{kg/m}^3\end{aligned}$$

按式(4-23)：

$$\begin{aligned}\rho_a&=\frac{\sum[W_S(X_{p1}/100)]+W_L}{\sum[W_S(X_{p1}/100)/\rho_{pi}]+(W_L/\rho_L)}\\&=\frac{122500\times(0.2+0.15)+40820}{122500\times[(0.2/2403)+(0.15/1602)+(40820/865)]}=1216\text{kg/m}^3\end{aligned}$$

按式(4-25)：

$$\begin{aligned}X_{vhes}&=\frac{\sum[W_S(X_{p2}/100)/\rho_{pi}]}{(W_S/\rho_S)+(W_L/\rho_L)}\\&=\frac{122500\times[(0.05/4806)+(0.1/4005)+(0.2/3204)+(0.3/2403)]}{(122500/2499)+(40820/865)}=0.283\end{aligned}$$

按式(4-42)：

$$\begin{aligned}d_{wa}&=\frac{\sum X_{p2}\sqrt{d_1d_2}}{\sum X_{p2}}\\&=\frac{5\sqrt{840\times300}+10\sqrt{300\times210}+20\sqrt{210\times150}+30\sqrt{150\times74}}{(5+10+20+30)}=180\mu\text{m}\end{aligned}$$

按式(4-44)：

$$F_d=d_{wa}/368=180/368=0.489$$

按式(4-41)：

$$x=100X_{vhes}F_d(\rho_{2s}-\rho_a)/\rho_a=100\times0.283\times0.489\times(2920-1216)/1216=19.4$$

按式(4-46)：

$$\begin{aligned}U_{min}/(gD)^{0.5}=\exp\{[(&4.2718\times10^{-3}\ln x+5.0264\times10^{-2})\ln x+\\&4.7849\times10^{-2}]\ln x+8.8996\times10^{-2}\}=2.19\end{aligned}$$

按式(4-39)：

$$U_{min}=2.19(gD)^{0.5}=2.19\times9.81^{0.5}\sqrt{D}=6.86\sqrt{D}$$

$$U_a = U_{min} + 0.8 = 6.86\sqrt{D} + 0.8$$

按式(4-40)：

$$U = \frac{(W_S/\rho_S) + (W_L/\rho_L)}{3600 \times 0.785 D^2} = \frac{(122500/2499) + (40820/865)}{3600 \times 0.785 \times D^2} = 0.034/D^2$$

目标函数$|U_a - U| \leqslant \delta$，调整$D$，满足要求为止，见表 4-41。

表 4-41 调整过程

D/m	U_a/(m/s)	U/(m/s)
0.075	2.68	6.04
0.100	2.97	3.40
0.125	3.23	2.18

根据目标函数要求，选用$D = 0.100$m，又按式(4-26)～式(4-35) 得：

$$\mu_a = 1000\eta\gamma^{n-1} = 77.3 \times (8 \times 3.4/0.1)^{0.35-1} = 2.02\text{mPa}\cdot\text{s}$$

$$Y = 12.6[\mu_a(\rho_{1S} - \rho_a)/\rho_a^2]^{\frac{1}{3}} = 12.6 \times [2.02 \times (1979 - 1216)/1216^2]^{\frac{1}{3}} = 1.28$$

$$C_b = 21.11Y^{1.46} = 30.3$$

$$d_{mh} = 1.65C_h\rho_a/(\rho_{1S} - \rho_a) = 1.65 \times 30.3 \times 1216/(1979 - 1216) = 79.7\mu\text{m}$$

经比较，确定最后两个筛分级在均匀相泥浆中，其余筛分级在非均匀相泥浆中。允许最低流速$U_a = 2.97$m/s；实际流速$U = 3.4$m/s。

(2) 计算压力降及泵压差的通用数据

① 计算颗粒沉降速度V_t，按式(4-47)～式(4-52)：

$$Z = 0.000118d_{wa}[\rho_n(\rho_{2S} - \rho_\alpha)/\mu_\alpha^2]^{\frac{1}{3}} = 0.000118 \times 180 \times [1216 \times (2920 - 1216)/2.02^2]^{\frac{1}{3}} = 1.69$$

$$C_{he} = 10.979Z^{-1.106} = 6.15$$

$$V_t = 0.00361\sqrt{\frac{d_{wa}(\rho_{2S} - \rho_\alpha)}{(\rho_\alpha \times C_{he})}} = 0.00361\sqrt{\frac{180 \times (2920 - 1216)}{1216 \times 6.15}} = 0.023\text{m/s}$$

② 计算非均匀相尺寸系数C_{ra}，按式(4-47)～式(4-51) 得：

$$Z = 0.000118\sqrt{840 \times 300} \times [1216 \times (4806 - 1216)2.02^2]^{1/3} = 6.06$$

$$C_{he} = 10.979Z^{-1.106} = 1.5$$

$$Z = 0.000118\sqrt{300 \times 210} \times [1216 \times (4005 - 1216)2.02^2]^{1/3} = 2.78$$

$$C_{he} = 10.979Z^{-1.106} = 3.5$$

$$Z = 0.000118\sqrt{210 \times 150} \times [1216 \times (3204 - 1216)2.02^2]^{1/3} = 1.76$$

$$C_{he} = 10.979Z^{-1.106} = 5.88$$

$$Z = 0.000118\sqrt{150 \times 74} \times [1216 \times (2403 - 1216)2.02^2]^{1/3} = 0.88$$

$$C_{he} = 13.5Z^{-1.61} = 16.6$$

由式(4-53) 得：

$$C_{ra} = \frac{\sum X_{p2}\sqrt{C_{he}}}{\sum X_{p2}} = \frac{(5 \times \sqrt{1.5}) + (10 \times \sqrt{3.5}) + (20 \times \sqrt{5.88}) + (30 \times \sqrt{16.6})}{(5 + 10 + 20 + 30)} = 3.01$$

(3) 计算压力降及泵压差

按式(4-56)、式(4-57) 得：

$$X_{vhes}V_t\sin 90° = 0.283 \times 0.023 = 0.00651$$

由于$X_{vhes}V_t\sin 90° \leqslant U$，则$\psi = 0.283$，$U_{hsL} = 3.4$m/s

按式(4-38)～式(4-72) 得：

$$Re=1000DU_{hsL}\rho_a/\mu_a=1000\times0.1\times3.4\times1216/2.02=204673$$

$$F_n=0.0027(16000\varepsilon/D)^{0.22}=0.0027(16000\times0.0000457/0.1)^{0.22}=0.00418$$

① 泵吸入端水平管道

a. 当量长度（L_e）的计算（表 4-42）

表 4-42 当量长度计算（一）

泵吸入端水平管道连接管件	件数	L_e/m	K_n
闸板阀	1	$8D=0.8$	
90°短径弯头	1	$30D=3$	
直流三通	1	$20D=2$	
进口(即容器出口)	1	$K_nD/(4F_n)=5.98$	1.0
Σ	4	11.78	

b. 压力降的计算

按式(4-58)～式(4-60) 得：

$$\Delta p_{K1}=(4F_n/D)\rho_a U_{hsL}^2(L+\sum L_e)/(20000g_c)$$

$$=4\times0.00418/0.100\times1216\times3.4^2\times(6.5+11.78)/(20000\times9.81)=0.219$$

$$dd=\{U_{hsL}^2\rho_a C_{ra}/[\cos\alpha\, 9.81D(\rho_{2S}-\rho_a)]\}^{1.5}$$

$$=\{3.4^2\times1216\times3.01/[\cos0\times9.81\times0.1\times(2921-1216)]\}^{1.5}=127.344$$

$$\Delta p_K=[0.11\Delta p_{K1}(1+0.1\cos\alpha)](1+85\psi/dd)$$

$$=[0.11\times0.219/(1+0.1)]\times(1+85\times0.283/127.344)=0.026\text{MPa}$$

② 泵吸入端垂直管道

a. 当量长度（L_e）的计算（表 4-43）

表 4-43 当量长度计算（二）

泵吸入端垂直下降管道连接管件	件数	L_e/m
90°短径弯头	1	$30D=3$
Σ		3

b. 压力降的计算

$$\Delta p_K=0.11[(4F_n/D)\rho_a U_{hsL}^2(L+\sum L_e)/(20000g_c)]$$

$$=0.11\times[(4\times0.00418/0.1)\times1216\times3.4^2\times(5+3)/(20000\times9.81)]$$

$$=0.01054\text{MPa}$$

$$\Delta p_v=-0.1\rho_a U_{hsL}^2/(20000g_c)=-0.1\times1216\times3.4^2/(20000\times9.81)=-0.00716\text{MPa}$$

$$\Delta p_s=0.1\{Z_S\sin\alpha[1.1\psi(\rho_{2s}-\rho_a)/\rho_a+1](\rho_a/10000)-H_s\rho_{sL}/10000\}$$

$$=0.1\times\{-5\sin90°\times[1.1\times0.283\times(2920-1216)/1216+1]\times(1216/10000)-3\times1698/10000\}$$

$$=-0.1383\text{MPa}$$

③ 泵排出端水平管道

a. 当量长度（L_e）的计算（表 4-44）

表 4-44 当量长度计算（三）

泵吸入端水平管道连接管件	件数	L_e/m	K_n
闸板阀	1	$8D=0.8$	
90°短径弯头	1	$30D=3$	
直流三通	2	$2\times20D=4$	
出口(即容器入口)	1	$K_n\times D/(4F_n)=2.99$	0.5
Σ	5	10.79	

b. 压力降的计算

$\Delta p_{K1}=(4F_n/D)\rho_a U_{hsL}^2(L+\sum L_e)/(20000g_c)$

$=(4\times0.00418/0.1)\times1216\times3.4^2\times(19+10.79)/(20000\times9.81)=0.357MPa$

$dd=\{U_{hsL}^2\rho_a C_{ra}/[\cos\alpha 9.81D(\rho_{2S}-\rho_a)]\}^{1.5}$

$=\{3.4^2\times1216\times3.01/[\cos0\times9.81\times0.1\times(2921-1216)]\}^{1.5}=127.344$

$\Delta p_K=[0.11\Delta p_{K1}(1+0.1\cos\alpha)](1+85\psi/dd)$

$=[0.11\times0.357/(1+0.1)]\times(1+85\times0.283/127.344)=0.0424MPa$

④ 泵排出端垂直管道

a. 当量长度（L_e）的计算（表 4-45）

表 4-45　当量长度计算（四）

泵吸入端垂直上升管道连接管件	件数	L_e/m
90°短径弯头 Σ	1	30D=3 3

b. 压力降的计算

$\Delta p_K=0.11[(4F_n/D)\rho_a U_{hsL}^2(L+\sum L_e)/(20000g_c)]$

$=0.11[(4\times0.00418/0.1)\times1216\times3.4^2\times(30+3)/(20000\times9.81)]$

$=0.0435MPa$

$\Delta p_v=-0.1\rho_a U_{hsL}^2/(20000g_c)=-0.1\times1216\times3.4^2/(20000\times9.81)=0.00716MPa$

$\Delta p_s=0.1\{Z_d\sin\alpha[1.1\psi(\rho_{2s}-\rho_a)/\rho_a+1](\rho_a/10000)+H_d\rho_{sL}/10000\}$

$=0.1\times\{30\times\sin90°[1.1\times0.283\times(2920-1216)/1216+1]\times(1216/10000)+3\times1698/10000\}$

$=0.5749MPa$

计算结果汇总见表 4-46。

表 4-46　计算结果汇总

部位	Δp_K/MPa	Δp_V/MPa	Δp_s/MPa	$\Delta p_{s.d}$/MPa
泵吸入端：				
水平管	0.0260			
下降管	0.01054	−0.00716	−0.1383	
Σ	0.0365	−0.00716	−0.1383	−0.1090
泵排出端：				
水平管	0.0424			
上升管	0.0435	0.00716	0.5749	
Σ	0.0859	0.00716	0.5749	0.6680

（4）泵压差

$\Delta p=p_{rd}-p_{rs}+\sum\Delta p_s+\sum\Delta p_d=0.17-0.1-0.1090+0.6680=0.629MPa$

4.6　烟气阻力设计

4.6.1　阻力计算公式

4.6.1.1　摩擦阻力计算

气体流动时的摩擦阻力（Δp_m），可按下式计算：

$$\Delta p_m=\lambda(L/d)(\rho u^2/2)$$

式中　Δp_m——摩擦阻力，Pa；

λ——摩擦阻力系数（由摩擦阻力系数表查得）；

L——管段长度，m；

d——管段直径，m；

ρ——气体密度，kg/m³，$\rho=273\rho_0/(273+t)$；

ρ_0——标准状况下的气体密度，kg/m³；

t——气体温度，℃；

u——气体流速，m/s；$u=Q/(3600\pi d^2/4)$；

Q——气体流量，m³/h。

4.6.1.2 局部阻力计算

局部阻力 Δp_f（单位为 Pa）指截面变化或通道改变方向所造成的阻力，可按下式计算：

$$\Delta p_f=\xi\rho u^2/2$$

式中 ξ——局部阻力系数；

ρ——气体密度，kg/m³，$\rho=273\rho_0/(273+t)$；

ρ_0——标准状况下的气体密度，kg/m³；

t——气体温度，℃；

u——气体流速，m/s。

其中突然扩大和收缩的局部阻力系数参见图 4-20。

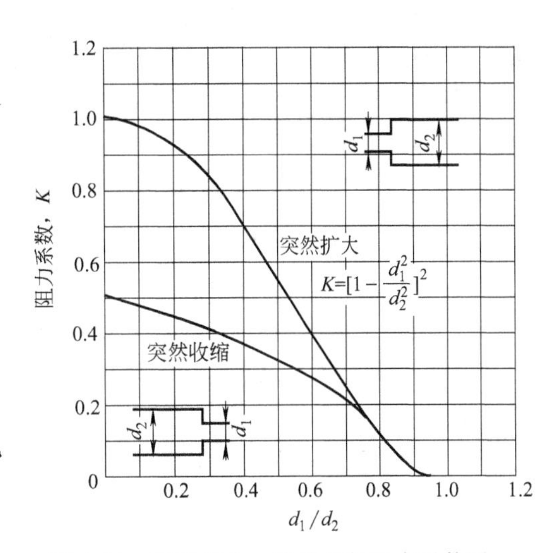

图 4-20 突然扩大、收缩局部阻力系数图

4.6.1.3 烟囱吸力计算

脱硫烟气系统阻力等于烟道阻力、塔内阻力与烟囱阻力之和，再减去烟囱的抽吸力。由于烟囱高度和烟温均较低，烟囱抽吸力在此也可以不计入。有关烟囱吸力的计算如下：

$$\Delta p=p_0-p_1=(\rho_2-\rho_1)Hg$$

式中 Δp——烟囱自生通风力，Pa；

H——烟囱烟气进出口之间的垂直标高差，m；

ρ_2——周围环境空气密度，kg/m³，按 $\rho_2^{\ominus}=1.293$ 计算；

ρ_1——烟囱出口烟气密度，kg/m³；

g——重力加速度，取为 9.81m/s²。

4.6.2 阻力计算过程

4.6.2.1 接口到合并烟道段的压损

增压风机后的烟道接口到合并烟道段的尺寸 2800mm×2300mm（当量直径 $d_1=2.86$m），管线长 $L_1=21.60$m，干烟气量（两台合计）328872.98m³/h，水汽总量（进口考虑空气带入水）22474.26m³/h，烟气温度按 150℃计算，局部阻力有挡板门、膨胀节、90°弯头（按方形计算）、90°弯头（按方形计算）、膨胀节、三通合并口（按方形弯头和出口扩大计算）及管道等，查表分别取 $\xi_{11}=0.10$、$\xi_{12}=0.20$、$\xi_{13}=1.30$、$\xi_{14}=1.30$、$\xi_{15}=0.20$、$\xi_{16}=1.50$、$\lambda_1=0.10$，则：

工况烟气总量：$Q_1=(328872.98+22474.26)\times423/273=544395$m³/h

工况烟气流速：$u_1=(Q_1/2)/F_1=(544395/2)/(3600\times2.8\times2.3)=11.74\text{m/s}$

工况烟气密度：$\rho_1=1.322\times273/(273+150)=0.853\text{kg/m}^3$

工况烟气压损：

$$\Delta p_1=\Delta p_{f1}+\Delta p_{m1}=(\xi_{11}+\xi_{12}+\xi_{14}+\xi_{15}+\xi_{16}+\lambda_1 L_1/d_1)(\rho_1 u_1^2/2)$$
$$=(0.10+0.20+1.30+1.30+0.20+1.50+0.10\times21.60/2.86)\times(0.853\times11.74^2/2)=315\text{Pa}$$

4.6.2.2 合并烟道到吸收塔前段的压损

合并烟道到吸收塔前段的烟道直径 4800mm×2300mm（当量直径 $d_2=3.75\text{m}$），管线长$L_2=11.40\text{m}$，烟气温度按 150℃计算，局部阻力有方管道、90°弯头（按方形计算）、膨胀节、进口突扩等，查表分别取 $\lambda_{21}=0.10$、$\xi_{22}=1.30$、$\xi_{23}=0.20$、$\xi_{24}=0.55$，则：

工况烟气流速：$u_2=Q_1/F_2=544395/(3600\times4.80\times2.30)=13.70\text{m/s}$

工况烟气压损：

$$\Delta p_2=(0.10\times11.40/3.75+1.30+0.20+0.55)\times(0.853\times13.70^2/2)=188\text{Pa}$$

4.6.2.3 进入吸收塔到烟囱段的压损

进入吸收塔后到烟囱段前的塔径 $d_3=7.20\text{m}$，有效高度 $L_3=17.30\text{m}$，烟气进口温度按 150℃，烟气出口温度按 50℃计算，干烟气量（两台合计）328872.98m³/h，水汽总量（进口考虑空气带入水）22474.26m³/h，水汽总量（排放）45585.44m³/h，局部阻力有空塔阻力、喷淋阻力、除雾器阻力、出口变径等，查表分别取 $\lambda_{31}=0.04$（玻璃鳞片防腐管道）、$\xi_{34}=0.33$，喷淋阻力和除雾器阻力根据经验取 4×50Pa、2×100Pa，则：

进口流量：$(328872.98+22474.26)\times423/273=544395\text{m}^3/\text{h}$

出口流量：$(328872.98+45585.44)\times323/273=443041\text{m}^3/\text{h}$

平均流量：$Q_3=(544395+443041)/2=493718\text{m}^3/\text{h}$

工况烟气流速：$u_3=Q_3/(3600\pi d_3^2/4)=493718/(3600\times0.785\times7.20^2)=3.37\text{m/s}$

工况烟气密度：$\rho_3=1.322\times273/(273+100)=0.968\text{kg/m}^3$

工况烟气压损：

$$\Delta p_3=(0.04\times17.30/7.20+0.33)\times(0.968\times3.37^2/2)+4\times50+2\times100=402\text{Pa}$$

4.6.2.4 烟囱段的压损

烟囱直径 $d_4=3.6\text{m}$，有效高度 $L_4=48.60\text{m}$，烟气温度按 50℃计算，局部阻力有烟囱阻力、出口局部阻力等，查表分别取 $\lambda_4=0.04$（玻璃鳞片防腐管道）、$\xi_4=1.00$，则：

工况烟气流量：$Q_4=(328872.98+45585.44)\times323/273=443041\text{m}^3/\text{h}$

工况烟气流速：$u_4=Q_4/(3600\pi d_4^2/4)=443041/(3600\times0.785\times3.60^2)=12.10\text{m/s}$

工况烟气密度：$\rho_4=1.322\times273/(273+50)=1.117\text{kg/m}^3$

工况烟气压损：

$$\Delta p_3=(0.04\times48.60/3.60+1.00)\times(1.117\times12.10^2/2)=126\text{Pa}$$

4.6.2.5 烟囱段的抽吸力

烟气进出高差：$H=70\text{m}$

周围空气密度：$\rho_2^{\ominus}=1.293\text{kg/m}^3$

烟囱出口密度：$\rho_1=1.117\text{kg/m}^3$

烟囱吸力计算：

$$\Delta p_7=(\rho_2-\rho_1)Hg=(1.293\times273/293-1.117)\times70\times9.81=60\text{Pa}$$

4.6.3 系统总阻力

根据 4.6.2 计算，结果汇总见表 4-47。

表 4-47 结果汇总

代号	名称	数据/Pa
Δp_1	接口到合并烟道段	315
Δp_2	合并烟道到吸收塔前段	188
Δp_3	吸收塔到烟囱段	402
Δp_4	烟囱段	126
Δp_5	抽吸力	−60
Δp		845

5 脱硫仪表及设备

5.1 仪表控制系统（DL/T 5196—2004）

5.1.1 热工自动化水平

（1）烟气脱硫热工自动化水平宜与机组的自动化控制水平相一致。

（2）烟气脱硫系统应采用集中监控，实现脱硫装置启动，正常运行工况的监视和调整，停机和事故处理。

（3）烟气脱硫宜采用分散控制系统（DCS），其功能包括数据采集和处理（DAS）、模拟量控制（MCS）、顺序控制（SCS）及连锁保护、脱硫变压器和脱硫厂用电源系统（交流380V、6000V）监控。

（4）随辅机设备本体成套提供及装设的检测仪表和执行装置，应满足脱硫装置运行和热控整体自动化水平与接口要求。

（5）脱硫装置在启、停、运行及事故处理情况下均应不影响机组正常运行。

5.1.2 控制方式及控制室

（1）脱硫控制应采用集中控制方式，有条件的可将脱硫控制与除尘、除灰控制集中在控制室内。一般两炉设一个脱硫控制室；当规划明确时，也可采用四台炉合设一个脱硫控制室。条件成熟时，脱硫控制可纳入机组单元控制室。其中脱硫装置的控制可纳入到机组的DCS系统，公用部分（如石灰石浆液制备系统、工艺水系统、皮带脱水机系统等）的控制纳入到机组DCS的公用控制网。已建电厂增设的脱硫装置宜采用独立控制室。

（2）脱硫集中控制室均应以操作员站作为监视控制中心。

（3）燃煤电厂烟气脱硫系统的以下部分（如果有）可设置辅助专用就地控制设备：①石灰石或石灰石粉卸料和存储控制；②浆液制备系统控制；③皮带脱水机系统控制；④石膏存储和石膏处理控制（不在脱硫岛内或单独建设的除外）；⑤脱硫废水的控制；⑥GGH的控制。

5.1.3 热工检测

（1）烟气脱硫热工检测包括：①脱硫工艺系统主要运行参数；②辅机的运行状态；③仪

表和控制用电源、气源、水源及其他必要条件的供给状态和运行参数；④必要的环境参数；⑤脱硫变压器、脱硫电源系统及电气系统和设备的参数与状态检测。

（2）脱硫装置出口烟气分析仪成套装置应该兼有控制与环保监测的功能。

（3）烟气脱硫系统可设必要的工业电视监视系统，也可纳入机组的工业电视系统中。

5.1.4 热工保护

（1）烟气脱硫热工保护宜纳入分散控制系统，并由DCS软逻辑实现。

（2）热工保护系统的设计应有防止误动和拒动的措施，保护系统电源中断和恢复不会误发动作指令。

（3）热工保护系统应遵守独立性原则。包括：①重要的保护系统的逻辑控制单独设置；②重要的保护系统应有独立的I/O通道，并有电隔离措施；③冗余的I/O信号应通过不同的I/O模件引入；④触发脱硫装置解列的保护信号宜单独设置变送器（或开关量仪表）；⑤脱硫装置与机组间用于保护的信号应采用硬接线方式。

（4）保护用控制器应采取冗余措施。

（5）热工保护系统输出的操作指令应优先于其他任何指令。

（6）脱硫装置解列保护动作原因应设事故顺序记录和事故追忆功能。

5.1.5 热工顺序控制及连锁

（1）顺序控制的功能应满足脱硫装置的启动、停止及正常运行工况的控制要求，并能实现脱硫装置在事故和异常工况下的控制操作，保证脱硫装置安全。具体功能如下：①实现脱硫装置主要工艺系统的自启停；②实现吸收塔及辅机、阀门、挡板的顺序控制、控制操作及试验操作；③辅机与其相关的冷却系统、润滑系统、密封系统的连锁控制；④在发生局部设备故障跳闸时，连锁启停相关设备；⑤脱硫厂用电系统连锁控制。

（2）需要经常进行有规律性操作的辅机系统宜采用顺序控制。

（3）当脱硫局部顺序控制功能不纳入脱硫分散控制系统时，应采用可编程控制器实现其功能，并应与分散控制系统有硬接线和通信接口。辅助工艺系统的顺序控制可由可编程控制器实现。

5.1.6 热工模拟量控制

（1）脱硫装置应有较完善的热工模拟量控制系统，以满足不同负荷阶段中脱硫装置安全经济运行的需要，还应考虑在装置事故及异常工况下与相应的连锁保护协调控制的措施。

（2）脱硫装置模拟量控制系统中的各控制方式间，应设切换逻辑并能双向无扰动的切换。

（3）重要热工模拟量控制项目的变送器应双重（或三重）化设置（烟气SO_2分析仪除外）。

5.1.7 热工报警

（1）热工报警可由常规报警和DCS系统中的报警功能组成，热工报警应包括下列内容：

①工艺系统主要热工参数和电气参数偏离正常运行范围；②热工保护动作及主要辅助设备故障；③热工监控系统故障；④热工电源、气源故障；⑤辅助系统故障；⑥主要电气设备故障。

（2）脱硫控制宜不设常规报警，当必须设少量常规报警时，按照 DL 5000 有关的规定执行。

（3）分散控制系统的所有模拟量输入、数字量输入、模拟量输出、数字量输出和中间变量的计算值，都可作为报警源。

（4）分散控制系统功能范围内的全部报警项目，应能在显示器上显示和在打印机上打印。在启停过程中应抑制虚假报警信号。

5.1.8 脱硫装置分散控制系统

（1）脱硫装置的分散控制系统选型应坚持成熟、可靠的原则，具有数据采集与处理、自动控制、保护、连锁等功能。

（2）当电厂脱硫 DCS 独立设置，并具有两个单元及以上脱硫装置时，宜设置公用系统分散控制系统网络，经过通信接口分别与两个单元分散控制系统相连。公用系统应能在两套分散控制系统中进行监视和控制，并应确保任何时候仅有一套脱硫装置的 DCS 能发出有效操作指令。

（3）脱硫装置的 DCS 应设置与机组 DCS 进行信号交换的硬接线和通信接口，以实现机组对脱硫装置的监视、报警和连锁。

（4）脱硫装置操作可配置极少量，确保脱硫装置和机组安全的后备操作设备（如旁路挡板）。

5.1.9 热工电源

（1）脱硫热工控制柜（盘）进线电源的电压等级不得超过 220V，进入控制装置柜（盘）的交、直流电源除故障不影响安全外，应各有两路，互为备用。工作电源故障需及时切换至另一路电源，应设自动切换装置。

（2）脱硫分散控制系统及保护装置一路采用交流不停电电源，一路来自厂用保安段电源。

（3）每组热工交流 380V 或 220V 动力电源配电箱应有两路输入电源，分别接自脱硫厂用低压母线的不同段。烟气旁路挡板执行器应由事故保安电源供电，对于无事故保安电源的电厂，应用安全可靠的电源供电。

5.1.10 厂级监控和管理信息系统

当发电厂有厂级实时监控系统（SIS）和计算机管理信息系统（MIS）时，烟气脱硫分散控制系统应设置相应的通信接口，当与 MIS 进行通信时应考虑设置安全可靠的保护隔离措施。

5.1.11 实验室设备

脱硫系统不单独设置热工实验室，可购置必要的脱硫分析专用实验室设备。

5.2 控制系统设计

5.2.1 系统设计要求

5.2.1.1 控制系统范围

控制系统包括浆液制备系统、浆液供应系统、吸收塔系统、吸收塔氧化空气系统、浆液EFM系统、脱水系统、工艺水系统、工业水系统以及烟气系统、脱硫废水处理系统等，以及电动机、电动阀、风门挡板以及电气供电回路的断路器的顺序控制，一些工艺闭环控制和连锁保护。

5.2.1.2 控制分级原则

分散控制系统的设计按照控制分级原则（子功能组级及驱动级）进行，以便在系统局部故障时，操作员能选择较低的水平控制，而不致丧失对整个过程的控制。

脱硫系统的重要保护和跳闸回路（如FGD入口温度、入口压力、出口压力等重要保护动作条件）采用相对独立的多个测量通道。

DCS与其他控制、保护装置之间的数字量信息交换采用I/O通道时，采取电隔离措施。

对每个独立的控制对象，设有投入运行的许可条件，以避免不符合条件的投运，同时还设有“动作连锁”，以便在危险的运行条件下使设备跳闸。

设置分散控制自诊断的模拟诊断画面或报警窗，以便在分散控制系统故障初期，能够直观、方便地将故障诊断信息向运行维护人员显示，使故障位置能尽快确定，提高系统的运行可靠性。

采用多层显示结构，显示的层数根据工艺过程和运行要求确定，多层显示可使运行人员方便地翻页，以获得操作所必需的细节和对特定的工况进行分析。

多层显示应包括概貌显示、子系统显示、子功能组显示等。

5.2.1.3 脱硫控制系统中必要的通信接口

主要有：①脱硫DCS与主机DCS通信接口；②脱硫DCS与SIS或MIS通信接口；③脱硫系统电视监视系统与全厂电视监视系统通信接口；④CEMS与脱硫系统DCS通信接口及4～20mA信号接口；⑤CEMS与环保部门通信接口。

DCS系统除了提供其内部通信之外，还提供了多种形式的通信接口，使DCS系统能与整个电厂的计算机系统保持必要的信息联系，掌握一些关于脱硫系统总的运行状态参数及环境和经济效益方面的参数，如脱硫剂耗量、脱硫系统耗电量、耗水量、脱硫效率等。

5.2.1.4 控制系统选型

控制系统选型应以成熟、可靠为原则，可根据全厂整体的控制方案，与机组控制系统或全厂辅控系统统筹考虑。

控制系统选型过程中，除了考虑系统软硬件的配置是否符合FGD装置的过程控制要求及是否经济合理外，还应考虑制造商的工程应用经验，特别是在初次设计FGD装置的控制系统时，更应考虑制造商在脱硫及电厂工程中的应用经验。

5.2.1.5 工业电视监视系统

为了便于现场运行环境的监视和管理，要求在脱硫岛内设置闭路电视监视系统。闭路电视监视系统在现阶段一般采用模拟加数字的形式，其设备包括摄像机、云台、矩阵、监视器、切换器、存储设备、解码器、视频和控制电缆等。闭路电视监视系统要求与全厂闭路电视监视系统进行通信联网，其监视区域设置范围主要分为两部分：一是吸收塔系统部分，需监视的区域有增压风机、烟气换热器和吸收塔等；二是公用系统部分，需监视的区域有脱硫剂卸料区、浆液制备车间、脱水车间和废水处理车间等。

工业电视监视系统要与DCS的设置统一考虑，在允许的情况下可纳入DCS。

5.2.2 系统的可靠性

5.2.2.1 监测系统的可靠性

监测项目主要包括处理烟气量、脱硫设备出口的SO_2浓度、脱硫设备入口及出口的烟气温度、压力、吸收塔内浆液的pH值以及为确保安全的其他必须监测的项目。监测系统设计要注意的方面有：①根据不同用途，并考虑耐腐蚀、耐磨损及防堵塞对策来选定形式和材料；②防止排烟中的烟尘和雾滴堵塞；③由于监测用配管管径小，为防止堵塞，配管要尽可能短，并考虑设置冲洗装置。

5.2.2.2 保护装置的可靠性

(1) 紧急停运装置

在运行中，若发生脱硫装置的本体温度超过最高允许值、脱硫风机跳闸、停电、运行人员判断必须紧急停止的其他情况时，应有操作装置使脱硫设备全部或部分迅速而安全地停下来。

脱硫设备必须紧急停止的异常情况，在设计上应考虑到不能对锅炉产生影响，也不能对脱硫设备造成损坏。

为了在脱硫设备紧急停运时锅炉仍能继续运转，宜设置旁路烟道使全部烟气能从这里通过。同时，根据环境标准要求，脱硫设备停运时，锅炉要改燃低硫分的燃料。

脱硫装置本体温度超过最高允许值时，为保护装置本体内的材料，必须切断高温烟气，故宜设置强制冷却脱硫塔入口烟气的装置。脱硫塔入口设置紧急冷却喷雾喷嘴通常采用两段连锁，尽可能避免造成紧急停运。两段连锁即当锅炉一侧空气预热器故障，脱硫塔温度及同侧设备入口烟气温度升高到规定值时，紧急冷却喷雾喷嘴动作；当采用了上述方法，温度仍然继续上升而超过最高允许值时，迅速将此设备停运。当脱硫塔循环泵全跳闸时，脱硫塔的温度将明显超过最高允许值，应迅速停运。

对旁路挡板门应设置紧急快开按钮，以便在FGD发生故障的情况下，迅速打开旁路挡板门。

在采用回转式GGH的脱硫设备中，设计中可考虑备用驱动电机。在采用补燃器作为烟气再加热装置的脱硫设备中，应考虑设计在脱硫风机停止、燃料油的压力低于允许值以及运行人员认为需要时，能使燃烧器紧急灭火的装置。

(2) 警报装置

针对运行中可能发生有关安全障碍及性能降低的情况，在设计中要考虑报警装置。其情况主要有：①脱硫塔温度高或入口烟温高；②吸收塔内浆液pH值剧变；③脱硫设备出口（烟囱入口）SO_2浓度高；④脱硫设备出口（烟囱入口）温度低；⑤脱硫风机停运；⑥旁路烟道风门压差剧变；⑦回转式GGH的电机停运；⑧锅炉停运；⑨脱硫设备停运；⑩电源丧失；⑪控制用空气压力降低等。

DCS控制中很多报警信号是通过计算机的CRT显示的，需注意的是报警不能太多，否则会影响运行人员的判断。另外，除了CRT报警以外，对一些非常重要的信号报警应设计声光报警。

5.2.2.3 仪器仪表的可靠性

脱硫装置的设备基本都是顺控方式控制，只有顺控出现故障的情况下才需要手动干预，因此要求仪器仪表必须可靠。

① 增压风机的控制方式是依据风机入口压力来调节的，为了保证炉膛负压的稳定，风机的控制方式必须非常可靠，因此应取 3 个入口压力测点，采用三取二的方式，无论哪一条管路或压力变送器堵塞都不会影响风机的控制。

② 挡板门的控制方式也同样应取 3 个点，2 个在外部限位开关，1 个在执行机构内部，从而提高挡板门控制的可靠度。

③ 安装在烟道上的压力变送器由于烟道内部含尘量比较大，容易堵塞取样管路，因此设计时宜在这些取样管加上吹扫装置。

④ 测量增压风机入口压力的变送器、浆液密度计、pH 计、脱硫产物浆液密度计对于 FGD 装置极其重要，为了测量精确可靠，在设计时必须和厂家沟通，在安装时在厂家的现场指导下进行。

⑤ 脱硫剂浆液罐、工艺水箱、滤液罐、事故罐、排水坑均是通过液位来控制是否启动和停运相应的泵的，因此上述液位计也是非常重要的。

5.2.3 控制参数和回路

5.2.3.1 脱硫效率

脱硫效率是 FGD 流程中的基本参数，不管锅炉负荷及含硫量如何变化，脱硫效率必须满足要求，同时，也应满足最低运行费用的要求。不同 FGD 流程控制脱硫效率的参数是不同的。以典型的石灰石-石膏法工艺流程为例，以下几个参数直接影响脱硫效率：运行脱硫塔数、锅炉负荷、循环浆液流量（运行循环泵数量）、循环浆液 pH 值、循环浆液与化学添加剂浓度。控制脱硫效率的策略见表 5-1。

表 5-1 SO_2 控制策略

控制策略	传感器	控制变量	控制单元	优　点	缺　点
改变运行的脱硫塔数量，改变塔内烟气速度	烟囱 CEMS 脱硫塔启停	脱硫塔运行数	烟道挡板	可获得最优化的脱硫塔烟气速度，备用塔可在锅炉运行时维修	多塔运行，增加投资和 FGD 系统的复杂性
调整处理的烟气量	烟囱 CEMS 旁路挡板位置	旁路烟气流量	旁路挡板	反应速度快，简单连续；提供旁路加热；不影响流程化学性质	旁路混合区腐蚀严重；挡板泄漏影响脱硫效率
调整循环浆液流量	烟囱 CEMS 循环泵启停	运行循环泵的数目	泵电机	反应速度快，简单；不影响流程化学性质	泵的启停增加电机和驱动装置密封的磨损；调节不连续
调节循环浆液 pH 值	烟囱 CEMS 浆液 pH 值	脱硫剂供浆速率	供浆阀门	可获得最大脱硫剂利用率；采用 pH 值控制流程化学性质	反应较慢；反应非线性；调节范围有限；影响流程的化学性质（如氧化、脱水等）
调节循环浆液添加剂的浓度	烟囱 CEMS 化学分析	添加剂供应速率	添加剂供应泵调速或控制阀	添加剂可扩大脱硫塔的运行效率，降低 FGD 系统投资	反应时间较慢；需要其他添加剂供给设备

表5-1为SO_2控制策略，控制目标为保证脱硫效率，运行费用最小化，流程变量为锅炉负荷和燃煤含硫量。但所有的这些控制策略，均使用出口SO_2浓度（由CEMS烟囱测得）作为主要的输入参数。

5.2.3.2 pH值的控制

脱硫浆液pH值非常重要，它直接影响到脱硫效率、石灰石利用率、石膏结垢倾向。

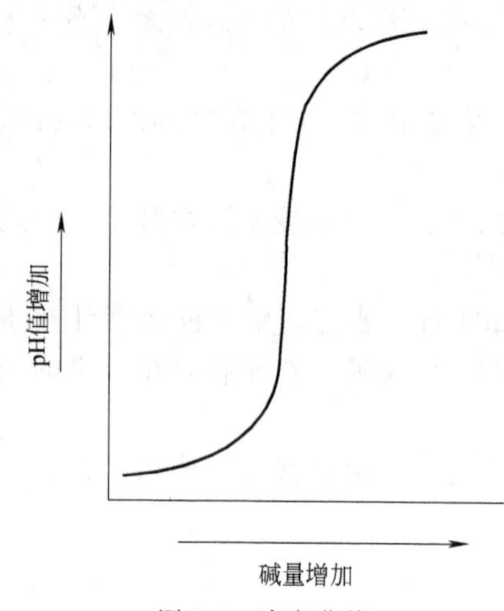

图5-1 滴定曲线

脱硫剂和烟气的性质可由滴定曲线来描述，对于脱硫塔该曲线为典型的强酸/弱碱曲线，其特征是在较低的pH值范围内陡峭，见图5-1。正常运行的pH值范围（4～5.0）在位于曲线的陡峭部分的中间位置，也即pH=4.5将位于曲线陡峭部分的中间位置，SO_2吸收速率或石灰石供浆量的微小变化将导致pH值的巨大变化；当pH=3.5左右时，曲线变得较为平坦，pH值更易于控制。由于将pH值由4.0提升至4.5比由4.5提升到5.0所需要的石灰石浆液要多，因而在低pH值范围内，工艺流程更易于控制，高pH值时面临控制的稳定性问题。

pH值设定值与入口SO_2浓度、烟气量或入口SO_2总浓度大致成二元一次方程（如$E=ax+by$）或一元二次方程（如$E=ax^2+bx+c$）的关系，其中的系数取决于系统的固有特性。

pH值的控制策略较多，当pH值设定值在3.0～4.5之间，锅炉负荷或燃煤含硫量在1～2h内变化不大的场合，采用单一的反馈控制即非常可靠；当pH>4.5时，单一反馈控制性能下降。若锅炉的变化速度大于5MW/min时，可能无法保持控制的稳定性，此时，宜采用入口SO_2浓度烟气流量（锅炉负荷）、石灰石浆液流量及其浓度（质量分数，%）、pH值、塔压差组成的正反馈控制策略。当pH值超过设定点时，正反馈控制策略可关闭石灰石供浆阀。

当脱硫塔pH值临近设定值时，控制逻辑自动恢复pH值的控制；在脱硫塔pH值达到设定值前添加石灰石浆液，为固体石灰石提供了溶解时间，因而有效地防止控制器矫枉过正。为进一步优化pH值控制系统，pH控制器的增量在锅炉负荷变化范围内是不一样的。由于系统在高负荷时比低负荷时更为稳定，将锅炉负荷信号纳入函数$f(x)$中，以获得任意锅炉负荷（MW）时的增量。脱硫塔pH值的控制运算法则为采用入口二氧化硫浓度和烟气流量作为前馈信号。流量信号可用差压计在入口烟道上测得，也可由锅炉负荷蒸汽流量和炉膛压力计算得，或其他与流量相关的信号获得。如前馈信号急剧变化，需采用前馈信号的变化速率进行求和校正。这样，若前馈信号突然升高或降低，可以瞬间增加或减少石灰石的供浆量。

根据数学模型确立的正反馈控制具有很好的稳定性，但由于控制传感器无法保持足够的可靠性，正反馈控制策略的优势遭到削弱。为了保证正反馈控制准确可靠，必须确保测量石灰石浆液流量、石灰石浆液浓度（质量分数，%）、pH值、石膏浆液密度、脱硫塔排浆量、进口和出口SO_2浓度、锅炉负荷的仪器仪表不发生漂移或失效。实际上，尽管大多数仪器仪表均有漂移故障、失效问题，但主要是连续排放检测仪（CEMS）出现的问题最多，造成的困扰最大。

一个较简单的前馈控制回路是采用发电机功率变频器信号（即锅炉负荷）以及假定某些

重要参数（包括 SO_2 吸收速率、石灰石浆液浓度）为常数建立的。一般脱硫效率的变化较为缓慢，为反馈控制器进行修正留有足够的时间，而不会对脱硫塔的 pH 值造成干扰。脱硫氧化风机切换对脱硫浆液液位及石灰石供浆管路堵塞会对脱硫效率造成干扰，燃煤含硫量的变化造成的扰动一般很小，小到难以觉察到，除非煤种发生巨大变化时才有造成扰动的可能。由于锅炉负荷变化（入口 SO_2 总量发生变化）对脱硫效率的影响很小，可通过增强传质和石灰石的溶解来减轻。

pH 值控制运算中，需确定锅炉负荷变化的速率以及计算工艺流程所需的 Ca/S。当锅炉负荷的变化速率超过预设极限时，供入脱硫塔中的石灰石浆液会过量；当锅炉负荷的变化速率低于预设值极限时，供入脱硫塔中的石灰石浆液不足。若烟气流量测量仪所测的烟气量较实际低，则将导致石灰石供给不足，脱硫效率降低，控制回路对锅炉负荷的应变能力差，为了保证所需的脱硫效率，需增加 L/G。当烟气流量测量仪不准时，可考虑采用燃煤供给量或锅炉负荷作为前馈信号。

至于选择何种 pH 值控制运算法则，取决于所要求的脱硫效率。从设计来看应尽可能简单可靠。

5.2.3.3 脱硫剂供给控制

脱硫剂供给控制策略见表 5-2。

表 5-2 脱硫剂供给控制策略

控制策略	传感器	控制变量	控制单元	优点	缺点
根据浆液的 pH 值进行调整	浆液 pH 值 脱硫剂浆液流量	脱硫剂浆液流量	脱硫剂浆液供浆阀	保持 pH 值在一个合适的范围内	pH 值需经常维护和校准 反应时间滞后且非线性 最优 pH 值可能随时间变化
根据锅炉负荷和入口 SO_2 浓度和浆液 pH 值进行调整	锅炉负荷 入口 CEMS 或燃料分析仪 脱硫剂浆液流量 脱硫剂浆液密度	脱硫剂浆液流量	脱硫剂浆液供浆阀	比单纯的 pH 值控制时，反应时间短 保持 pH 值在一个合适的范围内	需要入口烟气 CEMS 或燃料连续分析仪 pH 值需经常维护和校准 最优 pH 范围可能随时间改变
根据浆液的 pH 值、出口 SO_2 浓度，修正 pH 值设定值	浆液 pH 值 烟囱 CEMS 脱硫剂浆液流量	脱硫剂浆液流量	脱硫剂浆液供浆阀	可获脱硫剂最大利用率 保持 pH 值在一个合适的范围内	pH 值需要经常维护和校准 反应时间滞后且为非线性 最优 pH 值范围可能随时间变化
串级调节	pH 值 入口 SO_2 浓度 石灰石质量流量	脱硫剂浆液流量	脱硫剂浆液供浆阀	可获最大脱硫剂利用率	控制较复杂，对仪器仪表的准确性要求高

以上的控制策略是建立在 pH 值设定值不随时间改变的基础上的，在实际应用中，其他一些流程变量（例如石灰石颗粒大小，浆液中可溶物的浓度，特别是镁盐浓度）都将逐渐改变 pH 值与脱硫剂利用率的关系。因此，应建立化学监控程序检测化学性质对 pH 值设定值是否合适作出评价，以便及时调整。

在石灰石法脱硫工艺中，脱硫塔浆液中含有大量未反应的石灰石，因而浆液 pH 值相对脱硫剂浆液的供给来说反应滞后较大（可达几个小时）。pH 值对脱硫剂供给速率的反应也是非线性的。当 pH 值为 5.2～5.5 时，脱硫剂的变化将导致 pH 值的重大改变；当 pH 值为 6.0～6.2 时，即使脱硫剂供浆速率大幅度增加，pH 值的上涨也非常小，脱硫塔在此区域运行时，pH 值微小的偏差可能带来大量的石灰石过剩。因此，单独采用 pH 值作为反馈变量来控制供浆量是不合适的。

在石灰石法脱硫工艺中，脱硫浆液的碱度主要是由溶解的 $CaSO_3$ 提供的，过剩的脱硫剂量很小，浆液 pH 值对脱硫剂的供给速率的变化反应要比石灰石法快得多（通常在几分钟内）。对于石灰石法脱硫工艺来说，采用 pH 值反馈控制策略可以满足要求。

第二种控制策略是在 pH 值反馈控制的基础上，增加一些前馈控制参量（如烟气流量、SO_2 浓度、脱硫剂浆液密度等），可改善 pH 值反馈滞后太多而带来的负面影响，如图 5-2。

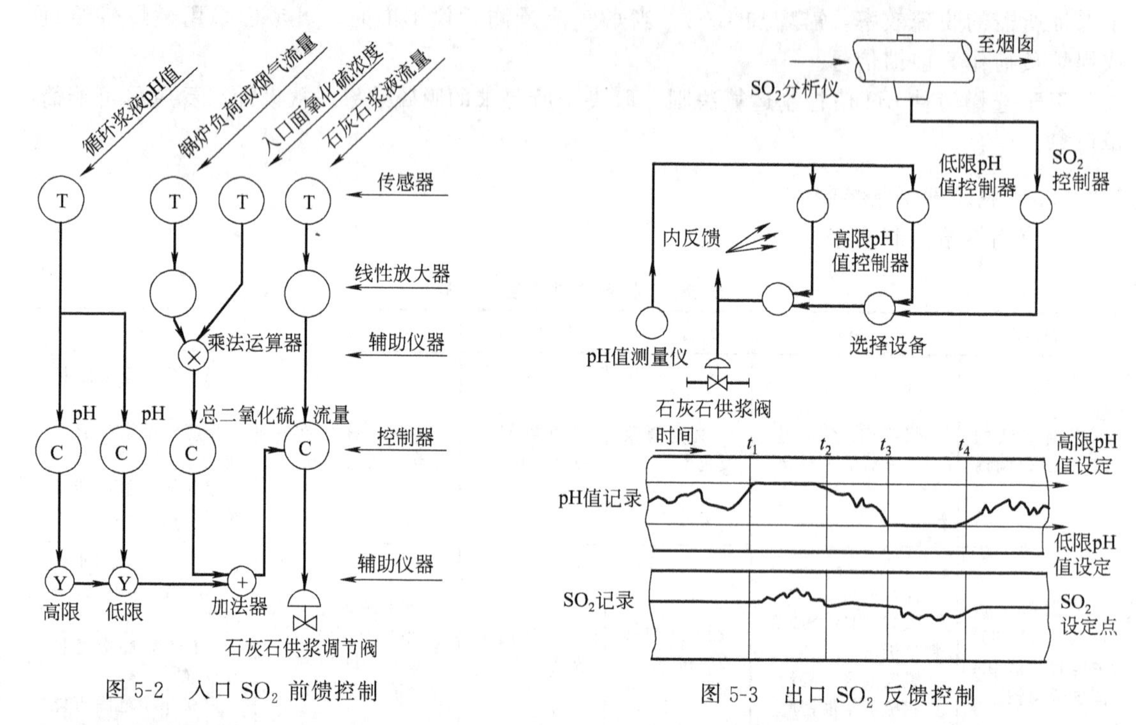

图 5-2　入口 SO_2 前馈控制　　　　图 5-3　出口 SO_2 反馈控制

此种控制策略中，脱硫剂的供给速率与锅炉负荷和 SO_2 浓度成正比，然后再根据测得的塔浆液的 pH 值作修正。这种策略可保证 pH 值在一个合适的范围内。同时，对负荷和燃料含硫量也具有良好的响应。若脱硫剂浆液的密度变化较大，其密度也作为控制输入变量。

第三种控制策略与前两种类似，它是根据排放 SO_2 的浓度来调整 pH 值的，它可获得最大的脱硫剂利用率，见图 5-3。

第四种控制策略是采用串级调节。石灰石浆液流量控制回路根据脱硫量的需要调节供给吸收塔的石灰石浆液流量。通过测量原烟气流量和 SO_2 含量而得到。由于 $CaCO_3$ 流量的调节影响着吸收塔反应池中浆液的 pH 值，为了使化学反应更安全，应该将 pH 值保持在某一设定值；当 pH 值降低，所需的 $CaCO_3$ 流量应按某一修正系数增加。将实际测量的 pH 值与设定值进行比较，通过 pH 值控制器产生修正系数，对所需的 $CaCO_3$ 流量进行修正，将经 pH 值修正后的所需 $CaCO_3$ 流量与实际的 $CaCO_3$ 流量进行比较，通过比例积分控制器控制石灰石浆液调节阀的开度。

采用串级调节控制的优点是，不必等到塔浆液 pH 值出现波动时，即可对各种原因（如阀磨损、压力变化带来的扰动等）引起的脱硫供浆速率的波动作出迅速的反应，脱硫剂流量传感器也为解决其他控制问题提供信息。

从典型的酸碱中和滴定曲线可以看出，pH值加碱时的反应曲线是非线性的，将浆液从pH=5提高到pH=6所消耗的碱比从pH=6提高到pH=7所消耗的碱要多得多，也就是说pH值在6～7之间对碱量的反应较为敏感。当pH值在5～5.8时，近似与加碱量成线性，而当pH值在5.8～6.2时，两者间的非线性最为明显。因此，选择控制器时，应根据pH的控制区间选择线性还是非线性的。当浆液中采用了缓冲剂时，滴量曲线将比典型的酸碱中和滴定曲线稍微平坦一些，有更多的平台区（pH值基本上不随供浆量的变化而变化或变化很小）。随着缓冲能力的变化，滴定曲线的形状也不断变化，选择专用于pH值控制的非线性控制器和流量特性的控制阀是关键。

5.2.3.4 脱硫塔浆液位和密度控制

脱硫塔的液位控制对保证循环泵、搅拌机的正常安全运行，以及保持系统化学性质的稳定性都有重要意义。脱硫塔的直径一定时，其液位的高低决定了塔内浆液的总体积量，从而也决定了塔内浆液颗粒的停留时间。在大多数FGD系统中，脱硫塔的水平衡是负的，即脱硫塔蒸发的水大于其他固定流量的补充水，除了以上补水外，副产物处理流程的溢流水常常泵回脱硫塔，以维持塔液位平衡。表5-3总结了脱硫塔液位和密度控制策略，控制目的是保持塔液位的稳定性和最优浆液密度参变量、锅炉负荷、燃料含硫、脱硫剂浆液密度。

表5-3 脱硫塔液位和密度控制策略

控制策略	传感器	控制变量	控制单元	优点	缺点
通过溢流保持塔液位基本不变 通过回水流量保持浆液密度	塔液位计 浆液密度 回水流量计	回水流量	回水控制阀	溢流无需泵和阀门	需要地坑和收集泵
通过控制回水流量保持塔液位基本不变 通过控制排浆阀控制浆液密度	塔液位计 浆液密度 回水流量计	回水流量 排浆流量	回水控制阀 排浆控制阀	排浆无需专用泵	排浆控制阀是维护量高的易损件 阀的关、启可能导致排浆管线的堵塞
通过控制回水流量来保持液位的稳定 通过排浆泵保持浆液密度恒定	塔液位计 浆液密度 回水流量计	回水流量 排浆流量	回水控制阀 排浆泵变频	排浆泵可保持连续的注量以控制堵塞现象的发生	需要专用排浆泵

控制策略是利用回水控制塔液位，但排浆泵以恒定的流量排入水力旋流器，水力旋流器的溢流排入回水箱，底流返回脱硫塔或进入皮带过滤机。其间有一远程位置调节器，根据浆液密度调节水力旋流器底流的流向，确定进入皮带过滤机还是返回脱硫塔。当浆液密度合格时，进入皮带过滤机过滤；当浆液密度低于设定值时，返回脱硫塔。这种控制策略最适用于强制氧化的石灰石-石膏法脱硫工艺流程中。

由于在大多数的石灰石-石膏法脱硫工艺中，由于塔内浆液中含有大量的固体颗粒，浆液密度的变化很是缓慢，且其控制的浆液密度范围相对于pH值和液位来讲已很宽（10%～15%），脱硫浆液密度的自动控制可改用手动控制。手动控制时，浆液的密度可用便携式密度计或量筒每班测定一次，根据测定的结果对排浆流量或回收流量作出相应的调整，这种手动控制的方式特别适用于锅炉负荷和燃料含硫量变化不大的场合。

当锅炉负荷降低时，脱硫塔的蒸发水量减少，若按原来的方式运行，脱硫塔的液位会不断上升，浆液密度也难以达到要求，此时调整返塔滤液量，往往也难以满足要求，可根据除雾器的运行情况，适当延长其冲洗周期。

现在大多数吸收塔液位控制由加入到实际烟气中的除雾器冲洗水水量调节，达到除雾器清洗和塔液位控制的双重目的。冲洗水量通过改变冲洗程序的中断时间来控制，冲洗程序的中断时间是烟气负荷的函数。在最大烟气量时，对应最小的中断时间。吸收塔液位一旦低于设定的最低液位，除雾器冲洗程序立即开始新一轮不间断的冲洗周期。如果液位超过了最高液位，冲洗程序将中断较短时间。

需要注意的是，检修塔液位计时应首先解除自动，否则易造成搅拌机、循环泵等设备误动。

5.2.3.5 增压风机入口压力控制

为保证锅炉的安全稳定运行，通过调节增压风机导向叶片的开度进行压力控制，保持增压风机入口压力的稳定以获得更好的动态特性，其控制方案一般为：将增压风机的入口原烟气压力的测量值和设定值相比较，偏差经过 PID 运算后来调节增压风机入口导叶的转角，将增压风机的入口压力控制在设定值（旁路挡板的压力差近似为 0）。为了优化增压风机压力控制回路的调节性能，引入锅炉负荷信号作为前馈控制信号，当锅炉负荷变化时，将同时调节增压风机的出力，可以减少引风机后至 FGD 进口段烟气的压力偏移。

5.2.3.6 石膏浆液排放控制

当吸收塔回路中固含量达到预先设定的最大固含量时，石膏旋流器底流悬浊液就导入石膏浆液箱或皮带机，直到预定的最低固含量出现时停止，浆液返回吸收塔。吸收塔回路中浆液浓度由旋流器供应管路上单独管线上的浆液密度测量装置进行控制。在以后的运行过程中，洗涤浆液中的固体物浓度又将增加，当达到最大浆液浓度值时，上述启停操作程序又将开始。

5.2.3.7 石灰石制浆控制

石灰石密度控制如图 5-4 所示，通过调节添加水量来控制浆液密度。

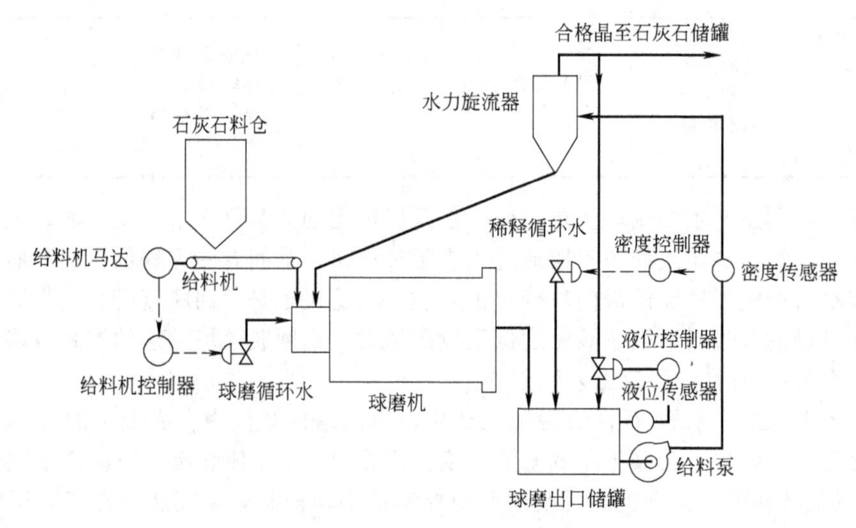

图 5-4 石灰石密度正反馈控制

5.2.3.8 开关量顺序控制

辅机的连锁保护和启停控制以及一些主要阀门的开闭控制由 DCS 中的开关量顺序控制系统（SCS）来完成，实现功能组或子组级的控制，以减轻运行人员劳动强度，防止误操作。主要操作的对象有：吸收塔循环泵、增压风机、氧化风机、密封风机、吸收塔石膏排出泵、石膏浆液输送泵、废水旋流站给水泵、废水处理系统给水泵、工艺水泵、石灰石浆液输送泵、烟气密封风机、污泥循环泵、污泥输送泵、絮凝剂加药泵、出水泵等。

5.2.4 系统连锁与停运

5.2.4.1 FGD 系统的连锁保护

（1）热工保护

脱硫系统的自控装置主要具有两方面的连锁和保护：①脱硫系统与机组热力系统之间的连锁和保护，即旁路烟道挡板和脱硫系统入口烟道挡板之间的连锁，要求这两组烟道挡板之间必须有一组开通，以防止锅炉停炉情况的发生；②脱硫系统内部各设备之间的切换连锁和保护，所有设备的参数超过允许值时，除本身应有保护之外，DCS 系统会发出声、光报警并采取应付措施。

脱硫系统的热工保护由 DCS 独立的分散处理单元来完成。FGD 装置的保护动作条件包括 FGD 进口温度异常、进口压力异常、出口压力异常、锅炉主燃料跳闸（MFT）、循环浆液泵投入数量不足、原烟气挡板或净烟气挡板未开等。当发生上述情况时，FGD 装置停运并自动打开烟气旁路挡板，通过关闭原烟气挡板和净烟气挡板来断开进入 FGD 装置的烟气通道，使烟气旁路直达烟囱排放。

控制室设旁路挡板门手动按钮，在紧急状态时，可强制动作旁路挡板门，保证锅炉安全运行。

FGD 装置的 DCS 系统与锅炉的 DCS 控制系统之间的接口采用硬接线方式，主要信号有锅炉侧风量信号、锅炉状态（MFT、火焰、吹扫）等信号、燃烧器运行（或停止）信号、烟道压力信号、电除尘电场投入状况信号等；脱硫侧有增压风机运行（或停止）信号、旁路挡板状态信号、FGD 运行（或停止）信号等。

当脱硫系统出现下述任一情况时，自动解列整个脱硫系统：①增压风机跳闸；②吸收塔再循环泵全停；③脱硫系统主电源消失；④锅炉 MFT 动作；⑤吸收塔液位低报警；⑥吸收塔进口烟气温度大于 160℃。

解列脱硫装置运行时，将打开烟气旁路挡板门，停止脱硫系统的增压风机，关闭脱硫系统烟气进出口挡板门。

（2）FGD 系统总连锁

FGD 系统主要的保护内容主要包括：FGD 系统的保护、FGD 锅炉的保护、烟气挡板的连锁与保护、密封风机连锁与保护、除雾器系统的连锁、循环泵的保护、吸收塔搅拌器的连锁和保护、氧化空压机的连锁保护、排污泵及搅拌器保护、石灰石浆液泵的连锁与保护、石灰石浆罐液位及其搅拌器的连锁保护、石灰石仓流化风机和给粉机的连锁与保护、石膏浆液泵的连锁与保护、石膏浆液系统阀门的连锁、石膏浆罐液位及其搅拌器的连锁保护、工艺水系统的连锁与保护。

5.2.4.2 FGD 保护性停运

（1）连锁保护引起的停运

FGD系统由保护回路（连锁保护）进行保护，协调主机安全停运FGD系统，以保护环境和系统本身。操作FGD系统需要理解整套系统连锁保护功能及每个连锁保护命令。表5-4为FGD系统连锁保护表。

表5-4 FGD系统连锁保护表

项　目	连锁保护动作因子	连锁保护后的操作	备　注
FGD系统连锁保护	失电 所有脱硫塔循环泵停运 增压风机故障 GGH故障 增压风机停运	FGD系统旁路挡板打开，如果旁路挡板打不开，将停炉信号传至主机侧 增压风机停运 脱硫塔入口烟道挡板关闭	
脱硫塔旁路挡板连锁保护	锅炉MFT	脱硫塔旁路挡板打开	FGD系统继续保持循环运行状态
过压/低压保护	超过了设定压力的最大/最小值	系统打开旁路	
停电保护	电气系统全部停电	最重要的设备要与蓄电池相连(仅对最关键的设备)或连在事故电源上，因为这些设备对FGD系统的安全和稳定运行非常重要	

（2）非连锁保护引起的停运

FGD系统对于下列故障不提供直接的连锁保护。在出现下列任何故障的情况下，检查故障实施FGD系统停运，以保护设备并保持与主机协调。

① 石灰石制备系统故障　如果由于石灰石制备系统出现故障而导致没有石灰石浆液输送到脱硫塔，将达不到要求的脱硫效率。在这种情况下，就必须停运FGD系统，并且停炉或调整主机负荷。

② 工艺水管路故障问题　如果工艺水管路出现故障，工艺水就不能输送到FGD系统。如果不能提供密封水（如果设备需要），每台泵的密封部分短时间内就会受到损坏。在这种情况下，就必须停运FGD系统。

③ 冷却水管路故障　冷却水主要供给大型辅助设备，冷却水停供会引起辅助设备受损。在这种情况下，就必须停运FGD系统，并且停炉或调整主机负荷。

④ 电源线路故障　电源中心下游的电力供应故障，将停运FGD系统。

注意：当脱硫FGD保护动作时，FGD的烟气从FGD主路通过挡板的弹簧在2s内快速切至FGD旁路时，炉膛负压变化大且快，若煤质差或操作人员发现调整不及时，会造成锅炉灭火。

5.2.5 控制规律和界面

5.2.5.1 控制规律的选择

FGD系统中，无论是气动还是电动反馈仪器，均采用PID控制器。

比例常用百分比来表示，当比例带较小（5%～20%）时，即使测得很小的偏差也会产生很大的输出；当比例带很大（500%～800%）时，即使测得很大的偏差，也只产生很小的输出。

积分调节（复位调节）K_2 以“每分钟的重复次数”表示，有时也用其倒数“重复一次所需的分钟数或秒数”来表示。当 K_2=0.5～20 次/min 时，一个连续的误差将迅速改变控制的输出，即所谓的“快速复位”；当 K_2=0.02～0.2 次/min 时，积分在 PID 中的影响迅速下降，即所谓的“缓慢复位”。

微分调节 K_3 也以“每分钟内的重复次数”或其倒数来表示。在 FGD 系统中，K_3 可取 0～10，大多数情况下 K_3 取 0。

各模式组合理论控制特性曲线见图 5-5。

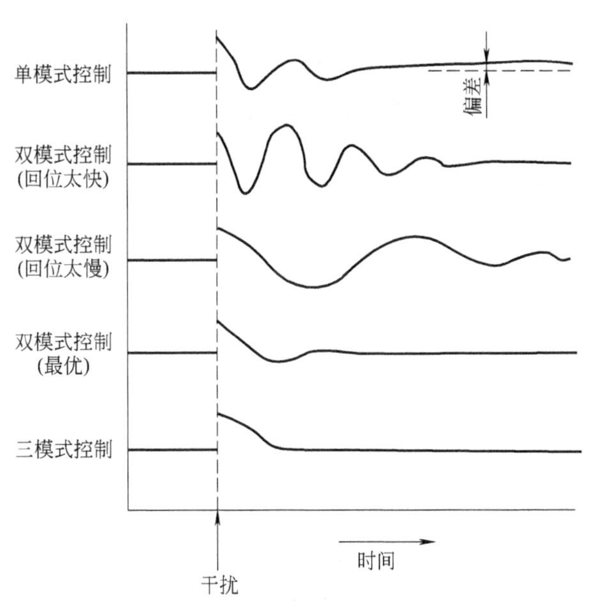

图 5-5 理论控制器响应曲线

虽然同时采用三种模式的控制很少用，但在某些情况下非常有用。与积分调节的动作滞后相比，微分调节则是为了防止对某些微小偏差反应过度。例如，若脱硫浆液的 pH 值开始下降，PID 控制模式可使 pH 值更快复位。在 pH 值的控制中，时间滞后较大，微分调节既不是对 pH 值下降了多少作出反应，也不是对 pH 值已偏离设计点多少作出反应，而是对 pH 值的下降速率作出反应，微分调节将额外增加石灰石浆液量（相对于 PI 控制模式），以阻止 pH 值继续下降；当 pH 值停止下降后，微分调节将停止动作。此时，积分调节将更为缓慢地继续增加石灰石浆液量，结果，pH 值开始上升，此时微分调节将执行与积分调节相反的动作，防止石灰石浆液量加得过多。只要调节得好，PID 控制模式可以有效控制运行 pH 值的平衡。PID 控制模式具有对结果作出“预先判断”的特点，但微分控制模式不能区分参变量（如管道中的物流变化）是真正的改变还是短期临时的改变。

因此，采用微分控制模式的传感器必须有大量的流体体积，并产生稳定的信号且无其他干扰的场合。若将 pH 计设置于脱硫塔塔壁，直接测量塔内浆液的 pH 值，或另设 pH 值测量箱，pH 值的控制可考虑采用 PID 模式；若将 pH 计设置于排石膏管道，则 pH 值的控制应考虑 PI 模式。

造成 pH 值控制时间滞后的主要原因较多：石灰石的物化性质（主要是溶解速度）、储浆池的大小、浆液循环的时间、pH 计反应时间、烟气 SO_2 测量的计算时间、调节阀的调节特性等。

FGD 系统中常用变量的控制模式见表 5-5。

表 5-5 FGD 系统中常用变量的控制模式

变量 \ 控制模式	比例	积分	微分	备注
pH 值	√	√	○	√—必选 ○—可选 ×—不选
液位/料位	√	×	×	
浆液浓度	√	√	×	
流量	√	○	×	
再热	√	√	×	

在控制系统的详细设计中，与控制器动作密切相关的是控制阀或其他控制元件的反应特性。控制器的比例带需要经常调整以改变控制器的输出，不管操作变量的原始值为多少，控制器输出增加量的改变应能改变操作变量的增加量，否则，控制器无法在整个负荷波动的范围内正确调整。在许多控制回路中，控制器只能在很窄的负荷波动范围内稳定运行，高于或低于这个范围，控制器的比例带均必须重新调整才能正常运行，出现这个问题的原因不在于控制器，而在于控制元件。若控制回路中有一个控制元件为非线性，则整个回路均为非线性(如 pH 值传感器即为非线性)。

线性控制回路的优点是设计简单，运行稳定，一些操作变量可以很容易转换成线性关系。例如，孔板压降 Δp 与流量之间的关系，采用数字控制器开平方即可得线性关系。阀门的流量特性主要有线性和等百分比两种，对于线性阀门，在恒压及其他条件均保持线性关系且阀门压降恒定的情况下，这种阀门的流量与执行信号成正比，这样的控制回路在任何条件均可提供精确的控制。

但在大多数情况下，其他条件不可能保持恒定不变（如流量增加、阀门压降和泵压头下降），因此，对控制器输送浆液时，在不重新设定控制器的条件下，线性特性的阀门不可能在很大的操作范围内保持良好的控制特性。等百分比流量特性的阀门在保持压降不变的条件下，控制器的输出与流量的对数成正比。然而，在很多控制回路中，无论是线性特性还是等百分比流量特性的阀门，均不可获得良好控制性能，这些回路应使用专用的阀门。一般若压降对流量的变化不敏感，宜选用线性流量特性的阀门。在摩擦损失占很大比例的长管道中，宜采用等百分比流量特性的阀门。

5.2.5.2 控制界面的选择

控制系统由一个现场控制站和一台监控计算机组成。现场控制站主要完成现场工艺数据采集、数据处理和控制输出。上位监控站通过与现场控制站之间的数据通信，完成人机对话功能，实现操作控制、数据管理，与现场控制站通过实时控制冗余网络互联，完成实时数据交换、实现工艺数据的采集、实时控制、工艺流程的动态监测、各个过程量的趋势记录，并可挂接局域网。

仪表自控系统的特点如下：

① 系统由 PLC 组成，系统集成简化，维护简便，安装在锅炉控制室，运行过程中在控制室内可以操作，使用成本和维护成本低；

② 某一控制回路发生故障，可立即将该回路改为手动操作，分散了故障风险，不影响其他回路的控制；

③ 整个脱硫系统的运行参数进行自动连续监测，并可在上位机的系统流程图中显示，在实现分散控制，集中管理的同时提高了通信速率；

④ 脱硫控制系统自控程度高，不仅可以满足整个系统的安全运行，还对整个系统进行

实时监控，在发生故障时及时报警保证系统的可靠性。

常见的仪表自控的界面如图 5-6、图 5-7 所示。

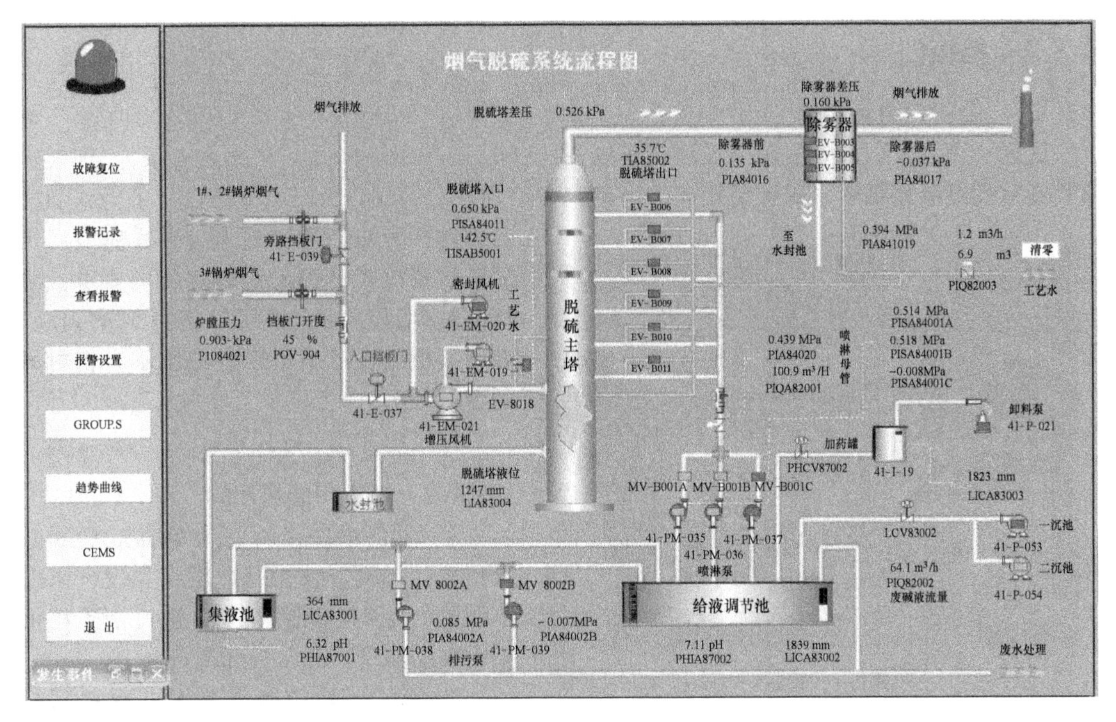

图 5-6 仪表自控的显示界面

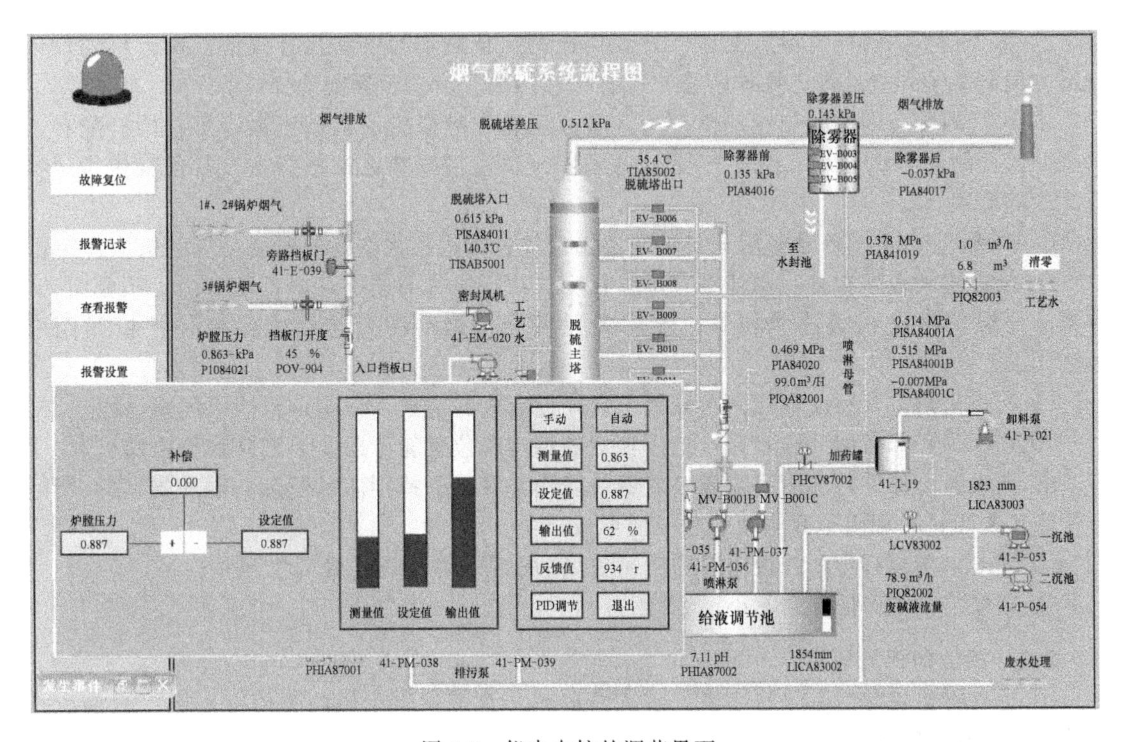

图 5-7 仪表自控的调节界面

5.3 常见设备选型

5.3.1 挡板门

5.3.1.1 挡板门设计要求

根据《火力发电厂烟气脱硫设计技术规程》(DL/T 5196—2004) 第6.2.6条："烟气脱硫装置宜设置旁路烟道。脱硫装置进、出口和旁路挡板门（或插板门）应有良好的操作和密封性能。旁路挡板门的开启时间应能满足脱硫装置故障不引起锅炉跳闸的要求。脱硫装置烟道挡板宜采用带密封风的挡板，旁路挡板门也可采用压差控制不设密封风的单挡板门。"

图 5-8 挡板门

挡板门如图5-8所示。

5.3.1.2 挡板门选用原则

① FGD进口挡板门为单轴双层百叶窗挡板门形式，且在设计压力和设计温度下有100%的气密性。FGD进口烟道挡板采用电动驱动，正常关闭时间≤45s。

② 烟气挡板能够在最大的压差下操作，并且关闭严密，不会有变形或卡涩现象，而且挡板在全开和全闭位置与锁紧装置能匹配，烟道挡板的结构设计和布置可使挡板内的积灰减至最小。

③ 每个挡板的操作灵活方便和可靠。挡板的执行机构为电动执行机构，执行机构设计有远方控制系统和就地人工操作装置，所有挡板门的开度指示器就地安装。

④ 执行器配备两端的位置定位开关，事故手轮和维修用的机械连锁；所有挡板配有指示全开或全闭的限制开关（各三个），这些限制开关直接安装在挡板门上，并且直接指示挡板开度的位置。

⑤ 挡板门开/关的信号将用于锅炉的连锁保护；烟道挡板框架的安装为法兰螺栓连接。

⑥ 挡板主轴水平布置。主轴应有足够长度与执行机构的连接，应行动自由，不受阻挡，应考虑保温厚度及挡板法兰影响。传动装置部分，驱动装置与烟道保温外护板间距应为200mm。

⑦ 挡板密封空气系统包括密封风机1台；设有密封空气入口阀，与挡板连锁运行。

⑧ 挡板门底部考虑设排水口，挡板轴承的结构和位置应考虑便于维修和不堆积灰尘。

⑨ 挡板各个部件将选用适当等级的钢材制作，并且要特别注意框架、轴和支座的设计，以便防止灰尘进入和由于高温而引起的变形或老化。

⑩ 轴的末端装有指示挡板位置的明显易见的标识，并配有连锁限位开关。

⑪ 挡板门整体保证寿命不小于25年。

5.3.1.3 挡板门仪表要求

① 所有驱动装置与风门的连接方式为直联式，直接生根于风门本体上，执行机构应具有防水、防溅的性能。

② 所有与挡板门配套的执行机构皆运至制造厂，由制造厂进行安装及调试。挡板式风

门应转动灵活，限位和力矩开关工作可靠。

③ 在供货范围的仪表和控制盘的控制、报警和连锁，需要设定值（包括 HH、H、L、LL 等）应由制造商提供设定值。

④ 电机应适用 380V±10%，50Hz 的电源，并有可靠的接地装置。

⑤ 加热器控制柜应配置可控硅控制回路，保持密封风的温度恒定。

⑥ 就地控制柜使用镀锌钢板制作，并满足 IP56 防护等级要求。

5.3.1.4 挡板门技术参数

（1）单层挡板门设计数据（表 5-6）

表 5-6 单层挡板门设计数据

1	名称		FGD 旁路挡板门
2	数量		1
3	KKS 编码		—
（钢或混凝土烟道数据）			
4	烟道外径尺寸，壁厚 10mm	mm	1700×1700
5	设计压力	Pa	±5000
6	安装位置		水平烟道
7	内衬	有/无	无
8	保温	有/无	有
9	烟道与挡板门连接方式		定位法兰，现场密封焊接
介质数据			
10	烟气介质		燃重油原烟气
11	挡板叶片前工作压力	Pa	4500
12	挡板叶片后工作压力	Pa	0
13	工作温度	℃	250
挡板数据			
14	挡板门内壁尺寸	mm	
15	形式		单层
16	功能		烟气隔离
17	密封要求	有/无	本体密封性大于 98%
驱动装置			手动
材质及规格			Q235A
18	叶片及厚度	mm	
19	密封片及厚度	mm	
20	框架及厚度	mm	
21	轴的材质及直径	mm	
22	密封片处紧固件及规格		
23	保温	有/无	有
其他			
24	安装位置		水平
25	设备寿命	年	25
26	挡板重量	kg	
27	总重量（包括辅机）	kg	
28	运输分模块数量		

（2）双层挡板门设计数据（表 5-7）

表 5-7 双层挡板门设计数据

1	名称		FGD 进口挡板门
2	数量		1
3	KKS 编码		—
（钢或混凝土烟道数据）			
4	烟道外径尺寸	mm	1350×1700
5	设计压力	Pa	±5000
6	安装位置		水平烟道
7	内衬	有/无	无
8	保温	有/无	有
9	烟道与挡板门连接方式		定位法兰，现场密封焊接
介质数据			
10	烟气介质		燃重油原烟气
11	挡板叶片前工作压力	Pa	3000
12	挡板叶片后工作压力	Pa	0
13	工作温度	℃	250
挡板数据			
14	挡板门内壁尺寸	mm	
15	形式		双层
16	功能		烟气隔离
17	密封要求	有/无	本体密封性大于 98% 加密封风后 100%
18	挡板门入口处密封空气温度	℃	80
19	密封空气风机功率	kW	
驱动装置			德国 AUMA
20	驱动装置的力矩	N·m	
21	电动驱动装置的功率	kW	
22	启闭时间(正常情况)	s	30～50
23	(快开/关)	s	无
材质及规格			Q235A
24	叶片及厚度	mm	
25	密封片及厚度	mm	
26	框架及厚度	mm	
27	轴的材质及直径	mm	
28	密封片处紧固件及规格		
29	保温	有/无	有
其他			
30	安装位置		水平
31	设备寿命	年	25
32	挡板重量	kg	
33	总重量(包括辅机)	kg	
34	运输分模块数量		

（3）密封风机技术数据（表 5-8）

表 5-8 密封风机技术数据

序号	名 称	单 位	参 数
风机			
1	风机型号		
2	风机入口容积流量	m^3/h	2262
3	风机入口温度	℃	20
4	风机出口温度	℃	20
5	风机全压(包括附件损失)	Pa	5000
6	风机静压(包括附件损失)	Pa	
7	风机轴功率	kW	
8	风机全压效率	%	
9	风机静压效率	%	
10	风机转速	r/min	
11	叶轮直径	mm	
12	轴的材质		
13	风机旋转方向(从电机侧看)		
14	风机总重量	kg	
15	安装时最大起吊重量/最大起吊高度	kg/m	
16	检修时最大起吊重量/最大起吊高度	kg/m	
配套电动机			
17	电动机型号		
18	电动机额定功率	kW	7.5
19	电动机额定电压	V	380
20	电动机额定电流	A	5.6
21	电动机额定频率	Hz	50
22	电动机额定转速	r/min	
23	电动机防护等级		IP55
24	电动机重量	kg	

5.3.2 增压风机

5.3.2.1 增压风机设计要求

根据《火力发电厂烟气脱硫设计技术规程》（DL/T 5196—2004）6.2.1 和 6.2.2 条，具体如下。

脱硫增压风机宜装设在脱硫装置进口处，在综合技术经济比较合理的情况下也可装设在脱硫装置出口处。当条件允许时，也可与引风机合并设置。

脱硫增压风机的形式、台数、风量和压头按下列要求选择。

（1）大容量吸收塔的脱硫增压风机宜选用静叶可调轴流式风机或高效离心风机。当风机进口烟气含尘量能满足风机要求，且技术经济比较合理时，可采用动叶可调轴流式风机。

（2）300MW 及以下机组每座吸收塔宜设置 1 台脱硫增压风机，不设备用。对 600～900MW 机组，经技术经济比较确定，也可设置 2 台增压风机。

（3）脱硫增压风机的风量和压头按下列要求选择：

① 脱硫增压风机的基本风量按吸收塔的设计工况下的烟气量考虑，脱硫增压风机的风量裕量不低于10%，另加不低于10℃的温度裕量；

② 脱硫增压风机的基本压头为脱硫装置本身的阻力及脱硫装置进出口的压差之和，进出口压力由主体设计单位负责提供，脱硫增压风机的压头裕量不低于20%。

增压风机模型如图5-9所示。

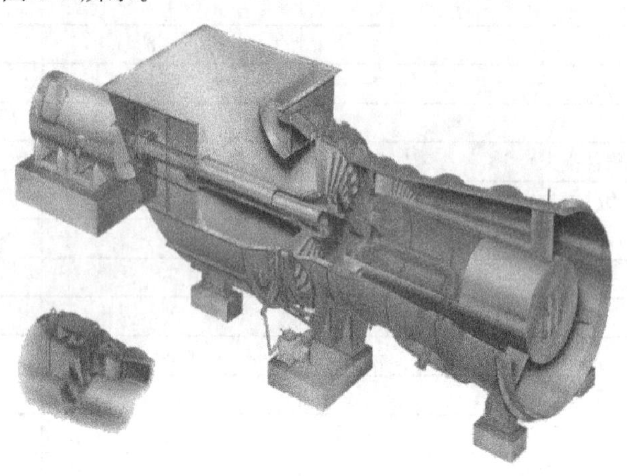

图5-9 增压风机

5.3.2.2 增压风机选用原则

① 增压风机采取室外安装，风机应具有防雨、防潮、防雪、防尘等措施。

② 在风机的整个工作容量范围内，均能长期安全稳定运行，确保风机工作在稳定运行区域。增压风机在设计流量情况下的效率不小于85%。风机有几乎平坦的效率特性曲线，以保证在负荷变化时都有最佳的效率。

③ 风机从满负荷至最小负荷的全部运行条件下，工作点均落在失速线的下方；工作点对于失速线的偏离值为运行条件的8%以上；增压风机的第一临界转速，至少高于设计转速的20%。

④ 风机振动在制造厂测定，风机轴承双向振幅不允许超过0.025mm。在全部运行条件下风机的最大允许振幅，振速方根值不大于4.6mm/s，满足现行使用的有关的国家标准要求。

⑤ 风机及其辅助设备，应具备良好的可控性能，运行操作方式采用DCS控制方式，并设就地启停紧急事故停机按钮，调试和正常运行及事故情况下所必需的检测、控制调节及保护等措施，确保设备的安全经济运行。

⑥ 调节装置灵活可靠，在任何情况下均能正常运行，调节重复性好，调节精度能满足在10%MCR负荷变化范围内没有死行程。增压风机容量与风压的设计保证能够适应机组锅炉负荷40%～110%正常运行。除满足锅炉运行要求外，还按有关规定留有一定的余量。

⑦ 风机主轴承能承受机壳内的紊流工况所引起的附加推力，并在长期运行时不发生事故。风机整体使用寿命30年。

⑧ 按GB/T 2888《风机和罗茨鼓风机噪声测量方法》测得的风机噪声达到GBZ 1《工业企业设计卫生标准》的要求，距风机机壳1m处的噪声不大于85dB。

5.3.2.3 增压风机制造要求

① 风机壳体为钢制，制造工艺按国家标准执行。风机机壳及进气室和进风口，考虑到运输、安装、检修时的方便。机壳具有水平中分面，做成可拆卸的结构，以利于转子的检

修。风机壳体除可拆卸部分用螺栓连接外，其余为全焊结构。

② 风机进气室和扩压器，应带有密封良好的人孔门；为了消除振动和把脉动减为最小，风机的进气室、机壳、扩压器均采取有效的加固和减振措施。

③ 风机的进、出口部位与烟道连接处，采用挠性连接；风机轴伸出进气室有轴密封装置，以避免泄漏；联轴器处设置钢制联轴器保护罩，保护罩应设计成封闭型可拆卸的；为便于主轴对中和拆卸方便，风机主轴承箱设计成整体结构，直接用螺栓与机壳结合。

④ 风机及其驱动电机轴系为D型方式。风机主轴承采用进口或国内大型厂家的滚动轴承。轴承正常工作温度不大于80℃，最高温度不得超过90℃。并设置≥80℃的报警措施，90℃跳闸。

⑤ 为避免轴承箱由于温度和压力的升高而漏油，应设有平衡管或其他有效措施，应设有放气塞。轴承箱为水冷式，轴承箱能适应封闭式冷却系统的设计要求。

⑥ 涂料表面质量要求见表5-9。

表5-9 涂料表面质量要求

项目	参数	项目	参数
涂料品牌		粗糙度	40～65μm
涂料颜色		底漆厚度	100μm
除锈等级	2.5	运输保护漆厚度	60～80μm

⑦ 风机的轮毂为铸钢，轴为锻件。风机转子通过静动态平衡达到ISO 1946 2.5级。

⑧ 风机叶轮等易磨损部位采取有效、可靠的防磨措施，风机叶轮寿命含尘量大于200mg/m^3（标态）的情况，叶轮保证寿命150000h，叶片使用寿命不低于30000h。

⑨ 风机机壳最低处装有排水接头及配对法兰。

5.3.2.4 增压风机电气要求

① 电动机的设计与构造，与它所驱动设备的运行条件和维修要求一致。

② 电动机基本性能保证值的允差见表5-10。

表5-10 电动机基本性能保证值允差

效率	$-0.1(1-\eta)$间接法
功率因数$\cos\phi$	$-(1-\cos\phi)/6$ (0.02—0.07)
最初启动电流	保证值的+20%
最初启动转矩	保证值的−10%
最大转矩	保证值的−1%

③ 当电压为额定，且电源频率与额定值的偏差不超过±3%时，电动机能输出额定功率。

④ 当电动机运行在设计条件时，电动机的额定出力不小于拖动设备120%。

⑤ 电动机的电压规定如下：380V电动机的额定功率范围为200kW以下；10000V电动机的额定功率范围为200kW以上。

⑥ 在设计的环境温度下，电动机能承受所有热应力和机械应力。端电压保持在额定值的100%时，电动机能达到满意的运转性能。

⑦ 多相鼠笼式感应电动机的堵转电流，不超过电机额定电流的650%。

⑧ 电动机外壳及其接线箱的防护等级为IP54，按B级温升考核。

⑨ 导线接地装置在电动机主接线盒的一侧，或者在卧式电动机后端的底座附近。

⑩ 电动机的使用寿命不少于30年；与电动机直连的轴承不少于15年。

⑪ 电动机的轴承（进口）结构是密封的，能隔绝污物和水，并不使润滑剂进入线圈。

⑫ 电动机配备的轴承具有分开的轴承箱和端盖，使之在不拆卸电动机的情况下，能够检查或替换轴承，电动机的结构能在不拆卸半联轴节的情况下拆装转子。

⑬ 电动机的轴承有加注润滑油的设备，并要求这一设备能在不拆卸电动机的情况下，把润滑油注入轴承箱。电动机随轴承箱一起装运，并在轴承箱内灌注电动机制造厂认可的润滑油。

⑭ 卖方提供电动机轴承和定子线圈（1个/每相）温度测量元件，测温元件采用PT100。温度检测元件的引线与动力线分开，引向单独的接线盒。各引线要排列整齐，使之能根据电动机的外形图确定每个检测元件的位置。

⑮ 卖方提供的接线盒，装在电动机的底座上。该接线盒能沿对角线分开，并可从电动机上拆下来。在接线盒内标明电动机的相序，旋转方向标记在铭牌上。

⑯ 接线盒能防日晒雨淋和抗腐蚀。电动机的所有引线，都接到各自的接线盒，并要求带有适当的标记和识别符号。电动机的内部引线孔能使与引线相连的任何接头通过。

⑰ 电动机的标牌上标注电动机的名称、型号、接线方式和额定数据，如额定功率、额定电流、额定电压、额定转速、转动方向和绝缘等级等，还要标写制造厂家、出厂编号和出厂年月。

⑱ 电动机运行在设计条件（最大机械轴功率负荷）时，电动机的工作电流不大于其额定电流的85%。

⑲ 电机定子端部连线及过桥全部用45%银焊条进行搭接处理，线棒槽口处各绑两道涤玻绳加固，保证线圈紧固无松动。

⑳ 电机定子采用PVI整体真空浸漆（须现场监造确认）。

㉑ 在电机转动部分的单件采用可靠的止退锁定措施，防止松动。

㉒ 电机电缆接线端子按20kV安全绝缘距离布置。

㉓ 电机整体进行喷漆（浅灰色）处理，外壳光滑美观。

㉔ 电机转子进行动平衡试验，精度等级按IS 1940标准达到G2.5级。

5.3.2.5 增压风机仪表要求

① 提供完整的热工检测及控制系统资料，详细说明对增压风机系统的测量、控制、连锁、保护等方面的要求。

② 从增压风机系统安全、经济运行出发，提供增压风机系统启停及运行对参数监视控制的要求。提供详细的运行参数，包括增压风机系统运行的报警值及保护动作值。

③ 对所提供的热工设备（元件），包括每一只压力表、测温元件及仪表阀门等都要详细说明其安装地点、用途及制造厂家。特殊检测装置须提供安装使用说明书。

④ 提供的指示表、开关量仪表、测温元件必须符合国家标准，测温元件的选择必须符合控制监视系统的要求。并根据安装地点满足防爆、防火、防水、防腐、防尘、防堵的有关要求。

⑤ 增压风机系统所有测点必须设在具有代表性、便于安装检修的位置，并符合有关规定。

⑥ 热电阻采用三线制或四线制（根据DCS决定），就地测温装置要求采用抽芯式双金属温度计。

⑦ 测量轴承金属和定子线圈温度使用埋入式双支铂热电阻，并将该双支测温元件的接线均引至增压风机本体接线盒。测温元件具有良好的抗振性能。对轴承金属温度测量元件的

检修不影响系统运行。

⑧ 用于远传的开关量，过程开关的接点容量至少为220V（DC）、1A或220V（AC）、3A；接点数量满足控制要求。

⑨ 增压风机系统范围内的温度测点要求留有插座。提供的所有一次仪表、控制设备的接口信号，连接到接线盒、仪表控制箱柜的端子排上。卖方所供的仪表和控制设备的金属标牌是耐腐蚀的，并牢固地固定在设备上。

⑩ 卖方所提供所有的设备仪表且满足DCS控制要求。

5.3.2.6 增压风机设备参数（表5-11）

表5-11 增压风机设备参数

项目	参数	项目	参数
风机型号	Y4-73-№25.3D	轴承冷却方式	外循环水冷
风机转向	左旋	冷却水量	0.5～1m^3/h
风机出口方向	90°	轴承润滑油	40＃机械油
风机数量	1台套	配套电机	
风机风量	Q=476000m^3/h	电机型号	YKK5601-8-450kW(户外型)
风机全压	p=2200Pa	电压	10kV
调节方式	进口风门调节	防护等级	IP55
进口温度	138℃	电机频率	50Hz
风机效率	η=77%	绝缘等级	F级
轴功率	418kW	冷却方式	空-空冷却
所需功率	450kW	电动执行器	
风机转速	730r/min	型号	BELL-400/K65HP

5.3.3 氧化风机

5.3.3.1 氧化风机设计要求

根据《火力发电厂烟气脱硫设计技术规程》（DL/T 5196—2004）第6.1.6条："每座吸收塔应设置2台全容量或3台半容量的氧化风机，其中1台备用；或每两座吸收塔设置3台全容量的氧化风机，2台运行，1台备用。"

氧化风机宜采用罗茨风机，也可采用离心风机。罗茨风机的外形如图5-10所示。

图5-10 罗茨风机

罗茨风机的外形尺寸如图 5-11 所示，其地脚螺栓孔布置如图 5-12 所示。

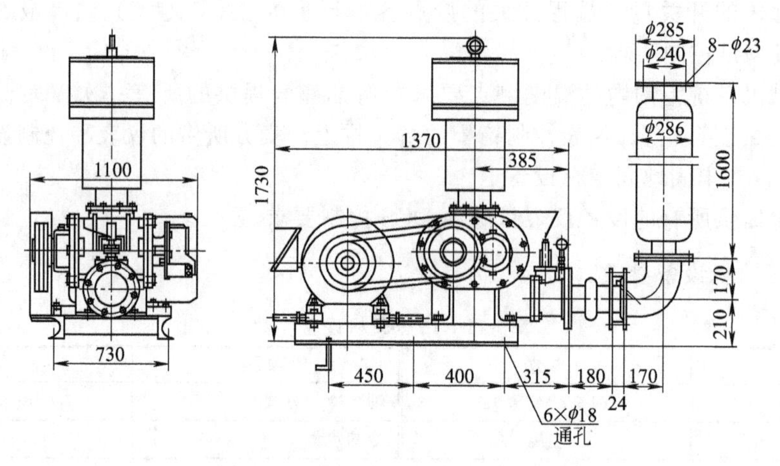

图 5-11　FSR-175 型风机外形尺寸

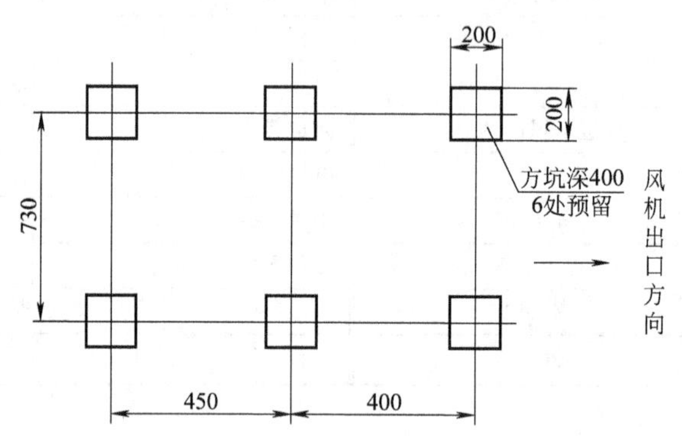

图 5-12　FSR175 地脚螺栓孔布置

5.3.3.2　氧化风机性能要求

① 鼓风机出口流量应换算到进口状态，换算到进口状态的实测容积流量与设计容积流量的偏差及容积比能偏差不得超过表 5-12 的规定值。

表 5-12　鼓风机容积流量偏差

规定状态下的容积流量	容积流量偏差/%	容积比能偏差/%
1.5～15m³/min	±5	±6
>15 m³/min	±4	±5

② 鼓风机应在规定转速、规定压力下连续运转不少于 2h，各部位稳定后测温。轴承部位的温度不高于 95℃。油箱内用普通机油润滑时，润滑油温度不高于 65℃。

③ 鼓风机支撑轴承部位的振动速度应在额定转速、额定压力下沿 x、y、z 三个方向进行测量。振动速度的均方根值（有效值）应不大于 11.2mm/s。

④ 鼓风机噪声应在安装了进出口消声器的情况下，按照 GB/T 2888 测定。

⑤ 鼓风机不应有油、水的渗漏。

⑥ 鼓风机应按整机使用寿命不少于 10 年、第一次大修前安全运行时间不少于 15000h 进行设计。

⑦ 鼓风机同步齿轮应按使用寿命不低于25000h设计；精度不得低于GB/T 10095规定的7-7-7级。

⑧ 鼓风机的机壳、墙板可为整体或具有剖分面的形式。无论为何种形式都必须保证机壳、墙板重新装配时方便、准确地对正。

⑨ 叶轮与轴可为整体结构，也可用其他方式连接成一体，但不允许两者间有任何松动。

5.3.3.3 氧化风机制造要求

① 鼓风机零部件未注公差尺寸的极限偏差应符合GB/T 1804的要求，金属切削加工的未注公差尺寸的公差等级不低于GB/T 1804中的C级。

② 传动带轮应做平衡试验；叶轮应做动平衡试验，叶轮动平衡品质等级不低于G6.3级。

③ 同步齿轮和同步齿轮副的检测项目应符合GB/T 10095的有关规定。

④ 鼓风机叶轮与叶轮的间隙、叶轮与机壳的间隙、叶轮端面与墙板的间隙应符合图样规定。

⑤ 鼓风机外露零部件结合处应平整。机壳与墙板的结合处，剖分的机壳、墙板的结合处错边量不得超过5mm。

⑥ 鼓风机及其配套件的外表面不允许有锈迹、碰伤。油漆表面不应有漏漆、堆漆、漆流、起泡、缩皱以及色泽明显差异等现象。

⑦ 鼓风机清洁度检查部位包括齿轮箱（包括齿轮箱内腔、齿轮以及齿轮箱内其他零部件）、副油箱（包括油箱内腔及润滑油）、轴承（包括轴承座、轴承盖内壁、轴承及润滑油）。

⑧ 鼓风机清洁度检查方法将指定为抽查对象的产品可拆部分拆开，用干净毛刷、汽油（或煤油）逐件分别清洗要求检查的部位，将清洗液分别用滤纸过滤，然后烘干，将脏物分别称重，脏物的毫克数即为该零部件的清洁度。

5.3.3.4 氧化风机技术参数（表5-13）

表5-13 氧化风机技术参数

设备名称	罗茨鼓风机	
设备型号	FSR175	
设备数量	3台	
输送介质	空气	
技术参数	进口流量	30.8m^3/min
	出口增压	58.8kPa
	额定功率	45kW
	额定电压	380V、50Hz
	连接方式	皮带连接
	轴承冷却方式	油冷(220号齿轮油)
	噪声	≤85dB(A)(距离1m处)
	地脚螺栓型号	M16X300
	进出口温升	≤50℃
电机	电机型号	Y225M-4
	防护等级	IP44
	绝缘等级	F
	额定电压	380V、50Hz
	电机转速	1400r/min

续表

使用寿命	转子	大于或等于 60000h
	壳体	大于或等于 60000h
	轴承	大于或等于 30000h
	轴	大于或等于 60000h
	齿轮	大于或等于 30000h
	皮带	两年(调整合理)
设备材质	叶轮	QT400-18
	外壳	HT200
	主轴	45＃钢
	密封圈、垫	丁腈橡胶
	轴承	SUJ2,品牌要求为日本精工株式会社 NSK
	齿轮	制造精度 5 级,台湾大同公司
	底座	碳钢,槽钢
	进气口消声器	钢制组合件
	出气口消声器	钢制组合件
单台设备供货范围	主机	1 台
	电机	1 台,山东华力电机
	逆止阀	1 个
	安全阀	1 个
	压力表	1 个,上海维沃公司产品
	弹性接头	1 个,上海橡胶厂
	进气口消声器	立式,1 个
	出气口消声器	卧式,1 个
	底座	1 个
	润滑油脂	足量,需满足设备连续运转 6 个月所需油量
	三角皮带及皮带轮	各 1 套
	皮带防护罩	1 套
	地脚螺栓等固定件	6 只(包括地脚螺栓、螺母、垫片)

5.3.4 烟气除雾器

5.3.4.1 烟气除雾器设计要求

根据《火力发电厂烟气脱硫设计技术规程》(DL/T 5196—2004) 第 6.1.3 条:“吸收塔应装设除雾器,在正常运行工况下除雾器出口烟气中的雾滴浓度(标准状态下)应不大于 75mg/m^3。除雾器应设置水冲洗装置。”根据《火电厂烟气脱硫工程技术规范 石灰石/石灰-石膏法》(HJ/T 179—2005) 第 5.3.3.7 条:“装在吸收塔内的除雾器应考虑检修维护措施,除雾器支撑梁的设计荷载应不小于 1000N/m^2。”

有关烟气除雾器的设计实例如图 5-13 所示。

5.3.4.2 烟气除雾器选用原则

(1) 除雾器的元件、喷管及喷嘴应该按规范表采用相应的耐受材料制造;所用材料中应不含石棉等有毒有害材料。

(2) 两层除雾器上下部均应有自动冲洗装置;卖方应提供每个除雾器进出口冲洗强度、

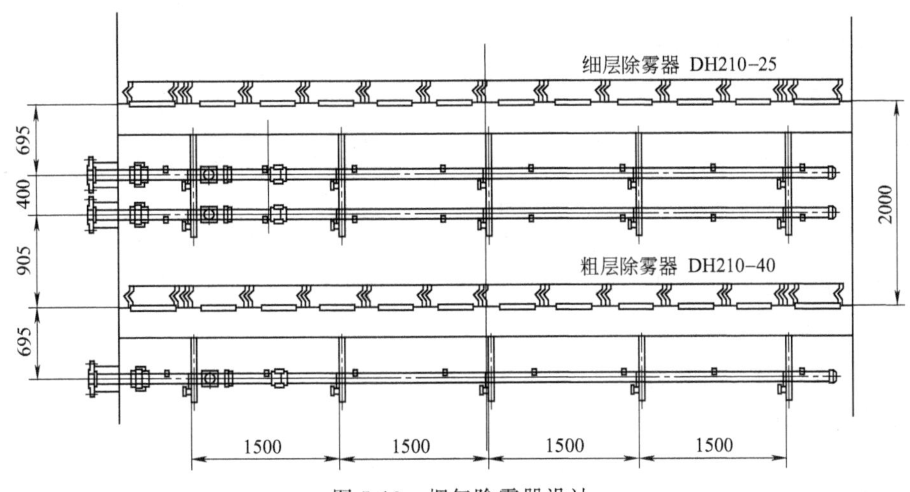

图 5-13 烟气除雾器设计

供水压力、持续时间、循环周期的相关数据，协调 FGD 的水平衡。

(3) 除雾器的设计应充分考虑芯片断面结构的优化、芯片间的距离、芯片的布置、冲洗系统的设计和喷嘴的选择等对除雾器运行的影响。

(4) 除雾器整个系统应该对流经介质、混浊液的夹杂物、固体颗粒的含量及冲洗喷嘴的压力等运行条件有很强的适应范围，即要在各运行条件、参数发生变化时仍有较好的除雾效果，并且各保证值不变。

(5) 除雾器的设计应尽量使维护工作量减到最小，支撑结构应有足够的机械强度；为保证现场安装工作顺利进行，结构件在出厂前应进行预组装工作以保证现场组装尺寸。

(6) 卖方应采取措施使所有净烟气中的雾滴在离开塔体之前，均得到很好的去除，不产生“短路”和二次夹带。

(7) 冲洗喷嘴采用实心锥形式，喷角应为 120°，采用改性 PP 材料。喷嘴在设计中应具有良好的雾化状态并考虑防堵措施，要确保整个除雾器表面均能被冲洗到，喷嘴至少具有 130%的重叠部位（平均）。

(8) 除雾器脱除液滴尺寸要求：

① 19μm 及以上液滴的去除效率达到 99.9%以上；

② 在所有工况下（直到达到 110%锅炉负荷）除雾器下游的自由残留水分（标况）不应该超过 $75mg/m^3$；

③ 卖方应对达到上述分离效率时的可接受的最大烟气量进行阐明。

(9) 塔内设置上下两层除雾器，除雾器长期连续运行的压降最大值为 200Pa，保证值为 180Pa。

(10) 除雾器芯片应具有较强的刚性，能承受高速水流，特别是人工冲洗时高速水流的冲刷和人工检修的荷载。除雾器组件应有可靠的限定位，防止热变形和烟气流吹移滑落。

(11) 除雾器应以单个组件进行安装。单个组件不应超过两人即可进行托运和维修，而且组件应能通过脱硫塔体除雾器段的人孔门。人孔门为 600mm×800mm 方孔。

(12) 除雾器应能承受 70℃ 条件下连续运行而没有任何不良影响；最高运行温度为 85℃。

(13) 除雾器冲洗用水由 FGD 工艺水提供，水压为 2bar，一级除雾器的冲洗频率为冲洗 46s，停 106s；二级除雾器冲洗频率为冲洗 23s，停 120s。

5.3.4.3 烟气除雾器性能保证

① 在考虑了除雾器前后的涡流影响下，应保证在设计烟气流速下两级除雾器总压力损失不大于200Pa。

② 在设计煤种和锅炉BMCR负荷下，二级除雾器出口烟气持液量不得超过75mg/m³（干基、标态）；除雾器后烟气含湿量小于8%。

③ 除雾器应能在FGD装置没有停机检修的情况下连续运行8000h。

④ 卖方应保证整体设备质保期为FAC（最终验收证书）后1年，大修周期不低于5年。使用寿命不低于15年。

5.3.4.4 烟气除雾器技术参数

（1）除雾器技术参数（表5-14）

表5-14 除雾器技术参数

序号	项目	单位	参数	备注
1	塔除雾器(两层)	套	1	
2	脱硫塔内径	m	7.2	
3	脱硫塔塔顶烟气出口	m	EL30.000	
4	除雾器(含喷淋层)布置区	m	EL23.000～27.000	(标高)
5	单塔烟气流量(湿基,标况)	m³/h	34.9145×10⁴	
6	烟气温度(正常)	℃	50～80	事故温度120℃
7	烟气流速	m/s	3.7～4.2	空塔气速
8	烟气流向		垂直气流	
9	烟气密度	kg/m³	约1.123	
10	除雾器冲洗层数量	层	3	中间设2层喷淋
11	每层喷淋量(上/中/下)	m³/h	2.43/1.53/6.1	
12	喷淋强度	m³/(m²·h)	2.43	
13	标准单元组件尺寸	mm	2000×420×180	长×宽×高
14	标准单元的叶片数量(上/下)		21/11	
15	叶片间距(上/下)	mm	20/40	
16	单层除雾器工作面积	m²	40.6	
17	去除效率	%	99.9	(19μm及以上液滴)
18	出口净烟气持液量	mg/m³	75	(干基,标态)
19	两层除雾器总压力降	Pa	<200	(烟气)
20	除雾器材质(叶片/边框)		改性PP/改性PP	
21	喷淋管材质		PP-H	
22	安装重量(除雾器)(上/下)	kg/m²	40/70	
23	安装重量(喷淋管)	kg/m	2.5	
24	冲洗水消耗量(最大/最小)	m³/h	25/19	
25	固定件、喷嘴连接件材质		改性PP	

（2）除雾器冲洗喷嘴技术参数（表5-15）

表5-15 除雾器冲洗喷嘴技术参数

项目	单位	除雾器冲洗喷嘴		
		上层	中层	下层
数量	个	40	40	40
单只喷嘴设计流量	m³/h	2.1	2.1	2.1

续表

项　目	单位	除雾器冲洗喷嘴		
		上层	中层	下层
设计流量下喷嘴压损	bar	2	2	2
喷淋方式		实心锥	实心锥	实心锥
喷淋角度	(°)	120	120	120
喷嘴方向		朝叶片	朝叶片	朝叶片
连接方式		螺纹连接	螺纹连接	螺纹连接
连接尺寸	mm	M12	M12	M12
材质		改性 PP	改性 PP	改性 PP

5.3.5 电除雾器

5.3.5.1 湿式电除雾器的背景

(1) 现有脱硫装置无烟气再热器 (GGH)，脱硫后的排烟温度仅 55℃左右，进入烟囱的湿烟气处于酸露点以下，并且有部分 SO_3 的存在，其冷凝后对烟囱造成腐蚀。

(2) 在湿法脱硫中存在脱硫浆液雾化夹带和脱硫产物结晶析出，这些会导致烟囱风向的下游经常出现“酸雨”和“石膏雨”现象。

(3) 目前的烟气脱硫工艺流程中，湿法脱硫之后没有对脱硫工艺产生的细颗粒物进行控制，处于一种自由排放状态，因此湿法脱硫之后，需要进一步处理设备，湿式电除尘器就是最佳选择。

5.3.5.2 湿式电除雾器在国外的情况

第一台湿式静电除尘器 1907 年投入运行，用来去除硫酸雾。美国在用于多污染物控制的湿式静电除尘器研究及应用方面处于领先地位。高效电除雾器的开发研究是工业气体治理中运用较广泛的方法之一。管式静电除雾器一般用于硫酸和钛白粉行业的气体净化过程，去除气体中硫酸雾。国外近年来对管式静电除雾器的开发研究做了大量工作，在强化过程、改进结构、缩小体积、降低造价等方面取得了很大进展。如德国鲁奇公司开发研究的管式静电除雾器，电场内硫酸雾粒的平均迁移速度已达 1.0～1.5m/s，操作气速已达 2.5～3.0m/s。

5.3.5.3 湿式电除雾器在国内的情况

我国冶金行业和硫酸工业已有多年成功的运行经验，已制定电除雾器标准。技术特点：单体处理烟气量较小，一般不超过 50000m^3/h；设计烟气流速较低，一般为 1.0m/s 左右；集尘极多采用 PV 或 FRP 材质，还没有处理大烟气量以及用于湿法脱硫后的应用和推广。

5.3.5.4 湿式电除雾器的组成结构

湿式电除雾器由电晕线（阴极）、沉淀极（阳极）、绝缘箱和供电电源组成。

湿式电除雾器的工作原理是：在除雾器的阳极板（筒）和阴极线之间施加数万伏直流高压电，在强电场的作用下，阴阳两极间的气体发生充分电离，使得除雾器空间充满带正、负电荷的离子；随工艺气流进入除雾器内的尘（雾）粒子与这些正、负离子相碰撞而荷电，带电尘（雾）粒子由于受到高压静电场库仑力的作用，分别向阴、阳极运动；到达两极后，将各自所带的电荷释放掉，尘（雾）粒本身则由于其固有的黏性而附着在阳极板（筒）和阴极线上，然后通过水冲洗的方法清除。

湿式电除雾器装置主要由上气室、阳极管、中气室、下气室、阴极线及其构件、绝缘箱、特高压直流控制系统、热风系统、冲洗系统等组成，其中阴极线采用改良高效型的哈氏合金 C-276 锯齿状电晕电极线，具有放电点多、效率高、起晕电压低、高效性的特点。阴极系统采取重锤＋整体固定框架＋张紧绝缘箱固定措施，避免阴极线因高气速气流的冲洗而出现晃动导致除雾器效率的降低；阳极管采用正六边形式导电玻璃钢管束，内壁采用碳纤维＋石墨＋环氧树脂处理，经打磨处理，增加管壁有效面积，使其具有耐腐蚀、气相分布均匀、除雾效率高、强度好、质量轻、占地面积小、土建及设备投资费用省的优点；烟气进口处设有专门的气体分布板，对其进气分布进行相应的改进，以适应脱硫脱硝尾气大气量的均匀布气要求，避免烟气走短路而导致除雾器效率的降低。

国内的电源均采用负极为电晕极，电晕电极又称放电极和负极，属于电除雾器技术领域。目前阳极材料的形状主要有圆管形、板式、正六边形，其中圆形由于其组装成大型电除雾时利用率不高，会使电除雾器体型过大，板式经实验得知对烟气的气体分布不理想，烟气经过板式电除雾器时分布不均匀，阻力大，处理效率低。综合考虑到材料的利用情况以及气体分布状况，采用正六边形的阳极管形状，表面用碳纤维＋石墨＋树脂涂刷，使其具有导电性能。阴极线穿过阳极管的结构形式见图 5-14。

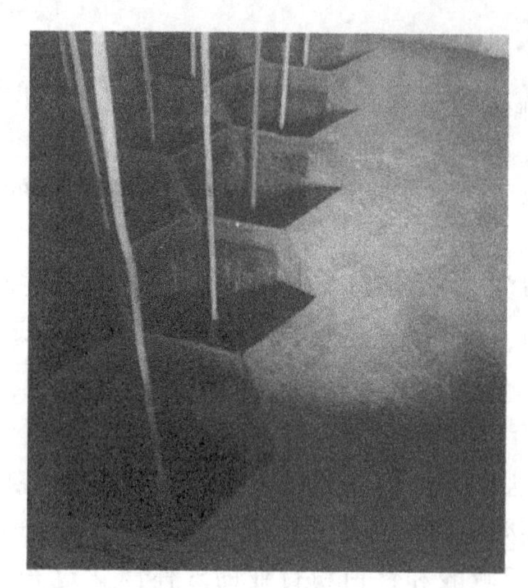

图 5-14　阴极线穿过阳极管的结构形式

5.3.5.5　湿式电除雾器的效果

（1）可降低烟气的不透明度（浑浊度），高效去除 SO_3、重金属、微细粉尘（$PM_{2.5}$）、细小液滴等，去除效率可达 90%以上。

（2）基本解决了湿法脱硫带来的问题，可以有效降低烟囱的防腐等级，满足更高的环保要求，减少水耗和降低运行费用。

（3）湿式电除雾器用于以下场合：烟气含湿量高，烟温接近露点温度；烟气中含有黏性颗粒和雾滴（如硫酸雾）；需要有效捕集亚微米细颗粒。

5.3.5.6　湿式电除雾器的安装使用

用于较大烟气量除灰的湿式高效细颗粒净化装置由壳体、内外部支撑、装置本体等组成，上部设置直排烟囱或烟气返回原脱硫烟囱。壳体封板采用 FRP 材质、框架采用各种型钢现场焊接制作。湿式电除雾装置以型钢做支撑，以方管做框架，荷载加载于方管框架及型钢支撑上。

湿式电除雾用电系统采用交流 380V 电压，通过升压变压器和晶闸管整流控制电路，把交流电变成直流 100kV 特高压，为使电除雾器高效运转，需加上尽可能高的电压，运行中的直流电压一般控制在 55～85kV，直流电流一般为几百到一千多毫安不等。所以，对导电部分和大地的绝缘、支撑物的构造，以及材料等应当予以特别注意。在阴极线和阳极管之间，形成强大的电场，使空气分子被电离，瞬间产生大量的电子和正、负离子，这些电子及离子在电场力的作用下做定向运动，构成了捕集烟尘颗粒物的媒介。同时使酸雾微粒荷电，在电场力的作用下，做定向运动，抵达到捕集烟尘颗粒物的阳极板玻璃钢管壁上。荷电粒子在极板上释放电子，于是烟尘颗粒物被集聚，在重力作用下流到电除雾器的收集槽中，这样就达到了净化烟尘颗粒物的目的，同时也能降低烟气中游离水的排出，减少烟尘酸雨的排放。如有水分、粉尘附着在绝缘瓷瓶表面上，或混入电除雾器的绝缘油中，电气绝缘就会显著恶化，使有效电压降低。高压直流发生器装置如图 5-15 所示。

图 5-15 高压直流发生器装置

5.3.6 浆液脱水设备

5.3.6.1 浆液脱水设计要求

根据《火力发电厂烟气脱硫设计技术规程》(DL/T 5196—2004) 7.0.3 和 7.0.4 条，具体如下。

当采用相同的湿法脱硫工艺系统时，300MW 及以上机组石膏脱水系统宜每两台机组合用一套。当规划容量明确时，也可多炉合用一套。对于一台机组脱硫的石膏脱水系统宜配置一台石膏脱水机，并相应增大石膏浆液箱容量。200MW 及以下机组可全厂合用。

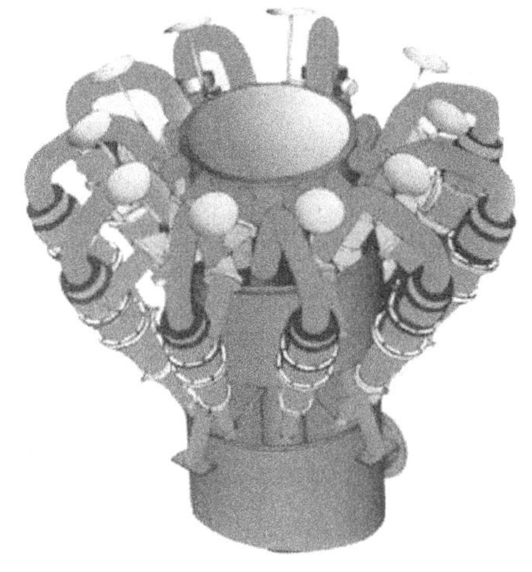

图 5-16 浆液旋流器

每套石膏脱水系统宜设置两台石膏脱水机，单台设备出力按设计工况下石膏产量的 75%选择，且不小于 50%校核工况下的石膏产量。对于多炉合用一套石膏脱水系统时，宜设置 $n+1$ 台石膏脱水机，n 台运行一台备用。在具备水力输送系统的条件下，石膏脱水机也可根据综合利用条件先安装一台，并预留再上一台所需位置，此时水力输送系统的能力按全容量选择。

有关浆液旋流器的外形如图 5-16 所示。

有关皮带脱水机的外形如图 5-17 所示。

图 5-17 皮带脱水机

5.3.6.2 浆液旋流器选型原则

(1) 旋流器采用带耐磨损橡胶内衬的钢结构，或聚合体，或合金材料。

(2) 旋流器为环形布置，至少有6mm厚度的橡胶内衬。旋流器运行寿命应至少30年，磨损表面最低寿命不低于45000h。磨损表面应当直接接触，能够很方便地去除、代替和修补。

(3) 保证旋流器、管路及配件等材质能与浆液直接接触，而不会引起任何腐蚀。

(4) 旋流器的结构应当非常坚固，基础牢靠固定，以确保设备不会松动、倾斜或推倒。整个系统为自支撑结构，所有支撑结构为碳钢。

(5) 每个旋流器至少备用一个旋流子；旋流器的噪声在离机壳1m处小于85dB (A)；进旋流子阀门采用手动阀门。

(6) 浆液旋流器性能保证数据（表5-16）

表5-16 浆液旋流器性能要求

项目	数据
长期运行操作时石膏旋流站处理能力	≥30m³/h
长期运行操作时石膏旋流站底流的浆液固体含量	≥50%
长期运行操作时石膏旋流站溢流的浆液固体含量	≤3%
石膏水力旋流站的阻力	≤0.2MPa
聚亚氨酯沉砂嘴保证期	8000h
由橡胶衬里的部件的保证期	45000h
所有FRP/PP陶瓷保证期	45000h
距设备1m处噪声值	<85dB(A)
所有水力旋流站的泄漏率	0%
所有保温表面最大温度(环境温度27℃,风速0m/s)	不超过50℃

所有设备性能保证期为颁发接受证书后1年，大修年限（按装置最大连续运行时间计）应大于5年，设备设计整体寿命为20年（不包括易损件）。

(7) 旋流器系统供货范围有：①旋流器；②浓液缓冲罐；③上清液缓冲罐；④相应的浆液泵；⑤连接真空皮带脱水机系统的相应管道、阀门、法兰、垫片、螺栓等附件；⑥旋流器系统相应的管道、阀门、法兰、垫片、螺栓等附件。

(8) 石膏水力旋流站入口石膏浆液参数（表5-17）

表5-17 入口石膏浆液参数

项目	单位	数据	备注
总体积流量	m³/h	30	
密度	kg/m³	1100	
固体百分比	%	15%	
温度	℃	50	
Cl^-	mg/L	40000	

(9) 石膏水力旋流站主要参数（表5-18）

表5-18 石膏水力旋流站主要参数

名称	单位	数据	备注
数量	套	2	
型号		FXDS100-GK-Ⅱ×3	

续表

名称		单位	数据	备注
安装尺寸		mm		直径×高(净尺寸)
安装位置			室内	
每站旋流器总数		个	3	
每站旋流器备用个数		个	1	
运行方式			可连续也可断续运行	
设计处理能力		m^3/h	30	
入口石膏浆液的固含量		%	15%	
底流石膏浆液的固含量		%	50%	
溢流石膏浆液的固含量		%	3%	小于5μm
电耗		kW	—	
材质	支架		Q235-A	
	入口浆液联箱		Q235-A+KM抗磨材料	
	溢流浆液联箱		Q235-A+KM抗磨材料	
	底流浆液联箱		Q235-A+丁基橡胶	
	旋流器		Q235-A+KM抗磨材料	
	浆液管道		Q235-A+KM抗磨材料	
	排气管道		Q235-A	
	阀门			
	密封件		橡胶	
总重量(包括辅机)		kg		
运输条件			预组装	

5.3.6.3 皮带脱水机选型原则

(1) 真空皮带脱水机由变速马达和齿轮减速器驱动，系统供货详细清单：①真空皮带脱水机（包括框架及支撑、真空箱、皮带和滤布、驱动系统、进料箱、皮带和滤布清洗系统和自动皮带跟踪系统）；②滤饼冲洗箱；③滤饼冲洗泵及驱动电机；④滤布冲洗泵及驱动电机；⑤真空接收储存罐；⑥真空泵及驱动电机；⑦变频器及其控制箱；⑧就地控制盘；⑨底板、支架和底座；⑩所有管道、阀门和仪表表示在附属系统的P&ID图上；⑪所有标注在脱水机设计标准附件里的辅助设备；⑫首次注入润滑油；⑬卖方提供安装和维护必需的所有特殊工具；⑭卖方提供调试和质量保证期内必需的所有备品备件。

(2) 真空箱的设计标准

① 真空箱顶安装耐磨衬条，以减少磨损和拽拉。衬条不断地用水润滑。

② 真空箱设计成升降式，以便维护。

③ 接头采用HG 20592—2009法兰连接，包括滤液出口和清洗端口（两端都有）。

(3) 脱水机皮带和滤布的设计标准

① 每台脱水机提供有两块滤布，一块跟随机器提供，另一块则在初始运行后再提供。

② 提供的滤布根据已探明的石膏浆液特性选材，以达到最佳运行效果。

③ 滤布上的易磨损处采用专门的接头方式。

④ 脱水机传输/卸料皮带采用内部加强弹性材料设计，使其能经受得住规定化学条件的腐蚀。

⑤ 为了减小真空皮带的磨损，在真空皮带和真空箱之间安装一条耐磨胶带。

⑥ 进料口的设计使物料在整个脱水机皮带宽度上分配均匀。

⑦ 真空皮带的速度范围能保证在0.01～0.81m/s（2～160ft/min）之间。在特定的工艺条件下保证有一个不同的速度范围。

⑧ 为了保持恰当的皮带和滤布张力，提供有一套张紧自动控制系统。

⑨ 提供有一台偏位跟踪系统，以便在皮带和滤布偏位时自动纠正。

⑩ 提供皮带和脱水机偏位矫正开关和紧急拉绳开关。

（4）辊子和皮带轮的设计标准

① 滤布供货配备有支撑辊、卸料辊和张拉辊。

② 胶水机皮带供货时随之提供所需的传动皮带轮和辊子。

③ 轴承的额定使用寿命最小为50000h（按照美国抗磨轴承厂商协会测定）。轴承有效密封，防止水或灰尘的进入。

④ 辊子和皮带轮用橡胶覆面。

（5）滤布/皮带冲洗的设计标准

① 提供一个冲洗喷淋系统来清洗皮带和过滤介质以及其他需要清洗的表面。

② 提供有一个排放槽来收集冲洗水，排放管接头要求采用HG 20592—2009法兰连接。

③ 冲洗系统具有自动控制功能。

（6）滤饼冲洗的设计标准

① 按要求提供有滤饼冲洗系统，以使最终石膏产品中氯离子含量达到规定标准。

② 采用循环利用方式以尽量减小用水。

③ 冲洗箱装置能通过在脱水机框架上前后移动冲洗箱进行调节。

（7）真空接收罐的设计标准

① 每台真空脱水机提供有一个按全真空设计的滤液接收储存罐。

② 提供的罐带由HG 20592—2009法兰连接。

③ 提供相应的仪表。

（8）真空泵的设计标准

① 每台脱水机提供一台真空泵。每台真空泵能向每台脱水机提供100%的真空度。

② 真空泵是水环型的设计，有锥体调节，带有全覆罩的转子。本体、头部和锥体是铸铁，带有装设在碳钢轴上的球墨铸铁转子。

③ 所有泵外壳有入口和排放口法兰连接，法兰遵照HG 20592—2009标准，适应于压力和温度的设计。

④ 真空泵供货包括电动机、驱动和防护。

⑤ 泵排出口配备有一台分离器/消声器。消声器带由HG 20592—2009标准法兰连接。消声器排出口外部管道由卖方安装。

⑥ 真空泵带有密封水流量调节阀。

（9）管道的设计标准

① 提供现场运行冷却水、润滑水、密封水、冲洗水、喷淋水和污水的所有管道。

② 提供管道系统的各种相关阀门和仪表（在其供货范围内）。

③ 供应管道时提供各种所需的法兰、垫圈、螺栓和吊架，以保证完整安装。

④ 构成旋流器和真空脱水机整体所必需的管材和附件。

5.3.6.4 皮带脱水机技术参数

(1) 运行条件及参数(表 5-19)

表 5-19 皮带脱水机运行条件及参数

序号	项目	数据	备注
1	设备的名称	真空皮带机	(带皮带机和水环真空泵旋流器)
2	安装地点	皮带机和旋流器室内二楼	水环真空泵在室内一楼
3	皮带机数量	2套	
4	制造商/样式编号	ZL5.6	
5	类型	真空皮带脱水机系统	
6	浆液数据		水力旋流器脱水前
(1)	入口进料量/(m^3/h)	30	
(2)	入口温度/℃	50左右	
(3)	入口密度/(kg/m^3)	1150	
(4)	入口黏度/cP	2～2.2	
(5)	入口固含量(质量分数)/%	≤15	
(6)	最大氯化物含量/ppm	25000	
(7)	浆液中固体粒径/μm	32	
7	设计数据		
(1)	出料量/(m^3/h)	15.5	
(2)	入口浆液供给方式	自流	
(3)	工作时间/(h/d)	24	
(4)	皮带机出口固含量(质量分数)/%	≥90±2	
(5)	脱水后清液中固含量(质量分数)/%	<3	
(6)	转鼓转速/(r/min)	0.5～1.5	
(7)	差速方式及范围	变频调速	
(8)	电耗量,额定/最大/轴功	3kW、2.5kW	
(9)	电机	3kW	
(10)	电机壳防护等级	IP54	
(11)	电流,额定/最大(A)		
(12)	传动方式	减速	
(13)	控制方式	就地、远程	
8	材质		
9	轴承		
(1)	类型	调心球轴承	
(2)	润滑方式	脂润滑	
(3)	测温、测振	无	
(4)	轴承寿命	轴承设计寿命为10万小时	
10	轴封类型	密封圈	
11	驱动方式		
(1)	制造商	江苏减速机有限公司	
(2)	变速方式	调频	
(3)	额定功率/kW	3	
12	重量/kg	1000	
13	运行噪声等级/dB(A)	隔声罩隔声后82～84	(离机器1m处)
14	润滑水与密封水量/压力	1.8m^3/h/0.3MPa	

续表

序号	项目	数据	备注
15	压缩空气用量/压力	0.1m³/min/0.6MPa	
16	故障冲洗水量/压力	—	
17	入口软接头	DN50mm	
18	轴承振动值	—	
19	设计裕量	10%	

(2) 设备设计保证值

① 皮带过滤机参数（表5-20）

表5-20 皮带过滤机参数

项目	数据	项目	数据
型号	ZL5.6	滤饼固含量	90%(质量含量)
过滤面积	5.6m²	皮带速度	1～2m/min
单台出力(干石膏)	5t/h	滤布材料及分包商	德国　费尔塞达

② 水环真空泵（表5-21）

表5-21 水环真空泵参数

项目	数据	项目	数据
数量	2台	设计吸气压力	330mbar
型号	2BEA-253-0	电机额定功率	45kW/380V/50Hz
转速	560r/min	密封水耗量	0.2m³/h
额定最大能力	1680m³/h		

③ 滤布冲洗水泵（表5-22）

表5-22 滤布冲洗水泵参数

项目	数据	项目	数据
型号	IS50-32-200	扬程	0.5MPa
流量	12.5m²/h		

④ 汽水分离器（表5-23）

表5-23 汽水分离器参数

项目	数据	项目	数据
数量	2台	容量	2m³
直径	0.9m	材质	碳钢＋衬胶
高度(计入支脚高度)	2.6m		

⑤ 滤布冲洗水箱（表5-24）

表5-24 滤布冲洗水箱参数

项目	数据	项目	数据
数量	2台	容量	2m³
直径	1.2m	材质	碳钢＋衬胶
高度(计入支脚高度)	1.8m		

⑥ 水耗及压缩空气耗量（表5-25）

表 5-25 水耗及压缩空气耗量

项目	压力/MPa	设计值/(m^3/h)	最大值/(m^3/h)
水环真空泵密封水	0.3	1.7	2
真空箱密封水	0.3	2	3
皮带润滑水	0.3	1.5	1.0
滤布冲洗水	0.5	2.5	3.0
压缩空气	0.6	6	9

⑦ 电机电耗及相关数据（表 5-26）

表 5-26 电机电耗及相关数据

序号	项目	轴功率/kW	电机功率/kW	备注
1	真空泵	32.7	45	
2	主电机	2.4	3	
3	滤布冲洗水泵	4	5.5	一用一备

5.3.7 循环浆液喷嘴

5.3.7.1 循环浆液（废碱液）喷嘴

（1）规格数量（表 5-27）

表 5-27 循环浆液喷嘴规格数量

序号	型号	规格	数量	单个喷嘴流量	压力	喷雾角度	连接方式	形式
1	1 SPJT-316LSS 120 340	1″	96	208L/min	1.8bar	>120°	外螺纹	螺旋型实心锥
2	3/4 SPJT-316LSS 120 210	3/4″	320	125L/min	1.7bar	>120°	外螺纹	螺旋型实心锥

（2）喷淋布置（图 5-18）

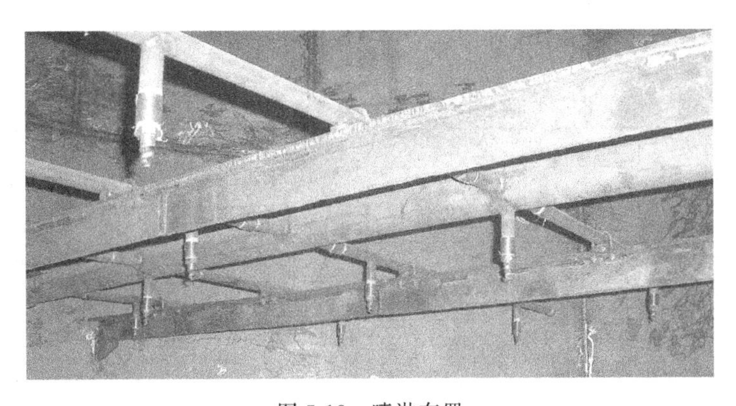

图 5-18 喷淋布置

（3）具体要求

① 工作环境：脱硫塔内部

② 烟气温度：≤135℃

③ 介质：含 Na^+、硫酸根、亚硫酸根、Cl^-、pH=4～10 的脱硫液

④ 介质温度：50℃

⑤ 介质密度：1100kg/m^3

⑥ 固含率：7%

⑦ 颗粒最大粒径：4mm

⑧ 颗粒平均粒径：300μm

⑨ 喷嘴外形结构尺寸如图 5-19 所示。

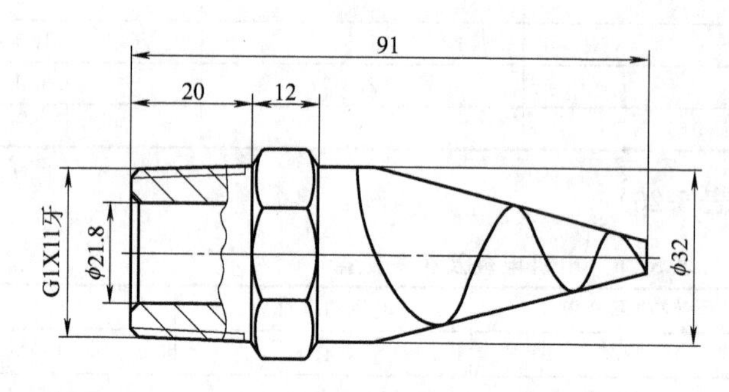

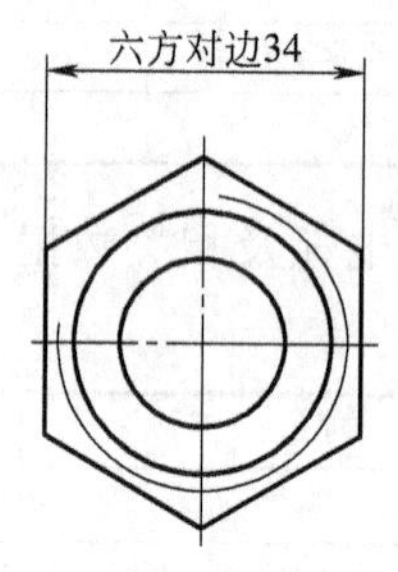

图 5-19 喷嘴尺寸

⑩ 脱硫循环废碱液的具体分析指标（表 5-28）

表 5-28 脱硫循环废碱液指标

主要成分	Ca^{2+}	Mg^{2+}	Na^{+}	SO_4^{2-}	Cl^{-}	pH	石油类	挥发酚	硫化物
浓度/(mg/L)	88	6.55	3180	1050	167	8±0.3	1.0	<0.1	<1

⑪ 烟气含 SO_2：≤4700mg/m³

⑫ 烟气含尘：≤750mg/m³

⑬ 材质：316L

⑭ 喷嘴符合相应运行介质的防腐、防堵和耐磨要求。

⑮ 在一定压力下，喷嘴喷射角度偏差小于 5°，流量偏差小于 5L/min。

5.3.7.2 循环浆液（电石渣）喷嘴

（1）吸收液参数（表 5-29）

表 5-29 吸收液参数

项　目	单　位	数　值
平均密度	kg/m³	1200
最大密度	kg/m³	1300
平均固含量	%	10～20
最大固含量	%	20
最大 Cl^{-} 含量	g/L	40000
浆液 pH 值		5～7
温度	℃	40～80

（2）吸收塔喷嘴设计参数（表 5-30）

表 5-30 吸收塔喷嘴设计参数

项　目	参　数	备　注
喷嘴型号	SMP 实心圆锥形喷嘴	超大通径防堵塞
喷嘴材质	Al_2O_3+PE	
喷嘴数量	156 个	
单个喷嘴流量	769L/min	

续表

项 目	参 数	备 注
喷嘴压力	1bar	
喷雾角度	90°	
喷雾粒度	1320～2950μm	
安装方式	螺纹	
安装位置	吸收塔内	
布置方式	逆流	烟气向上,浆液向下

(3) 吸收塔喷嘴外形尺寸（图 5-20）

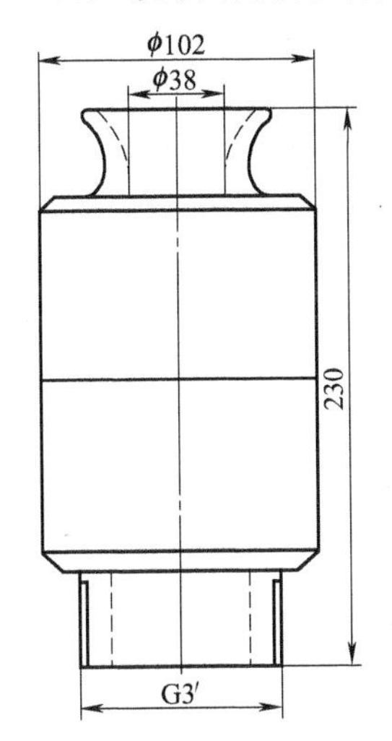

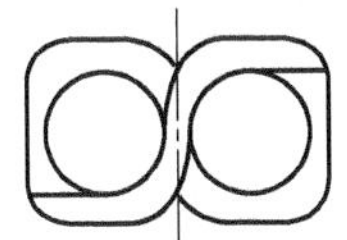

流量: 769L/min(0.1MPa压力)
角度: 90°
材质: Al_2O_3+PE
价格: 800元/只

图 5-20 吸收塔喷嘴外形尺寸

图 5-21 循环浆液泵

5.3.8 循环浆液泵

5.3.8.1 循环浆液泵设计要求

根据《火力发电厂烟气脱硫设计技术规程》（DL/T 5196—2004）6.1.4 和 6.1.5 条，具体如下。

当采用喷淋吸收塔时，吸收塔浆液循环泵宜按照单元制设置，每台循环泵对应一层喷嘴。吸收塔浆液循环泵按照单元制设置时，应设仓库备用泵叶轮一套；按照母管制设置（多台循环泵出口浆液汇合后再分配至各层喷嘴）时，宜现场安装一台备用泵。

吸收塔浆液循环泵的数量应能很好地适应锅炉部分负荷运行工况，在吸收塔低负荷运行条件下有良好的经济性。

有关循环浆液泵的外形如图 5-21 所示。

5.3.8.2 循环浆液泵选型参数

(1) 浆液循环泵的密封冷却水采用工艺水。

(2) 电源条件：6kV 和 220/380V。

(3) 系统配置：共 1 套 FGD 系统配 3 台浆液循环泵。

(4) 设备及材质

泵采用离心叶轮泵(无堵塞离心式),泵的使用寿命不低于 30 年,低于 30 年使用寿命的部件更换时间见表 5-31。

表 5-31 部件使用寿命

序号	部件名称	材质	使用寿命/h	备注
1	泵外壳	3A	50000	
2	叶轮	3A	30000	
3	轴	2Cr13	50000	
4	轴套	3A	30000	
5	轴承箱	HT200	50000	
6	填料密封	PTFE	8000	

(5) 浆液介质特性(表 5-32)

表 5-32 浆液介质特性及成分

项目	单位	设计工况	备注
特性			
浆液固体物浓度	%	3	
浆液密度	kg/m³	1100	
浆液温度	℃	≤55	
浆液 pH 值		4～12	
成分			
SO_4^{2-}	mg/L		
Ca^{2+}	mg/L		
K^+	mg/L		
Na^+	mg/L		
Mg^{2+}	mg/L		
Cl^-	mg/L	40000	
F^-	mg/L		

(6) 设备参数(表 5-33)

表 5-33 设备参数

项目	参数	备注
泵型号	HGK400-6500	
浆液循环泵数量	3	
排出口尺寸/mm	400	
吸入口尺寸/mm	400	
功能	吸收塔浆液循环泵	
运行制度	间歇	
布置位置	室外	
流量(额定/最大)/(m³/h)	1800/2160	
扬程/m	40/50/78	
吸收塔液位高度/m	7	

(7) 驱动装置(表 5-34)

表 5-34 驱动装置

泵名称	电动机型号	转速	电压	功率	防护等级	绝缘等级
浆液循环泵	YKK400-4W	1500r/min	6000V	355kW	IP54	F

电机电除湿装置电压 220V，电除湿装置功率 300W，外壳防护等级 IP55，冷却等级 IP411，生产厂家为佳木斯电机厂。

5.3.8.3 循环浆液泵制造要求

① 泵设计能承受的试验压力为：在泵吸入口最大压力条件下是最大截流压力/最大工作压力的 1.5 倍；泵出口壳体材料的设计承受试验压力应达到 1.5 倍的截流压力/工作压力。

② 泵的转子及其主要的旋转部件都应进行静平衡试验。静平衡精度不低于 GB 9239 中的 G6.3 级。泵的振动应在无汽蚀运转条件下测量，轴承处的振动值应符合 JB/T 8097 的规定。

③ 泵所有过流部件材料至少能适应 40g/L 的 Cl^- 浓度。

④ 泵的零部件（尤其是轴）设计有足够强度。在泵速度升高至运行速度的过程中，泵能平稳运行。第一阶临界转速至少高于泵最大运转速度 30%。

⑤ 泵的工艺设计确保运转件和磨损件易于拆卸更换，还满足在维修更换期间不需要断开和拆卸主管道或其他装置重要部件的要求。密封的设计确保泵运行时对密封结构的磨损最小且无泄漏。泵壳能分开以便于拆换和维修（最好水平分开）。泵应配有联轴器短节以方便维修，而不需拆卸电机。

⑥ 在泵的停车期间，泵出口管线的液体倒流会引起泵叶轮的反转，为避免危险发生，要求泵叶轮能在短期内适应两个方向的转动。泵叶轮的固定为防松结构。

⑦ 填料密封采用外冲洗方式，轴承有适当的遮挡装置，有效防止水、介质和灰尘的进入。轴承还配备固定的加油器。联轴器为刚性联轴器，联轴器提供有可拆卸的防护罩。

⑧ 油漆表面质量要求：除锈等级 2.5；粗糙度 40～65μm；底漆厚度＞100μm；运输保护漆厚度 60～80μm。

⑨ 泵的轴承应采用高容量的滚动轴承，其寿命不低于 50000h。

5.3.8.4 循环浆液泵仪表控制

(1) 卖方提供详细的运行参数，包括运行参数的报警值及保护动作值。

(2) 提供的仪表和控制设备有良好的性能以便于整个装置安全无故障运行和监视。

(3) 卖方对随机提供的仪表设备（元件），包括测温元件等都要详细说明其安装地点、用途及制造厂家。特殊检测装置要提供产品安装使用说明书。

(4) 温度仪表

① 电阻型测温计采用铠装双支铂热电阻（Pt100 测量范围－200～＋500℃）测温元件（三线制）。

② 所有热电阻选用复合结构，保护套管根据管路/容器的相应条件来选择螺纹连接型或焊接型，其引出线应有密封较好的终端头。

③ 当某温度测点的信号用于多处重要控制回路时，在同一测点设置多个相应独立传送器的测温装置。

④ 所有热电阻其引出线在接线盒。

⑤ 测温元件安装的插入深度符合有关的标准。

⑥ 试验测点预留，测点安装插座并有封堵。

6 烟气脱硝技术

燃煤锅炉的 NO_x 控制技术可分为两大类，即燃烧中控制技术和燃烧后控制技术。其中燃烧中控制技术是根据 NO_x 的形成机理而产生的，主要有低过量空气燃烧法、分级燃烧法、烟气再循环法等；燃烧后脱硝技术可分为干法、湿法和干湿结合法三大类，其中干法又可分为选择性催化还原法、吸附法、高能电子活化氧化法；湿法又可分为水吸收法、络合吸收法、稀硝酸吸收法、氨吸收法、亚硫酸铵法、弱酸性尿素吸收法等；干湿结合法是催化氧化和相应的湿法结合而成的一种脱硝方法。

对于燃煤 NO_x 的控制主要有三种方法：①燃料脱硝；②改进燃烧方式和生产工艺；③烟气脱硝。前两种方法是减少燃烧过程中 NO_x 的生成量，第三种方法则是对燃烧后烟气中的 NO_x 进行治理。燃料脱硝技术至今尚未很好开发，有待今后深入研究。国内外对燃烧方式的改进以控制 NO_x 生成，做了大量研究工作，开发了许多低 NO_x 燃烧技术和设备，并已在一些锅炉和其他炉窑上应用。但由于一些低 NO_x 燃烧技术和设备有时会降低燃烧效率，造成不完全燃烧损失增加，设备规模随之增大，NO_x 的降低率也有限，所以目前低 NO_x 燃烧技术和设备尚未达到很高的脱硝效率，有待进一步发展。

6.1 脱硝工艺方法

6.1.1 低 NO_x 燃烧技术

6.1.1.1 低过量空气燃烧

在传统的燃烧器中，要求燃料和所有空气快速混合，并在过量空气状态下进行充分燃烧。从 NO_x 形成机理中可以知道，反应区内的空燃比极大地影响着 NO_x 的形成，反应区的空气过剩越多，NO_x 排放量越大。降低过量空气系数，在一定程度上会起到限制反应区内氧浓度的目的，因而对热力型 NO_x 和燃料型 NO_x 的生成都有明显的控制作用，采用这种方法可使 NO_x 生成量降低 15%～20%。但是过量空气系数降低，CO 浓度随之增加，燃烧效率下降。

6.1.1.2 空气分级燃烧

空气分级燃烧技术是美国在 20 世纪 50 年代首先发展起来的。它是目前应用较为广泛、技术上较为成熟的低 NO_x 燃烧技术。该技术将燃烧用风分为一、二次风分阶段送入，减少煤粉燃烧区域的空气量（即一次风量小于理论空气量），相应地提高了燃烧区域的煤粉浓度，使燃料先在缺氧条件下燃烧，燃料燃烧速度和燃烧温度降低，燃烧生成CO，而且燃料中氮将分解成大量的HN、HCN、CN、NH_3和NH_2等，它们相互复合生成氮气或将已经存在的NO_x还原分解，从而抑制了燃料NO_x的生成。然后，将燃烧所需空气的剩下部分以二次风形式送入，使燃料进入空气过剩区域燃尽。在此区间，虽然空气量多，但由于火焰温度较低，在第二级内不会生成大量的NO_x。因此总的NO_x生成量降低。空气分级燃烧可使NO_x生成量降低30%～40%。

该技术的关键是风的分配，一般一次风占总风量的25%～35%。若风量分配不当会增加锅炉的燃烧损失，同时引起受热面的结渣、腐蚀等问题。

分级燃烧可以分成两类：一类是燃烧室（炉内）中的分级燃烧；另一类是单个燃烧器的分级燃烧。在采用分级燃烧时，由于第一级燃烧区内是富燃料燃烧，氧的浓度降低，形成还原性气氛。煤的灰熔点在还原性气氛中会比在氧化性气氛中降低100～120℃，这时如果熔融灰粒与炉壁相接触，容易发生结渣，而且火焰拉长，如果组织不好，还易引起炉膛受热面结渣和过热器超温，同时还原性氛围还会导致受热面的腐蚀。

空气分级再燃的影响因素主要为第一级燃烧区内的过量空气系数α，要正确地选择第一级燃烧区内的过量空气系数，以保证这一区域内形成富燃料燃烧，尽可能减少NO_x的生成，并使燃烧工况稳定。温度、二次风喷口的位置、停留时间、煤粉细度等也会对空气分级再燃产生影响。

分级燃烧系统在燃煤锅炉上的应用有较长的历史，通常增大燃尽风份额可得到较大的NO_x脱除率。目前该技术与其他初级控制措施联合使用，已成为新建锅炉整体设计的一部分，在适度控制NO_x排放的要求下，往往作为现役锅炉低NO_x排放改造的首选措施。

6.1.1.3 燃料分级燃烧

燃料分级燃烧，又称燃料再燃技术，是指在炉膛（燃烧室）内，设置一次燃料欠氧燃烧的NO_x还原区段以控制NO_x最终生成量的一种“准一次措施”。NO_x在遇到烃根CH_i和未完全燃烧产物CO、H_2、C和C_nH_m时会发生NO_x的还原反应。利用这一原理，把炉膛高度自下而上依次分为主燃区（一级燃烧区）、再燃区和燃尽区。再燃低NO_x燃烧是将80%～85%的燃料送入主燃区，在空气过量系数$\alpha>1$的条件下燃烧；其余15%～20%的燃料则在主燃烧区的上部某一合适位置喷入形成再燃区，再燃区过量空气系数$\alpha<1$，再燃区不仅使主燃区已生成的NO_x得到还原，同时还抑制了新的NO_x的生成，进一步降低NO_x的生成量。再燃区上方布置燃尽风（OFA）以形成燃尽区，以使再燃区出口的未完全燃烧产物燃烧，达到最终完全燃烧的目的。

一般采用燃料分级的方法可以达到30%以上的脱除NO_x的效果，在采用低NO_x燃烧器抑制NO_x生成的基础上联合使用燃料分级燃烧可以进一步降低NO_x的排放量。

6.1.1.4 烟气再循环

烟气再循环是常用的燃烧中降低NO_x排放量的方法之一。该技术是将锅炉尾部约10%～30%的低温烟气（温度为300～400℃）经烟气再循环风机回抽（多在省煤器出口位置引出）并混入助燃空气中，或直接送入炉膛或与一次风、二次风混合后送入炉内，从而降低燃烧区域的温度，同时降低燃烧区域氧的浓度，最终降低NO_x的生成量，并具有防止锅炉结渣的作用。但采用烟气再循环会导致不完全燃烧热损失加大，而且炉内燃烧不稳定，所以不能用于难燃烧的煤种（如无烟煤等）。

另外，利用烟气再循环改造现有锅炉需要安装烟气回抽系统，附加烟道、风机及飞灰收集装置，投资加大，系统也较复杂，对原有设备改造时也会受到场地条件等的限制。由于烟气再循环使输入的热量增多，可能影响炉内的热量分布，过多的再循环烟气还可能导致火焰的不稳定性及蒸汽超温，因此再循环烟气量有一定的限制。

烟气再循环法降低 NO_x 排放的效果与燃料种类、炉内燃烧温度及烟气再循环率有关，经验表明：当烟气再燃循环率为15%～20%时，煤粉炉的 NO_x 排放浓度可降低25%左右。燃烧温度越高，烟气再循环率对 NO_x 脱除率的影响越大。但是，烟气再循环效率的增加是有限的，当采用更高的再循环率时，由于循环烟气量的增加燃烧会趋于不稳定，而且未完全燃烧热损失会增加。因此，电站锅炉的烟气再循环率一般控制在10%～20%。在燃煤锅炉上单独利用烟气再循环措施，得到的 NO_x 脱除率小于20%。所以，烟气再循环措施一般都需要与其他的措施联合使用。

6.1.1.5 低 NO_x 燃烧器（LNB）

除了在燃烧室内采用上述的空气分级燃烧、燃料再燃烧和烟气再循环等技术来降低 NO_x 的浓度外，也可以将这些原理用于燃烧器，使燃烧器不仅能保证燃料着火和燃烧的需要，还能最大限度地抑制 NO_x 的生成，这就是低 NO_x 燃烧器技术。世界各国的大锅炉公司分别发展了各种类型的低 NO_x 燃烧器，NO_x 降低率一般在30%～60%之间。

燃烧器一般分为旋流和直流两种形式。圆形旋流燃烧器通常采用空气分级燃烧技术，它分两次或多次供入空气进行分段燃烧：一次空气通入，在燃料出口附近形成富燃区，抑制燃料 NO_x 生成；其余空气是从燃烧器周围的一些空气喷口送入，与未燃尽燃料混合，继续燃烧并形成燃尽区。

低 NO_x 直流燃烧器多采用浓淡燃烧技术降低 NO_x 的排放，称为浓淡燃烧器，其工作原理是使用上下靠得很近的燃料喷口形成偏离化学当量比的燃烧。即一部分燃料在 $\alpha<1$ 的条件下过浓燃烧，由于缺氧，燃烧温度比通常情况下低，故燃料型 NO_x 和热力型 NO_x 都减少；另一部分燃料在 $\alpha>1$ 的条件下过淡燃烧，由于空气量大，使燃烧温度低，故热力型 NO_x 降低。

实现煤粉浓淡燃烧方式的关键，是如何将一次风煤气流中的煤粉分离成浓淡两股风煤气流。当然也可通过分离作用在炉膛水平方向形成中心富燃料和外围贫燃料的分区燃烧。

各种脱硝技术对 NO_x 的降低率见图6-1。

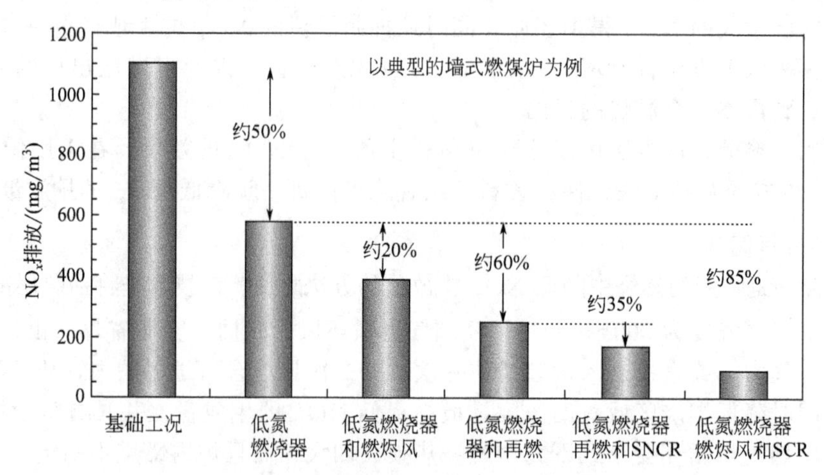

图6-1 各种脱硝技术对 NO_x 的降低率

6.1.2 选择性非催化还原

选择性非催化还原（selective non-catalytic reduction，SNCR）脱硝技术是在不使用催化剂的条件下，利用还原剂将烟气中的 NO_x 还原为无害的氮气和水的一种脱硝方法。该方法首先将含 NH_x 的还原剂喷入炉膛的适宜温度区域，在高温下，还原剂迅速热分解出 NH_3 并与烟气中的 NO_x 进行还原反应生成 N_2 和水。该方法以炉膛或高温段烟道为反应器，因此投资相对较低，施工期短。SNCR 技术在 20 世纪 70 年代中期最先工业应用于日本的一些燃油、燃气电厂烟气脱硝，80 年代末，欧盟国家的燃煤电厂也开始应用。

SNCR 脱硝率可达 75%。但实际应用中，考虑到 NH_3 损耗和 NH_3 泄漏等问题，SNCR 设计效率为 30%～50%。根据报道，当 SNCR 与低 NO_x 燃烧技术结合时，其效率可达 65%甚至更高。

6.1.2.1 SNCR 脱硝工艺与过程化学

（1）工艺流程

图 6-2 为 SNCR 系统工艺流程示意。炉膛壁面上安装有还原剂喷嘴，还原剂通过喷嘴喷入烟气中，并与烟气混合，反应后的烟气流出锅炉。整个系统由还原剂贮槽、还原剂喷入装置和控制仪表所构成。氨是以气态形式喷入炉膛，而尿素是以液态形式喷入，两者在设计和运行上均有差别。尿素相对氨而言，贮存更安全且能更好地在烟气中分散，对于大型锅炉，尿素 SNCR 应用更普遍。当氨与 NO_x 反应不完全时，未反应完全的 NH_3 将从 SNCR 系统逸出。反应不完全的原因主要来自两个方面：一种是因为反应的温度低，影响了氨与 NO_x

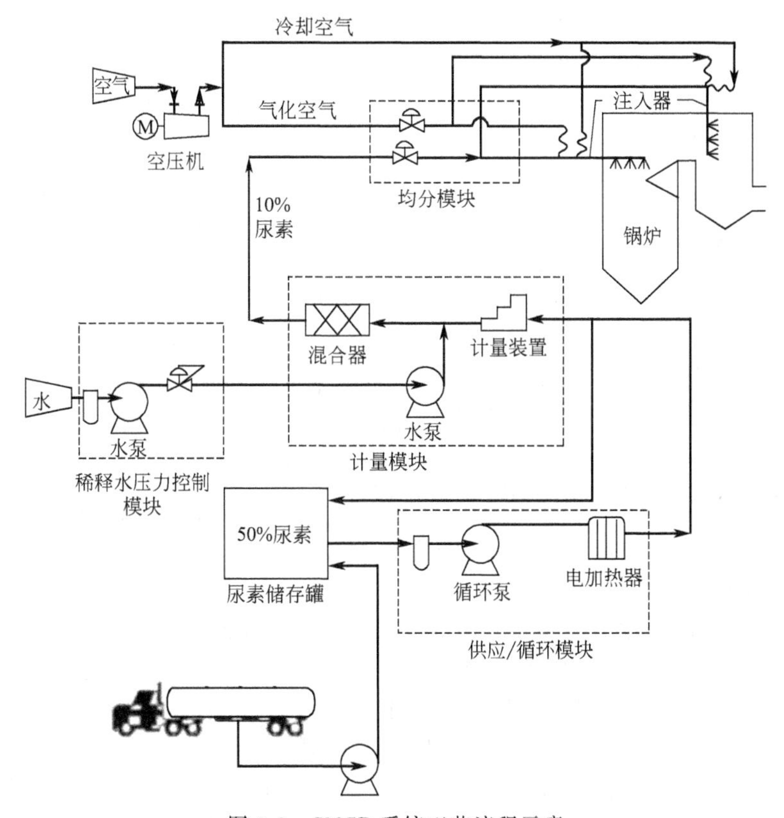

图 6-2 SNCR 系统工艺流程示意

的反应；另一种可能是喷入的还原剂与烟气混合不均匀。因此，还原剂喷射系统必须将还原剂喷入到锅炉内有效的部位，以保证氨与 NO_x 的混合均匀。

（2）过程化学

SNCR 过程化学相对简单。氨基还原剂，如氨（NH_3）和尿素［$CO(NH_2)_2$］以合适的形态通过喷嘴喷入炉膛中，在合适的温度下，尿素或氨分解为活化的 NH_2 和 NH_3 激发分子。通过一系列反应后，激发了的 NH_3 与烟气中的 NO_x 接触并反应，将 NO_x 还原为 N_2 和 H_2O。

因为烟气中 NO_x 的 90%～95%是以 NO 的形式存在。故此该反应过程可用以下化学反应式表示：

$$4NH_3+4NO+O_2 \longrightarrow 4N_2+6H_2O$$

$$2CO(NH_2)_2+4NO+O_2 \longrightarrow 4N_2+2CO_2+4H_2O$$

反应过程可能发生副反应，副反应主要产物为 N_2O。N_2O 是一种温室气体，同时它对臭氧层也能起到破坏作用。尿素 SNCR 系统中，近 30%的 NO_x 能被转换为 N_2O，较 NH_3-SCR 产生的 N_2O 多。

氨必须注入最适宜的温度区内，以保证上述两个反应为主要反应。当温度超过上限，氨容易直接被氧气氧化，导致被还原的 NO_x 减少。另一方面，当温度低于下限温度时，则氨反应不完全，过量的氨逸出而与 SO_x 形成硫酸铵，易造成空气预热器堵塞，并有腐蚀危险。

6.1.2.2　主要影响因素

NO_x 的还原效率决定烟气脱硝的效率。SNCR 系统中，影响 NO_x 还原效率的设计和运行参数主要包括反应温度、在最佳温度区域的停留时间、还原剂和烟气的混合程度、NO_x 排放浓度、还原剂和 NO_x 的摩尔比和氨泄漏量等。

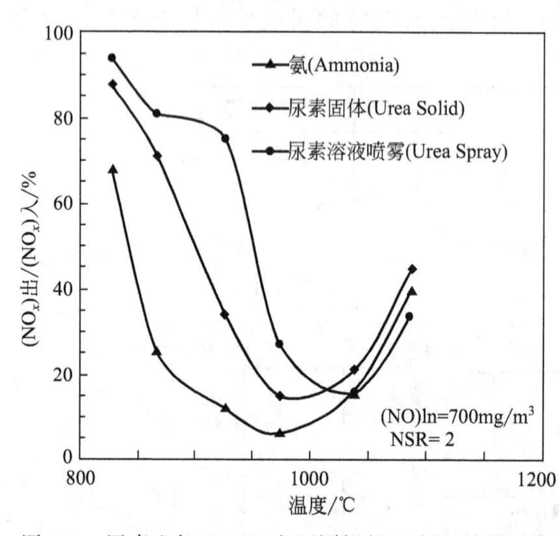

图 6-3　尿素和氨 SNCR 在不同锅炉温度下的脱硝率

（1）温度

NO_x 的还原反应发生在特定的温度范围内。温度过低，反应速率慢，氨反应不完全而随烟气外排；温度过高，还原剂被氧化而生成其他的 NO_x，同时降低了还原剂的利用率。以氨为还原剂时，最佳操作温度范围为 870～1100℃。以尿素为还原剂时，最佳操作温度范围为 950～1150℃。图 6-3 为一个以氨和尿素为还原剂的 SNCR 工艺装置的 NO_x 脱除曲线。添加剂能影响有效的温度窗口，影响趋势情况见图 6-4。

（2）停留时间

停留时间是指反应物在反应器中停留的总时间。在此时间内，尿素与烟气的混合、水的蒸发、尿素的分解和 NO_x 的还原等步骤必须完成。

增加停留时间，化学反应进行得较完全，NO_x 的脱除效率提高。当温度较低时，为达到相同的 NO_x 脱除效率，需要较长的停留时间。SNCR 系统中，停留时间一般为 0.001～10s。

停留时间的多少取决于锅炉气路的尺寸和烟气流经锅炉气路的气速。这些设计参数取决于如何使锅炉在最优化的条件下操作，而不是 SNCR 系统在最优化的条件下操作。锅炉停

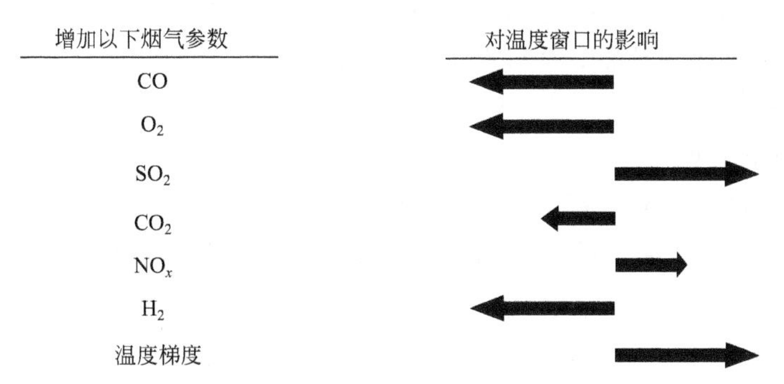

图 6-4 添加剂影响温度的窗口

留时间是在满足蒸汽再生要求的同时，为防止锅炉水管的腐蚀，烟气保持一定的流速。因此，实际操作的停留时间并不一定是最优的 SNCR 停留时间。

(3) 混合程度

还原剂必须与烟气分散和混合均匀，以利于还原反应的发生。由于氨很容易挥发，分散发生得很快。混合程度取决于锅炉的形状和气流通过锅炉的方式。在大型锅炉中还原剂的分散与烟气的混合比在小型锅炉内难。

还原剂的混合由喷射系统完成。喷嘴可控制喷射角度、速度和方向。建立烟气和还原剂混合的数学模型可优化喷入系统的设计。为使氨或尿素溶液均匀分散，还原剂被特殊设计的喷嘴雾化为小液滴。喷嘴可控制液滴的粒径和粒径分布。蒸发时间和喷射的路线是液滴粒径的函数。大液滴动量大，能喷射到更远的烟气中。但大液滴挥发时间长，需要增加在烟气中的停留时间。混合不均匀将导致脱硝率下降。增加喷入液滴的动量，增多喷嘴的数量、增加喷入区的数量和对喷嘴进行优化设计可提高还原剂和烟气的混合程度。

(4) NH_3/NO_x 摩尔比（化学计量比）

由化学反应方程式可知，脱除 1mol NO 需要消耗 1mol 的氨（或与其相当的还原剂）。还原剂的利用效率可通过还原剂的喷入量与 NO_x 的脱除效率进行计算。化学计量比为脱除 1mol NO_x 所需氨的摩尔数。由于受反应速率的影响，要达到 100%的脱除效率，实际所需的化学计量比比理论计量比要大些。

由于氨能与系统中的 SO_3 反应生成硫酸铵，在空气预热器上沉积，导致空气预热器的堵塞和腐蚀。SNCR 工艺一般要求氨的逃逸量不超过 $5mg/m^3$ 或更低。当 SNCR 工艺的化学计量比低于 1.05 时，氨的利用率达到 95%以上。

还原剂在锅炉高温（1100℃）区域，可发生氨的分解反应，也会使氨的利用率降低。

6.1.3 选择性催化还原

选择性催化还原（selective catalytic reduction，SCR）是指在 O_2 和催化剂存在条件下，用还原剂（如 NH_3、CO 或羟类化合物）将烟气中的 NO_x 还原为无害的 N_2 和水的工艺。SCR 工艺之所以称作选择性，是因为在催化剂的帮助下还原剂优先与烟气中的 NO_x 反应，而不是被烟气中的 O_2 氧化。烟气中 O_2 的存在能促进反应发生，是反应系统中不可缺少的部分。

选择性催化还原烟气脱硝技术是 20 世纪 70 年代由日本研究开发，目前已广泛应用于日本、欧洲和美国等国家和地区的燃煤电厂的烟气净化中。该技术既能单独使用，也能与其他

NO_x 控制技术（如低 NO_x 燃烧技术、SNCR 技术）联合使用。

SCR 技术脱硝率高，理论上可接近 100%的脱硝率。商业燃煤、燃气和燃油锅炉烟气 SCR 脱硝系统，设计脱硝率可大于 90%。

6.1.3.1 SCR 脱硝工艺原理

工业上，燃煤燃气 SCR 脱硝的还原剂主要是氨。液氨或氨水由蒸发器蒸发后喷入系统中，在催化剂的作用下，氨气将烟气中的 NO_x 还原为 N_2 和水。其化学反应方程式为：

$$4NH_3+4NO+O_2 \xrightarrow{\text{催化剂}} 4N_2+6H_2O$$

$$4NH_3+2NO_2+O_2 \xrightarrow{\text{催化剂}} 3N_2+6H_2O$$

由于燃烧的烟气中约 95%的 NO_x 是以 NO 的形态存在，因而上面第一个反应占主导地位，该反应表明，脱除 1mol 的 NO_x 需要消耗 1mol 的 NH_3。催化剂在反应中起到降低反应活化能和加快反应速率的作用。在气固催化反应过程中，催化剂的活性位吸附的氨与气相中的 NO_x 发生反应，生成 N_2 和水。N 同位素试验表明，反应产物 N_2 分子中一个原子 N 来自 NH_3、另一个来自于 NO。O_2 的存在有利于 NO 的还原。除上面反应外，同时也有可能发生氨的氧化反应和 SO_2 的氧化反应，还产生少量副产品 $(NH_4)_2SO_4$ 和 NH_4HSO_4。

$$4NH_3+3O_2 \longrightarrow 2N_2+6H_2O$$

$$SO_2+1/2O_2 \longrightarrow SO_3$$

在较低温度时，选择性催化还原反应占主导地位，且随温度升高有利于 NO_x 的还原。但进一步提高反应温度会使氧化反应变得更为主要，结果使得 NO_x 脱除效率降低。

NO_x 脱除率根据加入的氨量而定（用 NH_3/NO_x 摩尔比表示）。高 NH_3/NO_x 摩尔比会产生高 NO_x 脱除率，但同时，烟气中未反应的氨（氨逃逸）会增加。残 NH_3 量，又称为 NH_3 逸出量，即在 SCR 下游烟气中未反应的 NH_3 量，保证残氨量在 $2mg/m^3$ 以下，以减少的副产品 $(NH_4)_2SO_4$ 和 NH_4HSO_4 的生成量。这两种产物会导致结垢和设备腐蚀，在燃用高硫煤时问题会更严重。

6.1.3.2 工艺流程

（1）布置方式

依据 SCR 脱硝反应器相对的安装位置，SCR 系统有高粉尘布置、低粉尘布置和尾部布置三种方式。

① 高粉尘布置方式　高粉尘布置 SCR 系统，SCR 反应器布置在锅炉省煤器和空气预热器之间，此时烟气温度在 300～400℃范围内，是大多数金属氧化物催化剂的最佳反应温度，烟气不需加热可获得较高的 NO_x 净化效果。但催化剂处于高尘烟气中，条件恶劣，寿命会受下列因素影响：a. 烟气飞灰中 K、Na、Ca、Si、As 会使催化剂污染或中毒；b. 烟气飞灰磨损并使催化剂堵塞；c. 若烟气温度过高会使催化剂烧结。

② 低粉尘布置方式　低粉尘布置 SCR 系统，SCR 反应器布置在省煤器后的高温电除尘器和空气预热器之间，该布置方式可防止烟气中的飞灰对催化剂的污染、磨损和堵塞；其缺点是大部分电除尘器在 300～400℃的高温下无法正常运行。

③ 尾部布置方式　尾部布置 SCR 系统，SCR 反应器布置在除尘器和烟气脱硫系统之后；催化剂不受飞灰和 SO_3 等的污染，但由于烟气温度较低，仅为 50～60℃，一般需要气-气换热器（GGH）或采用加设燃油或燃气的燃烧器将烟温提高到催化剂的活性温度区间，这势必增加能源消耗和运行费用。

布置方式的选择主要受场地情况与所用催化剂的活性温度窗口影响。现有电厂 SCR 装置中，高尘布置方式居多。

（2）系统组成

一个完整的 SCR 系统需要有反应器、催化剂、氨贮存和注入系统。由于 SCR 反应器的阻力，气体通过 SCR 反应器时会产生压降，所以可能需要增加锅炉引风机的容量或者外加风机。液氨由槽车运送到液氨贮罐，液氨贮罐输出的液氨在雾化后与空气混合，通过喷氨格栅的喷嘴喷入催化反应器。达到反应温度且与氨气充分混合的废气流经 SCR 反应器的催化层时，氨气与 NO_x 发生催化氧化还原反应，将 NO_x 还原为无害的 N_2 和 H_2O。

实际应用中 SCR 系统，压降和空速是设计 SCR 系统必须考虑的两个重要因素。催化反应器的压降与催化剂的几何形状有关，一般在 500～700Pa 之间。

（3）还原剂

液氨、氨水和尿素均能作为 SCR 反应的还原剂。液氨几乎是 100%的纯氨，它在大气压下是气体，因此必须在加压条件下进行运输或贮存。与液氨相比，用氨水进行运输和贮存不存在安全问题，但要求较大的容器进行贮存。当使用一定浓度的氨水作为还原剂时，为提供足够大的氨蒸气压，SCR 系统需要蒸发器。尿素与液氨及氨水相比，是无毒、无害的化学品，是农业常用的肥料，但用其制氨的系统复杂、设备多，初投资大，能耗也高于液氨系统，大量尿素的存储还存在潮解的问题。其最大的优势是安全性非常高，在不允许存在氨的脱硝场所可选用尿素。

还原剂消耗的费用影响 SCR 的运行费用。

（4）其他问题

对于 SCR 工艺来说，需要关心的问题之一是反应器下游产生固态的硫酸铵和液态的硫酸氢铵。由于 SCR 系统存在一些未反应的 NH_3 和由含硫燃料燃烧产生某些 SO_3，因而不可避免生成硫酸铵等物质。

这些生成的硫酸铵和硫酸氢铵是非常细的颗粒，在温度降低到 230℃以下时会凝结黏附，可沉积在催化剂及其下游的空气预热器、烟道和风机上，造成催化剂空隙堵塞失活和空气预热器等的腐蚀。为了防止这一现象的发生，SCR 反应的温度一般要高于 300℃。同时随着催化剂使用时间的增加，活性逐渐下降，残留在尾气中的 NH_3 慢慢增加。根据在日本和欧洲的运行经验，烟气中的逃逸 NH_3 含量不应超过 $5mg/m^3$。

6.1.3.3 催化剂

（1）催化剂的化学组成

目前，可用于 SCR 系统的催化剂主要有贵金属催化剂、碱金属氧化物催化剂和分子筛催化剂三种类型。典型的贵金属催化剂是 Pt 或 Pd 作为活性组分，其操作温度在 175～290℃之间，属于低温催化剂。20 世纪 70 年代，贵金属催化剂最先被用于 SCR 脱硝系统。这种催化剂还原 NO_x 的活性很好，但选择性不高，NH_3 容易直接被空气中的氧氧化。由于这些原因，传统的 SCR 系统中，贵金属催化剂很快被金属氧化物催化剂所代替。由于一些贵金属在相对较低的温度下，还原 NO_x 和氧化 CO 的活性高。因此，贵金属催化剂主要研究用于低温催化和天然气锅炉的应用。

商业 SCR 催化剂，其活性组分为 V_2O_5，载体为锐钛矿型的 TiO_2，WO_3 或 MoO_3 作助催剂。20 世纪 60 年代，人们发现钒具有 SCR 催化反应的活性。其后，人们发现负载在锐钛矿上的 V_2O_5 具有很好的 SCR 催化反应活性和稳定性。商业催化剂中，为防治 SO_2 被

氧化为 SO_3，活性组分 V_2O_5 的负载量很低，一般小于 1%。WO_3 作为助催剂，主要用来提高催化剂的活性和稳定性，其负载量为 6%左右。MoO_3 也能用作助催剂，若采用 MoO_3 作助催剂，其负载量一般为 6% 左右。

选用锐钛矿型的 TiO_2 作为 SCR 催化剂的载体，其主要原因有两点。

① 燃煤烟气中一般存在 SO_2，在 V_2O_5 催化作用下它能被烟气中氧气氧化而生成 SO_3，从而进一步与喷入系统的氨发生反应生成硫酸盐。与其他氧化物载体相比，如 Al_2O_3、ZrO_2，TiO_2 抗硫化能力强，且硫化过程可逆。因此，以 TiO_2 为载体的商业 SCR 催化剂在反应中仅被 SO_2 部分硫化，且研究发现部分硫化后催化剂酸性增强而使催化剂活性增强。

② 研究表明，与其他载体相比，负载在锐钛矿型 TiO_2 上的 V_2O_5 催化剂是活性很好的氧化型催化剂。

由于 V_2O_5/TiO_2（锐钛矿）是很不稳定的一个体系，V_2O_5 的引入加剧了 TiO_2 由锐钛矿型向金红石型的转变，同时使催化剂更容易烧结而损失比表面积。WO_3 或 MoO_3 的加入能抑制这个转变。同时，WO_3 和 MoO_3 能抑制烟气中 SO_2 被氧化为 SO_3，这主要是由于 WO_3 和 MoO_3 均为酸性氧化物，能竞争 TiO_2 表面上碱性位的吸附而抑制了 SO_3 的吸附。

此外，分子筛催化剂也能用于 SCR 反应，由于其操作温度高，主要用于燃气锅炉。在高温下，过渡金属离子（如铁）交换的分子筛具有很高的 SCR 催化活性。由于金属氧化物催化剂在高温下不稳定，可通过提高分子筛的 Si/Al 比来提高催化剂的热稳定性和抗硫性能。

(2) 催化剂的几何外形和催化反应器

为适应不同颗粒物浓度的要求，反应器和催化剂的构型也因应用情况而异。小球状、圆柱形或环形的 SCR 催化剂，主要应用于燃烧天然气的锅炉，采用的反应器是一个固定式填充床。但是，用于燃油或燃煤锅炉的 SCR 设备必须能承受烟道气流中颗粒物（飞灰）的冲刷作用。对于这类应用，最好使用平行流道的催化剂。平行流道意味着烟气直接通过开口的通道，并平行接触催化剂表面。气体中的颗粒物被气流带走，NO_x 靠紊流迁移和扩散，到达催化剂表面。

平行流道式催化剂有蜂窝式、板式、波纹板式三种类型（见图 6-5）。催化剂可以是均相材料，也可以由活性物质涂覆在金属或陶瓷载体的表面上组成。平行流道式催化剂一般制成一个集束式单元结构。

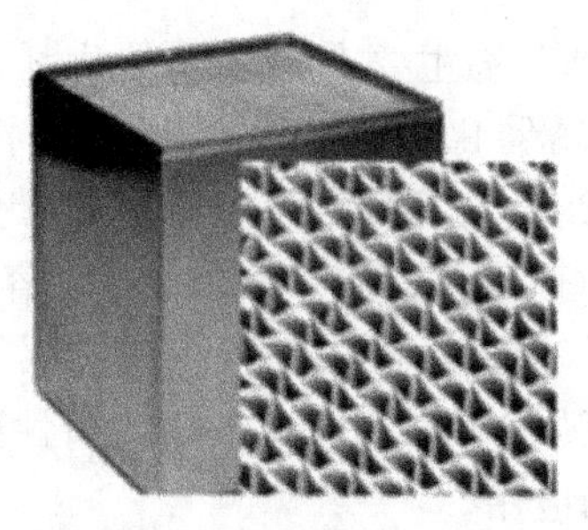

图 6-5 常用的催化剂形状有蜂窝式、板式和波纹板式三种

① 蜂窝式 世界范围内有许多家公司在生产这种催化剂。采取整体挤压成型，适用于燃煤锅炉的催化剂节距范围为 6.9～9.2mm，比表面积约 410～539m^2/m^3，相同脱硝效率

所需体积较小。为增强迎风端的抗冲蚀磨损能力，催化剂上端部约 10～20mm 长度采取硬化措施。

② 板式　以金属板网为骨架，采取双侧挤压的方式将活性材料与金属板结合成型。其结构形状与空气预热器的受热面相似，节距 6.0～7.0mm，开孔率较高（80%～90%），防灰堵能力较强，适合于灰含量高或黏性灰的工作环境。但因其比表面积小（280～350m^2/m^3），要达到相同的脱硝效率，所需体积较大。采用板式催化剂设计的 SCR 反应器装置，相对荷载较大，单系统阻力相对较低。

③ 波纹板式　以玻璃纤维或者陶瓷纤维作为骨架，孔径相对较小，比表面积最高，适用于低灰含量环境。在脱硝效率相同的情况下，波纹式催化剂的所需体积最小，且由于密度较小，SCR 反应器体积与支撑荷载普遍较小。

这三种类型催化剂尽管制造工艺不同，但均可组合成标准化模块（每个模块截面约 1.9m×0.96m），都能够满足不同水平的脱硝效率要求。在 SCR 布置工艺确定时，催化剂的设计和选型主要受到烟尘浓度、温度及 SO_2 浓度的影响。

6.1.3.4　主要影响因素

NO 还原反应的速率决定烟气脱硝率。与 SNCR 系统类似，反应温度、停留时间、还原剂与烟气的混合程度、还原剂与 NO_x 的化学计量比、逸出的 NH_3 浓度等设计和运行因素影响 SCR 系统脱硝率。由于 SCR 系统中使用了催化剂，除了上述影响因素外，还需要考虑催化剂活性、选择性和稳定性以及催化剂床层压降。

（1）反应温度

NO_x 的还原反应需要在一定的温度范围内进行。在 SCR 系统中，由于使用了催化剂，NO_x 还原反应所需的温度较 SNCR 系统低得多。

温度对反应速度的影响很大，当温度低于 SCR 系统所需温度时，NO_x 的反应速率降低，氨逸出量增大；当温度高于 SCR 系统所需要温度时，生成的 N_2O 量增大，同时造成催化剂的烧结和失活。SCR 系统最佳的操作温度取决于催化剂的组成和烟气的组成。对金属氧化物催化剂 V_2O_5-WO_3(MoO_3)/TiO_2 而言，其最佳的操作温度为 250～427℃。

（2）停留时间和空速

一般而言，反应物在反应器中停留时间越长，脱硝率越高。反应温度对所需停留时间有影响，当操作温度与最佳反应温度接近时，所需的停留时间降低。停留时间经常用空速来表示，空速越大，停留时间越短。对一定流量的烟气，当增加催化剂的用量时，空速降低，NO_x 的脱除率提高。

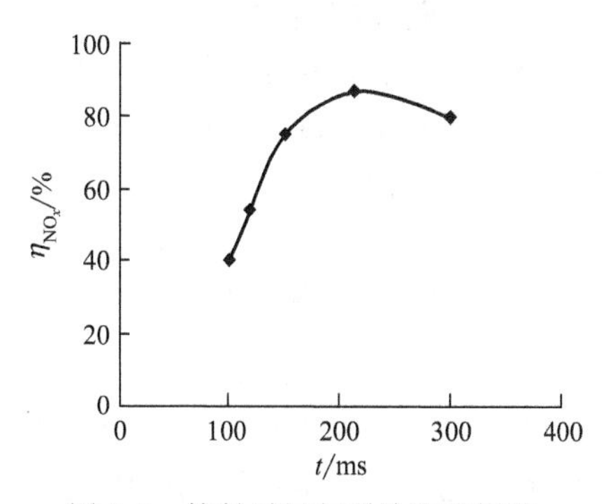

图 6-6　接触时间与脱除率的影响

反应温度为 310℃，NH_3/NO 的化学计量比为 1 的条件下，反应气与催化剂的接触时间与 NO_x 脱除率的影响如图 6-6 所示。由图可知，SCR 系统最佳的停留时间为 200ms。当停留时间较短，随着反应气体与催化剂的接触时间增大，有利于反应气在催化剂微孔内的扩散、吸附、反应和产物气的解吸、扩散，NO_x 脱除率提高。但当接触时间过大时，由于 NH_3 氧化反应开始发生而使 NO_x 的脱除率下降。增加催化剂的用量可降低空速，但相应的建设费用增大。

（3）NH_3/NO 摩尔比（化学计量比）

根据化学反应方程式，脱除1mol的NO需要消耗1mol的氨，反应气体理论化学计量比为1。动力学研究表明，当操作化学计量比<1时，NO_x 的脱除率与 NH_3 的浓度成正线性关系；当化学计量比>1时，NO_x 的脱除率与 NH_3 的浓度基本没有关系。试验结果表明当反应物化学计量比大约为1.0时能达到95%以上的 NO_x 脱除率，并能使氨的逸出浓度维持在 $5mg/m^3$ 以内。然而，随着催化剂在使用过程中活性的降低，氨的逸出量也在慢慢增加。为减少 $(NH_3)_2SO_4$ 对空气预热器和下游管道的腐蚀和堵塞，一般需将氨的排放浓度控制在 $2mg/m^3$ 以下，这时实际操作的化学计量比一般<1。

6.1.4 其他脱硝方法

6.1.4.1 脉冲电晕等离子法和电子束照射法

这两类方法都是利用高能电子撞击烟气中的 H_2O、O_2 等分子，产生O·、HO·、O_3·等氧化性很强的自由基，将NO氧化成 NO_2，NO_2 与 H_2O 生成 HNO_3，并与喷入的 NH_3 反应生成硝铵化肥。

脉冲电晕等离子法和电子束照射法脱硫脱硝的基本原理基本一致，都是利用高能电子使烟气中的 H_2O、O_2 等分子被激活、电离或裂解，产生强氧化性的自由基，然后，这些自由基对 SO_2 和 NO_x 进行等离子体催化氧化，分别生成 SO_3 和 NO_2或相应的酸，在有添加剂的情况下，生成相应的盐而沉降下来。它们的差异在于高能电子的来源不同，电子束方法是通过阴极电子发射和外电场加速而获得，而脉冲电晕放电方法是由电晕放电自身产生的。

脉冲电晕放电脱硫脱硝有着突出的优点，它能在单一的过程内同时脱除 SO_2 和 NO_x；高能电子由电晕放电自身产生从而不需昂贵的电子枪，也不需辐射屏蔽；它只要对现有的静电除尘器进行适当的改造就可以实现，并可能集脱硫脱硝和飞灰收集的功能于一体；它的终产品可用作肥料，不产生二次污染；在超窄脉冲作用时间内电子获得了加速，而对不产生自由基的惯性大的离子没有加速，从而该方法在节能方面有很大的潜力；它对电站锅炉的安全运行没有影响。

6.1.4.2 活性炭吸附法

活性炭具有较大的比表面积，对低浓度 NO_x 有较高的吸附能力，相对很多吸附材料而言，具有吸附速率快和吸附容量大的优点，其吸附量超过分子筛和硅胶。采用活性炭吸附用于处理 NO_x 有较多的研究和应用。

采用活性炭吸附法净化 NO_x 具有工艺简单，净化效率较高，无需消耗化学物质，设备简单，操作方便，且能同时脱除 SO_2 等优点。但由于吸附剂容量有限，需要的吸附剂量大，故设备庞大；且由于大多数烟气中有氧存在；300℃以上活性炭有自燃的可能，给吸附和再生造成相当大的困难，故吸附法的工业广泛应用受到一定限制。

6.1.4.3 微生物净化法

在用微生物净化有机废气硝化脱氮获得成功的基础上研发而来的微生物净化脱硝，主要利用反硝化细菌的生命活动脱除废气中的 NO_x。在反硝化过程中，NO_x 通过反硝化细菌的同化反硝化作用（合成代谢）还原成有机氮化物，成为菌体的一部分或通过异化反硝化作用（分解代谢）最终转化为 N_2。由于反硝化细菌是一种兼性厌氧菌，以 NO_x 作为电子受体进行厌氧呼吸，故其不像好氧呼吸那样释放出更多的ATP，相应合成的细胞物质量也较少，在生物反硝化过程中，以异化反硝化为主。因此，生物净化 NO_x 也主要是利用反硝化细菌的异化反硝化作用。

微生物处理 NO_x 与微生物处理有机挥发物及臭气有较大的不同。由于 NO_x 是无机气体，其构成不含有碳元素，因此微生物净化 NO_x 是适合的脱氮菌在有外加碳源的情况下，利用 NO_x 作为氮源，将 NO_x 还原成无害的 N_2，而脱氮菌本身获得生长繁殖。

生物法净化 NO_x 废气一般包括两个过程：NO_x 由气相转移到液相或固体表面的液膜中的传质过程；NO_x 在液相或固相表面被微生物净化的生化反应过程。过程速率的快慢与 NO_x 的种类有关。由于 NO 和 NO_2 溶解于水的能力差异较大，其净化机理也有所不同。

6.1.4.4 湿式络合吸收法

由于烟气中 NO_x 的 90%～95%是以 NO 形式存在，NO 在水中和碱中的溶解度都很低，在湿式吸收过程中，溶解难度较大。湿式络合利用液相络合剂直接同 NO 反应，增大 NO 在水中的溶解性，从而使 NO 易于从气相转入液相，对于处理主要含有 NO 的燃煤烟气具有特别意义。此外，络合剂可以作为添加剂直接加入石灰石膏法烟气脱硫的浆液中，在原有的脱硫设备上稍加改造，可实现同时脱除 SO_2 和 NO_x，节省高额的固定投资，因此具有一定的应用前景。目前研究较多的 NO 络合吸收剂有 $FeSO_4$、EDTA-Fe(Ⅱ)、$Fe(CyS)_2$ 等。

6.2 工艺设计

SNCR 与 SCR 为工业上非常成熟的脱硝工艺方法，下面以常规 SCR 和 SNCR 脱硝方法为例，介绍脱硝工艺设计。

6.2.1 还原剂的选择

常规脱硝反应所用的还原剂为氨气，可以通过液氨、氨水或尿素获取。还原剂原料的选用应根据厂址周围环境的要求、来源的可靠性及运输及贮存的安全性、还原剂制备系统的投资及年运行费用等因素，经技术经济综合比较后确定。

一般厂区周围人口密度较低，安全评价允许使用液氨，且液氨产地距厂址较近，液氨存储的场地满足国家相关安全标准规范要求，在保证可靠供应的条件下，宜选择液氨为还原剂。若厂区周边人口密集，或当地液氨供应有困难，或液氨的安全运输难以保证，则可以采用尿素。对于老厂的改扩建，若液氨存储场地难以满足国家相关标准，建议选择尿素为制氨的原料。

氨水作为还原剂相对于无水氨安全，由于浓度低，运输成本及制备气氨时能耗比液氨大。SCR、SNCR 脱硝反应既可用尿素也可用氨作为还原剂。液氨的品质应符合国家标准《液体无水氨》GB 536 中合格品的技术指标要求。尿素的品质应至少符合国家标准《尿素》GB 2440 工业用合格品的技术指标要求。工业氨水的品质尚无明确的技术指标要求，目前市场上可供的氨水浓度为 20%～30%。

6.2.2 还原剂储存及制备系统

6.2.2.1 液氨卸料、储存及氨气制备系统

液氨卸料、储存及氨气制备系统包含：卸料压缩机、液氨储罐、液氨蒸发器、稀释罐、

氨气泄漏检测器、水喷淋系统、安全系统及相应的管道、支架、阀门及附件。

(1) 设计原则

由于液氨属易燃、易爆危险品，液氨的卸料、储存和制备系统及其设备布置应严格执行国家相关的法律、法规和规定，符合现行的国家和行业标准。液氨的卸料、储存及氨气制备系统应按多台机组共用的母管制系统设计，液氨储运采用槽车运入、加压常温储存、气氨采用管道输送的方式。

系统设计的主要输入数据为：①各台锅炉 BMCR 工况下纯液氨的耗量（kg/h）、机组台数等资料；②外购的还原剂纯度；③根据厂址条件确定的储存液氨的最低、最高设计温度及设计压力。

(2) 系统方案设计

系统工艺流程简单表示为：液氨槽车→液氨卸料→液氨存储→氨气制备。

液氨由专用槽车运送至液氨储存罐储存。液氨储存罐内的液氨则利用罐内自身的压力或需要时由液氨输送泵送入蒸发器，通过外部热源使液氨转化为气态氨，经过氨气缓冲罐稳定至一定压力后，经过管道输送至氨气空气混合器，与稀释风机来的空气混合成体积浓度为5%的氨气供脱硝反应使用。

(3) 系统设计应注意的问题

① 液氨是可压缩成液体的有毒气体，除了其本身的毒性对人体易造成直接健康危害外，它的危险性主要是具有高压、易燃、易爆的特性。系统设计应注意的问题是：液氨是气液共存的，气液随空间、压力、温度变化可转变。在不同的温度下，氨对应的饱和压力相差很大。液氨受热膨胀速率很大，罐体若在超装或满载液氨的状态下极易引起超压爆炸，故系统设计应考虑防止阳光直射。

② 氨和空气混合物达到爆炸极限浓度为16%～25%（最易引燃浓度为17%），遇明火会燃烧和爆炸，如有油类或其他可燃性物质存在，则危险性更高，所以系统设计应注意严密性，防止氨气外泄。

③ 当氨混有少量水分（＜0.2%）或湿气（使用温度＞－5℃）时，不能使用铜和铜锌合金、镍和镍合金、银和银合金，可用钢和铁合金（碳钢）来储存氨。

④ 液氨会侵蚀某些塑料制品、橡胶和涂层，所以氨系统应注意材料的选用。

a. 避免使用橡胶和塑料，如氨基甲酸酯树脂、氯磺化聚乙烯合成橡胶、氟橡胶、硅树脂、丁苯橡胶；

b. 可以使用聚四氟乙烯、聚三氟氯化乙烯聚合体、聚乙烯、天然橡胶、丁腈橡胶、氯丁橡胶、海帕伦、丁基橡胶、硅橡胶和氧化橡胶。

⑤ 氨储罐区的设计应考虑设防火堤、遮阳棚、冷却喷淋等相关安全措施，并设置氨气泄漏检测器、喷淋冷却水装置、氮气吹扫装置、安全淋浴器和洗眼器以及逃生风向标等安全防护设备。

⑥ 系统的液氨卸料压缩机、液氨储存罐、液氨蒸发器、氨气缓冲罐及氨输送管道等都应有氮气吹扫系统，在初次启动及检修后启动前，应对以上设备、管道分别进行系统吹扫、置换，以防止氨气泄漏或与系统中残留的空气混合造成危险。在每次液氨卸料之前，应用氮气吹扫卸氨管线，确保管线中无残留空气。

⑦ 液氨储罐区应设置带警告标识的实体围墙。

(4) 设备配置与选择

① 卸氨压缩机的选择要点　脱硝用液氨耗量大，一般由专用液氨槽车通过铁路或公路

运输到电厂。若氨源就近，也可通过管道输送。卸液氨时为了避免与空气混合而发生危险，不可采用空气加压，应设置专用液氨压缩机。压缩机宜按一用一备设置两台。卸氨压缩机的扬程选择应综合考虑卸氨环境温度下储存罐内液氨的饱和蒸气压以及气侧液侧管道阻力等，扬程一般不高于200m。卸氨压缩机的输送流量主要根据槽车允许的卸氨时间确定，一般卸氨时间按照1～1.5h设计。卸氨压缩机可设带有四通阀门的氨气回收管路，以充分回收液氨运输槽车中的残余氨。当液氨槽车中的压力为环境温度下液氨饱和压力的25%时，应停运压缩机。与槽车相接的液相卸料管及气相回气管均应设氮气吹扫进气管及接氨气排放总管的排气管。每台卸氨压缩机的出口管道上应设超压保护的安全阀。卸氨压缩机应配防爆等级为dIIAT1的电动机。

② 液氨储存罐的选择要点　液氨储存罐的容量应以锅炉BMCR工况下锅炉制造厂商保证的NO_x排放浓度，以及脱硝装置设计脱硝效率条件下的液氨日消耗量的储存天数计。表6-1为不同的液氨输送方式所推荐的储存天数。若液氨供应有保障，储存天数宜取下限。

表6-1　推荐液氨储存天数

输送方式	管道输送	公路输送	铁路输送
储存天数/d	3～5	5～7	5～10

液氨常温压力储存设备的几何容积应是固定的，宜选用卧式储存罐，数量不应少于2台，单罐储存容积宜小于120m^3。液氨储罐的设计应遵循《压力容器》GB 150的要求。储罐的设计压力及设计温度应根据厂址所在地区的环境及储罐的布置等相关条件确定，设计压力应以可能达到的最高工作温度下的饱和蒸汽压为依据，对于无保冷设施的液氨储罐，设计压力应为50℃饱和蒸汽压力，对于液氨即为2.16MPa。液氨储存罐材料的选用应依据设计压力和最低可能出现的工作温度（即最低设计温度）。当储罐最低设计温度>－20℃时，罐体宜选用16MnR，具体要求参见《钢制化工容器材料选用规定》HG/T 20581；当储罐最低设计温度≤－20℃时，罐体宜选用16MnDR，具体要求参见《钢制低温压力容器技术规定》HG/T 20585。

液氨储存罐的设计装量系数应根据《压力容器安全技术监察规程》的要求执行，一般取0.9。液氨储存罐外接管道均应设双阀，并设有超流阀、逆止阀、紧急关断阀作为储存罐液氨泄漏保护用。储存罐的进料管应从罐体下部接入，若必须从上部接入，应延伸至距罐底200mm：氨储存罐之间宜设气相平衡管，平衡管直径不宜大于储存罐气体放空管直径，亦不宜小于40mm。液氨储罐进液管可设流量计，用于控制液氨的输送流量。

③ 氨气制备设备的选择要点　氨气制备设备包括液氨蒸发器及氨气缓冲罐。其材质宜选用S30408不锈钢。液氨蒸发器的总出力宜按照全厂机组BMCR工况下的全容量设计，至少留有5%的设计裕量，并设1台备用。在大多数环境条件下，液氨可利用储罐中的压力自流至蒸发系统。但是，当液氨储存罐的环境温度低于－20℃时，液氨蒸发器入口需设液氨输送泵，液氨输送泵可采用离心泵，液氨输送泵扬程宜按总阻力（包括静压差）的120%考虑。

从安全性考虑，液氨的蒸发宜采用间接加热，通过中间加热载体温度，控制液氨蒸发量，中间加热载体温度一般控制在40℃。液氨蒸发器的热源可为热水、蒸汽和电能等多种。当采用蒸汽作热源时，中间加热载体宜为水；采用电加热时，中间加热载体宜为乙二醇。当采用直接加热液氨时，蒸发器氨气侧应设安全阀，以防止设备压力异常过高。

缓冲罐出口的氨气压力控制阀将送至氨气空气混合器的氨气压力控制在一定范围，当缓冲罐氨气压力过高时，应切断液氨蒸发器进料阀，进料自动阀应设手动检修旁路。蒸发器出口氨气管道上还应装温度检测器，当温度低于10℃时，关闭蒸发器液氨进料阀，使缓冲罐的氨气维持适当温度及压力。蒸发器与氨气缓冲罐的连接宜为单元制串联，缓冲罐的容积应满足蒸发器额定出力的3～5min的停留时间。

氨气缓冲罐出口的氨气通过压力控制阀调整压力后送至锅炉侧的脱硝系统的氨空气混合器，该压力控制值应根据氨气管道输送的距离及后续系统的背压经计算后确定，一般在0.18～0.2MPa。

④ 氨气稀释罐的选择要点　氨气稀释罐为一定容积的水槽，用于吸收各设备及管道启动吹扫时各氨气排放点排出的氨气。液氨卸完后，软管内剩余的液氨应排入氨气稀释罐。卸氨压缩机、液氨储存罐及氨气缓冲罐等设备安全阀起跳后排放的氨气，液氨系统其他各处排放的氨气都由管线汇集后从稀释罐底部通过分散管排入罐内水中进行吸收。

氨气稀释罐的处理量宜按1台液氨蒸发器的最大处理量下3h的泄漏量来设计，根据常压、不同温度下氨在水中的溶解度，氨气稀释罐中废水的氨浓度一般控制在19%以下，当氨气稀释罐中氨水达到一定浓度时，排入地下废水池统一处理。液氨储罐区一般设置1台氨气稀释罐。

⑤ 废水池和废水输送泵的选择要点　废水池用于收集氨气稀释罐排出的含氨废水、卸氨区的地面冲洗水、雨水和安全淋浴器的排水，然后用泵送至厂工业废水处理系统。废水池容量按氨气稀释罐体积的1.5倍设计，数量可按1个设置。废水池的废水输送泵宜按1开1备配置。废水池宜采用地下布置，设在储罐区防火堤外。

⑥ 氨气泄漏检测器及喷淋冷却水系统　氨气泄漏检测器及喷淋冷却水系统的配置如下。

液氨储存区域应装设氨气泄漏检测器，以检测氨气的泄漏，并可显示大气中氨的浓度。一旦发生泄漏，测得大气中氨浓度超限时，即向机组控制室发出报警信号，并启动水喷雾消防系统吸收氨气。

氨气泄漏检测器的设置及安装要求可参照《石油化工企业可燃气体和有毒气体检测报警设计规范》SH 3063。氨气泄漏检测器的布置位置应充分考虑风向、覆盖区域等因素。

氨气泄漏检测器的测定范围及报警限值的设置应满足：a. 工作场所空气中氨的时间加权平均允许浓度20mmg/m^3；b. 短时间接触允许浓度30mmg/m^3；c. 氨气泄漏检测仪的监测范围应包含上述限值，报警值可设为加权平均允许浓度。

⑦ 安全淋浴器及洗眼器　氨储罐区域内应设安全淋浴器及眼器，安全淋浴器及洗眼器的服务范围为半径15m。安全淋浴器及洗眼器设置的具体要求参见HG/T 20570。

⑧ 逃生风向标　逃生风向标应安装在氨区最高处，并应方便观察。

⑨ 防火堤内排水设施　防火堤内排水设施的配置如下。

a. 液氨储罐区防火堤内积水经由散水坡度排入堤内集水坑内，并通过设置1台专用排水泵送至工业废水处理车间。

b. 泵的出力应满足排放事故耐水喷雾消防系统所产生的全部水量。

c. 排水泵应布置在防火堤外。

(5) 工业用水和消防用水设备设计要求

液氨储罐区应设置室外消火栓灭火系统，室外消火栓应布置在防护堤外，消火栓的间距应根据保护范围计算确定，消火栓间距不宜超过60m，数量不少于2只，布置在储罐区的两侧，每只室外消火栓应有2个*DN*65mm内扣式接口。室外消防水量应符合《建筑设计防火规范》GB 50016 的规定。具体要求如下：室外消火栓处应配置消防水带箱，箱内配 2 支直流喷雾两用水枪和 2 条 DN65mm 长度 25m 水带，如厂区室外消火栓能满足储罐区室外消防用水要求，可计入储罐区的室外消火栓，仅增加消防水带箱。

液氨储存罐应设置喷淋冷却水系统和水喷雾消防系统，喷淋冷却水系统和水喷雾消防系统可分别设置，也可合并采用水喷雾系统。喷淋冷却水系统水源可采用电厂的工业水，当夏季液氨储存罐内温度升高超过限值时，由罐内温度检测系统连锁控制进水电动阀，自动开启喷淋冷却水降温系统冷却液氨储存罐，将罐内压力控制在安全范围内。喷淋冷却水强度不小于 5L/(min·m^2)。当氨气泄漏检测器监测到氨区大气中氨含量高、有氨气泄漏时可启动水喷雾消防系统，吸收外泄的氨气。水喷雾消防水源采用电厂的消防水。水喷雾消防系统的喷雾强度着火罐不小于 9L/(min·m^2)，距着火罐 1.5 倍着火罐直径范围内的邻近罐喷雾强度不小于 4.5L/(min·m^2)。液氨蒸发区设备及管道上也应设水喷雾消防系统，喷雾强度不小于 9L/(min·m^2)。水喷雾消防系统设计应符合《水喷雾灭火系统技术规范》GB 50219 的要求。

（6）电气设备与安装设计要求

① 液氨卸料、储存及氨气制备系统的配电方式：当该系统负荷的配电系统和设备由分包商成套时，采用就近的厂区动力中心提供总电源的配电方式；反之可在就地设置电动机控制中心（MCC），负责向该区域脱硝装置的负荷供电，MCC 电源由就近的 PC 引接；保安负荷应直接从主厂房保安段或脱硫保安段引接。该系统厂用电电压等级、厂用电系统中性点接地方式应与发电厂厂用电设计原则相一致。

② 液氨卸料、储存及氨气制备电气系统控制水平应与工艺系统控制水平协调一致，宜纳入工艺控制系统控制。

③ 在液氨卸料、储存及氨气制备区域的电气设备应按照不同的防爆等级分区和种类进行选择，并应考虑周围环境对电气设备的防腐等其他要求。

④ 液氨储存区应考虑必要的防雷、接地及照明系统的设计。防雷应用独立避雷针保护，并应采取防止雷电感应的措施。接地应考虑所选取的接地材质的防腐措施。

（7）布置与安装应注意的问题

① 液氨属易燃、易爆危险品，液氨储存区应根据相关标准及规范与主厂房保持一定的安全距离。

② 在液氨卸料、储存及氨气制备区域应设计环行消防通道，液氨储存区域的道路应与厂区原有道路相连接。

③ 应保持液氨卸料、储存及氨气制备及供应系统的严密性，防止因氨气而与空气混合发生爆炸。

④ 贮氨区域应防止静电、人为火源或其他事故火源可能引起的爆炸燃烧事故；防止液氨在输送过程中流速过快，而引起输送管道的静电积累；系统内设备、管线及管线法兰间金属应良好接地，防止产生静电。

⑤ 氨系统的设备、阀门及管线均应选择适合储存和输送物料的材质，不得采用任何铜材。

6.2.2.2 氨水卸料、储存及氨气制备系统

（1）设计原则

本系统主要为运输到厂区的氨水槽车提供氨水的卸料、储存及输送设施，以满足脱硝系统对还原剂的要求。氨水的卸料、储存系统应按多台机组共用的母管制系统设计，氨水的输

送设施则宜按单元机组配置。系统设计范围包括氨水卸料及储存系统，设计分界从氨水卸料起到锅炉附近氨水蒸发器入口止。

（2）系统方案设计

氨水槽车来的20%～30%的氨水通过卸料泵送入氨水储存罐，再经氨水计量泵输送至氨水蒸发器。本系统工艺流程为：氨水槽车→氨水卸料→氨水储存→氨水输送及计量→氨水溶液送氨水蒸发器。

（3）系统设计应注意的问题

氨水虽不可燃，但不稳定，易分解出氨气。温度越高，分解速率越快，可形成爆炸性气氛。所以存在着一定的安全隐患，应在系统设计中注意严密性，保持储罐密封，防止氨气外泄。氨水应储存于阴凉、通风的地方，远离火种、热源。

与氨水相接触的部件不能使用铜材。氨水储罐区的设计应考虑设防火堤、遮阳棚等相关安全措施，并设置氨气泄漏检测器、安全淋浴器和洗眼器等安全防护设备。

氨水浓度的选择应考虑氨水的来源以及厂址的气候环境，包括平均、最低及最高温度。

（4）设备配置与选择

① 氨水卸料泵　氨水卸料泵用于将槽车内的氨水卸至氨水储存罐。槽车应有液侧和气侧两个管道接口，液侧接口接氨水卸料泵进口，用于将槽车中的氨水送至储存罐，气侧接口接氨水储存罐气侧管道，使氨水储存罐的氨气不外排，而回流到槽车内。

一般可设两台电磁驱动的氨水卸料泵，泵的出力及扬程应根据卸料时间及氨水储存罐布置位置确定。泵体应不泄漏，并宜采用不锈钢材质。

② 氨水储存罐　氨水储存罐的容量应以锅炉BMCR工况下锅炉制造厂商保证的NO_x排放浓度以及脱硝装置的设计脱硝效率条件下的氨水日消耗量的储存天数计，应满足全厂机组3～10d运行所需的氨水量。氨水储存罐数量一般不应少于2台。

氨水储罐按常温容器设计，工作压力一般小于0.15MPa，设计压力宜取0.5MPa。氨水储罐可以为卧式或立式结构，材质为碳钢、不锈钢或碳钢内衬里。为了防止氨水在较高温度下的蒸发对环境的影响，氨水储罐应设计为密闭型，运行中向氨水储罐中通入一定压力的压缩空气或者氮气，以维持罐内的压力，抑制氨水的蒸发，并防止氨水计量（输送）泵入口氨水的气化。每台氨水储罐应配有超压释放安全阀和真空破坏阀，真空破坏阀气管入口侧宜配置阻火器，防止火星进入容器，当储罐材质为碳钢时，宜通入氮气。

每台氨水储罐应设置防爆型液位计、压力表及就地温度计。进液管若从罐体上部进入，应延伸至距罐底200mm处。氨罐上应设置用于检修的人孔。当罐体为碳钢内衬里时，至少需要设置两个相隔一定距离的人孔。

③ 氨水输送（或计量）泵　单炉设置2台氨水计量泵或氨水输送泵，1用1备。若为氨水计量泵，则流量可根据氨水蒸发器所需的氨水量在20%～100%范围内自动调节。氨水计量泵宜为电动隔膜式；氨水输送泵可选用离心泵。通过设在氨水蒸发器入口氨水管道上的调节阀自动调节开度控制氨水的喷入量，多余氨水则返回氨水贮存罐。氨水输送泵可为磁力驱动离心泵，泵的材质宜为不锈钢。

④ 安全淋浴器及洗眼器　氨储罐区域内应设安全淋浴器及洗眼器，安全淋浴器及洗眼器的服务范围为半径15m。安全淋浴器及洗眼器设置的具体要求可参见HG/T 20570。

⑤ 逃生风向标　逃生风向标应安装在氨水贮区最高处，并应方便观察。

⑥ 防护堤内排水设施　氨水储罐四周应设置防止氨水流散的防护堤及集水坑便于集中回收，其容积足以容纳最大的一个贮罐的容量，积水经由散水坡度排入堤内集水坑内，需要

时用潜水泵送至工业废水处理车间。

(5) 设备布置与安装设计

① 总平面布置原则 氨水具有挥发性和腐蚀性，从爆炸性和燃烧性的角度考虑，氨水相对液氨较安全，其浓度较低，但对于同样的机组参数，其储罐区相应储量较液氨储罐区增大较多。氨水储罐区主要布置原则与液氨储罐区相同。

考虑氨水对人和环境具有危害性，氨水储罐区应设置事故收集系统，以便于及时收集泄漏液体和消防喷淋水，防止大范围扩散或流失，通过泵及输送管道输送到废水处理系统进行处理。氨水储罐区邻近水源地、江河湖海岸布置时，应采取防止泄漏的氨水流入附近水域的措施。

② 设备布置与安装设计的具体要求 设备布置与安装设计应考虑以下因素：

a. 氨水储存罐不宜露天布置，宜布置在敞开式带顶棚的建筑物中，以防止阳光直射。

b. 氨水储存罐应设置检修平台，储存罐的附件应布置在平台附近。

c. 区域内应设有喷淋冷却水系统、安全淋浴器和洗眼器、逃生风向标等。

d. 为了防止微量氨的泄漏，整个系统设备、管道、阀门等部件的设计除考虑必要的维修外，应尽可能减少管道的接口。

e. 所有接触氨水、氨气的材质应全部采用碳钢或不锈钢，不可采用铜材。氨水管道宜采用不锈钢。

(6) 工业用水和消防用水设备安装设计

工业用水和消防用水设备安装设计要求如下：

① 氨水储罐区应设置室外消火栓灭火系统，室外消火栓应布置在防护堤外，消火栓的间距应根据保护范围计算确定，消火栓间距不宜超过 60m，数量不少于 2 只，布置在储罐区的两侧，每只室外消火栓应有两个 *DN*65mm 内扣式接口。室外消防水量应符合现行《建筑设计防火规范》GB 50016 的规定。

② 室外消火栓处应配置消防水带箱，箱内配两支直流喷雾两用水枪和两条 *DN*65mm 长度 25m 水带，如厂区室外消火栓能满足储罐区室外消防用水要求，可计入储罐区的室外消火栓，仅增加消防水带箱。

③ 氨水储存罐应设置喷淋冷却水系统，喷淋冷却水系统水源可采用电厂的工业水，当夏季氨水储存罐内温度升高超过限值时，由罐内温度检测系统连锁控制进水电动阀，自动开启喷淋冷却水降温系统冷却氨水储存罐，将罐内压力控制在安全范围内。

④ 氨水储罐区的安全淋浴及洗眼器水源采用电厂的生活水。

(7) 电气设备与安装设计要求（同液氨）

(8) 布置与安装应注意的问题

由于不同浓度氨水的常压冰点不同，故是否需要考虑防冻措施应根据氨水的浓度及其冰点、环境平均最低温度确定，建议北方地区采用浓度稍高（如 25%）的氨水。氨水对铜有腐蚀，而对碳钢没有腐蚀。

(9) 运行及控制说明

氨水储存罐应设置高低液位报警系统，当高高液位时自动连锁切断氨水进料阀，并设有储罐超压报警并自动启动喷淋水冷却系统。

6.2.2.3 尿素卸料、储存及氨气制备系统

本系统主要为运输到厂内的尿素槽车提供尿素的卸料、溶液制备、储存及输送设施，以满足脱硝系统对还原剂的要求。

(1) 设计原则

尿素的卸料、储存系统及溶液配制系统应按多台机组共用的母管制系统设计。

(2) 系统方案设计

工艺流程如下：尿素槽车→尿素储仓（尿素颗粒）→自动给料机→尿素溶解槽→尿素溶液输送泵→尿素溶液储罐→高流量循环装置→尿素溶液送反应区或尿素分解装置

(3) 系统设计应注意的问题

① 干尿素易吸湿潮解，不易干储存，宜配制成溶液储存。

② 配置尿素溶液的水应尽可能使用低硬度的水，当水硬度较高时，需添加化学阻垢剂对配置的尿素溶液的工业水进行稳定处理。

③ 在尿素制氮系统中，配制好的尿素溶液，由于浓度较高，接近其饱和溶液浓度，为了防止尿素溶液的再结晶，所有尿素溶液的容器和管道必须进行伴热（蒸汽或者电伴热），使溶液的温度保持在其相应浓度的结晶温度以上。

④ 配制尿素溶液的水温应加以控制，防止溶液温度高于130℃时，尿素会分解为氨和二氧化碳。

⑤ 由于尿素分解后的氨气中含有一定量的CO_2，为了避免NH_3与CO_2在低温下逆向反应，生成氨基甲酸铵，成品氨气输送管道应考虑伴热保温措施，维持管内氨气温度在175℃以上，同样原因，稀释氨气用的空气应加热到175℃以上。

⑥ 由于中间产物氨基甲酸铵具有较强的腐蚀性，所以尿素水解系统中，除了固体尿素仓库外，其他的设备和管道均为不锈钢制。

(4) 设备配置与选择

① 尿素储仓　尿素储仓的选择要点：

a. 尿素储仓主要用以储存散装的颗粒尿素，储仓宜设计成锥形底的立式罐，其容积大小应至少满足全厂所有机组1～3d脱硝所需的尿素用量。

b. 尿素储仓应配置电加热热风流化装置，将加热后的空气注入仓底，以防止固体尿素吸潮、架桥及结块堵塞。

c. 单元尿素制氨车间一般设置1个尿素储仓，碳钢制作。

② 卸料及溶解系统　卸料及溶解系统的选择要点：

a. 尿素溶解罐容积大小应满足全厂所有脱硝装置工况下1d的尿素溶液用量。

b. 尿素溶液应制备成50%～70%（质量百分比浓度）的尿素溶液储存，否则，为了降低加热能耗可配制约40%浓度的溶液。可用低压加热器的疏水作溶解水，控制水温低于100℃，或用蒸汽加热溶解水至40～80℃。当溶解水的总硬度大于2mmolH^+/L，需添加适量的阻垢剂。

c. 自动称重给料机及尿素溶解罐一般可各设1台，S30408不锈钢材质制。尿素溶解罐内配制好的溶液通过尿素溶液输送泵送入尿素溶液储存罐，输送泵为离心泵，按2×100%配置。尿素溶液输送泵兼备再循环泵的功能。当本系统服务的机组台数较多时，也可选用2套由自动称重给料机、尿素溶解罐及输送泵各1台组成的单元制系统。

d. 尿素溶解罐设有人孔、颗粒尿素进口、蒸汽进口、溶解水进口、循环回流口、尿素溶液出口、呼吸管、溢流管、排污管、搅拌器、液位、温度测量等设施。

e. 为了防止尿素溶液的结晶，溶解罐和管道应进行蒸汽或者电伴热。

③ 尿素溶液储存罐　尿素溶液储存罐的选择要点：

a. 尿素溶液储存罐用以储存配制好的尿素溶液，当尿素采用湿法储存时，储存罐的总储存容量宜为全厂所有装置 BMCR 工况下 5～7d 的平均总消耗量。

b. 尿素溶液储存罐宜为 2 台，储罐材质可采用 S30408 不锈钢或玻璃钢材质。

c. 尿素溶液储存罐内或再循环管线应设伴热装置。当尿素溶液温度过低时（＜配制浓度对应的结晶温度＋8℃），启动在线加热器以提升溶液的温度。

d. 储存罐为立式平底结构，储存罐露天放置时，顶部四周应有隔离防护栏，并设有梯子及平台等安全防护设施。罐体外应实施保温。

e. 尿素溶液储存罐应设人孔、尿素溶液进出口、循环回流口、呼吸管、溢流管、排污管、蒸汽管、液位、温度测量等设施。

④ 高流量和循环装置（HFD） 高流量和循环装置的选择要点：

a. 高流量和循环装置（HFD）用以向计量和分配装置输送一定压力及流量的尿素溶液，并与尿素溶液储存罐组成自循环回路。包括过滤器、2 台 100%循环输送泵、在线电加热器、压力控制站以及用于远程控制和监测 HFD 循环系统压力、温度、流量以及浓度等的仪表。

b. 尿素溶液的高流量和循环装置可为多套计量和分配装置所共用，一般 2 台或 3 台锅炉可共用 1 套装置。循环输送泵进口应设在线过滤器，泵出口应设加热器。加热器的功率应能补偿尿素溶液在管道输送中的热量损失。

c. 压力控制站用以调节 HFD 装置出口尿素溶液压力。

d. 装置的管线材质宜为 S30408 或 S31608 不锈钢。循环输送泵可采用多级不锈钢离心泵。

（5）工业用水和消防用水设备安装设计

工业用水和消防用水设备安装设计要求如下：

① 尿素溶液制备、贮存车间的室内外消防设计应符合《建筑设计防火规范》(GB 50016) 的规定。

② 尿素溶液制备所需的用水量由工艺专业提出要求，水源可为除盐水、反渗透产水、凝结水或电厂的工业水。当工业水的总硬度大于 2mmolH^+/L，需添加适量的阻垢剂。

6.2.3 SNCR 工艺流程反应系统

SNCR 脱硝工艺还原剂宜采用尿素溶液，也可采用液氨和氨水。下文中除明确说明外，SNCR 脱硝工艺还原剂均指尿素溶液。

SNCR 脱硝工艺的效率与以下因素有关：①还原反应温度；②尿素溶液与烟气的混合程度；③尿素溶液在反应区停留的时间；④反应前 NO_x 的浓度；⑤尿素与 NO_x 的摩尔比；⑥氨逃逸率。

6.2.3.1 设计原则

SNCR 脱硝工艺烟气反应系统应按单元制设计。SNCR 脱硝工艺烟气反应系统在锅炉所有负荷下应能安全连续运行，并能适应机组所有负荷变化和机组启停次数的要求。SNCR 脱硝工艺烟气反应系统的设计煤种应当与锅炉设计煤种相同，燃用锅炉校核煤种时，烟气反应系统能长期稳定连续运行，且应满足排放要求。对于改造项目应以锅炉燃用概率较高的煤种作为脱硝系统的设计煤种。采用液氨和氨水为还原剂的 SNCR 脱硝工艺一般适用于容量不大于 400t/h 的锅炉。

SNCR脱硝工艺喷入炉膛的还原剂应在最佳烟气温度区间内与烟气中的NO_x反应，并通过喷枪的布置获得最佳的烟气-还原剂混合程度以达到最高的脱硝效率。如采用液氨作为还原剂，最佳反应温度是870～1100℃。如采用尿素溶液作为还原剂，最佳反应温度是850～1250℃。应在锅炉炉膛内选择若干区域作为尿素溶液的喷射区，在锅炉不同负荷下，选择烟气温度处在最佳反应区间的喷射区喷射还原剂。喷射区域的位置和喷枪的设置应通过对炉腔内温度场、烟气流场、还原剂喷射流场、化学反应过程精确的模拟结果而定。尿素在锅炉炉膛内的停留时间宜大于0.5s。应根据不同的锅炉炉内状况对喷嘴的几何特征、喷射的角度和速度、喷射液滴直径进行优化，通过改变还原剂扩散路径，达到最佳停留时间的目的。

SNCR脱硝系统应不对锅炉运行产生干扰，也不增加烟气阻力。

6.2.3.2　系统方案设计

(1) 稀释水压力控制系统

系统方案设计如下：

① 稀释水压力控制系统用于向每台锅炉的还原剂计量系统输送一定压力和流量的尿素溶液的稀释水。在通常工况下，浓的尿素溶液应稀释至10%（质量浓度）的稀尿素溶液才允许喷入炉膛内。

② 每台锅炉一般配置1套稀释水压力控制系统。其包括在线过滤器、稀释水供应泵、压力控制阀以及用于控制和监测压力、流量的装置。在线过滤器应设在尿素溶液稀释水供应泵的进口。

③ 稀释水的水源可为除盐水、反渗透产水或者凝结水。当稀释水的硬度较高时（总硬度>2mmolH^+/L)，应在过滤器上游设阻垢剂添加点。

(2) 尿素溶液计量系统

系统方案设计如下：

① 用于准确计量和独立控制还原剂浓度，并根据烟气中NO_x的浓度、锅炉负荷、燃料量的变化自动分配调节锅炉各个注入区域尿素溶液的流量，也可调节单个喷射器的尿素溶液流量。

② 尿素溶液母管上的各支管和每台锅炉的稀释水压力控制系统出口的稀释水管道分别与尿素溶液计量系统连接，通过还原剂计量系统混合后配制。

③ 尿素溶液计量系统可包括若干子系统，用于独立控制锅炉各注入区域的尿素溶液的流量。

④ 尿素溶液计量系统通过尿素侧和稀释水侧的流量控制阀和每个子系统的流量控制阀、压力调节阀自动调节进入每个锅炉注入区域和每个喷射器的尿素溶液浓度和流量，以响应烟气中NO_x的浓度、锅炉负荷、燃料量的变化。一个子系统控制一个注入区域的流量或一个喷射器的流量。一个注入区域一般由若干个喷射器组成。

⑤ 尿素溶液计量系统的管道和阀门应采用不锈钢。

⑥ 尿素溶液计量系统的尿素溶液管道应设置水冲洗接口和管道。

(3) 尿素溶液分配系统

系统方案设计如下：

① 尿素溶液分配系统用于分配每个注入区域中各个喷射器的流量。1台锅炉可包括若干个尿素溶液分配系统。

② 尿素溶液分配系统到各个喷射器的尿素溶液管道上应设置手动调节阀，在脱硝系统

调试时调整各个喷射器的尿素溶液流量。

③ 尿素溶液分配系统的管道和阀门应采用不锈钢。

④ 尿素溶液分配系统的尿素溶液管道应设置水冲洗接口和管道。

⑤ 每个注入区宜配置1套尿素溶液分配系统。

(4) 尿素溶液喷射系统

系统方案设计如下:

① 尿素溶液喷射系统用于将还原剂经雾化后以一定的角度、速度和液滴粒径喷入炉膛，其应能在所有负荷下工作。

② 喷射器用于扩散和混合尿素溶液。可采用墙式喷射器、单喷嘴枪式喷射器和多喷嘴枪式喷射器。

③ 多喷嘴枪式喷射器应有足够的冷却水使其能承受反应温度窗口的温度，而不产生任何损坏，多喷嘴喷射器应有伸缩机构，当喷射器不使用、冷却水流量不足、冷却水温度高或雾化空气流量不足时，可自动将其从锅炉抽出以保护喷射器不受损坏。

④ 墙式喷射器、单喷嘴枪式喷射器可采用雾化介质（如压缩空气）来冷却。

⑤ 喷射系统应设置吹扫空气以防止烟气中的灰尘堵塞喷射器，吹扫空气可采用厂用压缩空气。

⑥ 应向每个喷射器提供厂用压缩空气或蒸汽，雾化喷射器的尿素液滴，进口的压缩空气或蒸汽管道上应设置调节阀用来控制雾化介质的压力。

6.2.3.3 设备配置与选择

(1) 稀释水供应泵

稀释水供应泵宜按2×100%配置，采用多级离心泵。设计的流量裕量应不小于10%，压头裕量应不小于20%。稀释水供应泵的材质均为S30408或831608不锈钢。

(2) 尿素溶液喷射器

墙式喷射器是由炉墙往炉膛内喷射。单喷嘴枪式喷射器和多喷嘴枪式喷射器是伸入炉膛喷射，喷射器伸入炉膛的长度依据锅炉宽度有所不同，喷射区域、喷射器的种类、数量和位置，取决于锅炉负荷和运行的温度、烟气流场分布、锅炉结构和脱硝的要求。喷射器由于处于高温和高烟尘的环境中，易因磨损和腐蚀导致损坏。因此，喷射器应选用耐磨、耐腐蚀的材料制造，通常应使用不锈钢材料。喷射器的设计参数应依据计算机模拟计算结果结合锅炉结构而定。通常每台锅炉有1～5个墙式喷射区域，2～4个伸入炉膛的单喷嘴或多喷嘴喷射区域。喷入炉膛的还原剂不应与锅炉受热面管壁直接接触，以免影响受热面的换热效率和使用寿命。喷射器开孔位置应根据锅炉的情况确定，应尽量避免对水冷壁管有影响及与炉内部件碰撞。对于新建机组应在锅炉设计时预留开孔位置。

6.2.3.4 布置与安装设计

烟气脱硝系统工艺布置方案应根据节能、降耗、增效的原则进行选择。工艺布置应尽量减少阻力。

(1) 稀释水压力控制系统

稀释水压力控制系统的设备应布置在靠近锅炉房的区域或锅炉钢架内，以焊接或螺栓的形式固定。

(2) 还原剂喷射系统

除喷射器外，还原剂喷射系统的设备应就近布置在锅炉平台上以焊接或螺栓的形式固定。应根据炉膛温度场和流场模拟的结果在锅炉的多个适合位置布置不同的喷射器，通常可布置在锅炉折焰角、过热器和再热器区域。枪式喷射器的布置应在其伸出位置保留足够的维修空间。

6.2.3.5 仪表与控制

（1）控制原理

SNCR 脱硝工艺在炉内喷射尿素或氨等还原剂，使之与烟气中的氮氧化物反应，将其转化为氮气及水。脱硝效率受炉内温度窗、停留时间、NO_x 浓度、混合程度的影响，因此控制系统应具有良好的负荷响应能力，保证还原剂喷在最佳温度区域。

（2）SNCR 装置的控制与连锁保护

① 还原剂供给和循环控制　该控制为喷射区的计量系统提供适当的还原剂流量和压力，对管路压力进行压力控制回路调节，为计量模块提供适当的还原剂流量。

② 稀释水压力控制　当采用尿素做还原剂时，应装设尿素溶液稀释系统。尿素与稀释水混合稀释后喷射入锅炉内，控制喷入炉膛内的尿素溶液浓度不大于 10%。通过压力控制阀、压力/流量仪表来控制合适压力的稀释水供还原剂稀释。

③ 还原剂计量控制　计量模块将从循环管上抽出一定浓度的尿素溶液通过计量泵计量与经压力调整后的稀释水进行混合，进混合器混合均匀配置成 10%的尿素溶液送至分配模块。

④ 喷射区流量控制　分配模块根据锅炉负荷信号以及 CEMS 检测的 NO_x 和 O_2 信号，控制分配到各个喷枪的尿素溶液流量，达到最佳脱硝效果和最低的氨逃逸率。每个喷射区域根据出口 NO_x 浓度、锅炉负荷、燃料量，通过电磁流量计、控制阀来控制和调节还原剂的流量。

⑤ 还原剂喷射控制　一般在不同的锅炉区域设置多个喷射器来控制还原剂的吸入量和喷入位置，从而保持 SNCR 跟踪锅炉运行状况的灵活性和保持氨逃逸率水平。控制系统应具有锅炉满负荷和部分负荷的脱硝控制模式，以对应不同锅炉负荷下烟气量及温度的变化。锅炉在不同负荷的反应剂喷射量由流体力学模型、动力学模型及物料平衡计算获得，并通过前馈变量（锅炉负荷、炉内温度）以及反馈变量（烟囱出口 NO_x）进行连续调节，以达到要求的 NO_x 控制值。

6.2.3.6 运行及控制说明

（1）尿素储存及尿素溶液配制

对 SNCR 系统，将袋装尿素倒入溶解箱内加水搅拌溶解，配制成 40%的尿素溶液；对 SCR 系统采用尿素制氨时，宜配制成 50%～70%的尿素溶液。为加快溶解，需将水加热。溶解后的尿素溶液送至室外的储存罐储存。经过循环泵在供应/循环和计量模块之间循环，连续向计量模块提供尿素溶液。

（2）尿素溶液稀释

稀释水将浓度为 40%的尿素溶液稀释成 10%的溶液。为保持稀释后尿素溶液浓度的稳定，稀释水压力要控制在所需范围内并维持稳定。控制系统的功能就是控制稀释水压力。

6.2.4 SCR 脱硝工艺系统构成

SCR 主要工艺流程为：氨水在注入 SCR 系统烟气之前经由蒸发器蒸发汽化；汽化的氨

和稀释空气混合，通过喷氨格栅喷入 SCR 反应器上游的烟气中；充分混合后的还原剂和烟气在 SCR 反应器中催化剂的作用下发生反应，达到去除烟气中 NO_x 的目的。

SCR 烟气脱硝系统主要由还原剂的制备和脱硝反应系统两部分组成。脱硝反应系统由 SCR 催化反应器、喷氨系统、稀释空气供应系统和控制系统组成。还原剂的制备系统包括氨水储罐、氨水输送泵、蒸发器、废水泵、废水池等。SCR 其他辅助设备和装置主要包括 SCR 反应器入口和出口烟道系统、吹灰装置及除灰系统。

脱硝工程工艺系统包括：①烟气及 SCR 反应器系统；②氨稀释及喷射系统；③催化剂的吹灰及控制系统；④流体模型模拟试验；⑤检修及起吊设施；⑥输放灰系统；⑦压缩空气系统；⑧还原剂卸料、存储及供应系统；⑨脱硝控制系统。

6.3 工艺参数计算

6.3.1 计算原则

(1) 以锅炉燃用设计煤种和校核煤种的烟气条件作为计算依据。

(2) 烟气中 NO_x 排放浓度按环境影响报告书的要求计算。

(3) 各种脱硝工艺的脱硝效率、NH_3/NO_x 摩尔比和还原剂消耗量按单元机组计算；还原剂储存量按全厂装机容量计算。

6.3.2 计算过程

SCR 脱硝工艺主化学反应方程式：

$$4NO+4NH_3+O_2 \longrightarrow 4N_2+6H_2O \tag{6-1}$$

$$2NO_2+4NH_3+O_2 \longrightarrow 3N_2+6H_2O \tag{6-2}$$

当采用尿素作为还原剂时，SNCR 脱硝工艺主化学反应方程式：

$$2NO+CO(NH_2)_2+1/2O_2 \longrightarrow 2N_2+CO_2+2H_2O \tag{6-3}$$

(1) 脱硝效率

$$\eta_{NO_x}=\frac{C'_{NO_x}-C''_{NO_x}}{C'_{NO_x}}\times 100\% \tag{6-4}$$

式中 η_{NO_x}——脱硝效率，%；

C'_{NO_x}——脱硝系统运行时反应器入口处 NO_x 的含量，（标准状态，6%含氧量下的干烟气），mg/m^3；

C''_{NO_x}——脱硝系统运行时反应器出口处 NO_x 的含量，（标准状态，6%含氧量下的干烟气），mg/m^3。

脱硝效率是脱硝系统性能的重要指标之一。在实际工程中，通过反应器进出口的 NO_x 分析仪表测量 NO_x 的浓度，经 DCS 控制系统计算比较后将信号反馈给氨流量调节阀，调节阀根据反馈信号来控制喷入烟道中的氨量，从而保证设计的脱硝效率。

(2) 标准状态下含氧量为 6%时的干烟气中 NO_x 的浓度计算

$$C_{6\%O_2}=C_{NO_x}\times\frac{21-6}{21-C_{O_2}} \tag{6-5}$$

式中 $C_{6\%O_2}$——烟气中 NO_x 浓度（标准状态，6%含氧量下的干烟气），mg/m^3；

C_{NO_x}——烟气中 NO_x 浓度（标准状态，实际含氧量下的干烟气），mg/m^3；

C_{O_2}——实际于烟气中氧气的体积浓度，%。

(3) NO_x 浓度换算

NO_x 排入大气后，NO 最终将氧化成 NO_2，因此，锅炉燃烧排放的 NO_x 浓度（如锅炉制造厂性能保证中的 NO_x 排放浓度）指最终排放到大气中的 NO_2 浓度。锅炉 NO_x 排放的测试中一般检测锅炉出口烟气中的 NO 浓度，因此需要将测试所得的 NO 浓度转换为 NO_2 浓度，即通常所指的锅炉排放的 NO_x 浓度，转换公式为公式(6-6)。

$$C_{NO_x}=2.16V_{NO} \tag{6-6}$$

式中 C_{NO_x}——标准状态，实际干烟气含氧量下 NO_x 的计算浓度，该浓度实际是 NO_2 的浓度，mg/m^3；

V_{NO}——实测干烟气中 NO 体积浓度，mL/m^3。

(4) 炉膛出口烟气中 NO 和 NO_2 浓度的计算

根据锅炉排放的 NO_x 浓度，可推算出锅炉出口的烟气中 NO 和 NO_2 浓度，由于 SCR 反应器入口的烟气成分与锅炉出口的烟气成分相同。在 SCR 脱硝工艺的计算中应将锅炉排放的 NO_x 浓度转换为锅炉出口的 NO 和 NO_2 浓度，转换公式如下。

$$C_{NO}=0.62C_{NO_x} \tag{6-7}$$

$$C_{NO_2}=0.05C_{NO_x} \tag{6-8}$$

式中 C_{NO}——烟气中 NO 浓度（标准状态，实际含氧量下的干烟气），mg/m^3；

C_{NO_2}——烟气中 NO_2 浓度（标准状态，实际含氧量下的干烟气），mg/m^3；

C_{NO_x}——烟气中 NO_x 浓度（标准状态，实际含氧量下的干烟气），mg/m^3。

(5) 氨气消耗量计算

$$W_a=\left(\frac{V_q\times C_{NO}\times 17}{30\times 10^6}\times\frac{V_q\times C_{NO_2}\times 34}{46\times 10^6}\right)\times m \tag{6-9}$$

式中 W_a——纯氨的小时耗量，kg/h；

V_q——反应器进口的烟气流量（标准状态，实际含氧量下的干烟气），m^3/h；

C_{NO}——反应器进口烟气中 NO 浓度（标准状态，实际含氧量下的干烟气），mg/m^3；

C_{NO_2}——反应器进口烟气中 NO_2 浓度（标准状态，实际含氧量下的干烟气），mg/m^3；

m——氨与 SCR 进口 NO_x 的摩尔比。

式(6-9) 中的氨和 SCR 进口 NO_x 摩尔比（m）按下式计算：

$$m=\frac{\eta_{NO_x}}{100}+\frac{\dfrac{r_a}{22.4}}{\dfrac{C_{NO}}{30}+\dfrac{C_{NO_2}}{23}} \tag{6-10}$$

式中 η_{NO_x}——脱硝效率，%；

r_a——氨逃逸率，（标准状态，实际含氧量下的干烟气），mL/m^3；

C_{NO}——反应器进口烟气中 NO 浓度（标准状态，实际含氧量下的干烟气），mg/m^3；

C_{NO_2}——反应器进口烟气中 NO_2 浓度（标准状态，实际含氧量下的干烟气），mg/m^3。

(6) 纯尿素的小时耗量计算

尿素制氨时，1mol 的尿素可生成 2mol 的氨气。

(7) SNCR 脱硝工艺的尿素小时消耗量的计算

$$W_n=\frac{V_q\times C_{NO}}{10^6}\times n \tag{6-11}$$

式中 W_n——纯尿素的小时耗量，kg/h；

V_q——炉膛的烟气流量（标准状态，实际含氧量下的干烟气），m^3/h；

C_{NO}——脱硝系统未投入运行时，炉膛烟气 NO 浓度（标准状态，实际含氧量下的干烟气），mg/m^3；

n——尿素与 NO_x 的摩尔比，根据 SNCR 脱硝效率而定。

6.3.3 催化剂活性

催化剂活性是催化剂促使还原剂与氮氧化物发生化学反应的能力。按照公式(6-12)计算：

$$K=-\frac{V_t}{S_e}\times \ln\left(1-\frac{\eta}{100}\right) \tag{6-12}$$

式中 K——催化剂活性（标准状态，湿基），m/h；

V_t——实验室测定通过催化剂的烟气流量（标准状态，湿基），m^3/h；

S_e——催化剂单元的表面积，m^2；

η——氨氮摩尔比等于 1 条件下的脱硝效率。

催化剂失活即为催化剂失去催化性能。通常分为两类，化学失活和物理失活。化学失活被称为中毒，催化剂中毒的原因主要是反应物、反应产物或杂质占据了催化剂的活性位而不能进行催化反应；物理失活是指催化剂的微孔被堵塞，NO_x 与催化剂的接触被阻断，不能进行催化反应。

6.3.4 SO_2/SO_3 转化率

在 SCR 反应过程中，由于催化剂的存在，促使烟气中部分 SO_2 被氧化成 SO_3，在气体混合物中转变成 SO_3 的 SO_2 的物质的量与起始状态的物质的量之比，称为转化率，即：

$$\chi_T=(n_{0SO_2}-n_{1SO_2})/n_{0SO_2} \tag{6-13}$$

式中 χ_T——SO_2 向 SO_3 的转化率；

n_{0SO_2}——反应器入口处 SO_2 物质的量，mol；

n_{1SO_2}——反应器出口处 SO_2 物质的量，mol。

SO_2/SO_3 转化率是 SCR 系统中的重要指标之一。SO_2/SO_3 转化率越高，间接说明催化剂的活性越好，所需要的催化剂量越少。但高尘布置的脱硝反应器 SO_2/SO_3 转化率越高，则越易产生烟道、空气预热器乃至电除尘器被腐蚀的危险。因此，SCR 系统中应严格控制 SO_2/SO_3 转化率。SO_2 向 SO_3 的转化率 χ_T 可以通过 SO_2 分析仪测量经 DCS 控制系统计算得到。

目前，国内要求的 SCR 系统催化剂对 SO_2 向 SO_3 的转化率不大于 1%。

所有的 SCR 系统的催化剂使烟气中的部分 SO_2 向 SO_3 的转化率与催化剂的体积成比例，降低催化剂的量将减少 SO_3 的形成。SO_3 的形成将在三个方面影响电厂的运行：

① SO_3 会增加酸雾的形成；

② SO_3 会使空气预热器的堵塞更为严重；

③ 在酸的露点以下，SO_3 会形成硫酸并在空气预热器的下游管道形成严重的腐蚀。

6.4 脱硝设备选型

6.4.1 烟气反应系统

烟气反应系统是提供氨气与烟气中氮氧化物反应的场所，包括 SCR 反应器、烟气旁路系统及烟道，具体要求如下：

(1) SCR 反应器的数量应根据锅炉容量、反应器大小和脱硝系统可靠性要求等确定。

(2) SCR 反应器宜采用钢结构，并考虑检修维护措施，设置必要的平台扶梯。

(3) SCR 反应器的设计压力和瞬态防爆压力应与锅炉设计压力和炉膛瞬态防爆设计压力一致。

(4) SCR 反应器空塔设计流速宜为 4～6m/s。

(5) SCR 反应器内一般设有一层或多层初装层，并预留 1～2 层备用层或附加层，备用层与初装层的技术要求应一致，附加层是在原有的初装层上直接加装一定高度模块的催化剂。

(6) SCR 反应器整体结构设计应充分考虑在第一层催化剂入口的烟气流速偏差、烟气流向偏差、烟气温度偏差、NH_3/NO_x 摩尔比绝对偏差等，一般应满足：①入口烟气流速偏差＜＋15％（均方根偏差率）；②入口烟气流向＜＋10°；③入口烟气温度偏差＜＋15°；④ NH_3/NO_x 摩尔比绝对偏差＜5％。为保证上述技术要求，应当进行 SCR 装置（从省煤器出口至空预器入口烟气系统，包括还原剂喷射装置）流体动力学（CFD）数值分析计算以及流场物理模型实验。

(7) 应设置清灰装置和采取防止积灰的措施，防止大颗粒灰进入 SCR 反应器。

(8) SCR 反应器入口部位宜装设气体均布装置。

(9) SCR 反应器应设置足够大小和数量的人孔门，并设置催化剂采样装置。

(10) SCR 反应器进出口应设置补偿器，补偿器可采用不锈钢材料金属补偿器或织物补偿器。

(11) SCR 反应器应设置催化剂模块安装、维修及更换所必需的起吊装置和平台。

(12) SCR 反应器的设计宜满足多厂家催化剂的互换能力和裕量。

(13) 由于散热和漏风造成的 SCR 反应器整体温度降不应大于 3℃。

(14) SCR 装置不宜装设 100％旁路系统和启动烟气旁路系统。当机组年冷态启动次数频繁且超过 10 次时，SCR 装置可装设 30％～50％容量启动烟气旁路系统。

6.4.2 催化剂

催化剂设计技术要求如下：

(1) 催化剂正常温度范围宜控制在 300～420℃。对于排烟温度较高的机组，如燃烧贫煤的锅炉和燃气轮机，催化剂中应添加耐高温成分以增加热力稳定性。

(2) 催化剂层数的配置及寿命管理应进行综合技术经济比较，选择最佳模式，催化剂在设计寿命内能有效保证系统运行、脱硝效率及各项技术指标。

(3) 催化剂模块应布置紧凑，并留有必要的膨胀间隙。

(4) 催化剂模块应设计有效防止烟气短路的密封系统，密封装置的寿命不低于催化剂的寿命。催化剂各层模块应规格统一、具有互换性。每层催化剂应设计至少一套可拆卸的催化剂测试部件。催化剂模块应采用钢结构框架，便于运输、安装、起吊。

（5）当催化剂活性下降致使脱硝系统不能达到预期规定的脱硝效率时，应加装或更换催化剂。

（6）设计应充分考虑不同形式催化剂的质量对SCR钢结构影响，不宜按照波纹板式催化剂来进行钢结构设计，以方便今后对催化剂形式的更换。

6.4.3 辅助系统

辅助系统包括氨/空气混合系统、喷氨混合系统、吹灰系统、尿素溶液计量分配系统、尿素溶剂分解制氮系统、氨水溶液计量分配系统、氨水蒸发器系统等。

（1）氨/空气混合系统

① 氨/空气混合系统用于以液氨、尿素为还原剂的SCR脱硝工艺，为单元制系统。

② 氨/空气混合系统包括空气混合器、稀释风机等设备。

③ 以液氨为还原剂的方案。氨气输送系统将氨气送入氨/空气混合器，与来自稀释风机的空气混合。氨/空气混合器进口的氨气管道上应设置控制阀以计量和控制输送到氨/空气混合器的氨气流量，氨气流量应根据锅炉负荷变化及NO_x分析仪等反馈信号自动地调整。稀释风机可就地吸风，也可从热二次风道或热一次风道上引出。如采用就地吸风，宜在稀释风机出口设置稀释风蒸汽加热器或电加热器。

④ 以尿素热解制氨为还原剂的方案。在热解室中来自稀释机并通过加热的空气将氨气从尿素溶液中分解出来，同时完成氨/空气混合过程。尿素热解装置进口的尿素溶液计量分配系统控制尿素的流量。稀释风机应从热二次风道或热一次风道上引出，稀释风机出口应设置稀释风电加热器或燃油（天然气）加热器。

⑤ 以尿素水解制氨为还原剂的方案。氨气缓冲罐出口的氨气、CO_2和水蒸气的混合气体送入氨/空气混合器，与来自稀释风机的空气混合。氨/空气混合器进口的氨气管道上面应设置控制阀以计量和控制输送到氨/空气混合器的氨气流量。氨气流量应根据锅炉负荷变化及NO_x分析仪等反馈信号自动地调整。稀释风机可就地吸风，也可从热二次风道上引出，如采用就地吸风，应在稀释风机出口设置稀释风蒸汽加热器或电加热器。

⑥ 以氨水制氨为还原剂的方案。由氨水计量泵输送来的氨水在氨水蒸发器内雾化后，与循环风机来的热烟气混合，同时被蒸发成氨气。氨水蒸发器出口的氨气/烟气混合气中氨气浓度不得大于8%（体积比）。氨水流量的控制应根据锅炉负荷变化及NO_x分析仪等反馈信号自动地调整。再循环风机从锅炉烟道内吸取热烟气，用于氨水蒸发，并将氨气稀释至要求的浓度。

⑦ 氨气/空气混合器出口的氨气浓度不得大于5%（体积比），氨气与空气混合浓度报警值为7%，混合浓度高于12%时应切断还原剂供给系统。

（2）喷氨混合系统

① 喷氨混合系统包括喷氨格栅和静态混合器或涡流混合器，为单元制系统。喷氨混合系统使SCR反应器进口烟气流场中的氨气和烟气混合均匀，满足NH_3/NO_x摩尔比对偏差的要求。

② 喷氨混合系统的设计应考虑防腐、防堵、防磨和热膨胀。

③ 喷氨混合系统应具有良好的抗热变形性和抗振性。

④ 在喷氨混合器的上游和下游可设置整流装置和导流装置。

⑤ 氨/空气混合气体一般以分区方式喷入氨气，每个区域系统应具有均匀稳定的流量特

性，并具有独立的流量控制和测量手段。

(3) 吹灰系统

① 吹灰系统包括蒸汽吹灰器和蒸汽及疏水管道系统或声波吹灰器及压缩空气系统，为单元制系统。

② 每层催化剂均应设置吹灰器，备用层暂不装设。根据煤质条件及运行维护等方面确定采用蒸汽吹灰器或声波吹灰器。

③ 如采用声波吹灰器，应采用厂用压缩空气系统作为其气源并同时设置一台单独的空压机作为备用气源。

(4) 尿素溶液剂量分配系统

① 尿素溶液剂量分配系统用于以尿素热解制氨系统，为单元制系统。

② 尿素溶液输送系统将尿素溶液送入尿素溶液计量分配系统。尿素溶液计量分配系统用于计量和控制输送到每一个雾化喷射器的尿素流量、压缩空气流量。尿素流量以及喷射区域的开启和关闭的控制应根据锅炉负荷变化及 NO_x 分析仪等反馈信号自动地调整。

③ 尿素溶液的计量分配装置宜通过调节阀控制每个雾化喷射器的尿素流量，也可采用尿素溶液计量泵和调节阀控制每个雾化喷射器的尿素流量。

(5) 尿素溶液分解制氨系统

① 热解法工艺　尿素溶液热解制氨系统为单元制系统。尿素溶液经过计量分配系统后由雾化喷射器喷入绝热分解室。在分解室内，利用从稀释风机来的稀释风并辅以电加热或者燃用柴油（或天然气），或直接抽取高温热烟气作为热源，在 350～700℃温度下，完全分解雾化的尿素液滴，分解产物氨与稀释空气混合均匀后，供给 SCR 反应器。经稀释风混合后氨气浓度不得大于 5%（体积比），氨气与空气混合浓度报警值为 7%，混合浓度高于 12% 时应切断尿素溶液供给系统。

热解法的化学反应式为：

$$CO(NH_2)_2 \longrightarrow NH_3 + HNCO$$

$$HNCO_4 + H_2O \longrightarrow NH_3 + CO_2$$

通过尿素制氨工艺替代液氨贮存及制备工艺，可使 SCR 达到同等的脱硝性能。热解法之后的氨的喷射可采用与使用液氨同样的喷氨格栅（AIG）。

② 水解法工艺　尿素溶液水解制氨系统宜为几台锅炉公用。尿素溶液经过计量分配系统后送往水解反应器，由辅助蒸汽系统来的蒸汽对尿素溶液进行预热，水解用的蒸汽经设在水解反应器底部的喷嘴直接喷射到尿素溶液中，使之达到 130～180℃ 的反应温度，水解反应器的压力由蒸汽压力维持。

尿素水解法的化学反应式为：

$$CO(NH_2)_2 + H_2O \longrightarrow NH_2COONH_4$$

$$NH_2COONH_4 \longrightarrow 2NH_3 + CO_2$$

通过控制反应温度的升高和降低来控制产生氨气的数量。

水解反应器出口的氨气、CO_2 和水蒸气的混合气体进入氨气缓冲罐、氮/空气混合器，与稀释空气混合均匀后，供给 SCR 反应器。氨气缓冲罐为单元制。

(6) 氨水溶液计量分配系统

① 氨水溶液计量分配系统用于以氨水为还原剂的 SCR 脱硝工艺。

② 氨水输送系统将氨水送入氨水剂量分配系统。氨水溶液剂量分配系统计量和控制输

送到氨水蒸发器的氨水流量。氨水流量的控制应根据锅炉负荷变化及 NO_x 分析仪等反馈信号自动地调整。

③ 氨水溶液的计量分配装置宜通过调节阀控制氨水流量，也可采用氨水计量泵控制氨水流量。

（7）氨水蒸发器系统

① 氨水蒸发器系统包括氨水蒸发器、再循环风机等设备。

② 再循环风机将 SCR 反应器出口的烟气送入氨水蒸发器，用于蒸发氨水。

③ 氨水蒸发器采用双流体喷嘴，压缩空气将氨水雾化成微小液滴，以减少氨水的蒸发时间。

④ 氨水蒸发器出口的氨气/烟气混合气中氨气浓度不得大于 8%（体积比），氨气浓度高于 12%时应切断氨水供给系统。

7 管路材料与器材

7.1 管道材料选用（HG/T 20646—1999）

7.1.1 材料选用基本原则

（1）设计人员首先要明确工艺装置生产过程中各种操作工况和使用操作条件，如压力、温度和被输送流体的物化性质——组成、腐蚀性、物态、间歇或连续操作。

（2）设计人员要全面了解各种工程材料的特性，正确地选择所使用的材料，并要认真分析在装置生产过程中可能出现的各种材料问题——如材料韧性降低的影响，同时要考虑所选用材料的加工工艺性和经济性。

（3）对于新型材料和特殊材料的选用要严格建立在试验与生产的基础上，经过充分论证后方可选择使用。

7.1.2 金属材料选用原则

7.1.2.1 材料的使用性能

（1）材料的力学性能和化学、物理等特性，应符合有关标准和规范的要求。

（2）各种金属材料的使用温度范围应符合 GB 150《钢制压力容器》和《工业金属管道设计规范》的规定。

7.1.2.2 材料的工艺性能

（1）工艺管道是由管子和形式多种多样的管件所组成，因此金属材料能够适应加工工艺要求的能力是决定能否进行加工和如何加工的重要因素。

（2）工艺性能大致分为焊接性能、切削加工性能、锻轧性能和铸造性能，对于管道材料的工艺性能尤其以焊接性能和切削加工性能最为重要。因此，在管道的整体选材过程中，特别是特殊管件的选材要充分考虑所选材料的工艺性能。

7.1.2.3 材料的经济性

（1）经济性是选材必须考虑的重要因素，不仅指选用的材料本身价格，同时使制造出的产品价格最低。所选用材料应尽量减少品种和规格，以便采购、生产、安装和备件的管理。

（2）不同材料价格在不同地区和时间差别较大，设计人员要有市场意识和经济观念，应对材料市场的价格有所了解，以便经济地、科学地选择。

（3）随着工业发展，资源、能源的问题日渐突出，选用材料应是来源丰富，并结合我国资源状况和国内生产实际情况加以考虑。

7.1.2.4 材料的耐腐蚀性能

（1）金属腐蚀的分类

① 根据流体种类不同分为化学腐蚀和电化学腐蚀。

② 根据腐蚀破坏形式不同可分为全面腐蚀（即均匀腐蚀）和局部腐蚀（即非均匀腐蚀）。局部腐蚀包括区域腐蚀、点腐蚀、晶间腐蚀、选择性腐蚀和应力腐蚀等。对于全面腐蚀只考虑腐蚀裕量就能保证其管道的强度和寿命。对于局部腐蚀，不能采用增加腐蚀裕量的方法，必须从材料的选择方法考虑其选材或采取相应工艺措施和防腐蚀措施。

（2）评定金属耐腐蚀性的方法

金属材料耐腐蚀评定方法有重量法和线性极化法。对于均匀腐蚀，根据腐蚀速率不同，将材料的耐腐蚀性能分为Ⅵ大类（见表 7-1）。

表 7-1 耐腐蚀性能分类

分类	耐腐蚀性程度	腐蚀速度/(mm/a)	级别	可用性
Ⅰ	耐腐蚀性极强	＜0.001	1	可充分使用
Ⅱ	耐腐蚀性很强	0.001～0.005	2	
		0.005～0.01	3	可使用
Ⅲ	耐腐蚀性强	0.01～0.05	4	
		0.05～0.10	5	尽量不用
Ⅳ	耐腐蚀性较弱	0.10～0.50	6	
		0.5～1.0	7	不可用
Ⅴ	耐腐蚀性弱	1.0～5.0	8	
		5.0～10	9	
Ⅵ	耐腐蚀性很弱	＞10	10	

设计选材时应充分考虑材料的腐蚀裕量。

$$腐蚀裕量=腐蚀速度\times使用寿命$$

（3）铁碳合金耐腐蚀性的影响因素

铁碳合金耐腐蚀性的影响因素有：①铁碳合金的组织；②铁碳合金在各种介质中的腐蚀；③介质温度和压力的影响；④应力腐蚀及腐蚀疲劳；⑤介质温度和压力的影响；⑥应力腐蚀及腐蚀疲劳。

7.1.2.5 对金属材料选用应注意的事项

（1）铸铁材料

① 灰铸铁、可锻铸铁、高硅铸铁的拉伸强度和塑性及韧性较低，仅用于强度、韧性要求不高的工况。

② 灰铸铁不宜使用于在环境或操作条件下是一种气体或可闪蒸产生气体的液体，这些流体能点燃并在空气中燃烧。如烃类和可燃性气体在特殊情况下必须使用时，其设计温度不应高于 150℃，设计压力不应超过 1.0MPa，对于不可燃、无毒的气体或液体，设计压力不宜超过 1.6MPa，设计温度不宜超过 230℃。

③ 可锻铸铁温度范围为－19～300℃，但为输送可燃性介质的管道时，温度不应高于

150℃，压力不应大于 2.5MPa. 高硅铸铁不得用于可燃性介质。

④ 球墨铸铁用于制造受压零部件时，使用温度限制在－19～350℃，设计压力不应超过 2.5MPa。在常温下，设计压力不宜超过 4.0MPa，它不可采用焊接方法连接，但奥氏体球墨铸铁除外。奥氏体球墨铸铁用于－19℃以下时应进行低温冲击试验，但使用温度不得低于－196℃。

⑤ 其他铸铁不适用于剧烈循环操作条件，如过热、热振动及机械振动和误操作，应采取防护措施。埋地铸铁管道组成件可用于 2.5MPa 以下。

(2) 碳素钢和低中合金钢

① 石墨化　碳素钢和碳锰钢在高于 425℃温度下长期使用，应考虑钢中碳化物相的石墨化倾向，而 0.5Mo 钢约在 480℃以上长期工作，也会使石墨化现象加快发展，从而使机械性能恶化。

② 珠光体球化　碳钢和低合金钢大都为铁素体加珠光体组织，在高温下如 450℃以上，珠光体中的片状渗碳体逐步转化为球状，使材料的蠕变极限及持久强度大大下降。

为防止石墨化和珠光体化，在这一温度范围内宜选用 Cr-Mo 耐热钢。

③ 高温氧化　碳素钢和低合金钢在高温下不仅强度大大下降，同时材料表面极易氧化。钢中加入足够的 Cr、Si、Al 可有效防止高温氧化。

④ 苛性脆化　管材表面受一定浓度的碱性流体长期浸蚀或反复作用，并在高温和应力的综合影响下易产生脆化破裂。

⑤ 氢脆、氢腐蚀　金属材料在一定的温度和压力范围内与氢介质易接触产生氢脆现象。氢腐蚀是在晶界上发生化学作用，渗碳体分解，引起组织变化，产生裂纹并扩展，严重降低了材料的力学性能，甚至遭到破坏，是最危险的腐蚀，特别是处在高压条件下，更应引起注意。为此，应查阅“常用钢种在氢介质中使用的极限温度曲线图”，即“纳尔逊”曲线来选择材料。

(3) 高合金钢

① 含 Cr 铁素体钢在 400～500℃温度下长期使用会产生 475℃脆性。此外在 500～800℃加热后易析出 δ 相从而导致 δ 相脆性。

② 奥氏体钢导热性差，其热导率为碳钢的 1/3。Cr18-Ni18 型钢既耐低温也耐高温，可用于－196～800℃温度范围，但应力腐蚀破裂是奥氏体不锈钢极为重要的腐蚀破坏形态。能造成奥氏体不锈钢应力腐蚀开裂的介质有各种氯化物水溶液、高温碱液、硫化氢水溶液、连多硫酸（$H_2S_xO_6$，$x=2\sim57$）、高温水及蒸汽等。另外，奥氏体不锈钢对 Cl^- 极为敏感，易产生点腐蚀。因此不论管内外，均应对 Cl^- 含量加以严格控制。

③ 不含稳定化元素 Nb、Ti 的非超低碳奥氏体不锈钢，在 450～850℃下加热停留以及焊接接头的热影响区，都会产生晶间腐蚀的倾向。为此，在这一操作温度下，应选用低碳材料或采取相应措施如固溶化处理。

7.1.3 非金属材料选用原则

7.1.3.1 非金属材料的选择应考虑的事项

(1) 材料的力学性能指标——抗拉强度、弯曲强度、抗剪强度、压缩、冲击强度及弹性模量、膨胀系数、耐疲劳性等。

(2) 材料允许使用的温度和压力范围。

(3) 其他影响：①光和氧的影响；②酸、碱、油介质的影响。

7.1.3.2 对非金属材料选用应注意的事项

(1) 各种不同的非金属材料对各种流体有着不同的耐腐蚀性能。可根据有关非金属材料手册、试验数据和产品样本加以选择。

(2) 必须根据非金属材料的温度-压力额定值来选择公称压力。非金属材料对温度非常敏感，温度对使用寿命影响极大。

(3) 选用非金属材料要考虑对机械振动的敏感性。

(4) 非金属材料的线性膨胀系数较大，导热性差，刚性差。

(5) 选用非金属材料必须考虑其加工工艺性能和连接性能。

(6) 对于衬里的材料，需考虑衬里材料和基体材料的黏结力和亲和力，当用于负压工况时尤其应注意。

(7) 热塑性塑料不得用于地面上输送可燃性流体。

(8) 热固性树脂的材料用于输送有毒或可燃性流体时，应采取安全防护措施。

(9) 硼硅玻璃和陶瓷等脆性材料，不得用于输送有毒和易燃流体。

(10) 对可燃、易燃的非金属材料，必须采取防火措施。

(11) 塑料类管子的壁厚必须考虑塑料的蠕变，防止管子在预期寿命内不会因蠕变而发生破裂，根据不同塑料选用其安全系数。

各种高分子材料的性能差别较大，且在选用时应对各类材料性能加以综合分析、对比评估，选出合适材料并进行试验，进一步验证材料性能的可靠性。同时还需要了解所选材料加工工艺性能和制造、安装、维修等性能。

7.1.4 金属管子选用

7.1.4.1 金属管子

(1) 优先选用国际系列的钢管标准，或等效采用与国际标准相当的标准，如 HG 20553《化工配管用无缝及焊接钢管尺寸选用系列》中的 Ia 系列的钢管。只有当管子标准确定后，其他的阀门、管件、紧固件标准才能确定，所以管子标准和材质的选择是管道组成件选择的基础。至于管子材质则根据流体工况来选择。

(2) 国际上通用的标准：

ASME B36.10M《焊接的和无缝的锻钢管》

ANSI/ASME B36.19M《不锈钢管》

API 5L《管道用管的技术要求》

ISO 4200《焊接和无缝平端钢管 管的尺寸和单位长度重量的一览表》

(3) 国内常用标准有：

《不锈钢无缝钢管》	GB/T 14976
《低中压锅炉用无缝钢管》	GB 3087
《低压流体输送用镀锌焊接钢管》	GB/T 3091
《高压锅炉用无缝钢管》	GB 5310
《化肥设备用高压无缝钢管》	GB 6479
《输送流体用无缝钢管》	GB 8163
《石油裂化用无缝钢管》	GB 9948
《石油天然气工业输送钢管交货技术条件　第 1 部分：A 级钢管》	GB 9711.1

《流体输送用不锈钢焊管》 GB 12771
《直缝电焊钢管》 GB/T 13793
《流体输送用不锈钢无缝管》 GB/T 14976
《一般用途高温合金管》 GB/T 15062
《低压流体输送用大直径电焊钢管》 GB/T 14980
《奥氏体不锈钢焊接钢管选用规定》 HG 20537.1～4
《普通流体输送用螺旋埋弧焊钢管》 SY/T 5037
《普通流体输送用螺旋高频焊钢管》 SY/T 5038

7.1.4.2 有色金属管

《铅及铅锑合金管》 GB/T 1472
《拉制铜管》 GB/T 1527
《挤制铜管》 GB/T 1528
《拉制黄铜管》 GB/T 1529
《挤制黄铜管》 GB/T 1530
《挤制铝青铜管》 GB/T 8889
《铝及铝合金挤压管》 GB/T 4437
《工业用铝及铝合金拉（轧）制管》 GR/T 6893
《钛及钛合金》 GB/T 3624

7.1.5 金属阀门选用

阀门的选用主要从装置无故障操作和经济两方面考虑：①输送流体的性质，如相态、含固量、粉尘、腐蚀性；②需操作的功能，切断、调节、速度等；③压力损失；④温度和压力范围；⑤经济耐用；⑥驱动方式，手动、齿轮传动、气动、液压、电动等。

7.1.6 法兰选用

我国的法兰标准有国家标准、行业标准等。国外常用的有 ASME 标准、DIN 标准、JIS 标准等。在工程设计中应根据工程的具体情况选用相应的标准。

(1) 下列标准的法兰可与英制系列如 HG 20553《化工配管用无缝及焊接钢管尺寸选用系列》Ia 系列的管子匹配：

《管法兰和法兰管件》 ASME B16.5a
《大直径钢法兰》 ASME B16.47
《钢制管法兰国家标准汇编》(其中的 *PN*2.0、*PN*5.0、*PN*10.0、*PN*25.0、*PN*42.0 等级)(GB/T 9112～9131)
《钢制管法兰、垫片、紧固件》欧洲体系的 A 系列 HG 20592～20602
《钢制管法兰、垫片、紧固件》美洲体系 HG 20615～20623
《石油化工钢制管法兰》 SH 3406

(2) 下列标准的法兰可与公制系列如 HG 20553《化工配管用无缝及焊接钢管尺寸选用系列》Ⅱ系列的管子匹配：

《钢制管法兰国家标准汇编》(除上述等级外) GB/T 9112～9131
《球墨铸铁管法兰》 GB/T 12380～12386

《大直径碳钢法兰》	GB/T 13402
《钢制管法兰、垫片、紧固件》欧洲体系的 B 系列	HG 20592～20602
《管路法兰及垫片》	JB/T 74
《可锻铸铁管法兰》	JB/T 5974～5978
《高压管、管件及紧固件通用设计》	H-67

7.1.7 金属管件选用

（1）可与《焊接的和无缝的锻钢管》（ASME B36.10M）、《不锈钢管》（ANSI/ASMEB36.19M），《管道用管的技术要求》（API 5L）及《化工配管用无缝及焊接钢管尺寸选用系列》（HG 205533）Ia 系列等英制系列相匹配的管件标准有：

《工厂制造的锻钢对焊管件》	ASME B16.9
《承插焊和螺纹锻钢管件》	ASME B16.11
《钢制对焊无缝管件》（A 系列）	GB/T 12459
《钢板制对焊管件》	GB/T 13401
《锻钢制承插焊管件》	GB/T 14383
《锻钢制螺纹管件》	GB/T 14626
《锻钢承插焊管件》（英制系列）	HG/T 21634
《碳钢、低合金钢无缝对焊管件》（英制系列）	HG/T 21635
《钢制有缝对焊管件》（英制系列）	HG/T 21631
《锻钢承插焊、螺纹和对焊接管台》	HG/T 21632
《钢制对焊无缝管件》	SH 3408
《钢板制对焊管件》	SH 3409
《锻钢制承插焊管件》	SH 3410

（2）可与公制系列 HG 20553《化工配管用无缝及焊接钢管尺寸选用系列》Ⅱ系列相匹配的管件标准有：

《钢制对焊无缝管件》（B 系列）	GB/T 12459
《管路松套伸缩接头》	GB/T 12465
《钢板制对焊管件》（B 系列）	GB/T 13401
《卡套式接头》	GB/T 3733～3765
《扩口式接头》	GB/T 5625～5653
《卡箍柔性管式接头》	GB/T 8259～8261
《可锻铸铁管路连接件形式尺寸》	GB/T 32892
《锻钢承插焊管件》	HG/T 21634
《碳钢、低合金钢无缝对焊管件》	HG/T 21635
《钢制有缝对焊管件》	HG/T 21631
《锻钢承插焊、螺纹和对焊接管台》	HG/T 21632
《高压管、管件及紧固件通用设计》	H 1～31—67
《*PN*16.0、32.0MPa 管子、管件》	JB/T 2768～2778

7.1.8 垫片和紧固件

（1）可与英制系列的法兰相匹配的垫片标准有：

《突面管法兰和法兰连接用金属垫片》 API 601
《管法兰用环形垫和法兰面的槽》 ASME B16.20
《管法兰用非金属平垫片》 ASME B16.21
《大直径碳钢管法兰用垫片》 GB/T 13403
《管法兰用聚四氟乙烯包覆垫片》 GB/T 13404
《钢制管法兰连接用金属环垫》 GB/T 9128
《钢制管法兰用石棉橡胶板》 GB/T 9126
《钢制管法兰、垫片、紧固件》(欧洲体系的A系列和美洲体系) HG 20592～20635
《管法兰用石棉橡胶板垫片》 SHJ 3401
《管法兰用聚四氟乙烯包覆垫片》 SHJ 3402
《管法兰用金属环垫》 SHJ 3403
《管法兰用缠绕式垫片》 SHJ 3407

(2) 常用垫片的国内标准有:

《缠绕垫片 分类/管法兰尺寸系列/技术条件》 GB/T 4622
《石棉橡胶板》 GB/T 3985
《耐油石棉橡胶板》 GB/T 539
《钢制管法兰用石棉橡胶板》 GB/T 9126
《钢制管法兰连接用金属环垫》 GB/T 9128
《大直径碳钢管法兰用垫片》 GB/T 13403
《管法兰用聚四氟乙烯包覆垫片》 GB/T 13404

(3) 常用紧固件的国内标准有:

《I型六角螺母 C级》 GB/T 41
《I型六角螺母 A级和B级》 GB/T 6170
《I型六角螺母 细牙 A级和B级》 GB/T 6171
《I型六角螺母 细牙 A级和B级》 GB/T 6176
《双头螺柱》 GB/T 897～900
《等长双头螺柱 B级》 GB/T 901
《等长双头螺柱 C级》 GB/T 953
《六角头螺栓》 GB/T 5780～5786

7.1.9 焊接材料的选用

焊接材料的选用应根据母材的化学成分、机械性能、焊接接头形式,以及耐高温、耐低温、耐腐蚀、抗裂性和采取的焊接工艺程序和焊接措施来综合考虑,并应符合GB 50236《现场设备、工业管道焊接工程施工及验收规范》的规定。

7.1.9.1 材料焊接时,通常选用与母材化学成分相当的焊接材料

(1) 焊接材料中的S、P、C含量应低于母材的含量。而有效合金元素Cr、Ni、Mo等含量,则应等于或高于母材中含量。

(2) 焊后的接头强度应不低于母材的抗拉强度的下限值。

(3) 酸性及碱性焊接材料的适用范围:

① 酸性焊接材料通常适用于受力不复杂的场合。

② 碱性焊接材料通常用于要求塑性好、冲击性高、抗裂能力强、低温性能好的场合。

7.1.9.2 不同材料的焊接

(1) 铁素体钢之间的异种钢焊接：一般选用主要合金元素介于二者之间或接近合金含量较低一侧母材的焊接材料。

(2) 珠光体耐热钢之间的异种钢焊接：应保证焊缝金属合金（Cr、Mo、V）含量不低于母材规定的下限值，且焊后消除应力后的强度值也不得低于母材强度的下限。

(3) 奥氏体钢之间的异种钢焊接：为防止接头产生晶间腐蚀倾向，应选用合金含量较高一侧母材的相应焊接材料，同时应选用超低碳或含稳定化学元素 Nb、Ti 的焊接材料。

(4) 铁素体不锈钢与奥氏体不锈钢之间的异种钢焊接：应根据所焊母材的合金含量多少和使用情况，选择不同的奥氏体不锈钢焊条。

(5) 碳钢与低合金钢以及异种低合金钢的焊接：一般焊接材料的机械性能应与机械性能较低一侧的钢种相符。接头的塑性、韧性应不低于强度较高而塑性、韧性较差一侧的母材，且焊接工艺应符合焊接工艺要求较高的钢种。

(6) 低合金钢与 Cr13 型不锈钢的焊接：应选用相应的低合金钢焊条。

(7) 碳钢或低合金钢与奥氏体不锈钢的焊接：应选用含高 Ni、Cr 的奥氏体钢焊接材料。

7.1.9.3 相同材料的焊接

(1) 低碳钢的焊接

由于其含碳量低（≤0.25%），塑性、韧性好，一般没有淬硬倾向，几乎所有的焊接方法都能适应，也不需要采取特殊措施，焊后也不需要热处理（原板除外）。

(2) 低合金钢的焊接

材料中含碳及合金元素越高，强度级别越高，焊后热影响区的淬硬倾向也越大，同时产生冷裂缝的倾向也加剧。

一般多采用焊前预热温度≥150℃，并适当增大焊接电流，减慢焊接速度，选用抗裂性好的低氢碱性焊条，在焊后及时进行消除应力热处理，热处理温度在 600～650℃或消氢处理在 150～ 200℃下，保温 2～6h，以防止冷裂纹产生。

(3) 不锈钢的焊接

① 铁素体不锈钢　这类钢在 475℃脆化和在 500～800℃加热后导致 δ 相脆化，焊接时应预热至 100～150℃，焊接上宜采用低的线能量和选用含钛的纯奥氏体钢焊条。

② 马氏体不锈钢　有强烈的淬硬倾向，焊后残余应力大，易产生冷裂纹，可焊性差，焊前预热至 200～400℃，并进行层间保温，采用大线能量，焊后作≥700℃的回火处理。亦可用含 Nb 的奥氏体焊条，它对防止冷裂有效，且不作焊后热处理。

③ 奥氏体不锈钢　奥氏体不锈钢具有良好的可焊性，焊接时一般不需要采取特殊的工艺措施。但若焊条选用不当或焊接工艺不正确，则会产生晶间腐蚀问题和焊接热裂缝问题。为防止晶间腐蚀应采用低碳、超低碳或含稳定化学元素如 Ti、Nb、V、W、Mo 等的焊接材料，工艺上采用直流反接，加大焊接速度，短弧焊，可缩短在敏化温度停留时间。对于耐腐蚀侧的焊缝，则在最后焊接以防止另一侧焊接时热影响而加大晶间腐蚀倾向。

焊后为防止晶间腐蚀发生，可采用稳定化退火在 850～900℃保温后空冷或固溶化处理加热 1050～1100℃后再进行水冷。

7.2 无缝钢管

7.2.1 无缝钢管尺寸重量（GB/T 17395—2008）

（1）分类

钢管的外径和壁厚分为三类：普通钢管的外径和壁厚、精密钢管的外径和壁厚和不锈钢管的外径和壁厚。

（2）外径和壁厚

钢管的外径分三个系列：系列 1、系列 2 和系列 3。系列 1 是通用系列，属推荐选用系列；系列 2 是非通用系列；系列 3 是少数特殊、专用系列。

普通钢管的外径分为系列 1、系列 2 和系列 3，精密钢管的外径分为系列 2 和系列 3，不锈钢管的外径分为系列 1、系列 2 和系列 3。

① 外径允许偏差见表 7-2。

表 7-2 外径允许偏差表　　单位：mm

标准化外径允许偏差		非标准化外径允许偏差	
偏差等级	标准化外径允许偏差	偏差等级	非标准化外径允许偏差
D1	±1.5%D 或±0.75,取其中的较大值	ND1	+1.25%D −1.5%D
D2	±1.0%D 或±0.50,取其中的较大值	ND2	±1.25%D
D3	±0.75%D 或±0.30,取其中的较大值	ND3	+1.25%D −1%D
D4	±0.50%D 或±0.10,取其中的较大值	ND4	±0.8%D

注：D 为钢管的公称外径。

② 优先选用的标准化壁厚允许偏差见表 7-3。

表 7-3 标准化壁厚允许偏差　　单位：mm

偏差等级		壁厚允许偏差			
		$S/D>0.1$	$0.05<S/D\leqslant0.1$	$0.025<S/D\leqslant0.05$	$S/D\leqslant0.025$
S1		±15.0%S 或±0.60,取其中的较大值			
S2	A	±12.5%S 或±0.40,取其中的较大值			
	B	−12.5%S			
S3	A	±10.0%S 或±0.20,取其中的较大值			
	B	±10.0%S 或±0.40,取其中的较大值	±12.5%S 或±0.40,取其中的较大值	±15.0%S 或±0.40,取其中的较大值	±15.0%S 或±0.40,取其中的较大值
	C	−10%S			
S4	A	±7.5%S 或±0.15,取其中的较大值			
	B	±7.5%S 或±0.20,取其中的较大值	±10.0%S 或±0.20,取其中的较大值	±12.5%S 或±0.20,取其中的较大值	±15.0%S 或±0.20,取其中的较大值
S5		±5.0%S 或±0.10,取其中的较大值			

注：S 为钢管的公称壁厚，D 为钢管的公称外径。

③ 推荐选用的非标准化壁厚允许偏差见表 7-4。

表 7-4 非标准化壁厚允许偏差 单位：mm

偏差等级	非标准化外径允许偏差	偏差等级	非标准化外径允许偏差
NS1	+15.0%S −12.5%S	NS3	+12.5%S −10.0%S
NS2	+15.0%S −10.0%S	NS4	+12.5%S −7.5%S

注：S 为钢管的公称壁厚。

(3) 通常长度

钢管的通常长度为 3000～12500mm。

(4) 定尺长度和倍尺长度

定尺长度和倍尺长度应在通常长度范围内，全长允许偏差分为四级（见表 7-5）。每个倍尺长度以上规定留出切口余量：①外径≤159mm，5～10mm；②外径＞159mm，10～15mm。

表 7-5 全长允许偏差 单位：mm

偏差等级	全长允许偏差	偏差等级	全长允许偏差
L1	+20 0	L3	+10 0
L2	+15 0	L4	+5 0

(5) 重量

① 钢管按实际重量交货，也可按理论量交货。实际重量交货可分为单根重量或每批重量。

② 钢管的理论重量按下式计算。

$$W=\pi\rho(D-S)/1000$$

式中 W——钢管的理论重量，kg/m；

ρ——钢的密度，kg/dm^3；

D——钢管的公称外径，mm；

S——钢管的公称壁厚，mm。

③ 按理论重量交货的钢管，根据需方要求，可规定钢管实际重量与理论重量的允许偏差。单根钢管实际重量与理论重量的允许偏差分为五级。每批不小于 10t 钢管的理论重量与实际重量的允许偏差为±7.5%或±5%。

7.2.2 流体输送用无缝钢管（GB/T 8163—2008）

适用于输送流体用一般无缝钢管。

(1) 外径和壁厚

钢管的外径（D）和壁厚（S）应符合 GB/T 17395 的规定。根据需方要求，经双方协商可供应其他外径和壁厚的钢管。

(2) 外径和壁厚的允许偏差

① 钢管的外径允许偏差应符合表 7-6 的规定。

表 7-6 钢管的外径允许偏差　　单位：mm

钢管种类	允许偏差
热轧(挤压、扩)钢管	±1%D 或±0.50,取其中较大者
冷拔(轧)钢管	±1%D 或±0.30,取其中较大者

② 热轧（挤压、扩）钢管壁厚允许偏差应符合表 7-7 的规定。

表 7-7 热轧（挤压、扩）钢管壁厚允许偏差　　单位：mm

钢管种类	钢管直径	S/D	允许偏差
热轧(挤压)钢管	≤102	—	±12.5%S 或±0.40,取其中较大者
	>102	≤0.05	±15%S 或±0.40,取其中较大者
		>0.05～0.10	±12.5%S 或±0.40,取其中较大者
		>0.10	$^{+12.5\%S}_{-10\%S}$
热扩钢管	—		±15%S

③ 冷拔（轧）钢管壁厚允许偏差应符合表 7-8 的规定。

表 7-8 冷拔（轧）钢管壁厚允许偏差　　单位：mm

钢管种类	钢管公称壁厚	允许偏差
冷拔(轧)	≤3	$^{+15\%S}_{-10\%S}$ 或±0.15,取其中较大者
	>3	$^{+12.5\%S}_{-10\%S}$

(3) 通常长度

钢管的通常长度为 3000～12500mm。

(4) 范围长度

根据需方要求，经双方协商可按范围长度交货。范围长度应在通常长度范围内。

(5) 定尺和倍尺长度

① 根据需方要求，经双方协商钢管可按定尺长度或倍尺长度交货。

② 钢管的定尺长度应在通常范围内，全长允许偏差应符合以下规定：a. 定尺长度不大于 6000mm，$^{+10}_{0}$mm；b. 定尺长度大于 6000mm，$^{+15}_{0}$mm。

③ 钢管的倍尺长度应在通常长度范围内，全长允许偏差为$^{+20}_{0}$mm，每个倍尺长度应按下述规定留出切口余量：a. 外径不大于 159mm，5～10mm；b. 外径大于 159mm，10～15mm。

(6) 端头外形

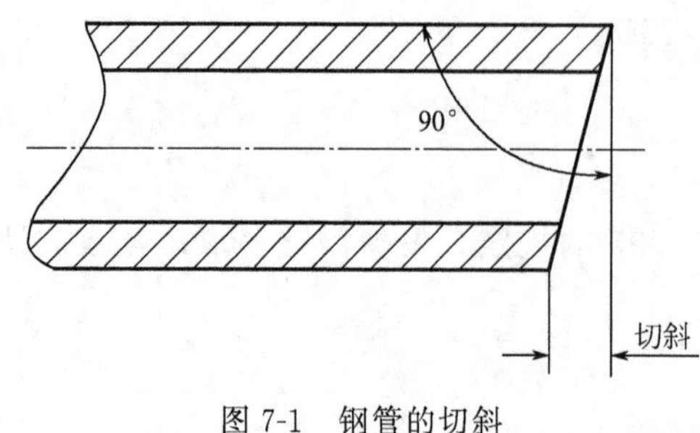

图 7-1 钢管的切斜

① 外形不大于 60mm 的钢管，管端切斜应不超过 1.5mm；外径大于 60mm 的钢管，管端切斜应不超过钢管的 2.5%，但最大应不超过 6mm。钢管的切斜如图 7-1 所示。

② 钢管的端头切口毛刺应予清除。

(7) 钢管按实际重量交货，亦可按理论重量交货。钢管的理论重量的计算按 GB/T 17395 的规定，钢的密度取 7.85kg/dm^3。

（8）钢管由 10、20、Q295、Q345、Q390、Q420、Q460 牌号的钢制造。

7.2.3 中低压锅炉用无缝钢管（GB 3087—2008）

中、低压锅炉用无缝钢管适用于低碳钢制造的各种结构低、中压锅炉用的过热蒸汽管、沸水管等。钢管的尺寸和质量可见 GB/T 17395，常用材料有 10、20 号钢。

7.2.4 不锈钢无缝钢管（GB/T 14976—2012）

不锈钢热轧、热挤压和冷拔（冷轧）无缝钢管，适用于化工、石油工业中具有强腐蚀性介质的钢管。钢管质量同无缝钢管 GB 8163，钢管的尺寸应符合表 7-9 和表 7-10 的规定。

表 7-9 热轧钢管尺寸　　单位：mm

外径	壁厚														
	4.5	5	6	7	8	9	10	11	12	13	14	15	16	17	18
68	●	●	●	●	●	●	●	●	●						
70	●	●	●	●	●	●	●	●	●						
73	●	●	●	●	●	●	●	●	●						
76	●	●	●	●	●	●	●	●	●						
80	●	●	●	●	●	●	●	●	●						
83	●	●	●	●	●	●	●	●	●						
89	●	●	●	●	●	●	●	●	●						
95	●	●	●	●	●	●	●	●	●	●	●				
102	●	●	●	●	●	●	●	●	●	●	●				
108	●	●	●	●	●	●	●	●	●	●	●				
114		●	●	●	●	●	●	●	●	●	●				
121		●	●	●	●	●	●	●	●	●	●				
127		●	●	●	●	●	●	●	●	●	●				
133		●	●	●	●	●	●	●	●	●	●				
140			●	●	●	●	●	●	●	●	●	●	●		
146			●	●	●	●	●	●	●	●	●	●	●		
152			●	●	●	●	●	●	●	●	●	●	●		
159			●	●	●	●	●	●	●	●	●	●	●		
168				●	●	●	●	●	●	●	●	●	●	●	●
180					●	●	●	●	●	●	●	●	●	●	●
194					●	●	●	●	●	●	●	●	●	●	●
219					●	●	●	●	●	●	●	●	●	●	●
245							●	●	●	●	●	●	●	●	●
237									●	●	●	●	●	●	●
325									●	●	●	●	●	●	●
351									●	●	●	●	●	●	●
377									●	●	●	●	●	●	●
426									●	●	●	●	●	●	●

注：●表示已有生产的热轧管规格。

表 7-10 冷拔（轧）钢管尺寸

单位：mm

外径	壁厚 0.5	0.6	0.8	1.0	1.2	1.4	1.5	1.6	2.0	2.2	2.5	2.8	3.0	3.2	3.5	4.0	4.5	5.0	5.5	6.0	6.5	7.0	7.5	8.0	8.5	9.0	9.5	10	11	12	13	14	15
6	●	●	●	●	●	●	●	●	●																								
7	●	●	●	●	●	●	●	●	●																								
8	●	●	●	●	●	●	●	●	●																								
9	●	●	●	●	●	●	●	●	●	●	●																						
10	●	●	●	●	●	●	●	●	●	●	●																						
11	●	●	●	●	●	●	●	●	●	●	●																						
12	●	●	●	●	●	●	●	●	●	●	●	●	●																				
13	●	●	●	●	●	●	●	●	●	●	●	●	●																				
14	●	●	●	●	●	●	●	●	●	●	●	●	●	●	●																		
15	●	●	●	●	●	●	●	●	●	●	●	●	●	●	●																		
16	●	●	●	●	●	●	●	●	●	●	●	●	●	●	●	●																	
17	●	●	●	●	●	●	●	●	●	●	●	●	●	●	●	●																	
18	●	●	●	●	●	●	●	●	●	●	●	●	●	●	●	●	●																
19	●	●	●	●	●	●	●	●	●	●	●	●	●	●	●	●	●																
20	●	●	●	●	●	●	●	●	●	●	●	●	●	●	●	●	●																
21	●	●	●	●	●	●	●	●	●	●	●	●	●	●	●	●	●	●															
22	●	●	●	●	●	●	●	●	●	●	●	●	●	●	●	●	●	●															
23	●	●	●	●	●	●	●	●	●	●	●	●	●	●	●	●	●	●															
24	●	●	●	●	●	●	●	●	●	●	●	●	●	●	●	●	●	●	●														
25	●	●	●	●	●	●	●	●	●	●	●	●	●	●	●	●	●	●	●	●													
27	●	●	●	●	●	●	●	●	●	●	●	●	●	●	●	●	●	●	●	●													
28	●	●	●	●	●	●	●	●	●	●	●	●	●	●	●	●	●	●	●	●	●												
30	●	●	●	●	●	●	●	●	●	●	●	●	●	●	●	●	●	●	●	●	●	●											
32	●	●	●	●	●	●	●	●	●	●	●	●	●	●	●	●	●	●	●	●	●	●											

续表

外径	壁厚 0.5	0.6	0.8	1.0	1.2	1.4	1.5	1.6	2.0	2.2	2.5	2.8	3.0	3.2	3.5	4.0	4.5	5.0	5.5	6.0	6.5	7.0	7.5	8.0	8.5	9.0	9.5	10	11	12	13	14	15
34	●	●	●	●	●	●	●	●	●	●	●	●	●	●	●	●	●	●	●	●	●	●											
35	●	●	●	●	●	●	●	●	●	●	●	●	●	●	●	●	●	●	●	●	●	●											
36	●	●	●	●	●	●	●	●	●	●	●	●	●	●	●	●	●	●	●	●	●	●											
38	●	●	●	●	●	●	●	●	●	●	●	●	●	●	●	●	●	●	●	●	●	●											
40	●	●	●	●	●	●	●	●	●	●	●	●	●	●	●	●	●	●	●	●	●	●											
42	●	●	●	●	●	●	●	●	●	●	●	●	●	●	●	●	●	●	●	●	●	●	●										
45	●	●	●	●	●	●	●	●	●	●	●	●	●	●	●	●	●	●	●	●	●	●	●	●	●								
48	●	●	●	●	●	●	●	●	●	●	●	●	●	●	●	●	●	●	●	●	●	●	●	●	●								
50	●	●	●	●	●	●	●	●	●	●	●	●	●	●	●	●	●	●	●	●	●	●	●	●	●	●							
51	●	●	●	●	●	●	●	●	●	●	●	●	●	●	●	●	●	●	●	●	●	●	●	●	●	●							
53	●	●	●	●	●	●	●	●	●	●	●	●	●	●	●	●	●	●	●	●	●	●	●	●	●	●	●						
54	●	●	●	●	●	●	●	●	●	●	●	●	●	●	●	●	●	●	●	●	●	●	●	●	●	●	●	●					
56	●	●	●	●	●	●	●	●	●	●	●	●	●	●	●	●	●	●	●	●	●	●	●	●	●	●	●	●					
57	●	●	●	●	●	●	●	●	●	●	●	●	●	●	●	●	●	●	●	●	●	●	●	●	●	●	●	●					
60	●	●	●	●	●	●	●	●	●	●	●	●	●	●	●	●	●	●	●	●	●	●	●	●	●	●	●	●					
63							●	●	●	●	●	●	●	●	●	●	●	●	●	●	●	●	●	●	●	●	●	●					
65							●	●	●	●	●	●	●	●	●	●	●	●	●	●	●	●	●	●	●	●	●	●					
68							●	●	●	●	●	●	●	●	●	●	●	●	●	●	●	●	●	●	●	●	●	●	●	●			
70								●	●	●	●	●	●	●	●	●	●	●	●	●	●	●	●	●	●	●	●	●	●	●			
73											●	●	●	●	●	●	●	●	●	●	●	●	●	●	●	●	●	●	●	●			
75											●	●	●	●	●	●	●	●	●	●	●	●	●	●	●	●	●	●					
76											●	●	●	●	●	●	●	●	●	●	●	●	●	●	●	●	●	●	●	●			
80											●	●	●	●	●	●	●	●	●	●	●	●	●	●	●	●	●	●	●	●	●	●	●
83											●	●	●	●	●	●	●	●	●	●	●	●	●	●	●	●	●	●	●	●	●	●	●

续表

外径	壁厚																																
	0.5	0.6	0.8	1.0	1.2	1.4	1.5	1.6	2.0	2.2	2.5	2.8	3.0	3.2	3.5	4.0	4.5	5.0	5.5	6.0	6.5	7.0	7.5	8.0	8.5	9.0	9.5	10	11	12	13	14	15
85											●	●	●	●	●	●	●	●	●	●	●	●	●	●	●	●	●	●	●	●	●	●	●
89											●	●	●	●	●	●	●	●	●	●	●	●	●	●	●	●	●	●	●	●	●	●	●
90													●	●	●	●	●	●	●	●	●	●	●	●	●	●	●	●	●	●	●	●	●
95													●	●	●	●	●	●	●	●	●	●	●	●	●	●	●	●	●	●	●	●	●
100													●	●	●	●	●	●	●	●	●	●	●	●	●	●	●	●	●	●	●	●	●
102															●	●	●	●	●	●	●	●	●	●	●	●	●	●	●	●	●	●	●
108															●	●	●	●	●	●	●	●	●	●	●	●	●	●	●	●	●	●	●
114															●	●	●	●	●	●	●	●	●	●	●	●	●	●	●	●	●	●	●
127															●	●	●	●	●	●	●	●	●	●	●	●	●	●	●	●	●	●	●
133															●	●	●	●	●	●	●	●	●	●	●	●	●	●	●	●	●	●	●
140															●	●	●	●	●	●	●	●	●	●	●	●	●	●	●	●	●	●	●
146															●	●	●	●	●	●	●	●	●	●	●	●	●	●	●	●	●	●	●
159															●	●	●	●	●	●	●	●	●	●	●	●	●	●	●	●	●	●	●
168																																	
180																																	
194																																	
219																																	
245																																	
273																																	
325																																	
351																																	
377																																	
426																																	

注：●表示已有生产的冷拔（轧）钢管规格。

7.3 焊接钢管

7.3.1 低压流体输送用焊接钢管（GB/T 3091—2008）

本标准适用于水、空气、采暖蒸汽、燃气等低压流体输送用焊接钢管。

本标准包括直缝高频电阻焊（ERW）钢管、直缝埋弧焊（SAWL）钢管和螺旋缝埋弧焊（SAWH）钢管，并对它们的不同要求分别做了标注，未注明的同时适用于直缝高频电阻焊钢管、直缝埋弧焊钢管和螺旋缝埋弧焊钢管。

钢管的外径（D）和壁厚（t）应符合 GB/T 21835 的规定，其中管端用螺纹和沟槽连接的钢管尺寸参见表 7-11。

表 7-11 钢管的公称口径与钢管的外径、壁厚对照表 单位：mm

公称口径	钢管外径	普通钢管壁厚	加厚钢管壁厚
6	10.2	2.0	2.5
8	13.5	2.5	2.8
10	17.2	2.5	2.8
15	21.3	2.8	3.5
20	26.9	2.8	3.5
25	33.7	3.2	4.0
32	42.4	3.5	4.0
40	48.3	3.5	4.5
50	60.3	3.8	4.5
65	76.1	4.0	4.5
80	88.9	4.0	5.0
100	114.3	4.0	5.0
125	139.7	4.0	5.5
150	168.3	4.5	6.0

注：表中的公称口径系近似内径的名义尺寸，不表示外径减去两个壁厚所得的内径。

钢管外径和壁厚的允许偏差应符合表 7-12 的规定，根据需方要求，经供需双方协商可供应表中规定以外允许偏差的钢管。

表 7-12 外径和壁厚的允许偏差 单位：mm

外径	外径允许偏差		壁厚允许偏差
	管体	管端（距管端 100mm 范围内）	
$D\leqslant48.3$	±0.5	—	±10%t
$48.3<D\leqslant273.1$	±1%D	—	
$273.1<D\leqslant508$	±0.75%D	+2.4 −0.8	
$D>508$	±1%D 或±10.0，两者取较小值	+3.2 −0.8	

（1）通常长度

钢管的通常长度为 3000～12000mm。

（2）定尺长度和倍尺长度

钢管的定尺长度应在通常长度范围内，直缝高频电阻焊钢管的定尺长度允许偏差为$^{+20}_{\ 0}$mm；螺旋缝埋弧焊钢管的定尺长度允许偏差为$^{+50}_{\ 0}$mm。

钢管的倍尺长度应在通常长度范围内，直缝高频电阻焊钢管的倍尺长度允许偏差为$^{+20}_{\ 0}$mm；螺旋缝埋弧焊钢管的倍尺长度允许偏差为$^{+50}_{\ 0}$mm，每个倍尺长度应留5～15mm的切口余量。

（3）根据需方要求，经供需双方协商可供应通常长度范围以外的定尺长度和倍尺长度的钢管。

（4）钢管的两端面应与钢管的轴线垂直切割，且不应有切口毛刺。外径不小于114.3mm的钢管，管端切口斜度不大于3mm，如图7-2所示。

根据需方要求，经供需双方协商，壁厚大于4mm的钢管端面可加工坡口，坡口角度$30^{\circ}{}^{+5^{\circ}}_{\ 0}$，钝边应为1.6mm±0.8mm，如图7-3所示。

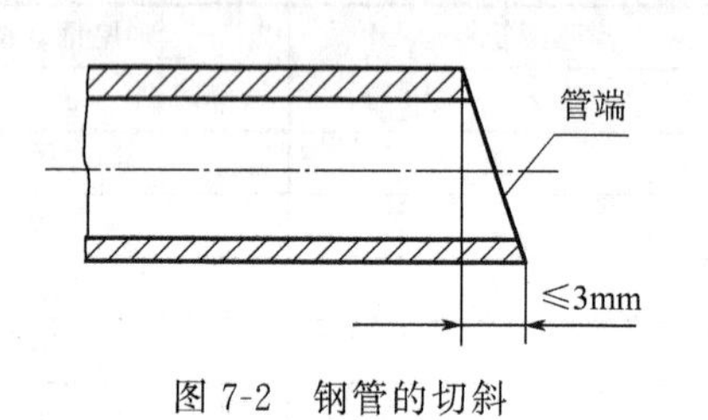

图7-2　钢管的切斜

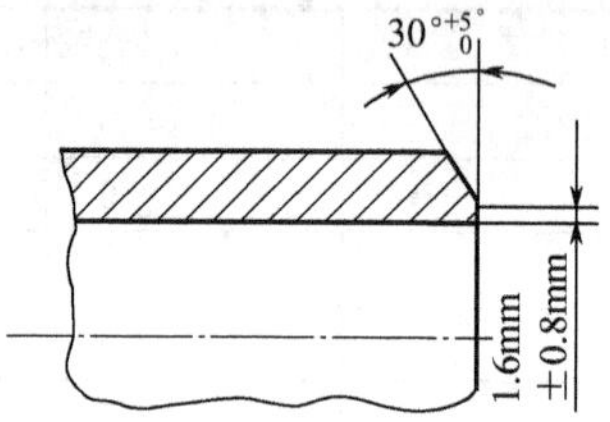

图7-3　钢管端面加工坡口

（5）钢管按理论重量交货，也可按实际重量交货。

（6）钢管的理论重量按下式计算（钢的密度按7.85kg/dm^3）。

$$W=0.0246615(D-t)t$$

式中　W——钢管的单位长度理论重量，kg/m；

D——钢管的外径，mm；

t——钢管的壁厚，mm。

（7）钢管镀锌后单位长度理论重量按下式计算。

$$W'=cW$$

式中　W'——钢管镀锌后的单位长度理论重量，kg/m；

W——钢管镀锌前的单位长度理论重量，kg/m；

c——镀锌层的重量系数，见表7-13。

表7-13　镀锌层的理论重量

壁厚/mm	0.5	0.6	0.8	1.0	1.2	1.4	1.6	1.8	2.0	2.3
系数c	1.255	1.112	1.159	1.127	1.106	1.091	1.080	1.071	1.064	1.055
壁厚/mm	2.6	2.9	3.2	3.6	4.0	4.5	5.0	5.4	5.6	6.3
系数c	1.049	1.044	1.040	1.035	1.032	1.028	1.025	0.024	1.023	1.020
壁厚/mm	7.1	8.0	8.8	10	11	12.5	14.2	16	17.5	20
系数c	1.018	1.016	1.014	1.013	1.012	1.010	1.009	1.008	1.009	1.006

（8）以理论重量交货的钢管，每批或单根钢管的理论重量与实际重量的允许偏差应为±7.5%。

（9）钢的牌号和化学成分（熔炼分析）应符合GB/T 700中牌号Q195、Q215A、Q215B、Q235A、Q235B和GB/T 1591中牌号Q295A、Q295B、Q345A、Q345B的规定。根据需方要求，经供需双方协商也可采用其他易焊接的钢牌号。

钢管按焊接状态交货，直缝高频电阻焊可按焊缝热处理状态交货。根据需方要求，经供需双方协商也可按整体热处理状态交货。

根据需方要求，经供需双方协商，外径不大于508mm的钢管可镀锌交货，也可按其他保护层交货。

7.3.2 奥氏体不锈钢焊接钢管（HG 20537—92）

本标准适用于换热器管束、容器壳体、接管和管道用奥氏体不锈钢（也包括奥氏体-铁素体双相不锈钢）焊接钢管。奥氏体不锈钢焊接管（以下简称焊管）的制造工艺按表7-14的规定。

表7-14 不锈钢焊管制造工艺

名称	制造工艺	技术要求
换热管用焊接钢管	自动电弧焊(不加焊丝)如必要应进行冷加工;电阻焊,必须清除内毛刺	HG 20537.2
化工装置用焊接钢管(如接管、壳体、管道等)	自动电弧焊(不加焊丝)如必要可进行冷加工;电阻焊,必须清除内毛刺	HG 20537.3
化工装置用大口径焊管	电弧焊(加焊丝)	HG 20537.4

注：自动电弧焊系指自动氩弧焊、等离子焊等。

（1）换热管用焊接钢管

管壳式换热器用焊接管的规格按表7-15选用。由于特殊原因也可采用下表以外规格的焊接钢管。

表7-15 换热管规格 单位：kg/m

外径	壁厚/mm											
	1.0	1.2	(1.4)	1.6	(1.8)	2.0	(2.3)	2.6	(2.9)	3.2	3.6	4.0
10	0.224	0.263	0.300	0.355	0.368							
14	0.324	0.383	0.439	0.494	0.547							
16	0.374	0.442	0.509	0.574	0.637							
19		0.532	0.614	0.693	0.771	0.847	0.567					
22		0.622	0.718	0.813	0.906	0.996	1.130					
25		0.711	0.823	0.933	1.040	1.150	1.300	1.45	1.60			
32		0.921	1.070	1.210	1.350	1.490	1.700	1.90	2.10	2.30		
38		1.100	1.280	1.450	1.620	1.790	2.050	2.29	2.54	2.77		
45				1.730	1.940	2.140	2.450	2.75	3.04	3.33		
51				1.970	2.210	2.440	2.790	3.13	3.47	3.81	4.25	4.68
57				2.210	2.480	2.740	3.130	3.52	3.91	4.29	4.79	5.28
63						3.040	3.480	3.91	4.34	4.77	5.33	5.88
76						3.690	4.220	4.75	5.28	5.80	6.49	7.17

注：1. 表列重量适用于0Cr18Ni9、00Cr19Ni10、0Cr18Ni10Ti、1Cr18Ni9Ti等奥氏体不锈钢。对于含钼奥氏体不锈钢，如0Cr17Ni12Mo2、00Cr17Ni14Mo2，表列单位长度的重量应增加0.63%。

2. 括号内规格为非常用规格。

换热管的公称长度一般采用1000mm、1500mm、2000mm、2500mm、3000mm、4500mm、6000mm、7500mm、9000mm、12000mm，焊接钢管的定尺或倍尺长度应按换热管的设计长度选定。

（2）化工装置用奥氏体不锈钢焊接钢管

外径符合国际通用系列的焊管和外径符合国内沿用系列的焊管，常用规格参数见表7-

16和表7-17。经双方协议可生产下表以外规格的焊管。

表7-16 国际通用系列焊接钢管规格和重量

公称直径 DN	焊管外径 /mm	壁厚系列号(Sch. No)									
		5S		10S		20		40S		80S	
		壁厚 /mm	重量 /(kg/m)	壁厚 /mm	重量 /(kg/m)	壁厚 /mm	重量 /(kg/m)	壁厚 /mm	重量 /(kg/m)	壁厚 /mm	重量 /(kg/m)
10	17.2	1.2	0.478	1.6	0.622			2.3	0.854	3.2	1.12
15	21.3	1.6	0.785	2.0	0.962			2.9	1.33	3.6	1.59
20	26.9	1.6	1.01	2.0	1.24			2.9	1.73	4.0	2.28
25	33.7	1.6	1.28	2.9	2.22			3.2	2.43	4.5	3.27
32	42.4	1.6	1.63	2.9	2.85			3.6	3.48	5.0	4.66
40	48.3	1.6	1.86	2.9	3.28			3.6	4.01	5.0	5.39
50	60.3	1.6	2.34	2.9	4.15	3.2	4.55	4	5.61	5.6	7.63
65	76.1	2	3.69	3.2	5.81	4.5	8.03	5	8.86	7.1	12.20
	(73.0)	2	3.54	3.2	5.56	4.5	7.68	5	8.47	7.1	11.66
80	88.9	2	4.33	3.2	6.83	4.5	9.46	5.6	11.62	8.0	16.20
100	114.3	2	5.59	3.2	8.86	5	13.61	6.3	16.95	8.8	23.13
125	139.7	2.9	9.88	3.6	12.20	5	16.78	6.3	20.93	10.0	32.31
	(141.3)	2.9	10.00	3.6	12.35	5	16.98	6.3	21.19	10.0	32.71
150	168.3	2.9	11.95	3.6	14.77	5.6	22.70	7.1	28.51	11.0	43.10
200	219.1	2.9	15.62	4	21.43	6.3	33.40	8	42.07	12.5	64.33
250	273	3.6	24.16	4	26.80	6.3	41.85	8.8	57.91	12.5	81.11
300	323.9	4.0	31.87	4.5	35.80	6.3	49.84	10	78.19	12.5	96.96

注：1. 括号内为符合美国ANSI B36.19的钢管外径。

2. 部分壁厚较大的焊管，如采用添加填充金属的连续自动电弧焊工艺时，应符合HG 20537.4中关于焊接材料、焊接工艺评定、分级和焊缝无损检查的要求。

表7-17 国内沿用系列焊接钢管规格和重量

公称直径 DN	焊管外径 /mm	壁厚系列号(Sch. No)									
		5S		10S		20		40S		80S	
		壁厚 /mm	重量 /(kg/m)	壁厚 /mm	重量 /(kg/m)	壁厚 /mm	重量 /(kg/m)	壁厚 /mm	重量 /(kg/m)	壁厚 /mm	重量 /(kg/m)
10	14	1.2	0.383	1.6	0.494			2.3	0.670	3.2	0.86
15	18	1.6	0.654	2.0	0.797			2.9	1.09	3.6	1.29
20	25	1.6	0.933	2.0	1.15			2.9	1.60	4.0	2.09
25	32	1.6	1.21	2.9	2.10			3.2	2.30	4.5	3.08
32	38	1.6	1.45	2.9	2.54			3.6	3.08	5.0	4.11
40	45	1.6	1.73	2.9	3.04			3.6	3.71	5.0	4.98
50	57	1.6	2.21	2.9	3.91	3.2	4.29	4	5.28	5.6	7.17
65	76	2	3.69	3.2	5.80	4.5	8.01	5	8.84	7.1	12.19
80	89	2	4.33	3.2	6.84	4.5	9.47	5.6	11.63	8.0	16.14
100	108	2	5.28	3.2	8.35	5	12.83	6.3	15.96	8.8	21.75
125	133	2.9	9.40	3.6	11.60	5	15.94	6.3	19.88	10.0	30.64
150	159	2.9	11.28	3.6	13.94	5.6	21.40	7.1	26.87	11.0	40.55
200	219	2.9	15.61	4	21.42	6.3	33.38	8	42.05	12.5	64.30
250	273	3.6	24.16	4	26.80	6.3	41.85	8.8	57.91	12.5	81.11
300	325	4.0	31.98	4.5	35.93	6.3	50.01	10	78.47	12.5	97.30

注：表中部分壁厚较大的焊管，如采用添加填充金属的连续自动电弧焊工艺时，应符合HG 20537.4中关于焊接材料、焊接工艺评定、分级和焊缝无损检查的要求。

焊管的通常长度为3～9m，经双方协商可生产上述长度以外的焊管。焊管的定尺长度一般为6m，定尺长度的允许偏差为+6mm。成型后的焊管在长度方向不得拼接。

(3) 化工装置用奥氏体不锈钢大口径焊接钢管

外径符合国际通用系列的大口径焊管，以及外径符合国内沿用系列的大口径焊管，常用规格见表7-18和表7-19。经供需双方协议可生产下表以外规格的大口径焊管，但其技术要求仍应符合HG 20537—92的有关规定。

表7-18 国际通用系列大口径焊管规格和重量

公称直径 DN	焊管外径 /mm	壁厚系列号(Sch. No)							
		5S		10S		20		40S	
		壁厚 /mm	重量 /(kg/m)	壁厚 /mm	重量 /(kg/m)	壁厚 /mm	重量 /(kg/m)	壁厚 /mm	重量 /(kg/m)
350	355.6	4	35.03	5	43.67	8	69.27	12	102.71
400	406.4	4	40.10	5	49.99	8	79.39	12	117.89
450	457	4	45.14	5	56.30	8	89.48	14	154.49
500	508	5	62.65	6	75.03	10	124.05	16	196.09
600	610	6	90.27	6	90.27	10	149.46	18	265.44
700	711	6	105.37	7	140.29	12	208.95	20	344.26
800	813	7	160.62	8	160.42	12	239.43	22	433.48
900	914	8	180.55	9	202.89	14	313.87	25	553.62
1000	1016	9	225.76	10	250.59	14	349.44	28	689.11

表7-19 国内沿用系列大口径焊管规格和重量

公称直径 DN	焊管外径 /mm	壁厚系列号(Sch. No)							
		5S		10S		20		40S	
		壁厚 /mm	重量 /(kg/m)	壁厚 /mm	重量 /(kg/m)	壁厚 /mm	重量 /(kg/m)	壁厚 /mm	重量 /(kg/m)
350	377	4	37.17	5	46.33	8	75.53	12	109.11
400	426	4	42.05	5	52.44	8	83.30	12	123.75
450	480	4	47.43	5	59.16	8	94.06	14	162.51
500	530	5	65.39	6	78.32	10	129.53	16	204.86
600	630	6	93.26	6	93.26	10	154.44	18	274.41
700	720	6	106.71	7	142.09	12	211.64	20	348.74
800	820	7	162.01	8	161.82	12	241.53	22	437.32
900	920	8	181.74	9	204.24	14	315.96	25	557.36
1000	1020	9	226.66	10	251.59	14	350.83	28	691.90

大口径焊管的供货长度应由需方提供。通常长度为2～6m，短尺长度应不小于1.5m。经供需双方协议，可生产上述长度以外的大口径焊管。经需方同意，大口径焊管可由两段或更多段数的焊管，由环焊缝对接而成，环焊缝应具有与纵焊缝相同的焊接质量要求。

(4) 用作换热管、容器壳体、接管、盘管等的奥氏体不锈钢焊接钢管，其设计压力一般不宜大于4.0MPa。用作流体输送管和管件的焊接钢管，其适用的管道压力等级一般宜不大于*PN*5.0MPa (300磅级)。

(5) 操作条件同时满足下列要求时，可免除焊管的热处理和/或酸洗、钝化处理（大口径焊管除外）。但用于洁净场合时，焊管应作酸洗、钝化处理。

① 介质无毒、无爆炸危险，且对材料无腐蚀倾向；

② 操作压力不大于1.0MPa；

③ 工作温度不大于200℃。

（6）采用保护气氛热处理时，可免除酸洗、钝化处理。

（7）焊管按实际重量交货，也可按理论重量交货。下式所列为常用规格的理论重量计算公式。

铬镍（钛）奥氏体不锈钢（密度7.93g/cm³）　$W=0.02491t(D-t)$

铬镍钼奥氏体不锈钢（密度7.98g/cm³）　$W=0.02507t(D-t)$

式中　W——焊管理论重量，kg/m；

D——焊管外径，mm；

t——壁厚，mm。

（8）焊管所用钢带的化学成分（熔炼分析）应符合GB 4230和GB 4239的规定。焊管由表7-20所列常用钢号的热轧或冷轧带钢制造。经双方协议，也可采用其他牌号的奥氏体不锈钢带钢制造。

表7-20　常用钢号

钢号	相当于AISI代号	钢号	相当于AISI代号
0Cr18Ni9	304	00Cr19Ni10	304L
0Cr18Ni10Ti	321	0Cr17Ni12Mo2	316
(1Cr18Ni9Ti)	—	00Cr17Ni14Mo2	316L

注：1Cr18Ni9Ti为不推荐使用钢号。

7.4　复合管

7.4.1　衬胶钢管和管件（HG 21501—93）

7.4.1.1　衬胶管材基本参数

（1）压力范围

公称压力：$PN \leqslant 1.0$MPa（表压）。

真空度：≤0.08MPa。

（2）温度范围

硬橡胶板：使用温度应≥0℃，≤85℃；当真空度≤0.08MPa时，使用温度≥0℃，≤65℃。

半硬橡胶板：使用温度应≥−25℃，≤75℃。

合成橡胶板：使用温度应按产品牌号确定。

（3）尺寸

公称通径：DN25～500mm。

（4）材料

外层材料为：10#、20#碳钢或Q235-A；铸钢件为ZG25或性能相当的材料。

衬里材料为：硬橡胶为8501或其他相当的牌号；半硬橡胶板为8502或其他相当的牌号。

7.4.1.2 衬胶直管（表 7-21）

表 7-21 衬胶直管　　单位：mm

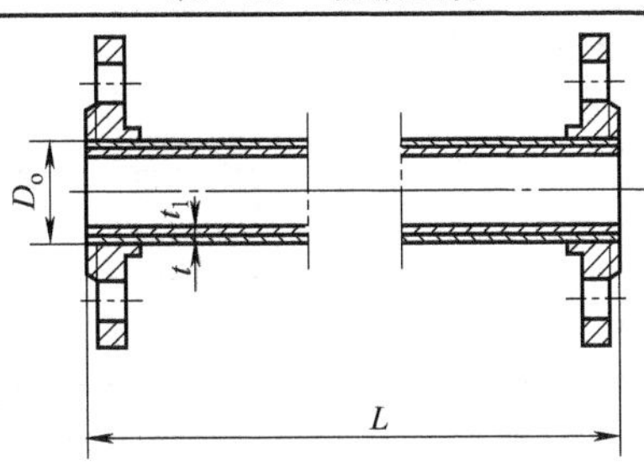

公称通径 DN	外径 D_o	钢管壁厚 t	衬胶壁厚 t_1	长度 L		
25	33.7	2.9	3	150	500	1000
32	42.4	2.9	3	150	500	1000
40	48.3	2.9	3	500	1000	1500
50	60.3	3.2	3	500	1000	1500
65	76.1	4.5	3	500	1000	2000
80	88.9	4.5	3	500	1000	2000
100	114.3	5.0	3	1000	2000	2500
125	139.7	5.0	3	1000	2000	2500
150	168.3	5.6	3	1000	2000	2500
200	219.1	6.3	3	1000	2000	3000
250	273.0	6.3	3	1000	2000	3000
300	323.9	6.3	3	2000	3000	4000
350	355.6	6.3	3	2000	3000	4000
400	406.4	6.3	3	2000	3000	5000
450	457.0	6.3	3	2000	3000	5000
500	508.0	6.3	3	2000	3000	5000

7.4.1.3 衬胶弯头（表 7-22）

表 7-22 衬胶弯头　　单位：mm

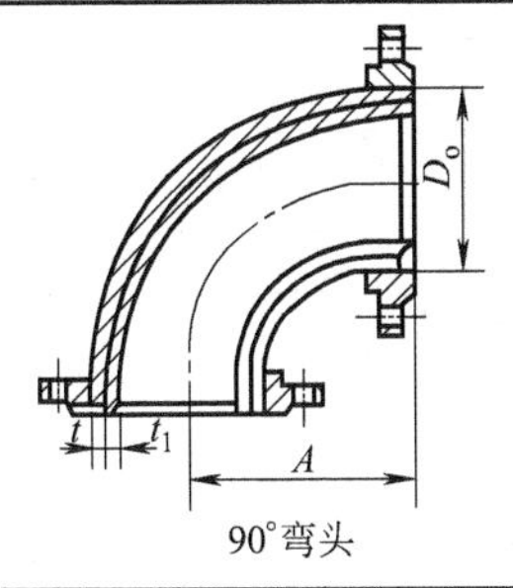

90°弯头

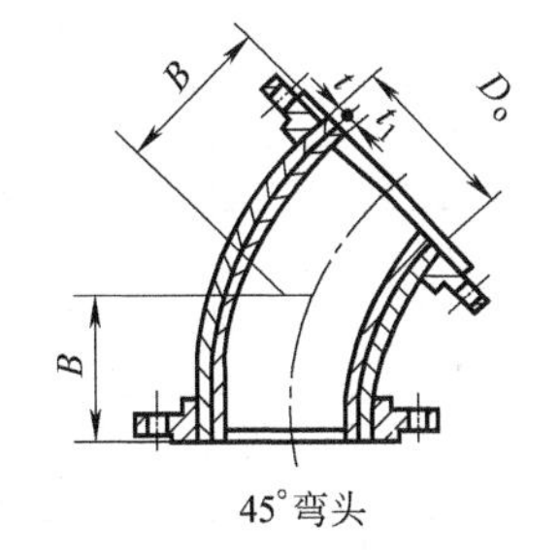

45°弯头

公称通径 DN	外径 D_o	钢管件壁厚 t	衬胶壁厚 t_1	90°弯头 A	45°弯头 B
25	33.7	2.9	3	88	50
32	42.4	2.9	3	98	55
40	48.3	2.9	3	107	60
50	60.3	3.2	3	126	65
65	76.1	4.5	3	145	76
80	88.9	4.5	3	164	80

续表

公称通径 DN	外径 D_o	钢管件壁厚 t	衬胶壁厚 t_1	90°弯头 A	45°弯头 B
100	114.3	5.0	3	202	105
125	139.7	5.0	3	250	114
150	168.3	5.6	3	289	130
200	219.1	6.3	3	375	155
250	273.0	6.3	3	451	188
300	323.9	6.3	3	537	223
350	355.6	6.3	3	613	255
400	406.4	6.3	3	700	291
450	457.0	6.3	3	776	322
500	508.0	6.3	3	862	358

7.4.1.4 衬胶三通/异径管（表 7-23）

表 7-23 衬胶三通/异径管 单位：mm

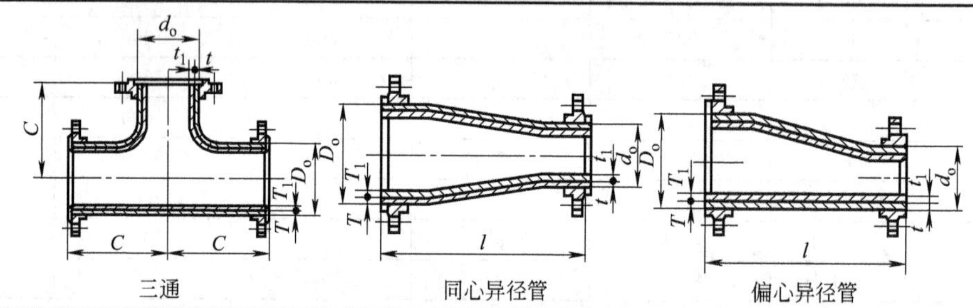

三通　　同心异径管　　偏心异径管

公称通径 $DN \times dN$	外径 $D_o \times d_o$	钢管件壁厚 $T \times t$	衬胶壁厚 $t_1(T_1)$	三通 C	异径管 l
25×25	33.7×33.7	2.9×2.9	3	88	—
32×32	42.4×42.4	2.9×2.9	3	98	—
32×25	42.4×33.7	2.9×2.9	3		151
40×40	48.3×48.3	2.9×2.9	3	107	—
40×32	48.3×42.4	2.9×2.9	3		164
40×25	48.3×33.7	2.9×2.9	3		
50×50	60.3×60.3	3.2×3.2	3	114	—
50×40	60.3×48.3	3.2×2.9	3		176
50×32	60.3×42.4	3.2×2.9	3		
50×25	60.3×33.7	3.2×2.9	3		
65×65	76.1×76.1	4.5×4.5	3	126	—
65×50	76.1×60.3	4.5×3.2	3		189
65×40	76.1×48.3	4.5×2.9	3		
65×32	76.1×42.4	4.5×2.9	3		
80×80	88.9×88.9	4.5×4.5	3	136	—
80×65	88.9×76.1	4.5×4.5	3		189
80×50	88.9×60.3	4.5×3.2	3		
80×40	88.9×48.3	4.5×2.9	3		
100×100	114.3×114.3	5.0×5.0	3	155	—
100×80	114.3×88.9	5.0×4.5	3		202
100×65	114.3×76.1	5.0×4.5	3		
100×50	114.3×60.3	5.0×3.2	3		
125×125	139.7×139.7	5.0×5.0	3	184	—
125×100	139.7×114.3	5.0×5.0	3		247
125×80	139.7×88.9	5.0×4.5	3		
125×65	139.7×76.1	5.0×4.5	3		

续表

公称通径 $DN\times dN$	外径 $D_o\times d_o$	钢管件壁厚 $T\times t$	衬胶壁厚 $t_1(T_1)$	三通 C	异径管 l
150×150	168.3×168.3	5.6×5.6	3	203	—
150×125	168.3×139.7	5.6×5.0	3		260
150×100	168.3×114.3	5.6×5.0	3		
150×80	168.3×88.9	5.6×4.5	3		
200×200	219.1×219.1	6.3×6.3	3	248	—
200×150	219.1×168.3	6.3×5.6	3		292
200×125	219.1×139.7	6.3×5.0	3		
200×100	219.1×114.3	6.3×5.0	3		
250×250	273.0×273.0	6.3×6.3	3	286	—
250×200	273.0×219.1	6.3×6.3	3		318
250×150	273.0×168.3	6.3×5.6	3		
250×125	273.0×139.7	6.3×5.0	3		
300×300	323.9×323.9	6.3×6.3	3	334	—
300×250	323.9×273.0	6.3×6.3	3		363
300×200	323.9×219.1	6.3×6.3	3		
300×150	323.9×168.3	6.3×5.6	3		
350×350	355.6×355.6	6.3×6.3	3	359	—
350×300	355.6×323.9	6.3×6.3	3		490
350×250	355.6×273.0	6.3×6.3	3		
350×200	355.6×219.1	6.3×6.3	3		
400×400	406.4×406.4	6.3×6.3	3	395	—
400×350	406.4×355.6	6.3×6.3	3		536
400×300	406.4×323.9	6.3×6.3	3		
400×250	406.4×273.0	6.3×6.3	3		
400×200	406.4×219.1	6.3×6.3	3		
450×450	457.0×457.0	6.3×6.3	3	433	—
450×400	457.0×406.4	6.3×6.3	3		561
450×350	457.0×355.6	6.3×6.3	3		
450×300	457.0×323.9	6.3×6.3	3		
450×250	457.0×273.0	6.3×6.3	3		
500×500	508.0×508.0	6.3×6.3	3	481	—
500×450	508.0×457.0	6.3×6.3	3		708
500×400	508.0×406.4	6.3×6.3	3		
500×350	508.0×355.6	6.3×6.3	3		
500×300	508.0×323.9	6.3×6.3	3		
500×250	508.0×273.0	6.3×6.3	3		

7.4.1.5 衬胶铸钢弯头（表 7-24）

表 7-24 衬胶铸钢弯头 单位：mm

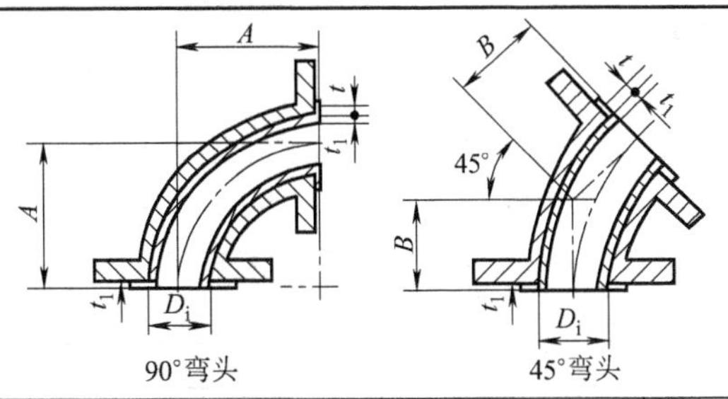

公称通径 DN	铸钢管件内径 D_i	铸钢管件壁厚 t	衬胶壁厚 t_1	90°弯头 A	45°弯头 B
25	25	4.0	3	89	44

续表

公称通径 DN	铸钢管件内径 D_i	铸钢管件壁厚 t	衬胶壁厚 t_1	90°弯头 A	45°弯头 B
32	32	4.8	3	95	51
40	38	4.8	3	102	57
50	51	5.6	3	114	64
65	64	5.6	3	127	76
80	76	5.6	3	140	76
100	102	6.3	3	165	102
125	127	7.1	3	190	114
150	152	7.1	3	203	127
200	203	7.9	3	229	140
250	254	8.6	3	279	165
300	305	9.5	3	305	190
350	337	10.3	3	356	190
400	387	11.1	3	381	203
450	438	11.9	3	419	216
500	489	12.7	3	457	241

7.4.1.6 衬胶铸钢三通、异径管（表 7-25）

表 7-25 衬胶铸钢三通、异径管尺寸 单位：mm

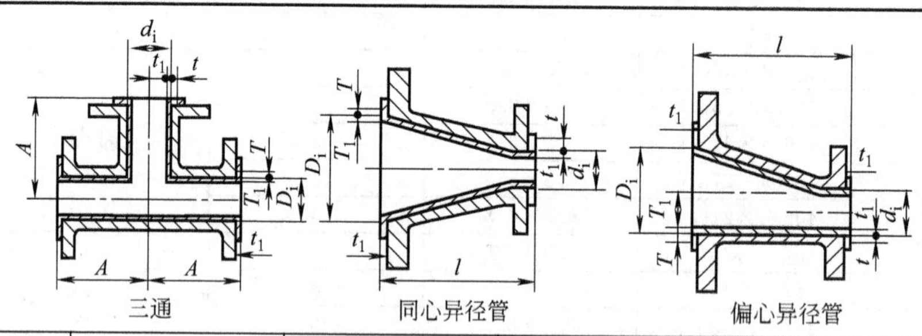

<table>
<tr><th>公称通径 $DN\times dN$</th><th>内径 $D_i\times d_i$</th><th>铸钢管件壁厚 $T\times t$</th><th>衬胶壁厚 $t_1(T_1)$</th><th>三通 A</th><th>异径管 l</th></tr>
<tr><td>25×25</td><td>25×25</td><td>4.0×4.0</td><td>3</td><td>89</td><td>—</td></tr>
<tr><td>32×32</td><td>32×32</td><td>4.8×4.8</td><td>3</td><td rowspan="2">95</td><td>—</td></tr>
<tr><td>32×25</td><td>32×25</td><td>4.8×4.0</td><td>3</td><td>114</td></tr>
<tr><td>40×40</td><td>38×38</td><td>4.8×4.8</td><td>3</td><td rowspan="3">102</td><td>—</td></tr>
<tr><td>40×32</td><td>38×32</td><td>4.8×4.8</td><td>3</td><td rowspan="2">114</td></tr>
<tr><td>40×25</td><td>38×25</td><td>4.8×4.0</td><td>3</td></tr>
<tr><td>50×50</td><td>51×51</td><td>5.6×5.6</td><td>3</td><td rowspan="4">114</td><td>—</td></tr>
<tr><td>50×40</td><td>51×38</td><td>5.6×4.8</td><td>3</td><td rowspan="3">127</td></tr>
<tr><td>50×32</td><td>51×32</td><td>5.6×4.8</td><td>3</td></tr>
<tr><td>50×25</td><td>51×25</td><td>5.6×4.0</td><td>3</td></tr>
<tr><td>65×65</td><td>64×64</td><td>5.6×5.6</td><td>3</td><td rowspan="4">127</td><td>—</td></tr>
<tr><td>65×50</td><td>64×51</td><td>5.6×5.6</td><td>3</td><td rowspan="3">140</td></tr>
<tr><td>65×40</td><td>64×38</td><td>5.6×4.8</td><td>3</td></tr>
<tr><td>65×32</td><td>64×32</td><td>5.6×4.8</td><td>3</td></tr>
<tr><td>80×80</td><td>76×76</td><td>5.6×5.6</td><td>3</td><td rowspan="4">140</td><td>—</td></tr>
<tr><td>80×65</td><td>76×64</td><td>5.6×5.6</td><td>3</td><td rowspan="3">152</td></tr>
<tr><td>80×50</td><td>76×51</td><td>5.6×5.6</td><td>3</td></tr>
<tr><td>80×40</td><td>76×38</td><td>5.6×4.8</td><td>3</td></tr>
<tr><td>100×100</td><td>102×102</td><td>6.3×6.3</td><td>3</td><td rowspan="4">165</td><td>—</td></tr>
<tr><td>100×80</td><td>102×76</td><td>6.3×5.6</td><td>3</td><td rowspan="3">178</td></tr>
<tr><td>100×65</td><td>102×64</td><td>6.3×5.6</td><td>3</td></tr>
<tr><td>100×50</td><td>102×51</td><td>6.3×5.6</td><td>3</td></tr>
</table>

续表

公称通径 $DN\times dN$	内径 $D_i\times d_i$	铸钢管件壁厚 $T\times t$	衬胶壁厚 $t_1(T_1)$	三通 A	异径管 l
125×125	127×127	7.1×7.1	3	190	—
125×100	127×102	7.1×6.3	3		203
125×80	127×76	7.1×5.6	3		
125×65	127×64	7.1×5.6	3		
150×150	152×152	7.1×7.1	3	203	—
150×125	152×127	7.1×7.1	3		229
150×100	152×102	7.1×6.3	3		
150×80	152×75	7.1×5.6	3		
200×200	203×203	7.9×7.9	3	229	—
200×150	203×152	7.9×7.1	3		279
200×125	203×127	7.9×7.1	3		
200×100	203×102	7.9×6.3	3		
250×250	254×254	8.6×8.6	3	279	—
250×200	254×203	8.6×7.9	3		305
250×150	254×152	8.6×7.1	3		
250×125	254×127	8.6×7.1	3		
300×300	305×305	9.5×9.5	3	305	—
300×250	305×254	9.5×8.6	3		356
300×200	305×203	9.5×7.9	3		
300×150	305×152	9.5×7.1	3		
350×350	337×337	10.3×10.3	3	356	—
350×300	337×305	10.3×9.5	3		406
350×250	337×254	10.3×8.6	3		
350×200	337×203	10.3×7.9	3		
400×400	387×387	11.1×11.1	3	381	—
400×350	387×337	11.1×10.3	3		457
400×300	387×305	11.1×9.5	3		
400×250	387×254	11.1×8.6	3		
400×200	387×203	11.1×7.9	3		
450×450	438×438	11.9×11.9	3	419	—
450×400	438×387	11.9×11.1	3		483
450×350	438×337	11.9×10.3	3		
450×300	438×305	11.9×9.5	3		
450×250	438×254	11.9×8.6	3		
500×500	489×489	12.7×12.7	3	457	—
500×450	489×438	12.7×11.9	3		508
500×400	489×387	12.7×11.1	3		
500×350	489×337	12.7×10.3	3		
500×300	489×305	12.7×9.5	3		
500×250	489×254	12.7×8.6	3		

7.4.2 钢衬塑料复合管（HG/T 2437—2006）

7.4.2.1 材料及性能

HG/T 2437—2006 标准适用于以钢管、钢管件为基体，采用聚四氟乙烯（PTFE）、聚全氟乙丙烯（FEP）、无规共聚聚丙烯（PP-R）、交联聚乙烯（PE-D）、可溶性聚四氟乙烯（PFA）、聚氯乙烯（PVC）衬里的复合钢管和管件（以下简称衬里产品）。其公称尺寸（*DN*）为 25～1000mm、公称压力－0.1～1.6MPa。

（1）管子及管件

管子材料应符合 GB 150、GB/T 8163 的规定；管件材料应符合 GB/T 12459、GB/T 13401 或 GB/T 17185 的有关规定。

（2）聚四氟乙烯

聚四氟乙烯树脂应符合 HG/T 2902—1997 的规定，衬里层表观密度应不低于 $2.16g/cm^3$，且不允许有气泡、微孔、裂纹和杂质存在。

（3）聚全氟乙丙烯

聚全氟乙丙烯树脂应符合 HG/T 2904—1997 的规定，采用 M3 型衬里层表观密度应不低于 $2.14g/cm^3$，且不允许有气泡、微孔、裂纹和杂质存在。

（4）可溶性聚四氟乙烯

可溶性聚四氟乙烯应符合表 7-26 的规定。

表 7-26　可溶性聚四氟乙烯树脂性能指标

项目	连续使用温度/℃	密度/(g/cm^3)	拉伸强度/MPa	熔融指数/(g/min)	伸长率/%
PFA	250	2.16	722.0	1～17	≥280

（5）无规共聚聚丙烯

无规共聚聚丙烯的性能应符合 GB/T 18742.1—2002 中第五章给出的要求。

（6）分类及性能（表 7-27～表 7-29）

表 7-27　产品分类与标记

产品类型			代号	产品类型		代号
直管	二端平焊法兰		ZG	三通	平焊法兰	ST
	一端平焊法兰、一端松套法兰		ZGS		平焊法兰和松套法兰结合	STS
弯头	90°	二端平焊法兰	WT	四通	平焊法兰	FT
		一端平焊法兰、一端松套法兰	WTS		平焊法兰和松套法兰结合	FTS
	45°	二端平焊法兰	WT2	异径管	平焊法兰	YJ
		一端平焊法兰、一端松套法兰	WT2S		平焊法兰和松套法兰结合	YJS

表 7-28　衬里材料的分类和代号

材料名称	代　号	材料名称	代　号
聚四氟乙烯	PTFE	可溶性聚四氟乙烯	PFA
聚全氟乙丙烯	FEP	无规共聚聚丙烯	PP-R
交联聚乙烯	PE-D	聚氯乙烯	PVC

表 7-29　衬里产品的适用环境温度和介质

衬里材料	环境温度		适用介质
	正压下	真空运行下	
PTFE	−80～200℃	−18～180℃	除熔融金属钠和钾、三氟化氯和气态氟外的任何浓度的硫酸、盐酸、氢氟酸、苯、碱、王水、有机溶剂和还原剂等强腐蚀性介质
FEP	−80～149℃	−18～149℃	
PFA	−80～250℃	−18～180℃	
PE-D	−30～90℃	−30～90℃	冷热水、牛奶、矿泉水、N_2、乙二酸、石蜡油、苯肼、80%磷酸、50%酞酸、40%重铬酸钾、60%氯氧化钾、丙醇、乙烯醇、皂液、36%苯甲酸钠、氯化钠、氟化钠、氢氧化钠、过氧化钠、动物脂肪、防冻液、芳香族酸、CO_2、CO
PP-R	−15～90℃	−15～90℃	建筑冷、热水系统，饮用水系统。pH 值在 1～14 范围内的高浓度酸和碱
PVC	−15～60℃	−15～60℃	水

7.4.2.2　钢衬塑料直管（表 7-30）

直管采用平焊法兰时，衬里产品的公称尺寸（*DN*）应符合 GB/T 1047—2005 的规定，公称压力应符合 GB/T 1048—2005 的规定；当直管一端为焊接法兰、另一端为松套法兰时，法兰标准栏中除焊接法兰仍采用 GB/T 9113.1 外，松套法兰应采用 GB/T 9120.1。

表 7-30 直管结构参数 单位：mm

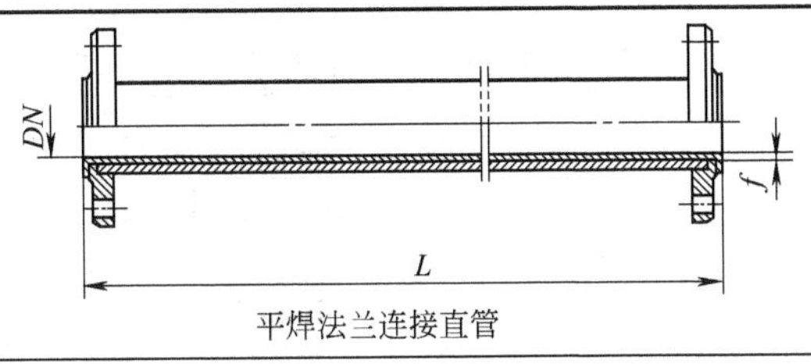

平焊法兰连接直管

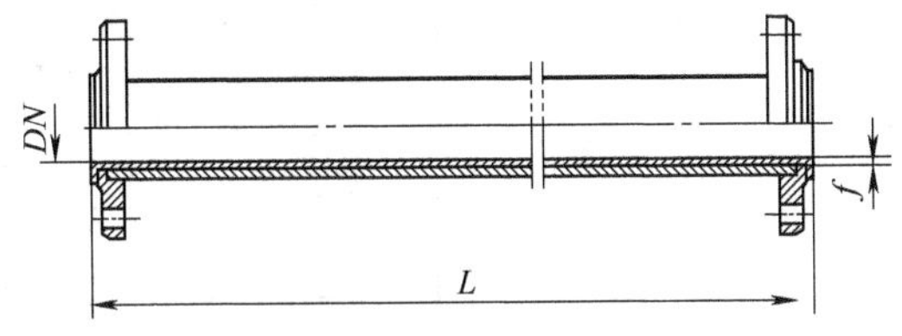

一端平焊法兰，另一端松套法兰连接的直管

公称尺寸 *DN*	衬层厚度 *f*		钢管规格	法兰标准	长度 *L*
	PTFE、FEP、PFA	PP-R、PE-D、PVC			
25	2.5	3	ϕ35×3.5	GB/T 9113.1 或 GB/T 9120.1	3000
32			ϕ38×3		
40			ϕ48×4		
50	3		ϕ57×3.5		
65		4	ϕ76×4		
80	3.5		ϕ89×4		
100	4		ϕ108×4		
125		5	ϕ133×4		
150			ϕ159×4.5		
200			ϕ219×6		
250	4.5		ϕ273×8		
300		6	ϕ325×9		
350			ϕ377×9		
400	5		ϕ426×9		
450			ϕ480×9		
500			ϕ530×10		
600			ϕ618×10		
700			ϕ718×11		
800			ϕ818×11		
900			ϕ918×12		
1000			ϕ1018×12		

注：1. 当 $DN \geqslant 500$ 时钢外壳可采用钢板卷制。

2. 采用名义管道尺寸（NPS、英寸制）时，应采用 ANSI B36.10 中 40 系列的钢管尺寸，法兰采用 ASTM A105 标准。

7.4.2.3 钢衬塑料弯头（表 7-31）

表 7-31 弯头结构参数 单位：mm

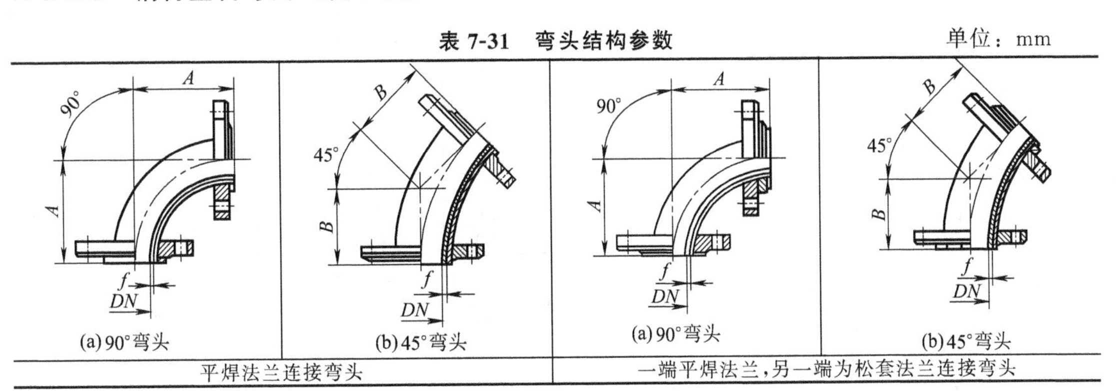

(a) 90°弯头 (b) 45°弯头 (a) 90°弯头 (b) 45°弯头

平焊法兰连接弯头 一端平焊法兰，另一端为松套法兰连接弯头

续表

公称尺寸 DN	衬层厚度 f		弯头结构参数		管件最小壁厚	法兰标准
	PTFE、FEP、PFA	PP-R、PE-D、PVC	90°弯头 A	45°弯头 B		
25	2.5	3	89	44	3.0	GB/T 9113.1 或 GB/T 9120.1
32			95	51	4.8	
40			102	57		
50	3		114	64	5.6	
65		4	127	76		
80	3.5		140			
100	4		165	102	6.3	
125		5	190	114	7.1	
150			203	127		
200			229	140	7.9	
250		6	279	165	8.6	
300			305	190	9.5	
350	5		356	221	10	
400			406	253	11	
450			457	284	13	
500			508	316	14	
600			610	374	16	
700			710	430	18	
800			810	488	20	
900			910	548	20	
1000			1010	608	22	

注：采用名义管道尺寸（NPS、英寸制）时，弯头、三通、四通、异径管应采用 ASTM A587 或 ASTM A53 的 B 级标准，且都应是 40 系列。法兰采用 ASTM A105 标准。

7.4.2.4 钢衬塑料三通（表 7-32）

表 7-32 三通结构参数 单位：mm

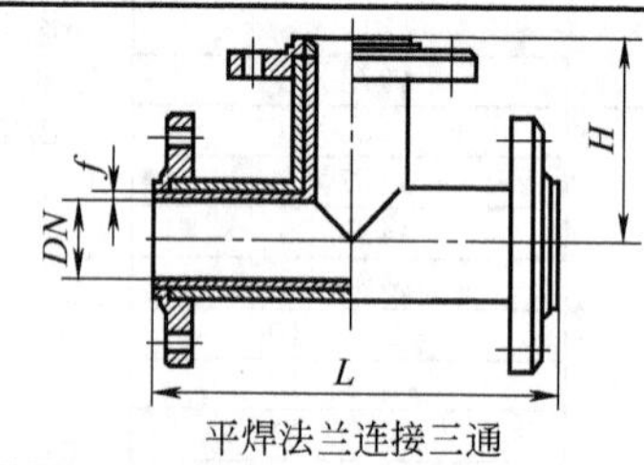

平焊法兰连接三通

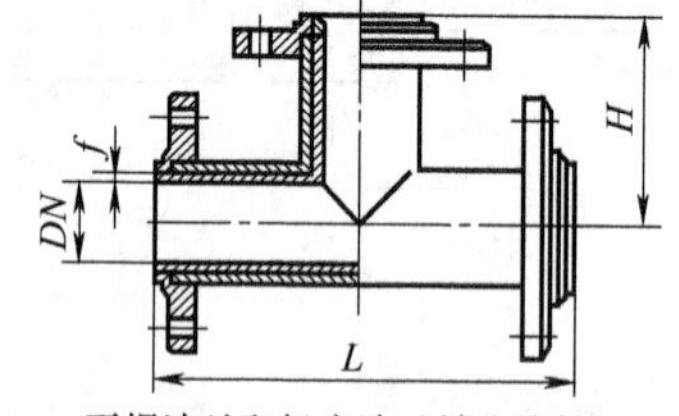

平焊法兰和松套法兰结合连接三通

公称尺寸 DN	衬层厚度 f		三通结构参数		管件最小壁厚	法兰标准
	PTFE、FEP、PFA	PP-R、PE-D、PVC	横长 L	垂直高 H		
25	3	3	200	100	4	GB/T 9113.1 或 GB/T 9120.1
32						
40						
50						
65		4	300	150		
80					5	
100						
125	4	5				
150						
200			400	200		
250		6	500	250	6	
300			600	300		
350	5		700	350	8	
400			800	400		
450			900	450	10	
500			1000	500		
600			1200	600	12	
700			1400	700		
800			1600	800	14	
900			1800	900		
1000			2000	1000		

7.4.2.5 钢衬塑料四通（表7-33）

表7-33 四通结构参数　　单位：mm

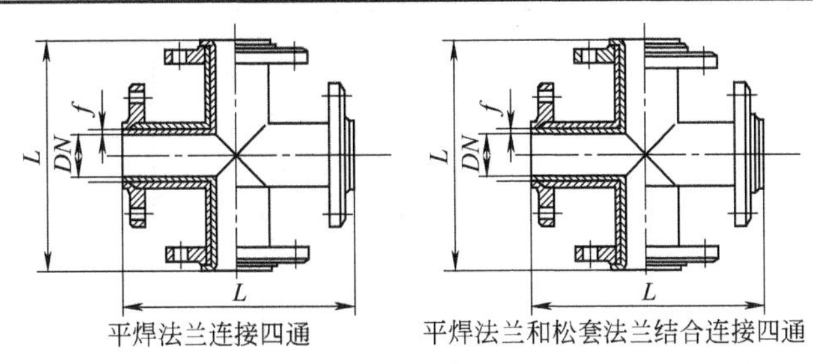

平焊法兰连接四通　　平焊法兰和松套法兰结合连接四通

<table>
<tr><th rowspan="2">公称尺寸 DN</th><th colspan="2">衬层厚度 f</th><th rowspan="2">四通结构参数 L</th><th rowspan="2">管件最小壁厚</th><th rowspan="2">法兰标准</th></tr>
<tr><th>PTFE、FEP、PFA</th><th>PP-R、PE-D、PVC</th></tr>
<tr><td>25</td><td rowspan="5">3</td><td rowspan="4">3</td><td rowspan="4">200</td><td rowspan="5">4</td><td rowspan="21">GB/T 9113.1
或
GB/T 9120.1</td></tr>
<tr><td>32</td></tr>
<tr><td>40</td></tr>
<tr><td>50</td></tr>
<tr><td>65</td><td rowspan="3">4</td><td rowspan="4">300</td></tr>
<tr><td>80</td><td rowspan="7">4</td><td rowspan="5">5</td></tr>
<tr><td>100</td></tr>
<tr><td>125</td><td rowspan="3">5</td></tr>
<tr><td>150</td><td rowspan="2">400</td></tr>
<tr><td>200</td></tr>
<tr><td>250</td><td rowspan="11">6</td><td>500</td><td rowspan="2">6</td></tr>
<tr><td>300</td><td>600</td></tr>
<tr><td>350</td><td rowspan="9">5</td><td>700</td><td rowspan="2">8</td></tr>
<tr><td>400</td><td>800</td></tr>
<tr><td>450</td><td>900</td><td rowspan="2">10</td></tr>
<tr><td>500</td><td>1000</td></tr>
<tr><td>600</td><td>1200</td><td rowspan="2">12</td></tr>
<tr><td>700</td><td>1400</td></tr>
<tr><td>800</td><td>1600</td><td rowspan="3">14</td></tr>
<tr><td>900</td><td>1800</td></tr>
<tr><td>1000</td><td>2000</td></tr>
</table>

7.4.2.6 钢衬塑料异径管（表7-34）

表7-34 异径管材料参数　　单位：mm

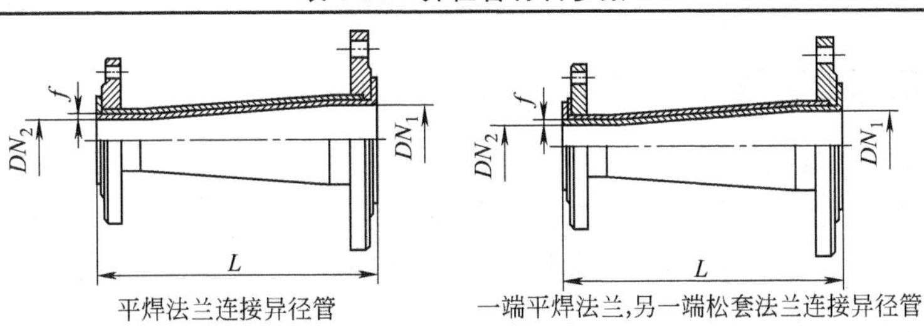

平焊法兰连接异径管　　一端平焊法兰，另一端松套法兰连接异径管

<table>
<tr><th colspan="2">公称尺寸 DN</th><th colspan="2">衬层厚度 f</th><th rowspan="2">长度 L</th><th rowspan="2">管件最小壁厚</th><th rowspan="2">法兰标准</th></tr>
<tr><th>DN_1</th><th>DN_2</th><th>PTFE、FEP、PFA</th><th>PP-R、PE-D、PVC</th></tr>
<tr><td>40</td><td>25</td><td rowspan="6">3</td><td rowspan="6">3</td><td rowspan="6">150</td><td rowspan="6">3</td><td rowspan="6">GB/T 9113.1
或
GB/T 9120.1</td></tr>
<tr><td>50</td><td>25</td></tr>
<tr><td>50</td><td>40</td></tr>
<tr><td>65</td><td>40</td></tr>
<tr><td>65</td><td>50</td></tr>
<tr><td>80</td><td>50</td></tr>
</table>

续表

公称尺寸 DN		衬层厚度 f		长度 L	管件最小壁厚	法兰标准
DN_1	DN_2	PTFE、FEP、PFA	PP-R、PE-D、PVC			
80	65	3	3	150	3	GB/T 9113.1 或 GB/T 9120.1
100	50		5			
100	65					
100	80	4			4	
125	65					
125	80					
125	100					
150	80					
150	100					
150	125					
200	100		6			
200	150					
250	150					
250	200					
300	200					
300	250					
350	300	5		250	8	
400	300				10	
400	350					
450	350					
450	400					
500	400					
500	450					
600	450			300	12	
600	500					
700	500					
700	600					
800	600					
800	700				15	
900	700					
900	800					
1000	800					
1000	900					

7.4.3 钢衬玻璃管和管件

7.4.3.1 钢衬玻璃性能

钢衬玻璃是将熔融状态的硼硅玻璃采用特殊方法，衬入经过预热的碳钢制成的直管、管件、设备或阀门的内表面，使玻璃牢固地黏附在其内壁上，并处于压应力状态，构成钢和玻璃的复合体——钢衬玻璃产品。

钢衬玻璃产品已广泛应用于化工、石化、制药、化肥、食品、冶金、造纸、电厂和污水处理等工业中。适用于酸及各类有机/无机化学物质（但氢氟酸、氟化物、热浓磷酸和 pH 值≥12 的强碱介质除外）。其理化性能见表 7-35。

钢衬玻璃产品具有化学稳定性高、耐腐蚀、内壁光滑、阻力小、耐磨和不易结垢的特点。在相当程度上起到稳定生产工艺、减少检修时间和降低维修费用、提高产品质量等作用。其使用范围为：公称压力 $PN \leqslant 0.6$MPa；公称直径 DN25～300mm；使用温度 0～150℃；冷冲击≤80℃；热冲击≤120℃；急变温度 max 120℃。

表 7-35 钢衬玻璃理化性能

介质名称	浓度/%	温度/℃	玻璃失重/(mg/cm²)	搪玻璃失重/(mg/cm²)	备注
盐酸 HCl	15	≤100	0.0077	0.165	煮沸 4h
硫酸 H_2SO_4	10	≤100	0.0085	0.170	煮沸 4h
硝酸 HNO_3	15	≤100	0.0053		煮沸 4h
氢氧化钠 NaOH	5	≤ 50	0.0295		加热 4h
氢氧化钾 KOH	15	≤ 50			

7.4.3.2 钢衬玻璃直管（表 7-36）

表 7-36 钢衬玻璃直管规格 单位：mm

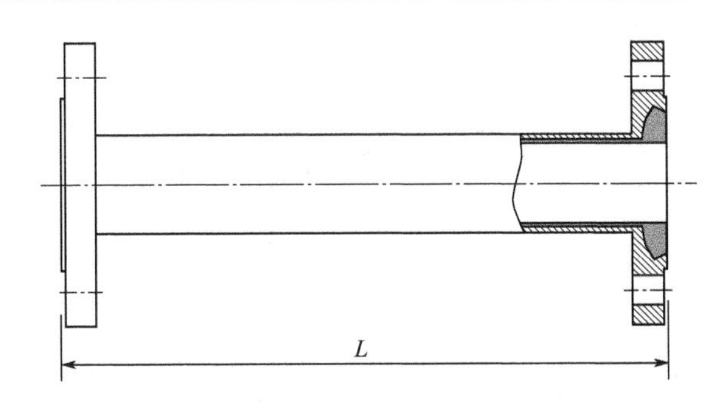

公称直径	25	32	40	50	65	80	100	125	150	175	200	225	250	300
极限尺寸 L	1000	1500	1500	2000	2500	3000	3000	3000	2500	2000	2000	1500	1000	1000

7.4.3.3 钢衬玻璃夹套管（表 7-37）

表 7-37 钢衬玻璃夹套管规格 单位：mm

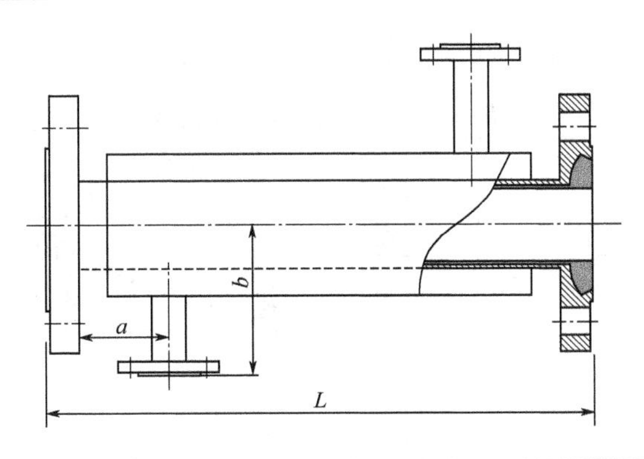

公称直径	80/50	100/65	125/80	150/100	200/150	250/150
极限尺寸 L	1500	1500	2000	2000	1500	1500
连接尺寸 a	80	80	80	100	100	100
连接尺寸 b	120	120	150	150	200	200

7.4.3.4 钢衬玻璃弯头（表 7-38）

表 7-38 钢衬玻璃弯头规格 单位：mm

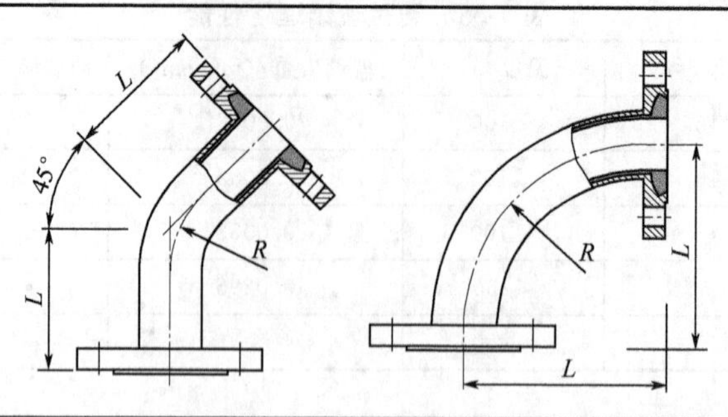

公称直径	25	32	40	50	65	80	100	125	150	175	200	225	250	300
弯曲半径 R	75	96	120	150	210	255	310	375	450	525	600	675	750	900
长度尺寸 L	55	65	75	85	105	120	155	190	210	240	270	300	330	360

7.4.3.5 钢衬玻璃三通/四通（表 7-39）

表 7-39 钢衬玻璃三通/四通规格 单位：mm

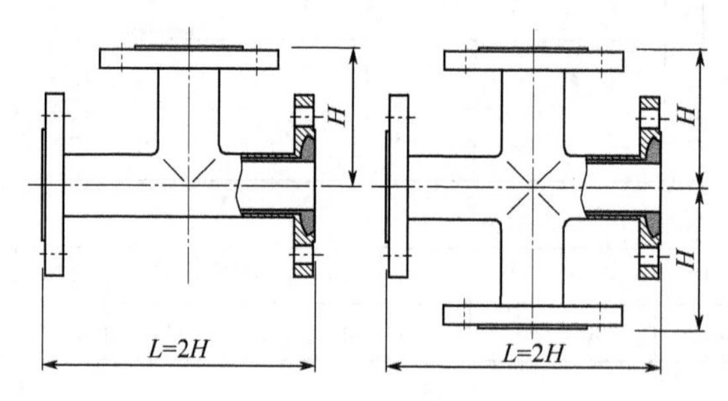

公称直径	25	32	40	50	65	80	100	125	150	175	200	250	300
$H(=L/2)$	90	95	105	115	130	140	150	165	190	215	240	290	310

7.4.3.6 钢衬玻璃异径管（表 7-40）

表 7-40 钢衬玻璃异径管规格 单位：mm

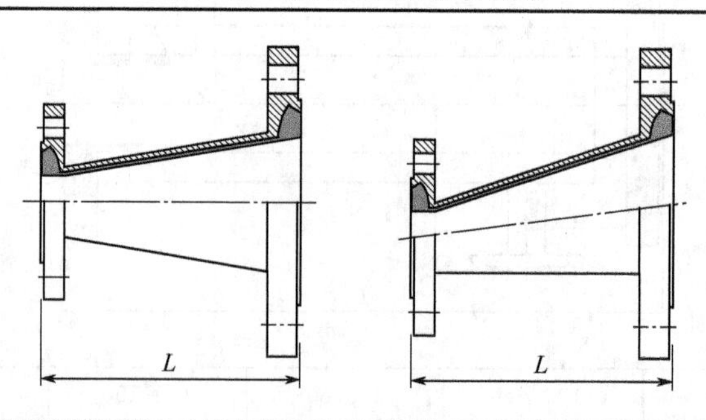

$L=150$	50/25	65/40	80/50	100/50	100/65	125/50
$L=200$	150/ 50	150/ 80	150/100	200/80	200/100	200/150
$L=250$	250/100	250/150	250/200	300/150	300/200	300/250

7.4.3.7 钢衬玻璃阀门型号规格

公称压力：PN≤0.6MPa

使用温度：0～180℃

7.4.3.8 钢衬玻璃的安装

除遵守一般化工管路安装和使用要求外，应注意下列各项：

(1) 安装时虽不必担心强度，但对钢衬玻璃产品过量集中载荷和冲击、不适当夹持和装卸、法兰密封面相撞，都会造成内衬玻璃的损坏。

(2) 加压升温或降压降温应缓慢进行，不允许在钢衬玻璃产品上焊接、切割或火焰局部加热，防止玻璃炸裂。

(3) 安装时应放正垫片，如法兰的间隙较大，可增加垫片厚度弥补，连接螺栓时受力要求均匀，严防单侧受力损坏密封面。

(4) 密封垫片应选择橡胶垫、石棉垫、聚四氟垫或其他半硬质材料，厚度≥4mm。

(5) 安装试压后，要用压缩空气和水进行吹洗，清除其中灰渣和残留的其他物质。

7.4.4 搪玻璃管和管件

7.4.4.1 搪玻璃制品的性能

搪玻璃设备是将含硅量高的瓷釉喷涂于金属铁胎表面，通过900℃左右的高温焙烧，使瓷釉密着于金属铁胎表面而制成。因此，它具有类似玻璃的化学稳定性和金属强度的双重优点。

搪玻璃设备广泛适用于化工、医药、染料、农药、有机合成、石油、食品制造和国防工业等工业生产和科学研究中的反应、蒸发、浓缩、合成、聚合、皂化、磺化、氯化、硝化等，以代替不锈钢和有色金属设备。

耐腐蚀性：对于各种浓度的无机酸、有机酸、有机溶剂及弱碱等介质均有极强的抗腐性。但对于强碱、氢氟酸及含氟离子介质以及温度大于180℃、浓度大于30%的磷酸等不适用。

耐冲击性：耐机械冲击指标为220×10^{-3}J，使用时避免硬物冲击。

绝缘性：瓷面经过20000V高电压试验的严格检验。

耐温性：耐温急变，冷冲击110℃，热冲击120℃。

搪玻璃制品适用于公称压力不大于1.0MPa，设计温度在-20～200℃的介质。

搪玻璃制品所配活套法兰按HG/T 2105选用；法兰连接用螺栓、螺母和垫片分别按GB/T 5782、GB/T 6170和有关标准选用。管件水压试验按1.5MPa进行试验。其耐酸碱情况见表7-41。

表7-41 搪玻璃制品耐酸碱情况

介质	浓度/%	温度/℃	耐腐蚀情况
氢氟酸	任何	任何	凡含氟离子的物料都不能使用
磷酸	任何	>180	当浓度在30%以上时，腐蚀更剧烈(主要指工业磷酸)
盐酸	任何	>150	当浓度10%～20%时，腐蚀尤为严重
硫酸	10～30	≥200	浓硫酸可使用至沸点
碱液	pH≥12	≥100	pH<12时，可正常使用于60℃以下

7.4.4.2 搪玻璃直管（HG/T 2130—2014）（表 7-42、表 7-43）

表 7-42 搪玻璃管主要尺寸　　　单位：mm

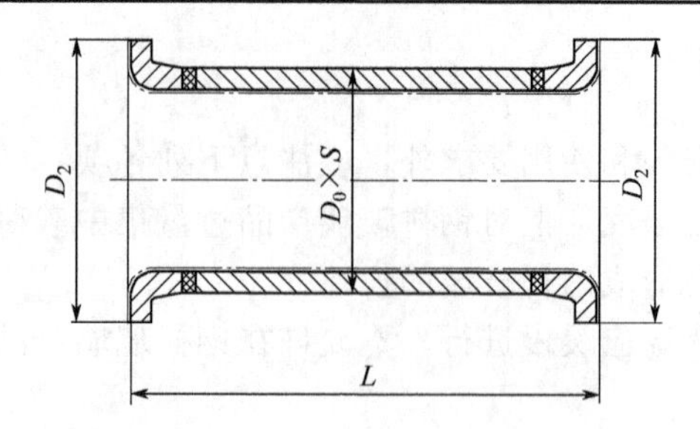

DN	$D_0 \times S$	D_2	L_{max}
25	34×3.5	68	500
32	42×3.5	78	500
40	48×3.5	88	500
50	60×4	102	500
65	76×4	122	1000
80	89×4	133	1000
100	114×6	158	1500
125	140×6	184	1500
150	168×7	212	2000
200	219×8	268	2000
250	273×10	320	2000
300	325×11	370	3000
400	426×12	482	3000

注：1. 搪玻璃管的最大长度（L_{max}）可根据企业的实际生产能力确定。

2. 表中的 S 指搪玻璃前壁厚。

表 7-43 搪玻璃管参考质量

管子长度 L/mm	管子规格 DN/mm												
	25	32	40	50	65	80	100	125	150	200	250	300	400
	管子质量/kg												
100	1.0	1.4	1.7	2.3	3.1	3.8	—	—	—	—	—	—	—
200	1.3	1.7	2.1	2.9	3.9	4.6	6.8	9.0	11.4	16.8	23.2	29.2	45.6
300	1.6	2.0	2.5	3.4	4.6	5.5	8.4	11.0	14.2	21.0	29.7	37.7	57.9
400	1.9	2.4	2.8	4.0	5.3	6.3	10.0	13.0	17.0	25.2	36.2	46.2	70.2
500	2.1	2.7	3.2	4.5	6.0	7.1	11.6	15.0	19.8	29.4	42.7	54.7	82.5
600	—	—	—	—	6.7	8.0	13.2	17.0	22.6	33.6	49.2	63.2	94.8
700	—	—	—	—	7.4	8.8	14.8	19.0	25.4	37.8	55.7	71.7	107.1
800	—	—	—	—	8.1	9.7	16.4	21.0	28.2	42.0	62.2	80.2	119.4
900	—	—	—	—	8.8	10.5	18.0	23.0	31.0	46.2	67.7	88.7	131.7
1000	—	—	—	—	9.5	11.3	19.6	25.0	33.8	50.4	74.2	97.2	144
1100	—	—	—	—	—	—	21.2	27.0	34.6	54.6	80.7	105.2	156.3
1200	—	—	—	—	—	—	22.8	29.0	37.4	58.8	87.2	114.2	168.6
1300	—	—	—	—	—	—	24.4	31.0	40.2	63.0	93.7	122.7	180.9
1400	—	—	—	—	—	—	26.0	33.0	43.0	67.2	100.2	131.2	193.2

续表

管子长度 L/mm	管子规格 DN/mm												
	25	32	40	50	65	80	100	125	150	200	250	300	400
	管子质量/kg												
1500	—	—	—	—	—	—	27.6	35.0	45.8	71.4	106.7	139.7	205.5
1600	—	—	—	—	—	—	—	—	48.6	75.6	113.2	148.2	217.8
1700	—	—	—	—	—	—	—	—	51.4	79.8	119.7	156.7	230.1
1800	—	—	—	—	—	—	—	—	54.2	84.0	126.2	165.2	242.4
1900	—	—	—	—	—	—	—	—	57.0	88.2	132.7	173.7	254.7
2000	—	—	—	—	—	—	—	—	59.8	92.4	139.2	182.2	267
2500	—	—	—	—	—	—	—	—	—	—	—	225.1	327.4
3000	—	—	—	—	—	—	—	—	—	—	—	267.7	388.6

注：表中参考质量不包括活套法兰质量。

7.4.4.3 搪玻璃30°弯头（HG/T 2131—2014）（表7-44）

表7-44 搪玻璃30°弯头规格

公称直径 DN/mm	$D_0 \times S$/mm	L/mm	D_2/mm	参考质量/kg
25	34×3.5	105	68	1.1
32	42×3.5	110	78	1.4
40	48×3.5	110	88	1.7
50	60×4	115	102	2.5
65	76×4	120	122	3.4
80	89×4	130	138	4.1
100	114×6	140	158	5.9
125	140×6	150	188	8.2
150	168×7	170	212	10.8
200	219×8	200	268	17.2
250	273×10	230	320	26.0
300	325×11	270	370	36.0
400	426×12	325	482	63.0

注：1. 表中的 S 指搪玻璃前壁厚。

2. 参考质量不包括活套法兰质量。

3. 图中的 R 值按 GB/T 12459 的规定选取。

7.4.4.4 搪玻璃45°弯头（HG/T 2132—2014）（表7-45）

表7-45 搪玻璃45°弯头规格

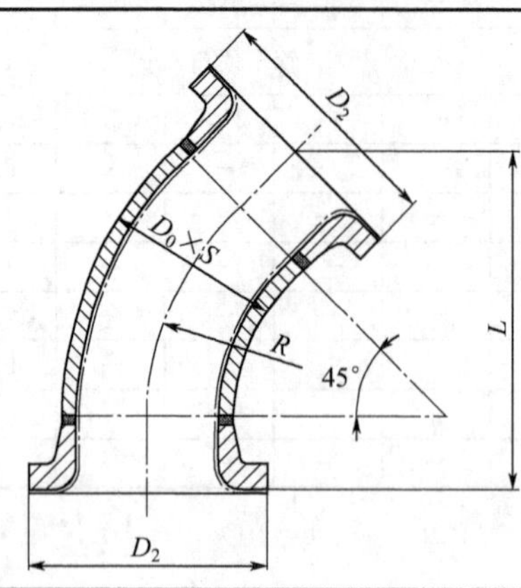

公称直径 DN/mm	$D_0 \times S$/mm	L/mm	D_2/mm	参考质量/kg
25	34×3.5	107	68	1.1
32	42×3.5	114	78	1.5
40	48×3.5	118	88	1.8
50	60×4	128	102	2.6
65	76×4	135	122	3.5
80	89×4	143	138	4.3
100	114×6	155	158	6.4
125	140×6	169	188	8.8
150	168×7	191	212	11.9
200	219×8	235	268	19.5
250	273×10	274	320	30.4
300	325×11	318	370	42.9
400	426×12	397	482	76.0

注：1. 表中的 S 指搪玻璃前壁厚。

2. 参考质量不包括活套法兰质量。

3. 图中 R 值按 GB/T 12459 的规定选取。

7.4.4.5 搪玻璃60°弯头（HG/T 2133—2014）（表7-46）

表7-46 搪玻璃60°弯头规格

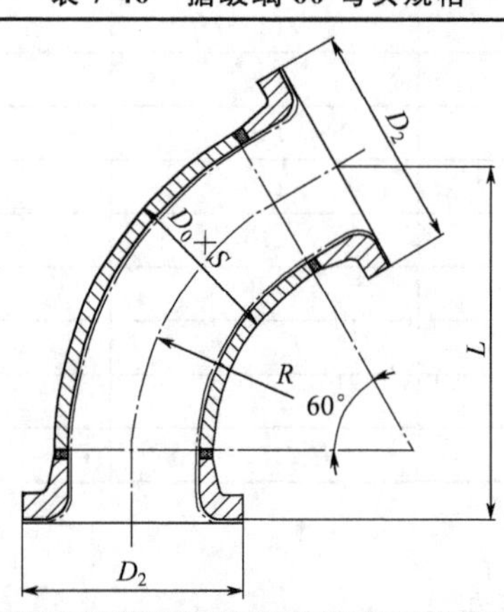

续表

公称直径 DN/mm	$D_0 \times S$/mm	L/mm	D_2/mm	参考质量/kg
25	34×3.5	108	68	1.2
32	42×3.5	116	78	1.5
40	48×3.5	121	88	1.9
50	60×4	134	102	2.7
65	76×4	142	122	3.7
80	89×4	151	138	4.5
100	114×6	163	158	6.8
125	140×6	180	188	9.5
150	168×7	205	212	13.0
200	219×8	257	268	21.8
250	273×10	303	320	34.7
300	325×11	354	370	49.7
400	426×12	448	482	89.0

注：1. 表中的 S 指搪玻璃前壁厚。

2. 参考质量不包括活套法兰质量。

3. 图中 R 值按 GB/T 12459 的规定选取。

7.4.4.6 搪玻璃 90°弯头（HG/T 2134—2014）（表 7-47）

表 7-47 搪玻璃 90°弯头规格

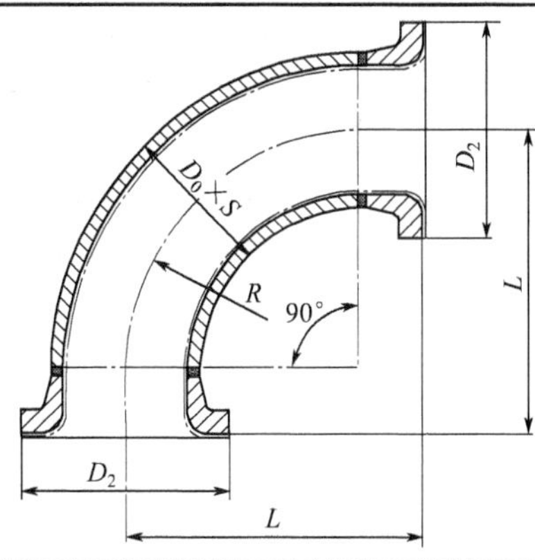

公称直径 DN/mm	$D_0 \times S$/mm	L/mm	D_2/mm	参考质量/kg
25	34×3.5	95	68	1.3
32	42×3.5	105	78	1.7
40	48×3.5	110	88	2.1
50	60×4	125	102	3.0
65	76×4	135	122	4.1
80	89×4	145	138	5.0
100	114×6	155	158	7.8
125	140×6	175	188	10.9
150	168×7	200	212	15.2
200	219×8	260	268	26.3
250	273×10	310	320	43.4
300	325×11	365	370	63.2
400	426×12	470	482	114.9

注：1. 表中的 S 指搪玻璃前壁厚。

2. 参考质量不包括活套法兰质量。

3. 图中的 R 值按 GB/T 12459 的规定选取。

7.4.4.7 搪玻璃 180°弯头（HG/T 2135—2014）（表 7-48）

表 7-48 搪玻璃 180°弯头规格

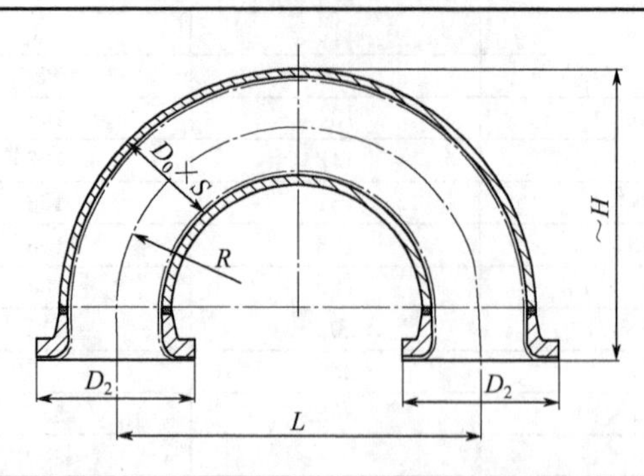

公称直径 DN/mm	$D_0 \times S$/mm	L/mm	h/mm	D_2/mm	参考质量/kg
25	34×3.5	130	122	68	1.6
32	42×3.5	150	136	78	2.1
40	48×3.5	160	144	88	2.6
50	60×4	180	160	102	3.8
65	76×4	200	178	122	5.3
80	89×4	220	195	138	6.8
100	114×6	240	222	158	11.5
125	140×6	254	242	188	14.9
150	168×7	304	286	212	21.7
200	219×8	406	363	268	40.1
250	273×10	508	446	320	69.3
300	325×11	610	528	370	104.2
400	426×12	812	684	482	192.8

注：1. 表中的 S 指搪玻璃前壁厚。

2. 参考质量不包括活套法兰质量。

3. 图中的 R 值按 GB/T 12459 的规定选取。

7.4.4.8 搪玻璃制品的安装

（1）搬运管道时，应防止过度振动而损坏瓷面。

（2）管路架空时，每隔 2～3m 处设一支架或其他固定装置，以防搪玻璃管因受重力而破坏瓷层。

（3）安装管道时，不应扭曲或敲打对正。

（4）安装不带法兰的搪玻璃管子时，在管子两端的瓷层上应涂上耐腐蚀的材料或加上保护套，以免因端部瓷层损坏面向内扩展使管子损坏。

（5）搪玻璃管道一般采用法兰连接，其垫片根据操作条件（如腐蚀介质、浓度、温度等）和不损坏瓷面的原则来选用。一般采用橡胶、石棉橡胶、软聚氯乙烯、聚四氟乙烯等垫片，垫片厚度 8～10mm，宽度 10～20mm，法兰连接结构见图 7-4。

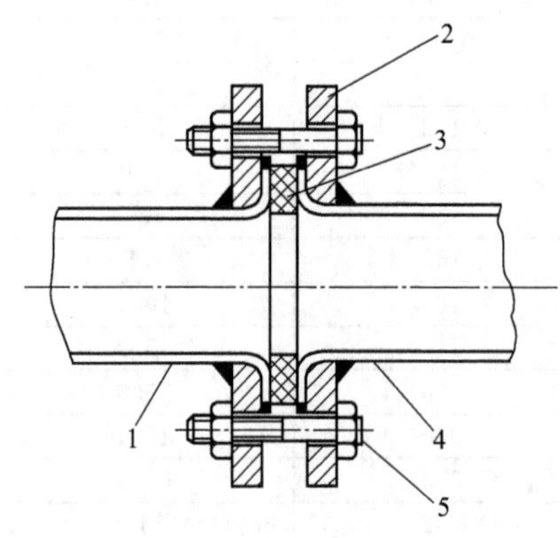

图 7-4 法兰连接结构

1—管体；2—管法兰；3—垫片；4—搪玻璃层；5—螺栓

7.4.5 金属网聚四氟乙烯复合管材（HG/T 3705—2003）

7.4.5.1 复合管材的性能

HG/T 3705—2003 标准适用于由钢质外壳与带金属网聚四氟乙烯衬里管复合而成的复合管与管件产品。其公称直径为 DN25～300mm，使用温度为−20～250℃。其品种规格代号与标记见表 7-49。

表 7-49 金属网聚四氟乙烯复合管与管件的品种规格代号与标记

序号	品种	规格代号与标记
1	金属网聚四氟乙烯衬里直管	PTFE/CS-(V)-SP-公称通径 $DN\times L$-法兰标准号
2	金属网聚四氟乙烯衬里 90°弯头	PTFE/CS-(V)-EL-公称通径 $DN\times 90°$-法兰标准号
3	金属网聚四氟乙烯衬里 45°弯	PTFE/CS-(V)-EL-公称通径 $DN\times 45°$-法兰标准号
4	金属网聚四氟乙烯衬里等径三通	PTFE/CS-(V)-ET-公称通径 DN-法兰标准号
5	金属网聚四氟乙烯衬里异径三通	PTFE/CS-(V)-RT-公称通径 $DN\times$小端公称通径 DN_1-法兰标准号
6	金属网聚四氟乙烯衬里等径四通	PTFE/CS-(V)-EC-公称通径 DN-法兰标准号
7	金属网聚四氟乙烯衬里异径四通	PTFE/CS-(V)-RC-公称通径 $DN\times$小端公称通径 DN_1-法兰标准号
8	金属网聚四氟乙烯衬里同心异径管	PTFE/CS-(V)-CR-公称通径 $DN\times$小端公称通径 DN_1-法兰标准号
9	金属网聚四氟乙烯衬里偏心异径管	PTFE/CS-(V)-ER-公称通径 $DN\times$小端公称通径 DN_1-法兰标准号
10	金属网聚四氟乙烯衬里法兰盖	PTFE/CS-(V)-BF-公称通径 DN-法兰标准号

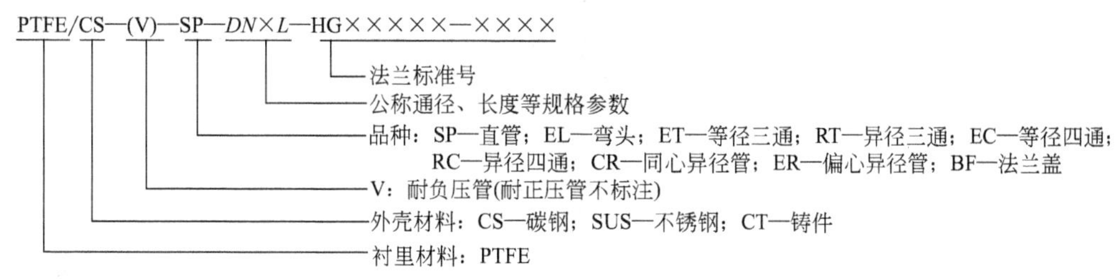

直管与直管、直管与管件、管件与管件之间采用法兰连接；钢制外壳和法兰连接处的转角应圆弧过渡，其圆角 3mm≤R≤6mm。

产品应平直贮存在干净的室内。法兰翻边面保护材料在未安装时不得取下、破损或脱落。公称通径 100mm 以下的产品，堆放高度不宜超过 10 层。公称通径 125～200mm 的产品，堆放高度不宜超过 5 层。公称通径 250mm 以上产品，堆放高度不宜超过 3 层。金属网聚四氟乙烯复合管与管件的衬里壁厚、翻边面厚度、翻边面外圆最小直径见表 7-50。

表 7-50 金属网聚四氟乙烯复合管与管件的衬里壁厚、翻边面厚度、翻边面外圆最小直径

单位：mm

示意图	DN	t	t_1	D_1
	25	≥1.4	≥1.2	≥50
	32			≥60
	40	≥1.6	≥1.4	≥70
	50			≥85
	65	≥1.8	≥1.6	≥105
	80			≥120
	100	≥2.0	≥1.8	≥145
	125	≥2.2	≥2.0	≥175
	150	≥2.5	≥2.3	≥200
	200			≥255
	250	≥2.8	≥2.6	≥310
	300	≥3.0	≥2.8	≥360

7.4.5.2 复合直管（表 7-51）

表 7-51 直管的结构形式和主要尺寸 单位：mm

示意图	公称通径 DN	常用碳钢管径 D	L
两端固定法兰的直管；一端固定，一端活动法兰的直管	25	32	优选定尺长度：L=2000，或者 L=3000
	32	38	
	40	45	
	50	57	
	65	73	
	80	89	
	100	108	
	125	133	
	150	159	
	200	219	
	250	273	
	300	325	

注：常用碳钢钢管的外径 D 和壁厚 T 是碳钢钢管的常用规格，特殊尺寸可协商确定。

7.4.5.3 复合异径管（表 7-52）

表 7-52 同心异径管、偏心异径管的结构形式和主要尺寸 单位：mm

示意图	公称通径 DN	小端公称通径 DN_1	衬里壁厚 t	同心异径管 L	偏心异径管 L	偏心异径管 a
同心异径管；偏心异径管	25	—	见表 7-50	—	—	—
	32	25		150	150	3.5
	40	25		150	150	7.5
	40	32		150	150	4
	50	25		150	150	12.5
	50	32		150	150	9
	50	40		150	150	5
	65	32		150	150	16.5
	65	40		150	150	12.5
	65	50		150	150	7.5
	80	40		150	150	20
	80	50		150	150	15
	80	65		150	150	7.5
	100	50		150	150	25
	100	65		150	150	17.5
	100	80		150	150	10
	125	65		300	300	30
	125	80		150	150	22.5
	125	100		150	150	12.5
	150	80		300	300	35
	150	100		150	150	25
	150	125		150	150	12.5
	200	100		300	300	50
	200	125		150	150	37.5
	200	150		150	150	25
	250	125		300	300	62.5
	250	150		150	150	50
	250	200		150	150	25
	300	150		300	300	75
	300	200		150	150	50
	300	250		150	150	25

7.4.5.4 复合弯头（表 7-53）

表 7-53 90°弯头、45°弯头的结构形式和主要尺寸 单位：mm

示意图	公称通径 DN	衬里壁厚 t	90°弯头	45°弯头	
			R	L	R
90°弯头 45°弯头	25	见表 7-50	98	44	109
	32		108	51	123
	40		115	57	138
	50		125	64	155
	65		137	76	183
	80		144	76	183
	100		156	102	246
	125		173	114	275
	150		191	127	307
	200		220	140	338
	250		257	165	398
	300		285	190	459

7.4.5.5 复合三通（表 7-54）

表 7-54 等径三通、异径三通的结构形式和主要尺寸 单位：mm

示意图	公称通径 DN	衬里壁厚 t	等径三通		异径三通		
			L	H	L	H	小端公称直径 DN_1
等径三通 异径三通	25	见表 7-50	—	—	—	—	—
	32		216	108	216	108	25
	40		230	115	230	115	25,32
	50		250	125	250	125	25,32,40
	65		274	137	274	137	25,32,40,50
	80		288	144	288	144	25,32,40,50,65
	100		312	156	312	156	25,32,40,50,65,80
	125		346	173	346	173	32,40,50,65,80,100
	150		382	191	382	191	40,50,65,80,100,125
	200		440	220	440	220	50,65,80,100,125,150
	250		514	257	514	257	65,80,100,125,150,200
	300		570	285	570	285	80,100,125,150,200,250

7.4.5.6 复合四通（表 7-55）

表 7-55 等径四通、异径四通的结构形式和主要尺寸 单位：mm

示意图	公称通径 DN	衬里壁厚 t	等径四通		异径四通		
			L	H	L	H	小端公称直径 DN_1
等径四通	25	见表 7-50	—	—	—	—	—
	32		216	108	216	108	25
	40		230	115	230	115	25,32
	50		250	125	250	125	25,32,40
	65		274	137	274	137	25,32,40,50
	80		288	144	288	144	25,32,40,50,65

续表

示意图	公称通径 DN	衬里壁厚 t	等径四通		异径四通		
			L	H	L	H	小端公称直径 DN_1
异径四通	100	见表 7-50	312	156	312	156	25,32,40,50,65,80
	125		346	173	346	173	32,40,50,65,80,100
	150		382	191	382	191	40,50,65,80,100,125
	200		440	220	440	220	50,65,80,100,125,150
	250		514	257	514	257	65,80,100,125,150,200
	300		570	285	570	285	80,100,125,150,200,250

7.4.5.7 复合法兰盖（表 7-56）

表 7-56 法兰盖的结构形式和主要尺寸 单位：mm

示意图	公称通径 DN	衬里壁厚 t	连接尺寸
	25,32,40,50,65,80,100,125,150,200,250,300	见表 7-50	见相应标准

7.5 非金属材料管

7.5.1 橡胶制品

7.5.1.1 橡胶性能特点

（1）常用橡胶特点（表 7-57）

表 7-57 常用橡胶特点

品种/代号	组成	特点	主要用途
天然橡胶（NR）	以橡胶烃（聚异戊二烯）为主，另含少量蛋白质、水分、树脂酸、糖类和无机盐等	弹性大、拉伸强度高、抗撕裂性和电绝缘性优良，耐磨性和耐寒性良好，加工件佳，易与其他材料黏合，在综合性能方面优于多数合成橡胶。缺点是耐氧及耐臭氧性差，容易老化变质；耐油和耐溶剂性不好，抵抗酸碱的腐蚀能力低；耐热性及热稳定性差	制作轮胎、减振制品、胶辊、胶鞋、胶管、胶带、电线电缆的绝缘层和护套以及其他通用制品
丁苯橡胶（SBR）	丁二烯和苯乙烯的共聚体	性能接近天然橡胶，其特点是耐磨性、耐老化和耐热性超过天然橡胶，质地也较天然橡胶均匀。缺点是弹性较低，抗屈挠、抗撕裂性能较差；加工性能差，特别是自黏性差、生胶强度低	主要用以代替天然橡胶制作轮胎、胶板、胶管、胶鞋及其他通用制品
顺丁橡胶（BR）	由丁二烯聚合而成的顺式结构橡胶	结构与天然橡胶基本一致，它突出的优点是弹性与耐磨性优良，耐老化性佳，耐低温性优越，在动负荷下发热量小，易与金属黏合。缺点是强力较低，抗撕裂性差，加工性能与自黏性差	一般多和天然或丁苯橡胶混用，主要制作轮胎胎面、减震制品、输送带和特殊耐寒制品
异戊橡胶（IR）	是以异戊二烯为单体，聚合而成的一种顺式结构橡胶	性能接近天然橡胶，故有合成天然橡胶之称。它具有天然橡胶的大部分优点，耐老化性优于天然橡胶，但弹性和强力比天然橡胶稍低，加工性能差，成本较高	制作轮胎、胶鞋、胶管、胶带以及其他通用制品
氯丁橡胶（CR）	是由氯丁二烯作单体，乳液聚合而成的聚合体	具有优良的抗氧、抗臭氧性，不易燃、着火后能自熄，耐油、耐溶剂、耐酸碱以及耐老化、气密性好等特点；其物理机械性能亦不次于天然橡胶，故可用作通用橡胶，又可用作特种橡胶。主要缺点是耐寒性较差、密度较大、相对成本高，电绝缘性不好，加工时易粘辊、易焦烧及易粘模。此外，生胶稳定性差，不易保存	主要用于制造要求抗臭氧、耐老化性高的重型电缆护套；耐油、耐化学腐蚀的胶管、胶带和化工设备衬里；耐燃的地下采矿用橡胶制品（如输送带、电缆包皮），以及各种垫圈、模型制品、密封圈、黏结剂等

续表

品种/代号	组成	特点	主要用途
丁基橡胶（HR）	异丁烯和少量异戊二烯或丁二烯的共聚体	气密性小，耐臭氧、耐老化性能好，耐热性较高，长期工作温度130℃以下；能耐无机强酸（如硫酸、硝酸等）和一般有机溶剂，吸振和阻尼特性良好，电绝缘性也非常好。缺点是弹性不好（是现有品种中最差的），加工性能、黏着性和耐油性差，硫化速率慢	主要用作内胎、水胎、气球、电线电缆绝缘层、化工设备衬里及防振制品、耐热输送带、耐热耐老化的胶布制品等
丁腈橡胶（NBR）	丁二烯和丙烯腈的共聚体	耐汽油及脂肪烃油类的性能特别好，仅次于聚硫橡胶、丙烯酸酯橡胶和氟橡胶，而优于其他通用橡胶。耐热性好，气密性、耐磨及耐水性等均较好，黏结力强。缺点是耐寒性及耐臭氧性较差，强力及弹性较低，耐酸性差，电绝缘性不好，耐极性溶剂性能也较差	主要用于制作各种耐油制品，如耐油的胶管、密封圈、贮油槽衬里等，也可用作耐热输送带
乙丙橡胶（EPM）	乙烯和丙烯的共聚体，一般分为二元乙丙橡胶和三元乙丙橡胶两类	相对密度小（0.865）、颜色最浅、成本较低，耐化学稳定性很好（仅不耐浓硝酸），耐臭氧、耐老化性能优异，电绝缘性能突出，耐热可达150℃左右，耐极性溶剂（酮、酯等），但不耐脂肪烃及芳香烃，容易着色，且色泽稳定。缺点是黏着性差，硫化缓慢	主要用作化工设备衬里、电线电缆包皮、蒸汽胶管、耐热输送带、汽车配件、车辆密封条
硅橡胶（Si）	含硅、氧原子的特种橡胶，其中起主要作用的是硅元素，故名硅橡胶	既耐高温（最高300℃），又耐低温（最低－100℃），是目前最好的耐寒、耐高温橡胶；同时电绝缘性优良，对热氧化和臭氧的稳定性很高，化学惰性大。缺点是力学强度较低，耐油、耐溶剂和耐酸碱性差，较难硫化，价格较贵	主要用于制作耐高低温制品（如胶管、密封件等）、耐高温电缆电线绝缘层。由于其无毒无味，还用于食品及医疗工业
氟橡胶（FPM）	含氟单体共聚而得的有机弹性体	耐高温可达300℃，不怕酸碱，耐油性是耐油橡胶中最好的，抗辐射及高真空性优良；其他如电绝缘性、力学性能、耐化学药品腐蚀、耐臭氧、耐大气老化作用等都很好，是性能全面的特种合成橡胶。缺点是加工性差，价格昂贵，耐寒性差，弹性和透气性较低	主要用于耐真空、耐高温、耐化学腐蚀的密封材料、胶管及化工设备衬里
聚氨酯橡胶（UR）	聚酯（或聚醚）与二异氰酸酯类化合物聚合而成	耐磨性能高，强度高，弹性好，耐油性优良；其他如耐臭氧、耐老化、气密性等也都很好。缺点是耐温性能较差，耐水和耐酸碱性不好，耐芳香族、氯化烃及酮、酯、醇类等溶剂性较差	制作轮胎及耐油、耐苯零件、垫圈、防振制品等以及其他需要高耐磨、高强度和耐油的场合，如胶辊、齿形同步带、实心轮胎等
聚丙烯酸酯橡胶（AR）	丙烯酸酯与丙烯腈乳液共聚而成	良好的耐热、耐油性能，可在180℃以下热油中使用；还耐老化、耐氧与臭氧、耐紫外光线，气密性也较好。缺点是耐寒性较差，在水中会膨胀，耐乙二醇及高芳香族类溶剂性能差，弹性和耐磨、电绝缘性差，加工性能不好	主要用于耐油、耐热、耐老化的制品，如密封件、耐热油软管、化工衬里等
氯磺化聚乙烯橡胶（CSM）	用氯和二氧化硫处理（即氯磺化）聚乙烯后再经硫化而成	耐臭氧及耐老化优良，耐候性高于其他橡胶。不易燃、耐热、耐溶剂及耐大多数化学试剂和耐酸碱性能也都较好；电绝缘性尚可，耐磨性与丁苯相似。缺点是抗撕裂性差，加工性能不好，价格较贵	用于制作臭氧发生器上的密封材料，耐油垫圈、电线电缆包皮以及耐腐蚀件和化工衬里
氯醇橡胶（均聚型CHR共聚型CHC）	环氧氯丙烷均聚或由环氧氯丙烷与环氧乙烷共聚而成	耐脂肪烃及氯化烃溶剂、耐碱、耐水、耐老化性能极好，耐臭氧性、耐候性及耐热性、气密性高，抗压缩变形良好，黏结性也很好，容易加工，原料便宜易得。缺点是拉伸强度较低、弹性差、电绝缘性不良	作胶管、密封件、薄膜和容器衬里、油箱、胶辊，是制作油封、水封的理想材料
氯化聚乙烯橡胶	是乙烯、氯乙烯与二氯乙烯的三元聚合体	性能与氯磺化聚乙烯近似，其特点是流动性好，容易加工；有优良的耐大气老化性，耐臭氧性和耐电晕性，耐热、耐酸碱、耐油性良好。缺点是弹性差、压缩变形较大，电绝缘性较低	电线电缆护套、胶管、胶带、胶辊、化工衬里。与聚乙烯掺合可作电线电缆绝缘层
聚硫橡胶（T）	脂肪族烃类或醚类的二卤衍生物（如三氯乙烷）与多硫化钠的缩聚物	耐油性突出，仅略逊于氟橡胶而优于丁腈橡胶，其次是化学稳定性也很好，能耐臭氧、日光、各种氧化剂、碱及弱酸等，不透水，透气性小。缺点是耐热、耐寒性不好，力学性能很差，压缩变形大，黏着性小，冷流现象严重	由于易燃烧、有催泪性气味，故在工业上很少用作耐油制品，多用于制作密封腻子或油库覆盖层

(2) 橡胶综合性能(表7-58和表7-59)

表7-58 通用橡胶的综合性能

项目		天然橡胶	异戊橡胶	丁苯橡胶	顺丁橡胶	氯丁橡胶	丁基橡胶	丁腈橡胶
生胶密度/(g/m³)		0.90～0.95	0.92～0.94	0.92～0.94	0.91～0.94	1.15～1.30	0.91～0.93	0.96～1.20
拉伸强度/MPa	未补强硫化胶	17～29	20～30	2～3	1～10	15～20	14～21	2～4
	补强硫化胶	25～35	20～30	15～20	18～25	25～27	17～21	15～30
伸长率/%	未补强硫化胶	650～900	800～1200	500～800	200～900	800～1000	650～850	300～800
	补强硫化胶	650～900	600～900	500～800	450～800	800～1000	650～800	300～800
耐溶剂性膨胀率(体积分数)/%	汽油	+80～+300	+80～+300	+75～+200	+75～+200	+10～+45	+150～+400	-5～+5
	苯	+200～+500	+200～+500	+150～+400	+150～+500	+100～+300	+30～+350	+50～+100
	丙酮	0～+10	0～+10	+10～+30	+10～+30	+15～+50	0～+10	+100～+300
	乙醇	-5～+5	-5～+5	-5～+10	-5～+10	+5～+20	-5～+5	+2～+12
耐矿物油		劣	劣	劣	劣	良	劣	可～优
耐动植物油		次	次	可～良	次	良	优	优
耐碱性		可～良	可～良	可～良	可～良	良	优	可～良
耐酸性	强酸	次	次	次	劣	可～良	良	可～良
	弱酸	可～良	可～良	可～良	次～劣	优	优	良

表7-59 特种橡胶的综合性能

项目		乙丙橡胶	氯磺化聚乙烯橡胶	丙烯酸酯橡胶	聚氨酯橡胶	硅橡胶	氟橡胶	聚硫橡胶	氯化聚乙烯橡胶
生胶密度/(g/m³)		0.86～0.87	1.11～1.13	1.09～1.10	1.09～1.30	0.95～1.40	1.80～1.82	1.35～1.41	1.16～1.32
拉伸强度/MPa	未补强硫化胶	3～6	8.5～24.5	—	—	2～5	10～20	0.7～1.4	—
	补强硫化胶	15～25	7～20	7～12	20～35	4～10	20～22	9～15	>15
伸长率/%	未补强硫化胶	—	—	—	—	40～300	500～700	300～700	400～500
	补强硫化胶	400～800	100～500	400～600	300～800	50～500	100～500	100～700	—
耐溶剂性膨胀率(体积分数)/%	汽油	+100～+300	+50～+150	+5～+15	-1～+5	+90～+175	+1～+3	-2～+3	—
	苯	+200～+600	+250～+350	+350～+450	+30～+60	+100～+400	+10～+25	-2～+50	—
	丙酮	—	+10～+30	+250～+350	～+40	-2～+15	+150～+300	-2～+25	—
	乙醇	—	-1～+2	-1～+1	-5～+20	-1～+1	-1～+2	-2～+20	—
耐矿物油		劣	良	良	良	劣	优	优	良
耐动植物油		良～优	良	优	优	良	优	优	良
耐碱性		优	可～良	可	可	次～良	优	优	良
耐强酸性		良	可～良	可～次	劣	次	优	可～良	良
耐弱酸性		优	良	可	劣	次	优	可～良	优

7.5.1.2 常用橡胶软管

(1) 压缩空气用橡胶软管(GB/T 1186—2007)(表7-60)

表7-60 压缩空气用橡胶软管

公称内径/mm	5	6.3	8	10	12.5	16	20(19)	25	31.5	40(38)	50	63	80(76)	100(102)
内径偏差/mm	±0.5	±0.75						±1.25		±1.5			±2	
类别	A类软管工作温度范围为:-25～+70℃ B类软管工作温度范围为:-40～+70℃													
型别	1型用于最大工作压力为1.0MPa的一般工业用空气软管; 2型用于最大工作压力为1.0MPa的重型建筑用空气软管; 3型用于最大工作压力为1.0MPa的具有良好耐油性能的重型建筑用空气软管; 4型用于最大工作压力为1.6MPa的重型建筑用空气软管; 5型用于最大工作压力为1.6MPa的具有良好耐油性能的重型建筑用空气软管; 6型用于最大工作压力为2.5MPa的重型建筑用空气软管; 7型用于最大工作压力为2.5MPa的具有良好耐油性能的重型建筑用空气软管。													

(2) 输水通用橡胶软管 (HG/T 2184—2008)(表 7-61)

表 7-61 输水通用橡胶软管

公称内径/mm		10	12.5	16	19	20	22	25	27	32	38	40	50	63	76	80	100
内径偏差/mm		±0.75					±1.25				±1.5					±2	
胶层厚度≥/mm	内胶层	1.5			2.0			2.5				3.0					
	外胶层	1.5			1.5			1.5				2.0					
工作压力/MPa	1型(低压型)	a 级:工作压力≤0.3MPa b 级:0.3MPa<工作压力≤0.5MPa c 级:0.5MPa<工作压力≤0.7MPa															
	2型(中压型)	d 级:0.7MPa<工作压力≤1.0MPa												—			
	3型(高压型)	e 级:1.0MPa<工作压力≤2.5MPa							—								
适用范围		适用工作温度范围为-25~+70℃,最大工作压力为 2.5MPa;不适用于输送饮用水等															

(3) 燃油用橡胶软管 (HG/T 3037—2008)(表 7-62)

表 7-62 燃油用橡胶软管

公称内径/mm		12	16	19	21	25	32	38	40
内径偏差/mm		±0.8			±1.25				
最大工作压力		1.6MPa							
等级	常温等级	环境工作温度:-30~+55℃							
	低温等级	环境工作温度:-40~+55℃							
型号	1型	织物增强							
	2型	织物和螺旋金属丝增强							
	3型	细金属丝增强							

(4) 焊接胶管 (GB/T 2550—2007)(表 7-63)

表 7-63 焊接胶管

公称内径/mm	4	5	6.3	8	10	12.5	16	20	25	32	40	50
内径公差/mm	±0.55			±0.65		±0.70		±0.75		±1.00	±1.25	
项目	内衬层指标						外覆层指标					
拉伸强度/MPa ≥	5.0						7.0					
扯断伸长率/% ≥	200						250					
最大工作压力	正常负荷 2.0MPa/轻负荷 1.0MPa											
适用温度	-20~+60℃											

(5) 蒸汽橡胶软管 (HG/T 3036—2009)(表 7-64)

表 7-64 蒸汽橡胶软管

内径/mm		外径/mm		最小厚度/mm		最小弯曲半径/mm
数值	偏差范围	数值	偏差范围	内衬层	外覆层	
9.5	±0.5	21.5	±1.0	2.0	1.5	120
13	±0.5	25	±1.0	2.5	1.5	130
16	±0.5	30	±1.0	2.5	1.5	160
19	±0.5	33	±1.0	2.5	1.5	190
25	±0.5	40	±1.0	2.5	1.5	250

续表

内径/mm		外径/mm		最小厚度/mm		最小弯曲半径/mm
数值	偏差范围	数值	偏差范围	内衬层	外覆层	
32	±0.5	48	±1.0	2.5	1.5	320
38	±0.5	54	±1.2	2.5	1.5	380
45	±0.7	61	±1.2	2.5	1.5	450
50	±0.7	68	±1.4	2.5	1.5	500
51	±0.7	69	±1.4	2.5	1.5	500
63	±0.8	81	±1.6	2.5	1.5	630
75	±0.8	93	±1.6	2.5	1.5	750
76	±0.8	94	±1.6	2.5	1.5	750
100	±0.8	120	±1.6	2.5	1.5	1000
102	±0.8	122	±1.6	2.5	1.5	1000

7.5.2 塑料制品

7.5.2.1 常用塑料特点和用途（表 7-65）

表 7-65 常用塑料特点和用途

塑料名称(代号)	特点	用途
硬聚氯乙烯(PVC)	1. 耐腐蚀性能好，除强氧化性酸(浓硝酸、发烟硫酸)、芳香族及含氟的烃类化合物和有机溶剂外，对一般的酸、碱介质都稳定 2. 机械强度高，特别是抗冲击强度均优于酚醛塑料 3. 电性能好 4. 软化点低，使用温度－10～＋55℃	1. 可代替铜、铝、铅、不锈钢等金属材料作耐腐蚀设备与零件 2. 可作灯头、插座、开关等
低压聚乙烯(HDPE)	1. 耐寒性良好，在－70℃时仍柔软 2. 摩擦系数低，为 0.21 3. 除浓硝酸、汽油、氯化烃及芳香烃外，可耐强酸、强碱及有机溶剂的腐蚀 4. 吸水性小，有良好的电绝缘性能和耐辐射性能 5. 注射成型工艺性好，可用火焰、静电喷涂法涂于金属表面，作为耐磨、减摩及防腐涂层 6. 机械强度不高，热变形温度低，故不能承受较高的载荷，否则会产生蠕变及应力松弛。使用温度可达 80～100℃	1. 作一般结构零件 2. 作减摩自润滑零件，如低速、轻载的衬套等 3. 作耐腐蚀的设备与零件 4. 作电器绝缘材料，如高频、水底和一般电缆的包皮等
改性有机玻璃(372)(PMMA)	1. 有极好的透光性，可透过 90%以上的太阳光，紫外线光达 73.5% 2. 综合性能超过聚苯乙烯等一般塑料，机械强度较高，有一定耐热耐寒性 3. 耐腐蚀、绝缘性能良好 4. 尺寸稳定、易于成型 5. 质较脆，易溶于有机溶剂中，作为通光材料，表面硬度不够，易擦毛	可作要求有一定强度的透明结构零件
聚丙烯(PP)	1. 是最轻的塑料之一，屈服、拉伸和压缩强度以及硬度均优于低压聚乙烯，有很突出的刚性，高温(90℃)抗应力松弛性能良好 2. 耐热性能较好，可在 100℃以上使用，如无外力，在 150℃也不变形 3. 除浓硫酸、浓硝酸外，在许多介质中几乎都很稳定。但低分子量的脂肪烃、芳香烃、氯化烃对它有软化和溶胀作用 4. 几乎不吸水，高频电性能好，成型容易，但成型收缩率大 5. 低温呈脆性，耐磨性不高	1. 作一般结构零件 2. 作耐腐蚀化工设备与零件 3. 作受热的电气绝缘零件

续表

塑料名称(代号)		特　点	用　途
聚酰胺(PA)	尼龙6(PA-6)	疲劳强度、刚性、耐热性稍不及尼龙66，但弹性好，有较好的消振、降低噪声能力	在轻负荷，中等温度(最高80～100℃)、无润滑或少润滑、要求噪声低的条件下工作的耐磨受力传动零件
	尼龙610(PA-610)	强度、刚性、耐热性略低于尼龙66，但吸湿性较小，耐磨性好	同尼龙6。如作要求比较精密的齿轮，并适用于湿度波动较大的条件下工作的零件
	尼龙1010(PA-1010)	强度、刚性、耐热性均与尼龙6、尼龙610相似，而吸湿性低于尼龙610；成型工艺性较好，耐磨性亦好	轻载荷，温度不高、湿度变化较大且无润滑或少润滑的情况下工作的零件
聚四氟乙烯(F-4)(PTFE)		1. 素称"塑料王"，具有高度的化学稳定性，对强酸、强碱、强氧化剂、有机溶剂均耐腐蚀，只有对熔融状态的碱金属及高温下的氟元素才不耐蚀 2. 有异常好的润滑性，具有极低的动、静摩擦因数，对金属的摩擦因数为0.07～0.14，自摩擦因数接近冰，pv 极限值为 0.64×10^5 Pa·m/s 3. 可在260℃长期连续使用，也可在－250℃的低温下满意地使用 4. 优异的电绝缘性，耐大气老化性能好 5. 突出的表面不黏性，几乎所有的黏性物质都不能附在它的表面上 6. 缺点是强度低、刚性差，冷流性大，必须用冷压烧结法成型，工艺较麻烦	1. 作耐腐蚀化工设备及其衬里与零件 2. 作减摩自润滑零件，如轴承、活塞环、密封圈等 3. 作电绝缘材料与零件
填充F-4		用玻璃纤维末、二硫化钼、石墨、氧化镉、硫化钨、青铜粉、铅粉等填充的聚四氟乙烯，在承载能力、刚性、pv 极限值等方面都有不同程度的提高	用于高温或腐蚀性介质中工作的摩擦零件，如活塞环等
聚三氟氯乙烯(F-3)(PCTFE)		1. 耐热性、电性能和化学稳定性仅次于F-4，在180℃的酸、碱和盐的溶液中亦不溶胀或侵蚀 2. 机械强度，抗蠕变性能，硬度都比F-4好些 3. 长期使用温度为－195～190℃之间，但要求长期保持弹性时，则最高使用温度为120℃ 4. 涂层与金属有一定的附着力，其表面坚韧、耐磨，有较高的强度	1. 作耐腐蚀化工设备与零件 2. 悬浮液涂于金属表面可作防腐、电绝缘防潮等涂层 3. 制作密封零件、电绝缘件、机械零件，如润滑齿轮、轴承 4. 制作透明件
聚全氟乙丙烯(F46)(FEP)		1. 力学、电性能和化学稳定性基本与F-4相同，但突出的优点是冲击韧性高，即使带缺口的试样也冲不断 2. 能在－85～205℃温度范围内长期使用 3. 可用注射法成型 4. 摩擦因数为0.08，pv 极限值为 $(0.6\sim0.9)\times10^5$ Pa·m/s	1. 同F-4 2. 用于制造要求大批量生产或外形复杂的零件，并用注射成型代替F-4的冷压烧结成型

续表

塑料名称(代号)	特　点	用　途
酚醛塑料 (PF)	1. 具有良好的耐腐蚀性能，能耐大部分酸类、有机溶剂，特别能耐盐酸、氯化氢、硫化氢、二氧化硫、三氧化硫、低及中等浓度硫酸的腐蚀，但不耐强氧化性酸（如硝酸、铬酸等）及碱、碘、溴、苯胺嘧啶等的腐蚀 2. 热稳定性好，一般使用温度为－30～130℃ 3. 与一般热塑性塑料相比，它的刚性大，弹性模数均为60～150MPa；用布质和玻璃纤维层压塑料，力学性能更高，具有良好的耐油性 4. 在水润滑条件下，只有很低的摩擦因数，约为0.01～0.03，宜做摩擦磨损零件 5. 电绝缘性能良好 6. 冲击韧性不高，质脆，故不宜在机械冲击、剧烈振动、温度变化大的情况下使用	1. 作耐腐蚀化工设备与零件 2. 作耐磨受力传动零件，如齿轮、轴承等 3. 作电器绝缘零件

7.5.2.2　聚氯乙烯管

(1) 硬聚氯乙烯管的性能（表7-66～表7-69）

表7-66　硬聚氯乙烯管耐腐蚀性能

介质	浓度/%	温度/℃			介质	浓度/%	温度/℃		
		20	40	60			20	40	60
硝酸	50	耐	耐	耐	汽油		耐	耐	耐
	95	不耐	不耐	不耐	甲酚水溶液	5	耐	尚耐	不耐
硫酸	60	耐	耐	耐	酮类		不耐		
	98	耐	尚耐	不耐	甲醇		耐	耐	尚耐
盐酸	35	耐	耐	耐	二氯甲烷	100	不耐	不耐	不耐
磷酸		耐	耐	耐	甲苯	100	不耐	不耐	不耐
次氯酸	10	耐	耐	耐	三氯乙烯	100	不耐	不耐	不耐
乙酸	＜90	耐	耐	耐	丙酮		不耐	不耐	
	＞90	耐	不耐	不耐	油酸		耐	耐	耐
铬酸		耐	耐		脂肪酸		耐	耐	耐
苯磺酸		耐	耐	耐	顺丁烯二酸		耐	耐	耐
苯甲酸		耐	耐	耐	甲基吡啶		不耐	不耐	不耐
草酸		耐	耐	耐	氯水		耐	尚耐	
甲酸	50	耐	耐	耐	氢氟酸	10	耐	耐	耐
	100	耐	耐	不耐	硫酸/硝酸	50～10/20～40	耐	耐	耐
氢氰酸		耐	耐	耐					
乳酸		耐	耐	耐	硫酸/硝酸	50/50	耐	不耐	不耐
氯乙酸		耐	耐	耐	氧化铬/硫酸	25/20	耐	耐	耐
过氧化氢溶液	30	耐	耐		氢氧化钠		耐	耐	耐
重铬酸钾		耐	耐	耐	氢氧化钾		耐	耐	耐
高氯酸钾	1	耐	耐	耐	氨水		耐	耐	耐
高锰酸钾		耐	耐	耐	石灰乳		耐	耐	耐
二硫化碳，硫化氢		耐	耐		硝酸盐		耐	耐	耐
乙醛		耐			硫酸盐		耐	耐	耐
氯乙烯		不耐			氯气(湿)	5	耐	耐	尚耐
甲醛		耐	耐	耐	氨气		耐	耐	耐
苯酚	6	耐	耐	不耐	天然气		耐	耐	
照相感光乳剂		耐	耐		焦炉气		耐	耐	
照相显影液、定影液		耐	耐		葡萄酒		耐	耐	耐
海水		耐	耐	耐	石灰、硫黄合剂		耐	耐	耐
盐水		耐	耐	耐	漂白液		耐	耐	
发酵酒精		耐	耐		乙醚		不耐		
葡萄糖溶液		耐	耐	耐	乙醇		耐	耐	耐
甘油		耐	耐	耐	丁醇		耐	耐	耐
氯气(干)	100	耐	耐	尚耐	苯胺		不耐	不耐	

注：此表为实验室数据，仅供参考。

表 7-67 管材不宜输送的流体

化学药物名称	浓度/%	化学药物名称	浓度/%	化学药物名称	浓度/%
乙醛	40	苯甲酸	Sat. sol	环己酮	100
乙醛	100	溴水	100	二氯乙烷	100
乙酸	冰	乙酸丁酯	100	二氯甲烷	100
乙酸酐	100	丁基苯酚	100	乙醚	100
丙酮	100	丁酸	98	乙酸乙酯	100
二硫化碳	100	氢氟酸(气)	100	丙烯酸乙酯	100
四氯化碳	100	乳酸	10～90	糖醇树脂	100
氯气(干)	100	甲基丙烯酸甲酯	100	氢氟酸	40
液氯	Sat. sol	硝酸	50～98	氢氟酸	60
氯磺酸	100	发烟硫酸	10%SO_3	盐酸苯肼	97
丙烯醇	96	高氯酸	70	氯化磷(三价)	100
氨水	100	汽油(链烃/苯)	80/20	吡啶	100
戊乙酸	100	苯酚	90	二氧化硫	100
苯胺	100	苯肼	100	硫酸	96
苯胺	Sat. sol	甲酚	Sat. sol	甲苯	100
盐酸化苯胺	Sat. sol	甲苯基甲酸	Sat. sol	二氯乙烯	100
苯甲醛	0.1	巴豆醛	100	乙酸乙烯	100
苯	100	环己醇	100	混合二甲苯	100

注：1. 化工硬聚氯乙烯管材适用于输送温度在45℃以下的某些腐蚀性化学流体，但不宜输送表中所列的流体，也可用于输送非饮用水等压力流体。

2. 对 e/d_e<0.035 的管材，不考核任何部位外径极限偏差。

3. 管长为 4m±0.02m、6m±0.02m 两种，或按用户要求。

4. 管材内外壁应光滑、平整，无凹陷、分解变色或其他影响性能的表面缺陷。管材不应含有可见杂质。管端应切割平整，并与管的轴线垂直。

5. 管材同一截面的壁厚偏差不得超过14%。

6. 管材弯曲度：d_e≤32mm，弯曲度不规定；d_e=40～200mm，弯曲度≤1%；d_e≥225mm，弯曲度≤0.5%。

7. Sat. sol 系指 20℃的饱和水溶液。

表 7-68 UPVC 管的物理化学性能

项目	指标
密度/(g/cm^3)	≤1.55
腐蚀度(盐酸、硝酸、硫酸、氢氧化钠)/(g/m)	≤1.50
维卡软化温度/℃	≥80
液压试验	不破裂、不渗漏
纵向回缩率/%	≤5
丙酮浸泡	无脱层、无碎裂
扁平	无裂纹、无破裂
拉伸屈服应力/MPa	≥45

表 7-69 温度-压力校正系数

温度 t/℃	0<t≤25	25<t≤35	35<t≤45
校正系数	1	0.8	0.63

(2) 化工用硬聚氯乙烯 (PVC-U) 管材 (表 7-70)

表 7-70　化工用硬聚氯乙烯管材　　　　单位：mm

公称外径 d_e	平均外径极限偏差	任何部位外径极限偏差	公称压力/MPa(适合 0～25℃,若超过按本表规定校正)									
			*PN*0.4		*PN*0.6		*PN*0.8		*PN*1.0		*PN*1.6	
			管系列									
			S-16.0		S-10.5		S-8.0		S-6.3		S-4.0	
			壁厚 *e*									
			公称值	极限偏差	公称值	极限偏差	公称值	极限偏差	公称值	极限偏差	公称值	极限偏差
20	+0.3/0	0.5	—		—		—		2.0	+0.4/0	2.3	+0.5/0
25	+0.3/0	0.5	—		—		—		2.0	+0.4/0	2.8	+0.5/0
32	+0.3/0	0.5	—		—		2.0	+0.4/0	2.4	+0.5/0	3.6	+0.6/0
40	+0.3/0	0.5	2.0	+0.4/0	2.0	+0.4/0	2.4	+0.5/0	3.0	+0.5/0	4.5	+0.7/0
50	+0.3/0	0.6	2.0	+0.4/0	2.4	+0.5/0	3.0	+0.5/0	3.7	+0.5/0	5.6	+0.8/0
63	+0.3/0	0.8	2.0	+0.4/0	3.0	+0.5/0	3.8	+0.6/0	4.7	+0.7/0	7.1	+1.0/0
75	+0.3/0	0.9	2.3	+0.5/0	3.6	+0.6/0	4.5	+0.7/0	5.5	+0.8/0	8.4	+1.1/0
90	+0.3/0	1.1	2.8	+0.5/0	4.3	+0.7/0	5.4	+0.8/0	6.6	+0.9/0	10.1	+1.3/0
110	+0.4/0	1.4	3.4	+0.6/0	5.3	+0.8/0	6.6	+0.9/0	8.1	+1.1/0	12.3	+1.5/0
125	+0.4/0	1.5	3.9	+0.6/0	6.0	+0.8/0	7.4	+1.0/0	9.2	+1.2/0	14.0	+1.6/0
140	+0.5/0	1.7	4.3	+0.7/0	6.7	+0.9/0	8.3	+1.1/0	10.3	+1.3/0	15.7	+1.8/0
160	+0.5/0	2.0	4.9	+0.7/0	7.7	+1.0/0	9.5	+1.2/0	11.8	+1.4/0	17.9	+2.0/0
180	+0.6/0	2.2	5.5	+0.8/0	8.6	+1.1/0	10.7	+1.3/0	13.3	+1.6/0	20.1	+2.3/0
200	+0.6/0	2.4	6.2	+0.9/0	9.6	+1.2/0	11.9	+1.4/0	14.7	+1.7/0	22.4	+2.5/0
225	+0.7/0	2.7	6.9	+0.9/0	10.8	+1.3/0	13.4	+1.6/0	16.6	+1.9/0	25.1	+2.8/0
250	+0.8/0	3.0	7.7	+1.0/0	11.9	+1.4/0	14.8	+1.7/0	18.4	+2.1/0	27.9	+3.0/0
280	+0.9/0	3.4	8.6	+1.1/0	13.4	+1.6/0	16.6	+1.9/0	20.6	+2.3/0	—	
315	+1.0/0	3.8	9.7	+1.2/0	15.0	+1.7/0	18.7	+2.1/0	23.2	+2.6/0	—	
355	+1.1/0	4.3	10.9	+1.3/0	16.9	+1.9/0	21.1	+2.4/0	26.1	+2.9/0	—	
400	+1.2/0	4.8	12.3	+1.5/0	19.1	+2.2/0	23.7	+2.6/0	29.4	+3.2/0	—	
450	+1.4/0	5.4	13.8	+1.6/0	21.5	+2.4/0	26.7	+2.9/0	—		—	
500	+1.5/0	6.0	15.3	+1.8/0	23.9	+2.6/0	29.6	+3.2/0	—		—	
560	+1.7/0	6.8	17.2	+2.0/0	26.7	+2.9/0	—		—		—	
630	+1.9/0	7.6	19.3	+2.2/0	30.0	+3.20	—		—		—	
710	+2.2/0	8.6	21.8	+2.4/0	—		—		—		—	

(3) 化工用硬聚氯乙烯管件（QB/T 3802—1999）

化工用硬聚氯乙烯管件的许用工作压力见表 7-71。其用于输送 0～40℃酸碱等腐蚀性液体。

表 7-71　化工用硬聚氯乙烯管件许用工作压力

公称直径 D_e/mm	10～90	110～140	160
工作压力 $p/10^5$Pa	16	10	6

以下各表中 D_e、D'_e代表管材公称直径。

① 阴接头（表 7-72）

表 7-72 阴接头 单位：mm

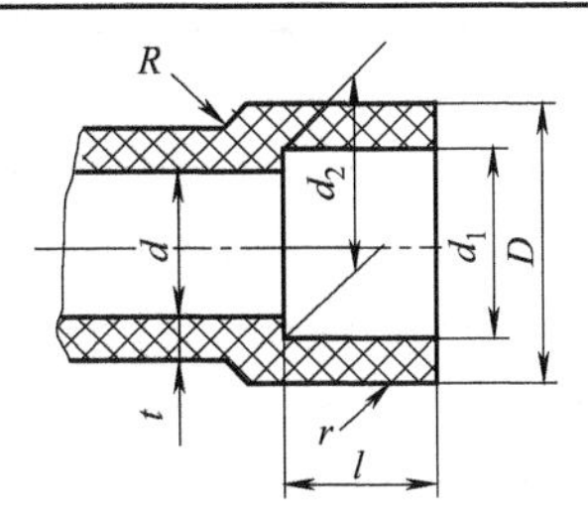

D_e	d_1		d_2		l		d	D_{min}	t_{min}	$r=\frac{t}{2}$
	基本尺寸	偏差	基本尺寸	偏差	基本尺寸	偏差	基本尺寸			
10	10.3	±0.10	10.1	±0.10	12	±0.5	6.1	14.1	2	1
12	12.3	±0.12	12.1	±0.12	12	±0.5	8.1	16.1	2	1
16	16.3	±0.12	16.1	±0.12	14	±0.5	12.1	20.1	2	1
20	20.4	±0.14	20.2	±0.14	16	±0.8	15.6	24.8	2.3	1.16
25	25.5	±0.16	25.2	±0.16	19	±0.8	19.6	30.8	2.8	1.4
32	32.5	±0.18	32.2	±0.18	22	±0.8	25	39.4	3.6	1.8
40	40.7	±0.20	40.2	±0.20	26	±1	31.2	49.2	4.5	2.26
50	50.7	±0.22	50.2	±0.22	31	±1	39	61.4	5.6	2.8
63	63.9	±0.24	63.3	±0.24	38	±1	49.1	77.5	7.1	3.56
75	76	±0.26	75.3	±0.26	44	±1	58.5	92	8.4	4.2
90	91.2	±0.30	90.4	±0.30	51	±2	70	110.6	10.1	5.06
110	111.3	±0.34	110.4	±0.34	61	±2	94.2	127	8.1	4.06
125	126.5	±0.38	125.5	±0.38	69	±2	107.1	143.9	9.2	4.6
140	141.6	±0.42	140.5	±0.42	77	±2	119.3	162	10.6	5.3
160	161.8	±0.46	160.6	±0.46	86	±2.5	145.2	176	7.7	3.86

注：配合时最小汞插深度为 $1/2D_e$。

② 弯头（表 7-73）

表 7-73 弯头 单位：mm

图片	90°弯头		45°弯头	
D'_e	90°		45°	
	Z	L	Z	L
10	6±1	18	3±1	15
12	7±1	19	3.5±1	15.5
16	9±1	23	4.5±1	18.5
20	11±1	27	5±1	21
25	$13.5^{+1.2}_{-1}$	32.5	$6^{+1.2}_{-1}$	25
32	$17^{+1.6}_{-1}$	39	$7.5^{+1.6}_{-1}$	29.5

续表

D'_e	90°		45°	
	Z	L	Z	L
40	21^{+2}_{-1}	47	9.5^{+2}_{-1}	35.5
50	$26^{+2.5}_{-1}$	57	$11.5^{+2.5}_{-1}$	42.5
63	$32.5^{+3.2}_{-1}$	70.5	$14^{+3.2}_{-1}$	52
75	38.5^{+4}_{-1}	82.5	16.5^{+4}_{-1}	60.5
90	46^{+5}_{-1}	97	19.5^{+5}_{-1}	70.5
110	56^{+6}_{-1}	117	23.5^{+6}_{-1}	84.5
125	63.5^{+6}_{-1}	132.5	27^{+6}_{-1}	96
140	71^{+7}_{-1}	148	30^{+7}_{-1}	107
160	81^{+8}_{-1}	167	34^{+8}_{-1}	120

注：其他尺寸按表 7-72 规定。

③ 异径管（表 7-74）

表 7-74 异径管 单位：mm

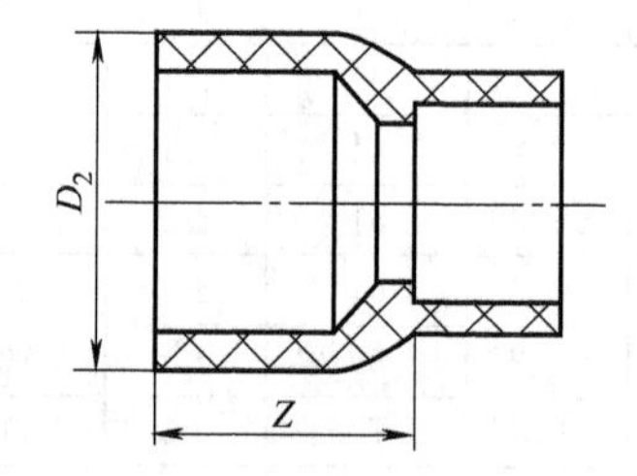

$D_e \times D'_e$	Z	D_2	$D_e \times D'_e$	Z	D_2	$D_e \times D'_e$	Z	D_2
12×10	15±1	16±0.2	40×25	36±1.5	54±1.5	110×63	88±2	125±1.0
16×10	18±1	20±0.3	50×25	44±1.5	63±0.5	125×63	100±2	140±1.0
20×10	21±1	25±0.3	63×25	54±1.5	75±0.5	90×75	74±2	110±0.8
25×10	25±1	32±0.3	40×32	36±1.5	50±0.4	110×75	88±2	125±1.0
16×12	18±1	20±0.3	50×32	44±1.5	63±0.5	125×75	100±2	140±1.0
20×12	21±1	25±0.3	63×32	54±1.5	75±0.5	140×75	111±2	160±1.2
25×12	25±1	32±0.3	75×32	62±1.5	90±0.7	125×90	100±2	140±1.0
32×12	30±1	40±0.4	50×40	44±1.5	63±0.5	140×90	111±2	160±1.2
20×16	21±1	25±0.3	63×40	54±1.5	75±0.5	160×90	126±2	180±1.4
25×16	25±1	32±0.3	75×40	62±1.5	90±0.7	125×110	100±2	140±1.0
32×16	30±1	40±0.4	90×40	74±2	110±0.8	140×110	111±2	160±1.2
40×16	30±1.5	50±0.4	63×50	50±0.4	75±0.5	160×110	126±2	180±1.4
25×20	25±1	32±0.3	75×50	62±1.5	90±0.7	140×125	111±2	160±1.2
32×20	30±1	40±0.4	90×50	74±2	110±0.8	160×125	126±2	180±1.4
40×20	36±1.5	50±0.4	110×50	88±2	125±1.0	160×140	126±2	180±1.4
50×20	44±1.5	63±0.5	75×63	62±1.5	90±0.7			
32×25	30±1	40±0.4	90×63	74±2	110±0.8			

注：其他尺寸按表 7-72 规定。

④ 45°三通（表 7-75）

表 7-75　45°三通　　单位：mm

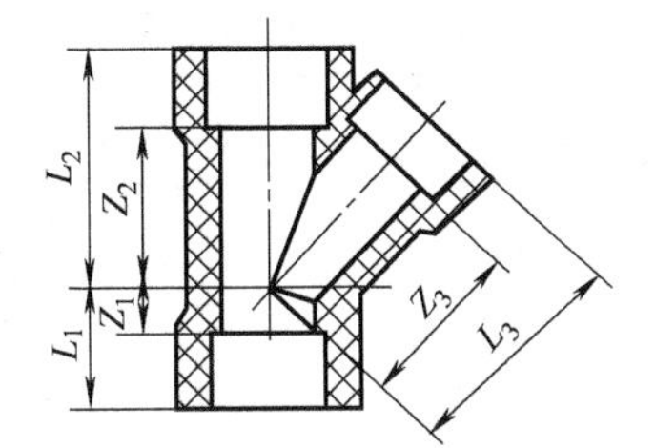

D_e	Z_1	Z_2	Z_3	L_1	L_2	L_3
20	6^{+2}_{-1}	27±3	29±3	22	43	51
25	7^{+2}_{-1}	33±3	35±3	26	52	54
32	8^{+2}_{-1}	42^{+4}_{-3}	45^{+5}_{-3}	30	64	67
40	10^{+2}_{-1}	51^{+5}_{-3}	54^{+5}_{-3}	36	77	80
50	12^{+2}_{-1}	63^{+6}_{-3}	67^{+6}_{-3}	43	94	98
63	14^{+2}_{-1}	79^{+7}_{-3}	84^{+8}_{-3}	52	117	122
75	17^{+2}_{-1}	94^{+9}_{-3}	100^{+10}_{-3}	61	138	144
90	20^{+3}_{-1}	112^{+11}_{-3}	119^{+12}_{-3}	71	163	170
110	24^{+3}_{-1}	137^{+13}_{-4}	145^{+14}_{-4}	85	198	206
125	27^{+3}_{-1}	157^{+15}_{-4}	166^{+16}_{-4}	96	226	236
140	30^{+4}_{-1}	175^{+17}_{-5}	185^{+18}_{-5}	107	252	262
160	35^{+4}_{-1}	200^{+20}_{-6}	212^{+21}_{-6}	121	286	298

注：其他尺寸按表 7-72 规定。

⑤ 90°三通（表 7-76）

表 7-76　90°三通　　单位：mm

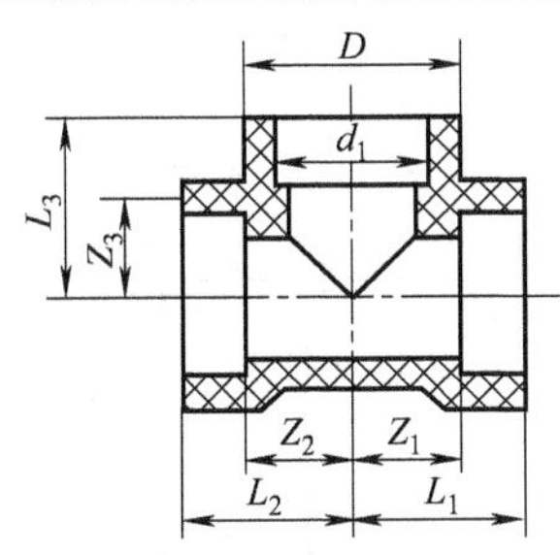

D_e	Z	L	D_e	Z	L
10	6±1	18	63	$32.5^{+3.2}_{-1}$	70.5
12	7±1	19	75	38.5^{+4}_{-1}	82.5
16	9±1	23	90	46^{+5}_{-1}	97
20	11±1	27	110	56^{+6}_{-1}	117
25	$13.5^{+1.2}_{-1}$	32.5	125	63.5^{+6}_{-1}	132.5
30	$17^{+1.6}_{-1}$	39	140	71^{+7}_{-1}	148
40	21^{+2}_{-1}	47	160	81^{+8}_{-1}	167
50	$26^{+2.5}_{-1}$	57			

注：其他尺寸按表 7-72 规定。

⑥ 法兰变接头（表 7-77）

表 7-77　法兰变接头　　单位：mm

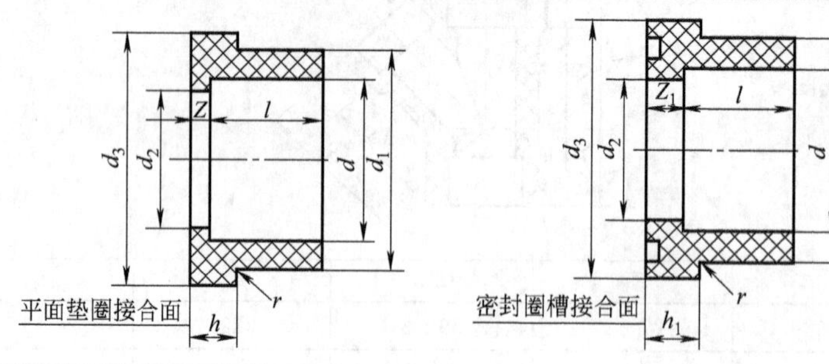

D_e	d_1	d_2	d_3	l	r_{max}	平面垫圈接合面		密封圈槽接合面	
						h	Z	h_1	Z_1
16	22±0.1	13	29	14	1	6	3	9	6
20	27±0.16	16	34	16	1	6	3	9	6
25	33±0.16	21	41	19	1.5	7	3	10	6
32	41±0.2	28	50	22	1.5	7	3	10	6
40	50±0.2	36	61	26	2	8	3	13	8
50	61±0.2	45	73	31	2	8	3	13	8
63	76±0.3	57	90	38	2.5	9	3	14	8
75	90±0.3	69	106	44	2.5	10	3	15	8
90	108±0.3	82	125	51	3	11	5	16	10
110	131±0.3	102	150	61	3	12	5	18	11
125	148±0.4	117	170	69	3	13	5	19	11
140	165±0.4	132	188	77	4	14	5	20	11
160	188±0.4	162	213	86	4	16	5	22	11

注：1. 套管内口径 D_e 的大小及公差按表 7-72 的规定。

2. l 按阴接头承插深度及公差确定。

3. 密封圈槽处均按 O 形橡胶密封圈的公称尺寸配合加工。

⑦ 管套（表 7-78）

表 7-78　管套　　单位：mm

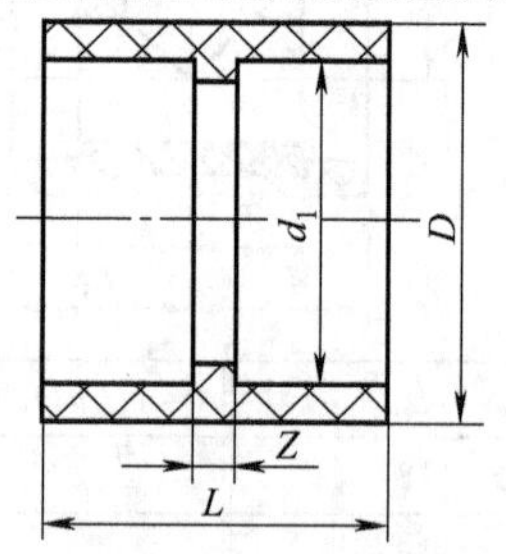

D_e	Z	L	D_e	Z	L	D_e	Z	L
10	3±1	27	32	$3^{+1.6}_{-1}$	47	90	5^{+2}_{-1}	107
12	3±1	27	40	3^{+2}_{-1}	55	110	6^{+3}_{-1}	128
16	3±1	31	50	3^{+2}_{-1}	65	125	6^{+3}_{-1}	144
20	3±1	35	63	3^{+2}_{-1}	79	140	8^{+3}_{-1}	152
25	$3^{+1.2}_{-1}$	41	75	4^{+2}_{-1}	92	160	8^{+4}_{-1}	180

注：其他尺寸按表 7-72 规定。

⑧ 法兰（表 7-79）

表 7-79 法兰 单位：mm

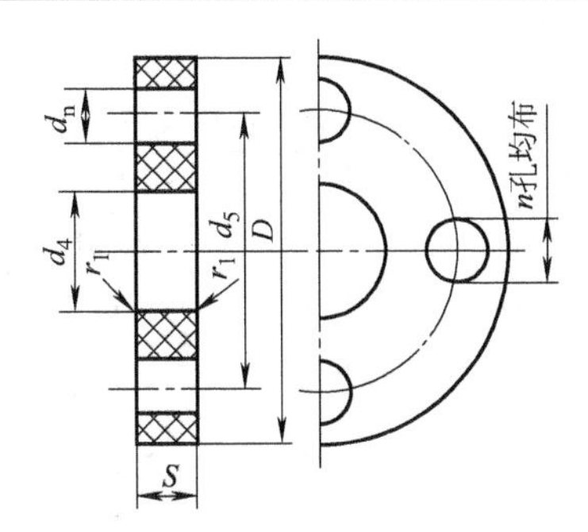

D_e	d_4	D	d_5	r_{1min}	d_n	螺栓数 n	螺栓	厚 S
16	$23_{-0.15}^{0}$	90	60	1	14	4	M12	根据材料而定
20	$28_{-0.5}^{0}$	95	65	1	14	4	M12	
25	$34_{-0.5}^{0}$	105	75	1.5	14	4	M12	
32	$42_{-0.5}^{0}$	115	85	1.5	14	4	M12	
40	$51_{-0.5}^{0}$	140	100	2	18	4	M16	
50	$62_{-0.5}^{0}$	150	110	2	18	4	M16	
63	78_{-1}^{0}	165	125	2.5	18	4	M16	
75	92_{-1}^{0}	185	145	2.5	18	8	M16	
90	110_{-1}^{0}	200	160	3	18	8	M16	
110	133_{-1}^{0}	220	180	3	18	8	M16	
125	150_{-1}^{0}	250	210	3	18	8	M16	
140	167_{-1}^{0}	250	210	4	18	8	M16	
160	190_{-1}^{0}	285	240	4	22	8	M20	

注：n 为螺栓数。

⑨ 配合使用实例（图 7-5）

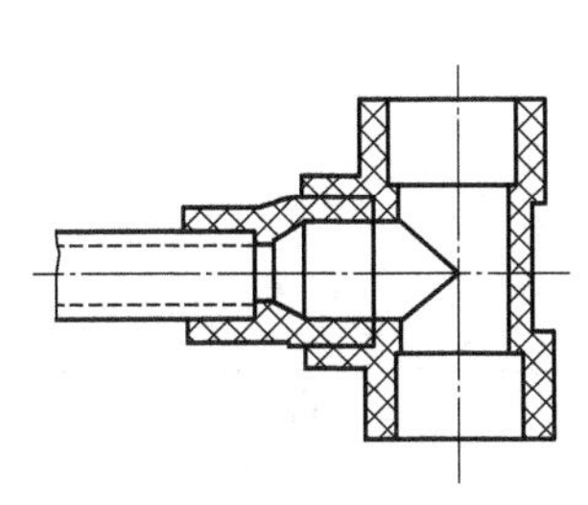
(a) 异径套和90°三通配合

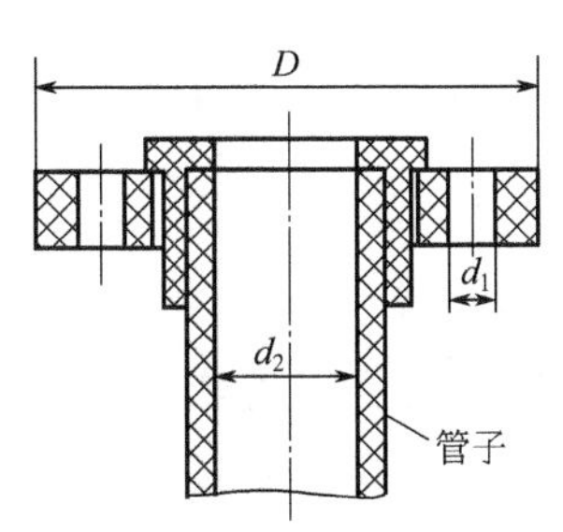

(b) 法兰变接头和法兰配合

图 7-5 配合使用实例

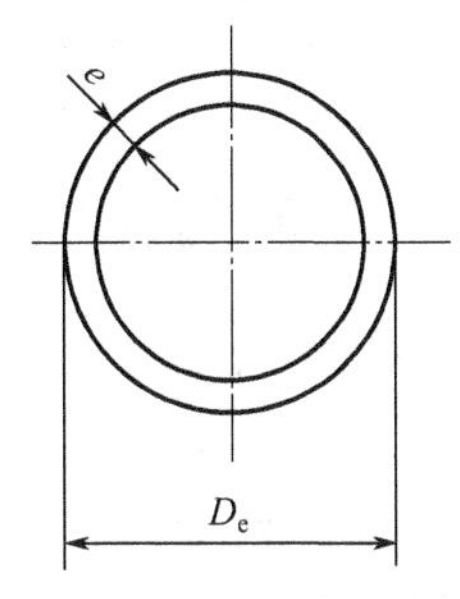

图 7-6 高密度聚乙烯直管

7.5.2.3 聚乙烯管材

（1）高密度聚乙烯直管

高密度聚乙烯直管见图 7-6。

① 特点 具有优异的慢速裂纹增长抵抗能力，长期强度高（MRS 为 10MPa）；卓越的快速裂纹扩展抵抗能力；较好地改善刮痕敏感度；较高的刚度等。可广泛应用于各种领域，特别是作为大口径、高压力或寒冷地区使用的输气管和给水管，以及作为穿插更新管道等，

具有独特的性能。

② 规格尺寸（表 7-80）

表 7-80 高密度聚乙烯直管尺寸

标准尺寸	SDR17		SDR13.6		SDR11	
公称压力	1.00MPa		1.25MPa		1.60MPa	
公称外径 D_e/mm	壁厚 e/mm	单重/(kg/m)	壁厚 e/mm	单重/(kg/m)	壁厚 e/mm	单重/(kg/m)
32					3.0	0.282
40					3.7	0.434
50					4.6	0.672
63			4.7	0.89	5.8	1.07
75	1.5	1.03	5.6	1.26	6.8	1.50
90	5.4	1.48	6.7	1.81	8.2	2.17
110	6.6	2.20	8.1	2.67	10.0	3.22
125	7.4	2.82	9.2	3.43	11.4	4.18
140	8.3	3.53	10.3	4.31	12.7	5.22
160	9.5	4.63	11.8	5.64	14.6	6.83
180	10.7	5.86	13.3	7.14	16.4	8.79
200	11.9	7.22	14.7	8.80	18.2	10.85
225	13.4	9.17	16.6	11.37	20.5	13.73
250	14.8	11.25	18.4	13.99	22.7	16.92
315	18.7	18.23	23.2	22.25	28.6	26.88
355	21.1	23.19	26.1	28.22	32.2	34.10
400	23.7	29.35	29.4	35.79	36.3	43.30
450	26.7	37.20	33.1	45.37	40.9	54.87
500	29.7	45.98	36.8	56.02	45.4	67.69
560	33.2	57.57	41.2	70.26	50.8	84.78
630	37.1	72.93	46.2	88.67	57.2	108.0

注：1. 平均密度为 0.955g/cm^3。

2. 管件连接采用热熔焊接或电热熔焊接。

③ 性能参数（表 7-81）

表 7-81 性能参数

项目		指标
断裂伸长率/%		≥350
纵向回缩率/%		≤3
液压试验	温度 20℃ 时间 1h 环向应力 11.8MPa	不破裂 不渗漏
	温度 80℃ 时间 170h(60h) 环向应力 13.9MPa(4.9MPa)	不破裂 不渗漏

（2）高密度聚乙烯管件

① 热熔管件（表 7-82、表 7-83）

表 7-82 注塑管件尺寸 单位：mm

管件名称	公称直径 DN
凸缘	32、40、50、63、75、90、110、125、140、160、180、200、225、250、315
异径管	25/20、32/25、40/32、50/25、50/32、50/40、63/32、63/40、63/50、75/63、90/50、90/63、90/75、110/50、110/63、110/90、125/63、125/90、125/110、140/125、160/90、160/110、160/125、160/140、180/160、200/160、200/180、225/160、225/200、250/160、250/200、250/225、315/220、315/250
等径三通	25、32、40、50、63、75、90、110、125、160
异径三通	110/63、110/32
90°弯头	32、40、50、63、75、90、110、125、160
管帽	63、110、160、200、250

表 7-83 焊制管件尺寸 单位：mm

管件名称	公称直径 DN
90°弯头	90、110、125、140、160、180、200、225、250、315、355、400、450、500、560、630
45°弯头	
22.5°弯头	
三通	
四通	90、110、125、140、160、180、200、225、250、315

② 高密度聚乙烯内埋丝专用电热熔管件　内埋的隐蔽螺旋电热丝能抗氧化及受潮锈蚀，保证焊接性能稳定，插入深度大，焊接带宽，两端和中间有足够阻挡熔化材料流动的冷却带，使其在无固定装置时亦可焊接操作。

a. 内埋丝电热熔套管（高密度聚乙烯内埋丝专用电热熔管件适用于燃气管）（表 7-84）

表 7-84 内埋丝电热熔套管尺寸 单位：mm

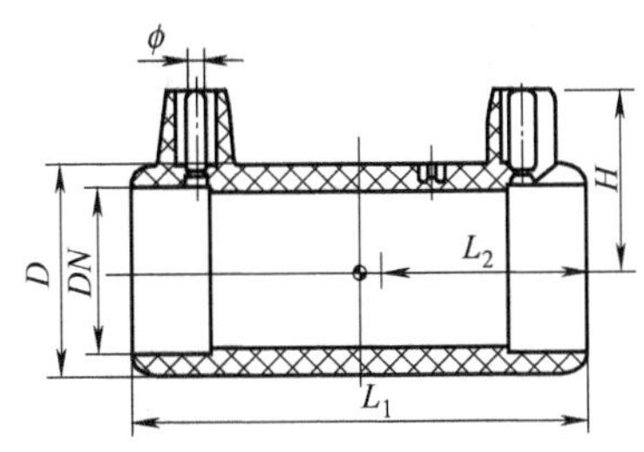

公称直径 DN	插入深度 L_2	最大外径 D	管件总长 L_1	电极距中心高 H	电极直径 ϕ
20	40	33	89	31.5	4
25	40	38	89	33.5	4
32	45	44	93	36.5	4
40	50	54	105	41.5	4
50	52	68	109	48.5	4
63	54	84	112	56.5	4
75	61	100	126	64.5	4
90	73	117	154	73.5	4
110	83	142	172	85.5	4
125	89	162	182	95.5	4
160	112	208	230	118.5	4
200	137	250	280	140.5	4
250	137	312	290	170.5	4

b. 内埋丝电热熔 90°弯头（表 7-85）

表 7-85 内埋丝电热熔 90°弯头尺寸 单位：mm

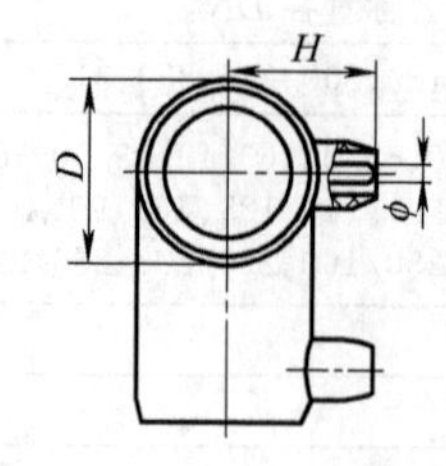

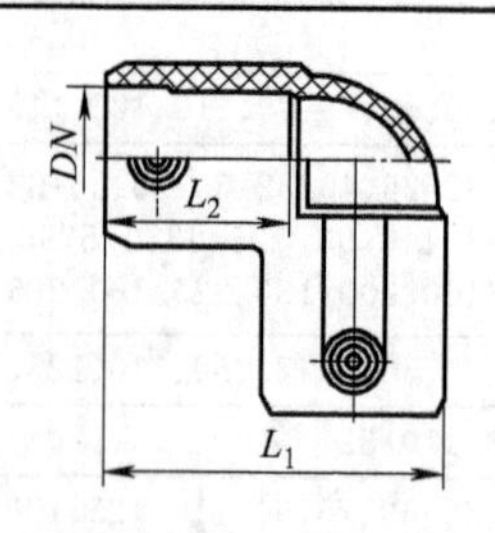

公称直径 DN	插入深度 L_2	最大外径 D	管件总长 L_1	电极距中心高 H	电极直径 ϕ
20	40	33	76.5	31.5	4
25	42	38	79	33.5	4
32	45	44	84	36.5	4
40	50	54	105	41.5	4
50	52	68	120	48.5	4
63	54	84	140	56.5	4
75	61	100	160	64.5	4
90	73	117	193	73.5	4
110	83	142	236	85.5	4

c. 内埋丝电热熔异径管（表 7-86）

表 7-86 内埋丝电热熔异径管尺寸 单位：mm

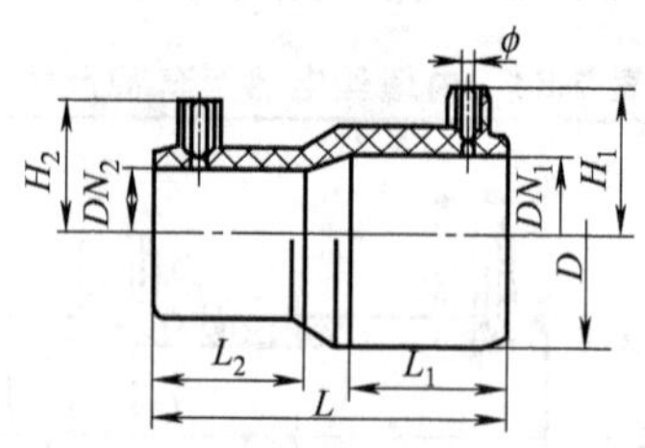

公称直径 $DN_1 \times DN_2$	插入深度 L_1	插入深度 L_2	最大外径 D	管件总长 L	电极距中心高 H_1	电极距中心高 H_2	电极直径 ϕ
25×20	42	40	38	90	33.5	31.5	4
32×25	45	40	44	95	36.5	33.5	4
40×32	50	45	54	110	41.5	36.5	4
50×40	50	45	68	110	48.5	41.5	4
63×32	60	45	84	130	56.5	36.5	4
63×40	60	45	84	130	56.5	41.5	4
63×50	60	50	84	130	56.5	48.5	4
75×63	70	50	100	150	64.5	56.5	4
90×63	70	50	117	155	73.5	56.5	4
90×75	70	60	117	155	73.5	64.5	4
110×63	100	50	142	210	85.5	56.5	4
110×75	100	60	142	210	85.5	64.5	4
110×90	100	70	142	210	85.5	73.5	4
125×110	100	90	162	220	95.5	85.5	4
160×125	112	85	208	230	118.5	95.5	4

d. 内埋丝电热熔同径三通（表 7-87）

表 7-87 内埋丝电热熔同径三通尺寸 单位：mm

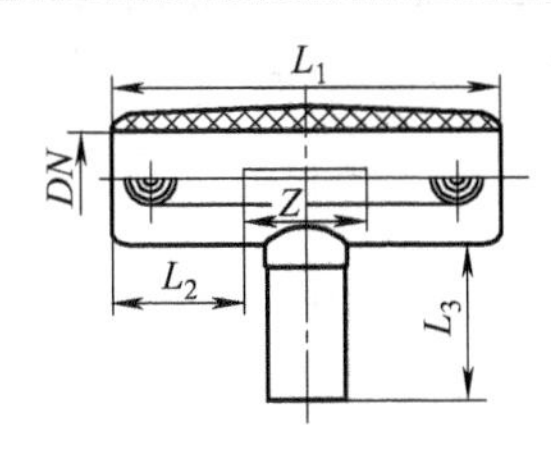

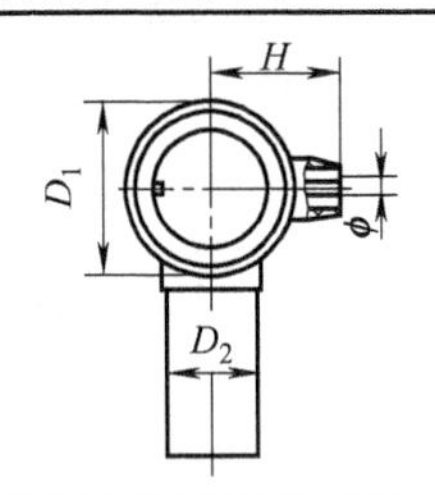

公称直径 DN	插入深度 L_2	最大外径 D_1	管件总长 L_1	分支长度 L_3	分支外径 D_2	电极距中心高 H	电极直径 ϕ	中心挡距 Z
20	40	33	100	45	20	31.5	4	18
25	40	38	105	46	25	33.5	4	21
32	45	44	125	49	32	36.5	4	27
40	50	54	145	50	40	41.5	4	35
50	52	68	149	60	50	48.5	4	44
63	54	84	176	60	63	56.5	4	53
75	61	100	189	64	75	64.5	4	65
90	73	117	245	81	90	73.5	4	78
110	83	142	258	95	110	85.5	4	94

e. 内埋丝电热熔旁通鞍型管座（表 7-88）

表 7-88 内埋丝电热熔旁通鞍型管座尺寸 单位：mm

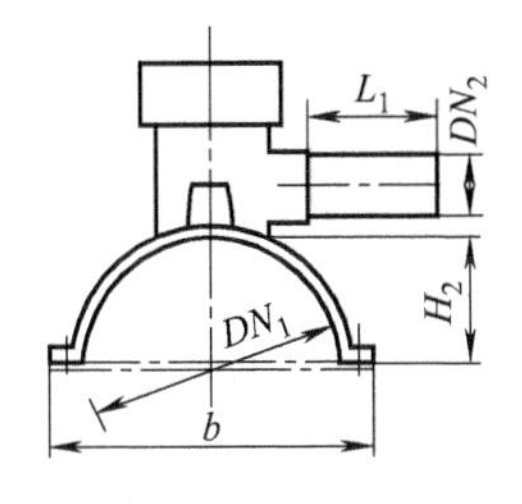

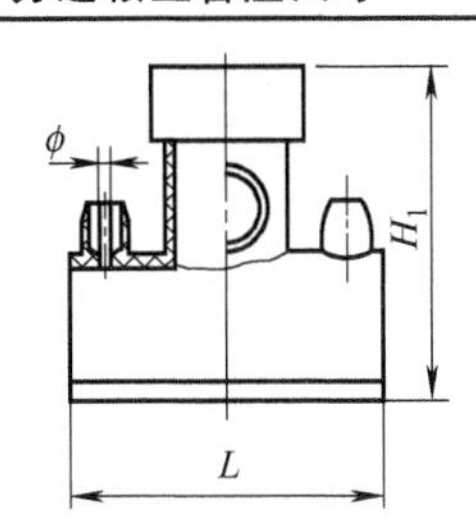

公称直径 $DN_1 \times DN_2$	管件长度 L	管件高度 H_1	管件宽度 b	骑入深度 H_2	分支长度 L_1	电极直径 ϕ
63×32	111	130	80	80	50	4
90×63	182	175	145	145	80	4
110×63	182	187	170	170	115	4
110×40	182	187	170	170	90	4
160×63	190	209	220	220	115	4

f. 内埋丝电热熔异径三通（表 7-89）

表 7-89 内埋丝电热熔异径三通尺寸 单位：mm

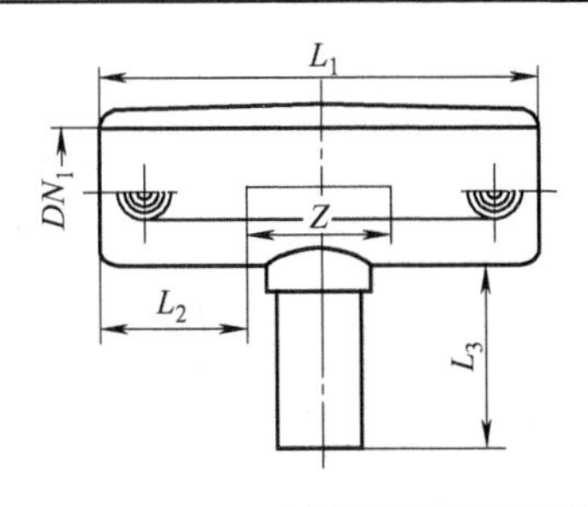

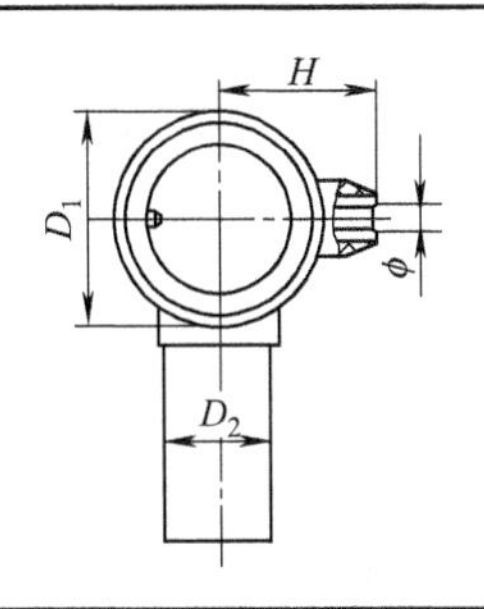

续表

公称直径 $DN_1 \times DN_2 \times DN_1$	分支外径 D_2	插入深度 L_2	最大外径 D_1	管件总长 L_1	分支长度 L_3	电极距中心高 H	电极直径 ϕ	中心挡距 Z
25×20×25	20	40	38	105	46	33.5	4	21
32×20×25	20	45	44	125	49	36.5	4	27
32×25×32	25	45	44	125	49	36.5	4	27
40×20×40	20	50	54	145	50	41.5	4	35
40×25×40	25	50	54	145	50	41.5	4	35
50×25×50	25	52	68	149	60	48.5	4	44
50×32×50	32	52	68	149	60	48.5	4	44
50×40×50	40	52	68	149	60	48.5	4	44
63×32×63	32	54	84	176	60	56.5	4	53
63×40×63	40	54	84	176	60	56.5	4	53
63×50×63	50	54	84	176	60	56.5	4	53
75×32×75	32	61	100	187	64	64.5	4	65
75×40×75	40	61	100	187	64	64.5	4	53
75×50×75	50	61	100	187	64	64.5	4	53
75×63×75	63	61	100	187	64	64.5	4	53
90×32×90	32	73	117	244	81	73	4	56
90×40×90	40	73	117	244	81	73	4	56
90×50×90	50	73	117	244	81	73	4	56
90×63×90	63	73	117	244	81	73	4	56
90×75×90	75	73	117	244	81	73	4	73
110×32×110	32	83	142	244	84	85.5	4	56
110×40×110	40	83	142	244	84	85.5	4	56
110×50×110	50	83	142	244	84	85.5	4	56
110×63×110	63	83	142	244	84	85.5	4	56
110×75×110	75	83	142	244	84	85.5	4	78
110×90×110	90	83	142	244	84	85.5	4	78

g. 内埋丝电热熔修补用鞍型管座（表 7-90）

表 7-90 内埋丝电热熔修补用鞍型管座尺寸 单位：mm

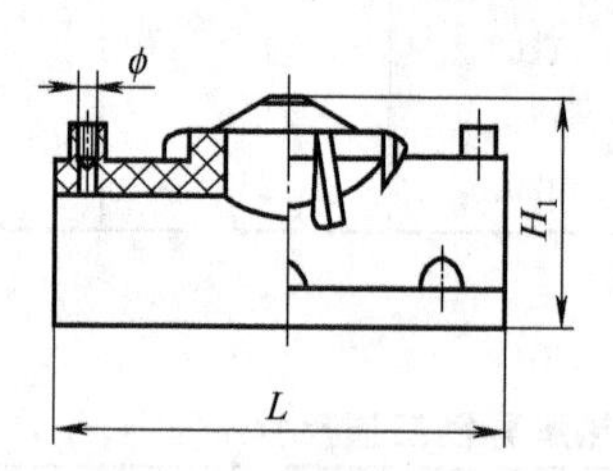

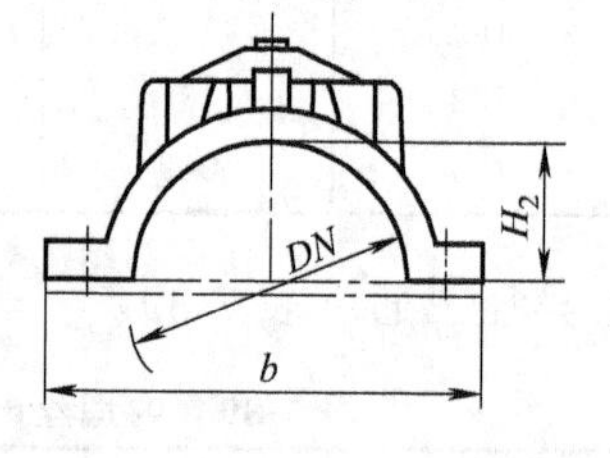

公称直径 DN	管件长度 L	管件宽度 b	骑入深度 H_2	管件高度 H_1	电极直径 ϕ
90	182	145	39	61	4
110	182	170	51	83	4
125	190	189	56	87	4
160	200	220	73	100	4
200	246	272	92	123	4
250	246	340	105	135	4

h. 内埋丝电热熔直通鞍型管座（表 7-91）

表 7-91 内埋丝电热熔直通鞍型管座尺寸 单位：mm

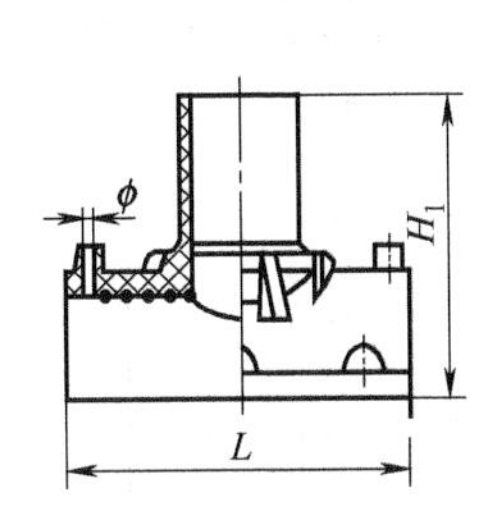

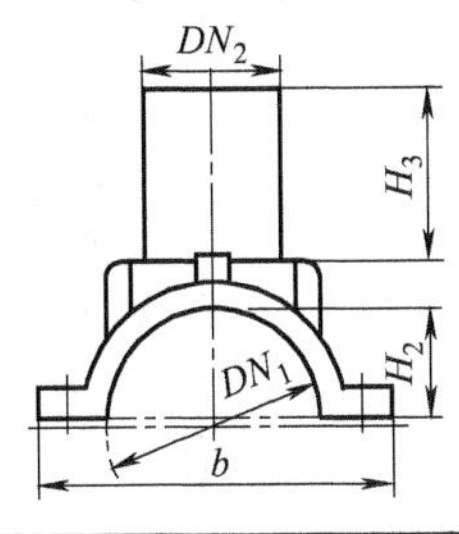

公称直径 $DN_1 \times DN_2$	管件长度 L	管件高度 H_1	管件宽度 b	骑入深度 H_2	分支长度 H_3	电极直径 ϕ
90×63	170	143.5	147	39	83	4
110×63	182	159	170	51	83	4
125×63	182	170	189	56	83	4
160×63	200	183	220	73	83	4
200×63	246	211	272	92	88	4
200×90	246	211	272	92	88	4
250×63	246	225	340	105	90	4
250×90	246	225	340	105	90	4

i. 热熔注塑三通（表 7-92）

表 7-92 热熔注塑三通尺寸 单位：mm

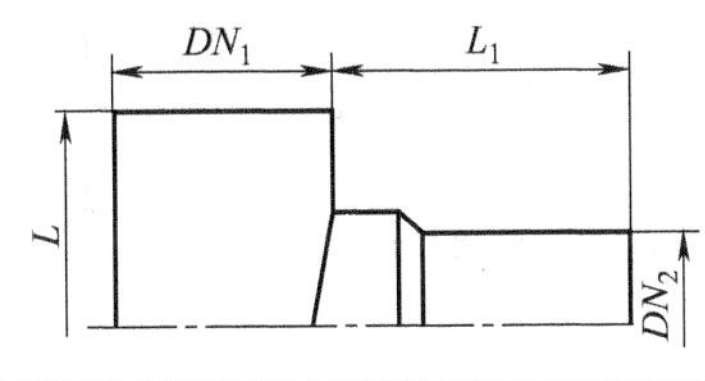

公称直径 $DN_1 \times DN_2 \times DN_1$	管件总长 L	支管长度 L_1	公称直径 $DN_1 \times DN_2 \times DN_1$	管件总长 L	支管长度 L_1
110×110×110	320	160	125×75×125	336	168
110×90×110	320	160	125×63×125	336	168
110×75×110	320	160	125×50×125	336	168
110×63×110	320	160	160×160×160	420	210
110×50×110	320	160	160×125×160	420	210
110×40×110	320	160	160×110×160	420	210
125×125×125	336	168	160×90×160	420	210
125×110×125	336	168	160×75×160	420	210
125×90×125	336	168	160×63×160	420	210

j. 热熔注塑异径管（表 7-93）

表 7-93 热熔注塑异径管尺寸 单位：mm

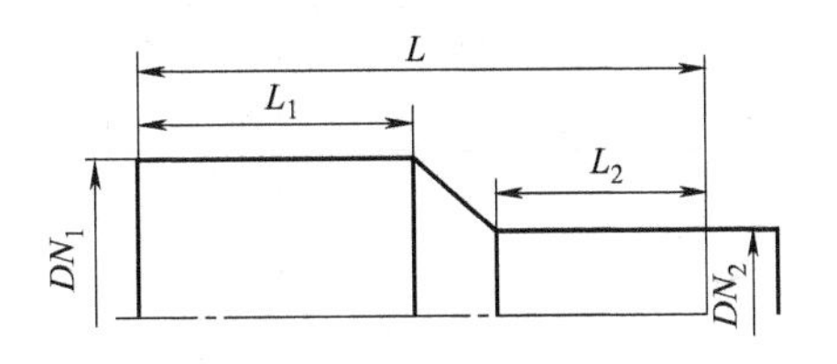

续表

公称直径 $DN_1 \times DN_2$	管件总长 L	大头长度 L_1	小头长度 L_2	公称直径 $DN_1 \times DN_2$	管件总长 L	大头长度 L_1	小头长度 L_2
110×40	198	96	65	160×125	225	115	92.5
110×50	198	96	72	200×63	270	135	74
110×63	198	96	75	200×75	270	135	80
110×75	198	96	79	200×90	270	135	92
110×90	198	96	83	200×110	270	135	95
125×50	200	100	66	200×125	270	135	100
125×63	200	100	74	200×160	270	135	115
125×75	200	100	80	250×63	300	145	85
125×90	200	100	82	250×75	300	145	90
125×110	200	100	88	250×90	300	145	92
160×63	225	115	70	250×110	300	145	95
160×75	225	115	74.5	250×125	300	145	100
160×90	225	115	78	250×160	300	145	115
160×110	225	115	82	250×200	300	145	130

注：进口燃气管专用聚乙烯注塑管件，可用电热熔套管与管材或其他管件连接。

k. 热熔注塑 90°弯头（表 7-94）

表 7-94 热熔注塑 90°弯头尺寸 单位：mm

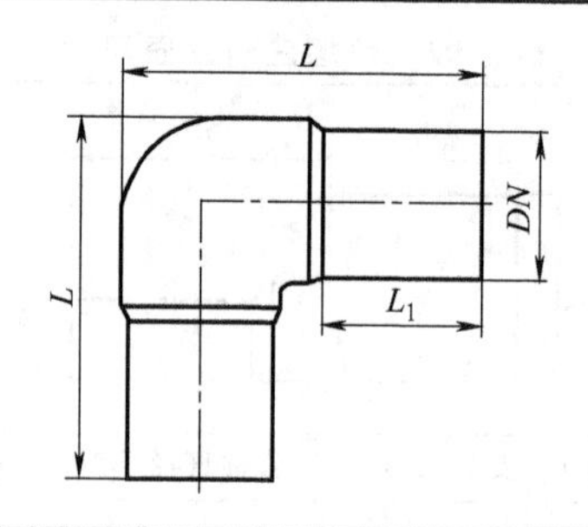

公称直径 DN	管件总长 L	直管长度 L_1	公称直径 DN	管件总长 L	直管长度 L_1
20	76	50	75	156	75
25	78	50	90	176	78
32	89	50	110	208	87
40	102	55	125	226	93
50	117	60	160	260	98
63	136	65			

注：进口燃气管专用聚乙烯注塑管件，可用电热熔套管与管材或其他管件连接。

l. 管堵（表 7-95）

表 7-95 管堵尺寸 单位：mm

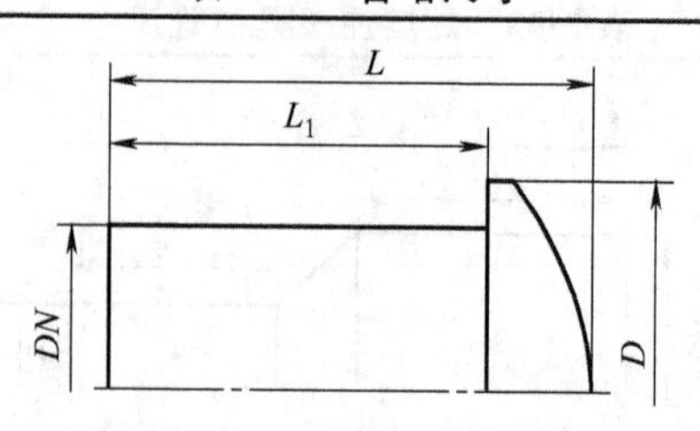

续表

公称直径 DN	管件总长 L	管段长度 L_1	最大外径 D	公称直径 DN	管件总长 L	管段长度 L_1	最大外径 D
20	48	40	25	90	96.1	73	107
25	50	42	31	110	111	83	130
32	54.5	45	38	125	127	89	150
40	61.5	50	48	160	152.4	112	190
50	65.5	52	61	200	178	137	237
63	72	54	77	250	212.5	164	297
75	79.2	61	89				

注：进口燃气管专用聚乙烯注塑管件，可用电热熔套管与管材或其他管件连接。

m. 无缝直管式钢塑过渡接头（表 7-96）

表 7-96　无缝直管式钢塑过渡接头尺寸　　单位：mm

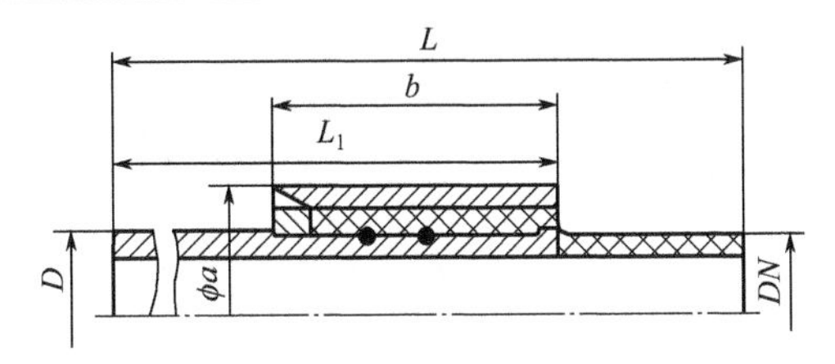

公称直径 $DN \times D$	管件总长 L	管段长度 L_1	钢管外径 D	钢套规格 $\phi a \times b$	公称直径 $DN \times D$	管件总长 L	管段长度 L_1	钢管外径 D	钢套规格 $\phi a \times b$
25×3/4″	385	285	27	40×53	60×2″	412	285	60	80.5×53
32×1″	412	285	34	46.5×53	90×2 1/2″	440	320	76	103×90
40×1 1/4″	412	285	42	55.5×53	110×3″	445	320	90	121
50×1 1/2″	412	285	48	67×53					

注：1. 整体成型管件，可用电热熔套管与聚乙烯管道连接。
2. 无缝钢管与聚乙烯一端牢固连接，具有抗传动措施及加强套防护。

n. 热熔注塑法兰（表 7-97）

表 7-97　热熔注塑法兰尺寸　　单位：mm

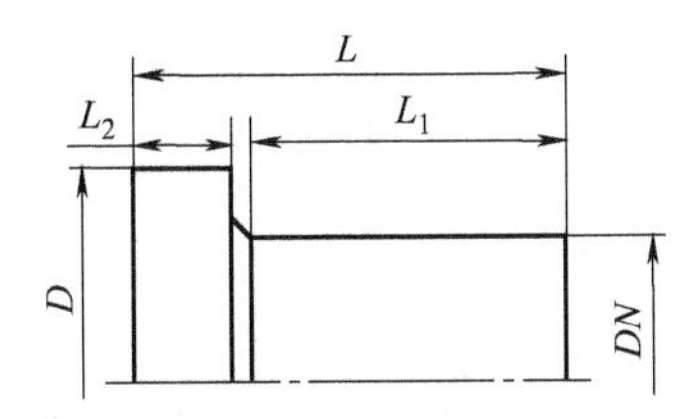

公称直径 DN	管件总长 L	管段总长 L_1	垫环厚度 L_2	垫环外径 D	公称直径 DN	管件总长 L	管段总长 L_1	垫环厚度 L_2	垫环外径 D
63	100	65	8.5	85	125	160	85	21	158
75	118	78	10	104	160	182	115	25	212
90	125	80	13	115	200	203	128	32	264
110	135	85	18	136	250	220	150	32	313

注：进口燃气管专用聚乙烯注塑管件，可用电热熔套管与管材或其他管件连接；注意焊接前将法兰盘装在法兰头上。

o. 内埋丝电热熔丝扣式钢塑过渡接头（表 7-98）

表 7-98　内埋丝电热熔丝扣式钢塑过渡接头尺寸　　单位：mm

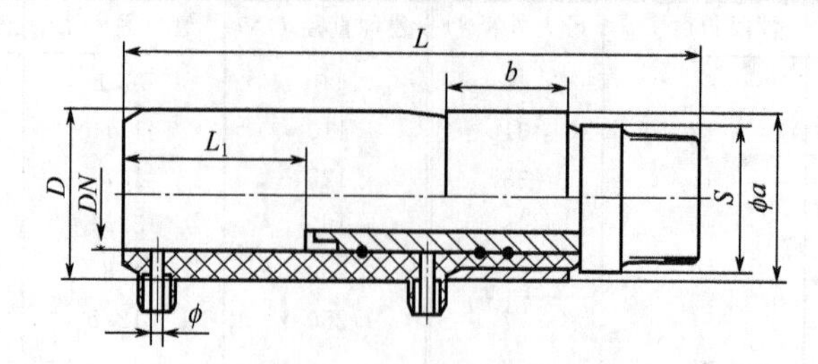

公称直径 $DN \times dN$	管件总长 L	管件外径 D	插入深度 L_1	钢套规格 $\phi a \times b$	对边 S	电极直径 ϕ
32×1″	128	45	47	46×38	36	4
40×1 1/4″	185	54	53	55×45	46	4
50×1 1/2″	199	68	55	63×47	52	4
63×2″	208	84	59	81×51	64	4

注：1. 整体注塑管件。

2. 聚乙烯一端内埋的隐蔽螺旋电热丝能抗氧化及受潮锈蚀，保证焊接性能稳定，插入深度大，焊接带宽，端口和过渡区有足够阻挡熔化材料流动的冷却带，并能使用户减少管网的管件用量。

3. 独特的设计使钢管一端与聚乙烯牢固连接在一起，具有抗传动措施及加强套防护。

p. 热熔焊制三通（表 7-99）

表 7-99　热熔焊制三通尺寸　　单位：mm

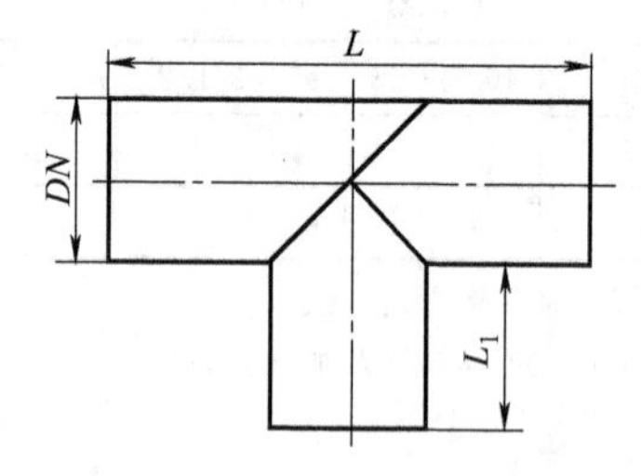

公称直径 DN	管件总长 L	支管长度 L_1	公称直径 DN	管件总长 L	支管长度 L_1
110	610	250	200	700	250
125	625	250	250	750	250
160	660	250			

q. 热熔焊制 90°弯头（表 7-100）

表 7-100　热熔焊制 90°弯头尺寸　　单位：mm

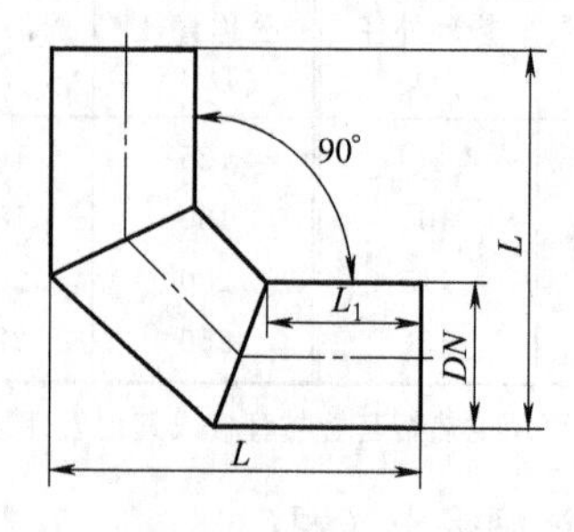

续表

公称直径 DN	管件总长 L	直管长度 L_1
110	334	215
125	374.5	224
160	414	244
200	550	268
250	600	297

r. 热熔焊制 45°弯头（表 7-101）

表 7-101　热熔焊制 45°弯头尺寸　　单位：mm

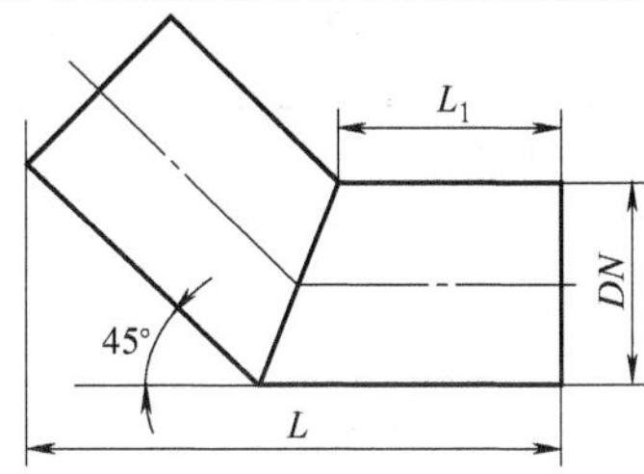

公称直径 DN	管件总长 L	直管长度 L_1
110	445	216
125	470	225
160	530	245
200	600	267
250	683	296

7.5.2.4　无规聚丙烯（PPR）管材

（1）无规聚丙烯直管

① 规格尺寸（表 7-102）

表 7-102　无规聚丙烯直管尺寸　　单位：mm

公称外径 DN	平均外径		公称壁厚 δ		
	最小	最大	S5	S4	S3.2
20	20.0	20.3	2.0	2.3	2.8
25	25.0	25.3	2.3	2.8	3.5
32	32.0	32.3	2.9	3.6	4.4
40	40.0	40.4	3.7	4.5	5.5
50	50.0	50.5	4.6	5.6	6.9
63	63.0	63.6	5.8	7.1	8.6
75	75.0	75.7	6.8	8.4	10.3
90	90.0	90.9	8.2	10.1	12.3
110	110.0	111.0	10.0	12.3	15.1

注：1. 管材长度亦可根据需方要求而定。

2. 冷热水管在管道明敷及管井、管沟中暗设时，应对温差引起的轴向伸缩进行补偿，优先采用自然补偿，当不能自然补偿时，应设置补偿器。其温差引起的轴向伸缩量应进行计算。

② 管系列 S 和公称压力 PN（表 7-103）

表 7-103　管系列和公称压力

管系列		S5	S4	S3.2
公称压力 PN/MPa	C=1.25	1.25	1.6	2.0
	C=1.5	1.0	1.25	1.6

注：C 为管道系统总使用（设计）系数。

③ 管道温差引起的轴向伸缩量（表 7-104）

表 7-104　轴向伸缩量　　单位：mm

管道长度	冷水管	热水管	管道长度	冷水管	热水管
500	1.5	4.9	1400	4.2	13.7
600	1.8	5.9	1600	4.8	15.6
700	2.1	6.8	1800	5.4	17.6
800	2.4	7.8	2000	6.0	19.5
900	2.7	8.8	2500	7.5	24.4
1000	3.0	9.8	3000	9.0	29.3
1200	3.6	11.7	3500	10.5	34.1

注：表中冷水管计算温差 ΔT 取 20℃，热水管取 65℃，线膨胀系数 α 取 0.15mm/(m·℃)。

(2) 无规聚丙烯管件

① 熔接操作技术参数（表 7-105）

表 7-105　熔接操作技术参数

公称外径 *DN*/mm	熔接深度/mm	加热时间/s	插接时间/s	冷却时间/min
20	14	5	4	3
25	15	7	4	3
32	17	8	6	4
40	19	12	6	4
50	21	18	6	5
63	25	24	8	6
75	28	30	10	8
90	32	40	12	9
110	38	50	15	10

注：若环境温度低于 5℃，加热时间延长 50%。

② 热熔连接操作要点

a. 用切管刀将管材切成所需长度，在管材上标出焊接深度，确保焊接工具上的指示灯指示焊具已足够热（260℃）且处于待用状态。

b. 将管材和管件压入焊接头中，在两端同时加压力。加压时不要将管材和管件扭曲或折弯，保持压力直至加热过程完成。

c. 当加热过程完成后，同时取下管材和管件，注意不要扭曲、折弯。

d. 取出后，立即将管材和管件压紧直至所标的结合深度。在此期间，可以在小范围内调整连接处的角度。

③ 规格尺寸（表 7-106）

表 7-106　无规聚丙烯管件尺寸

管件名称	公称直径 *DN*/mm
直通	20、25、32、40、50、63、75、90、110
异径直通	25/20、32/20、32/25、40/20、40/25、40/32、50/20、50/25、50/32、50/40、63/20、63/25、63/32、63/40、63/50、75/25、75/32、75/40、75/50、75/63、90/75、110/90
90°弯头	20、25、32、40、50、63、75、90、110
45°弯头	20、25、32、40、50、63、75

续表

管件名称	公称直径 DN/mm
等径三通	20、25、32、40、50、63、75、90、110
异径三通	25/20、32/20、32/25、40/20、40/25、40/32、50/20、50/25、50/32、50/40、63/25、63/32、63/40、63/50、75/32、75/40、75/50、75/63、90/75、110/75、110/90
管帽	20、25、32、40、50、63、75
法兰连接件	40、50、63、75、90、110
外螺纹直通	20、25、32、40、50、63、75(1/2″、3/4″、1″、1 1/4″、1 1/2″、2″、2 1/2″)
内螺纹直通	20、25、32、40、50、63(1/2″、3/4″、1″、1 1/4″、1 1/2″、2″、2 1/2″)
外螺纹 90°弯头	20、25、32
内螺纹 90°弯头	20、25、32
外螺纹三通	20、25、32
内螺纹三通	20、25、32
外螺纹活接头	20、25、32、40、50、63(1/2″、3/4″、1″、1 1/4″、1 1/2″、2″)
内螺纹活接头	20、25、32、40、50、63(1/2″、3/4″、1″、1 1/4″、1 1/2″、2″)
截止阀	20、25、32、40、50、63(1/2″、3/4″、1″、1 1/4″、1 1/2″、2″)
双活接头铜球阀	20、25、32、40、50、63(1/2″、3/4″、1″、1 1/4″、1 1/2″、2″)
过桥弯	20、25、32
管卡	20、25、32

④ 冷水管支吊架最大间距（表 7-107）

表 7-107 冷水管支吊架最大间距 单位：mm

公称外径 DN	20	25	32	40	50	63	75	90	110
横管	600	750	900	1000	1200	1400	1600	1600	1800
立管	1000	1200	1500	1700	1800	2000	2000	2100	2500

⑤ 热水管支吊架最大间距（表 7-108）

表 7-108 热水管支吊架最大间距 单位：mm

公称外径 DN	20	25	32	40	50	63	75	90	110
横管	500	600	700	800	900	1000	1100	1200	1500
立管	900	1000	1200	1400	1600	1700	1700	1800	2000

注：1. 冷、热管共用支、吊架时应根据热水管支吊架间距确定。
2. 暗敷直埋管道的支架间距可采用 1000～1500mm。

7.5.2.5 增强聚丙烯（FRPP）管材（HG 20539—92）

（1）基本参数

适用于玻璃纤维（含量 20%±2%）增强聚丙烯（FRPP）的颗粒料挤出成型的管子和模压成型的管件，能在温度－20～120℃输送酸、碱和盐类等腐蚀性介质。

增强聚丙烯（FRPP）管和管件的连接形式：公称外径 D75～500mm 采用热熔挤压焊接和法兰（突面带颈对焊法兰和松套法兰）连接两种，公称外径 D17～60mm 采用螺纹连接形式。

增强聚丙烯管（FRPP）在各种温度下的允许使用压力见表 7-109。

表 7-109 增强聚丙烯管在各种温度下的允许使用压力

公称外径/mm	壁厚/mm	在下列温度下允许的使用压力/MPa					
		20℃	40℃	60℃	80℃	100℃	120℃
17～60	2.0～3.3	0.6	0.47	0.40	0.36	0.29	0.19
75～200	3.9～10.3	0.6	0.46	0.39	0.35	0.29	0.18
225～500	11.6～25.7	0.6	0.45	0.39	0.35	0.28	0.18

续表

公称外径/mm	壁厚/mm	在下列温度下允许的使用压力/MPa					
		20℃	40℃	60℃	80℃	100℃	120℃
17～60	2.0～5.3	1.0	0.77	0.67	0.60	0.49	0.31
75～200	6.2～16.6	1.0	0.76	0.66	0.58	0.48	0.30
225～400	18.7～33.2	1.0	0.75	0.65	0.58	0.48	0.30

（2）增强聚丙烯直管及连接

① 直管（表 7-110）

表 7-110　管尺寸和公差　　单位：mm

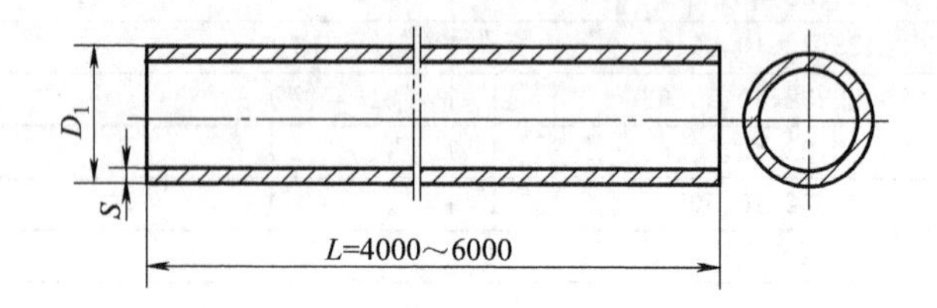

公称外径 D_1	外径公差	公称压力 0.6MPa			公称压力 1.0MPa		
		壁厚 S	公差	近似重量/(kg/m)	壁厚 S	公差	近似重量/(kg/m)
17	±0.3	3.0	+0.5	0.13	3.0	+0.5	0.13
21	±0.3	3.0	+0.5	0.16	3.0	+0.5	0.16
27	±0.3	3.0	+0.5	0.22	3.5	+0.6	0.32
34	±0.3	3.5	+0.6	0.32	4.5	+0.7	0.52
48	±0.4	3.5	+0.6	0.47	5.5	+0.8	0.89
60	±0.5	3.5	+0.6	0.60	6.0	+0.8	1.19
75	±0.7	3.9	+0.6	0.88	6.2	+0.9	1.35
90	±0.9	4.7	+0.7	1.27	7.5	+1.0	1.96
110	±1.0	5.7	+0.8	1.89	9.1	+1.2	2.91
125	±1.2	6.5	+0.9	2.44	10.4	+1.3	3.78
140	±1.3	7.2	+1.0	3.03	11.6	+1.4	4.73
160	±1.5	8.3	+1.1	4.00	13.3	+1.6	6.19
180	±1.7	9.3	+1.2	5.04	14.9	+1.7	7.81
200	±1.8	10.3	+1.3	6.20	16.6	+1.9	9.66
225	±2.1	11.6	+1.4	7.85	18.7	+2.1	12.24
250	±2.3	12.9	+1.5	9.70	20.7	+2.3	15.06
280	±2.6	14.4	+1.7	12.14	23.2	+2.6	18.90
315	±2.9	16.2	+1.9	15.36	26.1	+2.9	23.93
355	±3.2	18.3	+2.1	19.55	29.4	+3.2	30.37
400	±3.6	20.6	+2.3	24.80	33.2	+3.6	38.64
450	±4.1	23.2	+3.7	31.42			
500	±4.5	25.7	+4.1	38.68			

② 突面带颈对焊法兰接头（表 7-111）

表 7-111 1.0MPa 突面带颈对焊法兰接头尺寸 单位：mm

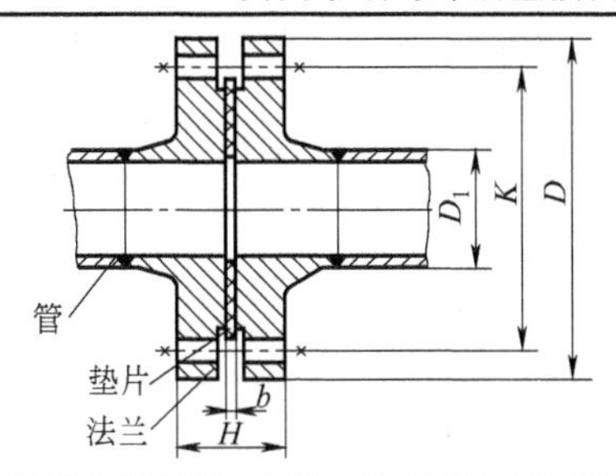

公称直径 DN	接管外径 D_1	法兰外径 D	螺栓孔中心圆直径 K	垫片厚度 b	H	双头螺栓		
						直径	长度	个数
65	75	185	145	3	47	M16	85	4
80	90	200	160	3	51	M16	90	8
100	110	220	180	3	51	M16	90	8
100	125	220	180	3	51	M16	90	8
125	140	250	210	3	55	M16	100	8
150	160	285	240	3	59	M20	110	8
150	180	285	240	3	59	M20	110	8
200	200	340	295	3	71	M20	120	8
200	225	340	295	3	71	M20	120	12
250	250	395	350	3	79	M20	130	12
250	280	395	350	3	79	M20	130	12
300	315	445	400	3	87	M20	140	12
350	355	505	460	3	95	M20	140	12
400	400	565	515	3	103	M24	160	16
450	450	615	565	3	103	M24	160	20
500	500	670	620	3	107	M24	170	20

③ 突面带颈对焊法兰（表 7-112）

表 7-112 1.0MPa 突面带颈对焊法兰尺寸 单位：mm

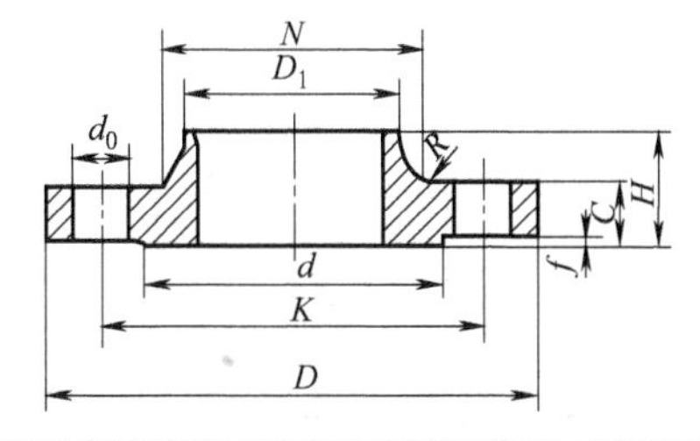

公称直径 DN	接管外径 D_1	法兰外径 D	螺栓孔中心圆直径 K	螺栓孔直径 d_0	螺栓孔数量 n	法兰厚度 C	法兰高度 H	密封面		法兰颈	
								d	f	N	R
65	75	185	145	18	4	22	80	122	3	104	6
80	90	200	160	18	8	24	80	138	3	118	6
100	110	220	180	18	8	24	80	158	3	140	6
100	125	220	180	18	8	24	80	158	3	140	6
125	140	250	210	18	8	26	80	188	3	168	6
150	160	285	240	22	8	28	80	212	3	195	8
150	180	285	240	22	8	28	80	212	3	195	8
200	200	340	295	22	8	34	100	268	3	246	8
200	225	340	295	22	8	34	100	268	3	246	8
250	250	395	350	22	12	38	100	320	3	298	10

续表

公称直径	接管外径	法兰外径	螺栓孔中心圆	螺栓孔直径	螺栓孔数量	法兰厚度	法兰高度	密封面		法兰颈	
DN	D_1	D	直径 K	d_0	n	C	H	d	f	N	R
250	280	395	350	22	12	38	100	320	4	298	10
300	315	445	400	22	12	42	100	370	4	350	10
350	355	505	460	22	16	46	120	430	4	400	10
400	400	565	515	26	16	50	120	482	4	456	10
450	450	615	565	26	20	50	120	530	4	502	12
500	500	670	620	26	20	52	120	585	4	559	12

④ 松套法兰接头（表 7-113）

表 7-113　1.0MPa 松套法兰接头尺寸　　单位：mm

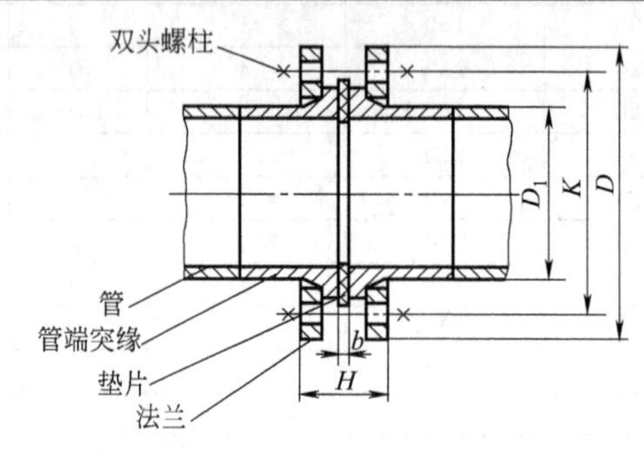

公称直径 DN	接管外径 D_1	垫片厚度 b	H	双头螺柱		
				直径	长度	个数
65	75	3	71	M16	120	4
80	90	3	73	M16	120	8
100	110	3	75	M16	120	8
100	125	3	89	M16	130	8
125	140	3	89	M16	130	8
150	160	3	89	M20	130	8
150	180	3	99	M20	140	8
200	200	3	107	M20	150	8
200	225	3	107	M20	150	8
250	250	3	117	M20	160	12
250	280	3	117	M20	160	12
300	315	3	125	M20	170	12
350	355	3	139	M20	180	16
400	400	3	159	M24	210	16
450	450	3	195	M24	250	20
500	500	3	199	M24	260	20

注：法兰外径 D 和螺栓孔中心圆直径 K 按表 7-114 和表 7-115 相应的尺寸系列。选用 GB 法兰或 ANSI 法兰由用户定。

⑤ 松套法兰（表 7-114）

表 7-114　松套法兰尺寸　　单位：mm

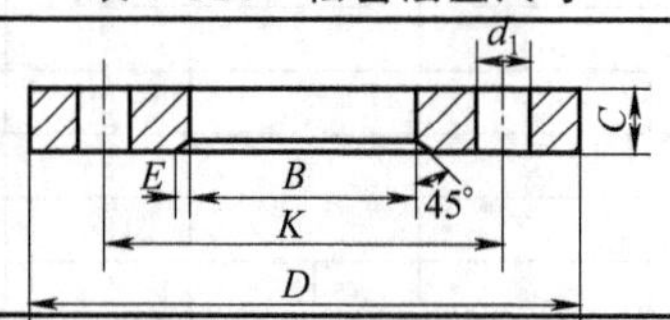

续表

公称直径 DN	接管外径 d_1	法兰外径 D	法兰内径 B	法兰厚度 C	螺栓孔中心圆直径 K	E	螺栓孔 孔径 d_0	螺栓孔 数量 n
65	75	185	92	18	145	6	18	4
80	90	200	108	18	160	6	18	8
100	110	220	128	18	180	6	18	8
100	125	220	135	18	180	6	18	8
125	140	250	158	18	210	6	18	8
150	160	285	178	18	240	6	22	8
150	180	285	188	18	240	8	22	8
200	200	340	235	20	295	8	22	8
200	225	340	238	20	295	8	22	8
250	250	395	288	22	350	11	22	12
250	280	395	294	22	350	11	22	12
300	315	445	338	26	400	11	22	12
350	355	505	376	28	460	12	22	16
400	400	565	430	32	515	12	26	16
450	450	615	517	36	565	12	26	20
500	500	670	533	38	620	12	26	20

注：1. 材料为20＃钢。

2. 公称压力为1.0MPa。

⑥ 松套法兰（连接尺寸按ANSI B16.5 150Lb）（表7-115）

表7-115 松套法兰尺寸（连接尺寸按ANSI B16.5 150Lb） 单位：mm

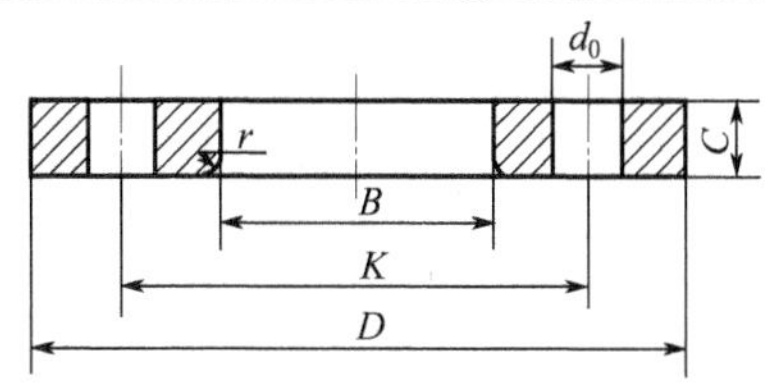

公称直径 DN 毫米	公称直径 DN 英寸	接管外径 D_1	法兰外径 D	法兰内径 B	法兰厚度 C	螺栓孔中心圆直径 K	r	螺栓孔 孔径 d_0	螺栓孔 数量 n
65	2 1/2	75	178	92	18	139.5	8	20	4
80	3	90	190	108	18	152.5	10	20	4
100	4	110	230	128	18	190.5	11	20	8
100	4	125	230	135	18	190.5	11	20	8
125	5	140	255	158	18	216	11	22	8
150	6	160	280	178	18	241.5	13	22	8
150	6	180	280	188	18	241.5	13	22	8
200	8	200	345	235	20	298.5	13	22	8
200	8	225	345	238	20	298.5	13	22	8
250	10	250	405	288	22	362	13	26	12
250	10	280	405	294	22	362	13	26	12
300	12	315	485	338	26	432	13	26	12
350	14	355	535	376	28	476	13	30	12
400	16	400	600	430	32	540	13	30	16
450	18	450	635	517	36	578	13	33	16
500	20	500	700	533	38	635	13	33	20

注：1. 材料为20＃钢。

2. 公称压力为2.0MPa。

⑦ 管端突缘（表 7-116）

表 7-116　管端突缘尺寸　　单位：mm

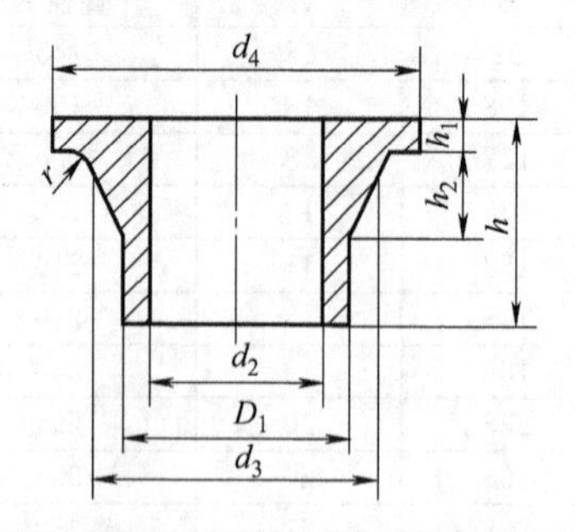

接管外径 D_1	接管内径 d_2	d_3	突缘直径 d_4 配 GB 松套法兰	突缘直径 d_4 配 ANSI 松套法兰	突缘厚度 h_1	h_2	r	总长 h 最小
75	62.6	89	122	110	16	21	3	80
90	75	105	138	128	17	20	4	80
110	91.8	125	158	166	18	25	4	85
125	104.2	132	158	166	25	20	4	85
140	116.8	155	188	190	25	28	4	100
160	133.4	175	212	214	25	28	4	100
180	150.2	192	212	214	30	30	4	100
200	166.8	232	268	272	32	40	4	120
225	187.6	235	268	272	32	30	4	120
250	208.6	285	320	328	35	40	4	120
280	233.6	291	320	328	35	30	4	120
315	262.8	335	370	398	35	40	4	120
355	296.2	373	430	438	40	40	6	150
400	333.6	427	482	502	46	45	6	150
450		514	530	536	60	60	6	180
500		530	585	593	60	50	6	180

注：1. 材料为增强聚丙烯。
2. 公称压力为 1.0MPa。
3. 接管外径 D_1 和公称外径 D_1 等同。

(3) 增强聚丙烯管件

① 弯头、三通（表 7-117）

表 7-117　弯头、三通尺寸　　单位：mm

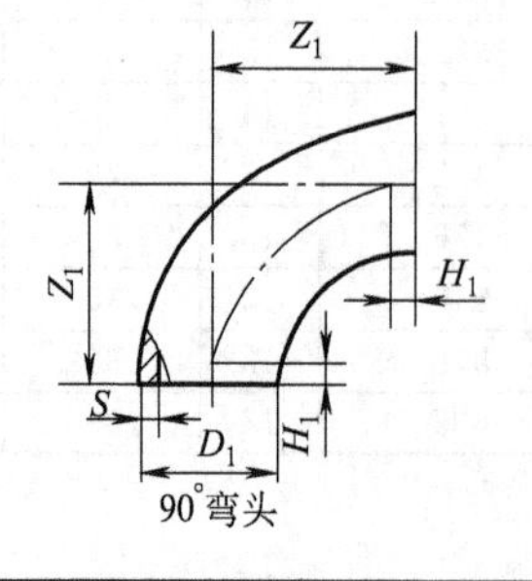

90°弯头

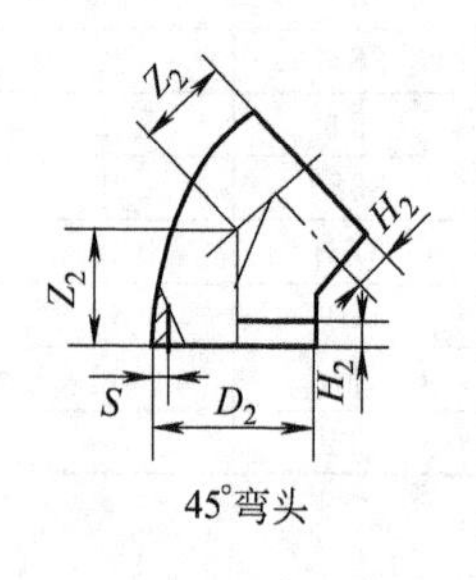

45°弯头

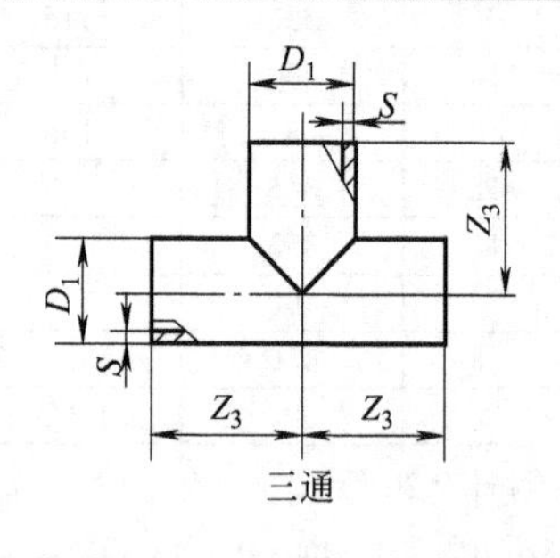

三通

续表

公称外径 D_1	壁厚 S		90°弯头		45°弯头		三通
	0.6MPa	1.0MPa	直管长 H_1	中心至端面 Z_1 最小	直管长 H_2	中心至端面 Z_2 最小	中心至端面 Z_3 最小
75	4.5	7.2	6	78	19	49	75
90	5.4	8.6	6	93	22	57	90
110	6.6	10.5	8	115	28	70	110
125	7.5	11.9	8	130	32	79	125
140	8.3	13.3	8	145	35	88	140
160	9.5	15.2	8	165	40	95	145
180	10.7	17.2	8	184	45	100	155
200	11.9	19.0	8	204	50	110	170
225	13.4	21.4	10	231	55	140	220
250	14.9	23.8	10	256	60	156	220
280	16.6	26.7	10	286	70	175	250
315	18.7	30.0	10	320	80	198	275
355	21.1	33.8	10	360	80	221	300
400	23.8	38.1	12	405	90	249	325
450	26.7		12	455	100	280	350
500	29.7		12	505	100	311	400

② 虾米腰焊接弯头（表 7-118）

表 7-118 虾米腰焊接弯头尺寸 单位：mm

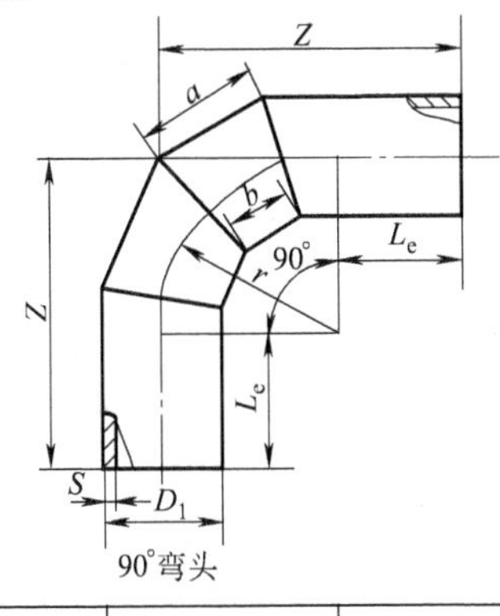

90°弯头

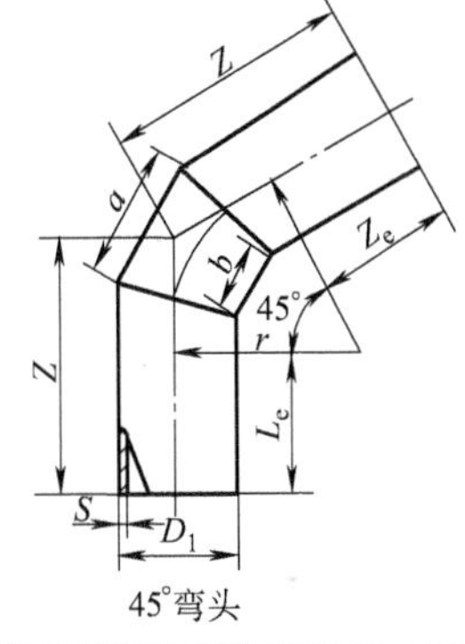

45°弯头

公称外径 D_1	直管长 L_e	弯曲半径 r	90°			45°			壁厚 S	
			$Z_{最小}$	a	b	$Z_{最小}$	a	b	0.6MPa	1.0MPa
110	150	165	315	118	59	218	88	44	6.6	10.5
125		188	338	134	67	228	100	50	7.5	11.9
140		210	360	150	75	237	112	56	8.3	13.3
160		240	390	172	86	249	128	64	9.5	15.2
180		270	420	193	97	262	143	72	10.7	17.2
200		300	450	214	107	274	159	80	11.9	19.0
225		338	488	242	121	290	179	90	13.4	21.4
250	250	375	625	268	134	412	199	99	14.9	23.8
280		420	670	300	150	424	223	112	16.6	26.7
315	300	473	773	338	169	498	251	126	18.7	30.0
355		533	833	381	191	520	283	141	21.1	33.8
400		600	900	429	214	548	318	159	23.8	38.1
450		675	975	482	241	580	358	179	26.7	
500	350	750	1100	536	268	665	406	203	29.7	

③ 焊接三通（表 7-119）

表 7-119　焊接三通尺寸　　　　单位：mm

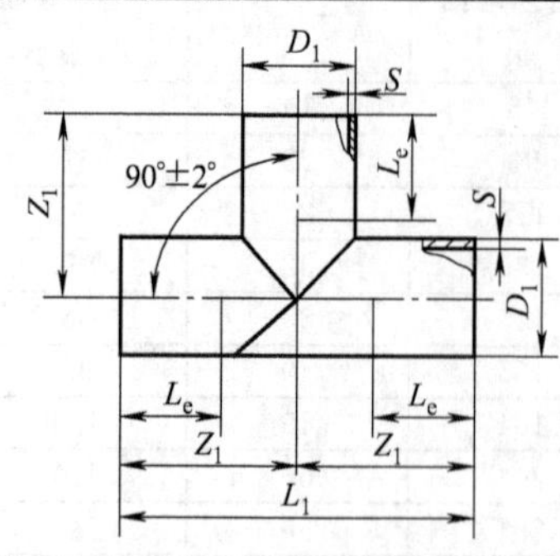

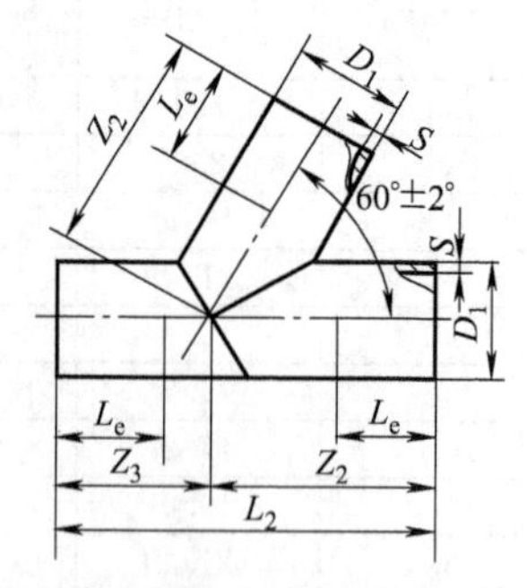

公称外径 D_1	直管长 L_e	90°三通		60°斜接三通			壁厚 S	
		Z_1 最小	L_1 最小	Z_2 最小	Z_3 最小	L_2 最小	0.6MPa	1.0MPa
110	150	205	410	325	175	500	6.6	10.5
125	150	215	430	355	190	545	7.5	11.9
140	150	220	440	375	206	581	8.3	13.3
160	150	230	460	412	230	642	9.5	15.2
180	150	240	480	450	250	700	10.7	17.2
200	150	250	500	487	272	759	11.9	19.0
225	150	265	530	530	300	830	13.4	21.4
250	250	375	750	580	325	905	14.9	23.8
280	250	390	780	630	365	995	16.6	26.7
315	300	460	920	690	400	1090	18.7	30.0
355	300	480	960	730	425	1155	21.1	33.8
400	300	500	1000	800	450	1250	23.8	38.1
450	300	525	1050	850	475	1325	26.7	
500	350	600	1200	900	500	1400	29.7	

④ 异径管（表 7-120）

表 7-120　异径管尺寸　　　　单位：mm

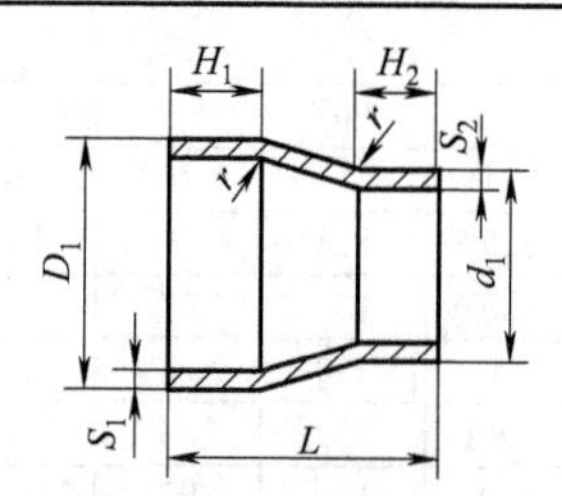

公称外径 $D_1 \times d_1$	大端			小端			转角半径 r	总长 L
	直管长 H_1	壁厚 S_1		直管长 H_2	壁厚 S_2			
		0.6MPa	1.0MPa		0.6MPa	1.0MPa		
110×75	28	6.6	10.5	19	4.5	7.2	10	90
110×90	28	6.6	10.5	22	5.4	8.6	10	90
125×75	32	7.5	11.9	19	4.5	7.2	10	100
125×90	32	7.5	11.9	22	5.4	8.6	10	100
125×110	32	7.5	11.9	28	6.6	10.5	10	100
140×90	35	8.3	13.3	22	5.4	8.6	10	110

续表

公称外径 $D_1 \times d_1$	大端			小端			转角半径 r	总长 L
	直管长 H_1	壁厚 S_1		直管长 H_2	壁厚 S_2			
		0.6MPa	1.0MPa		0.6MPa	1.0MPa		
140×110	35	8.3	13.3	28	6.6	10.5	10	110
140×125	35	8.3	13.3	32	7.5	11.9	10	110
160×110	40	9.5	15.2	28	6.6	10.5	10	120
160×125	40	9.5	15.2	32	7.5	11.9	10	120
160×140	40	9.5	15.2	35	8.3	13.3	10	120
180×125	45	10.7	17.2	32	7.5	11.9	15	130
180×140	45	10.7	17.2	35	8.3	13.3	15	130
180×160	45	10.7	17.2	40	9.5	15.2	15	130
200×140	50	11.9	19.0	35	8.3	13.3	15	135
200×160	50	11.9	19.0	40	9.5	15.2	15	135
200×180	50	11.9	19.0	45	10.7	17.2	15	135
225×160	55	13.4	21.4	40	9.5	15.2	20	160
225×180	55	13.4	21.4	45	10.7	17.2	20	160
225×200	55	13.4	21.4	50	11.9	19.0	20	160
250×180	60	14.9	23.8	45	10.7	17.2	20	175
250×200	60	14.9	23.8	50	11.9	19.0	20	175
250×225	60	14.9	23.8	55	13.4	21.4	20	175
280×200	70	16.6	26.7	50	11.9	19.0	20	200
280×225	70	16.6	26.7	55	13.4	21.4	20	200
280×250	70	16.6	26.7	60	14.9	23.8	20	200
315×225	80	18.7	30	55	13.4	21.4	20	225
315×250	80	18.7	30	60	14.9	23.8	20	225
315×280	80	18.7	30	70	16.6	26.7	20	225
355×250	90	21.1	33.8	60	14.9	23.8	20	250
355×280	90	21.1	33.8	70	16.9	26.7	20	250
355×315	90	21.1	33.8	80	18.7	30	20	250
400×280	100	23.8	38.1	70	16.6	26.7	20	275
400×315	100	23.8	38.1	80	18.7	30	20	275
400×355	100	23.8	38.1	90	21.1	33.8	20	275
450×315	110	26.7		80	18.7		20	300
450×355	110	26.7		90	21.1		20	300
450×400	110	26.7		100	23.8		20	300
500×355	120	29.7		90	21.1		20	325
500×400	120	29.7		100	23.8		20	325
500×450	120	29.7		110	26.7		20	325

（4）法兰管件（表 7-121）

表 7-121　法兰管件尺寸　　单位：mm

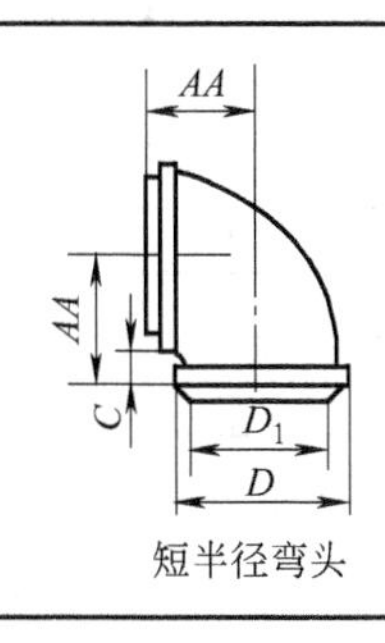

短半径弯头

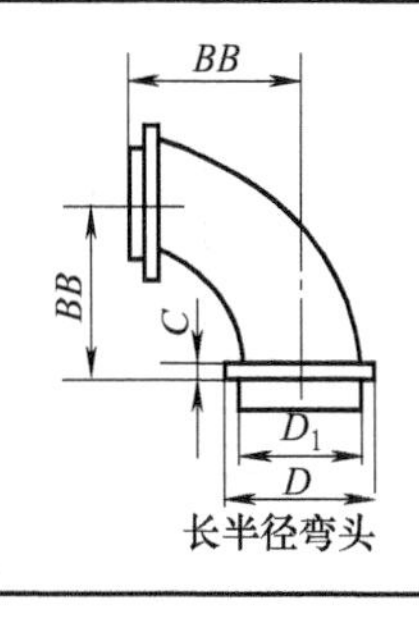

长半径弯头

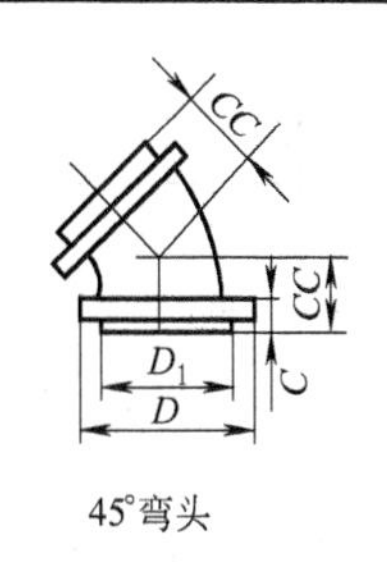

45°弯头

续表

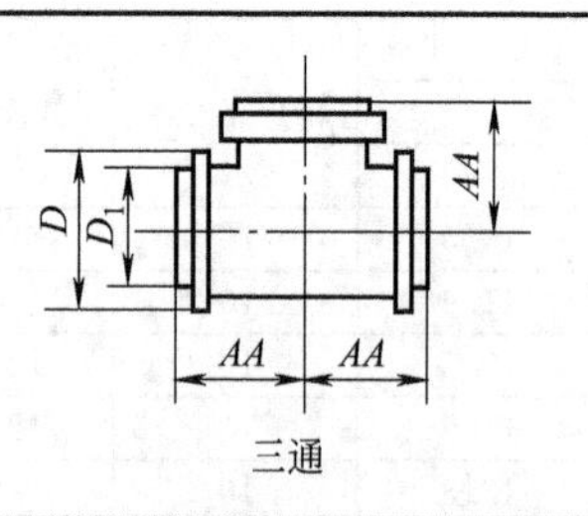

三通

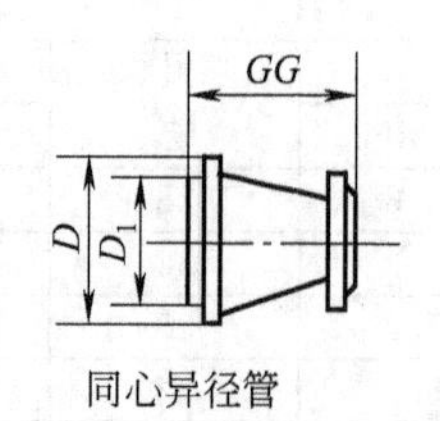

同心异径管

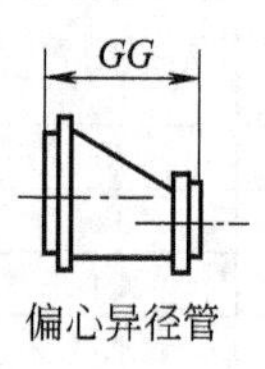

偏心异径管

管件外径 D_1	法兰外径 D	法兰厚度 C	壁厚 S		短半径弯头、三通的中心至端面 AA	长半径弯头的中心至端面 BB	45°弯头的中心至端面 CC	异径管的端面至端面 GG
			0.6MPa	1.0MPa				
75	185	22	4.5	7.2	132	183	81	149
90	200	24	5.4	8.6	145	202	81	161
110	220	24	6.6	10.5	165	229	102	178
125	220	24	7.5	11.9	165	229	102	178
140	250	26	8.3	13.3	192	262	116	207
160	285	28	9.5	15.2	206	295	130	234
180	285	28	10.7	17.2	206	295	130	234
200	340	34	11.9	19.0	234	361	145	289
225	340	34	13.4	21.4	234	361	145	289
250	395	38	14.9	23.8	287	427	173	320
280	395	38	16.6	26.7	287	427	173	320
315	445	42	18.7	30.0	315	493	200	376
355	505	46	21.1	33.8	367	557	201	428
400	565	50	23.8	38.1	394	623	216	483
450	615	50	26.7		429	683	226	503
500	670	52	29.7		466	746	250	526

（5）螺纹管件

① 螺纹弯头（表 7-122）

表 7-122　螺纹弯头尺寸　　单位：mm

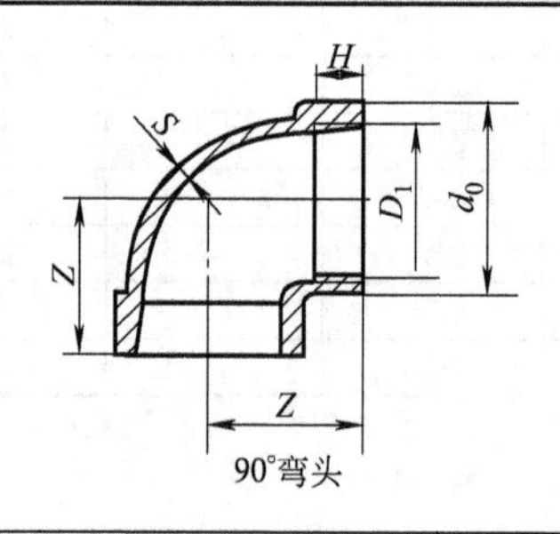

90°弯头

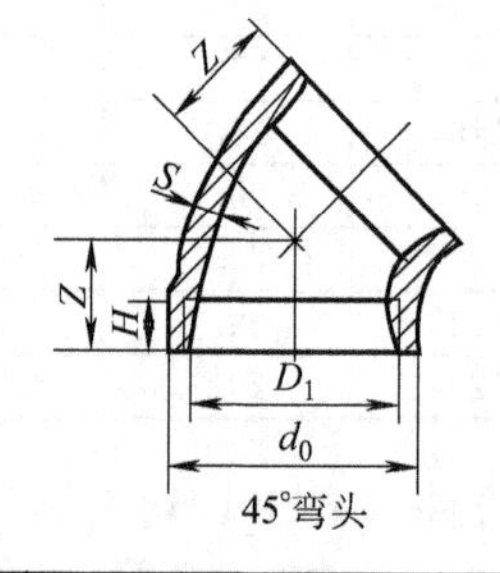

45°弯头

公称外径 D_1	端面外径 d_0		锥管螺纹 ZG/in	直管长 H	中心至端面 Z		壁厚 S 最小	
	0.6MPa	1.0MPa			90°	45°	0.6MPa	1.0MPa
17	23	23	3/8	18	28	22	3.0	3.0
21	27	27	1/2	18	33	25	3.0	3.0
27	33	34	3/4	20	38	28	3.0	3.5
34	41	43	1	21	42	30	3.5	4.5
48	55	59	$1\frac{1}{2}$	25	56	37	3.5	5.5
60	67	72	2	26	61	41	3.5	6.0

② 螺纹三通（表 7-123）

表 7-123 螺纹三通尺寸 单位：mm

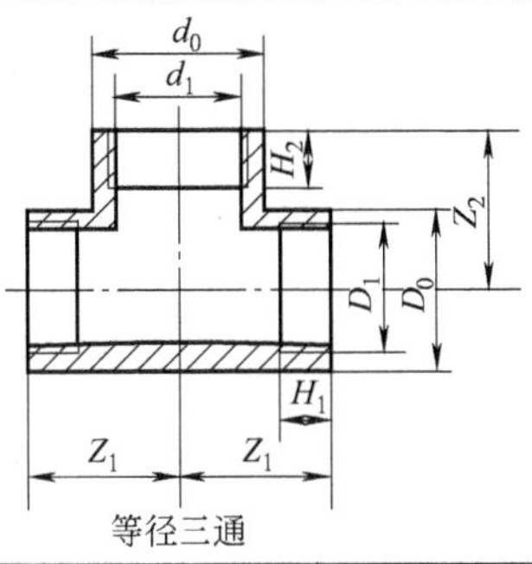

等径三通

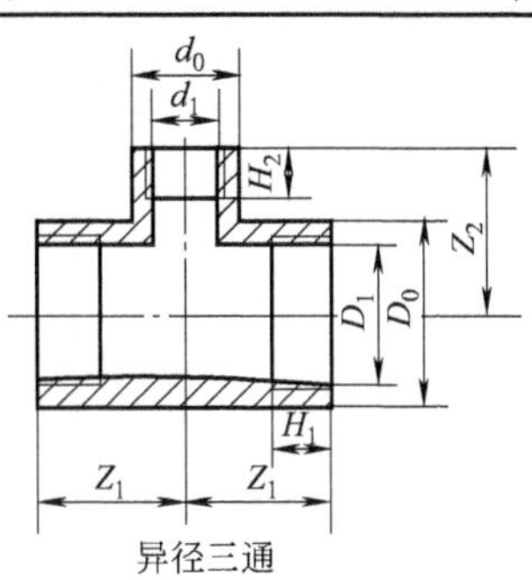

异径三通

公称外径 $D_1 \times d_1$	端面外径 D_0		主管		支管		中心至端面	
	0.6MPa	1.0MPa	锥管螺纹 ZG_1/in	直管长 H_1	锥管螺纹 ZG_2/in	直管长/H_2	$Z_{1最小}$	$Z_{2最小}$
17×17	23×23	23×23	3/8	18	3/8	18	31	31
21×21	27×27	27×27	1/2	18	1/2	18	33	33
21×17	27×23	27×23	1/2	18	3/8	18	31	33
27×27	33×33	34×34	3/4	20	3/4	20	38	38
27×21	33×27	34×27	3/4	20	1/2	18	36	36
34×34	41×41	43×43	1	21	1	21	42	42
34×27	41×33	43×34	1	21	3/4	20	39	41
34×21	41×27	43×27	1	21	1/2	18	36	39
48×48	55×55	59×59	$1\frac{1}{2}$	25	$1\frac{1}{2}$	25	54	54
48×34	55×41	59×43	$1\frac{1}{2}$	25	1	21	46	50
48×27	55×33	59×34	$1\frac{1}{2}$	25	3/4	20	43	50
60×60	67×67	72×72	2	26	2	26	61	61
60×48	67×55	72×59	2	26	$1\frac{1}{2}$	25	55	60
60×34	67×41	72×43	2	26	1	21	47	56

③ 螺纹异径管（表 7-124）

表 7-124 螺纹异径管尺寸 单位：mm

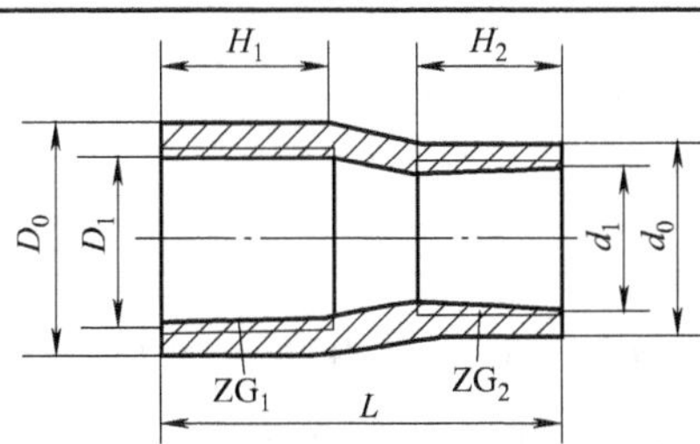

公称外径 $D_1 \times d_1$	大端				小端				总长 L
	外径 D_0		锥管螺纹	直管长	外径 d_0		锥管螺纹	直管长	
	0.6MPa	1.0MPa	ZG_1/in	H_1	0.6MPa	1.0MPa	ZG_2/in	H_2	
27×21	33	34	3/4	20	27	27	1/2	20	55
34×21	41	43	1	25	27	27	1/2	20	60
34×27	41	43	1	25	33	34	3/4	20	60
48×27	55	59	$1\frac{1}{2}$	30	33	34	3/4	20	70
48×34	55	59	$1\frac{1}{2}$	30	41	43	1	25	70
60×34	67	72	2	30	41	43	1	25	80
60×48	67	72	2	30	55	59	$1\frac{1}{2}$	30	80

④ 螺纹管接头（表 7-125）

表 7-125　螺纹管接头尺寸　　单位：mm

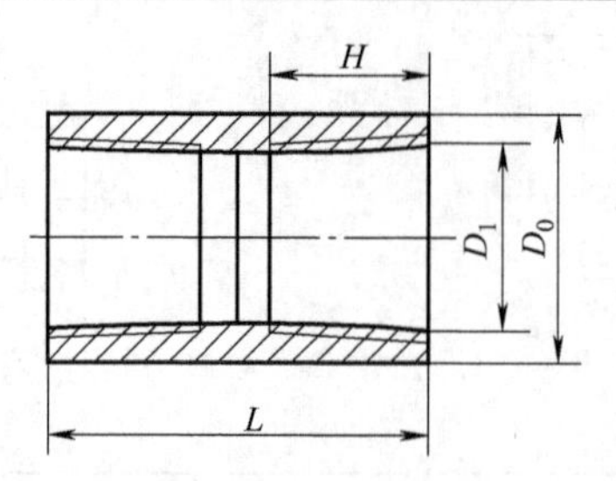

公称外径 D_1	端面外径 D_0		锥管螺纹 ZG/in	直管长 H_1	总长 L
	0.6MPa	1.0MPa			
17	23	23	3/8	18	46
21	27	27	1/2	19	48
27	33	34	3/4	21	52
34	41	43	1	23	58
48	55	59	$1\frac{1}{2}$	27	66
60	67	72	2	29	70

（6）技术要求

增强聚丙烯（FRPP）的物理机械性能见表 7-126。

表 7-126　增强聚丙烯（FRPP）的物理机械性能

指标性能	指　标
密度/(g/cm³)	0.92～1.00
吸水率/%	0.03～0.04
拉伸强度/MPa	≥35
弯曲强度/MPa	≥45
冲击强度(无缺口)IZod 法/(J/m)	≥90
断裂伸长率/%	≥90
成型收缩率/%	1～2
热变形温度/℃	>130
线膨胀系数/(10^{-5}/℃)	9～11

安装增强聚丙烯（FRPP）管时，应考虑环境温度对安装质量的影响，一般气温高于40℃或低于 0℃时，不宜施工安装。由于增强聚丙烯（FRPP）管线膨胀系数较大，故在安装时要考虑热补偿，一般以自然补偿为主，如采用方形伸缩器。增强聚丙烯线膨胀系数见表 7-127。

表 7-127　增强聚丙烯线膨胀系数

温度/℃	40	55	70	85
线膨胀系数/(10^{-5}/℃)	10	14	14	15

增强聚丙烯（FRPP）管在架空敷设时，应对管道采用管托支承，管托可用角钢、对剖的钢管等材料，使增强聚丙烯在管托上可以自由伸缩。增强聚丙烯管线支架距离见表 7-128。

表 7-128 增强聚丙烯管线支架距离

公称外径	不同温度下支架距离/m				
	常温	40℃	60℃	80℃	100℃以上
17	1.0	0.8	0.7	0.7	0.6
21	1.0	0.8	0.8	0.7	0.6
27	1.0	0.9	0.8	0.8	0.7
34	1.3	1.0	1.0	0.9	0.8
42	1.4	1.2	1.1	1.0	0.8
48	1.4	1.3	1.2	1.1	0.8
60	1.5	1.4	1.3	1.2	0.9
75	1.7	1.5	1.4	1.3	1.0
90	1.8	1.6	1.5	1.4	1.1
110	2.0	1.8	1.7	1.6	1.3
125	2.0	1.8	1.7	1.6	1.3
140	2.5	1.9	1.9	1.7	1.4
160	2.5	2.1	2.0	1.8	1.6
180	2.5	2.1	2.0	1.8	1.6
200	2.9	2.4	2.1	2.0	1.8
225	2.9	2.4	2.1	2.0	1.8
250	3.0	2.5	2.2	2.1	1.9
280	3.0	2.5	2.2	2.1	1.9
315	3.6	2.8	2.5	2.3	2.2

增强聚丙烯（FRPP）管需要暗设时，建议采用管沟敷设，管子一般采用焊接连接形式，若因特殊原因需要埋地时，应采用套管形式直埋，以避免回填土内混有硬杂物，损坏管子。

7.5.2.6 聚四氟乙烯（PTFE）管材

（1）聚四氟乙烯波纹软管（表 7-129）

表 7-129 聚四氟乙烯波纹管尺寸　　单位：mm

<table>
<tr><th rowspan="2">公称直径
DN</th><th rowspan="2">连接口
内径</th><th rowspan="2">连接部
长度</th><th colspan="3">波纹管</th><th rowspan="2">耐负压
/MPa</th><th rowspan="2">最小挠
曲半径</th><th rowspan="2">工作温度
/℃</th><th rowspan="2">管长度</th><th rowspan="2">试验压力
/MPa</th></tr>
<tr><th>内径</th><th>外径</th><th>厚度</th></tr>
<tr><td>12</td><td>13</td><td rowspan="4">40～60</td><td>8</td><td>15</td><td rowspan="2">1.0</td><td rowspan="5">−0.092</td><td rowspan="4">50</td><td rowspan="5"><180</td><td rowspan="9">200～10000</td><td rowspan="3">0.80</td></tr>
<tr><td>15</td><td>15</td><td>10</td><td>17</td></tr>
<tr><td>20</td><td>20</td><td>15</td><td>22</td><td rowspan="13">1.2～2.0</td></tr>
<tr><td>25</td><td>25</td><td>15</td><td>28</td><td>0.75</td></tr>
<tr><td>32</td><td>32</td><td rowspan="3">50～70</td><td>20</td><td>35</td><td rowspan="2">60</td><td>0.72</td></tr>
<tr><td>35</td><td>34</td><td>25</td><td>36</td><td rowspan="3">−0.086</td><td rowspan="4"><150</td><td>0.68</td></tr>
<tr><td>40</td><td>38</td><td>30</td><td>41</td><td>70</td><td>0.64</td></tr>
<tr><td>50</td><td>51</td><td rowspan="4">60～80</td><td>40</td><td>54</td><td>80</td><td>0.60</td></tr>
<tr><td>65</td><td>63</td><td>50</td><td>66</td><td rowspan="4">−0.079</td><td>90</td><td>0.54</td></tr>
<tr><td>73</td><td>73</td><td>60</td><td>76</td><td>95</td><td rowspan="6"><120</td><td rowspan="6">200～8000</td><td rowspan="2">0.50</td></tr>
<tr><td>76</td><td>76</td><td>65</td><td>79</td><td>100</td></tr>
<tr><td>90</td><td>86</td><td rowspan="4">70～90</td><td>75</td><td>92</td><td>110</td><td>0.45</td></tr>
<tr><td>100</td><td>100</td><td>85</td><td>103</td><td rowspan="3">−0.074</td><td>120</td><td>0.40</td></tr>
<tr><td>114</td><td>114</td><td>100</td><td>117</td><td rowspan="2">130</td><td rowspan="2">0.38</td></tr>
<tr><td>125</td><td>125</td><td>105</td><td>128</td></tr>
</table>

(2) 聚四氟乙烯膨胀节

聚四氟乙烯膨胀节可用于消除管道、设备因变形引起的伸缩或热膨胀位移等，也可作为缓冲器，如安装在泵的进出口，以减轻或消除振动，提高管道的使用寿命与密封性能。此外，还可以吸收安装偏差，其结构和规格尺寸见图 7-7 和表 7-130。

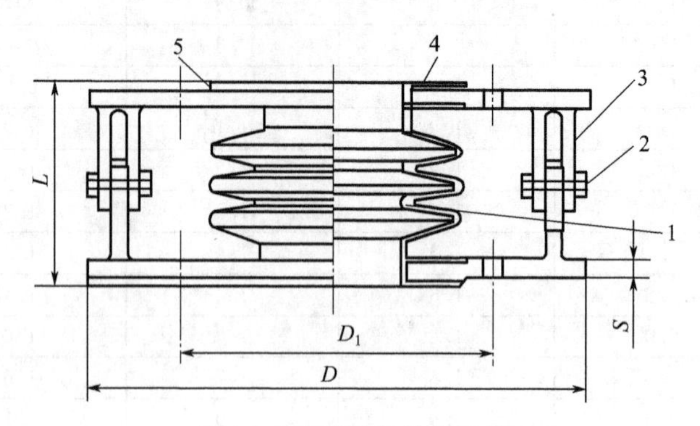

图 7-7 聚四氟乙烯膨胀节

1—不锈钢加强圈；2—铰接轴；3—铰接板；4—聚四氟乙烯膨胀节；5—橡胶石棉板

表 7-130 聚四氟乙烯膨胀节尺寸 单位：mm

公称直径 *DN*	标准长度 *L*	伸缩范围			波纹数/个	膨胀节厚度	加强圈直径	承受真空度/mmHg	法兰			螺栓孔	
		轴向(±)	径向(±)	角向/(°)					*D*	D_1	*S*	直径	数量/个
25	65	12	8	20	3	1.5	3.0	440	115	85	10	14	4
32	70	14	12	20	3	1.5	3.0	400	135	100	10	16	4
40	75	17	16	25	3	1.7	4.0	360	145	110	10	16	4
50	82	20	20	25	3	1.7	4.0	330	160	125	12	16	4
65	88	22	20	30	3	1.7	4.0	290	180	145	12	16	4
80	92	24	20	30	3	1.7	5.0	257	195	160	14	16	8
100	95	26	20	30	3	2.0	5.0	220	215	180	14	16	8
125	105	29	20	30	3	2.0	5.0	184	245	210	16	16	8
150	115	32	20	25	3	2.0	6.0	140	280	240	16	20	8
200	125	34	20	25	3	2.0	6.0	130	335	295	18	20	8
250	135	36	12	15	3	2.3	7.0	110	405	335	20	20	12
300	145	38	10	10	3	2.3	7.0	100	460	400	22	20	12
350	150	40	5	10	3	2.5	7.0	100	500	460	22	20	16
400	160	40	5	10	3	2.5	8.0	90	565	515	22	22	16
450	180	42	5	10	3	3.0	8.0	90	615	565	28	26	20
500	200	42	5	10	3	3.0	8.0	90	670	620	30	26	20
600	220	44	5	10	3	3.0	8.0	80	780	685	30	30	20
700	240	44	5	10	3	3.0	8.0	80	860	810	32	30	24
800	260	46	5	10	3	3.0	8.0	80	975	920	32	30	24
900	280	46	5	10	3	3.0	8.0	70	1075	1020	34	30	24
1000	300	48	5	5	3	3.0	10	70	1175	1120	34	30	28
1200	320	48	5	5	3	3.0	10	60	1375	1320	36	30	32
1400	340	50	5	5	3	3.0	10	60	1575	1520	36	30	36
1600	360	50	5	5	3	3.0	10	60	1785	1730	36	30	40

(3) 聚四氟乙烯管（表 7-131 和表 7-132）

表 7-131 聚四氟乙烯管（QB/T 3624—1999） 单位：mm

牌号	内径	偏差	壁厚	偏差	长度
SFG-1	0.5、0.6、0.7、0.8、0.9、1.0	±0.1	0.2	±0.06	≥200
			0.3	±0.08	
	1.2、1.4、1.6、1.8、2.0、2.2、2.4、2.6、2.8	±0.2	0.2	±0.06	
			0.3	±0.08	
			0.4	±0.10	
	3.0、3.2、3.4、3.6、3.8、4.0	±0.3	0.2	±0.06	
			0.3	±0.08	
			0.4	±0.10	
			0.5	±0.16	
	2.0	±0.2	1.0	±0.30	
	3.0、4.0	±0.3			
SFG-2	5.0、6.0、7.0、8.0	±0.5	0.5		
			1.0		
			1.5		
			2.0		
	9.0、10.0、11.0、12.0	±0.5	1.0		
			1.5		
			2.0		
	13.0、14.0、15.0、16.0、17.0、18.0、19.0、20.0	±1.0	1.5		
			2.0		
	25.0、30.0	±1.0	1.5		
			2.0		
		±1.5	2.5		

注：用作绝缘及输送腐蚀流体导管。

表 7-132 聚四氟乙烯管的物理力学性能（QB/T 3624—1999）

项目	SFG-1 指标		SFG-2 指标
密度/(g/cm³)	—		2.1～2.3
拉伸强度/MPa	25		15
断裂伸长率/% ≥	100		150
交流击穿电压/kV ≥	壁厚/mm		—
	0.2	6	
	0.3	8	
	0.4	10	
	0.5	12	
	1.0	18	

7.5.2.7 有机玻璃管

（1）浇铸型工业有机玻璃管材（表 7-133）

表 7-133 浇铸型工业有机玻璃管材

外径/mm	尺寸	20	25	30	35	40	45	50	55	60	65	70	75	80	85	90	95	100	110	120	130	140	150	160	170
	偏差	±1.0			±1.2				±1.5										±1.8					±2.0	
壁厚/mm		2～5	3～5								4～10								5～15						
管长/mm		300～1300																							

管壁厚偏差(一等品)

壁厚/mm	2	3	4	5	6	7	8	9	10	11	12	13	14	15
偏差/mm	±0.4	±0.5	±0.6	±0.6	±0.7	±0.7	±0.8	±0.8	±1.0	±1.1	±1.2	±1.3	±1.4	±1.5

(2) 有机玻璃管材物理性能（表 7-134）

表 7-134　管材性能（一等品）

指标名称		指　标
抗拉强度(外径不小于 200mm)/MPa		≥53
抗溶剂银纹性,浸泡 1h		无银纹出现
透光率/% (凸面入射)	外径不大于 200mm	≥90
	外径大于 200mm	≥89

7.5.2.8　尼龙 1010 管材（JB/ZQ 4196—2006）

(1) 尼龙 1010 管材规格（表 7-135）

表 7-135　尼龙 1010 管材规格

外径×壁厚/mm×mm		4×1	6×1	8×1	8×2	9×2	10×1	12×1	12×2	14×2	16×2	18×2	20×2
偏差/mm	外径	±0.1			±0.15		±0.1		±0.15				
	壁厚	±0.1			±0.15		±0.1		±0.15				

(2) 尼龙 1010 特性用途

尼龙 1010 是我国独创的一种新型聚酰胺品种，它具有优良的减摩、耐磨和自润滑性，且抗霉、抗菌、无毒、半透明，吸水性较其他尼龙品种小，有较好的刚性、力学强度和介电稳定性，耐寒性也很好，可在－60～80℃下长期使用；作成零件有良好的消声性，运转时噪声小；耐油性优良，能耐弱酸、弱碱及醇、酯、酮类溶剂，但不耐苯酚、浓硫酸及低分子有机酸的腐蚀。尼龙 1010 棒材主要用于切削加工制作成螺母、轴套、垫圈、齿轮、密封圈等机械零件，以代替铜和其他金属。

尼龙 1010 管材主要用作机床输油管（代替铜管），也可输送弱酸、弱碱及一般腐蚀性介质；但不宜与酚类、强酸、强碱及低分子有机酸接触。可用管件连接，也可用黏结剂粘接；其弯曲可用弯卡弯成 90°，也可用热空气或热油加热至 120℃弯成任意弧度，使用温度为－60～80℃，使用压力为 9.8～14.7MPa。

7.5.3　玻璃钢管

7.5.3.1　玻璃纤维增强热固性塑料（玻璃钢）

(1) 常用玻璃钢的性能（表 7-136）

表 7-136　四种玻璃钢性能比较

项目	环氧玻璃钢	酚醛玻璃钢	呋喃玻璃钢	聚酯玻璃钢
制品性能	机械强度高,耐酸、碱性好,吸水性低,耐热性较差,固化后收缩率小,黏结力强,成本较高	机械强度较差,耐酸性好,吸水性低,耐热性较高,固化后收缩率大,成本较低,性脆	机械强度较差,耐酸、碱性较好,吸水性较低,耐热性高,固化收缩率大,性脆,与壳体黏结力较差,成本较低	机械强度较高,耐酸、耐碱性较差,吸水性低,耐热性低,固化收缩率大,成本较低,韧性好
工艺性能	有良好的工艺性,固化时无挥发物,可常压亦可加压成型,随所用固化剂的不同,可室温或加温固化。易于改性,黏结性大,脱模较困难	工艺性比环氧树脂差,固化时有挥发物放出,一般适合于干法成型,一般的常压成型品性能差得多	工艺性比酚醛树脂还差,固化反应较猛烈,对光滑无孔底材黏附力差,变定和养护期较长	工艺性能优越,胶液黏度低,对玻璃纤维渗透性好,固化时无挥发物放出,能常温常压成型,适于制大型构件

续表

项目	环氧玻璃钢	酚醛玻璃钢	呋喃玻璃钢	聚酯玻璃钢
参考使用温度	<100℃	<120℃	<180℃	<90℃
毒性	胺类和酸类固化剂均有毒性及刺激性			常用的交联剂苯乙烯有毒
应用情况	使用广泛,一般用于酸碱性介质中高强度制品或作加强用	使用一般,用于酸性较强的腐蚀介质中	用于酸或碱性较强的,以及酸、碱交变腐蚀介质中,或者使用于温度较高的腐蚀介质中	用于腐蚀性较弱的酸性介质中

(2) 玻璃钢的防腐性能(表 7-137)

表 7-137 四种玻璃钢的耐腐蚀性能

介质	浓度/%	环氧玻璃钢		酚醛玻璃钢		呋喃玻璃钢		聚酯玻璃钢 306#	
		25℃	95℃	25℃	95℃	25℃	120℃	20℃	50℃
硝酸	5 20 40	尚耐 不耐 不耐	不耐 不耐 不耐	耐 不耐 不耐	不耐 不耐 不耐	尚耐 不耐 不耐	不耐 不耐 不耐	耐 不耐 不耐	不耐 不耐 不耐
硫酸	5 10 30 50 70 93	 耐 尚耐 不耐	 耐 不耐 不耐	 耐 耐 耐	 耐 不耐 不耐	 耐 耐 不耐	 耐 不耐 不耐	耐 耐 耐	耐 尚耐 不耐
发烟硫酸		不耐	不耐	耐	不耐	不耐	不耐		
盐酸	浓 5	耐	耐	耐	耐	耐	耐	不耐 耐	不耐 不耐
醋酸	浓 5	不耐	不耐	耐	耐	耐	耐	不耐 耐	不耐 不耐
磷酸	浓	耐	耐	耐	耐	耐	耐	耐	不耐
氢氧化钾	10	耐		不耐	不耐	耐	耐		
氯化钠		耐		耐		耐			
氢氧化钠	10 30 50	耐 尚耐 尚耐	不耐 尚耐 不耐	不耐 不耐 不耐	不耐 不耐 不耐	耐 耐 耐	耐 耐 耐	耐 耐	不耐 不耐
氨水		尚耐	不耐	不耐	不耐	耐	耐		
氯仿		尚耐	不耐	耐	耐	耐	耐	不耐	
四氯化碳		耐	不耐	耐	耐	耐	耐	耐	
丙酮		耐	不耐	耐	耐	耐	耐	不耐	

注:1. 浓度栏中的“浓”字系指介质浓度很高。
2. 在硫酸工厂中,以双酚 A 不饱和树脂为基体的玻璃钢设备和管道,对高温稀硫酸的耐腐蚀性能更优。

(3) 玻璃钢的主要组成

玻璃钢(玻璃纤维增强热固性塑料)是由合成树脂作为基体材料及其辅助材料和经过表面处理的玻璃纤维增强材料所组成。合成树脂种类很多,常用的有酚醛树脂、环氧树脂、呋喃树脂、聚酯树脂等。它们所制的玻璃钢分别为酚醛玻璃钢、环氧玻璃钢、呋喃玻璃钢和聚酯玻璃钢。为了适应某种需要,例如为改良性能、降低成本,采用第二种合成树脂进行改性,如环氧-酚醛玻璃钢、环氧-呋喃玻璃钢,基体材料分别由环氧-酚醛树脂、环氧-呋喃合成树脂构成。加入合成树脂中的固化剂、增塑剂、填充剂、稀释剂等辅助材料,都在不同程度上影响玻璃钢的性能。

玻璃钢的另一个重要成分是玻璃纤维及其制品。玻璃钢的物理、机械性能与玻璃纤维的性能、品种、规格等有直接关系。由于玻璃纤维耐腐蚀性能优于合成树脂，所以除个别情况外（例如氢氟酸、浓碱），玻璃钢的耐腐蚀性能主要取决于树脂的耐蚀性。

玻璃钢层的结构随不同成型方法和用途而异，主要凭经验和试验确定。图 7-8 表示用手糊法制作耐腐蚀玻璃钢设备的典型结构。各层情况大致如下。

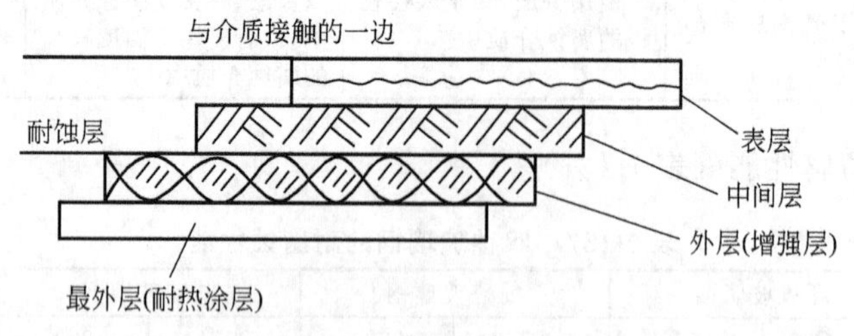

图 7-8 耐腐蚀玻璃钢设备的典型结构

① 耐蚀层 由表层和中间层组成，表层是接触介质的最内层，是玻璃纤维毡增强的富树脂层。

② 中间层 由短玻璃纤维毡增强，厚约 2mm，能在介质浸透表层后，不会再浸透外层。

③ 外层（增强层） 满足强度要求的一层，由无捻粗纱布、短纤维增强。

④ 最外层 它的组成与表层相同，其目的是使增强层不露在腐蚀的环境中。

（4）玻璃钢的成型方法（表 7-138）

表 7-138 玻璃钢成型方法

成型方法	基本原理	特点	应用
手糊法	边铺复玻璃布、边涂刷树脂胶料，固化后而成。固化条件为低压、室温，压力一般在 35～680kPa 范围内，为使制品外表面光滑，可利用真空或压缩空气使浸润过树脂的纤维布紧贴模具	1. 操作简便，专用设备少，成本低，不受制品形状和尺寸限制 2. 质量不稳定，劳动条件差，效率低 3. 制品机械强度较低 4. 适用树脂主要是聚酯和环氧树脂	广泛用于整体制品和机械强度要求不高的大型制品，如汽车车身、船舶外壳等
模压法	将已干燥的浸胶玻璃纤维布叠后放入金属模具内，加热加压，经过一定时间成型	1. 产品质量稳定、尺寸准确、表面光滑 2. 制品机械强度高 3. 生产效率高，适合成批生产	用于压制泵、阀门壳体、小型零件等
缠绕法	将连续纤维束通过浸胶槽浸上树脂胶液后缠绕在芯模上，常温或加热固化、脱模即成制品	1. 制品机械强度较高 2. 制品质量稳定，可得到内表面尺寸准确、表面光滑的制品 3. 可采用机械式、数控式和计算机控制的缠绕机 4. 轴向增强较困难	用于制造管道、贮槽、槽车等圆截面制品、也可制作飞机横梁、风车翼梁等不同截面的制品
拉挤成型法	玻璃纤维通过浸树脂槽，再经模管拉挤，加热固化后即成制品	1. 工艺简单，效率高 2. 能最佳地发挥纤维的增强作用 3. 质量稳定、工艺自动化程度高 4. 制品长度不受限制 5. 原材料利用率高 6. 保持良好的耐腐蚀性能 7. 生产速度受树脂加热和固化速度限制 8. 制品轴向强度大、环向强度小	用于制作电线杆、电工用脚手架、汇流线管、导线管、无线电天线杆、光学纤维电缆以及石油化工用管、贮槽、还有汽车保险杠、车辆和机床驱动轴、车身骨架，体育用品中的单杠、双杠

续表

成型方法	基本原理	特点	应用
树脂传递成型法	这是一种闭模模塑成型法。首先在模具成型面上涂脱模剂或胶衣层，然后铺覆增强材料，锁紧闭合的模具，再用注射机注入树脂，固化后开模即得制品	1. 生产周期短，效率高 2. 材料损耗少 3. 制品两面光洁，允许埋入嵌件和加强筋	用于制作小型零件

7.5.3.2 纤维缠绕玻璃钢（FRP-FW）管和管件（HG/T 21633—91）

（1）玻璃钢性能参数

① 本标准是以玻璃纤维、不饱和聚酯树脂组合为基准，但也可以使用其他材料。

② 玻璃钢管子、管件的设计压力：低压接触成型管子≤0.6MPa，长丝缠绕成型管子≤1.6MPa；管件≤1.6MPa。设计温度≤80℃。超出此范围，订货时请与制造厂协商。

③ 双酚A聚酯玻璃钢的耐腐蚀性能见表7-139。

表 7-139 双酚A聚酯玻璃钢的耐腐蚀性能

条件	介质名称	浓度/%	评定	条件	介质名称	浓度/%	评定
常温	汽油		耐	常温	醋酸	5	耐
	甲醛	37	尚耐		自来水		耐
	苯酚	5	尚耐		氯化钠	饱和溶液	耐
	丙酮		尚耐		碳酸钠	饱和溶液	耐
	乙醇	96	尚耐		氢氧化钠	30	尚耐
	二氯乙烷		不耐		氢氧化钠	25	尚耐
	苯		尚耐		氢氧化铵	10	不耐
	硫酸	80	不耐	高温	硫酸	30	耐
	硫酸	30	尚耐		硫酸	5	耐
	硫酸	5	尚耐		盐酸	30	尚耐
	硝酸	5	耐		盐酸	5	耐
	硝酸	20	尚耐		硝酸	5	尚耐
	副产盐酸		尚耐		磷酸	85	耐
	浓盐酸	>30	尚耐		磷酸	30	耐
	盐酸	5	尚耐		草酸	饱和溶液	耐
	铬酸	30	不耐		氯化钠	饱和溶液	耐
	铜电解液		尚耐		碳酸钠	饱和溶液	耐
	磷酸	85	耐		铜电解液		耐
	磷酸	30	尚耐		氢氧化钠	30	不耐
	草酸	饱和溶液	尚耐		乙醇	96	尚耐
	冰醋酸		不耐		自来水		尚耐
	醋酸	80	不耐				

注：试验条件：常温指常温浸泡一年后；高温指在（80±2）℃下浸泡672h。

（2）玻璃钢直管

管子的公称通径以内径表示，分为50mm、80mm、100mm、150mm、200mm、250mm、350mm、400mm、450mm、500mm、600mm、700mm、800mm、900mm及1000mm。管子的长度为4000mm、6000mm、12000mm三种。

(3) 玻璃钢管件

管件的公称通径与相应的管子公称通径相一致，管件应至少与相连接的管子等强度。管件种类有 90°弯头、45°弯头、三通及异径管。其图形及尺寸见表 7-140 和表 7-141。

表 7-140 玻璃钢 90°弯头、45°弯头、三通尺寸 单位：mm

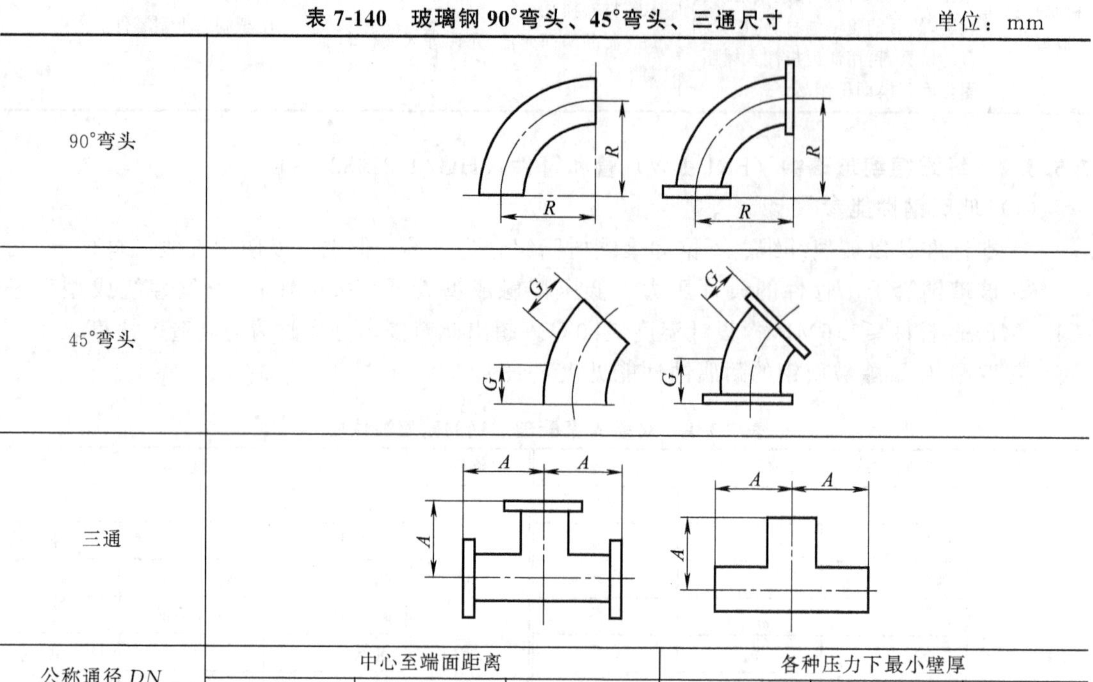

公称通径 *DN*	中心至端面距离			各种压力下最小壁厚		
	A	*R*	*G*	0.6MPa	1.0MPa	1.6MPa
50	150	150	65	6	6	6
80	175	150	95	6	6	6
100	200	150	95	6	6	8
150	250	225	125	6	8	10
200	300	300	125	6	8	14
250	350	375	155	8	10	16
300	400	450	185	8	12	19
350	450	525	215	10	14	22
400	500	600	250	10	16	25
450	525	675	280	12	18	28
500	550	750	310	12	20	31
600	600	900	375	15	24	38
700	700	1050	435	18	27	
800	750	1200	500	20	31	
900	825	1350	560	22	34	
1000	900	1500	625	24	38	

注：1. 设计压力 0.25MPa、0.4MPa 的管件最小壁厚可参照相应的管子壁厚。

2. 表中是低压接触成型法制品的厚度。

表 7-141 玻璃钢异径管尺寸 单位：mm

同心异径管	

续表

偏心异径管

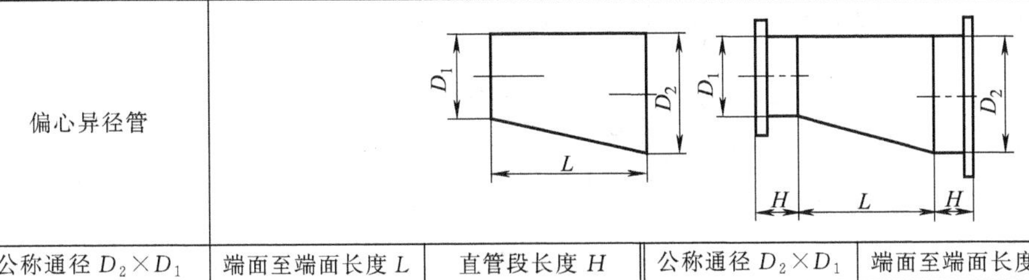

公称通径 $D_2 \times D_1$	端面至端面长度 L	直管段长度 H	公称通径 $D_2 \times D_1$	端面至端面长度 L	直管段长度 H
80×50	150	150	450×350	500	300
100×50	150	150	450×400	500	300
100×80	150	150	500×400	550	300
150×80	200	150	500×450	550	300
150×100	200	150	600×450	600	300
200×100	250	200	600×500	600	300
200×150	250	200	700×500	650	370
250×150	300	250	700×600	650	370
250×200	300	250	800×600	700	370
300×200	350	250	800×700	700	370
300×250	350	250	900×700	750	370
350×250	400	300	900×800	750	370
350×300	400	300	1000×800	800	370
400×300	450	300	1000×900	800	370
400×350	450	300			

注：异径管的壁厚可参照与大端相应的弯头或三通厚度。

(4) 玻璃钢管道连接

① 对接　对接的方法按 HG/T 21633—91 标准 3.2.5 规定。公称通径 500mm 以上（包括 500mm）的管子内外面都必须多层贴合。公称通径小于 500mm 的管子，一般只贴外面。内部贴层为耐蚀层，不作为强度层，见图 7-9；对于多层贴合的最终最小宽度，应符合表 7-142 的规定。

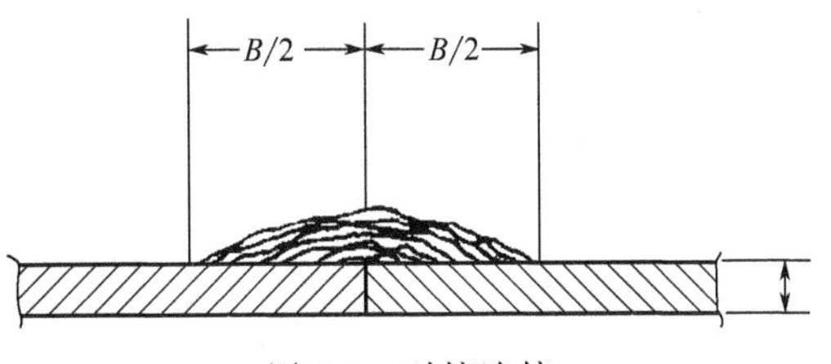

图 7-9　对接连接

表 7-142　对接时最终最小接合宽度　　单位：mm

公称通径 DN	内压下最终最小接合宽度 B			公称通径 DN	内压下最终最小接合宽度 B		
	0.6MPa	1.0MPa	1.6MPa		0.6MPa	1.0MPa	1.6MPa
50	75	100	125	400	225	350	555
80	75	125	150	450	250	390	620
100	100	125	200	500	275	430	685
150	100	150	250	600	325	510	810
200	125	190	295	700	375	590	
250	150	230	360	800	425	670	
300	175	270	425	900	475	750	
350	200	310	490	1000	525	830	

注：0.25MPa、0.4MPa 对接时最终最小接合宽度可参照 0.6MPa 的尺寸。

② 承插式连接　直管插入承口内的深度取管周长的 1/6 或 100mm 两者中小者，且承口至少与本体等强度。承口与插管之间的间隙用树脂胶泥密封，见图 7-10。

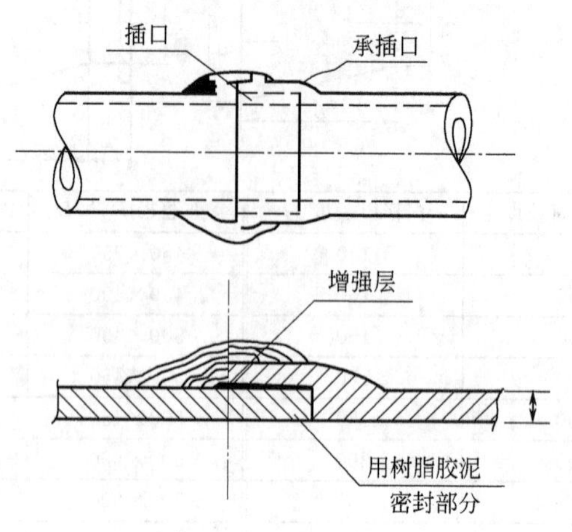

图 7-10　承插式连接

③ 法兰连接　管子间、管子与管件间的连接，应尽量少用法兰连接。法兰的连接尺寸按 HG 20592 的规定，法兰的最小厚度按表 7-143 规定。

表 7-143　内压下法兰的最小厚度　　单位：mm

公称通径 *DN*	0.25MPa	0.4MPa	0.6MPa	1.0MPa	1.6MPa
50	14	14	14	20	28
80	14	14	17	24	28
100	14	17	17	24	31
150	14	17	20	26	34
200	17	20	24	31	37
250	20	24	28	34	43
300	22	26	34	40	48
350	24	28	37	43	52
400	26	31	40	46	54
450	28	34	43	48	57
500	31	37	46	52	60
600	33	42	52	58	70
700	42	43	58	64	
800	48	54	64	70	
900	54	60	70	76	
1000	60	66	76	82	

7.5.3.3　玻璃钢增强聚丙烯（FRP/PP）复合管（HG/T 21579—1995）

（1）增强聚丙烯性能参数

① HG/T 21579—1995 标准适用于以聚丙烯管（以下简称 PP 管）为内衬、外缠玻璃纤维或其织物的增强塑料玻璃钢为加强层（以下简称 FRP）的复合管道及管件。使用介质范围与聚丙烯管相同，主要用于输送酸、碱、盐等腐蚀性介质，也可用于输送饮用水。

② 公称压力（MPa）：*PN*0.6、1.0 及 1.6。

③ 公称尺寸（mm）：*DN*15、20、25、（32）、40、50、65、80、100、（125）、150、200、250、300、350、400、450、500、600。

④ 使用温度：－15～100℃。

⑤ 在各种温度下的允许使用压力见表 7-144。如有特别要求时，供需双方协商解决。

表 7-144 聚丙烯/玻璃钢复合管在各种温度下的允许使用压力

公称压力 PN/MPa	公称尺寸 DN/mm	在下列温度下的允许使用压力/MPa				
		20℃	40℃	60℃	80℃	100℃
0.6	15～50	0.60	0.60	0.60	0.60	0.60
	65～150	0.60	0.58	0.49	0.42	0.38
	200～300	0.60	0.56	0.45	0.38	0.34
	350～600	0.60	0.38	0.30	0.26	0.23
1.0	15～50	1.00	1.00	1.00	1.00	1.00
	65～150	1.00	0.97	0.81	0.69	0.63
	200～300	1.00	0.94	0.75	0.62	0.56
	350～600	1.00	0.63	0.50	0.44	0.38
1.6	15～50	1.60	1.60	1.60	1.60	1.60
	65～150	1.60	1.55	1.30	1.10	1.00
	200～300	1.60	1.50	1.20	1.00	0.90
	350～600	1.60	1.00	0.80	0.70	0.60

成品不得露天存放，也不宜存放在敞棚内，避免日晒雨淋，以防老化和变形。应存放在通风、干燥、防火的库房内，库房内温度不超过 40℃。堆放处应远离热源地 1m 以外，并应垫实、平整，成品应水平堆放，不与其他物品混杂，堆放高度不超过 1.5m。规定产品自出厂之日起储存期为两年。

(2) 增强聚丙烯直管（表 7-145）

表 7-145 直管的规格、尺寸 单位：mm

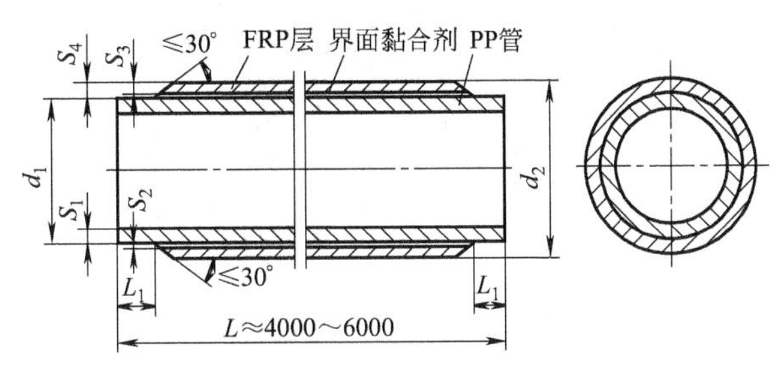

公称尺寸 DN	PP管 外径 d_1	PP管 壁厚 S_1	黏合剂厚度 S_2	PN0.6MPa PP/FRP管外径 d_2	PN0.6MPa FRP层厚度 S_3	PN0.6MPa $S_2+S_1≈S_4$ S_4	PN0.6MPa $S_2+S_1≈S_4$ 允许偏差	PN0.6MPa PP/FRP管重量/(kg/m)	PN1.0MPa PP/FRP管外径 d_2	PN1.0MPa FRP层厚度 S_3	PN1.0MPa $S_2+S_1≈S_4$ S_4	PN1.0MPa $S_2+S_1≈S_4$ 允许偏差	PN1.0MPa PP/FRP管重量/(kg/m)	PN1.6MPa PP/FRP管外径 d_2	PN1.6MPa FRP层厚度 S_3	PN1.6MPa $S_2+S_1≈S_4$ S_4	PN1.6MPa $S_2+S_1≈S_4$ 允许偏差	PN1.6MPa PP/FRP管重量/(kg/m)	预留PP管长 L_1
15	20	2.0	0.5	25	2.0	2.5	+0.3		同 PN0.6MPa 的尺寸					同 PN0.6MPa 的尺寸					10
20	25	2.0		30															
25	32	2.2		37															
(32)	40	2.1		45															
40	50	2.6		55															
50	63	3.3		68															
65	75	2.7	0.5	80	2.0	2.5	+0.4		同 PN0.6MPa 的尺寸					同 PN1.0MPa 的尺寸					15
80	90	3.2		95															
100	110	3.9		115										116	2.5	3.0	+0.4		
(125)	140	5.0		145										147	3.0	3.5			
150	160	5.7		165					167	3.0	3.5	+0.4		168	3.5	4.0			

续表

公称尺寸 DN	PP管 外径 d_1	PP管 壁厚 S_1	黏合剂厚度 S_2	PN0.6MPa PP/FRP管外径 d_2	FRP层厚度 S_3	$S_2+S_1 \approx S_4$ S_4	允许偏差	PP/FRP管重量/(kg/m)	PN1.0MPa PP/FRP管外径 d_2	FRP层厚度 S_3	$S_2+S_1 \approx S_4$ S_4	允许偏差	PP/FRP管重量/(kg/m)	PN1.6MPa PP/FRP管外径 d_2	FRP层厚度 S_3	$S_2+S_1 \approx S_4$ S_4	允许偏差	PP/FRP管重量/(kg/m)	预留PP管长 L_1
200	225	7.9		230	2.0	2.5			232	3.0	3.5			236	5.0	5.5			
250	280	9.9	0.5	286	2.5	3.0	+0.6		289	4.0	4.5	+0.6		293	6.0	6.5	+0.7		20
300	315	11.1		321	2.5	3.0			325	4.5	5.0			330	7.0	7.5			
350	355	12.5		362	3.0	3.5			366	5.0	5.5			372	8.0	8.5			
400	400	14.1		408	3.5	4.0			412	5.5	6.0			419	9.0	9.5			
450	450	15.8	0.5	459	4.0	4.5	+0.7		463	6.0	6.5	+0.7		471	10.0	10.5	+0.9		20
500	500	17.6		509	4.0	4.5			515	7.0	7.5			523	11.0	11.5			
600	630	20.0		641	5.0	5.5			649	9.0	9.5			659	14.0	14.5			

（3）直管对接焊的增强（表7-146）

表7-146 对接焊处用FRP增强结构尺寸 单位：mm

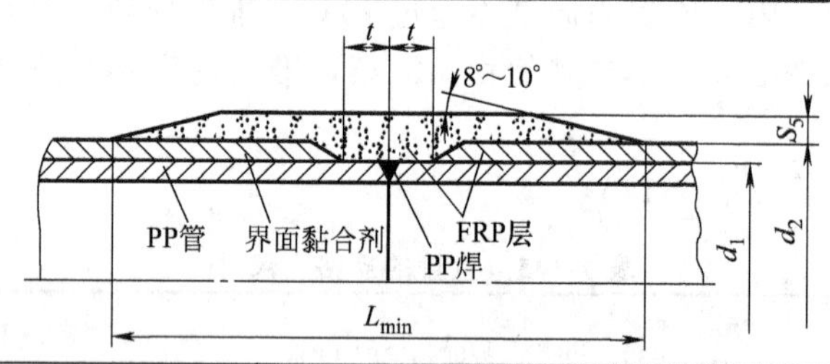

公称尺寸 DN	PP管外径 d_1	PN0.6MPa PP/FRP管外径 d_2	PP管对接焊处FRP厚度 S_5	对接焊处FRP增强长度 L_{min}	PN1.0MPa PP/FRP管外径 d_2	PP管对接焊处FRP厚度 S_5	对接焊处FRP增强长度 L_{min}	PN1.6MPa PP/FRP管外径 d_2	PP管对接焊处FRP厚度 S_5	对接焊处FRP增强长度 L_{min}	焊接间隙 t
15	20	25									
20	25	30									
25	32	37	4	110	同 PN0.6MPa 的尺寸			同 PN1.0MPa 的尺寸			10
(32)	40	45									
40	50	55									
50	63	68									
65	75	80						80	4	120	
80	90	95			同 PN0.6MPa 的尺寸			95		140	
100	110	115	4	110				116	5	160	15
(125)	140	145						147	6	200	
150	160	165			167	4	150	168	7	230	
200	225	230	4	130	232	6	200	236	9.5	310	
250	280	286		150	289	7	240	293	12	380	20
300	315	321	5	170	325	8	270	330	13	420	
350	355	362	5.5	190	366	9	300	372	15	470	
400	400	408	6	210	412	10	340	419	17	530	
450	450	459	7	230	463	12	370	471	19	590	20
500	500	509	8	260	515	13	410	523	21	650	
600	630	641	10	310	649	16	510	659	27	820	

(4) 增强聚丙烯承插管(表 7-147)

表 7-147 承插管的规格、尺寸 单位:mm

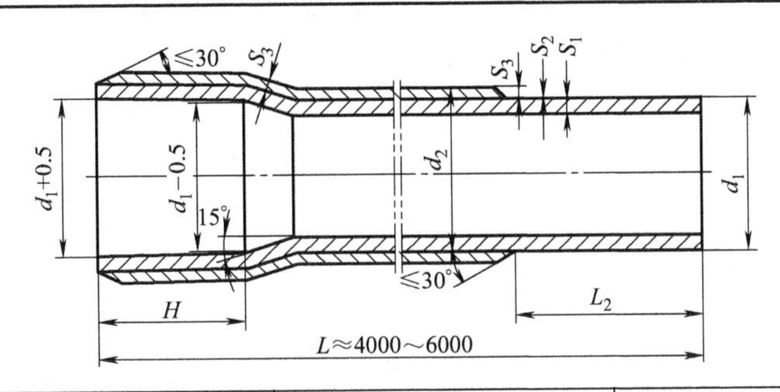

公称尺寸 DN	PP管外径 d_1	PP管壁厚 S_1	黏合剂厚度 S_2	PN0.6MPa PP/FRP管外径 d_2	PN0.6MPa FRP层厚度 S_3	PN0.6MPa $S_2+S_1≈S_4$: S_4	PN0.6MPa $S_2+S_1≈S_4$: 允许偏差	PN0.6MPa PP/FRP管重量/(kg/m)	PN1.0MPa PP/FRP管外径 d_2	PN1.0MPa FRP层厚度 S_3	PN1.0MPa S_4	PN1.0MPa 允许偏差	PN1.0MPa PP/FRP管重量/(kg/m)	PN1.6MPa PP/FRP管外径 d_2	PN1.6MPa FRP层厚度 S_3	PN1.6MPa S_4	PN1.6MPa 允许偏差	PN1.6MPa PP/FRP管重量/(kg/m)	承插预留长度 L_1	承插深度 H
15	20	2.0		25																
20	25	2.0		30															42	22
25	32	2.2	0.5	37	2.0	2.5	+0.3		同 PN0.6MPa 的尺寸					同 PN1.0MPa 的尺寸						
(32)	40	2.1		45															46	26
40	50	2.6		55															51	31
50	63	3.3		68															58	38
65	75	2.7		80										同 PN1.0MPa 的尺寸					64	44
80	90	3.2		95					同 PN0.6MPa 的尺寸										71	51
100	110	3.9	0.5	115	2.0	2.5	+0.4							116	2.5	3.0			81	61
(125)	140	5.0		145										147	3.0	3.5	+0.4		96	76
150	160	5.7		165					167	3.0	3.5	+0.4		168	3.5	4.0			106	86
200	225	7.9		230	2.0	2.5			232	3.0	3.5			236	5.0	5.5			139	119
250	280	9.9	0.5	286	2.5	3.0	+0.6		289	4.0	4.5	+0.6		293	6.0	6.5	+0.7		166	146
300	315	11.1		321	2.5	3.0			325	4.5	5.0			330	7.0	7.5			184	164
350	355	12.5		362	3.0	3.5			366	5.0	5.5			372	8.0	8.5			204	184
400	400	14.1		408	3.5	4.0			412	5.5	6.0			419	9.0	9.5			226	206
450	450	15.8	0.5	459	4.0	4.5	+0.7		463	6.0	6.5	+0.7		471	10.0	10.5	+0.9		251	231
500	500	17.6		509	4.0	4.5			515	7.0	7.5			523	11.0	11.5			276	256
600	630	20.0		641	5.0	5.5			649	9.0	9.5			659	14.0	14.5			341	321

(5) 承插管连接的增强(表 7-148)

表 7-148 承插管连接处用 FRP 增强结构尺寸 单位:mm

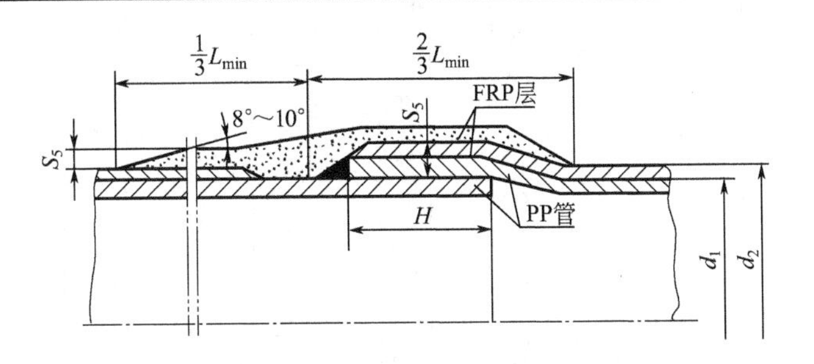

续表

公称通径 DN	PP管外径 d_1	PN0.6MPa			PN1.0MPa			PN1.6MPa			H	FRP增强长度 L_{min}
		PP/FRP管外径 d_2	承插口FRP增强厚度		PP/FRP管外径 d_2	承插口FRP增强厚度		PP/FRP管外径 d_2	承插口FRP增强厚度			
			S_5	允许偏差		S_5	允许偏差		S_5	允许偏差		
15	20	25	4	+0.6	同PN0.6MPa的尺寸			同PN1.0MPa的尺寸			22	110
20	25	30										
25	32	37										
(32)	40	45									26	
40	50	55									31	
50	63	68									38	
65	75	80	4	+0.6	同PN0.6MPa的尺寸			同PN1.0MPa的尺寸			44	120
80	90	95									51	140
100	110	115						116	5	+0.6	61	160
(125)	140	145						147	6		76	200
150	160	165			167	4	+0.6	168	7		86	230
200	225	230	4	+0.6	232	6	+0.6	236	9.5	+0.6	119	310
250	280	286			289	7		293	12		146	380
300	315	321	5		325	8		330	13		164	420
350	355	362	5.5	+0.6	366	9	+0.6	372	15	+0.6	184	470
400	400	408	6		412	10		419	17		206	530
450	450	459	7		463	12		471	19		231	590
500	500	509	8		515	13		523	21		256	650
600	630	641	10		649	16		659	27		321	820

(6) 钢制松套法兰连接（表7-149）

表7-149 钢制松套法兰连接尺寸 单位：mm

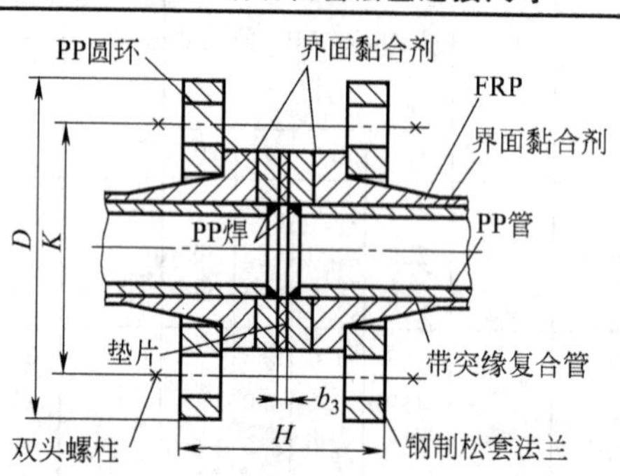

公称尺寸 DN	PN0.6MPa							PN1.0MPa							PN1.6MPa						
	法兰外径 D	中心圆直径 K	垫片厚度 b_3	H	双头螺柱			法兰外径 D	中心圆直径 K	垫片厚度 b_3	H	双头螺柱			法兰外径 D	中心圆直径 K	垫片厚度 b_3	H	双头螺柱		
					直径 d	长度	数量 n					直径 d	长度	数量 n					直径 d	长度	数量 n
15								95	65	3	63	M12	110	4	95	65	3	63	M12	110	4
20								105	75		67		120		105	75		67		120	
25								115	85		71				115	85		73			
(32)								140	100		79	M16	130		140	100		81	M16	130	
40								150	110						150	110					
50								165	125		83				165	125		85			
65								185	145	3	85	M16	130	4							
80								200	160		91		130	8							
100								220	180		99		140								
(125)								250	210		103										
150								285	240		111	M20	150								

续表

公称尺寸 DN	PN0.6MPa							PN1.0MPa							PN1.6MPa						
	法兰外径 D	中心圆直径 K	垫片厚度 b_3	H	双头螺柱 直径 d	双头螺柱 长度	双头螺柱 数量 n	法兰外径 D	中心圆直径 K	垫片厚度 b_3	H	双头螺柱 直径 d	双头螺柱 长度	双头螺柱 数量 n	法兰外径 D	中心圆直径 K	垫片厚度 b_3	H	双头螺柱 直径 d	双头螺柱 长度	双头螺柱 数量 n
200	320	280	3	113	M16	160	8	340	295	3	117	M20	160	8							
250	375	335		123		170	12	395	350		127		170	12							
300	440	395		127	M20			445	400		135		180								
350	490	445	5	141	M20	180	12	505	460	5	149	M20	200	16							
400	540	495		151		200	16	565	515		159	M24	210								
450	595	550		157		210		615	565		167		220	20							
500	645	600		165		220	20	670	620		177		240								
600	755	705		187	M24	250		780	725		199	M27	260								

(7) 玻璃钢法兰连接（表 7-150）

表 7-150 玻璃钢法兰连接 单位：mm

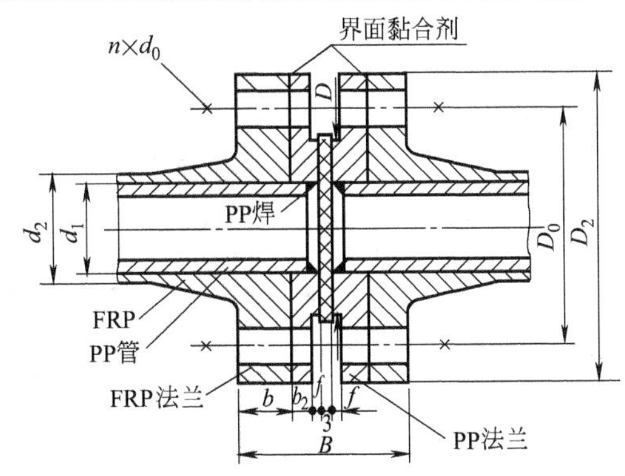

公称尺寸 DN	PP管径 d_1	PN0.6MPa								PN1.0MPa								PN1.6MPa								密封面		b_2	B≈
		PP/FRP管外径 d_2	法兰外径 D_2	中心圆直径 D_0	厚度 b	螺栓孔 d_0	双头螺柱 直径 d	双头螺柱 长度	双头螺柱 数量 n	PP/FRP管外径 d_2	法兰外径 D_2	中心圆直径 D_0	厚度 b	螺栓孔 d_0	双头螺柱 直径 d	双头螺柱 长度	双头螺柱 数量 n	PP/FRP管外径 d_2	法兰外径 D_2	中心圆直径 D_0	厚度 b	螺栓孔 d_0	双头螺柱 直径 d	双头螺柱 长度	双头螺柱 数量 n	D	f		
15	20	25								25	95	65	10	14	M12	80	4	25	95	65	10	14	M12	80	4	45	2	6	39
20	25	30								30	105	75						30	105	75						55			39
25	32	37								37	115	85	12			85		37	115	85	12			85		64			43
(32)	40	45								45	140	100	14	18	M16			45	140	100	14	18	M16			76			47
40	50	55								55	150	110						55	150	110						86			
50	63	68								68	165	125						68	165	125						102			
65	75	80								80	185	145	15	18	M16	85	4									120	2	6	49
80	90	95								95	200	160	16			100	8									136		8	55
100	110	115								115	220	180	18			110										156			59
(125)	140	145								145	250	210	20			120										186			63
150	160	165								167	285	240	22	22	M20											212			67
200	225	230	320	280	25	18	M16	120	8	232	340	295	25	22	M20	120	8									265	2	8	73
250	280	286	375	335	28			130	12	289	395	350	28			130	12									320			79
300	315	321	440	395	30	22	M20			325	445	400	30													370			83
350	355	362	490	445	32	22	M20	140	12	366	505	460	32	22	M20	140	16									430	3	10	93
400	400	408	540	495	35			150	16	412	565	515	35	26	M24	150										482			99
450	450	459	595	550	36			160		463	615	565	36			160	20									530			101
500	500	509	645	600	38				20	515	670	620	38													585			105
600	630	641	755	705	40	26	M24	170		649	780	725	40	30	M27	170										685			109

(8) 增强聚丙烯三通（表 7-151）

表 7-151　等径三通的规格尺寸　　单位：mm

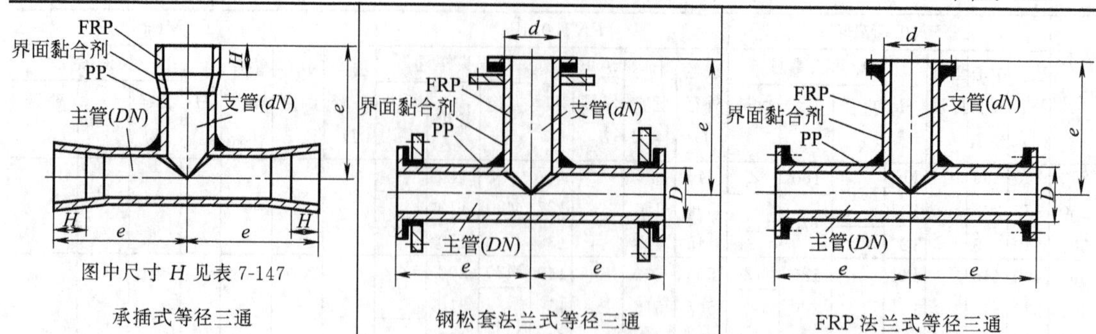

公称尺寸 DN	PP 管外径 d_1	PP 管壁厚 S_1	黏合剂厚度 S_2	PN0.6MPa PP/FRP 管外径 d_2	PN0.6MPa FRP 层厚度 S_6	PN0.6MPa FRP 层厚度 S_8	PN0.6MPa FRP 层厚度 允差	PN1.0MPa PP/FRP 管外径 d_2	PN1.0MPa FRP 层厚度 S_6	PN1.0MPa FRP 层厚度 S_8	PN1.0MPa FRP 层厚度 允差	PN1.6MPa PP/FRP 管外径 d_2	PN1.6MPa FRP 层厚度 S_6	PN1.6MPa FRP 层厚度 S_8	PN1.6MPa FRP 层厚度 允差	R	e
15	20	2.0	0.5	25	2.0	2.8	+0.3	25	2.0	2.8	+0.3	25	2.0	2.8	+0.3	15	120
20	25	2.0		30				30				30					
25	32	2.2		37				37				37					130
(32)	40	2.1		45				45				45					150
40	50	2.6		55				55				55					
50	63	3.3		68				68				68				18	180
65	75	2.7	0.5	80	2.0	2.8	+0.4	80	2.0	2.8	+0.4	81	2.5	3.5	+0.4	20	180
80	90	3.2		95				95				97	3.0	4.2		22	
100	110	3.9		115				116	2.5	3.5		118	3.5	4.9		25	205
(125)	140	5.0		145				147	3.0	4.2		150	4.5	6.3		28	250
150	160	5.7		165				168	3.5	4.9		171	5.0	7.0		30	285
200	225	7.9	0.5	232	3.0	4.2	+0.6	235	4.5	6.3	+0.6	240	7.0	9.8	+0.7	32	365
250	280	9.9		287				292	5.5	7.7		297	8.0	11.2		35	480
300	315	11.1		323	3.5	4.9		328	6.0	8.4		336	10.0	14.0		38	540
350	355	12.5	0.5	364	4.0	5.6	+0.7	370	7.0	9.8	+0.7	378	11.0	15.4	+0.9	40	610
400	400	14.1		410	4.5	6.3		417	8.0	11.2		426	12.5	17.5		42	690
450	450	15.8		462	5.5	7.7		468	8.5	11.9		479	14.0	19.6		44	800
500	500	17.6		513	6.0	8.4		520	9.5	13.7		532	15.5	21.7		45	880
600	630	20.0		646	7.5	10.5		655	12.0	16.8		670	19.5	27.3		50	1100

（9）增强聚丙烯弯头（表 7-152、表 7-153）

表 7-152　承插式等径 90°弯头规格尺寸　　单位：mm

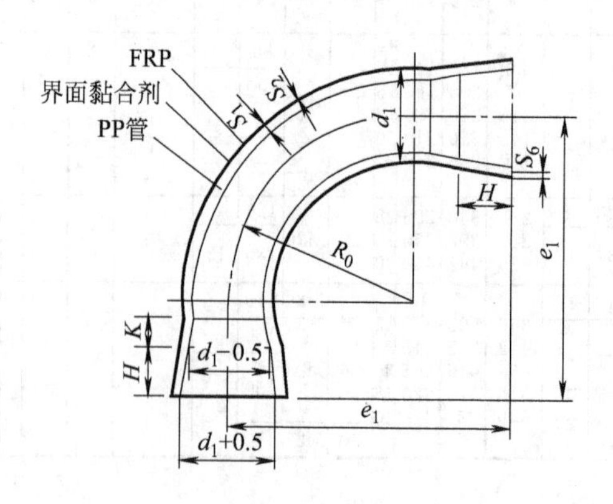

续表

公称尺寸 DN	PP管外径 d_1	PP管壁厚 S_1	黏合剂厚度 S_2	PN0.6MPa FRP层厚度 S_6	PN0.6MPa $S_2+S_6\approx S_7$ S_7	PN0.6MPa $S_2+S_6\approx S_7$ 允差	PN1.0MPa FRP层厚度 S_6	PN1.0MPa $S_2+S_6\approx S_7$ S_7	PN1.0MPa $S_2+S_6\approx S_7$ 允差	PN1.6MPa FRP层厚度 S_6	PN1.6MPa $S_2+S_6\approx S_7$ S_7	PN1.6MPa $S_2+S_6\approx S_7$ 允差	e_1	e_1 允差	H	R_0
15	20	2.0	0.5	2.0	2.5	+0.3	2.0	2.5	+0.3	2.0	2.5	+0.3	100	−2	22	45
20	25	2.0											110			60
25	32	2.2											130		26	75
(32)	40	2.1											150		31	96
40	50	2.6											180		38	120
50	63	3.3											215			150
65	75	2.7	0.5	2.0	2.5	+0.4	2.0	2.5	+0.4	2.5	3.0	+0.4	215	−2	44	195
80	90	3.2					2.5	3.0		3.0	3.5		250		51	240
100	110	3.9								3.5	4.0		250		61	300
(125)	140	5.0					3.0	3.5		4.5	5.0		320		76	188
150	160	5.7					3.5	4.0		5.0	5.5		380		86	225
200	225	7.9	0.5	3.0	3.5	+0.6	4.5	5.0	+0.5	7.0	7.5	+0.6	500	−3	119	300
250	280	9.9		3.5	4.0		5.5	6.0		8.0	8.5		600		146	375
300	315	11.1					6.0	6.5		10.0	10.5		700		164	450
350	355	12.5	0.5	4.0	4.5	+0.7	7.0	7.5	+0.7	11.0	11.5	+0.7	800	−3	184	525
400	400	14.1		4.5	5.0		8.0	8.5		12.5	13.0		900		206	600
450	450	15.8		5.5	6.0		8.5	9.0		14.0	14.5		1000		231	675
500	500	17.6		6.0	6.5		9.5	10.0		15.0	15.5		1100		256	750
600	630	20.0		7.5	8.0		12.0	12.5		19.5	20.0		1400		321	900

表 7-153 法兰式 90°弯头尺寸 单位：mm

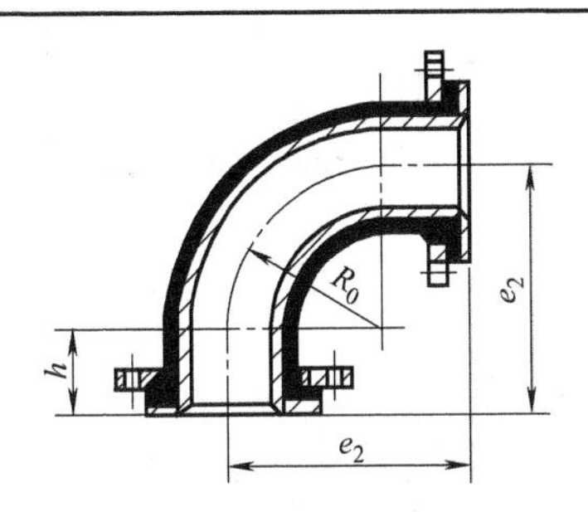

钢松套法兰式弯头

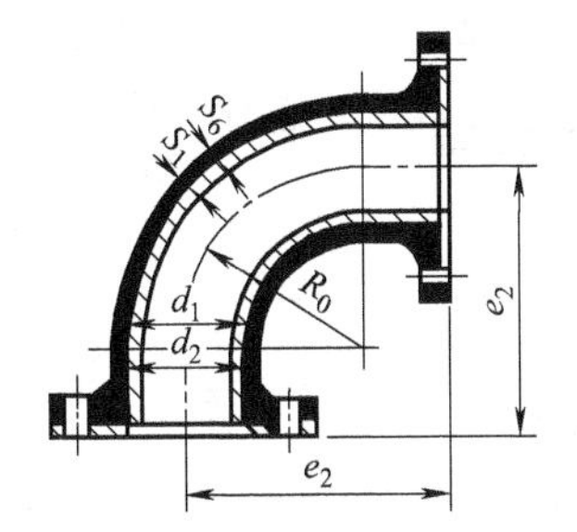

FRP 法兰式弯头

公称尺寸 DN	PP管外径 d_1	PP管壁厚 S_1	黏合剂厚度 S_2	FRP层厚度 S_6 0.6MPa	FRP层厚度 S_6 1.0MPa	FRP层厚度 S_6 1.6MPa	e_2	e_2 允差	R_0
15	20	2.0	0.5	2.0	2.0	2.0	100	−2	45
20	25	2.0					110		60
25	32	2.2					130		75
(32)	40	2.1					150		96
40	50	2.6					180		120
50	63	3.3					215		150
65	75	2.7	0.5	2.0	2.0		215	−2	195
80	90	3.2			2.5		240		240
100	110	3.9					240		300
(125)	140	5.0			3.0		290		188
150	160	5.7			3.5		340		225

续表

公称尺寸 DN	PP管外径 d_1	PP管壁厚 S_1	黏合剂厚度 S_2	FRP层厚度 S_6 0.6MPa	1.0MPa	1.6MPa	e_2	允差	R_0
200	225	7.9	0.5	3.0	4.5		450	−3	300
250	280	9.9			5.5		500		375
300	315	11.1		3.5	6.0		600		450
350	355	12.5	0.5	4.0	7.0		700	−3	525
400	400	14.1		4.5	8.0		750		600
450	450	15.8		5.5	8.5		800		675
500	500	17.6		6.0	9.5		900		750
600	630	20.0		7.5	12.0		1050		900

(10) 增强聚丙烯异径管（表 7-154）

表 7-154 异径管的规格尺寸 单位：mm

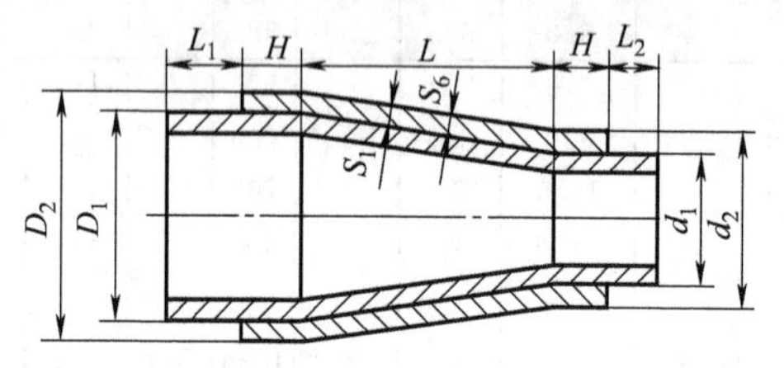

承插同心异径管

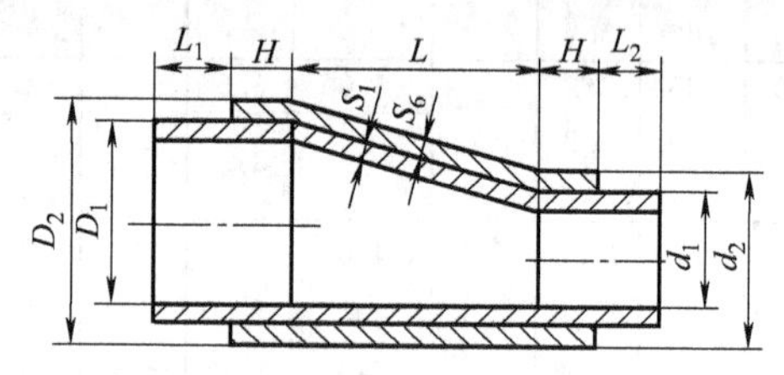

承插偏心异径管

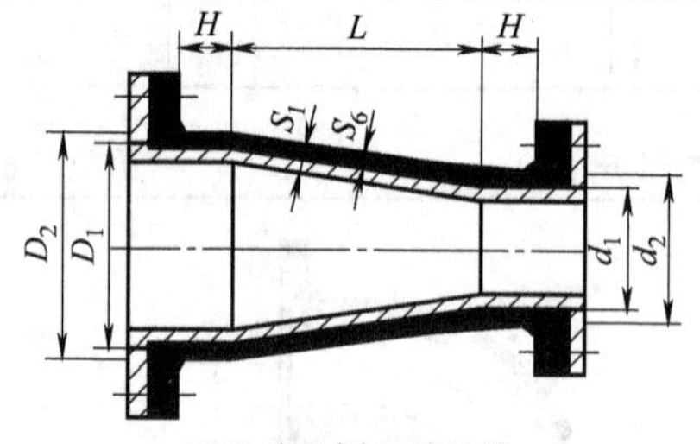

FRP法兰同心异径管

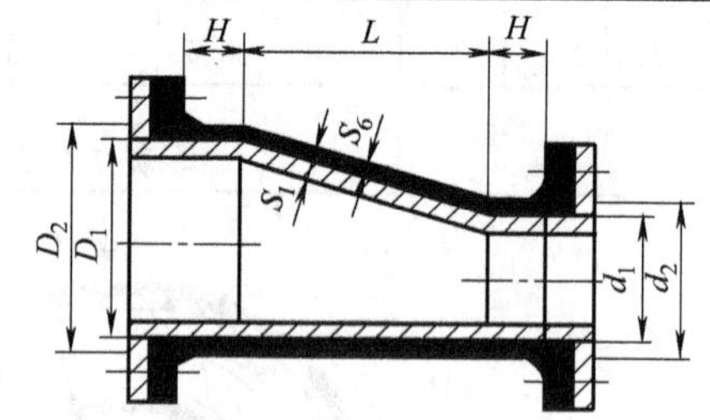

FRP法兰偏心异径管

公称尺寸 $DN\times dN$	PP管外径 $D_1\times d_1$	PP管壁厚 S_1	黏合剂厚度 S_2	FRP层厚度 S_6 0.6MPa	1.0MPa	1.6MPa	L_1	L_2	L	H	PP/FRP管外径 $D_2\times d_2$ 0.6MPa	1.0MPa	1.6MPa
20×15	25×20	2.0	0.5	2.0	2.0	2.0	42	42	50	50	30×25	同PN 0.6MPa的尺寸	同PN 0.6MPa的尺寸
25×20	32×25	2.2									37×30		
(32)×20	40×25	2.1					46	42			45×30		
(32)×25	40×32										45×37		
40×25	50×32	2.6					51	42	60	60	55×37		
40×(32)	50×40							46			55×45		
50×(32)	63×40	3.3					58	46	80	50	68×45		
50×40	63×50							51			68×55		
65×40	75×50	2.7					64	51	90	50	80×55		
65×50	75×63							58			80×68		
80×50	90×63	3.2					71	58	105	50	95×68		
80×65	90×75							64			95×80		
100×65	110×75	3.9				2.5	81	64	130	50	115×80		116×81
100×80	110×90							71			115×95		116×96
(125)×80	140×90	5.0				3.0	96	71	150	50	145×95		147×97
(125)×100	140×110							81			145×115		147×117
150×100	160×110	5.7			3.0	3.5	106	81	180	50	165×115	167×117	168×118
150×(125)	160×140							96		100	165×145	167×147	168×148

续表

公称尺寸 $DN\times dN$	PP管外径 $D_1\times d_1$	PP管壁厚 S_1	黏合剂厚度 S_2	FRP层厚度 S_6			L_1	L_2	L	H	PP/FRP管外径 $D_2\times d_2$		
				0.6MPa	1.0MPa	1.6MPa					0.6MPa	1.0MPa	1.6MPa
200×(125)	225×140	7.9	0.5	2.0	3.0	5.0	139	96	230	100	231×145	232×147	236×151
200×150	225×160							106			231×165	232×167	236×171
250×150	280×160	9.9		2.5	4.0	6.0	166	106	320	100	286×166	289×169	293×173
250×200	280×225							139			286×231	289×234	293×238
300×200	315×225	11.1		2.5	4.5	7.0	184	139	360	100	321×231	325×235	330×240
300×250	315×280							166			321×286	325×290	330×295
350×200	355×225	12.5		3.0	5.0	8.0	204	139	400	100	362×232	366×236	372×242
350×250	355×280							166			362×287	366×291	372×297
350×300	355×315							184			362×322	366×326	372×332
400×250	400×280	14.1		3.5	5.5	9.0	226	166	480	100	408×288	412×292	419×299
400×300	400×315							184			408×323	412×327	419×334
400×350	400×355							204			408×363	412×367	419×374
450×300	450×315	15.8		4.0	6.0	10.0	251	184	520	100	459×324	463×328	471×336
450×350	450×355							204			459×364	463×368	471×376
450×400	450×400							226			459×409	463×413	471×421
500×350	500×355	17.6		4.0	7.0	11.0	276	204	550	100	509×364	515×370	523×378
500×400	500×400							226			509×409	515×415	523×423
500×450	500×450							251			509×459	515×465	523×425
600×400	630×400	20.0		5.0	9.0	14.0	341	226	650	100	641×410	649×417	659×425
600×450	630×450							251			641×460	649×467	659×475
600×500	630×500							276			641×510	649×517	659×525

7.5.3.4 玻璃钢增强聚氯乙烯（FRP/PVC）复合管（HG/T 3731—2004）

（1）增强聚氯乙烯复合管的要求

HG/T 3731—2004标准适用于以硬质聚乙烯为内衬，不饱和聚酯树脂为基体，玻璃纤维纱及其织物为增强材料，公称尺寸不大于800mm，使用温度在－20～85℃，当$DN\leqslant$400mm时最高工作压力为1.0MPa，$DN>$400mm时最高工作压力为0.6MPa的玻璃纤维增强聚氯乙烯复合管和管件（以下简称复合管和管件）。复合管和管件应符合如下要求：

① 聚氯乙烯内衬管和管件要求焊接平整牢固，且0.2MPa水压试验不渗漏。

② 复合管和管件的外观要求色泽均匀，无露丝，无树脂结聚、斑点。

③ 复合管和管件应能承受1.5倍最高工作压力的压力检验。

④ 复合管和管件应能承受4倍最高工作压力的短时失效检验。

⑤ 复合管和管件的耐腐蚀度（盐酸、硝酸、硫酸、氢氧化钠）$\leqslant1.5g/m^2$。

⑥ 复合管和管件的物理力学性能应符合表7-155的规定。

表7-155 物理力学性能

名称		性能指标
密度/(g/cm³)		1.55～1.65
吸水性/%	≤	0.2
树脂不可溶分含量/%	≥	80
复合管含胶量/%		45±5
管件含胶量/%		55±5
拉伸强度/MPa	≥	35
压缩强度/MPa	≥	56

续表

名　称		性能指标
弯曲强度/MPa	≥	28
短时失效压力/MPa		*DN*400 以下(含 *DN*400)>4
		*DN*400 以上>2.4
黏结强度/MPa	>	4

复合管和管件应单独包装，在运输途中不得受到强烈颠簸，不得抛摔和踩踏。产品不宜露天存放，存放的仓库应干燥通风，存放时应排列整齐，高度不得超过 2m。

（2）承插式复合管和管件（表 7-156）

表 7-156　复合管和管件规格尺寸　　单位：mm

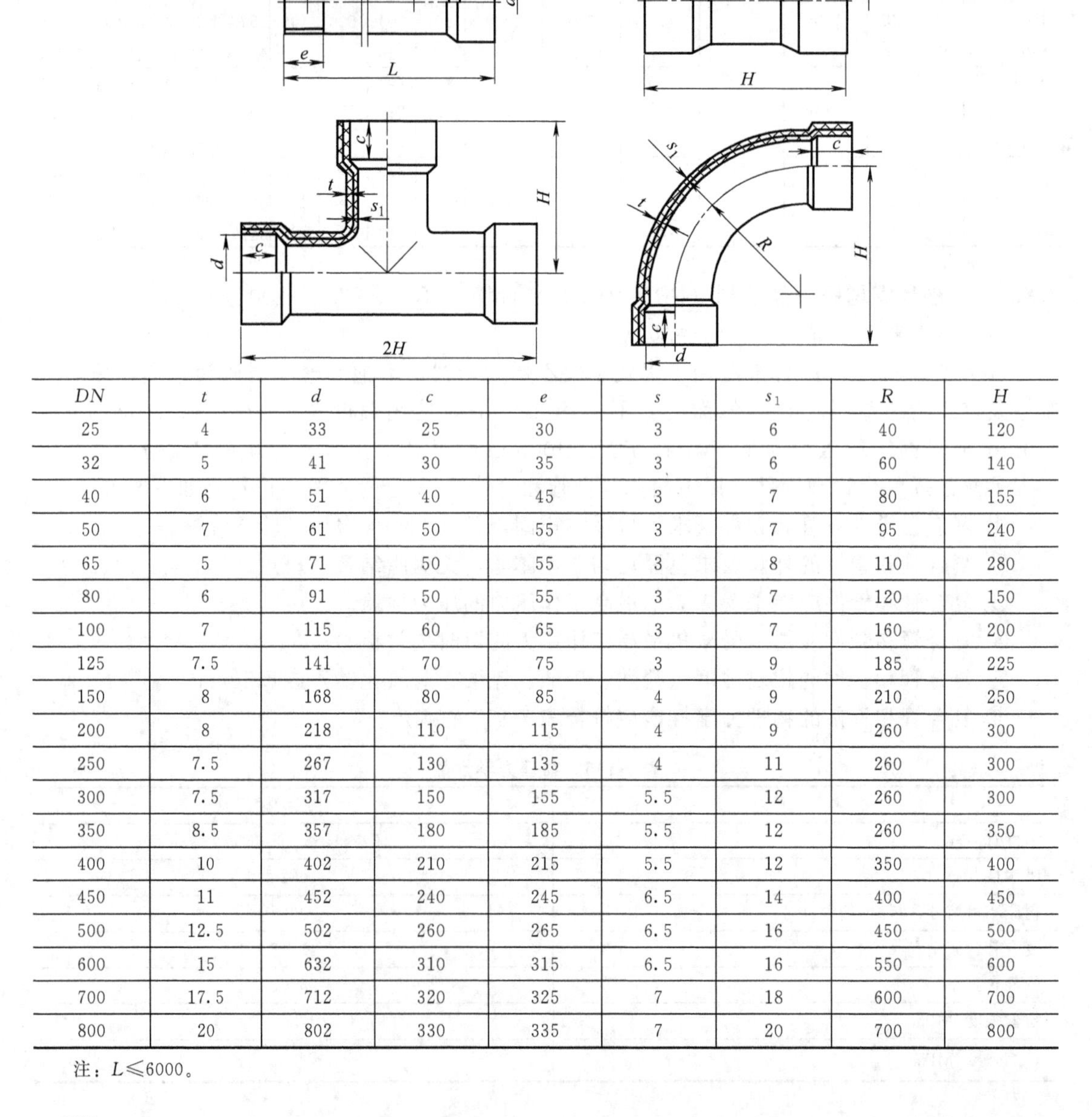

DN	*t*	*d*	*c*	*e*	*s*	s_1	*R*	*H*
25	4	33	25	30	3	6	40	120
32	5	41	30	35	3	6	60	140
40	6	51	40	45	3	7	80	155
50	7	61	50	55	3	7	95	240
65	5	71	50	55	3	8	110	280
80	6	91	50	55	3	7	120	150
100	7	115	60	65	3	7	160	200
125	7.5	141	70	75	3	9	185	225
150	8	168	80	85	4	9	210	250
200	8	218	110	115	4	9	260	300
250	7.5	267	130	135	4	11	260	300
300	7.5	317	150	155	5.5	12	260	300
350	8.5	357	180	185	5.5	12	260	350
400	10	402	210	215	5.5	12	350	400
450	11	452	240	245	6.5	14	400	450
500	12.5	502	260	265	6.5	16	450	500
600	15	632	310	315	6.5	16	550	600
700	17.5	712	320	325	7	18	600	700
800	20	802	330	335	7	20	700	800

注：*L*≤6000。

（3）法兰式复合直管（表 7-157）

表 7-157 复合法兰和法兰式复合直管规格尺寸 单位：mm

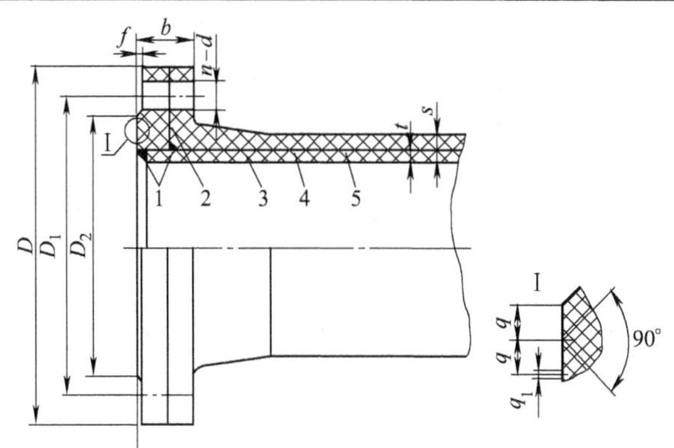

1—塑焊处；
2—聚氯乙烯法兰；
3—聚氯乙烯管；
4—增强层；
5—偶联层

DN	D	D_1	D_2	b	f	s	t	n-d	法兰密封线		
									q	q_1	数目
25	115	85	68	30	2	3	4	4-ϕ14	4	1	2
32	135	100	78	30	2	3	5	4-ϕ16	4	1	2
40	145	110	88	30	3	3	6	4-ϕ16	4	1	2
50	160	125	102	32	3	3	7	4-ϕ18	4	1	2
65	180	145	120	32	3	3	5	4-ϕ18	4	1	2
80	195	160	138	33	3	3	6	4-ϕ18	5	1	3
100	215	180	158	35	3	3	7	8-ϕ18	5	1	3
125	245	210	188	40	3	3	7.5	8-ϕ18	5	1	3
150	280	240	212	42	3	4	8	8-ϕ23	5	1	3
200	335	295	268	45	3	4	8	8-ϕ23	5	1	3
250	390	350	320	45	3	4	7.5	12-ϕ23	5	1	3
300	440	400	370	52	4	5.5	7.5	12-ϕ23	5	1	3
350	500	460	430	55	4	5.5	8.5	16-ϕ25	5	1	3
400	565	515	482	60	4	5.5	10	16-ϕ25	5	1	3
450	615	565	532	64	4	6.5	11	20-ϕ25	5	1	3
500	670	620	585	67	4	6.5	12.5	20-ϕ25	5	1	3
600	780	725	685	72	5	6.5	15	20-ϕ30	10	1.5	3
700	895	840	800	77	5	7	17.5	24-ϕ30	10	1.5	3
800	1010	950	905	82	5	7	20	24-ϕ34	10	1.5	3

注：$L \leqslant 6000$。

（4）法兰式复合三通弯头（表 7-158）

表 7-158 法兰式复合正三通和法兰式复合弯头规格尺寸 单位：mm

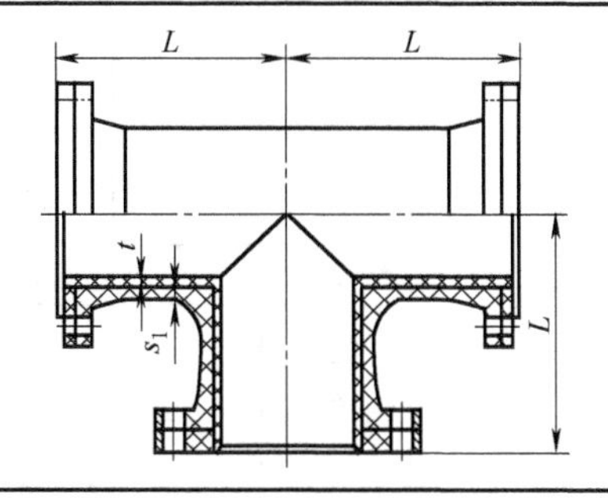

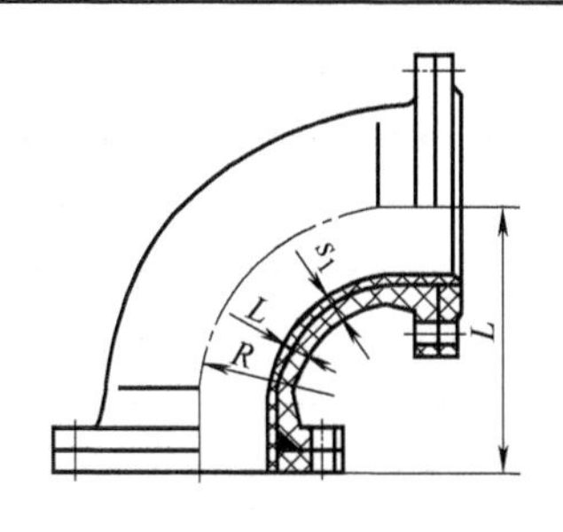

续表

DN	L	s_1	t	R	DN	L	s_1	t	R
25	125	6	4	60	250	300	11	7.5	260
32	125	6	5	70	300	300	12	7.5	260
40	125	7	6	85	350	350	12	8.5	300
50	125	7	7	95	400	400	12	10	350
65	150	8	5	110	450	450	14	11	400
80	150	7	6	120	500	500	16	12.5	450
100	200	7	7	160	600	600	16	15	550
125	225	9	7.5	185	700	700	18	17.5	650
150	250	9	8	210	800	800	20	20	750
200	300	9	8	260					

（5）法兰式异径三通（表 7-159）

表 7-159　法兰式复合异径三通规格尺寸　　单位：mm

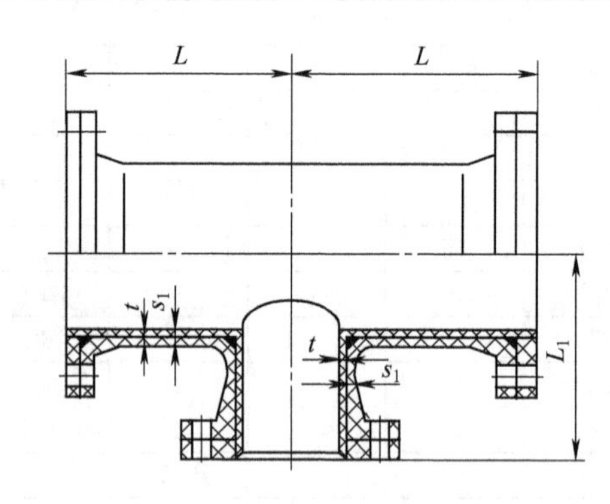

大头 DN	小头 DN	s_1	t	L	L_1	大头 DN	小头 DN	s_1	t	L	L_1
32		6	5			100	50	7	7	200	150
	25	6	4	125	100		80	7	6	200	175
40		6	6			125		9	7.5		
	25	6	4	125	100		50	7	7	225	175
	32	6	5	125	125		80	7	6	225	175
50		7	7				100	7	7	225	175
	25	7	4	125	100	150		9	8		
	32	7	5	125	125		50	7	7	250	200
	40	7	6	125	125		80	7	6	250	200
65		8	5				100	7	7	250	200
	25	7	4	150	125		125	9	7.5	250	200
	32	7	5	150	125	200		9	8		
	40	7	6	150	150		50	7	7	300	225
	50	7	7	150	150		80	7	6	300	225
80		7	6				100	7	7	300	225
	50	7	7	150	150		125	9	7.5	300	225
100		7	7				150	9	8	300	225

续表

大头 *DN*	小头 *DN*	s_1	t	L	L_1
250		11	7.5		
	80	7	6	300	250
	100	7	7	300	250
	125	9	7.5	300	250
	150	9	8	300	250
	200	9	8	300	275
300		12	7.5		
	80	7	6	300	275
	100	7	7	300	275
	125	9	7.5	300	275
	150	9	8	300	275
	200	9	8	300	300
	250	11	7.5	300	300
350		12	8.5		
	100	7	7	300	300
	125	9	7.5	300	300
	150	9	8	300	300
	200	9	8	300	300
	250	11	7.5	300	325
	300	12	7.5	300	325
400		12	10		
	100	7	7	300	325
	125	9	7.5	300	325
	150	9	8	300	325
	200	9	8	300	350
	250	11	7.5	300	350
	300	12	7.5	400	350
	350	12	8.5	400	375
450		14	11		
	100	7	7	300	350
	125	9	7.5	300	350
	150	9	8	300	350
	200	9	8	300	375
	250	11	7.5	300	375
	300	12	7.5	400	400
	350	12	8.5	400	400
	400	12	10	400	400
500		16	12.5		
	100	7	7	300	375
	125	9	7.5	300	375
	150	9	8	300	375
	200	9	8	300	400
	250	11	7.5	400	400
	300	12	7.5	400	425
	350	12	8.5	400	425
	400	12	10	400	425
	450	14	11	400	450
600		16	15		
	125	9	7.5	300	400
	150	9	8	300	400
	200	9	8	300	400
	250	11	7.5	300	425
	300	12	7.5	400	425
	350	12	8.5	400	450
	400	12	10	450	450
	450	14	11	450	450
	500	16	12.5	450	500
700		18	17.5		
	125	9	7.5	400	425
	150	9	8	400	425
	200	9	8	400	425
	250	11	7.5	400	450
	300	12	7.5	400	450
	350	12	8.5	450	475
	400	12	10	450	475
	450	14	11	450	550
	500	16	12.5	450	550
	600	16	15	500	575
800		20	20		
	125	9	7.5	400	450
	150	9	8	400	450
	200	9	8	400	450
	250	11	7.5	400	475
	300	12	7.5	450	475
	350	12	8.5	450	500
	400	12	10	450	500
	450	14	11	500	500
	500	16	12.5	500	550
	600	16	15	550	600
	700	18	17.5	650	650

（6）法兰式复合异径管（表 7-160）

表 7-160　法兰式复合大小头规格尺寸　　单位：mm

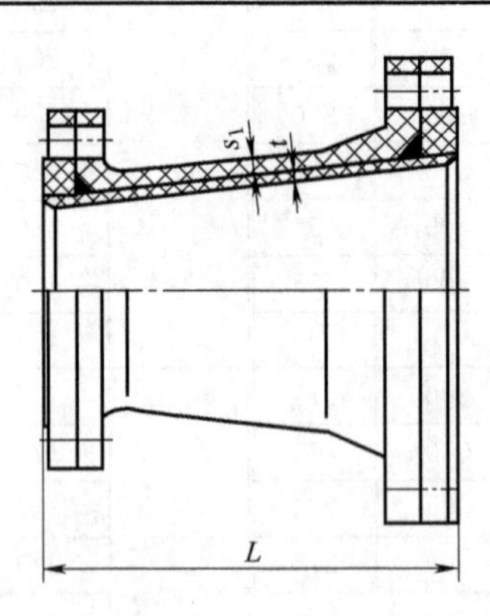

大头 DN	小头 DN	s_1	t	L	大头 DN	小头 DN	s_1	t	L
32	25	6	5	150	400	200	12	10	450
40	25	6	6	200		250			400
	32			150		300			350
50	25	7	7	200		350			300
	32			200	450	200	14	11	650
	40			150		250			550
65	25	7	5	200		300			450
	32			200		350			350
	40			200		400			250
	50			150	500	250	15.5	13	650
80	50	7	6	200		300			550
100	50	7	7	250		350			450
	80			200		400			350
125	50	9	7.5	300		450			250
	80			250	600	250	16	15	650
	100			200		300			550
150	80	9	8	300		350			400
	100			250		400			350
	125			200		450			300
200	80	9	8	400		500			250
	100			350	700	300	17.5	18	650
	125			300		350			550
	150			250		400			450
250	100	11	7.5	450		450			400
	125			400		500			350
	150			350		600			300
	200			250	800	300	20	20	650
300	125	12	7.5	300		350			550
	150			350		400			500
	200			350		450			450
	250			300		500			400
350	150	12	8.5	400		600			350
	200			350		700			300
	250			350					
	300			300					

7.5.4 玻璃管材

7.5.4.1 玻璃管和管件（HG/T 2435—93）

（1）玻璃管材性能参数

HG/T 2435—93 标准适用于输送腐蚀性气、液体的硼硅酸盐玻璃管和管件（以下简称管和管件）。

① 管和管件按密封结构形式分为球形端面和平形端面两大类。

② 管件按使用功能又可分为下述几类：调整垫、异径管、弯管、三通、四通和阀门。

③ 材质理化性能

a. 玻璃在 20～300℃的范围内的平均线热膨胀系数：$(3.3\pm0.1)\times10^{-6}K^{-1}$。

b. 玻璃的密度：$(2.23\pm0.02)g/cm^3$。

④ 管和管件的耐热冲击温度：*DN*＜100mm 的耐热冲击的温度差应不小于 120℃；*DN*＞100mm 的耐热冲击的温度差应不小于 110℃。

⑤ 管和管件的许用工作压力应符合表 7-161 的规定。

表 7-161 管和管件的许用工作压力

<table>
<tr><th>DN/mm</th><th>管和管件/MPa</th><th>阀门/MPa</th></tr>
<tr><td>15</td><td rowspan="7">0.40</td><td rowspan="6">0.30</td></tr>
<tr><td>20</td></tr>
<tr><td>25</td></tr>
<tr><td>32</td></tr>
<tr><td>40</td></tr>
<tr><td>50</td></tr>
<tr><td>65</td><td>0.20</td></tr>
<tr><td>80</td><td rowspan="3">0.30</td><td rowspan="3">0.15</td></tr>
<tr><td>100</td></tr>
<tr><td>125</td></tr>
<tr><td>150</td><td>0.20</td><td>0.10</td></tr>
</table>

⑥ 试验压力：玻璃管的试验压力为设计压力的 2 倍；玻璃管件和阀门的试验压力为设计压力的 1.5 倍，具体见表 7-162。

表 7-162 管和管件的试验压力

<table>
<tr><th>公称通径DN</th><th>（石棉橡胶垫）每个螺栓上扭矩/N·m</th><th>（硬四氟乙烯垫片）每个螺栓上扭矩/N·m</th><th>设计压力/MPa</th><th>管的试验压力/MPa</th><th>管件试验压力/MPa</th><th>阀门的设计压力/MPa</th><th>阀门的试验压力/MPa</th></tr>
<tr><td>15</td><td rowspan="2">2.70</td><td rowspan="2">2.70</td><td rowspan="6">0.40</td><td rowspan="6">0.80</td><td rowspan="6">0.60</td><td rowspan="5">0.30</td><td rowspan="5">0.45</td></tr>
<tr><td>20</td></tr>
<tr><td>25</td><td>2.70～4.10</td><td>2.70～4.10</td></tr>
<tr><td>32</td><td rowspan="3">4.10～4.70</td><td>4.10～4.70</td></tr>
<tr><td>40</td><td rowspan="2">4.10～5.40</td></tr>
<tr><td>50</td><td>0.20</td><td>0.30</td></tr>
<tr><td>65</td><td rowspan="3">4.10～5.40</td><td rowspan="2">5.40～6.80</td><td rowspan="2">0.30</td><td rowspan="2">0.60</td><td rowspan="2">0.45</td><td rowspan="2">0.15</td><td rowspan="2">0.22</td></tr>
<tr><td>80</td></tr>
<tr><td>100</td><td rowspan="2">6.80～9.50</td><td rowspan="3">0.20</td><td rowspan="3">0.40</td><td rowspan="3">0.30</td><td rowspan="3">0.10</td><td rowspan="3">0.15</td></tr>
<tr><td>125</td><td>5.40～6.80</td></tr>
<tr><td>150</td><td>6.90～8.10</td><td>9.50～13.6</td></tr>
</table>

注：以不大于 20kPa/s 的速度加压至试验压力，保压不少于 5min。

⑦ 耐腐蚀性能：玻璃除氢氟酸、氟硅酸、热磷酸及强碱外，能耐大多数无机酸、有机酸及有机溶剂等介质的腐蚀。

（2）玻璃管材规格

① 玻璃管的长度及其偏差应符合表 7-163 的规定。

表 7-163　玻璃管的长度及偏差　　单位：mm

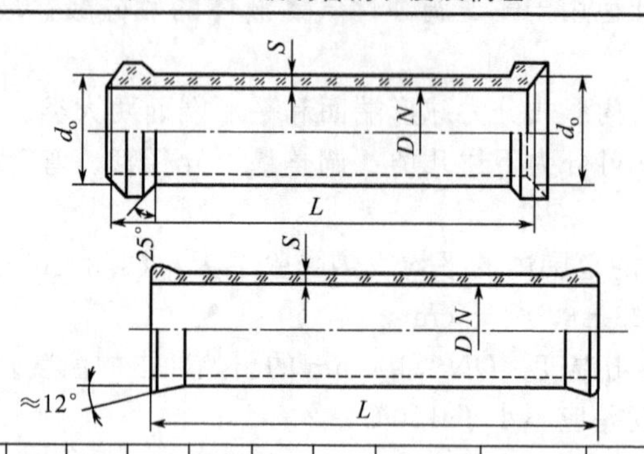

L / 偏差 / DN	100　125　150　175　200　300　400　500　700　1000			1500	2000	2500	3000		
	极限偏差			极限偏差			极限偏差		
	优等品	一等品	合格品	优等品	一等品	合格品	优等品	一等品	合格品
15	±1	±2	±3	±2	±3	±5			
20	±1	±2	±4	±2	±3	±6	±3	±4	±8
25	±1	±2	±4	±2	±3	±6	±3	±4	±8
32	±1	±2	±4	±2	±3	±6	±3	±4	±8
40	±1	±2	±4	±2	±3	±6	±3	±4	±8
50	±2	±3	±6	±2	±3	±6	±3	±4	±8
65	±2	±3	±6	±3	±4	±8	±4	±5	±10
80	±2	±3	±6	±3	±4	±8	±4	±5	±10
100	±2	±3	±6	±3	±4	±8	±4	±5	±10
125	±2	±3	±6	±3	±4	±8	±4	±5	±10
150	±2	±3	±6	±3	±4	±8	±4	±5	±10

② 管和管件（弯管除外）的外径和壁厚及其偏差应符合表 7-164 的规定。

表 7-164　玻璃管和管件的外径与壁厚　　单位：mm

DN	玻璃管外径偏差				玻璃管壁厚偏差			
	尺寸	优等品	一等品	合格品	尺寸	优等品	一等品	合格品
15	22.0	±0.3	±0.5	±0.8	3.0	±0.3	±0.4	±0.7
20	27.0				3.5			
25	33.0	±0.5	±0.8	±1.0	4.0	±0.4	±0.5	±0.8
32	40.0	±0.8	±1.0	±1.5	4.5			
40	50.0				5.0			
50	60.0							
65	75.0	±1.0	±1.5	±2.0	5.5	±0.7	+1.0 −0.5	±1.2
80	90.0							
100	110.0	±1.5	±2.0	±2.5	6.0			
125	135.0				6.5	±0.8	±1.0	±1.5
150	165.0				7.5			

注：端头与管的过渡区（约 60～80mm）的厚度可大于表中的规定。

③ 玻璃管的直线度不得大于4‰。

(3) 玻璃调整垫（表7-165）

表7-165 玻璃调整垫 单位：mm

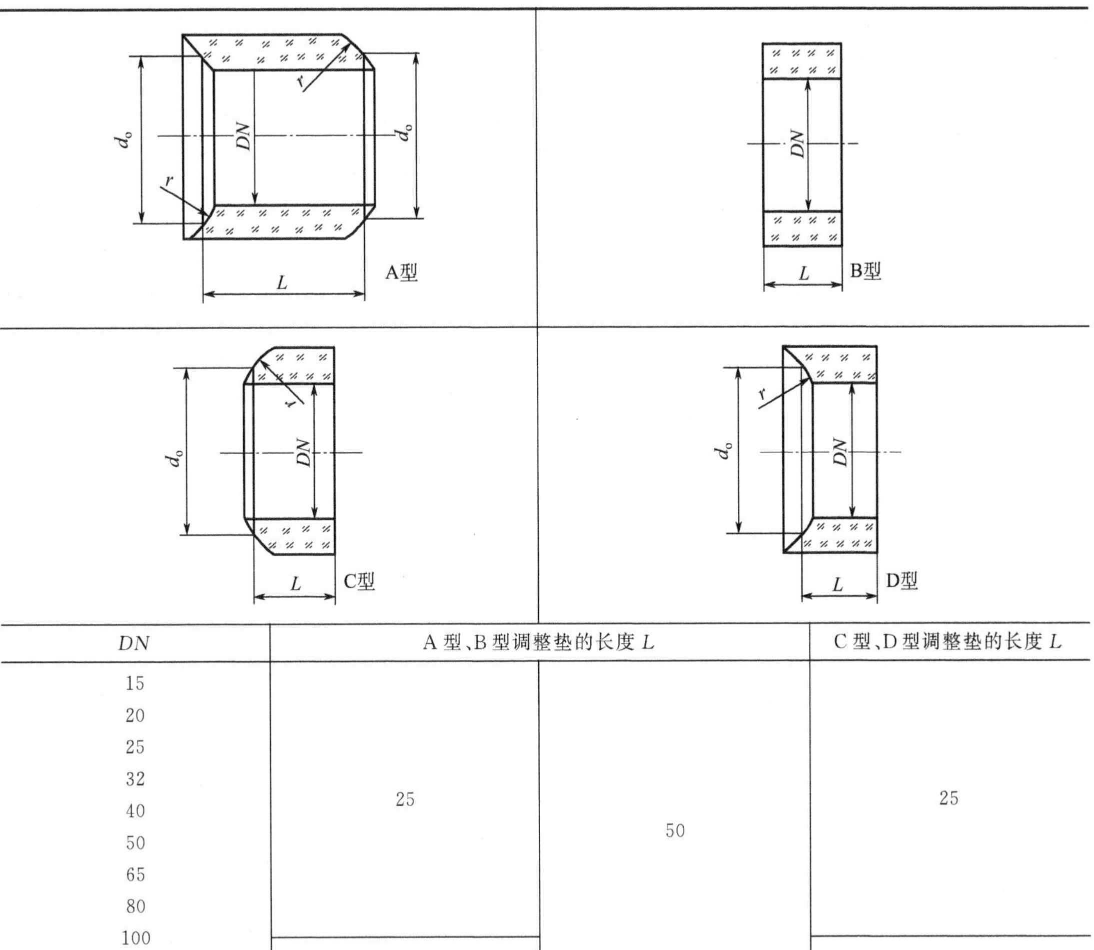

<table>
<tr><th rowspan="2">DN</th><th colspan="2">A型、B型调整垫的长度 L</th><th rowspan="2">C型、D型调整垫的长度 L</th></tr>
<tr><th></th><th></th></tr>
<tr><td>15</td><td rowspan="8">25</td><td rowspan="11">50</td><td rowspan="8">25</td></tr>
<tr><td>20</td></tr>
<tr><td>25</td></tr>
<tr><td>32</td></tr>
<tr><td>40</td></tr>
<tr><td>50</td></tr>
<tr><td>65</td></tr>
<tr><td>80</td></tr>
<tr><td>100</td><td rowspan="3">—</td><td rowspan="3">50</td></tr>
<tr><td>125</td></tr>
<tr><td>150</td></tr>
</table>

(4) 玻璃异径管（表7-166）

表7-166 玻璃异径管 单位：mm

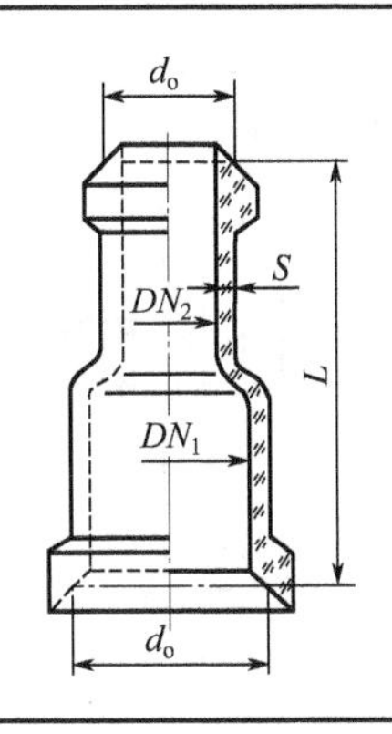

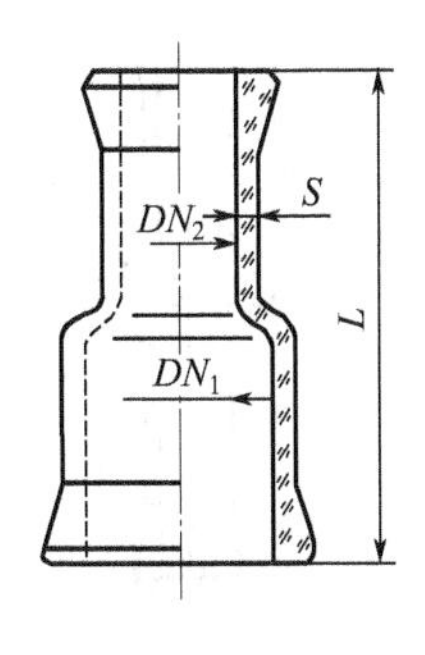

续表

DN_1	DN_2	尺寸 L	尺寸 L 偏差			DN_1	DN_2	尺寸 L	尺寸 L 偏差		
			优等品	一等品	合格品				优等品	一等品	合格品
150	25～125	200	±2	±3	±6	50	15～40	100	±2	±3	±6
125	20～100					40	15～32				
100	15～80	150				32	15～25		±1	±2	±4
80	15～65	125				25	15～20				
65	15～50					20	15				

(5) 玻璃弯管（表 7-167）

表 7-167 玻璃弯管 单位：mm

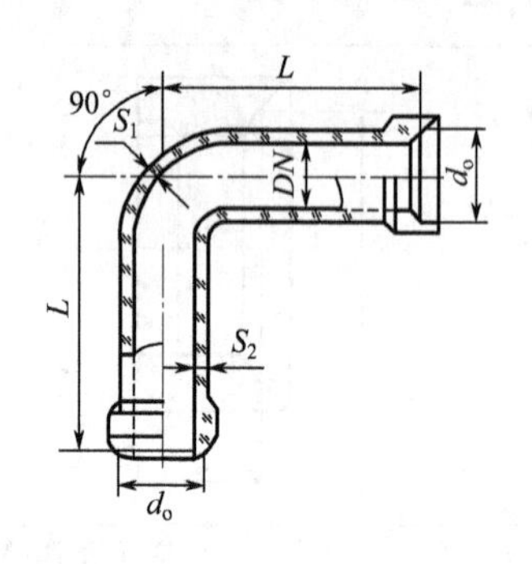

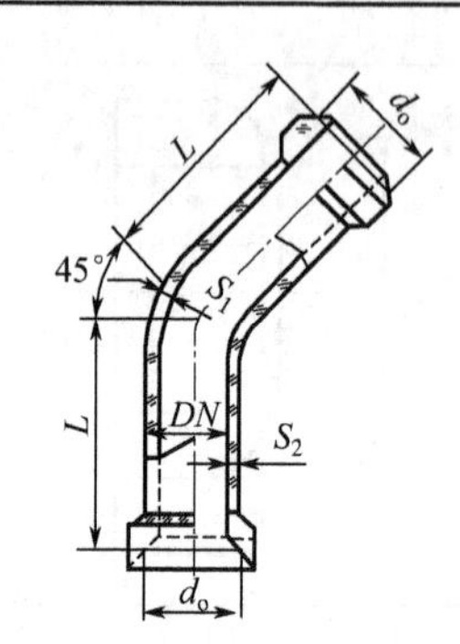

DN		15	20	25	32	40	50	65	80	100	125	150
$S_1>$		2.2		3.0				3.5		4.0		4.5
S_2	尺寸	3.5	4.0	5.5			6.0	6.5		7.0		
	偏差	±0.5						+1.0 −0.5	+1.0 −0.5	±1.0		
L	尺寸	50.0	75.0	100.0		150.0			200.0	250.0		
偏差	优等品	±1.0					±2.0					
	一等品	±2.0					±3.0					
	合格品	±4.0					±6.0					

(6) 玻璃三通/四通/角阀（表 7-168）

表 7-168 玻璃三通/四通/角阀

玻璃三通

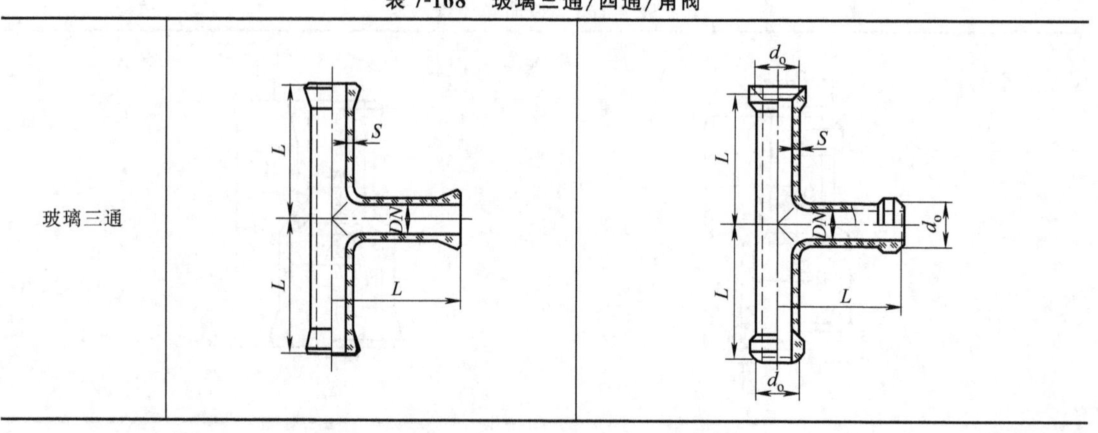

续表

玻璃四通

玻璃角阀

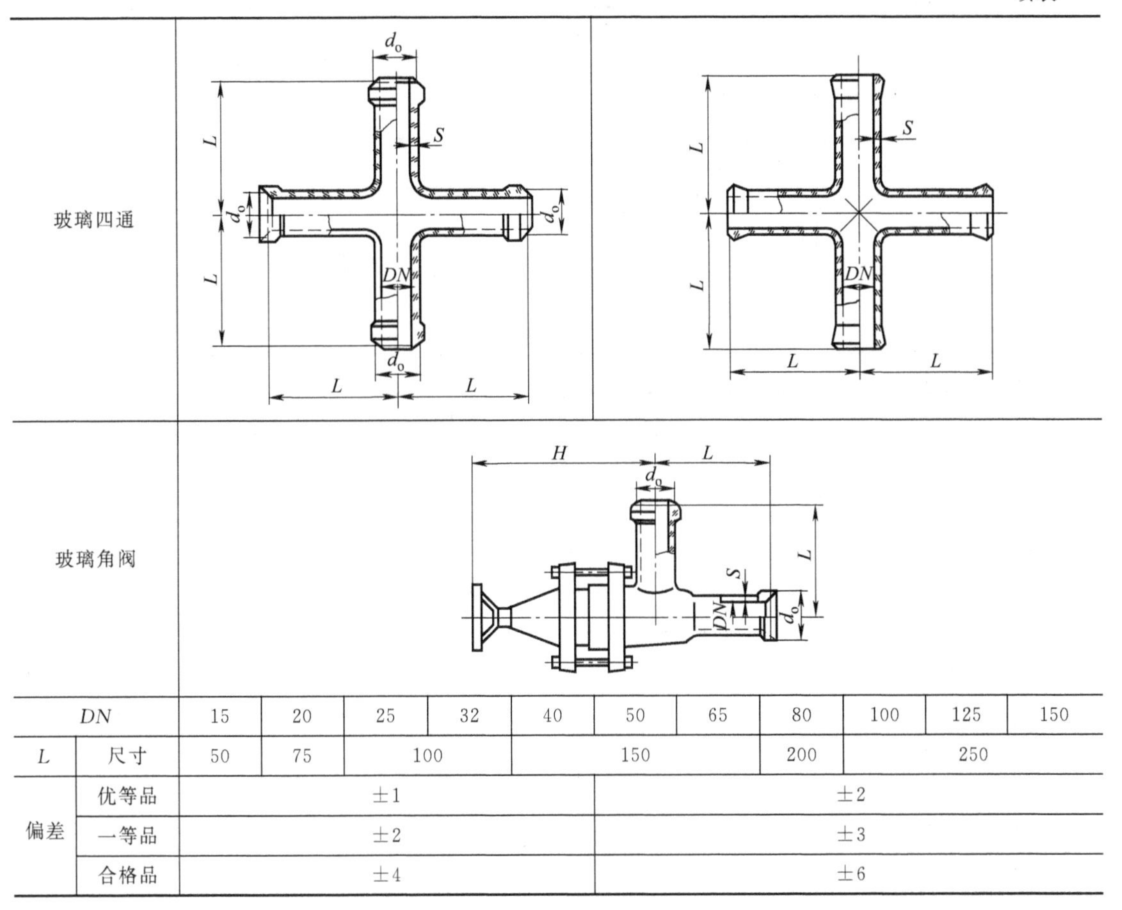

DN		15	20	25	32	40	50	65	80	100	125	150
L	尺寸	50	75	100		150			200	250		
偏差	优等品	±1					±2					
	一等品	±2					±3					
	合格品	±4					±6					

（7）玻璃直通阀（表 7-169）

表 7-169　玻璃直通阀　　单位：mm

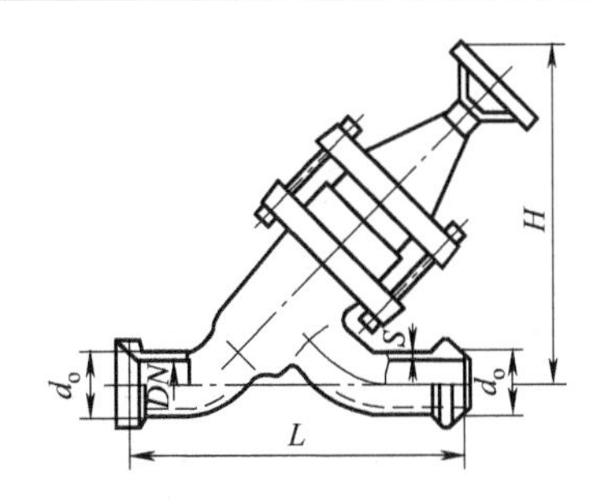

DN		15	20	25	32	40	50	65	80	100	125	150
L	尺寸	125	150	200		300			400	500		
偏差	优等品	±2					±3				±4	
	一等品	±3					±4				±5	
	合格品	±6					±8				±10	

注：H 的值由生产厂决定。

（8）玻璃球面端头（表 7-170）

表 7-170　玻璃球面端头　　　　单位：mm

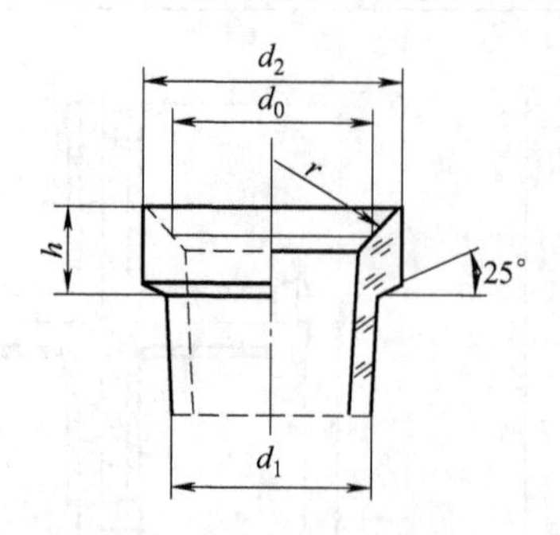

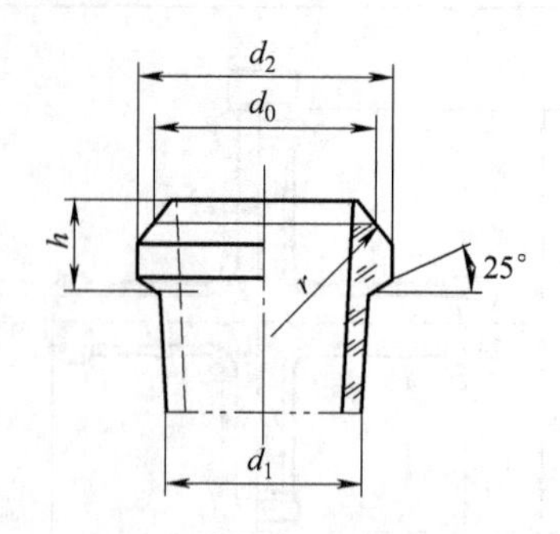

DN	d_0	d_1	d_2	r	h
15	21.0	22.0	30.0±1.0	18.0	12.0
20	26.0	27.0	37.0±1.0	20.0	14.0
25	34.0	33.0	44.0±1.0	25.0	15.0
32	40.0	40.0	52.0±1.0	32.0	17.0
40	50.0	50.0	62.0±1.5	40.0	18.0
50	62.0	60.0	76.0±1.5	50.0	20.0
65	77.0	75.0	95.0±2.0	65.0	24.0
80	90.0	90.0	110.0±2.0	80.0	28.0
100	118.0	110.0	130.0±2.0	100.0	29.0
125	138.0	135.0	155.0±2.0	125.0	29.0
150	170.0	165.0	185.0±2.0	150.0	30.0

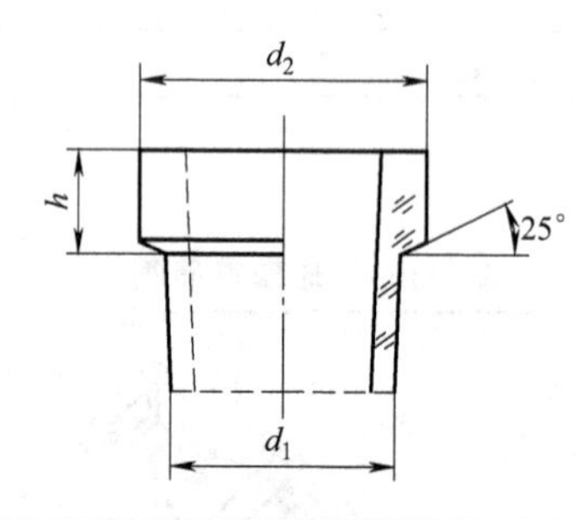

DN	d_1	d_2	h
15	22.0	30.0±1.0	12.0
20	27.0	37.0±1.0	14.0
25	33.0	44.0±1.0	15.0
32	40.0	52.0±1.0	17.0
40	50.0	62.0±1.5	18.0
50	60.0	76.0±1.5	20.0
65	75.0	95.0±2.0	24.0
80	90.0	110.0±2.0	28.0
100	110.0	130.0±2.0	29.0
125	135.0	155.0±2.0	29.0
150	165.0	185.0±2.0	30.0

续表

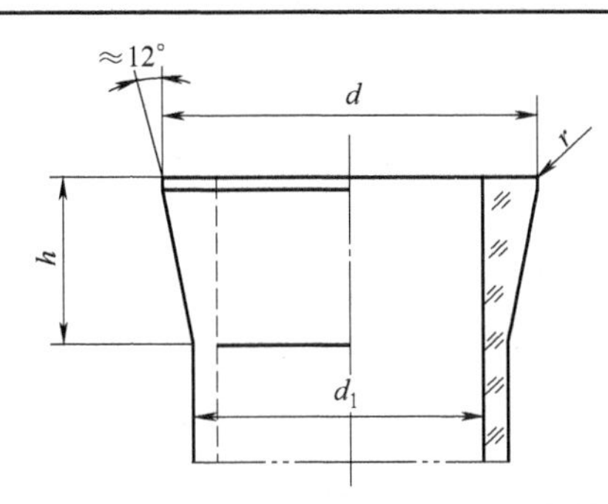

DN	d_1	d_2	h	r
15	22.0	30.0±1.0	20.0	1.0
20	27.0	37.0±1.0	24.0	1.0
25	33.0	43.0±1.0	25.0	1.0
32	40.0	51.0±1.0	27.0	1.0
40	50.0	61.0±1.0	27.0	1.0
50	60.0	72.0±1.5	30.0	1.5
65	75.0	89.0±2.0	30.0	1.5
80	90.0	103.0±2.0	32.0	1.5
100	110.0	127.0±2.0	42.0	2.0
125	135.0	152.0±2.0	42.0	2.0
150	165.0	182.0±2.0	42.0	2.0

(9) 活套法兰及管道联接

① 活套法兰主要数据（表 7-171）

表 7-171 活套法兰 单位：mm

DN	15	20	25	32	40	50	65	80	100	125	150
螺孔中心圆直径	65	75	85	100	110	125	145	160	180	204	240
螺孔数量	4	4	4	4	4	4	6	8	8	8	8
螺孔直径	7	7	9.5	9.5	9.5	9.5	9.5	9.5	9.5	9.5	10.5

② 玻璃管道连接（图 7-11）

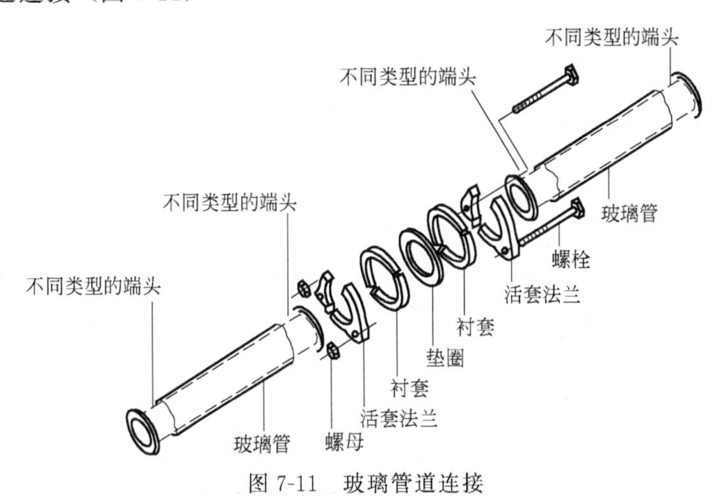

图 7-11 玻璃管道连接

7.5.4.2 液位计用玻璃板（QB 2112—1995）（表 7-172）

表 7-172 液位计用玻璃板

简图	L/mm	B/mm	S/mm
	115 140 165 190 220 250 280 320 340	34	17

材料	耐压/10^5Pa	耐温/℃	急变温度/℃	抗弯强度/10^5Pa	抗水性/(mg/dm²)	抗碱性/(mg/dm²)
硼硅玻璃	≤50	≥320	≥260	≥800	≤0.15	≤60

7.6 非焊接管件（无缝管件）（GB/T 12459—2005）

7.6.1 等径弯头（表 7-173）

表 7-173 等径弯头 单位：mm

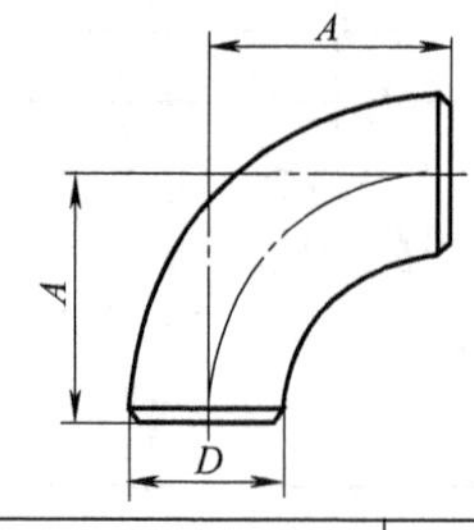

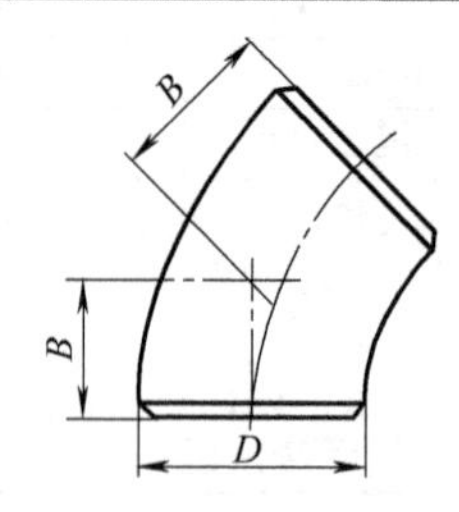

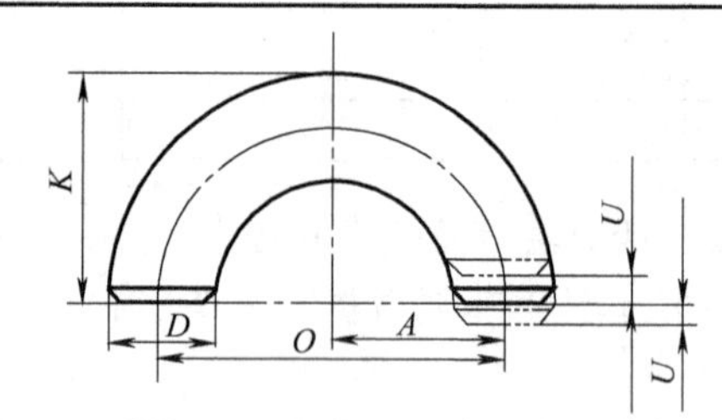

公称尺寸 DN	端部外径 D		45°弯头 B	90°弯头 A		180°弯头 O		长半径 180° 弯头 K		短半径 180° 弯头 K	
	Ⅰ系列	Ⅱ系列	长半径	长半径	短半径	长半径	短半径	Ⅰ系列	Ⅱ系列	Ⅰ系列	Ⅱ系列
15	21.3	18	16	38	—	76	—	48	47	—	—
20	26.9	25	19	38	—	76	—	51	51	—	—
25	33.7	32	22	38	25	76	51	56	54	41	41
32	42.4	38	25	48	32	95	64	70	67	52	51
40	48.3	45	29	57	38	114	76	83	80	62	61
50	60.3	57	35	76	51	152	102	106	105	81	79
65	73.0	76	44	95	64	190	127	132	133	100	102
80	88.9	89	51	114	76	229	152	159	159	121	121
90	101.6	—	57	133	89	267	178	184	—	140	—
100	114.3	108	64	152	102	305	203	210	206	159	156
125	141.3	133	79	190	127	381	254	262	257	197	194
150	168.3	159	95	229	152	457	305	313	308	237	232
200	219.1	219	127	305	203	610	406	414	414	313	313
250	273.0	273	159	381	254	762	508	518	518	391	391
300	323.9	325	190	457	305	914	610	619	620	467	467
350	355.6	377	222	533	356	1067	711	711	722	533	544
400	406.4	426	254	610	406	1219	813	813	823	610	619
450	457.0	480	286	686	457	1372	914	914	925	686	697
500	508.0	530	318	762	508	1524	1016	1016	1026	762	773

续表

公称尺寸 DN	端部外径 D		45°弯头 B	90°弯头 A		180°弯头 O		长半径 180°弯头 K		短半径 180°弯头 K	
	Ⅰ系列	Ⅱ系列	长半径	长半径	短半径	长半径	短半径	Ⅰ系列	Ⅱ系列	Ⅰ系列	Ⅱ系列
550	559.0	—	343	838	559	1676	1118	1118	—	838	—
600	610	630	381	914	610	1829	1219	1219	1229	914	925
650	660	—	406	991		—					
700	711	720	438	1067		—					
750	762	—	470	1143		—					
800	813	820	502	1219		—					

7.6.2 长半径 90°异径弯头（表 7-174）

表 7-174 长半径 90°异径弯头 单位：mm

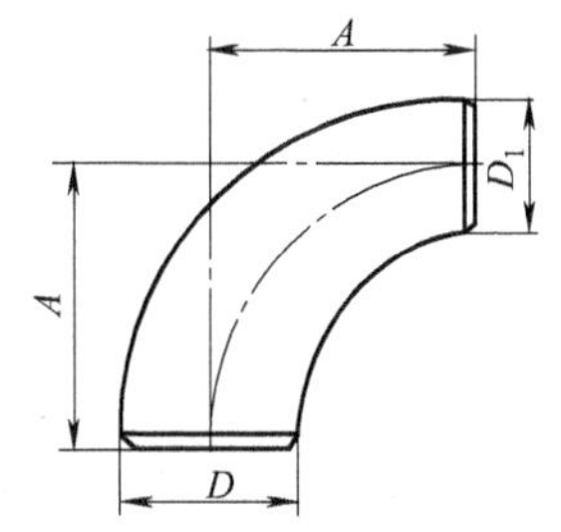

公称尺寸 DN	端部外径				中心至端面尺寸 A	公称尺寸 DN	端部外径				中心至端面尺寸 A
	Ⅰ系列 D	Ⅱ系列 D	Ⅰ系列 D_1	Ⅱ系列 D_1			Ⅰ系列 D	Ⅱ系列 D	Ⅰ系列 D_1	Ⅱ系列 D_1	
50×40	60.3	57	48.3	45	76	250×200	273.0	273	219.1	219	381
50×32	60.3	57	42.4	38	76	250×150	273.0	273	168.3	159	381
50×25	60.3	57	33.7	32	76	250×125	273.0	273	141.3	133	381
65×50	73.0	76	60.3	57	95	300×250	323.9	325	273.0	273	457
65×40	73.0	76	48.3	45	95	300×200	323.9	325	219.1	219	457
65×32	73.0	76	42.4	38	95	300×150	323.9	325	168.3	159	457
80×65	88.9	89	73.0	76	114	350×300	355.6	377	323.9	325	533
80×50	88.9	89	60.3	57	114	350×250	355.6	377	273.0	273	533
80×40	88.9	89	48.3	45	114	350×200	355.6	377	219.1	219	533
90×80	101.6	—	88.9	—	133	400×350	406.4	426	355.6	377	610
90×65	101.6	—	73.0	—	133	400×300	406.4	426	323.9	325	610
90×50	101.6	—	60.3	—	133	400×250	406.4	426	273.0	273	610
100×90	114.3	108	101.6	—	152	450×400	457.0	478	406.4	426	686
100×80	114.3	108	88.9	89	152	450×350	457.0	478	355.6	377	686
100×65	114.3	108	73.0	76	152	450×300	457.0	478	323.9	325	686
100×50	114.3	108	60.3	57	152	450×250	457.0	478	273.0	273	686
125×100	141.3	133	114.3	108	190	500×450	508.0	529	457.0	478	762
125×90	141.3	—	101.6	—	190	500×400	508.0	529	406.4	426	762
125×80	141.3	133	88.9	89	190	500×350	508.0	529	355.6	377	762
125×65	141.3	133	73.0	76	190	500×300	508.0	529	323.9	325	762
150×125	168.3	159	141.3	133	229	500×250	508.0	529	273.0	273	762
150×100	168.3	159	114.3	108	229	600×550	610.0	—	559.0	—	914
150×90	168.3	—	101.6	—	229	600×500	610.0	630	508.0	530	914
150×80	168.3	159	88.9	89	229	600×450	610.0	630	457.0	480	914
200×150	219.1	219	168.3	159	305	600×400	610.0	630	406.4	426	914
200×125	219.1	219	141.3	133	305	600×350	610.0	630	355.6	377	914
200×100	219.1	219	114.3	108	305	600×300	610.0	630	323.9	325	914

7.6.3 异径接头（表 7-175）

表 7-175 异径接头 单位：mm

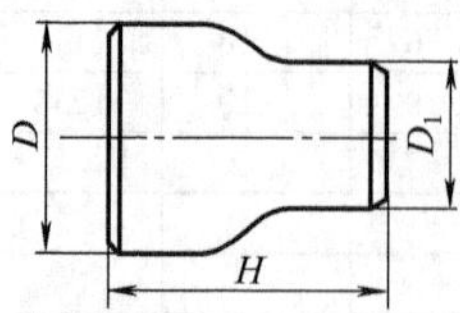

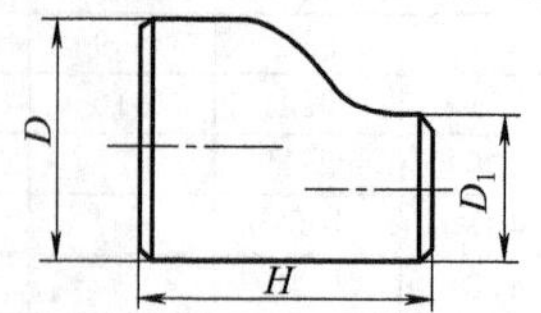

公称尺寸 DN	端部外径				长度 H	公称尺寸 DN	端部外径				长度 H
	Ⅰ系列 D	Ⅱ系列 D	Ⅰ系列 D_1	Ⅱ系列 D_1			Ⅰ系列 D	Ⅱ系列 D	Ⅰ系列 D_1	Ⅱ系列 D_1	
20×15	26.9	25	21.3	18	38	250×200	273.0	273	219.1	219	178
20×10	26.9	25	17.3	14	38	250×150	273.0	273	168.3	159	178
25×20	33.7	32	26.9	25	51	250×125	273.0	273	141.3	133	178
25×15	33.7	32	21.3	18	51	250×100	273.0	273	114.3	108	178
32×25	42.4	38	33.7	32	51	300×250	323.9	325	273.0	273	203
32×20	42.4	38	26.9	25	51	300×200	323.9	325	219.1	219	203
32×15	42.4	38	21.3	18	51	300×150	323.9	325	168.3	159	203
40×32	48.3	45	42.4	38	64	300×125	323.9	325	141.3	133	203
40×25	48.3	45	33.7	32	64	350×300	355.6	377	323.9	325	330
40×20	48.3	45	26.9	25	64	350×250	355.6	377	273.0	273	330
40×15	48.3	45	21.3	18	64	350×200	355.6	377	219.1	219	330
50×40	60.3	57	48.3	45	76	350×150	355.6	377	168.3	159	330
50×32	60.3	57	42.4	38	76	400×350	406.4	426	355.6	377	356
50×25	60.3	57	33.7	32	76	400×300	406.4	426	323.9	325	356
50×20	60.3	57	26.9	25	76	400×250	406.4	426	273.0	273	356
65×50	73.0	76	60.3	57	89	400×200	406.4	426	219.1	219	356
65×40	73.0	76	48.3	45	89	450×400	457.2	480	406.4	426	381
65×32	73.0	76	42.4	38	89	450×350	457.2	480	355.6	377	381
65×25	73.0	76	33.7	32	89	450×300	457.2	480	323.9	325	381
80×65	88.9	89	73.0	76	89	450×250	457.2	480	273.0	273	381
80×50	88.9	89	60.3	57	89	500×450	508.0	530	457.0	480	508
80×40	88.9	89	48.3	45	89	500×400	508.0	530	406.4	426	508
80×32	88.9	89	42.4	38	89	500×350	508.0	530	355.6	377	508
90×80	101.6	—	88.9	—	102	500×300	508.0	530	323.9	325	508
90×65	101.6	—	73.0	—	102	550×500	559	—	508	—	508
90×50	101.6	—	60.3	—	102	550×450	559	—	457	—	508
90×40	101.6	—	48.3	—	102	550×400	559	—	406.4	—	508
90×32	101.6	—	42.4	—	102	550×350	559	—	355.6	—	508
100×90	114.3	—	101.6	—	102	600×550	610	—	559	—	508
100×80	114.3	108	88.9	89	102	600×500	610	630	508	530	508
100×65	114.3	108	73.0	76	102	600×450	610	630	457.0	480	508
100×50	114.3	108	60.3	57	102	600×400	610	630	406.4	426	508
100×40	114.3	108	48.3	45	102	650×600	660	—	610	—	610
125×100	141.3	133	114.3	108	127	650×550	660	—	559	—	610
125×90	141.3	—	101.6	—	127	650×500	660	—	508	—	610
125×80	141.3	133	88.9	89	127	650×450	660	—	457	—	610
125×65	141.3	133	73.0	76	127	700×650	711	—	660	—	610
125×50	141.3	133	60.3	57	127	700×600	711	720	610	—	610
150×125	168.3	159	141.3	133	140	700×550	711	—	559	—	610
150×100	168.3	159	114.3	108	140	700×500	711	720	508	—	610
150×90	168.3	—	101.6	—	140	750×700	762	—	711	—	610
150×80	168.3	159	88.9	89	140	750×650	762	—	660	—	610
150×65	168.3	159	73.0	76	140	750×600	762	—	610	—	610
200×150	219.1	219	168.3	159	152	750×550	762	—	559	—	610
200×125	219.1	219	141.3	133	152	800×750	813	—	762	—	610
200×100	219.1	219	114.3	108	152	800×700	813	820	711	720	610
200×90	219.1	—	101.6	—	152	800×650	813	—	660	—	610
						800×600	813	820	610	720	610

7.6.4 等径三通和等径四通（表 7-176）

表 7-176 等径三通和等径四通 单位：mm

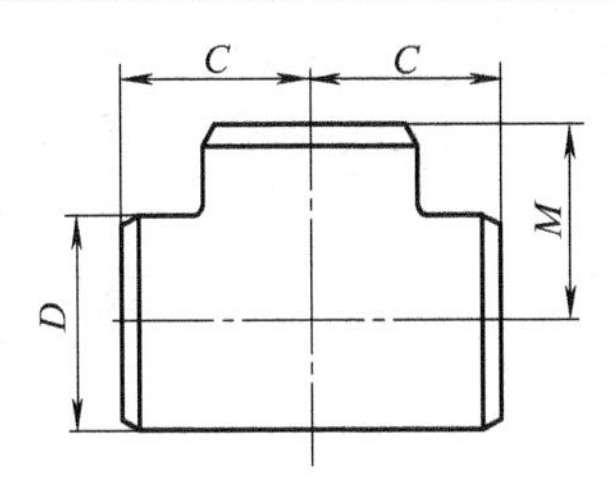

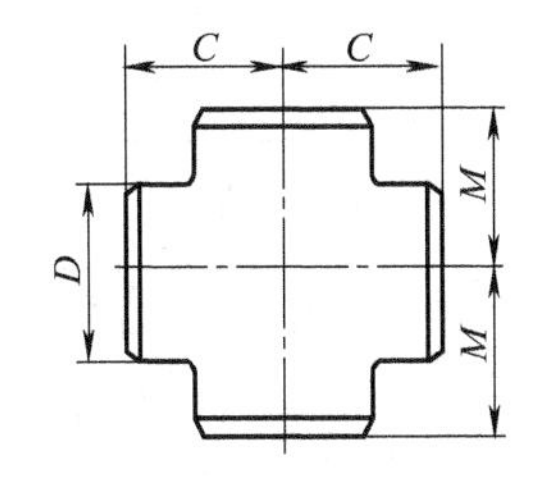

公称尺寸 DN	端部外径 D		中心至端面尺寸 C,M	公称尺寸 DN	端部外径 D		中心至端面尺寸 C,M
	Ⅰ系列	Ⅱ系列			Ⅰ系列	Ⅱ系列	
15	21.3	18	25	250	273.0	273	216
20	26.9	25	29	300	323.9	325	254
25	33.7	32	38	350	355.6	377	279
32	42.4	38	48	400	406.4	426	305
40	48.3	45	57	450	457.0	480	343
50	60.3	57	64	500	508.0	530	381
65	73.0	76	76	550	559	—	419
80	88.9	89	86	600	610	630	432
90	101.6	—	95	650	660	—	495
100	114.3	108	105	700	711	720	521
125	141.3	133	124	750	762	—	559
150	168.3	159	143	800	813	820	597
200	219.1	219	178				

7.6.5 异径三通和异径四通（表 7-177）

表 7-177 异径三通和异径四通 单位：mm

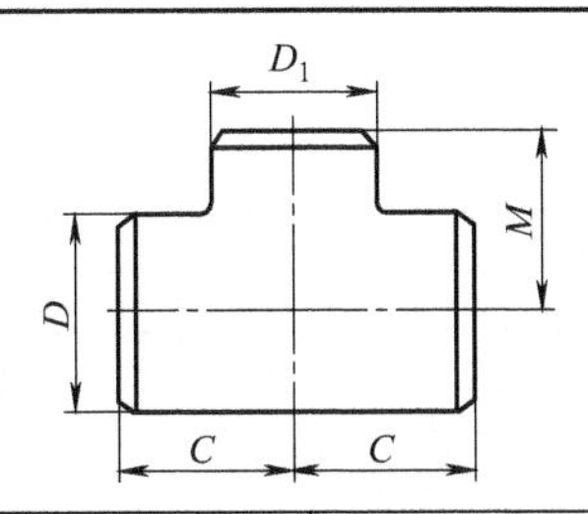

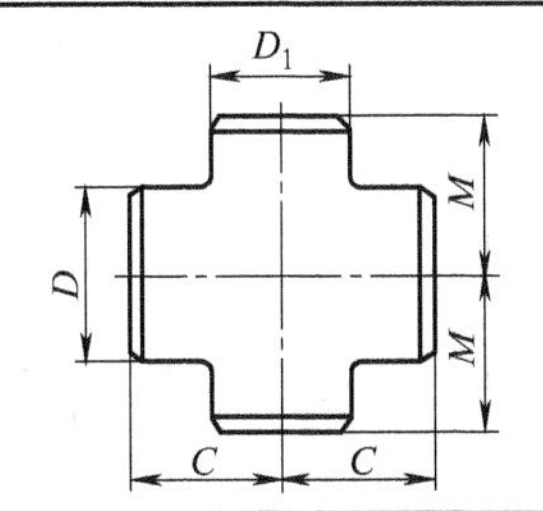

公称尺寸 DN	端部外径				中心至端面尺寸		公称尺寸 DN	端部外径				中心至端面尺寸	
	Ⅰ系列 D	Ⅱ系列 D	Ⅰ系列 D_1	Ⅱ系列 D_1	C	M		Ⅰ系列 D	Ⅱ系列 D	Ⅰ系列 D_1	Ⅱ系列 D_1	C	M
15×15×10	21.3	18	17.3	14	25	25	40×40×15	48.3	45	21.3	18	57	57
15×15×8	21.3	18	13.7	10	25	25	50×50×40	60.3	57	48.3	45	64	57
20×20×15	26.9	25	21.3	18	29	29	50×50×32	60.3	57	42.4	38	64	57
20×20×10	26.9	25	17.3	14	29	29	50×50×25	60.3	57	33.7	32	64	51
25×25×20	33.7	32	26.9	25	38	38	50×50×20	60.3	57	26.9	25	64	44
25×25×15	33.7	32	21.3	18	38	38	65×65×50	73.0	76	60.3	57	76	70
32×32×25	42.4	38	33.7	32	48	48	65×65×40	73.0	76	48.3	45	76	67
32×32×20	42.4	38	26.9	25	48	48	65×65×32	73.0	76	42.4	38	76	64
32×32×15	42.4	38	21.3	18	48	48	65×65×25	73.0	76	33.7	32	76	57
40×40×32	48.3	45	42.4	38	57	57	80×80×65	88.9	89	73.0	76	86	83
40×40×25	48.3	45	33.7	32	57	57	80×80×50	88.9	89	60.3	57	86	76
40×40×20	48.3	45	26.9	25	57	57	80×80×40	88.9	89	48.3	45	86	73

续表

公称尺寸 DN	端部外径				中心至端面尺寸		公称尺寸 DN	端部外径				中心至端面尺寸	
	Ⅰ系列 D	Ⅱ系列 D	Ⅰ系列 D_1	Ⅱ系列 D_1	C	M		Ⅰ系列 D	Ⅱ系列 D	Ⅰ系列 D_1	Ⅱ系列 D_1	C	M
80×80×32	88.9	89	42.4	38	86	70	500×500×250	508.0	529	273.0	273	381	333
90×90×80	101.6	—	88.9	—	95	92	500×500×200	508.0	529	219.1	219	381	324
90×90×65	101.6	—	73.0	—	95	89	550×550×500	559	—	508	—	419	406
90×90×50	101.6	—	60.3	—	95	83	550×550×450	559	—	457	—	419	394
90×90×40	101.6	—	48.3	—	95	79	550×550×400	559	—	406.4	—	419	381
100×100×90	114.3	—	101.6	—	105	102	550×550×350	559	—	355.6	—	419	381
100×100×80	114.3	108	88.9	89	105	98	550×550×300	559	—	323.9	—	419	371
100×100×65	114.3	108	73.0	76	105	95	550×550×250	559	—	273.0	—	419	359
100×100×50	114.3	108	60.3	57	105	89	600×600×550	610	—	559	—	432	432
100×100×40	114.3	108	48.3	45	105	86	600×600×500	610	630	508	530	432	432
125×125×100	141.3	133	114.3	108	124	117	600×600×450	610	630	457	480	432	419
125×125×90	141.3	—	101.6	—	124	114	600×600×400	610	630	406.4	426	432	406
125×125×80	141.3	133	88.9	89	124	111	600×600×350	610	630	355.6	377	432	406
125×125×65	141.3	133	73.0	76	124	108	600×600×300	610	630	323.9	325	432	397
125×125×50	141.3	133	60.3	57	124	105	600×600×250	610	630	273.0	273	432	384
150×150×125	168.3	159	141.3	133	143	137	650×650×600	660	—	610	—	495	483
150×150×100	168.3	159	114.3	108	143	130	650×650×650	660	—	559	—	495	470
150×150×90	168.3	—	101.6	—	143	127	650×650×500	660	—	508	—	495	457
150×150×80	168.3	159	88.9	89	143	124	650×650×450	660	—	457	—	495	444
150×150×65	168.3	159	73.0	76	143	121	650×650×400	660	—	406.4	—	495	432
200×200×150	219.1	219	168.3	159	178	168	650×650×350	660	—	355.6	—	495	432
200×200×125	219.1	219	141.3	133	178	162	650×650×300	660	—	323.9	—	495	422
200×200×100	219.1	219	114.3	108	178	156	700×700×650	711	—	660	—	521	521
200×200×90	219.1	—	101.6	—	178	152	700×700×600	711	720	610	630	521	508
250×250×200	273.0	273	219.1	219	216	208	700×700×550	711	—	559	—	521	495
250×250×150	273.0	273	168.3	159	216	194	700×700×500	711	720	508	530	521	483
250×250×125	273.0	273	141.3	133	216	191	700×700×450	711	720	457	480	521	470
250×250×100	273.0	273	114.3	108	216	184	700×700×400	711	720	406.4	426	521	457
300×300×250	323.9	325	273.0	273	254	241	700×700×350	711	720	355.6	377	521	457
300×300×200	323.9	325	219.1	219	254	229	700×700×300	711	720	323.9	325	521	448
300×300×150	323.9	325	168.3	159	254	219	750×750×700	762	—	711	—	559	546
300×300×125	323.9	325	141.3	133	254	216	750×750×750	762	—	660	—	559	546
350×350×300	355.6	377	323.9	325	279	270	750×750×600	762	—	610	—	559	533
350×350×250	355.6	377	273.0	273	279	257	750×750×650	762	—	559	—	559	521
350×350×200	355.6	377	219.1	219	279	248	750×750×500	762	—	508	—	559	508
350×350×150	355.6	377	168.3	159	279	238	750×750×450	762	—	457	—	559	495
400×400×350	406.4	426	355.6	377	305	305	750×750×400	762	—	406.4	—	559	483
400×400×300	406.4	426	323.9	325	305	295	750×750×350	762	—	355.6	—	559	483
400×400×250	406.4	426	273.0	273	305	283	750×750×300	762	—	323.9	—	559	473
400×400×200	406.4	426	219.1	219	305	273	750×750×250	762	—	273.0	—	559	460
400×400×150	406.4	426	168.3	159	305	264	600×800×750	813	—	762	—	597	584
450×450×400	457.2	478	406.4	426	343	330	600×800×700	813	820	711	720	597	572
450×450×350	457.2	478	355.6	377	343	330	600×800×650	813	—	660	—	597	572
450×450×300	457.2	478	323.9	325	343	321	600×800×600	813	820	610	630	597	559
450×450×250	457.2	478	273.0	273	343	308	600×800×550	813	—	559	—	597	546
450×450×200	457.2	478	219.1	219	343	298	600×800×500	813	820	508	530	597	533
500×500×450	508.0	529	457.0	480	381	368	600×800×450	813	820	457	480	597	521
500×500×400	508.0	529	406.4	426	381	356	600×800×400	813	820	406.4	426	597	508
500×500×350	508.0	529	355.6	377	381	356	600×800×350	813	820	355.6	377	597	508
500×500×300	508.0	529	323.9	325	381	356							

7.6.6 管帽（表 7-178）

表 7-178 管帽　　单位：mm

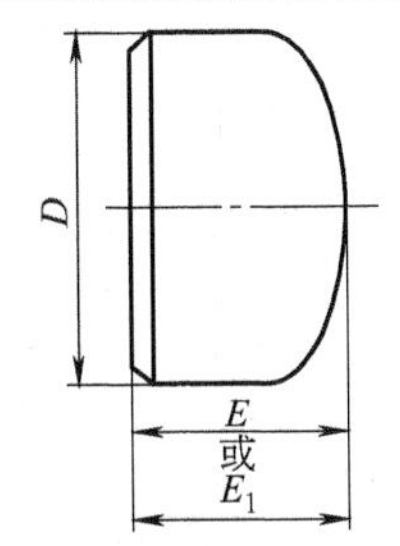

公称尺寸 DN	端部外径 D Ⅰ系列	端部外径 D Ⅱ系列	背面至端面尺寸 E	背面至端面尺寸 E_1	对 E 的限制厚度	公称尺寸 DN	端部外径 D Ⅰ系列	端部外径 D Ⅱ系列	背面至端面尺寸 E	背面至端面尺寸 E_1	对 E 的限制厚度
15	21.3	18	25	25	4.57	250	273.0	273	127	152	12.70
20	26.9	25	25	25	3.81	300	323.9	325	152	178	12.70
25	33.7	32	38	38	4.57	350	355.6	377	165	191	12.70
32	42.4	38	38	38	4.83	400	406.4	426	178	203	12.70
40	48.3	45	38	38	5.08	450	457	480	203	229	12.70
50	60.3	57	38	44	5.59	500	508	530	229	254	12.70
65	73.0	76	38	51	7.11	550	559	—	254	254	12.70
80	88.9	89	51	64	7.62	600	610	630	267	305	12.7
90	101.6	—	64	76	8.13	650	660	—	267		
100	114.3	108	64	76	8.64	700	711	720	267		
125	141.3	133	76	89	9.65	750	762	—	267		
150	168.3	159	89	102	10.92	800	813	820	267		
200	219.1	219	102	127	12.70						

7.6.7 管件材料（表 7-179）

表 7-179 管件材料

材料牌号	钢管标准号	材料牌号	钢管标准号
10、20	GB 3087、GB 6479、GB/T 8163、GB 6479	12Cr2Mo	GB 6479
Q295、Q345	GB/T 8163	20G、20MnG、12CrMoG、15CrMoG、12Cr2MoG、12Cr1MoVG	GB 5310
16Mn	GB 6479	1Cr19Ni11Nb	GB 5310、GB/T 9948
12CrMo、15CrMo、1Cr5Mo	GB 6479、GB/T 9948	0Cr18Ni9、00Cr19Ni10、0Cr18Ni10Ti、0Cr18Ni11Nb、0Cr17Ni12Mo2、00Cr17Ni14Mo2	GB/T 14976

7.7 焊接管件（有缝管件）（GB/T 13401—2005）

7.7.1 弯头（表 7-180）

表 7-180 弯头　　单位：mm

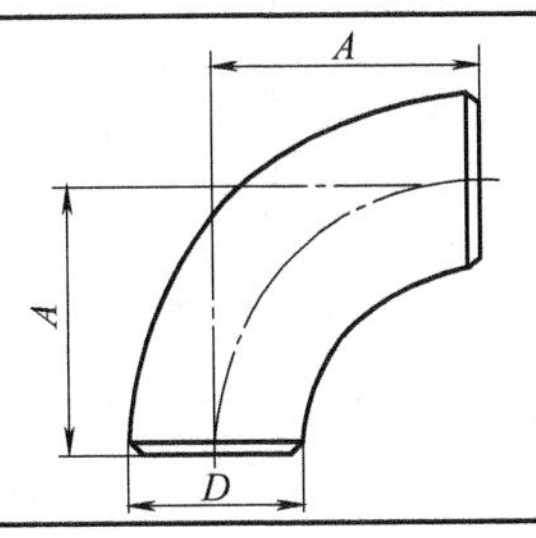

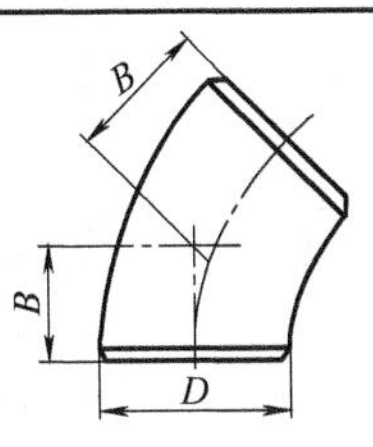

续表

公称尺寸 DN	端部外径 D		45°弯头 B	90°弯头 A		公称尺寸 DN	端部外径 D		45°弯头 B	90°弯头 A	
	Ⅰ系列	Ⅱ系列	长半径	长半径	短半径		Ⅰ系列	Ⅱ系列	长半径	长半径	短半径
150	168.3	159	95	229	152	700	711	720	438	1067	
200	219.1	219	127	305	203	750	762	—	470	1143	
250	273.0	273	159	381	254	800	813	820	502	1219	
300	323.9	325	190	457	305	850	864	—	533	1295	
350	355.6	377	222	533	356	900	914	920	565	1372	
400	406.4	426	254	610	406	950	965	—	600	1448	
450	457	480	286	686	457	1000	1016	1020	632	1524	
500	508	530	318	762	508	1050	1067	—	660	1600	
550	559	—	343	838	559	1100	1118	1120	695	1676	
600	610	630	381	914	610	1150	1168	—	727	1753	
650	660	—	405	991		1200	1219	1220	759	1829	

7.7.2 异径接头（表 7-181）

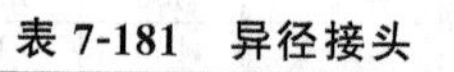

表 7-181　异径接头　　单位：mm

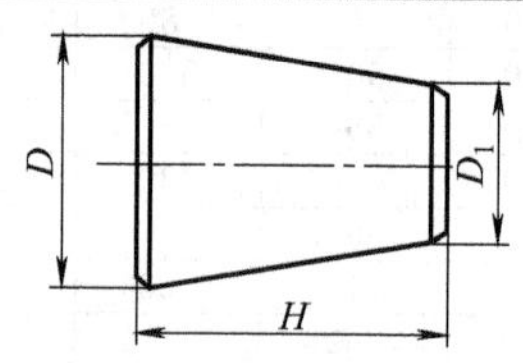

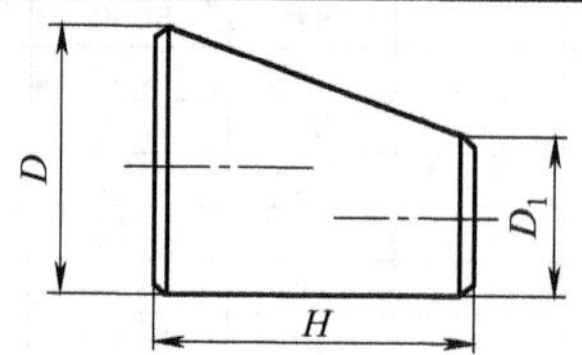

公称尺寸 DN	端部外径				长度 H	公称尺寸 DN	端部外径				长度 H
	Ⅰ系列 D	Ⅱ系列 D	Ⅰ系列 D_1	Ⅱ系列 D_1			Ⅰ系列 D	Ⅱ系列 D	Ⅰ系列 D_1	Ⅱ系列 D_1	
150×125	168.3	159	141.3	133	140	450×350	457	480	355.6	426	381
150×100	168.3	159	114.3	108	140	450×300	457	480	323.9	325	381
150×90	168.3	—	101.6	—	140	450×250	457	480	273.0	273	381
150×80	168.3	159	88.9	89	140	500×450	508	530	457	480	508
150×65	168.3	159	73.0	76	140	500×400	508	530	406.4	426	508
200×150	219.1	219	168.3	159	152	500×350	508	530	355.6	377	508
200×125	219.1	219	141.3	133	152	500×300	508	530	323.9	325	508
200×100	219.1	219	114.3	108	152	550×500	559	—	508	—	508
200×90	219.1	—	101.6	—	152	550×450	559	—	457	—	508
250×200	273.0	273	219.1	219	178	550×400	559	—	406.4	—	508
250×150	273.0	273	168.3	159	178	550×350	559	—	355.6	—	508
250×125	273.0	273	141.3	133	178	600×550	610	—	559	—	508
250×100	273.0	273	114.3	108	178	600×500	610	630	508	530	508
300×250	323.9	325	273.0	273	203	600×450	610	630	457	480	508
300×200	323.9	325	219.1	219	203	600×400	610	630	406.4	426	508
300×150	323.9	325	168.3	159	203	650×600	660	—	610	—	610
300×125	323.9	325	141.3	133	203	650×550	660	—	559	—	610
350×300	355.6	377	323.9	325	330	650×500	660	—	508	—	610
350×250	355.6	377	273.0	273	330	650×450	660	—	457	—	610
350×200	355.6	377	219.1	219	330	700×650	711	—	660	—	610
350×150	355.6	377	168.3	159	330	700×600	711	720	610	630	610
400×350	406.4	426	355.6	377	356	700×550	711	—	559	—	610
400×300	406.4	426	323.9	325	356	700×500	711	720	508	530	610
400×250	406.4	426	273.0	273	356	750×700	762	—	711	—	610
400×200	406.4	426	219.1	219	356	750×650	762	—	660	—	610
450×400	457	480	406.4	426	381	750×600	762	—	610	—	610

续表

公称尺寸 DN	端部外径				长度 H	公称尺寸 DN	端部外径				长度 H
	Ⅰ系列 D	Ⅱ系列 D	Ⅰ系列 D_1	Ⅱ系列 D_1			Ⅰ系列 D	Ⅱ系列 D	Ⅰ系列 D_1	Ⅱ系列 D_1	
750×550	762	—	559	—	610	1000×850	1016	—	864	—	610
800×750	813	—	762	—	610	1000×800	1016	1020	813	820	610
800×700	813	820	711	720	610	1000×750	1016	—	762	—	610
800×650	813	—	660	—	610	1050×1000	1067	—	1016	—	610
800×600	813	820	610	630	610	1050×950	1067	—	965	—	610
850×800	864	—	813	—	610	1050×900	1067	—	914	—	610
850×750	864	—	762	—	610	1050×850	1067	—	864	—	610
850×700	864	—	711	—	610	1050×800	1067	—	813	—	610
850×650	864	—	660	—	610	1050×750	1067	—	762	—	610
900×850	914	—	864	—	610	1100×1050	1118	—	1067	—	610
900×800	914	920	813	820	610	1100×1000	1118	1120	1016	1020	610
900×750	914	—	762	—	610	1100×950	1118	—	965	—	610
900×700	914	920	711	720	610	1100×900	1118	1120	914	920	610
900×650	914	—	660	—	610	1150×1100	1168	—	1118	—	711
950×900	965	—	914	—	610	1150×1050	1168	—	1067	—	711
950×850	965	—	864	—	610	1150×1000	1168	—	1016	—	711
950×800	965	—	813	—	610	1150×950	1168	—	965	—	711
950×750	965	—	762	—	610	1200×1150	1219	—	1168	—	711
950×700	965	—	711	—	610	1200×1100	1219	1220	1118	1120	711
950×650	965	—	660	—	610	1200×1050	1219	—	1067	—	711
1000×950	1016	—	965	—	610	1200×1000	1219	1220	1016	1020	711
1000×900	1016	1020	914	920	610						

7.7.3 等径三通和等径四通（表 7-182）

表 7-182 等径三通和等径四通 单位：mm

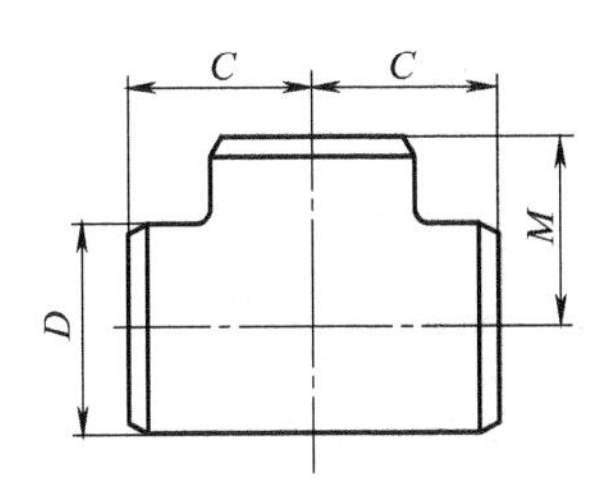

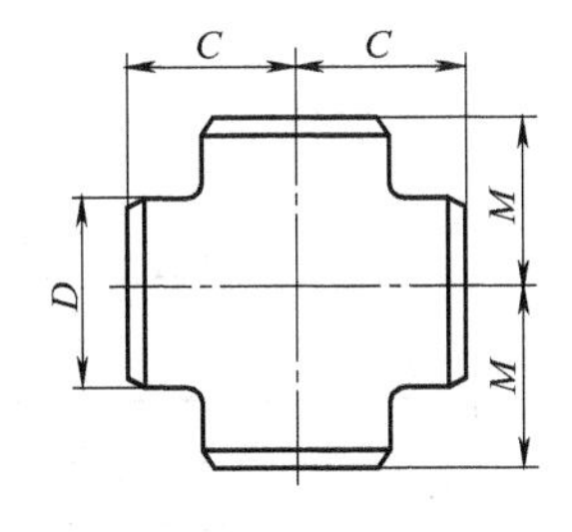

公称尺寸 DN	端部外径 D		中心至端面		公称尺寸 DN	端部外径 D		中心至端面	
	Ⅰ系列	Ⅱ系列	C	M		Ⅰ系列	Ⅱ系列	C	M
150	168.3	159	143	143	700	711	720	521	521
200	219.1	219	178	178	750	762	—	559	559
250	273.0	273	216	216	800	813	820	597	597
300	323.9	325	254	254	850	864	—	635	635
350	355.6	377	279	279	900	914	920	673	673
400	406.4	426	305	305	950	965	—	711	711
450	457	480	343	343	1000	1016	1020	749	749
500	508	530	381	381	1050	1067	—	762	711
550	559	—	419	419	1100	1118	1120	813	762
600	610	630	432	432	1150	1168	—	851	800
650	660	—	495	495	1200	1220	1220	889	838

7.7.4 异径三通和异径四通（表 7-183）

表 7-183 异径三通和异径四通　　　　单位：mm

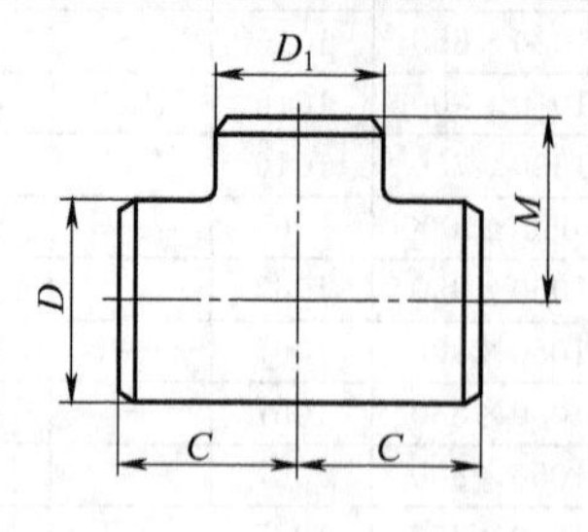

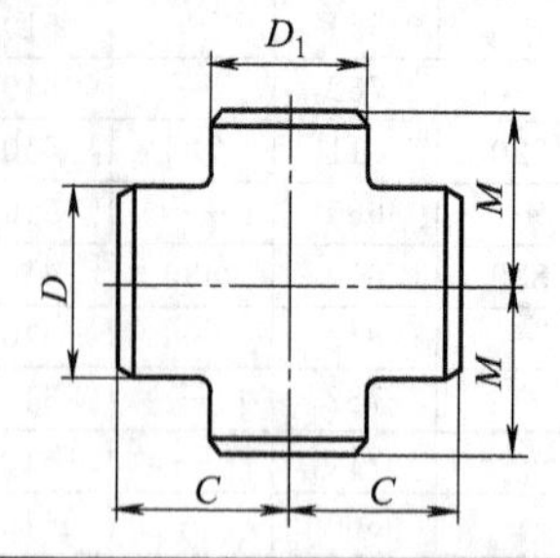

公称尺寸 DN	端部外径				中心至端面		公称尺寸 DN	端部外径				中心至端面	
	Ⅰ系列 D	Ⅱ系列 D	Ⅰ系列 D_1	Ⅱ系列 D_1	C	M		Ⅰ系列 D	Ⅱ系列 D	Ⅰ系列 D_1	Ⅱ系列 D_1	C	M
150×150×125	168.3	159	141.3	133	143	137	550×550×500	559	—	508.0	—	419	406
150×150×100	168.3	159	114.3	108	143	130	550×550×450	559	—	457.0	—	419	394
150×150×90	168.3	—	101.6	—	143	127	550×550×400	559	—	406.4	—	419	381
150×150×80	168.3	159	88.9	89	143	124	550×550×350	559	—	355.6	—	419	381
150×150×65	168.3	159	73.0	76	143	121	550×550×300	559	—	323.9	—	419	371
200×200×150	219.1	219	168.3	159	178	168	550×550×250	559	—	273.0	—	419	359
200×200×125	219.1	219	141.3	133	178	162	600×600×550	610	—	559	—	432	432
200×200×100	219.1	219	114.3	108	178	156	600×600×500	610	630	508	530	432	432
200×200×90	219.1	—	101.6	—	178	152	600×600×450	610	630	457	480	432	419
250×250×200	273.0	273	219.1	219	216	203	600×600×400	610	630	406.4	426	432	406
250×250×150	273.0	273	168.3	159	216	194	600×600×350	610	630	355.6	377	432	406
250×250×125	273.0	273	141.3	133	216	191	600×600×300	610	630	323.9	325	432	397
250×250×100	273.0	273	114.3	108	216	184	600×600×250	610	630	273.0	273	432	384
300×300×250	323.9	325	273.0	273	254	241	650×650×600	660	—	610	—	495	483
300×300×200	323.9	325	219.1	219	254	229	650×650×550	660	—	559	—	495	470
300×300×150	323.9	325	168.3	159	254	219	650×650×500	660	—	508	—	495	457
300×300×125	323.9	325	141.3	133	254	216	650×650×450	660	—	457	—	495	444
350×350×300	355.6	377	323.9	325	279	270	650×650×400	660	—	406.4	—	495	432
350×350×250	355.6	377	273.0	273	279	257	650×650×350	660	—	355.6	—	495	432
350×350×200	355.6	377	219.1	219	279	248	650×650×300	660	—	323.8	—	495	422
350×350×150	355.6	377	168.3	159	279	238	700×700×650	711	—	660	—	521	521
400×400×350	406.4	426	355.6	377	305	305	700×700×600	711	720	610	630	521	508
400×400×300	406.4	426	323.9	325	305	295	700×700×550	711	—	559	—	521	495
400×400×250	406.4	426	273.0	273	305	283	700×700×500	711	720	508	530	521	483
400×400×200	406.4	426	219.1	219	305	273	700×700×450	711	720	457	480	521	470
400×400×150	406.4	426	168.3	159	305	264	700×700×400	711	720	406.4	426	521	457
450×450×400	457	480	406.4	426	343	330	700×700×350	711	720	355.6	377	521	457
450×450×350	457	480	355.6	377	343	330	700×700×300	711	720	323.8	325	521	448
450×450×300	457	480	323.9	325	343	321	750×750×700	762	—	711	—	559	546
450×450×250	457	480	273.0	273	343	308	750×750×650	762	—	660	—	559	546
450×450×200	457	480	219.1	219	343	298	750×750×600	762	—	610	—	559	533
500×500×450	508	530	457	480	381	368	750×750×550	762	—	559	—	559	521
500×500×400	508	530	406.4	426	381	356	750×750×500	762	—	508	—	559	508
500×500×350	508	530	355.6	377	381	356	750×750×450	762	—	457	—	559	495
500×500×300	508	530	323.9	325	381	346	750×750×400	762	—	406.4	—	559	483
500×500×250	508	530	273.0	273	381	333	750×750×350	762	—	355.6	—	559	483
500×500×200	508	530	219.1	219	381	324	750×750×300	762	—	323.8	—	559	473

续表

公称尺寸 DN	端部外径				中心至端面		公称尺寸 DN	端部外径				中心至端面	
	Ⅰ系列 D	Ⅱ系列 D	Ⅰ系列 D_1	Ⅱ系列 D_1	C	M		Ⅰ系列 D	Ⅱ系列 D	Ⅰ系列 D_1	Ⅱ系列 D_1	C	M
750×750×250	762	—	273.0	—	559	460	1050×1050×1000	1067	—	1016	—	762	711
800×800×750	813	—	762	—	597	584	1050×1050×950	1067	—	965	—	762	711
800×800×700	813	820	711	720	597	572	1050×1050×900	1067	—	914	—	762	711
800×800×650	813	—	660	—	597	572	1050×1050×850	1067	—	864	—	762	711
800×800×600	813	820	610	630	597	559	1050×1050×800	1067	—	813	—	762	711
800×800×550	813	—	559	—	597	546	1050×1050×750	1067	—	762	—	762	711
800×800×500	813	820	508	530	597	533	1050×1050×700	1067	—	711	—	762	698
800×800×450	813	820	457	480	597	521	1050×1050×650	1067	—	660	—	762	698
800×800×400	813	820	406.4	426	597	508	1050×1050×600	1067	—	610	—	762	660
800×800×350	813	820	355.6	377	597	508	1050×1050×550	1067	—	559	—	762	660
850×850×800	864	—	813	—	635	622	1050×1050×500	1067	—	508	—	762	660
850×850×750	864	—	762	—	635	610	1050×1050×450	1067	—	457	—	762	648
850×850×700	864	—	711	—	635	597	1050×1050×400	1067	—	406.4	—	762	635
850×850×650	864	—	660	—	635	597	1100×1100×1050	1118	—	1067	—	813	762
850×850×600	864	—	610	—	635	584	1100×1100×1000	1118	1120	1016	1020	813	749
850×850×550	864	—	559	—	635	572	1100×1100×950	1118	—	965	—	813	737
850×850×500	864	—	508	—	635	559	1100×1100×900	1118	—	914	—	813	724
850×850×450	864	—	457	—	635	546	1100×1100×850	1118	—	864	—	813	724
850×850×400	864	—	406.4	—	635	533	1100×1100×800	1118	—	813	—	813	711
900×900×850	914	—	864	—	673	660	1100×1100×750	1118	—	762	—	813	711
900×900×800	914	920	813	820	673	648	1100×1100×700	1118	—	711	—	813	698
900×900×750	914	—	762	—	673	635	1100×1100×650	1118	—	660	—	813	698
900×900×700	914	—	711	—	673	622	1100×1100×600	1118	—	610	—	813	698
900×900×650	914	—	660	—	673	622	1100×1100×550	1118	—	559	—	813	686
900×900×600	914	—	610	—	673	610	1100×1100×500	1118	—	508	—	813	686
900×900×550	914	—	559	—	673	597	1150×1150×1100	1168	—	1118	—	851	800
900×900×500	914	—	508	—	673	584	1150×1150×1050	1168	—	1067	—	851	787
900×900×450	914	—	457	—	673	572	1150×1150×1000	1168	—	1016	—	851	775
900×900×400	914	—	406.4	—	673	559	1150×1150×950	1168	—	965	—	851	762
950×950×900	965	—	914	—	711	711	1150×1150×900	1168	—	914	—	851	762
950×950×850	965	—	864	—	711	698	1150×1150×850	1168	—	864	—	851	749
950×950×800	965	—	813	—	711	686	1150×1150×800	1168	—	813	—	851	749
950×950×750	965	—	762	—	711	673	1150×1150×750	1168	—	762	—	851	737
950×950×700	965	—	711	—	711	648	1150×1150×700	1168	—	711	—	851	737
950×950×650	965	—	660	—	711	648	1150×1150×650	1168	—	660	—	851	737
950×950×600	965	—	610	—	711	635	1150×1150×600	1168	—	610	—	851	724
950×950×550	965	—	559	—	711	622	1150×1150×550	1168	—	559	—	851	724
950×950×500	965	—	508	—	711	610	1200×1200×1150	1220	—	1168	—	889	838
950×950×450	965	—	457	—	711	597	1200×1200×1100	1220	1220	1118	1120	889	838
1000×1000×950	1016	—	965	—	749	749	1200×1200×1050	1220	—	1067	—	889	813
1000×1000×900	1016	1020	914	920	749	737	1200×1200×1000	1220	—	1016	—	889	813
1000×1000×850	1016	—	864	—	749	724	1200×1200×950	1220	—	965	—	889	813
1000×1000×800	1016	—	813	—	749	711	1200×1200×900	1220	—	914	—	889	787
1000×1000×750	1016	—	762	—	749	698	1200×1200×850	1220	—	864	—	889	787
1000×1000×700	1016	—	711	—	749	673	1200×1200×800	1220	—	813	—	889	787
1000×1000×650	1016	—	660	—	749	673	1200×1200×750	1220	—	762	—	889	762
1000×1000×600	1016	—	610	—	749	660	1200×1200×700	1220	—	711	—	889	762
1000×1000×550	1016	—	559	—	749	648	1200×1200×650	1220	—	660	—	889	762
1000×1000×500	1016	—	508	—	749	635	1200×1200×600	1220	—	510	—	889	737
1000×1000×450	1016	—	457	—	749	622	1200×1200×550	1220	—	559	—	889	737

7.7.5 管帽（表 7-184）

表 7-184 管帽 单位：mm

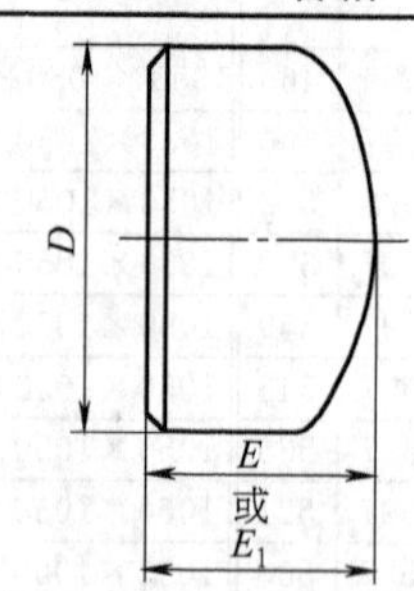

公称尺寸 DN	端部外径 D Ⅰ系列	端部外径 D Ⅱ系列	背面至端面尺寸 E	背面至端面尺寸 E_1	对 E 的限制厚度	公称尺寸 DN	端部外径 D Ⅰ系列	端部外径 D Ⅱ系列	背面至端面尺寸 E	背面至端面尺寸 E_1	对 E 的限制厚度
150	168.3	159	89	102	10.92	700	711	720	267		
200	219.1	219	102	127	12.70	750	762	—	267		
250	273.0	273	127	152	12.70	800	813	820	267		
300	323.9	325	152	178	12.70	850	864	—	267		
350	355.6	377	165	191	12.70	900	914	920	267		
400	406.4	426	178	203	12.70	950	965	—	305		
450	457	480	203	229	12.70	1000	1016	1020	305		
500	508	530	229	254	12.70	1050	1067	—	305		
550	559	—	254	254	12.70	1100	1118	1120	343		
600	610	630	267	305	12.70	1150	1168	—	343		
650	660	—	267			1200	1220	1220	343		

7.7.6 管件材料（表 7-185）

表 7-185 管件材料

材料牌号	钢管标准号	材料牌号	钢管标准号
10、20	GB/T 710、GB/T 711	16MnDR、09Mn2VDR	GB 3531
Q235、Q345	GB/T 3274、GB/T 912	0Cr18Ni9、0Cr17Ni12Mo2、0Cr18Ni10Ti、0Cr18Ni11Nb	GB/T 3280、GB/T 4237、GB/T 4238
20R、16MnR、15CrMoR	GB 6654	00Cr19Ni10、00Cr17Ni14Mo2	GB/T 3280、GB/T 4237
20G、16MnG、15CrMoG、12Cr1MoVG	GB/T 713		

7.8 锻制管件

7.8.1 锻制承插焊管件（GB/T 14383—2008）

7.8.1.1 弯头、三通和四通（表 7-186）

表 7-186 弯头、三通和四通 单位：mm

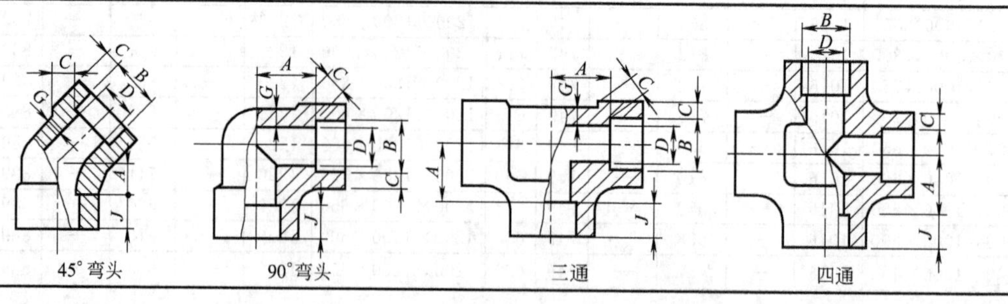

续表

公称尺寸		承插孔径 B①	流通孔径 D①			承插孔壁厚 C②						本体壁厚 G_{min}			承插孔深度 J_{min}	中心至承插孔底 A					
						3000		6000		9000						90°弯头、三通、四通			45°弯头		
DN	NPS		3000	6000	9000	ave	min	ave	min	ave	min	3000	6000	9000		3000	6000	9000	3000	6000	9000
6	1/8	10.9	6.1	3.2	—	3.18	3.18	3.96	3.43	—	—	2.41	3.15	—	9.5	11.0	11.0	—	8.0	8.0	—
8	1/4	14.3	8.5	5.6	—	3.78	3.30	4.60	4.01	—	—	3.02	3.68	—	9.5	11.0	13.5	—	8.0	8.0	—
10	3/8	17.7	11.8	8.4	—	4.01	3.50	5.03	4.37	—	—	3.20	4.01	—	9.5	13.5	15.5	—	8.0	11.0	—
15	1/2	21.9	15.0	11.0	5.6	4.67	4.09	5.97	5.18	9.53	8.18	3.73	4.78	7.47	9.5	15.5	19.0	25.5	11.0	12.5	15.5
20	3/4	27.3	20.2	14.8	10.3	4.90	4.27	6.96	6.04	9.78	8.56	3.91	5.56	7.82	12.5	19.0	22.5	28.5	13.0	14.0	19.0
25	1	34.0	25.9	19.9	14.4	5.69	4.98	7.92	6.93	11.38	9.96	4.55	6.35	9.09	12.5	22.5	27.0	32.0	14.0	17.5	20.5
32	1¼	42.8	34.3	28.7	22.0	6.07	5.28	7.92	6.93	12.14	10.62	4.85	6.35	9.70	12.5	27.0	32.0	35.0	17.5	20.5	22.5
40	1½	48.9	40.1	33.2	27.2	6.35	5.54	8.92	7.80	12.70	11.12	5.08	7.14	10.15	12.5	32.0	38.0	38.0	20.5	25.5	25.5
50	2	61.2	51.7	42.1	37.4	6.93	6.04	10.92	9.50	13.84	12.12	5.54	8.74	11.07	16.0	38.0	41.0	54.0	25.5	28.5	28.5
65	2½	73.9	61.2	—	—	8.76	7.62	—	—	—	—	7.01	—	—	16.0	41.0	—	—	28.5	—	—
80	3	89.9	76.4	—	—	9.52	8.30	—	—	—	—	7.62	—	—	16.0	57.0	—	—	32.0	—	—
100	4	115.5	100.7	—	—	10.69	9.35	—	—	—	—	8.56	—	—	19.0	66.5	—	—	41.0	—	—

① 当选用Ⅱ系列的管子时，其承插孔径和流通孔径应按Ⅱ系列管子尺寸配制，其余尺寸应符合 GB/T 14383 规定。
② 沿承插孔周边的平均壁厚不应小于平均值，局部允许达到最小值。

7.8.1.2 管箍、管帽和三通（表 7-187）

表 7-187 管箍、管帽和三通 单位：mm

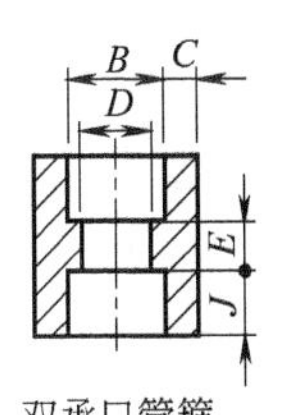

双承口管箍

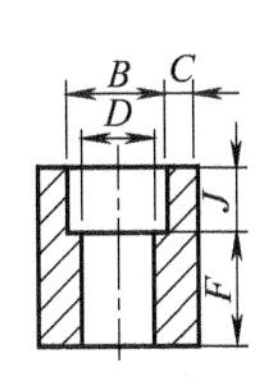

单承口管箍

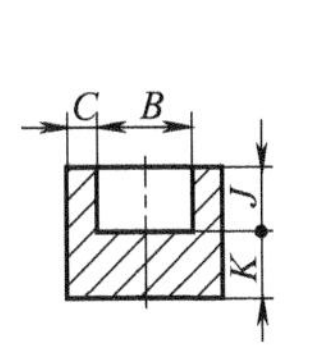

管帽

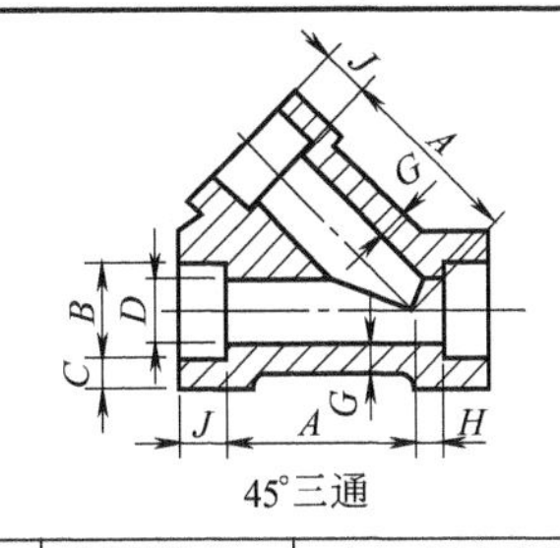

45°三通

公称尺寸		承插孔径 B①	流通孔径 D①			承插孔壁厚 C②						本体壁厚 G_{min}			承插孔深度 J_{min}	承插孔底距离 E	承插孔底至端面 F	顶部厚度 K_{min}			中心至承插孔底			
						3000		6000		9000											A		H	
DN	NPS		3000	6000	9000	ave	min	ave	min	ave	min	3000	6000	9000				3000	6000	9000	3000	6000	3000	6000
6	1/8	10.9	6.1	3.2	—	3.18	3.18	3.96	3.43	—	—	2.41	3.15	—	9.5	6.5	16.0	4.8	6.4	—	—	—	—	—
8	1/4	14.3	8.5	5.6	—	3.78	3.30	4.60	4.01	—	—	3.02	3.68	—	9.5	6.5	16.0	4.8	6.4	—	—	—	—	—
10	3/8	17.7	11.8	8.4	—	4.01	3.50	5.03	4.37	—	—	3.20	4.01	—	9.5	6.5	17.5	4.8	6.4	—	37	—	9.5	—
15	1/2	21.9	15.0	11.0	5.6	4.67	4.09	5.97	5.18	9.53	8.18	3.73	4.78	7.47	9.5	9.5	22.5	6.4	7.9	11.2	41	51	9.5	11
20	3/4	27.3	20.2	14.8	10.3	4.90	4.27	6.96	6.04	9.78	8.56	3.91	5.56	7.82	12.5	9.5	24.0	6.4	7.9	12.7	51	60	11	13
25	1	34.0	25.9	19.9	14.4	5.69	4.98	7.92	6.93	11.38	9.96	4.55	6.35	9.09	12.5	12.5	28.5	9.6	11.2	14.2	60	71	13	16
32	1¼	42.8	34.3	28.7	22.0	6.07	5.28	7.92	6.93	12.14	10.62	4.85	6.35	9.70	12.5	12.5	30.0	9.6	11.2	14.2	71	81	16	17
40	1½	48.9	40.1	33.2	27.2	6.35	5.54	8.92	7.80	12.70	11.12	5.08	7.14	10.15	12.5	12.5	32.0	11.2	12.7	15.7	81	98	17	21
50	2	61.2	51.7	42.1	37.4	6.93	6.04	10.92	9.50	13.84	12.12	5.54	8.74	11.07	16.0	19.0	41.0	12.7	15.7	19.0	98	151	21	30
65	2½	73.9	61.2	—	—	8.76	7.62	—	—	—	—	7.01	—	—	16.0	19.0	43.0	15.7	19.0	—	151	—	30	—
80	3	89.9	76.4	—	—	9.52	8.30	—	—	—	—	7.62	—	—	16.0	19.0	44.5	19.0	22.4	—	184	—	57	—
100	4	115.5	100.7	—	—	10.69	9.35	—	—	—	—	8.56	—	—	19.0	19.0	48.0	22.4	28.4	—	201	—	66	—

① 当选用Ⅱ系列的管子时，其承插孔径和流通孔径应按Ⅱ系列管子尺寸配制，其余尺寸应符合 GB/T 14383 规定。
② 沿承插孔周边的平均壁厚不应小于平均值，局部允许达到最小值。

7.8.2 锻钢制螺纹管件（GB/T 14383—2008）

7.8.2.1 弯头、三通和四通（表 7-188）

表 7-188 弯头、三通和四通 单位：mm

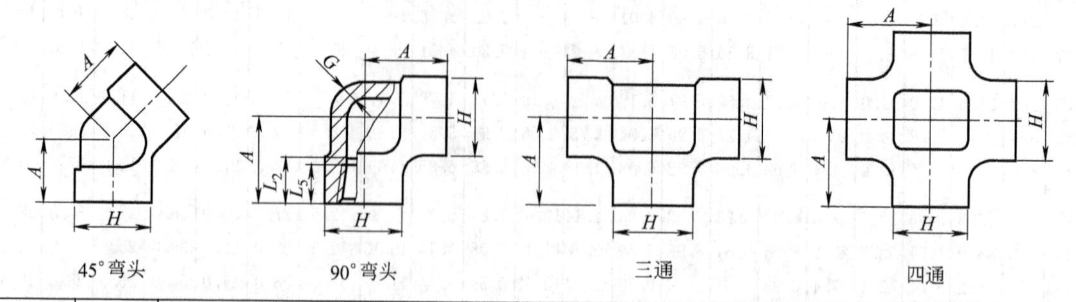

公称尺寸 DN	螺纹尺寸代号 NPT	中心至端面 A						端部外径 H①			本体壁厚 G_{min}			完整螺纹长度 L_{5min}	有效螺纹长度 L_{2min}
		90°弯头、三通和四通			45°弯头										
		2000	3000	6000	2000	3000	6000	2000	3000	6000	2000	3000	6000		
6	1/8	21	21	25	17	17	19	22	22	25	3.18	3.18	6.35	6.4	6.7
8	1/4	21	25	28	17	19	22	22	25	33	3.18	3.30	6.60	8.1	10.2
10	3/8	25	28	33	19	22	25	25	33	38	3.18	3.51	6.98	9.1	10.4
15	1/2	28	33	38	22	25	28	33	38	46	3.18	4.09	8.15	10.9	13.6
20	3/4	33	38	44	25	28	33	38	46	56	3.18	4.32	8.53	12.7	13.9
25	1	38	44	51	28	33	35	46	56	62	3.68	4.98	9.93	14.7	17.3
32	1¼	44	51	60	33	35	43	56	62	75	3.89	5.28	10.59	17.0	18.0
40	1½	51	60	64	35	43	44	62	75	84	4.01	5.56	11.07	17.8	18.4
50	2	60	64	83	43	44	52	75	84	102	4.27	7.14	12.05	19.0	19.2
65	2½	76	83	95	52	52	64	92	102	121	5.61	7.65	15.29	23.6	28.9
80	3	86	95	104	64	54	79	109	121	146	5.99	8.84	16.64	25.9	30.5
100	4	106	114	114	79	79	79	146	152	152	6.85	11.18	18.67	27.7	33.0

① 当 DN65mm（NPS2½）的管件配管选用Ⅱ系列的管子时，管件的端部外径应大于表中规定尺寸，以满足端部凸缘处的壁厚要求，其余尺寸应符合本表规定。

7.8.2.2 内外螺纹 90°弯头（表 7-189）

表 7-189 内外螺纹 90°弯头 单位：mm

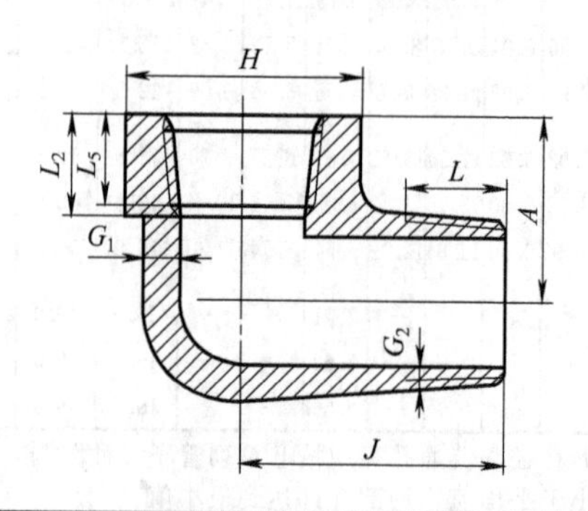

续表

公称尺寸 DN	螺纹尺寸代号 NPT	中心至内螺纹端面 A①		中心至外螺纹端面 J		端部外径 H②		本体壁厚 G_{1min}		本体壁厚 $G_{1min}^{③}$		内螺纹完整长度 L_{5min}	内螺纹有效长度 L_{2min}	外螺纹长度 L_{min}
		3000	6000	3000	6000	3000	6000	3000	6000	3000	6000			
6	1/8	19	22	25	32	19	25	3.18	5.08	2.74	4.22	6.4	6.7	10
8	1/4	22	25	32	38	25	32	3.30	5.66	3.22	5.28	8.1	10.2	11
10	3/8	25	28	38	41	32	38	3.51	6.98	3.50	5.59	9.1	10.4	13
15	1/2	28	35	41	48	38	44	4.09	8.15	4.16	6.53	10.9	13.6	14
20	3/4	35	44	48	57	44	51	4.32	8.53	4.88	6.86	12.7	13.9	16
25	1	44	51	57	66	51	62	4.98	9.93	5.56	7.95	14.7	17.3	19
32	1¼	51	54	66	71	62	70	5.28	10.59	5.56	8.48	17.0	18.0	21
40	1½	54	64	71	84	70	84	5.56	11.07	6.25	8.39	17.8	18.4	21
50	2	64	83	84	105	84	102	7.14	12.09	7.64	9.70	19.0	19.2	22

① 制造商也可以选择使用表 7-188 中 90°弯头的 A 尺寸。
② 制造商也可以选择使用表 7-188 中的 H 尺寸。
③ 为加工螺纹前的壁厚。

7.8.2.3 管箍和管帽（表 7-190）

表 7-190 管箍和管帽 单位：mm

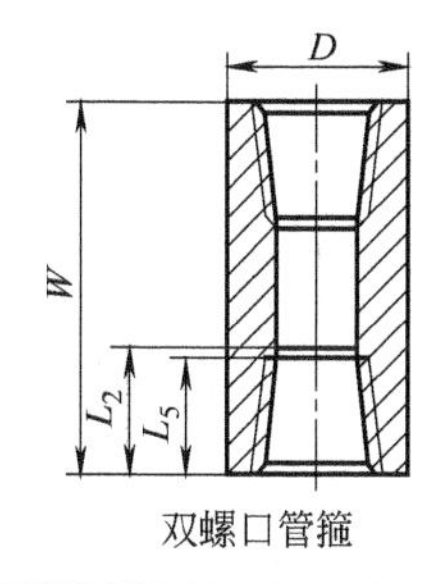

双螺口管箍

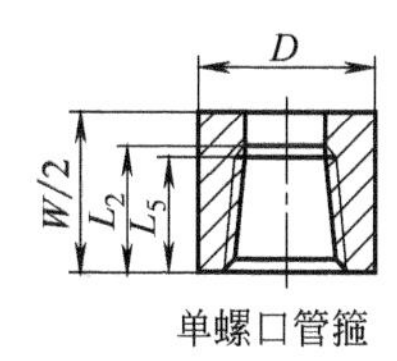

单螺口管箍

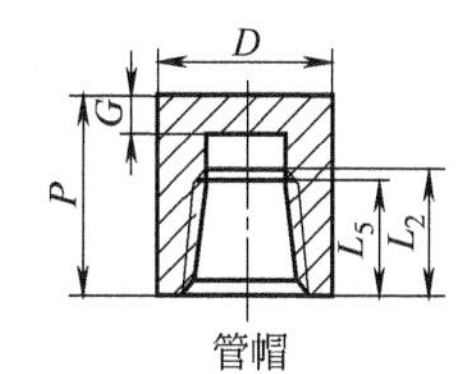

管帽

公称尺寸 DN	螺纹尺寸代号 NPT	端面至端面 W	端面至端面 P		外径 D①		顶部厚度 G_{min}		完整螺纹长度 L_{5min}	有效螺纹长度 L_{2min}
		3000 和 6000	3000	6000	3000	6000	3000	6000		
6	1/8	32	19	—	16	22	4.8	—	6.4	6.7
8	1/4	35	25	27	19	25	4.8	6.4	8.1	10.2
10	3/8	38	25	27	22	32	4.8	6.4	9.1	10.4
15	1/2	48	32	33	28	38	6.4	7.9	10.9	13.6
20	3/4	51	37	38	35	44	6.4	7.9	12.7	13.9
25	1	60	41	43	44	57	9.7	11.2	14.7	17.3
32	1¼	67	44	46	57	64	9.7	11.2	17.0	18.0
40	1½	79	44	48	64	76	11.2	12.7	17.8	18.4
50	2	86	48	51	76	92	12.7	15.7	19.0	19.2
65	2½	92	60	64	92	108	15.7	19.0	23.6	28.9
80	3	108	65	68	108	127	19.0	22.4	25.9	30.5
100	4	121	68	75	140	159	22.4	28.4	27.7	33.0

① 当 DN65mm（NPS2½）的管件配管选用Ⅱ系列的管子时，管件的端部外径应大于表中规定尺寸，以满足端部凸缘处的壁厚要求，其余尺寸应符合 GB/T 14383 规定。

注：1. 螺纹端部以外的最小壁厚应符合表 7-188 中相应公称尺寸和级别的规定。
2. 2000 级别的双螺口管箍、单螺口管箍和管帽不包括在 GB/T 14383 中。

7.8.2.4 管塞和螺纹接头（表 7-191）

表 7-191 管塞和螺纹接头 单位：mm

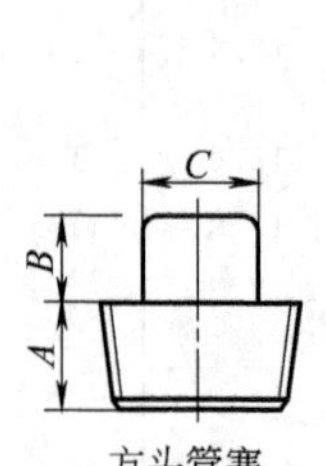

方头管塞

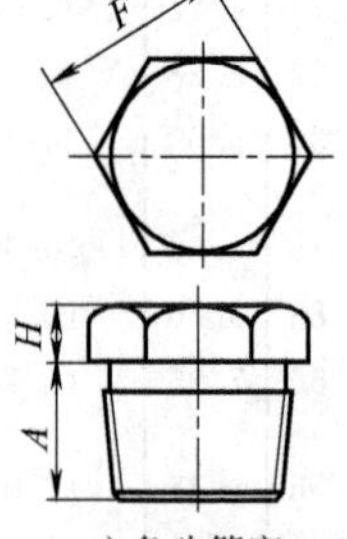

六角头管塞

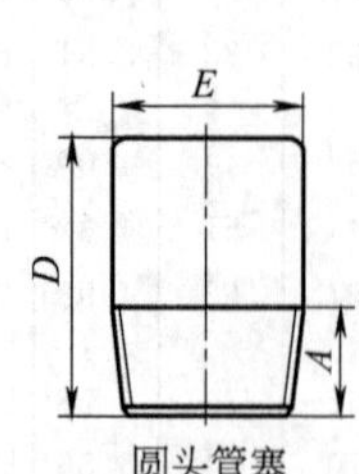

圆头管塞

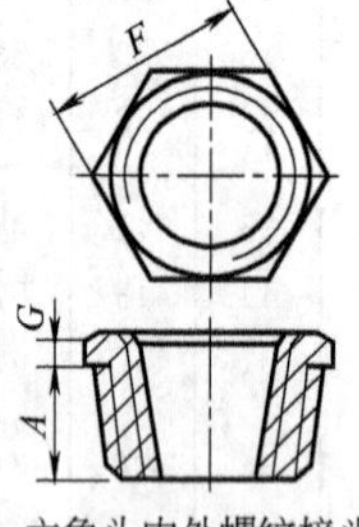

六角头内外螺纹接头

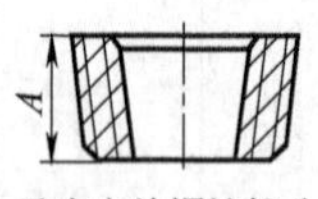

无头内外螺纹接头

公称尺寸 DN	螺纹尺寸代号 NPT	螺纹长度 A_{min}	方头高度 B_{min}	方头对边宽度 C_{min}	圆头直径 E	总长 D_{min}	六角头厚度 H_{min}	六角头厚度 G_{min}	六角头对边宽度 F
6	1/8	10	6	7	10	35	6	—	11
8	1/4	11	6	10	14	41	6	3	16
10	3/8	13	8	11	18	41	8	4	18
15	1/2	14	10	14	21	44	8	5	22
20	3/4	16	11	14	27	44	10	6	27
25	1	19	13	21	33	51	10	6	36
32	1¼	21	14	24	43	51	14	7	46
40	1½	21	16	21	48	51	16	8	50
50	2	22	18	32	60	64	18	9	65
65	2½	27	19	36	73	70	19	10	75
80	3	28	21	41	89	70	21	10	90
100	4	32	25	65	114	76	25	13	115

8 设备管道布置

8.1 布置图纸要点

8.1.1 图纸要求（HG/T 20546—2009）

8.1.1.1 图幅

设备布置图一般采用 A1 图幅，不加长加宽，特殊情况也可采用其他图幅。图纸内框的长边和短边的外侧，以 3mm 长的粗线划分等分，在长边等分区，自标题栏侧起依次写 A、B、C、D…在短边等分区自标题栏侧起依次写 1、2、3、4…A1 图长边分 8 等分，短边分 6 等分，A2 图长边分 6 等分，短边分 4 等分。

管道布置图的图幅应尽量采用 A1，较简单的也可采用 A2，较复杂的也可采用 A0，同区的图应采用同一种图幅。图幅不宜加长或加宽。

8.1.1.2 比例

设备布置图常用 1∶100，也可用 1∶200 或 1∶50，视装置的设备布置疏密情况而定。

管道布置图常用比例为 1∶50，也可用 1∶25 或 1∶30，但同区的或各分层的平面图，应采用同一比例。

8.1.1.3 尺寸单位

布置图中标注的标高，坐标以米（m）为单位，小数点后取三位数至毫米（mm）为止。其余的尺寸一律以毫米（mm）为单位，只注数字，不注单位。

采用其他单位标准尺寸时，应注明单位。

8.1.1.4 图名

标题栏中的图名一般分成两行，上行写“××××布置图”，下行写“EL+×××.×××平面”或“×—×剖视”等。

8.1.2 绘制的要求（HG/T 20519—2009）

（1）设备布置图绘制平面图和剖视图。剖视图中应有一张表示装置整体的剖视图。对于复杂的装置或有多层建筑物、构筑物的装置，当平面表示不清楚时，可绘制多张剖视图或局部剖视图。剖视符号规定用A—A、B—B、C—C…大写英文字母或Ⅰ—Ⅰ、Ⅱ—Ⅱ、Ⅲ—Ⅲ…数字形式表示。

(2) 设备布置图一般以联合布置的装置或独立的主项为单元绘制，界区以粗双点画线表示。

(3) 在设备布置平面图的右上角应画一个0°与总图的工厂北向一致的方向标。工厂北以PN表示。

(4) 在管道平面布置图的右上角（管口表的左边），应画出与设备布置图的工厂北向一致的方向标。

(5) 建（构）筑物的表示内容：

① 多层建筑物或构筑物，应依次分层绘制各层的设备布置平面图。如在同一张图纸上绘几层平面时，应从最低层平面开始，在图纸上由下至上或由左至右按层次顺序排列，并在图形下方注明"EL－××.×××平面"、"EL±0.000平面"、"EL＋××.×××平面"或"×—×剖视"等。

② 一般情况下，每一层只画一个平面图。当有局部操作平台时，在该平面上可以只画操作台下的设备，局部操作台及其上面的设备可以另画局部平面图。如不影响图面清晰，也可重叠绘制，操作台下的设备画虚线。

③ 一个设备穿越多层建筑物、构筑物时，在每层平面上均需画出设备的平面位置，并标注设备位号。各层平面图是以上一层的楼板底面水平剖切的俯视图。

8.1.3 内容与标注

8.1.3.1 设备布置图的内容

(1) 设备之间的相互关系；

(2) 界区范围的总尺寸和装置内关键尺寸，如建、构筑物的楼层标高及设备的相对位置；

(3) 土建结构的基本轮廓线；

(4) 装置内管廊、道路的布置。

8.1.3.2 图面表示内容及尺寸标注

(1) 按土建专业图纸标注建筑物和构筑物的轴线号及轴线间尺寸，并标注室内外的地坪标高。

(2) 按建筑图纸所示位置画出门、窗、墙、柱、楼梯、操作台、下水箅子、吊轨、栏杆、安装孔、管廊架、管沟（注出沟底标高）、明沟（注出沟底标高）、散水坡、围堰、道路、通道等。

(3) 装置内如有控制室、配电室、生活及辅助间，应写出各自的名称。

(4) 用虚线表示预留的检修场所（如换热器抽管束），按比例画出，不标注尺寸。

(5) 非定型设备可适当简化，画出其外形，包括附属的操作台、梯子和支架（注出支架图号）。无管口方位图的设备，应画出其特征管口（如人孔），并表示方位角。卧式设备，应画出其特征管口或标注固定端支座。动设备可只画基础，表示出特征管口和驱动机的位置。

(6) 在设备中心线的上方标注设备位号，下方标注支承点的标高（如POS EL＋××.×××）或主轴中心线的标高（℄ EL＋××.×××）。

(7) 设备的类型和外形尺寸，可根据工艺专业提供的设备数据表中给出的有关数据和尺寸。如设备数据表中未给出有关数据和尺寸的设备，应按实际外形简略画出。

(8) 设备的平面定位尺寸：

① 设备的平面定位尺寸尽量以建、构筑物的轴线或管架、管廊的柱中心线为基准进行标注；

② 卧式容器和换热器以设备中心线和固定端或滑动端中心线为基准线；

③ 立式反应器、塔、槽、罐和换热器以设备中心线为基准线；

④ 离心式泵、压缩机、鼓风机、蒸汽透平以中心线和出口管中心线为基准线；

⑤ 往复式泵、活塞式压缩机以缸中心线和曲轴（或电动机轴）中心线为基准线；

⑥ 板式换热器以中心线和某一出口法兰端面为基准线；

⑦ 直接与主要设备有密切关系的附属设备，如再沸器、喷射器、回流冷凝器等，应以主要设备的中心线为基准予以标注。

(9) 设备的标高：

① 卧式换热器、槽、罐以中心线标高表示（如℄ EL+××.×××）；

② 立式、板式换热器以支承点标高表示（如 POS EL+××.×××）；

③ 反应器、塔和立式槽、罐以支承点标高表示（如 POS EL+××.×××）；

④ 泵、压缩机以主轴中心线标高或以底盘底面标高（即基础顶面标高）表示（如 POS EL+××.×××）；

⑤ 管廊、管架标注出架顶的标高（如 TOS EL+××.×××）。

(10) 同一位号的设备多余 3 台时，在平面图上可以表示首末两台设备的外形，中间的仅画出基础，或用双点画线的方框表示。

(11) 剖视图中的设备应表示出相应的标高。

(12) 在平面图上表示重型或超限设备吊装的预留空地和空间。在框架上抽管束需要用起吊机具时，宜在需要最大起吊机具的停车位置上画出最大起吊机具占用位置的示意图。对于进出装置区有装卸槽车，宜将槽车外形图示意在其停车位置上。

(13) 对有坡度要求的地沟等构筑物，标注其底部较高一端的标高，同时标注其坡向及坡度。

(14) 在平面图上表示平台的顶面标高、栏杆、外形尺寸。

(15) 需要时，在平面图的右下方可以列一个设备表，此表内容可以包括设备位号、设备名称、设备数量。

8.1.3.3 图中附注

(1) 剖视图见图号××××。

(2) 地面设计标高为 EL±0.000。

(3) 图中尺寸除标高、坐标以米（m）计外，其余以毫米（mm）计。

(4) 附注写在标题栏的正上方。

8.2 设备布置原则（HG/T 20546—2009）

8.2.1 布置的要点

8.2.1.1 工艺及流程的要求

设备布置设计应满足工艺流程的要求。如真空、重力流、固体卸料等，一律按管道及仪表流程图的标高要求布置设备。对处理腐蚀性、有毒、黏稠物料的设备宜按物料性质紧凑布置，必要时还需采取设隔离墙等措施。还应根据地形、全年最小频率风向等情况布置，以免影响工艺的要求。例如空气吸入口及循环水冷却塔等。

8.2.1.2 环保、防火、防爆、安全卫生的要求

设备、建筑物、构筑物等的防火间距应严格执行现行的有关防火的法规、规范，工艺装置内如有配套的公用工程及辅助设施，应单独布置成一个小区，且位于爆炸危险区范围之外，与工艺装置之间留有防火间距。要注意环境保护，对使用、贮存和产生有毒及污染严重的设备宜采取分区布置的方式，对产生噪声的设备宜采取与其他设备隔离布置的方式防止污染及噪声。火灾、爆炸危险性较大和散发有害气体的装置和设备，应尽可能露天或半敞开布置，以相对降低其危险性、毒害性和事故的破坏性。应根据危险程度的划分来分区布置设备。

利用电能或电动机的电气设备的布置，应符合国家现行的《爆炸和火灾危险环境电力装置设计规范》GB 50058 的要求。装置的集中控制室、变配电室、化验室、办公室等辅助建筑物应布置在爆炸危险区范围以外，且靠近装置区边缘。

对于有明火的设备及控制室、配电室等的位置要考虑全年最小频率风向的问题。有明火设备的装置宜布置在有可能散发可燃性气体的装置、液化烃和易燃液体储罐区的全年最小频率风向的下风侧。烟囱排出的烟气不应吹向压缩机室或控制室。配电室宜布置在能漏出易燃易爆气体场所的上风侧。

在劳动安全卫生及职业安全卫生方面必须贯彻执行“安全为了生产，生产必须安全“的原则和“预防为主”的卫生工作方针。

8.2.1.3 方便操作

装置布置应考虑能给操作者创造一个良好的操作环境，主要包括：必要的操作通道和平台；楼梯与安全出入口要符合规范要求；合理安排设备间距和净空高度等。控制室的位置要合理，应避开危险区，远离振动设备，以免影响仪表的运行。

8.2.1.4 便于安装和维修

设备的安装和维修应尽量采用可移动式起吊设备。在布置设计阶段应满足以下要求：

(1) 道路的出入口及净空高度要方便移动式吊车的出入；

(2) 搬运及吊装所需的占地面积和空间；

(3) 设备内填充物的清理场地；

(4) 在定期大修时，能对所有设备同时进行大修；

(5) 对换热器、加热炉等的管束抽芯要考虑有足够的场地，应避免拉出管束时延伸到相邻的通道上。对压缩机驱动机等转动设备部件的检修和更换，也要提供足够的检修区。

下述场合需设固定式维修设备：

(1) 人孔盖需设置吊柱；

(2) 塔板及塔内部件需设置吊柱；

(3) 室内压缩机、透平机等需设置起重机；对于小型压缩机可酌情设置简易起重设施；

(4) 建筑物内的搅拌器需设置吊梁或起重机。

8.2.1.5 经济合理的要求

设备布置在符合工艺要求的前提下应以经济合理为主，并注意整齐美观。除热膨胀有要求的管道外，设备布置时应考虑管道尽量短而直，有的设备为了经济的目的可以不按工序来布置。

8.2.2 净距与净空

8.2.2.1 设备间的最小净距

（1）设备间的净距应首先满足防火间距的要求，详见《石油化工企业设计防火规范》GB 50160 及《建筑设计防火规范》GB 5Q016 的规定，所参考的标准规范应是现行有效版本。

（2）非防火因素决定的或防火规范中未加规定宜采用的设备间距见表 8-1。

表 8-1 设备之间或设备与建、构筑物（或障碍物）间的最小净距

区域	内容	最小净距/mm
	控制室、配电室至加热炉	15000
管廊下或两侧	两塔之间(考虑设置平台,未考虑基础大小)	2500
	塔类设备的外壁至管廊(或构筑物)的柱子	3000
	容器壁或换热器端部至管廊(或构筑物)的柱子	2000
	两排泵之间维修通道	3000
	相邻两台泵之间(考虑基础及管道)	800
建筑物内部	两排泵之间或单排泵至墙的维修通道	2000
	泵的端面或基础至墙或柱子	1000
任意区	操作、维修及逃生通道	800
	两个卧式换热器之间维修净距	600
	两个卧式换热器之间有操作时净距(考虑阀门、管道)	750
	卧式换热器外壳(侧向)至墙或柱(通行时)	1000
	卧式换热器外壳(侧向)至墙或柱(维修时)	600
	卧式换热器封头前面(轴向)的净距	1000
	卧式换热器法兰边周围的净距	450
	换热器管束抽出净距(L:管束长)	L+1000
	两个卧式容器(平行、无操作)	750
	两个容器之间	1500
	立式容器基础至墙	1000
	立式容器人孔至平台边(侧面)距离	750
	立式换热器法兰至平台边(维修净距)	600
	压缩机周围(维修及操作)	2000
	压缩机	2400
	反应器与提供反应热的加热炉	4500

8.2.2.2 宜采用的净空高度或垂直距离

宜采用的净空高度或垂直距离应符合表 8-2 的规定。

表 8-2 道路、铁路、通道和操作平台上方的净空高度或垂直距离

项目	说明	尺寸/mm
道路	厂区主干道	5000①
	装置内道路，(消防通道)	4500
铁路	铁路轨顶算起	5500
	终端或侧线	5200

续表

项目		说明	尺寸/mm
通道、走道和检修所需净空高度		操作通道、平台 管廊下泵区检修通道 两层管廊之间 管廊下检修通道 斜梯：一个梯段间休息平台的垂直间距 直梯：一个梯段间休息平台的垂直间距 重叠布置的换热器或其他设备法兰之间需要的维修空间 管墩 卧式换热器下方操作通道 反应器卸料口下方至地面(运输车进出) 反应器卸料口下方至地面(人工卸料)	2200 3500 1500(最小) 3000(最小) 5100(最大) 9000(最大)② 450(最小) 300 2200 3000 1200
炉子		炉子下面用于维修的净空	750
平台	立式、卧式容器；立式、卧式换热器；塔类	人孔中心线与下面平台之间距离 人孔法兰面与下面平台之间距离 法兰边缘至平台之间的距离 设备或盖的顶法兰与下面平台之间距离	600～1000 180～1200 450 1500(最大)

① 对于任何架空的输电线路，净空高度至少应为6500mm。

② 梯段高不宜>9m。超过9m时宜设梯间平台，以分段交错设梯。攀登高度在15m以下时，梯间平台的间距为5～8m，超过15m时，每5m设一个梯间平台。平台应设安全防护栏杆。

8.2.3 标高与通道

8.2.3.1 标高

宜采用的标高应符合表8-3的规定。

表8-3 标高①

项目		距基准点的高度/mm	相对标高/m
柱脚的底板地面(基础顶面)		150	EL+0.150
地面	室内 室外	0 －300	EL±0.000②③ EL-0.300⑦
离心泵的底板底面	大泵 中、小泵	150 300	EL+0.150 EL+0.300④
斜梯和直梯基础	顶面	100	EL+0.100
卧式容器和换热器⑥	底面	600(最小)	EL+0.600(最小)
立式容器和特殊设备	环形底座或支腿底面	200	EL+0.200
桩台基础及连接梁	顶面	300	EL－0.300⑤
管廊柱子基础和基础梁⑤	顶面	450	EL－0.450⑤
炉子底部平台的底面	侧烧或顶烧	1100	EL+1.100
	(底烧)炉底需要操作通道的	2300	EL+2.300
	(底烧)炉底不需要操作通道的	1100	EL+1.100
鼓风机、往复泵、卧式和立式的压缩机等		按需要	按需要

① 所有标高均按EL±0.000m为基准，与这个标高相对应的绝对标高由总图专业确定。

② 与敞开的建筑物周围连接的铺砌面的边缘应同建筑物地面的边缘同一标高，并且有向外的坡度，而且这个地面的坡度应从厂房向外面坡。

③ 有腐蚀性介质的厂房地面标高定为EL+0.300m，对降雨强度大的地区，室内标高可根据工程情况决定。

④ 小尺寸的泵，例如比例泵、喷射泵和其他小齿轮泵，基础的顶面标高可高出所在地面300mm。并且几台小泵可以安装在一个公用的基础上。

⑤ 如有地下管线穿过时，可降低个别基础的标高。

⑥ 卧式设备的基础标高应按设备底部排液管及出入口配管的具体情况而定，但不得小于EL+0.600m。

⑦ 对于可能产生重度大于空气的易燃易爆气体的装置，控制室和配电室室内地面应高出室外地面600mm。办公室及辅助生活用室，其室内地面高出室外地面不应<30mm。如室内为空铺式木板地面，室内外高差不小于450mm。

8.2.3.2 通道

宜采用的道路和操作通道宽度：

（1）主要车行道路最小宽度为6m，转弯半径为12m。

（2）次要车行道路最小宽度为4m，转弯半径为6～9m。

（3）道路两边的人行道最小宽度为1m。

（4）装置内的操作通道一般宽度为800～1000mm。不常通行的局部地方最小为650mm。

（5）斜梯宽度最小为600mm，斜梯着地前方宽度为900～1200mm。

8.2.4 操作平台与梯子

8.2.4.1 操作平台

（1）在生产中需要操作和经常维修的场所应设置平台和梯子。仅在检修期间操作距地面3m高度范围内的人孔、仪表及阀门可采用带有直梯或斜梯的活动平台。

（2）平台的尺寸应符合下列规定：

① 平台宽度一般不小于800mm，平台上方净空要求按表8-2的规定取值，特殊规定的维修平台宽度按表8-1的规定取值。

② 设备人孔中心线距平台的最适宜高度为750mm。允许高度范围按表8-2的规定取值。

③ 为设备加料口设置的平台，距离料口顶面不宜>1m。

（3）平台周围应设栏杆，除平台的入口处外，平台边缘及平台开孔的周围应设踢脚板。

（4）在炉子下列部位可设置平台：

① 烟道鼓风机；

② 地面上难以接近的烧嘴及视孔，设置平台的宽度，管式炉侧面≥750mm，端部≥1000mm；

③ 烟灰吹除器；

④ 集气管（包括可拆卸部分）只设置平台支架，需检修时临时架设平台板或提供活动的平台；

⑤ 取样点的平台。

（5）为便于操作和经常性检修，地面1.8m以上或在平台上高于1.8m的设施、设备上的仪表距地面1.8m以上，宜按表8-4设平台或永久性直梯。并考虑以下两点要求：

① 在容器上的法兰管口、管廊上的切断阀，容器上的就地测温测压点根部阀，集中仪表的一次元件，在管道上的测温、测压点和在管廊最下层管道上的孔板均不设置平台。

② 在装置运行期间或在事故的情况下需要操纵手动阀门时，应按下述进行设计：

a. *DN*100mm及以下的阀门，手轮的底部不能高出平台或地面1.8m；

b. *DN*150mm及以上的阀门，手轮高度应设置在平台上或地面上便于操作的位置。

表8-4 操作和检修的设施

设施	序号	部　　位
永久性直梯	1	在容器上所有尺寸的止回阀
	2	在容器上≤*DN*80mm的手动阀
	3	玻璃液位计和试液位旋塞
	4	人孔
	5	在容器上的压力表
	6	在容器上的温度计
	7	在地面以上1.8m和3.6m之间的液位控制器
	8	深度>1.8m和长度>6.0m的地坑

续表

设施	序号	部　　位
平台（设在设备下面）	9	各种尺寸的控制阀（调节阀）
	10	换热器
	11	人孔
	12	盲板、视镜、过滤器
	13	≥*DN*80mm的安全阀（在立式容器上）
	14	电动阀
	15	清扫点
平台（设在设备侧面）	16	≥*DN*100mm的手动阀（在容器上）
	17	≥*DN*80mm的安全阀
	18	≥*DN*100mm的安全阀（在卧式容器上）
	19	高出地面3.6m的液位控制器
	20	取样阀

假如阀门不能按照上述安装时，则阀门应安装操作链条或伸长杆。

8.2.4.2　梯子

（1）设置直梯的要求

① 装置的操作和维修人员不需要经常巡视的辅助操作平台和容器的操作平台，可设置直梯。

② 平台的辅助出口应有直梯，该梯子的位置应符合从主要或辅助出口到平台任何两点的水平距离不大于25m，平台的死端长度不应>6m。若死端>6m时，需增设出口梯子。

③ 对于有易燃易爆危险的设备，其构筑物平台水平距离不足25m，也应在适当的位置增设安全直梯。

④ 立式设备上的直梯通常从侧面通向平台。正面进出的直梯用于通向设备顶部以上的平台。

⑤ 除烟囱上的直梯外，每段直梯的高度按表8-2的规定取值（如超过该表中的规定，但不超过10m也可不分段）；超过时应增加中间休息平台。宜采用分段错开布置的平台，并结合设备人孔的高度设置。

⑥ 从地面起设直梯，高度≥4m时，应加安全保护圈，从2.5m处向上设置；上方其他各段直梯，每段高度≥2.5m时，需加安全保护圈，从2.2m处向上设置。

⑦ 在直梯的攀登通过的空间内不应有任何障碍物。不带有安全护圈的直梯，在整个直梯长度的空间内无障碍物的范围必须符合表8-5的规定。

表8-5　梯子　　单位：mm

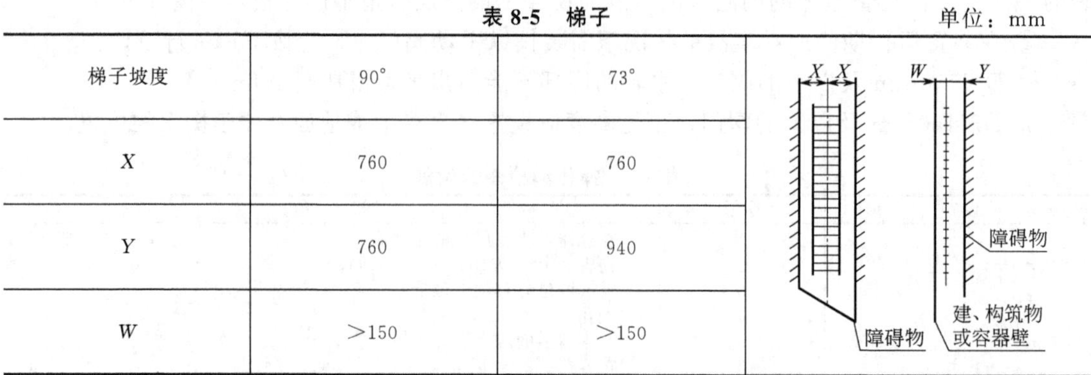

梯子坡度	90°	73°
X	760	760
Y	760	940
W	>150	>150

注：*X*为梯子中心至梯子两侧障碍物的平行距离；*Y*为障碍物与梯子面相垂直的距离；*W*为踏步外沿至障碍物的距离。

⑧ 直梯宽度宜为400～700mm。

⑨ 所有平台直梯的出入口处宜设自动或手动隔断安全栏。

（2）设置斜梯的要求。

① 厂房和框架的主要操作面，操作人员经常巡视（每班至少一次到达该处）的区域应采用斜梯。

② 一段斜梯的最大高度按表8-2的规定取值。

③ 斜梯的角度为45°～59°，推荐使用≤45°的斜梯，斜梯宽度一般为600～1100mm。

④ 两个平台高差≤300mm时，不需设中间踏步。高差≥300mm时，需增设中间踏步。

8.2.5 其他要求

8.2.5.1 放空口高度

（1）除无毒不可燃介质外，连续排放的放空管从它的外缘水平距离20m半径范围内所设置的平台，必须至少低于放空管顶部3.5m。位于放空管外径边缘水平距离20m半径以外的平台，从水平半径20m的末端垂直引线与放空管顶部标高线的交点以45°引伸线向上引出，引伸线以下的地区可设置平台。如图8-1所示。

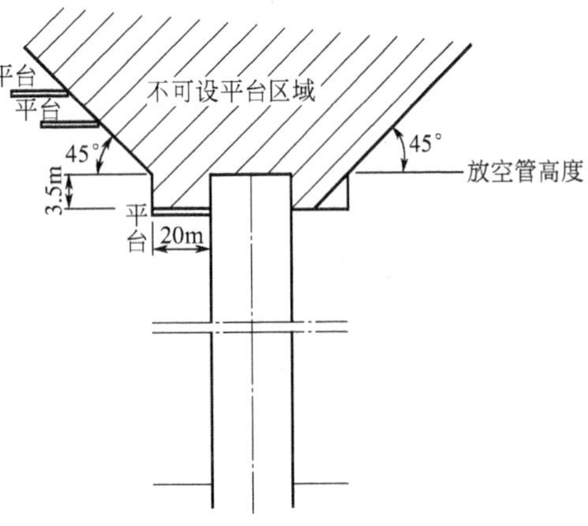

图8-1 放空管高度及周围平台示意图

（2）紧靠建筑物、构筑物或室内布置的设备放空管，应高出建筑物、构筑物2m以上。

（3）除无毒不可燃介质外，从释放阀、安全阀出口排放点（非连续放空）的高度至少应比其出口管外径边缘算起水平距离10m半径以内的操作平台或厂房屋顶高出3.5m以上。

（4）从气体放空口排出气体时，要防止地面或平台上的操作、维修人员遭受噪声或烫伤的危害。

8.2.5.2 管道

（1）通常工艺管道、公用工程总管（下水管除外）和电气、仪表电缆桥架宜架空敷设布置在管廊（管架）上。

（2）短距离管道可敷设在不影响检修或操作通道的地面上，当管道不可避免需穿越通道时，应在管道的上方加设钢结构的跨越过道（桥）。

（3）敷设在地下的水管其管顶不得高于冰冻线，或采取其他防冻措施。

（4）敷设于地面下的需加热保护的管道和需要检查、维修的管道，应布置在管沟内。其他埋于地下的管道应有不少于300mm厚的保护覆盖层。

（5）穿过道路的埋地管道，管顶埋深不应少于700mm。

（6）埋地热管道的热膨胀量应限制在40mm以内，而这种管道所挖的沟必须用松散的砂回填。

（7）装置中要求经常（至少每周两次）机械清扫的管道，弯管处应安装带有法兰的接头或者应有弯曲半径最少为5倍管径的弯管。对于从一端清洗的管道，两对法兰之间的距离应＜12m。而对于从两端清洗的管道，两对法兰之间的距离应不大于24m。

(8) 对于需要偶然机械清扫的管道，应装有足够的分段法兰以便拆卸。

(9) 从释放压力的设施排放到封闭系统的管道，一般应排放到总管而且管道上不应有袋形。

(10) 保温或保冷管道地下穿管敷设时，管道支撑不得破坏管道的保温或保冷结构。

8.2.5.3 管沟和污水井

(1) 在生产过程中可能产生重度大于空气的易燃易爆气体的装置，原则上不设管沟。如工程特殊需要必须设置管沟时，管沟内要填沙或采取其他防止气体积聚的措施。

(2) 管沟一般用平盖板封闭，避免地面水浸入。有特殊要求需敞开时，采用箅子板。沟壁材料采用砖砌或混凝土结构，沟底可用混凝土或碎石铺面，仅在腐蚀性工况的情况下才做耐腐蚀处理。

(3) 为便于管沟排水，要求沟底带有坡度，一般坡度为0.5%～1.0%。

(4) 管沟的最小宽度为600mm。管道的凸出部分与沟壁之间最小间距为100mm；与沟底最高点之间的最小间距为50mm。

(5) 在铺砌地面区域内管沟盖板与地面平齐，在不铺砌地面区域内管沟盖顶应超出地面至少100mm。在室内的管沟盖顶应与地面平齐。

(6) 污水井一般采用砖砌并加盖ϕ700mm铸铁盖板。在铺砌地面区域内井盖应与地面平齐，在不铺砌地面区域内井盖的顶部应至少高出地面50mm。

(7) 穿越交通道路的管沟，其盖板做成承重盖板，以利于车辆通行。

8.2.5.4 排液管及下水道

(1) 对于石油化工类型的装置，应设地下的油-水污水系统，以收集铺砌地面区域的全部废油、废水、雨水及消防废水，并排到装置边界。经处理的生活污水或化学废水，也可通过此系统排出。

(2) 污染雨水与未污染雨水应加以控制，分开排放。

(3) 从不同区域（例如完全封闭的工艺厂房、炉子及设备群）排出的污水，应通过具有水封进口的污水井与污水系统相接。如不能将几根排水管分别排到污水井时，此排水管应采用弯管水封。

(4) 通常所有单个或成对的容器或换热器应设置DN100mm的油水排放漏斗，作为辅助排液口。但对于清洁的设备如氨或其他类似装置中的设备可以不考虑。

① 在停车期间，从大容器排出水量应加以控制，以防止排水设施满溢。

② 在铺砌地面区域的容器或换热器，如需要把辅助排液中停车排液和仪表排液分开，应分别设排放漏斗。

(5) 在铺砌地面区域，泵、压缩机厂房的地面应设排水沟，以收集地表面的污水。

对于下列情况不需设排水沟：①半敞开式的压缩机厂房的混凝土地面；②控制室和配电室地面。

(6) 常压酸、碱贮槽和酸泵等区域应铺砌的地面，设围堰并采取防腐蚀措施。受压的酸、碱贮槽应装有单独的排放点。

(7) 当泵没有设置排液设施时，基础顶面应坡向基础边的排水沟或排液管并引至下水道。

(8) 当土壤吸收不了正常的降雨量时，在这个地区的周围所有无铺砌的区域应坡向装置边界。在装置界区范围以内的道路、建筑物、构筑物和铺砌区域之间的无铺砌区域应考虑排水，以便在最大降雨量时清净雨水送到装置边界的排水沟中。降雨强度和持续时间见工程设计数据表。

(9) 位于易燃和易爆的危险区域内的污水井，例如炉子周围的污水井应当设有密封盖；并且放空管道应当通到安全的地方。污水井排气口通常应高出地面或邻近操作台 3m 以上，并且与平台的水平距离至少 4.5m，与炉壁的水平距离至少为 12m。

8.2.5.5 铺砌地面和坡度

(1) 人行道及下述区域一般用混凝土铺砌。

① 以液体或固体为燃料或原料的炉子及其附属设备的区域，以及焦炭贮槽和装有催化剂的容器支承架下面的区域，铺砌地面应延伸到设备基础或设备支架柱脚的外面。

② 露天布置的泵和压缩机的周围，铺砌地面应延伸到基础以外 1.2m 处。

③ 处理诸如苯酚、糠醛、砷碱液等物料的单元中，围绕泵、塔及换热器的区域内，应提供回收溢出物料的排放设施。

(2) 控制室和配电室的地面应是水平的。

(3) 除上条规定外，其他室内外的铺砌地面应坡向排水点。铺砌地面的最小坡度为1%。但最大标高差为 150mm。

(4) 如需要收集溢出的物料时，所做的濒堰厚度至少 150mm，其容积足以容纳最大的常压贮槽的容量，围堰最小高度不小于 450mm。

(5) 当工艺装置的贮罐区使用围堤容纳设备及管道溢流出来的液体时，围堤应有足够的容积容纳从被围的区域内“最大贮罐”排放出来的最大液体量（计算容积时，应减去围堤内其他贮罐低于围堤高度所占去的体积）。可燃液体储罐围堤高度应符合《石油化工企业设计防火规范》GB 50160 相关条款的规定。

(6) 装有烃类贮罐周围的铺砌地面应以最小 1%的坡度从贮罐处向外坡向排水系统，该排水点应位于距贮罐最远的围堤旁。

(7) 围堤区域内应设有排放系统，并要安装一个切断阀，以便控制排放。还要在此切断阀与围堤之间另外安装支管，包括切断阀和标准的消防软管螺纹接口，以便重复利用围堤内排出的消防水，这个切断阀和接口应布置在围堤外侧。

(8) 道路的中心应坡向两侧，最大高差为 100mm。

8.3 工艺设备布置（HG/T 20546—2009）

8.3.1 泵的布置

8.3.1.1 布置原则

(1) 泵的布置方式有三种：露天布置、半露天布置和室内布置。

① 露天布置：通常集中布置在管廊的下方或侧面，也可分散布置在被吸入设备或吸入侧设备的附近。其优点是通风良好，操作和检修方便。

② 半露天布置：半露天布置的泵适用于多雨地区。当泵的操作温度低于自燃点时，一般在管廊下方布置泵，泵的管道上部设雨棚。或将泵布置在构架下的地面上，以构架平台作为雨棚。这些泵可根据与泵有关的设计布置要求，将泵布置成单排、双排或多排。

③ 室内布置：在寒冷或多风沙地区可将泵布置在室内。如果工艺过程要求设备布置在室内时，其所属的泵也应在室内布置。

（2）集中或分散布置。

① 集中布置是将泵集中布置在泵房或露天、半露天的管廊下或框架下，呈单排或双排布置形式。对于工艺流程中塔类设备较多时，常将泵集中布在管廊下面，在寒冷地区则集中在泵房内。

② 分散布置是按工艺流程将泵直接布置在塔或容器附近。泵的数量较少时，从经济上考虑集中不合理，或工艺有特殊要求，或因安全方面等原因，可采用分散布置。

（3）排列方式。泵的布置首先要考虑方便操作与检修，其次是注意整齐美观。由于泵的型号、特性、外形不一，难于布置得十分整齐。因此泵群在集中布置时，一般采用下列两种布置方式。

① 离心泵的出口取齐，并列布置，使泵的出口管整齐，也便于操作。这是泵的典型布置方式。

② 当泵的出口不能取齐时，可采用泵的一端基础取齐。这种布置方式便于设置排污管或排污沟。

（4）当移动式起重设施无法接近质量较大的泵及其驱动机时，应设置检修用固定式起重设施，如吊梁、单轨吊车或桥式吊车。在建、构筑物内要留有足够的空间。

（5）布置泵时要考虑阀门的安装和操作的位置。

（6）泵前沿基础边应设置带盖板的排水沟。为了防止可燃气体窜入排水沟，也可使用带水封的排水漏斗和埋地管以取代排水沟。

（7）泵房设计应符合防火、防爆、安全、卫生、环保等有关规定，并应考虑采暖、通风、采光、噪声控制等措施。

（8）输送高温介质的热油泵和输送易燃、易爆或有害（如氨等）介质的泵，要求通风的环境，一般宜采用敞开或半敞开布置。

8.3.1.2 在管廊下泵的布置要求

（1）管廊上部安装空冷器时，若泵的操作温度＜340℃，则泵出口管中心线在管廊柱中心线外侧 600～1200mm 为宜。若泵的操作温度≥340℃，则泵不应布置在管廊下面。

（2）管廊上部不安装空冷器时，泵出口管中心线一般在管廊柱中心线内侧 600～1200mm 为宜。

（3）布置在管廊下的泵，其方位为泵头向管廊外侧，驱动机朝管廊下的通道一侧。但大型泵底板较长时，可转 90°布置（即沿管廊的纵向布置）。

（4）对于大的装置管廊的跨度很大时（≥10000mm），泵出口管中心线可不受上述第（2）条的限制。

（5）成排布置的泵应按防火要求、操作条件和物料特性分别布置；露天、半露天布置时，操作温度等于或高于自燃点的可燃液体泵宜集中布置；与操作温度低于自燃点的可燃液体泵之间应有不小于 4.5m 的防火间距；与液体烃泵之间应有不小于 7.5m 的防火间距。

8.3.1.3 泵的维修与操作通道

（1）泵的维修通道的宽度，泵与泵之间和泵至建、构筑的净距，见 8.2.2；构筑物内泵的布置净距可参照建筑物内部泵的布置净距进行设计，见表 8-1。

（2）泵前方的检修通道可考虑用小型叉车搬运零件时所需宽度，一般不应＜1250mm，对于大泵应适当加大净距。

(3) 两台相同的小泵可布置在同一基础上，相邻泵的突出部位之间最小间距为 400mm。

8.3.1.4 泵房内泵的布置

(1) 如泵房靠管廊时，柱距宜与管廊的柱距相同。一般为 6m 和 9m。跨距一般采用 4.5m、6m、9m、12m。可采用单排布置或双排布置。其净距见 8.2.2。

(2) 泵房的层高（梁底标高）应由进出口管线和设备检修用起重设施所需的高度来确定，一般层高为 4.0～5.0m。

(3) 罐区泵房一般设置在防火堤外，距防火堤外侧的距离不应<5m。与易燃、易爆液体贮罐的距离应满足《石油化工企业设计防火规范》GB 50160 的要求。

8.3.1.5 泵的标高

(1) 泵的基础面宜高出地面 300mm，最小不得<150mm；在泵吸入口前安装过滤器时，泵基础高度应考虑过滤器能方便清洗和拆装。

(2) 泵的吸入口标高与贮槽或塔类设备的标高的关系应满足 NPSH 的要求。

(3) 确定泵吸入口标高时，一般要求吸入管线无袋形。对于可能产生聚合的物料，应在停车时必须完全排放干净。因此，要求吸入管带有坡度，坡度坡向泵的方向，并按照此要求决定泵的标高。

(4) 地下槽用离心泵，一般应放在与地下槽同层的高度。

对于需设置移动式泵的场合，应考虑同类型泵集中布置，使移动泵处在易通行又不妨碍操作与检修作业的区域。如需要以移动泵替代泵群中某台泵时，此泵应留有切换管道作业的位置。

罐区泵露天布置时，一般应设置在围堰和防火堤外，与易燃、易爆液体贮罐的距离应满足《石油化工企业设计防火规范》GB 50160 的要求。

8.3.2 塔的布置

8.3.2.1 塔的布置原则

(1) 布置塔时，应以塔为中心把与塔有关的设备如中间槽、冷凝器、回流泵、进料泵等就近布置，尽量做到流程顺、管线短、占地少、操作维修方便。

(2) 根据生产需要，塔有配管侧和维修侧，配管侧应靠近管廊，而维修侧则布置在有人孔并应靠近通道和吊装空地；爬梯宜位于两者之间，常与仪表协调布置。

8.3.2.2 塔的布置要求

(1) 大直径塔宜用裙座式落地安装，用法兰连接的多节组合塔以及直径≤600mm 的塔一般安装在框架内。

(2) 塔和管廊之间应留有宽度不小于 1.8m 的安装检修通道（净距）。

(3) 管廊柱中心与塔设备外壁的距离不应<3m。塔基础与管廊柱基础间的净距离不应小于 300mm。

(4) 塔的冷凝器、冷却器、中间槽、回流罐等一般可在框架上与塔在一起联合布置，也可隔一管廊和塔分开布置。

(5) 大直径高塔邻近有框架时，应根据框架和塔的既定间距考虑两者的施工顺序。不需要因考虑塔的吊装而加大间距。

(6) 成组布置的塔，一般以塔的外壁或中心线呈一直线排成行，也可根据地理环境成双排或三角形布置，并设置联合平台，各塔平台的连接走道的结构应能满足各塔不同伸缩量及基础沉降不同的要求。

(7) 塔平台和梯子的设置。

① 塔平台应设置在便于检修、操作、监测仪表和出入人孔部位。塔顶装有吊柱、放空阀、安全阀、控制阀时，应设置塔顶平台。

② 对于梯子和平台的具体要求见 8.2.4 的规定。

③ 塔和框架联合布置时，框架和塔平台之间应尽量设置联系通道。

(8) 塔底标高由以下因素确定。

① 利用塔的压力和重力卸料时，应满足物料重力流的要求，综合考虑容器高度、物料重度、管线阻力等进行必要的水力计算。

② 采用卸料泵卸料时，应满足净正吸入压头和管道压力降的要求。

③ 再沸器的结构形式和操作要求。

④ 配管后需要通行的最小净空高度。

⑤ 塔基础高出地面的高度。

(9) 在框架上安装的分节塔，应在塔顶框架上设置吊装用吊梁。

(10) 再沸器应尽量靠近塔布置，通常安装在单独的支架或框架上，若需生根在塔体上时，应与设备专业协商。有关设备、管道热膨胀及支架结构问题应经应力分析后选择最佳布置方案。

(11) 成排布置的塔，各塔人孔方位宜一致并位于检修侧，单塔有多个人孔时，尽量使人孔方位一致。

8.3.3 卧式容器的布置

8.3.3.1 布置原则

(1) 卧式容器宜成组布置。成组布置卧式容器宜按支座基础中心线对齐或按封头顶端对齐。地面上的容器以封头顶端对齐的方式布置为宜。

(2) 卧式容器的安装高度应根据下列情况之一来决定：

① 流程上该容器位于泵前时，应满足泵的净正吸入压头的要求。

② 底部带集液包的卧式容器，其安装高度应保证操作和检测仪表所需的足够空间，以及底部排液管线最低点与地面或平台的距离不小于 150mm。

8.3.3.2 一般要求

(1) 卧式容器支撑高度在 2.5m 以下时，可直接将支座（鞍座）放在基础上；支撑高度＞2.5m 时，宜放在支架、框架或楼板上。

(2) 卧式容器的间距和通道宽度要求见 8.2.2。

(3) 为使容器接近仪表和阀门，可将其布置在框架内。如容器的顶部需设置操作平台时，应满足操作平台上配管后的合理净空以及阀门操作的要求。

(4) 容器内带加热或冷却管束时，在抽出管束的一侧应留有管束长度加 0.5m 的净空。

(5) 集中布置的卧式容器设置联合平台时，为便于安装与检修，设备出口法兰宜高出平台面 150mm。

(6) 当容器支座（鞍座）用地脚螺栓直接连接到基础上，其操作温度低于冻结温度时，应在支座（鞍座）与基础之间垫 150～200mm 的隔冷层。

(7) 卧式容器支座（鞍座）的滑动侧和固定侧应按有利于容器上所连接的主要管线的柔性计算来决定。

(8) 单独支撑容器的框架，柱间中心距应比容器的直径至少大 0.8m。

(9) 卧式容器下方需设操作通道时，容器底部及配管与地面净空不应<2.2m。

8.3.4 立式容器的布置

8.3.4.1 布置原则

(1) 立式容器支座或支耳与钢筋混凝土构件和基础接触的温度不得超过 100℃，钢结构上不宜超过 150℃，否则应做隔热处理。

(2) 立式容器与提供热源的加热炉的净距应尽量缩短，但不宜<4.5m，并应满足管道应力计算的要求。

(3) 成组的立式容器应中心线对齐成排布置在同一构架内。

(4) 除采用移动吊车外，构架顶部应设置装催化剂和检修用的平台和吊装机具。

(5) 对于布置在厂房内的立式容器，应设置吊车并在楼板上设置吊装孔，吊装孔应靠近厂房大门和运输通道。

(6) 对于内部装有搅拌或运送机械的立式容器，应在顶部或侧面留出搅拌或输送机械的轴和电机拆卸、起吊等检修所需的空间和场地。

(7) 操作压力超过 3.5MPa 的立式容器集中布置在装置的一端或一侧；高压、超高压有爆炸危险的反应设备，宜布置在防爆构筑物内。

(8) 流程上该立式容器位于泵前时，其安装高度应符合泵的汽蚀余量的要求。

(9) 布置在地坑内的立式容器，应妥善处理坑内积水和防止有毒、易燃易爆、可燃介质的积累。地坑尺寸应满足操作和检修要求。

8.3.4.2 一般要求

(1) 立式容器距建筑物或障碍物的净距和操作通道、平台的宽度见 8.2.2。

(2) 楼面或平台的高度。

① 决定楼面（平台）标高时，应注意检查穿楼板安装的立式容器的液面计和液位控制器、压力表、温度计、人孔、手孔、设备法兰、视镜和接管关口等的标高，不得位于楼板或梁处。

② 决定楼面标高时，应符合 8.2.2 中人孔中心线距楼面高度范围的要求。如不需考虑其他协调因素时，人孔距平台最适宜的高度为 750mm。

③ 在立式容器顶部人工加料的操作点处应有楼面和平台，加料点不应高出楼面 1m。否则，需增设踏步或加料平台。

④ 容器顶部有阀门时，应加局部平台或直梯。

(3) 在管廊侧两台以上的立式容器，一般按中心线对齐成行布置。

(4) 立式容器为了防止黏稠物料的凝固或固体物料的沉降，其内部带有大负荷的搅拌器时，为了避免振动的影响，宜从地面设置支撑，以减少设备的振动和楼面的荷载。

(5) 带有搅拌装置的立式容器，应有足够的空间确保搅拌轴顺利取出。

(6) 立式容器内带加热或冷却管束时，在抽出管束的一侧应留有管束长度加 0.5m 的净距，并与配管专业协商抽出的方位。

(7) 一般设备基础高度应符合 8.2.3 的要求。当设备底部需设隔冷层时，基础面至少应高于地面100mm，并按此核算设备支撑点标高。

8.3.5 装置内管廊的布置

8.3.5.1 布置原则

(1) 装置内管廊应处于易与各类主要设备联系的位置上。要考虑能使多数管线布置合理，少绕行，以减少管线长度。典型的位置是在两排设备的中间或在一排设备的一侧。

(2) 布置管廊时要综合考虑道路、消防的需要，以及电线杆、地下管道、电缆布置和临近建、构筑物等情况，并避开大、中型设备的检修场地。

(3) 管廊上部可以布置空冷器及仪表和电气电缆桥架等，下部可以布置泵等设备。

(4) 管廊上设有阀门，需要操作或检修时，应设置人行走道或局部的操作平台和梯子(对仅用于试压或开停车的放空、排液阀门，可利用活动爬梯或活动平台)。

8.3.5.2 一般要求

(1) 管廊布置的几种形式。

① 对于小型装置，通常采用盲肠式或直通式管廊。

② 对于大型装置，可采用“L”形、“T”形和“Π”形等形式的管廊。

③ 对于大型联合装置，一般采用主管廊、支管廊组合的结构形式。

(2) 管廊的结构形式。装置内管廊的管架形式一般分为单柱独立式、双柱连系梁式和纵梁式。

① 单柱独立式管架，宽度≤1.8m，一般为单层；

② 双柱连系梁式管架，宽度在2m以上，分单层与双层，如果管廊两侧进出管线较多时，一般在该层层高的一半附近处加纵向连系梁，以支撑侧向进出管线；

③ 纵梁式管架分单柱和双柱结构，双柱纵梁式管架一般为多层结构。之间设有纵梁，可以根据管道允许跨距在纵梁间加支撑用次梁。

(3) 管廊的结构材料：一般采用混凝土柱子与钢梁的混合结构，也可全部采用钢结构。

(4) 管廊的宽度。

① 管廊的宽度应根据管道直径、数量及管道间距来决定，同时要考虑仪表及电气电缆桥架所需的位置。当提土建条件时，要考虑预留20%～30%的增添管道所需宽度的余量。

② 管廊下维修通道的宽度参见表8-1。

③ 双柱的管廊柱间宽度一般不宜>10m，当管廊宽度>12m时，应采用三柱或多柱形式。

(5) 管廊的高度。

① 管廊底层净高主要考虑下列因素：

a. 管廊下面布置的设备所要求的净高；

b. 管廊下面有检修通道时，要考虑有汽车或吊车通过的要求，一般通道最小净高及底层梁至地面最小净空见表8-2。

② 管廊两层之间的距离：两层之间的距离应根据管道直径的大小及管架结构尺寸、检修要求等具体情况而定，但最小净距为1.5m。管道较多以及最大管径DN≤500mm时，常用的两层间距为2m。

③ 两管廊“T”形相交时应取不同的标高，其高差可根据管道直径确定，一般以750～

1000mm 为宜。

(6) 管架柱间距：一般为 4～6m，6m 最为常见，因有些管道必须采用柱子支承。

(7) 管廊第一个柱子和最后一个柱子应设在距装置边界线 1m 处，一般情况为固定管架，以便于装置内、外热力管道的热补偿计算。

(8) 直爬梯应紧靠管廊柱子设置。

(9) 多层管廊上如需要人行过道，宜设在顶层。

8.3.6 外管架的布置

8.3.6.1 布置原则

(1) 外管架的布置依据：全厂工艺及供热外管道系统图、全厂总平面布置图和分期建设规划。

(2) 外管架的布置要力求经济合理，管线长度最短，并尽量减少管架改变走向。

(3) 外管架布置应尽量避免对装置区或单元装置形成环形包围。

(4) 布置外管架时应考虑扩建区的运输，预留出足够空间和通道，根据分期建设规划等要求统筹安排。

8.3.6.2 一般要求

(1) 外管架的形式。一般分为单柱（T 形）和双柱（Π 形）式。单柱管架一般为单层，必要时也可采用双层。双柱管架可分为单层和双层，必要时也可采用多层。按连接结构形式可分为独立式、纵梁式、轻型桁架式、桁架式、吊索式、悬索式等；按管道限位要求，管架可分为固定管架和非固定管架；按管架净空高度分，有高管架（净空高度≥4.5m)、中管架（净空高度 2.5～3.5m)、低管架（净空高度 1～1.5m）和管墩或管枕等（净空高度约 500mm)；按管架断面宽度，可分为小型管架（管架宽度＜3m）和大型管架（管架宽度≥3m)。

(2) 管架跨越道路、铁路时，最小净空高度见表 8-2。

(3) 管架与建、构筑物之间的最小水平净距。

① 小型管架与建、构筑物之间的最小水平净距，应符合《化工企业总图运输设计规范》HG/T 20649 中的规定。

② 大型管架与建、构筑物之间的最小水平净距，应符合《石油化工企业设计防火规范》GB 50160 中的规定。

(4) 敷设易燃、可燃液体和液化石油气及可燃气体管道的全厂性大型管架，宜避开火灾危险性较大的和腐蚀性较强的生产、贮存和装卸设施以及有明火作业的设施。宜减少与铁路交叉。

(5) 在人流较少的地段或厂区边缘不影响扩建时，宜采用低管架或管墩（管枕)。

(6) 管架坡度：一般为 0.2%～0.5%，无特殊需要时也可无坡度。

(7) 管架的宽度。

① 根据管道根数、管子及其附件的最大外形尺寸，仪表和电气电缆桥架的宽度等决定管架的宽度。新设计管架的宽度应考虑 20%～30%扩建的预留量。

② 管架横梁长度≤1.8m 时，一般采用单柱管架。

③ 管架横梁长度≥2m 时，一般采用双柱管架。

④ 双柱的管廊柱间宽度一般不宜＞10m，当管廊宽度＞12m 时，应采用三柱或多柱

形式。

(8) 管架轴向柱距应根据管架结构形式和管道的允许跨距确定。

① 独立式管架柱距以 4m 为宜。当管架轴向柱距增大而管道跨距不许可时，可采用轴向悬臂式管架或纵梁式、衍架式、吊索式、悬索式管架。轴向悬臂式管架单侧悬臂为 1m。

② 纵梁式管架轴向柱距一般为 6～12m。

③ 吊索式管架轴向柱距一般为 12～15m。

④ 衍架式管架轴向柱距一般为 16～24m，最大为 32m。

⑤ 悬索式管架轴向柱距一般为 20～25m。

⑥ 管墩的间距按管径最小的管道允许跨距进行设置。

(9) 双柱型管架跨距一般以 2～6m 为宜，最大 10m。

(10) 管架两层之间的距离，根据管架结构形式、管架宽度和管架上敷设管道的直径以及是否设置人行走廊等因素决定。一般为 1.5～3m。管架上设置人行走廊时，净空高度应不小于 2.2m。

(11) T 形衔接的外管架，其高差可根据管径及管廊层高确定，一般为 750～1000mm 或管廊层高之半。

(12) 固定管架的位置，应根据管道热补偿的计算来确定，一般情况下 60～120m 设置一个固定管架。

(13) 外管架平面布置图中，标高以绝对标高表示，坐标按“全厂总平面”定的坐标系。

8.3.7 静电接地设计规定

8.3.7.1 原则

化工企业的防静电设计，应由工艺、配管、设备、储运、土建、电气等专业相互配合，综合考虑，并采取下列防止静电危害措施。

(1) 改善工艺操作条件，在生产、储运过程中宜避免大量产生静电荷。

(2) 防止静电积聚，设法提供静电荷消散通道，保证足够的消散时间，泄漏和导走静电荷。

(3) 选择适用于不同环境的静电消除器械，对带电体上积聚着的静电荷进行中和及消散。

(4) 屏蔽或分隔屏蔽带静电的物体，同时屏蔽体应可靠接地。

(5) 在设计工艺装置或制作设备时，宜避免存在高能量静电放电的条件，如在容器内避免出现细长的导电突出物和未接地的孤立导体等。

(6) 改善带电体周围环境条件，控制气体中可燃物的浓度，使其保持在爆炸极限以外。

(7) 防止人体带电。

8.3.7.2 一般规定

(1) 在生产加工、储运过程中，设备、管道、操作工具及人体等，有可能产生和集聚静电而造成静电危害时，应采取静电接地措施。

(2) 在进行静电接地时，必须注意下列部位的接地：①装在设备内部而通常从外部不能进行检查的导体；②装在绝缘物体上的金属部件；③与绝缘物体同时使用的导体；④被涂料或粉体绝缘的导体；⑤容易腐蚀而造成接触不良的导体；⑥在液面上悬浮的导体。

(3) 在下列情况下，可不采取专用的静电接地措施：

① 当金属导体已与防雷、电气保护、防杂散电流、电磁屏蔽等的接地系统有电气连接时。

② 当埋入地下的金属构造物、金属配管、构筑物的钢筋等金属导体间有精密的机械连接，并在任何情况下金属接触面间有足够的静电导通性时。

③ 当金属管段已作阴极保护时。

④ 对于已有防雷、电气保护接地系统的转动设备及有效的机械连接，并在任何情况下金属接触面有足够的静电导通性的设备，可以不再增加静电接地，但应与电气专业协商后确定。

(4) 配管专业在设备管口方位图中，应给出静电接地极的方位。

(5) 对于管廊的接地，一般按间隔 80～100m 有一个接地点，从管廊柱处引入地下与干线相接。如采用钢筋混凝土柱，应从钢梁上引接。

(6) 需要进行静电接地的物体，应根据物体的类型采取下列静电接地方式：

① 静电导电应采用金属导体进行直接静电接地。

② 人体与移动式设备应采用非金属导电材料或防静电材料以及防静电制品进行间接静电接地。

③ 静电非导体除应间接静电接地外，尚应配合其他的防静电措施。

(7) 静电接地的电阻、端子等设计要求应符合《化工企业静电接地设计规程》HG/T 20675 的有关规定。

8.4 管道布置设计（HG/T 20549—1998）

8.4.1 设计原则

(1) 管道布置设计必须符合管道仪表流程图（PID）的设计要求，并应做到安全可靠、经济合理，并满足施工、操作、维修等方面的要求。

(2) 管道布置必须遵守安全及环保的法规，对防火、防爆、安全防护、环保要求等条件进行检查，以便管道布置能满足安全生产的要求。

(3) 管道布置应满足热胀冷缩所需的柔性。

(4) 对于动设备的管道，应注意控制管道的固有频率，避免产生共振。

(5) 管道布置应严格按照管道等级表和特殊件表选用管道组成件。

(6) 管道布置应符合《化工装置设备布置设计工程规定》(HG 24546.2) 的有关要求。

8.4.2 管道的布置

8.4.2.1 一般要求

(1) 管道布置的净空高度、通道宽度、基础标高应符合 8.2 的规定。

(2) 应按国家现行标准中许用最大支架间距的规定进行管道布置设计。

(3) 管道尽可能架空敷设，如必要时，也可埋地或管沟敷设。

(4) 管道布置应考虑操作、安装及维护方便，不影响起重机的运行。在建筑物安装孔的区域不应布置管道。

(5) 管道布置设计应考虑便于做支吊架的设计，使管道尽量靠近已有建筑物或构筑物，但应避免使柔性大的构件承受较大的荷载。

(6) 在有条件的地方，管道应集中成排布置。裸管的管底与管托底面取齐，以便设计支架。

(7) 无绝热层的管道不用管托或支座。大口径薄壁裸管及有绝热层的管道应采用管托或支座支承。

(8) 在跨越通道或转动设备上方的输送腐蚀性介质的管道上，不应设置法兰或螺纹连接等可能产生泄漏的连接点。

(9) 管道穿过为隔离剧毒或易爆介质的建筑物隔离墙时应加套管，套管内的空隙应采用非金属柔性材料充填。管道上的焊缝不应在套管内，并距套管端口不小于100mm。管道穿屋面处，应有防雨措施。

(10) 消防水和冷却水总管以及下水管一般为埋地敷设，管外表面应按有关规定采取防腐措施。

(11) 埋地管道应考虑车辆荷载的影响，管顶与路面的距离不小于0.6m，并应在冻土深度以下。

(12) 对于“无袋形”、“带有坡度”及“带液封”等要求的管道，应严格按PID的要求配管。

(13) 从水平的气体主管上引接支管时，应从主管的顶部接出。

8.4.2.2 平行管道的间距及安装空间

(1) 平行管道间净距应满足管子焊接、隔热层及组成件安装维修的要求。管道上突出部之间的净距不应<30mm。例如法兰外缘与相邻管道隔热层外壁间的净距或法兰与法兰间净距等。

(2) 无法兰不隔热的管道间的距离应满足管道焊接及检验的要求，一般不小于50mm。

(3) 有侧向位移的管道应适当加大管道间的净距。

(4) 管道突出部或管道隔热层的外壁的最突出部分，距管架或框架的支柱、建筑物墙壁的净距不应<100mm，并考虑拧紧法兰螺栓所需的空间。

8.4.2.3 排气与排液

(1) 由于管道布置形成的高点或低点，应设置排气和排液口：

① 高点排气口最小管径为*DN*15mm，低点排液口最小管径为*DN*20mm（主管为*DN*15mm时，排液口为*DN*15mm），高黏度介质的排气、排液口最小管径为*DN*25mm。

② 气体管的高点排气口可不设阀门，采用螺纹管帽或法兰盖封闭。除管廊上的管道外，*DN*≤25mm的管道可不设高点排气口。

③ 非工艺性的高点排气和低点排液口可不在PID上表示。

(2) 工艺要求的排气和排液口（包括设备上连接的）应按PID上的要求设置。

(3) 排气口的高度要求，应符合国家现行标准《石油化工企业设计防火规范》(GB 50160)的规定。

(4) 有毒及易燃易爆液体管道的排放点不得接入下水道，应接入封闭系统。比空气重的气体的放空点应考虑对操作环境的影响及人身安全的防护。

8.4.2.4 焊缝的位置

(1) 管道对接焊口的中心与弯管起弯点的距离不应小于管子外径，且不小于100mm。

(2) 管道上两相邻对接焊缝间的净距应不小于3倍管壁厚，短管净长度应不小于5倍管壁厚，且不小于50mm；对于 $DN \geqslant 50$mm 的管道，两焊缝间净距应不小于100mm。

(3) 管道的环焊缝不应在管托范围内。焊缝边缘与支架边缘间的净距离应大于焊缝宽度的5倍，且不小于100mm。

(4) 不宜在管道焊缝及其边缘上开孔与接管。

(5) 钢板卷焊的管子纵向焊缝应置于易检修和观察位置，且不宜在水平管底部。

(6) 对有加固环或支撑环的管子，加固环或支撑环的对接缝应与管子的纵向焊缝错开，且不小于100mm。加固环或支撑环距管子环焊缝应不小于50mm。

8.4.2.5 管道的热（冷）补偿

(1) 管道由热胀或冷缩产生的位移、力和力矩，必须经过认真的计算，优先利用管道布置的自然几何形状来吸收。作用在设备或机泵接口上的力和力矩不得大于允许值。

(2) 管道自补偿能力不能满足要求时，应在管系的适当位置安装补偿元件，如"Π"形弯管；当条件限制，必须选用波纹膨胀节或其他形式的补偿器时，应根据计算结果合理选型，并按标准要求考虑设置固定架和导向架。

(3) 当要求减小力与力矩时，允许采用冷拉措施，但对重要的敏感机器和设备接管不宜采用冷拉。

8.4.3 阀门的布置

8.4.3.1 一般要求

(1) 阀门应设在容易操作、便于安装、维修的地方。成排管道（如进出装置的管道）上的阀门应集中布置，有利于设置操作平台及梯子。

(2) 有的阀门位置有工艺操作的要求及锁定的要求，应按PID的说明进行布置及标注。

(3) 塔、反应器、立式容器等设备底部管道上的阀门，不应布置在裙座内。

(4) 需要根据就地仪表的指示操作的手动阀门，其位置应靠近就地仪表。

(5) 调节阀和安全阀应布置在地面或平台上便于维修与调试的地方。疏水阀布置应符合《化工装置管道布置设计规定》(HG/T 20549.5) 中第15章的规定。

(6) 消火栓或消防用的阀门，应设在发生火灾时能安全接近的位置。

(7) 埋地管道的阀门要设在阀门井内，并留有维修的空间。

(8) 阀门应设在热位移小的地方。

(9) 阀门上有旁路或偏置的传动部件时（如齿轮传动阀），应为旁路或偏置部件留有足够的安装和操作空间。

8.4.3.2 阀门的位置要求

(1) 立管上阀门的阀杆中心线的安装高度宜在地面或平台以上0.7～1.6m的范围，DN40mm及以下阀门可布置在2m高度以下。位置过高或过低时应设平台或操纵装置，如链轮或伸长杆等以便于操作。

(2) 极少数不经常操作的阀，且其操作高度离地面不大于2.5m，又不便另设永久性平台时，应用便携梯或移动式平台使人能够操作。

(3) 布置在操作平台周围的阀门手轮中心距操作平台边缘不宜>400mm，当阀杆和手轮伸入平台上方且高度<2m时，应使其不影响操作人员的操作和通行安全。

（4）阀门相邻布置时，手轮间的净距不宜<100mm。

（5）阀门的阀杆不应向下垂直或倾斜安装。

（6）安装在管沟内或阀门井内经常操作的阀门、当手轮低于盖板以下300mm时，应加装伸长杆，使其在盖板下100mm以内。

8.4.4 非金属管道和非金属衬里管道

（1）根据非金属管道具有强度和刚度低、线胀系数大、易老化等弱点，管道的布置应满足下列要求：

① 管架的支承方式及管架的间距，应能满足管道对强度和刚度条件的要求，一般取二者中小者作为最大管架间距；

② 管道应有足够的柔性或有效的热补偿措施，以防因膨胀（或收缩）或管架和管端的位移造成泄漏或损坏；

③ 管道应采取有效的防静电措施；

④ 露天敷设的管道，应有防老化措施；

⑤ 在有火灾危险的区域内，应为其设置适当的安全防护措施。

（2）非金属衬里管道的布置应满足下列要求：

① 应特别注意非金属材料的特性与金属材料之间的差异，使膨胀（或收缩）及其他位移产生的应力降到最小；

② 每一根管线都应在三维坐标系的至少一个方向上设置一个尺寸调整管段，以保证安装准确；

③ 非金属衬里管不宜用于真空管道。

8.4.5 安全措施

8.4.5.1 消防与防护

（1）对于直接排放到大气中去的温度高于物料自燃温度的烃类气体泄放阀出口管道，应设置灭火用的蒸汽或氮气管道，并由地面上控制。

（2）烃类液体储罐外应设置水喷淋的防火措施，阀门应设在火灾时可接近的地方。

8.4.5.2 事故应急设施

在输送酸性、碱性及有害介质的各种管道和设备附近应配备专用的洗眼和淋浴设施，该设施应布置在使用方便的地方，还要考虑淋浴器的安装高度，使水能从头上喷淋。在寒冷地区户外使用时，应对该设施采取防冻措施，以应急用。

8.4.5.3 防静电

对输送有静电危害的介质的管道，必须考虑静电接地措施。应符合国家现行标准《防止静电事故通用导则》（GB 12158）的规定。

8.4.6 阀门操作位置

阀门操作位置见图8-2和图8-3，该图阀门的安装尺寸是基于平均身高（180±4）cm的人确定的（这些尺寸应该适应并适宜于当地操作人员的平均身高），本图被多家国外工程公司使用。

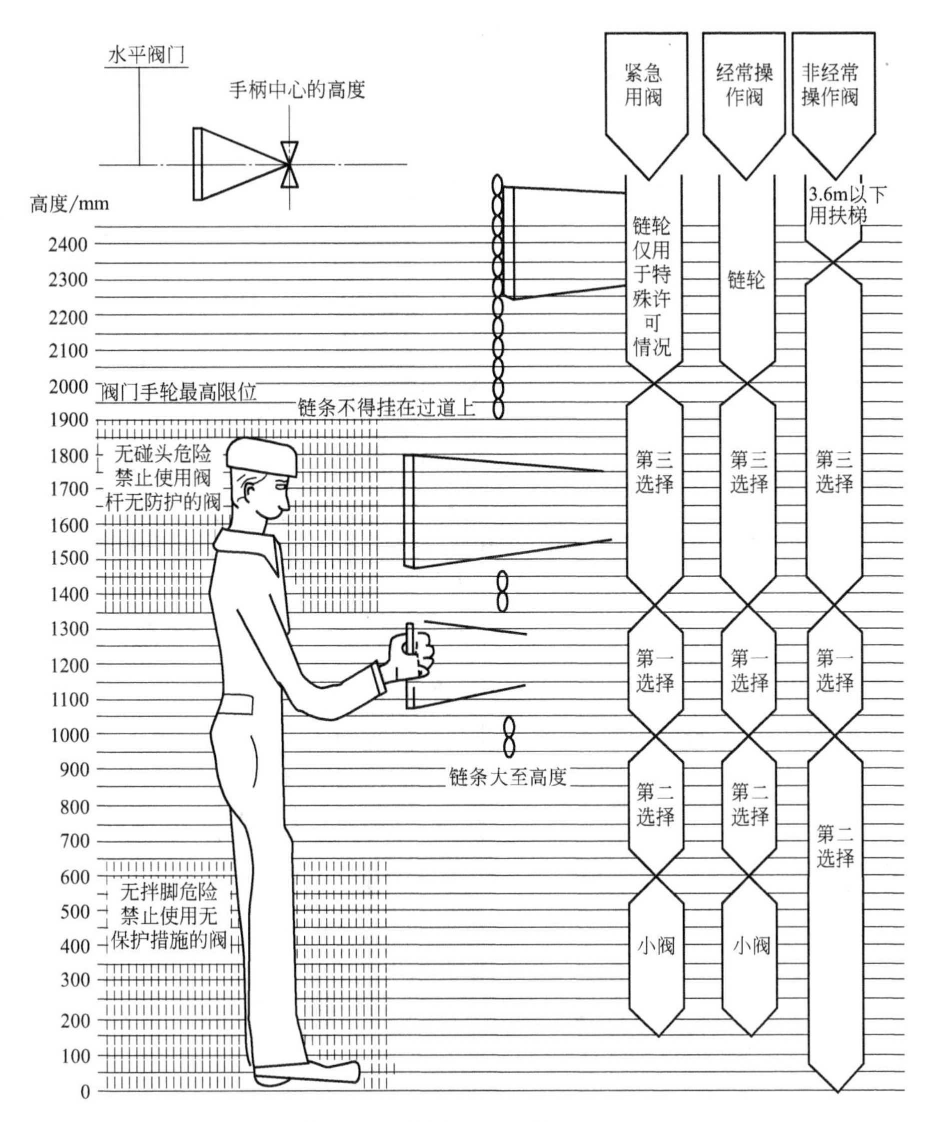

图 8-2 阀门操作适宜位置（一）

8.4.7 操作维修空间

8.4.7.1 站立操作维修空间（表 8-6、图 8-4）

表 8-6 站立操作维修空间

项 目		最佳/mm	最小/mm	最大/mm
A	高度	2100	1900	—
B	宽度	900	750	—
C	上部自由空间(对于重的部件要考虑吊装)	830～1140	720～1030	—
D	部件的高度	935～1015	900	1200
E	可以到达距离	270～300	—	500
F	使用工具的净空	—	取决于环境和所使用工具的尺寸,在很多实例中最小需要 200mm	—

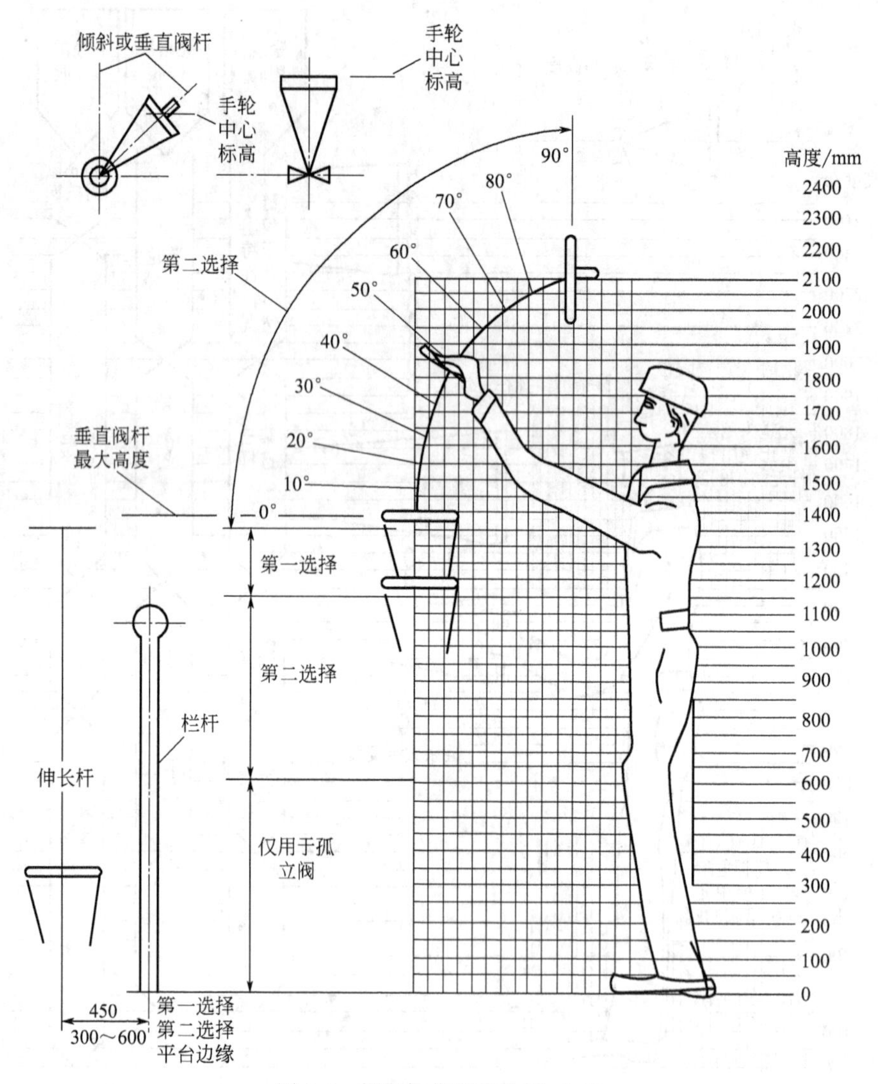

图 8-3　阀门操作适宜位置（二）

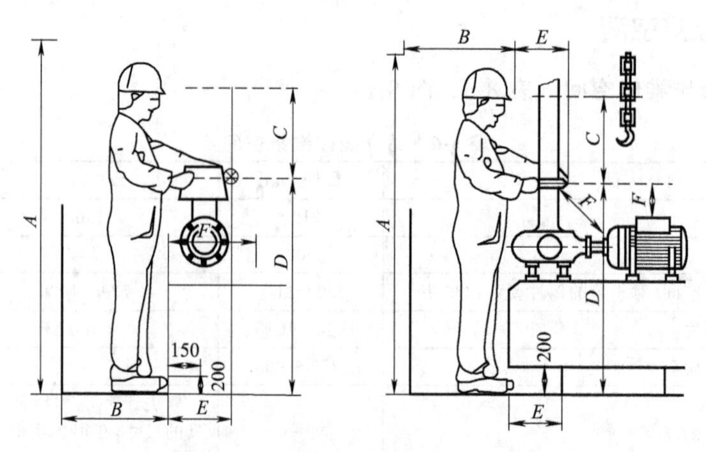

图 8-4　站立操作维修空间示意图

8.4.7.2 跪姿操作维修空间（表 8-7、图 8-5）

表 8-7 跪姿操作维修空间

项目		最佳/mm	最小/mm	最大/mm
G	高度	1700	1590	—
H	宽度	取决于工作环境	1150	—
I	上部自由空间 （对于重的部件要考虑吊装）	480～880	380～780	—
J	部件的高度	530～700	500	800
K	可以到达距离	270～300	—	500
L	使用工具的净空	—	取决于环境和所使用工具的尺寸，在很多实例中最小需要 200mm	—

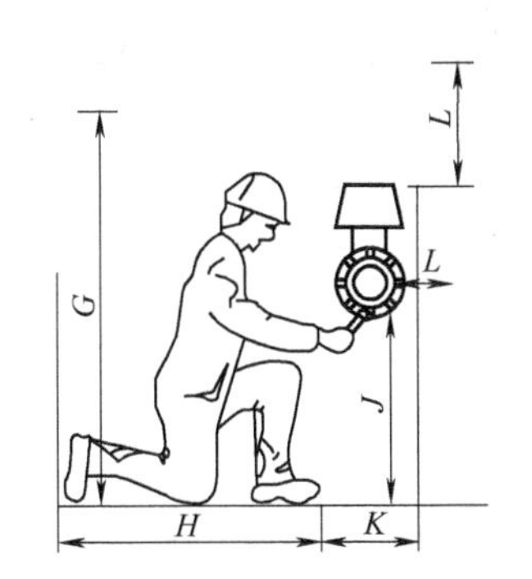

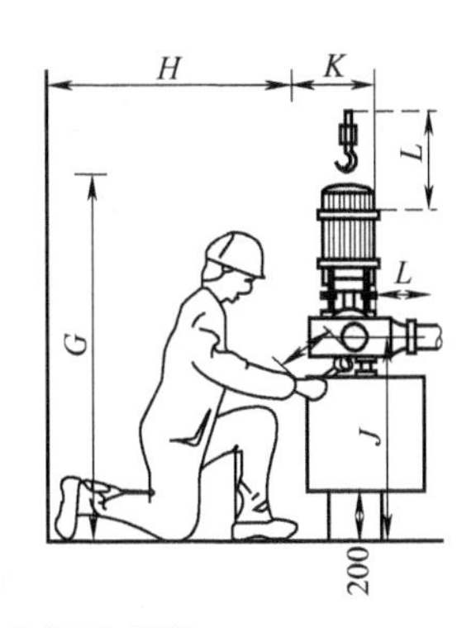

图 8-5 跪姿操作维修空间示意图

8.4.7.3 俯视操作维修空间（表 8-8、图 8-6）

表 8-8 俯视操作维修空间

项目		最佳/mm	最小/mm	最大/mm
M	手需要的净空	—	100	—
N	肘需要的净空	1350	1200	—
O	可以到达的净空(例如为了维修)	2030	1780	—

8.4.7.4 手动阀门布置要求（阀门手动轮应在阴影区）（图 8-7）

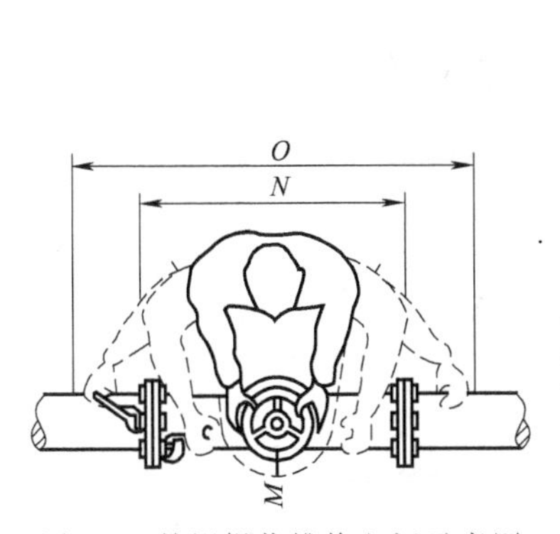

图 8-6 俯视操作维修空间示意图

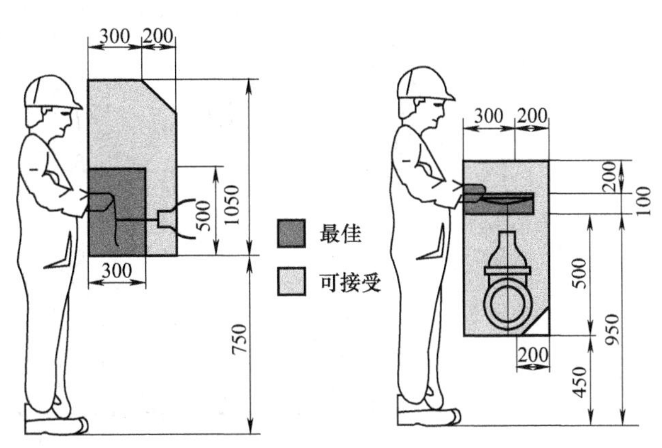

图 8-7 手动阀门布置要求（单位：mm）

8.4.7.5 阀门操作适宜位置（图 8-8）

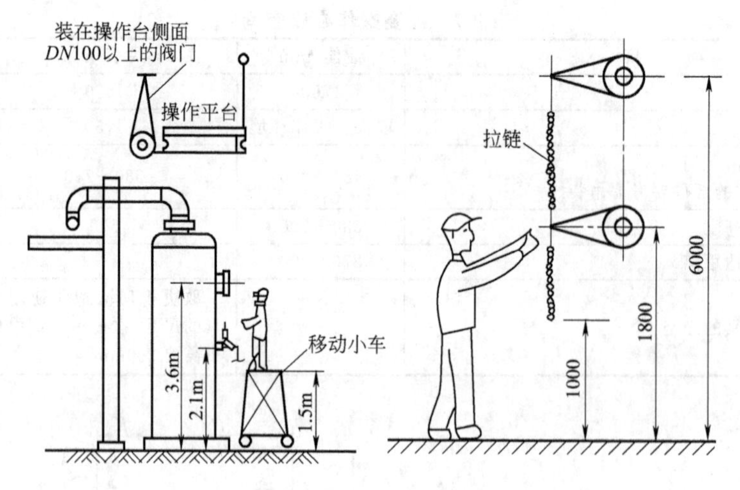

图 8-8 阀门操作适宜位置（单位：mm）

8.4.7.6 不同姿态操作空间（图 8-9）

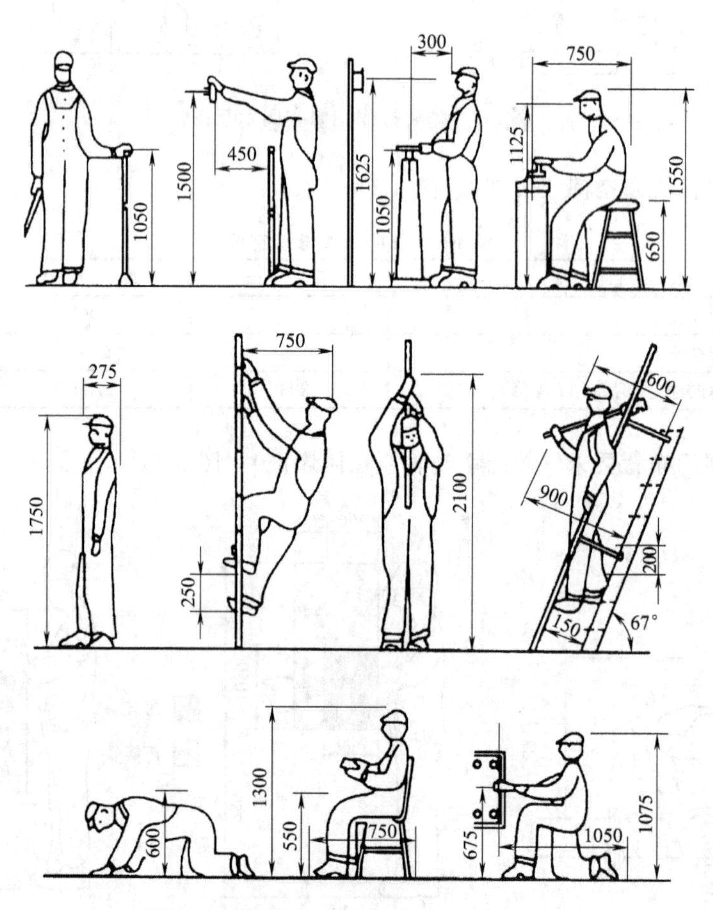

图 8-9 不同姿态操作空间（单位：mm）

8.4.7.7 梯子和通道的空间（图 8-10）

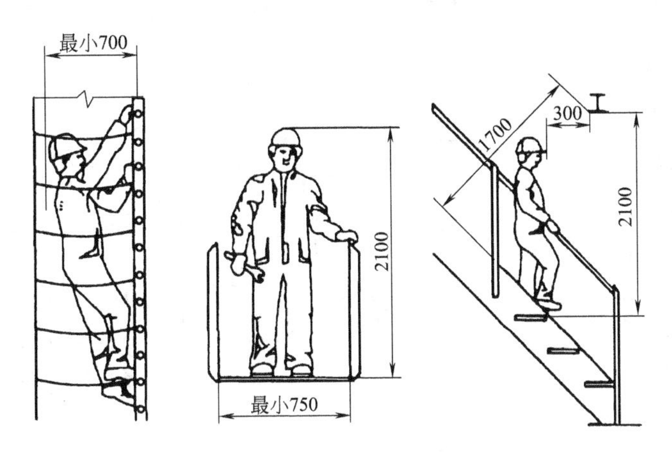

图 8-10 梯子和通道的空间（单位：mm）

8.4.7.8 操作通道布置（表 8-9）

表 8-9 操作通道布置

单位：mm

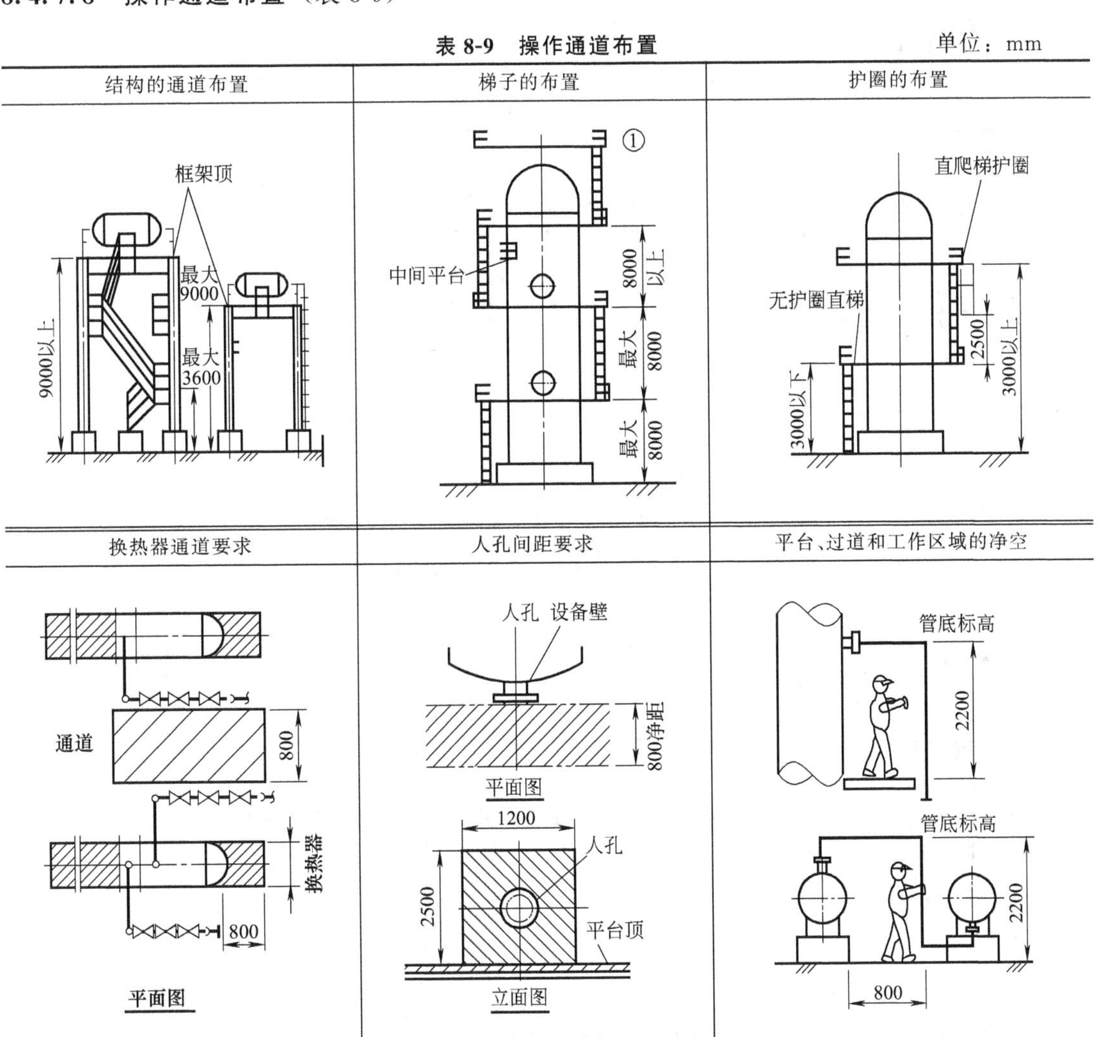

续表

结构上平台的布置	槽罐和容器平台的布置	容器上平台的布置
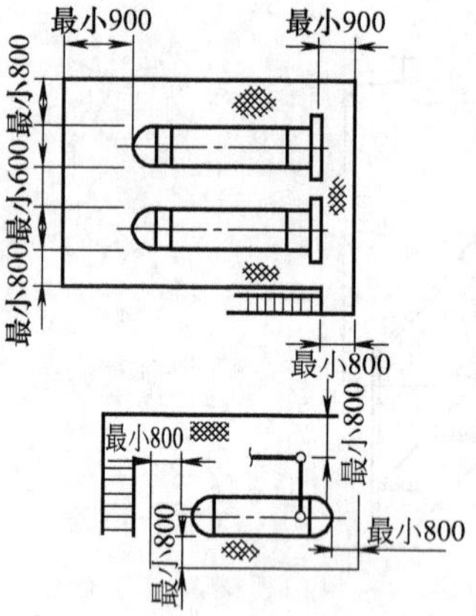 最小900 最小900 最小800 最小600 最小800 最小800 最小800 最小800 最小800 最小800	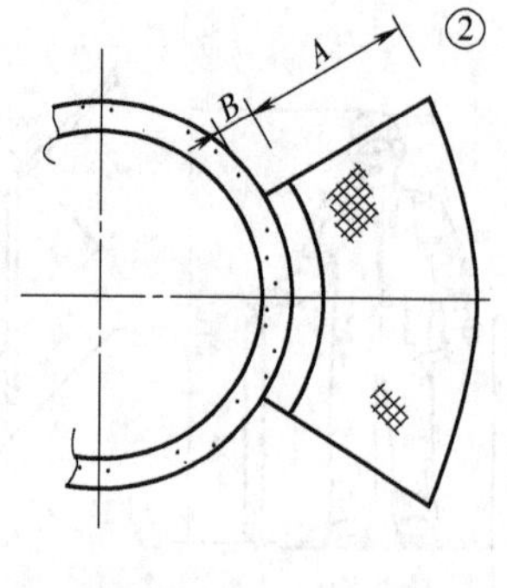 ② A B A=1000～1500 B=50～100（间距）	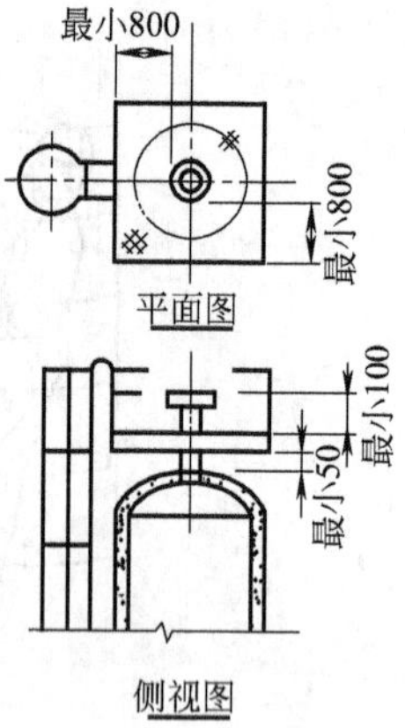 最小800 最小800 平面图 最小100 最小50 侧视图
泵通道要求	**管道调节阀组通道要求**	**通道要求**
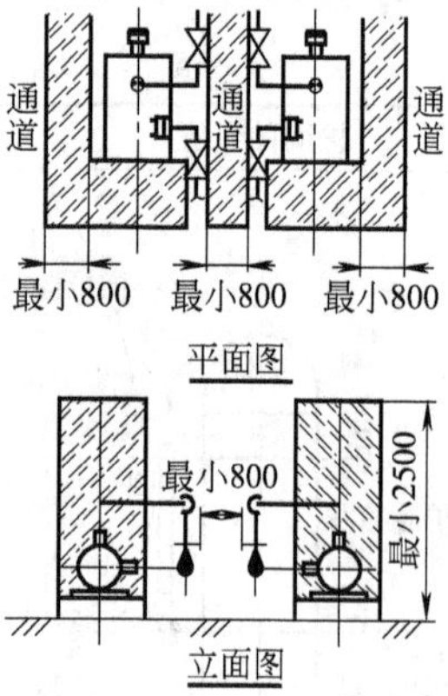 通道 通道 通道 最小800 最小800 最小800 平面图 最小800 最小2500 立面图	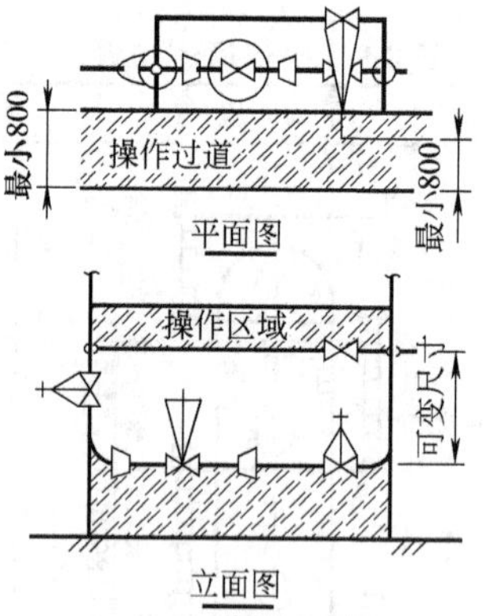 最小800 操作过道 最小800 平面图 操作区域 可变尺寸 立面图	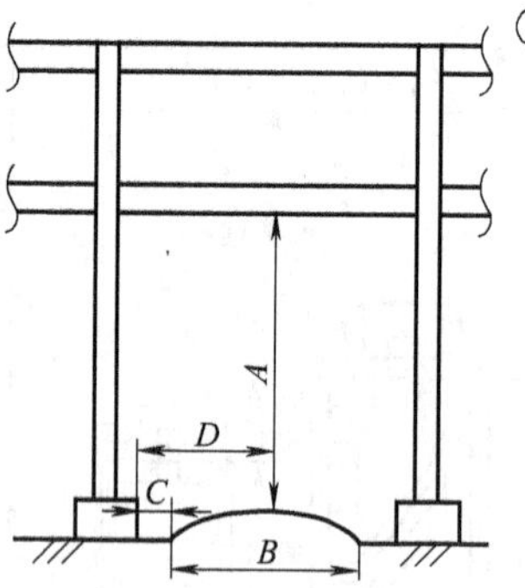 ③ A D C B

① 斜梯宜倾斜45°，梯高不宜>5m，如>5m，应设梯间平台，设备上的直梯宜从侧面通向平台，攀登高度在15m以内时，梯间平台的间距应为5～8m；超过15m时，每5m应设梯间平台。

② 如果有管子穿过平台，则需要保证平台的最小有效可通过宽度800mm。

③ 通道要求：装置内（主要行车道、消防通道、检修通道）：$A \geqslant 4500$，$B \geqslant 4000$。

管廊下：泵区检修通道 $A \geqslant 3000$，$B \geqslant 2000$；操作通道 $A \geqslant 2200$，$B \geqslant 800$。

跨越厂区：跨越铁路 $A \geqslant 5500$，$D \geqslant 3000$；跨越厂内道路 $A \geqslant 5000$，$C \geqslant 1000$。

8.5 管架选用设计

8.5.1 管道跨距的计算

一般连续敷设的管道，其基本跨距 L 应按三跨连续梁承受均布荷载时的刚度条件计算，按强度条件校核，取两者中的较小值。

8.5.1.1 刚度条件

$$L_1 = 0.11(EI\Delta/W)^{1/4} \tag{8-1}$$

式中 L_1——由刚度条件决定的跨度，m；

E——管材在设计温度下的弹性模量，MPa；

I——管道断面惯性矩，cm^4；

Δ——管道许用挠度，mm；

W——单位长度管道荷载（包括管道、介质、隔热或隔声结构等的荷载），N/m。

(1) 许用挠度

对于无脉动的管道，考虑风荷载等因素的影响后，装置内管道的固有振动频率宜不低于4次/s，装置外管道的固有振动频率不宜低于2.55次/s。相应管道许用挠度，装置内宜控制在15mm之内，装置外宜控制在38mm之内。

(2) 跨距计算

装置内取 $\Delta=15mm$，装置外取 $\Delta=38mm$，将其代入式(8-1) 得：

装置内： $$L_1=0.2165(EI/W)^{1/4} \tag{8-2}$$

装置外： $$L_1=0.2731(EI/W)^{1/4} \tag{8-3}$$

8.5.1.2 强度条件

$$L_2=(Z[\sigma]/W)^{1/2} \tag{8-4}$$

式中 L_2——按强度条件计算的跨距，m；

Z——管道断面系数，cm^3；

$[\sigma]$——在设计温度下管材因受管道重力荷载作用引起的应力的许用值，MPa。

(1) 在不计管内压力的条件下，其跨距就按式(8-4) 计算。式中 $[\sigma]$ 用 $[\sigma_1]$ 代替。$[\sigma_1]$ 为设计温度下管材的许用应力，MPa。

(2) 考虑管道内压力产生的环向应力达到许用应力值，即轴向应力达到1/2许用应力时，装置内外的管道荷载及其他垂直持续荷载在管壁中引起的一次应力，即轴向应力不应超过许用应力的1/2，即 $[\sigma]=0.5[\sigma_1]$ 的前提下，其跨距 L_2 应按式(8-5) 计算：

$$L_2=\{Z[\sigma_1]/(2W)\}^{1/2} \tag{8-5}$$

8.5.1.3 基本跨距的确定

将 L_1 与 L_2 进行比较，最后选定较小值为基本跨距计算值。

8.5.2 管架的最大间距

8.5.2.1 水平管道的管架间距

管架间距系指管道的跨距（或跨度）。一般连续敷设的管道，其最大跨距即管道的基本跨距，应按三跨连续梁承受均布荷载时的刚度（挠度）条件计算，按强度条件校核，取两者中的较小值。

(1) 装置内外不保温管道、保温管道基本跨距见表8-10～表8-13。

表 8-10 装置内不保温管道基本跨距

公称直径/mm	外径×壁厚/mm	管道计算荷载/(kgf/m)		≤200℃管道基本跨距/m		≤350℃管道基本跨距/m	
		气体管	液体管	气体管	液体管	气体管	液体管
15	21.25×2.75	1.55	1.74	3.43	3.33	3.37	3.28
	18×2.5	1.18	1.31	3.15	3.07	3.09	3.01
	18×3	1.36	1.47	3.11	3.05	3.06	3.00
20	26.75×2.75	2.04	2.38	3.89	3.74	3.82	3.67
	25×2.5	1.74	2.04	3.76	3.61	3.70	3.55
	25×3	2.02	2.29	3.73	3.61	3.62	3.56

续表

公称直径/mm	外径×壁厚/mm	管道计算荷载/(kgf/m)		≤200℃管道基本跨距/m		≤350℃管道基本跨距/m	
		气体管	液体管	气体管	液体管	气体管	液体管
25	33.5×3.25	3.05	3.60	4.36	4.18	4.28	4.11
	32×2.5	2.32	2.87	4.28	4.06	4.21	3.99
	32×3.5	3.07	3.54	4.24	4.09	4.17	4.02
32	42.25×3.25	3.99	4.95	4.92	4.66	4.84	4.58
	38×2.5	2.83	3.65	4.68	4.39	4.60	4.31
	38×3.5	3.75	4.48	4.65	4.45	4.57	4.37
40	48×3.5	4.93	6.19	5.25	4.96	5.16	4.87
	45×3	4.02	5.16	5.09	4.78	5.00	4.70
	45×3.5	4.57	4.66	5.08	4.81	4.99	4.73
50	60×3.5	6.38	8.50	5.89	5.48	5.78	5.38
	57×3.5	6.01	7.90	5.74	5.36	5.63	5.26
	57×4	6.73	8.54	5.73	5.40	5.63	5.30
70	73×3.75	8.83	12.32	6.60	6.08	6.49	5.97
	76×4	9.39	12.88	6.63	6.12	6.51	6.02
	76×6	13.20	16.29	6.60	6.26	6.48	6.15
80	88.9×4	11.22	16.11	7.14	6.53	7.02	6.41
	89×4	11.30	16.24	7.16	6.54	7.04	6.43
	89×6	15.85	20.32	7.16	6.73	7.04	6.61
100	114×4	15.14	23.60	8.06	7.23	7.93	7.10
	108×4	14.19	21.73	7.87	7.08	7.73	6.95
	108×6	19.85	26.79	7.90	7.33	7.76	7.20
125	140×4.5	21.28	34.21	8.93	7.93	8.78	7.80
	133×4	18.21	29.99	8.69	7.67	8.54	7.54
	133×6	25.31	36.34	8.76	8.00	8.60	7.86
150	168×4.5	25.96	44.30	9.65	8.44	9.48	8.29
	159×4.5	24.81	41.77	9.48	8.33	9.32	8.18
	159×6	31.24	47.52	9.56	8.60	9.39	8.45
200	219×6	45.89	78.18	11.12	9.73	10.92	9.56
	219×8	57.72	88.77	11.20	10.06	11.01	9.88
250	273×6	60.24	111.58	12.31	10.55	12.09	10.36
	273×8	75.18	124.95	12.44	10.96	12.22	10.76
	273×10	89.89	138.12	12.51	11.24	12.29	11.04
300	325×6	75.10	148.93	13.31	11.21	13.07	11.02
	325×8	93.03	164.99	13.49	11.09	13.25	11.49
	325×10	110.74	180.84	13.59	12.03	13.36	11.81
350	377×6	90.97	191.37	14.21	11.80	13.96	11.59
	377×8	111.91	210.12	14.44	12.33	14.18	12.12
	377×10	132.61	228.66	14.57	12.72	14.32	12.49
400	426×6	106.86	236.03	14.96	12.28	14.71	12.07
	426×8	130.63	257.31	15.25	12.87	14.98	12.65
	426×10	154.16	278.38	15.42	13.30	15.15	13.07
450	480×6	125.42	290.46	15.75	12.77	15.48	12.55
	480×10	178.95	338.41	18.28	13.88	15.99	13.63
	480×12	205.36	362.06	16.41	14.24	16.12	13.99
500	530×6	143.89	345.80	16.42	13.18	16.13	12.76
	530×9	188.14	385.70	16.91	14.13	16.61	13.89
	530×12	232.18	425.13	17.19	14.76	16.87	14.50
600	630×6	182.75	470.56	17.62	13.91	17.31	13.03
	630×9	235.95	518.21	18.23	14.97	17.91	14.71

续表

公称直径/mm	外径×壁厚/mm	管道计算荷载/(kgf/m)		≤200℃管道基本跨距/m		≤350℃管道基本跨距/m	
		气体管	液体管	气体管	液体管	气体管	液体管
700	720×6 720×9	221.21 282.20	598.96 653.58	18.59 19.29	14.49 15.64	18.26 18.96	13.23 15.37
800	820×6 820×9	267.53 337.17	759.53 821.89	19.55 20.37	14.71 16.30	19.21 20.01	13.40 15.69
900	920×6 920×9	317.61 395.91	938.93 1009.94	20.43 21.35	14.86 16.90	20.08 20.97	13.54 15.92
1000	1020×6 1020×9	323.91 395.91	1137.17 1215.03	21.98 22.86	14.98 17.44	21.59 22.46	13.65 16.10
1200	1220×6 1220×8	422.18 492.19	1590.17 1652.46	23.55 24.32	15.18 17.15	23.13 23.89	13.83 15.63
1400	1420×8 1420×10	613.40 694.78	2191.16 2263.57	25.81 26.43	17.36 19.05	25.36 25.96	15.82 17.36
1600	1620×8 1620×10	745.93 838.93	2805.21 2887.95	27.15 27.85	17.52 19.27	26.67 27.36	15.96 17.56

表 8-11　装置内保温管道基本跨距

公称直径/mm	外径×壁厚/mm	≤200℃保温厚度/mm	≤200℃计算荷载/(kgf/m)		≤200℃基本跨距/m		≤350℃保温厚度/mm	≤350℃计算荷载/(kgf/m)		≤350℃基本跨距/m	
			气体管	液体管	气体管	液体管		气体管	液体管	气体管	液体管
25	33.5×3.25 32×2.5 32×3.5	45 45 45	9.54 8.70 9.45	10.09 9.25 9.92	3.44 3.11 3.36	3.31 3.01 3.28	65 65 65	14.06 13.18 13.93	14.61 13.73 14.40	2.50 2.30 2.52	2.53 2.28 2.48
32	42.25×3.25 38×2.5 38×3.5	50 50 50	12.24 10.72 11.65	13.20 11.55 12.37	3.95 3.39 3.70	3.81 3.27 3.59	65 65 65	15.91 14.31 15.24	16.36 16.14 15.96	3.16 2.67 2.94	3.07 2.60 2.88
40	48×3.5 45×3 45×3.5	50 50 50	13.64 12.49 13.04	14.91 13.63 14.13	4.44 4.07 4.23	4.25 3.89 4.06	70 70 70	16.85 17.61 18.16	20.12 18.75 19.25	3.44 3.12 3.26	3.33 3.02 3.17
50	60×3.5 57×3.5 57×4	50 50 50	16.09 15.47 16.19	18.21 17.36 18.00	5.23 5.04 5.20	4.91 4.76 4.93	70 70 70	21.63 20.93 21.65	23.75 22.82 23.46	4.11 3.95 4.10	3.92 3.78 3.93
70	73×3.75 76×4 76×6	55 55 55	21.21 21.82 25.62	24.70 25.30 28.71	6.01 6.13 6.66	5.57 5.69 6.29	75 75 75	27.47 28.09 31.89	30.95 31.57 34.98	4.81 4.92 5.20	4.53 4.64 5.08
80	88.9×4 89×4 89×6	55 55 55	24.77 24.89 29.44	29.65 29.83 33.91	6.78 6.80 7.40	6.19 6.21 6.90	80 80 80	33.22 33.35 37.91	38.10 38.30 42.38	5.33 5.35 5.66	4.98 5.00 5.50
100	114×4 108×4 108×6	60 60 60	32.69 31.17 36.82	41.16 38.71 43.77	7.72 7.46 8.18	6.88 6.70 7.50	80 80 80	40.31 38.62 44.27	48.77 46.15 51.21	6.21 6.02 6.35	5.76 5.59 6.12
125	140×4.5 133×4 133×6	60 60 60	41.34 37.60 44.70	54.27 49.38 55.73	8.98 8.46 9.29	7.84 7.38 8.32	85 85 85	49.68 47.96 55.06	62.62 59.74 66.09	7.10 6.70 7.08	6.65 6.11 6.77
150	168×4.5 159×4.5 159×6	60 60 60	48.44 46.71 53.14	66.78 63.67 69.42	9.85 9.65 10.30	8.39 8.26 9.01	90 90 90	62.52 60.44 60.87	80.76 77.40 83.15	7.61 7.46 7.76	6.95 6.83 7.35
200	219×6 219×8	65 65	76.12 87.94	108.40 118.99	12.04 12.51	10.10 10.96	95 95	92.79 104.61	125.08 135.67	9.16 9.49	8.50 8.80

续表

公称直径/mm	外径×壁厚/mm	≤200℃保温厚度/mm	≤200℃计算荷载/(kgf/m)		≤200℃基本跨距/m		≤350℃保温厚度/mm	≤350℃计算荷载/(kgf/m)		≤350℃基本跨距/m	
			气体管	液体管	气体管	液体管		气体管	液体管	气体管	液体管
250	273×6	65	96.06	147.40	13.47	10.87	95	115.00	166.34	10.28	9.33
	273×8	65	111.00	160.77	14.00	11.83	95	129.94	179.91	10.66	9.83
	273×10	65	125.71	173.94	14.27	12.64	95	144.65	192.88	10.91	10.16
300	325×6	70	119.65	193.48	14.44	11.36	100	141.19	215.02	11.16	9.82
	325×8	70	137.58	209.54	15.18	12.48	100	159.13	231.08	11.59	10.56
	325×10	70	158.71	228.81	15.42	13.23	100	176.83	246.94	11.88	10.93
350	377×6	70	141.27	241.67	15.48	11.83	100	165.00	265.40	12.03	10.29
	377×8	70	162.21	260.42	16.33	13.06	100	185.99	284.15	12.49	11.24
	377×10	70	182.91	278.96	16.68	13.99	100	205.64	302.69	12.81	11.65
400	426×6	70	162.58	291.74	16.35	12.20	105	192.91	322.07	12.69	10.58
	426×8	70	186.34	313.02	17.31	13.51	105	216.67	343.35	13.20	11.75
	426×10	70	209.87	334.10	17.71	14.51	105	240.20	364.42	13.56	12.21
450	480×6	70	187.11	352.17	17.21	12.54	105	220.09	385.14	13.45	10.95
	480×10	70	240.64	400.10	18.75	15.00	105	273.61	433.07	14.38	12.83
	480×12	70	287.05	423.86	19.07	15.87	105	300.02	456.73	14.66	13.20
500	530×6	70	210.80	413.01	17.94	12.81	105	246.23	448.44	14.10	11.20
	530×9	70	255.36	452.91	19.44	14.86	105	290.78	488.34	14.90	13.04
	530×12	70	299.40	492.34	19.99	16.32	105	334.82	527.78	15.39	13.74
600	630×6	75	266.57	554.39	19.01	13.18	110	307.38	595.20	15.20	11.59
	630×9	75	319.78	602.03	20.96	15.38	110	306.59	642.85	16.11	13.56
700	720×6	75	315.61	693.37	20.00	13.50	110	380.84	738.59	16.16	11.91
	720×9	75	376.61	747.98	22.27	15.81	110	421.83	793.21	17.14	13.99
800	820×6	75	373.69	865.68	20.97	13.78	110	423.81	915.81	17.12	12.20
	820×9	75	443.33	928.05	23.45	16.21	110	493.45	918.17	18.19	14.38
900	920×6	75	435.53	1056.84	21.82	14.01	110	490.55	1111.87	18.01	12.44
	920×9	75	513.82	1126.95	24.48	16.53	110	568.85	1181.98	19.16	14.71
1000	1020×6	80	461.93	1272.19	23.51	14.15	125	540.24	1353.10	19.00	12.51
	1020×9	80	549.45	1353.05	26.28	16.75	125	627.75	1431.36	20.21	14.84
1200	1220×6	80	585.11	1753.11	25.02	14.45	125	676.02	1844.01	20.56	12.84
	1220×8	80	655.12	1815.40	27.04	16.36	125	746.03	1906.30	21.53	14.55
1400	1420×8	80	801.24	2379.00	28.71	16.66	125	904.75	2484.51	23.01	14.86
	1420×10	80	882.63	2451.41	30.51	18.31	125	986.13	2554.92	23.79	16.34
1600	1620×8	80	958.69	3017.97	29.79	16.89	125	1074.79	3134.07	24.34	15.01
	1620×10	80	1051.68	3100.71	31.93	18.60	125	1167.79	3216.81	25.19	16.64

表 8-12　装置外不保温管道基本跨距

公称直径/mm	外径×壁厚/mm	管道计算荷载/(kgf/m)		≤200℃管道基本跨距/m		≤350℃管道基本跨距/m	
		气体管	液体管	气体管	液体管	气体管	液体管
15	21.25×2.75	1.55	1.74	4.26	4.14	4.18	4.07
	18×2.5	1.18	1.31	3.90	3.80	3.84	3.74
	18×3	1.36	1.47	3.86	3.79	3.79	3.71
20	26.75×2.75	2.04	2.38	4.62	4.64	4.74	4.56
	25×2.5	1.74	2.04	4.67	4.84	4.59	4.41
	25×3	2.02	2.29	4.63	4.49	4.55	4.41
25	33.5×3.25	3.05	3.60	5.41	5.19	5.31	5.10
	32×2.5	2.32	2.87	5.32	5.04	5.22	4.93
	32×3.5	3.07	3.54	5.26	5.08	5.17	4.99

续表

公称直径/mm	外径×壁厚/mm	管道计算荷载/(kgf/m)		≤200℃管道基本跨距/m		≤350℃管道基本跨距/m	
		气体管	液体管	气体管	液体管	气体管	液体管
32	42.25×3.25	3.99	4.95	6.11	5.79	6.00	5.66
	38×2.5	2.83	3.65	5.81	5.42	5.71	5.29
	38×3.5	3.75	4.48	5.77	5.52	5.67	5.42
40	48×3.5	4.93	6.19	6.52	6.16	6.40	6.01
	45×3	4.02	5.16	6.32	5.93	6.21	5.77
	45×3.5	4.57	5.66	6.30	5.98	6.19	5.85
50	60×3.5	6.38	8.50	7.30	6.80	7.18	6.55
	57×3.5	6.01	7.90	7.12	6.65	6.99	6.43
	57×4	6.73	8.54	7.11	6.70	6.98	6.52
70	73×3.75	8.83	12.32	8.19	7.54	8.05	7.18
	76×4	9.39	12.88	8.22	7.60	8.08	7.27
	76×6	13.20	16.29	8.19	7.77	8.05	7.61
80	88.9×4	11.22	16.11	8.86	8.10	8.71	7.66
	89×4	11.30	16.24	8.89	8.12	8.73	7.67
	89×6	15.85	20.32	8.89	8.35	8.73	8.12
100	114×4	15.14	23.60	10.02	8.97	9.85	8.27
	108×4	14.19	21.73	9.77	8.78	9.59	8.15
	108×6	19.85	26.79	9.80	9.09	9.63	8.74
125	140×4.5	21.28	34.21	11.08	9.84	10.89	8.99
	133×4	18.21	29.99	10.78	9.47	10.59	8.63
	133×6	25.31	36.34	10.87	9.93	10.68	9.38
150	168×4.5	25.96	44.30	11.97	10.30	11.76	9.38
	159×4.5	24.81	41.77	11.77	10.20	11.56	9.30
	159×6	31.24	47.52	11.85	10.67	11.65	9.92
200	219×6	45.89	78.18	13.80	11.88	13.55	10.82
	219×8	57.72	88.77	13.90	12.48	13.66	11.57
250	273×6	60.24	111.58	15.27	12.50	15.00	11.39
	273×8	75.18	124.95	15.44	13.48	15.17	12.29
	273×10	89.89	138.12	15.52	13.94	15.25	12.92
300	325×6	75.10	148.93	16.51	12.94	16.22	11.79
	325×8	93.03	164.99	16.74	14.07	16.45	12.82
	325×10	110.74	180.84	16.87	14.89	16.57	13.56
350	377×6	90.97	191.37	17.63	13.30	17.32	12.12
	377×8	111.91	210.12	17.91	14.54	17.59	13.25
	377×10	132.61	228.66	18.08	15.46	17.76	14.09
400	426×6	106.86	236.03	18.58	13.57	18.25	12.36
	426×8	130.63	257.31	18.92	14.90	18.59	13.57
	426×10	154.16	278.38	19.13	15.90	18.76	14.49
450	480×6	125.42	290.48	19.55	13.81	19.15	12.52
	480×10	178.95	338.41	20.19	16.31	19.85	14.87
	480×12	205.36	362.06	20.36	17.17	19.99	15.64
500	530×6	143.89	345.80	20.37	14.00	19.80	12.76
	530×9	188.14	385.70	20.98	16.10	20.62	14.67
	530×12	232.18	425.13	21.30	17.56	20.93	15.00
600	630×6	182.75	470.56	21.87	14.31	20.92	13.04
	630×9	235.95	518.21	22.62	16.58	22.22	15.11
700	720×6	221.21	598.96	23.06	14.52	21.77	13.23
	720×9	282.20	653.58	23.49	16.92	23.46	15.41

续表

公称直径/mm	外径×壁厚/mm	管道计算荷载/(kgf/m)		≤200℃管道基本跨距/m		≤350℃管道基本跨距/m	
		气体管	液体管	气体管	液体管	气体管	液体管
800	820×6	267.53	759.53	24.26	14.71	22.58	13.40
	820×9	337.17	821.89	25.27	17.22	24.50	15.69
900	920×6	317.61	938.93	25.36	14.86	23.28	13.54
	920×9	395.91	1009.94	26.49	17.47	25.41	15.92
1000	1020×6	323.91	1137.17	27.27	14.98	25.58	13.65
	1020×9	411.42	1215.03	28.37	17.67	27.68	16.10
1200	1220×6	422.18	1590.17	29.22	15.18	26.84	13.83
	1220×8	492.19	1652.46	30.18	17.15	28.63	15.63
1400	1420×8	613.40	2191.16	32.03	17.36	29.89	15.82
	1420×10	694.78	2263.57	32.79	19.05	31.34	17.36
1600	1620×8	745.93	2805.21	33.68	17.52	30.96	15.96
	1620×10	838.93	2887.95	34.55	19.27	32.58	17.56

表 8-13 装置外保温管道基本跨距

公称直径/mm	外径×壁厚/mm	≤200℃保温厚度/mm	≤200℃计算荷载/(kgf/m)		≤200℃基本跨距/m		≤350℃保温厚度/mm	≤350℃计算荷载/(kgf/m)		≤350℃基本跨距/m	
			气体管	液体管	气体管	液体管		气体管	液体管	气体管	液体管
25	33.5×3.25	45	9.54	10.09	3.44	3.31	65	14.06	14.61	2.50	2.53
	32×2.5	45	8.70	9.25	3.11	3.01	65	13.18	13.73	2.30	2.28
	32×3.5	45	9.45	9.92	3.36	3.28	65	13.93	14.40	2.52	2.48
32	42.25×3.25	50	12.24	13.20	3.95	3.81	65	15.91	16.36	3.16	3.07
	38×2.5	50	10.72	11.55	3.39	3.27	65	14.31	16.14	2.67	2.60
	38×3.5	50	11.65	12.37	3.70	3.59	65	15.24	15.96	2.94	2.88
40	48×3.5	50	13.64	14.91	4.44	4.25	70	16.85	20.12	3.44	3.33
	45×3	50	12.49	13.63	4.07	3.89	70	17.61	18.75	3.12	3.02
	45×3.5	50	13.04	14.13	4.23	4.06	70	18.16	19.25	3.26	3.17
50	60×3.5	50	16.09	18.21	5.23	4.91	70	21.63	23.75	4.11	3.92
	57×3.5	50	15.47	17.36	5.04	4.76	70	20.93	22.82	3.95	3.78
	57×4	50	16.19	18.00	5.20	4.93	70	21.65	23.46	4.10	3.93
70	73×3.75	55	21.21	24.70	6.01	5.57	75	27.47	30.95	4.81	4.53
	76×4	55	21.82	25.30	6.13	5.69	75	28.09	31.57	4.92	4.64
	76×6	55	25.62	28.71	6.66	6.29	75	31.89	34.98	5.44	5.19
80	88.9×4	55	24.77	29.65	6.78	6.19	80	33.22	38.10	5.33	4.98
	89×4	55	24.89	29.83	6.80	6.21	80	33.35	38.30	5.35	5.00
	89×6	55	29.44	33.91	7.40	6.90	80	37.91	42.38	5.94	5.62
100	114×4	60	32.69	41.16	7.72	6.88	80	40.31	48.77	6.33	5.76
	108×4	60	31.17	38.71	7.46	6.70	80	38.62	46.15	6.11	5.59
	108×6	60	36.82	43.77	8.18	7.50	80	44.27	51.21	6.79	6.32
125	140×4.5	60	41.34	54.27	8.98	7.84	85	49.68	62.62	7.46	6.65
	133×4	60	37.60	49.38	8.46	7.38	85	47.96	59.74	6.82	6.11
	133×6	60	44.70	55.73	9.29	8.32	85	55.06	66.09	7.62	6.96
150	168×4.5	60	48.44	66.78	9.85	8.39	90	62.52	80.76	7.90	6.95
	159×4.5	60	46.71	63.67	9.65	8.26	90	60.44	77.40	7.73	6.83
	159×6	60	53.14	69.42	10.30	9.01	90	60.87	83.15	8.36	7.50
200	219×6	65	76.12	108.40	12.04	10.10	95	92.79	125.08	9.93	8.56
	219×8	65	87.94	118.99	12.51	10.96	95	104.61	135.67	10.65	9.36
250	273×6	65	96.06	147.40	13.47	10.87	95	115.00	166.34	11.21	9.33
	273×8	65	111.00	160.77	14.00	11.83	95	129.94	179.91	12.06	10.25
	273×10	65	125.71	173.94	14.27	12.64	95	144.65	192.88	12.63	10.93

续表

公称直径/mm	外径×壁厚/mm	≤200℃保温厚度/mm	≤200℃计算荷载/(kgf/m)		≤200℃基本跨距/m		≤350℃保温厚度/mm	≤350℃计算荷载/(kgf/m)		≤350℃基本跨距/m	
			气体管	液体管	气体管	液体管		气体管	液体管	气体管	液体管
300	325×6	70	119.65	193.48	14.44	11.36	100	141.19	215.02	12.11	9.82
	325×8	70	137.58	209.54	15.18	12.48	100	159.13	231.08	13.05	10.83
	325×10	70	158.71	228.81	15.42	13.23	100	176.83	246.94	13.72	11.61
350	377×6	70	141.27	241.67	15.48	11.83	100	165.00	265.40	13.05	10.29
	377×8	70	162.21	260.42	16.33	13.06	100	185.99	284.15	14.08	11.39
	377×10	70	182.91	278.96	16.68	13.99	100	205.64	302.69	14.81	12.24
400	426×6	70	162.58	291.74	16.35	12.20	105	192.91	322.07	13.67	10.58
	426×8	70	186.34	313.02	17.31	13.51	105	216.67	343.35	14.79	11.75
	426×10	70	209.87	334.10	17.71	14.51	105	240.20	364.42	15.60	12.66
450	480×6	70	187.11	352.17	17.21	12.54	105	220.09	385.14	14.46	10.93
	480×10	70	240.64	400.10	18.75	15.00	105	273.61	433.07	16.53	13.14
	480×12	70	287.05	423.86	19.07	15.87	105	300.02	456.73	17.19	13.93
500	530×6	70	210.80	413.01	17.94	12.81	105	246.23	448.44	15.12	11.20
	530×9	70	255.36	452.91	19.44	14.86	105	290.78	488.34	16.90	13.04
	530×12	70	299.40	492.34	19.99	16.32	105	334.82	527.78	18.03	14.36
600	630×6	75	266.57	554.39	19.01	13.18	110	307.38	595.20	16.13	11.59
	630×9	75	319.78	602.03	20.96	15.38	110	306.59	642.85	18.11	13.56
700	720×6	75	315.61	693.37	20.00	13.50	110	380.84	738.59	17.04	11.91
	720×9	75	376.61	747.98	22.27	15.81	110	421.83	793.21	19.19	13.99
800	820×6	75	373.69	865.68	20.97	13.78	110	423.81	915.81	17.94	12.20
	820×9	75	443.33	928.05	23.45	16.21	110	493.45	918.17	20.20	14.38
900	920×6	75	435.53	1056.84	21.82	14.01	110	490.55	1111.87	18.73	12.44
	920×9	75	513.82	1126.95	24.48	16.53	110	568.85	1181.98	21.20	14.71
1000	1020×6	80	461.93	1272.19	23.51	14.15	125	540.24	1353.10	19.81	12.51
	1020×9	80	549.45	1353.05	26.28	16.75	125	627.75	1431.36	22.40	14.84
1200	1220×6	80	585.11	1753.11	25.02	14.45	125	676.02	1844.01	21.21	12.84
	1220×8	80	655.12	1815.40	27.04	16.36	125	746.03	1906.30	23.26	14.55
1400	1420×8	80	801.24	2379.00	28.71	16.66	125	904.75	2484.51	24.61	14.86
	1420×10	80	882.63	2451.41	30.51	18.31	125	986.13	2554.92	26.30	16.34
1600	1620×8	80	958.69	3017.97	29.79	16.89	125	1074.79	3134.07	25.79	15.10
	1620×10	80	1051.68	3100.71	31.93	18.60	125	1167.79	3216.81	27.61	16.64

(2) 对于端头直管的许用跨距 L，定为水平直管基本跨距的 0.8 倍，如图 8-11 所示。

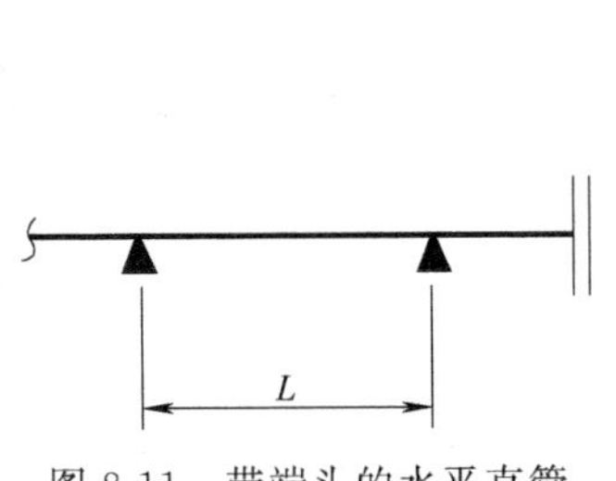

图 8-11　带端头的水平直管

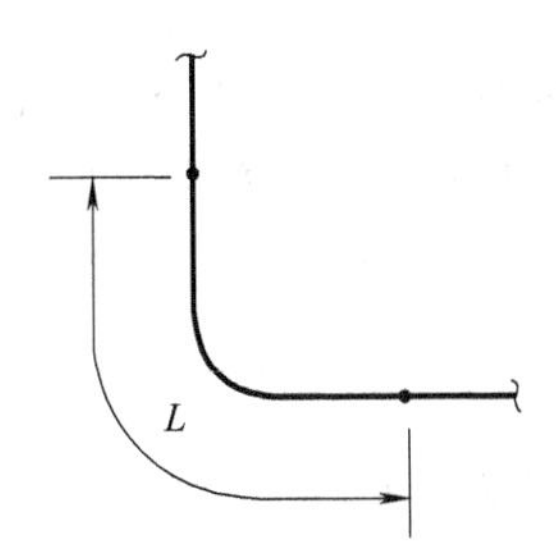

图 8-12　水平 90°弯管

(3) 对于水平 90°弯管的许用跨距 L（弯管管段展开长度的最大值），定为水平直管基本跨距的 0.7 倍，如图 8-12 所示。

8.5.2.2　垂直管道的管架间距

垂直管道管架的设置，除了考虑承重的因素外，还要注意防止风载引起的共振以及垂直管道的轴向失稳，因此在考虑承重架的同时，还应适当考虑增设必要的导向架。一般垂直管道（钢管）的管架间距可按表8-14选用。

表8-14　垂直管道管架最大间距

DN/mm	15	20	25	32	40	50	65	80	100	125
管架最大间距/m	3.5	4	4.5	5	5.5	6	6.5	7	8	8.5
DN/mm	150	200	250	300	350	400	450	500	600	
管架最大间距/m	9	10	11	12	12.5	13	13.5	14	15	

注：对于高温垂直管道的管架间距，同样可按本表选用，但应适当减小。

8.5.2.3　水平管道导向管架间距

水平管道与垂直管道一样，除了考虑承重的因素外，还应注意到当管道需要约束，限制风载、地震、温差变形等引起的横向位移，或要避免因不平衡内压、热胀推力以及支承点摩擦力造成管道轴向失稳时，应适当地设置些必要的导向架。特别是在管道很长的情况下，更不能避免。水平管道（钢管）的导向架最大间距见表8-15。

表8-15　水平管道导向架最大间距

DN/mm	15	20	25	32	40	50	65	80	100	125
导向架最大间距/m	10	11	12.7	13	13.7	15.2	18.3	19.8	22.9	23.5
DN/mm	150	200	250	300	350	400	450	500	600	
导向架最大间距/m	24.4	27.4	30.5	33.5	36.6	38.1	41.4	42.7	45.7	

8.5.2.4　考虑地震荷载影响的管道基本跨距（表8-16）

表8-16　考虑地震荷载影响的管道基本跨距

DN/mm		25	40	50	80	100	150	200	250	300	350
跨距/m	气体管	2.2	2.7	3.0	3.7	4.3	5.2	6.1	6.8	7.5	7.9
	液体管	2.1	2.6	2.8	3.5	3.9	4.7	5.4	6.0	6.5	6.7
DN/mm		400	450	500	600	700	800	900	1000	1200	
跨距/m	气体管	8.4	9.0	9.5	10.4	11.3	12.1	12.8	13.8	14.8	
	液体管	7.1	7.4	7.7	8.2	8.6	9.0	9.4	9.8	10.3	

8.5.2.5　有脉动影响的管道管架间距

有脉动影响的管道的管架间距，要以避免管道产生共振为依据来考虑，一般均要在管道基本跨距的基础上减小一相应倍数的距离，该倍数是管道的固有频率和机器的脉动频率的函数，由设计工程师酌情确定。

8.5.3　管架的类型

8.5.3.1　管架分类

管道支吊架简称管架，它包括了所有的支承管系的装置。其结构、形式、形状众多，但就其功能和用途而言，可分为几大类，见表8-17。

表 8-17 管架分类

序号	大分类		小分类	
	名称	用途	名称	用途
1	承重管架	承受管道荷载(包括管道自身荷载、隔热或隔声结构荷载和介质荷载等)	(1)刚性架	用于无垂直位移的场合
			(2)可调刚性架	用于无垂直位移,但要求安装误差严格的场合
			(3)可变弹簧架	用于有少量垂直位移的场合
			(4)恒力弹簧架	用于垂直位移较大或要求支吊点的荷载变化不能太大的场合
2	限制性管架	用于限制、控制和约束管道在任一方向的变形	(5)固定架	用于固定点处,不允许有线位移和角位移的场合
			(6)限位架	用于限制管道任一方向线位移的场合
			(7)轴向限位架	用于限位点处,需要限制管道轴向线位移的场合
			(8)导向架	用于允许有管道轴向位移,但不允许有横向位移的场合
3	减振架	用于限制或缓和往复式机泵进出口管道和由地震、风压、水击、安全阀排出反力等引起的管道振动	(9)一般减振架	用于需要减振的场合
			(10)弹簧减振器	用于需要弹簧减振的场合
			(11)油压减振器	用于需要油压减振器减振的场合

8.5.3.2 管架类型

管架主要几大类型代码及图例,见表 8-18。

表 8-18 管架类型代码及图例

序号	名称	代码	基本图形	管道轴测图上表示的图例
1	固定架	A		
2	导向架	G		
3	吊架	H		
4	滑动架(支架)	R		
5	弹簧吊架	SH		

续表

序号	名称	代码	基本图形	管道轴测图上表示的图例
6	弹簧支架	SS		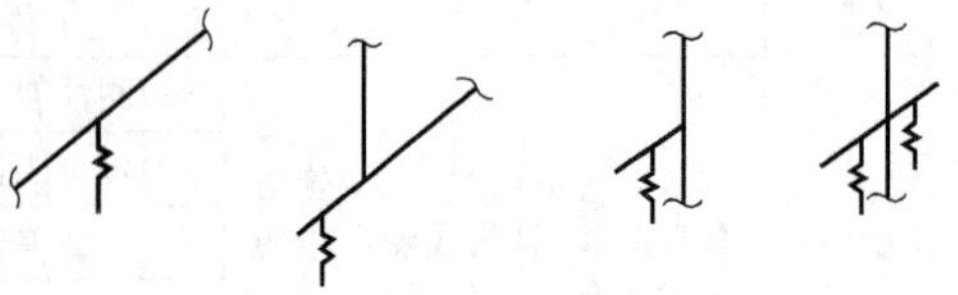
7	轴向限位架（停止架）（挡块）	ST	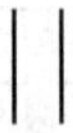	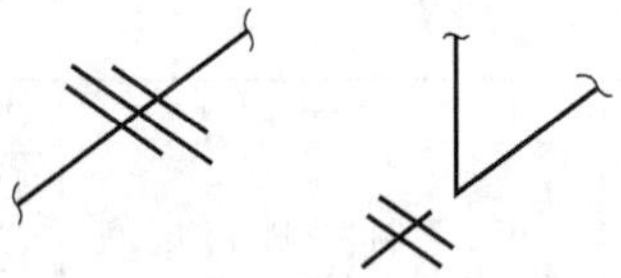

注：图例近旁可附上管架号。

8.5.4 管架的设置

8.5.4.1 管架设置原则

为满足管系的柔性要求，在支承管道荷载的同时，防止管系产生过量变形，是设置管架时必须考虑的两个最基本的问题。其具体要求有如下几点。

（1）严格控制管架间距不要超过管道的基本跨距（即管架的最大间距）之要求，尤其是水平管道的承重架间距更不应超过许用值，这是控制挠度不超限的需要。

（2）应满足管系柔性要求：

① 尽可能地利用管道的自支撑作用，少设置或不设置管架。在化工装置内有一类较常见的管系，例如设备到管廊或到另一设备之间的短程管道，就可判别情况不另设管架。

② 尽可能利用管系的自然补偿能力，合理分配管架点和选择管架类型。注意在同一段直管段上，不能设置两个或两个以上的轴向限位架。

③ 在设置管架的过程中，如发现有与两台设备的接管口相连接的同一轴向直连管道时，应及时通知有关设计专业，改变管道布置，或选用补偿器，或采用其他措施消除热胀冷缩对设备接管口受力和管系柔性的不利影响。

④ 经管系柔性分析和应力计算以及动力分析后的管系，其确定了的约束点位置和约束形式，设计时应满足其要求，不得擅自处理和变更。

（3）管架生根点的确定。充分了解管道与周围环境情况，如管道附近建构筑物和设备布置情况，合理选择管架生根点（其承受荷载较大时，应注意征得有关专业同意）。

① 尽量利用已有的土建结构的构件以及管廊的梁柱来支承管架。建筑物如墙也可以作为管架的生根点。

② 利用设备作管架生根点，必要时大管也可作为荷载小的小管管架的生根点。

③ 若管架不能利用①和②生根时，就要利用地面或地面基础生根。

④ 有管架就要确定生根点，无处生根或难以找到合适生根点的管架，就必须以改变该管道走向的方式重新设置相应的管架。

（4）管架位置：

① 管架位置应不妨碍管道与设备的安装和检修。需经常拆卸、清扫和维修的部位，不得设置任何形式的管架。

② 为维修方便，应尽可能避免在拆卸管段时配备临时管架。

③ 不得妨碍操作和人员通行。

(5) 管架尽可能数量少，结构简单，经济合理，但又要确保安全可靠，既能减缓和抑制振动，又能抵御地震、风载等恶劣环境的影响。

8.5.4.2 管架设置要求

(1) 承重架的设置

有上悬条件的，可选用悬吊式管架；有下支条件的可选用支承式管架。下列情况应设置承重架：

① 水平敷设的管道按正常要求设置管架，应符合两相邻架间的距离不大于水平管道的基本跨距的规定。

② 具有垂直管段的管系，宜在垂直重心以上部位设置管架，如果需要也可移至管系下部。

③ 在弯管附近或大直径三通式分支管处附近设置管架。

④ 集中荷载大的阀门以及管道组成件附近设置管架。

⑤ 设备接管口附近。

⑥ 需要承受安全阀排汽管道的重力和推力的场合。

(2) 限制性管架的设置

设置限制性管架除控制管道的热位移外，还可以提高管道的固有频率，有防止振动的作用，如图 8-13 所示。

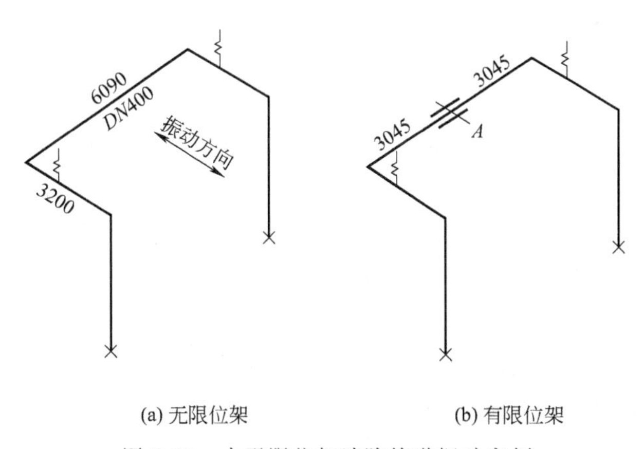

图 8-13 水平限位架消除管道振动实例

图 8-13(a) 表示管系未设置限位架时，由于采用了两个弹簧吊架，管道的固有频率仅为 0.9Hz 左右，受外力时很容易引起振动。图 8-13(b) 表示管系在 A 点增加限位架，管道的固有频率达到 1.8Hz 以上，达到了消除振动的目的。

① 当垂直管段很长时，除必要的承重架外，还应在管段中间设置适当数量的导向架。

② 当铸铁阀门承受较大的弯矩时，在其两侧应设导向架。

③ 为控制敏感设备（如机泵）接管口的力和力矩，一般应在接管口附近的直管段上设置导向架或其他类型的限位架，如图 8-14 所示。

图 8-14(a) 表示在弯管支架下端安装可调限位架的情况，四个方向限位，使管道只能沿垂直方向膨胀，避免了因弯头处产生水平位移而使设备接管口受到弯曲应力的作用。图 8-14(b) 表示四根带有松紧螺母的拉杆固定在基础上，同样起到了图 8-14(a) 的作用；拉杆不能过短，以免倾斜角过大阻碍管道沿垂直方向的顺利膨胀。为保护拉杆冷热态松紧一致，安装时

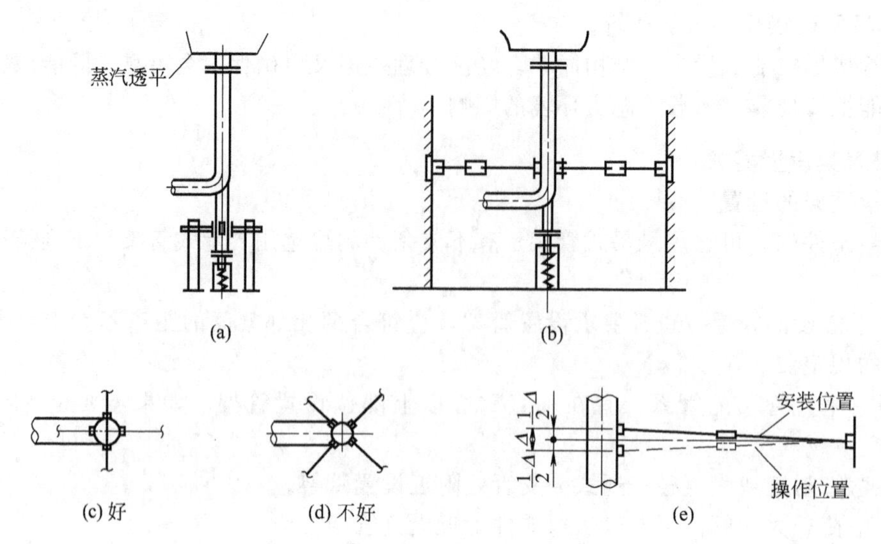

图 8-14 保护蒸汽透平机接管口管架

可预先偏置 0.5Δ（位移），见图 8-14(e) 所示。图 8-14(c) 和图 8-14(d) 表示了四根拉杆在管道上具体安装位置的好与不好（指可调性的好坏）的情况。

④ 为分割管系成为两段或多段，以充分利用各段的自然补偿能力，使位移有较为合理的分配，或控制热膨胀方向沿着所希望的方向位移等情况，应设置导向架、轴向限位架，甚至固定架。设置限制性管架时要十分谨慎，对于热管系最好通过管系柔性分析与应力计算后来最终确认。

(3) 弹簧架的设置

按照管道基本跨距以及其他特殊要求，在某点需要承重，但该点又有垂直方向热位移，若选用刚性支吊架，则有可能造成该管架在操作时因管道脱空而失重，引起荷载的再分配，对管系柔性和相邻管架的强度均有不良影响；也有可能使机泵等敏感设备接管口的力和力矩不但不会减少，反而会增加，因此，类似上述场合宜选用弹簧支吊架。

(4) 防振管架的设置

选用防振架的目的是为约束振动管系，提高其固有频率，避免管系发生共振。但约束管系后又限制了该管系的热胀冷缩的自由，所以一般应通过管系静力分析和动力分析来综合考虑防振管架的设置。防振架应单独生根于地面基础上，并与建筑物隔离，以避免将振动传递到建筑物上。

(5) 补偿器管架的设置

对具有补偿器（波纹补偿器、套筒式补偿器、软管等）的管系，除遵守一般管系布架的要求外，还得遵守合格的补偿器生产厂商提供的规定和要求进行布架。

8.5.5 典型管架设置

8.5.5.1 一般管道

(1) 一般性要求：安全可靠、经济合理、整齐美观、生根牢固。

(2) 沿地面或浅沟敷设的管道，可设管架基础（管墩）支承，地沟管道应支在横梁式管架上，并设置相应的导向架和轴向限位架。

(3) 不保温、不保冷的常温碳钢管道除非有坡度要求外，可不设置管托。非金属或金属衬里管道不宜用焊接管托，而用带管夹的管托。保温管托适宜高度与保温层的厚度有关，当保温层厚度≤80mm 时，管托高 100mm；当保温层厚度≤110mm 时，管托高 150mm；当保温层厚度>110mm 时，管托高 200mm；当保温层厚度特别厚时，管托高度视管道大小并根据管道布置情况作特殊处理。

(4) 大直径管和薄壁管宜选用鞍座。这样既可防止管道与支承件接触处管道表面的磨损，又有利于管壁上应力分布趋向均匀化。

(5) 对不锈钢、合金钢、铝和镀锌管，在与碳钢管架接触处应垫隔离层，如石棉布、橡胶和石棉橡胶等。

(6) 同一管系上不宜过多地连续使用单一的圆钢吊杆吊架。因为连续安装数个圆钢吊杆吊架，管道的横向阻力很小，容易引起摆动或振动。

一般管道典型的配管及布架如图 8-15（用管道轴测图表示）所示。

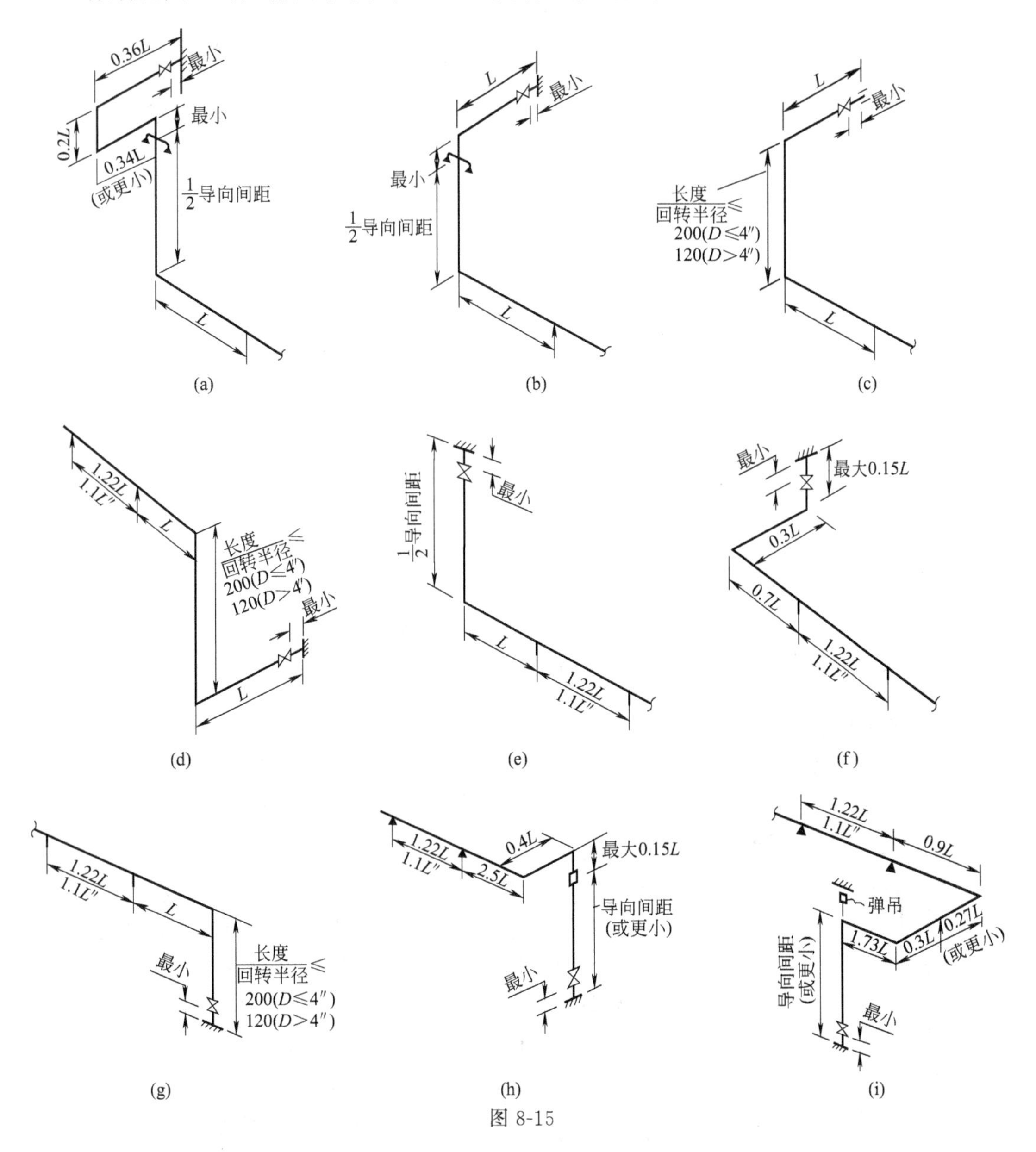

图 8-15

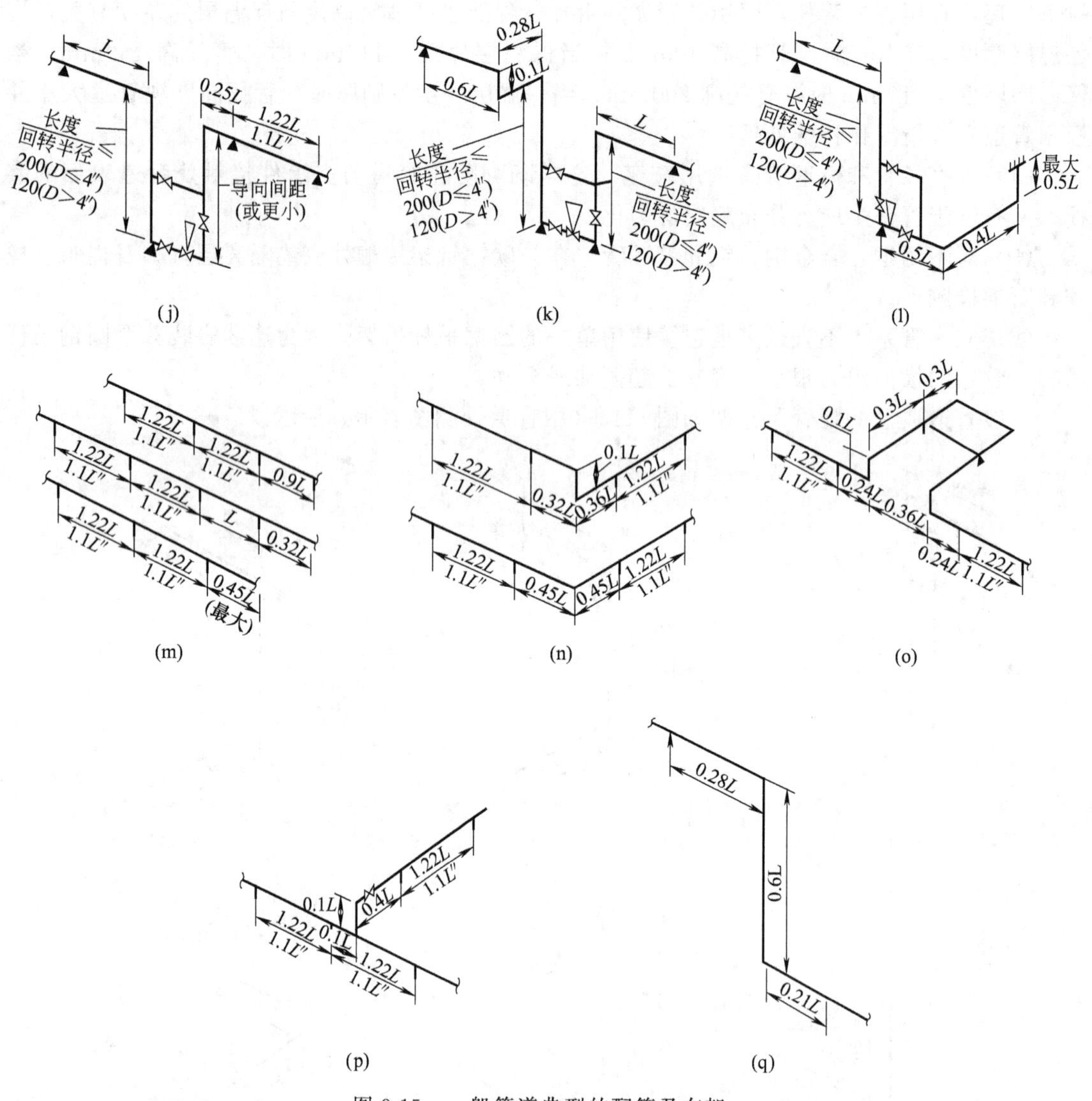

图 8-15　一般管道典型的配管及布架

注：L—装置内管道基本跨距；L''—装置外管道基本跨距；“最小”—指可能做到的最小尺寸。

8.5.5.2　槽罐管道

一般对槽罐上部每根管道都设一个滑动承重架，当垂直管段较长时，可再增设一个导向架。管架均生根在设备上，如图 8-16 所示。

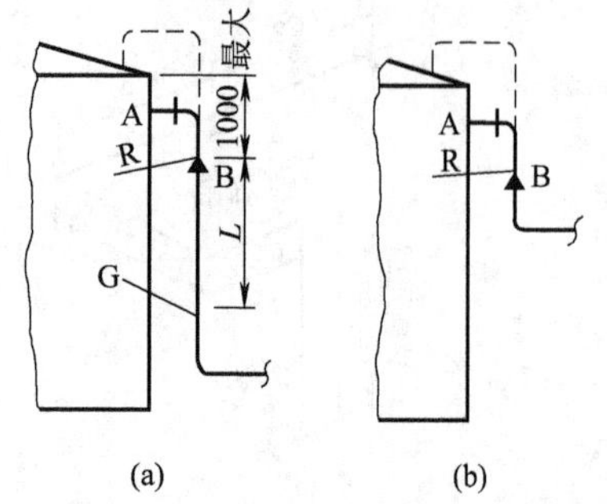

图 8-16　槽罐类设备上部接管管架

8.5.5.3　塔类管道

（1）从塔顶或塔侧出口的管道，应尽量在靠近设备接管口处设立第一个管架，并为承重架，如需要再设第二个承重架时，则应为弹簧支吊架。一般在承重架的下面，应按规定间距设导向架。如图 8-17 所示。应特别注意最下面的一个导向架距管道转弯处，至少为导向架最大间距的 1/3，以免影响管道的自然补偿。

（2）直接与塔侧接管管口相连接的 ≥ $DN150$mm

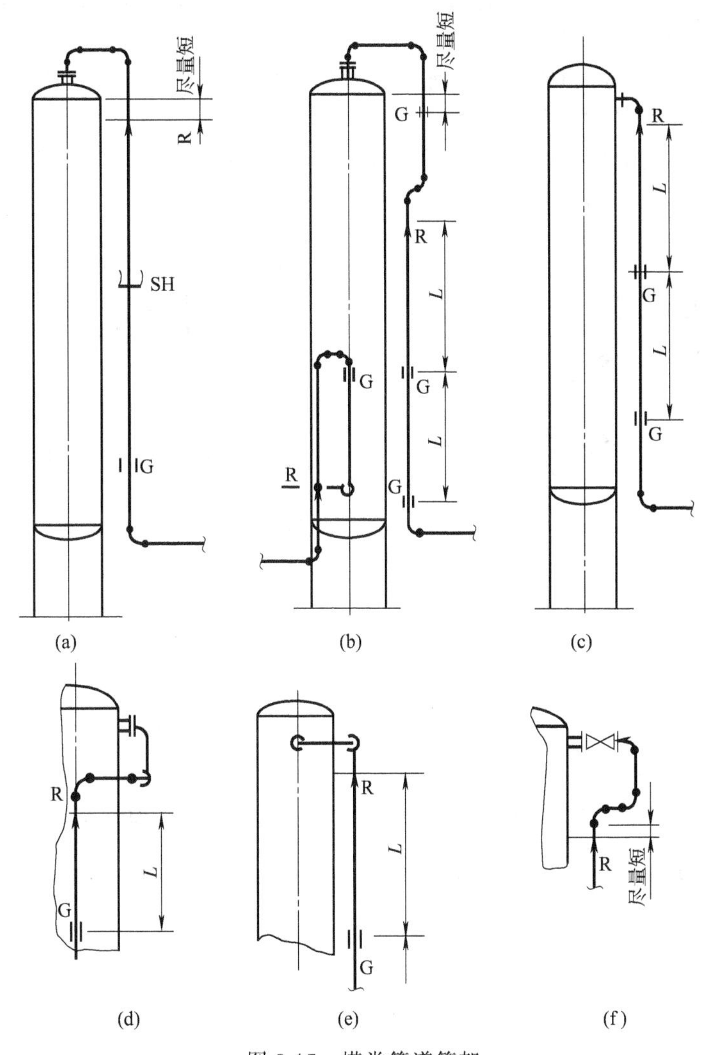

图 8-17 塔类管道管架

(6″) 的阀门下面，宜单独设置承重架，如图 8-18 所示。

(3) 管架原则上均生根在塔体上，距地面或通道平台 2.2m 以上。

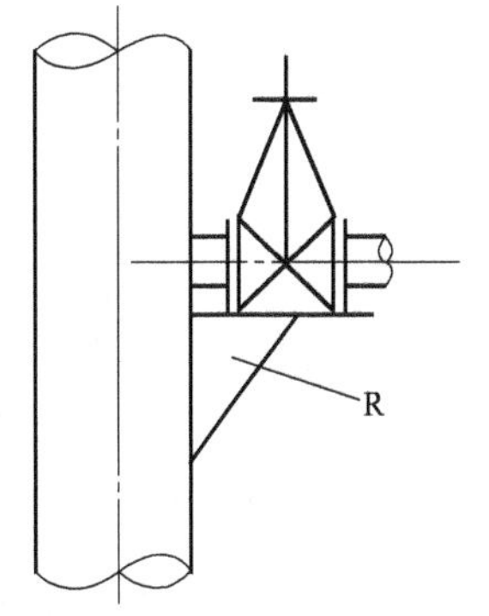

图 8-18 塔壁阀门支架

8.5.5.4 泵类管道

由于各类泵接管口均对荷载有一定的限制规定，因此在设置管架和热应力分析计算时，应注意遵守这一规定。

(1) 为使泵体少受管端力的作用，应在靠近泵的管段上设置恰当的支吊架，或设置必要的弹簧支吊架，并做到泵检修或更换时管道不需另外设临时支吊架。

(2) 若泵为侧面进口，顶部出口，则应在入口侧设支架或可调支架，出口上方应设吊架或弹簧吊架。

(3) 若泵靠近其吸入料液罐布置，且又不是同一基础时，要考虑罐基础下沉引起的管道垂直位移对泵接管口的影响。要求在泵与罐间的连接管道上应有一定的柔性。一般是采用一组波纹管补偿器或软管或其他柔性接头，再加上设置适当的管架来解决因沉降差引起的相对垂直位移的不良影响。

（4）对于大型的水泵出口管要注意止回阀关闭时的推力作用。在止回阀及切断阀附近应有坚固的管架，以承受水击及重力荷载。

泵类进出口附件的管架间距应比一般管道小，约为一般管道基本跨距的 1/3～1/2。几种典型配管及布架实例，如图 8-19 所示。

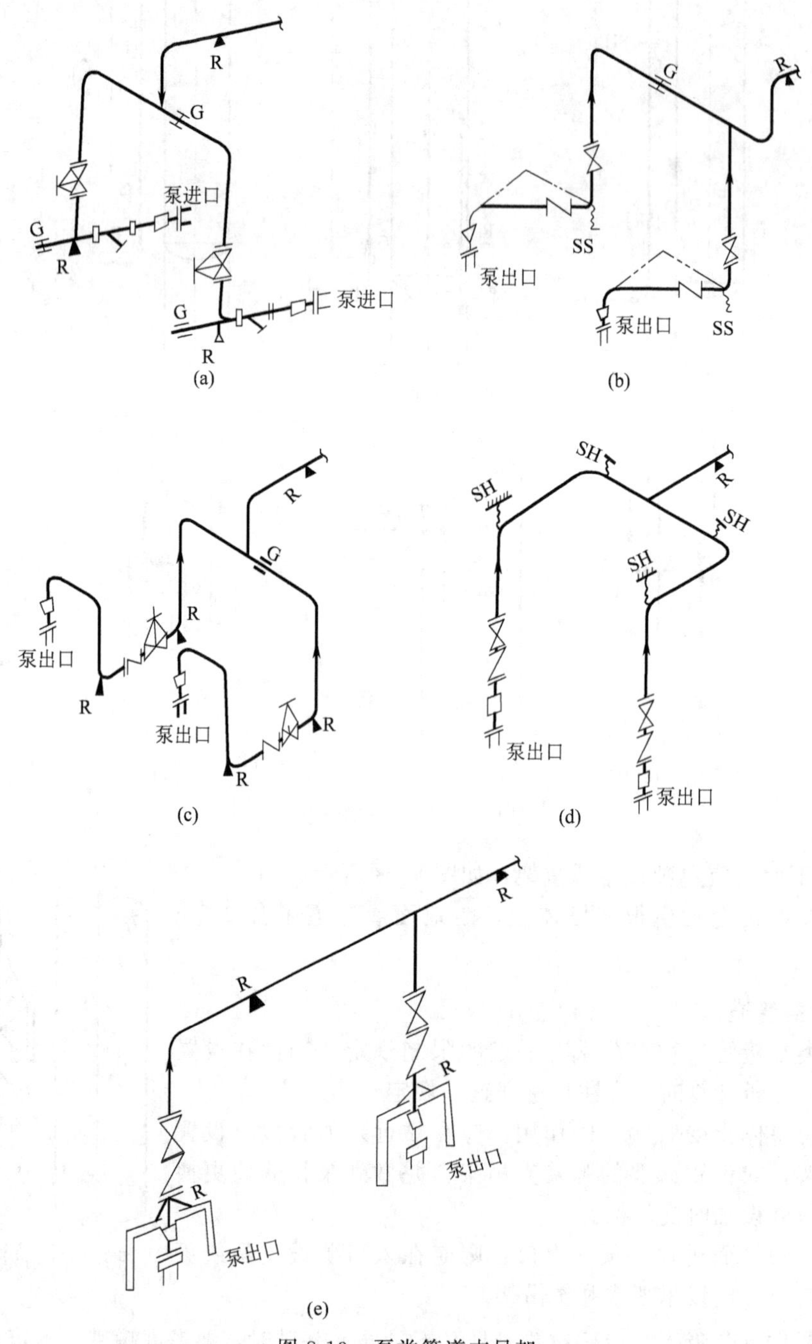

图 8-19　泵类管道支吊架

注：图（a）～（d）为热力管道；图（e）为常温管道。

8.5.5.5 安全阀管道

安全阀的管口承受外载引起的弯矩要求尽量小，以免阀体变形影响阀的性能。当设计管架时，除承受管道重力荷载外，还应注意泄放流体时产生的反力及其方向。有些安全阀入口管径比出口管径小，应重视强度校核。安全阀出口管第一个管架的生根点比较重要，不应生根在柔性大的钢结构上，同时支承点的垂直方向热位移应尽量小，合理地选择生根点，以便采用刚性架。在温度较高的管道上，阀出口水平段“*L*”应有总够长，使管架不至于脱空，如图 8-20 所示。

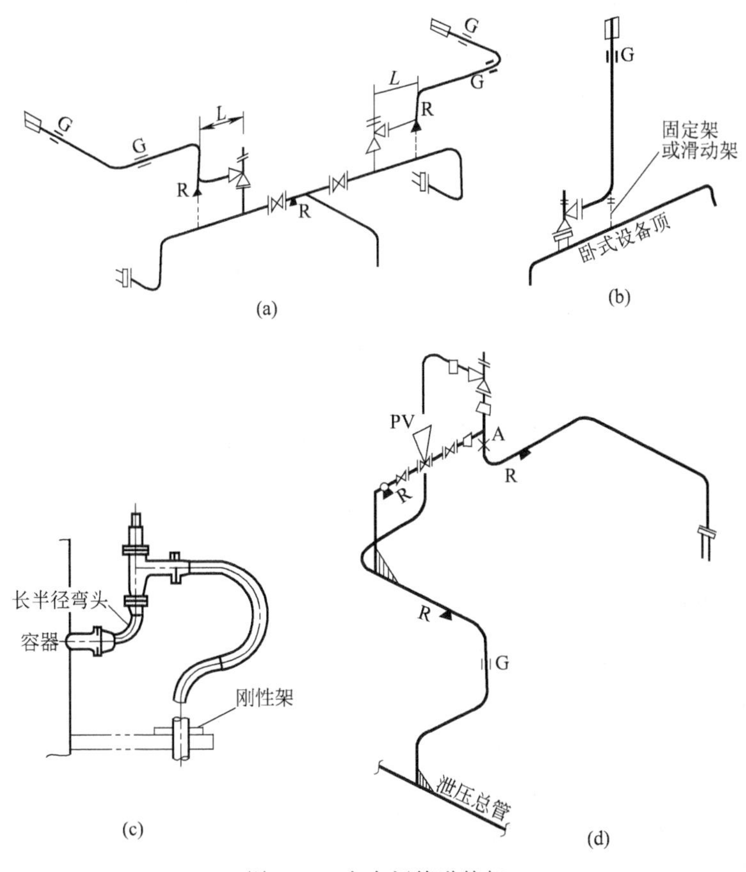

图 8-20　安全阀管道管架

安全阀突然开启，容易产生振动。特别是大口径、大压差的安全阀应注意防振，出口管为气液两相时，更应注意防振及避免水击。

安全阀出口排入大气的和排入泄压总管的管道及管架布置的实例，如图 8-20 所示。

8.5.5.6 调节阀组管道

调节阀组最常见的布置为立面布置，如图 8-21 所示。这种阀组通常是在管道弯头下面设置管架。对于常温的管道可采用固定架，但如有热胀的管道，应根据柔性计算的要求，将一个管架设为固定架，另一个设为滑动架或导向架。

如果阀组很长，仅在阀组两端支撑会使阀组中间下垂较大时，应在中间增加一个管架，中间管架最好采用可调式管架，以便安装。这样中间管架可为固定架，两端为滑动架或导向架，热胀时管道可向两端位移，如图 8-21 所示。

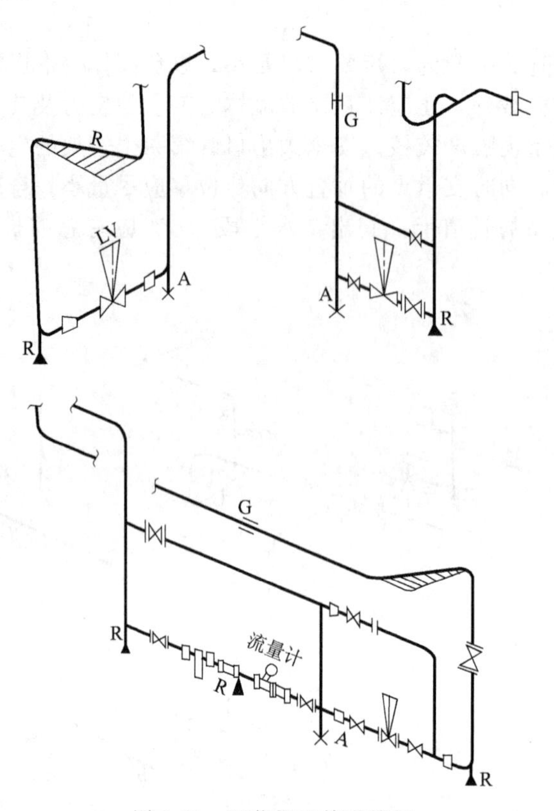

图 8-21 调节阀组管道管架

8.5.6 管架生根结构

8.5.6.1 在设备上生根及要求

（1）在设备壁上焊贴板，如图 8-22(a) 所示。

（2）在设备壁上焊单立板，如图 8-22(b) 所示。

（3）在设备壁上焊带筋板的立板，如图 8-22(c) 所示。

（4）在设备壁上焊平面横板，如图 8-22(d) 所示。

（5）在保冷设备壁上预焊件，如图 8-22(e) 所示。

（6）在设备上的组合生根件。

根据需要，可对生根件（贴版、立板、平板、筋板及其他焊接附着件）进行双位或多位设置，以满足管架设计（选型及功能）的要求。

在设备上生根件条件的要求：

（1）设备生根件（预焊件）一般应该在设备制造时完成其焊制工作，特别是压力容器和衬里设备，必须预先焊接生根件。因为设备的制造和检验要求较高，在制造检验完毕后，一般不允许再在其壳壁上动火焊件。若特殊情况需要在施工现场补焊生根件时，必须征得设备专业人员的许可，并与设备专业人员共同商定焊接方案。

（2）管架预焊件应具有足够的强度，以满足承载和热应力分析的要求。仅起轴向导向作用的管架生根件，可采用图 8-22(d) 的横板形式；一般承重的管架生根件可采用图 8-22(b) 单立板形式；荷载较大的管架生根件应采用图 8-22(c) 的带筋板形式；当图 8-22 中列出的

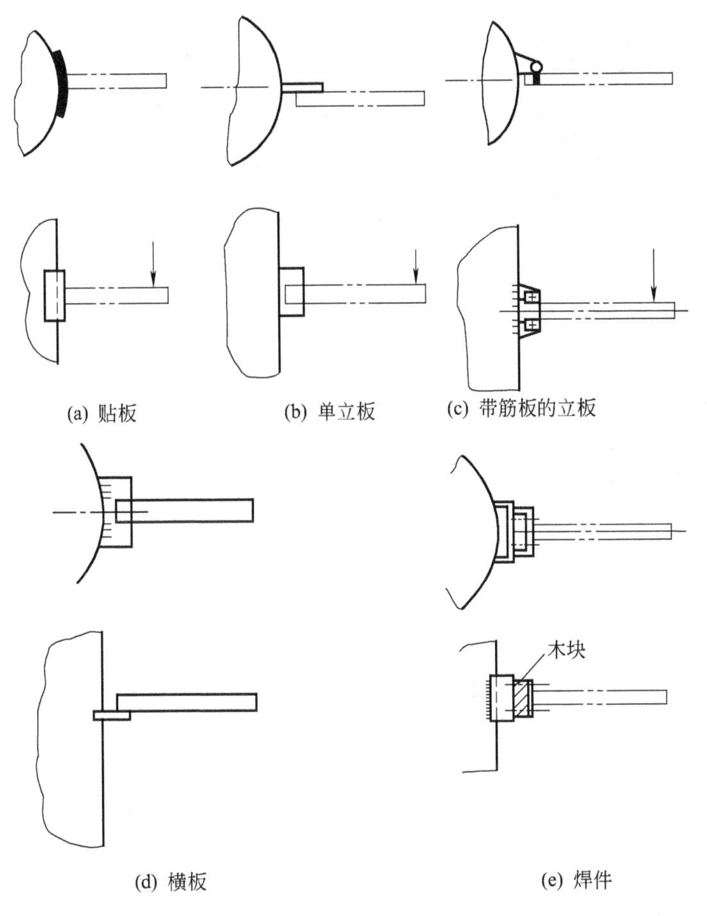

(a) 贴板　(b) 单立板　(c) 带筋板的立板

(d) 横板　(e) 焊件

图 8-22　在设备上的生根件

单悬管架形式不能满足荷载要求时，可采用的组合形式为三角架和双悬臂架，如图 8-23 所示。

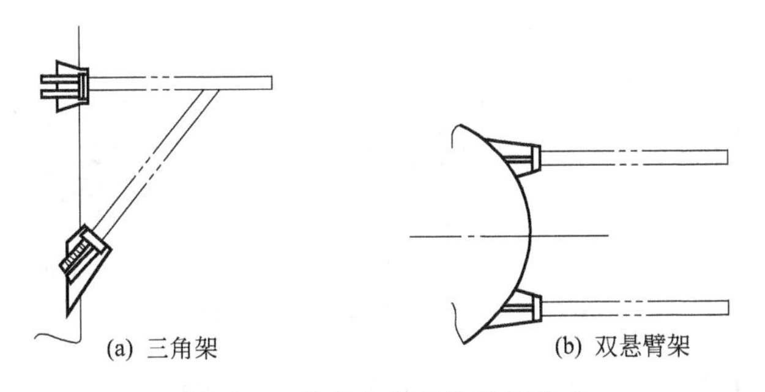

(a) 三角架　(b) 双悬臂架

图 8-23　设备生根条件组合形式

（3）在设备生根件采用组合形式的设计时，要注意消除管架和设备之间由于温差引起的相对位移的影响，以减小作用在运行设备壳体和管架上的应力，如图 8-24 所示。

（4）对于保温、保冷设备，应注意减少热量的传递，避免雨水通过支架结构流入设备保温层中，以免影响设备的隔热效果，增加系统的能量损耗。

（5）各种生根预焊件要便于制造、运输和储存。

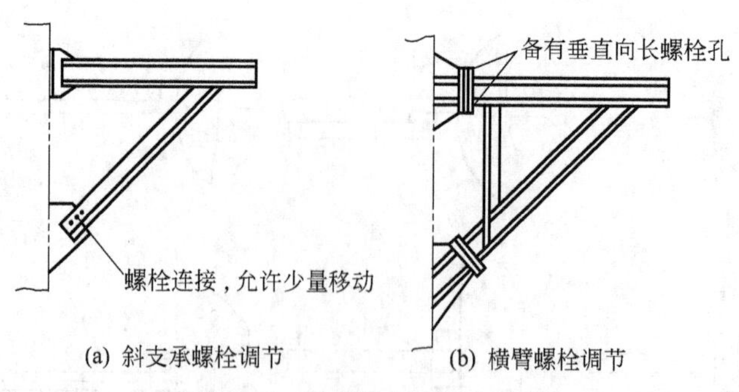

(a) 斜支承螺栓调节　(b) 横臂螺栓调节

图 8-24　热胀设备生根组合件

8.5.6.2　在土建结构上生根及要求

(1) 在混凝土结构梁、柱上预埋钢板，如图 8-25(a) 所示。

(2) 在混凝土结构梁、柱上预埋型钢，如图 8-25(b) 所示。

(3) 在混凝土楼面穿孔处预埋环形钢板，如图 8-25(c) 所示。

(4) 在混凝土结构梁上预埋套管，如图 8-25(d) 所示。

(5) 在混凝土结构梁、柱上打膨胀螺栓，如图 8-25(e) 所示。

(6) 在混凝土结构柱上夹紧式抱箍，如图 8-25(f) 所示。

(7) 在钢结构梁、柱上焊接管架。

(8) 在土建结构上的组合生根件。

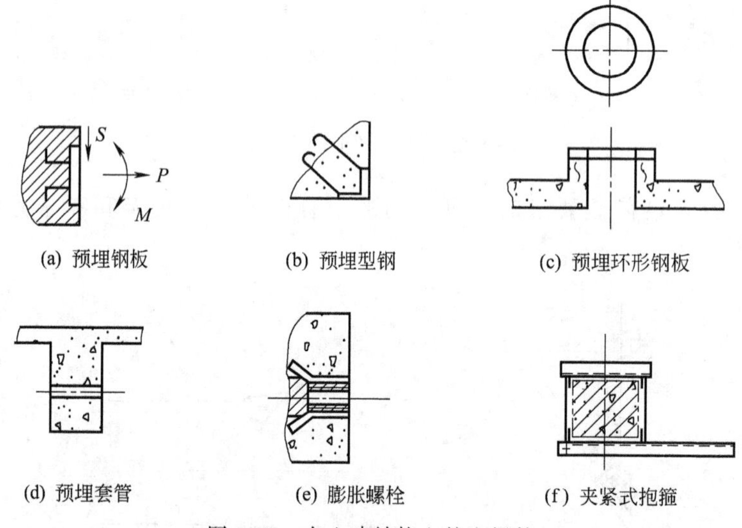

(a) 预埋钢板　(b) 预埋型钢　(c) 预埋环形钢板

(d) 预埋套管　(e) 膨胀螺栓　(f) 夹紧式抱箍

图 8-25　在土建结构上的生根件

根据需要，可对生根件（预埋的钢板、型钢、套管及其他焊接附着件）进行双位或多位设置，以满足管架设计（选型及功能）的要求。

在土建结构上生根条件的要求：

(1) 设计文件中要求应尽量采用事先预埋生根件的方式。在预埋件遗漏，且荷载较小处，可用膨胀螺栓在混凝土结构上生根。

(2) 承载较大的管架预埋件应尽量在主梁或柱上生根。

(3) 管架在钢结构上生根时，须注意避免型钢翼缘扭曲。常用措施是在受力处增加筋板，或改变管架生根形式以改善结构受力情况，如图 8-26 所示。

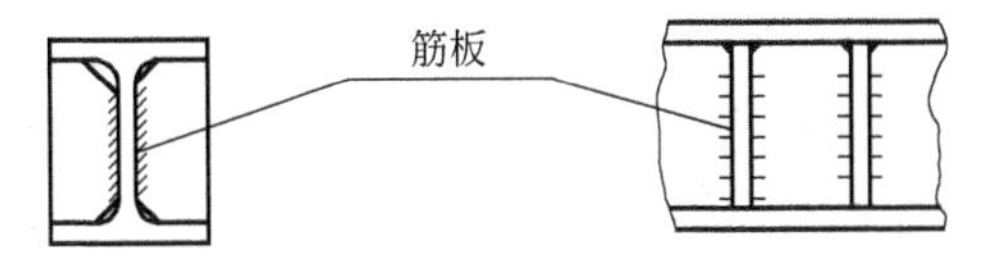

图 8-26 钢结构受力处加筋板

在土建结构上生根提出的条件：

(1) 生根在混凝土结构上的预埋件确定后，向结构专业提供生根在混凝土结构上的管架预埋件条件。该条件包括预埋件位置（纵横坐标及标高），预埋件形式及尺寸，每个预埋件荷载（力和力矩）。

(2) 生根在钢结构上的管架荷载条件。该条件包括管架生根处的位置（纵横坐标及标高）及荷载（力和力矩）。

8.5.6.3 在墙上生根及要求

(1) 墙上预留孔再将预制砌块嵌入，如图 8-27(a) 所示。

(2) 墙上预埋钢板，如图 8-27(b) 所示。

(3) 墙上打膨胀螺栓，如图 8-27(c) 所示。

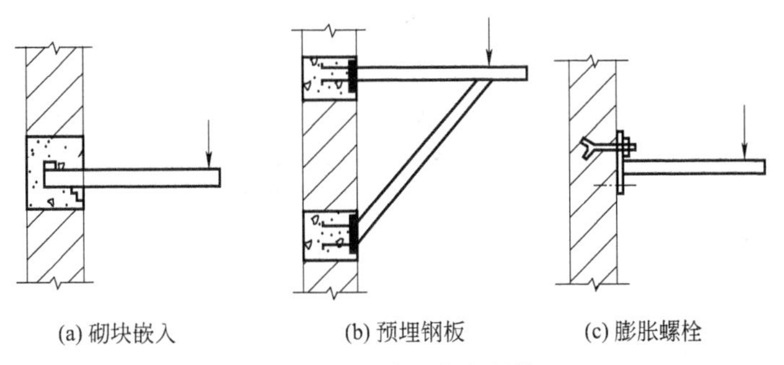

图 8-27 在墙上的生根件

由于墙上承载能力较小，所以墙上生根管架一般用于其他结构不好利用之处。墙上生根的管架荷载不宜太大。墙上生根件条件包括管架生根位置（纵横坐标及标高），生根件形式、尺寸及荷载（力和力矩）。

8.5.6.4 在地面上生根及要求

(1) 支墩基础上预埋钢板、螺栓，预留孔，如图 8-28 所示。

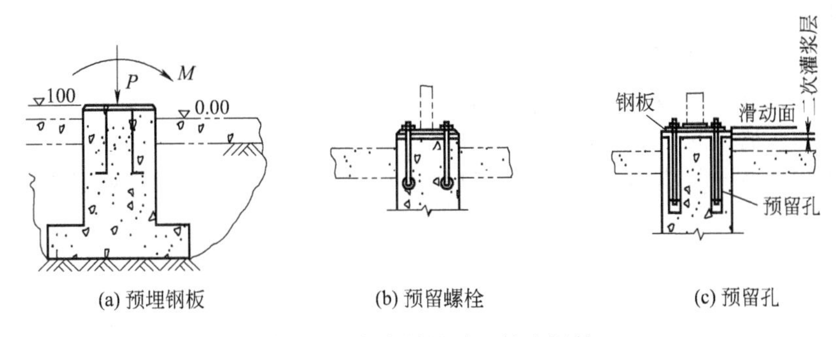

图 8-28 在支墩基础上的生根件

(2) 地面上打膨胀螺栓。此种情况又分为一般地面和加厚地面，分别如图 8-29 所示。

在地面上生根条件的要求：

(1) 对于荷载较大，特别是弯矩较大或有振动荷载，以及其他要求较高的重要管架，必须有供其生根的支墩基础。支墩一般高出地面 100mm，有特殊要求时，由设计规定。

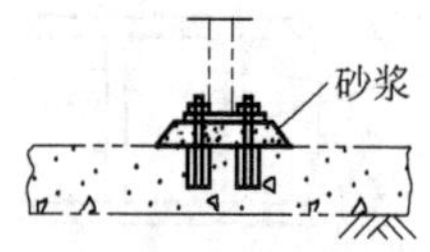

(a) 一般地面打膨胀螺栓

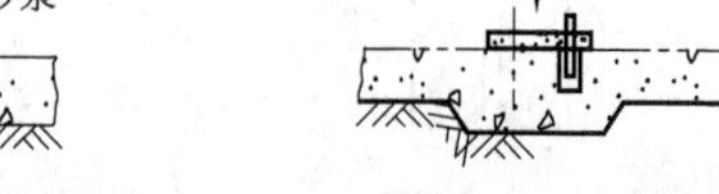

(b) 加厚地面膨胀螺栓

图 8-29　在地面上打膨胀螺栓

（2）对于荷载较小，高度较低的一般管架，在地面变形对管道影响不大时，可用膨胀螺栓在地面生根。荷载小于 350dN 的不重要管架可在一般未加厚的地面上生根，如图 8-29(a) 所示；荷载在 350～750dN 时，管架生根处地面应做加厚处理，如图 8-29(b) 所示。为防雨水和污水的锈蚀，管架支承点均应适当高出地面。

8.5.6.5　在大管上生根及要求

（1）直接在大管壁上焊接支承构件，如图 8-30(a)～(c) 所示。

（2）在大管壁上加焊局部加强板，如图 8-30(d)、(e) 所示。

（3）在大管的管夹上生根，如图 8-30(f)、(g) 所示。

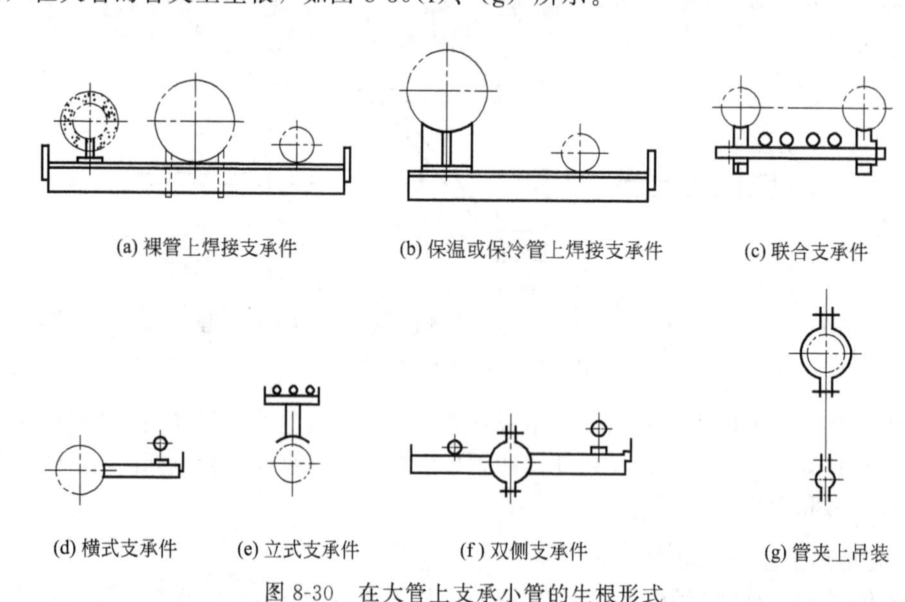

(a) 裸管上焊接支承件　(b) 保温或保冷管上焊接支承件　(c) 联合支承件

(d) 横式支承件　(e) 立式支承件　(f) 双侧支承件　(g) 管夹上吊装

图 8-30　在大管上支承小管的生根形式

在大管上生根条件的要求：

（1）此情况适用于无其他生根条件的小管、小荷载、小位移管架的生根。

（2）通常不把临界管线作为支承大管。

（3）支承用大管的保温、保冷性能不应因支承小管的管架而受影响。

（4）支承用大管与被支承小管的相对位移不宜太大，并对预知的位移量作出相应的技术处理。

附　　录

1　部分计量单位及换算（附表1-1）

附表 1-1　部分计量单位及换算

序　号	类　别	换　　算	备　　注
1	长度	1丝米(dmm)=0.1毫米(mm)	
2		1海里(nmile)=1852米(m)	
3		1埃(Å)=10^{-10}米(m)	
4	面积	1公顷(ha)=15市亩	
5		1市亩=666.7m^2	
6	体积	1桶(油)=42(美)加仑=158.99升(L)	含容积
7	质量	1公斤(kg)=2.205磅(lb)	含重量(力)
8		1[米制]克拉=2×10^{-4}kg	
9		1公担(q)=100公斤(kg)	
10		1盎司=28.35克	
11		1牛顿(N)=0.225磅力(lbf)	
12	压力	1帕(Pa)=10^{-5}巴(bar)=1.45×10^{-4}磅力/英寸^2(lbf/in^2)	
13	功率	1米制马力=0.7355千瓦(kW)	
14	速度	1节(kn)=1海里/小时(nmile/h)=0.5144米/秒(m/s)	
15	黏度	1N·s/m^2=1Pa·s=10^3cP(动力黏度=密度×运动黏度)	
16	温度	$t/°F=\frac{9}{5}t/℃+32$	
17		$t/℃=\frac{5}{9}(t/°F-32)$	

2　几何图形计算公式

2.1　平面图形计算公式

（A—面积；x_0—重心与底边或某点的距离）

图形及名称	计算公式
三角形	$A=ah/2=ab\sin\gamma/2=\sqrt{s(s-a)(s-b)(s-c)}$ 式中：$s=(a+b+c)/2 \qquad x_0=h/3$
长方形	$A=ab$ $x_0=b/2$ $c=\sqrt{a^2+b^2}$
平行四边形	$A=ah$ $h=\sqrt{b^2-c^2}$ $x_0=h/2$
梯形	$A=(a+b)h/2$ $x_0=\dfrac{h}{3}\dfrac{a+2b}{a+b}$
不等边四角形	$A=\dfrac{(H+h)a+bh+cH}{2}$
角缘	$A=r^2-\pi r^2/4=0.215r^2=0.1075c^2$
等边多角形　n—边数	$A=nra/2=(na/2)\sqrt{R^2-a^2/4}=\dfrac{na^2}{4}\cot\dfrac{\alpha}{2}=\dfrac{nR^2}{2}\sin\alpha=nr^2\operatorname{tg}\dfrac{\alpha}{2}$ $A=a^2K_1=r^2K_2$ $R=\sqrt{R^2+a^2/4}=\dfrac{r}{\cos\dfrac{180°}{n}}=\dfrac{a}{2\sin\dfrac{180°}{n}}R$ $r=\sqrt{R^2-a^2/4}=R\cos\dfrac{180°}{n}=\dfrac{a}{2}\cot\dfrac{180°}{n}$ $a=2R\sin\dfrac{180°}{n}=2\sqrt{R^2-r^2}$ $\alpha=360°/n$ $\beta=180°-\alpha$

n	K_1	K_2
3	0.4330	5.1062
4	1.0000	4.0000
5	1.7205	3.6327
6	2.5981	3.4641
7	3.6339	3.2710
8	4.8284	3.3137
9	6.1813	3.2767
10	7.6942	3.2492
12	11.196	3.2154
16	20.109	3.1826
20	31.569	3.1677
24	45.575	3.1597

续表

图形及名称	计算公式
圆环	$A=\frac{\pi}{4}(D^2-d^2)=\pi(R^2-r^2)$ 外周长　$C=\pi D=2\pi R$
扇形	$A=\widehat{b}r/2=\frac{\alpha}{360^\circ}\pi r^2=0.008727\alpha r^2$ $\widehat{b}=\frac{\pi}{180^\circ}\alpha r=0.01745\alpha r$　$c=2r\sin\frac{\alpha}{2}$ $x_0=\frac{2}{3}r\frac{c}{\widehat{b}}=\frac{4}{3}\frac{180^\circ}{\pi}\frac{r}{\alpha}\sin\frac{\alpha}{2}=76.394\frac{r}{\alpha}\sin\frac{\alpha}{2}=r^2c/3A$
弓形	$A=\frac{1}{2}[r\widehat{b}-c(r-h)]=\frac{r^2}{2}\left(\frac{\pi\varphi}{180^\circ}-\sin\varphi\right)$ $r=c^2/8h+h/2$　$\widehat{b}=0.01745\varphi r$ $h=r-r\cos\frac{\varphi}{2}$　$c=2\sqrt{h(2r-h)}=2r\sin\frac{\varphi}{2}$ $x_0=c^2/12A=\frac{2}{3}\frac{r^3\sin^3\frac{\varphi}{2}}{A}=\frac{4}{3}\frac{r\sin^3\frac{\varphi}{2}}{\frac{\pi\varphi}{180^\circ}-\sin\varphi}$
缺圆环	$A=\frac{\pi\varphi}{360^\circ}(R^2-r^2)=0.00873\varphi(R^2-r^2)$ $x_0=\frac{4}{3}\frac{R^3-r^3}{R^2-r^2}\frac{180^\circ}{\varphi\pi}\sin\frac{\varphi}{2}=76.394\frac{R^3-r^3}{(R^2-r^2)\varphi}\sin\frac{\varphi}{2}$
椭圆	$A=\pi ab$ 周长近似值　$s=\pi\sqrt{2(a^2+b^2)}$ 周长更近似　$s=\pi\sqrt{2(a^2+b^2)-\frac{(a-b)^2}{2.2}}$

2.2 立体图形计算公式

（V—容积或体积；A_s—侧面积；A_b—底面积；S—表面积；x_0—重心位置）

图形及名称	计算公式
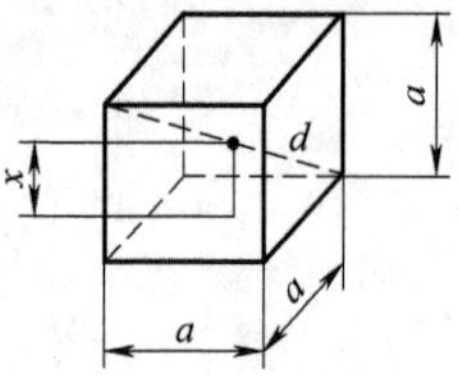 正方体	$V=a^3$ $S=6a^2$ $A_s=4a^2$ $x=a/2$ $d=\sqrt{3}a=1.7321a$
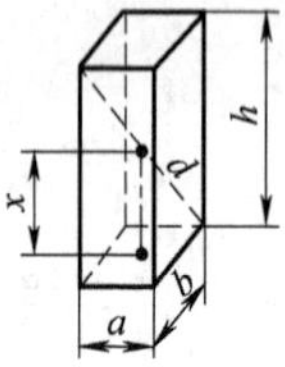 长方柱体	$V=abh$ $S=2(ab+ah+bh)$ $A_s=2h(a+b)$ $x=h/2$ $d=\sqrt{a^2+b^2+c^2}$
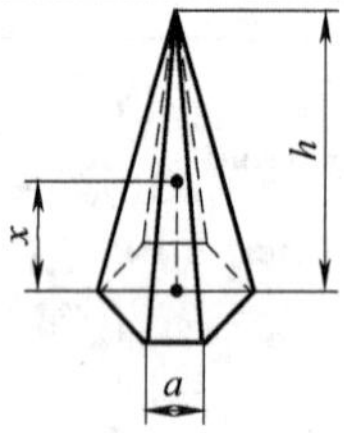 角锥体	$V=(A_b h)/3$ $x=h/4$ n——边数　r——内切圆半径　R——外接圆半径 $V=\frac{nrah}{6}=\frac{nah}{6}\sqrt{R^2-a^2/4}$
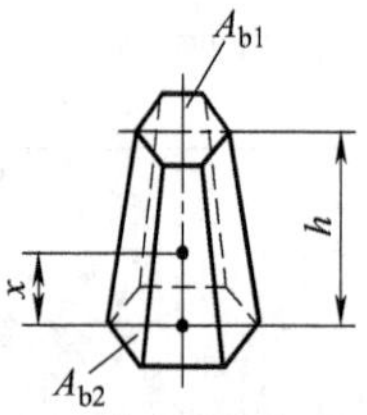 截头角锥体	$V=h/3(A_{b1}+A_{b2}+\sqrt{A_{b1}A_{b2}})$ $x=(h/4)\frac{A_{b2}+2\sqrt{A_{b1}A_{b2}}+3A_{b1}}{A_{b2}+\sqrt{A_{b1}A_{b2}}+A_{b1}}$
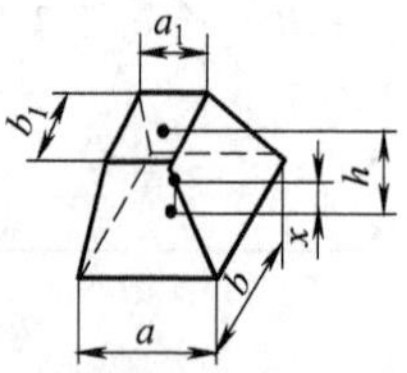 截头方锥形	$V=h/6[(2a+a_1)b+(2a_1+a)b_1]=h/6[ab+(a+a_1)(b+b_1)+a_1b_1]$ $x=(h/2)\frac{ab+ab_1+a_1b+3a_1b_1}{2ab+ab_1+a_1b+2a_1b_1}$
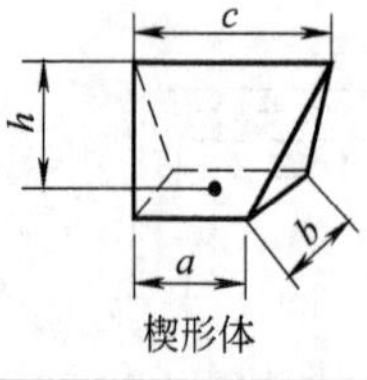 楔形体	$V=\frac{(2a+c)bh}{6}$

续表

图形及名称	计 算 公 式
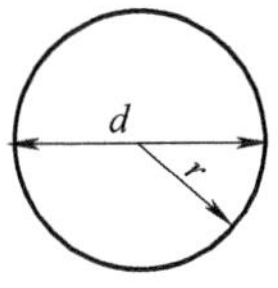 圆球体	$V=4\pi r^3/3=4.1888r^3=0.5236d^3$ $S=4\pi r^2=\pi d^2$ $r=\sqrt[3]{3V/4\pi}=0.62035\sqrt[3]{V}$
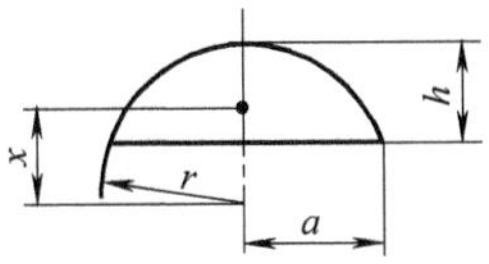 缺球体	$V=\pi h/6(3a^2+h^2)=(\pi h^2/3)(3r-h)$ $A_s=2\pi rh=\pi(a^2+h^2)$ $a=\sqrt{h(2r-h)}$ $r=(a^2+h^2)/2h$ $x=\frac{3}{4}\frac{(2r-h)^2}{3r-h}$
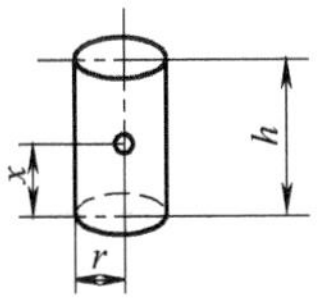 圆柱体	$V=\pi r^2h$ $S=2\pi r(r+h)$ $A_s=2\pi rh$ $x=h/2$
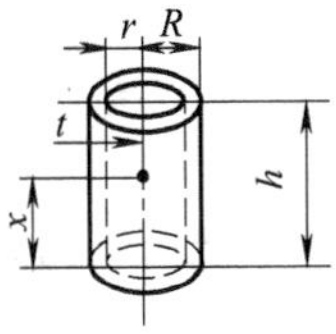 中空圆体体	$V=\pi(R^2-r^2)h=\pi ht(R+r)$ $x=h/2$
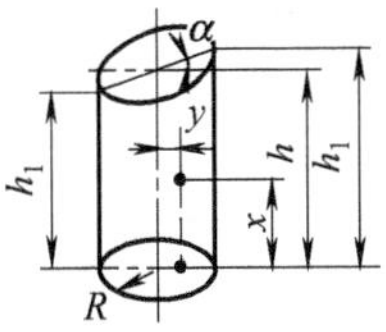 截头圆柱体	$V=\pi R^2\frac{h_1+h_2}{2}$ $A_s=\pi R(h_1+h_2)$ $h=(h_1+h_2)/2$ $x=h/2+\frac{r^2\mathrm{tg}^2\alpha}{8h}$ $y=r^2\mathrm{tg}\alpha/4h$
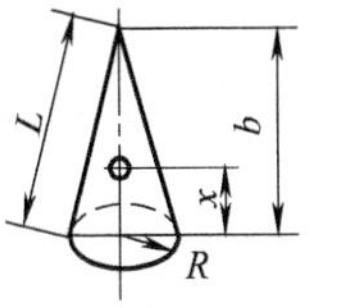 圆锥体	$V=\pi R^2h/3=1.0472R^2h$ $A_s=\pi RL$ $L=\sqrt{R^2+h^2}$ $x=h/4$
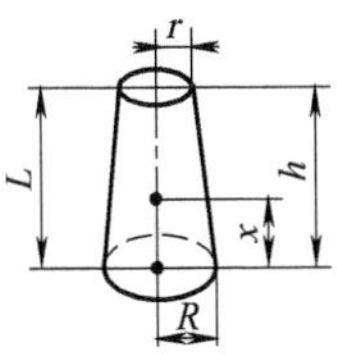 截头圆锥体	$V=(\pi h/3)(R^2+Rr+r^2)$ $A_s=\pi(R+r)L$ $L=\sqrt{(R-r)^2+h^2}$ $x=(h/4)\frac{R^2+2Rr+3r^2}{R^2+Rr+r^2}$

续表

图形及名称	计算公式
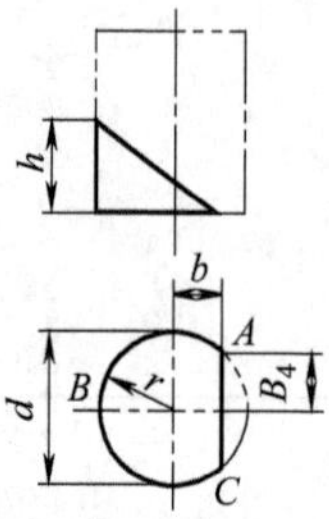 缺圆柱体	$V=[(2/3)a^3 \pm bF_{(ABC)}]h/(r \pm b)$ $A_s=(ad \pm bl)\dfrac{h}{r \pm b}$　　l——ABC 弧长 式中:"+"用于底面积大于半圆,"-"用于底面积大于半圆。
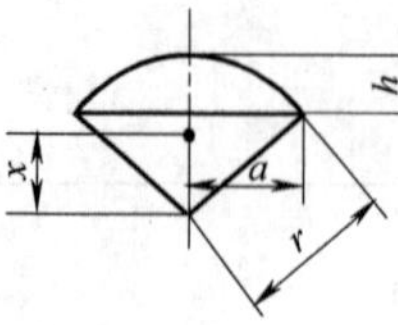 球面锥体	$V=2\pi r^2 h/3=2.0944r^2 h$ $S=\pi r(2h+a)$ $a=\sqrt{h(2r-h)}$ $x=(3/8)(2r-h)$
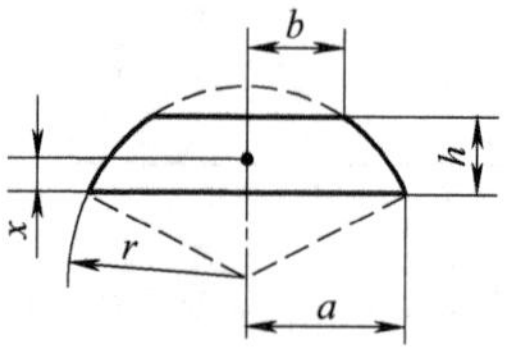 球带体	$V=\dfrac{\pi h}{8}(3a^2+3b^2+h^2)$　　$A_s=2\pi rh$ $r=\sqrt{a^2+[(a^2-b^2-h^2)/2h]^2}$ $x=(h/2)\dfrac{2a^2+4b^2+h^2}{3a^2+3b^2+h^2}$
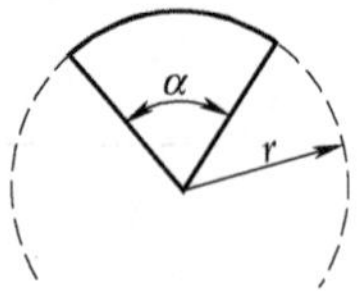 球楔	$V=\dfrac{\alpha}{360°}\dfrac{4\pi r^3}{3}=0.0116\alpha r^3$ 球面 $A=\dfrac{\alpha}{360°}(4\pi r^2)=0.0349\alpha r^2$
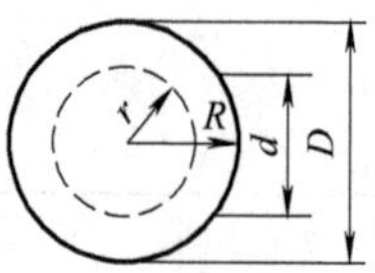 中空球体	$V=4\pi(R^3-r^3)/3=4.1888(R^3-r^3)=0.5236(D^3-d^3)$
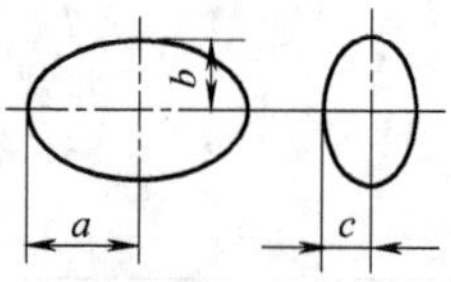 椭圆体	$V=4\pi abc/3=4.1888abc$ 椭圆回转体 $b=c$ 则:$V=4.1888ab^2$
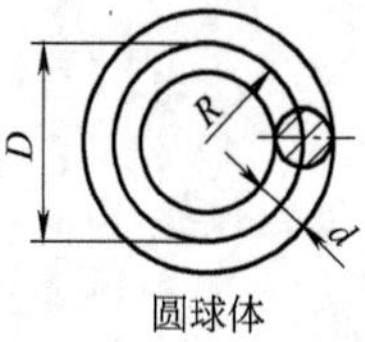 圆球体	$V=2\pi^2 Rr^2=19.739Rr^2=(\pi^2/4)Dd^2=2.4674Dd^2$ $S=4\pi^2 Rr=39.478Rr=\pi^2 Dd=9.8696Dd$

3 常用工程材料

3.1 热轧圆钢、方钢（GB/T 702—2008）（附表 3-1）

附表 3-1 热轧圆钢、方钢

d 或 a /mm	截面面积/cm^2		理论重量/(kg/m)	
	圆钢（d）	方钢（a）	圆钢（d）	方钢（a）
5.5	0.2376	0.30	0.186	0.237
6	0.2827	0.36	0.222	0.283
6.5	0.3318	0.42	0.260	0.332
7	0.3848	0.49	0.302	0.385
8	0.5026	0.64	0.395	0.502
9	0.6362	0.81	0.499	0.636
10	0.7854	1.00	0.617	0.785
11	0.9503	1.21	0.746	0.950
12	1.1330	1.44	0.888	1.13
13	1.3273	1.69	1.04	1.33
14	1.539	1.96	1.21	1.54
15	1.767	2.25	1.39	1.77
16	2.011	2.56	1.58	2.01
17	2.270	2.89	1.78	2.27
18	2.545	3.24	2.00	2.54
19	2.840	3.61	2.23	2.83
20	3.142	4.00	2.47	3.14
21	3.460	4.41	2.72	3.46
22	3.801	4.84	2.98	3.80
23	4.150	5.29	3.26	4.15
24	4.524	5.76	3.55	4.52
25	4.909	6.25	3.85	4.91
26	5.309	6.76	4.17	5.31
27	5.726	7.29	4.49	5.72
28	6.158	7.84	4.83	6.15
29	6.605	8.41	5.18	6.60
30	7.069	9.00	5.55	7.06
31	7.550	9.61	5.92	7.54
32	8.042	10.24	6.31	8.04
33	8.550	10.89	6.71	8.55
34	9.079	11.56	7.13	9.07
35	9.621	12.25	7.55	9.62
36	10.18	12.96	7.99	10.2
38	11.34	14.44	8.90	11.3
40	12.57	16.00	9.86	12.6
42	13.85	17.64	10.9	13.8
45	15.90	20.25	12.5	15.9
48	18.10	23.04	14.2	18.1
50	19.64	25.00	15.4	19.6

续表

d 或 a /mm	截面面积/cm²		理论重量/(kg/m)	
	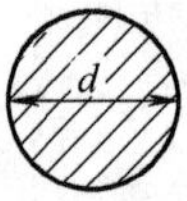 圆形（d）	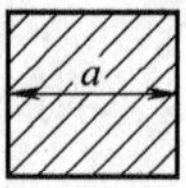 方形（a）	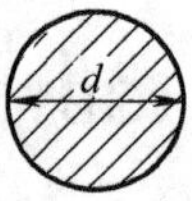 圆形（d）	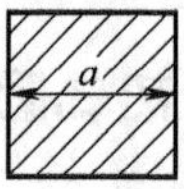 方形（a）
53			17.3	22.0
55			18.6	23.7
56			19.3	24.6
58			20.7	26.4
60			22.2	28.3
63			24.5	31.2
65			26.0	33.2
68			28.5	36.3
70			30.2	38.5
75			34.7	44.2
80			39.5	50.2
85			44.5	56.7
90			49.9	63.6
95			55.6	70.8
100			61.7	78.5
105			68.0	86.5
110			74.6	95.0
115			81.5	104
120			88.8	113
125			96.3	123
130			104	133
135			112	143
140			121	154
145			130	165
150			139	177
155			148	189
160			158	201
165			168	214
170			178	227
180			200	254
190			223	283
200			247	314
210			272	
220			298	
230			326	
240			355	
250			385	
260			417	
270			449	
280			483	
290			518	
300			555	
310			592	

3.2 热轧扁钢（GB/T 702—2008）（附表 3-2）

附表 3-2 热轧扁钢理论重量

单位：kg/m

宽度/mm	厚度/mm																								
	3	4	5	6	7	8	9	10	11	12	14	16	18	20	22	25	28	30	32	36	40	45	50	56	60
10	0.24	0.31	0.39	0.47	0.55	0.63																			
12	0.28	0.38	0.47	0.57	0.66	0.72																			
14	0.33	0.44	0.55	0.66	0.77	0.88																			
16	0.38	0.50	0.63	0.75	0.88	1.00	1.15	1.26																	
18	0.42	0.57	0.71	0.85	0.99	1.13	1.27	1.41																	
20	0.47	0.63	0.78	0.94	1.10	1.26	1.41	1.57	1.73	1.88															
22	0.52	0.69	0.86	1.04	1.21	1.38	1.55	1.73	1.90	2.07															
25	0.59	0.78	0.98	1.18	1.37	1.57	1.77	1.96	2.16	2.36	2.75	3.14													
28	0.66	0.88	1.10	1.32	1.54	1.76	1.98	2.20	2.42	2.64	3.08	3.53													
30	0.71	0.94	1.18	1.41	1.65	1.88	2.12	2.36	2.59	2.83	3.30	3.77	4.24	4.71											
32	0.75	1.00	1.26	1.51	1.76	2.01	2.26	2.55	2.76	3.01	3.52	4.02	4.52	5.02											
35	0.82	1.10	1.37	1.65	1.92	2.20	2.47	2.75	3.02	3.30	3.85	4.40	4.95	5.50	6.04	6.87	7.69								
40	0.94	1.26	1.57	1.88	2.20	2.51	2.83	3.14	3.45	3.77	4.40	5.02	5.65	6.28	6.91	7.85	8.79								
45	1.06	1.41	1.77	2.12	2.47	2.83	3.18	3.53	3.89	4.24	4.95	5.65	6.36	7.07	7.77	8.83	9.89	10.60	11.30	12.72					
50	1.18	1.57	1.96	2.36	2.75	3.14	3.53	3.93	4.32	4.71	5.50	6.28	7.06	7.85	8.64	9.81	10.99	11.78	12.56	14.13					
55		1.73	2.16	2.59	3.02	3.45	3.89	4.32	4.75	5.18	6.04	6.91	7.77	8.64	9.50	10.79	12.09	12.95	13.82	15.54					
60		1.88	2.36	2.83	3.30	3.77	4.24	4.71	5.18	5.65	6.59	7.54	8.48	9.42	10.36	11.78	13.19	14.13	15.07	16.96	18.84	21.20			
65		2.04	2.55	3.06	3.57	4.08	4.59	5.10	5.61	6.12	7.14	8.16	9.18	10.20	11.23	12.76	14.29	15.31	16.33	18.37	20.41	22.96			
70		2.20	2.75	3.30	3.85	4.40	4.95	5.50	6.04	6.59	7.69	8.79	9.89	10.99	12.09	13.74	15.39	16.49	17.58	19.78	21.98	24.73			
75		2.36	2.94	3.53	4.12	4.71	5.30	5.89	6.48	7.07	8.24	9.42	10.60	11.78	12.95	14.72	16.48	17.66	18.84	21.20	23.55	26.49			
80		2.51	3.14	3.77	4.40	5.02	5.65	6.28	6.91	7.54	8.79	10.05	11.30	12.56	13.82	15.70	17.58	18.84	20.10	22.61	25.12	28.26	31.40	35.17	
85			3.34	4.00	4.67	5.34	6.01	6.67	7.34	8.01	9.34	10.68	12.01	13.34	14.68	16.68	18.68	20.02	21.35	24.02	26.69	30.03	33.36	37.37	40.04
90			3.53	4.24	4.95	5.65	6.36	7.07	7.77	8.48	9.89	11.30	12.72	14.13	15.54	17.66	19.78	21.20	22.61	25.43	28.26	31.79	35.32	39.56	42.39
95			3.73	4.47	5.22	5.97	6.71	7.48	8.20	8.95	10.44	11.91	13.42	14.92	16.41	18.64	20.88	22.37	23.86	26.85	29.83	33.56	37.29	41.76	44.74
100			3.92	4.71	5.50	6.28	7.06	7.85	8.64	9.42	10.99	12.56	14.13	15.70	17.27	19.62	21.98	23.55	25.12	28.26	31.40	35.32	39.25	43.96	47.10
105			4.12	4.95	5.77	6.59	7.42	8.24	9.07	9.89	11.54	13.19	14.84	16.48	18.13	20.61	23.61	24.73	26.38	29.67	32.97	37.09	41.21	46.16	49.46
110			4.32	5.18	6.04	6.91	7.77	8.64	9.50	10.36	12.09	13.82	15.54	17.27	19.00	21.59	24.18	25.90	27.63	31.09	34.54	38.86	43.18	48.36	51.81
120			4.71	5.65	6.59	7.54	8.48	9.42	10.36	11.30	13.19	15.07	16.96	18.84	20.72	23.55	26.38	28.26	30.14	33.91	37.68	42.39	47.10	52.75	56.52
125				5.89	6.87	7.85	8.83	9.81	10.79	11.78	13.74	15.70	17.66	19.62	21.58	24.53	27.48	29.44	31.40	35.32	39.25	44.16	49.06	54.95	58.88
130				6.12	7.14	8.16	9.18	10.20	11.23	12.25	14.29	16.33	18.37	20.41	22.45	25.51	28.57	30.62	32.66	36.74	40.82	45.92	51.02	57.15	61.23
140					7.69	8.79	9.89	10.99	12.09	13.19	15.39	17.58	19.78	21.98	24.18	27.48	30.77	32.97	35.17	39.56	43.96	49.46	54.95	61.54	65.94
150					8.24	9.42	10.60	11.78	12.95	14.13	16.48	18.84	21.20	23.55	25.90	29.44	32.97	35.32	37.68	42.39	47.10	52.99	58.88	65.94	70.65
160					8.79	10.05	11.30	12.56	13.82	15.07	17.58	20.10	22.61	25.12	27.63	31.40	35.17	37.68	40.19	45.22	50.24	56.52	62.80	70.34	75.36
180					9.89	11.30	12.72	14.13	15.54	16.96	19.78	22.61	25.43	28.26	31.09	35.32	39.56	42.39	45.22	50.87	56.52	63.58	70.65	79.13	84.78
200					10.99	12.56	14.13	15.70	17.27	18.84	21.98	25.12	28.26	31.40	34.54	39.25	43.96	47.10	50.24	56.52	62.80	70.65	78.50	87.92	94.20

注：扁钢的钢号和化学成分、力学性能应符合 GB/T 700、GB/T 699 的规定。

3.3 热轧工字钢（GB/T 706—2008）（附表 3-3）

附表 3-3 热轧工字钢

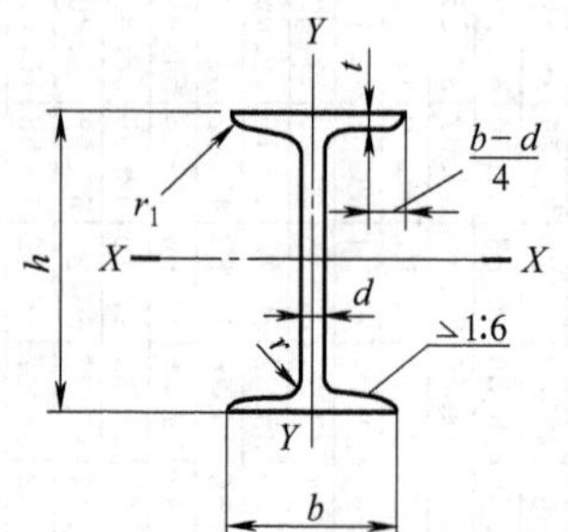

h—高度；
b—腿宽度；
d—腰厚度；
t—平均腿厚度；
r—内圆弧半径；
r_1—腿端圆弧半径；

I—惯性矩；
W—截面系数；
i—惯性半径；
S—半截面的静力矩

型号	尺寸						截面面积/cm²	理论重量/(kg/m)	X—X				Y—Y		
	h	b	d	t	r	r_1			I_x/cm⁴	W_x/cm³	i_x/cm	$I_x:S_x$	I_y/cm⁴	W_y/cm³	i_y/cm
10	100	68	4.5	7.6	6.5	3.3	14.345	11.261	245	49.0	4.14	8.59	33.0	9.72	1.52
12	120	74	5.0	8.4	7.0	3.5	17.818	13.987	436	72.7	4.95	10.3	46.9	12.7	1.62
12.6	126	74	5.0	8.4	7.0	3.5	18.118	14.223	488	77.5	5.20	10.8	46.9	12.7	1.61
14	140	80	5.5	9.1	7.5	3.8	21.516	16.890	712	102	5.76	12.0	64.4	16.1	1.73
16	160	88	6.0	9.9	8.0	4.0	26.131	20.513	1130	141	6.58	13.8	93.1	21.2	1.89
18	180	94	6.5	10.7	8.5	4.3	30.756	24.143	1600	185	7.36	15.4	122	26.0	2.00
20a	200	100	7.0	11.4	9.0	4.5	35.578	27.929	2370	237	8.15	17.2	153	31.5	2.12
20b	200	102	9.0	11.4	9.0	4.5	39.578	31.069	2500	250	7.96	16.9	169	33.1	2.06
22a	220	110	7.5	12.3	9.5	4.8	42.128	33.070	3400	309	8.99	16.9	225	40.9	2.31
22b	220	112	9.5	12.3	9.5	4.8	46.528	36.524	3570	325	8.78	18.7	239	42.7	2.27
24a	240	116	8.0	13.0	10.0	5.0	47.741	37.477	457	381	9.77	20.7	280	43.4	2.42
24b	240	118	10.0	13.0	10.0	5.0	52.541	41.245	4800	400	9.57	20.4	297	50.4	2.38
25a	250	116	8.0	13.0	10.0	5.0	48.541	38.105	5020	402	10.2	21.6	280	48.3	2.40
25b	250	118	10.0	13.0	10.0	5.0	53.541	42.030	5280	423	9.94	21.3	309	52.4	2.40
27a	270	122	8.5	13.7	10.5	5.3	54.554	42.825	6550	485	10.9	23.8	345	56.6	2.51
27b	270	124	10.5	13.7	10.5	5.3	59.954	47.064	6870	509	10.7	22.9	366	58.9	2.47
28a	280	122	8.5	13.7	10.5	5.3	55.404	43.492	7110	508	11.3	24.6	345	56.6	2.50
28b	280	124	10.5	13.7	10.5	5.3	61.004	47.888	7480	534	11.1	24.2	379	61.2	2.49
30a	300	126	9.0	14.4	11.0	5.5	61.254	48.084	8950	597	12.1	25.7	400	63.5	2.55
30b	300	123	11.0	14.4	11.0	5.5	67.254	52.794	9400	627	11.8	25.4	422	65.9	2.50
30c	300	130	13.0	14.4	11.0	5.5	73.254	57.504	9850	657	11.6	26.0	445	68.5	2.46
32a	320	130	9.5	15.0	11.5	5.8	67.156	52.717	11100	692	12.8	27.5	460	70.8	2.62
32b	320	132	11.5	15.0	11.5	5.8	73.556	57.741	11500	726	12.6	27.1	502	76.0	2.61
32c	320	134	13.5	15.0	11.5	5.8	79.956	62.765	12200	760	12.3	26.8	544	81.2	2.61
36a	360	136	10.0	15.8	12.0	6.0	76.480	60.037	15800	875	14.4	30.7	552	81.2	2.69
36b	360	138	12.0	15.8	12.0	6.0	83.680	65.689	16500	919	14.1	30.3	582	84.3	2.64
36c	360	140	14.0	15.8	12.0	6.0	90.880	71.341	17300	962	13.8	29.9	612	87.4	2.60
40a	400	142	10.5	16.5	12.5	6.3	86.112	67.598	21700	1090	15.9	34.1	660	93.2	2.77
40b	400	144	12.5	16.5	12.5	6.3	94.112	73.878	22800	1140	15.6	33.6	692	96.2	2.71
40c	400	146	14.5	16.5	12.5	6.3	102.112	80.158	23900	1190	15.2	33.2	727	99.6	2.65
45a	450	150	11.5	18.0	13.5	6.8	102.446	80.420	32200	1430	17.7	38.6	855	114	2.89
45b	450	152	13.5	18.0	13.5	6.8	111.446	87.485	33800	1500	17.4	38.0	894	118	2.84
45c	450	154	15.5	18.0	13.5	6.8	120.446	94.550	35300	1570	17.1	37.6	938	112	2.79
50a	500	158	12.0	20.0	14.0	7.0	119.304	93.654	46500	1860	19.7	42.8	1120	142	3.07
50b	500	160	14.0	20.0	14.0	7.0	129.304	101.504	48600	1940	19.4	42.4	1170	146	3.01
50c	500	162	16.0	20.0	14.0	7.0	139.304	109.354	50600	2080	19.0	41.8	1220	151	2.96
55a	550	166	12.5	21.0	14.5	7.3	134.185	105.335	62900	2290	21.6	46.9	1370	164	3.19
55b	550	168	14.5	21.0	14.5	7.3	145.185	113.970	65600	2390	21.2	46.4	1420	170	3.14
55c	550	170	16.5	21.0	14.5	7.3	156.185	122.605	68400	2490	20.9	45.8	1480	175	3.08

续表

型号	尺寸						截面面积	理论重量	X—X				Y—Y		
	h	b	d	t	r	r_1	/cm²	/(kg/m)	I_x/cm⁴	W_x/cm³	i_x/cm	I_x : S_x	I_y/cm⁴	W_y/cm³	i_y/cm
56a	560	166	12.5	21.0	14.5	7.3	135.435	106.316	65600	2340	22.0	47.7	1370	165	3.18
56b	560	168	14.5	21.0	14.5	7.3	146.635	115.108	68500	2450	21.6	47.2	1490	174	3.16
56c	560	170	16.5	21.0	14.5	7.3	157.835	123.900	71400	2550	21.3	46.7	1560	183	3.16
63a	630	176	13.0	22.0	15.0	7.5	154.658	121.407	93900	2980	24.5	54.2	1700	193	3.31
63b	630	178	15.0	22.0	15.0	7.5	167.258	131.298	98100	3160	24.2	53.5	1810	204	3.29
63c	630	180	17.0	22.0	15.0	7.5	179.858	141.189	102000	3300	23.8	52.9	1920	214	3.27

注：1. 工字钢的通常长度：型号 10～18，长度为 5～19m；型号 20～63，长度为 6～19m。

2. 轧制钢号，通常为碳素结构钢。

3.4 热轧槽钢（GB/T 706—2008）（附表 3-4）

附表 3-4 热轧槽钢

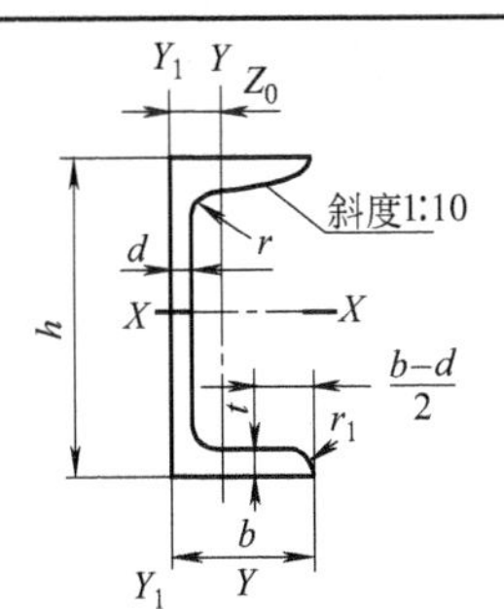

h—高度；

b—腿宽度；

d—腰厚度；

t—平均腿厚度；

r—内圆弧半径；

r_1—腿端圆弧半径；

I—惯性矩；

W—截面系数；

i—惯性半径；

Z_0—Y—Y 与 Y_1—Y_1 轴线间距离

型号	尺寸						截面面积	理论重量	参考数值							
									X—X			Y—Y			Y_1—Y_1	Z_0/cm
	h	b	d	t	r	r_1	/cm²	/(kg/m)	W_x/cm³	I_x/cm⁴	i_x/cm	W_y/cm³	I_y/cm⁴	i_y/cm	I_{y1}/cm⁴	
5	50	37	4.5	7.0	7.0	3.5	6.928	5.438	10.4	26.0	1.94	3.55	8.30	1.10	20.9	1.35
6.3	63	40	4.8	7.5	7.5	3.8	8.451	6.634	16.1	50.8	2.45	4.50	11.9	1.19	28.4	1.36
6.5	65	40	4.3	7.5	7.5	3.8	8.547	6.709	17.0	55.2	2.54	4.59	12.0	1.19	28.3	1.38
8	80	43	5.0	8.0	8.0	4.0	10.248	8.045	25.3	101	3.15	5.79	16.6	1.27	37.4	1.43
10	100	48	5.3	8.5	8.5	4.2	12.748	10.007	39.7	198	3.95	7.80	25.6	1.41	54.9	1.52
12	120	53	5.5	9.0	9.0	4.5	15.362	12.059	57.7	346	4.75	10.2	37.4	1.56	77.7	1.62
12.6	126	53	5.5	9.0	9.0	4.5	15.692	12.318	62.1	391	4.95	10.2	38.0	1.57	77.1	1.59
14a	140	58	6.0	9.5	9.5	4.8	18.516	14.535	80.5	564	5.52	13.0	53.2	1.70	107	1.71
14b	140	60	8.0	9.5	9.5	4.8	21.316	16.733	87.1	609	5.35	14.1	61.1	1.69	121	1.67
16a	160	63	6.5	10.0	10.0	5.0	21.962	17.240	108	866	6.28	16.3	73.3	1.83	144	1.80
16	160	65	8.5	10.0	10.0	5.0	25.162	19.752	117	935	6.10	17.6	83.4	1.82	161	1.75
18a	180	68	7.0	10.5	10.5	5.2	25.699	20.174	141	1270	7.04	20.0	98.6	1.96	190	1.88
18b	180	70	9.0	10.5	10.5	5.2	29.299	23.000	152	1370	6.84	21.5	111	1.95	210	1.84
20a	200	73	7.0	11.0	11.0	5.5	28.837	22.637	178	1780	7.86	24.2	128	2.11	244	2.01
20b	200	75	9.0	11.0	11.0	5.5	32.831	25.777	191	1910	7.64	25.9	144	2.09	268	1.95
22a	220	77	7.0	11.5	11.5	5.8	31.846	24.999	218	2390	8.67	28.2	158	2.23	298	2.10
22b	220	79	9.0	11.5	11.5	5.8	36.246	28.453	234	2570	8.42	30.1	176	2.21	326	2.03
24a	240	78	7.0	12.0	12.0	6.0	34.217	26.860	254	3050	9.45	30.5	174	2.25	325	2.10
24b	240	80	9.0	12.0	12.0	6.0	39.017	30.628	274	3280	9.17	32.5	194	2.23	355	2.03
24c	240	82	11.0	12.0	12.0	6.0	43.817	34.396	293	3510	8.96	34.4	213	2.21	388	2.00
25a	250	78	7.0	12.0	12.0	6.0	34.917	27.410	270	3370	9.82	30.6	176	2.24	322	2.07
25b	250	80	9.0	12.0	12.0	6.0	39.917	31.335	282	3530	9.41	32.7	196	2.22	353	1.98
25c	250	82	11.0	12.0	12.0	6.0	44.917	35.260	295	3690	9.07	35.9	218	2.21	384	1.92
27a	270	82	7.5	12.5	12.5	6.2	39.284	30.838	323	4360	10.5	35.5	216	2.34	393	2.13
27b	270	84	9.5	12.5	12.5	6.2	44.684	35.077	347	4690	10.3	37.7	239	2.31	428	2.06
27c	270	86	11.5	12.5	12.5	6.2	50.084	39.316	372	5020	10.1	39.8	261	2.28	467	2.03

续表

型号	尺寸						截面面积/cm²	理论重量/(kg/m)	参考数值							
									X—X			Y—Y			Y_1—Y_1	Z_0/cm
	h	b	d	t	r	r_1			W_x/cm³	I_x/cm⁴	i_x/cm	W_y/cm³	I_y/cm⁴	i_y/cm	I_{y1}/cm⁴	
28a	280	82	7.5	12.5	12.5	6.2	40.034	31.427	340	4760	10.9	35.7	218	2.33	388	2.10
28b	280	84	9.5	12.5	12.5	6.2	45.634	35.823	366	5130	10.6	37.9	242	2.30	428	2.02
28c	280	86	11.5	12.5	12.5	6.2	51.234	40.219	393	5500	10.4	40.3	268	2.29	463	1.95
30a	300	85	7.5	13.5	13.5	6.8	43.902	34.463	403	6050	11.7	41.1	260	2.43	467	2.17
30b	300	87	9.5	13.5	13.5	6.8	49.902	39.173	433	6500	11.4	44.0	289	2.41	515	2.13
30c	300	89	11.5	13.5	13.5	6.8	55.902	43.883	463	6950	11.2	46.4	316	2.38	560	2.09
32a	320	88	8.0	14.0	14.0	7.0	48.513	38.083	475	7600	12.5	46.5	305	2.50	552	2.24
32b	320	90	10.0	14.0	14.0	7.0	54.913	43.107	509	8140	12.2	49.2	336	2.47	593	2.16
32c	320	92	12.0	14.0	14.0	7.0	61.313	48.131	543	8690	11.9	52.6	374	2.47	643	2.09
36a	360	96	9.0	16.0	16.0	8.0	60.910	47.814	660	11900	14.0	63.5	455	2.73	818	2.44
36b	360	98	11.0	16.0	16.0	8.0	68.110	53.466	703	12700	13.6	66.9	497	2.70	880	2.37
36c	360	100	13.0	16.0	16.0	8.0	75.310	59.118	746	13400	13.4	70.0	536	2.67	948	2.34
40a	400	100	10.5	18.0	18.0	9.0	75.068	58.928	879	17600	15.3	78.8	592	2.81	1070	2.49
40b	400	102	12.5	18.0	18.0	9.0	83.068	65.208	932	18600	15.0	82.5	640	2.78	1140	2.44
40c	400	104	14.5	18.0	18.0	9.0	91.068	71.488	986	19700	14.7	86.2	688	2.75	1220	2.42

注：1. 槽钢的通常长度：型号 5～8，长度 5～12m；型号＞8～18，长度 5～19m；型号＞18～40，长度为 6～19m。
2. 轧制钢号，通常为碳素结构钢。

3.5 热轧等边角钢（GB/T 706—2008）（附表 3-5）

附表 3-5 热轧等边角钢

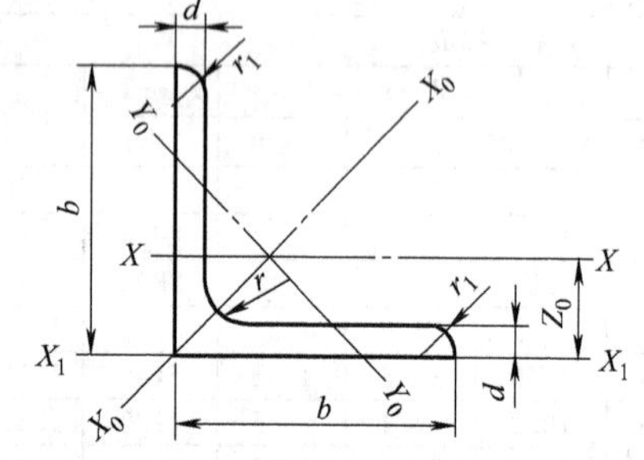

b—边宽度；
d—边厚度；
r—内圆弧半径；
r_1—边端内圆弧半径，$r_1=d/3$

I—惯性矩；
W—截面系数；
i—惯性半径；
Z_0—重心距离

型号	尺寸/mm			截面面积/cm²	理论重量/(kg/m)	外表面积/(m²/m)	X—X			X_0—X_0			Y_0—Y_0			X_1—X_1	Z_0/cm
	b	d	r				I_x/cm⁴	i_x/cm	W_x/cm³	I_{x0}/cm⁴	i_{x0}/cm	W_{x0}/cm³	I_{y0}/cm⁴	i_{y0}/cm	W_{y0}/cm³	I_{x1}/cm⁴	
2	20	3	3.5	1.132	0.889	0.078	0.40	0.59	0.29	0.63	0.75	0.45	0.17	0.39	0.20	0.81	0.60
		4		1.459	1.145	0.077	0.50	0.58	0.36	0.78	0.73	0.55	0.22	0.38	0.24	1.09	0.64
2.5	25	3		1.432	1.124	0.098	0.82	0.76	0.46	1.29	0.95	0.73	0.34	0.49	0.33	1.57	0.73
		4		1.859	1.459	0.097	1.03	0.74	0.59	1.62	0.93	0.92	0.43	0.48	0.40	2.11	0.76
3.0	30	3	4.5	1.749	1.373	0.117	1.46	0.91	0.68	2.33	1.15	1.09	0.61	0.59	0.51	2.71	0.85
		4		2.276	1.786	0.117	1.84	0.90	0.87	2.92	1.13	1.37	0.77	0.58	0.62	3.63	0.89
3.6	36	3		2.109	1.656	0.141	2.58	1.11	0.99	4.09	1.39	1.61	1.07	0.71	0.76	4.68	1.00
		4		2.756	2.163	0.141	3.29	1.09	1.28	5.22	1.38	2.05	1.37	0.70	0.93	6.25	1.04
		5		3.382	2.654	0.141	3.95	1.08	1.56	6.24	1.36	2.45	1.65	0.70	1.09	7.84	1.07
4	40	3	5	2.359	1.852	0.157	3.59	1.23	1.23	5.69	1.55	2.01	1.49	0.79	6.96	6.41	1.09
		4		3.086	2.422	0.157	4.60	1.22	1.60	7.29	1.54	2.58	1.91	0.79	1.19	8.56	1.13
		5		3.791	2.976	0.156	5.53	1.21	1.96	8.76	1.52	3.10	2.30	0.78	1.39	10.74	1.17
4.5	45	3	5	2.659	2.088	0.177	5.17	1.40	1.58	8.20	1.76	2.51	2.14	0.90	1.24	9.12	1.22
		4		3.486	2.736	0.177	6.65	1.38	2.05	10.56	1.74	3.32	2.75	0.89	1.54	12.18	1.26
		5		4.292	3.369	0.176	8.04	1.37	2.51	12.74	1.72	4.00	3.33	0.88	1.81	15.25	1.30
		6		5.076	3.985	0.176	9.33	1.39	2.95	14.76	1.70	4.64	3.89	0.88	2.06	18.36	1.33

续表

型号	尺寸/mm			截面面积	理论重量	外表面积	X－X			X_0-X_0			Y_0-Y_0			X_1-X_1	Z_0/cm
	b	d	r	/cm²	/(kg/m)	/(m²/m)	I_x/cm⁴	i_x/cm	W_x/cm³	I_{x0}/cm⁴	i_{x0}/cm	W_{x0}/cm³	I_{y0}/cm⁴	i_{y0}/cm	W_{y0}/cm³	I_{x1}/cm⁴	
5	50	3	5.5	2.971	2.332	0.197	7.18	1.55	1.96	11.37	1.96	3.22	2.98	1.00	1.57	12.50	1.34
		4		3.897	3.059	0.197	9.26	1.54	2.56	14.70	1.94	4.16	3.82	0.99	1.96	16.69	1.38
		5		4.803	3.770	0.196	11.21	1.53	3.13	17.79	1.92	5.03	4.64	0.98	2.31	20.90	1.42
		6		5.688	4.465	0.196	13.05	1.52	3.68	20.68	1.91	5.85	5.42	0.98	2.63	25.14	1.46
5.6	56	3	6	3.343	2.624	0.221	10.19	1.75	2.48	16.14	2.20	4.08	4.24	1.13	2.02	17.56	1.48
		4		4.390	3.446	0.220	13.18	1.73	3.24	20.92	2.18	5.28	5.46	1.11	2.52	23.43	1.53
		5		5.415	4.251	0.220	16.02	1.72	3.97	25.42	2.17	6.42	6.61	1.10	2.98	29.33	1.57
		6		6.420	5.040	0.220	18.69	1.71	4.68	29.66	2.15	7.49	7.73	1.10	3.40	35.26	1.61
		7		7.404	5.812	0.219	21.23	1.69	5.36	33.63	2.13	8.49	8.82	1.09	3.80	41.23	1.64
		8		8.367	6.568	0.219	23.63	1.68	6.03	37.37	2.11	9.44	9.89	1.09	4.16	47.24	1.68
6	60	5	6.5	5.829	4.576	0.236	19.89	1.85	4.59	31.57	2.33	7.44	8.21	1.19	3.48	36.05	1.67
		6		6.914	5.427	0.235	23.25	1.83	5.41	36.89	2.31	8.70	9.60	1.18	3.98	43.33	1.70
		7		7.977	6.262	0.235	26.44	1.82	6.21	41.92	2.29	9.88	10.96	1.17	4.45	50.65	1.74
		8		9.020	7.081	0.235	29.47	1.81	6.98	46.66	2.27	11.0	12.28	1.17	4.88	58.02	1.78
6.3	63	4	7	4.978	3.907	0.248	19.03	1.96	4.13	30.17	2.46	6.78	7.89	1.26	3.29	33.35	1.70
		5		6.143	1.822	0.248	23.17	1.94	5.08	30.77	2.45	8.25	9.57	1.25	3.90	41.73	1.74
		6		7.288	5.721	0.247	27.12	1.93	6.00	43.03	2.43	9.66	11.20	1.24	4.46	50.14	1.78
		7		8.412	6.603	0.247	30.87	1.92	6.88	48.96	2.41	10.99	12.79	1.23	4.98	58.60	1.82
		8		9.515	7.469	0.247	34.46	1.90	7.75	54.56	2.40	12.25	14.33	1.23	5.47	67.11	1.85
		10		11.657	9.151	0.246	41.09	1.88	9.39	64.85	2.36	14.56	17.33	1.22	6.36	84.31	1.93
7	70	4	8	5.570	4.372	0.275	26.39	2.18	5.14	41.80	2.74	8.44	10.99	1.40	4.17	45.74	1.86
		5		6.875	5.397	0.275	32.21	2.16	6.32	51.08	2.73	10.32	13.34	1.39	4.95	37.21	1.91
		6		8.160	6.406	0.275	37.77	2.15	7.48	59.93	2.71	12.11	15.61	1.38	5.67	68.73	1.95
		7		9.424	7.398	0.275	43.09	2.14	8.59	68.35	2.69	13.81	17.82	1.38	6.34	80.29	1.99
		8		10.667	8.373	0.274	48.17	2.12	9.68	76.37	2.68	15.43	19.98	1.37	6.98	91.92	2.03
7.5	75	5	9	7.367	5.818	0.295	39.97	2.33	7.32	63.30	2.92	11.94	16.63	1.50	5.77	70.56	2.04
		6		8.797	6.905	0.294	46.95	2.31	8.64	74.38	2.90	14.02	19.51	1.49	6.67	84.55	2.07
		7		10.160	7.976	0.294	53.57	2.30	9.93	84.96	2.89	16.02	22.18	1.48	7.44	98.71	2.11
		8		11.503	9.030	0.294	59.96	2.28	11.20	95.07	2.88	17.93	24.86	1.47	8.19	112.97	2.15
		10		14.126	11.089	0.293	71.98	2.26	13.64	113.92	2.84	21.48	30.05	1.46	9.56	141.71	2.22
8	80	5	9	7.912	6.211	0.315	48.79	2.48	8.34	77.33	3.13	13.67	20.25	1.60	6.66	85.36	2.15
		6		9.397	7.376	0.314	57.35	2.47	9.87	90.98	3.11	16.08	23.72	1.59	7.65	102.50	2.19
		7		10.860	8.525	0.314	65.58	2.46	11.37	104.07	3.10	18.40	27.09	1.58	8.58	119.70	2.23
		8		12.303	9.658	0.314	73.49	2.44	12.83	116.60	3.08	20.61	30.39	1.57	9.46	136.97	2.27
		10		15.126	11.874	0.313	88.43	2.42	15.64	140.09	3.04	24.76	36.77	1.56	11.08	171.74	2.33
9	90	6	10	10.637	8.350	0.354	82.77	2.79	12.61	131.26	3.51	20.63	34.28	1.80	9.95	145.87	2.44
		7		12.301	9.656	0.354	94.83	2.78	14.54	150.47	3.50	23.64	39.18	1.78	11.19	170.30	2.48
		8		13.944	10.946	0.353	106.47	2.76	16.42	168.97	3.48	26.55	43.97	1.78	12.35	194.80	2.52
		9		15.566	12.219	0.353	117.72	2.75	18.27	186.77	3.46	29.35	48.66	1.77	13.46	219.39	2.56
		10		17.167	13.476	0.353	128.58	2.74	20.07	203.90	3.45	32.04	53.26	1.76	14.52	244.07	2.59
		12		20.306	15.940	0.352	149.22	2.71	23.57	236.21	3.41	37.12	62.22	1.75	16.49	293.76	2.67
10	100	6	12	11.932	9.366	0.393	114.95	3.10	15.68	181.98	3.90	25.74	47.92	2.00	12.69	200.07	2.67
		7		13.796	10.830	0.393	131.86	3.09	18.10	209.97	3.89	29.55	54.74	1.99	14.26	233.54	2.71
		8		15.638	12.276	0.393	148.24	3.08	20.47	235.07	3.88	33.24	61.41	1.98	15.75	267.09	2.76
		10		19.261	15.120	0.392	179.51	3.05	25.06	284.68	3.84	40.26	74.35	1.96	18.54	334.48	2.84
		12		22.800	17.898	0.391	208.90	3.03	29.48	330.95	3.81	46.80	86.84	1.95	21.08	402.34	2.91
		14		26.256	20.611	0.391	236.53	3.00	33.73	374.06	3.77	52.09	99.00	1.94	23.44	470.75	2.99
		16		29.627	23.257	0.390	262.53	2.98	37.82	414.16	3.74	58.57	110.89	1.94	25.63	539.80	3.06

续表

型号	尺寸/mm			截面面积/cm²	理论重量/(kg/m)	外表面积/(m²/m)	X−X			X_0-X_0			Y_0-Y_0			X_1-X_1	Z_0/cm
	b	d	r				I_x/cm⁴	i_x/cm	W_x/cm³	I_{x0}/cm⁴	i_{x0}/cm	W_{x0}/cm³	I_{y0}/cm⁴	i_{y0}/cm	W_{y0}/cm³	I_{x1}/cm⁴	
10	110	7	12	15.196	11.928	0.433	177.16	3.41	22.05	280.94	4.30	36.12	73.38	2.20	17.51	310.64	2.96
		8		17.238	13.532	0.433	199.46	3.40	24.95	316.49	4.28	40.69	82.42	2.19	19.39	355.20	3.01
		10		21.261	16.690	0.432	242.19	3.38	30.60	384.39	4.25	49.42	99.98	2.17	22.91	444.65	3.09
		12		25.200	19.782	0.431	282.55	3.35	36.05	448.17	4.22	57.62	116.93	2.15	26.15	534.60	3.16
		14		29.056	22.809	0.431	320.71	3.32	41.31	508.01	4.18	65.31	133.40	2.14	29.14	625.16	3.24
12.5	125	8	14	19.750	15.504	0.492	297.03	3.88	32.52	470.89	4.88	53.28	123.16	2.50	25.86	521.01	3.37
		10		24.373	19.133	0.491	361.67	3.85	39.97	573.89	4.85	64.93	149.46	2.48	30.62	651.93	3.45
		12		28.912	22.696	0.491	423.16	3.83	41.17	671.44	4.82	75.96	174.88	2.46	35.03	783.42	3.53
		14		33.367	26.193	0.490	481.65	3.80	54.16	763.73	4.78	86.41	199.57	2.45	39.13	915.31	3.61
		16		37.739	29.625	0.489	537.31	3.77	60.93	850.98	4.75	96.28	223.65	2.43	42.96	1047.62	3.68
14	140	10		27.373	21.488	0.551	514.65	4.34	50.58	817.27	5.46	82.56	212.04	2.78	39.20	915.11	3.82
		12		32.512	25.522	0.551	603.68	4.31	59.80	958.79	5.43	96.85	248.57	2.76	45.02	1099.28	3.90
		14		37.567	29.190	0.550	688.81	4.28	68.75	1093.56	5.40	110.47	284.06	2.75	50.45	1284.22	3.58
		16		42.539	33.393	0.549	770.24	4.26	77.46	1221.81	5.36	123.42	318.67	2.74	55.55	1470.07	4.06
15	150	8		23.750	18.644	0.592	521.37	4.69	47.36	827.49	5.90	78.02	215.25	3.01	38.14	899.55	3.99
		10		29.373	23.058	0.591	637.50	4.66	58.35	1012.79	5.87	95.49	262.21	2.99	45.51	1125.09	4.08
		12		34.912	27.406	0.591	748.85	4.63	69.04	1189.97	5.84	112.19	307.73	2.97	52.38	1351.26	4.15
		14		40.367	31.688	0.590	855.64	4.60	79.45	1359.30	5.80	128.16	351.98	2.95	58.83	1578.25	4.23
		15		43.063	33.804	0.590	907.39	4.59	84.56	1441.09	5.78	135.87	373.69	2.95	61.90	1692.10	4.27
		16		45.739	35.905	0.589	958.08	4.58	89.59	1521.02	5.77	143.40	395.14	2.94	64.89	1806.21	4.31
16	160	10	16	31.502	21.729	0.630	779.53	4.98	66.70	1237.30	6.27	109.36	321.76	3.20	52.76	1365.33	4.31
		12		37.441	29.391	0.630	916.58	4.95	79.98	1455.68	6.24	128.67	377.49	3.18	60.74	1639.57	4.39
		14		43.296	33.987	0.629	1048.36	4.92	90.95	1665.02	6.20	147.17	431.70	3.16	68.24	1914.68	4.47
		16		49.067	38.518	0.629	1175.08	4.89	102.63	1865.57	6.17	164.88	484.59	3.14	75.31	2190.82	4.35
18	180	12		42.241	33.159	0.710	1321.35	5.59	100.62	2100.10	7.05	165.00	542.61	3.58	78.41	2332.80	4.89
		14		48.896	33.383	0.709	1514.48	5.56	116.25	2407.42	7.02	189.14	621.53	3.56	88.38	2723.48	4.97
		16		55.467	43.542	0.709	1700.99	5.54	131.13	2708.37	6.98	212.40	698.40	3.55	97.83	3115.29	5.05
		18		61.955	48.634	0.708	1875.12	5.50	145.64	2988.24	6.94	234.78	762.01	3.51	105.14	3502.43	5.13
20	200	14	18	54.642	42.894	0.788	2103.55	6.20	144.70	3343.26	7.82	236.40	863.83	3.98	111.82	3734.10	5.46
		16		62.013	48.680	0.788	2366.15	6.18	163.65	3760.89	7.79	265.93	971.41	3.96	123.96	4279.39	5.54
		18		69.301	54.401	0.787	2620.64	6.15	182.22	4164.54	7.75	294.48	1076.74	3.94	135.52	4808.13	5.62
		20		76.505	60.056	0787	2867.30	6.12	200.42	4554.55	7.72	322.06	1180.04	3.93	146.55	5347.51	5.69
		24		90.661	71.168	0.785	3338.25	6.07	236.17	5294.97	7.64	374.41	1381.53	3.90	166.65	6457.16	5.87
22	220	16	21	68.664	53.901	0.866	3187.36	6.81	199.55	5063.73	8.59	325.51	1310.99	4.37	153.81	5681.62	6.03
		18		76.752	60.250	0.866	3534.30	6.79	222.37	5615.32	8.55	360.97	1452.27	4.35	168.29	6395.93	6.11
		20		84.756	66.533	0.865	3871.49	6.76	244.77	6150.08	8.52	395.34	1592.90	4.34	182.16	7112.04	6.18
		22		92.676	72.751	0.865	4199.23	6.73	266.78	6668.37	8.48	428.66	1730.10	4.32	195.45	7830.19	6.26
		24		100.512	78.902	0.864	4517.83	6.70	288.39	7170.55	8.45	460.94	1865.11	4.31	208.21	8550.57	6.33
		26		108.264	84.987	0.864	4827.58	6.68	309.62	7656.98	8.41	492.21	1998.17	4.30	220.49	9273.39	6.41
25	250	18	24	87.842	68.956	0.985	5268.22	7.74	290.12	9369.04	9.76	473.42	2167.41	4.97	224.03	9379.11	6.84
		20		97.045	76.180	0.984	5779.34	7.72	319.66	9181.94	9.73	519.41	2376.74	4.95	242.85	10426.97	6.92
		24		115.201	90.433	0.983	6763.93	7.66	377.34	10742.67	9.66	607.70	2785.19	4.92	278.38	12529.74	7.07
		26		124.154	97.461	0.982	7238.08	7.63	405.50	11491.33	9.62	650.05	2984.84	4.90	295.19	13585.18	7.15
		28		133.022	104.422	0.982	7700.60	7.61	433.22	12219.39	9.58	691.23	3181.81	4.89	311.42	14643.62	7.22
		30		141.807	111.318	0.981	8151.80	7.58	460.51	12927.26	9.55	731.28	3376.34	4.88	327.12	15705.30	7.30
		32		150.508	118.149	0.981	8592.01	7.56	487.39	13615.32	9.51	770.20	3568.71	4.87	342.33	16770.41	7.37
		35		163.402	128.271	0.980	9232.44	7.52	526.97	14611.16	9.46	826.53	3853.72	4.86	364.30	18374.95	7.48

注：1. 角钢的通常长度：型号 2～9 时，长为 4～12m；型号 10～14 时，长为 4～19m；型号 16～20 时，长为 6～19m。

2. 轧制的钢号，通常为碳素结构钢。

3.6 热轧不等边角钢（GB/T 706—2008）（附表 3-6）

附表 3-6 热轧不等边角钢

B—长边宽度；
b—短边宽度；
d—边厚度；
r—内圆弧半径；
r_1—边端内圆弧半径，$r_1=d/3$；

I—惯性矩；
W—截面系数；
i—惯性半径；
X_0—重心距离；
Y_0—重心距离

型号	尺寸/mm				截面面积/cm²	理论重量/(kg/m)	外表面积/(m²/m)	X—X			Y—Y			X_1-X_1		Y_1-Y_1		U—U			
	B	b	d	r				I_x/cm^4	i_x/cm	W_x/cm^3	I_y/cm^4	i_y/cm	W_y/cm^3	I_{x1}/cm^4	Y_0/cm	I_{y1}/cm^4	X_0/cm	I_U/cm^4	i_U/cm	W_U/cm^3	tgα
2.5/1.6	25	16	3	3.5	1.162	0.912	0.080	0.70	0.78	0.43	0.22	0.44	0.19	1.56	0.86	0.43	0.42	0.14	0.34	0.16	0.392
			4		1.499	1.176	0.079	0.88	0.77	0.55	0.27	0.43	0.24	2.09	0.90	0.59	0.46	0.17	0.34	0.20	0.381
3.2/2	32	20	3		1.492	1.171	0.102	1.53	1.01	0.72	0.46	0.55	0.30	3.27	1.08	0.82	0.49	0.28	0.43	0.25	0.382
			4		1.939	1.522	0.101	1.93	1.00	0.93	0.57	0.54	0.39	4.37	1.12	1.12	0.53	0.35	0.42	0.32	0.374
4/2.5	40	25	3	4	1.890	1.484	0.127	3.08	1.28	1.15	0.93	0.70	0.49	5.39	1.32	1.59	0.59	0.56	0.54	0.40	0.385
			4		2.467	1.936	0.127	3.93	1.36	1.49	1.18	0.69	0.63	8.53	1.37	2.14	0.63	0.71	0.54	0.52	0.381
4.5/2.8	45	28	3	5	2.149	1.687	0.143	4.45	1.44	1.47	1.34	0.79	0.62	9.10	1.47	2.23	0.64	0.80	0.61	0.51	0.383
			4		2.806	2.203	0.143	5.69	1.42	1.91	1.70	0.78	0.80	12.13	1.51	3.00	0.68	1.02	0.60	0.66	0.380
5/3.2	50	32	3	5.5	2.431	1.908	0.161	6.24	1.60	1.84	2.02	0.91	0.82	12.49	1.60	3.31	0.73	1.20	0.70	0.68	0.404
			4		3.177	2.494	0.160	8.02	1.59	2.39	2.58	0.90	1.06	16.65	1.65	4.45	0.77	1.53	0.69	0.87	0.402
5.6/3.6	56	36	3	6	2.743	2.153	0.181	8.88	1.80	2.32	2.92	1.03	1.05	17.54	1.78	4.70	0.80	1.73	0.79	0.87	0.408
			4		3.590	2.818	0.180	11.45	1.79	3.03	3.76	1.02	1.37	23.39	1.82	6.33	0.85	2.23	0.79	1.13	0.408
			5		4.415	3.466	0.180	13.86	1.77	3.71	4.49	1.01	1.65	29.25	1.87	7.94	0.88	2.67	0.78	1.36	0.404
6.3/4	63	40	4	7	4.058	3.185	0.202	16.49	2.02	3.87	5.23	1.14	1.70	33.30	2.04	8.63	0.92	3.12	0.88	1.40	0.398
			5		4.993	3.920	0.202	20.02	2.00	4.74	6.31	1.12	2.07	41.63	2.08	10.86	0.95	3.76	0.87	1.71	0.396
			6		5.908	4.638	0.201	23.26	1.96	5.59	7.29	1.11	2.43	49.98	2.12	13.12	0.99	4.34	0.86	1.99	0.393
			7		6.802	5.339	0.201	26.53	1.98	6.40	8.24	1.10	2.78	58.07	2.15	15.47	1.03	4.97	0.86	2.29	0.389

续表

型号	尺寸/mm				截面面积/cm²	理论重量/(kg/m)	外表面积/(m²/m)	X—X			Y—Y			X_1-X_1		Y_1-Y_1		U—U			
	B	b	d	r				I_x/cm⁴	I_x/cm	W_x/cm³	I_y/cm⁴	I_y/cm	W_y/cm³	I_{x1}/cm⁴	Y_0/cm	I_{y1}/cm⁴	X_0/cm	I_U/cm⁴	i_U/cm	W_U/cm³	tgα
7/4.5	70	45	4	7.5	4.547	3.570	0.226	23.17	2.26	4.86	7.55	1.29	2.17	45.92	2.24	12.26	1.02	4.40	0.98	1.77	0.410
			5		5.609	4.403	0.225	27.95	2.23	5.92	9.13	1.28	2.65	57.10	2.28	15.39	1.06	5.40	0.98	2.19	0.407
			6		6.647	5.218	0.225	32.54	2.21	6.95	10.62	1.26	3.12	68.35	2.32	18.58	1.09	6.35	0.98	2.59	0.404
			7		7.657	6.011	0.225	37.22	2.20	8.03	12.01	1.25	3.57	79.99	2.36	21.84	1.13	7.16	0.97	2.94	0.402
7.5/5	75	50	5	8	6.125	4.808	0.245	34.86	2.39	6.83	12.61	1.44	3.30	70.00	2.40	21.04	1.17	7.41	1.10	2.74	0.435
			6		7.260	5.699	0.245	41.12	2.38	8.12	14.70	1.42	3.88	84.30	2.44	25.37	1.21	8.54	1.08	3.19	0.435
			8		9.467	7.431	0.244	52.39	2.35	10.52	18.53	1.40	4.99	112.50	2.52	34.23	1.29	10.87	1.07	4.10	0.429
			10		11.590	9.098	0.244	62.71	2.33	12.79	21.96	1.38	6.04	140.80	2.60	43.43	1.36	13.10	1.06	4.99	0.423
8/5	80	50	5	8	6.375	5.005	0.255	41.96	2.56	7.78	12.82	1.42	3.32	85.21	2.60	21.06	1.14	7.66	1.10	2.74	0.388
			6		7.560	5.935	0.255	49.49	2.56	9.25	14.95	1.41	3.91	102.53	2.65	25.41	1.18	8.85	1.08	3.20	0.387
			7		8.724	6.848	0.255	56.16	2.54	10.58	16.96	1.39	4.48	119.33	2.69	29.82	1.21	10.18	1.08	3.70	0.384
			8		9.867	7.745	0.254	62.83	2.52	11.92	18.85	1.38	5.03	136.41	2.73	34.32	1.25	11.38	1.07	4.16	0.381
9/5.6	90	56	5	9	7.212	5.661	0.287	60.45	2.90	9.92	18.32	1.59	4.21	121.32	2.91	29.53	1.25	10.98	1.23	3.49	0.385
			6		8.557	6.717	0.286	71.03	2.88	11.74	21.42	1.58	4.96	145.59	2.95	35.58	1.29	12.90	1.23	4.13	0.384
			7		9.880	7.756	0.286	81.01	2.86	13.49	24.36	1.57	5.70	159.60	3.00	41.71	1.33	14.67	1.22	4.72	0.382
			8		11.183	8.779	0.286	91.03	2.85	15.27	27.15	1.56	6.41	194.17	3.04	47.93	1.36	16.34	1.21	5.29	0.380
10/6.3	100	63	6	10	9.617	7.550	0.320	99.06	3.21	14.64	30.94	1.79	6.35	199.71	3.24	50.50	1.43	18.42	1.38	5.25	0.394
			7		11.111	8.722	0.320	113.45	3.20	16.88	35.26	1.78	7.29	233.00	3.28	59.14	1.47	21.00	1.38	6.02	0.394
			8		12.584	9.878	0.319	127.37	3.18	19.08	39.39	1.77	8.21	256.32	3.32	67.88	1.50	23.50	1.37	6.78	0.391
			10		15.467	12.142	0.319	153.81	3.15	23.32	47.12	1.74	9.98	333.06	3.40	85.73	1.58	28.33	1.35	8.24	0.387
10/8	100	80	6		10.637	8.350	0.354	107.04	3.17	15.19	61.24	2.40	10.16	199.83	2.95	102.68	1.97	31.65	1.72	8.37	0.627
			7		12.301	9.656	0.354	122.73	3.16	17.52	70.08	2.39	11.71	233.20	3.00	119.98	2.01	36.17	1.72	9.60	0.626
			8		13.944	10.946	0.353	137.92	3.14	19.81	78.58	2.37	13.21	256.61	3.04	137.37	2.05	40.58	1.71	10.80	0.625
			10		17.167	13.476	0.353	166.87	3.12	24.24	94.65	2.35	16.12	333.63	3.12	172.48	2.13	49.10	1.69	13.12	0.622
11/7	110	70	6		10.637	8.350	0.334	133.37	3.54	17.85	42.92	2.01	7.90	265.78	3.53	69.08	1.57	25.36	1.54	6.53	0.403
			7		12.301	9.656	0.334	153.00	3.53	20.60	49.01	2.00	9.09	310.07	3.57	80.82	1.61	28.95	1.53	7.50	0.402
			8		13.944	10.946	0.353	172.04	3.51	23.30	54.47	1.98	10.25	354.39	3.62	92.70	1.65	32.45	1.53	8.45	0.401
			10		17.167	13.476	0.353	208.39	3.48	28.54	65.88	1.96	12.48	443.13	3.70	116.83	1.72	39.20	1.51	10.29	0.397
12.5/8	125	80	7	11	14.096	11.066	0.403	227.98	4.02	26.86	74.42	2.30	12.01	454.99	4.01	120.32	1.80	43.81	1.76	9.92	0.408
			8		15.989	12.551	0.403	256.77	4.01	30.41	83.49	2.28	13.56	519.99	4.06	137.85	1.84	49.15	1.75	11.18	0.407
			10		19.712	15.474	0.402	312.04	3.98	37.33	100.67	2.26	16.56	650.09	4.14	173.40	1.92	59.45	1.74	13.64	0.404
			12		23.351	18.330	0.402	364.41	3.95	44.01	116.67	2.24	19.43	730.39	4.22	209.67	2.00	69.35	1.72	16.01	0.400

续表

型号	尺寸/mm				截面面积/cm²	理论重量/(kg/m)	外表面积/(m²/m)	X—X			Y—Y			$X_1—X_1$		$Y_1—Y_1$		U—U			
	B	b	d	r				I_x/cm^4	I_x/cm	W_x/cm^3	I_y/cm^4	I_y/cm	W_y/cm^3	I_{x1}/cm^4	Y_0/cm	I_{y1}/cm^4	X_0/cm	I_U/cm^4	i_U/cm	W_U/cm^3	tgα
14/9	140	90	8	12	18.038	14.160	0.453	365.64	4.50	38.48	120.69	2.59	17.34	730.53	4.50	195.79	2.04	70.83	1.98	14.31	0.411
			10		22.261	17.475	0.452	445.50	4.47	47.31	140.03	2.56	21.22	913.20	4.58	245.92	2.12	85.82	1.96	17.48	0.409
			12		26.400	20.724	0.451	521.56	4.44	55.87	169.79	2.54	24.95	1096.09	4.66	296.89	2.19	100.21	1.95	20.54	0.406
			14		30.456	23.908	0.451	594.10	4.42	64.18	192.10	2.51	28.54	1279.76	4.74	348.82	2.27	114.13	1.94	23.52	0.403
15/9	150	90	8	12	18.839	14.788	0.473	442.05	4.84	43.86	122.80	2.55	17.47	898.35	4.92	195.96	1.97	74.14	1.98	14.48	0.364
			10		23.261	18.260	0.472	539.24	4.81	53.97	148.62	2.53	21.38	1122.85	5.01	246.26	2.05	89.86	1.97	17.69	0.362
			12		27.600	21.666	0.471	632.08	4.79	63.79	172.85	2.50	25.14	1347.50	5.09	297.46	2.12	104.95	1.95	20.80	0.359
			14		31.856	25.007	0.471	720.77	4.76	73.33	195.62	2.48	28.77	1572.38	5.17	349.74	2.20	119.53	1.94	23.84	0.356
			15		33.952	26.652	0.471	763.62	4.74	77.99	206.50	2.47	30.53	1684.93	5.21	376.33	2.24	126.67	1.93	25.33	0.354
			16		36.027	28.281	0.470	805.51	4.73	82.60	217.07	2.45	32.27	1797.55	5.25	403.24	2.27	133.72	1.93	26.82	0.352
16/10	160	100	10	13	25.315	19.872	0.512	668.69	5.14	62.13	205.03	2.85	26.56	1362.89	5.24	336.59	2.28	121.74	2.19	21.92	0.390
			12		30.054	23.592	0.511	784.91	5.11	73.49	239.06	2.82	31.28	1635.56	5.32	405.94	2.36	142.33	2.17	25.79	0.388
			14		34.709	27.247	0.510	896.30	5.08	84.56	271.20	2.80	35.83	1908.50	5.40	476.42	2.43	162.23	2.16	29.56	0.385
			16		39.381	30.835	0.510	1003.04	5.05	95.33	301.60	2.77	40.24	2181.79	5.48	548.22	2.51	182.57	2.16	33.44	0.382
18/11	180	110	10	14	28.373	22.273	0.571	956.25	5.80	78.96	278.11	3.13	32.49	1940.40	5.89	447.22	2.44	166.50	2.42	26.88	0.376
			12		33.712	26.464	0.571	1124.72	5.78	93.53	325.03	3.10	38.32	2328.38	5.98	538.94	2.52	194.87	2.40	31.66	0.374
			14		39.967	30.589	0.570	1286.91	5.75	107.76	369.55	3.08	43.97	2716.60	6.06	631.95	2.59	222.30	2.39	36.32	0.372
			16		44.139	34.649	0.569	1443.06	5.72	121.64	411.85	3.06	49.44	3105.15	6.14	726.46	2.67	248.94	2.38	40.87	0.369
20/12.5	200	125	12		37.912	29.761	0.641	1570.90	6.44	116.73	483.16	3.57	49.99	3193.85	6.54	787.74	2.83	285.79	2.74	41.23	0.392
			14		43.867	34.436	0.640	1800.97	6.41	134.65	550.83	3.54	57.44	3726.17	6.62	922.47	2.91	326.58	2.73	47.34	0.390
			16		49.739	39.045	0.639	2023.35	6.38	152.18	615.44	3.52	64.69	4258.86	6.70	1058.86	2.09	366.21	2.71	53.32	0.388
			18		55.526	43.588	0.639	2238.30	6.35	169.33	677.19	3.49	71.74	4792.00	6.78	1197.13	3.06	404.83	2.70	59.18	0.385

注：1. 角钢的通常长度：型号 2.5/1.6～9/5.6，长度为 4～12m；型号 10/6.3～14/9，长度为 4～19m；型号 16/10～20/12.5，长度为 6～19m。
2. 轧制钢号，通常为碳素结构钢。

3.7 型钢焊接及开孔

3.7.1 等边角钢（附表 3-7）

附表 3-7 等边角钢 单位：mm

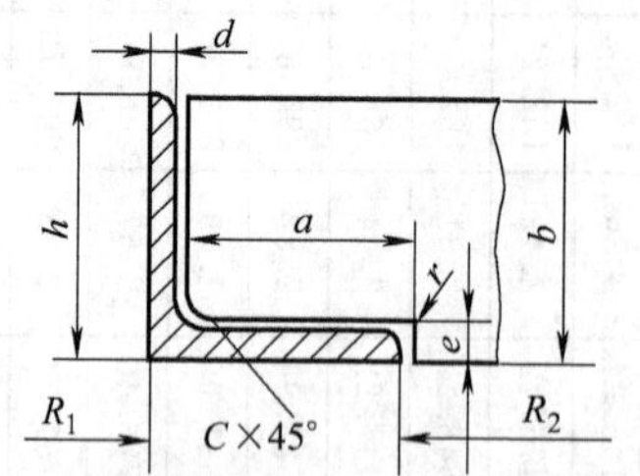

$E=d+1, a=b-d$

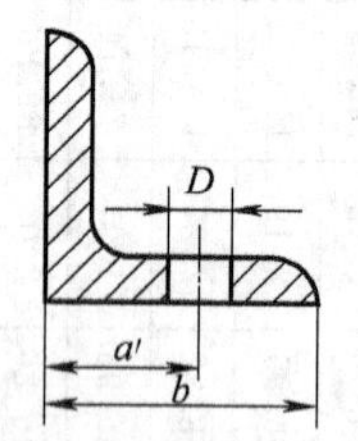

标准 JB/T 5000.3—2007 规定卷圆冷弯弯曲内半径 $R \geqslant 45b$

角钢尺寸		焊接接头尺寸			螺栓、铆钉连接规线		最小热弯半径		最小冷弯半径	
b	d	a	e	C	a'	D	R_1	R_2	R_1	R_2
20	3	17	4	3	13	4.5	95	85	345	335
	4	16	5				90	85	335	325
25	3	22	4	3	15	5.5	120	110	435	425
	4	21	5				115	105	425	415
30	3	27	4	4	18	6.6	145	130	530	515
	4	26	5				140	130	520	505
36	3	33	4	4	20	9	175	160	640	625
	4	32	5				170	155	630	615
	5	31	6				170	145	620	605
40	3	37	4	5	22	11	195	180	735	715
	4	36	5				195	175	705	690
	5	35	6				190	170	695	680
45	3	42	4	5	25	11	220	200	810	790
	4	41	5				220	200	800	775
	5	40	6				215	195	790	770
	6	39	7				215	195	780	760
50	3	47	4	5	30	13	250	225	900	800
	4	46	5				245	220	880	860
	5	45	6				240	220	880	860
	6	44	7				240	220	870	850
56	3	53	4	6	30	13	280	255	1000	1090
	4	52	5				275	250	1000	980
	5	51	6				270	250	990	965
	6	48	7				265	240	965	940
63	4	59	5	7	35	17	310	285	1135	1105
	5	58	6				310	280	1120	1095
	6	57	7				305	280	1110	1085
	8	55	9				300	275	1090	1065
	10	53	11				295	270	1070	1045
70	4	66	5	8	40	20	350	315	1265	1235
	5	65	6				345	315	1255	1220
	6	64	7				340	310	1240	1210
	7	63	8				340	310	1230	1200
	8	62	9				335	305	1225	1115

续表

角钢尺寸		焊接接头尺寸			螺栓、铆钉连接规线		最小热弯半径		最小冷弯半径	
b	d	a	e	C	a'	D	R_1	R_2	R_1	R_2
75	5	70	6	9	45	21.5	370	335	1345	1310
	6	69	7				365	335	1335	1305
	7	68	8				365	330	1330	1295
	8	67	9				360	330	1330	1285
	10	65	11				355	325	1300	1265
80	5	75	6	9	45	21.5	395	360	1440	1400
	6	74	7				395	360	1430	1390
	7	73	8				390	355	1420	1385
	8	72	9				385	350	1420	1375
	10	70	11				380	345	1390	1355
90	6	84	7	10	50	23.5	445	405	1615	1575
	7	83	8				440	400	1605	1565
	8	82	9				440	400	1600	1560
	10	80	11				435	395	1575	1535
	12	78	13				425	390	1555	1515
100	6	94	7	12	55	23.5	495	450	1815	1765
	7	93	8				495	450	1795	1745
	8	92	9				485	440	1780	1740
	10	90	11				485	440	1765	1720
	12	88	13				475	435	1740	1700
	14	86	15				470	430	1720	1680
	16	84	17				465	425	1705	1665
110	7	103	8	12	60	26	555	505	1980	1930
	8	102	9				550	490	1965	1915
	10	100	11				535	490	1945	1895
	12	98	13				530	480	1930	1880
	14	96	15				520	475	1910	1860
125	8	117	9	14	70	26	620	560	2245	2190
	10	115	11				610	555	2225	2170
	12	113	13				600	550	2205	2150
	14	111	15				600	545	2205	2150
140	10	130	11	14	80	32	690	625	2500	2440
	12	128	13				680	620	2485	2425
	14	126	15				675	615	2460	2400
	16	124	17				670	610	2440	2380
160	10	150	11	16	90	32	790	720	2875	2805
	12	148	13				785	715	2855	2785
	14	146	15				775	705	2740	2765
	16	144	17				775	705	2815	2765
180	12	168	13	16	100	32	890	805	3230	3150
	14	166	15				880	800	3210	3130
	16	164	17				875	795	3190	3110
	18	162	19				870	790	3160	3080
200	14	186	15	18	110	32	985	895	3575	3485
	16	184	17				980	890	3565	3475
	18	182	19				970	885	3535	3445
	20	180	21				965	880	3525	3435
	24	176	25				950	870	3470	3390

3.7.2 不等边角钢（附表 3-8）

附表 3-8 不等边角钢 单位：mm

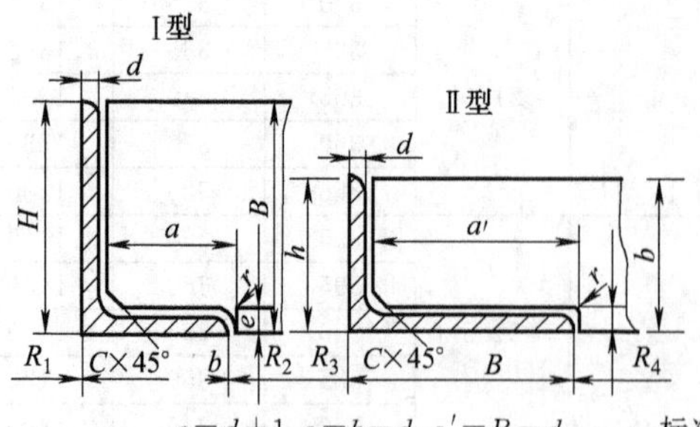

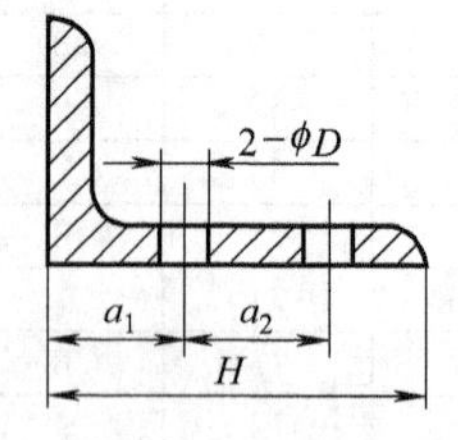

$e=d+1, a=b-d, a'=B-d$　　标准 JB/T 5000.3—2007 规定冷弯半径同等边角钢

角钢尺寸			焊接接头尺寸				螺栓、铆钉连接规线						朝小的翼缘方向弯曲				朝大的翼缘方向弯曲			
			Ⅰ	Ⅱ			孔并列			孔交错排列			热弯半径		冷弯半径		热弯半径		冷弯半径	
B	b	d	a	a′	e	C	a_1	a_2	D	a_1	a_2	D	R_1	R_2	R_1	R_2	R_3	R_4	R_3	R_4
25	16	3	13	22	4	3							80	75	290	285	110	100	400	395
		4	12	21	5								75	70	280	280	105	100	390	385
32	20	3	17	29	4	4							100	90	370	360	140	130	520	510
		4	16	28	5								100	90	360	360	140	130	510	500
40	25	3	22	37	4	5							130	115	470	470	180	180	655	655
		4	21	36	5								125	115	460	460	175	160	645	630
45	28	3	25	42	4	5							150	135	535	535	200	185	745	730
		4	24	41	5								145	130	520	525	200	185	735	720
50	32	3	29	47	4	5	18	22	6.6	18	20	6.6	170	150	610	610	225	210	835	815
		4	28	46	5								165	150	600	600	220	190	820	790
56	36	3	33	53	4	7	18	25	6.6	18	20	6.6	190	170	690	690	255	235	935	915
		4	32	52	5								190	170	680	680	250	230	925	905
		5	31	51	6								185	165	670	670	250	230	915	895
63	40	4	36	59	5	7	20	32	9	20	28	9	210	190	760	760	285	260	1045	1020
		5	35	58	6								210	185	755	750	285	260	1035	1005
		6	34	57	7								205	185	745	745	280	255	1025	1005
		7	33	56	8								200	180	730	730	275	255	1015	995
70	45	4	41	66	5	8	25	32	9	25	28	9	240	215	860	860	320	295	1165	1140
		5	40	65	6								235	215	850	850	315	290	1160	1135
		6	39	64	7								235	210	840	840	310	290	1145	1125
		7	38	63	8								230	210	830	830	310	285	1140	1115
75	50	5	45	70	6	9	28	32	9	30	28	9	260	235	945	945	340	315	1255	1225
		6	44	69	7								260	235	935	935	335	310	1240	1215
		8	42	67	9								252	230	915	915	330	305	1220	1195
		10	40	65	11								245	225	890	890	325	300	1200	1175
80	50	5	45	75	6	9	28	32	9	30	35	11	265	235	955	955	360	330	1325	1295
		6	44	74	7								260	235	945	945	355	330	1310	1285
		7	43	73	8								260	235	935	935	355	325	1305	1275
		8	42	72	9								255	230	925	925	350	325	1295	1265
90	56	5	51	85	6	10	30	40	11	30	40	13	300	265	1075	1075	405	375	1495	1460
		6	50	84	7								295	265	1065	1065	405	375	1485	1450
		7	49	83	8								290	260	1055	1055	400	370	1470	1440
		8	48	82	9								290	260	1045	1045	395	365	1460	1430

续表

角钢尺寸			焊接接头尺寸				螺栓、铆钉连接规线						朝小的翼缘方向弯曲				朝大的翼缘方向弯曲			
			Ⅰ	Ⅱ			孔并列			孔交错排列			热弯半径		冷弯半径		热弯半径		冷弯半径	
B	b	d	a	a'	e	C	a_1	a_2	D	a_1	a_2	D	R_1	R_2	R_1	R_2	R_3	R_4	R_3	R_4
100	63	6	57	94	7	12	35	40	11	40	40	13	335	300	1205	1170	455	415	1660	1620
		7	56	93	8								330	295	1195	1160	450	415	1645	1615
		8	55	92	9								325	290	1185	1150	440	410	1635	1600
		10	53	90	11								320	290	1165	1130	440	405	1615	1585
100	80	6	74	94	7	12	35	40	11	40	40	13	410	370	1485	1490	475	435	1730	1690
		7	73	93	8								410	370	1480	1480	470	430	1720	1680
		8	72	92	9								405	365	1470	1460	470	430	1710	1670
		10	70	90	11								400	360	1445	1450	460	425	1690	1650
110	70	6	64	104	7	12	35	55	15	40	45	15	370	335	1340	1340	500	460	1835	1795
		7	63	103	8								370	330	1330	1335	495	460	1820	1780
		8	62	102	9								365	330	1325	1320	490	455	1810	1775
		10	60	100	11								360	325	1305	1305	485	450	1790	1750
125	80	7	73	118	8	14	45	55	15	55	35	23.5	425	380	1530	1530	570	525	2080	2035
		8	72	117	9								420	380	1520	1520	565	520	2070	2025
		10	70	115	11								415	375	1500	1500	555	515	2050	2010
		12	68	113	13								410	370	1480	1480	550	510	2030	1980
140	90	8	82	132	9	14	45	70	21	60	40	23.5	480	430	1720	1720	635	585	2330	2280
		10	80	130	11								470	420	1700	1700	630	580	2315	2265
		12	78	128	13								465	420	1680	1680	620	575	2290	2245
		14	76	126	15								460	415	1660	1660	615	570	2270	2225
160	100	10	90	150	11	16	55	75	21	60	70	26	530	475	1905	1910	720	660	2640	2580
		12	88	148	13								525	470	1900	1885	710	655	2600	2565
		14	86	146	15								515	465	1870	1870	705	655	2595	2545
		16	84	144	17								510	460	1845	1845	700	645	2575	2525
180	110	10	100	170	11	16	55	90	26	65	80	26	590	525	2115	2115	810	745	2980	2910
		12	98	168	13								580	520	2095	2095	800	740	2940	2880
		14	96	166	15								575	520	2075	2085	795	735	2930	2870
		16	94	164	17								510	510	2055	2055	790	730	2900	2840
200	125	12	113	188	13	18	70	90	26	80	80	26	665	595	3030	2390	900	830	3295	3225
		14	111	186	15								655	590	3025	2370	890	820	3275	3205
		16	109	184	17								650	590	3020	2350	890	815	3255	3190
		18	107	182	19								640	580	3015	2330	880	815	3240	3180

3.7.3 热轧普通槽钢（附表 3-9）

附表 3-9 热轧普通槽钢 单位：mm

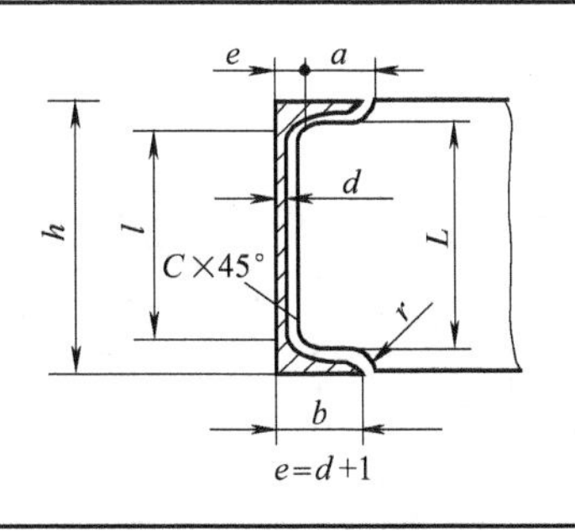

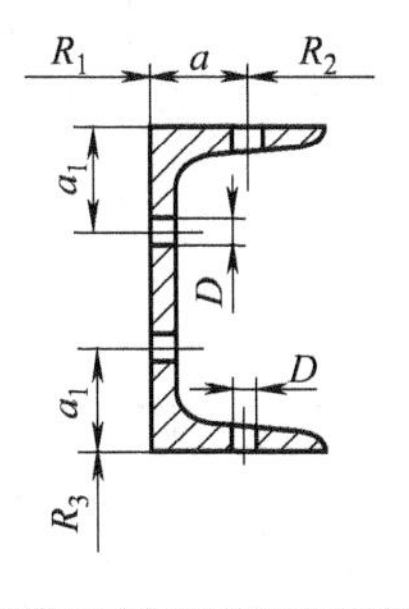

标准 JB/T 5000.3—2007 规定卷圆冷弯弯曲半径 $R \geqslant 45b$ 或 $R \geqslant 25h$（随弯曲方向定）

续表

型号	焊接接头尺寸					螺栓、铆钉连接规线				最小热弯半径			最小冷弯半径		
	L	l	a	C	e	b	a	a_1	D	R_1	R_2	R_3	R_1	R_2	R_3
5	38	31	33	3	5.5	37	21		12	155	145	155	575	565	600
6.3	51	43	36	4	5.8	40	22			175	160	195	645	635	755
8	66	58	38	5	6.0	43	25	29	14	190	175	245	700	685	960
10	86	77	43		6.3	48	28	30		220	200	305	805	790	1200
12.6	104	94	48	6	6.5	53	30	34	18	250	230	385	910	890	1510
14a	124	114	52	6	7.0	58	35	36	18	270	250	430	1005	980	1680
14b					9.0	60				295	265		1065	1010	
16a	144	133	57	6	7.5	63	36	39	20	305	275	490	1105	1080	1920
16					9.5	65				320	290		1170	1140	
18a	162	150	61	6	8	68	38	40	20	335	305	555	1210	1180	2160
18					10.0	70				350	315		1270	1240	
20a	182	169	66	7	8.0	73	40	41	22	360	325	615	1300	1270	2400
20					10.0	75				375	340		1370	1335	
22a	200	186	70	7	8.0	77	42	43	22	380	345	675	1380	1345	2640
22					10.0	79				400	360		1450	1410	
a					8	78				390	350		1415	1380	
25b	230	215	72	7	10	80	45	46	26	410	370	770	1485	1445	2995
c					12	82				430	385		1550	1505	
a					8.5	82				415	375		1505	1465	
28b	258	242	76	7	10.5	84	46	48	26	445	400	860	1575	1530	3360
c					12.5	86				455	410		1640	1595	
a					9	88				445	405		1620	1575	
32b	296	278	80	8	11	90	49	50	30	455	420	985	1690	1640	3840
c					13	92				485	435		1770	1710	
a					11.0	96				490	445		1775	1720	
36b	334	316	88	9	12.0	98	55	55	30	505	455	1105	1835	1795	4320
c					14.0	100				525	470		1890	1840	
a					11.5	100				515	460		1855	1805	
40b	370	352	90	10	13.5	102	60	59	30	530	475	1230	1915	1860	4800
c					15.5	104				555	490		1970	1915	

3.7.4 热轧普通工字钢（附表 3-10）

附表 3-10 热轧普通工字钢 单位：mm

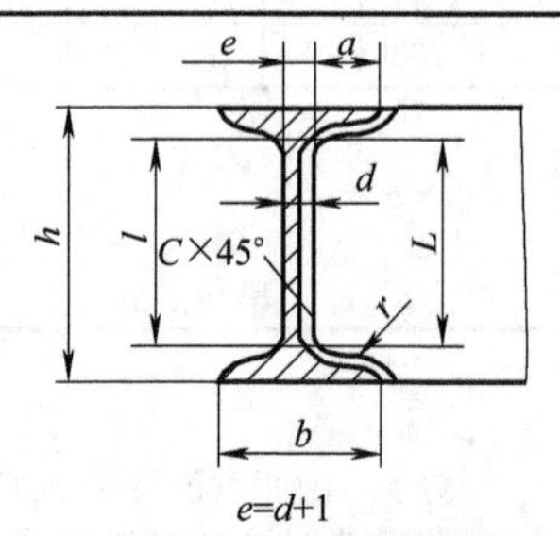

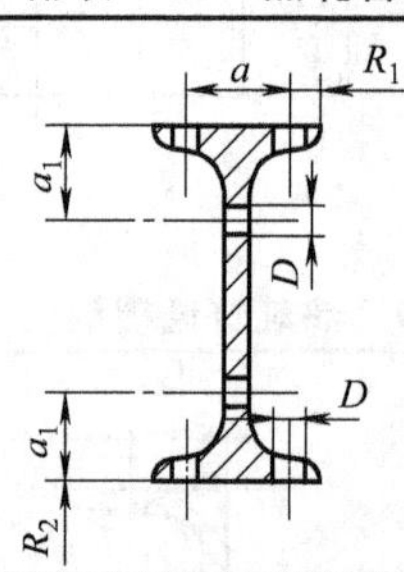

标准 JB/T 5000.3—2007 规定卷圆冷弯弯曲半径 $R \geqslant 25h$ 或 $R \geqslant 25b$（随弯曲方向定）

型号	焊接接头尺寸					螺栓、铆钉连接规线				最小热弯半径		最小冷弯半径	
	L	l	a	C	e	b	a	a_1	D	R_1	R_2	R_1	R_2
10	88	77	32	4	5.5	68	36	—	12	210	305	815	1200
12.6	106	95	35	4	6.0	74	40	—	12	225	385	890	1510
14	126	113	38	5	6.5	80	44	—	12	245	430	960	1680
16	144	130	41	5	7.0	88	48	—	14	270	490	1055	1920

续表

型号	焊接接头尺寸					螺栓、铆钉连接规线				最小热弯半径		最小冷弯半径	
	L	l	a	C	e	b	a	a_1	D	R_1	R_2	R_1	R_2
18	164	149	44	5	7.5	94	50	45	17	290	555	1130	2160
20a	182	166	47	5	8.0	100	54	47	17	305	615	1200	2400
20b					10.5	102			17	315		1220	
22a	202	185	52	5	8.5	110	60	48	17	340	675	1320	2640
22b					10.5	112			17	345		1345	
25a	220	202	55	5	9	116	65	54	20	355	770	1390	2995
25b					11	118				365		1415	
28a	248	229	58	5	9.5	122	66	56	20	375	860	1465	3360
28b					11.5	124				380		1490	
a					10.5	130				400		1560	
32b	308	288	61	6	12.5	132	75	58	22	405	985	1585	3840
c					14.5	134				410		1610	
a					11.0	136				420		1630	
36b	336	316	64	6	13.0	138	80	64	22	425	1105	1655	4320
c					15.0	140				430		1680	
a					11.5	142				435		1705	
40b	376	354	66	7	13.5	144	80	65	24	440	1230	1730	4800
c					15.5	146				450		1750	
a					12.5	150				460		1800	
45b	424	400	70	7	14.5	152	85	67	24	465	1380	1825	5395
c					16.5	154				475		1850	
a					13.0	158				485		1895	
50b	472	446	74	7	15.0	160	90	70	24	490	1535	1920	6000
c					17.0	162				500		1940	
a					13.5	166				510		1995	
56b	520	494	78	8	15.5	168	94	72	26	515	1720	2015	6720
c					17.5	170				520		2035	
a					14.0	176				540		2110	
63b	590	564	83	8	16.0	178	95	75	26	545	1935	2135	7560
c					18.0	180				565		2160	

3.8 热轧 H 型钢和部分 T 型钢（GB/T 11263—2010）（附图 3-1，附表 3-11 和附表 3-12）

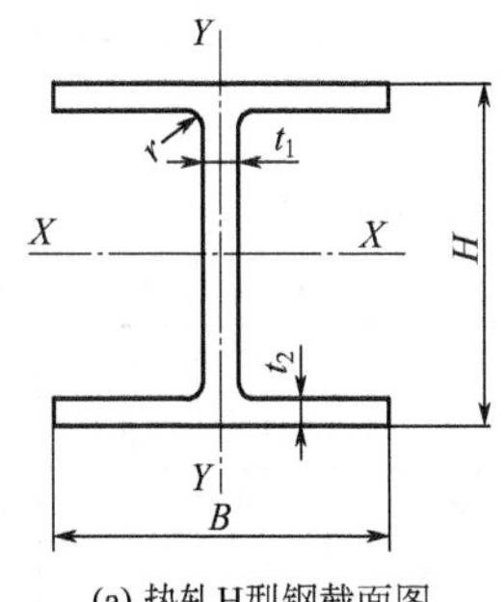

(a) 热轧H型钢截面图

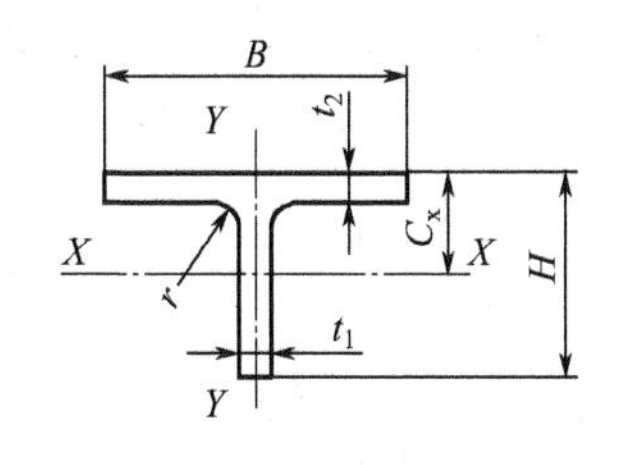

(b) 部分T型钢截面图

附图 3-1　热轧 H 型钢和部分 T 型钢截面图

H—高度；B—宽度；t_1—腹板厚度；t_2—翼缘厚度；r—圆角半径；C_x—重心

附表 3-11 H 型钢截面尺寸、截面面积、理论重量及截面特性

类别	型号 高度×宽度 /mm	截面尺寸/mm					截面面积 /cm²	理论重量 /(kg/m)	惯性矩/cm⁴		惯性半径/cm		截面模数/cm³	
		H	B	t_1	t_2	r			I_x	I_y	i_x	i_y	W_x	W_y
HW	100×100	100	100	6	8	8	21.58	16.90	378	134	4.18	2.48	75.6	26.7
	125×125	125	125	6.5	9	8	30.00	23.60	839	293	5.28	3.12	134	46.9
	150×150	150	150	7	10	8	39.64	31.10	1620	563	6.39	3.76	216	75.1
	175×175	175	175	7.5	11	13	51.42	40.40	2900	984	7.50	4.37	331	112
	200×200	200	200	8	12	13	63.53	49.90	4720	1600	8.61	5.02	472	160
		*200	204	12	12	13	71.53	56.20	4980	1700	8.34	4.87	498	167
	250×250	*244	252	11	11	13	81.31	63.80	8700	2940	10.3	6.01	713	233
		250	250	9	14	13	91.43	71.80	10700	3650	10.8	6.31	860	292
		*250	255	14	14	13	103.9	81.60	11400	3880	10.5	6.10	912	304
	300×300	*294	302	12	12	13	106.3	83.50	16600	5510	12.5	7.20	1130	365
		300	300	10	15	13	118.5	93.00	20200	6750	13.1	7.55	1350	450
		*300	305	15	15	13	133.5	105	21300	7100	12.6	7.29	1420	466
	350×350	*338	351	13	13	13	133.3	105	27700	9380	14.4	8.38	1640	534
		*344	348	10	16	13	144.0	113	32800	11200	15.1	8.83	1910	646
		*344	354	16	16	13	164.7	129	34900	11800	14.6	8.48	2030	669
		350	350	12	19	13	171.9	135	39800	13600	15.2	8.88	2280	776
		*350	357	19	19	13	196.4	154	42300	14400	14.7	8.57	2420	808
	400×400	*388	402	15	15	22	178.5	140	49000	16300	16.6	9.54	2520	809
		*394	398	11	18	22	186.8	147	56100	18900	17.3	10.1	2850	951
		*394	405	18	18	22	214.4	168	59700	20000	16.7	9.64	3030	985
		400	400	13	21	22	218.7	172	66600	22400	17.5	10.1	3330	1120
		*400	408	21	21	22	250.7	197	70900	23800	16.8	9.74	3540	1170
		*414	405	18	28	22	295.4	232	92800	31000	17.7	10.2	4480	1530
		*428	407	20	35	22	360.7	283	119000	39400	18.2	10.4	5570	1930
		*458	417	30	50	22	528.6	415	187000	60500	18.8	10.7	8170	2900
		*498	432	45	70	22	770.1	604	298000	94400	19.7	11.1	12000	4370
	*500×500	*492	465	15	20	22	258.0	202	117000	33500	21.3	11.4	4770	1440
		*502	465	15	25	22	304.5	239	146000	41900	21.9	11.7	5810	1800
		*502	470	20	25	22	329.6	259	151000	43300	21.4	11.5	6020	1840
HM	150×100	148	100	6	9	8	26.34	20.7	1000	150	6.16	2.38	135	30.1
	200×150	194	150	6	9	13	38.10	29.9	2630	507	8.30	3.64	271	67.6
	250×175	244	175	7	11	13	55.49	43.6	6040	984	10.4	4.21	495	112
	300×200	294	200	8	12	13	71.05	55.8	11100	1600	12.5	4.74	756	160
		*298	201	9	14	13	82.03	64.4	13100	1900	12.6	4.80	878	189
	350×250	340	250	9	14	13	99.53	78.1	21200	3650	14.6	6.05	1250	292
	400×300	390	300	10	16	13	133.3	105	37900	7200	16.9	7.35	1940	480
	450×300	440	300	11	18	13	153.9	121	54700	8110	18.9	7.25	2490	540
	500×300	*482	300	11	15	13	141.2	111	58300	6760	20.3	6.91	2420	450
		488	300	11	18	13	159.2	125	68900	8110	20.8	7.13	2820	540
	550×300	*544	300	11	15	13	148.0	116	76400	6760	22.7	6.75	2810	450
		*550	300	11	18	13	166.0	130	89800	8110	23.3	6.98	3270	540

续表

类别	型号 高度×宽度 /mm	截面尺寸/mm					截面 面积 /cm²	理论 重量 /(kg/m)	惯性矩/cm⁴		惯性半径/cm		截面模数/cm³	
		H	B	t_1	t_2	r			I_x	I_y	i_x	i_y	W_x	W_y
HM	600×300	* 582	300	12	17	13	169.2	133	98900	7660	24.2	6.72	3400	511
		588	300	12	20	13	187.2	147	114000	9010	24.7	6.93	3890	601
		* 594	302	14	23	13	217.1	170	134000	10600	24.8	6.97	4500	700
HN	* 100×50	100	50	5	7	8	11.84	9.30	187	14.8	3.97	1.11	37.5	5.91
	* 125×60	125	60	6	8	8	16.68	13.1	409	29.1	4.95	1.32	65.4	9.71
	150×75	150	75	5	7	8	17.84	14.0	666	49.5	6.10	1.66	88.8	13.2
	175×90	175	90	5	8	8	22.89	18.0	1210	97.5	7.25	2.06	138	21.7
	200×100	* 198	99	4.5	7	8	22.68	17.8	1540	113	8.24	2.23	156	22.9
		200	100	5.5	8	8	26.66	20.9	1810	134	8.22	2.23	181	26.7
	250×125	* 248	124	5	8	8	31.98	25.1	3450	255	10.4	2.82	278	41.1
		250	125	6	9	8	36.96	29.0	3960	294	10.4	2.81	317	47.0
	300×150	* 298	149	5.5	8	13	40.80	32.0	6320	442	12.4	3.29	424	59.3
		300	150	6.5	9	13	46.78	36.7	7210	508	12.4	3.29	481	67.7
	350×175	* 346	174	6	9	13	52.45	41.2	11000	791	14.5	3.88	638	91.0
		350	175	7	11	13	62.91	49.4	13500	984	14.6	3.95	771	112
	400×150	400	150	8	13	13	70.37	55.2	18600	734	16.3	3.22	929	97.8
	400×200	* 396	199	7	11	13	71.41	56.1	19800	1450	16.6	4.50	999	145
		400	200	8	13	13	83.37	65.4	23500	1740	16.8	4.56	1170	174
	450×150	* 446	150	7	12	13	66.99	52.6	22000	677	18.1	3.17	985	90.3
		* 450	151	8	14	13	77.49	60.8	25700	806	18.2	3.22	1140	107
	450×200	446	199	8	12	13	82.97	65.1	28100	1580	18.4	4.36	1260	159
		450	200	9	14	13	95.43	74.9	32900	1870	18.6	4.42	1460	187
	475×150	* 470	150	7	13	13	71.53	56.2	26200	733	19.1	3.20	1110	97.8
		* 475	151.5	8.5	15.5	13	86.15	67.6	31700	901	19.2	3.23	1330	119
		482	153.5	10.5	19	13	106.4	83.5	39600	1150	19.3	3.28	1640	150
	500×150	* 492	150	7	12	13	70.21	55.1	27500	677	19.8	3.10	1120	90.3
		* 500	152	9	16	13	92.21	72.4	37000	940	20.0	3.19	1480	124
		504	153	10	18	13	103.3	81.1	41900	1080	20.1	3.23	1660	141
	500×200	* 496	199	9	14	13	99.29	77.9	40800	1840	20.3	4.30	1650	185
		500	200	10	16	13	112.3	88.1	46800	2140	20.4	4.36	1870	214
		* 506	201	11	19	13	129.3	102	55500	2580	20.7	4.46	2190	257
	550×200	* 546	199	9	14	13	103.8	81.5	50800	1840	22.1	4.21	1860	185
		550	200	10	16	13	117.3	92.0	58200	2140	22.3	4.27	2120	214
	600×200	* 596	199	10	15	13	117.8	92.4	66600	1980	23.8	4.09	2240	199
		600	200	11	17	13	131.7	103	75600	2270	24.0	4.15	2520	227
		* 606	201	12	20	13	149.8	118	88300	2720	24.3	4.25	2910	270
	625×200	* 625	198.5	11.5	17.5	13	138.8	109	85000	2290	24.8	4.06	2720	231
		630	200	13	20	13	158.2	124	97900	2680	24.9	4.11	3110	328
		* 638	202	15	24	13	186.9	147	11800	3320	25.2	4.21	3710	328
	650×300	* 646	299	10	15	13	152.8	120	110000	6690	26.9	6.61	3410	447
		* 650	300	11	17	13	171.2	134	125000	7660	27.0	6.68	3850	511
		* 656	301	12	20	13	195.8	154	147000	9100	27.4	6.81	4470	605

续表

类别	型号 高度×宽度 /mm	截面尺寸/mm					截面面积 /cm²	理论重量 /(kg/m)	惯性矩/cm⁴		惯性半径/cm		截面模数/cm³	
		H	B	t_1	t_2	r			I_x	I_y	i_x	i_y	W_x	W_y
HN	700×300	*692	300	13	20	18	207.5	163	168000	9020	28.5	6.59	4870	601
		700	300	13	24	18	231.5	182	197000	10800	29.2	6.83	5640	721
	750×300	*734	299	12	16	18	182.7	143	161000	7140	29.7	6.25	4290	478
		*742	300	13	20	18	214.0	168	197000	9020	30.4	6.49	5320	601
		*750	300	13	24	18	238.0	187	231000	10800	31.1	6.74	6150	721
		*758	303	16	28	18	284.8	224	276000	13000	31.1	6.75	7270	85
	*800×300	*792	300	14	22	18	239.5	188	248000	9920	32.2	6.43	6270	661
		800	300	14	26	18	263.5	207	286000	11700	33.0	6.66	7160	781
	*850×300	*834	298	14	19	18	227.5	179	251000	8400	33.2	6.07	6020	564
		*842	299	15	23	18	259.7	204	298000	10300	33.9	6.28	7080	687
		*850	300	16	27	18	292.1	229	346000	12200	34.4	6.45	8140	812
		*858	301	17	31	18	324.7	255	395000	14100	34.9	6.59	9210	939
	*900×300	*890	299	15	23	18	266.9	210	339000	10300	35.6	6.20	7610	687
		900	300	16	28	18	305.8	240	404000	12600	36.4	6.42	8990	842
		*912	302	18	34	18	360.1	283	491000	15700	36.9	6.59	10800	1040
	*1000×300	*970	297	16	21	18	276.0	217	393000	9210	37.8	5.77	8110	620
		*980	298	17	26	18	315.5	248	462000	11500	38.7	6.04	9630	772
		*990	298	17	31	18	345.3	271	544000	13700	39.7	6.30	11000	921
		*1000	300	19	36	18	395.1	310	624000	16300	40.1	6.41	12700	1080
		*1008	302	21	40	18	439.3	345	712000	18400	40.3	6.47	14100	1220
HT	100×50	95	48	3.2	4.5	8	7.620	5.98	115	8.39	3.88	1.04	24.2	3.49
		97	49	4	5.5	8	9.370	7.36	143	10.9	3.91	1.07	29.6	4.45
	100×100	96	99	4.5	6	8	16.20	12.7	272	97.2	4.09	2.44	56.7	19.6
	125×60	118	58	3.2	4.5	8	9.250	7.26	218	14.7	4.85	1.26	37.0	5.08
		120	59	4	5.5	8	11.39	8.94	271	19.0	4.87	1.29	45.2	6.43
	125×125	119	123	4.5	6	8	20.12	15.80	532	186	5.14	3.04	89.5	30.3
	150×75	145	73	3.2	4.5	8	11.47	9.00	416	29.3	6.01	1.59	57.3	8.02
		147	74	4	5.5	8	14.12	11.10	516	37.3	6.04	1.62	70.2	10.1
	150×100	139	97	3.2	4.5	8	13.43	10.6	476	68.6	5.94	2.25	68.4	14.1
		142	99	4.5	6	8	18.27	14.3	654	97.2	5.98	2.30	92.1	19.6
	150×150	144	148	5	7	8	27.76	21.8	1090	378	6.25	3.69	151	51.1
		147	149	6	8.5	8	33.67	26.4	1350	469	6.32	3.73	183	63.0
	175×90	168	88	3.2	4.5	8	13.55	10.6	670	51.2	7.02	1.94	79.7	11.6
		171	89	4	6	8	17.58	13.8	894	70.7	7.13	2.00	105	15.9
	175×175	167	173	5	7	13	33.32	26.2	1780	605	7.30	4.26	213	69.9
		172	175	6.5	9.5	13	44.64	35.0	2470	850	7.43	4.36	287	97.1
	200×100	193	98	3.2	4.5	8	15.25	12.0	994	70.7	8.07	2.15	103	14.4
		196	99	4	6	8	19.78	15.5	1320	97.2	8.18	2.21	135	19.6
	200×150	188	149	4.5	6	8	26.34	20.7	1730	331	8.09	3.54	184	44.4
	200×200	192	198	6	8	13	43.69	34.3	3060	1040	8.37	4.86	319	105
	250×125	244	124	4.5	6	8	25.86	20.3	2650	191	10.1	2.71	217	30.8
	250×175	238	173	4.5	8	13	39.12	30.7	4240	691	10.4	4.20	356	79.9
	300×150	294	148	4.5	6	13	31.90	25.0	4800	325	12.3	3.19	327	43.9
	300×200	286	198	6	8	13	49.33	38.7	7360	1040	12.2	4.58	515	105

续表

类别	型号 高度×宽度 /mm	截面尺寸/mm					截面面积 /cm²	理论重量 /(kg/m)	惯性矩/cm⁴		惯性半径/cm		截面模数/cm³	
		H	B	t_1	t_2	r			I_x	I_y	i_x	i_y	W_x	W_y
HT	350×175	340	173	4.5	6	13	36.97	29.0	7490	518	14.2	3.74	441	59.9
	400×150	390	148	6	8	13	47.57	37.3	11700	434	15.7	3.01	602	58.6
	400×200	390	198	6	8	13	55.57	43.6	14700	1040	16.2	4.31	752	105

注：1. 同一型号的产品，其内侧尺寸高度一致。

2. 截面面积计算公式为"$t_1(H-2t_2)+2Bt_2+0.858r^2$"。

3. "*"所示的规格为非常用规格。

附表 3-12　部分 T 型钢截面尺寸、截面面积、理论重量及截面特性

类别	型号 高度×宽度 /mm	截面尺寸/mm					截面面积 /cm²	理论重量 /(kg/m)	惯性矩 /cm⁴		惯性半径 /cm		截面模数 /cm³		重心 C_x /cm	对应 H 型钢型号
		H	B	t_1	t_2	r			I_x	I_y	i_x	i_y	W_x	W_y		
TW	50×100	50	100	6	8	8	10.79	8.47	16.1	66.8	1.22	2.48	4.02	13.4	1.00	100×000
	62.5×125	62.5	125	6.5	9	8	15.00	11.8	35.0	147	1.52	3.12	6.91	23.5	1.19	125×125
	75×500	75	150	7	10	8	19.82	15.6	66.4	282	1.82	3.76	10.8	37.5	1.37	150×150
	87.5×175	87.5	175	7.5	11	13	25.71	20.2	115	492	2.11	4.37	15.9	56.2	1.55	175×175
	100×200	100	200	8	12	13	31.76	24.9	184	801	2.40	5.02	22.3	80.1	1.73	200×200
		100	204	12	12	13	35.76	28.1	256	851	2.67	4.87	32.4	83.4	2.09	
	125×250	125	250	9	14	13	45.71	35.9	412	1820	3.00	6.31	39.5	146	2.08	250×250
		125	255	14	14	13	51.96	40.8	589	1940	3.36	6.10	59.4	152	2.58	
	150×300	147	302	12	12	13	53.16	41.7	857	2760	4.01	7.20	72.3	183	2.85	300×300
		150	300	10	15	13	59.22	46.5	798	3380	3.67	7.55	63.7	225	2.47	
		150	305	15	15	13	66.72	52.4	1110	3550	4.07	7.29	92.5	233	3.04	
	175×350	172	348	10	16	13	72.00	56.5	1230	5620	4.13	8.83	84.7	323	2.67	350×350
		175	350	12	19	13	85.94	67.5	1520	6790	4.20	8.88	104	388	2.87	
	200×400	194	402	15	15	22	89.22	70.0	2480	8130	5.27	9.54	158	404	3.70	400×400
		197	398	11	18	22	93.40	73.3	2050	9460	4.67	10.1	123	475	3.01	
		200	400	13	21	22	109.3	85.8	2480	11200	4.75	10.1	147	560	3.21	
		200	408	21	21	22	125.3	98.4	3650	11900	5.39	9.74	229	584	4.07	
		207	405	18	28	22	147.7	116	3620	15500	4.95	10.2	213	766	3.68	
		214	407	20	35	22	180.3	142	4380	19700	4.92	10.4	250	967	3.90	
	75×100	74	100	6	9	8	13.17	10.3	51.7	75.2	1.98	2.38	8.84	15.0	1.56	150×100
	100×150	97	150	6	9	8	19.05	15.0	124	253	2.55	3.64	15.8	33.8	1.80	200×150
	125×175	122	175	7	11	13	27.74	21.8	288	492	3.22	4.21	29.1	56.2	2.28	250×175
	150×200	147	200	8	12	13	35.52	27.9	571	801	4.00	4.74	48.2	80.1	2.85	300×200
		149	201	9	14	13	41.01	32.2	661	949	4.01	4.80	55.2	94.4	2.92	
	175×250	170	250	9	14	13	49.76	39.1	1020	1820	4.51	6.05	73.2	146	3.11	350×250
	200×300	195	300	10	16	13	66.62	52.3	1730	3600	5.09	7.35	108	240	3.43	400×300
	225×300	220	300	11	18	13	76.94	60.4	2680	4050	5.89	7.25	150	270	4.09	450×300
	250×300	241	300	11	15	13	70.58	55.4	3400	3380	6.93	6.91	178	225	5.00	500×300
		244	300	11	18	13	79.58	62.5	3610	4050	6.73	7.13	184	270	4.72	
	275×300	272	300	11	15	13	73.99	58.1	4790	3380	8.04	6.75	225	225	5.96	550×300
		275	300	11	18	13	82.99	65.2	5090	4050	7.82	6.98	232	270	5.59	
	300×300	291	300	12	17	13	84.60	66.4	6320	3830	8.64	6.72	280	255	6.51	600×300
		294	300	12	20	13	93.60	73.5	6680	4500	8.44	6.93	288	300	6.17	
		297	302	14	23	13	108.5	85.2	7890	5290	8.52	6.97	339	350	6.41	

续表

类别	型号 高度×宽度 /mm	截面尺寸/mm					截面面积 /cm²	理论重量 /(kg/m)	惯性矩 /cm⁴		惯性半径 /cm		截面模数 /cm³		重心 C_x /cm	对应H型钢型号
		H	B	t_1	t_2	r			I_x	I_y	i_x	i_y	W_x	W_y		
TN	50×50	50	50	5	7	8	5.920	4.65	11.8	7.39	1.41	1.11	3.18	2.95	1.28	100×50
	62.5×60	62.5	60	6	8	8	8.340	6.55	27.5	14.6	1.81	1.32	5.96	4.85	1.64	125×60
	75×75	75	75	5	7	8	8.920	7.00	42.6	24.7	2.18	1.66	7.46	6.59	1.79	150×75
	87.5×90	85.5	89	4	6	8	8.790	6.90	53.7	35.3	2.47	2.00	8.02	7.94	1.86	175×90
		87.5	90	5	8	8	11.44	8.98	70.6	48.7	2.48	2.06	10.4	10.8	1.93	
	100×100	99	99	4.5	7	8	11.34	8.90	93.5	56.7	2.87	2.23	12.1	11.5	2.17	200×100
		100	100	5.5	8	8	13.33	10.5	114	66.9	2.92	2.23	14.8	13.4	2.31	
	125×125	124	124	5	8	8	15.99	12.6	207	127	3.59	2.82	21.3	20.5	2.66	250×125
		125	125	6	9	8	18.48	14.5	248	147	3.66	2.81	25.6	23.5	2.81	
	150×150	149	149	5.5	8	13	20.40	16.0	393	221	4.39	3.29	33.8	29.7	3.26	300×150
		150	150	6.5	9	13	23.39	18.4	464	254	4.45	3.29	40.0	33.8	3.41	
	175×175	173	174	6	9	13	26.22	20.6	679	396	5.08	3.88	50.0	45.5	3.72	350×175
		175	175	7	11	13	31.45	24.7	814	492	5.08	3.95	59.3	56.2	3.76	
	200×200	198	199	7	11	13	35.70	28.0	1190	723	5.77	4.50	76.4	72.7	4.20	400×200
		200	200	8	13	13	41.68	32.7	1390	868	5.78	4.56	88.6	86.8	4.26	
	225×150	223	150	7	12	13	33.49	26.3	1570	338	6.84	3.17	93.7	45.1	5.54	450×150
		225	151	8	14	13	38.74	30.4	1830	403	6.87	3.22	108	53.4	5.62	
	225×200	223	199	8	12	13	41.48	32.6	1870	789	6.71	4.36	109	79.3	5.15	450×200
		225	200	9	14	13	47.71	37.5	2150	935	6.71	4.42	124	93.5	5.19	
	237.5×150	235	150	7	13	13	35.76	28.1	1850	367	7.18	3.20	104	48.9	7.50	475×150
		237.5	151.5	8.5	15.5	13	43.07	33.8	2270	451	7.25	3.23	128	59.5	7.57	
		241	153.5	10.5	19	13	53.20	41.8	2860	575	7.33	3.28	160	75.0	7.67	
	250×150	246	150	7	12	13	35.10	27.6	2060	339	7.66	3.10	113	45.1	6.36	500×150
		250	152	9	16	13	46.10	36.2	2750	470	7.71	3.19	149	61.9	6.53	
		252	153	10	18	13	51.66	40.6	3100	540	7.74	3.23	167	70.5	6.62	
	250×200	248	199	9	14	13	49.64	39.0	2820	921	7.54	4.30	150	92.6	5.97	500×200
		250	200	10	16	13	56.12	44.1	3200	1070	7.54	4.36	169	107	6.03	
		253	201	11	19	13	64.65	50.8	3660	1290	7.52	4.46	189	128	6.00	
	275×200	273	199	9	14	13	51.89	40.7	3690	921	8.43	4.21	180	92.6	6.85	550×200
		275	200	10	16	13	58.62	46.0	4180	1070	8.44	4.27	203	107	6.89	
	300×200	298	199	10	15	13	58.87	46.2	5150	988	9.35	4.09	235	99.3	7.92	600×200
		300	200	11	17	13	65.85	51.7	5770	1140	9.35	4.15	262	114	7.95	
		303	201	12	20	13	74.88	58.8	6530	1360	9.33	4.25	291	135	7.88	
	312.5×200	312.5	198.5	11.5	17.5	13	69.38	54.5	6690	1140	9.81	4.06	294	115	9.92	625×200
		315	200	13	20	13	79.07	62.1	7680	1340	9.85	4.11	336	134	10.0	
		319	202	15	24	13	93.45	73.6	9140	1660	9.89	4.21	395	164	10.1	
	325×300	323	299	10	15	12	76.26	59.9	7220	3340	9.73	6.62	289	224	7.28	650×300
		325	300	11	17	13	85.60	67.2	8090	3830	9.71	6.68	321	255	7.29	
		328	301	12	20	13	97.88	76.8	9120	4550	9.65	6.81	356	302	7.20	
	350×300	346	300	13	20	13	103.1	80.9	1120	4510	10.4	6.61	424	300	8.12	700×300
		350	300	13	24	13	115.1	90.4	1200	5410	10.2	6.85	438	360	7.65	

续表

类别	型号 高度×宽度 /mm	截面尺寸/mm					截面面积 /cm²	理论重量 /(kg/m)	惯性矩 /cm⁴		惯性半径 /cm		截面模数 /cm³		重心 C_x /cm	对应H型钢型号
		H	B	t_1	t_2	r			I_x	I_y	i_x	i_y	W_x	W_y		
TN	400×300	396	300	14	22	18	119.8	94.0	1760	4960	12.1	6.43	592	331	9.77	800×300
		400	300	14	26	18	131.8	103	1870	5860	11.9	6.66	610	391	9.27	
	450×300	445	299	15	23	18	133.5	105	2590	5140	13.9	6.20	789	344	11.7	900×300
		450	300	16	28	18	152.9	120	2910	6320	13.8	6.42	865	421	11.4	
		456	302	18	34	18	180.0	141	3410	7830	13.8	6.59	997	518	11.3	

3.9 焊接H型钢（YB 3301—2005）（附图3-2，附表3-13）

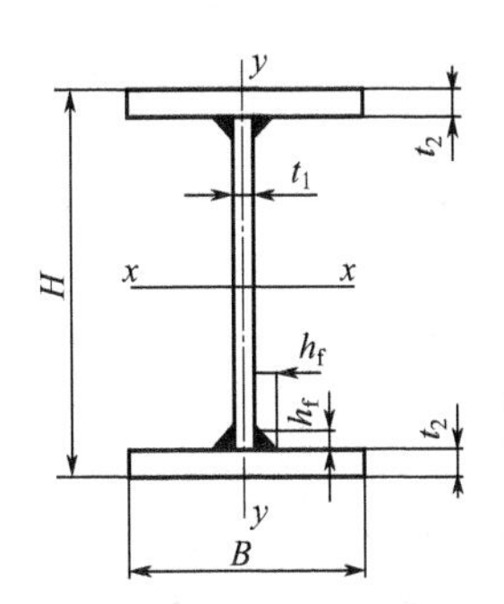

附图3-2　焊接H型钢截面图

H—高度；B—宽度；t_1—腹板厚度；t_2—翼缘厚度；h_f—焊脚尺寸（高度）

附表3-13　焊接H型钢截面尺寸，截面面积，理论重量及截面特性

型号	尺寸/mm				截面面积 /cm²	理论重量 /(kg/m)	截面特性参数						焊脚尺寸 h_f /mm
							x—x			y—y			
	H	B	t_1	t_2			I_x /cm⁴	W_x /cm³	i_x /cm	I_y /cm⁴	W_y /cm³	i_y /cm	
WH100×50	100	50	3.2	4.5	7.41	5.82	122	24	4.05	9	3	1.10	3
	100	50	4	5	8.60	6.75	137	27	3.99	10	4	1.07	4
WH100×75	100	75	4	6	12.5	9.83	221	44	4.20	42	11	1.83	4
WH100×100	100	100	4	6	15.5	12.2	288	57	4.31	100	20	2.54	4
	100	100	6	8	21.0	16.5	369	73	4.19	133	26	2.51	5
WH125×75	125	75	4	6	13.5	10.6	366	58	5.20	42	11	1.76	4
WH125×125	125	125	4	6	19.5	15.3	579	92	5.44	195	31	3.16	4
WH150×75	150	75	3.2	4.5	11.2	8.8	432	57	6.21	31	8	1.66	3
	150	75	4	6	14.5	11.4	554	73	6.18	42	11	1.70	4
	150	75	5	8	18.7	14.7	705	94	6.14	56	14	1.73	5
WH150×100	150	100	3.2	4.5	13.5	10.6	551	73	6.38	75	15	2.35	3
	150	100	4	6	17.5	13.8	710	94	6.36	100	20	2.39	4
	150	100	5	8	22.7	17.8	907	120	6.32	133	26	2.42	5
WH150×150	150	150	4	6	23.5	18.5	1021	136	6.59	337	44	3.78	4
	150	150	5	8	30.7	24.1	1311	174	6.53	450	60	3.82	5
	150	150	6	8	32.0	25.2	1331	177	6.44	450	60	3.75	5

续表

型号	尺寸/mm				截面面积/cm^2	理论重量/(kg/m)	截面特性参数						焊脚尺寸 h_f/mm
							x—x			y—y			
	H	B	t_1	t_2			I_x/cm^4	W_x/cm^3	i_x/cm	I_y/cm^4	W_y/cm^3	i_y/cm	
WH200×100	200	100	3.2	4.5	15.1	11.9	1045	104	8.31	75	15	2.22	8
	200	100	4	6	19.5	15.3	1350	135	8.32	100	20	2.26	4
	200	100	5	8	25.2	19.8	1734	173	8.29	133	26	2.29	5
WH200×150	200	150	4	6	25.5	20.0	1915	191	8.66	337	44	3.63	4
	200	150	5	8	33.2	26.1	2472	247	8.62	450	60	3.68	5
WH200×200	200	200	5	8	41.2	32.3	3210	321	8.82	1066	106	5.08	5
	200	200	6	10	50.8	39.9	3904	390	8.76	1333	133	5.12	5
WH250×125	250	125	4	6	24.5	19.2	2682	214	10.4	195	31	2.82	4
	250	125	5	8	31.7	24.9	3463	277	10.4	260	41	2.86	5
	250	125	6	10	38.8	30.5	4210	336	10.4	325	52	2.89	5
WH250×150	250	150	4	6	27.5	21.6	3129	250	10.6	337	44	3.50	4
	250	150	5	8	35.7	28.0	4048	323	10.6	450	60	3.55	5
	250	150	6	10	43.8	34.4	4930	394	10.6	562	74	3.58	5
WH250×200	250	200	5	8	43.7	34.3	5220	417	10.9	1066	106	4.93	5
	250	200	5	10	51.5	40.4	6270	501	11.0	1333	133	5.08	5
	250	200	6	10	53.8	42.2	6371	509	10.8	1333	133	4.97	5
	250	200	6	12	61.5	48.3	7380	590	10.9	1600	160	5.10	6
WH250×250	250	250	6	10	63.8	50.1	7812	624	11.0	2604	208	6.38	5
	250	250	6	12	73.5	57.7	9080	726	11.1	3125	250	6.52	6
	250	250	8	14	87.7	68.9	10487	838	10.9	3646	291	6.44	6
WH300×200	300	200	6	8	49.0	38.5	7968	531	12.7	1067	106	4.66	5
	300	200	6	10	56.8	44.6	9510	634	12.9	1333	133	4.84	5
	300	200	6	12	64.5	50.7	11010	734	13.0	1600	160	4.98	6
	300	200	8	14	77.7	61.0	12802	853	12.8	1867	186	4.90	6
	300	200	10	16	90.8	713	14522	968	12.6	2135	213	4.84	6
WH300×250	300	250	6	10	66.8	52.4	11614	774	13.1	2604	208	6.24	5
	300	250	6	12	76.5	60.1	13500	900	13.2	3125	250	6.39	6
	300	250	8	14	91.7	72.0	15667	1044	13.0	3646	291	6.30	6
	300	250	10	16	106	83.8	17752	1183	12.9	4168	333	6.27	6
WH300×300	300	300	6	10	76.8	60.3	13717	914	13.3	4500	300	7.65	5
	300	300	8	12	94.0	73.9	16340	1089	13.1	5401	360	7.58	6
	300	300	8	14	105	83.0	18532	1235	13.2	6301	420	7.74	6
	300	300	10	16	122	96.4	20981	1398	13.1	7202	480	7.68	6
	300	300	10	18	134	106	23033	1535	13.1	8101	540	7.77	7
	300	300	12	20	151	119	25317	1687	12.9	9003	600	7.72	8
WH350×175	350	175	4.5	6	36.2	28.4	7661	437	14.5	536	61.2	3.84	4
	350	175	4.5	8	43.0	33.8	9586	547	14.9	714	81.0	4.07	4
	350	175	6	8	48.0	37.7	10051	574	14.4	715	81.7	3.85	5
	350	175	6	10	54.8	43.0	11914	680	14.7	893	102	4.03	5

续表

型号	尺寸/mm				截面面积/cm^2	理论重量/(kg/m)	截面特性参数						焊脚尺寸 h_f/mm
							$x—x$			$y—y$			
	H	B	t_1	t_2			I_x/cm^4	W_x/cm^3	i_x/cm	I_y/cm^4	W_y/cm^3	i_y/cm	
WH350×175	350	175	6	12	61.5	48.3	13732	784	14.9	1072	122	4.17	6
	350	175	8	12	68.0	53.4	14310	817	14.5	1073	122	3.97	6
	350	175	8	14	74.7	58.7	16063	917	14.6	1251	142	4.09	6
	350	175	10	16	87.8	68.9	18308	1046	14.4	1431	162	4.03	6
WH350×200	350	200	6	8	52.0	40.9	11221	641	14.6	1067	106	4.52	5
	350	200	6	10	59.8	46.9	13360	763	14.9	1333	133	4.72	5
	350	200	6	12	67.5	53.0	15447	882	15.1	1600	160	4.86	6
	350	200	8	10	66.4	52.1	13959	797	14.4	1334	133	4.48	5
	350	200	8	12	74.0	58.2	16024	915	14.7	1601	160	4.65	6
	350	200	8	14	81.7	64.2	18040	1030	14.8	1868	186	4.78	6
	350	200	10	16	95.8	75.2	20542	1173	14.6	2135	213	4.72	6
WH350×250	350	250	6	10	69.8	54.8	16251	928	15.2	2604	208	6.10	5
	350	250	6	12	79.5	62.5	18876	1078	15.4	3125	250	6.26	6
	350	250	8	12	86.0	67.6	19453	1111	15.0	3126	250	6.02	6
	350	250	8	14	95.7	75.2	21993	1256	15.1	3647	291	6.17	6
	350	250	10	16	111	87.8	25008	1429	15.0	4169	333	6.12	6
WH350×300	350	300	6	10	79.8	62.6	19141	1093	15.4	4500	300	7.50	5
	350	300	6	12	91.5	71.9	22304	1274	15.6	5400	360	7.68	6
	350	300	8	14	109	86.2	25947	1482	15.4	6301	420	7.60	6
	350	300	10	16	127	100	29473	1684	15.2	7202	480	7.53	6
	350	300	10	18	139	109	32369	1849	15.2	8102	540	7.63	7
WH350×350	350	350	6	12	103	81.3	25733	1470	15.8	8575	490	9.12	6
	350	350	8	14	123	97.2	29901	1708	15.5	10005	571	9.01	6
	350	350	8	16	137	108	33403	1908	15.6	11434	653	9.13	6
	350	350	10	16	143	113	33939	1939	15.4	11435	653	8.94	6
	350	350	10	18	157	124	37334	2133	15.4	12865	735	9.05	7
	350	350	12	20	177	139	41140	2350	15.2	14296	816	8.98	8
WH400×200	400	200	6	8	55.0	43.2	15125	756	16.5	1067	106	4.40	5
	400	200	6	10	62.8	49.3	17956	897	16.9	1334	133	4.60	5
	400	200	6	12	70.5	55.4	20728	1036	17.1	1600	160	4.76	6
	400	200	8	12	78.0	61.3	21614	1080	16.6	1601	160	4.53	6
	400	200	8	14	85.7	67.3	24300	1215	16.8	1868	186	4.65	6
	400	200	8	16	93.4	73.4	26929	1346	16.9	2134	213	4.77	6
	400	200	8	18	101	79.4	29500	1475	17.0	2401	240	4.87	7
	400	200	10	16	100	79.1	27759	1387	16.6	2136	213	4.62	6
	400	200	10	18	108	85.1	30304	1515	16.7	2403	240	4.71	7
	400	200	10	20	116	91.1	32794	1639	16.8	2669	266	4.79	7
WH400×250	400	250	6	12	72.8	57.1	21760	1088	17.2	2604	208	5.98	5
	400	250	6	12	82.5	64.8	25246	1262	17.4	3125	250	6.15	6

续表

型号	尺寸/mm				截面面积/cm^2	理论重量/(kg/m)	截面特性参数						焊脚尺寸 h_f/mm
							$x-x$			$y-y$			
	H	B	t_1	t_2			I_x/cm^4	W_x/cm^3	i_x/cm	I_y/cm^4	W_y/cm^3	i_y/cm	
WH400×250	400	250	8	14	99.7	78.3	29517	1475	17.2	3647	291	6.04	6
	400	250	8	16	109	85.9	32830	1641	17.3	4168	333	6.18	6
	400	250	8	18	119	93.5	36072	1803	17.4	4689	375	6.27	7
	400	250	10	16	116	91.7	33661	1683	17.0	4169	333	5.99	6
	400	250	10	18	126	99.2	36876	1843	17.1	4690	375	6.10	7
	400	250	10	20	136	107	40021	2001	17.1	5211	416	6.19	7
WH400×300	400	300	6	10	82.8	65	25563	1278	17.5	4500	300	7.37	5
	400	300	6	12	94.5	74.2	29764	1488	17.7	5400	360	7.55	6
	400	300	8	14	113	89.3	34734	1736	17.5	6301	420	7.46	6
	400	300	10	16	132	104	39562	1978	17.3	7203	480	7.38	6
	400	300	10	18	144	113	43447	2172	17.3	8103	540	7.50	7
	400	300	10	20	156	122	47248	2362	17.4	9003	600	7.59	7
	400	300	12	20	163	128	48025	2401	17.1	9005	600	7.43	8
WH400×400	400	400	8	14	141	111	45169	2258	17.8	14934	746	10.2	6
	400	400	8	18	173	136	55786	2789	17.9	19201	960	10.5	7
	400	400	10	16	164	129	51366	2568	17.6	17069	853	10.2	6
	400	400	10	18	180	142	56590	2829	17.7	19203	960	10.3	7
	400	400	10	20	196	154	61701	3085	17.7	21336	1066	10.4	7
	400	400	12	22	218	172	67451	3372	17.5	23471	1173	10.3	8
	400	400	12	25	242	190	74701	3735	17.5	26671	1333	10.4	8
	400	400	16	25	256	201	76133	3806	17.2	26678	1333	10.2	10
	400	400	20	32	323	254	93211	4660	16.9	34155	1707	10.2	12
	400	400	20	40	384	301	109568	5478	16.8	42688	2134	10.5	12
WH450×250	450	250	8	12	94	73.9	33937	1508	19.0	3126	250	5.76	6
	450	250	8	14	103	81.5	38288	1701	19.2	3647	291	5.95	6
	450	250	10	16	121	95.6	43774	1945	19.0	4170	333	5.87	6
	450	250	10	18	131	103	47927	2130	19.1	4690	375	5.98	7
	450	250	10	20	141	111	52001	2311	19.2	5211	416	6.07	7
	450	250	12	22	158	125	57112	2538	19.0	5735	458	6.02	8
	450	250	12	25	173	136	62910	2796	19.0	6516	521	6.13	8
WH450×300	450	300	8	12	106	83.3	39694	1764	19.3	5401	360	7.13	6
	450	300	8	14	117	92.4	44943	1997	19.5	6301	420	7.33	6
	450	300	10	16	137	108	51312	2280	19.3	7203	480	7.25	6
	450	300	10	18	149	117	56330	2503	19.4	8103	540	7.37	7
	450	300	10	20	161	126	61253	2722	19.5	9003	600	7.47	7
	450	300	12	20	169	133	62402	2773	19.2	9005	600	7.29	8
	450	300	12	22	180	142	67196	2986	19.3	9905	660	7.41	8
	450	300	12	25	198	155	74212	3298	19.3	11255	750	7.53	8

续表

型号	尺寸/mm				截面面积/cm²	理论重量/(kg/m)	截面特性参数						焊脚尺寸 h_f/mm
							$x—x$			$y—y$			
	H	B	t_1	t_2			I_x/cm⁴	W_x/cm³	i_x/cm	I_y/cm⁴	W_y/cm³	i_y/cm	
WH450×400	450	400	8	14	145	114	58255	2589	20.0	14935	746	10.1	6
	450	400	10	16	169	133	66387	2950	19.8	17070	853	10.0	6
	450	400	10	18	185	146	73136	3250	19.8	19203	960	10.1	7
	450	400	10	20	201	158	79756	3544	19.9	21336	1066	10.3	7
	450	400	12	22	224	176	87364	3882	19.7	23472	1173	10.2	8
	450	400	12	25	248	195	96816	4302	19.7	26672	1333	10.3	8
WH500×250	500	250	8	12	98.0	77.0	42918	1716	20.9	3127	250	5.64	6
	500	250	8	14	107	84.6	48356	1934	21.2	3647	291	5.83	6
	500	250	8	16	117	92.2	53701	2148	21.4	4168	333	5.96	6
	500	250	10	16	126	99.5	55410	2216	20.9	4170	333	5.75	6
	500	250	10	18	136	107	60621	2424	21.1	4691	375	5.87	7
	500	250	10	20	146	115	65744	2629	21.2	5212	416	5.97	7
	500	250	12	22	164	129	72359	2894	21.0	5735	458	5.91	8
	500	250	12	25	179	141	79685	3187	21.0	6516	521	6.03	8
WH500×300	500	300	8	12	110	86.4	50064	2002	21.3	5402	360	7.00	6
	500	300	8	14	121	95.6	56625	2265	21.6	6302	420	7.21	6
	500	300	8	16	133	105	63075	2523	21.7	7201	480	7.35	6
	500	300	10	16	142	112	64783	2591	21.3	7203	480	7.12	6
	500	300	10	18	154	121	71081	2843	21.4	8103	540	7.25	7
	500	300	10	20	166	130	77271	3090	21.5	9003	600	7.36	7
	500	300	12	22	186	147	84934	3397	21.3	9906	660	7.29	8
	500	300	12	25	204	160	93800	3752	21.4	11256	750	7.42	8
WH500×400	500	400	8	14	149	118	73163	2926	22.1	14935	746	10.0	6
	500	400	10	16	174	137	83531	3341	21.9	17070	853	9.9	6
	500	400	10	18	190	149	92000	3680	22.0	19203	960	10.0	7
	500	400	10	20	206	162	100324	4012	22.0	21337	1066	10.1	7
	500	400	12	22	230	181	110085	4403	21.8	23473	1173	10.1	8
	500	400	12	25	254	199	122029	4881	21.9	26673	1333	10.2	8
WH500×500	500	500	10	18	226	178	112919	4516	22.3	37503	1500	12.8	7
	500	500	10	20	246	193	123378	4935	22.3	41670	1666	13.0	7
	500	500	12	22	274	216	135236	5409	22.2	45839	1833	12.9	8
	500	500	12	25	304	239	150258	6010	22.2	52089	2083	13.0	8
	500	500	20	25	340	267	156333	6253	21.4	52113	2084	12.3	12
WH600×300	600	300	8	14	129	102	84603	2820	25.6	6302	420	6.98	6
	600	300	10	16	152	120	97144	3238	25.2	7204	480	6.88	6
	600	300	10	18	164	129	106435	3547	25.4	8104	540	7.02	7
	600	300	10	20	176	138	115594	3853	25.6	9004	600	7.15	7
	600	300	12	22	198	156	127488	4249	25.3	9908	660	7.07	8
	600	300	12	25	216	170	140700	4690	25.5	11257	750	7.21	8

续表

型号	尺寸/mm				截面面积/cm^2	理论重量/(kg/m)	截面特性参数						焊脚尺寸 h_f/mm
							$x-x$			$y-y$			
	H	B	t_1	t_2			I_x/cm^4	W_x/cm^3	i_x/cm	I_y/cm^4	W_y/cm^3	i_y/cm	
WH600×400	600	400	8	14	157	124	108645	3621	26.3	14935	746	9.75	6
	600	400	10	16	184	145	124436	4147	26.0	17071	853	9.63	6
	600	400	10	18	200	157	136930	4564	26.1	19204	960	9.79	7
	600	400	10	20	216	170	149248	4974	26.2	21338	1066	9.93	7
	600	400	10	25	255	200	179281	5976	26.5	26671	1333	10.2	8
	600	400	12	22	242	191	164255	5475	26.0	23474	1173	9.84	8
	600	400	12	28	289	227	199468	6648	26.2	29874	1493	10.1	8
	600	400	12	30	304	239	210866	7028	26.3	32007	1600	10.2	9
	600	400	14	32	331	260	224663	7488	26.0	34145	1707	10.1	9
WH700×300	700	300	10	18	174	137	150008	4285	29.3	8105	540	6.82	7
	700	300	10	20	186	146	162718	4649	29.5	9005	600	6.95	7
	700	300	10	25	215	169	193822	5537	30.0	11255	750	7.23	8
	700	300	12	22	210	165	179979	5142	29.2	9909	660	6.86	8
	700	300	12	25	228	179	198400	5668	29.4	11259	750	7.02	8
	700	300	12	28	245	193	216484	6185	29.7	12609	840	7.17	8
	700	300	12	30	256	202	228354	6524	29.8	13509	900	7.26	9
	700	300	12	36	291	229	263084	7516	30.0	16209	1080	7.46	9
	700	300	14	32	281	221	244364	6981	29.4	14414	960	7.16	9
	700	300	16	36	316	248	271340	7752	29.3	16221	1081	7.16	10
WH700×350	700	350	10	18	192	151	170944	4884	29.8	12868	735	8.18	7
	700	350	10	20	206	162	185844	5309	30.0	14297	816	8.33	7
	700	350	10	25	240	188	222312	6351	30.4	17870	1021	8.62	8
	700	350	12	22	232	183	205270	5864	29.7	15730	898	8.23	8
	700	350	12	25	253	199	226889	6482	29.9	17873	1021	8.40	8
	700	350	12	28	273	215	248113	7088	30.1	20017	1143	8.56	8
	700	350	12	30	286	225	262044	7486	30.2	21446	1225	8.65	9
	700	350	12	36	327	257	302803	8651	30.4	25734	1470	8.87	9
	700	350	14	32	313	246	280090	8002	29.9	22881	1307	8.54	9
	700	350	16	36	352	277	311059	8887	29.7	25746	1471	8.55	10
WH700×400	700	400	10	18	210	165	191879	5482	30.2	19205	960	9.56	7
	700	400	10	20	226	177	208971	5970	30.4	21338	1066	9.71	7
	700	400	10	25	265	208	250802	7165	30.7	26672	1333	10.0	8
	700	400	12	22	254	200	230561	6587	30.1	23476	1173	9.61	8
	700	400	12	25	278	218	255379	7296	30.3	26676	1333	9.79	8
	700	400	12	28	301	237	279742	7992	30.4	29875	1493	9.96	8
	700	400	12	30	316	249	295734	8449	30.5	32009	1600	10.0	9
	700	400	12	36	363	285	342523	9786	30.7	38409	1920	10.2	9
	700	400	14	32	345	271	315815	9023	30.2	34147	1707	9.94	9
	700	400	16	36	388	305	350779	10022	30.0	38421	1921	9.95	10

续表

型号	尺寸/mm				截面面积/cm²	理论重量/(kg/m)	截面特性参数						焊脚尺寸 h_f/mm
							$x-x$			$y-y$			
	H	B	t_1	t_2			I_x/cm⁴	W_x/cm³	i_x/cm	I_y/cm⁴	W_y/cm³	i_y/cm	
WH800×300	800	300	10	18	184	145	202302	5057	33.1	8106	540	6.63	7
	800	300	10	20	196	154	219141	5478	33.4	9006	600	6.77	7
	800	300	10	25	225	177	260468	6511	34.0	11256	750	7.07	8
	800	300	12	22	222	175	243005	6075	33.0	9910	660	6.68	8
	800	300	12	25	240	188	267500	6687	33.3	11260	750	6.84	8
	800	300	12	28	257	202	291606	7290	33.6	12610	840	7.00	8
	800	300	12	30	268	211	307462	7686	33.8	13510	900	7.10	9
	800	300	12	36	303	238	354011	8850	34.1	16210	1080	7.31	9
	800	300	14	32	295	232	329792	8244	33.4	14416	961	6.99	9
	800	300	16	36	332	261	366872	9171	33.2	16224	1081	6.99	10
WH800×350	800	350	10	18	202	159	229826	5745	33.7	12868	735	7.98	7
	800	350	10	20	216	170	249568	6239	33.9	14298	817	8.13	7
	800	350	10	25	250	196	298020	7450	34.5	17870	1021	8.45	8
	800	350	12	22	244	192	276304	6907	33.6	15731	898	8.02	8
	800	350	12	25	265	208	305052	7626	33.9	17875	1021	8.21	8
	800	350	12	28	285	224	333343	8333	34.1	20019	1143	8.38	8
	800	350	12	30	298	235	351952	8798	34.3	21448	1225	8.48	9
	800	350	12	36	339	266	406583	10164	34.6	25735	1470	8.71	9
	800	350	14	32	327	257	377006	9425	33.9	22883	1307	8.36	9
	800	350	16	36	368	289	419444	10486	33.7	25749	1471	8.36	10
WH800×400	800	400	10	18	220	173	257349	6433	34.2	19206	960	9.34	7
	800	400	10	20	236	185	279994	6999	34.4	21339	1066	9.50	7
	800	400	10	25	275	216	335572	8389	34.9	26672	1333	9.84	8
	800	400	10	28	298	234	368216	9205	35.1	29872	1493	10.0	8
	800	400	12	22	266	209	309604	7740	34.1	23477	1173	9.39	8
	800	400	12	25	290	228	342604	8565	34.3	26677	1333	9.59	8
	800	400	12	28	313	246	375080	9377	34.6	29877	1493	9.77	8
	800	400	12	32	344	270	417574	10439	34.8	34143	1707	9.96	9
	800	400	12	36	375	295	459154	11478	34.9	38410	1920	10.1	9
	800	400	14	32	359	282	424219	10605	34.3	34150	1707	9.75	9
	800	400	16	36	404	318	472015	11800	34.1	38424	1921	9.75	10
WH900×350	900	350	10	20	226	177	324091	7202	37.8	14298	817	7.95	7
	900	350	12	20	243	191	334692	7437	37.1	14304	817	7.67	8
	900	350	12	22	256	202	359574	7990	37.4	15733	899	7.83	8
	900	350	12	25	277	217	396464	8810	37.8	17876	1021	8.03	8
	900	350	12	28	297	233	432837	9618	38.1	20020	1144	8.21	8
	900	350	14	32	341	268	490274	10894	37.9	22885	1370	8.19	9
	900	350	14	36	367	289	536792	11928	38.2	25743	1471	8.37	9
	900	350	16	36	384	302	546253	12138	37.7	25753	1471	8.18	10

续表

型号	尺寸/mm				截面面积/cm^2	理论重量/(kg/m)	截面特性参数						焊脚尺寸 h_f/mm
							x—x			y—y			
	H	B	t_1	t_2			I_x/cm^4	W_x/cm^3	i_x/cm	I_y/cm^4	W_y/cm^3	i_y/cm	
WH900×400	900	400	10	20	246	193	362818	8062	38.4	21340	1067	9.31	7
	900	400	12	20	263	207	373418	8298	37.6	21345	1067	9.00	8
	900	400	12	22	278	219	401982	8932	38.0	23478	1173	9.18	8
	900	400	12	25	302	237	444329	9873	38.3	26678	1333	9.39	8
	900	400	12	28	325	255	486082	10801	38.6	29878	1493	9.58	8
	900	400	12	30	340	268	513590	11413	38.8	32012	1600	9.70	9
	900	400	14	32	373	293	550575	12235	38.4	34152	1707	9.56	9
	900	400	14	36	403	317	604015	13422	38.7	38418	1920	9.76	9
	900	400	14	40	434	341	656432	14587	38.8	42685	2134	9.91	10
	900	400	16	36	420	330	613476	13632	38.2	38428	1921	9.56	10
	900	400	16	40	451	354	665622	14791	38.4	42694	2134	9.72	10
WH1100×400	1100	400	12	20	287	225	585714	10649	45.1	21348	1067	8.62	8
	1100	400	12	22	302	238	629146	11439	45.6	23481	1174	8.81	8
	1100	400	12	25	326	256	693679	12612	46.1	26681	1334	9.04	8
	1100	400	12	28	349	274	757478	13772	46.5	29881	1494	9.25	8
	1100	400	14	30	385	303	818354	14879	46.1	32023	1601	9.12	9
	1100	400	14	32	401	315	859943	15635	46.3	34157	1707	9.22	9
	1100	400	14	36	431	339	942163	17130	46.7	38423	1921	9.44	9
	1100	400	16	40	483	379	1040801	18923	46.4	42701	2135	9.40	10
WH1100×500	1100	500	12	20	327	257	702368	12770	46.3	41681	1667	11.2	8
	1100	500	12	22	346	272	756993	13763	46.7	45848	1833	11.5	8
	1100	500	12	25	376	295	838158	15239	47.2	52098	2083	11.7	8
	1100	500	12	28	405	318	918401	16698	47.6	58348	2333	12.0	8
	1100	500	14	30	445	350	990134	18002	47.1	62523	2500	11.8	9
	1100	500	14	32	465	365	1042497	18954	47.3	66690	2667	11.9	9
	1100	500	14	36	503	396	1146018	20836	47.7	75023	3000	12.2	9
	1100	500	16	40	563	442	1265627	23011	47.4	83368	3334	12.1	10
WH1200×400	1200	400	14	20	322	253	739117	12318	47.9	21359	1067	8.1	9
	1200	400	14	22	337	265	790879	13181	48.4	23493	1174	8.3	9
	1200	400	14	25	361	283	867852	14464	49.0	26692	1334	8.5	9
	1200	400	14	28	384	302	944026	15733	49.5	29892	1494	8.8	9
	1200	400	14	30	399	314	994366	16572	49.9	32026	1601	8.9	9
	1200	400	14	32	415	326	1044355	17405	50.1	34159	1707	9.0	9
	1200	400	14	36	445	350	1143281	19054	50.6	38425	1921	9.2	9
	1200	400	16	40	499	392	1264230	21070	50.3	42704	2135	9.2	10
WH1200×450	1200	450	14	20	342	269	808744	13479	48.6	30401	1351	9.4	9
	1200	450	14	22	359	282	867210	14453	49.1	33438	1486	9.6	9
	1200	450	14	25	386	303	954154	15902	49.7	37995	1688	9.9	9
	1200	450	14	28	412	324	1040195	17336	50.2	42551	1891	10.1	9
	1200	450	14	30	429	337	1097056	18284	50.5	45588	2026	10.3	9
	1200	450	14	32	447	351	1153520	19225	50.7	48625	2161	10.4	9

续表

型号	尺寸/mm				截面面积/cm²	理论重量/(kg/m)	截面特性参数						焊脚尺寸h_f/mm
							x—x			y—y			
	H	B	t_1	t_2			I_x/cm⁴	W_x/cm³	i_x/cm	I_y/cm⁴	W_y/cm³	i_y/cm	
WH1200×450	1200	450	14	36	481	378	1265261	21087	51.2	54700	2431	10.6	9
	1200	450	16	36	504	396	1289182	21486	50.5	54713	2431	10.4	10
	1200	450	16	40	539	423	1398843	23314	50.9	60788	2701	10.6	10
WH1200×500	1200	500	14	20	362	284	878371	14639	49.2	41693	1667	10.7	9
	1200	500	14	22	381	300	943542	15725	49.7	45859	1834	10.9	9
	1200	500	14	25	411	323	1040456	17340	50.3	52109	2084	11.2	9
	1200	500	14	28	440	346	1136364	18939	50.8	58359	2334	11.5	9
	1200	500	14	32	479	376	1262686	21044	51.3	66692	2667	11.7	9
	1200	500	14	36	517	407	1387240	23120	51.8	75025	3001	12.0	9
	1200	500	16	36	540	424	1411161	23519	51.1	75038	3001	11.7	10
	1200	500	16	40	579	455	1533457	25557	51.4	83371	3334	11.9	10
	1200	500	16	45	627	493	1683888	28064	51.8	93787	3751	12.2	11
WH1200×600	1200	600	14	30	519	408	1405126	23418	52.0	108026	3600	14.4	9
	1200	600	16	36	612	481	1655120	27585	52.0	129638	4321	14.5	10
	1200	600	16	40	659	517	1802683	30044	52.3	144038	4801	14.7	10
	1200	600	16	45	717	563	1984195	33069	52.6	162037	5401	15.0	11
WH1300×450	1300	450	16	25	425	334	1174947	18076	52.5	38011	1689	9.4	10
	1300	450	16	30	468	368	1343126	20663	53.5	45604	2026	9.8	10
	1300	450	16	36	520	409	1541390	23713	54.4	54716	2431	10.2	10
	1300	450	18	40	579	455	1701697	26179	54.2	60809	2702	10.2	11
	1300	450	18	45	622	489	1861130	28632	54.7	68402	3040	10.4	11
WH1300×500	1300	500	16	25	450	353	1276562	19639	53.2	52126	2085	10.7	10
	1300	500	16	30	498	391	1464116	22524	54.2	62542	2501	11.2	10
	1300	500	16	36	556	437	1685222	25926	55.0	75041	3001	11.6	10
	1300	500	18	40	619	486	1860510	28623	54.8	83392	3335	11.6	11
	1300	500	18	45	667	524	2038396	31359	55.2	93808	3752	11.8	11
WH1300×600	1300	600	16	30	558	438	1706096	26247	55.2	108042	3601	13.9	10
	1300	600	16	36	628	493	1972885	30352	56.0	129641	4321	14.3	10
	1300	600	18	40	699	549	2178137	33509	55.8	144059	4801	14.3	11
	1300	600	18	45	757	595	2392929	36814	56.2	162058	5401	14.6	11
	1300	600	20	50	840	659	2633000	40507	55.9	180080	6002	14.6	12
WH1400×450	1400	450	16	25	441	346	1391643	19880	56.1	38014	1689	9.2	10
	1400	450	16	30	484	380	1587923	22684	57.2	45608	2027	9.7	10
	1400	450	18	36	563	442	1858657	26552	57.4	54739	2432	9.8	11
	1400	450	18	40	597	469	2010115	28715	58	60814	2702	10.0	11
	1400	450	18	45	640	503	2196872	31383	58.5	68407	3040	10.3	11
WH1400×500	1400	500	16	25	466	366	1509820	21568	56.9	52129	2085	10.5	10
	1400	500	16	30	514	404	1728713	24695	57.9	62545	2501	11	10
	1400	500	18	36	599	470	2026141	28944	58.1	75064	3002	11.1	11
	1400	500	18	40	637	501	2195128	31358	58.7	83397	3335	11.4	11
	1400	500	18	45	685	538	2403501	34335	59.2	93813	3752	11.7	11

续表

型号	尺寸/mm				截面面积/cm²	理论重量/(kg/m)	截面特性参数						焊脚尺寸 h_f/mm
							x—x			y—y			
	H	B	t_1	t_2			I_x/cm⁴	W_x/cm³	i_x/cm	I_y/cm⁴	W_y/cm³	i_y/cm	
WH1400×600	1400	600	16	30	574	451	2010293	28718	59.1	108045	3601	13.7	10
	1400	600	16	36	644	506	2322074	33172	60	129645	4321	14.1	10
	1400	600	18	40	717	563	2565155	36645	59.8	144064	4802	14.1	11
	1400	600	18	45	775	609	2816758	40239	60.2	162063	5402	14.4	11
	1400	600	18	50	834	655	3064550	43779	60.6	180063	6002	14.6	11
WH1500×500	1500	500	18	25	511	401	1817189	24229	59.6	52153	2086	10.1	11
	1500	500	18	30	559	439	2068797	27583	60.8	62569	2502	10.5	11
	1500	500	18	36	617	484	2366148	31548	61.9	75069	3002	11.0	11
	1500	500	18	40	655	515	2561626	34155	62.5	83402	3336	11.2	11
	1500	500	20	45	732	575	2849616	37994	62.3	93844	3753	11.3	12
WH1500×550	1500	550	18	30	589	463	2230887	29745	61.5	83257	3027	11.8	11
	1500	550	18	36	653	513	2559083	34121	62.6	99894	3632	12.3	11
	1500	550	18	40	695	546	2774839	36997	63.1	110985	4035	12.6	11
	1500	550	20	45	777	610	3087857	41171	63	124875	4540	12.6	12
WH1500×600	1500	600	18	30	619	486	2392977	31906	62.1	108069	3602	13.2	11
	1500	600	18	36	689	541	2752019	36693	63.1	129669	4322	13.7	11
	1500	600	18	40	735	577	2988053	39840	63.7	144069	4802	14.0	11
	1500	600	20	45	822	645	3326098	44347	63.6	162094	5403	14.0	12
	1500	600	20	50	880	691	3612333	48164	64	180093	6003	14.3	12
WH1600×600	1600	600	18	30	637	500	2766519	34581	65.9	108074	3602	13.0	11
	1600	600	18	36	707	555	3177382	39717	67	129674	4322	13.5	11
	1600	600	18	40	753	592	3447731	43096	67.6	144073	4802	13.8	11
	1600	600	20	45	842	661	3839070	47988	67.5	162100	5403	13.8	12
	1600	600	20	50	900	707	4167500	52093	68.0	180100	6003	14.1	12
WH1600×650	1600	650	18	30	667	524	2951409	36892	66.5	137387	4227	14.3	11
	1600	650	18	36	743	583	3397570	42469	67.6	164849	5072	14.8	11
	1600	650	18	40	793	623	3691144	46139	68.2	183157	5635	15.1	11
	1600	650	20	45	887	696	4111173	51389	68.0	206069	6340	15.2	12
	1600	650	20	50	950	746	4467916	55848	68.5	228954	7044	15.5	12
WH1600×700	1600	700	18	30	697	547	3136299	39203	67	171574	4902	15.6	11
	1600	700	18	36	779	612	3617757	45221	68.1	205874	5882	16.2	11
	1600	700	18	40	833	654	3934557	49181	68.7	228740	6535	16.5	11
	1600	700	20	45	832	732	4383277	54790	68.5	257350	7352	16.6	12
	1600	700	20	50	1000	785	4768333	59604	69	285933	8169	16.9	12
WH1700×600	1700	600	18	30	655	514	3171921	37316	69.5	108079	3602	12.8	11
	1700	600	18	36	725	569	3638098	42801	70.8	129679	4322	13.3	11
	1700	600	18	40	771	606	3945089	46412	71.5	144078	4802	13.6	11
	1700	600	20	45	862	677	4394141	51695	71.3	162107	5403	13.7	12
	1700	600	20	50	920	722	4767666	56090	71.9	180106	6003	13.9	12

续表

型号	尺寸/mm				截面面积/cm²	理论重量/(kg/m)	截面特性参数						焊脚尺寸 h_f/mm
							$x—x$			$y—y$			
	H	B	t_1	t_2			I_x/cm⁴	W_x/cm³	i_x/cm	I_y/cm⁴	W_y/cm³	i_y/cm	
	1700	650	18	30	685	538	3381111	39777	70.2	137392	4227	14.1	11
	1700	650	18	36	761	597	3887337	45733	71.4	164854	5072	14.7	11
WH1700×650	1700	650	18	40	811	637	4220702	49655	72.1	183162	5635	15.0	11
	1700	650	20	45	907	712	4702358	55321	72.0	206076	6340	15.0	12
	1700	650	20	50	970	761	5108083	60095	72.5	228960	7044	15.3	12
	1700	700	18	32	742	583	3773285	44391	71.3	183012	5228	15.7	11
	1700	700	18	36	797	626	4136577	48665	72	205879	5882	16.0	11
WH1700×700	1700	700	18	40	851	669	4496315	52897	72.6	228745	6535	16.3	11
	1700	700	20	45	952	747	5010574	58947	72.5	257357	7353	16.4	12
	1700	700	20	50	1020	801	5448500	64100	73	285940	8169	16.7	12
	1700	750	18	32	774	608	3995890	47010	71.8	225079	6002	17.0	11
	1700	750	18	36	833	654	4385816	51597	72.5	253204	6752	17.4	11
WH1700×750	1700	750	18	40	891	700	4771929	56140	73.1	281328	7502	17.7	11
	1700	750	20	45	997	783	5318790	62574	73.0	316513	8440	17.8	12
	1700	750	20	50	1070	840	5788916	68104	73.5	351669	9377	18.1	12
	1800	600	18	30	673	528	3610083	40112	73.2	108084	3602	12.6	11
	1800	600	18	36	743	583	4315065	45945	74.6	129683	4322	13.2	11
WH1800×600	1800	600	18	40	789	620	4481027	49789	75.3	144083	4802	13.5	11
	1800	600	20	45	882	692	4992313	55470	75.2	162114	5403	13.5	12
	1800	600	20	50	940	738	5413833	60153	75.8	180113	6003	13.8	12
	1800	650	18	30	703	552	3845073	42723	73.9	137397	4227	13.9	11
	1800	650	18	36	779	612	4415156	49057	75.2	164858	5072	14.5	11
WH1800×650	1800	650	18	40	829	651	4790840	53231	76.0	183166	5635	14.8	11
	1800	650	20	45	927	728	5338892	59321	75.8	206082	6340	14.9	12
	1800	650	20	50	990	777	5796750	64408	76.5	228967	7045	15.2	12
	1800	700	18	32	760	597	4286071	47623	75	183017	5229	15.5	11
	1800	700	18	36	815	640	4695248	52169	75.9	205883	5882	15.8	11
WH1800×700	1800	700	18	40	869	683	5100653	56673	76.6	228750	6535	16.2	11
	1800	700	20	45	972	763	5685471	63171	76.4	257364	7353	16.2	12
	1800	700	20	50	1040	816	6179666	68862	77	285946	8169	16.5	12
	1800	750	18	32	792	622	4536164	50401	75.6	225084	6002	16.8	11
	1800	750	18	36	851	668	4975339	55281	76.4	253208	6752	17.2	11
WH1800×750	1800	750	18	40	909	714	5410467	60116	77.1	281333	7502	17.5	11
	1800	750	20	45	1017	798	6032049	67022	77.0	316520	8440	17.6	12
	1800	750	20	50	1090	856	6562583	72917	77.5	351675	9378	17.9	12
	1900	650	18	30	721	566	4344195	45728	77.6	137401	4227	13.8	11
	1900	650	18	36	797	626	4981928	52441	79.0	164863	5072	14.3	11
WH1900×650	1900	650	18	40	847	665	5402458	56867	79.8	183171	5636	14.7	11
	1900	650	20	45	947	743	6021776	63387	79.7	206089	6341	14.7	12
	1900	650	20	50	1010	793	6534916	68788	80.4	228974	7045	15.0	12

续表

型号	尺寸/mm				截面面积/cm^2	理论重量/(kg/m)	截面特性参数						焊脚尺寸 h_f/mm
							$x—x$			$y—y$			
	H	B	t_1	t_2			I_x/cm^4	W_x/cm^3	i_x/cm	I_y/cm^4	W_y/cm^3	i_y/cm	
WH1900×700	1900	700	18	32	778	611	4836881	50914	78.8	183022	5229	15.3	11
	1900	700	18	36	833	654	5294671	55733	79.7	205888	5882	15.7	11
	1900	700	18	40	887	697	5748471	60510	80.5	228755	6535	16.0	11
	1900	700	20	45	992	779	6408967	67462	80.3	257370	7353	16.1	12
	1900	700	20	50	1060	832	6962833	73293	81.0	285953	8170	16.4	12
WH1900×750	1900	750	18	34	839	659	5362275	56445	79.9	239151	6377	16.8	11
	1900	750	18	36	869	682	5607415	59025	80.3	253213	6752	17.0	11
	1900	750	18	40	927	728	6094485	64152	81	281338	7502	17.4	11
	1900	750	20	45	1037	814	6796158	71538	80.9	316526	8440	17.4	12
	1900	750	20	50	1110	871	7390750	77797	81.5	351682	9378	17.7	12
WH1900×800	1900	800	18	34	873	686	5658274	59560	80.5	290222	7255	18.2	11
	1900	800	18	36	905	710	5920158	62317	80.8	307288	7682	18.4	11
	1900	800	18	40	967	760	6440498	67794	81.6	341421	8535	18.7	11
	1900	800	20	45	1082	849	7183350	75614	81.4	384120	9603	18.8	12
	1900	800	20	50	1160	911	7818666	82301	82	426786	10669	19.1	12
WH2000×650	2000	650	18	30	739	580	4879377	48793	81.2	137406	4227	13.6	11
	2000	650	18	36	815	640	5588551	55885	82.8	164868	5072	14.2	11
	2000	650	18	40	865	679	6056456	60564	83.6	183176	5636	14.5	11
	2000	650	20	45	967	759	6752010	67520	83.5	206096	6341	14.5	12
	2000	650	20	50	1030	809	7323583	73235	84.3	228980	7045	14.9	12
WH2000×700	2000	700	18	32	796	625	5426616	54266	82.5	183027	5229	15.1	11
	2000	700	18	36	851	668	5935746	59357	83.5	205893	5882	15.5	11
	2000	700	18	40	905	711	6440669	64406	84.3	228759	6535	15.8	11
	2000	700	20	45	1012	794	7182064	71820	84.2	257377	7353	15.9	12
	2000	700	20	50	1080	848	7799000	77990	84.9	285960	8170	16.2	12
WH2000×750	2000	750	18	34	857	673	6010279	60102	83.7	239156	6377	16.7	11
	2000	750	18	36	887	696	6282942	62829	84.1	253218	6752	16.8	11
	2000	750	18	40	945	742	6824883	68248	84.9	281343	7502	17.2	11
	2000	750	20	45	1057	830	7612118	76121	84.8	316533	8440	17.3	12
	2000	750	20	50	1130	887	8274416	82744	85.5	351689	9378	17.6	12
WH2000×800	2000	800	18	34	891	700	6338850	63388	84.3	290227	7255	18.0	11
	2000	800	18	36	923	725	6630137	66301	84.7	307293	7682	18.2	11
	2000	800	20	40	1024	804	7327061	73270	84.5	341461	8536	18.2	12
	2000	800	20	45	1102	865	8042171	80421	85.4	384127	9603	18.6	12
	2000	800	20	50	1180	926	8749833	87498	86.1	426793	10669	19.0	12
WH2000×850	2000	850	18	36	959	753	6977333	69773	85.2	368568	8672	19.6	11
	2000	850	18	40	1025	805	7593309	75933	86	409509	9635	19.9	11
	2000	850	20	45	1147	900	8472225	84722	85.9	460721	10840	20	12
	2000	850	20	50	1230	966	9225249	92252	86.6	511897	12044	20.4	12
	2000	850	20	55	1313	1031	9970389	99703	87.1	563073	13248	20.7	12

注：焊接 H 型钢的通常长度为 6～12m。

4 常用设计资料

4.1 金属防腐（附表 4-1）

附表 4-1 金属防腐

腐蚀剂	腐蚀条件		碳素钢	铸铁	不锈钢					青铜	镍	锰	哈氏合金B	哈氏合金C	镍铬铁耐热合金	钛	锆
	质量分数/%	温度/℃			SUS 304	SUS 316	SUS 440C	SUS 630	20C-30N								
丙酮	100	常温	A	A	A	A	A	A	A	A	A	A	A	A	A	A	A
		100	A	A	A	A	A	A	A	A	A	A	A	A	A	A	A
乙炔	100	常温	A	A	A	A	A	A	A	A	A[1]	A	A	A	A	A	A
		100	A	A	A	A	A	A	A	—	—	—	A	A	A	—	—
乙醛		常温	A	A	A	A	A	A	A	A	A	A	—	A	A	—	A
苯胺	100	常温	A	A	A	A	A~B	A~B	A	C	A~B	A~B	A	A	A	A	A
亚硫酸气 干		常温	A	A	A	A	A	A	A	—	—	—	—	A	A	A	—
		100	A	A	A	A	A	A	A	—	—	—	—	A	A	A	—
亚硫酸气 湿	5	常温	C	C	A	A	A	—	A	—	C	—	A	A	A	B	—
	全浓度	100	C	C	C	B	—	—	A	B	C	C	A	A	A	C	—
乙醇 乙基	全浓度	常温	A~B	A~B	A	A	A	A	A	A	A	A	A	A	A	A	A
乙醇 甲基	全浓度	常温	A~B	A~B	A	A	A	A	A	A	A	A	A	A	A	A	A
安息香酸	全浓度	常温	C	C	A~B	A~B	A~B	A~B	A~B	A~B	A~B	A~B	A	A	A~B	A	A
氨	100	常温	A	A	A	A	A	A	A	A	A~B	A~B	A	A	A	A	A
氨湿蒸汽		常温	A	A	A	A	A	A	A	C	C	C	A	A	A	A	—
		70	B	B	A	A	—	—	A	C	C	C	A~B	A	A	A	—
硫（熔融）	100		A	A	A	A	A	A	A	C	A	A	—	A	A	—	—
乙烷			A	A	A	A	A	A	A	A	A	A	A	A	A	A	A
乙二醇		30	A	A	A	A	A~B	A	A	A~B	—	—	A	A	—	A	A
氯化锌	5	常温	C	C	C[2]	B[2]	C	C	A	B	A~B	A~B	A~B	A~B	—	A	A
		沸腾	C	C	C	C	C	C	A	B	—	A~B	A~B	A~B	—	A	A
氯化铝	5	常温	C	C	A	A	—	A	A	C	B	A~B	—	A	A~B	A	A
	1	常温	C	C	A	A	C	—	A	B	A	A	A	A	A	A	A
氯化铵	10	沸腾	C	C	C	B	C	—	A~B	C	A~B	A~B	A	A	A~B	A	A
	28	沸腾	C	C	C	B	C	—	A~B	C	A~B	A~B	A	A	A~B	—	A
	50	沸腾	C	C	C	B	C	—	A~B	C	A~B	A~B	—	A	A~B	—	—
氯化硫（干）			C	C	C	C	C	C	A~B	A~B	A~B	A~B	A~B	A	A~B	—	—
氯化乙烯	100	常温	A[3]	A~B	A[3]	A[3]	A[3]	A[3]	A[3]	A	A	A	A	A	A	A	—
氯化钙	0~60	常温	A~B	A~B	A~B	A~B	A~B	A~B	A~B	A	A	A	A	A	A	A	A
氯化银		常温	C	C	C	C	C	C	B	C	A~B	A~B	C	A~B	—	A	—
氯化钠			C	C	B	A~B	B	B	A	A~B	A	A	A	A	A	A	A
盐酸	1~5	<30	C	C	C	B	C	C	B	B	B	B	A	A	B	A~B	A
		<50	C	C	C	C	C	C	B	C	B	B	A	B	B	B	A
		沸腾	C	C	C	C	C	C	C	C	C	C	A	C	C	C	A
	5~10	<30	C	C	C	C	C	C	B	B	B	B	A	A	B	B	A
		<70	C	C	C	C	C	C	C	C	C	C	A	B	C	C	A
		沸腾	C	C	C	C	C	C	C	C	C	C	A	C	C	C	A

续表

腐蚀剂	腐蚀条件		碳素钢	铸铁	不锈钢					青铜	镍	锰	哈氏合金B	哈氏合金C	镍铬铁耐热合金	钛	锆
	质量分数/%	温度/℃			SUS 304	SUS 316	SUS 440C	SUS 630	20C-30N								
盐酸	10~20	<30	C	C	C	C	C	C	C	C	C	B	A	A	B	C	A
		<70	C	C	C	C	C	C	C	C	C	C	A	B(<50℃)	C	C	A
		沸腾	C	C	C	C	C	C	C	C	C	C	B	C	C	C	B
	>20	<30	C	C	C	C	C	C	C	C	C	C	A	C	C	C	A
		<80	C	C	C	C	C	C	C	C	C	C	—	C	C	C	A
		沸腾	C	C	C	C	C	C	C	C	C	C	A	C	C	C	B
氯 干		<30	A	A	A	A	A	A	A	A	A	A	A	—	A	C	A
氯 湿		<30	C	C	C	C	C	C	—	A	—	—	A	—	—	A	—
海水		常温	C	C	A④	A⑤	C⑤	A⑤	A⑤	A⑤	—	A	A	A	—	A	A
过氧化氢	<30	常温	—	—	A	A	A~B	A~B	A	C	A	A	A	A	A	A	A
苛性钠	<10	<30	A	A	A	A	A	A	A	B	A	A	A	A	A	A	A
		<90	A~B	A~B	A	A	A	A	A	B	A	A	A	A	A	A	A
		沸腾	—	—	A	A	A	A	A	B	A	A	A	A	A	A	A
	10~30	<30	A	A	A	A	A	A	A	B	A	A	A	A	A	A	A
		<100	A	A	A	A	A	A	A	C	A	A	A	A	A	A	A
		沸腾	—	—	B	B	—	—	A	C	A	A	A	A	A	—	—
	30~50	<30	A	A	A	A	A	A	A	C	A	A	A	A	A	—	—
		<100	B	B	A	A	—	B	A	C	A	A	A	A	A	—	—
		沸腾	—	—	—	—	—	—	—	C	A	A	A	A	A	—	—
	50~70	<30	C	C	B	B	—	—	B	C	A	A	A	A	A	—	—
		<80	C	C	—	—	—	—	—	C	A	A	A	A	A	—	—
		沸腾	C	C	—	—	—	—	—	C	A	A	A	A	A	—	—
	70~100	≤260	—	—	B	B	—	—	B	—	A	B	B	B	B	—	—
	100	≤480	—	—	C	C	—	—	C	—	A	B	B	B	B	—	—
甲酸	<10	常温	C	C	A	A	C	B	A	C	—	A~B	A	A	A~B	—	A
柠檬酸	5	<70	C	C	A~B	A	A	A	A	C	A~B	A~B	A	A	A	A	A
	15	常温	C	C	A~B	A	B	A~B	A	C	A~B	A~B	A	A	A	A	A
		沸腾	C	C	A~B	A	B	—	A	C	A~B	A~B	A	A	A~B	A	A~B
	浓	沸腾	C	C	C	B	—	—	A	C	—	—	A	A	—	A	—
杂酚油			A	A	A	A	A	A	A	C	A	A	A	A	A	—	—
铬酸	5	<66	C	C	B	B	C	—	A~B	C	C	C	—	A~B	A~B	A	A
	10	沸腾	C	C	C	C	C	—	—	C	C	C		A~B	B	A	A
	浓	沸腾	C	C	C	C	C	—	—	C	C	C	—	—	—	A	A
铬酸钠			—	—	A	A	—	A	—	A	A	A	—	—	A	—	—
醋酸	≤10	≤30	C	C	A	A	A~B	A	A	B~C	A	A	A	A	A	A	A
		沸腾	C	C	A	A	—	—	A	B~C	—	A~B	A	A	A	A	A
	10~20	<60	C	C	A	A	—	—	A	—	A	—	—	A	—	A	A
		沸腾	C	C	A	A	—	—	A	—	—	—	—	A	—	A	A
	20~50	<60	C	C	A	A	—	—	A	—	A	A	A	A	—	A	A
		沸腾	C	C	A	A	—	—	A	—	—	—	A	A	—	A	A
	50~99.5	<60	C	C	A	A	—	—	A	—	—	—	A	A	—	A	A
		沸腾	C	C	A	A	—	—	A	—	—	—	A	A	—	A	A
	无水	常温	C	C	A~B	A	—	—	A	—	—	—	A	A	—	A	A
醋酸钠			A~B	A~B	A~B	A~B	A~B	A~B	A~B	A~B	A~B	A~B	A~B	A~B	A~B	A	A
次亚氯酸钠	<20	常温	C	C	C	B	C	C	B	C	C	C	—	A	C	A	A

续表

腐蚀剂	腐蚀条件		碳素钢	铸铁	不锈钢					青铜	镍	锰	哈氏合金B	哈氏合金C	镍铬铁耐热合金	钛	锆
	质量分数/%	温度/℃			SUS 304	SUS 316	SUS 440C	SUS 630	20C-30N								
四氯化碳			B	B	A	A	B	A	A	A	A	A	A	A	A	A	A
草酸	5	常温	C	C	A～B	A～B	A～B	A～B	A	—	C	A～B	A	A	A	A～B	A
	10	常温	C	C	A～B	A～B	A～B	A～B	A	—	C	A～B	A	A	A	C	A
		沸腾	C	C	C	A～B	C	C	A	—	C	A～B	B	A	A	C	A
	≤0.5	≤30	C	C	A	A	A	A	A	C	C	C	C	A	A	A	A
		≤60	C	C	A	A	A	A	A	C	C	C	C	A	A	A	A
		沸腾	C	C	A	A	A	A	A	C	C	C	C	A	A	A	A
	0.5～20	≤30	C	C	A	A	A	A	A	C	C	C	C	A	A	A	A
		≤60	C	C	A	A	A	A	A	C	C	C	C	A	—	A	A
		沸腾	C	C	A	A	—	—	A	C	C	C	C	A	—	A	A
	20～40	≤30	C	C	A	A	A	A	A	C	C	C	C	A	A	A	A
		≤60	C	C	A	A	—	—	A	C	C	C	C	A	—	A	A
		沸腾	C	C	A	A	—	—	A	C	C	C	C	—	—	C	A
硝酸	40～70	≤30	C	C	A	A	A	A	A	C	C	C	C	—	—	A	A
		≤60	C	C	A	A	—	—	A	C	C	C	C	—	—	A	A
		沸腾	C	C	B	B	—	—	B	C	C	C	C	—	—	C	A
	70～80	≤30	C	C	B	A	A～B	A～B	A	C	C	C	C	—	—	A	A
		≤60	C	C	A	A	—	—	B	C	C	C	C	—	—	A	A
		沸腾	C	C	C	C	—	—	C	C	C	C	C	—	—	C	A
	80～85	≤30	C	C	A	A	—	—	A	C	C	C	C	—	—	A	A
		≤60	C	C	A	A	—	—	B	C	C	C	C	—	—	A	A
		沸腾	C	C	C	C	—	—	C	C	C	C	C	—	—	—	—
	≥95	≤30	A	—	A	A	—	—	A	—	—	—	—	—	—	A	A
硝酸根			C	C	A	A	A～B	A～B	A	C	C	C	A～B	A～B	—	A	A
氢氧化钾	5	常温	A～B	A～B	A	A	A～B	A	A	B	A	A	A～B	A	A～B	A	A
	27	沸腾	A～B	A～B	A	A	A～B	—	A～B	B	A	A	A～B	A～B	A～B	C	A
	50	沸腾	—	—	B	A	—	—	A～B	—	A	A	A～B	A～B	A～B	C	A
氢氧化镁	浓	常温	A	A	A	A	A	A	A	A	A	A	A	A	A	A	A
氢	100	常温	A	A	A	A	A	A	A	A	A	A	A	A	A	A	A
水银	100	沸腾	A	A	A	A	A	A	A	C	A～B	A～B	A	A	A	—	—
硬脂酸	浓	50	—	C	A	A	A～B	A～B	A	C	A～B	A～B	A	A	A～B	A	—
焦油	浓	常温	A	A	A	A	A	A	A	A	A	A	A	A	A	A	A
碳酸钠	全浓度	常温	A	A	A	A	A	A	A	A	A	A	A	A	A	A	A
硫代硫酸钠	20	常温	C	C	A～B	A～B	—	—	A	—	—	B	A	A	—	—	—
松节油			B	B	A	A	—	—	A	A	—	B	A	A	A	A	A
三氯乙烯			A～B	A～B	A	A	A	A	A	A	A	A	A	A	A	A	A
二氧化碳 干		常温	A	A	A	A	A	A	A	A	A	A	A	A	A	A	A
二氧化碳 湿		常温	C	C	A	A	A	A	A	B	—	—	—	A	A	A	A
二硫化碳			A	A	A	A	B	—	A	C	—	B	A	A	A	A	A
苦味酸			C	C	A～B	A～B	A～B	A～B	A	C	C	C	C	A	A～B	—	—
氟酸	混入空气		C	C	C	C	C	C	C	C	C	A～B	A	B	C	C	C
	未混空气		C	C	C	A	C	C	C	C	C	A	A	A～B	C	C	C
氟里昂 干			A～B	A～B	A	A	A	A	A	A	—	A	A	A	—	A	—
氟里昂 湿			B	B	B	A	—	—	A	A	—	A	A	A	—	A	—
丙烷			A	A	A	A	A	A	A	A	A	A	A	A	A	A	A
丁烷			A	A	A	A	A	A	A	A	A	A	A	A	A	A	A

续表

腐蚀剂	腐蚀条件		碳素钢	铸铁	不锈钢					青铜	镍	锰	哈氏合金B	哈氏合金C	镍铬铁耐热合金	钛	锆
	质量分数/%	温度/℃			SUS 304	SUS 316	SUS 440C	SUS 630	20C-30N								
汽油			A	A	A	A	A	A	A	A	A	A	A	A	A	A	A
硼酸			C	C	A	A	B	A	A	A~B	A~B	A~B	A	A	A~B	A	A
甲酸			B	B	A	A	A	A	A	A	A	A	A	A	A	A	A
乳品			—	—	A	A	—	—	A	—	—	—	A	A	—	—	—
丁酮			A	A	A	A	A	A	A	A	A	A	A	A	A	A	A
硫化氢	湿		B~C	C	A~B	A~B	—	A	B	C	C	—	—	A	B	A	—
	≤0.25	≤30	C	C	A	A	C	—	A	A~B	C	A	A	A	—	—	A
		≤60	C	C	A	A	C	A~B	A	A~B	C	A	A	A	—	—	A
		沸腾	C	C	—	—	C	A~B	A	C	C	A	A	A	—	—	A
	0.5~5	≤30	C	C	B	B	C	—	A	C	C	C	A	A	C	C	A
		≤60	C	C	C	B	C	—	A	C	C	C	A	A	C	C	A
		沸腾	C	C	C	C	C	—	A	C	C	C	A	A	C	C	A
	5~25	≤30	C	C	C	B~C	C	C	A	C	C	C	A	A	C	C	A
		≤50	C	C	C	C	C	C	A	C	C	C	A	A	C	C	A
		沸腾	B~C	C	C	C	C	C	B(>80℃)	C	C	C	A	B	C	C	A
	25~50	≤30	C	C	C	C	C	C	A	C	C	C	A	A	C	C	A
		≤50	C	C	C	C	C	C	A	C	C	C	A	A	C	C	A
		沸腾	C	C	C	C	C	C	C	C	C	C	B	C	C	C	—
硫酸	50~60	≤30	C	C	C	C	C	C	A	C	C	C	A	A	C	C	A
		≤60	C	C	C	C	C	C	B	C	C	C	A	B	C	C	A
		沸腾	C	C	C	C	C	C	C	C	C	C	B	C	C	C	A~B
	60~75	≤30	C	C	C	C	C	C	A	C	C	C	A	A	C	C	A~B
		≤60	C	C	C	C	C	C	B	C	C	C	A	B	C	C	A~B
		沸腾	C	C	C	C	C	C	C	C	C	C	B	C	C	C	C
	75~90	≤30	B	C	B	B	C	C	A	C	C	C	A	—	—	—	A
		≤50	C	—	C	B	C	C	B	C	C	C	A	—	—	—	A
		沸腾	C	—	C	C	C	C	C	C	C	C	—	—	—	—	—
	95~100	≤30	A(>98%)	—	A(>98%)	A(>98%)	—	—	A	—	C	C	A	A	—	—	—
		≤50	B(>98%)	—	B(>98%)	B(>98%)	C	C	A~B	—	C	C	A	B~C	—	—	—
		沸腾	—	—	—	—	—	—	C	—	C	C	C	C	—	—	—
	5	常温	—	—	A	A	—	—	A	A	A~B	A~B	A	A	A~B	—	—
硫酸锌	饱和	常温	—	—	A	A	—	—	A	A	—	—	A	A	A~B	—	—
	25	沸腾	—	—	A	—	—	—	A	B	—	—	A	A	—	—	—
硫酸铵	1~5	常温	—	—	A	A	—	—	A	—	A	A	A	A	A	A	A
硫酸铜	<25	<100	—	—	—	—	—	—	A	—	—	—	—	A	—	A	A
磷酸	≤65	≤30	C	C	A(>50%)	A	—	—	A	—	—	—	A	A	A(>50%)	—	A
		≤70	C	C	A⑥	A⑥	—	—	A⑥	—	—	A⑥	A	A	—	A(>25%)	A
		沸腾	C	C	A~B	A	—	—	A	—	—	—	A	A	—	—	A(>50%)
	65~85	≤30	C	C	C	A	—	—	A	—	—	B	A	—	—	—	—
		≤90	C	C	C	A	—	—	A	—	—	B	A	—	—	—	—
		沸腾	C	C	C	C	—	—	A	—	—	C	A~B	—	—	—	—

① 铜及铜合金当存在水分时会爆炸。
② 有产生凹痕和应力腐蚀龟裂的可能性。
③ 存在水分则应为“C”。
④ 钼的质量分数在30%以上时，在沸腾状态下才成为“B”或“C”。
⑤ 有可能发生孔蚀。
⑥ 蒙乃尔合金时，未混入空气时的数据。
注：1. 表中A、B、C分别表示耐腐蚀性优异、良好、尚可，“—”表示进行试验。
2. 选自《化工机械材料便览》。

4.2 管道设计

4.2.1 管道分界（HG/T 20549.1—1998）

地下管道与地上管道的分界应在基准设计平面以上500mm处（相对标高EL100.500）。界外管道图中所标注的坐标均为工厂坐标，所标注的标高为绝对标高。坐标和标高以米计，精确到小数点后三位。图中标注的尺寸以毫米计。图中标高代表符号如下：

管中心标高——℄LEL

管道底标高——BOP EL

支架顶标高——TOS EL

管道中心标高：$\xrightarrow{i=0.003}$

4.2.2 管道材料等级填写

4.2.2.1 管子、管件标题栏中各栏填写说明

（1）制造栏：对于管子，填写SMLS（无缝）、EFW（电熔焊）、ERW（电阻焊）。

对于管件（弯头、三通、异径管、管帽），填写S（无缝）、W（焊接）。

（2）端部栏：对于管子，填写BE（坡口）、PE（平端）、TE（螺纹）。

对于管件，填写BW（对焊）、SCRD（螺纹）、SW（承插）。

（3）壁厚栏：对于管子，填写Sch×××（管标号）或毫米数。

对于承插管件，填写磅级数，如3000#。

（4）标准号栏：填写标准号或参考图号。

4.2.2.2 法兰、垫片及螺栓/螺母标题栏中各栏填写说明

（1）类型栏：对于法兰，填写SW（承插）、SO（滑套）、WN（对焊）等。

对于垫片，填写厚度值，如4.5t。

对于螺栓，填写SB（双头）、MB（单头）。

（2）密封面栏：对于法兰，填写RF（突面）、MF（凹面）、G（槽面）等。

4.2.2.3 阀门标题栏中各栏填写说明

（1）端部栏：填写FLG（法兰）、SW（承插）、SCRD（螺纹）等。

（2）类型栏：对于止回阀应填写LIFT（升降）、SWNG（旋启）等。

（3）阀号栏：填写阀门型号。

（4）阀体/阀芯栏：填写阀体/阀芯材料。

4.2.3 管道支架估算

当受初步设计深度条件所限，提不出管道支架重量时，可参见附表4-2估算管道支架。

附表4-2 管道支架估算

序号	管材名称	管架材质及重量	
		材质	重量/(kg/m)
1	焊接钢管、低中压无缝钢管	碳钢	200
2	高压无缝钢管	碳钢	240
3	低中压铬钼钢管、低中压不锈钢及卷管	碳钢、不锈钢	116、35
4	高压铬钼钢管、高压不锈钢管	碳钢、不锈钢	190、50
5	钛管	碳钢	200
6	铝管	碳钢	285
7	铝板管、铝镁、铝锰合金管	碳钢	230
8	铜管	碳钢	185
9	铅管	碳钢	100

续表

序号	管材名称	管架材质及重量	
		材质	重量/(kg/m)
10	硅铁管、铸铁管	碳钢	200
11	衬里钢管	碳钢	250
12	搪玻璃管	碳钢	200
13	玻璃管	碳钢	500
14	石墨管	碳钢	300
15	玻璃钢管、聚氯乙烯管、酚醛石棉塑料管	碳钢	285

4.3 综合材料余量

材料的单重应计到小数点后两位，总重计到小数点后一位（贵重金属材料计到小数点后三位）。管材、板材、型钢、管件等每项填写完后，应作出重量小计。管段表或轴测图中的材料表所列的数量是根据设计图纸统计的净量，既不包括现场切割及使用过程中的损耗量，也未包括因设计考虑不周（如缺高点放空、低点导淋或更改设计等）而缺少的材料，所以综合材料表中材料量需加一定的富裕量。现提供一般情况下的余量百分数供参考（附表 4-3），可根据流程的繁简、装置的大小作适当调整。

附表 4-3 综合材料余量

项目	尺寸/(″)	余量/%	项目	尺寸/(″)	余量/%
管子	$\frac{1}{2}\sim1\frac{1}{2}$	20	管件(包括法兰、弯头、三通、异径管等)	14～24	3
	2～6	15	螺栓、螺母	对于每种规格	30
	8～12	7	管架材料		30
	14～24	3	阀门	$\frac{1}{4}\sim1\frac{1}{2}$	15
管件(包括法兰、弯头、三通、异径管等)	$\frac{1}{2}\sim1\frac{1}{2}$	15		2～6	7
	2～6	10		8～12	3
	8～12	5		12～24	0

5 物质性质参数

5.1 部分物质溶解度（附表 5-1）

附表 5-1 溶解度（g/100g H_2O）

物质	分子式	结晶水	相对分子质量	20℃	60℃	100℃	备注
二氧化硫	SO_2		64.07	11.29			
二氧化碳	CO_2		44.01	0.169	0.058		
液氨	NH_3		17.03	56.5			
氨水	$NH_4\cdot OH$		35.05				
碳酸铵	$(NH_4)_2CO_3$		96.09				
碳酸氢铵	NH_4HCO_3		79.06	21.7	56.3	284.6	
亚硫酸铵	$(NH_4)_2SO_3$	1	116.13				
亚硫酸氢铵	NH_4HSO_3		99.11				
硫酸铵	$(NH_4)_2SO_4$		132.13	75.4	88.0	103.3	
氯化铵	NH_4Cl		53.49	37.2	55.2	77.3	

续表

物质	分子式	结晶水	相对分子质量	20℃	60℃	100℃	备注
氧化钙	CaO		56.08				
氢氧化钙	$Ca(OH)_2$		74.09	0.165	0.116	0.077	
碳酸钙	$CaCO_3$		100.09	0.0014			
碳酸氢钙	$Ca(HCO_3)_2$		162.06	16.6	17.5	18.4	
亚硫酸钙	$CaSO_3$	0.5	120.13	0.0043			
亚硫酸氢钙	$Ca(HSO_3)_2$		202.22	12.4			
硫酸钙	$CaSO_4$	2	136.13	0.223	0.205	0.162	
氯化钙	$CaCl_2$		110.98	74.5	136.8	159.0	
氢氧化钠	$NaOH$		40.00	109.0	174.0	347.0	
碳酸钠	Na_2CO_3		105.99	21.5	46.4	45.5	
碳酸氢钠	$NaHCO_3$		84.01	9.6	16.4		
亚硫酸钠	Na_2SO_3		126.04	26.9	28.8		
亚硫酸氢钠	$NaHSO_3$		104.06				
硫酸钠	Na_2SO_4		142.04	19.4	45.3	42.5	
氯化钠	$NaCl$		58.44	36.0	37.3	39.8	
氧化镁	MgO		40.30				
氢氧化镁	$Mg(OH)_2$		58.32	0.0009			
亚硫酸镁	$MgSO_3$	3/6	104.35	44.5	53.5	74.0	
亚硫酸氢镁	$Mg(HSO_3)_2$		186.45				
硫酸镁	$MgSO_4$	7	120.34	35.5	53.5	74.0	
氯化镁	$MgCl_2$		95.21	54.5	61.0	73.0	

5.2 部分物质溶解热（附表 5-2）

附表 5-2 常用无机物溶于水的溶解热

物　质	分 子 式	稀释度/(mol 水/mol 溶质)	溶解热/(kcal/mol)
硫酸铵	$(NH_4)_2SO_4$	∞	−2.75
亚硫酸铵	$(NH_4)_2SO_3$	不定	−1.2
硫酸钙	$CaSO_4$	∞	+5.1
	$CaSO_4 \cdot 1/2H_2O$	∞	+3.6
	$CaSO_4 \cdot 2H_2O$	∞	−0.18
氯化镁	$MgCl_2$	∞	+36.3
硫酸镁	$MgSO_4$	∞	+21.1
	$MgSO_4 \cdot H_2O$	∞	+14.0
	$MgSO_4 \cdot 2H_2O$	∞	+11.7
	$MgSO_4 \cdot 4H_2O$	∞	+4.9
	$MgSO_4 \cdot 6H_2O$	∞	+0.55
	$MgSO_4 \cdot 7H_2O$	∞	−3.18
碳酸氢钠	$NaHCO_3$	1800	−4.1
碳酸钠	Na_2CO_3	∞	+5.57
	$Na_2CO_3 \cdot H_2O$	∞	+2.19
	$Na_2CO_3 \cdot 7H_2O$	∞	−10.81
	$Na_2CO_3 \cdot 10H_2O$	∞	−16.22

续表

物　　质	分　子　式	稀释度/(mol 水/mol 溶质)	溶解热/(kcal/mol)
硫酸钠	Na_2SO_4	∞	+0.28
	$Na_2SO_4 \cdot 10H_2O$	∞	−18.74
硫酸氢钠	$NaHSO_4$	800	+1.74
	$NaHSO_4 \cdot H_2O$	800	+0.15

5.3 蒸发潜热及稳定性

(1) 蒸发潜热（附表 5-3）

附表 5-3　蒸发潜热　　单位：kcal/kg

液体	常压沸点/℃	0℃	20℃	60℃	100℃	140℃
氨	−33	302	284			
水	100	595	584	579	539	513

(2) 稳定性

碳酸氢铵（NH_4HCO_3）遇热约在 35℃以上分解为 CO_2、NH_3、H_2O。

硫酸铵 [$(NH_4)_2SO_4$] 加热至 100℃时分解。

5.4 脱硫相关数据（附表 5-4、附表 5-5）

附表 5-4　物性数据表

序号	化学名称	分子式	相对分子质量	冰点/K	沸点/K	临界温度/K	临界压力(绝)/MPa	临界体积/(m^3/1000kg)	蒸汽压(Antoine 方程) A	B	C	生成焓/(kJ/mol)	燃烧热/(kJ/kg)
1	氯化氢	HCl	36.46	159.0	188.1	324.6	8.30	2.222	14.495	1714.3	258.70	⊕−92.30	⊕ 784.5
2	氟化氢	HF	20.01	190.0	292.7	461.0	6.49	3.449	15.681	3404.5	288.22	⊕−273.3	⊕−7579.7
3	水	H_2O	18.02	273.2	373.2	647.3	22.05	3.109	16.289	3816.4	227.02	⊕−241.9g	—
4	硫酸	H_2SO_4	98.08	283.7	603.2	—	—	—	—	—	—	—	—
5	烧碱	NaOH	40.01	591.6	1663.2	—	—	—	—	—	—	—	—
6	二氧化碳	CO_2	44.01	216.6	194.7	304.2	7.376	2.136					
7	硫化氢	H_2S	34.08	187.6	212.8	373.2	8.937	2.890	14.089	1768.7	247.09		
8	氨	NH_3	17.03	195.4	239.7	405.6	11.277	4.257	13.774	2454.5	232.00		
9	氧	O_2	32.00	54.4	90.2	154.6	5.046	2.294	13.728	1272.2	251.00		
10	氮	N_2	28.01	63.3	77.4	126.2	3.394	3.195	13.077	588.7	266.55		
11	氧化亚氮	N_2O	44.01	182.3	184.7	309.6	7.245	2.213	14.112	1506.5	247.16		
12	一氧化氮	NO	30.01	109.5	121.4	180.0	6.485	1.933	18.116	1572.5	268.27		
13	二氧化氮	NO_2	46.01	261.9	294.3	431.4	10.133	3.695	18.517	4141.3	276.80		
14	二氧化硫	SO_2	64.06	197.7	263.0	430.8	7.883	1.904	14.753	2302.4	237.19		
15	三氧化硫	SO_3	80.06	290.0	318.0	491.0	8.207	1.624	18.825	3995.7	236.49		

序号	化学名称	正常沸点下液体密度/(kg/m^3)	正常沸点下蒸发潜热/(kcal/kg)	液体比热容/[kcal/(kg·℃)]	气体比热容/[kcal/(kg·℃)]	正常沸点下气体黏度/Pa·s	正常沸点下液体黏度/Pa·s	气体热导率/[kcal/(m·h·℃)]	液体热导率/[kcal/(m·h·℃)]
1	氯化氢	1193(188K)	105.81	⊕ 0.645	⊕ 0.191	⊕ 14.6×10^{-6}	67×10^{-6}	⊕ 0.0125	⊙ 0.167
2	氟化氢	967(293K)	339.40	⊕ 0.616	⊕ 0.347	⊕ 11.6×10^{-6}	⊕ 204×10^{-6}	⊕ 0.0198	⊕ 0.374
3	水	998(293K)	539.80	1.008	0.510	12.55×10^{-6}	2.94×10^{-6}	0.00204	0.587

续表

序号	化学名称	正常沸点下液体密度/(kg/m³)	正常沸点下蒸发潜热/(kcal/kg)	液体比热容/[kcal/(kg·℃)]	气体比热容/[kcal/(kg·℃)]	正常沸点下气体黏度/Pa·s	正常沸点下液体黏度/Pa·s	气体热导率/[kcal/(m·h·℃)]	液体热导率/[kcal/(m·h·℃)]
4	硫酸	1799(293K)	—	⊕0.35	—	—	⊙25.8×10⁻³	—	⊙0.280
5	烧碱	1109(10%)	—	⊕0.90	—	—	⊙1.86×10⁻³	—	⊙0.550
6	二氧化碳	777(293K)	93.09						
7	硫化氢	993(214K)	130.80						
8	氨	639(273K)	327.53						
9	氧	1149(90K)	50.91						
10	氮	804(78K)	47.59						
11	氧化亚氮	1226(183K)	89.83						
12	一氧化氮	1280(121K)	109.95						
13	二氧化氮	1447(292K)	98.97						
14	二氧化硫	1455(263K)	92.93						
15	三氧化硫	1780(318K)	121.30						

注：⊙表示0℃数据；⊕表示25℃数据。

附表 5-5 常用物质的水溶液生成热 单位：kcal/kmol

物质	∞	800mol H_2O/mol	400mol H_2O/mol	200mol H_2O/mol	100mol H_2O/mol	50mol H_2O/mol	20mol H_2O/mol	10mol H_2O/mol	5mol H_2O/mol	4mol H_2O/mol	3mol H_2O/mol	2mol H_2O/mol
HCl	39687	39572	39525	39465	39282	39257	38920	38350	37100	36440	35430	33560
HF		75700		75560				75560	75460			75110
H_2SO_4	215800	212250	211840	211500	211290	211120	210790	209630	207500	206570	205370	203510
$MgSO_4$	326030	325250	325250	325180	325110	325070	324790					
NH_3	19350			19350	19360	19350	19310	19270		19070		18970
NH_4HCO_3		196200	196190	196290	196400	196580						
NH_4HSO_4		245200	244880	244620	244430	244320	244200	243830				
$(NH_4)_2SO_4$	278710	279060	279080	279150	279270	279460	279650	279200				
Na_2CO_3	275460	275400	275520	275770	276190	276830	277830	278130				
NaOH	112139	112063	112053	112061	112100	112184	112351	112820	113020	113860	115340	
$NaHSO_4$		270780	270560	270290	270150	270120	270040	269620				
Na_2SO_4	330760	330633	330735	330985	331450	332115						
SO_2	79480	79150	78810	78370	78040	77920						

6 脱硫相关资料

6.1 火力发电厂烟气脱硫设计技术规程（DL/T 5196—2004）

1 范围

本标准规定了烟气脱硫装置的设计要求。

本标准适用于安装400t/h及以上锅炉。安装400t/h以下锅炉的电厂烟气脱硫装置设计可以参照执行。

2 规范性引用文件

下列文件中的条款通过本标准的引用而成为本标准的条款。凡是注日期的引用文件，其随后所有的修改单（不包括勘误的内容）或修订版均不适用于本标准，然而，鼓励根据本标准达成协议的各方研究是否可使用这些文件的最新版本。凡是不注日期的引用文件，其最新版本适用于本标准。

GBJ 87　工业企业噪声控制设计规范

GB 8978　污水综合排放标准

GB 50033　建筑采光设计标准

GB 50160　石油化工企业设计防火规范

GB 50229　火力发电厂与变电所设计防火规范

DL 5000　火力发电厂设计技术规程

DL/T 5029　火力发电厂建筑装修设计标准

DL/T 5035　火力发电厂采暖通风与空气调节设计技术规定

DL/T 5046　火力发电厂废水治理设计技术规程

DL/T 5120　小型电力工程直流系统设计规程

DL/T 5136　火力发电厂、变电所二次接线设计技术规程

DL/T 5153　火力发电厂厂用电设计技术规定

3　一般规定

3.0.1　脱硫工艺的选择应根据锅炉容量和调峰要求、燃煤煤质（特别是折算硫分）、二氧化硫控制规划和环评要求的脱硫效率、脱硫工艺成熟程度、脱硫剂的供应条件、水源情况、脱硫副产物和飞灰的综合利用条件、脱硫废水、废渣排放条件、厂址场地布置条件等因素，经全面技术经济比较后确定。

3.0.2　脱硫工艺的选择一般可按照以下原则：

(1) 燃用含硫量 $S_{ar} \geqslant 2\%$ 煤的机组、或大容量机组（≥200MW）的电厂锅炉建设烟气脱硫装置时，宜优先采用石灰石-石膏湿法脱硫工艺，脱硫率应保证在90%以上。

(2) 燃用含硫量 $S_{ar} < 2\%$ 煤的中小电厂锅炉（<200MW），或是剩余寿命低于10年的老机组建设烟气脱硫装置时，在保证达标排放，并满足 SO_2 排放总量控制要求，且吸收剂来源和副产物处置条件充分落实的情况下，宜优先采用半干法、干法或其他费用较低的成熟技术，脱硫率应保证在75%以上。

(3) 燃用含硫量 $S_{ar} < 1\%$ 煤的海滨电厂，在海域环境影响评价取得国家有关部门审查通过，并经全面技术经济比较合理后，可以采用海水法脱硫工艺；脱硫率宜保证在90%以上。

(4) 电子束法和氨水洗涤法脱硫工艺应在液氨的来源以及副产物硫铵的销售途径充分落实的前提下，经过全面技术经济认为合理时，并经国家有关部门技术鉴定后，可以采用电子束法或氨水洗涤法脱硫工艺。脱硫率宜保证在90%以上。

(5) 脱硫装置的可用率应保证在95%以上。

3.0.3　烟气脱硫装置的设计工况宜采用锅炉BMCR、燃用设计煤种下的烟气条件，校核工况采用锅炉BMCR、燃用校核煤种下的烟气条件。已建电厂加装烟气脱硫装置时，宜根据实测烟气参数确定烟气脱硫装置的设计工况和校核工况，并充分考虑煤源变化趋势。脱硫装置入口的烟气设计参数均应采用脱硫装置与主机组烟道接口处的数据。

3.0.4　烟气脱硫装置的容量采用上述工况下的烟气量，不考虑容量裕量。

3.0.5　由于主体工程设计煤种中收到基硫分一般为平均值，烟气脱硫装置的入口 SO_2 浓度（设计值和校核值）应经调研，考虑燃煤实际采购情况和煤质变化趋势，选取其变化范围中的较高值。

3.0.6　烟气脱硫装置的设计煤质资料中应增加计算烟气中污染物成分［如Cl（HCl）、F（HF）］所需的分析内容。

3.0.7　脱硫前烟气中的 SO_2 含量根据下列公式计算：

$$M_{SO_2}=2\times K\times B_g\times\left(1-\frac{\eta_{SO_2}}{100}\right)\times\left(1-\frac{q_4}{100}\right)\frac{S_{ar}}{100} \tag{3.07}$$

式中　M_{SO_2}——脱硫前烟气中的 SO_2 含量，t/h；

K——燃煤中的含硫量燃烧后氧化成 SO_2 的份额；

B_g——锅炉 BMCR 负荷时的燃煤量，t/h；

η_{SO_2}——除尘器的脱硫效率，见表 3.07；

q_4——锅炉机械未完全燃烧的热损失，%；

S_{ar}——燃料煤的收到基硫分，%。

注：对于煤粉炉 $K=0.85\sim0.9$。K 值主要体现了在燃烧过程中 S 氧化成 SO_2 的水平，建议在脱硫装置的设计中取用上限 0.9。

表 3.07　除尘器的脱硫效率

除尘器形式	干式除尘器	洗涤式水膜除尘器	文丘里水膜除尘器
η_{SO_2}/%	0	5	15

3.0.8　烟气脱硫装置应能在锅炉最低稳燃负荷工况和 BMCR 工况之间的任何负荷持续安全运行。烟气脱硫装置的负荷变化速度应与锅炉负荷变化率相适应。

3.0.9　脱硫装置所需电源、水源、气源、汽源宜尽量利用主体工程设施。

3.0.10　装设脱硫装置后的烟囱选型、内衬材料以及出口直径和高度等应根据脱硫工艺、出口温度、含湿量、环保要求以及运行要求等因素确定。已建电厂加装脱硫装置时，应对现有烟囱进行分析鉴定，确定是否需要改造或加强运行监测。

4　总平面布置

4.1　一般规定

4.1.1　脱硫设施布置应满足以下要求：

① 工艺流程合理，烟道短捷；

② 交通运输方便；

③ 充分利用主体工程公用设施；

④ 合理利用地形和地质条件；

⑤ 节约用地，工程量少、运行费用低；

⑥ 方便施工，有利维护检修；

⑦ 符合环境保护、劳动安全和工业卫生要求。

4.1.2　技改工程应避免拆迁在运行机组的生产建、构筑物和地下管线。当不能避免时，必须采取合理的过渡措施。

4.1.3　脱硫吸收剂卸料及储存场所宜布置在人流相对集中设施区的常年最小风频的上风侧。

4.2　总平面布置

4.2.1　脱硫装置应统一规划，不应影响电厂再扩建的条件。

4.2.2　烟气脱硫吸收塔宜布置在烟囱附近，浆液循环泵（房）应紧邻吸收塔布置。吸收剂制备及脱硫副产品处理场地宜在吸收塔附近集中布置，或结合工艺流程和场地条件因地制宜布置。

4.2.3　海水脱硫，曝气池应靠近排水方向，并宜与循环水排水沟位置相结合，曝气池排水应与循环水排水汇合后集中排放。

4.2.4　脱硫装置与主体工程不同步建设而需要预留脱硫场地时，宜预留在紧邻锅炉引风机后部烟道及烟囱的外侧区域。场地大小应根据将来可能采用的脱硫工艺方案确定。在预留场地上不应布置不便拆迁的设施。

4.2.5　石灰石-石膏湿法事故浆池或事故浆液箱的位置选择宜方便多套装置共用的需要。

4.2.6　增压风机、循环泵和氧化风机等设备可根据当地气象条件及设备状况等因素研究可否露天布置。当露天布置时应加装隔音罩或预留加装隔音罩的位置。

4.2.7　脱硫废水处理间宜紧邻石膏脱水车间布置，并有利于废水处理达标后与主体工程统一复用或排放。紧邻废水处理间的卸酸、碱场地应选择在避开人流通行较多的偏僻地带。

4.2.8　石膏仓或石膏储存间宜与石膏脱水车间紧邻布置，并应设顺畅的汽车运输通道。石膏仓下面的净空高度不应低于 4.5m。

4.2.9 氨罐区应布置在通风条件良好、厂区边缘安全地带。防火设计应满足 GB 50160 的要求。

4.2.10 电子束法脱硫及氨水洗涤法脱硫，应根据市场条件和厂内场地条件设置适当的硫酸铵包装及存放场地。

4.3 竖向布置

4.3.1 脱硫场地的标高应不受洪水危害。脱硫装置在主厂房区环形道路内，防洪标准与主厂房区相同，在主厂房区环形道路外，防洪标准与其他场地相同。

4.3.2 脱硫装置主要设施宜与锅炉尾部烟道及烟囱零米高程相同，并与其他相邻区域的场地高程相协调，并有利于交通联系、场地排水和减少土石方工程量。

4.3.3 新建电厂，脱硫场地的平整及土石方平衡应由主体工程统一考虑。技改工程，脱硫场地应力求土石方自身平衡。场地平整坡度视地形、地质条件确定，一般为 0.5%～2.0%；困难地段不小于 0.3%，但最大坡度不宜大于 3.0%。

4.3.4 建筑物室内、外地坪高差，及特殊场地标高应符合下列要求：

① 有车辆出入的建筑物室内、外地坪高差，一般为 0.15～0.30m；

② 无车辆出入的室内、外高差可大于 0.30m；

③ 易燃、可燃、易爆、腐蚀性液体储存区地坪宜低于周围道路标高。

4.3.5 当开挖工程量较大时，可采用阶梯布置方式，但台阶高差不宜超过 5m，并设台阶间的连接踏步。挡土墙高度 3m 及以上时，墙顶应设安全护栏。同一套脱硫装置宜布置在同一台阶场地上。卸腐蚀性液体的场地宜设在较低处，且地坪应做防腐蚀处理。

4.3.6 脱硫场地的排水方式宜与主体工程相统一。

4.4 交通运输

4.4.1 脱硫吸收剂及副产品的运输方式应根据地区交通运输现状、物流方向和电厂的交通条件进行技术经济比较确定。

4.4.2 石灰石粉运输汽车应选择自卸密封罐车，石灰石块及石膏运输汽车宜选择自卸车并有防止二次扬尘的措施。所需车辆应依靠地方协作解决。

4.4.3 脱硫岛内宜设方便的道路与厂区道路形成路网，道路类型应与主体工程一致。运输吸收剂及脱硫副产品的道路宽度宜为 6.0～7.0m，转弯半径不小于 9.0m，用作一般消防、运行、维护检修的道路宽度宜为 3.5m 或 4.0m，转弯半径不小于 7.0m。

4.4.4 吸收剂及脱硫副产品汽车运输装卸停车位路段纵坡宜为平坡，有困难时，最大纵坡不应大于 1.5%。

4.4.5 石灰石块铁路运输时，一般宜选择装卸桥爪或缝式卸石沟卸料。铁路线设置应根据每次进厂车辆数、既有铁路情况、场地条件、线路布置形式和卸车方式等因素综合确定。

4.4.6 石灰石块及石膏水路运输时，应根据工程条件，利用卸煤、除灰、大件码头或设专用码头。停靠船舶吨位、装卸料设备选择及厂区运输方式应通过综合比较确定。

4.4.7 进厂吸收剂应设有检斤装置和取样化验装置，也可与电厂主体工程共用。

4.5 管线布置

4.5.1 管线综合布置应根据总平面布置、管内介质、施工及维护检修等因素确定，在平面及空间上应与主体工程相协调。

4.5.2 管线布置应短捷、顺直，并适当集中，管线与建筑物及道路平行布置，干管宜靠近主要用户或支管多的一侧布置。

4.5.3 脱硫装置区的管线除雨水下水道和生活污水下水道外，其他宜采用综合架空方式敷设。过道路地段，净高不低于 5.0m；低支架布置时，人行地段净高不低于 2.5m；低支墩地段，管道支墩宜高出地面 0.15～0.30m。

4.5.4 脱硫装置区内的浆液沟道当有腐蚀性液体流过时应做防腐处理，废水沟道宜做防腐处理，室外电缆沟道设计应避免有腐蚀性浆液进入。

4.5.5 雨水下水管、生活污水管、消防水管及各类沟道不宜平行布置在道路行车道下面。

5　吸收剂制备系统

5.0.1　吸收剂制备系统的选择

（1）可供选择的吸收剂制备系统方案有：

① 由市场直接购买粒度符合要求的粉状成品，加水搅拌制成石灰石浆液；

② 由市场购买一定粒度要求的块状石灰石，经石灰石湿式球磨机磨制成石灰石浆液；

③ 由市场购买块状石灰石，经石灰石干式磨机磨制成石灰石粉，加水搅拌制成石灰石浆液。

（2）吸收剂制备系统的选择应综合考虑吸收剂来源、投资、运行成本及运输条件等进行综合技术经济比较后确定。当资源落实、价格合理时，应优先采用直接购买石灰石粉方案；当条件许可且方案合理时，可由电厂自建湿磨吸收剂制备系统。当必须新建石灰石加工粉厂时，应优先考虑区域性协作即集中建厂，且应根据投资及管理方式、加工工艺、厂址位置、运输条件等因素进行综合技术经济论证。

5.0.2　300MW 及以上机组厂内吸收剂浆液制备系统宜每两台机组合用一套。当规划容量明确时，也可多炉合用一套。对于一台机组脱硫的吸收剂浆液制备系统宜配置一台磨机，并相应增大石灰石浆液箱容量。200MW 及以下机组吸收剂浆液制备系统宜全厂合用。

5.0.3　当采用石灰石块进厂方式时，根据原料供应和厂内布置等条件，可以不设石灰石破碎机，也可设石灰石破碎机。

5.0.4　当两台机组合用一套吸收剂浆液制备系统时，每套系统宜设置两台石灰石湿式球磨机及石灰石浆液旋流分离器，单台设备出力按设计工况下石灰石消耗量的 75%选择，且不小于 50%校核工况下的石灰石消耗量。对于多炉合用一套吸收剂浆液制备系统时，宜设置 $n+1$ 台石灰石湿式球磨机及石灰石浆液旋流分离器，n 台运行一台备用。

5.0.5　每套干磨吸收剂制备系统的容量宜不小于 150%的设计工况下石灰石消耗量，且不小于校核工况下的石灰石消耗量。磨机的台数和容量经综合技术经济比较后确定。

5.0.6　湿式球磨机浆液制备系统的石灰石浆液箱容量宜不小于设计工况下 6～10h 的石灰石浆液量，干式磨机浆液制备系统的石灰石浆液箱容量宜不小于设计工况下 4h 的石灰石浆液量。

5.0.7　每座吸收塔应设置两台石灰石浆液泵，一台运行，一台备用。

5.0.8　石灰石仓或石灰石粉仓的容量应根据市场运输情况和运输条件确定，一般不小于设计工况下 3 天的石灰石耗量。

5.0.9　吸收剂的制备储运系统应有防止二次扬尘等污染的措施。

5.0.10　浆液管道设计时应充分考虑工作介质对管道系统的腐蚀与磨损，一般应选用衬胶、衬塑管道或玻璃钢管道。管道内介质流速的选择既要考虑避免浆液沉淀，同时又要考虑管道的磨损和压力损失尽可能小。

5.0.11　浆液管道上的阀门宜选用蝶阀，尽量少采用调节阀。阀门的通流直径宜与管道一致。

5.0.12　浆液管道上应有排空和停运自动冲洗的措施。

6　烟气及二氧化硫吸收系统

6.1　二氧化硫吸收系统

6.1.1　吸收塔的数量应根据锅炉容量、吸收塔的容量和可靠性等确定。300MW 及以上机组宜一炉配一塔。200MW 及以下机组宜两炉配一塔。

6.1.2　脱硫装置设计用进口烟温应采用锅炉设计煤种 BMCR 工况下从主机烟道进入脱硫装置接口处的运行烟气温度。新建机组同期建设的烟气脱硫装置的短期运行温度一般为锅炉额定工况下脱硫装置进口处运行烟气温度加 50℃。

6.1.3　吸收塔应装设除雾器，在正常运行工况下除雾器出口烟气中的雾滴浓度（标准状态下）应不大于 $75mg/m^3$。除雾器应设置水冲洗装置。

6.1.4　当采用喷淋吸收塔时，吸收塔浆液循环泵宜按照单元制设置，每台循环泵对应一层喷嘴。吸收塔浆液循环泵按照单元制设置时，应设仓库备用泵叶轮一套；按照母管制设置（多台循环泵出口浆液汇合后再分配至各层喷嘴）时，宜现场安装一台备用泵。

6.1.5　吸收塔浆液循环泵的数量应能很好地适应锅炉部分负荷运行工况，在吸收塔低负荷运行条件下有良好的经济性。

6.1.6 每座吸收塔应设置2台全容量或3台半容量的氧化风机，其中1台备用；或每两座吸收塔设置3台全容量的氧化风机，2台运行，1台备用。

6.1.7 脱硫装置应设置事故浆池或事故浆液箱，其数量应结合各吸收塔脱硫工艺的方式、距离及布置等因素综合考虑确定。当布置条件合适且采用相同的湿法工艺系统时，宜全厂合用一套。事故浆池的容量宜不小于一座吸收塔最低运行液位时的浆池容量。当设有石膏浆液抛弃系统时，事故浆池的容量也可按照不小于于500m^3设置。

6.1.8 所有储存悬浮浆液的箱罐应有防腐措施并装设搅拌装置。

6.1.9 吸收塔外应设置供检修维护的平台和扶梯，塔内不应设置固定式的检修平台。

6.1.10 浆液管道的要求按照5.0.10、5.0.11及5.0.12执行。

6.1.11 结合脱硫工艺布置要求，必要时吸收塔可设置电梯，布置条件允许时，可以两台吸收塔和脱硫控制室合用1台电梯。

6.2 烟气系统

6.2.1 脱硫增压风机宜装设在脱硫装置进口处，在综合技术经济比较合理的情况下也可装设在脱硫装置出口处。当条件允许时，也可与引风机合并设置。

6.2.2 脱硫增压风机的形式、台数、风量和压头按下列要求选择。

(1) 大容量吸收塔的脱硫增压风机宜选用静叶可调轴流式风机或高效离心风机。当风机进口烟气含尘量能满足风机要求，且技术经济比较合理时，可采用动叶可调轴流式风机。

(2) 300MW及以下机组每座吸收塔宜设置一台脱硫增压风机，不设备用。对600～900MW机组，经技术经济比较确定，也可设置2台增压风机。

(3) 脱硫增压风机的风量和压头按下列要求选择。

① 脱硫增压风机的基本风量按吸收塔的设计工况下的烟气量考虑。脱硫增压风机的风量裕量不低于10%，另加不低于10℃的温度裕量。

② 脱硫增压风机的基本压头为脱硫装置本身的阻力及脱硫装置进出口的压差之和。进出口压力由主体设计单位负责提供。脱硫增压风机的压头裕量不低于20%。

6.2.3 烟气系统宜装设烟气换热器，设计工况下脱硫后烟囱入口的烟气温度一般应达到80℃及以上排放。在满足环保要求且烟囱和烟道有完善的防腐和排水措施并经技术经济比较合理时也可不设烟气换热器。

6.2.4 烟气换热器可以选择以热媒水为传热介质的管式换热器或回转式换热器，当原烟气侧设置降温换热器有困难时，也可采用在净烟气侧装设蒸汽换热器。用于脱硫装置的回转式换热器漏风率应使脱硫装置的脱硫效率达到设计值，一般不大于1%。

6.2.5 烟气换热器的受热面均应考虑防腐、防磨、防堵塞，防沾污等措施，与脱硫后的烟气接触的壳体也应考虑防腐，运行中应加强维护管理。

6.2.6 烟气脱硫装置宜设置旁路烟道。脱硫装置进、出口和旁路挡板门（或插板门）应有良好的操作和密封性能。旁路挡板门的开启时间应能满足脱硫装置故障不引起锅炉跳闸的要求。脱硫装置烟道挡板宜采用带密封风的挡板，旁路挡板门也可采用压差控制不设密封风的单挡板门。

6.2.7 烟气换热器前的原烟道可不采取防腐措施。烟气换热器和吸收塔进口之间的烟道以及吸收塔出口和烟气换热器之间的烟道应采用鳞片树脂或衬胶防腐。烟气换热器出口和主机烟道接口之间的烟道宜采用鳞片树脂或衬胶防腐。

7 副产物处置系统

7.0.1 脱硫工艺设计应尽量为脱硫副产物的综合利用创造条件，经技术经济论证合理时，脱硫副产物可加工成建材产品，品种及数量应根据可靠的市场调查结果确定。

7.0.2 若脱硫副产物暂无综合利用条件时，可经一级旋流浓缩后输送至储存场，也可经脱水后输送至储存场，但宜与灰渣分别堆放，留有今后综合利用的可能性，并应采取防止副产物造成二次污染的措施。

7.0.3 当采用相同的湿法脱硫工艺系统时，300MW及以上机组石膏脱水系统宜每两台机组合用一套。当规划容量明确时，也可多炉合用一套。对于一台机组脱硫的石膏脱水系统宜配置一台石膏脱水机，并相应增大石膏浆液箱容量。200MW 及以下机组可全厂合用。

7.0.4 每套石膏脱水系统宜设置两台石膏脱水机，单台设备出力按设计工况下石膏产量的 75%选择，且不小于 50%校核工况下的石膏产量。对于多炉合用一套石膏脱水系统时，宜设置 $n+1$ 台石膏脱水机，n 台运行一台备用。在具备水力输送系统的条件下，石膏脱水机也可根据综合利用条件先安装一台，并预留再上一台所需位置，此时水力输送系统的能力按全容量选择。

7.0.5 脱水后的石膏可在石膏筒仓内堆放，也可堆放在石膏储存间内。筒仓或储存间的容量应根据石膏的运输方式确定，但不小于 12h。石膏仓应考虑一定的防腐措施和防堵措施。在寒冷地区，石膏仓应有防冻措施。

7.0.6 浆液管道的要求按照 5.0.10、5.0.11 及 5.0.12 执行。

8 废水处理系统

8.0.1 脱硫废水处理方式应结合全厂水务管理、电厂除灰方式及排放条件等综合因素确定。当发电厂采用干除灰系统时，脱硫废水应经处理达到复用水水质要求后复用，也可经集中或单独处理后达标排放；当发电厂采用水力除灰系统且灰水回收时，脱硫废水可作为冲灰系统补充水排至灰场处理后不外排。

8.0.2 处理合格后的废水应根据水质、水量情况及用水要求，按照全厂水务管理的统一规划综合利用或排放，处理后排放的废水水质应满足 GB 8978 和建厂所在地区的有关污水排放标准。

8.0.3 脱硫废水处理工艺系统应根据废水水质、回用或排放水质要求、设备和药品供应条件等选择，宜采用中和沉淀、混凝澄清等去除水中重金属和悬浮物措施以及 pH 调整措施，当脱硫废水 COD 超标时还应有降低 COD 的措施，并应同时满足 DL/T 5046 的相关要求。

8.0.4 脱硫废水处理系统出力按脱硫工艺废水排放量确定，系统宜采用连续自动运行，处理过程宜采用重力自流。泵类设备宜设备用，废水箱应装设搅拌装置。脱硫废水处理系统的加药和污泥脱水等辅助设备可视工程情况与电厂工业废水处理系统合用。

8.0.5 脱硫废水处理系统的设备、管道及阀门等应根据接触介质情况选择防腐材质。

9 热工自动化

9.1 热工自动化水平

9.1.1 烟气脱硫热工自动化水平宜与机组的自动化控制水平相一致。

9.1.2 烟气脱硫系统应采用集中监控，实现脱硫装置启动，正常运行工况的监视和调整，停机和事故处理。

9.1.3 烟气脱硫宜采用分散控制系统（DCS），其功能包括数据采集和处理（DAS）、模拟量控制（MCS）、顺序控制（SCS）及连锁保护、脱硫变压器和脱硫厂用电源系统（交流 380V、6000V）监控。

9.1.4 随辅机设备本体成套提供及装设的检测仪表和执行装置，应满足脱硫装置运行和热控整体自动化水平与接口要求。

9.1.5 脱硫装置在启、停、运行及事故处理情况下均应不影响机组正常运行。

9.2 控制方式及控制室

9.2.1 脱硫控制应采用集中控制方式，有条件的可将脱硫控制与除尘、除灰控制集中在控制室内。一般两炉设一个脱硫控制室；当规划明确时，也可采用四台炉合设一个脱硫控制室。条件成熟时，脱硫控制可纳入机组单元控制室。其中脱硫装置的控制可纳入到机组的 DCS 系统，公用部分（如：石灰石浆液制备系统、工艺水系统、皮带脱水机系统等）的控制纳入到机组 DCS 的公用控制网。已建电厂增设的脱硫装置宜采用独立控制室。

9.2.2 脱硫集中控制室均应以操作员站作为监视控制中心。

9.2.3 燃煤电厂烟气脱硫系统的以下部分（如果有）可设置辅助专用就地控制设备：

① 石灰石或石灰石粉卸料和存储控制；

② 浆液制备系统控制；

③ 皮带脱水机系统控制；

④ 石膏存储和石膏处理控制（不在脱硫岛内或单独建设的除外）；

⑤ 脱硫废水的控制；

⑥ GGH 的控制。

9.3　热工检测

9.3.1　烟气脱硫热工检测包括：

① 脱硫工艺系统主要运行参数；

② 辅机的运行状态；

③ 仪表和控制用电源、气源、水源及其他必要条件的供给状态和运行参数；

④ 必要的环境参数；

⑤ 脱硫变压器、脱硫电源系统及电气系统和设备的参数与状态检测。

9.3.2　脱硫装置出口烟气分析仪成套装置应该兼有控制与环保监测的功能。

9.3.3　烟气脱硫系统可设必要的工业电视监视系统，也可纳入机组的工业电视系统中。

9.4　热工保护

9.4.1　烟气脱硫热工保护宜纳入分散控制系统，并由 DCS 软逻辑实现。

9.4.2　热工保护系统的设计应有防止误动和拒动的措施，保护系统电源中断和恢复不会误发动作指令。

9.4.3　热工保护系统应遵守独立性原则：

① 重要的保护系统的逻辑控制单独设置；

② 重要的保护系统应有独立的 I/O 通道，并有电隔离措施；

③ 冗余的 I/O 信号应通过不同的 I/O 模件引入；

④ 触发脱硫装置解列的保护信号宜单独设置变送器（或开关量仪表）；

⑤ 脱硫装置与机组间用于保护的信号应采用硬接线方式。

9.4.4　保护用控制器应采取冗余措施。

9.4.5　热工保护系统输出的操作指令应优先于其他任何指令。

9.4.6　脱硫装置解列保护动作原因应设事故顺序记录和事故追忆功能。

9.5　热工顺序控制及连锁

9.5.1　顺序控制的功能应满足脱硫装置的启动、停止及正常运行工况的控制要求，并能实现脱硫装置在事故和异常工况下的控制操作，保证脱硫装置安全。具体功能如下：

① 实现脱硫装置主要工艺系统的自启停；

② 实现吸收塔及辅机、阀门、挡板的顺序控制、控制操作及试验操作；

③ 辅机与其相关的冷却系统、润滑系统、密封系统的连锁控制；

④ 在发生局部设备故障跳闸时，连锁启停相关设备；

⑤ 脱硫厂用电系统连锁控制。

9.5.2　需要经常进行有规律性操作的辅机系统宜采用顺序控制。

9.5.3　当脱硫局部顺序控制功能不纳入脱硫分散控制系统时，应采用可编程控制器实现其功能，并应与分散控制系统有硬接线和通信接口。辅助工艺系统的顺序控制可由可编程控制器实现。

9.6　热工模拟量控制

9.6.1　脱硫装置应有较完善的热工模拟量控制系统，以满足不同负荷阶段中脱硫装置安全经济运行的需要，还应考虑在装置事故及异常工况下与相应的连锁保护协调控制的措施。

9.6.2　脱硫装置模拟量控制系统中的各控制方式间，应设切换逻辑并能双向无扰动的切换。

9.6.3　重要热工模拟量控制项目的变送器应双重（或三重）化设置（烟气 SO_2 分析仪除外）。

9.7　热工报警

9.7.1　热工报警可由常规报警和 DCS 系统中的报警功能组成，热工报警应包括下列内容：

① 工艺系统主要热工参数和电气参数偏离正常运行范围；

② 热工保护动作及主要辅助设备故障；

③ 热工监控系统故障；

④ 热工电源、气源故障；

⑤ 辅助系统故障；

⑥ 主要电气设备故障。

9.7.2 脱硫控制宜不设常规报警，当必须设少量常规报警时，按照 DL 5000 有关的规定执行。

9.7.3 分散控制系统的所有模拟量输入、数字量输入、模拟量输出、数字量输出和中间变量的计算值，都可作为报警源。

9.7.4 分散控制系统功能范围内的全部报警项目应能在显示器上显示和在打印机上打印。在启停过程中应抑制虚假报警信号。

9.8 脱硫装置分散控制系统

9.8.1 脱硫装置的分散控制系统选型应坚持成熟、可靠的原则，具有数据采集与处理、自动控制、保护、连锁等功能。

9.8.2 当电厂脱硫 DCS 独立设置，并具有二个单元及以上脱硫装置时，宜设置公用系统分散控制系统网络，经过通信接口分别与二个单元分散控制系统相联。公用系统应能在二套分散控制系统中进行监视和控制，并应确保任何时候仅有一套脱硫装置的 DCS 能发出有效操作指令。

9.8.3 脱硫装置的 DCS 应设置与机组 DCS 进行信号交换的硬接线和通信接口，以实现机组对脱硫装置的监视、报警和连锁。

9.8.4 脱硫装置操作可配置极少量确保脱硫装置和机组安全的后备操作设备（如旁路挡板）。

9.9 热工电源

9.9.1 脱硫热工控制柜（盘）进线电源的电压等级不得超过 220V，进入控制装置柜（盘）的交、直流电源除故障不影响安全外，应各有两路，互为备用。工作电源故障需及时切换至另一路电源，应设自动切换装置。

9.9.2 脱硫分散控制系统及保护装置一路采用交流不停电电源，一路来自厂用保安段电源。

9.9.3 每组热工交流 380V 或 220V 动力电源配电箱应有两路输入电源，分别接自脱硫厂用低压母线的不同段。烟气旁路挡板执行器应由事故保安电源供电，对于无事故保安电源的电厂，应用安全可靠的电源供电。

9.10 厂级监控和管理信息系统

9.10.1 当发电厂有厂级实时监控系统（SIS）和计算机管理信息系统（MIS）时，烟气脱硫分散控制系统应设置相应的通信接口，当与 MIS 进行通信时应考虑设置安全可靠的保护隔离措施。

9.11 实验室设备

9.11.1 脱硫系统不单独设置热工实验室，可购置必要的脱硫分析专用实验室设备。

10 电气设备及系统

10.1 供电系统

10.1.1 脱硫装置高压、低压厂用电电压等级应与发电厂主体工程一致。

10.1.2 脱硫装置厂用电系统中性点接地方式应与发电厂主体工程一致。

10.1.3 脱硫工作电源的引接

(1) 脱硫高压工作电源可设脱硫高压变压器从发电机出口引接，也可直接从高压厂用工作母线引接。

(2) 脱硫装置与发电厂主体工程同期建设时，脱硫高压工作电源宜由高压厂用工作母线引接，当技术经济比较合理时，也可增设高压变压器。

(3) 脱硫装置为预留时，经技术经济比较合理时，宜采用高压厂用工作变预留容量的方式。

(4) 已建电厂加装烟气脱硫装置时，如果高压厂用工作变有足够备用容量，且原有高压厂用开关设备的短路动热稳定值及电动机启动的电压水平均满足要求时，脱硫高压工作电源应从高压厂用工作母线引接，否则应设高压变压器。

(5) 脱硫低压工作电源应单设脱硫低压工作变压器供电。

10.1.4 脱硫高压负荷可设脱硫高压母线段供电，也可直接接于高压厂用工作母线段。当设脱硫高压母线段时，每炉宜设 1 段，并设置备用电源。每台炉宜设 1 段脱硫低压母线。

10.1.5 脱硫高压备用电源宜由发电厂启动/备用变压器低压侧引接。当脱硫高压工作电源由高压厂用工作母线引接时，其备用电源也可由另一高压厂用工作母线引接。

10.1.6 除满足上述要求外，其余均应符合 DL/T 5153 中的有关规定。

10.2 直流系统

10.2.1 新建电厂同期建设烟气脱硫装置时，脱硫装置直流负荷宜由机组直流系统供电。当脱硫装置布置离主厂房较远时，也可设置脱硫直流系统。

10.2.2 脱硫装置为预留时，机组直流系统不考虑脱硫负荷。

10.2.3 已建电厂加装烟气脱硫装置时，宜装设脱硫直流系统向脱硫装置直流负荷供电。

10.2.4 直流系统的设置应符合 DL/T 5120 的规定。

10.3 交流保安电源和交流不停电电源（UPS）

10.3.1 200MW 及以上机组配套的脱硫装置宜设单独的交流保安母线段。当主厂房交流保安电源的容量足够时，脱硫交流保安母线段宜由主厂房交流保安电源供电，否则宜由单独设置的能快速启动的柴油发电机供电。其他要求应符合 DL/T 5153 中的有关规定。

10.3.2 新建电厂同期建设烟气脱硫装置时，脱硫装置交流不停电负荷宜由机组 UPS 系统供电。当脱硫装置布置离主厂房较远时，也可单独设置 UPS。

10.3.3 脱硫装置为预留时，机组 UPS 系统不考虑向脱硫负荷供电。

10.3.4 已建电厂加装烟气脱硫装置时，宜单独设置 UPS 向脱硫岛装置不停电负荷供电。

10.3.5 UPS 宜采用静态逆变装置。其他要求应符合 DL/T 5136 中的有关规定。

10.4 二次线

10.4.1 脱硫电气系统宜在脱硫控制室控制，并纳入 DCS 系统。

10.4.2 脱硫电气系统控制水平应与工艺专业协调一致，宜纳入分散控制系统控制，也可采用强电控制。

10.4.3 接于发电机出口的脱硫高压变压器的保护

① 新建电厂同期建设烟气脱硫装置时，应将脱硫高压变压器的保护纳入发变组保护装置。

② 脱硫装置为预留时，发变组差动保护应留有脱硫高压变压器的分支的接口。

③ 已建电厂加装烟气脱硫装置时，脱硫高压变压器的分支应接入原有发变组差动保护。

④ 脱硫高压变压器保护应符合 DL/T 5153 中的规定。

10.4.4 其他二次线要求应符合 DL/T 5136 和 DL/T 5153 的规定。

11 建筑结构及暖通部分

11.1 建筑

11.1.1 一般规定

(1) 发电厂脱硫建筑设计应全面贯彻安全、适用、经济、美观的方针。

(2) 发电厂脱硫建筑设计应根据生产流程、功能要求、自然条件、建筑材料和建筑技术等因素，结合工艺设计，做好建筑物的平面布置和空间组合，合理解决房屋内部交通、防火、防水、防爆、防腐蚀、防潮、防噪声、防震、隔振、保温、隔热、日照、采光、自然通风和生活设施等问题。积极慎重地、有步骤地推广国内外先进技术，因地制宜地采用新材料。

(3) 发电厂脱硫建筑设计应将建筑物、构筑物与工艺设备及其周围建筑视为统一的整体，考虑建筑造型和内部处理。注意建筑群体的效果，内外色彩的处理以及与周围环境的协调。

(4) 发电厂脱硫建（构）筑物的防火设计必须符合 GB 50229 及国家其他有关防火标准和规范的要求。

(5) 发电厂脱硫建筑设计应重视噪声控制，建筑物的室内噪声控制设计标准应符合 GBJ 87 的规定。

(6) 发电厂脱硫建筑有条件时应积极采用多层建筑和联合建筑。

(7) 发电厂脱硫建筑设计除执行本规定外，应符合国家和行业的现行有关设计标准的规定。

11.1.2 采光和自然通风

(1) 建筑物宜优先考虑天然采光，建筑物室内天然采光照度应符合 GB 50033 的要求。

(2) 一般建筑物宜采用自然通风，墙上和楼层上的通风孔应合理布置，避免气流短路和倒流，并应减少气流死角。

11.1.3　室内外装修

（1）建筑物的室内外墙面应根据使用和外观需要进行适当处理，地面和楼面材料除工艺要求外，宜采用耐磨、易清洁的材料。

（2）脱硫建筑物各车间室内装修标准应按 DL/T 5029 中同类性质的车间装修标准执行。

11.2　结构

11.2.1　火力发电厂脱硫工程土建结构的设计除应符合本标准的规定外，尚应符合现行国家规范及行业标准的要求。

11.2.2　屋面、楼（地）面在生产使用、检修、施工安装时，由设备、管道、材料堆放、运输工具等重物引起的荷载，以及所有设备、管道支架作用于土建结构上的荷载，均应由工艺设计专业提供。

11.2.3　当按工艺专业提供的主要设备及管道荷载采用时，楼（屋）面活荷载的标准值及其组合值、频遇值和准永久值系数应按表 11.2.3 的规定采用。

表 11.2.3　建筑物楼（屋）面均布活荷载标准值及组合值、频遇值和准永久值系数

项次	类　　别	标准值/(kN/m²)	组合值系数 ψ_c	频遇值系数 ψ_f	准永久值系数 ψ_q
1	配电装置楼面	6.0	0.9	0.8	0.8
2	控制室楼面	4.0	0.8	0.8	0.8
3	电缆夹层	4.0	0.7	0.7	0.7
4	制浆楼楼面	4.0	0.8	0.7	0.7
5	石膏脱水间	4.0	0.8	0.7	0.7
6	石灰石仓顶输送层	4.0	0.7	0.7	0.7
7	作为设备通道的混凝土楼梯	3.5	0.7	0.5	0.5

11.2.4　作用在结构上的设备荷载和管道荷载（包括设备及管道的自重，设备、管道及容器中的填充物重），应按活荷载考虑。其荷载组合值、频遇值和准永久值系数均取 1.0。其荷载分项系数取 1.3。

11.2.5　脱硫建、构筑物抗震设防类别按丙类考虑，地震作用和抗震措施均应符合本地区抗震设防烈度的要求。

11.2.6　计算地震作用时，建、构筑物的重力荷载代表值应取恒载标准值和各可变荷载组合值之和。各可变荷载的组合值系数应按表 11.2.6 采用。

表 11.2.6　计算重力荷载代表值时采用的组合值系数

可变荷载的种类		组合值系数
一般设备荷载(如管道、设备支架等)		1.0
楼面活荷载	按等效均布荷载计算时	0.7
	按实际情况考虑时	1.0
屋面活荷载		0
石灰石仓、石膏仓中的填料自重		0.8～0.9

11.3　采暖通风与空气调节

11.3.1　脱硫区域建筑物的采暖应与厂区其他建筑物一致。当厂区设有集中采暖系统时，采暖热源宜由厂区采暖系统提供。

11.3.2　各房间冬季采暖室内计算温度按表 11.3.2 采用。

表 11.3.2　冬季采暖室内计算温度

房间名称	采暖室内计算温度/℃	房间名称	采暖室内计算温度/℃
石膏脱水机房	16	石灰石破碎间	10
输送皮带机房	10	石灰石卸料间地下	16
球磨机房	10	石灰石卸料间地上	10
真空泵房	10	石灰石制备间	10
GGH 设备间	10	GGH 支架间	10

11.3.3 脱硫区域建筑物采暖，应选用不易积尘的散热器。

11.3.4 石灰石及石膏卸、储、运系统中应采用机械除尘的方法消除粉尘，除尘器宜选用干式除尘器。除尘风量宜根据工艺要求确定，无明确要求时，可参照 DL/T 5035 执行。

11.3.5 石灰石制备间、石膏脱水机房、废水处理间、GGH 设备间宜采用自然进风、机械排风。石灰石制备间、GGH 设备间和废水处理间通风量按换气次数不少于每小时 10 次计算；石膏脱水机房通风量按换气次数不少于每小时 15 次计算，通风系统的设备、管道及附件均应防腐。

11.3.6 脱硫控制室及电子设备间应设置空气调节装置。室内设计参数应根据工艺要求确定，无明确要求时，可按下列参数设计：

(1) 夏季：温度 25℃±1℃～27℃±1℃，相对湿度 60%±10%；

(2) 冬季：温度 20℃±1℃，相对湿度 60%±10%。

6.2 火电厂烟气脱硫工程技术规范 石灰石/石灰-石膏法（HJ/T 179—2005）

1 总则

1.1 适用范围

本规范适用于新建、扩建和改建容量为 400t/h（机组容量为 100MW）及以上燃煤、燃气、燃油火电厂锅炉或供热锅炉同期建设或已建锅炉加装的石灰石/石灰-石膏法烟气脱硫工程的规划、设计、评审、采购、施工及安装、调试、验收和运行管理。

对于 400t/h 以下锅炉，当几台锅炉烟气合并处理，或其他工业炉窑，采用石灰石/石灰-石膏湿法脱硫技术时参照执行。

1.2 实施原则

1.2.1 烟气脱硫工程的建设，应按国家的基本建设程序进行。设计文件应按规定的内容和深度完成报批和批准手续。

1.2.2 新建、改建、扩建火电厂或供热锅炉的烟气脱硫装置应和主体工程同时设计、同时施工、同时投产使用。

1.2.3 烟气脱硫装置的脱硫效率一般应不小于 95%，主体设备设计使用寿命不低于 30 年，装置的可用率应保证在 95%以上。

1.2.4 烟气脱硫工程建设，除应符合本规范外，还应符合《火力发电厂烟气脱硫设计技术规程》(DL/T 5196) 及国家有关工程质量、安全、卫生、消防等方面的强制性标准条文的规定。

2 规范性引用文件

下列文件中的条款通过本标准的引用成为本标准的条款。凡是注日期的引用文件，其随后所有的修改单（不包括勘误的内容）或修订版均不适用于本标准，然而，鼓励根据本标准达成协议的各方研究是否可使用这些文件的最新版本。凡是不注日期的引用文件，其最新版本适用于本标准。

GB 8978 污水综合排放标准

GB 12348 工业企业厂界噪声标准

GB 12801 生产过程安全卫生要求总则

GB 13223 火电厂大气污染物排放标准

GB 18599 一般工业固体废物储存、处置场污染控制标准

GB/T 50033 建筑采光设计标准

GB 50040 动力机器基础设计规范

GB 50222 建筑内部装修设计防火规范

GB 50229 火力发电厂与变电所设计防火规范

GB 50243 通风与空调工程施工质量验收规范

GBJ 16 建筑设计防火规范

GBJ 22 厂矿道路设计规范

GBJ 87 工业企业噪声控制设计规范

GBJ 140　　建筑灭火器配置设计规范
GBZ 1　　工业企业设计卫生标准
HJ/T 75　　火电厂烟气排放连续监测技术规范
HJ/T 76　　固定污染源排放烟气连续监测系统技术要求及监测方法
DL 5009.1　　电力建设安全工作规程（火力发电厂部分）
DL/T 5029　　火力发电厂建筑装修设计标准
DL/T 5035　　火力发电厂采暖通风与空气调节设计技术规程
DL 5053　　火力发电厂劳动安全与工业卫生设计规程
DL/T 5120　　小型电力工程直流系统设计规程
DL/T 5136　　火力发电厂、变电所二次接线设计技术规程
DL/T 5153　　火力发电厂厂用电设计技术规定
DL/T 5196　　火力发电厂烟气脱硫设计技术规程
《建设项目（工程）竣工验收办法》（国家计委 1990 年）
《建设项目环境保护竣工验收管理办法》（国家环境保护总局 2001 年）

3　术语

3.1　脱硫岛

指脱硫装置及为脱硫服务的建（构）筑物。

3.2　吸收剂

指脱硫工艺中用于脱除二氧化硫（SO_2）等有害物质的反应剂。石灰石/石灰-石膏法脱硫工艺使用的吸收剂为石灰石（$CaCO_3$）或石灰（CaO）。

3.3　吸收塔

指脱硫工艺中脱除 SO_2 等有害物质的反应装置。

3.4　副产物

指脱硫工艺中吸收剂与烟气中 SO_2 等反应后生成的物质。

3.5　废水

指脱硫工艺中产生的含有重金属、杂质和酸的污水。

3.6　装置可用率

指脱硫装置每年正常运行时间与发电机组每年总运行时间的百分比，按公式(3-1) 计算：

$$可用率=(A-B)/A\times100\% \quad (3\text{-}1)$$

式中　A——发电机组每年的总运行时间，h；
　　B——脱硫装置每年因脱硫系统故障导致的停运时间，h。

3.7　脱硫效率

指由脱硫装置脱除的 SO_2 量与未经脱硫前烟气中所含 SO_2 量的百分比，按公式(3-2) 计算：

$$脱硫效率=(C_1-C_2)/C_1\times100\% \quad (3\text{-}2)$$

式中　C_1——脱硫前烟气中 SO_2 的折算浓度（过剩空气系数燃煤取 1.4，燃油、燃气取 1.2），mg/m^3；
　　C_2——脱硫后烟气中 SO_2 的折算浓度（过剩空气系数燃煤取 1.4，燃油、燃气取 1.2），mg/m^3。

3.8　增压风机

为克服脱硫装置产生的烟气阻力新增加的风机。

3.9　烟气换热器

为调节脱硫前后的烟气温度设置的换热装置（GGH）。

4　总体设计

4.1　脱硫装置工艺参数的确定

4.1.1　脱硫装置工艺参数应根据锅炉容量和调峰要求、燃料品质、二氧化硫控制规划和环境影响评价要求的脱硫效率、吸收剂的供应、水源情况、脱硫副产物和飞灰的综合利用、废渣排放、厂址场地布置等因素，经全面分析优化后确定。

4.1.2 新建脱硫装置的烟气设计参数宜采用锅炉最大连续工况（BMCR）、燃用设计燃料时的烟气参数，校核值宜采用锅炉经济运行工况（ECR）燃用最大含硫量燃料时的烟气参数。已建电厂加装烟气脱硫装置时，其设计工况和校核工况宜根据脱硫装置入口处实测烟气参数确定，并充分考虑燃料的变化趋势。

4.1.3 烟气中其他污染物成分［如氯化氢（HCl）、氟化氢（HF）］的设计数据宜依据燃料分析数据计算确定。

4.1.4 脱硫装置入口烟气中的 SO_2 含量可根据公式(4-1) 估算：

$$M_{SO_2}=2\times K\times B_g\times\left(1-\frac{q_4}{100}\right)\frac{S_{ar}}{100} \tag{4-1}$$

式中 M_{SO_2}——脱硫前烟气中的 SO_2 含量，t/h；

K——燃料燃烧中硫的转化率（煤粉炉一般取 0.9）；

B_g——锅炉最大连续工况负荷时的燃煤量，t/h；

q_4——锅炉机械未完全燃烧的热损失，%；

S_{ar}——燃料的收到基硫分，%。

4.2 总图设计

4.2.1 一般规定

4.2.1.1 脱硫装置的总体设计应符合下列要求：

① 工艺流程合理，烟道短捷；

② 交通运输便捷；

③ 方便施工，有利于维护检修；

④ 合理利用地形、地质条件；

⑤ 充分利用厂内公用设施；

⑥ 节约用地，工程量小，运行费用低；

⑦ 符合环境保护、劳动安全和工业卫生要求。

4.2.1.2 技改工程应避免拆迁运行机组的生产建（构）筑物和地下管线。当不能避免时，应采取合理的过渡措施。

4.2.1.3 吸收剂卸料及储存场所宜布置在对环境影响较小的区域。

4.2.2 总平面布置

4.2.2.1 吸收塔宜布置在烟囱附近，浆液循环泵应紧邻吸收塔布置。吸收剂制备及脱硫副产品处理场地宜在吸收塔附近集中布置，或结合工艺流程和场地条件因地制宜布置。

4.2.2.2 脱硫装置与主体工程不能同步建设而需要预留脱硫场地时，宜预留在紧邻锅炉引风机后部烟道及烟囱的外侧区域。场地大小应根据将来可能采用的脱硫工艺方案确定。在预留场地上不应布置不便拆迁的设施。

4.2.2.3 事故浆池或事故浆液箱的位置应考虑多套装置共用的方便。

4.2.2.4 脱硫废水处理间宜紧邻石膏脱水车间布置，并有利于废水处理达标后与主体工程统一复用或排放。紧邻废水处理间的卸酸、卸碱场地应选择在避开人流的偏僻地带。

4.2.2.5 石膏仓或石膏储存间宜与石膏脱水车间紧邻布置，并应设顺畅的运输通道。石膏仓下面的净空高度应确保拟采用的石膏运输车辆能够通畅。

4.2.2.6 脱硫场地的标高应不受洪水危害。脱硫装置若在主厂房区环形道路内，防洪标准与主厂房区相同；若在主厂房区环形道路外，防洪标准与其他场地相同。

4.2.2.7 脱硫装置主要设施宜与锅炉尾部烟道及烟囱零米高程相同，并与其他相邻区域的场地高程相协调，有利于交通联系、场地排水和减少土石方工程量。

4.2.2.8 新建电厂，脱硫场地的平整及土石方平衡应由主体工程统一考虑。技改工程，脱硫场地应力求土石方自身平衡。场地平整坡度视地形、地质条件确定，一般为 0.5%～2.0%；困难地段不小于 0.3%，但最大坡度不宜大于 3.0%。

4.2.2.9 建筑物室内、外地坪高差应符合下列要求：

① 有车辆出入的建筑物室内、外地坪高差，一般为0.15～0.30m；

② 无车辆出入的室内、外高差可大于0.30m；

③ 易燃、可燃、易爆、腐蚀性液体储存区地坪宜低于周围道路标高。

4.2.2.10　当开挖工程量较大时，可采用阶梯布置方式，但台阶高差不宜超过5m，并设台阶间的连接踏步。挡土墙高度3m及以上时，墙顶应设安全护栏。同一套脱硫装置宜布置在同一台阶场地上。卸腐蚀性液体的场地宜设在较低处，且地坪应做防腐蚀处理。

4.2.2.11　脱硫场地的排水方式应与主体工程相统一。

4.2.3　交通运输

4.2.3.1　脱硫岛内道路的设计，应保证脱硫岛的物料运输便捷，消防通道畅通，检修方便，并满足场地排水的要求。并符合GBJ 22的要求。

4.2.3.2　吸收剂运输应考虑防潮、防洒落和防扬尘等措施。

4.2.3.3　脱硫岛内的道路应与厂内道路形成路网。并根据生产、生活、消防和检修的需要设置行车道路、消防车通道和人行道。

4.2.3.4　物料装卸区域停车位路段纵坡宜为平坡，当布置困难时，坡度不宜大于1.5%，应设足够的汽车会车、回转场地，并按行车路面要求进行硬化处理。

4.2.3.5　脱硫岛内装置密集区域的道路宜采用混凝土块铺砌等硬化方式处理，以便于检修及清扫。

4.2.3.6　进厂吸收剂应设有计量装置和取样装置，也可与电厂主体工程共用。

5　脱硫工艺系统

5.1　工艺流程

石灰石/石灰-石膏法烟气脱硫装置应由吸收剂制备系统、烟气吸收及氧化系统、脱硫副产物处置系统、脱硫废水处理系统、烟气系统、自控和在线监测系统等组成。其典型的石灰石/石灰-石膏法烟气脱硫工艺流程如图5-1所示。

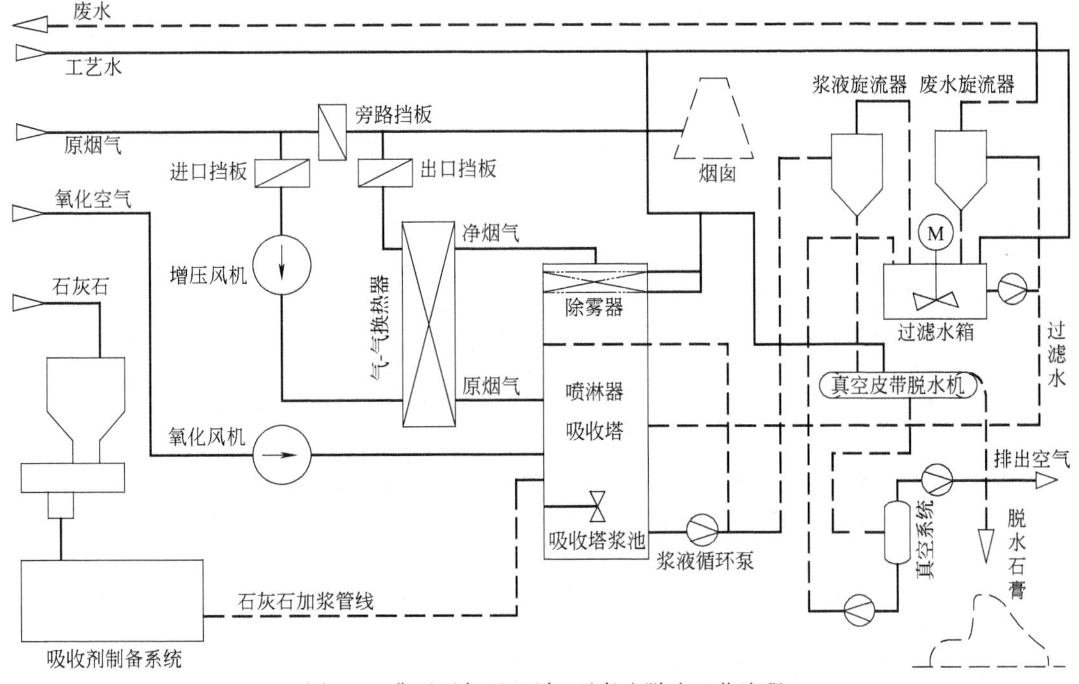

图5-1　典型石灰石/石灰-石膏法脱硫工艺流程

锅炉烟气经进口挡板门进入脱硫增压风机，通过烟气换热器后进入吸收塔，洗涤脱硫后的烟气经除雾器除去带出的小液滴，再通过烟气换热器从烟囱排放。脱硫副产物经过旋流器、真空皮带脱水机脱水成为脱水石膏。

5.2 一般规定

5.2.1 吸收剂的选择

5.2.1.1 在资源落实的条件下，优先选用石灰石作为吸收剂。为保证脱硫石膏的综合利用及减少废水排放量，用于脱硫的石灰石中$CaCO_3$的含量宜高于90%。石灰石粉的细度应根据石灰石的特性和脱硫系统与石灰石粉磨制系统综合优化确定。对于燃烧中低含硫量燃料煤质的锅炉，石灰石粉的细度应保证250目90% 过筛率；当燃烧中高含硫量煤质时，石灰石粉的细度宜保证325目90%过筛率。

5.2.1.2 当厂址附近有可靠优质的生石灰粉供应来源时，可以采用生石灰粉作为吸收剂。生石灰的纯度应高于85%。

5.2.1.3 对采用石灰石作为吸收剂的系统，可采用下列任一种吸收剂制备方案：

① 由市场直接购买粒度符合要求的粉状成品，加水搅拌制成石灰石浆液；

② 由市场购买一定粒度要求的块状石灰石，经石灰石湿式球磨机磨制成石灰石浆液；

③ 由市场购买块状石灰石，经石灰石干式磨机磨制成石灰石粉，加水搅拌制成石灰石浆液。

5.2.2 吸收系统

吸收塔的数量应根据锅炉容量、吸收塔的容量和脱硫系统可靠性要求等确定。300MW及以上机组宜一炉配一塔。200MW及以下机组宜两炉配一塔。

5.2.3 脱硫副产物

脱硫副产物为脱硫石膏，脱硫石膏应进行脱水处理，鼓励综合利用；若暂无综合利用条件时，应经脱水后输送至储存场。脱硫石膏应与灰渣分别堆放，留有进一步综合利用的可能性。

5.2.4 脱硫废水

脱硫装置废水处理方式应结合全厂水务管理、电厂除灰方式及排放条件等综合因素确定。

5.2.5 烟气换热器

现有机组在安装脱硫装置时应配置烟气换热器。新建、扩建、改建火电厂建设项目，在建设脱硫装置时，宜设置烟气换热器，若考虑不设置烟气换热器，应通过建设项目环境影响报告书审查批准。

5.2.6 烟气监测系统

脱硫装置应设置烟气排放连续监测系统。

5.2.7 设备、材料选择

脱硫装置相关设备、材料的选择和配置应优先考虑脱硫装置长期运行的可靠性。

5.3 脱硫装置主工艺系统

5.3.1 吸收剂制备

5.3.1.1 吸收剂浆液制备系统宜按公用系统设置，可按两套或多套脱硫装置合用一套设置，但吸收剂浆液制备系统一般应不少于两套。当电厂只有一台机组时，可只设一套吸收剂浆液制备系统。

5.3.1.2 采用石灰石块进厂方式，当厂内设置破碎装置时，宜采用不大于100mm的石灰石块。当厂内不设置破碎装置时，宜采用不大于20mm的石灰石块。

5.3.1.3 吸收剂制备系统的出力应按设计工况下石灰石消耗量的150%选择，且不小于100%校核工况下的石灰石消耗量。

5.3.1.4 湿式球磨机浆液制备系统的石灰石浆液箱容量宜不小于设计工况下6～10h的石灰石浆液消耗量，干式磨机浆液制备系统的石灰石浆液箱容量宜不小于设计工况下2h的石灰石浆液消耗量。

5.3.1.5 每座吸收塔应设置两台石灰石供浆泵，一台运行，一台备用。

5.3.1.6 石灰石仓或石灰石粉仓的容量应根据市场运输情况和运输条件确定，一般不小于设计工况下3d的石灰石耗量。

5.3.1.7 吸收剂的制备储运系统应有控制二次扬尘污染的措施。

5.3.1.8 浆液管道设计时应充分考虑工作介质对管道系统的腐蚀与磨损，一般应选用衬胶、衬塑管道或玻璃钢管道。管道内介质流速的选择既要考虑避免浆液沉淀，同时又要考虑管道的磨损和压力损失尽可能小。

5.3.1.9 浆液管道上的阀门宜选用蝶阀，尽量少采用调节阀。阀门的通流直径宜与管道一致。

5.3.1.10 浆液管道上应有排空和停运自动冲洗的措施。

5.3.2 烟气系统

5.3.2.1 脱硫增压风机宜装设在脱硫装置进口处。

5.3.2.2 脱硫增压风机及参数应按下列要求考虑：

① 吸收塔的脱硫增压风机宜选用轴流式风机，当机组容量为300MW及以下容量时，也可采用高效离心风机；

② 当机组容量为300MW及以下时，宜设置一台脱硫增压风机；

③ 当多台机组合用一座吸收塔时，应根据技术经济比较后确定风机数量；

④ 对于600～700MW机组，根据技术经济比较，可以设置一台增压风机，也可设置两台增压风机，当设置一台增压风机时应采用动叶可调轴流式风机；

⑤ 对于800～1000MW机组，宜设置两台动叶可调轴流式风机；

⑥ 增压风机的风量应为锅炉满负荷工况下的烟气量的110%；增压风机的压头应为脱硫装置在锅炉满负荷工况下并考虑10℃温度裕量下阻力的120%。

5.3.2.3 烟气系统应装设烟气换热器。在设计工况下，经烟气换热器后的烟气温度应不低于80℃。当采用回转式换热器时，其漏风率不大于1%。

5.3.2.4 烟气换热器的受热面均应采取防腐、防磨、防堵塞、防沾污等措施，与脱硫后的烟气接触的壳体也应采取必要的防腐措施。

5.3.2.5 新建发电机组建设脱硫设施或已运行机组增设脱硫设施，不宜设置烟气旁路。如确需设置的，应保证脱硫装置进出口和旁路挡板门具有良好的操作和密封性能。

5.3.2.6 对于设有烟气换热器的脱硫装置，应从烟气换热器原烟道侧入口弯头处至烟囱的烟道采取防腐措施，防腐材料可采用鳞片树脂或衬胶。经环境影响报告书审批批准不装设烟气换热器的脱硫装置，应从距离吸收塔入口至少5m处开始采取防腐措施。

5.3.2.7 防腐烟道的结构设计应满足相应的防腐要求，并保证烟道的振动和变形在允许范围内，避免造成防腐层脱落。

5.3.2.8 烟气换热器下部烟道应装设疏水系统。

5.3.2.9 脱硫装置原烟气设计温度应采用锅炉最大连续工况（BMCR）下燃用设计燃料时的空预器出口烟气温度并留有一定的裕量。对于新建机组，应保证运行温度超过设计温度50℃，叠加后的温度不超过180℃的条件下的长期运行。烟气换热器下游的原烟气烟道和净烟气烟道设计温度应至少考虑30℃超温。

5.3.3 吸收及氧化系统

5.3.3.1 吸收塔均应装设除雾器，在正常运行工况下除雾器出口烟气中的雾滴浓度应不大于75mg/m^3。除雾器应设置水冲洗装置。

5.3.3.2 循环浆液泵入口应装设滤网等防止固体物吸入的措施。当采用喷淋吸收塔时，吸收塔浆液循环泵宜按单元制设置，每台循环泵对应一层喷嘴。

5.3.3.3 氧化风机宜采用罗茨风机，也可采用离心风机。当氧化风机计算容量小于6000m^3/h时，每座吸收塔应设置两台全容量或每两座吸收塔设置三台50%容量的氧化风机；当氧化风机计算容量大于6000m^3/h时，宜采用每座吸收塔配三台50%容量的氧化风机。其中，一台氧化风机备用。

5.3.3.4 脱硫装置应设置事故浆池或事故浆液箱。当全厂采用相同的脱硫工艺系统时，宜合用一套。事故浆池的容量应根据技术论证运行可行性后确定。当设有石膏浆液抛弃系统时，事故浆池的容量也可按照不小于500m^{3}设置。

5.3.3.5 浆液箱罐应有防腐措施并装设防沉积装置。

5.3.3.6 吸收塔外应设置供检修维护的平台和扶梯，平台设计荷载不应小于4000N/m^2，平台宽度不小于1.2m，塔内不应设置固定式的检修平台。

5.3.3.7 装在吸收塔内的除雾器应考虑检修维护措施，除雾器支撑梁的设计荷载应不小于1000N/m^2。

5.3.3.8 吸收塔内与喷嘴相连的浆液管道应考虑检修维护措施，每根管道的顶部应有屋脊性支撑结构以便检修时在喷淋管上部铺设临时平台，强度设计应考虑不小于500N/m^{2}的检修荷载。

5.3.3.9 吸收塔宜采用钢结构，内部结构应根据烟气流动和防磨、防腐技术要求进行设计，吸收塔内壁采用衬胶或衬树脂鳞片或衬高镍合金板。在吸收塔底板和浆液可能冲刷的位置，应采取防冲刷措施。

5.3.4 脱硫副产物处理系统

5.3.4.1 脱硫工艺设计应为脱硫副产物的综合利用创造条件。

5.3.4.2 石膏脱水系统宜按公用系统设置，可按两套或多套脱硫装置合用一套设置，但石膏脱水系统一般应不少于两套。当电厂只有一台机组时，可只设一套石膏脱水系统。

5.3.4.3 石膏脱水系统的出力应按设计工况下石膏产量的150%选择，且不小于100%校核工况下的石膏产量。

5.3.4.4 脱水后的石膏可在石膏仓内堆放，也可堆放在石膏库内。石膏仓或库的容量，应不小于24小时石膏的产生量，石膏仓应采取防腐措施和防堵措施。在寒冷地区，石膏仓应采取防冻措施。

5.3.4.5 浆液管道的要求按照5.3.1.8、5.3.1.9及5.3.1.10执行。

5.3.5 废水处理系统

5.3.5.1 脱硫废水排放处理系统可以单独设置，也可经预处理去除重金属、氯离子等后排入电厂废水处理系统进行处理，但不得直接混入电厂废水稀释排放。

5.3.5.2 脱硫废水的处理措施及工艺选择，应符合项目环境影响报告书审批意见的要求。

5.3.5.3 脱硫废水中的重金属、悬浮物和氯离子可采用中和、化学沉淀、混凝、离子交换等工艺去除。对废水含盐量有特殊要求的，应采取降低含盐量的工艺措施。

5.3.5.4 脱硫废水处理系统应采取防腐措施，适应处理介质的特殊要求。

5.3.5.5 处理后的废水，可按照全厂废水管理的统一规划进行回用或排放，处理后排放的废水水质应达到GB 8978和建厂所在地区的地方排放标准要求。

6 脱硫装置辅助系统

6.1 电气系统

6.1.1 供电系统

6.1.1.1 脱硫装置高压、低压厂用电电压等级应与发电厂主体工程一致。

6.1.1.2 脱硫装置厂用电系统中性点接地方式应与发电厂主体工程一致。

6.1.1.3 脱硫工作电源的引接

(1) 脱硫高压工作电源可设脱硫高压变压器，从发电机出口引接，也可直接从高压厂用工作母线引接。

(2) 脱硫装置与发电厂主体工程同期建设时，脱硫高压工作电源宜由高压厂用工作母线引接，当技术经济比较合理时，也可设脱硫高压变压器。

(3) 脱硫装置为预留时，经技术经济比较合理时，宜采用高压厂用工作变压器预留容量的方式。

(4) 已建电厂加装烟气脱硫装置时，如果高压厂用工作变压器有足够备用容量，且原有高压厂用开关设备的短路动热稳定值及电动机启动的电压水平均满足要求时，脱硫高压工作电源应从高压厂用工作母线引接，否则应设脱硫高压变压器。

(5) 脱硫低压工作电源应单设脱硫低压工作变压器供电。

6.1.1.4 脱硫高压负荷可设脱硫高压母线段供电，也可直接接于高压厂用工作母线段。当设脱硫高压母线段时，每炉宜设1段，并设置备用电源。每台炉宜设1段脱硫低压母线。

6.1.1.5 脱硫高压备用电源宜由发电厂启动/备用变压器低压侧引接。当脱硫高压工作电源由高压厂用工作母线引接时，其备用电源也可由另一高压厂用工作母线引接。

6.1.1.6 除满足上述要求外，其余均应符合DL/T 5153中的有关规定。

6.1.2 直流系统

6.1.2.1 新建电厂同期建设烟气脱硫装置时，脱硫装置直流负荷宜由机组直流系统供电。当脱硫装置布置离主厂房较远时，也可设置脱硫直流系统。

6.1.2.2 脱硫装置为预留时，机组直流系统不考虑脱硫负荷。

6.1.2.3 已建电厂加装烟气脱硫装置时，宜装设脱硫直流系统向脱硫装置直流负荷供电。

6.1.2.4 直流系统的设置应符合 DL/T 5120 的规定。

6.1.3 交流保安电源和交流不停电电源（UPS）

6.1.3.1 200MW 及以上机组配套的脱硫装置宜设单独的交流保安母线段。当主厂房交流保安电源的容量足够时，脱硫交流保安母线段宜由主厂房交流保安电源供电，否则可由单独设置的能快速启动的柴油发电机供电。其他要求应符合 DL/T 5153 中的有关规定。

6.1.3.2 新建电厂同期建设烟气脱硫装置时，脱硫装置交流不停电负荷宜由机组 UPS 系统供电。当脱硫装置布置离主厂房较远时，也可单独设置 UPS。

6.1.3.3 脱硫装置为预留时，机组 UPS 系统不考虑向脱硫负荷供电。

6.1.3.4 已建电厂加装烟气脱硫装置时，宜单独设置 UPS 向脱硫装置不停电负荷供电。

6.1.3.5 UPS 宜采用静态逆变装置。其他要求应符合 DL/T 5136 中的有关规定。

6.1.4 二次线

6.1.4.1 脱硫电气系统宜在脱硫控制室控制，并纳入分散控制系统。

6.1.4.2 脱硫电气系统控制水平应与工艺专业协调一致，宜纳入分散控制系统控制，也可采用强电控制。

6.1.4.3 接于发电机出口的脱硫高压变压器的保护

① 新建电厂同期建设烟气脱硫装置时，应将脱硫高压变压器的保护纳入发变组保护装置。

② 脱硫装置为预留时，发变组差动保护应留有脱硫高压变压器的分支的接口。

③ 已建电厂加装烟气脱硫装置时，脱硫高压变压器的分支应接入原有发变组差动保护。

④ 脱硫高压变压器保护应符合 DL/T 5153 中的规定。

6.1.4.4 其他二次线要求应符合 DL/T 5136 和 DL/T 5153 的规定。

6.2 热工自动化系统

6.2.1 热工自动化水平

6.2.1.1 脱硫装置应采用集中监控，实现脱硫装置启动，正常运行工况的监视和调整，停机和事故处理。

6.2.1.2 脱硫装置宜采用分散控制系统（DCS），其功能包括数据采集和处理（DAS）、模拟量控制（MCS）、顺序控制（SCS）及连锁保护、脱硫厂用电源系统监控等。

6.2.1.3 脱硫装置在启、停、运行及事故处理情况下均应不影响机组正常运行。

6.2.2 控制室

6.2.2.1 控制室的设置，一般宜两台炉设置一个脱硫集中控制室，也可采用四台炉设置一个脱硫集中控制室。具备条件时，可以将脱硫装置的控制纳入机组单元控制室。已建电厂增设的脱硫装宜设备独立控制室。

6.2.2.2 距离脱硫控制室较远的辅助车间，如吸收剂制备、废水处理等，可设就地控制室，但应尽可能达到无人值班。

6.2.3 热工检测及控制

6.2.3.1 脱硫装置应有完善的热工模拟量控制、顺序控制、连锁、保护、报警功能。各项功能应尽可能在 DCS 系统中统一实现。

6.2.3.2 保护系统指令应具有最高优先级；事件记录功能应能进行保护动作原因分析。

6.2.3.3 重要热工测量项目仪表应双重或三重化冗余设置。

6.2.3.4 脱硫岛可设必要的工业电视监视系统。

6.2.4 脱硫装置控制系统可根据全厂整体控制方案，与机组控制系统或全厂辅控系统统筹考虑。

6.3 建筑及结构

6.3.1 建筑

6.3.1.1 一般规定

(1) 脱硫岛建筑设计应根据生产流程、功能要求、自然条件、建筑材料和建筑技术等因素，结合工艺设计，合理组织平面布置和空间组合，注意建筑群体的效果及与周围环境的协调。

(2) 脱硫岛的建（构）筑物的防火设计应符合 GB 50229 及国家其他有关防火标准和规范的要求。

(3) 脱硫岛的建筑物室内噪声控制设计标准应符合 GBJ 87 的规定。

(4) 脱硫岛的建筑设计除执行本规定外，应符合国家和行业的现行有关设计标准的规定。

6.3.1.2 采光和自然通风

(1) 脱硫岛的建筑物宜优先考虑天然采光，建筑物室内天然采光照度应符合 GB 50033 的要求。

(2) 一般建筑物宜采用自然通风，墙上和楼层上的通风孔应合理布置，避免气流短路和倒流，并应减少气流死角。

6.3.1.3 室内外装修

(1) 建筑物的室内外墙面应根据使用和外观需要进行适当处理，地面和楼面材料除工艺要求外，宜采用耐磨、易清洁的材料。

(2) 脱硫建筑物各车间室内装修标准应按 DL/T 5029 中同类性质的车间装修标准执行。

6.3.2 结构

6.3.2.1 火力发电厂脱硫工程土建结构的设计除应符合本标准的规定外，尚应符合现行国家规范及行业标准的要求。

6.3.2.2 屋面、楼（地）面在生产使用、检修、施工安装时，由设备、管道、材料堆放、运输工具等重物引起的荷载，以及所有设备、管道支架作用于土建结构上的荷载，均应由工艺设计专业提供。其楼（屋）面活荷载的标准值及其组合值、频遇值和准永久值系数应按表 6-1 的规定采用。

表 6-1 建筑物楼（屋）面均布活荷载标准值及组合值、频遇值和准永久值系数

项次	类　别	标准值/(kN/m^2)	组合值系数 ψ_c	频遇值系数 ψ_f	准永久值系数 ψ_q
1	配电装置楼面	6.0	0.9	0.8	0.8
2	控制室楼面	4.0	0.8	0.8	0.8
3	电缆夹层	4.0	0.7	0.7	0.7
4	制浆楼楼面	4.0	0.8	0.7	0.7
5	石膏脱水间	4.0	0.8	0.7	0.7
6	石灰石仓顶输送层	4.0	0.7	0.7	0.7
7	作为设备通道的混凝土楼梯	3.5	0.7	0.5	0.5

6.3.2.3 作用在结构上的设备荷载和管道荷载（包括设备及管道的自重，设备、管道及容器中的填充物重）应按活荷载考虑。其荷载组合值、频遇值和准永久值系数均取 1.0。其荷载分项系数取 1.3。

6.3.2.4 脱硫建、构筑物抗震设防类别按丙类考虑，地震作用和抗震措施均应符合本地区抗震设防烈度的要求。

6.3.2.5 计算地震作用时，建、构筑物的重力荷载代表值应取恒载标准值和各可变荷载组合值之和。各可变荷载的组合值系数应按表 6-2 采用。

表 6-2 计算重力荷载代表值时采用的组合值系数

可变荷载的种类		组合值系数
一般设备荷载(如管道、设备支架等)		1.0
楼面活荷载	按等效均布荷载计算时	0.7
	按实际情况考虑时	1.0
屋面活荷载		0
石灰石仓、石膏仓中的填料自重		0.8～0.9

6.4 暖通及消防系统

6.4.1 一般规定

6.4.1.1 脱硫岛内应有采暖通风与空气调节系统，并应符合 DL/T 5035 和 GB 50243 及国家有关现行标准。

6.4.1.2　脱硫岛应有完整的消防给水系统，还应按消防对象的具体情况设置火灾自动报警装置和专用灭火装置。脱硫岛建（构）物及各工艺系统消防设计应符合 GB 50229 及 GBJ 16 等规范的要求。

6.4.2　采暖通风

6.4.2.1　脱硫岛区域建筑物的采暖应与其他建筑物一致。当厂区设有集中采暖系统时，采暖热源宜由厂区采暖系统提供。

6.4.2.2　脱硫岛区域建筑物的采暖应选用不易积尘的散热器供暖，当散热器布置上有困难时，可设置暖风机。

6.4.2.3　脱硫岛内冬季采暖室内计算温度按表 6-3 采用。

表 6-3　冬季采暖室内计算温度

房间名称	采暖室内计算温度/℃	房间名称	采暖室内计算温度/℃
石膏脱水机房	16	石灰石破碎间	10
输送皮带机房	10	石灰石卸料间地下	16
球磨机房	10	石灰石卸料间地上	10
真空泵房	10	石灰石制备间	10
GGH 设备间	10	GGH 支架间	10

6.4.2.4　脱硫岛内控制室和电子设备间应设置空气调节装置。室内设计参数应根据设备要求确定。

6.4.2.5　在寒冷地区，通风系统的进、排风口宜考虑防寒措施。

6.4.2.6　通风系统的进风口宜设在清洁干燥处，电缆夹层不应作为通风系统的吸风地点。在风沙较大地区，通风系统应考虑防风沙措施。在粉尘较大地区，通风系统应考虑防尘措施。

6.4.3　消防系统

6.4.3.1　脱硫岛消防水源宜由电厂主消防管网供给。消防水系统的设置应覆盖所有室外、室内建构筑物和相关设备。

6.4.3.2　室内消防栓的布置，应保证有两支水枪的充实水柱同时到达室内任何部位。脱硫岛建筑物室内消火栓的间距不应超过 50m。

6.4.3.3　室外消火栓应根据需要沿道路设置，并宜靠近路口，在建筑物外不应大于 120m，室外消火栓的保护半径不应大于 150m，若电厂主消防系统在脱硫岛附近设有室外消火栓，可考虑利用其保护范围，相应减少脱硫岛室外消火栓的数量。

6.4.3.4　在脱硫岛区域内，主要包括电子设备间、控制室、除尘器层、电缆夹层、电力设备附近等处按照 GBJ 140 规定配置一定数量的移动式灭火器。

6.5　烟气排放连续监测系统（CEMS）

6.5.1　设置目的

6.5.1.1　实时监视、调整脱硫运行参数，确保脱硫装置正常运行。

6.5.1.2　向当地环保部门提供火电厂烟气污染物排放数据。

6.5.2　设置位置及数量

6.5.2.1　用于为烟气脱硫装置实现闭环控制和性能考核提供数据的 CEMS，其检测点分别设在烟气脱硫装置进口和出口。其中进出口检测项目至少应包括烟尘、SO_2、O_2，并与烟气脱硫装置的控制系统联网。

6.5.2.2　用于环保部门监测电厂烟气污染物排放指标的 CEMS，其监测点应设置在烟囱上或烟囱入口。检测项目应至少包括烟尘、SO_2、NO_x、温度、O_2、流量。

6.5.2.3　当烟气脱硫装置出口的 CEMS 与环保监测的 CEMS 合并使用时，应首先取得当地环保部门的同意，在确保满足环保部门要求的前提下，还应满足脱硫装置在各种运行条件下提供的数据能符合烟气脱硫装置控制系统的要求。

6.5.3　用于环保监测的 CEMS 应符合 HJ/T 75 和 HJ/T 76 的要求。其监测探头应安装在烟气脱硫装置净烟气烟道和旁路烟道的汇流点的下游，并预留环保部门实施远程监测的接口。

7 材料

7.1 一般规定

7.1.1 材料的选择应本着经济、适用，满足脱硫装置特定工艺要求，选择具有较长使用寿命的材料。

7.1.2 通用材料应在火电厂常用的材料中选取。

7.1.3 对于接触腐蚀性介质的部位，应择优选取金属或非金属材料。

7.2 金属材料

7.2.1 金属材料宜以碳钢材料为主。对金属材料表面可能接触腐蚀性介质的区域，应根据脱硫工艺不同部位的实际情况，衬抗腐蚀性和磨损性强的非金属材料。

7.2.2 当以金属材料作为承压部件，衬非金属材料作为防腐部件时，应充分考虑非金属材料与金属材料之间的黏结强度。同时，承压部件的自身设计应确保非金属材料能够长期稳定地附着在承压部件上。

7.2.3 对于接触腐蚀性介质的某些部位，如果采用碳钢衬非金属材料难以达到工程实际应用要求，应根据介质的腐蚀性和磨损性，采用以镍基材料为主的不锈钢。当经过充分论证后，部分区域也可采用具有抗腐蚀性的低合金钢。其适用介质条件见表 7-1。

表 7-1 镍基不锈钢适用介质条件

序号	材料成分	适用介质	备注
1	铁-镍-铬合金	净烟气、低温原烟气	
2	铁-镍-铬合金 铁-钼-镍-铬合金	pH 为 3～6，氯离子浓度≤60000mg/L 的浆液	两者使用条件有差异，实际选用时应注意

7.3 非金属材料

7.3.1 非金属材料主要可选用玻璃鳞片树脂、玻璃钢、塑料、橡胶、陶瓷类产品用于防腐蚀和磨损，其适宜的使用部位见表 7-2。

表 7-2 主要非金属材料及使用部位

序号	材料名称	材料主要成分	使用部位
1	玻璃鳞片树脂	玻璃鳞片 乙烯基酯树脂 酚醛树脂 呋喃树脂 环氧树脂	净烟气、低温原烟气段、吸收塔、浆液箱罐等内衬； 石膏仓内表面涂料
2	玻璃钢	玻璃鳞片、玻璃纤维 乙烯基酯树脂 酚醛树脂	吸收塔喷淋层、浆液管道、箱罐
3	塑料	聚丙烯等	管道、除雾器
4	橡胶	氯化丁基橡胶 氯丁橡胶 丁苯橡胶	吸收塔、浆液箱罐、浆液管道、水力旋流器等内衬； 真空脱水机、输送皮带
5	陶瓷	碳化硅	浆液喷嘴

7.3.2 玻璃鳞片树脂主要性能见表 7-3。

表 7-3 玻璃鳞片树脂主要性能

序号	项目	单位	乙烯基酯树脂	酚醛乙烯基酯树脂
1	拉伸强度	MPa	>25	>25
2	延伸率	%	>0.5	>0.5
3	巴氏硬度		>35	>35
4	黏结强度	MPa	>10	>10
5	使用温度	℃	<100	<100
6	水汽渗透率	$g \cdot cm/(24h \cdot m^2 \cdot mmHg)$	<0.0016	<0.0016

7.3.3 丁基橡胶主要性能见表7-4。

表7-4 丁基橡胶主要性能

序号	项目	单位	性能
1	拉伸强度	MPa	>2.5
2	延伸率	%	<300
3	邵氏硬度		>50
4	黏结强度	N/mm	>30
5	使用温度	℃	<90

8 环境保护与安全卫生

8.1 一般规定

8.1.1 在脱硫装置建设、运行过程中产生烟气、废水、废渣、噪声及其他污染物的防治与排放，应贯彻执行国家现行的环境保护法规和标准的有关规定。

8.1.2 脱硫岛在设计、建设和运行过程中，应高度重视劳动安全和工业卫生，采取各种防治措施，保护人身的安全和健康。

8.1.3 脱硫岛的安全管理应符合GB 12801中的有关规定。

8.1.4 脱硫岛可行性研究阶段应有环境保护、劳动安全和工业卫生的论证内容。在初步设计阶段，应提出深度符合要求的环境保护、劳动安全和工业卫生专篇。

8.1.5 建设单位在脱硫岛建成运行的同时，安全和卫生设施应同时建成运行，并制订相应的操作规程。

8.2 环境保护

8.2.1 脱硫装置的设计、建设，应以GB 13223为依据，经过脱硫装置处理后的烟气排放应符合该标准要求。

8.2.2 脱硫废水经处理后的排放应达到GB 8978和建厂所在地的地方排放标准的相应要求。

8.2.3 脱硫岛的设计、建设，应采取有效的隔声、消声、绿化等降低噪声的措施，噪声和振动控制的设计应符合GBJ 87和GB 50040的规定，各厂界噪声应达到GB 12348的要求。

8.2.4 脱硫石膏处置宜优先综合利用，加工成建材产品。暂无综合利用条件，采取储存、堆放措施时，储存场、石膏筒仓、石膏储存间等的建设和使用应符合GB 18599的规定。

8.3 劳动安全

8.3.1 脱硫岛的建设应遵守DL 5009.1和DL 5053及其他有关规定。

8.3.2 脱硫岛的防火、防爆设计应符合GBJ 16、GB 50222和GB 50229等有关规范的规定。

8.3.3 建立并严格执行经常性的和定期的安全检查制度，及时消除事故隐患，防止事故发生。

8.4 职业卫生

8.4.1 脱硫岛室内防尘、防噪声与振动、防电磁辐射、防暑与防寒等职业卫生要求应符合GBZ 1的规定。

8.4.2 在易发生粉尘飞扬或洒落的区域设置必要的除尘设备或清扫措施。

8.4.3 制粉系统等可能产生粉尘污染的装置，宜采用全负压密闭系统，尽量实现机械化和自动化操作，减少人工直接操作，并采取适当通风措施。

8.4.4 应尽可能采用噪声低的设备，对于噪声较高的设备，应采取减振消声措施，尽量将噪声源和操作人员隔开。工艺允许远距离控制的，可设置隔声操作（控制）室。

9 工程施工与验收

9.1 工程施工

9.1.1 脱硫工程设计、施工单位应具有国家相应的工程设计、施工资质。

9.1.2 脱硫工程的施工应符合国家和行业施工程序及管理文件的要求。

9.1.3 脱硫工程应按设计文件进行建设，对工程的变更应取得设计单位的设计变更文件后再进行施工。

9.1.4 脱硫工程施工中使用的设备、材料、器件等应符合相关的国家标准，并应取得供货商的产品合格证后方可使用。

9.1.5 施工单位除遵守相关的施工技术规范以外，还应遵守国家有关部门颁布的劳动安全及卫生、消防等国家强制性标准。

9.2 工程验收

9.2.1 竣工验收

9.2.1.1 脱硫工程验收应按《建设项目（工程）竣工验收办法》、相应专业现行验收规范和本规范的有关规定进行组织。工程竣工验收前，严禁投入生产性使用。

9.2.1.2 脱硫工程验收应依据：主管部门的批准文件、批准的设计文件和设计变更文件、工程合同、设备供货合同和合同附件、设备技术说明书和技术文件、专项设备施工验收规范及其他文件。

9.2.1.3 脱硫工程中选用国外引进的设备、材料、器件应按供货商提供的技术规范、合同规定及商检文件执行，并应符合我国现行国家或行业标准的有关要求。

9.2.1.4 工程安装、施工完成后应进行调试前的启动验收，启动验收合格和对在线仪表进行校验后方可进行分项调试和整体调试。

9.2.1.5 通过脱硫装置整体调试，各系统运转正常，技术指标达到设计和合同要求后，应进行启动试运行。

9.2.1.6 对整体启动试运行中出现的问题应及时消除。在整体启动试运行连续试运168h，技术指标达到设计和合同要求后，建设单位向有审批权的环境保护行政主管部门提出生产试运行申请。经批准后，方可进行生产试运行。

9.2.2 环境保护验收

9.2.2.1 脱硫装置竣工环境保护验收按《建设项目竣工环境保护验收管理办法》的规定进行。一般应在自生产试运行之日起的3个月内，向有审批权的环境保护行政主管部门申请该脱硫装置的竣工环境保护验收。对生产试运行3个月仍不具备环境保护验收条件的，可申请延期验收，但生产试运行期限最长不超过一年。

9.2.2.2 脱硫装置竣工环境保护验收除应满足《建设项目竣工环境保护验收管理办法》规定的条件外，在生产试运行期间还应对脱硫装置进行性能试验，性能试验报告应作为环境保护验收的重要内容。

9.2.2.3 脱硫装置性能试验包括：功能试验、技术性能试验、设备试验和材料试验。其中，技术性能试验至少应包括以下项目：

① 脱硫效率；

② 吸收剂利用率与钙硫比；

③ 烟气排放温度与系统压力降；

④ 水量消耗和液气比；

⑤ 电能消耗；

⑥ 吸收剂活性与纯度；

⑦ 脱硫副产物含湿量和氧化率等。

9.2.2.4 脱硫装置竣工环境保护验收的主要技术依据包括：

① 项目环境影响报告书审批文件；

② 各类污染物环境监测报告；

③ 批准的设计文件和设计变更文件；

④ 脱硫性能试验报告；

⑤ 试运行期间烟气连续监测报告；

⑥ 完整的启动试运（验）、试运行记录等。

9.2.2.5 经竣工环境保护验收合格后，脱硫装置方可正式投入使用运行。

10　运行与维护

10.1　一般规定

10.1.1　脱硫装置的运行、维护及安全管理除应执行本规范外，还应符合国家现行有关强制性标准的规定。

10.1.2　未经当地环境保护行政主管部门批准，不得停止运行脱硫装置。由于紧急事故造成脱硫装置停止运行时，应立即报告当地环境保护行政主管部门。

10.1.3　脱硫装置的运行应达到以下技术指标：装置的可用率大于95%，各项污染物达标排放。

10.1.4　脱硫装置运行应在满足设计工况的条件下进行，并根据工艺要求，定期对各类设备、电气、自控仪表及建（构）筑物进行检查维护，确保装置稳定可靠地运行。

10.1.5　脱硫装置不得在超过设计负荷120%的条件下长期运行。

10.1.6　脱硫装置在正常运行条件下，各项污染物排放应满足8.2的规定。

10.1.7　电厂应建立健全与脱硫装置运行维护相关的各项管理制度，以及运行、操作和维护规程；建立脱硫装置、主要设备运行状况的台账制度。

10.2　人员与运行管理

10.2.1　根据电厂管理模式特点，对脱硫装置的运行管理既可成为独立的脱硫车间也可纳入锅炉或除灰车间的管理范畴。

10.2.2　脱硫装置的运行人员宜单独配置。当电厂需要整体管理时，也可以与机组合并配置运行人员。但电厂至少应设置1名专职的脱硫技术管理人员。

10.2.3　电厂应对脱硫装置的管理和运行人员进行定期培训，使管理和运行人员系统掌握脱硫设备及其他附属设施正常运行的具体操作和应急情况的处理措施。运行操作人员，上岗前还应进行以下内容的专业培训：

① 启动前的检查和启动要求的条件；

② 处置设备的正常运行，包括设备的启动和关闭；

③ 控制、报警和指示系统的运行和检查，以及必要时的纠正操作；

④ 最佳的运行温度、压力、脱硫效率的控制和调节，以及保持设备良好运行的条件；

⑤ 设备运行故障的发现、检查和排除；

⑥ 事故或紧急状态下人工操作和事故处理；

⑦ 设备日常和定期维护；

⑧ 设备运行及维护记录，以及其他事件的记录和报告。

10.2.4　电厂应建立脱硫系统运行状况、设施维护和生产活动等的记录制度，主要记录内容包括：

① 系统启动、停止时间；

② 吸收剂进厂质量分析数据，进厂数量，进厂时间；

③ 系统运行工艺控制参数记录，至少应包括：脱硫装置出、入口烟气温度、烟气流量、烟气压力、吸收塔差压、用水量等；

④ 主要设备的运行和维修情况的记录，包括对批准设置旁路烟道的，旁路挡板门的开启与关闭时间的记录；

⑤ 烟气连续监测数据、污水排放、脱硫附产物处置情况的记录；

⑥ 生产事故及处置情况的记录；

⑦ 定期检测、评价及评估情况的记录等。

10.2.5　运行人员应按照电厂规定坚持做好交接班制度和巡视制度，特别是对于石灰石卸料和石膏装车过程的监督与配合，防止和纠正装卸过程中产生扬尘或洒落对环境造成的污染。

10.3　维护保养

10.3.1　脱硫装置的维护保养应纳入全厂的维护保养计划中。

10.3.2　电厂应根据脱硫装置技术负责方提供的系统、设备等资料制定详细的维护保养规定。

10.3.3　维修人员应根据维护保养规定定期检查、更换或维修必要的部件。

10.3.4　维修人员应做好维护保养记录。

6.3　火电厂大气污染物排放标准（GB 13223—2011）

1　适用范围

本标准规定了火电厂大气污染物排放浓度限值、监测和监控要求，以及标准的实施与监督等相关规定。

本标准适用于现有火电厂的大气污染物排放管理以及火电厂建设项目的环境影响评价、环境保护工程设计、竣工环境保护验收及其投产后的大气污染物排放管理。

本标准适用于使用单台出力 65t/h 以上除层燃炉、抛煤机炉外的燃煤发电锅炉；各种容量的煤粉发电锅炉；单台出力 65t/h 以上燃油、燃气发电锅炉；各种容量的燃气轮机组的火电厂；单台出力 65t/h 以上采用煤矸石、生物质、油页岩、石油焦等燃料的发电锅炉。整体煤气化联合循环发电的燃气轮机组执行本标准中燃用天然气的燃气轮机组排放限值。

本标准不适用于各种容量的以生活垃圾、危险废物为燃料的火电厂。

本标准适用于法律允许的污染物排放行为。新设立污染源的选址和特殊保护区域内现有污染源的管理，按照《中华人民共和国大气污染防治法》、《中华人民共和国水污染防治法》、《中华人民共和国海洋环境保护法》、《中华人民共和国固体废物污染环境防治法》、《中华人民共和国环境影响评价法》等法律、法规和规章的相关规定执行。

2　规范性引用文件

本标准引用下列文件或其中的条款。凡是不注日期的引用文件，其最新版本适用于本标准。

GB/T 16157　固定污染源排气中颗粒物测定与气态污染物采样方法

HJ/T 42　固定污染源排气中氮氧化物的测定　紫外分光光度法

HJ/T 43　固定污染源排气中氮氧化物的测定　盐酸萘乙二胺分光光度法

HJ/T 56　固定污染源排气中二氧化硫的测定　碘量法

HJ/T 57　固定污染源排气中二氧化硫的测定　定电位电解法

HJ/T 75　固定污染源烟气排放连续监测技术规范

HJ/T 76　固定污染源烟气排放连续监测系统技术要求及检测方法

HJ/T 373　固定污染源监测质量保证与质量控制技术规范（试行）

HJ/T 397　固定源废气监测技术规范

HJ/T 398　固定污染源排放烟气黑度的测定　林格曼烟气黑度图法

HJ 543　固定污染源废气　汞的测定　冷原子吸收分光光度法（暂行）

HJ 629　固定污染源废气　二氧化硫的测定　非分散红外吸收法

《污染源自动监控管理办法》（国家环境保护总局令　第 28 号）

《环境监测管理办法》（国家环境保护总局令　第 39 号）

3　术语和定义

下列术语和定义适用于本标准。

3.1　火电厂　thermal power plant

燃烧固体、液体、气体燃料的发电厂。

3.2　标准状态　standard condition

烟气在温度为 273K，压力为 101325Pa 时的状态，简称“标态”。本标准中所规定的大气污染物浓度均指标准状态下干烟气的数值。

3.3　氧含量　O_2 content

燃料燃烧时，烟气中含有的多余的自由氧，通常以干基容积百分数来表示。

3.4　现有火力发电锅炉及燃气轮机组　existing plant

指本标准实施之日前，建成投产或环境影响评价文件已通过审批的火力发电锅炉及燃气轮机组。

3.5　新建火力发电锅炉及燃气轮机组　new plant

指本标准实施之日起，环境影响评价文件通过审批的新建、扩建和改建的火力发电锅炉及燃气轮机组。

3.6　W 型火焰炉膛　arch fired furnace

燃烧器置于炉膛前后墙拱顶，燃料和空气向下喷射，燃烧产物转折 180°后从前后拱中间向上排出而形成 W 形火焰的燃烧空间。

3.7　重点地区　key region

指根据环境保护工作的要求，在国土开发密度较高，环境承载能力开始减弱，或大气环境容量较小、生态环境脆弱，容易发生严重大气环境污染问题而需要严格控制大气污染物排放的地区。

3.8　大气污染物特别排放限值　special limitation for air pollutants

指为防治区域性大气污染、改善环境质量、进一步降低大气污染源的排放强度、更加严格地控制排污行为而制定并实施的大气污染物排放限值，该限值的排放控制水平达到国际先进或领先程度，适用于重点地区。

4　污染物排放控制要求

4.1　自 2014 年 7 月 1 日起，现有火力发电锅炉及燃气轮机组执行表 1 规定的烟尘、二氧化硫、氮氧化物和烟气黑度排放限值。

4.2　自 2012 年 1 月 1 日起，新建火力发电锅炉及燃气轮机组执行表 1 规定的烟尘、二氧化硫、氮氧化物和烟气黑度排放限值。

4.3　自 2015 年 1 月 1 日起，燃烧锅炉执行表 1 规定的汞及其化合物污染物排放限值。

表 1　火力发电锅炉及燃气轮机组大气污染物排放浓度限值

单位：mg/m³（烟气黑度除外）

序号	燃料和热能转化设施类型	污染物项目	适用条件	限值	污染物排放监控位置
1	燃煤锅炉	烟尘	全部	30	烟囱或烟道
		二氧化硫	新建锅炉	100 200①	
			现有锅炉	200 400①	
		氮氧化物（以 NO_2 计）	全部	100 200②	
		汞及其化合物	全部	0.03	
2	以油为燃料的锅炉或燃气轮机组	烟尘	全部	30	烟囱或烟道
		二氧化硫	新建锅炉及燃气轮机组	100	
			现有锅炉及燃气轮机组	200	
		氮氧化物（以 NO_2 计）	新建燃油锅炉	100	
			现有燃油锅炉	200	
			燃气轮机组	120	
3	以气体为燃料的锅炉或燃气轮机组	烟尘	天然气锅炉及燃气轮机组	5	
			其他气体燃料锅炉及燃气轮机组	10	
		二氧化硫	天然气锅炉及燃气轮机组	35	
			其他气体燃料锅炉及燃气轮机组	100	
		氮氧化物（以 NO_2 计）	天然气锅炉	100	
			其他气体燃料锅炉	200	
			天然气燃气轮机组	50	
			其他气体燃料燃气轮机组	120	
4	燃煤锅炉，以油、气体为燃料的锅炉或燃气轮机组	烟气黑度（林格曼黑度，级）	全部	1	烟囱排放口

① 位于广西壮族自治区、重庆市、四川省和贵州省的火力发电锅炉执行该限值。

② 采用 W 型火焰炉膛的火力发电锅炉，现有循环流化床火力发电锅炉，以及 2003 年 12 月 31 日前建成投产或通过建设项目环境影响报告书审批的火力发电锅炉执行该限值。

4.4　重点地区的火力发电锅炉及燃气轮机组执行表2规定的大气污染物特别排放限值。

执行大气污染物特别排放限值的具体地域范围、实施时间，由国务院环境保护行政主管部门规定。

表2　大气污染物特别排放限值　　单位：mg/m^3（烟气黑度除外）

序号	燃料和热能转化设施类型	污染物项目	适用条件	限值	污染物排放监控位置
1	燃煤锅炉	烟尘	全部	20	烟囱或烟道
		二氧化硫	全部	50	
		氮氧化物(以 NO_2 计)	全部	100	
		汞及其化合物	全部	0.03	
2	以油为燃料的锅炉或燃气轮机组	烟尘	全部	20	
		二氧化硫	全部	50	
		氮氧化物(以 NO_2 计)	燃油锅炉	100	
			燃气轮机组	120	
3	以气体为燃料的锅炉或燃气轮机组	烟尘	全部	5	
		二氧化硫	全部	35	
		氮氧化物(以 NO_2 计)	燃油锅炉	100	
			燃气轮机组	50	
4	燃煤锅炉，以油、气体为燃料的锅炉或燃气轮机组	烟气黑度(林格曼黑度，级)	全部	1	烟囱排放口

4.5　在现有火力发电锅炉及燃气轮机组运行、建设项目竣工环保验收及其后的运行过程中，负责监管的环境保护行政主管部门，应对周围居住、教学、医疗等用途的敏感区域环境质量进行监测。建设项目的具体监控范围为环境影响评价确定的周围敏感区域；未进行过环境影响评价的现有火力发电企业，监控范围由负责监管的环境保护行政主管部门，根据企业排污的特点和规律及当地的自然、气象条件等因素，参照相关环境影响评价技术导则确定。地方政府应对本辖区环境质量负责，采取措施确保环境状况符合环境质量标准要求。

4.6　不同时段建设的锅炉，若采用混合方式排放烟气，且选择的监控位置只能监测混合烟气中的大气污染物浓度，则应执行各时段限值中最严格的排放限值。

5　污染物监测要求

5.1　污染物采样与监测要求

5.1.1　对企业排放废气的采样，应根据监测污染物的种类，在规定的污染物排放监控位置进行，有废气处理设施的，应在该设施后监控。在污染物排放监控位置须设置规范的永久性测试孔、采样平台和排污口标志。

5.1.2　新建企业和现有企业安装污染物排放自动监控设备的要求，应按有关法律和《污染源自动监控管理办法》的规定执行。

5.1.3　污染物排放自动监控设备通过验收并正常运行的，应按照 HJ/T 75 和 HJ/T 76 的要求，定期对自动监测设备进行监督考核。

5.1.4　对企业污染物排放情况进行监测的采样方法、采样频次、采样时间和运行负荷等要求，按 GB/T 16157 和 HJ/T 397 的规定执行。

5.1.5　对火电厂大气污染物的监测，应按照 HJ/T 373 的要求进行监测质量保证和质量控制。

5.1.6　企业应按照有关法律和《环境监测管理办法》的规定，对排污状况进行监测，并保存原始监测记录。

5.1.7　对火电厂大气污染物排放浓度的测定采用表3所列的方法标准。

表3 火电厂大气污染物浓度测定方法标准

序号	污染物项目	方法标准名称	方法标准编号
1	烟尘	固定污染源排气中颗粒物测定与气态污染物采样方法	GB/T 16157
2	烟气黑度	固定污染源排放烟气黑度的测定 林格曼烟气黑度图法	HJ/T 398
3	二氧化硫	固定污染源排气中二氧化硫的测定 碘量法	HJ/T 56
		固定污染源排气中二氧化硫的测定 定电位电解法	HJ/T 57
		固定污染源废气 二氧化硫的测定 非分散红外吸收法	HJ 629
4	氮氧化物	固定污染源排气中氮氧化物的测定 紫外分光光度法	HJ/T 42
		固定污染源排气中氮氧化物的测定 盐酸萘乙二胺分光光度法	HJ/T 43
5	汞及其化合物	固定污染源废气 汞的测定 冷原子吸收分光光度法(暂行)	HJ 543

5.2 大气污染物基准氧含量排放浓度折算方法

实测的火电厂烟尘、二氧化硫、氮氧化物和汞及其化合物排放浓度，必须执行GB/T 16157规定，按公式(1) 折算为基准氧含量排放浓度。各类热能转化设施的基准氧含量按附表4的规定执行。

表4 基准氧含量

序 号	热能转化设施类型	基准氧含量(O_2)/%
1	燃煤锅炉	6
2	燃油锅炉及燃气锅炉	3
3	燃气轮机组	15

$$\rho=\rho'\times\frac{21-\varphi(O_2)}{21-\varphi'(O_2)} \tag{1}$$

式中 ρ——大气污染物基准氧含量排放浓度，mg/m^3；

ρ'——实测的大气污染物排放浓度，mg/m^3；

$\varphi'(O_2)$——实测的氧含量，%；

$\varphi(O_2)$——基准氧含量，%。

6 实施与监督

6.1 本标准由县级以上人民政府环境保护行政主管部门负责监督实施。

6.2 在任何情况下，火力发电企业均应遵守本标准的大气污染物排放控制要求，采取必要措施保证污染防治设施正常运行。各级环保部门在对企业进行监督性检查时，可以现场即时采样或监测结果，作为判定排污行为是否符合排放标准以及实施相关环境保护管理措施的依据。

6.4 锅炉大气污染物排放标准(GB 13271—2014)

1 适用范围

本标准规定了锅炉烟气中颗粒物、二氧化硫、氮氧化物、汞及其化合物的最高允许排放浓度限值和烟气黑度限值。

本标准适用于以燃煤、燃油和燃气为燃料的单台出力65t/h及以下蒸汽锅炉、各种容量的热水锅炉及有机热载体锅炉；各种容量的层燃炉、抛煤机炉。

使用型煤、水煤浆、煤矸石、石油焦、油页岩、生物质成型燃料等的锅炉，参照本标准中燃煤锅炉排放控制要求执行。

本标准不适用于以生活垃圾、危险废物为燃料的锅炉。

本标准适用于在用锅炉的大气污染物排放管理，以及锅炉建设项目环境影响评价、环境保护设施设计、竣工环境保护验收及其投产后的大气污染物排放管理。

本标准适用于法律允许的污染物排放行为；新设立污染源的选址和特殊保护区域内现有污染源的管理，按照《中华人民共和国大气污染防治法》、《中华人民共和国水污染防治法》、《中华人民共和国海洋环境保护法》、《中华人民共和国固体废物污染环境防治法》、《中华人民共和国放射性污染防治法》、《中华人民共和国环境影响评价法》等法律、法规、规章的相关规定执行。

2　规范性引用文件

本标准内容引用了下列文件或其中的条款。凡是不注日期的引用文件，其有效版本适用于本标准。

GB5468　锅炉烟尘测试方法

GB/T 16157　固定污染源排气中颗粒物测定与气态污染物采样方法

HJ/T 42　固定污染源排气中氮氧化物的测定　紫外分光光度法

HJ/T 43　固定污染源排气中氮氧化物的测定　盐酸萘乙二胺分光光度法

HJ/T 56　固定污染源排气中二氧化硫的测定　碘量法

HJ/T 57　固定污染源排气中二氧化硫的测定　定电位电解法

HJ/T 373　固定污染源监测质量保证与质量控制技术规范

HJ/T 397　固定源废气监测技术规范

HJ/T 398　固定污染源排放烟气黑度的测定　林格曼烟气黑度图法

HJ 543　固定污染源废气　汞的测定　冷原子吸收分光光度法（暂行）

HJ 629　固定污染源废气　二氧化硫的测定　非分散红外吸收法

HJ 692　固定污染源废气中氮氧化物的测定　非分散红外吸收法

HJ 693　固定污染源排气中氮氧化物的测定　定电位电解法

《污染源自动监控管理办法》（国家环境保护总局令 第 28 号）

《环境监测管理办法》（国家环境保护总局令 第 39 号）

3　术语和定义

下列术语和定义适用于本标准。

3.1　锅炉 boiler

锅炉是利用燃料燃烧释放的热能或其他热能加热热水或其他工质，以生产规定参数（温度，压力）和品质的蒸汽、热水或其他工质的设备。

3.2　在用锅炉 in-use boiler

指本标准实施之日前，已建成投产或环境影响评价文件已通过审批的锅炉。

3.3　新建锅炉 new boiler

本标准实施之日起，环境影响评价文件通过审批的新建、改建和扩建的锅炉建设项目。

3.4　有机热载体锅炉 organic fluid boiler

以有机质液体作为热载体工质的锅炉。

3.5　标准状态 standard condition

锅炉烟气在温度为 273K，压力为 101325Pa 时的状态，简称“标态”。本标准规定的排放浓度均指标准状态下干烟气中的数值。

3.6　烟囱高度 stack height

指从烟囱（或锅炉房）所在的地平面至烟囱出口的高度。

3.7　氧含量 O_2 content

燃料燃烧后，烟气中含有的多余的自由氧，通常以干基容积百分数来表示。

3.8　重点地区 key region

根据环境保护工作的要求，在国土开发密度较高，环境承载能力开始减弱，或大气环境容量较小、生态环境脆弱，容易发生严重大气环境污染问题而需要严格控制大气污染物排放的地区。

3.9　大气污染物特别排放限值 special limitation for air pollutants

为防治区域性大气污染、改善环境质量、进一步降低大气污染源的排放强度、更加严格地控制排污行为而制定并实施的大气污染物排放限值，该限值的控制水平达到国际先进或领先程度，适用于重点地区。

4　大气污染物排放控制要求

4.1　10t/h 以上在用蒸汽锅炉和 7MW 以上在用热水锅炉 2015 年 9 月 30 日前执行 GB 13271—2001 中

规定的排放限值，10t/h 及以下在用蒸汽锅炉和 7MW 及以下在用热水锅炉 2016 年 6 月 30 日前执行 GB 13271—2001 中规定的排放限值。

4.2 10t/h 以上在用蒸汽锅炉和 7MW 以上在用热水锅炉自 2015 年 10 月 1 日起执行表 1 规定的大气污染物排放限值，10t/h 及以下在用蒸汽锅炉和 7MW 及以下在用热水锅炉自 2016 年 7 月 1 日起执行表 1 规定的大气污染物排放限值。

表 1 在用锅炉大气污染物排放浓度限值 单位：mg/m^3

污染物项目	限值			污染物排放监控位置
	燃煤锅炉	燃油锅炉	燃气锅炉	
颗粒物	80	60	30	烟囱或烟道
二氧化硫	400 550①	300	100	
氮氧化物	400	400	400	
汞及其化合物	0.05	—	—	
烟气黑度(林格曼黑度)/级	≤1			烟囱排放口

① 位于广西壮族自治区、重庆市、四川省和贵州省的燃煤锅炉执行该限值。

4.3 自 2014 年 7 月 1 日起，新建锅炉执行表 2 规定的大气污染物排放限值。

表 2 新建锅炉大气污染物排放浓度限值 单位：mg/m^3

污染物项目	限值			污染物排放监控位置
	燃煤锅炉	燃油锅炉	燃气锅炉	
颗粒物	50	30	20	烟囱或烟道
二氧化硫	300	200	50	
氮氧化物	300	250	200	
汞及其化合物	0.05	—	—	
烟气黑度(林格曼黑度)/级	≤1			烟囱排放口

4.4 重点地区锅炉执行表 3 规定的大气污染物特别排放限值。

执行大气污染物特别排放限值的地域范围、时间，由国务院环境保护主管部门或省级人民政府规定。

表 3 大气污染物特别排放限值 单位：mg/m^3

污染物项目	限值			污染物排放监控位置
	燃煤锅炉	燃油锅炉	燃气锅炉	
颗粒物	30	30	20	烟囱或烟道
二氧化硫	200	100	50	
氮氧化物	200	200	150	
汞及其化合物	0.05	—	—	
烟气黑度(林格曼黑度)/级	≤1			烟囱排放口

4.5 每个新建燃煤锅炉房只能设一根烟囱，烟囱高度应根据锅炉房装机总容量，按表 4 规定执行，燃油、燃气锅炉烟囱不低于 8m，锅炉烟囱的具体高度按批复的环境影响评价文件确定。新建锅炉房的烟囱周围半径 200m 距离内有建筑物时，其烟囱应高出最高建筑物 3m 以上。

表 4 燃煤锅炉房烟囱最低允许高度

锅炉房装机总容量	MW	<0.7	0.7～<1.4	1.4～<2.8	2.8～<7	7～<14	≥14
	t/h	<1	1～<2	2～<4	4～<10	10～<20	≥20
烟囱最低允许高度	m	20	25	30	35	40	45

4.6　不同时段建设的锅炉，若采用混合方式排放烟气，且选择的监控位置只能监测混合烟气中的大气污染物浓度，应执行各个时段限值中最严格的排放限值。

5　大气污染物监测要求

5.1　污染物采样与监测要求

5.1.1　锅炉使用企业应按照有关法律和《环境监测管理办法》等规定，建立企业监测制度，制定监测方案，对污染物排放状况及其对周边环境质量的影响开展自行监测，保存原始监测记录，并公布监测结果。

5.1.2　锅炉使用企业应按照环境监测管理规定和技术规范的要求，设计、建设、维护永久性采样口、采样测试平台和排污口标志。

5.1.3　对锅炉排放废气的采样，应根据监测污染物的种类，在规定的污染物排放监控位置进行，有废气处理设施的，应在该设施后监测。排气筒中大气污染物的监测采样按 GB 5468、GB/T 16157 或 HJ/T 397 规定执行；

5.1.4　20t/h 及以上蒸汽锅炉和 14MW 及以上热水锅炉应安装污染物排放自动监控设备，与环保部门的监控中心联网，并保证设备正常运行，按有关法律和《污染源自动监控管理办法》的规定执行。

5.1.5　对大气污染物的监测，应按照 HJ/T 373 的要求进行监测质量保证和质量控制。

5.1.6　对大气污染物排放浓度的测定采用表 5 所列的方法标准。

表 5　大气污染物浓度测定方法标准

序号	污染物项目	方法标准名称	标准编号
1	颗粒物	锅炉烟尘测试方法	GB 5468
		固定污染源排气中颗粒物测定与气态污染物采样方法	GB/T 16157
2	烟气黑度	固定污染源排放烟气黑度的测定　林格曼烟气黑度图法	HJ/T 398
3	二氧化硫	固定污染源排气中二氧化硫的测定　碘量法	HJ/T 56
		固定污染源排气中二氧化硫的测定　定电位电解法	HJ/T 57
		固定污染源废气　二氧化硫的测定　非分散红外吸收法	HJ 629
4	氮氧化物	固定污染源排气中氮氧化物的测定　紫外分光光度法	HJ/T 42
		固定污染源排气中氮氧化物的测定　盐酸萘乙二胺分光光度法	HJ/T 43
		固定污染源废气中氮氧化物的测定　非分散红外吸收法	HJ 692
		固定污染源排气中氮氧化物的测定　定电位电解法	HJ 693
5	汞及其化合物	固定污染源废气　汞的测定　冷原子吸收分光光度法(暂行)	HJ 543

5.2　大气污染物基准含氧量排放浓度折算方法

实测的锅炉颗粒物、二氧化硫、氮氧化物、汞及其化合物的排放浓度，应执行 GB 5468 或 GB/T 16157 规定，按公式(1) 折算为基准氧含量排放浓度。各类燃烧设备的基准氧含量按表 6 的规定执行。

表 6　基准含氧量

锅炉类型	基准氧含量(O_2)/%
燃煤锅炉	9
燃油、燃气锅炉	3.5

$$\rho=\rho'\times\frac{21-\varphi(O_2)}{21-\varphi'(O_2)} \tag{1}$$

式中　ρ——大气污染物基准氧含量排放浓度，mg/m^3；

ρ'——实测的大气污染物排放浓度，mg/m^3；

$\varphi'(O_2)$——实测的氧含量；

$\varphi(O_2)$——基准氧含量。

6　实施与监督

6.1　本标准由县级以上人民政府环境保护行政主管部门负责监督实施。

6.2　在任何情况下，锅炉使用单位均应遵守本标准的大气污染物排放控制要求，采取必要措施保证污染防治设施正常运行。各级环保部门在对锅炉使用单位进行监督性检查时，可以现场即时采样或监测的结果，作为判断排污行为是否符合排放标准以及实施相关环境保护管理措施的依据。

6.5　火电厂烟气脱硝工程技术规范　选择性催化还原法（HJ 562—2010）

1　适用范围

本标准规定了火电厂选择性催化还原法烟气脱硝工程的设计、施工、验收、运行和维护等应遵循的技术要求，可作为环境影响评价、工程设计与施工、项目竣工环境保护验收及建成后运行与管理的技术依据。

本标准适用于机组容量为200MW及以上火电厂燃煤、燃气、燃油锅炉同期建设或已建锅炉的烟气脱硝工程。机组容量200MW以下的燃煤、燃气、燃油锅炉及其他工业锅炉、炉窑，同期建设或已建锅炉的烟气脱硝工程时，可参照执行。

2　规范性引用文件

本标准内容引用了下列文件中的条款。凡是不注日期的引用文件，其有效版本适用于本标准。

GB 150　钢制压力容器

GB 536　液体无水氨

GB 2440　尿素

GB 12348　工业企业厂界噪声排放标准

GB 12801　生产过程安全卫生要求总则

GB 14554　恶臭污染物排放标准

GB 18218　危险化学品重大危险源辨识

GB 50016　建筑设计防火规范

GB 50040　动力机器基础设计规范

GB 50160　石油化工企业设计防火规范

GB 50222　建筑内部装修设计防火规范

GB 50229　火力发电厂与变电站设计防火规范

GB 50351　储罐区防火堤设计规范

GBJ 87　工业企业噪声控制设计规范

GB/T 16157　固定污染源排气中颗粒物测定与气态污染物采样方法

GB/T 20801　压力管道规范 工业管道

GB/T 21509　燃煤烟气脱硝技术装备

GBZ 1　工业企业设计卫生标准

DL 5009.1　电力建设安全工作规程（火力发电厂部分）

DL 5053　火力发电厂劳动安全和工业卫生设计规程

DL/T 5032　火力发电厂总图运输设计技术规程

DL/T 5121　火力发电厂烟风煤粉管道设计技术规程

DL/T 5136　火力发电厂、变电所二次接线设计技术规程

DL/T 5153　火力发电厂厂用电设计技术规定

HJ/T 75　固定污染源烟气排放连续监测技术规范（试行）

HJ/T 76　固定污染源烟气排放连续监测系统技术要求及检测方法

HG/T 20649　化工企业总图运输设计规范

SH 3007　石油化工储运系统罐区设计规范

《危险化学品安全管理条例》（中华人民共和国国务院令　第344号）

《危险化学品生产储存建设项目安全审查办法》（国家安全生产监督管理局、国家煤矿安全监察局令 第

17号）

《建设项目（工程）竣工验收办法》（计建设［1990］1215号）

《建设项目竣工环境保护验收管理办法》（国家环境保护总局令第13号）

3　术语和定义

GB/T 21509确立的以及下列术语和定义适用于本标准。

3.1　脱硝岛 denitrification island

包含为脱硝服务的建（构）筑物及控制系统在内的整套系统。

3.2　脱硝系统 denitrification system

采用物理或化学的方法脱除烟气中氮氧化物（NO_x）的系统，本标准中指选择性催化还原法脱硝系统。

3.3　选择性催化还原法 selective catalytic reduction（SCR）

利用还原剂在催化剂作用下有选择性地与烟气中的 NO_x 发生化学反应，生成氮气和水的方法。

3.4　还原剂 reductant

脱硝系统中用于与 NO_x 发生还原反应的物质及原料。

3.5　喷氨格栅 ammonia injection grid

将还原剂均匀喷入烟气中的装置。

3.6　静态混合器 static mixer

实现还原剂与烟气均匀混合的装置。

3.7　氨逃逸质量浓度 ammonia slip

SCR反应器出口烟气中氨的质量与烟气体积（101.325kPa、0℃，干基，过量空气系数1.4）之比，一般用 mg/m^3 表示。

3.8　系统可用率 system availability

脱硝系统每年正常运行时间与锅炉每年总运行时间的百分比。按式(1)计算：

$$可用率=\frac{A-B}{A}\times 100\% \qquad (1)$$

式中　A——锅炉每年总运行时间，h；

B——脱硝系统每年总停运时间，h。

3.9　锅炉最大连续工况 boiler maximum continuous rating

锅炉最大连续蒸发量下的工况，简称BMCR工况。

3.10　锅炉经济运行工况 boiler economic continuous rating

锅炉经济蒸发量下的工况，对应于汽轮机机组热耗保证工况，简称BECR工况。

4　污染物与污染负荷

4.1　新建锅炉加装脱硝系统时，设计工况宜采用BMCR工况下的烟气量、NO_x 和烟尘浓度为设计值时的烟气参数；校核工况宜采用BECR工况下烟气量、NO_x 和烟尘浓度为最大值时的烟气参数。

4.2　已建锅炉加装脱硝系统时，其设计工况和校核工况宜根据脱硝系统入口处实测烟气参数确定，并考虑燃料的变化趋势。

4.3　烟气参数应按GB/T 16157进行测试。

5　总体要求

5.1　一般规定

5.1.1　脱硝岛的总体设计包括总平面布置、竖向布置、管线综合布置、绿化规划等，应与火电厂的总体设计相协调，并满足下列要求：

a）工艺流程合理，烟道短捷，满足防火、防爆、防毒的要求；

b）交通运输方便；

c）处理好脱硝系统与电厂设施、生产与生活、生产与施工之间的关系；

d）方便施工，有利于维护检修；

e）充分利用厂内公用设施；

f）节约用地，工程量小，运行费用低。

5.1.2　应装设符合 HJ/T 76 要求的烟气排放连续监测系统，并按照 HJ/T 75 的要求进行连续监测。

5.2　工程构成

5.2.1　工程主要包括还原剂系统、催化反应系统、公用系统和辅助系统。

5.2.2　还原剂系统包括还原剂储存、制备、供应等设备。

5.2.3　催化反应系统包括烟道、氨的喷射及混合装置、稀释空气装置、反应器、催化剂等。

5.2.4　公用系统包括蒸汽系统、废水排放系统、压缩空气系统等。

5.2.5　辅助系统包括电气系统、热工自动化系统、采暖及空气调节系统、烟气排放连续监测系统等。

5.3　总平面布置

5.3.1　一般规定

5.3.1.1　总平面布置应遵循的原则包括：设备运行稳定、管理维修方便、经济合理、安全卫生等。

5.3.1.2　总平面布置应考虑的因素包括：脱硝岛的平面竖向布置、污染物处理处置工艺单元的构筑物安排、综合管线的布置等。

5.3.1.3　架空管线、直埋管线与岛外沟道相接时，应在设计分界线处标明位置、标高、管径或沟道断面尺寸、坡度、坡向管沟名称、引向何处等。有汽车通过的架空管道净空高度为 5.0m，室内管道支架梁底部通道处净空高度不低于 2.2m。

5.3.2　还原剂区

5.3.2.1　还原剂区可布置于厂区内，也可布置于厂区外。新建电厂还原剂储存应纳入厂区总平面布置统筹规划，并宜考虑机组再扩建时的条件。还原剂区与其他建（构）筑物的距离应符合 GB 50160 的规定。

5.3.2.2　改、扩建电厂场地布置困难时，还原剂储存设施可布置在厂外，但选址要求应符合 DL/T 5032 及 HG/T 20649 中的有关规定。

5.3.2.3　采用液氨作为还原剂时，还原剂区应单独设置围栏，设明显警示标记，并应考虑疏散距离。

5.3.2.4　还原剂区地坪宜低于周围道路标高。

5.3.2.5　液氨储罐区宜设环形消防道路，场地困难时，可设尽头式道路，但应设回转场地，并符合 GB 50229 的规定。

5.3.2.6　还原剂区的设备宜室外布置，液氨储罐应设置防止阳光直射的遮阳棚，遮阳棚的结构应避免形成可集聚气体的死角。

5.3.2.7　还原剂区内场地应设水冲洗装置，在低处设截水沟集中排至废水坑。

5.3.2.8　还原剂区内电气柜小室电缆进线沟应进行隔离处理，防止泄漏的氨气进入电气柜小室。

5.3.2.9　当采用尿素作为还原剂时，绝热分解室或水解反应器可布置在还原剂区或就近布置在反应器区。

5.3.3　反应器区

5.3.3.1　反应器宜布置在省煤器与空气预热器之间，并靠近锅炉本体。

5.3.3.2　对新建或扩建机组，反应器宜垂直布置在空气预热器上方。

6　工艺设计

6.1　一般规定

6.1.1　脱硝系统应与锅炉负荷变化相匹配。

6.1.2　脱硝系统不得设置反应器旁路。

6.1.3　在催化剂最大装入量情况下的设计脱硝效率不得低于 80%。

6.1.4　氨逃逸质量浓度宜小于 2.5mg/m³。

6.1.5　SO_2/SO_3 转化率应不大于 1%。

6.1.6　系统可用率应不小于 98%，使用寿命和大修期应与发电机组相匹配。

6.1.7　脱硝系统应能在锅炉最低稳燃负荷和 BMCR 之间的任何工况之间持续安全运行，当锅炉最低稳燃负荷工况下烟气温度不能达到催化剂最低运行温度时，应从省煤器上游引部分高温烟气直接进入反应器以提高烟气温度。

6.1.8　脱硝系统的烟气压降宜小于1400Pa，系统漏风率宜小于0.4%。

6.2　脱硝系统流程

脱硝系统一般由还原剂系统、催化反应系统、公用系统、辅助系统等组成，流程见图1。

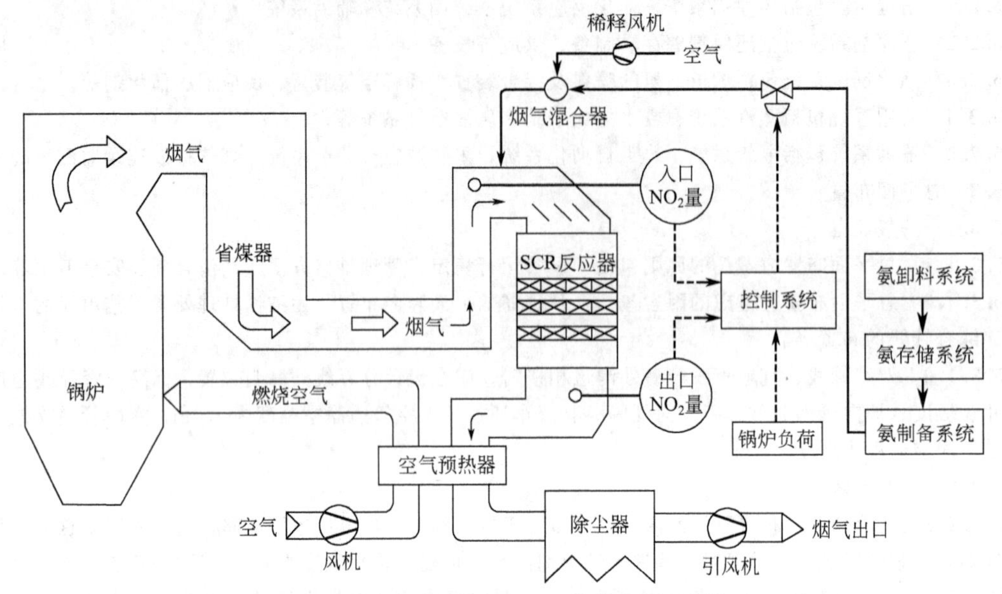

图1　典型火电厂烟气SCR脱硝系统流程图

6.3　还原剂系统

6.3.1　一般规定

还原剂主要有液氨、尿素和氨水，其选择应按照项目环境影响评价文件、安全影响评价文件的批复确定。还原剂区内的压力容器的设计应符合GB 150的规定。

6.3.2　液氨还原剂

6.3.2.1　液氨应符合GB 536的要求。

6.3.2.2　液氨运输工具宜采用专用密封槽车。

6.3.2.3　液氨卸料可通过氨压缩机进行，在与槽车接口处宜设置与排放系统相连的管道，用于卸氨前后排出管道中的空气。

6.3.2.4　液氨槽车卸料应采用万向充装管道系统。

6.3.2.5　液氨储存和制备装置应符合GB 536、GB 18218、《危险化学品安全管理条例》和《危险化学品生产储存建设项目安全审查办法》的有关规定。

6.3.2.6　在地上、半地下储罐或储罐组，应按GB 50351设置非燃烧、耐腐蚀材料的防火堤。

6.3.2.7　还原剂区应安装相应的气体泄漏检测报警装置、防雷防静电装置、相应的消防设施、储罐安全附件、急救设施设备和泄漏应急处理设备等。

6.3.2.8　液氨储罐容量宜按照全厂脱硝系统设计工况下连续运行3～5d（每天按24h计）所需要的氨气用量来设计。

6.3.2.9　液氨储罐应布置在还原剂区边缘的一侧，并应在明火或者散发火花地点的全年最小频率风向的上风侧，其装卸站应靠近道路（或铁路）。

6.3.2.10　氨气制备和储存装置（液氨蒸发器）的出力应按设计工况下氨气消耗量的120%设计。

6.3.2.11　还原剂区应有控制氨气二次污染的措施。

6.3.2.12　氨储存设备及运输管道上应有氮气输入管道。

6.3.2.13　还原剂区的设备宜采用气动执行机构。

6.3.3 尿素还原剂

6.3.3.1 尿素应符合 GB 2440 的要求。

6.3.3.2 尿素制氨系统有水解和热解两种方式，两种工艺的典型系统流程参见附录 A。

6.3.3.3 尿素制氨系统应能连续、稳定地供应脱硝运行所需要的氨气流量，并满足负荷波动对氨供应量调整的响应要求。

6.3.3.4 尿素颗粒储仓的容量宜按全厂脱硝系统设计工况下连续运行 3～5d（每天按 24h 计）所需要的氨气用量来设计。

6.3.3.5 由尿素颗粒储仓到尿素溶解罐的输送管路应设有关断装置和避免堵料的措施。

6.3.3.6 尿素溶解罐宜布置在室内，各设备间的连接管道应保温。

6.3.3.7 所有与尿素溶液接触的设备等材料宜采用不锈钢材质。

6.3.3.8 当采用尿素水解工艺制备氨气时，尿素水解反应器的出力宜按脱硝系统设计工况下氨气消耗量的 120％设计。

6.3.3.9 当采用热解工艺制备氨气时，每套反应器应设置 1 台绝热分解室，分解室进出口气体分配管道宜设置调节风门，分解室和计量分配装置应靠近反应器布置。

6.3.3.10 所有设备应采取冬天防冻、夏天防晒措施。

6.3.4 氨水还原剂

6.3.4.1 采用氨水作为还原剂时，宜采用质量分数为 20％～25％的氨水溶液。

6.3.4.2 氨水运输工具宜采用专用密封槽车。

6.3.4.3 氨水的卸料宜采用卸载泵。

6.3.4.4 所有与氨水溶液接触的设备、管道和其他部件宜采用不锈钢制造。

6.3.4.5 氨和空气的混合气体的温度应高于水冷凝温度。

6.3.5 管道

6.3.5.1 氨输送用管道应符合 GB/T 20801 的有关规定，所有可能与氨接触的管道、管件、阀门等部件均应严格禁铜。液氨管道上应设置安全阀，其设计应符合 SH 3007 的有关规定。

6.3.5.2 所有与尿素溶液的接触泵和输送管道等材料宜采用不锈钢材质。

6.3.5.3 所有管道应充分考虑冬季防寒、防冻的措施，防止各输液管道冰冻。

6.4 反应器系统

6.4.1 反应器和烟道

6.4.1.1 反应器本体为全钢焊接结构，宜采用与锅炉本体相同的封闭方式，其外壁应保温。露天布置时，保温层应采取防雨设施。

6.4.1.2 反应器和烟道的设计压力应符合 DL/T 5121 的规定，反应器和烟道设计温度按锅炉 BMCR 工况下燃用设计或校核煤质的最高工作温度取值。

6.4.1.3 反应器内催化剂迎面平均烟气流速的设计应满足催化剂的性能要求，一般取 4～6m/s。

6.4.1.4 反应器平面尺寸应根据烟气流速确定，并根据催化剂模块大小及布置方式进行调整。反应器有效高度应根据模块高度、模块层数、层间净高、吹灰装置、烟气整流格栅、催化剂备用层高度等情况综合考虑决定。

6.4.1.5 反应器入口段应设导流板，出口应设收缩段，其倾斜角度应能避免该处积灰。

6.4.1.6 在反应器侧壁对应催化剂部位应设置催化剂装载门和人孔。

6.4.1.7 反应器内催化剂的支架应可兼作催化剂安装时的滑行导轨，并与安装或更换催化剂模块的专用工具相匹配。

6.4.1.8 反应器本体可采用整体悬挂方式或支撑方式。如采用支撑方式，则应充分考虑反应器本体内部结构的温差应力、支架热胀引起的对承重钢架的水平推力等影响。

6.4.1.9 反应器区应设检修起吊装置，起吊高度应满足炉后地坪至反应器最上层催化剂进口的起吊要求，起吊重量按催化剂模块重量确定。

6.4.1.10 反应器本体外周应设平台作为人行通道，平台可采用格栅或花纹钢板两种形式；采用格栅平台时活载荷取 2kN/m²，采用花纹钢板时，应视情况考虑雪载荷和飞灰沉积载荷；如催化剂在平台上移动，应考虑催化剂重量。

6.4.2　催化剂

6.4.2.1　催化剂选型前应收集附录B中规定的参数。

6.4.2.2　反应器内承装的催化剂可选择蜂窝式、板式、波纹式或其他形式。催化剂形式、催化剂中各活性成分含量以及催化剂用量一般应根据具体烟气工况、灰质特性和脱硝效率确定。

6.4.2.3　催化剂应制成模块，各层模块应规格统一、具有互换性，且应采用钢结构框架，并便于运输、安装和起吊。

6.4.2.4　催化剂模块应设计有效防止烟气短路的密封，密封的寿命不低于催化剂的寿命。

6.4.2.5　每一层催化剂均应设置可拆卸的催化剂测试元件。

6.4.2.6　失效催化剂可采用再生或无害化处理，处理方式参见附录C。

6.4.3　稀释系统

6.4.3.1　稀释空气量应按设计和校核工况中的较大耗氨量、稀释后混合气体中氨气的体积浓度不高于5%进行设计。

6.4.3.2　稀释空气可由一次送风机的出口或空气预热器出口一次风引出，也可通过设计专用稀释风机提供。

6.4.3.3　当采用稀释风机时，稀释风机按两台100%容量（一用一备）或三台50%（两用一备）设置。稀释风机流量应在设计计算基础上考虑10%裕量，压头应在管路阻力计算基础上考虑20%裕量。

6.4.3.4　稀释风道内介质流速按8～15m/s设计，在喷氨点下游宜装设静态混合器或采用其他增强混合的方式。

6.4.3.5　氨气入口管道上宜设置阻火器。

6.4.4　混合气体喷射系统

6.4.4.1　混合气体喷射系统可采用喷氨格栅或静态混合器。

6.4.4.2　混合气体一般以分区方式喷入烟气，每个区域系统应具有均匀稳定的流量特性，并具有独立的流量控制和测量手段。

6.4.4.3　混合气体喷射系统及反应器的设计应通过数值模拟和物模试验进行验证。

6.4.4.4　混合气体喷射系统主管道上的流量调节阀材料应满足设计条件。

6.4.4.5　喷氨格栅应设计防止被固体灰分堵塞的措施和防磨措施。

6.4.4.6　最低喷氨温度应根据烟气条件确定，并不低于催化剂要求的最低运行温度。

6.4.5　吹灰及除灰

6.4.5.1　在反应器入口宜设置灰斗，灰斗可与省煤器灰斗合并考虑。

6.4.5.2　反应器内部吹灰方式可采用蒸汽吹灰或声波吹灰等方式。

6.4.5.3　应根据反应器出口烟道布置情况、烟气中飞灰浓度、煤粉细度等因素，判断反应器出口烟道是否可能积灰，如可能积灰，则应设置除灰系统，并与锅炉的主除灰方式一致。

6.4.6　空气预热器

6.4.6.1　空气预热器应考虑防腐，对回转式空气预热器中低温段换热元件应采用防腐蚀的涂搪瓷处理，对新建机组预留脱硝装置，应考虑低温段换热元件的改造空间和载荷。

6.4.6.2　当稀释空气由一次风系统提供时，对新建锅炉，应将所需的稀释空气量计入一次风量内；对已建锅炉，则应核算空气预热器一次风量，如不足则应增设稀释风机。

6.4.6.3　当采用回转式空气预热器时，吹灰应采用蒸汽及高压水双介质吹灰器。蒸汽吹灰系统作在线吹灰用时，汽源压力1.0MPa，温度350℃左右；高压水吹灰系统作低负荷或离线冲洗用时，可采用小流量高扬程的吹灰水泵。

6.4.7　引风机

对新建锅炉，引风机选型时应考虑反应器及新增烟道的烟气阻力；对已建锅炉，应根据运行参数核算引风机压头裕量，必要时应对引风机进行更换或改造。

6.4.8 锅炉

对新建锅炉，设计应充分考虑加设脱硝后增加的阻力，并应预留接口和基础载荷；对改造锅炉，应对脱硝传递的载荷进行锅炉钢构架的核算。

6.5 公用系统

6.5.1 蒸汽系统

6.5.1.1 蒸汽主要用于液氨蒸发器的加热和蒸汽吹灰等。

6.5.1.2 蒸汽宜取自电厂的厂用蒸汽系统。

6.5.1.3 蒸汽耗量宜综合考虑蒸发器还原剂加热、反应器蒸汽吹灰以及必要的热损失等确定额定耗量。

6.5.2 废水系统

在卸氨后的设备及管道清理、事故或长期停机状态下，氨储罐及管道中的氨气应排放至氨气吸收槽，用水稀释后排入厂区内废水处理系统集中处理。

6.5.3 压缩空气系统

6.5.3.1 检修用压缩空气应满足下列要求：①含尘粒径＜1μm；②含尘量＜$1mg/m^3$；③含油量＜$1mg/m^3$；④水压力露点≤－20℃（0.7MPa）。

6.5.3.2 仪用压缩空气应满足下列要求：①含尘粒径＜1μm；②含尘量＜$1mg/m^3$；③含油量＜$1mg/m^3$；④水压力露点≤－20℃（0.7MPa）。

6.6 二次污染控制措施

6.6.1 脱硝工程设计应考虑二次污染的控制措施，废水及其他污染物的防治，应执行国家及地方现行环境保护法规和标准的有关规定。

6.6.2 脱硝系统应采取控制氨气泄漏的措施，厂界氨气的浓度应符合GB 14554的要求。

6.6.3 脱硝岛应采取有效的隔声、消声、绿化等降低噪声的措施，噪声和振动控制的设计应符合GBJ 87和GB 50040的规定，厂界噪声应符合GB 12348的要求。

6.7 突发事故应急措施

6.7.1 液氨储存与供应区域应设置完善的消防系统、洗眼器及防毒面罩等。

6.7.2 氨站应设防晒及喷淋措施，喷淋设施应考虑工程所在地冬季气温因素。

7 主要工艺设备和材料

7.1 主要工艺设备的选择和性能要求见本标准第6章；主要材料应与燃煤锅炉常用材料一致，材料的选择应满足脱硝系统的工艺要求。

7.2 对于接触腐蚀性介质的部位，应采用防腐材料或做防腐处理。

7.3 当承压部件为金属材料并内衬非金属防腐材料时，应保证非金属材料与金属材料之间的黏结强度，且承压部件的自身设计应确保非金属材料能够长期稳定地黏结在基材上。

7.4 金属材料宜以碳钢材料为主。对金属材料表面可能接触腐蚀性介质的区域，应根据脱硝工艺不同部位的实际情况，衬抗腐蚀性和磨损性强的非金属材料。

7.5 脱硝系统主要设备用材的选定可参考表1。

表1 脱硝系统主要设备用材的选定

编号	名称	内部介质	压力条件	温度条件	注意事项	使用部位	用材
1	反应器	烟气	反应器设计压力——大气压	环境温度——反应器设计温度	—	脱硝反应器及其附属部材、烟道	一般构造用轧钢钢材
2	氨气管道	氨气、氨和空气混合气体	0.6～2.5MPa	环境温度大约600℃	防漏；耐压强度	氨气注入管及氨和空气混合气体管道	压力管道用碳素钢钢管、热轧不锈钢钢板及钢带
3	一般管道	空气	0.2MPa	环境温度		稀释风机进出口烟道、氨气稀释空气管道	碳素钢钢管

续表

编号	名称	内部介质	压力条件	温度条件	注意事项	使用部位	用材
4	压力管道	蒸汽	2MPa	大约350℃	耐压强度	蒸汽管道	碳素钢钢管
5	支撑构造物	空气	—	环境温度	—	支撑钢架、平台等	一般构造用轧钢钢材、一般构造用碳素钢钢管
6	催化剂模块外壳	烟气	—	环境温度——反应器设计温度	—	反应器内	一般构造用轧钢钢材、一般构造用碳素钢钢管

8　检测与过程控制

8.1　热工自动化

8.1.1　脱硝系统应集中监控，实现脱硝系统启动、正常运行工况的监视和调整、停机和事故处理。

8.1.2　脱硝系统在启、停、运行及事故处理情况下均不得影响机组正常运行。

8.1.3　脱硝系统宜采用分散控制系统（DCS）或可编程逻辑控制器（PLC），其功能包括数据采集和处理（DAS）、模拟量控制（MCS）、顺序控制（SCS）及连锁保护、厂用电源系统监控等。

8.2　热工检测及自动调节系统

8.2.1　反应器入口烟气连续检测装置至少应包含以下测量项目：烟气流量、NO_x 浓度（以 NO_2 计）、烟气含氧量。

8.2.2　反应器出口烟气连续检测装置至少应包含以下测量项目：NO_x 浓度（以 NO_2 计）、烟气含氧量、氨逃逸质量浓度。

8.2.3　应设置满足正常运行、监视、调节、保护及经济运算的各类远传和就地仪表。

8.2.4　还原剂区宜设置工业电视监视探头，并纳入全厂工业电视监视系统。

8.3　热工保护、报警及连锁

8.3.1　保护系统指令应具有最高优先级，事件记录功能应能进行保护动作原因分析。

8.3.2　重要热工测量项目仪表应双重或三重化冗余设置。

8.3.3　当采用液氨作为还原剂时，还原剂区控制和监测设备应采用防腐防爆选型，并严格禁铜。

8.4　控制系统

8.4.1　脱硝系统与机组同步建设时，宜将脱硝反应区的控制纳入机组单元控制系统，不再单独设置脱硝控制室。

8.4.2　已建锅炉增设脱硝系统时，可两台炉合用一个脱硝控制室。如条件具备，宜将脱硝反应区的控制纳入已经建成的机组单元控制系统，以达到与机组统一监视或控制。

8.4.3　脱硝还原剂区宜单独设置控制室，采用与机组单元控制系统或辅控PLC相同的硬件设备或纳入机组单元控制系统或辅控PLC。重要的连锁或监视信号应通过硬接线或光缆通信方式与脱硝反应区控制系统或机组单元控制系统进行交换。脱硝还原剂区的卸氨系统可设置就地控制盘，便于现场操作。

9　辅助系统

9.1　电气系统

9.1.1　供电系统

9.1.1.1　脱硝系统低压厂用电电压等级应与厂内主体工程一致。

9.1.1.2　脱硝系统厂用电系统中性点接地方式应与厂内主体工程一致。

9.1.1.3　反应器区工作电源宜并入单元机组锅炉马达控制中心（MCC）段，不单独设低压脱硝变压器及脱硝MCC。还原剂区宜单独设MCC，其电源宜引自厂区公用电源系统，采用双电源进线。

9.1.1.4　除满足上述要求外，其余均应符合DL/T 5153中的有关规定。

9.1.2　直流系统

9.1.2.1　脱硝系统控制电源宜采用交流电源控制，当直流电源引接方便时，也可以考虑采用直流电源。

9.1.2.2 新建锅炉同期建设脱硝系统时，脱硝系统直流负荷宜由机组直流系统供电。当脱硝系统布置离主厂房较远时，也可设置脱硝直流系统。

9.1.2.3 已建锅炉加装脱硝系统时，可由机组直流系统向脱硝系统直流负荷供电，当机组直流系统容量不能满足脱硝系统要求时，可装设独立直流系统向脱硝系统直流负荷供电。

9.1.3 交流保安电源和不间断电源（UPS）

9.1.3.1 新建锅炉同期建设脱硝系统时，脱硝系统交流不停电负荷宜由机组不间断电源（UPS）供电。当脱硝系统布置离主厂房较远时，也可单独设置 UPS。

9.1.3.2 已建锅炉加装脱硝系统时，宜单独设置 UPS 向脱硝系统不停电负荷供电。

9.1.3.3 UPS 宜采用静态逆变装置，其他要求应符合 DL/T 5136 中的有关规定。

9.1.4 二次线

9.1.4.1 脱硝电气系统二次控制宜设置在机组单元控制室，如设置有独立的脱硝控制室，也可以在脱硝控制室控制。

9.1.4.2 脱硝电气系统控制水平应与全厂电气系统的控制水平协调一致。

9.1.4.3 其他二次线要求应符合 DL/T 5136 和 DL/T 5153 的规定。

9.2 建筑及结构

9.2.1 反应器支撑框架结构根据现场条件可采用混凝土或钢结构形式。

9.2.2 还原剂区的设备及容器直接安装于地面，大型储罐的操作平台采用钢结构，平台面及扶梯踏步宜使用格栅结构。

9.3 采暖及空气调节

9.3.1 采暖

9.3.1.1 还原剂区小型控制室采暖区可纳入全厂集中供暖系统，过渡区及非采暖区可安装普通空调。

9.3.1.2 脱硝岛区域建筑物的采暖应与其他建筑物一致。当厂区设有集中采暖系统时，采暖热源宜由厂区采暖系统提供。

9.3.1.3 脱硝岛区域建筑物的采暖应选用不易积尘的散热器供暖，当散热器布置上有困难时，可设置暖风机。

9.3.2 空气调节

9.3.2.1 脱硝岛内控制室和电子设备间应设置空气调节装置，室内设计参数应根据设备要求确定。

9.3.2.2 在寒冷地区，通风系统的进、排风口宜考虑防寒措施。

9.3.2.3 通风系统的进风口宜设在清洁干燥处，电缆夹层不得作为通风系统的吸风地点。在风沙较大地区，通风系统应考虑防风沙措施；在粉尘较大地区，通风系统应考虑防尘措施。

9.4 消防系统

9.4.1 还原剂区消防应符合 GB 50160 及 GB 50229 的要求。

9.4.2 对新建电厂，还原剂区消防系统应纳入电厂消防系统，其消防用水均由电厂的消防水系统提供。对设置于厂区外的还原剂区，可设置独立的消防系统，其报警信号除送就地控制室外，还应送电厂集控室火灾报警监视盘。

9.4.3 控制室内应设置报警信号显示屏。

10 劳动安全与职业卫生

10.1 脱硝岛设计应遵守劳动安全和职业卫生的有关规定，采取各种防治措施，保护人身的安全和健康，并应遵守 DL 5009.1 和 DL 5053 及其他有关强制性标准的规定。

10.2 应根据《危险化学品安全管理条例》配备应急救援人员和必要应急救援器材、设备。

10.3 脱硝岛的防火、防爆设计应符合 GB 50016、GB 50222 和 GB 50229 等有关标准的规定。

10.4 脱硝岛室内防泄漏、防噪声与振动、防电磁辐射、防暑与防寒等要求应符合 GBZ1 的规定。

10.5 在易发生液氨或者氨气泄漏的区域应设置必要的检测设备和水喷雾系统。

10.6 应尽可能采用噪声低的设备，对于噪声较高的设备，应采取减振消声措施，尽量将噪声源和操作人员隔开。工艺允许远距离控制的，可设置隔声操作（控制）室。

11 施工与验收

11.1 施工

11.1.1 脱硝工程的施工应符合国家和行业施工程序及管理文件的要求。

11.1.2 脱硝工程应按设计文件进行施工，对工程的变更应取得设计单位的设计变更文件后再进行施工。

11.1.3 脱硝工程施工中使用的设备、材料、器件等应符合相关的国家标准，并应取得供货商的产品合格证后方可使用。

11.1.4 施工单位应遵守国家有关部门颁布的劳动安全及卫生、消防等国家强制性标准及相关的施工技术规范。

11.2 验收

11.2.1 工程验收

11.2.1.1 脱硝工程验收应按《建设项目（工程）竣工验收办法》、相应专业现行验收规范和本标准的有关规定进行。工程竣工验收前，严禁投入生产性使用。

11.2.1.2 脱硝工程中选用国外引进的设备、材料、器件应具有供货商提供的技术规范、合同规定及商检文件，并应符合我国现行国家或行业标准的有关要求。

11.2.1.3 工程安装、施工完成后应进行调试前的启动验收，启动验收合格和对在线仪表进行校验后方可进行分项调试和整体调试。

11.2.1.4 通过脱硝系统整体调试，各系统运转正常，技术指标达到设计和合同要求后，方可进行启动试运行。

11.2.2 竣工环境保护验收

11.2.2.1 脱硝工程竣工环境保护验收应按《建设项目竣工环境保护验收管理办法》的规定进行。

11.2.2.2 脱硝工程在生产试运行期间还应对脱硝系统进行性能试验，性能试验报告可作为竣工环境保护验收的技术支持文件。

11.2.2.3 脱硝系统性能试验包括：功能试验、技术性能试验、设备试验和材料试验。其中，技术性能试验至少应包括以下项目：①脱硝效率；②氨逃逸质量浓度；③烟气系统压力降；④烟气系统温降；⑤耗电量；⑥SO_2/SO_3 转化率；⑦系统漏风率。

11.2.2.4 脱硝系统技术性能试验应在系统（包括催化剂）设计条件下进行测试，如果在设计条件允许的偏差范围内，相关试验应根据系统（包括催化剂）供方提供的性能修正曲线加以修正，修正曲线至少包括 SO_2/SO_3 转化率与烟气温度的关系、SO_2/SO_3 转化率与烟气流量的关系、脱硝效率（氨耗量）与入口 NO_x 浓度的关系等，修正曲线示例参见附录 D。

12 运行与维护

12.1 一般规定

12.1.1 脱硝系统的运行、维护及安全管理除应执行本规范外，还应符合国家现行有关强制性标准的规定。

12.1.2 未经当地环境保护行政主管部门批准，不得停止运行脱硝系统。由于紧急事故或故障造成脱硝系统停止运行时，应立即报告当地环境保护行政主管部门。

12.1.3 脱硝系统应根据工艺要求定期对各类设备、电气、自控仪表及建（构）筑物进行检查维护，确保装置稳定可靠地运行。

12.1.4 应建立健全与脱硝系统运行维护相关的各项管理制度，以及运行、操作和维护规程；建立脱硝系统、主要设备运行状况的记录制度。

12.1.5 劳动安全和职业卫生设施应与脱硝系统同时建成运行，脱硝系统的安全管理应符合 GB 12801 中的有关规定。

12.1.6 采用液氨作为还原剂时，应根据《危险化学品安全管理条例》的规定建立本单位事故应急救援预案，配备应急救援人员和必要应急救援器材、设备，并定期组织演练。

12.2 人员与运行管理

12.2.1 脱硝系统的运行管理既可成为独立的脱硝车间也可纳入锅炉或除灰车间的管理范畴。

12.2.2 脱硝系统的运行人员宜单独配置。当需要整体管理时，也可以与机组合并配置运行人员，但至少应设置1名专职的脱硝技术管理人员。

12.2.3 应对脱硝系统的管理和运行人员进行定期培训，使管理和运行人员系统掌握脱硝设备及其他附属设施正常运行的具体操作和应急情况的处理措施。运行操作人员，上岗前还应进行以下内容的专业培训：

① 启动前的检查和启动要求的条件；

② 设备的正常运行，包括设备的启动和关闭；

③ 控制、报警和指示系统的运行和检查，必要时的纠正操作；

④ 最佳的运行温度、压力、脱硝效率的控制和调节，保持设备良好运行的条件；

⑤ 设备运行故障的发现、检查和排除；

⑥ 事故或紧急状态下时的操作和事故处理；

⑦ 设备日常和定期维护；

⑧ 设备运行及维护记录，以及其他事件的报告的编写。

12.2.4 脱硝系统运行状况、设施维护和生产活动的内容包括：

① 系统启动、停止时间；

② 还原剂进厂质量分析数据，进厂数量，进厂时间；

③ 系统运行工艺控制参数记录，至少应包括：还原剂区各设备的压力、温度、氨的泄漏值，烟气参数、催化剂层间压降、NO_x 浓度、催化剂参数等，可参见附录E；

④ 主要设备的运行和维修情况的记录；

⑤ 烟气排放连续监测数据、失效催化剂处置情况的记录；

⑥ 生产事故及处置情况的记录；

⑦ 定期检测、评价及评估情况的记录等。

12.2.5 运行人员应按照规定坚持做好交接班制度和巡视制度，特别是对于液氨卸车、储存、蒸发过程的监督与配合，防止和纠正装卸过程中产生泄漏对环境造成的污染。

12.3 维护保养

12.3.1 脱硝系统的维护保养应纳入全厂的维护保养计划中，检修时间间隔宜与锅炉同步进行。

12.3.2 应根据脱硝系统技术负责方提供的系统、设备等资料制定详细的维护保养规定。

12.3.3 维修人员应根据维护保养规定定期检查、更换或维修必要的部件。

12.3.4 维修人员应做好维护保养记录。

附录A

（资料性附录）

尿素制氨系统典型系统流程

A.1 采用尿素作为还原剂的制氨系统有水解和热解两种方式：

① 尿素水解制氨系统包括：尿素颗粒储仓、尿素计量罐、尿素溶解罐、尿素溶液泵、尿素溶液储罐、供液泵、水解反应器、缓冲罐、蒸汽加热器及疏水回收装置等；

② 尿素热解制氨系统包括：尿素颗粒储仓、尿素计量罐、尿素溶解罐、尿素溶液泵、尿素溶液储罐、供液泵、热解器、缓冲罐、加热器等。

A.2 尿素水解制氨气的典型系统流程包括：

① 运送至现场的颗粒尿素送入尿素颗粒储仓，经尿素计量罐加入尿素溶解罐中的工艺冷凝水（或按比例补充的新鲜除盐水）中充分溶解，以配制一定浓度的尿素溶液。溶解罐中工艺冷凝水（或除盐水）通过蒸汽加热维持在40℃左右，溶解罐设置有搅拌器。溶解罐中的尿素溶液通过尿素溶液泵送入尿素溶液储

罐中；

② 供给泵将尿素溶液储罐中的尿素溶液送入水解反应器；

③ 尿素溶液在水解反应器中通过蒸汽加热后产生水解，转化为氨气和二氧化碳，水解后的残留液体尽可能回收至系统设备中重复利用，以减少系统热损失。水解反应器的设计应保证溶液有足够的停留时间，加热蒸汽一般由汽机抽汽作为汽源；

④ 尿素水解后生成的氨气/二氧化碳进入缓冲罐，再由缓冲罐送至氨和空气混合器中与稀释空气混合后供应至锅炉 SCR 氨喷射系统，氨气供应管道加装电动流量调节阀门，以控制氨气供应量。

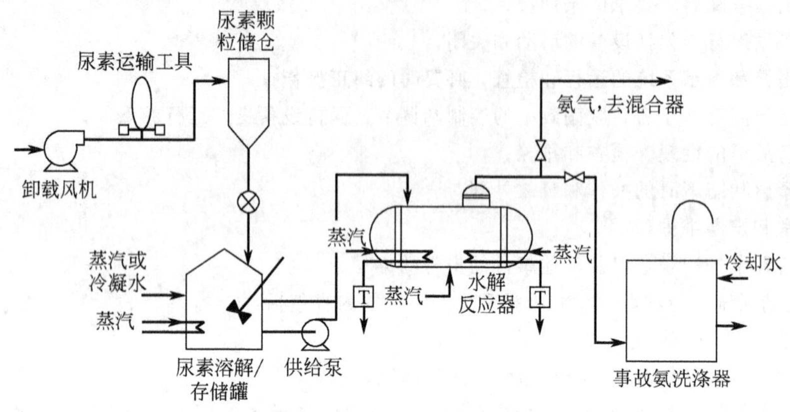

图 A.1　典型尿素水解制氨气系统流程图

A.3　尿素热解制氨气的典型系统流程包括：

① 尿素粉末储存于储仓，由螺旋给料机输送到溶解罐里，用除盐水将固体尿素溶解成 40%～50%（质量分数）的尿素溶液，通过尿素溶液给料泵输送到尿素溶液储罐；

② 尿素溶液经由供液泵、计量与分配装置、雾化喷嘴等进入绝热分解室，稀释空气经燃料加热后也进入分解室，雾化后的尿素液滴在绝热分解室内分解；

③ 经稀释风降温后的分解产物温度为 260～350℃，经由氨喷射系统进入 SCR 反应器。

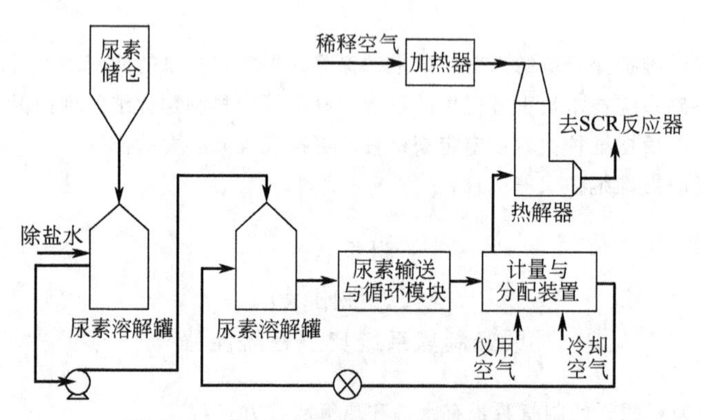

图 A.2　典型尿素热解制氨气系统流程图

附录 B

（资料性附录）

催化剂设计选型的基础数据

B.1　煤种的工业分析和元素分析

B.1.1　煤种的其他常量和微量元素分析，包括：①Na 含量，%；②K 含量，%；③As 含量，%；④Cl

含量，%；⑤F 含量，%。

B.1.2 飞灰粒径分布。

B.1.3 飞灰的矿物质成分分析，包括：①SiO_2 含量，%；②Al_2O_3 含量，%；③Fe_2O_3 含量，%；④CaO 含量，%；⑤游离 CaO 含量，%；⑥MgO 含量，%；⑦TiO_2 含量，%；⑧MnO 含量，%；⑨V_2O_5 含量，%；⑩Na_2O 含量，%；⑪K_2O 含量，%；⑫P_2O_5 含量，%；⑬SO_3 含量，%；⑭烧失量，%；⑮未燃尽碳含量，%。

B.1.4 烟气体积流量（101.325kPa、0℃，湿基或干基），单位为 m^3/h。

B.1.5 烟气温度范围，单位为℃。

B.1.6 烟气中飞灰含量（101.325kPa、0℃，干基，过剩空气系数 1.4），单位为 g/m^3 或 mg/m^3。

B.1.7 烟气组分分析，包括：①H_2O 含量（101.325kPa、0℃），%；②O_2 含量（101.325kPa、0℃，干基），%；③CO_2 含量（101.325kPa、0℃，干基），%；④N_2 含量（101.325kPa、0℃，干基），%；⑤NO_x 含量（101.325kPa、0℃，干基，过剩空气系数 1.4），mg/m^3；⑥SO_2 含量（101.325kPa、0℃，干基，过剩空气系数 1.4），mg/m^3；⑦SO_3 含量（101.325kPa、0℃，干基，过剩空气系数 1.4），mg/m^3；⑧HCl 含量（101.325kPa、0℃，干基，过剩空气系数 1.4），mg/m^3；⑨HF 含量（101.325kPa、0℃，干基，过剩空气系数 1.4），mg/m^3；⑩CO 含量（101.325kPa、0℃，干基，过剩空气系数 1.4），mg/m^3。

B.2 催化剂设计的其他数据

在 SCR 烟气脱硝工程项目前期，还应尽量提供有助于催化剂设计的相关数据，如主体工程每年在各种负荷工况下的预计运行时间等。如果项目中应用到多种燃料，催化剂设计选型的技术数据还应包括各种燃料所适用的比例。

附录 C

（资料性附录）

失效催化剂的处理方式

C.1 催化剂再生

C.1.1 催化剂的再生是将失活催化剂通过浸泡洗涤、添加活性组分以及烘干的程序使催化剂恢复大部分活性。催化剂再生的方法可分为在线清理法和振动法。

① 在线清理法是指在 SCR 反应塔内进行清灰，清除硫酸氢氨等比较容易清除的物质。这种方法简便易行，费用较低，但仅适合于失活不严重的情况，只能恢复很少的催化剂活性。

② 振动法是把催化剂模块从 SCR 反应塔中拆除，放进专用的振动设备中，可以清除大部分堵塞物，如硫酸氢氨、其他可溶性物质以及爆米花灰等。在振动设备中采用专用的化学清洗剂，从而产生废水，废水成分和空预器清洗水相似，可以排入电厂废水处理系统。

C.1.2 再生方案的确定宜根据工期、现场场地、再生费用、再生和新买催化剂的技术经济比较进行综合评估后确定。

C.2 催化剂无害化处理

C.2.1 催化剂的主要成分是 TiO_2、V_2O_5、WO_3、MoO_3 等，其中 TiO_2 属于无毒物质，V_2O_5 为微毒物质，属于吸入有害；MoO_3 也为微毒物质，长期吸入或者吞服有严重危害，对眼睛和呼吸系统有刺激。因此，在催化剂使用和废弃处理过程中，如果措施得当，不会造成危害。

C.2.2 在正常情况下，SCR 催化剂性状稳定，不会发生分解。在催化剂处理过程中，要防止粉末的产生和浸水；在接触催化剂时，要戴手套；在催化剂粉碎过程中，要戴口罩。在正常情况下，催化剂性状稳定，不会发生分解。迄今为止尚未发现由于催化剂产生伤害的报告。

C.2.3 虽然催化剂自身属于微毒物质，但是在其使用过程中烟气中的重金属可能在催化剂内聚集，这种情况下，使用后失效的 SCR 催化剂应作为危险物品来处理。

C.2.4 对于蜂窝式 SCR 催化剂，一般的处理方式是把催化剂压碎后进行填埋。填埋按照微毒化学物质的处理要求，在填埋坑底部铺设塑料薄膜。板式催化剂除了采用压碎填埋的方式外，由于催化剂内含有不锈钢基材，并且催化剂活性物质中有 Ti、Mo、V 等金属物质，因此可以送至金属冶炼厂进行回用，见图 C.1。

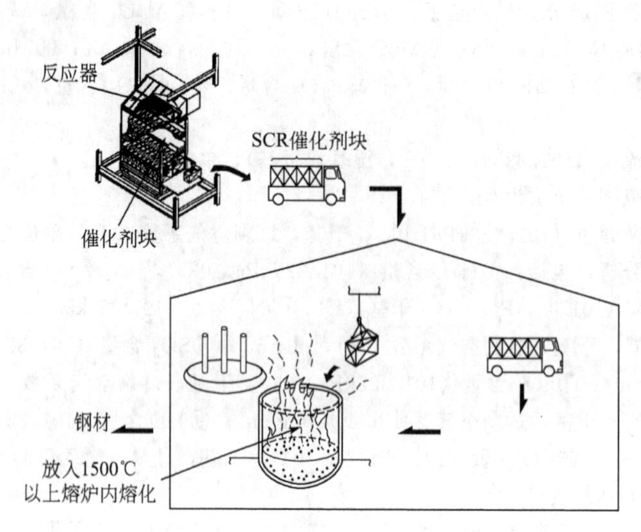

图 C.1　催化剂无害化处理过程

C.2.5　催化剂废弃处理的第三种方式是将催化剂压碎后装入混凝土容器内然后填埋。该处理方式由于其成本相对较高，因此一般情况下不采用。只有在燃煤中重金属含量较多，在脱硝装置的运行过程中聚集在催化剂内，并且达到了一定的浓度，或者在某些特殊地区有明确的要求的情况下，才采用该方式处理。

附录 D
（资料性附录）
性能修正曲线示例

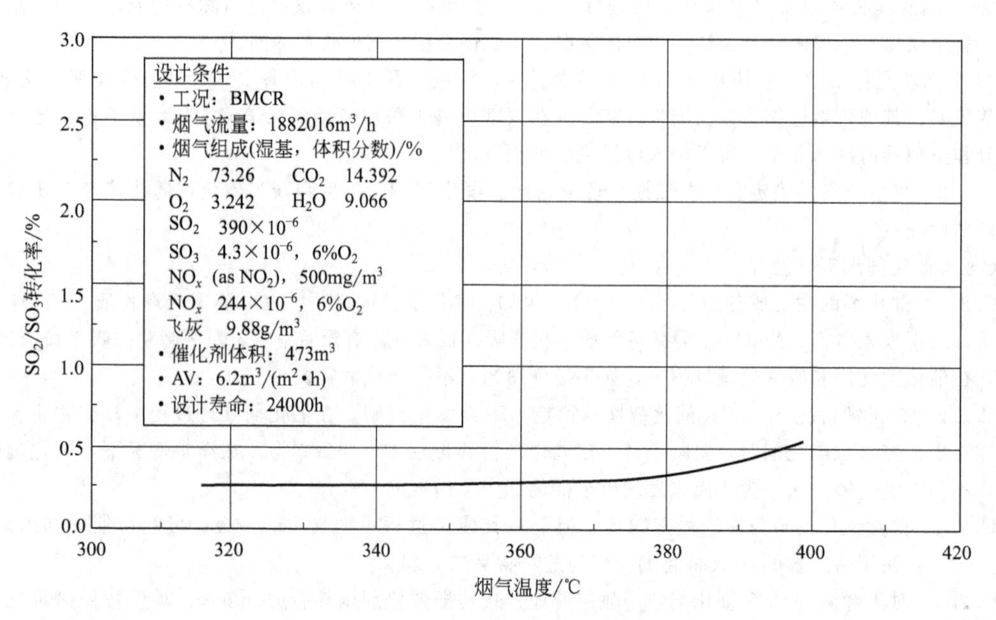

图 D.1　SO_2/SO_3 转化率与烟气温度的关系

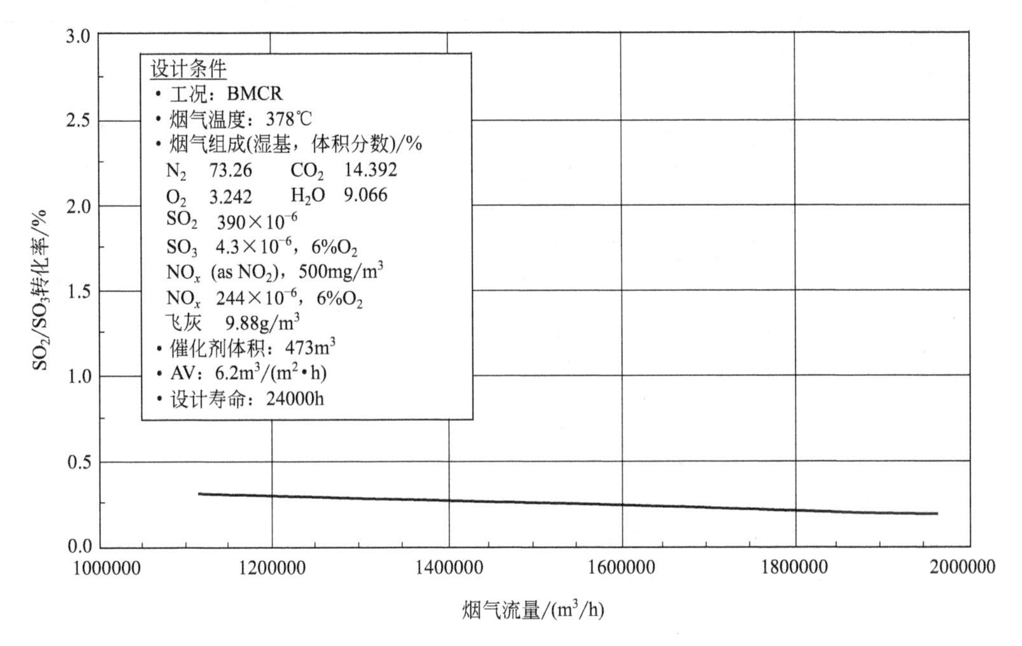

图 D.2 SO_2/SO_3 转化率与烟气流量的关系

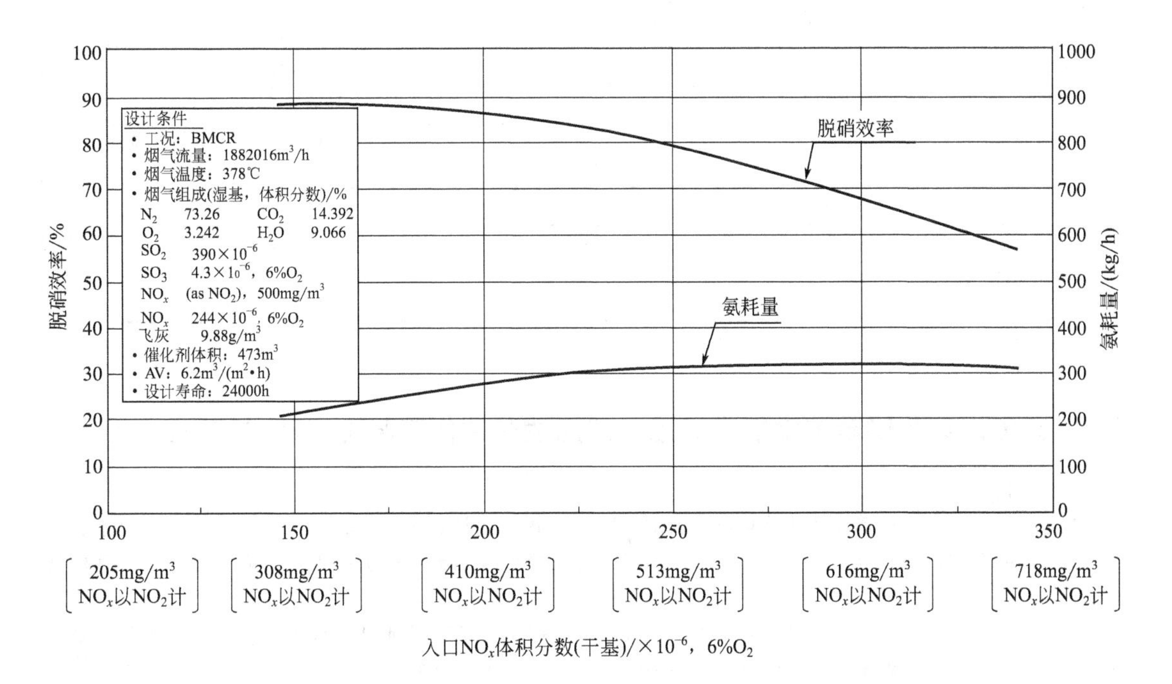

图 D.3 脱硝效率（氨耗量）与入口 NO_x 浓度的关系

附录 E

（资料性附录）

脱硝系统参数检测表

SCR 脱硝系统编号：

项目			备注
时间			
NO_x 脱除效率/%			
烟气参数	流量/(m^3/h)		
	温度/℃		
	湿度/%		
	烟尘质量浓度/(mg/m^3)		
	O_2 体积分数/%		
	CO 质量浓度/(mg/m^3)		
	……		
催化剂层间压降/Pa	第一层		
	第二层		
	第三层		
	……		
NO_x 质量浓度/(mg/m^3)	反应器入口处		
	第一、二催化剂层之间		
	第二、三催化剂层之间		
	……		
	反应器出口处		
催化剂参数	活性变化		
	积灰情况		积灰区域分布、程度以及积灰特点如爆米花灰等
	磨蚀情况		
	微观结构变化		孔径分布、孔容和比表面积等变化情况
	……		
注 1:催化剂参数应定期检测(每 2 个月监测一次),其中积灰情况较为特殊,可根据机组运行情况,结合锅炉大修停炉等时期进行分析。 注 2:以上数据均为实测工况数据。			

负责人:　　　　　　　　　　　　日期:

6.6 火电厂烟气脱硝工程技术规范　选择性非催化还原法（HJ 563—2010）

1　适用范围

本标准规定了火电厂选择性非催化还原法烟气脱硝工程的设计、施工、验收、运行和维护等应遵循的技术要求，可作为环境影响评价、工程设计与施工、建设项目竣工环境保护验收及建成后运行与管理的技术依据。

本标准适用于火电厂（热电联产）燃煤、燃气、燃油锅炉同期建设或已建锅炉的烟气脱硝工程。供热锅炉和其他工业锅炉、炉窑，同期建设或已建锅炉的烟气脱硝工程可参照执行。

2　规范性引用文件

本标准内容引用了下列文件中的条款。凡是不注日期的引用文件，其有效版本适用于本标准。

GB 536　液体无水氨

GB 12348　工业企业厂界环境噪声排放标准

GB 12801　生产过程安全卫生要求总则

GB 14554　恶臭污染物排放标准

GB 18218　危险化学品重大危险源辨识

GB 50016　建筑设计防火规范
GB 50040　动力机器基础设计规范
GB 50160　石油化工企业设计防火规范
GB 50222　建筑内部装修设计防火规范
GB 50229　火力发电厂与变电站设计防火规范
GB 50243　通风与空调工程施工质量验收规范
GB 50351　储罐区防火堤设计规范
GB/T 16157　固定污染源排气中颗粒物测定与气态污染物采样方法
GB/T 21509　燃煤烟气脱硝技术装备
GB/T 50033　建筑采光设计标准
GBJ 87　工业企业噪声控制设计规范
GBJ 140　建筑灭火器配置设计规范
GBZ 1　工业企业设计卫生标准
DL 5009.1　电力建设安全工作规程（火力发电厂部分）
DL 5053　火力发电厂劳动安全和工业卫生设计规程
DL/T 5029　火力发电厂建筑装修设计标准
DL/T 5035　火力发电厂采暖通风与空气调节设计技术规程
DL/T 5120　小型电力工程直流系统设计规程
DL/T 5136　火力发电厂、变电所二次接线设计技术规程
DL/T 5153　火力发电厂厂用电设计技术规定
HJ/T 75　固定污染源烟气排放连续监测技术规范（试行）
HJ/T 76　固定污染源排放烟气连续监测系统技术要求及检测方法
《危险化学品安全管理条例》（中华人民共和国国务院令 第 344 号）
《危险化学品生产储存建设项目安全审查办法》（国家安全生产监督管理局、国家煤矿安全监察局令第 17 号）
《建设项目（工程）竣工验收办法》（计建设［1990］1215 号）
《建设项目竣工环境保护验收管理办法》（国家环境保护总局令 第 13 号）

3　术语和定义

GB/T 21509 确立的以及下列术语和定义适用于本标准。

3.1　选择性非催化还原法 selective non-catalytic reduction（SNCR）

利用还原剂在不需要催化剂的情况下有选择性地与烟气中的氮氧化物（NO_x）发生化学反应，生成氮气和水的方法。

3.2　脱硝系统 denitrification system

采用物理或化学的方法脱除烟气中氮氧化物（NO_x）的系统，本标准中指选择性非催化还原法脱硝系统。

3.3　还原剂 reductant

脱硝系统中用于与 NO_x 发生还原反应的物质及原料。

3.4　氨逃逸质量浓度 ammonia slip

脱硝系统运行时空气预热器入口烟气中氨的质量与烟气体积（101.325kPa、0℃，干基，过量空气系数 1.4）之比，一般用 mg/m^3 表示。

3.5　系统可用率 system availability

脱硝系统每年正常运行时间与锅炉每年总运行时间的百分比。按式(1) 计算：

$$可用率=\frac{A-B}{A}\times 100\% \quad (1)$$

式中　A——锅炉每年总运行时间，h；

B——脱硝系统每年总停运时间，h。

3.6 锅炉最大连续工况 boiler maximum continuous rating

锅炉与汽轮机组设计流量相匹配的最大连续输出热功率时的工况，简称 BMCR 工况。

3.7 锅炉经济运行工况 boiler economic continuous rating

锅炉经济蒸发量下的工况，对应于汽轮机机组热耗保证工况，简称 BECR 工况。

4 污染物与污染负荷

4.1 脱硝系统设计前应收集附录 A 中规定的原始参数。

4.2 新建锅炉加装脱硝系统的烟气设计参数宜采用 BMCR 工况、NO_x 和烟尘浓度为设计值时的烟气参数；校核值宜采用 BECR 工况下烟气量、NO_x 和烟尘浓度为最大值时的烟气参数。

4.3 已建锅炉加装脱硝系统时，其设计工况和校核工况宜根据实测烟气参数确定，并考虑燃料的变化趋势。

4.4 烟气参数应按 GB/T 16157 进行测试。

5 总体要求

5.1 一般规定

5.1.1 SNCR 法适用于脱硝效率要求不高于 40%的机组。

5.1.2 脱硝工程的设计应由具备相应资质的单位承担，设计文件应按规定的内容和深度完成报批和批准手续，并符合国家有关强制性法规、标准的规定。

5.1.3 脱硝工程总体设计应符合下列要求：①工艺流程合理；②还原剂使用便捷；③方便施工，有利于维护检修；④充分利用厂内公用设施；⑤节约用地，工程量小，运行费用低。

5.1.4 应装设符合 HJ/T 76 要求的烟气排放连续监测系统，并按照 HJ/T 75 的要求进行连续监测。

5.2 工程构成

5.2.1 SNCR 脱硝工程主要包括还原剂的储存与制备、输送、计量分配及喷射。

5.2.2 还原剂的储存与制备包括尿素储仓或液氨（氨水）储罐，以及尿素溶解、稀释或液氨蒸发、氨气缓冲等设备。

5.2.3 还原剂的输送包括蒸汽管道、水管道、还原剂管道及输送泵等。

5.2.4 还原剂的计量分配包括还原剂、雾化介质和稀释水的压力、温度计量设备，以及流量的分配设备等。

5.2.5 还原剂的喷射包括喷射枪及电动推进装置等。

5.3 总平面布置

5.3.1 总平面布置应符合 GB 50016、GB 50222 和 GB 50229 等防火、防爆有关规范的规定。

5.3.2 总平面布置应遵循设备运行稳定、管理维修方便、经济合理、安全卫生的原则，并应与电厂总体布置相协调。

5.3.3 架空管线、直埋管线与沟道相接时，应在设计分界线处标明位置、标高、管径或沟道断面尺寸、坡度、坡向管沟名称、引向何处等。

5.3.4 平台扶梯及检修起吊设施的布置应尽量利用锅炉已有的设施。

5.3.5 管道及附件的布置应满足脱硝施工及运行维护的要求，避免与其他设施发生碰撞。

5.3.6 尿素溶解和储存设备应就近布置在锅炉附近的空地上。

5.3.7 尿素溶液稀释设备尽可能紧靠锅炉布置，一般以地脚螺栓的形式固定在紧邻锅炉的 0m 标高的空地上。

5.3.8 计量分配设备应就近布置在喷射系统附近锅炉平台上，以焊接或螺栓的形式固定。

5.3.9 若采用液氨还原剂，氨区宜布置在地势较低的地带；还原剂区应单独设置围栏，设立明显警示标记，并应考虑疏散距离。

5.3.10 液氨储罐区宜设环形消防道路，场地困难时，可设尽头式道路，但应设回转场地，并符合 GB 50229 的规定。

5.3.11 液氨储罐应设置防止阳光直射的遮阳棚，遮阳棚的结构应避免形成可集聚气体的死角。

5.3.12 在地上、半地下储氨罐或储氨罐组，应按 GB 50351 设置非燃烧、耐腐蚀材料的防火堤。

6 工艺设计

6.1 一般规定

6.1.1 脱硝系统氨逃逸质量浓度应控制在 8mg/m^3 以下。

6.1.2 脱硝系统对锅炉效率的影响应小于 0.5%。

6.1.3 脱硝系统应能在锅炉最低稳燃负荷工况和 BMCR 工况之间的任何负荷持续安全运行。

6.1.4 脱硝系统负荷响应能力应满足锅炉负荷变化率要求。

6.1.5 脱硝系统应不对锅炉运行产生干扰，也不增加烟气阻力。

6.1.6 还原剂储存系统可几台机组共用，其他系统按单元机组设计。

6.1.7 脱硝系统设计和制造应符合安全可靠、连续有效运行的要求，服务年限应在 30 年以上，整个寿命期内系统可用率应不小于 98%。

6.2 还原剂选择

6.2.1 脱硝工艺中常用的还原剂主要有尿素、液氨和氨水。

6.2.2 火电厂烟气脱硝系统一般采用尿素为还原剂，系统主要由尿素溶液储存与制备、尿素溶液输送、尿素溶液计量分配以及尿素溶液喷射等设备组成。

6.2.3 以液氨和氨水为还原剂的脱硝系统一般适用于中小型锅炉，其工艺要求参见附录 B。

6.3 尿素溶液储存和制备系统

6.3.1 宜将尿素制备成质量浓度为 50%的尿素溶液储存。

6.3.2 尿素溶液的总储存容量宜按照不小于所对应的脱硝系统在 BMCR 工况下 5d（每天按 24h 计）的总消耗量来设计。

6.3.3 尿素溶解设备宜布置在室内，尿素溶液储存设备宜布置在室外。设备间距应满足施工、操作和维护的要求，结合电厂所在地域条件考虑尿素溶液管道的保温。

6.3.4 尿素筒仓应至少设置一个，应设计成锥形底立式碳钢罐，并设置热风流化装置和振动下料装置，以防止固体尿素吸潮、架桥及结块堵塞。

6.3.5 尿素溶解罐应至少设置一座，采用不锈钢制造。

6.3.6 尿素溶解罐应设有人孔、尿素或尿素溶液入口、尿素溶液出口、通风孔、搅拌器口、液位表、温度表口和排放口等。

6.3.7 尿素溶解罐和尿素溶液储罐之间应设置输送泵，输送泵可采用离心泵。

6.3.8 尿素溶液储罐应设两座，并设伴热装置。

6.3.9 尿素溶液储罐宜采用玻璃钢（FRP）或不低于 304 不锈钢制造。

6.3.10 尿素溶液储罐的开口应有人孔、尿素溶液进出口、通风孔、液位表、温度表口和排放口。

6.3.11 尿素溶液储罐外壁应设有梯子、平台、栏杆和液面计支架。

6.3.12 在喷入锅炉前，尿素溶液应与稀释水混合稀释，稀释后的质量浓度不得大于 10%。

6.3.13 稀释混合器宜采用静态混合器。

6.3.14 稀释用水宜采用除盐水。

6.3.15 每台锅炉宜配置一套稀释系统。

6.3.16 尿素溶液稀释系统应设置过滤器。

6.3.17 每台锅炉应设计两台稀释水泵，一台运行，一台备用。流量设计裕量应不小于 10%，压头设计裕量应不小于 20%。

6.4 尿素溶液输送系统

6.4.1 多台锅炉可共用一套尿素溶液输送系统。

6.4.2 尿素溶液输送泵宜采用多级离心泵。

6.4.3 每套输送系统应设计两台输送泵，一台运行，一台备用。

6.4.4 输送系统应设置加热器。加热器的功率应能满足补偿尿素溶液输送途中热量损失的需要。

6.4.5 尿素溶液输送系统应设置过滤器。

6.5 尿素溶液计量分配系统

6.5.1 每台锅炉宜配置一套计量分配系统。

6.5.2 计量分配系统应设置空气过滤器。

6.6 尿素溶液喷射系统

6.6.1 尿素 SNCR 是在锅炉炉膛高温区域（850～1250℃）喷入尿素溶液。

6.6.2 喷射系统应尽量考虑利用现有锅炉平台进行安装和维修。

6.6.3 多喷嘴喷射器应有足够的冷却保护措施以使其能承受反应温度窗口区域的最高温度，而不产生任何损坏。

6.6.4 多喷嘴喷射器应有伸缩机构，当喷射器不使用、冷却水流量不足、冷却水温度高或雾化空气流量不足时，可自动将其从锅炉中抽出以保护喷射器不受损坏。

6.6.5 每台锅炉应设置一套炉膛温度监测仪。

6.6.6 宜结合常用煤种及运行工况进行 SNCR 计算流体力学和化学动力学模型试验，以确定最优温度区域和最佳还原剂喷射模式。

6.7 二次污染控制措施

6.7.1 脱硝系统设计过程中应考虑二次污染的控制措施，废气、废水、噪声及其他污染物的防治与排放，应执行国家及地方现行环境保护法规和标准的有关规定。

6.7.2 脱硝系统应采取控制氨气泄漏的措施，厂界氨气的浓度应符合 GB 14554 的要求。

6.7.3 单独采用 SNCR 法时，应严格控制脱硝系统产生的氨逃逸，当 SNCR 法和 SCR 法联合使用时，应采取控制氨逃逸和 SO_2/SO_3 转化率的措施。

6.7.4 脱硝系统应采取有效的隔声、消声、绿化等降低噪声的措施，噪声和振动控制的设计应符合 GBJ 87 和 GB 50040 的规定，厂界噪声应符合 GB 12348 的要求。

6.8 突发事故应急措施

若采用液氨作为还原剂，液氨储存与供应区域设置完善的消防系统、洗眼器及防毒面罩等。氨站还应设防雨、防晒及喷淋措施，喷淋设施要考虑工程所在地冬季气温因素。

7 主要工艺设备和材料

7.1 尿素 SNCR 工艺的主要设备有：尿素溶解罐、尿素溶液循环泵、尿素溶液储罐、供料泵、稀释水泵、背压控制阀、计量分配装置、尿素溶液喷射器等，设备性能和要求见本标准第 6 章。

7.2 材料应根据经济、适用的原则选择，满足脱硝系统的工艺要求。

7.3 通用材料应与燃煤锅炉常用材料的选择一致。

7.4 对于接触腐蚀性介质的部位，应择优选取耐腐蚀金属或非金属材料。

7.5 金属材料宜以碳钢材料为主。对金属材料表面可能接触腐蚀性介质的区域，应根据脱硝系统不同部位的实际情况，衬抗腐蚀性和磨损性强的非金属材料。

7.6 当承压部件为金属材料并内衬非金属防腐材料时，应考虑非金属材料与金属材料之间的黏结强度，且承压部件的自身设计应确保非金属材料能够长期稳定地黏结在基材上。

7.7 防腐蚀和磨损的非金属材料主要选用玻璃鳞片树脂、玻璃钢、塑料、橡胶、陶瓷等。

8 检测和过程控制

8.1 烟气连续检测系统

出口烟气连续检测装置至少应包含以下测量项目：烟气流量、NO_x 浓度（以 NO_2 计）、烟气含氧量。

8.2 热工自动化及控制系统

8.2.1 脱硝系统与机组同步建设时，宜将脱硝系统的控制纳入机组单元控制系统，不再单独设置脱硝控制室。

8.2.2 已建锅炉增设脱硝系统时，两台炉可设置一个独立的脱硝控制室，宜采用分散控制系统（DCS）或可编程逻辑控制器（PLC）。当条件具备时，宜将脱硝系统控制室与机炉集控室合并，或将脱硝系统的控制纳入已经建成的机组单元控制系统，以达到与机炉统一监视或控制。

8.2.3 控制子系统包括：还原剂流量控制系统、喷射控制系统、冷却水控制系统、空气和空气净化控制系统、温度监测系统等。

8.2.4 热控系统应能在无就地人员配合的情况下，通过远程控制实现还原剂的输送、计量、喷枪系统等启停及调节和事故处理。

8.2.5 热控系统与管理信息系统（MIS）进行通信时，应采用经国家有关部门认证的专用、可靠的安全隔离措施。

9 辅助系统

9.1 电气系统

9.1.1 供电系统

9.1.1.1 脱硝系统低压厂用电电压等级应与厂内主体工程一致。

9.1.1.2 脱硝系统厂用电系统中性点接地方式应与厂内主体工程一致。

9.1.1.3 脱硝系统反应器区工作电源宜并入单元机组锅炉马达控制中心（MCC）段，不单独设低压脱硝变压器及脱硝 MCC。还原剂区工作宜单独设 MCC，其电源宜引自厂区公用电源系统，采用双电源进线。

9.1.1.4 除满足上述要求外，还应符合 DL/T 5153 中的有关规定。

9.1.2 直流系统

9.1.2.1 脱硝系统控制电源宜采用交流电源控制，当直流电源引接方便时，也可以考虑采用直流电源。

9.1.2.2 直流系统的设置应符合 DL/T 5120 的规定。

9.1.3 交流保安电源和交流不停电电源（UPS）

9.1.3.1 脱硝系统宜根据系统的自身情况确定是否使用交流保安电源及设置交流保安段。

9.1.3.2 其他要求应符合 DL/T 5136 中的有关规定。

9.1.4 二次线

9.1.4.1 脱硝电气系统宜在程控室控制，控制水平与工艺专业协调一致。

9.1.4.2 其他二次线要求应符合 DL/T 5136 和 DL/T 5153 的规定。

9.2 建筑及结构

9.2.1 建筑

9.2.1.1 脱硝系统的建筑设计除执行本标准外，还应符合国家和行业现行有关标准的规定。

9.2.1.2 脱硝系统建筑设计应根据生产流程、功能要求、自然条件等因素，结合工艺设计，合理组织平面布置和空间组合，注意建筑群体的效果及与周围环境的协调。

9.2.1.3 脱硝系统的建筑物室内噪声控制设计标准应符合 GBJ 87 的规定。

9.2.1.4 脱硝系统的建筑物采光和自然通风宜优先考虑天然采光，建筑物室内天然采光照度应符合 GB/T 50033 的要求。

9.2.1.5 脱硝系统建筑物各车间室内装修标准应按 DL/T 5029 中同类性质的车间装修标准执行。

9.2.2 结构

9.2.2.1 脱硝系统工程土建结构的设计除执行本标准外，还应符合国家和行业现行有关标准的规定。

9.2.2.2 屋面、楼（地）面在生产使用、检修、施工安装时，由设备、管道、材料堆放、运输工具等重物引起的荷载，以及所有设备、管道支架作用于土建结构上的荷载，均应由工艺设计专业提供。

9.2.2.3 脱硝系统建、构筑物抗震设防类别按丙类考虑，地震作用和抗震措施均应符合本地区抗震设防烈度的要求。

9.3 暖通及消防系统

9.3.1 一般规定

9.3.1.1 脱硝系统内应有采暖通风与空气调节系统，并符合 DL/T 5035、GB 50243 及国家有关现行标准的规定。

9.3.1.2 脱硝系统应有完整的消防给水系统，还应按消防对象的具体情况设置火灾自动报警装置和专用灭火装置。系统消防设计应符合 GB 50229 及 GB 50160 等标准的要求。

9.3.2 采暖通风

9.3.2.1 脱硝系统建筑物的采暖应与其他建筑物一致。当厂区设有集中采暖系统时，采暖热源宜由厂区采暖系统提供。

9.3.2.2 脱硝内控制室和电子设备间应设置空气调节装置。室内设计参数应根据设备要求确定。

9.3.2.3 在寒冷地区，通风系统的进、排风口宜考虑防寒措施。

9.3.2.4 通风系统的进风口宜设在清洁干燥处，电缆夹层不得作为通风系统的吸风地点。在风沙较大地区，通风系统应考虑防风沙措施。在粉尘较大地区，通风系统应考虑防尘措施。

9.3.3 消防系统

9.3.3.1 脱硝系统消防水源宜由厂内主消防管网供给。消防水系统的设置应覆盖所有室外、室内建构筑物和相关设备。

9.3.3.2 室内消防栓的布置，应保证有两支水枪的充实水柱同时到达室内任何部位。

9.3.3.3 室外消火栓应根据需要沿道路设置，并宜靠近路口；若厂内主消防系统在脱硝附近设有室外消火栓，可考虑利用其保护范围，相应减少脱外消火栓的数量。

9.3.3.4 电子设备间、控制室、水喷雾系统、电缆夹层、电力设备等处应按照 GBJ 140 规定配置一定数量的移动式灭火器。

9.3.3.5 消防系统应满足 GB 50222 及 GB 50229 的规定。

10 劳动安全与职业卫生

10.1 脱硝系统设计应遵守劳动安全和职业卫生的有关规定，采取各种防治措施，保护人身的安全和健康，并应遵守 DL 5009.1 和 DL 5053 及其他有关强制性标准的规定。

10.2 若采用液氨作为还原剂，氨的储存和氨气制备应符合 GB 536、《危险化学品安全管理条例》、《危险化学品生产储存建设项目安全审查办法》和 GB 18218 的有关规定，在易发生液氨或者氨气泄漏的区域设置必要的检测设备和水喷雾系统。

10.3 脱硝工程的防火、防爆设计应符合 GB 50016、GB 50222 和 GB 50229 等有关标准的规定。

10.4 防泄漏、防噪声与振动、防电磁辐射、防暑与防寒等职业卫生要求应符合 GBZ 1 的规定。

10.5 应尽可能采用噪声低的设备，对于噪声较高的设备，应采取减震消声措施，并尽量将噪声源和操作人员隔开。

11 施工与验收

11.1 施工

11.1.1 脱硝工程的施工应符合国家和行业施工程序及管理文件的要求。

11.1.2 脱硝工程应按设计文件进行施工，对工程的变更应取得设计单位的设计变更文件后再进行施工。

11.1.3 脱硝工程施工中使用的设备、材料、器件等应符合相关的国家标准，并应取得供货商的产品合格证后方可使用。

11.1.4 施工单位应遵守国家有关部门颁布的劳动安全及卫生、消防等国家强制性标准及相关的施工技术规范。

11.1.5 稀释系统、计量系统、分配系统等，设计、施工时应充分考虑冬季防寒、防冻的措施，防止各输液管道冰冻。

11.2 验收

11.2.1 竣工验收

11.2.1.1 脱硝工程验收应按《建设项目（工程）竣工验收办法》、相应专业现行验收规范和本标准的有关规定进行组织。工程竣工验收前，严禁投入生产性使用。

11.2.1.2 脱硝工程中选用国外引进的设备、材料、器件应具有供货商提供的技术规范、合同规定及商检文件执行，并应符合我国现行国家或行业标准的有关要求。

11.2.1.3 工程安装、施工完成后应进行调试前的启动验收，启动验收合格和对在线仪表进行校验后方可进行调试。

11.2.1.4 通过脱硝系统整体调试，各系统运转正常，技术指标达到设计和合同要求后，方可进行启动试运行。

11.2.2 竣工环境保护验收

11.2.2.1 脱硝工程竣工环境保护验收按《建设项目竣工环境保护验收管理办法》的规定进行。

11.2.2.2 脱硝工程在生产试运行期间还应对脱硝系统进行性能试验，性能试验报告可作为竣工环境保护验收的技术支持文件。

11.2.2.3 脱硝系统性能试验包括：功能试验、技术性能试验、设备和材料试验，各试验要求如下：

① 功能试验：在脱硝系统设备运转之前，应先进行启动运行试验，应确认装置的可靠性；

② 技术性能试验参数应包括：脱硝效率，氨逃逸质量浓度，还原剂消耗量，NH_3/NO_x 比，脱硝系统电、水、压缩空气、蒸汽等消耗量，控制系统的负荷跟踪能力及噪音；

③ 设备试验和材料试验：确认在锅炉额定负荷下以及在实际运行负荷下的性能（根据需要）。

12 运行与维护

12.1 一般规定

12.1.1 脱硝系统的运行、维护及安全管理除应执行本标准外，还应符合国家现行有关强制性标准的规定。

12.1.2 未经当地环境保护行政主管部门批准，不得停止运行脱硝系统。由于紧急事故及故障造成脱硝系统停止运行时，应立即报告当地环境保护行政主管部门。

12.1.3 脱硝系统应根据工艺要求定期对各类设备、电气、自控仪表及建（构）筑物进行检查维护，确保装置稳定可靠地运行。

12.1.4 脱硝系统在正常运行条件下，各项污染物排放应满足国家或地方排放标准的规定。

12.1.5 应建立健全与脱硝系统运行维护相关的各项管理制度，以及运行、操作和维护规程；建立脱硝系统、主要设备运行状况的记录制度。

12.1.6 劳动安全和职业卫生设施应与脱硝系统同时建成运行，脱硝系统的安全管理应符合 GB 12801 中的有关规定。

12.1.7 若采用液氨作为还原剂，应根据《危险化学品安全管理条例》的规定建立本单位事故应急救援预案，配备应急救援人员和必要应急救援器材、设备，并定期组织演练。

12.2 人员与运行管理

12.2.1 脱硝系统的运行管理既可成为独立的脱硝车间也可纳入锅炉或除灰车间的管理范畴。

12.2.2 脱硝系统的运行人员宜单独配置。当需要整体管理时，也可以与机组合并配置运行人员。但至少应设置 1 名专职的脱硝技术管理人员。

12.2.3 应对脱硝系统的管理和运行人员进行定期培训，使管理和运行人员系统掌握脱硝设备及其他附属设施正常运行的具体操作和应急情况的处理措施。运行操作人员，上岗前还应进行以下内容的专业培训：

① 启动前的检查和启动要求的条件；

② 脱硝设备的正常运行，包括设备的启动和关闭；

③ 控制、报警和指示系统的运行和检查，以及必要时的纠正操作；

④ 最佳的运行温度、压力、脱硝效率的控制和调节，以及保持设备良好运行的条件；

⑤ 设备运行故障的发现、检查和排除；

⑥ 事故或紧急状态下操作和事故处理；

⑦ 设备日常和定期维护；

⑧ 设备运行及维护记录，以及其他事件的报告的编写。

12.2.4 脱硝系统运行状况、设施维护和生产活动等的内容包括：

① 系统启动、停止时间；

② 还原剂进厂质量分析数据，进厂数量，进厂时间；

③ 系统运行工艺控制参数记录，至少应包括：氨区各设备的压力、温度、氨的泄漏值，脱硝反应区烟

气温度、烟气流量、烟气压力、湿度、NO_x 和氧气浓度，出口 NH_3 浓度等；

④ 主要设备的运行和维修情况的记录；

⑤ 烟气连续监测数据的记录；

⑥ 生产事故及处置情况的记录；

⑦ 定期检测、评价及评估情况的记录等。

12.2.5 运行人员应按照规定坚持做好交接班制度和巡视制度，特别是采用液氨作为还原剂时，应对液氨卸车储存和液氨蒸发过程进行监督与配合，防止和纠正装卸过程中产生泄漏对环境造成的污染。

12.2.6 在设备冲洗和清扫过程中如果产生废水，应收集在脱硝系统排水坑内，不得将废水直接排放。

12.3 维护保养

12.3.1 脱硝系统的维护保养应纳入全厂的维护保养计划中，检修时间间隔宜与锅炉同步进行。

12.3.2 应根据脱硝系统技术提供方提供的系统、设备等资料制定详细的维护保养规定。

12.3.3 维修人员应根据维护保养规定定期检查、更换或维修必要的部件。

12.3.4 维修人员应做好维护保养记录。

附录 A
（资料性附录）
SNCR 工艺设计所需的原始参数

参数名称	备注
烟气体积流量	(101.325kPa、0℃，湿基/干基)
烟气温度范围	
锅炉相关图纸	
热量输入及其变化情况	
水、电、蒸汽等消耗品的介质参数	
炉膛出口过剩空气系数	
负荷变化范围	
炉内温度和温度断面	
飞灰粒径分布	
可允许的用于反应剂喷射空间	
煤种的工业分析	
煤的元素分析	
烟气组分全分析(包括 NO_x、SO_2、SO_3 等)	

附录 B
（资料性附录）
SNCR 烟气脱硝工艺布置及典型流程

以尿素为还原剂的 SNCR 装置在工程中有较多的应用，因此，以尿素做还原剂为例介绍 SNCR 工艺系统，如图 B.1 所示。

SNCR 系统主要设备都模块化进行设计，主要有尿素溶液储存与制备系统，尿素溶液稀释模块，尿素溶液传输模块，尿素溶液计量模块以及尿素溶液喷射系统组成，如图 B.2 所示。

作为还原剂的固体尿素，被溶解制备成质量浓度为 50% 的尿素溶液，尿素溶液经尿素溶液输送泵输送至计量分配模块之前，与稀释水模块输送过来的水混合，尿素溶液被稀释为 10% 的尿素溶液，然后在喷入炉膛之前，再经过计量分配装置的精确计量分配至每个喷枪，然后经喷枪喷入炉膛，进行脱氮反应。

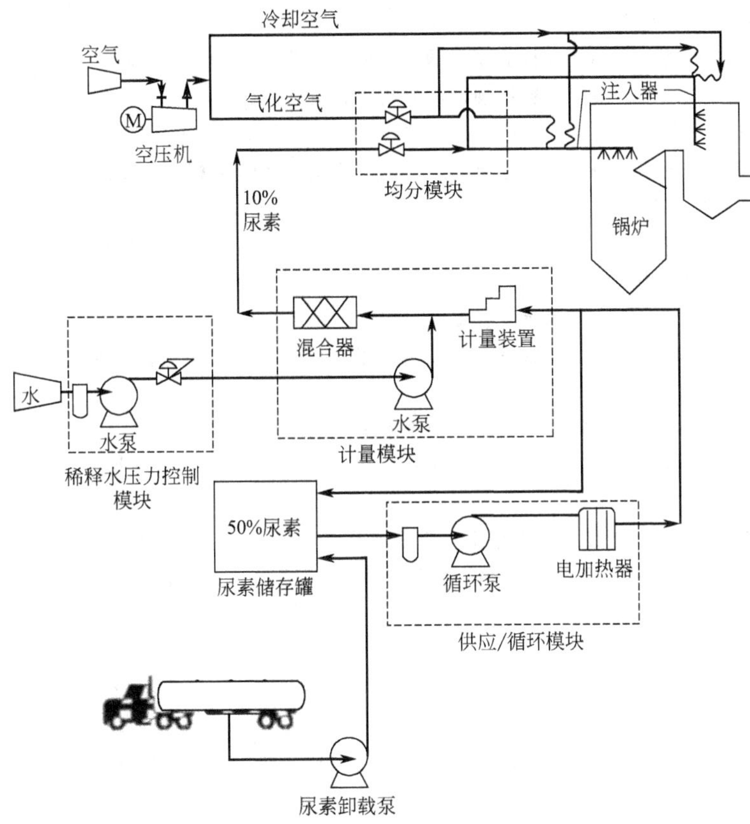

图 B.1　尿素 SNCR 系统工艺

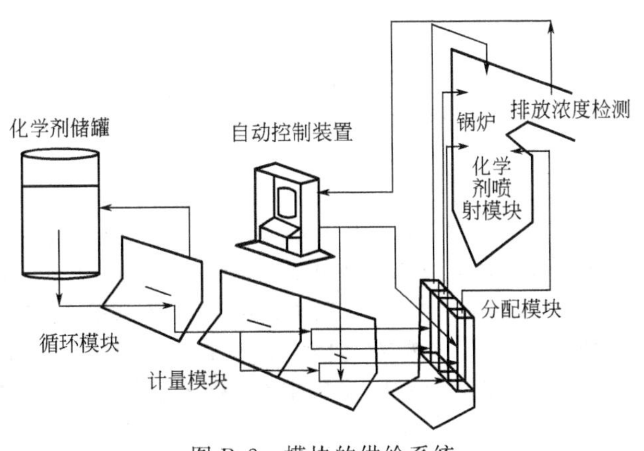

图 B.2　模块的供给系统

附录 C

（资料性附录）

液氨 SNCR 工艺及氨水 SNCR 工艺

C.1　液氨 SNCR

C.1.1　一般规定

液氨 SNCR 工艺和尿素 SNCR 工艺相似，不同点主要表现在还原剂储存和制备、还原剂喷射和主要设备，除此之外均执行本标准正文的规定。

C.1.2 液氨储存和氨气制备

C.1.2.1 液氨的储罐和氨站的设计应满足国家对此类危险品罐区的有关规定。

C.1.2.2 液氨容器除按一般压力容器规范和标准设计制造外，要特别注意选用合适的材料。

C.1.2.3 氨的供应量能满足锅炉不同负荷的要求，调节方便灵活，可靠。

C.1.2.4 存氨罐与其他设备、厂房等要有一定的安全防火防爆距离，并在适当位置设置室外消火栓，设有防雷、防静电接地装置。

C.1.2.5 氨存储、供应系统相关管道、阀门、法兰、仪表、泵等设备选择时，应满足抗腐蚀要求，采用防爆、防腐型户外电气装置。

C.1.2.6 氨液泄漏处及氨罐区域应装有氨气泄漏检测报警系统。

C.1.2.7 系统的卸料压缩机、储氨罐、氨气蒸发槽、氨气缓冲槽及氨输送管道等都应备有氮气吹扫系统，防止泄漏氨气和空气混合发生爆炸。

C.1.2.8 氨存储和供应系统应配有良好的控制系统。

C.1.2.9 氨气系统紧急排放的氨气排入氨气稀释槽中，经水吸收排入废水池，再经由废水泵送至废水处理厂处理。

C.1.2.10 在地上、半地下储罐或储罐组，应设置非燃烧、耐腐蚀的材料防火堤。

C.1.2.11 氨区应安装相应的气体浓度检测报警装置，防雷防静电装置，相应的消防设施等，储罐安全附件、急救设施设备和泄漏应急处理设备。

C.1.3 氨喷射系统

C.1.3.1 应根据炉膛截面、高度等几何尺寸进行氨（氨水）喷射系统的设计，使进入炉膛的氨能与烟气达到充分均匀混合。

C.1.3.2 喷射系统的设计应充分考虑其处于炉膛高温、高灰的区域，所选材料应为耐磨、抗高温及防腐特性。

C.1.3.3 喷射系统应避免堵塞，具有清扫功能。

C.1.4 主要设备

C.1.4.1 卸料压缩机

设计两套卸料压缩机，一运一备。卸料压缩机抽取液氨储罐中的氨气，经压缩后将槽车的液氨推挤入液氨储罐中。在选择压缩机排气量时，要考虑液氨储罐内液氨的饱和气压，液氨卸车流量，液氨管道阻力及卸氨时气候温度等参数。

C.1.4.2 液氨储罐

C.1.4.2.1 液氨储罐采用卧式，并符合危险品压力容器的规定。一运一备，满足5d（每天按24h计）还原剂用量的容量，设计温度、压力满足工作温度及压力，材质采用16MnR。

C.1.4.2.2 储罐上应安装有流量阀、逆止阀、紧急关断阀和安全阀等，并装有温度计、压力表、液位计、高液位报警仪和相应的变送器等。储罐应有防太阳辐射措施，四周安装有工业水喷淋管线及喷嘴，当储罐本体温度过高时，自动启动淋水装置降温。储罐排风孔经密闭系统通到稀释槽，对氨气进行吸收以降低氨气味的发散。

C.1.4.3 液氨供应泵

液氨进入蒸发槽，可以使用压差和液氨自身的重力势能实现，也可以采用液氨泵来供应。如选择液氨泵应选择专门输送液氨的泵，氨泵应采用一运一备。

C.1.4.4 液氨蒸发槽

液氨蒸发槽采用卧式，设计温度及压力能满足工作要求，壳体采用16MnR材质，盘管采用1Cr18Ni9Ti材质。蒸发能力应按照锅炉在BMCR工况下2×100%容量设计。

C.1.4.5 氨气泄漏检测器

液氨储存及供应系统周边应设有氨气检测器，以检测氨气的泄漏，并显示大气中氨的浓度。当检测器测得大气中氨浓度过高时，在机组控制室发出警报，提醒操作人员采取必要的措施，以防止氨气泄漏的异常情况发生。氨气泄漏检测器的数量及其布置位置合适，并将氨泄漏及火灾报警和消防控制系统纳入全厂消防报警系统。

C.2 氨水 SNCR

C.2.1 氨水 SNCR 还原剂使用质量分数为 20%左右的氨水。

C.2.2 氨水 SNCR 工艺其他部分与尿素 SNCR 基本相同，可执行本标准正文的规定。

6.7 火力发电厂烟气脱硝设计技术规程（DL/T 5480—2013）

1 总则

1.0.1 为使火力发电厂烟气脱硝设计满足安全可靠、技术先进、经济适用的要求，制定本标准。

1.0.2 本标准适用于燃煤、燃油、燃气机组火力发电厂烟气脱硝系统的设计。

1.0.3 烟气脱硝工艺应根据国家环保排放控制标准、环境影响评价批复意见的要求、锅炉特性、燃料特性和布置场地条件等因素确定。

1.0.4 脱硝系统的设计应能适应锅炉正常运行工况下所有负荷。

1.0.5 脱硝系统可用率不应低于 98%。

1.0.6 烟气脱硝工艺的选择应结合工程的具体情况确定．并应符合下列规定：

① 对要求脱硝效率不小于 40%的机组，宜采用 SCR 烟气脱硝工艺；经技术经济比较，也可采用 SNCR/SCR 混合的烟气脱硝工艺。

② 600MW 级及以下的机组，当要求脱硝效率小于 40%时，也可采用 SNCR 烟气脱硝工艺。

③ 对循环流化床锅炉机组，必要时可采用 SNCR 烟气脱硝工艺。

1.0.7 脱硝还原剂的选择应按防火、防爆、防毒以及脱硝工艺的要求，根据电厂周围环境条件、运输条件和电厂内部的场地条件，经环境影响评价、安全影响评价和技术经济比较后确定。

1.0.8 对于 SCR 烟气脱硝工艺，若电厂地处城市远郊或远离城区，且液氨产地距电厂较近，在能保证运输安全、正常供应的情况下，宜选择液氨作为还原剂；位于大中城市及其近郊区的电厂，宜选择尿素作为还原剂。对于 SNCR 烟气脱硝工艺，宜选择尿素作为还原剂；当锅炉蒸发量不大于 400t/h 时，也可采用氨水作为还原剂。

1.0.9 液氨的储存和输送应按照火灾危险性乙类相关标准要求设计。

1.0.10 脱硝系统所需电源、水源、气源和汽源宜由电厂主体工程相应设施提供。

1.0.11 电厂烟气脱硝系统设计，除应符合本标准外，尚应符合国家现行有关标准的规定。

2 术语

2.0.1 脱硝系统 denitration system

采用物理或化学方法脱除烟气中氮氧化物（NO_x）的系统，包括烟气反应系统和还原剂储存及制备系统及其相关设备。

2.0.2 标准状态 standard condition

烟气在温度 273.15K、压力为 101325Pa 时的状态。本标准中所规定的大气污染物排放浓度均指标准状态下干烟气的数值。

2.0.3 脱硝效率 denitration efficiency

脱硝反应装置脱除的 NO_x 量与未经脱硝的烟气中所含 NO_x 量的百分比，可按下式计算：

$$\eta=\left(1-\frac{C_2}{C_1}\right)\times 100 \tag{2.0.3}$$

式中 η——脱硝效率，%；

C_2——脱硝反应装置出口烟气中 NO_x 的浓度（标准状态，3% O_2—燃油机组；6% O_2—燃煤机组；15% O_2—燃机），mg/m^3；

C_1——脱硝反应装置入口烟气中 NO_x 的浓度（标准状态，3% O_2—燃油机组；6% O_2—燃煤机组；15% O_2—燃机），mg/m^3。

2.0.4 NO_x 排放浓度 NO_x emission concentration

每立方米烟气中所携带的 NO_x 的含量（以 NO_2 计）（标准状态，3% O_2—燃油机组；6% O_2—燃煤机组；15% O_2—燃机）（mg/m^3）。

2.0.5　选择性催化还原法（SCR）　selective catalytic reduction

利用还原剂在催化剂作用下有选择性地与烟气中的氮氧化物（主要是一氧化氮和二氧化氮）发生化学反应，生成氮气和水，脱除烟气中部分氮氧化物的一种脱硝技术。

2.0.6　选择性非催化还原法（SNCR）　selective non-catalytic reduction

在没有催化剂的条件下，利用还原剂有选择性地与烟气中的氮氧化物（主要是一氧化氮和二氧化氮）发生化学反应，生成氮气和水，脱除烟气中部分氮氧化物的一种脱硝技术。

2.0.7　SNCR/SCR 混合法　hybrid SNCR/SCR

是选择性非催化还原法与选择性催化还原法的组合。

2.0.8　SCR 催化剂　catalyst for SCR

SCR 脱硝工艺中可明显提高还原剂与烟气中的氮氧化物在一定温度下的化学反应速度的物质。催化剂本身不参与反应过程。

2.0.9　催化剂活性　catalyst activity

催化剂促使还原剂与氮氧化物发生化学反应的能力。

2.0.10　催化剂失活　catalyst deactivation

催化剂失去催化性能。催化剂失活通常分为两类：化学失活和物理失活。化学失活被称为中毒，催化剂中毒的原因主要是反应物、反应产物或杂质占据了催化剂的活性位而不能进行催化反应；物理失活是指催化剂的微孔被堵塞，NO_x 与催化剂的接触被阻断，使其不能进行催化反应。

2.0.11　催化剂初装层数　initial installed catalyst layers

初始安装的催化剂层数。

2.0.12　催化剂比表面积　catalyst geometry specific surface area

单位体积催化剂的几何表面积（m^2/m^3）。

2.0.13　催化剂模块　catalyst model

由立方体的钢制框架和布置其中的催化剂单元组成。

2.0.14　催化剂节距　catalyst pitch

是蜂窝式、板式催化剂的几何参数。如图 2.0.14-1 和图 2.0.14-2 所示，对蜂窝式催化剂，节距 p 是催化剂孔的宽度加上催化剂孔壁壁厚 a；对板式催化剂，节距 p 是催化剂板的净间距加上板的壁厚 b。

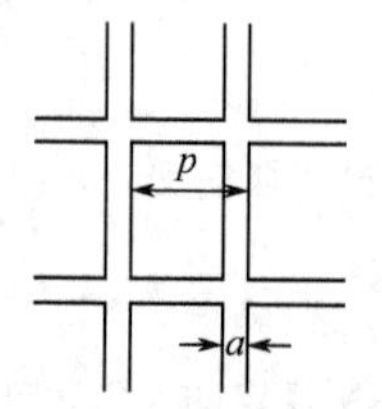

图 2.0.14-1　蜂窝式催化剂

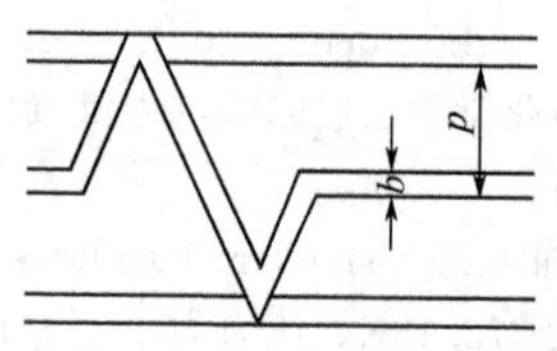

图 2.0.14-2　板式催化剂

2.0.15　催化剂寿命　catalyst life

通常分为机械寿命和化学寿命。催化剂化学寿命是指烟气首次通过催化剂开始，至更换催化剂止的时间。

2.0.16　还原剂　reductant

通过物理或化学方法制备氨气的物质，本标准指液氨、尿素和氨水。

2.0.17　SCR 反应器　SCR reactor

烟气脱硝系统中选择性催化还原脱除氮氧化物的反应装置。

2.0.18　氨氮摩尔比　NH_3/NO_x molar ratio

喷入氨的摩尔数量与燃烧生成的氮氧化物的摩尔数量之比。

2.0.19　喷氨混合系统　ammonia injection and mixing system

在 SCR 反应器进口烟道内将经空气稀释后的氨气喷入及与烟气均匀混合的系统，一般包括喷氨格栅

(ammonia injection grid)、烟气混合器(flue gas mixer)等设备。

2.0.20　氨逃逸浓度　ammonia slip rate

脱硝反应后烟气中氨的浓度，以 μL/L 表示。

2.0.21　SCR 反应器空塔设计流速　SCR reactor section design velocity

SCR 反应器中未安装催化剂时的烟气流速，通常指催化剂床层截面的烟气流速，单位为 m/s。

2.0.22　SO_2/SO_3 转化率　SO_2/SO_3 conversion rate

烟气中的二氧化硫(SO_2)在 SCR 反应器中被氧化成三氧化硫(SO_3)的百分比。可按下式计算：

$$X=\frac{M_{SO_2}}{M_{SO_3}}\times\frac{SO_{3out}-SO_{3in}}{SO_{2in}} \tag{2.0.22}$$

式中　X——SO_2/SO_3 转化率，%；

M_{SO_2}——SO_2 的摩尔质量，g/mol；

M_{SO_3}——SO_3 的摩尔质量，g/mol；

SO_{3out}——SCR 反应器出口的 SO_3 浓度(标准状态，3% O_2—燃油机组；6% O_2—燃煤机组；15% O_2—燃机)，mg/m^3；

SO_{3in}——SCR 反应器入口的 SO_3 浓度(标准状态，3% O_2—燃油机组；6% O_2—燃煤机组；15% O_2—燃机)，mg/m^3；

SO_{2in}——SCR 反应器入口的 SO_2 浓度(标准状态，3% O_2—燃油机组；6% O_2—燃煤机组；15% O_2—燃机)，mg/m^3。

2.0.23　氨区　ammonia area

指氨卸料、储存及制备的区域。氨区仅指液氨区和氨水区。液氨区又分为生产区和辅助区，生产区再分为卸氨区与储罐区，其中卸氨区含汽车卸氨鹤管、卸氨压缩机等，储罐区含液氨储罐、液氨输送泵、液氨蒸发器、氨气缓冲罐、氨气稀释罐、废水池等；辅助区含控制室、值班室等。氨水区含氨水卸料泵、氨水储罐、氨水计量/输送泵等。

2.0.24　尿素区　urea area

储存和溶解尿素的区域。包括尿素储仓、尿素溶解罐、尿素溶液储罐、尿素溶液循环输送泵等。

2.0.25　脱硝系统可用率　availability of denitration system

脱硝系统每年正常运行时间与锅炉每年总运行时间的百分比。可按下式计算：

$$Y=\frac{A-B}{A}\times 100\% \tag{2.0.25}$$

式中　Y——脱硝系统可用率，%；

A——锅炉每年总运行时间，h；

B——脱硝系统每年总停运时间，h。

3　总图运输

3.1　一般规定

3.1.1　液氨区布置应满足全厂总体规划的要求，宜统一集中布置，分期实施，且宜布置在厂区边缘和场地地势较低的区域。布置在厂区边缘的液氨区应充分考虑与周边环境的相互影响，根据厂外邻近居住区或村镇和学校、公共建筑、相邻工业企业或设施、交通线等的特点和火灾危险性及其耐火等级，结合当地风向、地形等自然条件，合理布置。

3.1.2　液氨区布置位置应符合下列要求：

① 液氨区宜位于邻近居住区或村镇和学校、公共建筑全年最小频率风向的上风侧．并应远离人员密集场所和国家重要设施；

② 液氨区临近江、河、湖、海岸布置时，宜位于临江、河、湖、海的城镇、居住区、工厂、船厂以及码头、重要桥梁、大型锚地、供水水源保护区、风景名胜区、自然保护区等的下游，并应采取措施防止泄漏的液体和受污染的消防水流入水体。液氨储罐距水体的距离，应满足防洪、安全卫生防护以及城镇水域岸线规划控制蓝线管理等方面的要求。

3.1.3　与液氨区的生产区无关的管线、输电线路严禁穿越该生产区。

3.2　总平面布置

3.2.1　电厂尿素区、氨区在厂区总平面中的布置要求应符合下列规定：

① 尿素区宜布置在锅炉房附近；

② 液氨区应单独布置，满足防火、防爆要求；宜布置在通风条件良好、人员活动较少且运输方便的安全地带；不宜布置在厂前建筑区和主厂房区内。

3.2.2　液氨区应避开人员集中的活动场所，并应布置在该场所及其他主要生产设备区全年最小频率风向的上风侧。液氨区宜布置在明火或散发火花地点的全年最小频率风向的上风侧，对位于在山区或丘陵地区的电厂，液氨区不应布置在窝风地段。

3.2.3　液氨区不宜紧靠排洪沟布置。

3.2.4　液氨区与邻近居住区或村镇和学校、公共建筑、相邻工业企业或设施、交通线、临近江河湖泊岸边以及临近明火、散发火花地点和液氨区外建（构）筑物或设施等之间的防火间距不应小于表 3.2.4 的规定。

表 3.2.4　液氨区与相邻建（构）筑物或设施等之间的防火间距　　单位：m

<table>
<tr><td colspan="3" rowspan="3">总几何容积 V/m³
单罐几何容积 V/m³
项　目</td><td colspan="4">液氨储罐</td><td rowspan="3">卸氨区</td></tr>
<tr><td>30<V≤50</td><td>50<V≤200</td><td>200<V≤500</td><td>500<V≤1000</td></tr>
<tr><td>V≤20</td><td>V≤50</td><td>V≤100</td><td>V≤200</td></tr>
<tr><td colspan="3">居住区、村镇和学校、影剧院、体育馆等重要公共建筑(最外侧建筑物外墙)</td><td>34.0</td><td>37.0</td><td>52.0</td><td>67.0</td><td>30.0</td></tr>
<tr><td colspan="3">工业企业(最外侧建筑物外墙)</td><td>20.0</td><td>22.0</td><td>26.0</td><td>30.0</td><td>15.0</td></tr>
<tr><td colspan="3">明火或散发火花地点，室外变、配电站(围墙)</td><td>34.0</td><td>37.0</td><td>41.0</td><td>45.0</td><td>25.0</td></tr>
<tr><td colspan="3">民用建筑，甲、乙类液体储罐，甲乙类仓库(厂房)、稻草、麦秸、芦苇、打包废纸等材料堆场</td><td>30.0</td><td>34.0</td><td>37.0</td><td>41.0</td><td>25.0</td></tr>
<tr><td colspan="3">丙类液体储罐、可燃气体储罐，丙、丁类厂房(仓库)</td><td>24.0</td><td>26.0</td><td>30.0</td><td>34.0</td><td>15.0</td></tr>
<tr><td colspan="3">助燃气体储罐、木材等材料堆场</td><td>20.0</td><td>22.0</td><td>26.0</td><td>30.0</td><td>15.0</td></tr>
<tr><td rowspan="3">其他建筑</td><td rowspan="3">耐火等级</td><td>一、二级</td><td>13.0</td><td>15.0</td><td>16.0</td><td>19.0</td><td>10.0</td></tr>
<tr><td>三级</td><td>16.0</td><td>19.0</td><td>20.0</td><td>22.0</td><td>12.0</td></tr>
<tr><td>四级</td><td>20.0</td><td>22.0</td><td>26.0</td><td>30.0</td><td>14.0</td></tr>
<tr><td rowspan="2">厂外公路、道路(路边)</td><td colspan="2">高速、Ⅰ级、Ⅱ级，城市快速</td><td>20.0</td><td colspan="3">25.0</td><td>15.0</td></tr>
<tr><td colspan="2">Ⅲ、Ⅳ级</td><td colspan="4">20.0</td><td>15.0</td></tr>
<tr><td colspan="3">架空电力线(中心线)</td><td colspan="5">1.5 倍杆高</td></tr>
<tr><td rowspan="2">架空通信线(中心线)</td><td colspan="2">Ⅰ、Ⅱ级</td><td colspan="2">22.0</td><td colspan="2">30.0</td><td>15.0</td></tr>
<tr><td colspan="2">Ⅲ、Ⅳ级</td><td colspan="5">1.5 倍杆高</td></tr>
<tr><td rowspan="2">厂外铁路(中心线)</td><td colspan="2">国家铁路线</td><td colspan="2">45.0</td><td>52.0</td><td>60.0</td><td>40.0</td></tr>
<tr><td colspan="2">厂外企业铁路专用线</td><td colspan="2">25.0</td><td>30.0</td><td>35.0</td><td>25.0</td></tr>
<tr><td colspan="3">国家或工业区铁路编组站(铁路中心线或建筑物)</td><td colspan="2">45.0</td><td>52.0</td><td>60.0</td><td>40.0</td></tr>
<tr><td colspan="3">通航江、河、海岸边</td><td colspan="4">25.0</td><td>20.0</td></tr>
<tr><td colspan="3">装卸油品码头(码头前沿)</td><td colspan="4">52.0</td><td>45.0</td></tr>
</table>

续表

项目			液氨储罐 总几何容积V/m^3 $30<V\leqslant 50$ 单罐几何容积V/m^3 $V\leqslant 20$	$50<V\leqslant 200$ / $V\leqslant 50$	$200<V\leqslant 500$ / $V\leqslant 100$	$500<V\leqslant 1000$ / $V\leqslant 200$	卸氨区
地区输气管道（管道中心）		埋地	22.0				
		地面	34.0				
地区输油管道	原油及成品油（管道中心）	埋地	22.0				
		地面	34.0				
	液化烃（管道中心）	埋地	45.0				
		地面	67.0				

注：1. 防火间距应按本表液氨储罐总几何容积或单罐几何容积较大者确定，并应从距建筑物外墙最近的储罐外壁、堆垛外缘算，括号内指防火间距起止点；

2. 居住区、村镇系指1000人或300户以上者，以下者按本表民用建筑执行；

3. 当相邻设施为港区陆域、重要物品仓库和堆场、军事设施、机场、火药或炸药及其制品厂房（仓库）、花炮厂房（仓库）等，对电厂液氨区的安全距离有特殊要求时，应按有关规定执行；

4. 室外变、配电站指电压为35～500kV且每台变压器容量在10MVA以上的室外变、配电站以及工业企业的变压器总油量大于5t的室外降压变电站；

5. 表中甲、乙类液体储罐（固定顶）按总储量大于或等于$200m^3$、小于$1000m^3$考虑，丙类液体储罐按总储量大于或等于$1000m^3$、小于$5000m^3$考虑；

6. 表中可燃气体储罐（固定容积）按总储量小于$1000m^3$考虑，助燃气体储罐（固定容积）按总储量小于或等于$1000m^3$考虑，总储量等于储罐实际几何容积（m^3）和设计储存压力（绝对压力，10^5Pa）的乘积；

7. 表中稻草、麦秸、芦苇、打包废纸等材料堆场按总储量小于或等于10000t考虑，木材等材料堆场按总储量小于或等于$10000m^3$考虑；

8. 高层厂房（仓库）与电厂液氨区的防火间距应符合本表规定，且不应小于13m；

9. 液氨区与厂内铁路专用线的防火间距可按本表中规定的液氨区与厂外企业铁路专用线的防火间距相应减少5m。

3.2.5 液氨区与厂内屋外配电装置之间的防火间距可按表3.2.4中有关与室外变、配电站防火间距的规定执行。

3.2.6 液氨区与厂内露天卸煤装置外缘或贮煤场边缘之间的防火间距可按表3.2.4中有关与稻草、麦秸、芦苇、打包废纸等材料堆场防火间距的40%确定，且不应小于15m；贮存褐煤时可按表3.2.4中有关与稻草、麦秸、芦苇、打包废纸等材料堆场防火间距的65%确定，且不应小于25m。

3.2.7 液氨区宜远离厂内湿式冷却塔布置，并宜布置在湿式冷却塔全年最小频率风向的上风侧。

3.2.8 液氨区与循环冷却水系统冷却塔相邻布置时，液氨储罐与循环冷却水系统冷却塔的防火间距不应小于30m。液氨储罐与辅机冷却水系统冷却塔的防火间距不应小于25m。

3.2.9 液氨储罐与厂内消防泵房（外墙）、消防水池（罐）取水口之间的防火间距不应小于30m。

3.2.10 液氨储罐附近的厂内建筑物出入口设置宜背向液氨储罐。

3.2.11 液氨区围墙内不宜绿化，围墙外的绿化可结合当地自然条件和环境保护要求，因地制宜，并纳入全厂绿化规划，其布置应按现行国家标准《城镇燃气设计规范》GB 50028、《化工企业总图运输设计规范》GB 50489及《石油化工企业设计防火规范》GB 50160的有关规定执行。

3.2.12 液氨区内的布置应符合下列规定：

① 液氨区在厂外独立布置时，应根据其生产流程和各组成部分的特点及火灾危险性，结合自然地形、风向等条件，按功能分区布置；生产区和辅助区应至少各设置1个对外出入口。

② 生产区宜布置在液氨区全年最小频率风向的上风侧，辅助区宜布置在液氨区外，并宜全厂性或区域性统一布置。液氨区内控制室与其他建筑物合建时，应设置独立的防火分区。

③ 生产区宜设围墙使之独立成区，宜分设进、出口，以保证火灾危险情况下生产运行人员的安全疏散。当进、出口合用时，生产区内应设置回车道。

④ 位于发电厂外独立布置的液氨区，其生产区四周应设高度不低于2.5m的不燃烧体实体围墙。位于发电厂内的液氨区，其生产区四周应设高度不低于2.2m的不燃烧体非实体围墙，其底部实体部分高度不应低

于0.6m；当位于发电厂内的液氨区围墙利用厂区围墙时，应采用高度不低于2.5m的不燃烧体实体围墙。

⑤ 辅助区控制室、值班室不得与生产区各设施或房间布置在同一建筑物内，应布置在液氨储罐的同一侧，并应位于爆炸危险区范围以外，且宜位于生产区全年最小频率风向的下风侧。控制室、值班室与生产区各设施的防火间距应按本标准表4.1.9的规定执行。

⑥ 卸氨区应采用现浇混凝土地面。

⑦ 液氨储罐应设置防火堤，防火堤及隔堤的设置应符合下列规定：

a. 液氨储罐四周应设高度为1.0m的不燃烧体实体防火堤（以堤内设计地坪标高为准）；

b. 防火堤必须采用不燃烧材料建造，且必须密实、闭合，应能承受所容纳液体的静压及温度变化的影响，且不应渗漏；储罐基础应采用不燃烧材料；

c. 防火堤（土堤除外）应采取在堤内培土或喷涂隔热防火涂料等保护措施；

d. 沿防火堤修建排水沟时，沟壁的外侧与防火堤内堤脚线的距离不应小于0.5m；

e. 防火堤内地面应采用现浇混凝土地面，并应坡向四周，设置坡度不宜小于0.5%；当储罐泄漏物有可能污染地下水或附近环境时，防火堤内地面应采取防渗漏措施；

f. 每一储罐组的防火堤应设置不少于2处越堤人行踏步或坡道，并应设置在不同方位上；

g. 防火堤的选型与构造应符合现行国家标准《储罐区防火堤设计规范》GB 50351的有关规定；

h. 液氨储罐分组布置时，组与组之间相邻储罐的净距不应小于20m，相邻罐组防火堤外堤脚线之间，应留有宽度不小于7m的消防空地。

3.2.13 液氨区内各设施与围墙、道路之间的防火间距不应小于表3.2.13的规定。

表3.2.13 液氨区内各设施与围墙、道路之间防火间距 单位：m

项目			液氨区内各设施						备注
			汽车卸氨鹤管	卸氨压缩机	液氨储罐	液氨输送泵	液氨蒸发器	氨气缓冲罐	
围墙	液氨区围墙		10	10	10	5	5	5	—
	厂区围墙（中心线）或用地边界线		15	15	20	15	15	15	
道路（路边）	液氨区内道路				12	5	5	5	—
	液氨区外道路	主要	15	15	15	15	15	10	注2
		次要	10	10	10	10	10	5	

注：1. 防火间距应从距建筑物外墙最近的储罐外壁算，括号内指防火间距起止点；

2. 液氨区外道路特指位于发电厂内的道路。当液氨区外道路指位于发电厂外的道路时，其内生产区与区外道路的防火间距不应小于本标准表3.2.4的规定；

3. 当液氨储罐总几何容积不大于1000m³时，按本表规定执行。当液氨储罐总几何容积大于1000m³时，防火间距按现行国家标准《石油化工企业设计防火规范》GB 50160的相关规定执行；

4. 表中"—"表示无防火间距要求。

3.2.14 尿素区内建（构）筑物的火灾危险性分类及其耐火等级应按丙类二级，防火间距应符合现行国家标准《火力发电厂与变电站设计防火规范》GB 50229的相关规定。

3.2.15 氨水区氨水储罐的火灾危险性分类宜按丙类液体，防火间距应符合现行国家标准《建筑设计防火规范》GB 50016的相关规定。

3.3 竖向布置

3.3.1 液氨区宜布置在地势较低的开阔地带，不应被洪水、潮水及内涝水淹没。当不能满足要求时，应采取可靠的防排洪措施。液氨区无论是独立布置于厂外，还是位于发电厂内，均应与发电厂的防洪标准相适应，其防洪要求应符合现行国家标准《防洪标准》GB 50201和《化工企业总图运输设计规范》GB 50489的有关规定。

3.3.2 液氨区储罐场地高程应满足生产、运输的要求，宜与其他相邻区域的场地高程相协调，且有利于交通联系、场地排水和减少土石方工程量；液氨区内地坪竖向高程和排污系统的设计应能满足减少泄漏的氨液在工艺设备附近的滞留时间和扩散范围的要求，并应满足火灾事故状态下受污染消防水的有效收集和排放要求。

3.3.3 新建电厂氨区场地的平整应根据主体工程统一考虑。场地平整坡度视地形、地质条件确定，一般应为0.5%～2.0%，困难地段不宜小于0.3%，最大坡度不宜大于3.0%。

3.3.4 氨区内道路标高宜低于周围道路标高。

3.3.5 当厂区采用阶梯式布置时，液氨区应尽量布置在较低的同一台阶上，台阶间应有防止泄漏的可燃液体漫流的措施。在加强防火堤或另外增设其他可靠的防护措施后，也可布置在较高的台阶上；当受地形限制时，应将液氨区内的辅助区布置在较高台阶上，生产区布置在较低台阶上。

3.3.6 平面布置位于附加2区的液氨区内辅助区室内地坪应高于室外地坪，且高差不应小于0.6m。

3.3.7 位于发电厂内的氨区，其场地雨水的排放宜单独考虑，不宜直接排放至主体工程的雨水排放系统。

3.4 交通运输

3.4.1 氨区宜设环形消防车道与厂区道路形成路网，道路横断面类型可采用公路型或混合型。消防车道可利用交通道路。当受地形条件限制时，可沿长边设置宽度不应小于6m的尽头式消防车道，并应设有回车场。液氨储罐总容积大于500m^{3}时，氨区应设置环形消防车道。道路路面内缘转弯半径不宜小于12m。

3.4.2 经常运输液氨及氨水的道路，其最大纵坡不应大于6%。氨区内的汽车运输卸停车位路段纵坡应为平坡。

3.4.3 当道路路面高出附近地面2.5m以上，且在距道路边缘15m范围内有液氨储罐及管道时，应在该段道路的边缘设护墩、矮墙等防护设施。

3.4.4 氨区内道路应采用现浇混凝土地面，并宜采用不产生火花的路面材料。

3.4.5 氨区道路布置除应符合本标准规定外，还应符合现行国家标准《厂矿道路设计规范》GBJ 22、《建筑设计防火规范》GB 50016、《石油化工企业设计防火规范》GB 50160和《化工企业总图运输设计规范》GB 50489的有关规定。

3.5 管线布置

3.5.1 氨区四周不应环绕布置沿地面或低支架敷设的厂区管道，并不应妨碍消防车的通行。

3.5.2 氨区内管线布置应符合下列规定：

① 管线综合布置应根据总平面布置、管内介质、施工及维护检修要求等因素确定，在平面及空间上应与主体工程相协调。

② 管线综合布置应短捷、顺直，并适当集中，管线与建筑物及道路平行布置；干管宜靠近主要对象或支管多的一侧布置。雨水管、生活污水管和消防水管及各类沟道不宜平行布置在行车道路下面，除雨水道、生活污水道和消防水管外，其他宜采用综合架空方式敷设。液氨管道宜采用低支架敷设，其管底与地面的净距宜为0.35m。

3.5.3 厂区氨气管道布置应符合下列规定：

① 氨气管道不得穿越或跨越与其无关的建（构）筑物、生产工艺装置或设施；除使用氨气管道的建（构）筑物外，均不得采用建筑物支撑式敷设。

② 氨气管道宜架空或沿地敷设，必须采用管沟敷设时，应采取防止氨气在管沟内积聚的措施，并在进、出装置及厂房处密封隔断；氨气管道不应和电力电缆、热力管道敷设在同一管沟内。氨气管道埋地敷设时，穿越厂内铁路和道路处，其交角不宜小于60°，并应采取管涵或套管等防护措施。套管的端部伸出路基边坡不应小于2.0m，道路边缘（城市型道路路缘石，公路型道路路肩）不应小于1.0m，路边有排水沟时，伸出排水沟边不应小于1.0m。套管顶距铁路轨底不应小于1.2m。当套管埋在机动车道（机动车以正常行驶速度通行的道路）下面时，套管顶距机动车道路面不得小于0.9m；当套管埋在非机动车车道（含人行道，机动车缓行进入或停放的，可视为非机动车道）下面时，套管顶距非机动车道路面不得小于0.6m。氨气管道应埋设在土壤冰冻线以下。

③ 氨气管道跨越电气化铁路时，轨面以上的净空高度不应小于6.6m；跨越非电气化铁路时，轨面以上的净空高度不应小于5.5m。氨气管道跨越厂区道路时，路面以上的净空高度不应小于5.0m；跨越储氨区内道路时，路面以上的净空高度不应小于4.5m；跨越人行道时，道面以上的净空高度不应小于2.5m。有大件运输要求或在检修时有大型起吊设备以及有大型消防车通过的道路，应根据需要确定其净空高度。管架立柱边缘距铁路中心线不应小于3.75m，距道路边缘不应小于1.0m。在跨越铁路或道路时，氨气管道上不应设置阀门及易发生泄漏的管道附件。

④ 氨气管道与厂区电力电缆、氢管、油管等共架多层敷设时，应将氨气管道分开布置在管架的两侧或不同标高层中的上层，其间宜用其他公用工程管道隔开。氨气管道与其他管道共架敷设时，架空氨气管道与其他架空管线之间的最小净距应符合表3.5.3的规定。

表3.5.3 架空氨气管道与其他架空管线之间的最小净距 单位：m

名 称	平行净距	交叉净距
给水管、排水管	0.25	0.25
热力管(蒸气压力不超过1.3MPa)	0.25	0.25
不燃气体管	0.25	0.25
燃气管、燃油管和氧气管	0.50	0.25
滑触线	3.00	0.50
裸导线	2.00	0.50
绝缘导线和电气线路	1.00	0.50
穿有导线的电线管	1.00	0.25
插接式母线，悬挂干线	3.00	1.00

注：当管道采用焊接连接结构并无阀门时，氨气管与氧气管间平行净距可取0.25m。

4 还原剂储存及制备

4.1 液氨储存及氨气制备

4.1.1 液氨的卸料、储存和制备系统及设备布置应严格执行国家相关的法律、法规和规定，符合现行国家标准和行业标准的有关规定。

4.1.2 液氨储存及氨气制备系统宜为全厂公用，当机组台数较多或考虑扩建需要时，可根据总平面布置格局采取分组布置。液氨储运宜采用槽车运入、常温压力储存的方式。

4.1.3 液氨卸料应采用装卸鹤管和卸氨压缩机。卸氨压缩机宜设2台，其中1台备用。卸氨压缩机的出力应满足约1.5h内卸完槽车内的液氨的要求。卸氨压缩机应配防爆电动机。

4.1.4 液氨储罐的容量应满足BMCR工况下液氨消耗量所需储存天数要求。不同输送方式所推荐的储存天数宜按表4.1.4的要求取值。

表4.1.4 不同输送方式推荐的储存天数

输送方式	储存天数/d
管道输送	3～5
公路输送	5～7
铁路输送	5～10

① BMCR工况下液氨储罐的总几何容积可按下式计算：

$$V_a=\frac{20\times N\times W_a\times t_a}{p_a\times d\times \varphi} \tag{4.1.4}$$

式中 V_a——液氨储罐总几何容积，m^3；

20——日满负荷工作时间，h/d；

N——机组台数；

W_a——BMCR工况单机纯氨小时耗量，kg/h，可按照附录A的方法计算；

t_a——液氨储存天数，d；

p_a——液氨中氨的含量（质量分数）；

d——最高设计温度下的饱和液氨密度，kg/m³；

φ——设计装量系数。

② 液氨储罐应符合下列要求：

a. 液氨储罐应采用常温全压力、卧式钢结构，数量不应少于2台，单罐储存容积宜小于120m³。储罐的设计压力不应低于2.16MPa。液氨储罐的材质应为低合金钢，其设计应满足现行国家标准《压力容器》GB 150的相关要求。储罐的设计装量系数不应大于0.90。

b. 液氨储罐应设人孔、进出料管、气体放空管、气相平衡箱、排污管和安全释放阀。储罐外接液氨管道应设双阀；储罐的进料管应从罐体下部接入，若必须从上部接入，应延伸至距罐底200mm；液氨储罐间宜设气相平衡管，平衡管直径不宜大于储罐气体放空管直径，也不宜小于40mm。液氨储罐的安全阀、压力表及液位计等安全附件的设置，应满足国家质量监督检验检疫总局发布的现行《固定式压力容器安全技术监察规程》TSG R0004的相关要求。

4.1.5 运行液氨蒸发器的总出力宜满足全部机组BMCR工况下的氨气需要量的要求，至少留有5%的设计裕量，并设1台备用。液氨蒸发器及附属设施的相关技术要求应满足以下规定：

① 液氨的加热宜采用水浴管式间接加热方式。液氨蒸发器的热源可以采用热水、蒸汽或电能，其选择应根据液氨贮存系统相对主厂房的距离及脱硝系统年运行时间，经技术经济比较后确定。当脱硝机组台数较多或疏水量大于1m³/h时，蒸汽疏水宜收集后回用。

② 当厂址极端最低温度达到−20℃及以下时，液氨储罐与液氨蒸发器间应设液氨输送泵。液氨的输送应采用无泄漏防爆泵。

③ 蒸发器后应配置单元运行的氨气缓冲罐，其容量宜满足蒸发器额定出力0.5～1min的停留时间，材质可为碳钢。

4.1.6 液氨储存系统内的含氨气体宜由氨气稀释罐吸收，稀释用水采用工业水，稀释罐容量宜按最大1台液氨蒸发器3h的蒸发量设计。废水池宜仅用于收集防火堤外区域及氨气稀释罐的废水，其容量宜为氨气稀释罐体积的1.5倍，废水输送泵应设2台，1台备用，总出力应满足排出废水池内最大来水。防火堤内的废水排出宜另设专用水泵，水泵总出力应满足消防排水量的要求。废水池及专用水泵排出废水宜送至工业废水处理车间集中处理。

4.1.7 液氨卸料、储存和制备系统应配置氮气吹扫系统置换设备及管道内的空气。

4.1.8 液氨储罐应布置在敞开式带顶棚的半露天构筑物中，不宜布置在室内。储罐应设置检修平台，储罐的附件应布置在平台附近，平台应设置不少于两个方向通往地面的梯子。

4.1.9 系统内的设备布置应顺工艺流程合理布置。液氨系统设备布置的防火间距宜符合表4.1.9的规定。设备间距未作规定时，其布置应满足设备运行、维护及检修的需要，设备之间的净空应确保大于1.5m。

表4.1.9 液氨系统设备布置防火间距 单位：m

项目	控制室、值班室	汽车卸氨鹤管	卸氨压缩机	液氨储罐	液氨输送泵	液氨蒸发器	氨气缓冲罐
控制室、值班室							
汽车卸氨鹤管	15.0						
卸氨压缩机	9.0						
液氨储罐	15.0	9.0	7.5	注1			
液氨输送泵	9.0						
液氨蒸发器	15.0	9.0		—			
氨气缓冲罐	9.0	9.0					

注：1. 液氨储罐的间距不应小于相邻较大罐的直径，单罐容积不大于200m³的储罐的间距超过1.5m时，可取1.5m；

2. 系统设备的防火间距基于半露天布置，且系指设备外壁；

3. 本表适用的液氨储罐总几何容积小于或等于1000m³，当液氨储罐总几何容积大于1000m³时，防火间距按照现行国家标准《石油化工企业设计防火规范》GB 50160执行；

4. 表中“—”表示无防火间距要求，未作规定部分按照现行国家标准《石油化工企业设计防火规范》GB 50160执行。

4.1.10 全压力式液氨储罐应布置在防火堤内，堤内有效容积不应小于最大的一个储罐的容积，与液氨储罐相关的其他设备应布置在防火堤外。堤内液氨储罐的防火间距应符合以下规定：

① 组内液氨储罐不应超过2排，两排卧罐间的净距不应小于3.0m，组内液氨储罐数量不应多于12个。

② 防火堤内堤脚线距储罐不应小于3m，防火堤外堤脚线距卸氨鹤管不应小于5m。

4.1.11 卸氨压缩机可露天或半露天布置，压缩机的上方不得布置与氨相关的设备。若卸氨压缩机在室内布置时，压缩机机组间的净距不宜小于1.5m，压缩机操作侧与内墙的净距不宜小于2.0m，其余各侧与内墙的净距不宜小于1.2m。

4.1.12 废水池若用作收集防火堤内的废水，其与各设备的防火间距应按现行国家标准《石油化工企业设计防火规范》GB 50160中有关事故存液池的相关要求执行。

4.1.13 液氨管道不应靠近蒸汽管道等热管道布置，也不应布置在热管道的正上方。管道穿越防火堤处和隔堤处应设钢制套管，套管长度应大于防火堤和隔堤的厚度，套管两端应做防渗漏的密封处理。蒸发器后的氨气输送管道应根据厂址的环境、缓冲罐出口控制压力确定是否保温，当厂址极端最低温度达到−10℃时，应考虑氨气管道的保温。管部件的布置应整齐有序，便于安装、运行操作及维护，管道宜地上布置。

4.1.14 液氨、氨气管道属GC2级压力管道，其设计、施工应满足现行国家标准《压力管道规范 工业管道》GB/T 20801.1～20801.6—2006及《工业金属管道设计规范》GB 50316的要求。液氨及氨气管道在不同压力下的设计流速应按表4.1.14的要求取值。

表4.1.14 不同压力下液氨及氨气管道的设计流速

表压/MPa	液氨管道流速/(m/s)	氨气管道流速/(m/s)
真空	0.05～0.3	15～25
$P<0.3$	—	8～15
$P<0.6$	0.3～0.8	10～20
$P<2.0$	0.8～1.5	3～8

4.1.15 所有接触液氨、氨气的设备和管道材质宜采用碳钢，不应采用铜质材料。氨输送管道应设置接地系统。

4.1.16 当自动阀选用气动阀时，系统应配置1台贮气罐；电动阀应采用防爆型的电动执行器。氨管道上的阀门不得采用闸阀，宜采用液氨专用阀。阀门的布置除考虑满足功能要求外，还应便于操作及维护。

4.2 氨水储存及氨气制备

4.2.1 氨水的卸料、储存系统宜按全厂机组公用的系统设计，当机组台数较多或考虑扩建需要时，可根据总平面布置格局采取分组布置，单元机组也可分散布置。氨水的计量/输送设施宜按单元机组配置。

4.2.2 氨水卸料泵宜设2台，其中1台备用，材质宜为不锈钢。氨水的卸料、储存系统应考虑采取密封措施。

4.2.3 氨水储罐的容量应满足BMCR工况下氨水消耗量所需储存天数要求，同时应考虑氨水的一次输送容量。氨水储存天数可按照本标准表4.1.4的要求确定。电厂用氨水的浓度不宜大于25%。氨水储罐的设计应符合下列要求：

① 公用系统的氨水储罐数量不应少于2台。氨水宜为常压密封贮存，储罐可为卧式或立式，材质应根据所用的密封气体确定。氨水储罐无须保温。

② 氨水储罐应设人孔、进出料管、排污管、安全释放阀、真空破坏阀（入口侧宜配置阻火器）。进液管若从罐体上部进入，应延伸至距罐底200mm处。当罐体为碳钢内衬防腐层时，至少需设两个相隔一定距离的人孔。每台氨水储罐应设置防爆型液位计、压力表及就地温度计。

4.2.4 单元机组宜设置2台氨水计量/输送泵，其中1台备用。氨水计量/输送泵的材质宜为不锈钢。

4.2.5 氨水储罐四周应设置防止氨水流散的防火堤及集水坑，其容积可以大于或等于最大的一个储罐的容量，需要时泵送至工业废水处理车间处理。

4.2.6　氨水储罐宜布置在敞开式带顶棚的构筑物中。储罐应设检修平台，储罐的附件应布置在平台附近。氨水的输送应采用无泄漏防爆泵。所有接触氨水的管道宜采用不锈钢，不可采用铜材。

4.2.7　氨水制氨系统应包括氨水计量分配系统和蒸发器系统，应符合下列规定：

① 氨水计量分配系统应符合下列规定：

a. 氨水计量分配系统宜包括氨水计量输送泵、氨水流量计量和控制设备；

b. 氨水流量的控制应根据锅炉负荷变化、SCR反应器进出口的烟气中的NO_x含量等因素自动地调整；

c. 氨水溶液的计量分配装置宜根据氨水蒸发器所需的氨水量在20%～100%范围内自动调节，或通过设在氨水蒸发器入口的调节阀，自动调节喷入的氨水流量。

② 氨水蒸发器系统应符合下列规定：

a. 氨水蒸发器系统宜包括氨水蒸发器、再循环风机等设备；

b. 氨水蒸发器的热源宜为烟气，也可采用蒸汽，当以烟气作为热源时，宜采用再循环风机将SCR反应器出口的烟气送入氨水蒸发器；当以蒸汽作为热源时，宜将辅助蒸汽送入氨水蒸发器；

c. 氨水蒸发器可采用双流体喷嘴，由压缩空气将氨水雾化成微小液滴；

d. 氨水蒸发器出口的氨气/烟气（或蒸汽）混合气中氨气浓度不应大于5%（体积分数），氨气浓度高于12%时应切断氨水供给系统。

4.3　尿素溶解、储存及氨气制备

4.3.1　尿素的卸料、储存及溶液配制应按全厂机组公用的系统设计，当机组台数较多或考虑扩建需要时，可根据总平面布置格局采取分组布置。尿素的输送（计量）以及热解（或水解）设施则应按单元机组配置。尿素质量应符合热解或水解工艺的要求。

4.3.2　单元尿素车间应设置1套尿素溶解装置，当服务机组台数较多时，也可设置2套。尿素溶解装置应配置加热蒸汽系统、搅拌器以及尿素溶液混合泵。尿素溶解装置的设计应符合下列要求：

① 外购散装颗粒尿素宜采用罐车运输、储仓贮存，储仓容积应满足全厂所有机组1～3d脱硝所需的尿素用量，尿素储仓宜为高位布置的锥形底立式罐，尿素储仓应配置电加热热风流化装置、袋式除尘器以及给料计量机，尿素储仓可为碳钢制作，锥斗部分宜内衬S30408不锈钢，其他设备和管道材质不宜低于S30408不锈钢。当采用外购袋装尿素时，可采用堆料间储存，储存方式应按相关规范执行。

② 尿素溶解罐总容积宜满足全厂所有机组在BMCR工况下1d的尿素溶液耗量。尿素溶解水的温度宜为40～80℃，硬度应小于2mmol/L（$1/2Ca^{2+}+1/2Mg^{2+}$），配制的尿素溶液浓度宜为40%～55%（质量分数）。尿素溶液密度、温度、溶解度、沸点的关系曲线见附录B。

当SCR尿素制氨时，1mol的尿素可生成2mol的氨，尿素耗量可按下式计算

$$W_n = 1.76 \times \frac{W_a}{\eta_n} \tag{4.3.2}$$

式中　W_n——BMCR工况单机纯尿素的耗量，kg/h；

W_a——BMCR工况单机纯氨的耗量，kg/h；

η_n——尿素热解或水解制氨的转化率（按制造商提供的数据选取）。

③ 每台尿素溶解罐宜配2×100%的尿素溶液混合泵，其中1台备用。尿素溶液混合泵进口应设过滤器。尿素溶液混合泵宜采用离心泵，过流件材质应为不锈钢。

4.3.3　尿素溶液贮存时，尿素溶液储罐的总储存容量宜为全厂所有机组BMCR工况下5～7d的日平均消耗量。储罐数量应不少于2台，材质不应低于S30408不锈钢。尿素溶液储罐内或再循环管线应设伴热装置，罐体外应保温。

尿素溶液储罐宜配置2×100%尿素溶液循环输送泵，其中1台备用。循环输送泵进口应设过滤器，出口可设加热器。加热器的功率应能补偿尿素溶液在管道输送过程中热量的损失。尿素溶液循环输送泵的过流件材质应为不锈钢。

4.3.4　尿素溶液输送系统向SCR脱硝工艺的尿素分解系统的计量和分配装置或向SNCR脱硝工艺的尿素溶液计量和分配装置输送一定压力及流量的尿素溶液，并应与尿素溶液储罐组成自循环回路，该系统宜包括过滤器、尿素溶液循环输送泵、加热器、压力控制阀。尿素溶液输送系统应符合下列规定：

① 尿素溶液输送系统宜为多套计量和分配装置所公用。

② 尿素溶液输送系统的管道材料应为不锈钢。

4.3.5 热解法尿素分解系统应包括计量和分配装置、尿素绝热分解室。热解法尿素分解系统应符合下列规定：

① 每台锅炉宜设置一套100%容量的尿素绝热分解室。尿素绝热分解室应满足锅炉BMCR负荷下最大的制氨需要，并有10%的裕量。尿素绝热分解室外壳宜为碳钢，内层宜为不锈钢，中间充填耐高温保温材料。尿素绝热分解室宜布置在锅炉房内或靠近锅炉房。

② 每个尿素绝热分解室应设置1套计量和分配装置。计量和分配装置应根据SCR反应器进出口烟气中NO_x浓度、锅炉负荷来自动调节进入每个尿素热解室的尿素溶液的流量。

③ 尿素绝热分解的反应温度宜为350～650℃。绝热分解室的热源可利用锅炉一次或二次热风并辅以加热设备，加热设备可采用电加热器或采用燃用柴油或天然气的风道加热器。绝热分解室的热源也可利用抽取的锅炉高温烟气。

④ 绝热分解反应的响应时间宜为5～10s，尿素绝热分解室应有足够的空间以保证尿素在分解温度下所需的停留时间。

⑤ 雾化喷射器宜沿着分解室的侧壁周边均匀布置，可采用厂用压缩空气雾化，雾化空气的压力应稳定。

⑥ 热解室出口到喷氨格栅（AIG）入口的管道可采用碳钢。

4.3.6 水解法尿素分解系统应包括计量和分配装置、尿素水解反应器。水解法尿素分解系统应符合下列规定：

① 尿素水解反应器可为全厂公用，并设有1台备用的水解装置。除备用装置外的水解装置总容量应满足全厂锅炉BMCR负荷下最大的制氨量的需要。当锅炉台数较少，尿素车间距离锅炉较远时，尿素水解反应器可单元制配置。当采用单元制配置时，尿素水解反应器应满足锅炉BMCR负荷下最大的制氨需要，并有10%的裕量，尿素水解反应器不设备用。

② 反应器的设计应满足水解反应的反应温度及压力的要求。水解反应器的热源宜为蒸汽，冷凝水应回收。水解反应器的压力由氨气出口处的压力调节阀门控制。氨气流量由水解反应器的液位以及加热蒸汽的流量控制。

③ 水解反应器的排污可回用于煤场喷淋或收集于专门的容器内集中处理。

④ 水解反应器需要冷却水时，冷却水应循环使用，水质应满足设备运行的要求。

⑤ 尿素水解装置的设备和尿素溶液管道应为不锈钢，水解反应器出口到喷氨格栅（AIG）入口的管道宜采用S31603不锈钢。

4.3.7 氨气及稀释氨气的空气输送管道应保温。

5 脱硝工艺系统

5.1 SCR脱硝工艺

5.1.1 SCR脱硝系统应根据节能、降耗、增效、安全的原则进行选择。脱硝系统应根据当地气象条件、锅炉燃用的煤质资料、锅炉最大连续出力工况下烟气参数、锅炉本体资料、脱硝效率等技术参数进行设计。

5.1.2 SCR脱硝系统主要性能指标宜满足以下要求：

① NH_3的逃逸浓度不宜大于3μL/L（标准状态，3% O_2—燃油机组；6% O_2—燃煤机组；15% O_2—燃机）。

② 设计煤含硫量小于2.5%时，SO_2/SO_3的转换率宜小于1%；设计煤含硫量大于等于2.5%时，SO_2/SO_3的转换率宜小于0.75%。

③ 催化剂的机械寿命不宜小于10年；对于燃煤机组，催化剂化学寿命宜为16000～24000h。对于燃油和燃气电厂，催化剂的保证化学寿命不宜低于32000h。

5.1.3 SCR烟气反应系统设计应符合下列要求：

① SCR脱硝工艺的烟气反应系统应按单元制设计。

② SCR 烟气反应系统的设计煤种应当与锅炉设计煤种相同；当燃用校核煤种时，SCR 烟气反应系统能长期稳定连续运行，且应满足排放要求。

③ SCR 烟气反应系统应能适应机组的负荷变化和机组启停次数的要求。SCR 催化剂应能承受运行温度为 420℃（烟煤）/450℃（无烟煤、贫煤、高硫煤、高水分褐煤）的工况，每次不大于 5h，一年不超过 3 次。

④ SCR 烟气反应系统的设计应能适应锅炉正常运行工况下的任何负荷，当烟气温度低于最低喷氨温度时，喷氨系统能够自动解除运行。

⑤ 脱硝系统应能在锅炉最低稳燃负荷和 BMCR 之间的任何工况之间持续安全运行，当锅炉最低稳燃负荷工况下烟气温度不能达到催化剂最低运行温度时，应采取相应措施以提高反应器进口烟气温度。

⑥ SCR 反应器不宜装设烟气旁路系统。

⑦ 装设 SCR 反应器，应考虑 SCR 脱硝系统对锅炉本体及锅炉尾部的布置、荷载及对空预器腐蚀的影响。

⑧ SCR 反应器的数量应根据锅炉容量、锅炉形式、反应器大小、空预器数量和脱硝系统可靠性要求等确定。对于Ⅱ型锅炉，1 台锅炉宜设 2 台反应器，对于塔式锅炉，1 台锅炉宜设 1～2 台反应器。当 1 台锅炉只设 1 台空预器时，也可设 1 台反应器。

⑨ SCR 反应器入口宜设置灰斗，如锅炉省煤器出口已设有灰斗，SCR 反应器入口烟道可不设灰斗。

⑩ 当 SCR 反应器布置在空预器上方时，反应器支撑结构与锅炉钢架宜统筹设计。在空预器构架设计时，应考虑 SCR 反应器荷载、烟道荷载、进出口烟道布置要求及平台扶梯布置要求。

⑪ 当 SCR 反应器布置在除尘器进口烟道支架上方时，反应器支撑结构与除尘器进口烟道支架宜合并设计，构架的桩基应考虑 SCR 装置荷载，锅炉钢架设计应考虑进出烟道的布置空间。

⑫ SCR 反应器中烟气流向宜竖直向下，其入口宜设气流均布装置，反应器内部易于磨损的部位宜设置防磨设施。

⑬ SCR 反应器内的加强板、支架等结构宜不易积灰，同时宜有热膨胀的补偿措施。

⑭ SCR 反应器宜采用钢结构，并设置必要的平台扶梯。

⑮ SCR 反应器的设计压力和瞬态防爆设计压力应与炉膛设计压力和炉膛瞬态防爆设计压力一致。

⑯ SCR 反应器空塔设计流速宜为 4～6m/s。

⑰ SCR 反应器内一般设有一层或多层催化剂初装层，并预留 1～2 层催化剂备用层或附加层，备用层与初装层的技术要求应一致。

⑱ SCR 反应器及入口烟道整体设计应充分考虑在第一层催化剂入口的烟气流速偏差、烟气流向偏差、烟气温度偏差、NH_3/NO_x 摩尔比偏差等，具体要求如下：

a. 入口烟气流速偏差，宜小于±15%（相对标准偏差率）；

b. 入口烟气夹角，宜小于±10°；

c. 入口烟气温度偏差，宜小于±10℃；

d. NH_3/NO_x 摩尔比偏差，宜小于 5%（相对标准偏差率）。

为保证上述技术要求，应当进行 SCR 装置（从省煤器出口至空预器入口烟气系统，包括还原剂喷射装置）流体动力学（CFD）数值分析计算以及流场物理模型实验。

⑲ SCR 反应器应设置足够大小和数量的人孔门，并设置催化剂取样口。

⑳ SCR 反应器进出口应设置补偿器，补偿器宜采用织物补偿器。

㉑ SCR 反应器的设计宜满足催化剂的互换能力，并留有裕量。

㉒ 综合散热、漏风和烟气脱硝化学反应影响造成的 SCR 反应器整体温降不应大于 3℃。

㉓ SCR 反应器及进出口烟道的阻力不宜大于 1000Pa。

5.1.4 催化剂的设计选型应符合下列要求：

① 催化剂的选择应根据烟气特性、飞灰特性、灰分含量、反应器形式、脱硝效率、氨逃逸浓度、SO_2/SO_3 转化率、压降以及使用寿命等条件，综合考虑经济性与安全性因素后确定。

② 催化剂可选择蜂窝式、板式、波纹板式或其他形式。催化剂形式、催化剂中各活性成分含量应根据烟气特性、飞灰特性和飞灰含量确定。

③ 对于燃气锅炉及燃气轮机机组，催化剂孔径、节距宜比燃煤机组小。

④ 催化剂正常工作温度范围宜在300～420℃。对于排烟温度较高的机组，如燃烧无烟煤的锅炉和燃气轮机，催化剂配方应满足高温烟气的要求。

⑤ 催化剂层数的配置及寿命管理应进行综合技术经济比较，选择最佳模式，催化剂在设计寿命内能有效保证系统运行脱硝效率及各项技术指标。

⑥ 催化剂模块应布置紧凑，并留有必要的膨胀间隙。

⑦ 催化剂模块应设计有效防止烟气短路的密封系统，密封装置的寿命不低于催化剂的寿命。催化剂各层模块规格应统一，具有互换性。对燃煤机组，每层催化剂应设计3～5套可拆卸的催化剂测试部件。催化剂模块应采用钢结构框架，便于运输、安装、起吊。

⑧ 当催化剂活性下降致使脱硝系统不能达到预期规定的脱硝效率时，应加装或更换催化剂。

⑨ 设计应充分考虑不同形式催化剂的重量对SCR钢结构影响。

⑩ 失效催化剂废弃处理应符合现行国家标准《危险废物贮存污染控制标准》GB 18597的要求，亦可送至专业回收厂家进行再生处理。

5.1.5 辅助系统设计应符合下列要求：

① 氨/空气混合系统应符合下列要求：

a. 氨/空气混合系统宜采用单元制系统；

b. 以液氨为还原剂的氨/空气混合器进口的氨气管道上应设置控制阀，氨气流量应根据锅炉负荷变化及NO_x分析仪等反馈信号自动地调整；

c. 以液氨为还原剂的稀释风可来自就地吸风，也可从热二次风道或热一次风道上引出。应根据稀释风的压头要求确定是否需要设置稀释风机。当设置稀释风机时，每台炉宜配置3×50%或2×100%容量的稀释风机，稀释风机宜采用离心式，稀释风机的设计风量应满足锅炉BMCR工况下，最大氨气耗量时的稀释风需要量，风量裕量为10%，压头裕量为20%；

d. 氨气/空气混合器出口的氨气浓度不得大于5%（体积分数），氨气与空气混合浓度报警值为7%，混合浓度高于12%时应切断还原剂供给系统；

e. 氨气稀释系统宜靠近SCR反应器布置，每台SCR反应器宜配置1台100%容量的氨/空气混合器。

② 喷氨混合系统应符合下列要求：

a. 喷氨混合装置宜布置在SCR反应器入口烟道内；

b. 喷氨格栅和静态混合器或涡流混合器应采用单元制系统。喷氨混合系统应使SCR反应器进口烟气流场中的氨气和烟气混合均匀，满足NH_3/NO_x摩尔比偏差小于5%的要求；

c. 喷氨混合系统设计应考虑防腐、防堵、防磨合热膨胀；

d. 喷氨混合系统应具有良好的抗热变形性和抗震性；

e. 氨/空气混合气体以分区方式喷入，每个区域系统应具有均匀稳定的流量特性并具有独立的流量控制和测量手段；

f. 喷氨混合系统上游和下游可分别设置导流和整流装置；

g. 当氨气混合喷射系统采用氨喷射格栅（AIG）时，其布置宜与烟气流动方向相垂直，并与催化剂层之间留有足够的混合距离，在AIG后宜设置静态混合器；

h. 当氨气混合喷射系统采用涡流混合器时，其扰流板的数量、安装角度及位置宜通过实物模型试验确定，涡流混合器与催化剂之间留有足够的混合距离。

③ 吹灰系统应符合下列要求：

a. 每层催化剂应设置吹灰器，备用层可暂不装设，但应预留安装吹灰器的条件；

b. 吹灰系统宜采用单元制，根据煤质及运行维护条件等可选用蒸汽吹灰器或声波吹灰器。采用声波吹灰器时，应具有稳定可靠的气源。

5.2 SNCR脱硝工艺

5.2.1 烟气反应系统的设计应满足以下要求：

① SNCR脱硝工艺的脱硝效率不宜高于40%。

② SNCR脱硝系统的设计参数选用条件包括：煤种的工业分析和元素分析、锅炉炉膛及受热面主要断面的烟气参数、锅炉炉膛及受热面烟气组分、锅炉本体资料、设计要求的脱硝效率、设计要求的氨逃逸浓度等。

③ SNCR系统应满足锅炉正常运行工况下任何负荷安全连续运行，并能适应机组负荷变化和机组启停次数的要求。

④ SNCR脱硝工艺的氨逃逸浓度应根据燃煤含硫量确定。当燃煤含硫量不大于1%时，SNCR工艺的最大氨逃逸浓度宜不大于15μL/L；当燃煤含硫量大于1%且不大于2.5%时，SNCR工艺的最大氨逃逸浓度宜不大于10μL/L；当燃煤含硫量大于2.5%时，SNCR工艺的最大氨逃逸浓度且不大于5μL/L。

⑤ SNCR工艺喷入炉膛的还原剂应在最佳烟气温度区间内与烟气中的NO_x反应，并通过喷射器的布置获得最佳的烟气—还原剂混合程度以达到最高的脱硝效率。如采用尿素作为还原剂，最佳反应温度宜为900～1150℃；如采用氨水作为还原剂，最佳反应温度宜为870～1100℃。

⑥ 应在锅炉炉膛内选择若干区域作为还原剂的喷射区。在锅炉不同负荷下，选择烟气温度处在最佳温度区间的喷射区喷射还原剂。喷射区域的位置和喷射器的设置应依据炉膛内温度场、烟气流场、还原剂喷射流场、化学反应过程的精确模拟结果而定。

⑦ 还原剂在锅炉最佳烟气温度区间内的停留时间宜大于0.5s。应根据不同的锅炉炉内状况对喷嘴的几何特性、喷射的角度和速度、喷射液滴直径进行优化，通过改变还原剂扩散路径，达到最佳停留时间。

5.2.2 尿素溶液稀释水压力控制系统的设计应满足以下要求：

① 每台锅炉宜配置1套稀释水压力控制系统，包括过滤器、稀释水泵、压力调节阀。过滤器应设在稀释水泵的进口。

② 尿素溶液经过稀释后才可喷入炉膛内。喷入炉膛的尿素溶液的浓度宜为10%（质量分数）。

③ 稀释水泵宜按2×100%配置，采用多级离心泵，过流部件材质宜为不锈钢。

④ 稀释水的水源可为除盐水、反渗透产水或者凝结水。当稀释水的硬度大于2mmol/L（$1/2Ca^{2+}$＋$1/2Mg^{2+}$）时，应在过滤器上游设阻垢剂添加点。

5.2.3 尿素溶液计量系统的设计应满足以下要求：

① 每台锅炉宜设置1套尿素溶液计量系统。

② 应根据尿素溶液浓度、烟气中NO_x的浓度、锅炉负荷自动调节锅炉各个注入区域尿素溶液的总流量，也可调节单个喷射器的尿素溶液流量。

③ 尿素溶液母管上的各支管和稀释水压力控制系统出口的稀释水管道分别与尿素溶液计量系统连接，通过尿素溶液计量系统混合后配置成浓度符合本标准第5.2.2条规定的尿素溶液。

④ 尿素溶液计量系统可包括若干子计量系统，用于独立控制锅炉各注入区域的尿素溶液的流量。

⑤ 尿素溶液计量系统可通过尿素溶液侧和稀释水侧的化学计量泵或流量调节阀以及每个子系统的流量调节阀、压力调节阀自动调节进入每个锅炉注入区域和每个喷射器的尿素溶液浓度和流量，以响应锅炉出口烟气中NO_x的浓度、锅炉负荷的变化。1个子系统控制1个注入区域的尿素溶液总流量，或1个喷射器的尿素溶液流量。1个注入区域一般由多个喷射器组成。

⑥ 尿素溶液计量系统的管道、阀门和化学计量泵过流件的材质应采用不锈钢。

⑦ 尿素溶液计量系统的尿素溶液管道应设置水冲洗接口和管道。

⑧ 尿素溶液计量系统的设备宜布置在靠近锅炉房的区域或锅炉钢架内。

5.2.4 尿素溶液分配系统的设计应满足以下要求：

① 每台锅炉可设置若干套尿素溶液分配系统用于分配每个注入区域中各个喷射器的流量。

② 注入区域中每个喷射器的尿素溶液管道上宜设置手动调节阀，用于脱硝系统调试时调整进入每个喷射器的尿素溶液流量。

③ 尿素溶液分配系统的管道和阀门材质应采用不锈钢。

④ 尿素溶液分配系统的尿素溶液管道应设置水冲洗接口和管道。

⑤ 每个注入区应配置1套尿素溶液分配系统。

5.2.5 尿素溶液喷射系统的设计应满足以下要求：

① SNCR工艺的尿素溶液喷射系统用于将尿素溶液雾化后以一定的角度、速度和液滴粒径喷入炉膛，

参与脱硝化学反应。

② 尿素溶液喷射系统的设计应能适应锅炉正常运行工况下任何负荷的安全连续运行，并能适应机组负荷变化和机组启停次数的要求。

③ 喷射器用于扩散和混合尿素溶液，可采用墙式喷射器、单喷嘴枪式喷射器和多喷嘴枪式喷射器。墙式喷射器是由炉墙往炉膛内喷射；单喷嘴枪式喷射器和多喷嘴枪式喷射器伸入炉内喷射，喷射器伸入炉内的长度应依据锅炉宽度而定。喷射区域、喷射器的种类、数量和位置，取决于锅炉各负荷工况下运行的烟气温度、烟气流场分布、锅炉结构和脱硝效率等要求。

④ 喷射器应选用耐磨损、耐腐蚀的材料。

⑤ 喷射器的设计参数应依据计算机数值模拟计算结果并结合锅炉结构确定。应根据炉膛温度场和流场模拟的结果在锅炉的多个适当位置布置不同的喷射器，通常可布置在锅炉折焰角、过热器和再热器区域。枪式喷射器的布置应在其伸出位置处保留足够的维修空间。每台锅炉可设置1～5个墙式喷射区域，2～4个伸入炉膛的单喷嘴或多喷嘴喷射区域。喷入炉内的尿素溶液不应与锅炉受热面管壁直接接触。

⑥ 喷射器开孔位置应根据锅炉的情况而定，应尽量避免对水冷壁管的影响及与炉内部件碰撞。新建机组应在锅炉设计时预留开孔位置。

⑦ 喷射器应采用不锈钢，包括用于插入调整的适配器、快速接头和用于尿素溶液和雾化管路连接的金属软管。

⑧ 进入喷射器的尿素溶液应经过滤装置，防止喷枪堵塞。尿素溶液管道可采用电伴热。

⑨ 枪式喷射器应有足够的闭式冷却水使其能承受反应温度窗口的温度，枪式喷射器应有伸缩机构，当喷射器不使用、冷却水流量不足、冷却水温度高或雾化介质流量不足时，可自动将其从炉内抽出以保护喷射器不受损坏。

⑩ 喷射器进口应设置雾化用的厂用压缩空气或蒸汽接口。压缩空气或蒸汽管道应设置压力调节阀。

⑪ 当雾化介质为压缩空气时，在满足喷射器安全运行的前提下，喷射器可采用雾化介质来冷却。

⑫ 喷射系统应设置吹扫空气以防止烟气中的灰尘堵塞喷射器，吹扫空气可采用厂用压缩空气。

⑬ 除喷射器外，尿素溶液喷射系统的设备应就近布置在锅炉平台上。

5.3 SNCR/SCR 混合脱硝工艺

5.3.1 烟气反应系统的设计应满足以下要求：

① SNCR/SCR 混合脱硝工艺的脱硝效率宜为40%以上。

② SNCR/SCR 混合脱硝系统应满足锅炉正常运行工况下任何负荷的安全连续运行，并能适应机组负荷变化和机组启停次数的要求。

③ SNCR/SCR 混合脱硝工艺的还原剂宜采用尿素，也可采用氨水。采用氨水为还原剂的 SNCR/SCR 混合脱硝工艺仅适用于蒸发量不大于 400t/h 的锅炉。

④ SCR 反应器及进出口烟道的阻力不宜大于 600Pa。

⑤ SNCR/SCR 混合脱硝工艺的烟气反应系统的其他要求应符合本标准第 5.1.1 条和第 5.2.1 条的规定。

5.3.2 SNCR/SCR 混合脱硝工艺的稀释水压力控制系统、尿素溶液计量系统、尿素溶液分配系统应符合本标准第 5.2.2 条、第 5.2.3 条、第 5.2.4 条的规定。

5.3.3 还原剂喷射系统的设计应满足以下要求：

① 为提高脱硝效率可在省煤器区域设置尿素溶液喷射器。

② SNCR/SCR 混合脱硝工艺的尿素溶液喷射系统的其他设计要求应符合本标准第 5.2.5 条的规定。

5.3.4 催化剂系统的设计应满足以下要求：

① 催化剂的层数应根据脱硝效率等因素进行综合技术经济比较确定，宜为1～2层。

② SNCR/SCR 混合脱硝工艺的催化剂系统的其他设计要求应符合本标准第 5.1.4 条的规定。

5.3.5 辅助系统的设计应满足以下要求：

① SNCR/SCR 混合脱硝工艺可不设置氨/空气混合系统。

② SNCR/SCR 混合脱硝工艺可不设喷氨格栅（AIG)、静态混合器、涡流混合器，应根据催化剂对进

口烟气流速偏差、烟气流向偏差、烟气温度偏差的要求设置导流和整流装置。

③ SNCR/SCR 混合脱硝工艺的吹灰系统应符合本标准第 5.1.5 条第 3 款的规定。

6 仪表与控制

6.1 自动化水平

6.1.1 烟气脱硝系统自动化水平宜与机组的自动化控制水平一致。

6.1.2 烟气脱硝系统应采用集中监视和控制，实现脱硝系统的启动和停机，正常运行工况的监视和调整，以及事故处理。

6.1.3 随脱硝系统设备本体成套提供及装设的检测仪表和执行装置，应满足烟气脱硝系统运行要求和热工整体自动化水平要求。

6.1.4 烟气脱硝系统在启、停、运行及事故处理情况下均不应影响机组正常运行。

6.2 控制方式及控制室

6.2.1 SCR 或 SNCR 脱硝反应系统应在集中控制室进行控制。脱硝还原剂储存和供应系统可在集中控制室控制，也可与位置相邻或性质相近的辅助车间合设控制室控制。

6.2.2 烟气脱硝系统的 SCR 或 SNCR 反应吸收区的监视和控制宜纳入单元机组 DCS，其功能包括热工检测、热工保护、热工顺序控制、热工模拟量控制以及脱硝变压器和脱硝厂用电源系统监控。

6.2.3 烟气脱硝系统的吹灰系统宜纳入单元机组 DCS 控制。当采用独立的 PLC 控制时，应与单元机组 DCS 有硬接线和通信接口。

6.2.4 还原剂的储存及制备系统宜纳入机组 DCS 公用网络或水处理辅助控制网络进行监控。

6.3 仪表与控制功能

6.3.1 检测功能应符合下列规定：

① 烟气脱硝系统检测应包括以下内容：a. 脱硝工艺系统的运行参数；b. 电气系统的运行参数；c. 辅机的运行状态和运行参数；d. 电气设备的运行状态和运行参数；e. 关断阀的开关状态和调节阀的开度；f. 仪表和控制用电源、气源及其他必要条件的供给状态和运行参数；g. 必要的环境参数。

② SCR 反应器进、出口烟道上应设置 NO_x/O_2 取样分析仪，SCR 反应器进口烟道设置流量测量仪表，信号全部进入控制系统中进行监视并计算排放量。出口烟道上可设置 NH_3 逃逸取样分析仪。有条件时，SCR 反应器出口 NO_x/O_2 取样分析仪可考虑与脱硫系统进口的 NO_x/O_2 分析取样装置合并设置。

③ 当氨区氨气检测器测得大气中氨浓度过高时，应在控制室发出警报，并就地设置声光警报装置。同时应连锁启动暖通事故风机，并送出信号到火灾报警系统，由火灾报警系统启动相应的消防设备。

④ 烟气脱硝系统宜设置必要的视频监视探头，并接入全厂视频监视系统。

⑤ 还原剂氨（液氨、气氨）具有易燃、易爆、有毒、腐蚀的特性，现场仪表必须选用隔爆型或本质安全型产品，相应控制机柜的布置应远离爆炸危险区附加 2 区。

6.3.2 报警功能应符合下列规定：

① 烟气脱硝系统报警应包括以下内容：a. 工艺系统参数偏离正常运行范围；b. 保护动作及主要辅助设备故障；c. 监控系统故障；d. 电源、气源故障；e. 辅助系统故障；f. 电气设备故障；g. 有毒有害气体泄漏。

② 脱硝控制不宜设常规报警，当必须设少量常规报警时，其输入信号不宜取自控制系统的输出。

③ 脱硝控制系统的所有模拟量输入、数字量输入、模拟量输出、数字量输出和中间变量的计算值，都可作为报警源。

④ 脱硝控制系统功能范围内的全部报警项目应能在显示器上显示，也能在打印机上打印，在启停过程中应抑制虚假报警信号。

6.3.3 脱硝系统保护功能应符合下列规定：

① 烟气脱硝系统的保护应纳入机组 DCS，并由 DCS 软逻辑实现。

② 保护系统的设计应有防止误动和拒动的措施，保护系统电源中断和恢复不会误发动作指令。

③ 保护系统应遵守以下独立性原则：

a. 重要的保护系统的逻辑控制应单独设置；

b. 重要的保护系统应有独立的I/O通道，并有电隔离措施；

c. 冗余的I/O信号应通过不同的I/O模件引入；

d. 触发烟气脱硝系统解列的保护信号宜单独设置检测仪表；

e. 烟气脱硝系统与机组间用于保护的信号应采用硬接线方式。

④ 控制器应采取冗余措施。

⑤ 保护系统输出的操作指令应优先于其他任何指令。

6.3.4 开关量控制功能应符合下列规定：

① 开关量控制的功能应满足烟气脱硝系统的启动、停止及正常运行工况的控制要求，并能实现烟气脱硝系统在事故工况和异常工况下的控制操作，保证烟气脱硝系统安全。开关量控制具体功能应满足如下要求：

a. 可实现烟气脱硝系统主要工艺系统的自启停；

b. 可实现各个辅机、阀门、挡板的顺序控制、控制操作及试验操作；

c. 可实现辅机与其相关的冷却系统、润滑系统、密封系统的连锁控制；

d. 在发生局部设备故障跳闸时，可连锁启停相关设备；

e. 可实现脱硝厂用电系统连锁控制。

② 需要经常进行有规律性操作的辅机系统宜采用开关量控制。

6.3.5 模拟量控制功能应符合下列规定：

① 烟气脱硝系统应有较完善的模拟量控制系统，以满足不同负荷阶段中脱硝系统安全经济运行的需要，还应考虑在系统事故及异常工况下与相应的连锁保护装置协调控制的措施。

② 烟气脱硝系统模拟量控制系统中的各控制方式间应设切换逻辑，并能双向无扰动的切换。

③ 重要模拟量控制项目的变送器应双重或三重化设置（烟气 NO_x/O_2 分析仪除外）。

6.3.6 烟气脱硝控制系统应符合下列规定：

① 烟气脱硝控制系统选型应坚持成熟、可靠的原则，应具有数据采集与处理、自动控制、保护、连锁等功能。

② 控制系统应按照功能分散和物理分散的原则设计，DCS远程I/O或DCS远程控制站与机组DCS软硬件宜相同。

③ 多台机组烟气脱硝系统远程I/O的通讯模块、I/O模件、机柜及与机组DCS通讯的硬接线接口应按单元机组分开设置。

④ 还原剂储存及制备的控制系统处理器、I/O模件、机柜及数据通信系统、打印机和工程师站等宜按公用系统设置。

⑤ 烟气脱硝控制系统的处理器模件、电源模件和数据总线均应冗余配置。

⑥ 在最繁忙的工况下，控制站处理器处理能力应有40%的裕量，操作员站处理器处理能力应有60%的裕量，电源模件应有40%的裕量，重要信号应采用三选二冗余等。

⑦ 烟气脱硝控制系统应设置与机组DCS进行信号交换的硬接线接口和通信接口，以实现机组对烟气脱硝系统的监视、报警和连锁。

6.3.7 脱硝系统的电源应符合下列规定：

① 胶硝控制柜（盘）进线电源的电压等级宜采用220V，进入柜（盘）的交、直流电源应各有两路，互为备用。工作电源故障需及时切换至另一路电源，两路电源间应设自动切换装置。

② 当烟气脱硝反应系统采用DCS控制时，控制系统电源应由机组DCS电源柜提供。当烟气脱硝反应系统采用PLC控制时，控制系统电源可由不同厂用电母线段引接两路220V交流电源，也可由自带的小型UPS装置供电。

③ 当还原剂的储存及制备系统采用PLC控制时，控制系统电源可由不同厂用电母线段引接两路220V交流电源，也可由自带的小型UPS装置供电。当还原剂的储存及制备系统采用DCS控制时，应由机组公用DCS供电。

④ 挡板和吹灰器等执行机构的交流动力电源宜由热工配电柜供电。

6.3.8 烟气脱硝系统不宜单独设置仪表与控制试验室，但可购置必要的脱硝分析专用试验室设备。

7 电气系统及设备

7.1 供电系统

7.1.1 脱硝系统的厂用电源应由发电厂主体工程引接。脱硝系统高压、低压厂用电压等级，厂用电系统中性点接地方式应与发电厂主体工程一致。

7.1.2 脱硝系统工作电源的引接应符合以下原则：

① 布置在锅炉区域的脱硝负荷宜按单元制由主厂房锅炉厂用段供电。

② 布置在厂区的脱硝负荷可就地设置电动机控制中心（MCC），负责向该区域脱硝装置的负荷供电，MCC电源可从就近厂区动力中心（PC）引接，当技术经济比较合理时，也可单独设置脱硝变压器。

③ 除满足上述要求外，还应符合现行行业标准《火力发电厂厂用电设计技术规定》DL/T 5153的有关规定。

7.1.3 脱硝直流电源的引接应符合以下原则：

① 布置在锅炉区域的脱硝直流负荷宜按单元制由主厂房直流系统供电。

② 布置在厂区的脱硝直流负荷可由就近厂区直流系统供电。经技术经济比较，也可单独设置1套直流系统。

③ 直流系统的设置应符合现行行业标准《电力工程直流系统设计技术规程》DL/T 5044的有关规定。

7.1.4 脱硝系统的交流保安负荷宜由脱硫保安段或主厂房保安段供电，并应符合现行行业标准《火力发电厂厂用电设计技术规定》DL/T 5153的有关规定。

7.2 二次线

7.2.1 脱硝电气系统控制水平应与工艺系统控制水平协调一致，脱硝电气系统的控制宜纳入工艺控制系统。

7.2.2 脱硝系统电气二次线设计应符合现行行业标准《火力发电厂、变电所二次接线设计技术规程》DL/T 5136和《火力发电厂厂用电设计技术规定》DL/T 5153的有关规定。

7.3 电缆敷设、防雷接地和照明

7.3.1 脱硝系统的电缆敷设应符合现行国家标准《电力工程电缆设计规范》GB 50217的有关规定。

7.3.2 液氨卸料、储存及氨气制备区域的防雷应采用独立避雷针保护，并应采取防止雷电感应的措施。接地材质应考虑相应的防腐措施。

7.3.3 防雷接地和照明设计应符合现行国家标准《建筑物防雷设计规范》GB 50057和现行行业标准《交流电气装置的过电压保护和绝缘配合》DL/T 620、《交流电气装置的接地》DL/T 621、《火力发电厂和变电站照明设计技术规定》DL/T 5390的有关规定。

7.4 电气设备选择

7.4.1 脱硝系统电气设备的选择宜与发电厂主体工程一致。

7.4.2 氨区电气设施的选择应满足现行国家标准《爆炸和火灾危险环境电力装置设计规范》GB 50058的要求。

7.4.3 氨区电气设施的选择应考虑周围环境条件对电气设施的防腐要求。

8 建筑、结构及采暖通风

8.1 建筑

8.1.1 发电厂脱硝建筑设计应遵循安全、适用、经济、美观的方针，并符合以下规定：

① 发电厂脱硝建筑设计应根据使用性质、生产流程、功能要求、自然条件、建筑材料和建筑技术等因素，结合工艺设计，做好建筑物的平面布置和空间组合。合理解决建筑内部交通、防火、防爆、防震、防水、防腐蚀、防潮、防噪声、隔振、采光、通风、保温和隔热等问题。积极慎重采用和推广建筑新技术、新工艺和新材料。

② 发电厂脱硝建筑设计应将建筑物、构筑物与工艺设备视为统一的整体，考虑建筑造型和内部处理。注意建筑群体的效果、内外色彩的处理以及与周围环境的协调。

③ 发电厂脱硝建（构）筑物的防火、防爆设计应符合现行国家标准《建筑设计防火规范》GB 50016、《火力发电厂与变电站设计防火规范》GB 50229 及其他防火有关规范、标准的要求。

④ 发电厂脱硝建筑平面应结合场地、设备、管线等布置，确定门窗位置，方便人员疏散、采光通风。

⑤ 发电厂脱硝建筑有条件时宜采用联合建筑。

8.1.2 建筑室内应优先考虑天然采光。采光口的设置应充分、有效地利用天然光源，并对人工照明的配合作全面考虑。

8.1.3 建筑宜采用自然通风。墙及屋顶（楼层）上的通风口应合理布置，避免气流短路和倒流，并应减少气流死角。

8.1.4 建筑热工设计在满足保温隔热要求的同时应考虑建筑节能要求，提高能源利用效率、改善室内环境。

8.1.5 建筑的门窗应符合安全使用、建筑节能的要求，有爆炸危险的房间门窗应采用不发火材料，门窗面积应满足防爆要求。

8.1.6 建筑室内外装修应根据使用和外观需要，结合全厂建筑风格进行设计，并满足以下要求：

① 楼地面面层材料除工艺要求外，宜选用耐磨、易清洗的材料，有爆炸危险房间的地面面层材料应采用不发火材料。

② 外墙面层材料应选用耐候性好且耐污染的材料，内墙面层材料及顶棚（吊顶）材料应选用符合使用要求及防火要求的材料。

8.1.7 露天布置的脱硝设备应根据气候条件设置围护设施，满足防雨、防晒、防冻等要求。

8.2 结构

8.2.1 当反应器布置在空气预热器上方时，反应器支架及平台宜与锅炉钢架统筹设计。当反应器布置在除尘器进口烟道支架上方时，反应器支架及平台与烟道支架宜合并设计。

8.2.2 屋面、楼面、平台的荷载取值及荷载组合应按现行行业标准《火力发电厂土建结构设计技术规程》DL 5022 的要求执行。

8.2.3 当反应器与除尘器进口烟道支架布置相结合时，构筑物抗震设防类别应与除尘器进口烟道支架相同，地震作用和抗震措施均应符合现行国家标准《建筑抗震设计规范》GB 50011 的要求。当反应器与锅炉钢架统筹设计时，抗震设防类别、地震作用和抗震措施应与锅炉钢架相同。

8.2.4 计算地震作用时，构筑物的重力荷载代表值应取恒载标准值和各可变荷载组合值之和，一般设备（如管道、设备支架等）可变荷载组合值系数取 1.0。

8.3 采暖通风与空气调节

8.3.1 脱硝系统采暖设计应符合现行国家标准《大中型火力发电厂设计规范》GB 50660 的规定。建筑物的采暖方式应与厂区其他建筑物一致；当厂区设有集中采暖系统时，采暖热源应由厂区采暖系统提供。

8.3.2 还原剂卸料、储存及制备车间严禁明火采暖。

8.3.3 还原剂卸料、储存及制备车间冬季采暖室内计算温度应按 5℃计算。

8.3.4 还原剂卸料、储存及制备车间应设置换气次数不小于 6 次/h 的机械通风设施。氨区（液氨区和氨水区）建筑物内的通风机应选用防爆型。

8.3.5 卸氨压缩机房通风设计应符合下列要求：

① 卸氨压缩机房日常运行时应保持通风良好，通风换气次数不应小于 6 次/h。当自然通风无法满足要求时应设置机械排风装置，排风机应选用防爆型。

② 卸氨压缩机房应设置事故排风，事故排风量应按 $183m^3/(m^2 \cdot h)$ 进行计算确定。事故排风机应选用防爆型，排风口应位于侧墙高处或屋顶。当室内氨气浓度传感器报警时，事故排风机应能自动开启。

8.3.6 氨区（液氨区和氨水区）卸料、储存及制备车间内采暖通风设备、管道及附件应采取防腐措施，不应使用铜材。

8.3.7 脱硝系统变压器室及配电装置室通风设计应符合现行国家标准《大中型火力发电厂设计规范》GB 50660 的规定。

8.3.8 脱硝系统控制室及控制仪表盘柜间应设置空气调节装置。

9 劳动安全与职业卫生

9.0.1 烟气脱硝系统的劳动安全防护设施的设计应符合现行行业标准《火力发电厂职业安全设计规程》DL 5053 及安全预评价批复意见的要求。

9.0.2 烟气脱硝系统的职业卫生防护设施的设计应符合现行行业标准《火力发电厂职业卫生设计规程》DL 5454 及职业卫生预评价批复意见的要求。

9.0.3 氨区的总平面布置应满足安全生产和防火安全间距的规定，并符合全厂总体规划的要求。

9.0.4 电厂内各建、构筑物与液氨储罐防火间距应符合本标准第 3.2.5 条～第 3.2.9 条的规定。

9.0.5 氨区和尿素区应设置室外消火栓灭火系统，液氨储罐应设置喷淋冷却水系统和水喷雾消防系统。

9.0.6 氨区应设有氨气泄漏检测器。

9.0.7 在事故易发处应设置安全标志，标志的设置应符合现行国家标准《安全标志及其使用导则》GB 2894 的规定。安全标志的色带颜色应符合现行国家标准《安全色》GB 2893 的规定。

9.0.8 氨区的最高醒目处应安装逃生风向标。

9.0.9 氨区应根据现行行业标准《人身防护应急系统的设置》HG/T 20570.14 的规定，设置安全淋浴器和洗眼器。

9.0.10 氨区应配备防毒面罩、橡胶手套、橡胶靴等劳防用品。

10 消防及冷却水系统

10.0.1 液氨储罐区应设置室外消火栓灭火系统，室外消火栓应布置在防护堤外，消火栓的间距应根据保护范围计算确定，不宜超过 60m。消火栓数量不少于两只，每只室外消火栓应有两个 *DN*65 内扣式接口。

10.0.2 液氨储罐区室外消火栓宜配置消防水带箱，箱内配两支直流/喷雾两用水枪和两条 *DN*65 长度 25m 的水带。

10.0.3 液氨储罐区室外消防水量应符合现行国家标准《建筑设计防火规范》GB 50016 的规定。

10.0.4 氨水、尿素车间的消火栓设计应符合现行国家标准《建筑设计防火规范》GB 50016 的规定。

10.0.5 液氨储罐应设置喷淋冷却水系统和水喷雾消防系统，喷淋冷却水宜采用电厂的工业水，水喷雾消防水应采用电厂的消防水。

10.0.6 液氨储罐水喷雾消防系统的喷雾强度，着火罐不应小于 $6L/(min \cdot m^2)$。着火储罐的保护面积按其全表面积计算，距着火罐直径（卧式罐按罐直径和长度之和的一半）1.5 倍范围内的储罐的保护面积按其表面积的一半计算。

10.0.7 液氨蒸发设备及管道上应设水喷雾消防系统，水喷雾强度不应小于 $6L/(min \cdot m^2)$，保护面积按包容保护对象的最小规则外表面积计算。

10.0.8 水喷雾消防系统的持续喷雾时间不应小于 4h。

10.0.9 水喷雾消防系统设计应符合现行国家标准《水喷雾灭火系统设计规范》GB 50219 的规定。

10.0.10 储罐区及车间应按现行国家标准《建筑灭火器配置设计规范》GB 50140 的规定配置移动式灭火器。

附录 A 计算公式

A.0.1 SCR 脱硝系统 BMCR 工况单机纯氨小时消耗量按公式 A.0.1-1 计算：

$$W_a = \left(\frac{V_q \times C_{NO}}{1.76 \times 10^6} + \frac{V_q \times C_{NO_2}}{1.35 \times 10^6}\right) \times m \quad (A.0.1\text{-}1)$$

式中 W_a——纯氨的小时耗量，kg/h；

V_q——BMCR 工况 SCR 反应器进口的烟气流量（标准状态，实际含氧量下的干烟气），m^3/h；

C_{NO}——SCR 反应器进口烟气中 NO 浓度（标准状态，实际含氧量下的干烟气），mg/m^3；

C_{NO_2}——SCR 反应器进口烟气中 NO_2 浓度（标准状态，实际含氧量下的干烟气），mg/m^3；

m——氨氮摩尔比，按公式 A.0.1-2 式计算：

$$m=\frac{\eta_{NO_x}}{100}+\frac{\frac{r_a}{22.4}}{\frac{C_{NO}}{30}+\frac{C_{NO_2}}{23}} \quad (A.0.1\text{-}2)$$

式中 η_{NO_x}——脱硝效率，%；

r_a——氨逃逸浓度（标准状态，实际含氧量下的干烟气），μL/L。

附录 B 尿素溶液密度、温度、溶解度、沸点的关系曲线

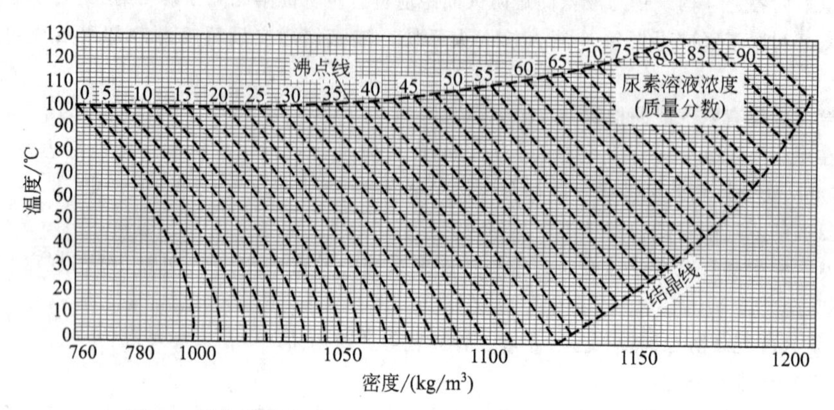

图 B 尿素溶液密度、温度、溶解度、沸点的关系曲线图

参 考 文 献

[1] 时钧，汪家鼎，余国琮，陈敏恒主编．化学工程手册．第二版．北京：化学工业出版社，1996.
[2] 童景山，李敬．流体热物理性质的计算．北京：清华大学出版社，1982.
[3] 徐宝东主编．化工管路设计手册．北京：化学工业出版社，2011.
[4] 中国石化集团上海工程有限公司编．化工工艺设计手册．第三版．北京：化学工业出版社，2003.
[5] 成大先主编．机械设计手册．北京：化学工业出版社，2004.
[6] 陆培文，孙晓霞，杨炯良编著．阀门选用手册．北京：机械工业出版社，2001.
[7] 何根然主编．燃煤烟气脱硫脱硝技术标准实用手册．北京：中国科技文化出版社，2005.